花卉瓜果蔬菜文史考论

程　杰　著

商务印书馆
创于1897　The Commercial Press

2018 年·北京

图书在版编目（CIP）数据

花卉瓜果蔬菜文史考论/程杰著. —北京：商务
印书馆，2018
ISBN 978-7-100-16153-4

Ⅰ. ①花… Ⅱ. ①程… Ⅲ. ①作物－农业史－研究－
中国 Ⅳ. ① S5-092

中国版本图书馆 CIP 数据核字（2018）第 113769 号

花卉瓜果蔬菜文史考论
程 杰 著

商 务 印 书 馆 出 版
（北京王府井大街 36 号 邮政编码 100710）
商 务 印 书 馆 发 行
南京鸿图印务有限公司印刷
ISBN 978-7-100-16153-4

2018 年 9 月第 1 版　　　开本 787×1092 1/16
2018 年 9 月第 1 次印刷　　印张 40

定价：168.00 元

程杰，1959 年 3 月 31 日生，江苏泰兴人。

1975 年高中毕业，在乡务家。1978 年考入南京师范学院中文系（今南京师范大学文学院）读书，1982 年本科毕业，1985 年研究生毕业，获文学硕士学位，留校工作至今。1993 年任副教授，1994 年获文学博士学位，1995 年任古代文学硕士生导师，1999 年任研究员、博士生导师，2012 年改任教授。

主要从事宋代文学、花卉文学、花卉文化研究，发表《北宋诗文革新研究》《宋代咏梅文学研究》《梅文化论丛》《中国梅花审美文化研究》《中国梅花名胜考》等。

白　序

　　本人原事宋代文学研究，1997年来因作北宋文学梅花意象专题论文而关注梅花问题，由文学而文化，不断展开，相继发表了《宋代咏梅文学研究》《梅文化论丛》《中国梅花审美文化研究》《中国梅花名胜考》《梅谱》五书。随之由梅花而梅实，便有青梅文学、"青梅煮酒"等论文。因梅花连带涉及杏花、花信风和我国国花等问题，因指导学生研究水仙、杨柳、芦苇、瓜果、蔬菜等课题而多少都有相应操作，因整理《全芳备祖》而有相关考述。所涉渐多，也就引生一些宏观思考，遂有关于花文化、花卉文化理论概念、范畴体系、历史规律、民族特色等问题的论述。这里收集的正是梅花五书之外的单篇论文，共计四十二篇。

　　如今学术界追重"项目"化存在，似乎拿不到什么项目就不算做学问了。我的这些论文未获任何项目资助，都是自作自收的成果。从着意梅文化以来，我就由原来所属古代文学学科主流逐渐旁落，借用美国农民诗人弗洛斯特所说，"林中有两条路，我选择了人烟稀少的那条"，也曾自谑为"旁门左道，拈花惹草"，如今更是流连忘返，渐行渐远。近几年我几乎成了学术界的散兵游勇，游走在学术的边远荒落、不同学科的交叉隙地，随遇即景，漫然捡拾，既无内在计划，更无外在"订单"。只有一点是明确的，主要着眼于"物"。学术研究对象不外三大类：人、事、物。人遇人、人遇物而有事，人作事又成物。在这"三角关系"中，物是重要的一极，而自古学术多着意人与事，着意物者偏少。我所做的偏重在物，主要关注人遇物之事、物向人之意。天地间物类无穷，我关注的只是其中的生物，更具体地说是生物中的植物，而以花卉为主，兼及瓜果和蔬菜。内容不出文史两间，方法亦考亦论，如今汇辑一起，名之曰《花卉瓜果蔬菜文史考论》。

这些论文都经正式发表，此番结集统一体例，全面校订，也间有增补。感谢各家杂志给我提供刊载的机会，其中南京农业大学《中国农史》、江苏省社科院《江海学刊》、江苏省社科联《江苏社会科学》、北京林业大学《北京林业大学学报》、南京信息工程大学《阅江学刊》、盐城师范学院《盐城师范学院学报》，还有本人所在学校的《南京师大学报》《南京师范大学文学院学报》都再三发表拙作，特别感激这些杂志编辑与领导们的鼎力支持。同时也感谢《新华文摘》、中国人民大学"复印报刊资料"、《探索与争鸣》微信公众号"、"澎湃"新闻网等"二次文献"和新媒体对部分拙作的转载与推送，正是承其有力的传播，使笔者的不少论述走出书斋，引起更多读者的兴趣。

本书的出版得到"江苏高校品牌专业建设工程一期"项目经费的资助。感谢本人所在学科领导陈书录教授对本书结集的建议和鼓励；感谢学院领导骆冬青、高峰、党银平教授惠力筹划落实出版经费。感谢同事钟振振、徐克谦、王青、高峰教授审阅部分文稿，提出不少宝贵意见；感谢许隽超、曹辛华、刘岳磊、张响、昝圣骞等朋友及本人门下卢晓辉、任群、叶楚炎、程宇静、徐波、石润宏、黄浩然、付梅、赵文焕、张晓蕾、牛廷顺等同学这十多年在查找资料方面提供的帮助。还要感谢出版单位陆国斌、宋健先生精心地编辑和打造。

本书出版完成想必应是 2018 年中，四十年前我从江苏省泰兴县曲霞公社一个叫"程福匡"的小村来到南京读书。村名中的"匡"字，老家的实际写法是带"土"旁的，本义是指方型的小圩区，我正是从那里的泥土里走出来的。近年我讨论的花卉、瓜果、蔬菜都出于土地，成于农家，不少内容牵连我少时青涩的生活经验。正是四十年前跳出农门上大学，使我如今有机会将这些儿时的乡土记忆拉到学术的专业世界里，特别感谢四十年前那拨乱反正的岁月，谨以此书献给那生我养我的地方，献给 1978 年以来的伟大时代。

程　杰

2017 年 12 月 2 日

目　录

第一编　花卉文化综论

第二编　梅花文化与文学考论

第三编　杏花、水仙、芦苇文化与文学考论

第四编　瓜果、蔬菜文史考论

第五编　类书、农书杂考

第一编

花卉文化综论

论花卉、花卉美和花卉文化

花卉是植物资源的一个重要方面，具有鲜明的美感内容和丰富的观赏价值，自古以来，广受人们喜爱。围绕花卉，人们热情栽培、欣赏、应用和文艺创作，形成了丰富多彩的社会文化现象，积累起灿烂辉煌的历史文化遗产。我国改革开放以来，社会经济持续发展，人们生活水平不断提高，花卉观赏越来越受重视，花卉种植生产迅速兴起，科学研究也随之展开，"花卉学""花卉文化"等专题研究和学科建设迈开步伐，取得了不少喜人的成果。顺应相关学科的发展势头和社会大众的兴趣需求，我们这里就花卉欣赏和花卉文化的一些基本概念和理论问题，集中考察和讨论，力求提供一些最基本的认识。

一、花、花木、花卉

打开今天的任何一种字典、词典，关于"花"的解释都极为明确和一致，其中有两个含义是最基本的：一、种子植物的繁殖器官，通常由花托、花萼、花冠、花蕊组成，有各种形状和颜色。二、泛指能开花供观赏的植物。这几乎成了最普通的生活常识。但也许人们有所不知，历史上"花"这个字出现较迟，最初将花称作华、荣、秀、英，如《诗经》"桃之夭夭，灼灼其华"，《楚辞》"朝饮木兰之坠露兮，夕餐秋菊之落英"，所谓英、华即花朵。当然在具体表义上也有不同分工。《尔雅·释草》："木谓之华，草谓之荣。荣而实者谓之秀，荣而不实者谓之英。"也就是说，木本之花称为华，草本之花称荣、秀、英。今之"花"字，古文作"蘤"，如汉张衡《思玄赋》"天地烟煴，百卉含蘤"即是。清王念孙解释说："蘤字，从艹，从白，为声。古音'为'如'化'，故花字从'化'声，而古作蘤。"① 今之"花"字出现时间较晚。清顾炎武说："考'花'字，自南北朝以上不见于书。……晋以下书中间用'花'字，或是后人改易。惟《后魏书》李谐传载其《述身赋》曰'树先春而动色，草迎岁而发花'，又曰'肆雕章之腴旨，咀文艺之英华'，'花'字与'华'并用。而五经、楚辞、诸子、先秦两汉之书皆古本相传，凡'华'字未有改为'花'者。又考太武帝始光二年（引者按：公元 425 年）三月初，造新字千余，颁之远近，以为楷式。如'花'字之比，得非造于魏晋以下之新字乎？"② 段玉裁《说文解字注》也说：华"俗作'花'，其字起于北朝"③。都是说"花"是"蘤""华"等字的流俗写法，南北朝才出现。随着"花"字之流行，由草木之花朵部分，而代指此类草木品类之全体，也是语言表达自然而然的现象。如隋萧大圜《闲放之言》："果园在后，开窗以临花卉；蔬圃居前，坐槛而看灌畦。"这里所说的"花"，并不只指树上之花朵，而是鲜花盛开之树木。唐代诗人元稹《遣兴》"养禽当养鹘，种树先种花"，白居易《东坡种花》"持钱买花树，城东坡上栽。但购有花者，不限桃杏梅"，所说"花"都是指开花供人观赏之植物。

如今我们常用的"花卉""花木"概念，其意义与单字的"花"大同小异，都是指观赏植物的意思，只是所指更为明确、宽泛些。"花"可能有时只指花朵或观花植物，而"花卉""花木"则泛指所有观赏植物。如今园艺界的一些著作中，对"花卉"的解释，有狭义一说，认为"狭义的花卉，仅指草本的观花植物和观叶植物。花是植物的繁殖器官，卉是草的总称"④。这一说法明显不妥。"花卉"是个合成词，两个词素间不是"花枝""花丛""花信"那样的偏正关系，也就是说其意思不是开花之卉、有花之卉，而是"花柳""花鸟""花月"那样的同类并列关系，用以代表有关的一类植物。其中"花"并不只指作为器官的花朵，也指整个开花植物，品种上也不分草、木。"花草""花木"两词的结构与此同理。在这三个合成词中，"花"与"卉""草""木"的组合关系又非完全对等，而是有着明显的偏义倾向，重点都落实在"花"字上，合义所指都重在"有花可观"或"美丽可观"上。所谓"花卉""花草""花木"都是指可供观赏的植物（美丽可观），而以观花植物（有花可观）为主。也许人们的具体言谈中，"花卉""花草"与"花木"因不同搭配或有草本、木本的不同偏指，但这也大多属于言者措辞个性或即时语境的差别，而非公认的明确通例。如果有什么广义和狭义的区别，比较合理的

① 王念孙：《广雅疏证》卷一〇上，清嘉庆元年（1796）刻本。
② 顾炎武：《音学五书》唐韵正卷四，清文渊阁《四库全书》本。
③ 段玉裁：《说文解字注》卷六，清嘉庆二十年（1815）经韵楼刻本。
④ 陈俊愉、程绪珂主编：《中国花经》，上海文化出版社 1990 年版，第 2 页。

说法也应是广义的"花卉"泛指全部观赏植物，而狭义仅指观花植物。

追溯这些词汇的来龙去脉，可以进一步加深对这些概念的理解。首先是单音词到双音词的变化。上古语言中，人们所说以单音词华、英、荣、秀、葩等为主，魏晋以来，花卉、花木、花草等双音词逐步出现。仔细观察不难发现，花卉、花木两词的使用古今有所不同。今天我们多说"花卉"，而同样的意思古人多用"花木"一词。如晋朝《魏王花木志》，唐李德裕《平泉山居草木记》（也作《平泉花木记》），北宋张宗海《花木录》、周师厚《洛阳花木记》，南宋范成大《桂海花木志》、周去非《岭外代答·花木门》，同属花卉品种谱录类著作，都称"花木"而不是"花卉"。此后明慎懋官《华夷花木考》、清谢堃《花木小志》，也都以"花木"立名。宋初所编大型文学总集《文苑英华》，设"花木"类7卷，收录花、木、果、草四类题材作品。明人所编、清人增订之《幼学琼林》中植物类知识也称"花木"。可见古人习惯用"花木"来指称花卉草木等观赏植物。为什么多称"花木"？我国木本植物极为丰富，观赏植物尤其是观花植物中，也以木本居多①，因此古人言之，多以"花木"连称一词。

"花卉"复合连称，出现也早，最迟在南朝梁人徐勉《为书诫子崧》中即有"穿池种树，少寄情赏……聚石移果，杂以花卉。以娱休沐，用托性灵"②之语。稍后隋萧大圜《闲放之言》也说"果园在后，开窗以临花卉；蔬圃居前，坐檐而看灌畦"③。但在古人作品中"花卉"一词的出现频率远不如"花木"。如《全唐诗》言"花木"56处，而"花卉"仅6处，数量相差悬殊。在《中国基本古籍库》电子数据库中全文检索，"花木"得9119条，"花卉"得4962条，"花木"也明显居多，超过近一倍。

元代以来，"花卉"一词使用渐多。尤其是明中叶以来，花鸟画中花卉小品册页频频出现，著名者如《陈白阳（淳）花卉册》《陆子传（师道）题花卉册》④《文休承（嘉）花卉图册》⑤等。何以绘画题材多称花卉？花鸟画小品册页多绘花木折枝、草叶杂卉，尺幅既小，构图简单，而取材也多有草叶点缀，与圃艺实际种植多以花树藤竹为主略有不同，以花卉一词称之较为适宜，读音似也亲切一些，因而花鸟画中多取此称。入清后花卉册页更是多不胜数，于是"花卉"一词的出现频率大幅增加。有一个数据可资比较，在《中国基本古籍库》中检索"清代"（包括清人整理的前代文献）文献，得"花木"5175条，"花卉"3545条，"花卉"数量虽仍不如"花木"，但比重已明显增加。

---

① 参见程杰《论中国花卉文化的繁荣状况、发展进程、历史背景和民族特色》，《阅江学刊》2014年第1期。
② 《全上古三代秦汉三国六朝文》全梁文卷五〇，民国十九年（1930）影清光绪二十年（1894）黄冈王氏刻本。
③ 《全上古三代秦汉三国六朝文》全隋文卷一三。
④ 汪砢玉：《珊瑚网》卷四六，清文渊阁《四库全书》本。
⑤ 卞永誉：《式古堂书画汇考》卷三五，清文渊阁《四库全书》本。

　　考明清时"花卉"概念，有广义和狭义之分，广义所指与今日花卉一词的内涵和外延完全相同，而狭义所指重在花（观花植物，草木兼有）与草类。如清《御定历代题画诗类》在花卉画中即分树石、兰竹、花卉、禾麦蔬菜四小类，所说花卉即是狭义。但随着花卉册页的愈益兴盛，花卉一词出现频率不断提高，作用不断增强，广义指称便逐渐为人们所习知。到了晚清、民国年间，其势头完全盖过"花木"，成了园艺学界流行的专业术语。据上海图书馆《全国报刊索引》数据库统计，1833—1949 年的报刊文章中，题目中出现"花木" 242 例，而"花卉"有 1148 例。

　　新中国成立后，这一势头得到进一步发展。据"超星""读秀"等数据库检索，篇名、书名中"花卉"数量都远过于"花木"。当然也有个别当行专家犹存古意，如周瘦鹃先生所撰花卉园艺杂文随笔较多，无论标题还是正文中多称"花木"或"花草"，很少使用"花卉"一词①。而其子周铮得现代园艺学的熏陶，则取"花卉"一词为通名，并解释说"花卉的种类，可以分为花草和花木两大类，花草类就是它的茎部是草质性的，像水仙花、凤仙花等，而花木类的干是木质性的，像山茶、杜鹃等"②，将"花卉"视作统称，而"花草""花木"作为分类。所说较为严谨，代表了当时园艺专业的普遍共识。改革开放以来，"花卉"一词进一步为园艺学界所认可，使用频率愈益高涨，并得到了社会各界的普遍认同，成了观赏园艺植物和整个观赏植物的通称。

　　在整个花卉概念中，"花"的地位值得特别一提。正如达尔文所说，"花是自然界最美丽的产物，它们与绿叶相映而惹起注目，同时也使它们显得美观，因此它们就可以容易地被昆虫看到"③。花是植物形式美感最为鲜明、强烈之处，观赏价值最为集中、凝练之处。几乎在世界所有语言中，花总代表着美丽、精华、春天、青春和快乐④，常用以类比"事物中最精巧、最优质、最美好的部分"⑤。在我国，还有许多延伸义。如表示花纹装饰，色彩错杂，如"花样""花脸""头发花白"；表示色彩鲜艳，如"花枝招展""花团锦簇""眼花缭乱"；表示浮华不切实际，令人迷乱，如"耍花招""花言巧语"；表示奢靡、女性、色情和人性迷乱，如"花柳""花酒""拈花惹草""花花世界"。这些不同意义，都本源于花之华艳美好的形色及其强烈的魅力，反映了人们

---

① 如金陵书画社 1981 年版周瘦鹃《花木丛中》有《花木之癖》《三春花木市》，上海文化出版社 1983 年版周瘦鹃《拈花集》有《花木之癖忙盆景》《羊城花木四时春》《花木的神话》等文章，却没有一篇以"花卉"命题的。
② 周瘦鹃、周铮：《园艺杂谈》，上海文化出版社 1956 年版，第 9 页。
③ ［英］达尔文：《物种起源》，周建人、叶笃庄、方宗熙译，商务印书馆 2013 年版，第 219 页。
④ ［英］杰克·特里锡德：《象征之旅》，石毅、刘珩译，中央编译出版社 2001 年版，第 90 页。
⑤ Jack Goody. *The Culture of Flowers*, Cambridge University Press, 1993, P3. 该书为英文版，本文所引汉译由赵文焕、姚梅、鞠俊提供，不一一注明。

对花的形象特点及其审美价值的共同感受和普遍认识。花的这种鲜艳美好的形象及其强烈的魅力，可以说是"花"之为花的特质所在，构成了花卉世界的核心内容。明了这一点，对深刻认识花卉概念、花卉美感和花卉文化的内涵都大有裨益。

二、花卉美

花卉是自然生物，在美学上，花卉美属于自然美的一个重要方面。自然美是美学领域一个极为复杂的课题，与美的本质、美与美感的关系等美学核心问题相联系，自来分歧不断，迄今并无统一的认识。简单地说，主要的分歧是，自然美是客观的，还是主观的，或者是主客观的统一？从人类社会的自发立场和人类活动的全部历史看，人与自然、心与物、人类主体与自然客体之间有着永恒的对立统一性。从这个意义上说，自然美必定产生于主、客体关系之中。所谓自然美，并不完全是自然物自身的属性，而是自然物作为审美对象而形成的美，产生于自然物的客观因素与人的主观情感、想象交互作用之中。花卉美作为自然美的一个重要方面，也体现这个定理和规律，是花卉的生物性与人们的审美活动相互作用的结果。花卉的美感，或者说花卉观赏价值，应从物质的形态、习性等客观因素与人的审美能力和心理内容等主观因素，即审美的主、客观两方面及其相互关系去分析和把握。

（一）花卉美的美感元素

对花卉美的分析，园艺学者已发表了不少可贵的见解，以周武忠先生的《中国花卉文化》《花与中国文化》为代表，认为花卉美主要体现在"色、香、姿、韵"即色彩、香味、姿态和风韵四个方面。这一说法简洁明了，通俗易晓，得到园艺学界及广大花卉爱好者的认同，产生了很大的影响。笔者对此概括深表赞同，但就本人近些年研究花卉文化的经验，发现这一花卉美的理论分析，主要有两点不足：一、所说四个方面并不能充分囊括花卉美的全部内容；二、四个方面的简单并列也不能有效地揭示诸元素间的相互关系和逻辑结构。我们尝试进行一些补充。

1. 色彩美。生物界中，植物的色彩是极为丰富的。首先是普遍的绿色与人类天然本能的亲和美，更为令人注意的是叶、茎、花、果乃至于根，都有许多不同的颜色及色差，尤其是植物的花、果，多以白、黄、红、橙、蓝、紫等鲜艳的色彩取胜[①]，

---

① 花的所谓白色，其实是黄色淡极近无，而非真正的白色。

与普遍的绿色基调形成鲜明的对比，视觉内容极为丰富，构成了花卉形象美感或植物观赏价值的主要内容。

2. 气味美。与动物相比，植物的优势在于"从各个方面制造化学物质"[①]，因而气味比较丰富。尤其是种子植物的花、果，出于诱惑动物的目的，常有沁人心脾的芳香和甜味，给人强烈的嗅觉快感。气味美的欣赏无迹可据，特别需要直接贴近的"现场感"，而人类的嗅觉也远不如视觉、听觉灵敏，人类对于气味的感觉总有几分恍惚玄妙的色彩，因而"气味美"成了花卉物色美感中最为奇特而诱人的方面。

3. 形态美。指植物整体和部分的形状与姿态。我们这里是沿用周武忠先生的说法，实际这里形态概念稍嫌宽泛，植物不是动物，所谓姿态仍不出形状的范畴，只称"形状"更为妥当。首先是花、果的形状，作为植物的生殖器官和种子所在，与其鲜明的色彩和气味相配合，其形状也多精巧奇妙，富于观赏价值。而综合各方面看，适应不同的生存环境，经过悠久的物种演化，植物种类极为繁多，低等与高等，木本与草本，体量大小、结构形状、表面质地各不相同，乃至茎叶、枝干等都有不同的结构与形状，以及不同的长势和姿态，千差万别，千姿百态。与色彩一样同属视觉内容，呈现出丰富、复杂的立体形象和结构形态，包含着生动而丰富的观赏资源。以上三方面，周武忠先生的论述都较详明。

4. 习性美。所谓习性是指植物生长对环境、气温、光照等自然条件的特定需求及相应的生长规律等生理特性。如草本中有一年生、多年生之别，树木有常绿与落叶之不同，还有陆生与水生，喜阳与喜阴，耐旱与耐涝，抗寒与耐热等差别。植物开花有不同的季节，春兰秋菊，夏荷冬梅，花期有长有短，昙花一现，榴开三夏，而月季花是"只道花无十日红，此花无日不春风"[②]，"谁道花无红十日，紫薇长放半年花"[③]，雨后春笋多，露重桂花香，清水出芙蓉（荷花），"（木）芙蓉特宜水际"[④]等等，都显示着不同的生活习性和生长规律，展现出丰富的生理形态和生命活力，体现着不同的生命个性，包含着生物与环境适应或抗争的生存之道，给人以不同的生机感染、性格感应和哲理启示。如梅花的先春开放，枫树的霜叶红于二月花，松柏的岁寒后凋，这些独特的生命形态、生活习性和生长规律带给人们许多美好的感受、深刻的触发，是花卉美的重要观照内容和美感源泉。这种美感既有生动的感官直觉内容，体现在花朵、枝叶、根干的具体形态之中，也有一定的概念和理性内容，有待于对植物生命形态、

---

① 　［法］让-玛丽·佩尔特等：《植物之美》，陈志萱译，时事出版社2003年版，第73页。
② 　杨万里：《腊前月季》，《诚斋集》卷三八，《四部丛刊》影宋写本。
③ 　杨万里：《凝露堂前紫薇花两株，每自五月盛开，九月乃衰》，《诚斋集》卷九。
④ 　王世懋：《学圃杂疏》，明《宝颜堂秘笈》本。

生理机制和生长习性的理解认识。以往人们关于花卉美的鉴赏、分析对此不无涉及，我们认为有必要独立出来，作为花卉美的一个重要方面或构成元素。

5. 风韵美。也可称作神韵、气韵美，指花卉植物的有机整体或主要部分带给人们的整体美感、个性风采或核心体验，多契合和反映植物形象的整体风貌、生物个性或本质特征。如宋刘子翚《咏松》："风韵飕飕远更清，苍髯瘦甲耸亭亭。"徐积《海棠花诗序》称赞"海棠花……其株翛然如出尘高步，俯视众芳，有超群绝类之势。而其花甚丰，其叶甚茂，其枝甚柔，望之甚都。绰约如处女，婉娩如纯妇人，非若他花冶容不正，有可犯之色。"[①] 如元人程棨《三柳轩杂识》品评诸花："余尝评花，以为梅有山林之风，杏有闺门之态，桃如倚门市倡，李如东郭贫女。"[②] 明人闻启祥《募种两堤桃柳议》评梅花、桃花："梅如高士，宜置丘壑；桃如丽人，宜列屏障。梅以神赏，正不嫌少；桃以色授，正不厌多。"[③] 还有宋以来流行的花卉"十友""十客"乃至"三十客"之说："梅为清客，兰为幽客，桃为妖客，杏为艳客，莲为溪客……梨为淡客，瑞香为闺客"[④] 等等花卉"一字之评"，概括的都是花卉之间各自不同的特色个性，也就是风姿、神韵之美。

与上述色彩、气味、形态、习性之直观感觉和简单了解不同，"风韵美"的把握需要对生物有机整体的全面感受和与其他众多植物的广泛比较，揭示的是生物的整体特色和个性风格。借用古人的说法，色彩、气味、形态、习性等是"形"，是感官内容、形象细节和表面特征，而风韵是"神"，是气质品位、灵魂个性和本质特征。就人们的主观认识而言，前者多是具体的、感官的、直接的，可以明确言说和指认的，而后者则是整体的、感觉的、抽象的，大多是属于玄妙的主观感受和领悟，只可"意会"而难于"言说"。因此我们看到上面引述的这些花卉风韵美的品评，大多出于概念化的比较说明，或形象化的类比、拟喻，与色彩、气味、形态、习性的直观描述迥然不同，大异其趣。

所谓"风韵美"，如果细加辨析，又可分为两类：(1)"风姿美"；(2)"神韵美"。"风姿"在于物的姿态气息，如梅之疏、杏之繁、牡丹之艳，更偏重于物性一面，即花卉植物的自然性、客观性方面；"神韵"主要在于人的感受想象，如梅之清、杏之俗、牡丹之富贵，更偏重于人情一面，即花卉植物给人带来的感受性、主观性方面。两者的分别是极其微妙的，因而多数情况下，我们仍笼统视之，称作"风韵"或"气韵"或"神韵"。

---

① 徐积：《海棠花序》，《节孝集》文集卷二一，明嘉靖四十四年（1565）刻本。
② 陈梦雷、蒋廷锡等编：《（古今图书集成）草木典》花部第一〇卷汇考，上海文艺出版社1999年版。
③ 陶珽编：《说郛续》卷四〇，上海古籍出版社1988年版《说郛三种》本。
④ 姚宽：《西溪丛语》卷上，明嘉靖俞宪昆鸣馆刻本。

　　6. 情意美。或称情志美、情趣美，是指人们根据上述五方面形象美的整体或部分，即花卉形象、习性等整体或部分特征，以及有关的历史掌故、名称信息等，赋予花卉以思想意义、情感趣味方面的联想、隐喻和象征。在周武忠先生的论述中，这部分内容是包含在"风韵美"中的，也就是说，他所使用的"风韵美"概念涵盖了我们这里所说的"风韵美"与"情意美"两个方面。我们认为有必要将它们区分开来。"风韵美"主要是花卉有机整体及其风格个性之美，虽然更赖于人的全面把握和认知，但主要仍属于花卉美的客观内容。而"情意美"则主要是人的思想情感、品德趣味的渗透与寄托，有着鲜明的主观色彩，属于人的情感意识的"对象化"，是花卉美的主观内容。大致说来，所谓"情意美"具体又分为三类内容：

　　（1）情感美。即由花卉植物的形象和姿态感应其生机气息、形象氛围，触发某种情绪感受，寄寓某种主观情怀。比如"气暄动思心，柳青起春怀"①，"长安陌上无穷树，唯有垂杨管别离"②，"花开花落总无情，赢得诗人百感生"③，春风杨柳引起人们伤春怨别的情感，花开花落给人时光流逝之感。又如杜甫"感时花溅泪"，宋陈舜俞《南阳春日》"感时双泪落花前"，这些都是情感方面的。古人所说的言物兴情、以景写情，人们从花卉植物形象中感发和寄托的情感内容，或花卉物色所具寓情咏怀功能，都属于花卉情感美的内容。

　　（2）志趣美。或称品德美、品性美、意趣美，由植物的形象、习性等联想某种品德气节，感受到某种生活情趣，领悟到某种精神境界，从而寄托人的品格、情操。如古人所说，"梅令人高，兰令人幽，菊令人野，莲令人淡，海棠令人艳，牡丹令人豪，蕉、竹令人韵，秋海棠令人媚，松令人逸，桐令人清……"④，这便是从花卉形象、习性中感受到某种品性、志趣的气息和启迪，从而借助这些花卉意象来象征、寄托人的品格和情趣。花卉审美中所体现的这些品德和情趣的内容，或者说花卉的这种品德象征（"比德"）和情趣寄托（"寓意"）功能，属于志趣美、品德美的范畴。上述花卉的情感美和志趣美，即古人说的"抒情"和"比德""写意"内容，自来人们论述较多，认识较明。

　　（3）意义美。指人们借助花卉形象直接代表某种概念、观念和思想。以法国为代表的西方社会近代以来出现的系统"花语"就属此类。我国许多花卉的吉祥寓意、民俗象征也是这方面的代表，如吉祥图案"喜上眉梢""梅开五福""榴开百子""鹤立

---

① 鲍照：《三日》，《先秦汉魏晋南北朝诗》宋诗卷九，中册，中华书局 1983 年版，第 1307 页。
② 刘禹锡：《杨柳枝》，《全唐诗》卷二八，清文渊阁《四库全书》本。
③ 陆文圭：《清明》，《墙东类稿》卷一九，清文渊阁《四库全书》本。
④ 张潮：《幽梦影》卷下，中央文献出版社 2001 年版。

鸡群"（鸡冠花与仙鹤），"夫荣妻贵"（芙蓉花、桂花）等，或因形似或因谐音，而有固定的吉祥寓意和联想，形成稳定的传统，这就是意义美。另如杏花谐音"幸"，又因唐代新科进士多于长安杏园举办宴会而称"及第花"，因孔子杏坛讲学而成为教师的标志，因晋董奉治病救人，病家感激种杏成林而成为医师职业的代称，这些都具有明显的符号功能或标志作用。不少花卉都因这类民俗寓意、知识掌故、习俗惯例乃至专业规定而有了公认的符号意义和特定的表达功能，洋溢着鲜明的生活意义和人文情趣，这就是我们所说的意义美。

一般说来，情感美、志趣美更多体现在个人的感受体验之中，而意义美则多是社会公认的、流行的内容。情感美、志趣美是相对含蓄的、间接的，而意义美则是较为明确的、直接的。个性化的情感美、志趣美不断产生影响，人们广泛接受和认同，形成广泛共识和社会传统，也便具有意义美的色彩。比如松竹梅"岁寒三友"、梅兰竹菊"四君子"，最初当是个人或群体的审美情感，后来成了社会公认的文化象征，这就是情感美、志趣美与意义美有机统一了。风韵美与情意美之间多是含混的、交叉的，两者间的区别是相对的、微妙的，前面所引风韵美的一些说法，就有不少是以人的身份、品行作比拟，说明两者之间联系紧密。大致说来，凡倾向于物色形象的客观特征即属于风韵美的范畴，而倾向于人的情感、品德等主观寄托和象征即属于情意美的范畴，区别也是不难把握的。

（二）花卉美的结构关系

上述美感元素之间并不完全是并列的，我们前面的论说已涉及一些层次关系，这里就其整体逻辑结构进一步归纳总结。不难看出，所谓"色彩美""气味美""形态美""习性美"都属于花卉植物的外在形象和自然习性，属于生物性状的不同内容，我们用"形色美"一词来加以概括。《庄子·天道》："视而可见者，形与色也；听而可闻者，名与声也。"简单地说，"形色"即事物的形状、容貌和气色，也可称作"物色"或"物象"。花卉的色彩美、气味美、形态美、习性美之间是并列关系，同属"形色美"的一个方面。也就是说，"形色美"是花卉美的首要方面，具体又包括"色彩美""气味美""形态美""习性美"四个方面，它们都是花卉美的客观性因素，也是花卉植物最具形式美、直观美、外在美的审美元素。

然后是"风韵美"，主要是"形色"的整体或主要部分所体现的植物整体风采和个性特征，认识上有着由偏趋全、由表入里、由浅入深的要求，因此有着一定的主客观综合作用的倾向，至少有着更多主观全面把握的色彩，但它仍以揭示事物的客观特色为重点，因而仍属于花卉美的客观性方面。"形色美""风韵美"同属花卉的"客观美"或形象美。"形色美"是物之直观形貌之美，而"风韵美"是物之气质灵魂之美，两者之间是古人所说"形"与"神"之间的差别。

　　而最后的"情意美"，则是人与花卉之间"同构"感应、"移情"渗透，加之生活经验、知识修养等诸多因素作用下的心理体验、情趣感受、主观寄托、符号应用和知识记忆，主要属于花卉美的主观性因素、主观性内容，属于花卉的"主观美"，具体又分为情感、志趣和意义三种内容。从"形色美"到"风韵美"，再到"情意美"，认识上由物到人，由表及里，由客观到主观逐步转换，体现着花卉审美中主客观因素的不同作用和相互关系。花卉美属于"自然美"的一个方面，客观性、形式性因素占据绝对主要的分量，因而在主客观的比重上以"客观美"为主。综合这些主客观元素及其相互关系，我们可以用下列《花卉美各元素层次结构关系图》（图一）来表示：

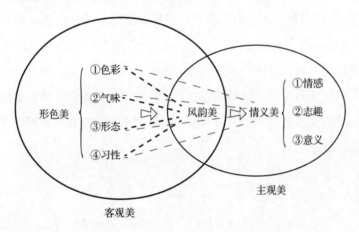

图一　花卉美各元素层次结构关系图

（三）花卉美的特殊形态

　　除了上述美感各层面、各要素之外，对花卉的审美价值还要充分注意其作为自然生命体这一客观特质。花卉是自然生物有机体，作为审美对象，它是自然景物，不同于人工艺术品和日月、山水、金石等无生命之物的无机无息。正如古人所说，"草木有生而无情，禽兽有情而无知"，"夫有生斯有性，草木无情者也，而有性焉"①，花卉草木有着生命体特有的习性和生态，其生长过程也远非一般无生命物质的机械运动和物理变化。作为自然有机生物，既有不同的种群规模，又受制于不同生长环境，表现为不同的生长状态，而人们的欣赏活动也有不同的客观环境，因而在花卉欣赏或花卉

―――――――

① 黄裳：《讲齐物论序》，《演山集》卷二〇，清钞本。

审美理解中，除了上述基本的元素和结构关系外，还有以下几方面的特殊形态或因素值得注意：

1. 不同的生物个体。正如俗话所说，世界上没有两片完全相同的叶子，我们日常所说的某某花卉，是一个植物品种，而每一个欣赏者实际面对的是具体的植株或林景。同一品种的花卉，不同植株个体也是独立的生物有机体，有着不同的生命风采。

2. 不同的生长状态。不同植物有不同的生长期和年限，植物的生与死、老与幼、大与小、壮与弱、荣与悴、古与近，展现着形形色色的生长姿态和气息。

3. 不同的生长规模。孤株、丛生与草原、森林，小规模与大面积，有不同的生长形态和景象。

4. 不同的生长环境。植物的生长有自然与人工之不同，实际生长又多属露地自然状态，因而必然置身于春夏秋冬不同季节，寒热旱湿等不同气候，东西南北等不同区域，山川原隰等不同地貌。这些不同环境条件对植物生长的制约以及植物与环境的依存关系、互动作用，使植物的生长姿态千差万别、形形色色。而植物及其生长环境与晴雨风雪等不同气候条件、朝暮晦明等不同时间氛围之间的生动组合、气氛辉映，也有不同的景观效应和风韵气息。

这些植物景观特有的生物多样性、生态丰富性、自然生动性和境象具体性，构成了花卉植物极为丰富、无穷无尽的观赏资源和审美价值，值得我们在实际观赏审美和反思分析中切实注意。

而在主观方面，不同的身份、经历、环境、处境，不同的经验、学识、品德与才智，不同的感受、情绪和意趣，在花卉观赏和审美活动中的作用也是千差万别。这种审美上的主观性因素是一切审美活动最为显著的共性，但由于花卉的生物性，人与花卉植物这类"有性"之物间的生命感应和情趣投契，较之与无生命物质之间应该更为生动和亲切。尤其是园艺栽培亲力亲为者，"花木虽无情，然当其培灌覆护扶悦之时，花木亦若甚乐其然者，莫不炜炜熠熠，扬芬弄姿，争自献媚于堂庑之下，未闻有坐谈之顷，而立槁筵次者"[1]，是说耕耘与回报之间的"休戚与共""两情相悦"，较之一般审美活动更为情真意切，温馨动人。这也是我们把握花卉审美时值得多加玩味的。

（四）"花"之美的特殊性

在花卉审美中，观花植物尤其是植物的花朵部分，也就是人们通常所说的"花"，

---

[1]　沈赤然：《客问》，《五研斋诗文钞》卷四，清嘉庆刻增修本。

无疑是人们最喜爱的内容。而其美的构成或相应美感的产生，关系到美的本质、自然美的性质等美学核心问题，值得我们特别注意。

花是植物的性器官，其鲜艳的色彩、诱人的气味和别致的形状，有着生物能量自我凝聚集中、奢华张扬的意味，这在整个生物界都是较为普遍的现象，人类与性爱相关的装饰行为和铺张仪式或有类似的潜在本能。植物的花朵同时又是植物与其他物种沟通的方式，这在人类出现之前就已经如此了。花的色彩、气味、形状大多是为了诱惑包括人类在内的动物的。[①] 花与蜂之间的互利共生关系，以不同的方式同样也体现在人类与花朵之间。也许人类对花朵的喜爱更多出于花朵与果实的联系[②]，但不管差别多大，人类对花朵的喜爱都有一定的生物本能意义。这使我们感到，自然美，或者更具体地说是花朵的美好，有着生物界内在统一的本能依据，有着自然规律的先天客观性。"花"的魅力对人类有着一定的天然针对性，而人类对"花"的喜爱有着与生俱来的"集体无意识"。这对我们理解美的本质、美的客观性、自然美的本源与属性等问题，都有着深刻的启迪意义。同样，对我们深入理解人类对花卉尤其是"花"的普遍热情以及由此演生的灿烂文化也大有帮助。

三、花卉文化

花文化、花卉文化是近 20 年越来越引人关注的话题，无论是对这一问题的宏观思考或全局论述，还是诸如兰文化、梅文化、荷文化、菊文化、竹文化、松柏文化、杨柳文化等具体花卉品种的专题研讨，都吸引了不少学者参与，取得了一定的成果。但对这一课题的性质、范围及研究的目的、任务尚缺乏系统、明确的认识，有必要追踪学术研究的发展，不断进行总结反思，以提高我们的理论自觉和学科规范。我们这里试就花卉文化的性质内涵、课题范围和研究任务等基本问题作一些初步的思考。

（一）花卉文化的性质

简单地说，花卉文化就是与花卉有关的所有文化现象。这一概念的内涵是花卉或与其有关，而外延则是文化。众所周知，文化的概念是极其复杂的，外延极其宽泛，广义的文化概念至大无外，包括人类社会所有的物质和精神活动及其成果。从这个意义上说，与花卉有关的一切社会、文化现象乃至人类面临的自然资源状况都属于花卉

---

① ［法］让－玛丽·佩尔特等：《植物之美》，第72—73页。
② ［美］迈克尔·波伦：《植物的欲望》，王毅译，上海人民出版社2005年版，第83页。

文化的范畴，其空间是十分广阔，而内容是极为丰富的。

"花卉文化"概念的关键还在其内涵即"花卉"本身。花卉作为一种植物资源，人们真正关注的不是其实用意义或经济价值，而是观赏意义或审美价值。花卉的观赏价值是"花卉"之作为花卉的本质属性和核心内涵。这是我们在使用花卉和花卉文化这些概念时，必须特别注意的。我们所说的花卉，总是以园艺学界所说的观赏植物为主体，包括所有进入人类审美欣赏视野的植物，人们关注的主要是其审美价值，即是否给人带来审美的愉悦、观赏的情趣。这种审美的满足是精神性的，是超功利的、非实用的。基于花卉的这一内涵特征，所谓花卉文化虽然是以物质资源为载体的，但却是以审美文化为核心的。花卉文化是与花卉有关的所有社会、文化现象，而进一步的准确定义应该是人类对于花卉审美观赏价值认识欣赏、开发利用和创造发挥的全部活动与成果①。

因此，我们的有关探讨应高度集中在人类对花卉审美观赏价值的认识欣赏、开发利用和创造发挥的活动与成果上，自然也包括与花卉的审美价值、审美活动相关的其他精神活动。我们在此特别强调这一点，是考虑到植物的资源价值是多元的，观赏或审美价值只是其中一个方面。比如桃、梅既是花，也是果，果实固然也有观赏价值，但食用价值更为重要。又如荷花，除了观赏价值外，花、叶、茎尤其是藕和莲子都有显著的食用、药用价值。牡丹通常被视为只以花胜，但其根茎表皮制成的丹皮是一味重要的中药。松柏是重要的观赏树木，同时也是重要的木材资源。即便如蒿茅一类野草，也有充当薪火的用处，真正了无用处的植物是不存在的。人类对植物的审美活动都是建立在对植物的科学认识（"真"）和生活应用（"善"）的全部经验基础上的，植物的实用价值（"利"或"善"）必然对人的审美评价产生影响，实用价值本身也能构成审美的对象乃至美感的源泉。但"美"又是对"真"和"善"的感性化超越、理想性建构，人们可以因实用价值而产生美感，但实用价值本身却不是美感，不是审美价值。花卉文化自然包括所有与花卉审美欣赏和审美价值开发利用有关的现象，但食用、药用、木材等实用资源价值的科学研究、技术开发、经济生产、社会应用情况却多应排除在外。这些与花卉审美价值及其利用无关的科学技术、经济学内容可以作为相应审美价值和审美活动的外围环境和背景情况予以适当关注，但决不能喧宾夺主，不能进入花卉文化研究的主体范围。

---

① 学术界另有"花文化"的概念，广义所指即我们这里所说的"花卉文化"，但有些学者仅指与"花"即观花植物有关的各类社会、文化现象，如英人杰克·古迪《花文化》即基本不涉及其他不以花色著称的植物，应属狭义。我国也有一些"花文化"论著采用狭义。

当然一切都是相对的，有些花、果两用或经济价值与观赏价值并重的植物，如前面所说的桃、杏、梅这样的果树和荷、松柏、竹、芦苇这样的林木、蔬菜，当我们对这些具体的植物进行专题文化研究时，是无法将审美与实用两方面安全区割的。而且如果"话分两头"，也有损文化研究有机综合的学术旨趣和理论特色。针对这类情况，我们不妨在概念上作些技术约定，比如当我们说"梅文化""桃文化""荷文化"时，是综合花、果两方面进行考察和讨论，而如果是说"梅花文化""桃花文化""荷花文化"时，则是集中进行花色欣赏文化方面的研究。在整体上，前者可以称作"植物文化"，而后者是"花卉文化"。当然，不管是广泛的"植物"还是特指的"花卉"，只要称作文化研究，我们关注的重点就不应是政治、经济、社会、科学技术等传统学科的经典内容，而是倾向于综合的、交叉的（跨学科）、贯通的、边缘的、深层的、历史的、心理的、精神的、社会性的、大众化的、日常性的、符号化的、文学艺术等文化意味较强的现象和意义，这是文化研究的理论旨趣和学术特质。

（二）花卉文化的内容

"围绕着花，各种文化都发展了起来，花背后有着一个帝国价值的历史，花的形状和颜色以及香气，它的那些基因，都承载着人们在时间长河中的观念和欲望的反映，就像一本本大书。"[①] 面对纷繁复杂、漫无边际的文化现象，一般有两种大的分类，一是物质和精神两分法，另一是物质（技术）、制度（社会）、精神（观念）三分法。根据花卉文化的实际，我们大致按三分法的思路和框架，将花卉文化现象也大致分为三大方面。同时考虑到花卉资源偏重审美价值的特殊性，有必要将人们对花卉美的价值观念、审美认识和情趣方式等独立出来，作为一个重要方面。这些审美认识和经验的内容，既体现在资源利用和园艺生产等物质性活动中，更体现在各类精神生活和成果中，将其集中考察，有助于系统把握花卉文化的核心体系和精神价值。这样，我们将花卉文化纷繁复杂的现象分为以下四大方面：

1. 资源技术。主要指花卉资源方面的状况和人类有关认识、开发活动，包括：

（1）天然生长和人类种植的植物资源及景观；

（2）花卉植物的引种、品种培育及种植生产等园艺活动与技术；

（3）园林与各类环境建设中的花卉应用技术；

（4）与上述三方面紧密相关的生物、地理、农学、园艺、园林、生态环境等方面

---

① ［美］迈克尔·波伦：《植物的欲望》，第 92 页。

的科学知识、科研活动及其成果。

2. 欣赏认识。花卉文化的实质在于自然物的审美观赏，人的审美活动涉及物质和精神各个层面。这里所说的欣赏认识，包括欣赏活动和审美认识两个方面，具体涉及：

（1）人们对花卉的审美需求、价值态度、文化立场；

（2）对花卉美的形态、特征、功能等种种内容的认识和理解；

（3）对花卉和各类植物景观的所有欣赏活动及其方式方法、情趣体验、知识话语等；

（4）上述审美观念、活动方式、人文情趣的社会环境和文化渊源。

这些都有着"点"（品种及植株个体）与"面"（种群与全部）完整而复杂的审美认识和活动经验体系，并带着不同民族、阶层、群体及其不同时代的特色，是花卉文化较为基础而又最为核心的方面，有必要集中总结与阐发。

3. 社会应用。是对花卉观赏价值及其他相关资源价值的开发利用及其相应的思想认识，包括以下内容：

（1）天然和人工植物及其景观资源的旅游开发、环境应用和园林应用；

（2）花卉产品及其有关观赏物资的生产开发、市场运营、展览宣传、社会消费等活动；

（3）节日、婚姻、丧葬、祭祀、庆贺、纪念、宴会、祈禳、宗教等重要仪式和宣传，会议等其他重要活动的花卉使用及其制度、方法、观念、功能、效果、意义等；

（4）各类日常装饰如佩戴花饰，交际礼节如给人送花等活动中花卉及其延伸物的使用，包括场合、功能、方式、风俗、时尚、情趣和符号意义等；

（5）人类话语符号中的花卉信息和意义；

（6）对鲜花色、香等物质因素的模仿制作如仿花香料、香水等的研制及其应用；

（7）对鲜花医疗、养生、膳食等功能的开发利用；

（8）花卉资源及风俗习惯的社会传播和国际交流等。

上述这些与花卉有关的社会机制、活动方式、思想观念、心理习俗、社会影响及其历史过程，都属于这一方面，是花卉文化中的社会化内容，也有着民族、阶层、群体的差异和不同时代的变化，涉及传统政治学、经济学、社会学、人类学、宗教学、民俗学、人文地理学以及历史学等广泛学科领域。

4. 文学艺术。一般的文化分类都将其归为精神现象或观念层面，由于我们上述已将欣赏认识的经验性、观念性、理论性内容独立一类，就无需再使用"精神文化"这样宽泛的概念来容纳。事实上，许多情况下，所谓物质与精神是很难截然分开的，社会生活的各层面也都包含思想观念的作用和精神心理的追求。文学和艺术是审美文化中最重要、最核心的方式和领域，人类的所有产品中，也都程度不等地包含着艺术的成分，因此我们选择文学艺术作为所谓精神文化方面的代表。同时，这样的分类设置，划分标准比较明确。虽然园艺、园林、场景装饰、环境营造等活动和成果也多具有艺术创造的因素，但由于明确使用花卉生物实体或与其直接相关，我们都划归上述三个方面。而剩余的便是不需要生物实体直接参与而以花卉为题材、主题、意象、符号的艺术创造活动，统归为此类。大致包括：

（1）诗歌等文学；

（2）绘画、音乐、舞蹈、戏剧等传统、主流艺术；

（3）雕塑、版画、摄影、广告、电视、电影、光影、人体等各类影像和造型艺术；

（4）建筑、纺织、服饰、器具、食品等各类制作中的工艺美术等；

（5）这些文学艺术作品及其相关资源的传播、鉴赏、使用或消费活动；

（6）与花卉有关的各类文物、文献和学术活动、文化教育等。

严格地说，这第六方面的内容不只是"文学艺术"，而应该称作"文化艺术"，这里的"文化"也是狭义的、精神的。众所周知，我国是一个文学艺术历史极为辉煌的国家，花卉题材的文学、艺术作品浩如烟海，凝聚了丰富的花卉审美经验和文化情趣，积累了无比丰厚的历史文化遗产。为了充分兼顾我们民族文化的这一传统特色，同时也避免"文化"大小概念之间的相互干扰，我们这里以"文学艺术"作为整个"文化艺术"的概称，而将"精神文化"的其他方面如学术、教育、文献和文物等，作为此类附属内容。

上述四个方面的分类无疑是相对的，花卉植物的科学认识与审美认识之间，物质生产与社会应用之间，欣赏活动与社会生活、文学艺术创作之间，文学艺术的社会消费与花卉实物资源的社会应用之间，都有着不同程度的交叉、渗透和"互文"关系，值得我们关注。而这四个方面各自又有着丰富、复杂的情形，有待进一步的深入分析。我们应该：

（1）从花卉文化内部这四个方面全面展开，深入研究，并注意各方面的有机关联；

（2）注意把握其历史演变过程以及时代性、民族性、阶层性、群体性、地域性等时空差异；

（3）进一步拓宽视野，将其放在社会历史、文化更大形态或系统中去比较定位，把握其类型特色、外部渊源、历史作用和文化意义。

只有这样纵横梳理、多维观照、有机把握、深入透视，才能全面、充分地揭示花卉文化的内在丰富性，实现对花卉文化全面、系统而深入的认识。

（三）花卉文化的研究

花卉文化的研究，无论国内国外都有不少成果，取得了一定的成绩。其中比较突出的首先有周武忠先生等以园艺学、花卉学、园林艺术为基础的研究。周先生上世纪90年代出版的《中国花卉文化》《花与中国文化》主要从两方面展开讨论，一是花、名花、瓶花等形态花卉美的内容及其观赏情趣，二是花卉与文学、艺术、宗教、园林、民俗、饮食、名人丰富多彩的关系，从这些不同侧面展示花卉广泛的社会、文化意义。稍后周先生与闻铭、高永青合作主编的《中国花文化辞典》，包括概览（名花）、典籍、艺术、人物、风俗、传说、用花、养花、花胜、养生、成语、花语等名目，在前两书的基础上，增加了风景名胜、民间传说、语言符号、文献典籍等方面的内容，视野进一步拓展，内容更为周详。1999年出版的何小颜先生《花与中国文化》虽然大多采取漫话杂谈的方式，却是一部文史功力和专业论述性更强的花文化专著。全书包括三方面的内容：一是从花品、花友、花神、花精、花痴、养花等方面阐述国人爱花、赏花的文化理念、审美心理和品性情趣；二是按花期先后就20多种名花的艺植历史、观赏情趣进行简要的梳理和阐述；三是通过花历、花信、花节、花市、宴赏、斗草、吉祥民俗、簪花、花酒、花餐、花茶、花药、花浴、瓶花、盆景、花园等专题漫谈，展示国人传统赏花丰富的生活情趣和民风习俗。如此点面结合，文史哲贯通，较为系统地展示了我国传统花文化的深厚理念、丰富情趣和生动情景。此外，郭绍涛、邓星、文车等主编的《花之彩——花文化与生活》一书内容也颇可观。上述通论之外，兰、荷、梅、桃、杏、竹、牡丹、松柏、梧桐、杨柳等名花名木或文化植物也都出现了一些颇有分量的专题文化论著①。在历史学、文学史、艺术史、园艺学等学科也有不少花卉题材、花卉圃艺事业和游赏活动的专题探讨。舒迎澜先生的《古代花卉》是古代花卉园艺史的重要考述。

---

① 如何明、廖国强《中国竹文化研究》（云南教育出版社1994年版），李志炎、林正秋主编《中国荷文化》（浙江人民出版社1995年版），关传友《中华竹文化》（中国文联出版社2000年版），周建忠《兰文化》（农业出版社2001年版），《中国茶花文化》编委会《中国茶花文化》（上海文化出版社2003年版），刘伟龙《中国桂花文化研究》（南京林业大学硕士论文，2004年），俞香顺《中国荷花审美文化研究》（巴蜀书社2005年版）、《中国梧桐审美文化研究》（花木兰文化出版社2014年版），李莉《中国传统松柏文化》（中国林业出版社2006年版），程杰《梅文化论丛》（中华书局2007年版）、《中国梅花审美文化研究》（巴蜀书社2008年版）、《中国梅花名胜考》（中华书局2014年版），姜楠南《中国海棠花文化研究》（南京林业大学硕士论文，2008年），石志鸟《中国杨柳审美文化研究》（巴蜀书社2009年版），魏巍《中国牡丹文化的综合研究》（河南大学硕士论文，2009年），方秋萍《茉莉在中国的传播及影响研究》（南京农业大学硕士论文，2009年），王子凡《中国古代菊花谱录的园艺学研究》（北京林业大学博士论文，2010年），张荣东《中国菊花审美文化研究》（巴蜀书社2011年版），林玉华《中国水仙花文化研究》（福建农林大学硕士论文，2013年），王春亭《历代名人与梅》（齐鲁书社2014年版），程杰、纪永贵、丁小兵《中国杏花审美文化研究》（巴蜀书社2015年版），贾玺增《四季花与节令物——中国古人头上的一年风景》（清华大学出版社2016年版）等等。此处所举为部分专著、编著和学位论文，单篇学术论文如路成文《北宋牡丹审美文化论》（《中原文化研究》2013年第2期）、吴洋洋等《花与北宋审美文化》（《文艺评论》2014年第2期）等数量也不少，恕不一一罗列。

古代文学领域，出现了不少花卉题材诗词研究的论著①，艺术学研究中也有一些很有分量的专题论著②。在史学界，台湾学者邱仲麟先生《明清江浙文人的看花局与访花活动》③《花园子与花树店——明清江南城市的花卉种植与园艺市场》④ 等论文较为详细地论述了明清时期江浙花园经营、园艺市场以及花期文人雅集、民众游乐的空前盛况。广州叶春生先生《广州的花卉与花卉文化》⑤ 对近代以来一个多世纪广州花市的繁荣景象及相应的文化活动，北京吴文涛先生《元代大都城南花卉文化的兴起》⑥ 对元大都城南地区（今北京丰台）花卉产业的繁盛状况及其社会、地理背景等都进行了详细的考述，都是这一领域有关花卉研究最为明确、得力的成果⑦。北京张启翔先生《论中国花文化结构及其特点》⑧ 对中国花文化的内在结构，上海王云先生《花在中西文化中的隐喻意义》⑨ 对花经由红色、血液、生命的联想而成为事物精华之隐喻的原始思维逻辑根源，广东叶卫国先生《文化哲学视野下的中西花卉审美特征漫议》⑩ 对中西花卉观赏之文化心态和审美情趣的差异，都进行了系统、深入的阐发，提出了一些有益的思路和见解⑪。在国外，笔者所见有英国学者古迪的《花文化》，以社会学、人类文化学的理论视野，对欧洲、中东、非洲、美洲、亚洲包括中国、印度、东南亚等地区花卉欣赏、使用的不同态度、方式和风俗习惯及其由古而今的发展演变历程一一进行勾勒阐发。通过跨文化的比较研究和贯通古今的梳理论述，较为全面地展示了世界主要地区花文化的不同思想传统、社会风习及其文化特色。该书作者是一位社会学、

① 如王莹《唐宋诗词名花与中国文人精神传统的探索》（暨南大学博士论文，2007年）、渠红岩《中国文学桃花题材与意象研究》（中国社会科学出版社2009年版）、徐波《中国古代芭蕉题材的文学与文化研究》（南京师范大学硕士论文，2011年）、王颖《中国古代文学松柏题材与意象研究》（南京师范大学博士论文，2012年）、王三毛《中国古代文学竹子题材与意象研究》（花木兰文化出版社2014年版）等。
② 如张晓霞《中国古代植物装饰纹样发展源流》（苏州大学博士论文，2005年）、中国美术学院孙红《天工梅心——宋元时期画梅艺术研究》（中国美术学院博士论文，2010年）、杨佩《中国青铜器上的花文化现象研究》（北京林业大学硕士论文，2012年）等。
③ 《淡江史学》第18卷（2007年6月）。
④ 《"中央研究院"历史语言研究所集刊》第89卷（2007年）。
⑤ 《中山大学学报》1992年第3期。
⑥ 《北京社会科学》2019年第2期。
⑦ 史学领域重要的学位论文还有黄雯《中国古代花卉文献研究》（西北农林科技大学硕士论文，2003年）、高歌《中国古代花卉饮食研究》（河南大学硕士论文，2006年）、李琳《北宋时期洛阳花卉研究》（华中师范大学硕士论文，2009年）、王文《唐代花卉文化研究》（华中师范大学硕士论文，2014年）等。
⑧ 《北京林业大学学报》2001年特刊。
⑨ 《复旦学报》（社会科学版）2003年第3期。
⑩ 《广东海洋大学学报》2007年第2期。
⑪ 此外，北京陈俊愉、陈秀中、金荷仙、王莹、李菁博、孔海燕、温跃戈、李元、郑辉、刘燕，内蒙古张鸿翔，山东王春亭，南京舒迎澜、俞香顺、芦建国、宫庆华、戴中礼、石润宏，浙江林雁，安徽纪永贵，武汉王彩云，广东路成文，广西付梅，昆明郑丽等学者发表了不少花卉文化方面的精彩论文。周武忠先生领导的学术团队和影响下的学术群体着力最专，成果更丰，恕不一一罗列。以上几条脚注所述学者及成果远不全面，仅就笔者所知，略举其要而已。

历史学专业的资深学者，并且以丰富的实地考察经验作支撑，有着严格的专业性和学术性①。上述这些成果（含脚注所及）虽然角度有正有偏，学术性有强有弱，但整体上展示了花卉文化研究广阔的学术空间和丰富的理论路径，值得我们认真吸收借鉴、继承发扬。

根据目前的情况，我们认为，为了促进花卉文化研究的深入发展，我们的研究工作必须注意以下几个方面的综合推进和有机结合：

1. 理科和文科

我们认为花卉文化的研究是一个文理并重的任务，需要历史、社会、经济、农业、林业、园艺、园林、植物、经济、宗教、文学、艺术、美学、心理等许多学科的广泛参与、协同努力。目前关于花卉文化旗帜鲜明的研究大多出于园艺、园林学科，偏于"理科"性质，而社会、人文学科即人们常言的"文科"专业投入较少。"花卉"研究可以只限于园艺、园林学科，而"花卉文化"研究则万万不可。实际上，文化研究面对的更多不是科学、技术的问题，而是文、史、哲等人文学科，政治、经济、社会等社会科学的问题。只有整个研究队伍社会、人文专业素养的大力提高，尤其是社会、人文专业的积极参与，花卉文化研究才能切实迈进。只有科学、技术与社会、人文学科的协同推进，物质、社会、精神研究的有机结合，花卉文化研究才能真正全面展开、深入发展。

2. 总论与各论

任何课题都有整体性、全局性的问题，任何层面的文化研究总具有综合性、交叉性的倾向，从某种意义上说，花卉文化研究的学术深度主要体现在各类文化现象的综合审视和贯通思考之中。而花卉文化的研究以花卉为主题，花卉作为研究对象，是一个集体名词，包括大量鲜活独立的生物群落、品种和个体。不同植物种类的生物形象和生长习性千差万别，实用价值、园艺技术各不相同，人类开发利用的历史和人文情趣更是歧途纷纭、情况复杂，相应的品种专题研究有着鲜明的独立意义，构成了花卉研究的起点和基础工作。不同花卉品种的专题研究、重要品种的重点研究都是花卉研究中的必然课题和大宗任务。其中名花名木之类的品种"各论"尤显重要，这是花卉文化研究对象的内在要求，值得我们特别重视。在花卉文化的研究中，要时刻注意兼顾花卉总论与这种品种分论之间的内容布局和协调推进。与总论、各论间的关系相类似，宏观、中观与微观，点（个案）、线（过程）、面（整体）等不同角度和层面的全

---

① 详情请参见赵文焕、石润宏《世界园艺史与社会人类学视野中的花文化研究——杰克·古迪〈花文化〉评介》，《中国农史》2014 年第 4 期。

面展开和有机统一，是所有社会、人文学科的基本要求，自然也是花卉文化研究的努力方向。

3. 广度和深度

文化概念至大无外，极为宽泛，我们的研究自应大气包举，细大不捐。但目前的花卉文化论著不乏"走马观花"，浮光掠影，浅尝辄止，老生常谈的现象①，热心于百科全书式的常识介绍或超市货架式的分类陈列，满足于简单的现象罗列、常识介绍、趣味漫谈和作品选读。这些无疑对大众文化的普及、提升有所帮助，但文化研究远非一般的文化宣传和大众教育，而是专业化的学术任务。就严肃的学术研究而言，缺乏应有的学术思考、独立见解和理论阐发，就不免简单化乃至肤浅、庸陋之弊。学术研究固然需要广泛的知识、浓厚的兴趣，但更需要严谨扎实的学风和日积月累的功夫。文化研究面对的固然包括纷繁复杂的现实社会生活，但更为沉重的却是悠久深广的人类历史现象。文化研究不仅要视野开阔，见多识广，还要融会贯通，深入思考。事物要揭示特征，史实要辨明原委，现象要进入本质，历史要把握规律，只有这样处处由表及里，不断由浅入深，才能使我们的认识深入彻底。只有广度和深度的有机结合，我们的研究认识才可能是充分的，透彻的。

4. "文化志""文化史"与"文化性"

所谓"文化志"，是指文化现象各方面的专题记录和考述。所谓"文化史"，即文化发展历史的研究，主要着眼于发展轨迹、演变进程的梳理论述。两者之间有着纵、横不同的侧重点，但都是广义的文化史或文化学研究的角度和方式。我们将它们与"文化性"相对而言，主要着眼其文化现象梳理和分析的史学功能和品质。我们有必要进一步加强对花卉文化各层面自然、社会、文化现象全面、系统而深入的梳理考述，力求充分、准确、详细地揭示人类花卉文化发展的历史景象。但在另一方面，我们要注意加强花卉文化的"文化性"研究。所谓"文化性"研究是指各类文化现象、历史事实背后潜含的兴趣动机、行为模式、机制结构、演变规律、话语符号、精神传统、人文价值等整体性、系统性、规律性、思想性内涵的综合思考、深入挖掘和理论阐发。深入的文化志、文化史的研究本就应该包括这些专业分析和理论阐发，而目前所见花卉文化论著，包括我们发表的研究成果在内，不仅资料收集之类文史基础工作薄弱，而且有不少停留于文化现象的简单罗列、生活情趣的琐屑漫谈、历史过程的粗放勾勒，

---

① 目前花卉文化论著中还存在对他人的学术成果不闻不问、熟视无睹或故意回避，借鉴和引述他人学术观点和论述不标出处，直接抄贩、拼凑他人学术成果，杜撰引文和证据等严重现象，都是科学研究公认的不良现象或不端行为，在此稍带提及，无须细说。

缺乏上述"文化性"、思想性内容的深入思考和阐发，这在一定程度上影响了花卉文化研究的学术质量和品位。因此，我们一方面要以严谨扎实的学风，进一步加强文化志、文化史的梳理和研究，同时更要不断提高社会人文学科素养，大力加强花卉文化各层面的文化模式、发展规律、精神价值等"文化性"内容的思考和抉发。这样内外兼修、史论并举、即事究理、历史与逻辑相统一，必能提高花卉文化研究的文化学品格，开创花卉文化研究的新局面。

［原载《闽江学刊》2015 年第 1 期］

论中国花卉文化的繁荣状况、发展进程、历史背景和民族特色

　　所谓花卉文化是人类围绕花卉所展开的各类社会文化活动及其成果的总称。所谓花卉一般用其广义，指观赏植物，而"花"即观花植物是其重点。文化的范围历来至大无外，虽然花卉文化只是其中的一小部分或一个专题，但涉及范围是极为广泛的，包括植物、园艺、园林、民俗、文学、艺术、社会、经济及其相应的历史学科等广泛领域，相关研究需要众多学科的广泛参与。我国是一个花卉文化极度繁荣的国家，其发展历史和文化现象尤为丰富复杂，更需要多方面的力量投入。近二十多年来，随着我国社会生活水平的提高，人们对花卉文化的兴趣与日俱增，但相关学术研究却较为薄弱。就全局、通论性的著作而言，为数不多的成果主要出于园艺学者，如周武忠的《中国花卉文化》（花城出版社，1992）、《花与中国文化》（农业出版社，1999），闻铭、周武忠、高永青合作主编的《中国花文化辞典》（黄山书社，2000），另有文史学者何小颜《花与中国文化》（人民出版社，1999）。近见英国社会人类学者杰克·古迪（Jack Goody）《花文化》（*The Culture of Flowers*，1993）一书纵论从古至今欧洲、北美、非洲、中东、亚洲等广大地区的花卉文化问题，其中有两章专论中国古代和当代，力求在跨文化和人类社会学、历史学的宽广语境中思考中国花卉文化的特点，所见多有启发。面对域外这样的热心关注，我们有必要立足中国文化的立场和文史研究的成就，对我国花卉文化历史发展的基本问题进行比较系统的回应。本文正是出于这一动机，对我国古代花卉文化的繁荣状况、发展进程、历史背景和民族特色等全局性问题进行全面、系统的论述，力求对这些问

题提供一些初步而基本的认识。

一、中国花卉文化的繁荣状况

我国是一个花卉文化发展历史悠久而极其灿烂辉煌的国家。7000 年前的浙江余姚河姆渡遗址陶器、陶片上即有植物枝叶类图案，并有类似盆栽单株植物的纹样。距今 5000—6000 年的河南陕县庙底沟遗址出土的彩陶多有疑似花瓣、叶片样纹饰，以至有人视为华夏民族得名的由来 ①。可见早在新石器时代中期，我国先民对花卉已经表现出一定的兴趣，并出现了用作装饰的倾向。主要传承夏朝历法的《夏小正》中，就有正月"柳稊"，"梅、杏、杝桃则华"，二月"荣堇（蔬菜），采蘩"，"荣芸"，四月"囿有见杏"，七月"秀雚苇"，"莠秀"，九月"荣鞠（菊）"等物候月令，所谓华、荣、秀，都是开花的意思，说明夏朝先民对植物开花已颇多关注。到了西周时期，被誉为我国先民大合唱的《诗经》中"草木虫鱼"的"比兴"成了最基本的表达方式。"桃之夭夭，灼灼其华"，"何彼秾矣，唐棣之华"，"皇皇者华，于彼原隰"，都是热情赞扬鲜花灿烂之美的名句，而"昔我往矣，黍稷方华。今我来思，雨雪载途"，"有女同车，颜如舜华"，"羔裘晏兮，三英粲兮。彼其之子，邦之彦兮"更是把鲜花作为时令美好、容貌光鲜、才能优秀的象征，"维士与女，伊其相谑，赠之以芍药"，则是男女间以花馈赠传情的习俗，这些都充分反映人们对花卉的喜爱和重视。战国时《楚辞》中"香草、美人"构成了比较复杂的象征系统。汉以来，尤其是魏晋以来，人们对花卉草木的欣赏兴趣和对花朵装饰的需求越来越明确，也越来越普遍，专题的文艺创作开始兴起。唐宋以降相应的社会文化活动更是云兴霞蔚，不断敷展和积累，日益深化和精细，形成了极为丰富复杂、繁盛灿烂的景观。

我国古代花卉文化的繁盛景象，大致可以从两大方面来把握：

（一）园艺种植成就和花事欣赏活动极为丰富繁盛

首先是观赏植物资源的丰富。据统计，《诗经》出现植物名称近 500 次，涉及品种有 143 种 ②，而其中比较富于观赏价值的就有芍药、唐棣、舜（木槿）、荷、兰、菊、女贞、栗、桃、梅、竹、杨柳、榆、梧桐、梓、桑、槐、枫、桂、桧等。到了初唐《艺

---

① 苏秉琦：《关于仰韶文化的若干问题》，《考古学报》1965 年第 1 期。对于庙底沟遗址彩陶花瓣纹的认识，学界有不同看法，笔者的认识也有变化，请见笔者《论花文化及其中国传统》，《阅江学刊》2017 年第 4 期。
② 胡相峰、华栋：《〈诗经〉与植物》，《徐州师范学院学报》（哲学社会科学版）1985 年第 2 期。

文类聚》，所辑草部总名和专名 44 种，百谷部总名和专名 9 种，果部 37 种，木部总名、专名 43 种，合计 133 种，这大多是文献记载和艺文作品较为丰富的植物品种。南宋末年的花卉专题类书《全芳备祖》前集为花部，为观花植物，列名著录 114 种，附录 7 种。后集为其他植物，分果、卉、木、农桑、蔬、药等部。诸部合计列名著录 269 种，附录 30 多种，其中明确属于植物 274 种（多部重出不计），近一半见于花部，也就是说 120 多种已被视为观花植物。到了清康熙四十七年（1708）编定的《佩文斋广群芳谱》，分天时、谷、桑、蔬、茶、花、果、木、竹、卉、药等 11 类，共 100 卷，其中花谱最多，占 32 卷，包括附录在内共辑录以花色著称的植物达 234 种，其他果、木、竹、卉、药、桑、蔬诸谱中也有不少富于观赏价值的植物，如竹、松柏、杨柳等，合计数量之多不难想象。

不仅是花卉物种丰富，具体园艺品种更是不胜其多。早在唐代，宋单父即能使"牡丹变易千种。上皇召至骊山，植花万本，色样各不同"[1]。入宋后洛阳牡丹甲天下，欧阳修《洛阳牡丹记》称天圣九年（1031）所见西京（洛阳）留守钱惟演手录"九十余种"，而欧公自叙当时著名者即有姚黄、魏紫等 24 个[2]。稍后周师厚《洛阳牡丹记》增至 46 个[3]，张峋"撰《谱》三卷，凡一百一十九品"[4]，这还只是北宋一时、洛阳一地的情况，可见技术发展之迅速、培育品种之丰富。再如菊花也复如此，北宋末年刘蒙《菊谱》所载品种 35 个，到南宋淳祐间（1241—1252）史铸《百菊集谱》汇集诸家所录，品种已达 162 个。明嘉靖间周履靖、黄省曾《菊谱》著录 222 个[5]，清计楠《菊说》著录 233 个[6]。各家所录既有重复，也多有不同，若能进行全面普查，品种数量应该远非二三百种。透过这些极不完全的数据，不难感受到我国花卉品种开发的繁富。

不仅品种资源繁盛，相应的种植技术和观赏经验也都极为丰富。我国古代农书中，观赏圃艺类著述极夥。这些花卉谱录类著述，除品种著录外，多有种植技术、观赏方式、情趣品鉴乃至于相关艺文作品、遗闻轶事的阐述和资料掇录。如北宋欧阳修的《洛阳牡丹记》就包括"花品叙""花释名""风俗记"三部分。邱濬《牡丹荣辱志》则将所录 39 个品种按王、后、妃、嫔、命妇、御妻等名目品分等级，又

---

① 曾慥：《类说》卷一三，清文渊阁《四库全书》本。
② 欧阳修：《洛阳牡丹记》花品叙第一，宋《百川学海》本。
③ 陶宗仪：《说郛》（百二十卷本）卷一〇四下，清文渊阁《四库全书》本。
④ 朱弁：《曲洧旧闻》卷四，清《知不足斋丛书》本。
⑤ 周履靖、黄省曾：《菊谱》卷上，明《夷门广牍》本。
⑥ 计楠：《菊说》，清道光十三年（1833）吴江世楷堂刻《昭代丛书》本。

以师傅、彤史、命妇、嬖倖、近属、疏属、戚里、外屏、宫闱、丛脞等名目就其配植之物进行分类，进而以君子、小人、亨泰、屯难等名目对种植环境、花期时令、气候、观赏人物和活动方式等宠辱、宜忌之事进行系统揭示[①]。南宋张镃《玉照堂梅品》受此启发，亦标举花宜称 26 条、花憎嫉 14 条、花荣宠 6 条、花屈辱 12 条，就梅花种植、观赏之气候环境和人物事体，区别优劣，明确宜忌，从正反两方面制定条例。我国花卉圃艺汇编、植物专题类书中这方面的内容分量也不小，包括园艺、园林、花艺、民俗、文人生活等广泛内容，凝积了人们长期种植尤其是玩赏活动的丰富经验。我们这里无需就各方面的活动和成就一一胪列，仅以明人王路《花史左编》类目为例，该书分花之品、花之寄、花之名、花之辨、花之候、花之瑞、花之妖、花之宜、花之情、花之味、花之荣、花之辱、花之忌、花之运、花之梦、花之事、花之人等 24 类辑录花事资料，透过这些名目，不难感受到我国花卉园艺及其文化活动的丰富多彩和观赏经验的细致深厚。

（二）花卉题材文学、艺术的极度繁荣

中国传统"尚文"即比较重视文学，中国文学是一个饱含植物意象的审美世界。从《诗经》《楚辞》以来，花卉植物就是中国文学的重要题材，更是最普遍的意象，相关的文学作品汗牛充栋，构成了极为繁盛的文化遗产。唐以前，花卉植物多见于抒情诗中引发情感、比喻象征的意象，或山水、田园、行旅、游览之作中的写景内容。梁萧统《文选》中虽有"物色"一类，尚未收草木专题之作。魏晋以来，花卉植物的专题赋咏逐步兴起。北宋初年编辑的《文苑英华》专门收集《文选》以来作品，诗与歌行体中便有了"花木"（或"草木"）一类。中唐尤其是宋代以来，随着观赏园艺的发展，专题花卉之作数量激增，花卉题材的作品蔚为大观。据许伯卿先生统计，《全宋词》所辑 21203 首词中，咏物词 3011 首，其中咏植物 2419 首，占咏物词 80% 强，高居首位。在 2419 首咏植物词中，属于咏花色植物的 2189 首，占 90% 强，也远居第一[②]。换一种算法，植物专题占《全宋词》总数 11%，咏花词则占 10%，也就是说每 10 首宋词中至少有 1 首咏花或以咏花为主。这个比例是极为惊人的！也许词体尚属"歌儿舞女""花间尊前"娱乐为主的文体，我们再看康熙间编成的《佩文斋咏物诗选》所收作品的情况，该书 486 卷，其中天文、气象、节令类 48 卷，山水类 62 卷，建筑、器具、书籍、文物类 114 卷，民生百业类 32 卷，

① 吴曾：《能改斋漫录》卷一五，清文渊阁《四库全书》本。
② 以上数据分别见许伯卿《宋词题材研究》，中华书局 2007 年版，第 7、37、120—121 页。

植物类 140 卷，动物类 90 卷，植物类占了全书的 29%。而在植物类中有近 100 卷是富于观赏价值的植物，占了全书的 20%，其中至少有 65 卷标明属于"花"类植物，占了全书的 13%。这一数据进一步说明了我国文学作品中，至少是韵文作品中，描写花卉的作品，无论是广义的植物还是狭义的"花"，都占有很大的比重。

正是基于数量的浩瀚，古代还出现了不少花卉作品的专题汇编，如《全芳备祖》所辑即以文学作品为主。清人查彬《采芳随笔》也是类似的花卉专题类书，所收植物 900 种，是《全芳备祖》的三倍之多，其中大都是观花植物，所辑资料也几乎都是文学作品。清康熙朝《广群芳谱》由朝臣集体编纂，规模浩大，所辑资料也以文学作品（所谓"集藻"）为主。一些重要的花卉，还出现了不少专题集，如南宋黄大舆《梅苑》、明万历间王思义《香雪林集》、清康熙间黄琼《梅史》都是大型梅花作品总集。其他梅花百咏、千题之类专集更是不在少数。这些都充分显示了我国花卉文学创作的繁盛、作品数量的浩瀚、遗产积累的丰富。

这些浩瀚的作品，以其语言艺术特有的明确与灵活，充分展示了人们花卉欣赏的广泛兴趣、花事活动及相应文化生活的生动情景，同时也体现了人们丰富的审美情趣，寄托了人们深厚的思想情感。我们仅以梅花"百咏"为例，元代冯子振、释明本《梅花百咏》为古梅、老梅、疏梅（以下诗题省略"梅"字）、孤、瘦、矮、蟠、鸳鸯、千叶、苔、寒、腊、绿萼、红、胭脂、粉、杏、新、早、未开、半开、十月、乍开、全开、二月、忆、问、探、寻、索、观、赏、评、歌、友、寄、惜、梦、移、谱、接、浴、折、剪、簪、妆、浸、落、别、罗浮、庾岭、孤山、西湖、江、山中、清江、溪、野、远、前村、汉宫、宫、官、衙宇、柳营、城头、庭、书窗、琴屋、棋墅、僧舍、道院、茅舍、檐、钓矶、樵径、蔬圃、药畦、盆、雪、月、风、烟、竹、照水、水竹、水月、杖头、担上、隔帘、照镜、青、黄、盐、咀、玉笛、水墨、画红、纸帐，包括了梅的枝干形态、品种花期、风景名胜、环境应用、园艺种植、欣赏活动、名人掌故等丰富题材。窥斑见豹，尝一脔知全镬，透过这"百咏"之题，不难感受到花卉作品内容的多姿多彩和细致复杂。

当然繁荣的意义并不只是作品的数量和题材的多样，更重要的是其中丰富的审美经验、深刻的灵感智慧和美妙的话语表达。花卉文学作品起源早，数量多，加之文学家历来多属社会上层、文化精英，因而多能见人未见，发人未发。尤其是其中的天才之作、精彩之语更是花卉文化长河中的璀璨星斗。比如陶渊明《桃花源记》、周敦颐的《爱莲说》，《诗经》"桃之夭夭、灼灼其华"，陶渊明"采菊东篱下，悠然见南山"，唐李正封咏牡丹"国色朝酣酒，天香夜染衣"，宋林逋咏梅"疏影横斜水清浅，暗香浮动月黄昏"，黄庭坚咏水仙"凌波仙子生尘袜，水上轻盈步微月"，相传唐杜牧《清明》诗"借问酒家何处有，牧童遥指杏花村"等等名篇佳句，或咏物写神，或引发情性，寄托思想，都活色生香，脍炙人口，代表了广大人民的审美体验，引发了广泛的情感共鸣，构成了全民族花卉审美文化的璀璨明珠。

在中国艺术中，花卉也是一个大宗题材，主要表现在花鸟画的繁荣和各类工艺美术中花卉装饰的盛行。中国绘画通分人物、山水、花鸟三大类，花鸟画源远流长，从中唐开始独立成科，勃然兴盛，无论是院体还是文人绘画中，花鸟总是最常见的题材。我们仅以宋徽宗朝《宣和画谱》进行统计，所录 230 位画家 6407 作品中，人物（含道释）1958 幅，占 31%，山水（含宫室）1168 幅，占 18%，花鸟（含龙鱼、兽畜、墨竹、蔬果等）3281 幅，占 51%。仅就题目所示，在花鸟画中，纯粹的花卉画 665 幅，题目中含有花卉的 1149 幅，两者合计 1814 幅，占 55%。再加上人物、山水画题中含有花卉的 55 幅（古木、寒林一类笼统的题目未计），合计 1869 幅，占所有作品的 29%。这还是唐宋之交花鸟画兴起之初的情况，此后花鸟、山水扶摇直上，花卉题材所占比重应该更大。尤其是在文人水墨写意画中，"梅兰竹菊四君子"以其构图简单、技法近于书写而极为流行，画家画作更是难以数计。而工艺美术中，六朝以来受佛教等外来文明的影响，莲花、忍冬、宝相等装饰纹样开始流行，宋以来更是进入了一个"花草纹时期"[①]，带来了陶瓷、服饰、建筑各方面花卉装饰的兴盛。

二、中国花卉文化的发展历程

对于我国花卉事业发展的历史，陈俊愉、程绪珂先生主编之《中国花经》概论《中国的花卉》一文曾划分为四个阶段：一、始发期——周秦时代；二、渐盛期——汉晋南北朝时代；三、兴盛期——隋、唐、宋时代；四、起伏停滞期——明、清、民国时代[②]。这一分期指明了我国上古、中古及两宋时期花卉事业持续发展的总体趋势，但将明清时期称作"起伏停滞期"，有明显附合"明、清时期，是我国封建社会的没落时期"[③] 这一历史常识之嫌，而就其文中实际所介绍的明、清花卉事业各方面的情况看，比较起唐宋都有过之而无不及，将其视为衰落或停滞，都值得商榷。同时，该文所说"花卉事业"，主要着眼于园艺、园林方面的情况，与我们这里所说"花

---

① 田自秉、吴淑生、田青：《中国纹样史》，高等教育出版社 2003 年版，第 5 页。
② 陈俊愉、程绪珂：《中国花经》，上海人民出版社 1990 年版，第 4—12 页。
③ 同上书，第 9 页。

卉文化"概念有所不同。综合经济、社会、文化各方面与花卉相关的情况，尤其是着眼于花卉欣赏方式的历史变化和审美认识的发展水平，我们认为，我国花卉文化的发展大致可以分为三大阶段。

（一）先秦——中国花卉文化的始发期

先秦时期，通常也称"上古"时期，是中国花卉文化的始发期。与《中国花经》说法稍有不同的是，我们将秦朝划归下一阶段。《夏小正》《诗经》中的花卉信息以及《楚辞》"香草美人""引类譬喻"的系统话语，都充分反映我国先民对植物花朵的关注和喜爱，展示了我国花卉观赏文化源头的绵远和活泼。

但同时我们也应该看到，这一阶段对花卉的观赏尚属自发的、分散的，甚至是偶然的，远未进入普遍自觉的阶段。就人类自然审美的一般规律而言，远古先民以狩猎生活为主，更加重视的是动物，舞蹈模仿动物，各类纹饰多以动物为题材，很少顾及植物[1]。商周时期，对于植物，人们更多关注的也是实用价值。明谢肇淛两段论述颇有启发："古人于花卉似不着意，诗人所咏者不过苤苢、卷耳、蘋蘩之属，其于桃李、棠棣、芍药、菡萏间一及之，至如梅、桂则但取以为调和滋味之具，初不及其清香也。岂当时西北、中原无此二物，而所用者皆其干与实耶。《周礼》笾人八笾，干蘽与焉，蘽即梅也，生于蜀者谓之蘽，《商书》若和羹，汝作盐梅，则今乌梅之类是已。可见古人即生青梅未得见也，况其花乎。然《召南》有摽梅之咏，今河南、关中梅甚少也。桂蓄于盆盎，有间从南方至者，但用之人药，未闻有和肉者，而古人以姜、桂和五味，《庄子》曰桂可食，故伐之，岂不冤哉。""菊于经（引者按：经书）不经见，独《离骚》有餐秋菊之落英，然不落而谓之落也，不赏玩而徒以供餐也，则尚未为菊之知己也。即芍药古人亦以调食，使今人为之，亦大杀风景矣。"[2] 所说诗人即指《诗经》。《诗经》虽间及芳华，但与《夏小正》一样，主要视为物候，包含着"占天时""授民事"的实用意味。而所咏植物大多是采集蔬果用于食用、祭祀，"参差荇菜，左右采之"，"采采苤苢""采采卷耳""采薇采薇"之类即是。许多后世以花色观赏闻名的植物如梅、李之类，此时仅以果名。诗人于一般植物，也多喜其长势，如"葛之覃兮，施以中谷，维叶萋萋"（《葛覃》），"有杕之杜，其叶菁菁"（《杕杜》），"鳣鲔发发，葭菼揭揭"（《硕人》），"桑之未落，其叶沃若"（《氓》），"楚楚者茨，言抽其棘"（《楚茨》），"苕之华，其叶青青"（《苕之华》），"昔

---

① 　[德] 格罗塞：《艺术的起源》，商务印书馆1984年版，第239页。
② 　谢肇淛：《五杂俎》卷一〇，明万历四十四年（1616）潘膺祉如韦馆刻本。

我往矣,杨柳依依"(《采薇》),所谓"萋萋""菁菁""揭揭""楚楚""依依""青青""沃若",都是指茂盛的样子。这种对植物长势旺盛之美的特别青睐,是《诗经》中一个较为普遍的现象,透露出一种关注物质利益的审美心态。即使是一些对于植物芳香、色泽的兴趣,也多本于实际应用的背景。《楚辞》中多言香草香木,如所说"兰",并非后世建兰类观赏植物,而是兰草、佩兰、泽兰之类药用、香用植物。对于长江流域的荆楚下泽之地,这些草木的芳香化湿、驱虫防疫功效为日常生活所必需,因而视作美物。专题《橘颂》所赞则是果树。诸如此类都充分表明,先秦时期虽然已有花色观赏取悦之意,但就花卉观赏而言,只能算是一个初起阶段,远未形成普遍之势,人们普遍关心的仍是植物的实用价值。因此从文化认识水平上说,这是一个植物实用意义仍占绝对地位的时期,我们称作花卉植物的"物质实用时代"。

(二) 秦汉至盛唐——中国花卉文化的渐盛期

秦汉至盛唐,通常也称作"中古"时期。所谓渐盛,这仍是借用陈俊愉、程绪珂先生的概念,他们认为汉、晋、南北朝时期"花卉业开始从纯生产事业转向以欣赏为主"[①],所谓"纯生产事业",揣其意应与我们前节所说注重植物的实用价值同义。我们认为,从公元前221年秦始皇统一六国至盛唐"安史之乱"爆发的十个世纪,虽然国家有大小,政局有治乱,南北有分合,但人们对花卉的欣赏进入了一个自觉的阶段,并且呈现出持续兴起发展的进程,我们称之为中国花卉文化的渐盛期。具体又可分为秦汉时期、魏晋至盛唐两个阶段。

秦汉时期,人们对花卉的欣赏逐步明确起来。在园艺、园林中,花卉的地位开始显露。先秦的园囿多以畜养禽兽为主,罕见有以栽种花木著称的[②]。而出现于战国末年至西汉初年的《周礼·天官》始将"园圃毓草木"与"三农生九谷","虞衡作山泽之材","薮牧养蕃鸟兽"等并列为"万民"之"九职"[③],可见农、牧、林业之外的果蔬种植业具有了独立地位。而作为游憩娱乐之用的园林,花果草木之艺植开始引起关注。汉武帝广开上林苑,"群臣远方各献名果异卉三千余种植其中"。不仅是御苑,茂陵富民袁广汉筑园"奇树异草,靡不培植"[④]。不仅是物种之罗集,据《西京杂记》记载,"太液池边皆是雕胡、紫箨、绿节之类"[⑤],汉昭帝"始元元年,

---

① 陈俊愉、程绪珂:《中国花经》,第5页。
② 宋玉《招魂》:"坐堂伏槛,临曲池些。芙蓉始发,杂芰荷些。紫茎屏风,文缘波些。"《楚辞》卷九,《四部丛刊》影明翻刻宋本。似乎战国楚王苑囿已多花草景观,然宋玉《招魂》或以为屈原作,亦有以为后人伪托。
③ 郑玄注:《周礼》卷一,《四部丛刊》影明翻刻宋岳氏本。
④ 佚名:《三辅黄图》卷四,《四部丛刊三编》影元本。
⑤ 葛洪:《西京杂记》卷一,《四部丛刊》影明嘉靖刻本。

黄鹄下太液池，上为歌曰：'黄鹄飞兮下建章，羽肃肃兮行跄跄。金为衣兮菊为裳，嗟喋荷莼出入兼葭'"，这已是一种明确的园林游憩、花卉观赏。

魏晋以来，富贵豪奢，竞尚声色，士人清谈，亲近自然，对于山水林泉之乐、花果卉木之美会心更多，追求更甚，相应的园林设施、游赏活动逐渐兴起。北魏杨衒之《洛阳伽蓝记》记皇室所居之寿丘里"高台芳榭，家家而筑，花林曲池，园园而有，莫不桃李夏绿，竹柏冬青"①。东晋、南朝、隋唐公私园林好树美竹、名花珍果之种植愈益丰富，民间的花林游赏、折枝佩戴、剪彩相赠、画花妆点也逐步形成习俗。西晋嵇含《南方草木状》分草、木、果、竹四类记录了80多种我国南方热带、亚热带植物，东晋戴凯之《竹谱》记载了70多种竹子，同时还有《魏王花木志》一书②，北魏贾思勰《齐民要术》更是一部系统的农学巨著，这些都反映了当时植物学、园艺学的迅速发展。

反映在艺文创作上，汉代以来，植物景观、花卉物色的描写和铺陈成了诗赋创作中的常见内容。而魏晋以来，随着文学"自觉时代"的到来，咏花赋开始出现，数量不断增多。如三国曹植有《宜男花颂》，钟会有《菊花赋》《葡萄赋》，而西晋傅玄除这三题外，更有《紫华赋》《朝华赋》《郁金赋》《芸香赋》《蜀葵赋》《薯赋》《瓜赋》《石榴赋》《李赋》《桃赋》《橘赋》《桑椹赋》《柳赋》等。在诗歌中，东汉末年的"古诗十九首"《涉江采芙蓉》《冉冉孤生竹》《庭中有奇树》都是以花卉物色起兴引发情感的，此后专题歌咏花果草木之作较之赋中更多，其他山水、田园、游宴、行旅诗中散见的细节描写更是不胜枚举。东晋时还产生了陶渊明《桃花源记》这样杰出的作品。

艺术领域里也陆续出现了一些花卉题材作品。与诗歌关系密切的乐府，就有《芳树》《折杨柳》《梅花落》《幽兰》《绿竹》《桃花曲》《杨花曲》等曲调，汉时著名的《江南》"江南可采莲"，以及后世《采莲》《采菱》等也多是演绎水乡荷花飘香，菱歌荡漾的风景。魏晋以来，随着佛教文化对中土文化的影响渗透，莲花、忍冬藤、天女散花等成了工艺装饰中较为流行的纹样③，花朵供奉之类宗教礼仪也相应兴起。

隋唐承续了魏晋南北朝的发展势头，又得国家一统、安定富庶等时代条件，花卉植物资源的开发利用不断拓展，人们物色征逐、花卉观赏的热情进一步高涨，而相应的园林营造、花季宴游和艺文创作也愈益兴盛。初唐宫廷岁时唱和中芳菲信息

---

① 杨衒之：《洛阳伽蓝记》卷四，《四部丛刊三编》影明如隐堂本。
② 贾思勰：《齐民要术》卷一〇，《四部丛刊》影明钞本。该书《隋书·经籍志》未著录，惟《太平御览》辑录多条。
③ 田自秉、吴淑生、田青：《中国纹样史》，第191—195页。

比较丰富，盛唐长安曲江杏园游赏风气较盛。种植也开始显现规模，初唐王方庆著《园庭草木疏》21 卷①，盛唐王维辋川别业中就有斤竹岭、木兰柴、茱萸沜、宫槐陌、柳浪、竹里馆、辛夷坞、漆园、椒园等名目。相应的山水田园诗派兴起，其中的花木之景和游览之趣较六朝更为丰富。

综观这一阶段，人们对花卉的欣赏兴趣不断提高，相应的文化生活也不断丰富。但就对花卉的观赏兴趣和审美认识而言，人们主要关注花卉的物色美感，欣赏色、香、味、形、姿等客观形象。人们通过鲜花盛开的华艳来体验生命的旺盛，感受生活的美好，透过花开花落来感知时序的变迁、岁月的流逝，感慨人生的蹉跎、世事的盛衰。"悲落叶于劲秋，喜柔条于芳春。"（陆机《文赋》）"春花竞玉颜，俱折复俱攀。"（庾信《南苑看人还》）"年年洛阳陌，花鸟弄归人。"（卢僎《途中口号》）"洛阳城中桃李花，飞来飞去落谁家。洛阳女儿好颜色，行逢落花长叹息。今年花开颜色改，明年花开复谁在。……年年岁岁花相似，岁岁年年人不同。"（刘希夷《代悲白头吟》）"感时花溅泪，恨别鸟惊心。"（杜甫《春望》）大自然应时而起的无穷芳菲和千姿百态的鲜美物色给人带来无穷的感官愉乐，也激发丰富的人生感触。描写和赞扬花卉物色的美好，感应和抒发生活的欢乐和忧伤，成了这一时期花卉文化的主题。从欣赏心理和思想认识上说，这是一个主要着眼物色美感，偏重情感抒发，带着鲜明感性色彩的时代，我们称之为"花色欣赏时代"。

（三）中晚唐宋元明清——中国花卉文化的繁盛期

在中国历史上，"安史之乱"无疑是一个划时代的事件，此前是中国封建社会明显的上升时期，此后则是一个漫长的逶迤衰落过程，尤其是宋元明清，政治、经济和思想文化上都呈现着中国封建社会后期的典型特征，通常称作"近世"或"近古"。中唐以来，人们种花赏花愈趋普遍，文学中对花卉植物的描写越来越具体细致②，花卉园艺和花市宴游之风开始兴起，花鸟画蔚然兴起。入宋后，这些趋势愈益明显，花卉引起了人们更广泛的注意，在社会生活中的作用、地位和影响明显增强，逐步引起全社会普遍的兴趣，并开始形成独立的文化知识体系。我们看到，初盛唐时编辑的大型类书如《艺文类聚》《初学记》以及宋初《太平御览》等所辑植物内容都称"果木部"或香、药、百谷之类实用名类，而不称"花"或"花卉"。入宋后，

①　《新唐书》卷五九，清乾隆武英殿刻本。宛委山堂本《说郛》（百二十卷）卷一〇四下辑 6 条，称《园林草木疏》。
②　［日］市川桃子：《中唐诗在唐诗之流中的位置（下）——由樱桃描写的方式来分析》，《古典文学知识》1995 年第 5 期。

情况逐步改变,以"花"为专题的各类编著大量出现,到南宋末年陈景沂《全芳备祖》,以芳(花)为书名,"花部"27卷居先,典型地反映了人们"花"之欣赏意识的高涨和认识水平的提高。随着社会人口的不断增长,社会生活广度和深度的不断拓展,花卉之在人们物质和精神生活各方面的价值充分显现,无论是园艺种植、园林施用,还是世情民俗、文学艺术等广泛方面的内容都越来越丰富,而且是渐行渐盛。第一节中我们所说的种种繁盛景象,实际是到这一阶段才逐步、充分地展开的,敷之弥广,施之弥精,因此我们称作中国花卉文化的繁盛期。这其中有这样四个方面最值得注意:

1. 士大夫园林、园艺活动的兴盛。宋以来私家园林的兴起与发展是极为显著的一个趋势,士大夫文人园林经营、花木艺植欣赏活动极为兴盛和流行。北宋李格非《洛阳名园记》、宋末周密《吴兴园林记》、明刘侗《帝京景物略》、王世贞《游金陵诸园记》、清李斗《扬州画舫录》都是这方面记载较为集中的文献。在园林建制中,花卉营景简单易行,因而最为普及。宋苏轼《和文与可洋川园池三十首》所咏30景中,竹坞、荻蒲、蓼屿、霜筠亭、露香亭、菡萏亭、荼蘼洞、篔筜谷、寒芦港、此君亭、金橙径等11处属于花卉景点。明欧大任《友芳园杂咏为吕心文作二十五首》中有蔷薇曲、山矾障、丛桂阿、香玉丛、柳竹巷、芙蓉堤、湘云径(竹)、晚香径、牡丹台、桃李园、松月台、友芳桥等十多处花卉为主的景观。清李调元《囷园杂咏二十首》所咏自家园亭景物均为花卉。不仅是种植,而相应的观赏活动也是五花八门,极为丰富,限于篇幅,恕不详述。

2. 花卉产业化和民众游赏风习的兴起。中唐刘禹锡诗"紫陌红尘拂面来,无人不道看花回",可见当时花季宴游之风的兴盛。同时刘言史《卖花谣》,司马扎《卖花者》诗,都写长安郊区农人艺花卖花为生,晚唐来鹄《卖花谣》、陆龟蒙《阖闾城北有卖花翁,讨春之士往往造焉……》、吴融《卖花翁》等也都写及村人种花卖花的情景。入宋后这种现象更为普遍,而且逐步显出规模。南宋临安(今浙江杭州)北郊马塍就是一个著名的花卉产地,叶适《赵振文在城北厢两月,无日不游马塍,作歌美之,请知振文者同赋》诗称"马塍东西花百里,锦云绣雾参差起。长安大车喧广陌,问以马塍云未识。酝酿缚篱金沙墙,薜荔楼阁山茶房。高花何啻千金直,著价不到宜深藏。"周密《齐东野语》卷一七也记载:"马塍艺花如艺粟,橐驼之技名天下。"这样的规模产地宋以后就更普遍了,相应的城镇花市也开始出现。最早提到花市的应是晚唐韦庄《奉和左司郎中春物暗度感而成章》"锦江风散霏霏雨,花市香飘漠漠尘",入宋后有关花市描写极为常见,成了近古市井生活的普遍风景。

各地相应的花市和花田应时赏花宴游渐成普遍的乡土风习。北宋时"西京（引者按：洛阳）牡丹闻于天下，花盛时太守作万花会……扬州产芍药，其妙者不减于姚黄、魏紫，蔡元长（引者按：蔡京）知维扬日，效洛阳亦作万花会，其后岁岁循习"[①]。到明清时，文人花事雅集和民众郊外赏花之风更为兴盛，台湾学者邱仲麟《明清江浙文人的看花局与访花活动》一文较为详细地论述了此间江浙花期文人雅集和民众游乐的空前盛况[②]。

　　3. 各类花卉园艺著述大量出现。中唐李德裕《平泉山居草木记》记其洛阳园墅所集花木 70 多种。晚唐罗虬《花九锡》、五代张翊《花经》则专论花事活动。据园艺史家统计，见于记载和今存宋人园艺书大约 62 种，其中牡丹 14 种，菊花 8 种，芍药 4 种，兰 3 种，梅 2 种，海棠 2 种，玉蕊 1 种，这几种花卉就占了一半多[③]。见于著录和现存的明清农书共有 1388 种，其中园艺类 321 种。在这 321 种中，花卉类 225 种，占 70%，占整个农书 16%[④]。大型花卉类书《花史左编》《广群芳谱》等相继出现。这些园艺著作，包括品种、种植、园林应用、盆景瓶花、四时花历、观赏宜忌、风雅游乐等广泛内容，连同大量生活百科类著述和大型综合类书的相关内容，如《永乐大典》、《古今图书集成》草木编，形成了极为繁富、细密的知识体系，体现了相关科技和人文研究的全面、系统和深入，构成了我国花卉文化深厚的学术积淀和丰硕的历史遗产。

　　4. 文学艺术创作的极度繁荣。花卉文学的繁荣是从中唐开始的，宋初《文苑英华》所收草木赋 8 卷、花木诗 7 卷，与鸟兽、草鱼类已大致相当，这些作品中绝大部分都出于中晚唐。进一步的情况无须详述，花卉诗、词、文作品数量堪称浩瀚，花鸟画中"梅兰竹菊"为代表的文人写意极为流行，而在工艺美术中，从唐代，更确切地说应是从中唐开始，由先前的"几何纹时期""动物纹时期"进入"花草纹时期"[⑤]，花卉草木成了陶瓷、金属、竹木、玉石、纺织等日用制品和建筑装饰中最常见的题材。诗、画与工艺装饰间相互影响渗透，进一步强化了花卉文化兴盛的浓郁氛围。

　　正是由于封建文人和广大民众的普遍兴趣和热情参与，花艺花事活动和文学艺术创作的深入发展、全面繁荣，相应的审美认识和文化意识也进入了一个更高阶段。

---

①　张邦基：《墨庄漫录》卷九，《四部丛刊三编》影明钞本。
②　邱仲麟：《明清江浙文人的看花局与访花活动》，《淡江史学》第 18 辑，第 75—108 页。
③　冯秋季、管成学：《论宋代园艺古籍》，《农业考古》1992 年第 1 期。
④　王达：《中国明清时期农书总目》，《中国农史》2000 年第 1 期。
⑤　田自秉、吴淑生、田青：《中国纹样史》，第 5 页。

人们并不像早前仅仅停留在对花卉色香、形姿的感知喜爱，而是进一步对各种不同花色品种的个性特征、风格神韵及其观赏价值等有了深入的观察体会和精切的理解把握，形成了较为全面、系统的认识。人们也不仅仅满足于花开花落、芳菲盛衰的时序感应和情绪抒发，而是追求花卉品格神韵与人的精神气质投合契应，并借以陶冶人的性情意趣，寄托人的品德情操。宋以来文人雅赏中逐步出现的花卉"十友"①、"十二客"②、"三十客"③、"岁寒三友"、梅兰竹菊"四君子"等说法，典型地体现了"比德""尚意"的审美趋向和精神追求。与此相应的，在民间也形成了三春"二十四番花信"、一年"二十四番花信"、一年"十二月花神"等知识体系和牡丹富贵、梅花报春、杏花为幸、松菊为寿等吉祥寓意、符号话语。从审美心理和文化认识上说，无论士林还是民间，虽然方式不同、程度不等，但都从侧重于花卉物象的外在形色之美，进入到精神理想和生活信念的比兴寄托，使众多花卉品类逐步形成了系统的精神象征意义，显示出流行的文化符号色彩，标志着我们民族花卉审美观念和文化传统的完全成熟，因此我们将这一时期称之为"文化象征时代"。

中唐以来的花卉文化发展是一个持续不断、渐行渐盛的过程，纵向上又可再分为三个阶段：一、中唐至五代。大唐盛世已去，新的社会形态、文化风气初露端倪，士大夫阶层开始稳定发展，花鸟画、咏花诗开始大量出现，花卉文化迈上了兴旺发展的轨道。二、宋元，这是我国封建社会后期政治形态、社会结构基本定型，伦理道德思潮高涨，学术文化全面繁荣的时期。花卉文化也相应地进入一个全面发展的阶段，"比德""尚意"即品德寄托和情趣写意形成主流，奠定了我国封建社会后期花卉文化的精神走向和历史面貌。三、明清，这是一个社会人口急剧增长，社会格局全面铺衍，封建文化盛极烂熟的时期，花卉文化兼得士林和民众社会的双重人气而进入绚烂至极的阶段。

上述我们通过三大阶段来勾勒中国花卉文化不断发展演进的历史步伐，还有必要进一步强调三点：首先，这三个阶段是一个持续的过程。我们民族历史文化是一个悠久而持续的过程，没有遭遇外族全面颠覆、文化彻底中断这样的情景。同样，在花卉文化上，也是一个持续发展、未经中断的过程。第二，这三个阶段是一个活动内容不断拓展、文化认识不断提高的过程。第三，三个阶段之间不是此起彼伏、此消彼长，而是累积叠加，不断丰富的过程。后一阶段并不扬弃前一阶段的内容，

---

① 《锦绣万花谷》后集卷三七，清文渊阁《四库全书》本。
② 龚明之：《中吴纪闻》卷四，清《知不足斋丛书》本。
③ 姚宽：《西溪丛语》卷上，明嘉靖俞宪昆鸣馆刻本。

而是变本加厉，踵事增华，不断积累，走向繁密精致的过程。这既统一于中国文化富于包容性和连续性的整体特性，同时也与花卉文化无关宏旨、无关大局的边缘性质密切相关。与核心文化的大是大非、与时推移不同，花卉文化一直保持着兼容并包，不断发展演进的态势。正是如此悠久持续、生生不息、兼容并包、不断积累的历史过程，最终形成了我国花卉文化极其丰富灿烂的面貌。

二、中国花卉文化繁荣发展的历史背景

我国花卉文化，何以有此持续发展、不断丰富的辉煌历程，何以有如此繁荣昌盛的历史面貌，这有着我国自然条件、社会文化生活广泛的历史基础。其中主要有这样几个方面：

（一）自然条件

关于我国历史的自然基础，白寿彝《中国通史》导论概括道："土地的辽阔，地形的复杂，气候的差异，以及有关的地区各种不同的自然特点，都使中国的自然资源极为丰富多样。"[1] 我国生物资源特别是植物资源极为丰富。中国科学院《中国植物志》第一卷总论中有这样一段介绍："中国的国土面积达 960 万平方公里，跨越了地球上几乎所有的气候带……由于我国土地面积广阔，经、纬度跨度亦大，因此气候条件十分复杂，且全国各地地形、地貌多变，也影响气候的复杂性。更由于中国主要陆块历史悠久，虽经地质地史多次变迁，仍有很多孑遗植物。在第三纪我国大都处于热带、亚热带气候，植物种类丰富。后虽经历了第四纪冰期，中国仅在东北有小面积冰川覆盖，但仍受冰期和间冰期气候冷暖交替的影响，喜暖的植物向南向北后退，某些山地特别是横断山区成为第三纪植物的庇护所，有大量的孑遗植物、活化石和古植被类型被保存，致使近代植物区系与白垩纪—早第三纪古植物区系非常接近，更增加了中国植物区系的多样性。"[2] 植物学家进一步称，我国"植物繁生，种类丰富，堪为世界温带国家的第一位。以我国所产的种子植物而论，就有2700 属、3 万种之多，其中属于我国特产者尤多"[3]。非洲大陆严重缺乏观花植物[4]，

---

① 白寿彝主编：《中国通史（第一卷）》，上海人民出版社 2004 年版，第 136 页。
② 中国科学院中国植物志编辑委员会：《中国植物志（第一卷）》，科学出版社 2004 年版，第 1 页。
③ 耿伯介：《中国植物地理区划》，新知识出版社 1958 年版，第 1 页。
④ Jack Goody, *The Culture of Flowers*, Cambridge University Press, 1993, PP. 1—27.

欧洲和北美植物物种也较为贫乏①，我国的植物资源得天独厚。正是在这优越的自然条件下，随着人类的繁衍分布，社会生产、生活广度和深度的不断拓展，人们欣赏需求的不断增长，花卉植物源源不断地被发现和利用，形成了极其丰富庞大的栽培品种体系，中国也因此赢得了"世界园林之母"的称誉②。由于幅员辽阔，地理环境各异，无论是自然生长还是农耕、游牧社会的种植，植物景观都因地而异，形形色色，千姿百态。正如西方学者所说，"花卉是亚洲大陆生态和社会景观的一种显著特征"③，中国尤然。我国花卉文化的繁荣，首先应该归源于神州大地这地大物博的自然基础。

（二）农耕文明

我国以农立国，先进、发达的农耕文明为花卉文化提供了浓郁的社会、文化氛围。这其中与花卉文化关系最为密切的无疑是园艺业，今人所说的观赏园艺、花卉园艺正是其组成部分。我国园艺种植起源极早，新石器时代的遗址中就发现不少果蔬种籽实物，先秦文献中园、囿、场、圃等词出现频率较高，专业的园艺种植和果蔬谷物混种、家庭附属零散园艺种植都极为普遍。

我国农耕文明尤其是园艺业对花卉文化的作用，主要可从这样几方面来把握：一、园艺作物提供了许多具有观赏价值的品种，我国最初出现的观赏花卉大多是果蔬类作物，如桃、李、荷、菊之类，然后才是以观赏为主的品种。二、农业耕作技术为花卉品种培育、田间管理等提供了丰富的技术支撑，这对我国花卉品种开发和种植传统的长盛不衰助益良多。三、农耕社会的田园风光、乡村生活影响我国园林建设特别重视田园风光的营造和花木景观的种植④，同时也提供了文学艺术丰富的植物风景题材，从而推动了花卉文学、艺术创作的繁盛。四、城郊、乡村和丘陵山地的花田、果林，其规模化生产为城市及富贵阶层的消费需求提供了丰富的产品，同时其大规模种植的壮丽风景成了封建文人和普通民众乐游胜地，其中不少花海名胜闻名遐迩，历久不衰，成了花卉观赏文化中最富社会性、群众性的场景⑤。

---

① Jack Goody, *The Culture of Flowers*, P. 350.
② 陈俊愉、程绪珂：《中国花经》，第 4 页。
③ Jack Goody, *The Culture of Flowers*, P. 19.
④ 任耀飞、陈登文、郭风平：《中国农耕文化与园林艺术风格初探》，《西北林学院学报》2007 年第 3 期。
⑤ 参见程杰《中国梅花名胜考》，中华书局 2014 年版。

（三）士大夫阶层

中国社会历来呈金字塔式结构，上有帝王将相等顶层权贵阶层，这是整个社会的极少数，下层是广大的底层百姓或草根民众，占社会的绝对多数，处于中间的正是士大夫阶层。士大夫阶层在我国至少有 2500 年的传统，虽有曲折，但从未中断，并且随着体制逐步稳定，数量不断增加，形成了越来越庞大的队伍。从经济上说他们是地主阶级知识分子，从政治上说他们是官僚知识分子，是整个统治阶级的骨干。从文化上说，他们是中国传统社会的知识精英，他们既是社会管理、学术研究、文艺创作等领域的"劳心者"，也是人类价值、社会良知和公共利益的"守道者"，中国传统文化尤其是精神文化的辉煌成就主要得益于这一精英阶层的贡献。同样，我国数千年花卉文化的繁荣昌盛，也主要归功于士大夫阶层的主力军作用。

植物尤其是花朵对动物的意义是天然的、本能的[1]，人类对于花朵的欣赏也是不分你我，随机即有的。但审美并不只是客观的、自然的因素，而是有着更多主观因素、社会条件。花卉观赏不是"温饱"而是"奢侈"，不是"生存"而是"发展"。古人曾感慨过这样一种现象："三吴之间梅花相望，有十余里不绝者，然皆俗人种之以售其实耳。花时苦寒，凌风雪于山谷间，岂俗子可能哉？故种者未必赏，赏者未必种。"[2] 这种现象不仅出现于梅花季节，其他花季也都程度不等存在着。"有野趣而不知味者，樵牧是也；有果窳而不及尝者，菜佣牙贩是也；有花木而不能享者，达人贵人是也"[3]，这就是不同阶层生活需求的差异。花卉的种植，主要是底层花农、园丁等"劳力者"的任务，但花卉的欣赏与文化创造却主要属于养尊处优、"有产"而"有闲"之士大夫阶层的"消费"行为。私人宅园别墅的花卉种植、日用清供的盆景瓶花制作等属于士大夫的高档生活追求，咏花诗赋和花鸟画的创作更是封建文人的文化职能。正是士大夫阶层队伍的不断壮大，社会地位的不断提高，物质、精神生活的不断拓展，尤其是宋以来士大夫闲适、高雅之生活情趣和风气的兴起，拉动了花卉文化的持续不断丰富和发展。无论是上古、中古时期对花卉物色之美的征逐沉迷，还是宋元以来对花卉品德象征、情趣寄托的追求，都主要地体现着士大夫阶层的思想性格、生活情趣和文化诉求，打着他们的阶层烙印。这其中还有特别值得一提的隐士一族，他们之于花卉植物的欣赏多有独特的贡献，如陶渊明之以"五柳先生""采菊东篱下"，发现"桃花源"，林逋之"梅妻鹤子"等等，都是这方面

---

[1]　［法］让 - 玛丽·佩尔特等：《植物之美》，陈志萱译，时事出版社 2003 年版，第 71—73 页。
[2]　谢肇淛：《五杂俎》卷一〇。
[3]　陈继儒：《花史跋》，贺复征编：《文章辨体汇选》卷三七一，清文渊阁《四库全书》本。

代表。在相关的科技知识上,虽然实际的生产经验出于底层劳动者,但所有农书花谱、药录茶经之类花卉园艺著述——对品种、生产技术的记录和阐释——都几乎出于士大夫之手。西方花卉产业和文化发展中或有商人群体、宗教僧侣集团的作用,西方花园与城市也有着更多的联系①,而在我国,士大夫阶层是我国花卉文化创造庞大而持久的生力军。纵观中国花卉文化的繁荣历史,无论是外延的拓展,还是内涵的提升,主要得力于士大夫阶层的"劳心"投入和着意发挥,花卉文化的繁荣主要属于士大夫阶层物质与精神生活的流光溢彩。

(四)文化观念

我国传统文化观念对于花卉文化的繁荣发展也是助益良多。众所周知,中国文化讲究"天人合一",在世界观上强调人与自然的和谐统一,在认识论和价值观上强调主体与客体、理性与感性、天理与人欲的交融合一,洋溢着人文主义、实用理性和乐观主义的色彩。与西方宗教主导的思想文化重视超验的精神追求,强调神性与世俗对立不同,我们的文化更多立足现实世界、世俗生活的信念和情趣。在我们的文化中,从来没有西方和中东那种为了维护某种特定教义而拒绝使用花卉的现象②,更没有西方中世纪宗教禁欲主义下对花卉使用的限制和花卉文化的长期衰退③。《庄子》说"天地与我并生","万物与我为一",《孟子》说"仁民而爱物",宋儒张载《西铭》说"民吾同胞,物吾与也",我们的文化强调的都是人与自然万物的和谐一体,相通相融。"凡物皆有自然之理"④,"造化精气,按时比节,泄于草木,各有自然之华"(明江盈科《重刻唐文粹引》),"草木、禽兽皆与吾同生"(明杨守陈《存仁堂记》),草木、禽兽与人类一样,都是天地元气化育的生灵,都是自然生机、天理道心的体现。"春秋代序,阴阳惨舒。物色之动,心亦摇焉"(《文心雕龙·物色》),"闲来观物到园东,天理流行在在同"⑤。在我们的文化中,自然是我们的生命本源、生存环境,同时也是我们心灵赠答的客观对象、性情悟会的亲切朋友、"诗意栖居"的崇高境界。正是这种植根于农耕社会,洋溢着东方智慧的思想传统和文化精神,给花卉审美带来不绝的热情和无穷的灵感。在我国文学艺术中,大自然尤其是山川、草木是最为重要而普遍的表现对象和主题。园林的经营视作对自然的回归,而山水

---

① Jack Goody,*The Culture of Flowers*,P. 46.
② Jack Goody,*The Culture of Flowers*,P. 27(or P. 49).
③ Jack Goody,*The Culture of Flowers*,PP. 73—100.
④ 胡炳文:《四书通·中庸通》卷一,清文渊阁《四库全书》本。
⑤ 李贤:《观物》,《古穰集》卷二二,清文渊阁《四库全书》本。

画、花鸟画也多高扬自然的意趣，花草林木是其中最普遍的题材。

我们历史上也曾有过从国计民生出发对花卉奢靡游乐风气的讽谕和抵制。如白居易《牡丹》批评当时富豪买花一掷千金，"一丛深色花，十户中人赋"，苏轼知扬州日罢举前任的"万花会"①。但这只是出于一时一地的民生利益、社会责任对某些极端现象的不满，与宗教的全面禁止不可同日而语。我们也有从道德立场出发对"弃实求花"②，"玩华而忘实"，"徒赏其华，而不究其用"③ 等现象的否定，更有对"华而不实""玩物丧志"等相关品行的鄙弃，但是就封建士大夫普遍的伦理实践而言，人们面对花卉物色奢侈享受带来的道德困惑，总能找到疏解的理由。如陈景沂《全芳备祖》自序即举两点：一是苏轼《宝绘堂记》所说"寓意于物而不留意于物"，即只持寓心为乐之意而不生物欲占有之心；二是古儒所说"多识于鸟兽草木之名"，"亦学者之当务也"④，赏花是为了求知。在整个士大夫阶层养尊处优的社会地位和生活氛围里，不仅对富贵奢靡的抵制力度微不足道，而且由于花花草草作为生活资源较为普通，人多力所能及，因而有着更广泛的享受群体，古人所谓"草木果蔬，其华可悦耳目，实可充口腹，皆旦夕之用也。其为善恶，市人能别之，故植者争"⑤。而幽隐、贫居、退闲之士尤引以自得，正如袁宏道《瓶史》序言所说，"山水花竹者，名之所不在，奔竞之所不至也……幽人韵士得以乘间而踞"，"欲以让人，而人未必乐受，故居之也安，而踞之也无祸"，花木种植、欣赏是清贫、幽闲之者的最宜和最爱。即使是倡导"明天理，灭人欲"最为严格的两宋理学家，对于花卉草木，也难以超然于这一风习之外，多怀着"格物致知""即物究理"的热情，表现出同样的兴致。周敦颐不除窗前草，朱熹"等闲识得东风面，万紫千红总是春"都是著名的例证。因此可以说，在我们的文化里没有对花卉欣赏极端抵制的因素，我们的文化传统对花卉文化的影响从来都是正面、积极的，这是花卉文化在我国持续发展、不断繁荣的一个重要原因。

上述四个方面对于花卉文化的影响是一个交互渗透、合力作用的过程。生物资源的丰富、农耕文明的发达、士人文化的活跃、文化观念的通达构成了一个生动有机的人文氛围，天与人，士与农，耕与读，庄与园，果与花，心与物相互交融为一个圆融生息、和合化育的人文机制，使我国花卉文化显示出生生不息，而能圆融充

---

① 苏轼：《东坡志林》卷五，中华书局 1981 年版。
② 陆梦发：《见梅杂兴》，方回：《瀛奎律髓》卷二一，清文渊阁《四库全书》本。
③ 谢肇淛：《五杂俎》卷一〇。
④ 陈景沂编辑，程杰、王三毛点校：《全芳备祖序》，《全芳备祖》卷首，浙江古籍出版社 2014 年版。
⑤ 周之夔：《与王子功书》，《弃草文集》卷四，明崇祯木犀馆刻本。

盈的繁荣景象，同时也决定了我国花卉文化的民族风格。

四、中国花卉文化的民族特色

我国花卉文化的民族特色，可以主要从以下四个方面来把握：

（一）名花名树

我国花卉文化的民族特色首先应从生物资源的特点来把握。有日本学者曾经说过："在无数的植物和花朵中，有一个有趣的现象。某种花朵与某一特定文化群体之间存在一种亲密的关系，如西方人钟爱玫瑰，中国人偏爱牡丹，而日本人则喜爱樱花。"[①]事实上，中国人所爱的远不止牡丹，花中还有梅花、兰花、菊花、荷花等等，另如松柏、竹子、杨柳等，都是我国资源优势比较明显，种植历史比较悠久，国人特别喜爱的植物，有着独特的资源体系和鲜明的区域特色。这些植物与我国人民结下了深厚的情缘，其中一些甚至获得了一定的民族文化符号、国家精神象征功能，我们不妨称之为"文化植物"。

当然就广义的文化植物而言，还应包括重要的粮食与经济作物，如我国的水稻等"五谷"、桑、麻、茶等等。每个民族都有其独特的文化植物系统，是在民族独特的自然、社会和文化环境中历史地形成的。我们这里关注的只是其中的观赏植物，前面所举国人喜爱的花卉植物都可以说是我国的文化植物。今天我国花卉园艺界有"十大传统名花"之类的评比，选推的也是这类重要的文化植物。事实上这类植物远不只是"花"，也远不止十个，但我们很难为此明确一个客观标准和数量范围，这里姑且根据我国几部重要的古代类书的辑录情况开出一个大致的名单。

我们选择这样几部书：一、宋陈景沂《全芳备祖》58 卷；二、清康熙间《广群芳谱》100 卷；三、清康熙间《古今图书集成》1 万卷，取其中草木典 320 卷、食货典茶部 17 卷。就三书所辑资料（卷数）较多的植物进行统计分析：

植物	《全芳备祖》	《广群芳谱》	《古今图书集成》	合计
茶	1	4	17	22
竹 *	1.5	5	11	17.5
梅 *	1.5	3	8	12.5
杨柳 *	2	3	6	11
菊 *	1	4	6	11

---

① ［日］牧口常三郎：《人生地理学》，复旦大学出版社 2004 年版，第 141 页。

（续表）

植物	《全芳备祖》	《广群芳谱》	《古今图书集成》	合计
牡丹 *	1	3	6	10
荷 *	1	3	6	10
松 *	1	3	6	10
荔枝	1	4	5	10
桃 *	1	1.5	5	7.5
柑橘	1	2	4	7
谷	0.5	1	5	6.5
稻	1	1	4	6
兰蕙 *	0.5	1	4	5.5
桂 *	1	1	3.5	5.5
海棠 *	0.5	2	2	4.5
桑	0.5	0.5	3.5	4.5
麦	0.5	1	3	4.5
豆	0.5	1	3	4.5
芍药 *	1	1	2	4
杏 *	1	0.5	2	3.5
芝 *		1	4	5
桐 *		1	2.5	3.5
梨 *		0.5	2.5	3
柏 *		0.5	2	2.5
麻		0.5	2	2.5
李 *		0.5	1.5	2
玉蕊 *	1		1	2
桧 *		0.5	1	1.5
樱桃 *	0.5		1	1.5
杜鹃 *	0.5		1	1.5
水仙 *	0.5	0.5		1

  表中所列为三书中辑录资料所占篇幅较多的植物，前两书以占 0.5 卷以上（即每一卷只收 1—2 种植物）为入选标准，后一书部头较大，以独占 1 卷以上为标准。当然概念大小不一，其中麦、豆、谷、柑橘、杨柳、兰蕙等都指一类植物，因此数量也相应多些。上表所列为三种文献中符合入选标准两次以上的 32 种植物及其卷数，以累计数量多少为序。它们可以说是我国最重要的文化植物，而其中名称后标有"*"的 23 种富于观赏价值，可以说是我国历史上重要的花卉植物。尤其是三种文献中都符合入选标准的竹、梅、杨柳、菊、牡丹、荷、松、桃、兰蕙、桂、海棠、芍药、杏等 13 种植物（10 种花，3 种树），更是核心中的核心。在三种文献中符合入选标准一次，也即在前两书任一种占有半卷，或在后一书中占有一卷的观赏植物还有瓜、槐、枣、葵、瑞香、酴醾、琼花、芙蓉、茱萸、石榴、木绵、枫、榆、荆、芦苇、芭蕉、蒿、茅、蜡梅、素馨、茉莉、山矾、紫薇、唐棣等 24 种（瓜、芦苇、蒿、茅都不是单一的品种），这些也是我国较重要的观赏植物。其中蒿、茅为野草，虽然株体小而几无实际用处，但在我们的文化中多作为土地荒芜、山川萧条、琐屑无用的象征，具有一定的文化意义，我们也归为文化性、观赏性的植物。上述两类

合计共得 47 种。

我们以这 47 种植物来分析我国花卉植物的品种结构，可以得出这样几个结论：

1. 我国原产占绝对多数。47 种植物中，只有石榴、木绵、茉莉、水仙 4 种有明确的外来背景，其他都是我国原产，如今在我国的分布范围和品种数量居于世界领先。4 种外来植物，石榴由西汉张骞通西域时引进，在我国已有 2000 多年的栽培历史，木绵、茉莉在六朝早期即见种植，水仙五代时传入我国 [①]，也已有 1000 多年的历史，从文化上说，这些植物早已完全中国化了。

2. 树多草少。首先必须说明的是，我国草本资源极其丰富，但我国观赏植物中，木本资源更为突出些。上述 47 种植物中，木本 35 种，占 74%，草本（包括灵芝）仅 12 种，不到 30%。西方学者已经注意到这一点，"中国栽培的花主要是一些木本花"，"草本花卉相对缺少" [②]，显然这不只是品种资源的问题，而应与我们的观赏花卉多起源于经济应用有关。

3. 多出于经济种植。47 种植物中，桃、杏、李、枣名列我国传统"五果"之中，梅、梨、石榴、樱桃也都是重要的果树。12 种草本中，早期的兰、芝主要用作药物，瓜、荷、葵都是瓜蔬类食品，菊最初用作蔬菜、药物。松柏、桂、桧、桐、槐、杨柳、枫、榆都是我国分布和使用较为广泛的木材，竹和芦苇则是我国分布和用途极广的高大禾本资源。以上所说已近一半，而且都有 2000 年以上的种植、应用历史。尤其是 13 种最重要的植物中，除牡丹、海棠、芍药以观赏为主外，其他 10 种都富有经济价值，属我国古代重要的资源植物。

这些植物尤其是列表中入选三次的 13 种植物，其地位是历史地形成的。其中有些从宋代开始就已经出现齐名并誉的现象，如松竹梅称"岁寒三友"，梅兰竹菊称"四君子"，如花中"十友""三十客""五十客"之类，另如牡丹为"天香国色"、国花，兰称"国香"等等，由此逐步形成了我国传统名花、名树体系。放眼欧美文艺作品，比较常见的植物意象有玫瑰、康乃馨、紫罗兰、郁金香、百合、雏菊、矢车菊、罂粟、夹竹桃、向日葵、睡莲、橄榄、棕榈、橡树、葡萄、无花果、常春藤、水仙（西洋品种）、草莓等，这些植物我国大都也有，但它们是西方民众的最爱或西方文化的习见之物，打着西方自然、历史的烙印，而在我国文化中则大多处于较为边缘的位置。我们的传统名花、名树，带着我国东亚大陆植物资源的区域特色和农耕社会特有的生活气息，体现着我们民族的共同爱好，承载着我们民族的文化精

① 程杰：《中国水仙起源考》，《江苏社会科学》2011 年第 6 期。
② Jack Goody,*The Culture of Flowers*, P. 350.

神。无论从物色形象上，还是品种结构上，都洋溢着鲜明的中国色彩，这是我们把握我国花卉文化民族特色时必须首先关注的。

（二）生植观赏

我国人民的花卉欣赏方式也有着鲜明的民族个性，我们以"生植观赏"四字来概括。所谓"生植"，是指自然生长或立地栽培的植物，实际生长着的活生生对象。而在西方，切花、摘朵用于装饰的现象更为普遍。西方至少从古罗马开始，十分"敬重花冠和花环，花环被用作军事胜利后军队的供品。在当地，妇女们将其戴在头发上和胸前，而男人则佩戴花朵和使用香水"[①]，编花、卖花的女性成了古代地中海沿岸文学艺术中常见的形象[②]。这种风气虽然在中世纪受到基督教的压制，但迄今仍是西方花卉使用的常见情景。而在欧风美雨袭入我国之前，这类以鲜花编制祭品和礼物的方式，无论是宗教还是世俗社会，都极为罕见。我们先民的祭祀多用六畜牺牲和五谷干果，很少用鲜花。先民也有赠花表情之事，如《诗经》"赠之以芍药"，汉魏以下有折花寄远之事，如《荆州记》所记陆凯折梅寄长安友人，但这些多属于表情达意的个性方式或浪漫传说，从未形成普遍的风气和流行的仪式。六朝以来节俗游宴中男女戴花较为常见，但这多属节日一时狂欢之举，而一些都市偶有所谓"万花会"之类更被视为浮华作派，为人们所不屑。南朝由于佛教的影响，瓶中插花、缸中养花、篮中盛花以为供奉的现象曾一度盛行，此后佛门行之不绝，但也绝未形成普遍的社会风气。

我们民族的赏花，不以剪切鲜花作为铺设和装饰为主，而以自然生长、农田山林和庄园别墅种植之花木的风景游赏、植株观览为主。"天地之大德曰生"，周子不拔窗前草以观生意，也许透露了这方面的信息。我国园林擅长以水、石和草木植被营造自然而又宜居的风景，重在美化环境，营造意境，"种不必奇异，只取其生意郁勃"[③]。我国唐宋以来兴起的盆景，"盆花种活自佳色"[④]，主旨在于营造天趣、"生意"[⑤]，意在将自然山水和花木生植风景引入或浓缩到庭院、案头、几格之间，使人家常起居而有山间陌上之乐。中国瓶花不只是插花造型，还要蓄水"养花"，求其耐观。这些艺植、观赏方式都有着着眼实际生姿、追求自然生趣的特点。

① Jack Goody, *The Culture of Flowers*, P. 43.
② Jack Goody, *The Culture of Flowers*, P. 59.
③ 王象晋：《二如亭群芳谱叙》，《群芳谱》卷首，明天启元年刻本。
④ 马中锡：《即事二首》，《东田漫稿》卷四，明嘉靖十七年（1538）刻本。
⑤ 朱良志：《天趣：中国盆景艺术的审美理想》，《学海》2009年第4期。

不仅是审美对象的差异，还有审美态度的不同，如果说西方注重"装饰"，那么我国则重在"观赏"。西人所著《花文化》一书谈花卉审美价值，多以"装饰性"（ornamental）一词概括，与"生产性""功能性""果实性"相对而言①。而在我们的文化中，虽然花朵、植物的装饰性也受到重视，比如我们工艺制作中，植物形象就是最常见的装饰纹样，也有以布帛、纸张剪裁花朵彩胜以为节令之礼的现象，但这些都不是花卉使用的主流。"装饰"一词并不能充分揭示我们民族心目中的花卉价值，而"观赏"一词更能恰切地概括我们民族对花卉的态度。"装饰"意在强调花的客观形式美，而"观赏"则重在说明人的主体活动和感觉。我们民族重视的不是外在功用，而是主观感受、内在情趣。花卉植物是我们欣赏、体悟、友爱、交流的生命对象，而不只是用作装饰的物质资料。从客观上说，我们的传统花卉中木本多于草本，切花或折枝装饰代价较大，因而难以流行。在园林种植中，木本的地位也远过于草本，我国古代"花木"一词也较"花卉"更为常见②。无论是日常观赏还是诗咏图绘，花朵固然重要，但大多远不如草木实际生长的整体形象和情景来得意境生动，更受欢迎。这些都隐然与我们民族重视生命，泛爱万物，顺应自然的文化传统与审美情趣有关，体现着我们花卉欣赏的情趣爱好和风俗习惯。

（三）"比德"寄托

"托兴众芳，寄情花木"③，应该是全人类花卉欣赏的普遍现象，但由于中国文化传统的深厚滋养，尤其是中国士大夫阶层精神世界的蒸腾熏染，在整体上形成了体现我国民族性格的情感体验，形成了体现中国文化精神的象征体系。

大致说来，从产生自觉的花卉观赏以来，我们民族的花卉审美认识大致经过这样三个阶梯：首先是"感时抒情"，即对花卉物色的时序感应和情绪抒发。继而是"写形得神"，即对花卉物色形象细致认识和对个性特性的精切把握。在此基础上，最后进入"比德尚意"阶段，即透过花卉形象来寄托人的道德品格和思想情操。借用古人的诗句来说，"养花须识花性情，爱花更取花标格"④。"性情"即花卉的神韵特征，而"标格"则是品格情操。"花标格"即以花"比德""写意"，是我们花卉审美的最高境界。

"比德"在我国有着极为悠久的历史和深厚的思想传统。孔子所说"岁寒然后

---

① Jack Goody, *The Culture of Flowers*, PP. 4、12、26、38、48、54、67、122.
② 参见程杰：《论花卉、花卉美和花卉文化》，《阅江学刊》2015 年第 1 期。
③ 汪灏等：《广群芳谱》卷首凡例，清文渊阁《四库全书》本。
④ 吴嵩梁：《蔗山园赏菊赠赵象庵中翰，兼呈谢芗泉礼部》，《香苏山馆诗集》古体诗钞卷七，清木犀轩刻本。

知松柏之后凋也"，"仁者乐山，智者乐水"即是典范，而后屈原以芳草比贤士，作《橘颂》"行比伯夷，置以为像"，钟会《菊花赋》赞"菊有五美"以比五德，都是著名的例子。宋以来，随着士大夫阶层社会地位的普遍提高，以理学为核心的道德品格意识全面高涨，即事悟理、因物比德愈益自觉。观物不是为了悦其容色，而是要悟其性，得其理，见其德。"举凡山园之内，一草一木，一花一卉，皆吾讲学之机括、进修之实地，显而日用常行之道，赜而尽性至命之事"。"观松萝而知夫妇之道，观棣华而知兄弟之谊"，"观兰茝而知幽闲之雅韵，观松柏而知炎凉之一致"①。物色可以比德，观物可以悟理，自然审美纳入到了即物究理、"格物致知"、修业辅德的道德实践之中。

如果说"比德""悟理"是儒家思想支配下的审美追求，而"得趣""尚意"则是更广泛意义上的"比德"追求。苏轼认为士大夫种树莳草、"接花艺果"，不是物色财用之好，而是君子胸襟的一种体现，"其所种者德也"（苏轼《种德亭》）。他主张文艺家要"达物之妙"，"造物之理"，"合于天理，餍于人意"，要在契合物之肌理和神髓的同时，写出人的性灵和意趣，具有更多审美的因素。这种以自然草木"畅神""尚意"的追求，有着更多"儒道互补"、美善相兼的色彩，在士大夫阶层中有着更广泛的心理基础。正是沿着这一思路，封建社会的广大文人，都特别注重透过园墅经营、花木种植以及相应的诗咏图画来寄托人格、陶冶性情，体现出士大夫精神生活的超越、闲适和高雅。宋以来大量出现的与花卉草木友结盟约，名斋称号如松斋、梅屋等现象，在园林别业中大量种植营景题额，以及文人画"岁寒三友"、梅兰竹菊"四君子"的流行等等，构成了一个"比德""写意"的思潮和风气。

由此逐步形成了一个庞大的士人品德、情趣的象征系统："牡丹为贵客，梅为清客，菊为寿客，瑞香为佳客，丁香为素客，兰为幽客，莲为净客，酴醾为雅客，桂为仙客，蔷薇为野客……"②，这是对花卉品格性情的品鉴。"梅令人高，兰令人幽，菊令人野，莲令人淡，海棠令人艳，牡丹令人豪，蕉、竹令人韵，秋海棠令人媚，松令人逸，桐令人清……"③，这是对物色陶冶功能的领悟。不仅是明其物性，还要分其等差，定其尊卑，并且在观赏主体、种植环境、观赏方式、使用场合等各方面制定宜忌条例，分别雅俗品格，以充分张扬士大夫阶层超凡脱俗的心理期求和文化品位，从而形成了极其丰富严密、高雅精致的文化体系。

---

① 胡次焱：《山园后赋》，《梅岩文集》卷一，清文渊阁《四库全书》本。
② 龚明之：《中吴纪闻》卷四。
③ 张潮：《幽梦影》卷下，中央文献出版社 2001 年版。

　　我们的文化没有西方文化那种神与人、主体与客体的紧张对立，在花卉观念上更没有西方那种宗教象征意义扮演重要角色的情景 [①]，而我们传统中这种花卉"比德"象征和情趣寄托的丰富内容，体现了我国崇尚封建伦理、道德的文化精神，尤其是宋以来以理学为代表的道德品格建设的思想成就，构成了我国古代花卉审美的独特精神追求和花卉象征的思想特色。

（四）吉祥花语

　　"花语"是指人们用花来表达人的情感、意愿或观念的特殊信息交流方式。从广义上说，上节所说"比德"象征也属于一种"花语"，历史渊源极为悠久。狭义的"花语"是指十九世纪兴起于法国的一种为"花"编制的一些符号信息和表达惯例，在欧美世界比较流行 [②]。严格说来，我国古代没有这类社会交际功能的设置，但我国也形成了一些花卉使用的民俗寓意和表达习惯，我们可以视之为中国传统的"花语"。这不是西方那种特定群体流行的交际语言，而是我国大众普遍喜爱的社会习俗。其中最主要的就是吉祥寓意，陶瓷、建筑、服饰、纺织等工艺制作中广泛流行的吉祥图案即属此类。吉祥本指预兆，后来逐步成为人们祝福祈愿的流行用语，是我国民俗文化中一个极为普遍的现象，有着悠久深厚的传统 [③]。花卉题材的吉祥纹样正是其中一个重要方面，如"牡丹富贵""梅开五福""松竹献寿""竹报平安""寿比南山松柏秀""兰桂齐芳""喜上眉梢"（喜鹊、梅花）等等，多取一个或多个花卉，利用名称谐音、形象和习性联想等民俗方式来表达喜庆吉祥、祈愿祝福之意，寄托我国民众流行的幸福观念，如传统"五福"——"寿、富、贵、安乐、子孙众多" [④]之类，当然也有科举、婚姻等方面的祈愿，与西方"花语"乐于表达的爱情、友谊、社交礼仪之类情愫颇异其趣，构成了我国花卉文化一道特别的风景。这类花卉吉祥寓意大多有着精英文化和民间文化双重渊源和悠久历史，体现着我国民众独特的生活理想或幸福观，而其表达方式则更多我国民间、民俗的方法和习俗，有着广泛的群众基础，可以说是中国特色的系统"花语"。

　　总结全文论述，我们可以看到，我国是一个花卉文化极其繁荣灿烂的国度，无论是园艺种植、花事观赏，还是文学、艺术创作都极为丰富繁盛。我国花卉文化的发展历史大致可以分为三个阶段，即先秦的始发期、秦汉至盛唐的渐盛期和中唐以

---

① Jack Goody,*The Culture of Flowers*,PP. 242—243.
② Jack Goody,*The Culture of Flowers*,PP. 232—253.
③ 沈利华：《中国传统吉祥文化论》，《艺术百家》2009 年第 6 期。
④ 马总：《意林》卷三，清《武英殿聚珍版丛书》本。

来的繁盛期。我国花卉文化的繁荣发展，有着我国自然条件、社会文化生活广泛的历史基础。我国地大物博，植物资源丰富，给花卉园艺的发展提供了极为优越的自然条件。我国发达的农耕文明对花卉园艺生产促进良多。我国传统士大夫阶层构成了花卉文化创造的主力，无论是外延的拓展，还是内涵的提升，都主要得力于他们的奉献，也主要体现他们的生活方式、生活情趣和文化理想。我国讲究"天人合一"、物我一体，崇尚自然的文化观念对花卉观赏的影响从来都是正面、积极的，从未出现其他民族那种基于特定教义的严格限制，西方中世纪普遍禁止那样的现象。这些因素共同作用，有力地促进了我国花卉文化的繁荣发展，同时也决定了我国花卉文化的民族风格。我国观赏花卉以我国原产的木本和经济应用品种为主，形成了独特的名花、名树体系。我国人民比较重视自然生长、园艺种植的植物生姿，特别欣赏植物的生机天趣，西方社会那种花环、花冠等采编献赠为礼的方式在我国并不多见。在花卉象征上，我国士大夫阶层最终形成了"比德""写意"传统，体现着我国崇尚伦理道德的文化精神。我国花卉象征中的吉祥寓意，体现着我国民众独特的幸福观，有着鲜明的民间、民俗色彩，可以说是中国特色的系统"花语"。

［原载《阅江学刊》2014 年第 1 期］

论花文化及其中国传统

——兼及我国当代的发展与面临的问题

花、花卉是两个大小不同、交叉关联的概念。花的本义是被子植物的生殖器官，完整的理解包括植物的花朵与观花植物两个角度。花卉则指所有观赏植物，不仅有观花植物，还包括松竹、杨柳、枫树，还有诸如用于制作草坪的草类等非观花植物。在汉语表达习惯中，"花卉"一词的意义是完全可以用"花"这一单字来表达的，可见这一词汇主要落脚在植物的观赏性，实际所指也以植物的花朵和观花植物为主。两个概念大同小异，就相应的文化现象而言，基本一致，也略有不同。关于花卉文化的概念和内涵、我国花卉文化的历史面貌和民族特色等基本问题，笔者已有一些论文专门探讨过①。我们这里主要关注"花文化"，集中讨论与"花"这一特殊对象有关的文化现象及其精神意义，并就我国相应的历史传统、当代发展以及面临的问题进行简要的勾勒和阐发。

一、花的自然特性及其文化意义

从生物学上说，花是被子植物的生殖器官，是植物组织结构中最为复杂、精致

---

① 程杰：《论花卉、花卉美和花卉文化》，《阅江学刊》2015 年第 1 期，第 109—122 页；《论中国花卉文化的繁荣状况、发展进程、历史背景和民族特色》，《阅江学刊》2014 年第 1 期，第 111—128 页；《〈中国花卉审美文化研究丛书〉前言》，程杰、曹辛华、王强主编：《中国花卉审美文化研究丛书》卷首，北京联合出版公司 2017 年版。

的部分，有着天然、生动的美好形象和鲜明、丰富的审美价值，因而受到人类普遍的喜爱，引发了广泛而丰富的物质和精神活动，展现出博大而深厚的文化意义。

（一）花的物质特性及其文化价值

花文化是由"花"对于人类的价值引发和决定的，因此我们首先应该深入了解"花"对于人类的资源特性和价值意义。

1. 花为物：化的植物属性及其文化意义

花、花卉都是植物世界的一部分，其社会文化意义首先是与整个植物世界的自然属性、资源价值及其社会意义统一在一起的。时至今日，人们已经习惯于从地球有机体的整体生态系统来把握植物的意义。在自然生态系统中，植物是最基本的部分，执行最关键的功能，通过光合作用将光能转换成所有生命都必需的化学能，因而被称为"自养生物"。"而几乎所有其他的有机体都是异养生物，从其他有机体获得食物。"[①] 植物多植根不移，从无生命的环境中汲取、集中营养成分，在各类生命营养元素中扮演重要的角色，可谓是整个生态系统运行的核心发动机。在生态系统有机、无机元素的能量循环中，植物与动物之间在许多方面有着鲜明的对应互惠关系，比如动物的呼吸是消耗氧气，排出二氧化碳，而植物则刚好相反，呼出氧气而吸收碳元素。这样的生态系统机制决定植物是整个动物界生存的基础，植物与动物之间有着生物界内在本能的亲善与和谐。

人类是万物之灵，与植物之间更是居高临下的利用与被利用关系，因而对于植物几无任何真正的畏惧，更多都是亲近、美好的感觉。而人类与其他动物之间程度不等地都存在"物竞天择"的生存竞争，人类面对大型或危险的高等动物更有明显不安全感甚至畏惧和恐怖。原始艺术史的研究表明，人类原始壁画中多是动物的图形或纹样，人类最初的舞蹈多是模仿动物的活动，人类早期图腾也以动物为多，这些都是早期人类对动物的敬畏和对狩猎收获之期待的反映。而人类以植物形象作为装饰出现较晚，要等到农业生活出现之后[②]，这与人类面对植物自始以来就是一副从容、轻松之心态密切相关。花是植物世界的一部分，人类与植物之间平和、家常、亲近的关系，人类对于植物习以为常的轻松、随意、安享感觉，是花与人类文化关系的底色。

---

① ［美］A. W. 哈尼：《植物与生命》，龙静宜等译，科学出版社 1984 年版，第 1 页。
② ［德］格罗塞：《艺术的起源》，商务印书馆 1984 年版，第 239 页。该书第 119 页："事实上，从动物装饰到植物装饰的过渡，是文化史上的最大进步——从狩猎生活到农业生活的过渡——的象征。"

　　花与人类的关系不仅是和平、亲善、轻松的，而且还是极为普遍、寻常和永恒的。虽然人类对于花的欣赏、消费有阶级、民族、地域和历史等时空差异，但由于植物的广泛分布、资源的生生不息、开花植物的种群优势，花是人类普遍易见的实体资源，因而相应的文化关系也就极为自然和普遍。明人周之夔称赞"草木果蔬，其华可悦耳目，实可充口腹，皆旦夕之用也"[①]，袁宏道说"山水花竹者，名之所不在，奔竞之所不至也……幽人韵士得以乘间而踞"[②]，花花草草，不是功名利禄、金银财宝，天地不掩，世人难专，因而贫居、退闲、幽隐之士可以恣意无碍地引以自得，说的就是这种植物景观欣赏随遇易得、人人可享的情景。明人朱有燉说："飞潜动植，咸得其生意也，微物而粹造化之精者也。声和羽丽者，莫逾于鸟兽也；色艳香浓者，莫逾于花卉也。然而得生意之自然者，花卉比鸟兽为尤多也。"[③]是说植物比动物更具自然生机，更为生动可爱，人的这种感觉就植根于植物资源这种无处不在、生生不息、随遇而得、相伴无忌的物质存在。上述这些植物属性所带来的自然美好、普遍永恒的感觉也许我们都习焉不察，但却是一种普遍而深刻的存在，是花、花卉一切文化意义的基础，有必要注意随时体察和把握。

　　2. 花之美：花的美好特质及其文化价值

　　花是高等植物发展到一定阶段的产物。苔藓植物、蕨类植物、裸子植物、被子植物一路走来，作为迄今最高阶段的被子植物，在距今大约 1.45 亿年前白垩纪中晚期（即恐龙鼎盛走向衰亡的时代）登上历史舞台，又经过漫长的演化才有了今天我们所说的花朵。花朵是植物有性繁殖的器官，为了保证繁殖的效果，植物要开出各自不同的花朵竞相吸引昆虫、鸟儿、野兽等动物乃至人类，以帮助其传播花粉和种子。这是一种生存谋略，"花的一切都是以诱惑为目的的"[④]，在色彩、香味、甜味乃至形状等方面都各尽其态。

　　（1）花的色彩

　　"花之为物，香与色而已"[⑤]，花的美妙主要在花色、花香，而对人类来说，花的色彩又是最易把握的内容。正如达尔文所说，"花是自然界最美丽的产物，它们与绿叶相映而惹起注目，同时也使它们显得美观，因此它们就可以容易地被昆虫看

① 周之夔：《与王子功书》，《弃草文集》卷四，明崇祯木犀馆刻本。
② 袁宏道：《瓶史》引言，《袁中郎全集》卷一五，明崇祯刊本。
③ 朱有燉：《菊花谱序》，《诚斋录》卷四，明嘉靖十二年刻本。
④ ［法］让－玛丽·佩尔特等：《植物之美》，陈志萱译，时事出版社 2003 年版，第 73 页。
⑤ 王恽：《林氏酴醾记》，《秋涧集》卷三八，《四部丛刊》影明弘治本。

到"[①]。在花出现之前,植物界几乎一片纯绿,而花朵很少有与叶子完全一样的绿色,花多呈白、黄、红、紫等醒目的色彩,有些还有复杂的彩色斑纹。花的颜色显然是为了吸引动物的注意,有利于识别。从人类的角度看,"花以色而可尚"[②],花的颜色是花朵最抢眼的元素,花的色彩应是人类色彩感中最重要的经验记忆,当然也是花朵最主要、最丰富的美感源泉。

（2）花的香气和甜味

在生物界,只有植物才能进行深入的化学转化,植物的花朵能制造、散发不同的香味,花瓣、花蕊尤其是花粉也多以浓郁的甜味吸引蜜蜂之类昆虫。与此多少有关,植物的果实也有不少具有美好的香气和甜味。花果的香味、甜味对于动物的吸引是本能的,对人类亦然。人类十分喜爱香味,经常模仿花朵的气味制造香水,喷洒在室内和人体上,以增加环境的愉悦感和自身的吸引力。人类对于花朵甜味的喜爱也极其明确。正是由于这些本能的因素,花的香味、甜味成了花之为美十分重要的元素。

人类的嗅觉、味觉远不如蜜蜂之类动物敏锐,人类对于花香的感觉总有几分微妙乃至奇特的意味。我国古人说"香者,天之轻清气也,故其美也,常彻于视听之表"[③],西方人说:"香料的微妙之处,在于它难以觉察,却又确实存在,使其在象征上跟精神存在和灵魂本质相像"[④],也就是说芬香鼻观有着某种玄妙的色彩,更倾向于作为人类精神品格和心灵境界的象征,这是花卉观赏古今中外相通的一个普遍心理。有不少宗教将花朵的芳香作为与神灵沟通的捷径[⑤]。因此我们说,花的香味是花之文化意义生成的一个独特原素。

（3）花的形态

花苞、花瓣、含苞待放、灿烂盛放的形态也值得关注。不同植物间茎、枝、叶等营养器官多大同小异,而作为生殖器官的花却是各具特色,千姿百态。不同生长环境中,营养器官的形象也多有随遇而变的情景,而唯有花朵的形状结构十分稳定,是生物学上植物分类最重要的依据。从植物解剖学的角度看,花朵的形状和结构总是植物外在组织结构中最为复杂和精致的部分,既坚持自身物种繁衍的保护性,又

---

① ［英］达尔文:《物种起源》,周建人、叶笃庄、方宗熙译,商务印书馆2013年版,第219页。
② 谢肃:《梅花庄记》,《密庵诗文稿》已集,《四部丛刊三编》影明洪武本。
③ 刘辰翁:《芗林记》,《须溪集》卷五,清文渊阁《四库全书》本。
④ 《世界文化象征辞典》编写(译)组编译:《世界文化象征辞典》,湖南文艺出版社1992年版,第1076页。
⑤ Jack Goody, *The Culture of Flowers*, Cambridge University Press, 1993, P. 33. 该书为英文版,本文所引汉译由赵文焕、姚梅、鞠俊提供,不一一注明。

充分兼顾昆虫等传粉者的方便有效与利益共赢，有着十分凝炼、周至、完美而又浑然天成的结构和形态。自然界容有不起眼的花朵，却没有极其铺张、过度散漫的花朵。花的形状多呈辐射对称（整齐花）或两侧对称（不整齐花），主要应是有利于传粉昆虫对花朵中心的聚焦定位，而对于人类来说，这种对称结构尤其是辐射对称的花冠，形成圆形、准圆形或球形的花冠形态，具有鲜明的视觉亲和力和愉悦感。极少数不对称的结构则是进一步进化的结果，形状和色彩别具一格，也常给人新奇、美妙的感受。

上述这些都是花作为生殖器官独特而奇妙的设置，几乎"达到炉火纯青的程度"①，其目的主要是为了吸引和方便包括人类在内的动物。生物进化史上，被子植物是与蜜蜂之类昆虫、哺乳动物几乎同时出现的，有着同步进化、相互依存的生态关系。这种生态关系不只存在花与蜂、花与蝶这些广为人知的生物互利共生关系中，也以不同的方式体现在人类与花朵之间。也许人类对花朵的喜爱更多出于花朵与果实的联系②，但不管与其他动物差别多大，人类对花朵的喜爱总有着生物本能的意义。也就是说，花朵的美好有着生物界内在统一的本能依据，有着自然规律的先天客观性，包含着人类生物本能需求与原始感官记忆的相互作用。花的魅力对人类有着一定的天然针对性，花朵带给人类的是真真切切的本能愉悦，人类对"花花世界"的喜爱有着与生俱来的"集体无意识"。人与花之间这种天然而紧密的本能关系，是其他生物资源乃至所有自然资源元素难以媲美的。

正是这些主客观因素的有机统一，使花朵与人类的少壮身体、日出景象以及鸟类的彩色羽毛一样，成了人类不用发现、与生俱来公认的美好事物，构成人类关于美最古老的概念。正如我国古人所说，"花，美丽之物也"③，在世界所有语言中花总代表着美丽、精华④，常用以类比"事物中最精巧、最优质、最美好的部分"⑤。在我国，花还有许多延伸义。如表示花纹装饰、色彩错杂，如"花样""花脸""头发花白"；表示色彩鲜艳，如"花枝招展""花团锦簇""眼花缭乱"；表示浮华不切实际，令人迷乱，如"耍花招""花言巧语"；表示奢靡、女性、色情和人性迷乱，如"花柳""花酒""拈花惹草""花花世界"之类说法。这些不同联想和比喻，都本源于花之美好的形色及其强烈的魅力，反映了人们对花的形象特点及其审美价值的共

---

①　[法]让-玛丽·佩尔特等：《植物之美》，第75页。

②　[美]迈克尔·波伦：《植物的欲望》，王毅译，上海人民出版社2005年版，第83页。

③　邵雍：《梦林玄解》卷二〇"梦占"，明崇祯刻本。

④　[英]杰克·特里锡德：《象征之旅》，石毅、刘珩译，中央编译出版社2001年版，第90页。

⑤　Jack Goody, *The Culture of Flowers*, Cambridge University Press, 1993, P. 3.

同感受和普遍认识。花的这种美好形象及其鲜明魅力，花对人类审美需求的天然满足，可以说是"花"之为花的特质所在。人们欣赏花朵、花枝，用作各种礼物和装饰，是人类社会最普遍的现象，都是出于对美好花色的喜爱。花的审美价值正是这些最为相关且极其丰富之人类文化活动的物质基础和精神源头，是其文化价值的核心。

3．花之时：花的季节性、时间性及其文化价值

花之吸引人还在于明确的季节性和有限的时间性。植物的生长本就多呈季节性的，而花在其中更为醒目。花的开放有着极严格的光照时间和气温要求，因此每种花的开花时间起讫是明确而固定的，这就是所谓"花期"。这种时间性通常被视为某些季节和时令以及时间周期性的标志或信号，这在采集时代、农耕时代应是较重要的生活和生产知识。在我国，有所谓"花信""花信风"的说法，不同植物的花是重要的节令信息和农事物候。而植物开花总是为了授粉、结实，花期多是极为短暂的，我国古语有"花无百日红"的说法，说的就是这个意思。因此"花开花落"总给人时光易逝、事有盛衰、美景不常、欢乐难守的感觉。尤其是在我国这样的北半球温带核心区，大多数植物尤其是草本植物多在春季开花，花总代表着春天、青春和快乐[①]，春来花开总是世事蓬勃兴旺或人生发达快乐的经典象征，而花的凋零、花季消逝总易于引发人们某种留恋和感伤的情怀，总是荣华不常、欢乐易逝、时光难驻、盛极必衰的象征[②]。在季节性比较明显的温带区域——人类传统文明核心区，这种由花开花落引发的时光、青春、美丽、生命和世事的盛衰感怀是比较普遍的心理现象或精神活动。因此我们说，花的季节性和时间性是花自然特征中一个重要的元素，不仅进一步增添了形象的奇妙和珍贵，还以其鲜明的生命过程带给人类一种特殊而深刻的感触和困扰。花与人类之间因此有了更多复杂的情感、思想联系，这是花之文化意义生成的一个重要方面。

（二）人类对花的价值矛盾和性别偏倚

美是花的天性，爱花是人类的天性。但不同地区、不同民族、不同性别、不同时代的自然条件和社会需求不同，对花的实际认识和态度也就不同，表现出不同的价值取向和群体差异。其中有一些经典的思考和纠结，具有人类历史文化的普遍意义，从不同侧面反映了人类花文化现象、花文化意识的丰富性和复杂性。

---

① ［英］杰克·特里锡德：《象征之旅》，第90页。
② 宋人刘蒙《刘氏菊谱》（《百川学海》本）叙："草木之有花，浮冶而易坏，凡天下轻脆难久之物者，皆以花比之。"

1. 花与"果"

我们这里说的"花"与"果"分别代表植物的审美性（观赏性）与实用性（经济性）。"花"与"果"的关系是花文化中一个古老命题，包含着人类价值观的一些基本的差异和矛盾。花是植物生殖过程中较为短暂的环节，其结果无论是对植物本身还是对人类都更为重要。虽然花朵本身也有一定的实用资源价值，比如有些可用作食材、药材等，但整体上说，花这方面的价值与植物的果实和种子相比大多微不足道。人类采集、生产植物的种子和果实作为食物，种子与果实是人类生活的必需品，有着显著的经济利益。人类社会对植物的开发利用总是先"果"后"花"，先求中用再求中看。在人类早期价值观上，经济民生总是重中之重，总是果为利而花为费，果为实而花为虚。花的美观乃至专门种植用以观赏则远非生活之必需，多少都有些享乐和奢侈的色彩，"尽美"而无法"尽善"。世界几乎所有文化在对待花的态度上都出现过社会利益和道德上的矛盾与困惑。

早期基督教有鲜明的禁欲色彩，清教徒们严厉倡导朴素的生活，鄙弃和反对各种奢侈浪费之风，当然也就包括花卉的使用[1]。"直到文艺复兴之前，绝大部分被种植的花卉在美的同时也是有用的，是药材、香料甚至是食物的来源。在西方，花卉经常受到不同的清教徒们的攻击，救了这些花的总是它们的实用功能。"[2]我国文化中也有对"弃实求花"[3]，"玩华而忘实"，"徒赏其华，而不究其用"[4]等社会现象的诋议和反对。反映在道德上，也有对品德、才智所谓"华而不实"现象的否定和蔑视。

人类对花的欣赏也有着阶级地位和宗教信仰上的差异乃至对立。花的欣赏从来都是阶级性的，总是社会的富贵阶层更多地拥有鲜花享受的资本、权利和机会，而贫穷、底层的阶级或群体相对少一些，而又主要地承担生产奉献的角色。白居易《秦中吟·买花（一作牡丹）》"一丛深色花，十户中人赋"，《广东新语》所载"花田女儿不爱花，紫丝结缕饷他家。贫者穿花富者戴，明珠十斛似泥沙"[5]，就深刻地揭示了花卉生产、经营、消费结构关系中不同阶级地位和利益的尖锐对立。在漫漫历史长河中，专门的花园总是权势与富裕社会的专利，时至今日，公共花园不断增加，也仍没有完全开放到"清风明月不用一钱买"的程度。这些因"花""果"关系而形成的社会性、道德性问题是人类花文化史的重要现象，也是花文化意义的一种曲

①　Jack Goody, *The Culture of Flowers*, PP. 86—91.
②　［美］迈克尔·波伦：《植物的欲望》，第 100—101 页。
③　陆梦发：《见梅杂兴》，方回：《瀛奎律髓》卷二一，清文渊阁《四库全书》本。
④　谢肇淛：《五杂俎》卷一〇，明万历四十四年潘膺祉如韦馆刻本。
⑤　屈大均：《广东新语》卷二七，中华书局 1997 年版。

折表现。

2. 花与"神"

这里说的是作为生物精华的花与人类各类超自然的精神信念之间的关系。美与善之间，审美价值与人们的其他精神信仰之间总有许多不同选择乃至矛盾纠结，宗教对待花的态度就是一个最典型的现象。花的自然精灵色彩，使花获得不少作为超自然神性象征和隐喻的机会，花在许多宗教中都是正面的形象，发挥积极的作用。古埃及神话中，莲花即睡莲处于"中心的位置"，与太阳神的崇拜相联系，太阳神是从莲花中出现的，莲花被视为再生母体[1]。在佛教的图像学中，佛陀也多描绘为从莲花中出现，花朵因而具有神灵象征的崇高意义。我国文化重"天人合一"，注重人与自然的和谐，对自然造化持有普遍的爱好和尊重。我国民间所谓"花神"是一种朴素的民俗信仰，代表对花这一生物精华的喜爱和推重。花还经常被人类用作祭祀神灵的供品，尤其是在中东、南亚等地的宗教如佛教、印度教的祭神仪式中，花作为替代血祭的重要选项，得到普遍的使用[2]。这都是花文化中十分正面的内容。

而在另一些宗教信仰中，自然乃至人类都是从属于神性的，对自然物的喜爱多被视作对神灵的不敬和亵渎。花的美丽具有更多诱惑，对神性的挑战较为强烈，而引起的警惕和抵制也就更多。"很多加尔文主义者甚至很多天主教徒认为，自然界的美可能分散上帝话语的重要性。"[3] 在传统犹太教和早期基督教徒眼中，花的魅力对其宗教信仰大有妨碍，加以敌对宗教和教派存在对花的喜爱和重视，被视为异端，因而对花也就全然仇视，着意诋毁。

上述这些关于花之利害、善恶的好恶取舍，都是围绕花之魅力展开的，是花之审美价值的曲折反映。犹太人和基督徒们排斥"花"的形象，并不是由于看不到花之美，而是深知花的魅力会对神灵构成挑战而"必须把它扑灭"[4]，正是这些不同立场和态度的尖锐对立，体现了人类社会花文化现象的复杂性、花文化史的曲折性，值得我们认真关注。

3. 花与女性

花与人的情感、意愿、性格、理念乃至身份间的联想和比拟是普遍的文化现象，但花与女性的联系更为紧密。将女人比作花，以美女形容鲜花，几乎在世界所有文化中都是共同的现象。客观上说，女性与花都与生物的繁衍直接相关，生育前的青

---

① Jack Goody, *The Culture of Flowers*, PP. 39—43.

② Jack Goody, *The Culture of Flowers*, PP. 70—71、P. 322.

③ Jack Goody, *The Culture of Flowers*, P. 176.

④ ［美］迈克尔·波伦：《植物的欲望》，第81页。

春妙龄女性与迎接授粉孕果的花朵有着生物生理节奏上的类似，这应是女性与花之间类比联想、互文隐喻的生物学、生理学基础。

从新石器晚期较为复杂繁重的农业生产出现以来，女性在社会生活中的主导作用和平等地位逐步丧失，此后几乎所有新兴文明中女性都处于从属的地位。在男性统治的世界里，女性"色"和"性"的意味被异常地放大，而植物的花尤其是那些色香鲜明、娇艳欲滴的鲜花与女性尤其美女的社会角色和形象特征容易产生联想和类比，"花色"与"美色"同具"色"的意味，也就成了人类相应感官欲念、心理需求的美好寄托和流行隐喻，在人类文化的许多方面都得到了充分的体现。花经常与生育、性欲、色情、美貌、爱情、婚姻相联系，包含着浓重的"性"的意味，构成文化史上一个意味深长的现象。

在西亚、中东和地中海沿岸的许多神话传说和古老文化遗迹中，不少著名的花园多是与女人联系在一起的。相传我国春秋时吴王夫差为西施所建宫殿有玩花池、采香径之类，包含了花园的气息。我国历史上两位超级"女强人"武则天与慈禧，或传说或史实，都表明她们与牡丹有过一番特别的情缘。早期基督教是排斥花的，而中世纪后期以来的圣母、天使等宗教题材图像、文艺复兴以来兴起的女性题材人物画中，花草总是最常见的陪衬、渲染与烘托，这种情景在我国的仕女画中也极普遍。我国文学中"咏妇人者必借花为喻，咏花者必借妇人为比"[①]，俨然成了一条写作定律。花的这种性别习俗在女性世界内部也潜移默化，上升为一种集体无意识的自发倾向。在日常生活中，女性对花有着更鲜明的热情，"多数人给女人送花，而非相反"。花是"女性偏爱的礼物"，有一项调查显示，"65%妇女认为花是最浪漫的礼物"[②]，也更多地以花自喻寄情。花与女性的深厚情缘源远流长而又鲜明生动，花与美女之间的审美互涉互喻，是花文化中普遍存在而饶有情趣的现象，有着人类性别意识对立交错的深刻因缘和意蕴，值得我们深入挖掘、思考和玩味。

二、花文化的概念和内容体系

简单地说，花文化就是与花有关的所有文化现象。随着当代社会生活的发展，花越来越受到人们的欢迎，在社会生活中的应用越来越广泛，相应的文化意识和知识需求不断高涨，而花文化的研究也就摆到了广大人文、社会科学工作者的面前，

---

① 范德机：《木天禁语》，明《格致丛书》本。
② Jack Goody, *The Culture of Flowers*, P. 313.

成了一项比较紧迫的任务。花文化的概念意义、内容范畴和社会文化价值是我们首先面对的问题。

（一）花文化的概念

准确地说，花文化是以花卉为对象或主题的人类活动及其物质与精神财富的总和，包括花卉植物资源开发和社会应用的各类活动和成果，也包括植物实体以外各类相关的文学、艺术等文化活动及成果，同时还包括人们相关的审美意识、科学知识、思想观念、生活趣味、思维方式、风俗习惯等精神内容。

由于文化概念至大无外，花文化的概念也就极其宽泛。人们实际使用中，除上述广义外，又有相对狭义的一种，主要指与花有关的审美活动及其他相关精神活动及成果。由于花本身的美好属性、花在植物资源中相对明确的内容，人类花文化活动及其成果中真正纯粹物质性的东西很少，所以，狭义与广义的差别只是排除一些纯粹的经济利益活动。比如园艺品种的开发、培育是物质技术的，但总包含了美的追求和寄托，是花文化的当然之义，因而只能将其中深度的、专业性的生产技术研究、教学等活动排除在外。

花文化有着鲜明的审美文化属性，以花的审美文化为核心，这是由花的审美属性决定的。所有与花的审美属性相关的活动与成果，才是人类花文化的核心内容。无论广义还是狭义的花文化概念，都应坚持这个原则内涵。审美活动是超功利的，只有关于花的欣赏、装饰，无论花的形象是实物还是虚拟，无论态度是赞成还是反对，只有这些由花的非实用功能、非经济利益即花的审美价值引发的活动和观念，才是我们应该重点关注的。所谓狭义的花文化，所指其实就是这审美性的核心内容。比如同样是以花为食，大量的行为都不只将花朵作为普通食材，甚至也不以花朵为原料，比如以面团、萝卜等捏削成花朵形，这些不同饮食行为都包含着对花朵色、香、形的利用和欣赏，包含对花形象的喜爱，包含花审美元素的开发利用，属于我们所说的狭义花文化的内容。而如花菜、金针菜等蔬菜，藏红花、雪莲花、合欢花等药物虽直接采用花朵，但种植、采集、销售和消费完全着眼于食用价值和经济利益，虽是广义花文化的范畴，却不是狭义花文化的内容。

花文化的内容体系是综合的和历史的，有着广阔的时空表现。单一的观赏园艺视角、简单的现象勾勒和文化漫谈远不足以展示其丰富的内涵、深刻的意义。我们不仅要关注现实经济、政治、社会、文化的广泛表现和深刻底蕴，不同民族、不同阶层、不同国家、不同地区的种种差异，更要全面把握其深广的历史过程，总结丰富的历史经验，挖掘其深厚的文化意义。

（二）花文化的内容体系

将纷繁复杂的花文化现象从园林、文学、艺术、宗教、民俗、饮食、旅游等不同角度分类考察，极为简便明确。这在广义花文化尤为适宜，但也易流于对现象的简单分类。也有学者尝试以实物、景观、功能、价值、观念、符号等层面组成的系统结构来描述花文化的复杂内容①，较之一般文化形态理论中的物质、制度、观念三分法更为细致和复杂，较为全面地展示了花文化诸多元素和层次的有机结构系统，提供了很多思考的角度，富有一定的理论启迪，但这种侧重内涵元素及其逻辑关系的分析不利于具体外延的切实把握，尤其是过于强调其中不同层面环环相扣几近套娃式的关系，更是增加了认识的难度和表述的困难。我们这里说的是狭义花文化的内容，也力求透过花文化的表面现象，切入花文化的内在要素和类型层面，尽可能切实、简明地揭示其相互关系和逻辑结构。笔者曾将"花卉文化"的内容体系概括为资源技术、欣赏认识、社会应用、文学艺术四大方面，并就各方面包含的具体内容进行了较为细致的罗列。自觉是一种较为简洁的分类构想，各种细致、精彩的元素或层面分类都可以归纳到这一相对简单的框架中思考。这一分类设想对花文化也是基本适用的。根据花文化的具体情况，我们略作调整，就其核心内容，大致划分为这样四个层面：

1. 鲜花欣赏

自然界不断产生花的美景，人类不断驯化和培育花卉品种，开发奇花珍卉，并设置不同的环境，以不同的设施、不同方式种植或陈列鲜花、营造景观用以欣赏和装饰。所有这些鲜花景观的发现、生产、营造和欣赏活动及成果，我们姑且简单地称作鲜花欣赏，主要是与花的生物实体直接相关的活动，是花文化中最直接、最基本的内容。

自然花色的欣赏和游览是普遍的社会现象，进而人们引种、驯化和改良，并按照人类的需要赋予其各种设施，从而形成花园、花房、花栏、花径、花坛、花盆、花瓶等种植方式和景观模式，花季、花市、花会等活动方式，演生出丰富的社会生活景象。人们对花季、花景充满无穷的热情，获得美好的感受与记忆、深情的留恋与追思，展现出丰富的美好情思和文化情怀。这都是花文化研究中值得重点关注的

---

① 张启翔：《论中国花文化结构及其特点》，《北京林业大学学报》2001年增刊，第44—46页。

内容。

2. 鲜花应用

人们折取、剪裁花枝，适当装束，用以美化居住环境和活动场所。人们以花朵、花枝及其他形式装束作为礼物，用诸各种公私仪式，借以表达友好、爱慕、尊敬、期求、鼓励、怀念、哀悼等情感。既以娱人意，也以事鬼神，包括世俗和宗教各个方面。这可以称为社会应用，包括所有相关的活动及其成果，所有相应的社会机制、观念习俗及其功能作用等，是化义化中最广泛、切实的方面。

以鲜花作为装饰是普遍的社会、文化现象。由此产生的花朵、花束、花环、花冠、花纹、花篮、花圈、花团、花球等装饰形式，以鲜花作为佩饰、礼物、供物等也成了普遍的方式，形成相应的生活习俗和礼制规范等。上述这些社会应用的活动及机制也是花文化研究的重点所在。

3. 文艺创作

人们写诗作文、绘画谱曲直接歌咏和赞美花朵，表达喜爱和重视，同时也寄托相关的感受、情趣和思想。人们还绘制和设计丰富的花枝纹样和视觉造型来装饰美化生活用品如首饰、服装、器皿乃至食品，还有生活设施如建筑、雕塑，甚至道路、广场等，表达有关的情趣与观念。这种装饰和表达活动与上述鲜花应用比较接近，同属花形象的生活应用，涉及人类生活的各个方面。所有这些创作、装饰活动、表达行为及其成果，以及相应的社会机制、风俗习惯，进而包括人们对这些作品的欣赏和教育等，我们统称为花之艺文创作。与上述两方面不同的是，所谓创作活动及成果都基本脱离了花的生物实体，是花文化中最为自由灵活、丰富复杂的方面，具有精神性、创造性的特点。从下述我国花文化的民族特点可见，将文学艺术独立一类重点考察对我国花文化的研究认识极为必要。

4. 情趣观念

人类对花之各类审美活动包含的思想认识、情趣体验、价值观念、方式方法、知识话语等，即贯穿和体现在上述三方面以花为对象和主题的所有主观意识、思想观念、方式习惯、话语符号等，多有着主观性、意识性或形而上的特点，是花文化的观念体系、思想灵魂或精神核心，有必要专题考察、集中把握。

这其中花文化中的情志象征、神性隐喻和符号应用是人类社会极其普遍的现象。各民族文化多有花神的形象，花园与天堂或仙境，花的色彩、形状与女性、婚姻性爱的联想隐喻都是人类共同的想象。花的红色、黄色、白色、紫色都是基本的色彩，在世界各文化中都有充分的隐喻和象征意义。花的芳香有着鲜明的精神和思想性隐喻，甚至被视为通灵之道。世界绝大多数宗教、民族和国家都引用花的形象作为专属的或独特的符号与象征。不同群体和个人对不同芳香花色的喜爱和精神寄托更是极其普遍的现象。这些文化现象、思想观念、精神蕴涵及其发生机制和历史规律是花文化情趣观念研究的主要任务。

人类花文化现象是极其普遍广泛、丰富复杂、生动有机的，而我们的认识总有各种限制。不难看出，上述四个方面并不完全并列。我们在花文化的现象中，总能看到物质和精神，有植物实体和无植物实体，欣赏和装饰等种种分别，从不同的立场和角度会得出不同的现象范畴和描述体系。我们这里所说四个方面，前两者是包含生物实体的，而后两者则相反。前三个方面说的主要是客观活动和外在现象，而最后一方面说的是主观情趣和内在意识。通过这表与里、实与虚、形与神不同方面的交叉参证，或可较为全面立体、有机深入而又相对简洁明朗地展示花文化丰富复杂的内容体系和形态结构。当然，人类活动都是具体生动的，也是不断变化的，不同地区、不同时代、不同社会、不同群体和个人情况各异，体现的花文化的主客观条件、文化因素及其形态结构、发展水平也各不相同。人类各种活动又都是有机的，总有丰富、复杂的元素结构、功能作用体系。我们这里尝试提供的只是一个尽可能有客观抓手、切实可行、简明扼要的描述框架，属于社会、人文科学理论通称的"理想模式"、理论框架，必须根据花文化的具体情况随机应变，灵活处理。

（三）花文化的文化意义

花文化是整个人类文化现象中的一个方面，放在人类文化体系中有哪些特殊的性质和作用，这就是我们所谓花文化的文化意义，也是值得我们思考的一个问题。

1. 花文化是人类最普遍和永恒的文化现象

正如我们前文所说，花文化的主题是植物，在地球上分布极其广泛。对花的喜爱是人类的天性，有着生物本能的依据。不同地区、不同民族、不同时代对于花的态度也许千差万别，但与花文化完全绝缘几无可能。花文化是人类文化中最普遍，也是最古老而永恒的文化现象之一。所有人类文明都会面临花的问题，所有社会都有花的应用，最值得关注的是，世界各国传统中几乎都有自己特殊重视的花卉，现代绝大多数国家也都有所谓国花、国民之花、文化之花，表明花作为民族文化符号象征的普遍倾向与爱好[①]。正是这种普遍性和永恒性，使人类花文化包含更多文化

---

① 关于国花的讨论，参见温跃戈《世界国花研究》，北京林业大学博士学位论文，2013年；程杰《中国国花：历史选择与现实借鉴》，《中国文化研究》2016年夏之卷，第1—19页。

多样性和文明共通性的信息，这无论是对不同文化传统的认识和沟通，还是对人类文化共性的探索和建构，都具有积极的意义。

2. 花文化是人类审美文化特殊而重要的方面

花文化的核心乃至实质是审美文化，花文化是人类面临的各种审美资源中最为亲切普遍而又最为鲜明生动的部分。花承载了人类对于美最古老的信念，是人类最公认的美好事物。花的美有着与人类生物本能需求的天然契合，典型地体现了美的客观性。花的各类应用或多或少、或显或隐都出于对花之审美价值的发挥。无论花的实物还是图绘形象都有着最直截、鲜明的感官形式和审美魅力，呈现着最简便易得的审美快乐与精神享受，适应最广大人民群众的精神需要，有着积极的社会文化意义。花形象资源的相关审美活动和生活应用都有着充分的大众化和广泛的社会性，体现着最广泛的社会文化意义。花文化的审美功能是人类文化中最民主、最具人类共鸣和文化公约的因素，是我们文化建设中最普惠的方面，是世界文化交流中最畅通无碍、亲切有效的部分，具有鲜明的现实意义。

3. 花文化体现着自然、社会和文化有机发展的历史信息和价值意义

花文化从生物的机体、资源到社会的生产、应用，再到各类人文意义的创造、交流，跨越自然、社会和文化诸领域。花是自然之物，更是社会之物、文明之物。花的生物学历史是自然进化的重要环节，花是植物生命繁衍的主要途径，花的植物品种是地球生物资源状况及其历史的重要内容，花的园艺品种是人类农业历史演进的重要方面。花的欣赏和消费水平、花的各类文化书写的发展则是人类物质和精神文明不断发展提高的重要标志。花文化承载着植物世界进化、人类文明发展的历史信息，也会体现更多物质文明与精神文明有机统一、"天人合一"、自然生态与人类社会和谐长存相融发展的历史经验和价值信念。即如前文所引明人称花卉较之动物更具自然生趣，其实说的是植物自然生机、花色美好与人的精神享受契合无间的境界，如果我们再进一步考虑植物景观营置的简单性、植物生长对空气的调节作用、亦花亦果的综合利益等植物的自然资源优势，其体现的现代生态文明、人类全面发展的价值意义更是十分切实而丰富，值得我们认真推求和汲取。

（四）花文化的研究

花文化的研究古已有之，孔子说学诗可以"多识于鸟兽草木之名"，即可视作源头。六朝开始有《花木志》一类著作出现，宋以来人们编诗、选诗就多有花木一类，出现大量专题著作。这既是花文化的一种现象，也是花文化研究的学术成果。

我国当代花文化的专门研究从上世纪 80 年代开始，以周武忠、何小颜等先生领头，众多学者积极参与，取得了不少成绩。对近 30 年的学术发展，周武忠先生曾发表过综述文章①，笔者也有过简单的评述②，而全面、系统、严谨的梳理总结尚待来者。近 20 年来，我与门下诸生积极投身花卉文化的研究，也多少有些贡献。笔者主要发表了一些梅花、杏花、水仙、花信风、《全芳备祖》等方面的考证和论述。俞香顺主要从事荷花③、渠红岩从事桃花④、纪永贵和丁小兵从事杏花⑤、张荣东从事菊花⑥方面的文化研究，都有不少成果。在巴蜀书社为我们出版《中国花卉审美文化研究书系》5 种的基础上，最近我们又组织编辑出版《中国花卉审美文化研究丛书》20 册，汇集了我们 30 多人近 20 年发表的单篇论文和学位论文⑦。其中，属于花文化的除上述梅、杏、桃、荷、菊外，还有牡丹（付梅）、水仙（朱明明、程宇静）、梨花（雷铭）、茉莉（任群）、芍药（王功绢）、海棠（赵云双）、茶花（孙培华）、芭蕉（徐波）、石榴（郭慧珍）、桂花（董丽娜、纪永贵）等花卉个案，花朝节（凌帆）、落花（周正悦）、餐花（钟晓璐）等类型专题，都着力展开系统阐发，对我国花文化的研究多少有些贡献。

三、我国花文化的发展历史和民族特色

关于我国花卉文化的历史状况与民族特色，笔者曾撰文进行过简要的勾勒⑧，所论涵盖所有"花卉"，"花"自然包含其中，但"花"与"花卉"情况有所不同，这里主要就花文化的特殊情况择要举示，并侧重就前说不周处进行补订。

---

① 周武忠：《中国花文化研究综述》，《中国园林》2008 年第 6 期，第 79—84 页。
② 程杰：《论花卉、花卉美和花卉文化》。
③ 俞香顺：《中国荷花审美文化研究》，巴蜀书社 2005 年版。
④ 渠红岩：《中国文学桃花题材与意象研究》，中国社会科学出版社 2009 年版。
⑤ 程杰、纪永贵、丁小兵：《中国杏花审美文化研究》，巴蜀书社 2015 年版。
⑥ 张荣东：《中国菊花审美文化研究》，巴蜀书社 2011 年版。
⑦ 程杰、曹辛华、王强主编：《中国花卉审美文化研究丛书》，北京联合出版公司 2017 年 1 月版。包括以下 20 册：1. 付梅《中国牡丹审美文化研究》；2. 程杰、程宇静、胥树婷《梅文化论集》；3. 程杰《梅文学论集》；4. 纪永贵、丁小兵《杏花文学与文化研究》；5. 渠红岩《桃文化论集》；6. 朱明明、雷铭、程宇静、任群《水仙、梨花、茉莉文学与文化研究》；7. 王功绢、赵云双、孙培华、付振华《芍药、海棠、茶花文学与文化研究》；8. 徐波、郭慧珍《芭蕉、石榴文学与文化研究》；9. 张荣东、董丽娜、纪永贵《桂与菊的文化研究》；10. 凌帆、周正悦《花朝节与落花意象的文学研究》；11. 胥树婷、王存恒、钟晓璐《花卉植物的实用情景与文学书写》；12. 俞香顺《〈红楼梦〉花卉文化及其他》；13. 王三毛《古代竹文化研究》；14. 王三毛《古代文学竹意象研究》；15. 张俊峰、张余、李倩、姚梅《蘋、蓬蒿、芦苇文学意象研究》；16. 纪永贵《槐桑樟枫民俗与文化研究》；17. 石志鸟、王颖《松柏、杨柳文学与文化论丛》；18. 俞香顺《中国梧桐审美文化研究》；19. 石润宏、陈星《唐宋植物文学与文化研究》；20. 陈灿彬、赵军伟《岭南植物文学与文化研究》。
⑧ 程杰：《论中国花卉文化的繁荣状况、发展进程、历史背景和民族特色》。

（一）我国花文化发展的三大历史阶段

笔者的花卉通论曾将我国花卉文化的发展划分为三个阶段，花文化的历程大致亦然。

1. 先秦：花文化的滥觞

先秦时期，一般也称"上古"时期，是我国花文化的滥觞期。首先是花文化的起源问题，曾有学者发表论文专题论述[①]，但似着意从审美心理发生机制上寻找源头。从常理上说，只要带着一副人的眼睛和鼻子，就有花的欣赏、花的审美，也就可以称作花文化，古今中外无论你我概莫能外。但无论是全人类，还是不同文明、不同民族、不同国家的花文化起源问题都是历史问题，不是心理问题，有赖于大量考古和文献资料的综合梳理和考辨，确认可以验证的历史起点。

花文化论者多将我国花文化的源头追溯到新石器时代，其依据主要是浙江余姚河姆渡文化遗址出土的陶块五叶植物盆景图，时间距今六七千年前。所绘植物之品种有万年青、水稻、蔬菜等不同说法，虽然形状最不似稻，但如属种植之物，则以水稻和根茎类蔬菜最有可能。而笔者反复谛视，所谓五叶似乎也有龟鳖之类一头四足动物的模样，只是技法稚拙，或有潦草行事、形式变异等因素，而成此模棱两可之象，究属何物有待进一步斟酌。通称史前最壮观的花文化景象是河南庙底沟仰韶文化遗址出土距今 3500—4000 年前的大量花瓣纹彩陶，曾被有关专家认为是蔷薇科、菊科为主的花冠纹样[②]。而从上世纪 80 年代以来，就有不少怀疑的意见，认为所谓花瓣纹应属鱼纹，是半坡遗址鱼纹之类纹饰的变体、组合等演化形态[③]，具有更多形式化、符号化、装饰性的倾向和效果。近十多年，这种怀疑获得越来越多的认同[④]。

就人类自然审美的一般规律而言，远古先民以狩猎为大事，比较重视动物，舞蹈模仿动物，各类纹饰多以动物为题材，很少顾及植物[⑤]。我们认为，河南庙底沟文化乃至整个仰韶文化中的彩陶纹饰应属鱼、鸟之类动物的变形，而不可能是植物及其花朵，更不待说是花瓣和叶片之类。还有 1923 年河南新郑春秋郑国国君大墓

---

① 张启翔：《中国花文化起源与形成研究（一）——人类关于花卉审美意识的形成与发展》，《中国园林》2001 年第 1 期，第 73—76 页；《中国花文化起源与形成研究（二）——中国花文化形成与中华悠久文明历史及数千年花卉栽培历史的关系》，《北京林业大学学报》2007 年增刊，第 75—79 页。
② 苏秉琦：《关于仰韶文化的若干问题》，《考古学报》1965 年第 1 期，第 51—82 页。
③ 马宝光、马自强：《庙底沟类型彩陶纹饰新探》，《中原文物》1988 年第 3 期，第 31—34 页。
④ 王仁湘：《庙底沟文化鱼纹彩陶论》（上），《四川文物》2009 年第 2 期，第 22—31 页；《庙底沟文化鱼纹彩陶论》（下），《四川文物》2009 年第 3 期，第 32—40 页；《中国史前的艺术浪潮》，《文物》2010 年第 3 期，第 46—55 页。
⑤ ［德］格罗塞：《艺术的起源》，第 239 页。

出土的"莲鹤方壶"值得附带一提。壶盖被铸造成莲花瓣的形状，郭沫若先生称是所见秦汉以前古器中唯一"以植物为图案"者，并推测或"已有印度艺术之输入"迹象。而莲瓣中央立有一只仙鹤，其振翅欲飞的形象，更是被郭沫若先生称作春秋初年"时代精神一象征"[①]，产生了很大影响。但正如有学者所说，"这种莲瓣纹的装饰，是从西周环带纹饰物不断演变而来的新形式"[②]。西周晚期这类方壶冠盖边缘多有波曲纹、山形纹，而且也有镂空造型，所谓莲瓣正是这类纹饰元素进一步向外延伸展开的形制[③]，而不是真正取材于莲花的形象。因此我国花文化源于新石器时代乃至商周时期的有关考古信息都远不可靠，目前只能就上古文献资料取证分析。笔者已有论文中相关论述有误，这里特别提出纠正。

　　我国文献中的花文化信息也许可以上溯到夏朝。主要传承夏朝历法的《夏小正》中，就有正月"柳稊"，"梅、杏、杝桃则华"，二月"荣堇（蔬菜），采蘩"，"荣芸"，七月"秀雚苇"，"莠秀"，九月"荣菊"等物候月令，所谓华、荣、秀，都指开花，说明夏朝先民对植物开花已颇多关注。到了西周时期，《周易》卦辞中有"枯杨生稊，老夫得其女妻"；"枯杨生华，老妇得其士夫"的吉兆之语，表明在人们的实际生活中植物开花已被视作吉祥美好的象征。"华"也开始具有华丽、繁荣等流行语义。被誉为我国先民大合唱的《诗经》中，"草木虫鱼"的"比兴"成了最基本的表达方式，而花意象即居其一。如"桃之夭夭，灼灼其华"，"何彼秾矣，唐棣之华"，"皇皇者华，于彼原隰"，都是热情赞扬鲜花灿烂之美的名句。而"昔我往矣，黍稷方华。今我来思，雨雪载途"，"有女同车，颜如舜华"，"有女同行，颜如舜英"，"尚之以琼华"，"尚之以琼英"，"羔裘晏兮，三英粲兮。彼其之子，邦之彦兮"更是把鲜花作为时令美好、容貌光鲜、石美如玉、人才优秀的象征。"维士与女，伊其相谑，赠之以芍药"，则是男女间以花馈赠传情的习俗，这些都充分反映我国周朝先民对花的喜爱和重视。战国屈原作品中，无论人神所居、所服、所沐、所食均有一些花的因素："春兰兮秋菊，长无绝兮终古"，"朝饮木兰之坠露兮，夕餐秋菊之落英"，"采薜荔兮水中，搴芙蓉兮木末"，"制芰荷以为衣兮，集芙蓉以为裳"，"浴兰汤兮沐芳，华采衣兮若英"，"佩缤纷其繁饰兮，芳菲菲其弥章"。鲜花与香草一起成了美化生活环境，熏陶人格气质，烘托人格境界的主要用品和意象，形成了有关生活理想和人格境界的象征体系，标志着花之文化意义在士大夫文人层面上有了进一步的自觉

---

① 郭沫若：《新郑古器之一二考核》，《殷周青铜器铭文研究》，科学出版社 1961 年版，第 115—116 页。
② 张得水、李丽娜：《时代精神之象征——莲鹤方壶》，《中国博物馆》2009 年第 1 期，第 112—119 页。
③ 杨式昭：《东周方壶上的莲瓣纹冠饰与立鸟纹饰——从郑公大墓〈莲鹤方壶〉谈东周青铜器新兴立体纹饰》，台湾《史博馆学报》第 36 期（2007 年 12 月），第 95—112 页。

和应用。

但同时我们也应该看到，这一阶段对花的欣赏是自发的、偶然的、分散的，远未进入普遍自觉的阶段。人们对花的关注也多出于物候、长势、收获等现实的关注和期待，纯粹的美感欣赏色彩比较淡薄。从文化认识水平上说，尚是一个植物观赏意义混沌初开，实用意义仍占绝对地位的时期，我们称之为花文化的"物质实用时代"。

2. 秦汉至盛唐：花文化的兴起

从公元前221年秦始皇统一六国至盛唐"安史之乱"爆发的十个世纪，虽然国家有大小，南北有分合，政局有治乱，但人们对美好花色的欣赏和追求进入了一个自觉的阶段，并且呈现出持续兴起发展的进程，我们称之为我国花文化的兴起或渐盛期。具体表现是：第一，花园或园林花卉植物及其游赏活动兴起。第二，梅花、桃花、杨花、莲花、李花、梨花、蔷薇、栀子、木芙蓉、牡丹等花色广受关注。少数在《诗经》《楚辞》时代既已出现，但多属中古时期新的发现，代表了我国早期观赏花色的主要品种。这在我们已有论述中未及强调，有必要引起注意。第三，装饰图案中，花朵纹饰开始出现。如出土秦阿房宫等地瓦当中就有八瓣花瓣纹等[①]，南朝后期"梅花妆"更是。魏晋以来，随着佛教文化对中土文化的影响渗透，荷花供奉开始出现，莲花、忍冬藤、天女散花等成了工艺装饰中较为流行的纹样[②]。这在已有论述中也强调不够。第四，魏晋以来文学、音乐中专题和细节歌咏鲜花的作品大量出现。如三国钟会有《菊花赋》、西晋傅玄《紫华赋》《朝华赋》等。乐府就有《芳树》《梅花落》《桃花曲》《杨花曲》等曲调。初唐宫廷岁时唱和中芳菲信息比较丰富，长安曲江杏园等地游赏唱和风气都较盛。相应的山水田园诗派兴起，其中的花木之景和游览之趣较六朝更为丰富。从认识水平上说，这是一个主要着意花卉的物色形象美感，更多对花色鲜好的喜悦和追求，偏重节令、时光和荣悴盛衰感怀，带着鲜明感性、情感色彩的时代，因而我们称之为花文化的"花色欣赏时代"。

3. 中唐至明清：花文化的繁盛

在中国历史上，"安史之乱"无疑是一个划时代的事件，此前是中国封建社会明显的上升时期，此后则是一个漫长的逶迤衰落过程，尤其是宋元明清，政治、经济和思想文化上都呈现着中国封建社会后期的典型特征，通常称作"近世"或"近古"。与这一社会历史演变的大环节对应吻合，我国花文化从中唐开始，进入了一个崭新

---

① 徐锡台、楼宇栋等：《周秦汉瓦当》，文物出版社1988年版，第27页、图34《花瓣纹圆形瓦当》；赵力光：《中国古代瓦当图典》，文物出版社1998年版，第155页、图125《莲花纹瓦当》。
② 田自秉、吴淑生、田青：《中国纹样史》，高等教育出版社2003年版，第191—195页。

的阶段，我们称作花文化的繁盛期。

对这一阶段的情况，我们以前的论文从四个方面进行了简要的勾勒[①]，还有一点值得特别补充的是，花的品种也有新的拓展，早期以果木等经济作物的花色为主，中唐尤其是宋代以来不少新的观赏品种得到开发，如水仙、蜡梅、山矾、瑞香、山茶、月季、兰花（建兰）之类，有一些品种从边缘走向中心，开始引起较大注意，如荼蘼、素馨、茉莉、桂花等，进一步丰富了我国观赏花卉的品种体系，构成了我国花色品种开发的新阶段。而明中叶、清晚期域外花卉品种逐步引进，西方的"植物猎人"也开始从我国大肆掠夺和引种。这种花文化的国际交流趋势是近代以来花文化现代化、国际化、全球化的重要源头，值得我们关注。

这一阶段也呈现一个不断发展走向成熟的过程。大致说来可再分为三个小的阶段：一、中晚唐五代是这一阶段的发端，花文化繁盛的各种迹象开始显现。二、宋辽金元时期进一步发展，观赏品种进一步开拓，以"四君子"为代表的水墨写意画蓬勃兴起，理学主导的道德义理意趣的寄托和玩味开始兴起并逐步展开，从宋前的"重形"发展到"重意"，"尚色"发展到"尚德"，奠定了花文化发展的精神趋向。三、明清时期，花文化各类物质、精神生活情趣和方式全面拓展、高度繁盛并愈益精致绵密，花文化进入全面成熟的阶段。从审美心理和文化认识上说，整个这一繁盛阶段无论士林还是民间，虽然程度不等、方式不同，但都从侧重于花卉物象的外在形色之美，进入到精神理想和生活信念的比兴寄托，使众多花卉品类逐步形成系统的象征意义，显示流行的文化符号色彩，标志着我们民族花卉审美观念和文化传统的烂然成熟，因此我们将这一时期称之为花文化的"文化象征时代"。

（二）我国花文化发展的历史特点

综观我国花文化的发展历程，不难看出两大特点：

1. 历史悠久，持续不断

上述三大阶段是一个持续的过程。中华民族的历史文化是一个悠久而持续的过程，没有遭遇外族全面颠覆、文化彻底中断这样的情景。我国是一个以农耕文化为主导的文明进程，历史发展相对缓慢和稳定。同样，我国花文化的发展也是一个持续发展、未经中断、缓慢稳定的过程。在中华文明发展的统一进程中，人们对花的看法虽然有价值信念上的差异，但没有西方和中东那种为了维护某种特定教义而绝

---

① 程杰：《论中国花卉文化的繁荣状况、发展进程、历史背景和民族特色》。

对摈弃花卉的现象①，更没有西方中世纪宗教禁欲主义对花卉使用的限制和花卉文化的长期衰退②。我国人民对花卉植物的知识，对鲜花及其图像的欣赏和喜爱，对花之观赏价值的发掘和应用，正如西方学者所说，有史以来一直都在"缓慢而又相当稳定地发展"，没有西方那样的"黑暗的时期"③。这是我国花文化发展的一个历史优势。

2. 兼容并茂，积累深厚

我们是东亚大陆国家，幅员辽阔，地形和气候多样，资源丰富，人口众多，有着人类文明独立持续发展的广阔空间。我们又形成了以君主专制统治、国家官僚机构、社会广大民众三大阶层主体构成、整体体量尤其是社会底盘极其庞大的金字塔式的社会结构，虽然我们历史上有过一些短暂分裂的情景，但无论基本的文化信念，还是实际的历史过程，都以大一统的社会形态为主体。在这样一个庞大而稳定的社会结构内部，不同地区、不同阶级、不同阶层、不同群体的不同利益，不同思想观念、不同宗教信念、不同生活习俗、不同文化情趣百家争鸣，各竞其流，都包含在一个历史的大熔炉中，没有不共戴天、你死我活的隔绝分裂和尖锐对抗。相互间既有地域、层级上主次、中边、强弱的不同地位和作用，而不同层面、不同元素间又能相互协调，和谐相处，融通浑化，相互促进，共同发展。因此可以说，我们的传统社会是一种钢筋混凝土式的稳固结构，我们的文化则是一个不断兼容并包、运化涵演的博大熔炉、浩瀚渊薮。

反映在花文化中，我国虽也有宫廷、士大夫、乡村社会、市井社会等不同阶层的利益追求、情趣意愿和参与方式，但各种文化元素、生活经验相互借鉴影响，不断积累改进，从而逐步形成丰富而系统的文化体系。比如对梅，有重其果实食用、药用价值及情趣的，也多有对花之观赏价值开发利用的。在梅之花中，既有一般大众对春色吉祥之意的喜爱，也有文人隐士对疏淡幽雅情趣的推崇。既有对鲜花的欣赏，也有诗画方面的专业创作。比如菊花，既有对其药用、食用价值的开发，也有对其重阳避灾习俗的重视，更有士大夫文人对其经霜不凋之气节的欣赏。这些不同的生活习俗、文化情趣不断创生、演化、沉积，形成丰富多彩的文化内容。这还只是几个典型的个案，实际各层面、各方面充分展开，数千年滋衍积累，构成了一个博大而深厚的文化渊薮、丰富繁密的传统体系。

---

① Jack Goody, *The Culture of Flowers*, P. 27, P. 49.
② Jack Goody, *The Culture of Flowers*, PP. 73-100.
③ Jack Goody, *The Culture of Flowers*, P. 96.

我国花文化这种兼容并包、不断发展演进的发展格局统一于中国文化兼收并蓄、有容乃大的整体特性，同时又有着自身相对边缘，无关大雅也无伤大雅，可以不断继承、从容演进的发展态势。正是如此悠久持续、生生不息、兼容并包、不断积累的历史过程，最终形成我国花文化极其灿烂辉煌的成就。

（三）我国花文化的民族特色

关于我国花文化的整体特征，周武忠先生概括为闲情文化、多功能性、泛人文观三点①。笔者觉得，古今中外花的观赏和消费总是"有闲"的行为，但凡称作文化也总是多方面、多功能的，而即物寓意、寄托人文情趣更是各类文化领域普遍的现象，所说三点似都非我国花文化所独具。周先生的具体阐发中包含了一些可贵的思路和感觉，但这三点概括不够恰切。笔者认为，花文化的民族特点应坚持文化学的综合视野，综合我国数千年花文化历史，并通过与国外花文化类型的横向比较来把握。在已经发表的花卉论文中，我们也尝试做了一些概括，笔者认为中国花卉文化的特色主要体现在名花名树、生植观赏、"比德"意蕴、吉祥"花语"四大方面②。我们最近又检得王瑛珞女士上世纪90年代的两篇论文，颇有见地③。王女士称我国花文化"与整体文化相融发展"，"具有厚重的审美价值"，"饱含高度的道德内蕴"，"是文人文化的独特表现"，应都抓到了我国花文化的核心特征，与笔者的观点多不谋而合。我们这里汲取王、周二位有益的思路和观点，就花文化的民族特征重加思考和阐发。

1. 名花体系

花文化的特色首先应是花的品种，这是花文化的物质基础。世界大多数国家都有一定的花卉品种体系，同时出于自然资源、种植产业优势，或宗教、民俗等历史文化传统，或广大民众普遍喜爱等不同原因，又形成独有的名花体系。近代以来世界各国的国花、名花就属于这样的国家象征或文化符号。我国地处温带大陆，幅员辽阔，气候、地形多样，植物资源极为丰富，花卉资源同样如此，有"世界园林之母"的美誉。我国又是世界文明古国、人口大国，历史悠久，文化灿烂。因此，植根东亚大陆，打着我国几千年历史文化烙印，包含着我们民族深厚情趣的花卉不仅品种

① 周武忠、陈筱燕：《花与中国文化》，中国农业出版社1999年版，前言第5—7页。又见周武忠《论中国花卉文化》，《中国园林》2004年第2期，第56—57页；周武忠《中国花文化史》，海天出版社2015年版，第22—24页。
② 程杰：《论中国花卉文化的繁荣状况、发展进程、历史背景和民族特色》。
③ 王瑛珞：《生活无处不飞花——花文化初探》，《唐都学刊》1994年第3期，第41—45页；《花香、酒醇、诗意浓——花文化二探》，《唐都学刊》1997年第1期，第68—71页。

丰富，而且特色鲜明，形成了丰富而独特的品种体系和名花体系，在整个东亚地区都有深广的影响。这种品种体系上的特色，既是花文化民族特色的固有内容，也是其生物基础，是把握我国花文化民族特色首先应予重视的。这在我们发表的论文中言之已详，此不再赘复。

2. 士人主导

我国有着源远流长的士大夫传统，广大士大夫阶层是我国传统社会结构的骨干和文化发展的中坚，对我国传统文化的繁荣和文化传统的形成所起作用众所周知。同样我国的花文化也以士大夫的活动和成果为主导。王瑛珞女士称我国花文化是"文人文化"的表现，周武忠先生称作"闲情文化"，虽然角度不同，都多少涉及士大夫阶层的作用。我们在已有的论文中把士大夫阶层作为我国花卉文化繁荣的主要原因，也是充分肯定士大夫阶层在我国花文化中的核心地位和主导作用。西方花卉产业和花文化的发展多得力于封建皇室贵族、商人群体、宗教僧侣集团的作用，西方花园与城市、寺院也有着更多的联系①，而在我国花文化发展中，士大夫阶层一直作为创造主体和领导力量。这一花文化创造主体的阶层属性，无论是对我国花文化的繁荣还是花文化传统的形成都有决定性的意义。

我国花文化的发展演进是伴随着士大夫阶层队伍不断壮大，社会地位不断提高，物质、精神生活不断拓展，尤其是宋以来士大夫闲适、高雅之生活情趣和风气的兴起而不断发展和提升的。我国花文化的繁荣历史，无论外延的拓展，还是内涵的提升，主要得力于士大夫阶层的"劳心"投入和着意发挥，体现的主要是士大夫阶层的物质和精神生活情趣和方式。我国花文化中文学、艺术创作是绝对大宗，这与传统士大夫"尚文"好艺、重视文字书写的知识传统密不可分，是其社会、文化职能的必然透现。我国花文化中鲜明的比德言志、抒情写意追求更是我国士大夫意识形态和文化性格的必然流露。我国花卉园艺类著作多出于士大夫知识分子，而且也多包含大量文学作品、随笔杂谈，充分体现了士大夫文人的知识情趣。这些都使我国花文化打着浓重的士大夫阶层的文化烙印，充分体现了士大夫文化在我国花文化传统中的主导和核心地位。

我们这里重点说说文学方面的情况。我国自古尚文，在文学创作中，花又是最为美妙而普遍的题材，历代积累的作品浩如烟海，产生的名篇佳作、警言妙语不计其数。比如《诗经》的"桃之夭夭，灼灼其华"，写桃花之盛，"夭夭"是少好貌，

---

① Jack Goody, *The Culture of Flowers*, P.46.

桃树发花早，树龄短，今人讲"桃三李四"，是说桃树两三年就开花结果。桃树少壮时长势好，花开得多，鲜嫩好看。《诗经》桃夭这八字，看似简单，却切中了这一生物特性，形象鲜明生动，言简意赅，形神具备①。古诗中类似精彩的诗句特多，比如人们常说的牡丹"国色天香"、梅花"暗香疏影"、荷花"出水芙蓉"，都是诗中名句结晶。而如刘希夷"年年岁岁花相似，岁岁年年人不同"，李白"桃花流水杳然去，别有天地非人间"，岑参"忽如一夜春风来，千树万树梨花开"，崔护"去年今日此门中，人面桃花相映红"，陈与义"杏花疏影里，吹笛到天明"，叶绍翁"春色满园关不住，一枝红杏出墙来"，陆游"山重水复疑无路，柳暗花明又一村"，虽多非专咏花草，但简洁、鲜明的花色景象中，有情思，有意境，有故事，感发人意，耐人寻味，千百年来脍炙人口。又如苏轼写海棠"只恐夜深花睡去，故烧银烛照红妆"，黄庭坚写水仙"凌波仙子生尘袜，水上轻盈步微月"，明人高启咏梅花"雪满山中高士卧，月明林下美人来"，艺术上说远非正面描写，而是遗貌取神，拟人写物，这是一种特殊的文学技巧，更多依靠和调动人的想象、思维、感受，展现更多生动奇妙的意境，而包含的思想情趣也就透过一层，有了更多主观情趣、人格精神的象征。这些名篇佳句既出于丰富的实际观赏经验，更显示了文学创作的独特灵感和意趣，大大丰富了花卉欣赏的审美情趣、精神内蕴和想象空间，这些都远远突破了花卉实物实景游览观赏、即时体会的范畴。这些士大夫文学创作中的独到发现和精彩创造，是我国花文化宝库极为丰富、璀璨的财富，对其他阶层和领域花文化的情趣方式产生了广泛而深刻的影响。

3. 生植观赏

我国人民的花卉欣赏方式也有着鲜明的民族个性，我们以"生植观赏"四字来概括。所谓"生植"，是指自然生长或立地栽培的植物，实际生长着的活生生的植物实体和景观对象。我们民族特别重视这种实生景物或花卉活景的感应和欣赏，这与西方、中东、南亚等地区流行切花、摘枝装束用作礼物和装饰大不相同，有着我们民族的生活特色和文化个性。这在笔者发表的论文中已有详细论述。

此处必须补充的是，不只是重视植物生长的实物景观、天然生趣，还在于对花卉植物的体验和理解也是着意生命有机整体的，多透过植物整体形象、生长状态、生长习性去把握自然的时序，感受其生命个性，感悟对社会、人生的启迪。唐以前人们多重视花期的时令物候意义，唐以来封建文人多自觉从花之生物形象、生长状

---

① 渠红岩：《〈中国花卉审美文化研究丛书05〉桃文化论集》，北京联合出版公司2017年版，第165—166页。

态的整体来感受和理解花卉，并不只限于花朵和花枝。比如梅花，如只见花朵，因花期无叶，只是素色、清香两点，但人们还关注其独特的花期，重视枝干的"疏影横斜"之美，进而还发现古梅的虬干怪奇之美。由花到枝到树，由外形到习性，梅的生命形象完整了，生长状态呈现了，其品格个性也就呼之欲出。还有荷花"出淤泥而不染"，这是生长环境；水仙"借水开花"（黄庭坚《次韵中玉水仙花二首》)，这是生长习性。这些都包含独特的生命气质和个性品格，与花色、花香结合起来，感受就更为立体和完整。在我国花卉植物审美中，习性美是与色彩、气味、形态、风韵等相提并论、不可或缺的美感范畴，备受关注①。不是只见花朵不见草木，只见花枝不问习性，只见艳色不见生机，而是对包括花朵、植株等全部形象，季节、环境等生长习性在内的生命整体、生生实境的全面感受、观照，全身心的感受、悟会，这是我国花卉观赏比较独特的情趣和方式。

4. 品德象征与吉祥"花语"

这里说的是我国花文化的象征内涵和精神意蕴。由于十分鲜明的审美价值，使花更易于被引为各类人性、神性、社会理念尤其是个人志趣的象征和引喻，"托兴众芳，寄情花木"②是人类花文化极为普遍的现象。而由于不同地区、民族和国家的资源条件和社会文化氛围，相应的人文风习和寓意也各行其道、情趣迥异，展示出不同的文化传统。我们在已经发表的论文中曾对我国花卉文化"比德"和"吉祥"寓意分别进行了论述，它们代表了我们花卉象征的民族特色，花文化中的情况则完全一样。

所谓"比德"源自先秦《荀子》《礼记》，是说君子常引美好的事物来比方美德，借鉴效法。花卉亦然，花卉的一些特征可以用来代表人的道德情操和品格意趣，不同的花卉比喻不同的品德，构成系统的伦理道德、品格志趣、气质风度等人格品德象征体系。所谓吉祥寓意是指花卉用作幸福富贵、和平安顺、健康长寿、多子多孙等民俗象征和流行符号，类似于西方的所谓"花语"。

两种寓意有着不同的阶层属性和价值取向。前者以士大夫文人为主。孔子所说的岁寒后凋、屈原的香草比君子都是"比德"传统的源头，此后不断发展。中唐以来尤其是宋以来，由于以理学为代表的封建意识形态的成熟、道德品格意识的高涨，封建士大夫不只看花还要悟理，不只求形更需求意，不只见"色"还要见"德"。更多地通过花卉植物的个性特色、风格神韵来体悟人性的契应，寄托道德情操和品

---

① 程杰：《论花卉、花卉美和花卉文化》。
② 汪灏等：《广群芳谱》卷首凡例，清文渊阁《四库全书》本。

格意趣，这就是我们说的"比德""尚意"思潮，并且形成了系统的精神寓意和话语体系，标志着这一象征传统的成熟。王瑛珞说的"道德内蕴"、周武忠所说"泛人文观"就主要指这种人格象征内容。这种系统的道德品格象征是士大夫阶层社会地位和自由人格意识的反映，体现了华夏文化重视伦理道德的思想传统，构成了我国花文化的一个重要思想特色。

后者以一般民众为主，代表的是社会大众的生活意愿。唐以前，桃杏等即有报春迎新、万物更始的喜庆之意。宋以来民间社会、文化逐步兴起，物质生活进一步提高，相应的民风民俗传统逐步稳定，民间大众化的爱好和诉求逐步显山露水，而各类生活用品装饰图案中"吉祥"寓意日益盛行。一方面接受文人传统的影响和启示，同时又充分利用民俗的方式和民间的智慧，经过漫长的约定俗成，形成以"吉祥"寓意为核心的象征图案和流行话语，主要表达大众化的生活愿望和祈祝，有着鲜明的民间性、民俗性。西方所谓"花语"兴起于近代法国，既有约定俗成，也有一定的专业技术编制，主要用以表达友谊、爱情等社交信息和情愫。我国的花卉吉祥寓意体现的是中华民族独特的幸福观或生活理想，有着类似于西方"花语"那样的大众文化色彩，可以视为中国特色的系统"花语"。

上述两种寓意都发展成熟于我国封建社会后期，标志着我国传统花文化的完全成熟。两者雅俗兼济，相辅相成，广为人知，深入人心，共同体现了我国花文化丰富而独特的思想内涵和精神寓意，构成了我国花卉富有民族特色的文化象征体系和"花语"符号意义。

5．精致绵密、深厚氤氲的气象

如前所言，我国花文化有着悠久的历史发展和持续的文化积累，而最终形成的博大深厚气象、精致繁密境界举世莫比。这既是我国花文化历史发展的辉煌成就，也是弥足自豪的一大特点。

我们这里以明人王路的《花史左编》24卷所列27种名目作为代表，窥斑见豹：花之品（以花喻人，有花王、花相、豪杰、隐逸等品目）、花之寄（花事地点）、花之名（花品种）、花之辨（对品种的辨名考实）、花之候（花信、花历之类）、花之瑞（祥瑞之事）、花之妖（花的妖艳怪异掌故）、花之宜（种植方法）、花之情（花之关系人伦方面的掌故）、花之味（餐花之事）、花之荣（花受尊尚之事）、花之辱（花遭屈辱之事）、花之忌（种植避忌之事）、花之运（花因人、人因花而有盛衰）、花之梦、花之事（关于花的杂记）、花之人（名人与花）、花之证（花事考证）、花之炉（炉花残花之事）、花之厄（花之厄运之事）、花之药（入药之花）、花之毒（有毒之花）、花之似（似花非花如灯花、雪花之类）、花之变（拟名无实如剪彩花、雕刻花之类）、花之友（以竹为花之友），花麈（卧花、浴花之类风雅杂谈）、花之器（种花工具）。所谓"左编"取意于古言"左史记事"，所集这 27 类尚只是与花有关的知识和故事，编者另有《花史右编》，专收各类作品，如分类编纂，也应有许多名目，遗憾的是已经失传。透过这繁密的名目，不难感受到明清以来人们心目中的花文化已有着怎样细致入微的生活、丰富多彩的故事、琳琅满目的情景、五花八门的知识，体现了怎样的文明积淀。周武忠先生的"多功能"说，王瑛珞女士所说花文化"与整体文化相融发展"，就都考虑到了我国花文化五彩缤纷的特色。我们的花文化从来都不是单一的观赏品种、园艺活动，只有置身于五彩缤纷的生活百宝箱、历史多棱镜中，才能充分感受其历史风貌，有机把握其文化内蕴，深入体味其文明意义。人类花文化固有多方面的表现、多功能的作用，但只有在我们这样的东方大国、文明古国，在数千年持续悠久历史、博大璀璨文明的沃土中，才能产生我国花文化这样闳博绵密的内容、翁郁氤氲的气象。这是我国花文化一个无法企及的特点，它不只是一个特点，而是一种境界。

四、我国当代花文化的发展趋势与文化困境

现代以来，我国花文化也追随时代变化，逐步显示现代社会生活的气息。近四十年来，我国改革开放不断深入，政治形势愈益安好，经济状况持续改善，人民生活水平不断提高，社会城镇化趋势明显，社会文化建设逐步兴起。在这样的大好情况下，我国人民群众"富而好礼"、富而爱美，养花种草、宴游赏花之风渐起，以花装饰应用之事渐多，花文化迈进了一个现代化、大众化的新时代。但同时，突飞猛进的时代洪流中，我国传统花文化时过境迁，不免受到时尚的冲击，面临一些新的挑战，有必要引起我们的注意。

（一）我国当代花文化的发展

改革开放四十年来，我国花文化主要有这样一些新的情形和趋向：

1. 花卉景观建设成就显著

随着社会、文化事业的兴起，各类城乡建设中，公共花园、花卉景观的建设成就显著。城市公园和植物园中开设花卉专区，扩大规模。梅花、牡丹、山茶、海棠、

桃花等专类园大量出现。机关、学校、医院、商场、娱乐场所等公私机构和单位庭院、闲地、城市道路和广场等公共场所的花卉种植和鲜花装饰明显增加。各地市花、省花之类评定，促进了相应的花卉景观建设和资源保护开发。各类园林、环境和旅游景观开发建设中，以鲜花为主体的园林和包含鲜花元素的景观层出不穷，全社会鲜花观赏的机会大幅度增加。花卉洋品种大量引入，丰富了我国观赏花卉的品种资源。

2. 鲜花日常应用十分普遍

随着社会物质生活的提高，公私礼仪中，鲜花替代衣食类物品作为礼物、鲜花用于装饰的现象不断增加，日趋普遍。新年、教师节、与女性有关的节日，情人节、七夕节等年轻人喜爱的节日使用鲜花作为礼物的现象越来越多。与恋爱、结婚相关的礼仪更多以鲜花作为礼物或装饰。一些大型或重要的政治会议、商界谈判、各类公私庆典等多以鲜花作装饰。娱乐场所、饭店，家庭阳台、客厅、书房和公私办公室的瓶插、盆景花卉简便廉价，也越来越普遍。丧葬、哀悼和祭奠等仪式活动中，鲜花的花枝、花束、花篮和花圈成了越来越流行的奠礼和饰品。花卉的大众日常消费越来越明显。与鲜花消费的盛行相对应，切花和盆景的产业化生产和市场化运行渐具规模，并不断发展，有力地推动花卉装饰和欣赏的社会化、大众化。我国不少园艺企业也积极参与到国际花卉市场的生产和销售产业链中。这些都充分显示了花文化的现代化、大众化、国际化趋势。

3. 野外花景渐受喜爱和重视

随着现代休闲、旅游风气的兴起，自然野生和产业种植形成的鲜花风景越来越受到人们的关注和重视。每年新年一过，全国自南而北陆续春暖花开，各地梅、杏、桃、梨、油菜、牡丹等相继盛开，掀起一波又一波踏青赏花的热潮，见于电视、报纸、网络的各类花信消息与相应的游览节庆活动络绎不绝，构成了我国每年春天一道逶迤展开、生动靓丽的生活画面。其他季节的应时花节也有不少。深山幽谷、古树异木等野生资源多有发现，得到一定的开发利用。

4. 花的现代信息符号意义充分展现

众所周知，摄影、歌曲这些高度大众化的文化活动中，花题材、主题的作品总是绝对大宗，如流行歌曲中牡丹、兰花、莲花（荷花）、茉莉、菊花等都是常见的题材，单就桃花为题的歌曲就有数十首。我们这里关注的主要是现代信息视觉形象中的"花"图像，随着当代社会的市场化、全球化，视觉形象以其传播优势急剧泛滥。各类实体和虚拟产品的包装与宣传、新旧媒体和传播渠道的各类界面与平台设计使用的装饰图案和标志符号中，花以自然、美好的形象，总是简便无碍、广泛应用、最受欢迎的图像题材。纯粹的个人自我书写和表达中，花也总是重要的视觉元素。随着人类信息传播的全球化、自由化，各类花卉图像的使用也愈来愈频繁，发挥越来越多的装饰作用、符号功能和文化意义。在花朵纹样使用中，香港特别行政区的紫荆花红旗、澳门特别行政区的莲花绿旗无疑是最重大的事件。我国台湾在国际范围的徽标也由原来所谓的"青天白日满地红""国旗"改为以梅花图案为主的标识。我国城市居民小区多以花园命名。这些都典型地体现了花意象在我国当代社会生活中的作用。

（二）我国当代花文化面临的文化困境

不难看出，上述这些花文化的发展格局有着数十年改革开放，尤其是近十多年城市化加剧，市民社会和中产阶级逐步兴起的时代背景，呈现鲜明的大众化、现代化倾向，对我国花文化的传统观念和方式不免带来一些冲击和侵蚀，大致说来有这样一些情景：

1．本土品种市场不振

花卉产业和市场的国际化，许多外国花卉产品大量引进，受到喜爱和重视，带来了花卉品种的新时尚，冲淡了我国观赏花卉品种的传统结构和本土气息。比如玫瑰、百合、鸢尾、康乃馨（石竹）、郁金香、蝴蝶兰、洋水仙、薰衣草、向日葵等都是西方文化中比较重要的花卉，在我国名不见经传，文化上本较边缘，而如今都成了我国各类花市广泛销售、园林普遍种植的品种。这些品种的切花产品在西方多有标准化、全季节规模种植和市场销售的历史，适应现代都市大众的消费。尤其是随着现代生物工程技术在种植业的应用、国际航空业的发展、全球化市场的形成和"互联网＋速递业"的突飞猛进，以其品种开发、标准可控、价格低廉等技术优势和规模效益而畅行全球，对我国传统花卉的市场带来不小的压力。我国传统花卉多木本植物，生长期长、种植成本高、花期花型可控性弱，在全球大众化市场的洪流中如何赢得生机和活力是十分棘手的问题。我国国花牡丹、梅花的市场化道路就十分艰难。花卉品种的国际化大大丰富了观赏花卉的品种资源，拓宽了人们的欣赏视野和机遇，丰富了人们的欣赏情趣，但同时如何避免外来技术、市场垄断优势给本土传统花卉的发展造成压力，如何培育和加强本土传统花卉品种适应工业信息化时代市场经济和市民社会的能力，切实维护我国民族特色花卉的发展空间和文化地位，这是我们时刻面对、必须解决的难题。

2．传统风韵有所淡化

现代花文化热象中的切花工业生产、大众消费模式有着典型的"快餐消费"色彩，并多受海外风气的影响，这对我国花文化的传统信念、习俗和风韵无疑有着直接的冲击和消解。

花卉"快餐消费"最典型的特征就是见花不见树，且一味"重色"，即对花的兴趣高度集中在花朵的色彩和形状上，只重一点不及其余。现代切花生产中可以进行技术控制的除花期外，主要只在花朵的色彩、形状、大小尺寸上。花的香味是花的各种素质中最不稳定、最难掌控的元素，而且鲜花香味中的乙烯对鲜花的保鲜有害无益，因而切花生产中都尽可能降低这一元素的影响。而在我国传统花卉品种中，花香是极其重要的因素。清末薛福成《出使日记》称"西洋之花不如中国者，以其皆草本，而又无香气也"[1]，说的就是中西这方面的差别。国人论花向重气味，认为花之颜色予人生动之感，而花香却是品格神韵所系[2]，"俗人之爱花，重色不重香"（韩琦《夜合》），雅人所不取。而在当代切花消费风尚中，对花香的追求就备受冷落。同样是称作兰花，我国传统爱重之兰为中国兰，有"国香"之誉，而现在节日盛行的蝴蝶兰之类，以鲜艳的颜色、成串的花头取胜，与传统兰文化大相径庭。

同样是以色彩取胜之花，世道人心也有与时推移之患。花卉的使用中，西洋"花语"越来越流行，在年轻人中渐成主流话语，而我们传统的一些"比德"、吉祥寓意——我们民族独特的"花语"花意却"初心"难守，古风渐漓。比如菊花，我国传统有"菊黄得正色"[3]，"卓为霜下杰"（陶渊明《和郭主簿》），"服之者长寿"（傅玄《菊赋》）等赞誉，无论色彩、品格，还是食用价值都有极正面的肯定，有不少讨喜的意思。而近二十多年，受海外风气的影响，加之草本的廉价适销，丧葬、祭奠使用黄、白二色菊花作为场地装饰和哀祭供物日益盛行，几乎彻底颠覆了几千年来菊花坚贞、长寿等品格和吉祥寓意。记得二十年前笔者曾买一盆黄菊去看望一位年逾古稀的长辈，老人接过眉开眼笑，想必如今再作此举，势必令人侧目。短短一二十年这红、白两用的急剧变化，念之顿生风衰俗移，古道难存之感慨。

3. 自然气息渐多丧失

人为因素的增加，花卉的自然之美越来越受人为的摆布，花的自然意味必然受损。就我国的花卉欣赏来说，唐以前更多自然的状态，人们所见多属天然野生或乡

---

[1] 薛福成：《出使日记续刻》卷四，清光绪二十四年刻本。Jack Goody, *The Culture of Flowers*, P. 182："在中世纪和文艺复兴早期，对于花卉的香味很少重视，它们被看重的主要是色彩和形状。"

[2] 刘辰翁《简斋诗笺序》："诗道如花，论高品则色不如香，论逼真则香不如色。"见陆心源《皕宋楼藏书志》卷八〇，清光绪万卷楼藏本。所谓"高品"是说品格高超，所谓"逼真"是说形象生动。

[3] 洪皓：《题张侍郎松菊堂》，《鄱阳集》卷三，清文渊阁《四库全书》本。

村种植的风景，"悲落叶于劲秋，喜柔条于芳春"，有着四时节序的自然气息和实地感受的生态氛围。中唐以来，人工的园林、驯育的品种乃至像"塘花"（又称"唐花"）、盆景那样人为改变的花期、姿态逐步成了花卉观赏的主流。龚自珍《病梅馆记》感慨的那种对自然物性的戕害虽多着意社会讽谕，但又确是一种普遍存在的事实。现代社会人口不断膨胀，留给花卉的自然空间越来越少，甚至像"春在溪头荠菜花"那样的乡野气息也渐渐漓散。而现代社会的种种造化带给花卉世界的更是不堪其负的压力。现代社会的切化生产使人们的种植与欣赏活动完全脱节，消费者面对的多是宰割处理的花的"头颅"和"肢体"。就花之植物本体价值和人花关系的生态伦理来说，这确实值得我们反省。我国古有"二十四番花信风"之说，是说花期都有固定的自然节序，现代生物技术对生物自然本性带来的威胁极为严峻，花的色彩、形状、开花的时间等等都能听命于人类的需求和指令，花也就失却自然生物的本性和应时而开的节序之意，我们对鲜花的观赏也就失去了"花开如喜落花悲"[①]，造化灵妙、物色新奇、人与物化、心与物摇的生动体验。花无四时、八方之分，应有尽有，欲有尽有，但我们面对的花卉在多大程度上属于自然造化，却开始心有疑虑。正如欧阳修《洛阳牡丹图》诗中感慨的那样，"更新斗丽若不已，更后百载知何为"。我们古人所重视的花卉风景的欣赏，更是具有"应时花灼灼，随地草菲菲"[②]的生动活泼氛围和气息，这只有在野外自然与田园种植的景观游赏中才能获得。但如何控制工业化、市场化、全球化对自然生态、植物资源和传统乡村农业、田园风光的侵蚀和破坏，成了一个全球性的社会问题。在工业文明、消费文化大行其道的时代，如何继承发扬我国古人赏花重视生植自然的传统，进一步树立人与植物及其他生物之间的生命共同体意识，自觉控制、约束我们对于花卉生命世界的侵凌、压迫和戕害，以尽可能平等、从容、节制的态度对待我们的消费对象，争取人、花之间的协同进化、相融发展，这是我们未来文明发展必须面对的深刻课题。

［原载《闽江学刊》2017 年第 4 期，此处有增订］

---

① 郭之奇：《舟发零都苦雨随缘成八首》其三，《宛在堂文集》卷一七，明崇祯刻本。
② 杜澂：《游冀渭公园亭》其二，《湄湖吟》卷九，清康熙刻、道光九年杜塏增修本。

"花卉审美文化"的概念及内涵

——《中国花卉审美文化研究丛书》前言[1]

所谓"花卉"，园艺学界多称有广义、狭义之分。狭义只指具有观赏价值的草本植物；广义则是草本、木本兼而言之，指所有观赏植物。其实所谓狭义只在特殊情况下存在，通行的都应是广义概念。我国植物观赏资源以木本居多，这一广义概念古人多称"花木"，明清以来由于绘画中花卉册页流行，"花卉"一词出现渐多，逐步成为观赏植物的通称。

我们这里的"花卉"概念较之广义更有拓展。一般所谓广义的花卉实际仍属观赏园艺的范畴，主要指具有观赏价值，用于各类园林及室内室外各种生活场合配置和装饰，以改善或美化环境的植物。而更为广义的概念是指所有植物，无论自然生长或人类种植，低等或高等，有花或无花，陆生或水产，也无论人们实际喜爱与否，但凡引起人们观看，引发情感反应，即有史以来一切与人类精神活动有关的植物都在其列。从外延上说，包括人类社会感受到的所有植物，但又非指植物世界的全部内容。我们称其为"花卉"或"花卉植物"，意在对其内涵有所限定，表明我们所关注的主要是植物的形状、色彩、气味、姿态、习性等方面的形象资源或审美价值，而不是其经济资源或实用价值。当然，两者之间又不是截然无关的，植物的经济价值及其社会应用又经常对人们相应的形象感受产生影响。

---

[1] 《中国花卉审美文化研究丛书》共20册，由程杰、曹辛华、王强合作主编，北京联合出版公司2017年1月出版。该丛书由出版商设为礼品书，硬面精装，内页彩印，书价昂贵，流通有限，见到不易。目前南京图书馆、南京师范大学图书馆、安徽省池州市图书馆、池州学院图书馆、上海大学图书馆见藏。

　　"审美文化"是现代新兴的概念，相关的定义有着不同领域的偏倚和形形色色理论主张的不同价值定位。我们这里所说的"审美文化"不具有这些现代色彩，而是泛指人类精神现象中一切具有审美性的内容，或者是具有审美性的所有人类文化活动及其成果。文化是外延，至大无外，而审美是内涵，表明性质有限。美是人的本质力量的感性显现，性质上是感性的、体验的，相对于理性、科学的"真"而言；价值上则是理想的、超功利的，相对于各种物质利益和社会功利的"善"而言。正是这一内涵规定，使"审美文化"与一般的"文化"概念不同，对植物的经济价值和人类对植物的科学认识、技术开发及其相关的社会应用等"物质文明"方面的内容并不着意，主要关注的是植物形象引发的情绪感受、心灵体验和精神想象等"精神文明"内容。

　　将两者结合起来，所谓"花卉审美文化"的指称就比较明确。从"审美文化"的立场看"花卉"，花卉植物的食用、药用、材用以及其他经济资源价值都远非关注的重点，而主要考虑的是以下三个层面的形象资源：

　　一是"植物"，即整个植物层面，包括所有植物的形象，无论是天然野生的还是人类栽培的。植物是地球重要的生命形态，是人类所依赖的最主要的生物资源。其再生性、多样性、独特的光能转换性与自养性，带给人类安全、亲切、轻松和美好的感受。不同品种的植物与人类的关系或直接或间接，或悠久或短暂，或亲切或疏远，或互益或相害，从而引起人们或重视或鄙视，或敬仰或畏惧，或喜爱或厌恶的情感反应。所谓花卉植物的审美文化关注的正是这些植物形象所引起的心理感受、精神体验和人文意义。

　　二是"花卉"，即前言园艺界所谓的观赏植物及其他引入人类审美欣赏视野的所有植物。由于人类与植物尤其是高等植物之间与生俱来的生态联系，人类对植物形象的审美意识可以说是自然的或本能的。随着人类社会生产力的不断提高和社会财富的不断积累，人类对植物有了更多优越的、超功利的感觉，对其物色形象的欣赏需求越来越明确，相应的感受、认识和想象越来越丰富。世界各民族对于植物尤其是花卉的欣赏爱好是普遍的、共同的，都有悠久、深厚的历史文化传统，并且逐步形成了各具特色、不断繁荣发展的观赏园艺体系和欣赏文化体系。这是花卉审美文化现象中最主要的部分。

　　三是"花"，即观花植物，包括可资欣赏的各类植物花朵。这其实只是上述"花卉"世界中的一部分，但在整个生物和人类生活史上，却是最为生动、闪亮的环节。开花植物、种子植物的出现是生物进化史的一大盛事，使植物与动物间建立起一种全新的关系。花的一切都是以诱惑为目的的，花的气味、色彩和形状及其对果实的预示，都是为动物而设置的，包括人类在内的动物对于植物的花朵有着各种各样本能的喜爱。正如达尔文《物种起源》所说，"花是自然界最美丽的产物，它们与绿叶相映而惹起注目，同时也使它们显得美观，因此它们就可以容易地被昆虫看到"。可以说，花是人类关于美最原始、最简明、最强烈、最经典的感受和定义。几乎在世界所有语言中，花都代表着美丽、精华、春天、青春和快乐，相应的感受和情趣是人类精神文明发展中一个本能的精神元素、共同的文化基因，相应的社会现象和文化意义是极为普遍和永恒的，也是繁盛和深厚的。这是花卉审美文化中最典型、最神奇、最优美的天然资源和生活景观，值得特别重视。

再从"花卉"角度看"审美文化"，与"花卉"相关的"审美文化"则又可以分为三个形态或层面：

一是"自然物色"，指自然生长和人类种植形成的各类植物形象、风景及其人们的观赏认识。既包括植物生长的各类单株、丛群，也包括大面积的草原、森林和农田庄稼；既包括天然生长的奇花异草，也包括园艺培植的各类植物景观。它们都是由植物实体组成的自然和人工景观，无论是天然资源的发现和认识，还是人类相应的种植活动、观赏情趣，都体现着人类社会生活和人的本质力量不断进步、发展的步伐，是"花卉审美文化"中最为鲜明集中、直观生动的部分。因其侧重于植物实体，我们称作"花卉审美文化"中的"自然美"内容。

二是"社会生活"，指人类社会的园林环境、政治宗教、民俗习惯等各类生活中对花卉实物资源的实际应用，包含着对生物形象资源的环境利用、观赏装饰、仪式应用、符号象征、情感表达等多种生活需求、社会功能和文化情结，是"花卉"形象资源无处不在的审美渗透和社会反应，是"花卉审美文化"中最为实际、普遍和复杂的现象。它们可以说是"花卉审美文化"中的"社会美"或"生活美"内容。

三是"艺术创作"，指以花卉植物为题材和主题的各类文艺创作和所有话语活动，包括文学、音乐、绘画、摄影、雕塑等语言、图像和符号话语乃至于日常语言中对花卉植物及其相应人类情感的各类描写与诉说。这是脱离具体植物实体，指用虚拟的、想象的、象征的、符号化植物形象，包含着更多心理想象、艺术创造和话语符号的活动及成果，统称"花卉审美文化"中的"艺术美"内容。

我们所说的"花卉审美文化"是上述人类主体、生物客体六个层面的有机构成，是一种立体有机、丰富复杂的社会历史文化体系，包含着自然资源、生物机体与人类社会生活、精神活动等广泛方面有机交融的历史文化图景。因此，相关研究无疑是一个跨学科、综合性的工作，需要生物学、园艺学、地理学、历史学、社会学、经济学、美学、文学、艺术学、文化学等众多学科的积极参与。遗憾的是，近数十年相关的正面研究多只局限在园艺、园林等科技专业，着力的主要是园艺园林技术的研发，视角是较为单一和孤立的。相对而言，来自社会、人文学科的专业关注不多，虽然也有偶然的、零星的个案或专题涉及，但远没有足够的重视，更没有专门的、用心的投入，也就缺乏全面、系统、深入的研究成果，相关的认识不免零散和薄弱。这种多科技少人文的研究格局，海内海外大致相同。

我国幅员辽阔、气候多样、地貌复杂，花卉植物资源极为丰富，有"世界园林之母"的美誉，也有着悠久、深厚的观赏园艺传统。我国又是一个文明古国和世界人口、传统农业大国，有着辉煌的历史文化。这些都决定我国的花卉审美文化有着无比辉煌的历史和深厚博大的传统。植物资源较之其他生物资源有更强烈的地域性，我国花卉资源具有温带季风气候主导的东亚大陆鲜明的地域特色。我国传统农耕社会和宗法伦理为核心的历史文化形态培养人们对花卉植物有着独特的审美倾向和文化情趣，形成花卉审美文化鲜明的民族特色。我国花卉审美文化是我国历史文化的有机组成部分，是我国文化传统最为优美、生动的载体，是深入解读我国传统文化的独特视角。而花卉植物又是丰富、生动的生物资源，带给人们生生不息、与时俱新的感官体验和精神享受，相应的社会文化活动是永恒的"现在进行时"，其丰富的历史经验、人文情趣有着直接的现实借鉴和融入意义。正是基于这些历史信念、学术经验和现实感受，我们认为，对中国花卉审美文化的研究不仅是一项十分重要的文化任务，而且是一个前景广阔的学术课题，需要众多学科尤其是社会、人文学科的积极参与和大力投入。

我们团队从事这项工作是从 1998 年开始的。最初是我本人对宋代咏梅文学的探讨，后来发现这远不是一个咏物题材的问题，也不是一个时代文化符号的问题，而是一个关乎民族经典文化象征酝酿、发展历程的大课题。于是由文学而绘画、音乐等逐步展开，陆续完成了《宋代咏梅文学研究》《梅文化论丛》《中国梅花审美文化研究》《中国梅花名胜考》《梅谱》（校注）等论著，对我国深厚的梅文化进行了较为全面、系统的阐发。从 1999 年开始，我指导研究生从事类似的花卉审美文化专题研究，俞香顺、石志鸟、渠红岩、张荣东、王三毛、王颖等相继完成了荷、杨柳、桃、菊、竹、松柏等专题的博士学位论文，丁小兵、董丽娜、朱明明、张俊峰、雷铭等近 20 位同学相继完成了杏花、桂花、水仙、蘋、梨花、海棠、蓬蒿、山茶、芍药、牡丹、芭蕉、荔枝、石榴、芦苇、花朝、落花、蔬菜等专题的硕士学位论文。

他们都以此获得相应的学位，在学位论文完成前后，也都发表了不少相关的单篇论文。与此同时，博士生纪永贵从民俗文化的角度，任群从宋代文学的角度参与和支持这项工作，也发表了一些花卉植物文学和文化方面的论文。俞香顺在博士论文之外，发表了不少梧桐和唐代文学、《红楼梦》花卉意象方面的论著。我与王三毛合作点校了古代大型花卉专题类书《全芳备祖》，并正继续从事该书的全面校证工作。目前在读的博士生石润宏、张晓蕾、硕士生陈灿彬等也都选择花卉植物作为学位论文选题。

以往我们所做的主要是花卉个案的专题研究，这方面的工作仍有许多空白等待填补。而如宗教用花、花事民俗、民间花市，不同品类植物景观的欣赏认识、各时期各地区花卉植物审美文化的不同历史情景，以及我国花卉审美文化的自然基础、历史背景、形态结构、发展规律、民族特色、人文意义、国际交流等中观、宏观问题的研究，花卉植物文献的调查整理等更是涉及无多，这些都有待今后逐步展开，不断深入。

"阴阴曲径人稀到，一一名花手自栽"（陆游诗），我们在这一领域寂寞耕耘已近 20 年了。也许我们每一个人的实际工作及所获都十分有限，但如此络绎走来，随心点检，也踏出一路足迹，种得半畦芬芳。2005 年，四川巴蜀书社为我们专辟《中国花卉审美文化研究书系》，陆续出版了我们的荷花、梅花、杨柳、菊花和杏花审美文化研究 5 种，引起了一定的社会关注。此番由同事曹辛华教授热情倡议、积极联系，北京采薇阁文化公司王强先生鼎力相助，继续操作这一主题学术成果的出版工作。除已经出版的 5 种和另行单独出版的桃花专题外，我们将其余所有花卉植物主题的学位论文和散见的各类论著一并汇集整理，编为 20 种，与前成 5 种相呼应，统称《中国花卉审美文化研究丛书》，分别是：1.《中国牡丹审美文化研究》（付梅）；2.《梅文化论集》（程杰、程宇静、胥树婷）；3.《梅文学论集》（程杰）；4.《杏花文学与文化研究》（纪永贵、丁小兵）；5.《桃文化论集》（渠红岩）；6.《水仙、梨花、茉莉文学与文化研究》（朱明明、雷铭、程杰、程宇静、任群）；7.《芍药、海棠、茶花文学与文化研究》（王功绢、赵云双、孙培华、付振华）；8.《芭蕉、石榴文学与文化研究》（徐波、郭慧珍）；9.《桂与菊的文化研究》（张荣东、董丽娜、纪永贵）；10.《花朝节与落花意象的文学研究》（凌帆、周正悦）；11.《花卉植物的实用情景与文学书写》（胥树婷、王存恒、钟晓璐）；12.《〈红楼梦〉花卉文化及其他》（俞香顺）；13.《古代竹文化研究》（王三毛）；14.《古代文学竹意象研究》（王三毛）；15.《蘋、蓬蒿、芦苇文学意象研究》（张俊峰、张余、李倩、姚梅）；16.《槐桑樟枫民俗与文化研究》（纪永贵）；17.《松柏、杨柳文学与文化论丛》（石志鸟、王颖）；18.《中国梧桐审美文化研究》（俞香顺）；19.《唐宋植物文学与文化研究》（石润宏、陈星）；20.《岭南植物文学与文化研究》（陈灿彬、赵军伟）。

　　我们如此刈禾聚把，集中摊晒，敛物自是快心，乱花或能迷眼，想必读者诸君总能从中发现自己喜欢的一枝一叶。希望我们的系列成果能为花卉植物文化的学术研究事业增薪助火，为全社会的花卉文化活动加油添彩。

程杰，2016 年 9 月 10 日于南京师范大学随园

［原载程杰、曹辛华、王强主编《中国花卉审美文化研究丛书》各册卷首，北京联合出版公司 2017 年版］

“二十四番花信风”考

在古代物候学知识中，“二十四番花信风”是一个广为人知的说法。所谓花信风，实际是指春天应花期而至的风，属于物候学中的风候一类，但由于其中包含了明确的花卉信息，也被视为植物方面的物候知识乃至园艺方面的花历月令。有关记载由来已久，古代类书、圃艺著作多见编录，尤其是明清时期，几乎所有月令类著述和通行类书都编载此事，扩大了这一物候知识的影响。但是披览有关资料，却不难发现，有关这一说法的文献出处和具体内容都有很多值得怀疑的地方，包含不少误解和讹传，有必要谨慎对待。

一、“花信风”之说不出《荆楚岁时记》

首先是文献出处。现在流行一种说法，认为出自南朝梁代宗懔的《荆楚岁时记》，如张福春《花信风与我国公元六世纪气候的重建》一文[①]，即持此观点，并以此为论据考证我国南朝梁时的气候状况。但《荆楚岁时记》未见“二十四番花信风”或“花信风”的内容，今所见山西人民出版社 1987 年版、宋金龙校注本《荆楚岁时记》，收辑佚文最为严谨详备，其中也未见“花信风”之类的内容。张福春氏论文并未给出所据《荆楚岁时记》的具体版本，笔者不能妄为猜测。但这一观点决非其首创，而是谬种流传，其来有自。从明代中叶以来，就有不少编类、杂纂类著作把“二十四番花信风”的说法归属《荆楚岁时记》。如明杨慎《丹铅总录》(《升庵集》卷八〇，

---

① 张福春：《花信风与我国公元六世纪气候的重建》，《地理研究》1999 年第 2 期，第 143—147 页。

清文渊阁《四库全书》本）、蒋以化《花编》卷一（《四库未收书辑刊》本）、徐应秋《玉芝堂谈荟》（清文渊阁《四库全书》本）卷一九、王路《花史左编》卷五（《四库存目丛书》本）、清康熙年间陈元龙《格致镜原》（清文渊阁《四库全书》本）卷三编录上述"二十四番花信风"的详细名目，均直称《荆楚岁时记》所载。也许受此影响，如今人们提及此事，也不乏以讹传讹。如《辞海》，所见台湾1983年增订本"二十四番花信风"释义即有如此引证："《荆楚岁时记》：'始梅花，终楝花，凡二十四番花信风。'"①。现代网络上有关信息类似的说法更是不胜枚举。何以有此误传，追根溯源，还得从"花信风"最初的文献记载说起。

现存有关"花信风"最早的明确记载见于南宋程大昌（1123—1195）《演繁露》（清文渊阁《四库全书》本）卷一：

> 花信风：三月花开时风，名花信风。初而泛观则似谓此风来报花之消息耳。按《吕氏春秋》曰，春之得风，风不信则其花不成，乃知花信风者，风应花期，其来有信也。（徐锴《岁时记·春日》）

这段文字显然是摘录旧籍所载。值得注意的是，所标《岁时记》不是南朝宗懔的《荆楚岁时记》，而是徐锴所著。这一出处依据还见于南宋中期高似孙《纬略》（清文渊阁《四库全书》本），该书卷六"花信麦信"条："徐锴《岁时记》曰：'三月花开，名花信风。'"与程大昌所引意思完全相同，文字也大致不差。据《四库全书总目提要》，程氏《演繁露》与高氏《纬略》都以引据确凿、考证精审著称，所引徐锴《岁时记》之说，应属可信。徐锴（920—974），仕南唐，与兄徐铉齐名，精于小学。据《宋史》卷四四一徐铉传记载，"锴所著则有《文集》《家传》《方舆记》《古今国典》《赋苑》《岁时广记》云"。北宋王尧臣等《崇文总目》、南宋尤袤《遂初堂书目》均著录《岁时广记》，但不出撰者与卷数，绍兴间郑樵《通志》（清文渊阁《四库全书》本）卷六四："《岁时广记》一百十二卷（徐锴撰）。"章如愚《群书考索》（清文渊阁《四库全书》本）卷五五："南唐徐锴撰《岁时广记》，掇古今传记并前贤诗文，随日以甲子编类，凡时政、风俗、耕农、养生之事悉载。"可见是按岁时编类风俗、农事等资料的大型专题类书。但南宋晁公武《郡斋读书志》、陈振孙《直斋书录解题》均未见著录，表明是书传刻有限，流布不广。检索《文渊阁四库全书》，唯见程大

---

① 台湾中华书局辞海编辑委员会：《（最新增订本）辞海》上册，台湾中华书局1983年版，第212页。

昌《演繁露》引两条、《说郛》所载林洪《山家清供》引一条、元初司农司编纂《农桑辑要》引一条，此后再未见有人征引，可能元时此书已湮没不名。而《荆楚岁时记》则广为人知，影响甚巨，唐代《艺文类聚》《北堂书钞》《初学记》等书大量摘录其内容，宋代《太平御览》《锦绣万花谷》等类书也广为辑抄，诸书引载对其书名也常简称《岁时记》。正因此，后人转引本属徐锴《岁时广记》中有关说法时多想当然地视作宗懔《荆楚岁时记》的内容，导致了有关"花信风"这一说法文献出处和所属时代上的长期讹传。其实根据宋人的记载，"花信风"的说法最早见于南唐徐锴《岁时广记》"春日"类，此前包括宋初《太平御览》《太平广记》等书均未见掇及相关内容，而"二十四番花信风"说法的出现更在其后。

二、"花信风"与"二十四番花信风"

由徐锴《岁时记》对"花信风"的解释，势必引出一个新的问题。徐氏所说极为简明，所谓"花信风"，从时间上说是在三月花开这一特定的时节，与后世所谓"二十四番花信风"历时四个月二十四候，每候五天一花信，共计百二十天这样一个漫长的时间过程相去甚远。显然两者含义并不相同。那么哪一种说法更可信呢？笔者反复披览宋代有关材料，发现整个"花信风"的有关说法有一个不断演变和丰富的过程。

就现存文献资料看，徐锴《岁时记》的说法无疑是最原始的。也就是说"花信风"本义是风信，而非花信，所指是三月间姹紫嫣红、鲜花烂漫时节的风候。以廿四节气推比，大约在仲春清明时节。事实上宋人作品中，隆重指明花信风者多属描写清明前后的风光。宋代较早提及花信风的，如梅尧臣《观刘元忠小鬟舞》："桃小未开春意浓，梢头绿叶映微红。君家歌管相催急，枝弱不胜花信风。"[①] 是写桃花将开之时。黄庭坚《次韵春游别说道二首》其一："愁眼看春色，城西醉梦中。柳分榆荚翠，桃上竹梢红。燕湿社翁雨，莺啼花信风。"[②] 是春社（立春后第五个戊日）前后。慧洪《赠胡子显八首》其七："弄晴雨过秧针出，花信风来麦浪寒。"[③] 是江南一带清明后的风光。这些描写都与徐锴《岁时记》中"花信风"的概念相吻合，时间在清明前后，所写都重在风信，而非花信。也有一些作品指明花信风在三月的。俞处俊《搜

---

① 《全宋诗》第 5 册，北京大学出版社 1990—1998 年版，第 3260 页。
② 《全宋诗》第 17 册，第 11674 页。
③ 《全宋诗》第 23 册，第 15312 页。

春》："千林欲暗稻秧雨，三月尚寒花信风。"① 金人宇文虚中《春日》："北洹春事休嗟晚，三月尚寒花信风。遥忆东吴此时节，满江鸭绿弄残红。"② 这里的花信风所指显然都重在"风信"，属三月特有的节候。

与此同时"二十四番花信风"的说法也已出现，但有趣的是，所指也多属寒食、清明时节的气候与风光。根据现存宋代文献资料，"二十四番花信风"的概念最早见于北宋晏殊的诗歌："春寒欲尽复未尽，二十四番花信风。"③ 此诗题目不明，通篇不存，只余此残句，难以确定其具体写作时间，但从卜句春寒欲尽未尽之意，可知所写应是清明时节，而且重点也在强调春风之料峭。这里所谓"二十四番花信风"，显然并不是像后世所理解的通言四个月二十四候气候，而是专指带给人们"春寒欲尽复未尽"这一感觉或者导致这一节令特征的有风天气。类似的例证还有不少，如周彦质《宫词》百首："宫嫔春昼步庭前，曲砌轻风□柳绵。二十四番花信后，融怡还作困人天。"④ 诗中所咏柳絮飘绵，正是寒食、清明前后的典型景象，而称"二十四番花信"刚了，说明这一概念所指正是清明节后的一段时期。南宋魏了翁《二月十九日席上赋四首》其四："年光又见一百五，春意才余十二三。节物催人浑不觉，漫随白堕看红酣。"《翌日约客有和者再用韵四首》其一："柳梢庭院杏花墙，尚记春风绕画梁。二十四番花信尽，只余箫鼓卖饧香。"⑤ 这两首诗写作前后相连，时间定位更为明确，在夏历二月中旬、寒食节后，而此时"二十四番花信"刚刚结束。周密《小酌》："禁烟时节燕来初，对此新晴醑一壶。二十四番花信了，不知更有峭寒无。"⑥ 何应龙《晓窗》："桃花落尽李花残，女伴相期看牡丹。二十四番花信后，晓窗犹带几分寒。"⑦ 时间也在清明前后，与桃李花期相当、牡丹花期稍前。元李士瞻《宴道山亭复风雨有感作》："闽川又复过清明，花信风牵倍感情。"⑧ 也是说清明花信风起。另南宋韩淲《走笔答上饶》："闲花羞对去年丛，君正青春我秃翁。夜来一阵催花雨，二十四番花信风。"⑨ 所指也是一时气候，而非通数月二十四番而言。

宋元诗歌中还有一个流行的对偶值得玩味。北宋江西诗人徐俯："一百五日寒

---

① 《全宋诗》第 33 册，第 21248 页。
② 元好问：《中州集》卷一，清文渊阁《四库全书》本。
③ 《全宋诗》第 3 册，第 1967 页。
④ 《全宋诗》第 17 册，第 11297 页。
⑤ 《全宋诗》第 56 册，第 34943 页。
⑥ 《全宋诗》第 67 册，第 42508 页。
⑦ 同上书，第 42014 页。
⑧ 李士瞻：《经济文集》卷六，清文渊阁《四库全书》本。
⑨ 《全宋诗》第 52 册，第 32733 页。

食雨，二十四番花信风。"① 南宋刘一止《比过石壁访王元渤舍人，欲观棋战，闻同鱼轩出游，独与戎琳二师对语久之，明日元渤有诗见贻，次韵奉酬》："一百五日天气近，二十四番花信来。"② 楼钥《山行》："一百五日麦秋冷，二十四番花信风。"③ 金张公药《寒食》："一百五日寒食节，二十四番花信风。"④ 元释善住《遣兴五首》其四："一百六日寒食雨，二十四番花信风。"⑤ 这几例数字对句，除第一例外，均明确是写清明时节景物。不难体味，数字对偶固然巧妙，而意思却应属合掌，两句说的实是一意，都是指清明时节的气候。根据这一现象，我们也不难看出，所谓"二十四番"者，其意是指第二十四番。众所周知，所谓"一百五日""一百六日"，作为寒食、清明的别称，是从冬至开始计算的。而这些诗句中的"二十四番"，也应是如此计算。全年三百六十天，计二十四气七十二候，由冬至向后计二十四候，是清明"三候"的最后一候。就诗歌对仗而言，"一百五日"与"二十四番"对言，一称清明节气之始，一指其尾，合而言之代表整个"清明三候"。由此推知，宋元时期至少北宋时期所谓"二十四番花信风"，如拘实计算，是指清明第三候，而实际指的则是整个"清明三候"的节气特征。其中刘一止一联两句间有着时间上的因果关系，这一含义最为明显，而这一时间定义也与徐锴所说"三月花开时"大致吻合。

三、江南"二十四番花信风"

上述结论，只是我们从大量有关诗词描写中得出的推测，遗憾的是宋元时期未见有明确的论说作佐证。北宋后期以来，另有一个关于"二十四番花信风"相对明确的说法流行起来。我们看这样三段文字：

胡仔《苕溪渔隐丛话》后集卷一七：

> 《东皋杂录》云："江南自初春至初夏，有二十四风信，梅花风最先，楝花风最后。唐人诗有'楝花开后风光好，梅子黄时雨意浓'，晏元献有'二十四番花信风'之句。"
> 苕溪渔隐曰：徐师川一联云"一百五日寒食雨，二十四番花信风"。

---

① 《全宋诗》第 24 册，第 15841 页。
② 《全宋诗》第 25 册，第 16694 页。
③ 《全宋诗》第 47 册，第 29449 页。
④ 元好问：《中州集》卷二序引，清文渊阁《四库全书》本。
⑤ 释善住：《谷响集》卷二，清文渊阁《四库全书》本。

周辉《清波杂志》卷九：

> 江南自初春至首夏，有二十四番风信，梅花风最先，楝花风居后。辉少小时尝从同舍金华潘元质和人《春词》，有"卷帘试约东君问，花信风来第几番"之句。

陈元靓《岁时广记》（《续修四库全书》本）卷一：

> 《东皋杂录》："江南自初春至初夏，五日一番风候，谓之花信风，梅花风最先，楝花风最后，凡二十四番，以为寒绝也。"后唐人诗云"楝花开后风光好，梅子黄时雨意浓"，徐师川诗云"一百五日寒食雨，二十四番花信风"。又古诗云"早禾秧雨初晴后，苦楝花风吹日长"。

上述三条材料依其编纂时间排列，胡仔《苕溪渔隐丛话·后集》最早，自序署乾道三年（1167），周氏《清波杂志》其次，时人跋署绍熙四年（1193）。陈元靓《岁时广记》约理宗宝庆、绍定间（1223—1233）成书。上述三条中两条转抄《东皋杂录》，以《苕溪渔隐丛话》所引更为可靠，不仅因为时间在前，胡仔著述严肃，还在于所见这段文字中引文与自己的补充内容两者间划分清楚，所引文字应属孙宗鉴《东皋杂录》的原话。《东皋杂录》十卷，已佚，《说郛》等丛编中有少量辑存，另宋元子部、集部著作有零星摘引，所见内容以游历纪闻、史迹考辨和诗文品鉴为主，属笔记类著作。孙宗鉴（1077—1123），字少魏，开封尉氏（今属河南）人，哲宗元祐三年（1088）进士，历任滁州教授、开封府学博士、海州教授、湖南转运判官、提点湖北刑狱、中书舍人等职。孙氏这番花信风的记载不辨其是得诸故籍载记，还是亲身闻见。周辉（1127—1198 以后），与陆游同时人，所说得之"少小时"，是高宗绍兴年间，与孙宗鉴的时代前后相接。两人的说法又如此一致，可见是比较可信的，至少代表了北宋后期至南宋前期这方面的知识。

与徐锴《岁时记》相比较，孙、周二氏的说法有了很大的不同。主要有这样三点：

（一）徐锴本南唐遗臣，所述"岁时"应以南唐辖地为主，当时人们多笼统称为"江南"。但徐锴的定义中并未明确指属江南，而后者都指明花信风是"江南"一方之事。

（二）徐锴所说花信风在三月，应属一个特定时节的物候，而《东皋杂录》等都言"自初春至初夏"，有"二十四番"，从梅花到楝花，时间跨度远非一个节候，或一个月。在宋人诗词作品中，有这方面的印证。如方岳《立春都堂受誓祭九宫坛》其二："辇路香融雪未干，鸡人初唱五更寒。琼幡第一番花信，吹上东皇太乙坛。"① 方回《上元立春》："华灯彩胜两逢迎，美景良辰未易并。花信风初回肃杀，柳梢月岂异承平。"② 都是说立春为花信风之始。

（三）徐锴所说重在风信，实指三月花开最盛时节的风候，故称之"花信风"。而改称"二十四番风信"，又似都以一花作标志，如视"二十四番"都为风信已不合理，其作用也就转到重在标示花信即"二十四番花信"的次序上。如高似孙《纬略》叙说"花信风"多简称"花信"，而非"信风"，引证的诗句也多是花信之义如梅信、桃信之类③，明清时更是视"二十四番花信风"为花事月令性质的内容。

何以有这种转变，其中最关键的因素是"二十四番"，最初可能只是一个自冬至起算，指称清明节的时间序数，但这很容易被理解为花信风的数量。正是由此出发，陈元靓《岁时广记》进一步加进了"五日一番风候"的说明。陈元靓，福建崇安人，史书无载，事迹不详，另编有《事林广记》，属民间百科类书，宋元以来坊间传刻颇多，《岁时广记》性质与之相若，同属面对民间百姓的知识普及之作。其所引《东皋杂录》，应属转述其意，兼融了《苕溪渔隐丛话》的内容，所引古诗不知所属，或为个人偶记之时人作品。同样所谓"五日一番风候"的说法，也可能融入了自己的见闻和理解。

但也正是这一解释，暴露了这一说法的内在矛盾。根据这一说法，从初春到初夏，如果只计春天一季六气，只有十八候，也就是说只有"十八番"。如果从立春起计满二十四候，则要延续到立夏与小满两气，涵盖整个初夏一个月，虽然从时间上仍不妨称为"自初春至初夏"，但这又与最后一个花信的楝花——通常在谷雨至立夏前后盛开的物候又不相吻合。陈元靓《岁时广记》没有意识到这一漏洞，可见只是简单地掇合抄贩故籍旧载而已，并未认真推究考辨。遗憾的是，上述诸家记载除梅花、楝花首尾两风信外，其他花信名目均未言及，难以排比推究。但由此也使我们感觉到，从《东皋杂录》开始，到陈元靓《岁时广记》完成的这套"江南初春至初夏""五日一番"，共计"二十四番花信风"的说法，早在宋代即莫得其详，或者本就只是仿佛之言，并不可以完全当真，一一落实的。

---

① 《全宋诗》第 61 册，第 38274 页。
② 《全宋诗》第 66 册，第 41607 页。
③ 高似孙：《纬略》卷六，清文渊阁《四库全书》本。

四、明人"二十四番花信风"

今所见完整的"二十四番花信风"名目始见于明初王逵《蠡海集》，后世有关"二十四番花信风"的完整说法都出于此。《蠡海集·气候类》（清文渊阁《四库全书》本）：

> 二十四番花信风者，盖自冬至后二候为小寒，十二月之节气，月建于丑。地之气辟于丑，天之气会于子，日月之运同在玄枵，而临黄钟之位。黄钟为万物之祖，是故十一月天气运于丑，地气临于子，阳律而施于上，古之人所以为造历之端。十二月天气运于子，地气临于丑，阴吕而应于下，古之人所以为候气之端，是以有二十四番花信风之语也。五行始于木，四时始于春，木之发荣于春，必于水土，水土之交在于丑，随地辟而肇见焉，昭矣。析而言之，一月二气六候，自小寒至谷雨，凡四月八气二十四候。每候五日，以一花之风信应之，世所异言，曰始于梅花，终于楝花也。详而言之，小寒之一候梅花，二候山茶，三候水仙；大寒之一候瑞香，二候兰花，三候山矾；立春之一候任春，二候樱桃，三候望春；雨水一候菜花，二候杏花，三候李花；惊蛰一候桃花，二候棣棠，三候蔷薇；春分一候海棠，二候梨花，三候木兰；清明一候桐花，二候麦花，三候柳花；谷雨一候牡丹，二候酴醾，三候楝花。花竟则立夏矣。

紧接这段之前，是一则关于"三建"的解释：

> 三建：虽曰天开于子，地辟于丑，人生于寅。然却但以冬至为一建，小寒为二建，大寒为三建也。何以知其然也？盖造历始于冬至，察天气也；候花信之风始于小寒，察地气也；辨人身之气，始于大寒，以厥阴为首，察人气也。岂非三建之气，只在于立春之前也欤。

据《四库全书总目·〈蠡海集〉提要》考证，王逵为钱塘人，主要生活于明洪武、永乐间，"家极贫，无以给朝夕，因卖药，复不继，又市卜博"[①]，《蠡海集》一书正是这类文人常见的阴阳五行、象数一类杂说。把上引两段解说结合起来考察，有这

[①]　《四库全书总目》卷一二二，中华书局 1965 年版。

样几点值得注意：

（一）与前节所引宋人花信风之说不同，王逵之说不属一般闻见记录，而是出于其象数学的理论观念。他论述夏、商、周的"三建"，有所谓"冬至为一建，小寒为二建，大寒为三建"的独特理解。正是在此基础上，进一步联系"地辟于丑"的传统历律知识，得出"花信之风始于小寒"的认识。

（二）在这一理论基础上，他的"二十四番花信风"以小寒为起点加以推演，解决了宋人以初春为起点，在春季六气中以五日为一候计算"二十四番信风"时间长度的不足。

（三）王逵承认所谓"二十四番花信风"的具体名目"世所异言"，只"始于梅花，终于楝花"这一点比较肯定。

（四）王逵也没有交代他这套名目的来源，既称"世所异言"，王逵这套的具体依据或来源就值得怀疑，至少应该包含其本人的辨别取舍与折衷整合，或者完全出于一己之见也未可知。

王逵之说的最大问题尚不在这些疑问，而是以小寒为起点的"二十四番花信"编列，尽管有"地辟于丑"一类传统历律知识的支撑，四库馆臣就因此认为"最有条理，当必有所受"[①]，但与宋人"自初春至初夏"的明确说法相矛盾，也与所说诸花的实际花期难尽吻合。其中最突出的就是小寒、大寒二气中的梅花、瑞香等花信都比实际花期大大提前了。而且如果以五日为一番，从梅花到楝花实际经历的时间，远没有二十四番即四个月的跨度，大约相差两气即一个月或六番的时间。因此无论宋人所说的从"初春"起算，还是王逵所说的从前年小寒起算，数足二十四番（候），与实际花期相比或前或后都要超出一个月的时间。这是所谓"二十四番花信风"以五日一候排满二十四番最值得怀疑之处。

尽管王逵这套说法于古无征，也不尽切实，但影响极大。后世有关"二十四番花信风"的完整说法多出于此，只是大多错把它归属《荆楚岁时记》而已。不仅如此，明以来花卉圃艺类著述中有关冬春两季的花卉月令编制多有明显化用其花信序次的痕迹。如明万历间陈诗教《花月令》中十二月、正月、二月、三月的花信名目和次序与"二十四番花信风"基本相同[②]。程羽文《花历》是在陈诗教《花月令》的基

---

① 《四库全书总目》卷一二二《〈蠡海集〉提要》。

② 称《花月令》者，今所见有两种：一见陈诗教编著、陈继儒删定《灌园史》今刑前，明万历刻本，该书卷首有万历四十四年（1616）陈继儒等人序。另一见王象晋《二如亭群芳谱》卷首，《中国本草全书》影明天启刻本。《群芳谱》所载题下署"灌园野史"，或即指《灌园史》。两种文字大同小异，小异处或为陈继儒删定时所改。

础上稍作调整而得，在"十一月"条下增加了"花信风至"一目①，这也显然是采用王逵花信风起于小寒的观点。

明代还有另一套"二十四番花信"的说法，见于杨慎（1488—1559）《丹铅总录》（《升庵集》卷八〇）：

> 二十四番花信风：梁元帝《纂要》：一月两番花信，阴阳寒暖各随其时，但先期一日，有风雨微寒者即是。其佗则鹅儿、木兰、李花、杨花、桤花、桐花、金樱、黄芍、楝花、荷花、槟榔、蔓罗、菱花、木槿、桂花、芦花、兰花、蓼花、桃花、枇杷、梅花、水仙、山茶、瑞香。其名俱存，然难以配四时十二月，姑存其旧，盖通一岁言也。

对此说，《四库全书总目·〈蠹海集〉提要》诋评道："世称二十番花信风，杨慎《丹铅录》引梁元帝之说，别无出典，殆由依托，其说亦参差不合。"不仅如此，既为梁人著述，所列二十四花中水仙、瑞香得名以及兰花受重视都是唐宋以来的事，而赫然其间，殊为荒诞。顺便一提的，王逵所列"二十四番花信风"如托诸宗懔《荆楚岁时记》，也难免这样的谬误。可以说这些都显示了杨慎这一说法的不足据信。四库馆臣称杨慎"每说有窒碍，辄造古书以实之"②，这或许也是一例。

五、"二十四番花信风"名目验证

宋人没有开列"二十四番"的全部名目，既然王逵言之凿凿，我们不妨检核一下所言二十四番名目的实际使用情况。方便的是如今有电子版《文渊阁四库全书》这样的检索工具，我们把其中诸花信风名目的出现情况列述如下（本节引文除注明外，均见电子版《文渊阁四库全书》，具体文献出处省略）：

1. 梅花风。宋人所说江南二十四番花信风中，梅花风排首位。宋人咏梅之作繁富，称"梅信"较为普遍，称"梅花风"则有梅信与风信两义，陈著《代弟蕴咏梅画十景·风前》："打头二十四番信，吹透天香雪里枝。"是说梅信。后者只偶有所见。宋史弥宁《送武冈法曹江叔文》："赪乌喷晓金溶溶，入檐涨帽梅花风。"元沈梦麟《寄韩睿玉兄弟》："茅屋天光都是雪，梅花风色可怜春。"即略有风信之义。

---

① 程羽文：《花历》，《古今图书集成》博物汇编·草木典卷一一，中华书局 1985 年影印本。
② 《四库全书总目》卷一七二《〈升庵集〉提要》。

明中叶顾清《癸卯立春日寄陆时敏》："五载蓝袍触暗尘，梅花风起又新春。"所言风信之义较为明确，但以立春为梅花风始，与王逵之说不同，而与宋人的说法相符。

2. 山茶风。宋末陈著《醉中示侄溥》："山茶风香酒微波，杏花日长人笑歌。"仅此一例，似为花信之义。

3. 水仙风。未见。

4. 瑞香风。瑞香之闻名始于宋。宋王十朋《瑞香花》诗说："真是花中瑞，本朝名始闻。江南一梦后，天下遇清芬。"瑞香花以香取胜，诗人多称其香风的，但未见有以为风信之义的。

5. 兰花风。今所说以建兰为代表的观赏兰花，也是唐之中晚以来才渐为人知。未见有兰花风信的说法。

6. 山矾风。山矾之闻名始于北宋，未见命名风信。

7. 迎春风。王逵本作"任春"，后人多认为是迎春之误，未见命名风信。

8. 樱桃风。清王士禛诗："鲥鱼出水浪花圆，北固楼前四月天。忽忆戴颙窗户里，樱桃风急打琴弦。"[①] 所见仅此一例，似指风信。

9. 望春风。未见。

10. 菜花风。宋元时未见有此例。明解缙《赐告回乡》："桂子雨香松叶暝，菜花风细麦苗肥。"赵执信《池上归兴四首》其三："乱洒松声枫叶雨，平翻麦浪菜花风。"则是明显的风信之义。

11. 杏花风。自汉代开始，杏花就是重要的农时物候。《氾胜之书》："杏始华荣，辄耕轻土弱土。"后世有"望杏敦耕"之说。杏花成了仲春季节风和雨润的典型代表，因之"杏花天""杏花风"等说法较为流行，作为风信之义也较普遍，但所指重在清明节候。唐羊士谔《野望二首》其一："萋萋麦陇杏花风，好是行春野望中。日暮不辞停五马，鸳鸯飞去绿江空。"此处所言杏花风，便隐有风信之义，所写是清明村景。宋人所言也多如此，如曹勋《杂诗》："欣欣花木递香红，云散天容静碧空。恰是韶华浓似酒，柳丝澹荡杏花风。"张榘《春吟四绝》其二："沙渚清泠蒲叶水，野亭和暖杏花风。此中佳趣无人会，牛背斜阳卧牧童。"仇远《湖上》："雨添芳草侵官道，水涨浮萍入御舟。……杏花风急清明近，已觉新寒似麦秋。"元人张渚《三月二日赏杏花光岳堂分韵》："柳色初青草渐茸，春寒犹勒杏花风。新烟院落清明后，过雨园林罨画中。"都是清明前后那番风和日暖、花木鲜润的景象。明刘

---

① 王士禛：《香祖笔记》卷一一，上海古籍出版社 1982 年版。

泰《观耕为徐景辉赋》："村村落落杏花风，起视耕夫绿野中。雨应双鸠田上下，犁随一犊路西东。暖分榆火晨炊妇，凉送壶浆昼馌僮。黾勉莫辞勤苦力，全家衣食在农功。"这里所说杏花风，显然遵循了杏花为清明物候的传统说法。

12. 李花风。北宋僧仲殊《黄佐丞席上作》有"报道谯门初日上，起来帘幕李花风"的诗句，但非言风信，其他也未见。

13. 桃花风。自古桃花是重要的物候，"桃花雨""桃花水"都成流行说法，而"桃花风"亦间有所见。如宋人苏泂《金陵杂兴二百首》："白日相思可奈何，青春三月已无多。桃花风急鲤鱼老，独上台城听踏歌。"王廉清《送桑泽卿还天台》："桃花风起竹舆寒，寒食天晴石路干。正是东君好春色，不妨词客驻归鞍。"元人贡奎《赠潘伯润》："二月柴门涨春雨，桃花风急嫩寒生。"风信之义都较明显，明以来言之反而不多。但时间在春三月或清明节，与王逵所说不同。

14. 棠棣风。无此说。

15. 蔷薇风。明朱纯《友人高贵琦尝作问蘠卜诗，予为代答》："歌扇才抛海棠月，舞衫又卷蔷薇风。"此隐有花信之义。

16. 海棠风。海棠之闻名是中晚唐以来的事，其花色繁艳，颇得喜爱，入宋后艺植渐多，声名渐隆，而因此称名风色气候的现象比较普遍。晚唐郑谷《蜀中春日》："海棠风外独沾巾，襟袖无端惹蜀尘。和暖又逢挑菜日，寂寥未是探花人。"宋李建中《早朝》："著衣香重海棠风，人在瀛洲御苑东。"这些尚未必指称风信，但如李弥逊《十样花》："陌上风光浓处，最是海棠风措。"陈允平《点绛唇》："莺语愁春，海棠风里胭脂雨。"元张弘范《木兰花慢》："记取归来时候，海棠风里相迎。"刘诜《和萧孚有新年二首》其二："杜若水生江舫集，海棠风起郡斋寒。"张宪《白头母次徐孟岳韵》："年年寒食杜鹃啼，人家上冢西湖西。时光荏苒易飘忽，可怜谁拾花翁骨。君不见海棠风，杨柳雨，牢落锦纹筝，凋零金雁柱。"明文征明《三月》："三月江南柳色匀，海棠风暖驻游尘。"清朱彝尊《鹊桥仙》："辛夷花落，海棠风起，朝雨一番新过。"都是很明确的风信物候之义。

17. 梨花风。与海棠一样，文人写景咏物时称呼梨花风的现象也多有所见。宋吴仲孚《苏堤清明即事》："梨花风起正清明，游子寻春半出城。日暮笙歌收拾去，万株杨柳属流莺。"武衍《宫词补遗》："梨花风动玉兰香，春色沉沉锁建章。唯有落红官不禁，尽教飞舞出宫墙。"这都是较为明确的风信之义，前一例尤其明显。明杨基《听老京妓宜时秀歌慢曲》："春云阴阴围绣幄，梨花风紧罗衣薄。"谢榛《春怨》："三月梨花风又雨，小楼燕子怯春寒。"吴弩《长相思》："长相思，深闺幽。

梨花风冷春若秋，夜看明月悬西楼。"也显指风信物候。

18. 木兰风。木兰一名玉兰，花期较早，用指花信风候的现象比较罕见。元杨维桢《吴下竹枝歌》："家住越来溪上头，胭脂塘里木兰舟。木兰风起飞花急，只逐越来溪上流。"是难得的诗例。

19. 桐花风。《礼记·月令》记桐花为季春物候，《逸周书》进一步明确为"清明之日，桐始华"，桐花就成了清明节的典型物候。白居易《桐花》"春令有常候，清明桐始发"，欧阳修《清明赐新火》"桐华应候催佳节，榆火推恩忝侍臣"，柳永《木兰花慢》"拆桐花烂熳，乍疏雨、洗清明"，所说即是。但以桐命名风信，见之殊少。唐曹唐《长安春舍叙邵陵旧宴怀永门萧使君》："竹箭水繁更漏促，桐花风软管弦清。"疑指风信，为仅见一例。

20. 麦花风。唐李肇《国史补》卷下已记载麦信风之说，指夏五月江淮间多东北风，船舶乘风沿江上行极得方便。所谓麦信，应指麦熟。而以花为风信者，唯见金元之交张之翰《寄徐容斋参政马性斋右丞》："谪居江海望蓬莱，九虎门深不下阶。天上故人重会面，云间薄宦也舒怀。……曾念归舟行有日，麦花风里渡长淮。"此明确是指春日。余称麦信风者，如宋人范浚《四月十六日同弟侄效李长吉体分韵得首字》"云容漠漠晓阴愁，麦信风前一搔首"，清人田雯《五月滁阳道中》"呼雨鸠声好，迎风麦信频"，都指五月麦秋（熟）之信。

21. 柳花风。所谓杨花柳絮，并非其花，而是其蒴果开裂后种子上的绒毛，借助风力传播，因此古人作品中言及杨花风、柳絮风者极其普遍，但究属一般取物写景，还是用其风信物候之义，多在两可之间。也有些风信之义略为明显一些，如宋人曹组《水龙吟·牡丹》："晓天谷雨晴时，翠罗护日轻烟里。酝酿径暖，柳花风淡，千葩浓丽。"陈著《用前韵记梦中所感》："风引归舟远翠蓬，转头三见柳花风。"清吴伟业《江城子·风鸢》："柳花风急赛清明，小儿擎，走倾城。"彭孙遹《岁暮寄怀石林》："千里平原迤逦中，桃花新水柳花风。"《苏幕遮·娄江寄家信作》："柳花风，榆荚雨。检点春光，去也何匆遽。"董以宁《金人捧露盘·闺情》："杏花烟，桃花雨，柳花风。愁中过偏觉匆匆。"后四例清人之作，风信之义较宋人更为明确。

22. 牡丹风。牡丹作风信，宋元时期偶有所见。如宋人李新《送吕兴元》："梯天悬阁马行空，旌斾悠悠照谷红。灵凤阴寒春过晚，万山犹有牡丹风。"韩淲《海南思南罏正花欲过赵阁亦倦》："春游花时海棠醉，夹道排空转佳丽。燕支丰颊娇未醒，翡翠轻鬟愁欲坠。牡丹风里晚烟明，蔷薇露边初日媚。"《浣溪沙》："百花丛里试新妆，不许巫山枉断肠。牡丹风扬曲声长。　寒日（引者按：日疑为食）清明闲节序，绮窗朱户少年场。燕泥香润落空梁。"元程文海《临江仙·饯拜都御史》："海北天南千万里，绣衣霄汉乘骢。飞来黄鹤喜相逢，清霜鹦鹉月，寒食牡丹风。"诸例都隐有牡丹风信之义，时间多定义在清明前后。

23. 荼蘼风。未见。

24. 楝花风。楝树在淮河、秦岭以南生长普遍，楝花是春末夏初最典型的物候，无论是花信，还是风信，宋人诗词作品和岁时编述中言之都多，元明清亦然。可以说，楝花风是所谓"二十四番花信风"中最为明确，人们言谈最多的一种。

综合上述诸例，我们可以看出以下几点：

（一）所谓"二十四番"名目中真正明确公认和流行的只是梅、杏、桃、海棠、梨、楝等少数几种，至少宋元时期是如此。宋末蒋捷《解佩令》词："春晴也好，春阴也好，着些儿春雨越好。春雨如丝，绣出花枝红袅。怎禁他孟婆合皂。　　梅花风小，杏花风小，海棠风蓦地寒峭。岁岁春光，被二十四风吹老。楝花风尔且慢到。"这可以说是宋人作品中集中提及花信风最多的一次，所言梅、杏、海棠、楝四种风信也确是宋人言谈中最常见的几种。其他名目不仅出现的次数微不足道，而且所言是否即属风信或花信之义也是几微之间，其中山茶、水仙、瑞香、山矾、兰花、迎春、望春、棠棣、荼蘼更是未见一例。这进一步验证了我们前面的推论，所谓"二十四番花信风"本只是指三月或清明时节的风候，南宋以来附会其意遂从"二十四番"着想，但也只是一种笼统的说法，具体并未一一落实。

（二）上述许多明确的花信风与王逵所定节候次序不合，人们所言花信总在春季，所见梅花风最早，也属春信，而不是小寒、大寒之气。其中杏花、梨花、桃花、柳花、牡丹、桐花等花信都高度集中在清明节前后，这也许进一步佐证了徐锴"三月花开时风名花信风"最初定义。虽然这些花期相互间多少总有些参差，但所见人们的吟咏都没有象王逵所说那样五日一候的细致定位。其中最值得玩味的是杏花和桐花，上古月令中都有作为清明物候的先例，所见材料也大都沿袭古意，未见把杏花视为雨水节令风物的例证。这都充分说明，王逵的"二十四番花信风"虽然俨然有序，但并无多少历史共识作基础，更多属于个人的一己之见。

（三）与宋元时期相比，明清时所见花信名目有所增加。如樱桃、菜花、蔷薇等，宋元时均未见用作花信之名，而明清开始出现。这应该是王逵"二十四番花信风"说法影响所致。

六、清人的"花信风"新说

明王逵所说"二十四番花信风"，名目齐全，理论上引经据典，自圆其说，因而明代中叶以来广为人们采用，影响甚大。清末王廷鼎（1840—1892）始觉其"虽自古相传，而未能悉当"①。主要看法是："花信了于立夏，自当始于立春。夫所谓信者，原借卉植之芳菲，预验韶华之消息。即有开于冬末者，谓为传立春节信可也，似不得数小、大寒两节其中。而花名序次亦多迟速舛错"②。于是著《花信平章》，删去小寒、大寒两节气，以立春为始，以谷雨为终，"二十四番花信"纳入春季六节中。但若仍以五日为一番，一节三番，便不足二十四番，于是改以每一节气四番。具体如下："立春四信：梅花、水仙、山矾、迎春"；"雨水四信：山茶、玉兰、望春、兰花"；"惊蛰四信：樱桃、菜花、杏花、李花"；"春分四信：桃花、棠棣、梨花、紫荆"；"清明四信：桐花、海棠、丁香、蔷薇"；"谷雨四信：牡丹、柳花、荼蘼、芍药"③。这不仅压缩了时间跨度，由原来小寒起算的四个月，改为春季三月，而且也调整了少量名目与次序。同时王廷鼎认为杨慎所说梁元帝《纂要》通一年所言二十四番花信，"详于冬春，而略于夏秋，且其序次尤杂"，于是也加以改造调整，"以一月两信为准"，平衡四季数量，增删名目，定为正月木兰、山茶，二月桃花、李花，三月杨花、杜鹃，四月楝花、桐花，五月金樱、槿花，六月荷花、凌霄，七月菱花、紫薇，八月兰花（泽兰）、桂花，九月蓼花、菊花，十月芙蓉、芦花，十一月枇杷、蜡梅，十二月瑞香、水仙④。

王鼎廷的"花信平章"针对的是明以来明确起来的系统说法，主要依据是王逵和杨慎两人提供的材料，就一春所言"二十四花信"也认为出自《荆楚岁时记》，显然并未认真追溯宋人的说法及文献根据，对宋人所说"梅花风最先，楝花风最后"等明确之处也轻率变更，因而其目的不在探本究源而是自出己意。也许设想更为合理，却远非宋人所说之旧，这是必须特别注意的。

---

① 俞樾：《〈花信平章〉序》，王廷鼎：《花信平章》卷首，清光绪十七年刻王廷鼎《紫薇花馆集》本。
② 王廷鼎：《花信平章》卷上。
③ 同上。
④ 王廷鼎：《花信平章》卷下。

七、总　结

　　总结我们的论述，可以得出如下结论：所谓"二十四番花信风"的说法，最初并非出于南朝宗懔的《荆楚岁时记》，而是南唐徐锴的《岁时广记》。两书都被简称《岁时记》，后者又早已失传，因而后世遂将本属徐锴《岁时广记》有关花信风的说法误属《荆楚岁时记》。徐锴《岁时广记》只称"花信风"，本指三月鲜花盛开时的风候，其义重在风信，而非花信。稍后出现的"二十四番花信风"，最初所指也主要是清明时节的风信。南宋以来遂有初春至初夏，以梅花为首、楝花为尾共二十四番花信风的说法，但具体是哪些名目宋人已莫得其详，或者本就是一种模糊说法。纵观宋元明清的文献材料，所谓"二十四番花信风"中真正可以确认的也只梅花、杏花、海棠、楝花等少数几种。明初王逵提出了完整的二十四番花信风的名目及其历法依据，影响甚大，后世所说一出于此。但该说将花信风的起始时间上推至小寒，不仅与宋人有关花信风起于初春的说法不合，而且所说小寒、大寒两气的几种花信与实际花期误差明显。针对这一缺陷，清人王廷鼎提出了一套三春六气，每气四种花信的新说法。所谓"二十四番花信风"还有一种就一年而言的说法，明杨慎称见于梁元帝《纂要》，但疑问颇多，对此王廷鼎也提出了每月二信，全年共二十四花信的一套新说法。

　　[原载《阅江学刊》2010 年第 1 期，日译本载日本宋代诗文研究会《橄榄》
　　第 17 辑]

中国国花：历史选择与现实借鉴

我国迄今没有法定意义上的国花，国人念及，每多遗憾。三十多年来不少热心人士奔走呼吁，也引起了社会舆论和有关方面的一定关注。此事看似简单，但"国"字当头，小事也是大事，加之牵涉历史、现实的许多方面，有些难解的传统纠葛，情况较为复杂，终是无果而终[①]。如今改革开放进一步深入，政治局面愈益安好，世情民意通达和谐，社会、文化事业蓬勃发展，为国花问题的解决创造了良好的环境，带来了许多新的机遇，值得我们珍惜。

国花作为国家和民族的一种象征符号，大都有着深厚的历史文化渊源和广泛的民俗民意基础，在我们这样幅员辽阔的文明古国、人口大国，尤其如此。历史的经验值得总结，我们这里主要就我国国花选择的有关史实和现象进行全面、系统的梳理、考证，感受其中蕴含的历史经验和文化情结，汲取对我们今天国花问题的借鉴意义。

一、我国国花的历史选择

国花是现代民族国家一个重要的象征资源或符号标志，世界绝大多数国家的国花大都属于民间约定俗成，出于正式法定的少之又少，世界大国中只有美国的国花

---

① 关于改革开放以来国花讨论和评选的情况，已有不少学者从不同角度进行专题综述和评说，请参见陈俊愉《我国国花评选前后》，《群言》1995 年第 2 期；蓝保卿、李战军、张培生《中国选国花》，海潮出版社 2001 年版；林雁《中国国花评选回顾》，《现代园林》2006 年第 7 期；温跃戈《世界国花研究》，北京林业大学博士学位论文，2013 年。

由议会决议通过。从这个意义上说，我国并非没有国花，至迟从晚清以来，我国民间和官方都有一些通行说法。我们从长远的视角，追溯和梳理一下我国国花有关说法的发展历史。

（一）我国传统名花堪当"国花"之选者

我国地大物博，植物资源极为丰富，有"世界园林之母"之称。我国又有上下五千年的历史，有着灿烂辉煌的文明，因而历史上广受民众喜爱的花卉就特别丰富。今人有"十大传统名花"之说，分别为：梅花、牡丹、菊花、兰花、月季、杜鹃花、山茶花、荷花、桂花、中国水仙[①]。我们也曾就宋人《全芳备祖》、清代《广群芳谱》《古今图书集成》三书所辑内容统计过，排在前10位的观花植物依次是梅、菊、牡丹、荷、桃、兰、桂、海棠、芍药、杏[②]。古今合观，两种都入选的为梅花、牡丹、菊花、兰花、荷花、桂花6种，是我国传统名花中最重要的几种，我国国花应在其中。

这其中最突出的无疑又是牡丹和梅花。唐代牡丹声名骤起，称"国色天香"，北宋时推为"花王"。同时，梅花的地位也在急剧飙升，称作"花魁""百花头上"。也有称梅"国色"的，如北宋王安石《与微之同赋梅花得香字》"不御铅华知国色"、秦观《次韵朱李二君见寄》"梅已偷春成国色"，另清人陈美训《梅花》也说"独有梅花傲雪妍，天然国色占春先"。到了南宋，朱翌《题山谷姚黄梅花》诗称："姚黄富贵江梅妙，俱是花中第一流。"同时，陆游与他的老师、诗人曾几讨论"梅与牡丹孰胜"[③]，说明当时人们心目中，牡丹与梅花的地位已高高在上，而又旗鼓相当，两者的尊卑优劣开始引起关注，成了话题。元代戏曲家马致远杂剧《踏雪寻梅》虚构诗人孟浩然与李白、贾岛、罗隐风雪赏梅，核心情节是李白、孟浩然品第牡丹、梅花优劣，李白赞赏牡丹，孟浩然则推崇梅花，各陈己见，相持不下。最后由两位后生贾岛、罗隐调和作结，达成共识："惟牡丹与梅萼，乃百卉之魁先，品一花之优劣，亦无高而无卑。"清朝诗人张问陶说得更为精辟些："牡丹富贵梅清远，总是人间极品花。"[④] 这些说法显然都不只是诗人个人的一时兴会，而是包含着社会文化积淀的历史共识。透过这种现象不难感受到，从唐宋以来，在众多传统名花中，牡丹、梅花各具特色，各极其致，备受世人推重，并踞芳国至尊地位。也正因此，成了我国国花历史选择中最受关注的两种，这是我们首先必须了解的。

---

① 陈俊愉、程绪珂主编：《中国花经》，上海文化出版社1990年版，第13—14页。
② 程杰：《论中国花卉文化的繁荣状况、发展进程、历史背景和民族特色》，《阆江学刊》2014年第1期。
③ 陆游：《梅花绝句》自注，钱仲联校注：《剑南诗稿校注》卷一〇，上海古籍出版社2005年版。
④ 张问陶：《丙辰冬日寄祝蔡葛山相国九十寿》，《船山诗草》卷一三，清嘉庆二十年刻、道光二十九年增修本。

（二）明清时牡丹始称国花

关于古时牡丹称作国花的情况，扈耕田《中国国花溯源》一文有较详细的考述①，我们这里就其中要点和扈文注意不周处略作勾勒和补充。

牡丹从盛唐开始走红，史称由武则天发起，首先在西京长安（今陕西西安）。权德舆《牡丹赋》称"京国牡丹，日月寖盛"，是"上国繁华"之盛事，刘禹锡《赏牡丹》诗称"惟有牡丹真国色，花开时节动京城"，又有人誉为"国色朝酣酒，天香夜染衣"（唐人所载此两句前后颠倒），后世浓缩为"国色天香"，都是一种顶级赞誉，与"国"字建立了紧密的联系。宋初陶谷《清异录》记载，五代周世宗派使者南下接触南汉国王刘钅长，对方很是傲慢，大夸其国势，接待人员赠送茉莉花，称作"小南强"。宋灭南汉，刘钅长被押到汴京开封，见到牡丹，大为惊骇。北宋官员故意说，这叫"大北胜"，是借牡丹的丰盈华贵弹压南汉人引以自豪的茉莉，这是牡丹被明确用作一统王朝或大国气势的象征。到北宋中叶，牡丹盛于洛阳，被称作"花王"，为人们普遍认可。唐宋这些牡丹佳话，说明从牡丹进入大众视野之初，就获得人们极力推重，得到"国"字级的赞誉，奠定了崇高的地位。这可以说是牡丹作为国花历史的第一步。

牡丹被明确称作"国花"始于明中叶。李梦阳（1473—1530）《牡丹盛开，群友来看》："碧草春风筵席罢，何人道有国花存。"②此诗大约作于正德九年（1514），感慨开封故园牡丹的荒凉冷落，所谓"国花"即指牡丹。稍后嘉靖十九年（1540），杭州人邵经济《柳亭赏牡丹和弘兄韵》"红芳独抱春心老，绿醑旋添夜色妍。自信国花来绝代，漫凭池草得新联"③，也以"国花"称杭州春游所见牡丹。这都是牡丹被称作"国花"最早的诗例。必须说明的是，这时的"国花"概念，包括整个古代所谓"国花"，与我们今天所说不同，所谓"国"与人们常言的"国士""国手""国色""国香"一样，都是远超群类、冠盖全国的意思，其语源即唐人"国色天香"之类，远不是作为现代民族国家象征的意义。

明万历间，北京西郊极乐寺的"国花堂"引人瞩目。寺故址在西直门外高梁桥

---

① 《民俗研究》2010年第4期。该文主要就清末牡丹钦定国花的前史进行追溯和分析，对所谓慈禧钦定之事未及追究。
② 李梦阳：《空同集》卷三三，清文渊阁《四库全书》本。
③ 邵经济：《泉厓诗集》卷九，明嘉靖刻本。

西，本为太监私宅，有家墓在，后舍为寺①。据袁中道（1570—1626）《游居柿录》《西山游后记·极乐寺》记载，万历三十一年（1603），有太监在此建国花堂，种牡丹②。万历末年，寺院渐衰，清乾隆后期、嘉庆初年，寺院园林复兴，"于寺左葺国花堂三楹，绕以曲阑，前有牡丹、芍药千本"，"游人甚众"③。乾隆十一子、成亲王永瑆为题"国花堂"匾额。"后牡丹渐尽，又以海棠名"④。1900 年"庚子事变"，京城浩劫，极乐寺风光不再⑤。20 世纪 30 年代中叶，曾任北洋政府秘书长的郭则澐（1882—1947）、极乐寺主持灵云等人积极兴复，种植牡丹、芍药等，游人渐多⑥。

　　这一起于明代，绵延 300 多年的寺院牡丹名胜，虽然盛衰迭变，却给京师吏民留下了深刻的记忆，强化了牡丹的"国花"专属之称，对民国以来"国花牡丹"的观念和说法产生了深远的影响。民国四年（1915），商务印书馆初版《辞源》解释"国花"一词："一国特著之花，可以代表其国性者。如英之玫瑰、法之百合、日本之樱，皆是。我国向以牡丹为国花。北京极乐寺明代牡丹最盛，寺东有国花堂额，清成亲王所书（《天咫偶闻》）。"所说"国花"概念完全是现代的，而所举书证正是说的明清这一景观。另民国时颐和园、中央公园（后改名中山公园）等地种植、装饰牡丹，

———————

①　宋懋澄《极乐寺检藏募缘疏文》："燕都城西有极乐寺，建自司礼暨公。"《九钥集》文集卷四，明万历刻本。司礼，明代内官有司礼监，负责宫廷礼节、内外奏章，由宦官担任，明中叶后权势极重。明嘉靖、万历间，内官有暨盛、暨禄等。明王同轨《耳谈类增》卷一〇《吡嘈篇·汪进士焚死极乐寺》："寺始为贵珰宅，贵珰家墓尚在，其后舍而为寺。"明万历十一年刻本。

②　袁中道《珂雪斋集》外集卷四《游居柿录》："极乐寺左有国花堂，前堂以牡丹得名。记癸卯夏，一中贵（引者按：中贵指显贵的侍从宦官）造此堂，既成，招石洋（引者按：王石洋）与予饮，伶人演《白兔记》。座中中贵五六人，皆哭欲绝，遂不成欢而别。"明袁中道《珂雪斋集》前集卷一五《西山游后记·极乐寺》："寺左国花堂花已凋残，惟故畦有霍隆耳。癸卯岁（引者按：万历三十一年），一中贵修此堂，甫落成，时汉阳王章甫寓焉，予偶至寺晤之。其人邀章甫饮，并邀予。予酒间偶点《白兔记》，中贵十余人皆痛哭欲绝，予大笑而走，今忽忽十四年矣。"明万历四十六年刻本。

③　法式善：《梧门诗话》卷四，清稿本。

④　震钧：《天咫偶闻》卷九，清光绪甘棠精舍刻本。道光、咸丰、同治间，人们盛赞极乐寺海棠之美，多称国花堂为"国香堂"，或者一度曾因海棠名而改额"国香堂"。如宝廷《极乐寺海棠歌》："满庭芳草丁香白，海棠几树生新碧。数点残花留树梢，脂枯粉褪无颜色。国香堂闭悄无人，花事凋零不见春。尘生禅榻窗纱旧、佛子浑如游客贫。"《偶斋诗草》内集卷五。宝廷《花时曲》其三："海棠久属国香堂，极乐禅林石路傍。老衲逢人夸旧事，花时来往吴侯王。"《偶斋诗草》外次集卷一九，清光绪二十一年方家澍刻本。王拯《极乐寺看海棠，时花蕊甫齐也，用壁间韵》："不见当时菡萏水，国香堂畔护签牌（往时寺门荷花极盛）。"《龙壁山房诗草》卷九，清同治桂林杨博文堂刻本。清林寿图《三月三日过国香堂饮牡丹花下》，《黄鹄山人诗初钞》卷三，清光绪六年刻本。又张之洞《（光绪）顺天府志》卷五〇食货·海棠："京师海棠盛处……西直门外法源寺大盛，花时游燕不绝，其轩额曰'国香堂'。"清光绪十二年刻十五年重印本。时宣德门外法源寺也以海棠盛，此称西直门外，或指极乐寺。

⑤　清光绪三十三年（1907），陈夔龙《五十自述，用大梁留别韵》自注："京师极乐寺花事甚盛，自经庚子之乱，国花堂不可问矣。"《松寿堂诗钞》卷五，清宣统三年京师刻本。

⑥　傅增湘：《题龙顾山人抚国花堂图卷》，《中国公论》第 3 卷第 4 期，第 138 页。

多称国花台 ①，命名应都受其影响。

　　同样是在北京，另一经常为人们提及的是，慈禧曾经敕定牡丹为国花，在颐和园建"国花台"。这一说法，信疑参半，扈氏文几无涉及，有必要略作考述。就笔者搜检，该说最早见于中国建筑工业出版社 1983 年版，陈文良、魏开肇、李学文所著《北京名园趣谈》："国花台又名牡丹台，在排云殿以东，依山垒土为层台，始建于 1903 年。台上遍植牡丹，慈禧自尊为老佛爷，常以富贵花王牡丹自比，因而敕定牡丹花为国花。并命管理国花的苑副白玉麟将国花台三字刻于石上。" ② 书名既称"趣谈"，自非严肃的史学著作，所说又未提供文献依据，或出于故老传言。首先，所说"敕定"一语措辞不当，以清政府当时情况，就此专门下达诏书，可能性不大。作者反复搜检晚清、民国年间信息，也未见任何相关报道。如今报载《清宫颐和园档案》（营造制作卷、园囿管理卷）出版，不知可有内容涉及，有待检索。其次，白玉麟应作白永麟，该书 1994 年第二版也未改过，1992 年陈文良主编《北京传统文化便览》同样沿其误 ③。白永麟号竹君，满族人，为颐和园八品苑副，因感当时捐税繁重，民不聊生，官吏贪渎，贿赂公行，宣统元年（1909）上书摄政王条陈时事，绝食而死，名动一时 ④。

　　但这一说法也非全然无根之谈。首先，慈禧喜欢牡丹确有其事。此间曾在宫廷服侍过的德龄和美国女画家凯瑟琳·卡尔的回忆录都曾提到，颐和园"到处是富贵的牡丹、馥郁的郁金香和高洁的玉兰" ⑤，仁寿殿慈禧宝座"雕刻和装饰的主题是凤凰和牡丹……实际上整间大殿所有装饰的主题都是凤凰和牡丹。老佛爷的宝座的两侧各有一朵向上开着的牡丹" ⑥。其次，清宫颐和园有一处称作"国华台"的地方 ⑦。清末民初多篇颐和园游记都写到，宣统二年（1910）柴栗棻游记称，颐和园长廊"北有山，山巅有台，曰国华台，高数十仞。台下有殿，殿曰排云殿" ⑧。民国六年（1917），

① 颐和园的情况见下文所论。中央公园的情况请见贾珺《旧苑新公园，城市胜林墅——从〈中央公园廿五周年纪念刊〉析读北京中央公园》提供的统计表《中央公园 1914—1938 年建设内容》，张复合主编《中国近代建筑研究与保护（5）》，清华大学出版社 2006 年版，第 523 页。另 1935 年汤用彬、彭一卣、陈声聪《旧都文物略》叙中山公园："北进神坛稷台南门，入门有国花台，遍植芍药。"见《旧都文物略》，书目文献出版社 1986 年版，第 57 页。所说芍药当指芍药与牡丹合植，因牡丹种植成本较高，或以形近的草本芍药代替，但国花之名当属牡丹而非芍药。

② 陈文良、魏开肇、李学文：《北京名园趣谈》，中国建筑工业出版社 1983 年版，第 312 页。

③ 陈文良主编：《北京传统文化便览》，燕山出版社 1992 年版，第 574 页。

④ 赵炳麟：《哀白竹君》题序，余瑾、刘深校注：《赵柏岩诗集校注》，巴蜀书社 2014 年版，第 182 页。

⑤ 〔美〕凯瑟琳·卡尔：《美国女画师的清宫回忆》，故宫出版社 2011 年版，第 218 页。

⑥ 〔美〕德龄公主：《我在慈禧太后身边的日子》，刘雪芹译，长江文艺出版社 2001 年版，第 15 页。

⑦ 赵群：《清宫隐私：一个小太监的目击实录》，湖南文艺出版社 1999 年版，第 139 页。

⑧ 柴栗棻：《故宫漫载·颐和园纪游》，《清代野史》第八辑，巴蜀书社 1987 年版，第 321 页。

加拿大华侨崔通约（1864—1937）曾"在山巅国华台眺望，近之则黄瓦参差，远之则平原无际"[1]。美国画家卡尔称"万寿山麓有一处大花台，宫里称作'花山'。牡丹被看作花中之王，每逢鲜花盛开的时节，便姹紫嫣红，散发着醉人的花香，这里也就成了名副其实的花山"[2]，所谓"花山"所指应即国华台。国华台的规模较大，有可能涵盖今颐和园国花台以上大片山坡。1917 年北京铁路部门编印的《京奉铁路旅行指南》称，颐和园"最著者为山巅之国华台"。清宫太监回忆录也称"国华台下排云殿"[3]，而不是反过来讲排云殿旁国华台。民初人们游览颐和园，大多会提到国华台，可见在当时颐和园景观中的地位。再次是时间，称建于光绪二十九（1903）也比较合理。从容龄、德龄姐妹和卡尔的回忆录可知，光绪三十年（1904）五月间慈禧已在此款待各国大使夫人游园，并赠送牡丹[4]。而该年底，慈禧七十大寿，一应准备早就开始，国华台之建造应以上年即光绪二十九年（1903）更为合理，最迟也应在光绪三十年（1904）春天。

另一问题是国花台的题匾。今国花台石刻匾额无署款，颐和园管理处所编《颐和园志》称国花台匾由"白永麟奉太后旨所书"[5]，不知所据，疑也出陈文良等人所说。清末民初人所说均为"国华台"，若出白氏所书也当以"国华台"为是。

综合各方面的信息，所谓颐和园国花台本作"国华台"，规模较大，约建于 1903 年秋冬至 1904 年早春，以种植和陈设牡丹为主。所谓"华"即花，至迟 1935 年已见人们写作"国花台"[6]，也称牡丹台[7]。国花台的命名应是沿袭明人极乐寺"国花堂"旧例。清末民初言之者，均未提到有御旨制名颁定国花之事。不仅清末民初，即整个民国时期，尚未见有这方面的任何记载和信息，而只有反指此事"当年固未有明确规定之明文"[8]。可见有关说法掺杂了一些传闻，并不完全可信，但与极乐寺国花堂一样，都属明清旧京遗事，对牡丹国花之称的流行也有显著的促进作用。

---

[1]　崔通约：《游颐和园记》，《沧海诗钞》，沧海出版社 1936 年版，第 183 页。
[2]　［美］凯瑟琳·卡尔：《美国女画师的清宫回忆》，第 110 页。
[3]　赵群：《清宫隐私：一个小太监的目击实录》，第 139 页。
[4]　裕容龄：《清宫琐记》，北京出版社 1957 年版，第 22、30 页。
[5]　颐和园管理处编：《颐和园志》，中国林业出版社 2006 年版，第 333 页。
[6]　朱偰：《游颐和园记》附记，《汗漫集》，正中书局 1937 年版，第 23 页。
[7]　1935 年北平经济新闻社出版的马芷庠《北平旅行指南》颐和园"写秋轩"条下记"轩之西稍下，即为牡丹台"，今北京燕山出版社 1997 年版书名作《老北京旅行指南》，见第 162 页。1936 年中华书局出版的倪锡英：《都市地理小丛书·北平》也作牡丹台，见南京出版社 2011 年版第 92 页。
[8]　张菊屏：《国花与向日葵》，《申报》1928 年 10 月 12 日。

（三）民国早期对国花的讨论

中华民国的建立开创了一个全新的时代。人们对国花的认识也随之发生了明显的变化，不再是传统"国色""花王"之类赞誉，而是具有明确的现代民族国家象征、徽识的概念。民国年间的国花观念和说法可以 1927 年国民党统治政权的确立为界分为两个时期，此前为北洋政府时期，此后为南京政府时期。我们这里说的民国早期即北洋政府统治时期，具体又以"五四"运动为界分为两个阶段。

最早以现代眼光谈论国花的是民国元年（1912）《少年》刊物上的无名氏时事杂谈《民国花》一文，就当时北洋政府以"嘉禾"（好的禾谷）作勋章（通称嘉禾章）、货币图案一事发表感想，认为嘉禾包含平等和重农的进步思想，"从此，秋来的稻花，可称为民国花了"。这是将"国花"视作民族国家象征的第一例，可见当时也有嘉禾为我国国花一说。

民国最初十年，人们多承明清京师国花堂、国华台之说，主张或直认牡丹为国花。1914 年，著名教育家侯鸿鉴应钱承驹之约编写"国花"一课教材，首明国花的意义和地位："各国均有国花，而与国旗同为全国人民所敬仰尊崇者也。""国花者，一国之标识，而国民精神之所发现也。"他认为民国国花应为牡丹，我国五千年虽"无国花之称"，但花王牡丹备受尊崇，"牡丹富贵庄严之态度，最适于吾东亚泱泱大国之气象，尊之为国花，谁曰不宜"。他希望通过国花课程的教授，"以见国花之可贵，使由爱物而知爱国"[①]。1920 年"双十节"，《申报》发表黛柳《我中华民国之国花（宜以牡丹）》一文，举世界国花的八种情形，认为牡丹为"我华之特产""吾华所特艺""花之至美者"，"吾国性所寄，吾国民所同好"，"以言国花，则无宁牡丹"。同时报载有谈论牡丹牌牛奶广告者，称"牡丹尤为中国之国花，用之以称牛奶，当得中国人之欢迎"[②]。这其间也有称赞菊、水仙为"国花"的[③]，但都非明确主张，终不似牡丹之说流行。

牡丹为国花之说一直贯穿整个北洋政府时期，即便"五四"新文化运动后社会、文化风气大变，此说仍多认同赞成者。比如 1924 年《半月》杂志之《各国花王》与《东方杂志》之《各国之国花》两短文，都称我国国花为牡丹[④]。1925 年鲁迅《论"他妈的"》也提到牡丹为"国花"的说法。1926 年《小朋友》杂志第 215 期伯攸《国花》一文认为我国国花只有菊、稻（即前言嘉禾）、牡丹三种最有资格，但菊花是日本

① 侯鸿鉴：《国花（教材）》，《无锡教育杂志》1914 年第 3 期。
② 佚名：《广告公会开会记》（新闻报道），《申报》1920 年 10 月 30 日。
③ 宛：《双十歌集·国花——菊》，冰岩：《双十歌集·国花——水仙》，《妇女杂志（上海）》1920 年第 6 卷第 10 期。
④ 分别载《半月》1924 年第 3 卷第 21 期、《东方杂志》1924 年第 21 卷第 6 期。

皇室标志，稻花观赏性不够，所以仍以牡丹最宜为国花。1926 年吴宓、柳诒徵等人游北京崇效寺赏牡丹，吴宓诗称："东亚文明首大唐，风流富贵牡丹王。繁樱百合争妍媚，愿取名花表旧邦。"所说樱花、百合分别为日本和法国国花，诗人自注称："欲以牡丹为中国国花。"[1] 是说牡丹出于我国大唐盛世，作为文明古国的代表，足与日本、法国等列强媲美抗衡。

1919 年"五四"运动以后，有关讨论明显进入一个新阶段。受"五四"新文化运动的影响，人们努力摆脱封建帝制皇权传统的影响，因而多抛弃封建时代已蒙国花之称的牡丹，转而主张菊、梅等富有民族性格和斗争精神象征之花，其中尤以赞成菊花者居多。1923 年《小说新报》载颍川秋水《尊菊为国花议》一文即认为牡丹是"帝制时代""君主尊严"下的国花，"而民国时代则否"，应选择菊花，理由是：一、菊之寿可当五千年文明之悠久；二、菊之花期与"双十节"相应；三、菊之色彩多样与国旗五色相配；四、菊分布繁盛与我四亿民众相似。至于香远而益清、花荣而不落、风雨而不摧等更可见国风之清远、国民性之坚劲。"菊花之为德也如是，比之牡丹，实胜万万"，故宜尊为国花[2]。1924 年曹冰岩的《国花话》也倾向菊花：菊"不华于盛春时节，而独吐秀于霜风摇落之候，其品格有足高者"，较牡丹更宜为国花[3]。最值得注意的是 1925 年著名诗人胡怀琛的《中国宜以菊为国花议》："各国皆有国花，中国独无有。神州地大物博，卉木甚蕃，岂独无一花足当此选？窃谓菊花庶乎可也。菊开于晚秋，自甘淡泊，不慕荣华，足征中国文明之特色，其宜为国花者一也；有劲节，傲霜耐冷，不屈不挠，足征中国人民之品性，其宜为国花者二也；以黄为正色，足征黄种及黄帝子孙，其宜为国花者三也；盛于重阳，约当新历双十节，适逢其时，其宜为国花者四也。夫牡丹富贵，始于李唐，莲花超脱，源于天竺，举世所重，然于国花无与。国花之选，舍菊其谁？爰为斯议，以俟国人公决。"[4] 全文不足 200 字，概括菊花宜为国花的四点理由，言简意赅。当时许多报刊转载[5]，影响甚大。

同时也有举梅花为国花的，如《申报·自由谈·梅花特刊》杨一笑《梅花与中华民族》，罗列梅花的种种美好、高尚之处，均足以表示中华民族的优良品格："中国民族开化最早，梅花占着春先；中国民族有坚忍性，给异族暂时屈服，不久会恢复，

---

[1] 吴宓：《前题（游崇效寺奉和翼谋先生）和作》其三，《吴宓诗集》，商务印书馆 2004 年版，第 141 页。

[2] 《小说新报》1923 年第 8 卷第 6 期。

[3] 《半月》1924 年第 4 卷第 1 期。

[4] 《申报》1925 年 10 月 10 日，又见《新月》1925 年第 1 卷第 2 期。

[5] 胡怀琛：《中国宜以菊为国花议》编者按，《孔雀画报》1925 年第 11 期。

梅花能冒了风雪开花，正复相同；中国民族无论到什么地方，都可生存，梅花不必择地，都可种的；中国民族的思想像梅花的香味，是静远的；中国民族的文学像梅花的姿势，是高古的；中国民族的道德像梅花的坚贞；中国民族的品格像梅花的清洁。以上看来，梅花有中国国花的资格，所以大家要爱他了。"① 也有举兰、莲荷，如《申报·自由谈》所载阿难《国华》，一气举牡丹、嘉禾（稻）等前人所言和古人所重兰、莲、菊等多种，"皆可为国花矣"②，所举多为传统所重的道德品格寓意之花，而其取喻也多与菊花之议相近，强调高雅的品格、坚定的意志等思想精神象征。

（四）民国南京政府确定梅花为国花

在我国国花评选史上，1929 年南京国民政府拟定梅花为国花是一件不容忽视的大事。对于具体过程，笔者《南京国民政府确定梅花为国花之史实考》一文有详细考述③，此处也仅就其关键细节和有关现象简要勾勒。

1926—1927 年北伐战争的胜利，奠定了国民党的统治基础，1928 年底"东北易帜"，全国基本统一，从此进入以蒋介石为核心的南京国民政府统治时代。随着国民党政权和国民政府机构建设的全面展开，作为国家标志的国旗、国歌、国徽和国花的讨论都逐步提上议事日程。国花虽不如国旗、国歌之类重要，但也引起社会各界的热情关注，从 1928 年 10 月以来，官方有关机构开始行动，拟议梅花为国花。

关于此事的起因，一般认为是国民政府财政部筹铸新币，需要确定国花图案作为装饰，于是向国民党中央执行委员会提出。其实不然，早在该年 10 月 26 日，国民政府内政部礼制服章审定委员会第 18 次会议即决议以梅花为国花④，具文呈请行政院报国民政府核准⑤。行政院随即交教育部核议，11 月 28 日教育部完成审议，对内政部的提议深表赞同，并具明三种理由："（甲）梅之苍老，足以代表中华民族古老性；（乙）梅之鲜明，足以代表中华随时代而进化的文明，及其进程中政治的清明；（丙）梅之耐寒，足以代表中华民族之坚苦卓绝性。"⑥ 同时认为梅之五瓣可以表示"五

---

① 《申报》1925 年 3 月 6 日。
② 《申报》1923 年 6 月 2 日。
③ 《南京林业大学学报》（人文社会科学版），2016 年第 3 期。
④ 《梅花将为国花》，《蜀镜》（画报）1928 年第 42 期。
⑤ 教育部《公函（第三六九号，十八年一月十七日）》附《内政部长薛笃弼原呈》，《教育部公报》1929 年第 1 卷第 2 期。
⑥ 《梅花将为国花》，《蜀镜》（画报）1928 年第 42 期。教育部社会教育处处长（不久升任教育部参事）陈剑翛《对于定梅花为国花之我见》一文详细介绍了教育部的审议意见，此文发表于 1928 年 12 月 5 日的上海《国民日报》。

族共和，五权并重"，采用三朵连枝可以"代表三民主义"①。媒体对两部意见随即加以报道②，产生了一定的影响。而财政部的申请则在该年末③，中央执行委员会与国民党中宣部相应的审议和决定更晚至 1929 年 1 月。

国民党中央执行委员会接到财政部的申请后，即批交中央宣传部核办。宣传部函询教育部有关拟议情况，并综合各方意见，最终"审查结果，以为梅花、菊花及牡丹三种中，似可择一为国花之选"④，以此具文呈报中央执行委员会。1929 年 1 月 28 日，中央执行委员会第 193 次会议讨论了宣传部的报告，形成决议，并据此专函国民政府："经本会第一九三次常会决议：采用梅花为各种徽饰，至是否定为国花，应提交第三次全国代表大会决定。"要求"通饬所属，一体知照"⑤。接到中执会通知，按其要求，国民政府于 2 月 8 日发布第 109 号训令⑥，将中执会的决议通告全国，要求国民政府各部门、全国各省市知照执行。至此完成了法律上的重要一步，即由国民政府通令全国，指定梅花为各种徽饰纹样。

国民党第三次全国代表大会于 1929 年 3 月 18 日在南京开幕，21 日上午的第 6 次、下午的第 7 次会议，连续讨论中央执行委员会的国花提案。上午讨论中有主张菊花者，有赞成梅花者⑦，也"有主张不用者，往返辩论，无结果，十二时宣告散会"⑧。下午的发言者"多谓系不急之务，结果原案打消"⑨。会后大会秘书机构具文函告中央执行委员会称："经提出本会十八年三月廿一日七次会议，并经决议：不必规定。"⑩整个案程以不了了之。

在整个国花拟议过程中，进入视野的主要有三种花，即国民党中宣部筛选的"梅

---

① 教育部《公函（第三六九号，十八年一月十七日）》，《教育部公报》1929 年第 1 卷第 2 期。

② 《国内大事纪要·定梅为国花》，《革命华侨》1928 年第 5 期；《中国取梅花为国花》，《申报》1928 年 12 月 1 日。

③ 陆为震《国花与市花》称财政部呈请是在"十七年岁暮"，《东方杂志》1929 年第 26 卷第 7 期。

④ 陈哲三：《有关国花由来的史料》，《读史论集》，国彰出版社 1985 年版，第 164—165 页。

⑤ 国民党中央执行委员会公函（1929 年 1 月 31 日），台湾"国史馆"《梅花国花及各种徽饰案》230—1190 之 1196—1197 页。《中央党务月刊》第 8 期所载此件《中国国民党中央执行委员会公函》，时间作 1929 年 1 月 29 日。

⑥ 《国民政府公报》第 91 号，河海大学出版社 1989 年版缩影本。

⑦ 陈哲三：《有关国花由来的史料》，《读史论集》，第 165 页。

⑧ 《三全会第六次正式会议》，广州《国民日报》1929 年 3 月 22 日。

⑨ 《三全会通过四要案》，《申报》1929 年 3 月 22 日。同时《天津益世报》的报道《第三次全代大会之第四日》作"决议：原案撤销。"陈哲三《有关国花由来的史料》提供的会议记录称："徐仲白、张厉生和程天放等代表发言，最后决议：不必规定。有陈果夫签名。"见陈哲三《读史论集》，第 165 页。

⑩ 陈哲三：《有关国花由来的史料》，《读史论集》，第 165 页。台湾孙逸仙博士图书馆所存铅印本第七次大会纪录："决议：毋庸议。"见孙镇东：《国旗国歌国花史话》台北县鸿运彩色印刷有限公司 1981 年印本，第 104 页。孙氏此著所谓"国旗国歌国花"均兼 1949 年前后两阶段而言，1949 年后"中华民国"的称呼及相应的各类符号，有悖"一个中国"原则，有必要特别指出。本文引证的台湾著述中多有类似情况，就此一并说明，一般不作文字处理。

花、菊花及牡丹"，这也正是民国以来国花选议中最受推重的三种。而国民党三全会的最终讨论只是纠结在梅、菊两花上，则是"五四"运动尤其是国民革命兴起以来，人们更重民族品格、革命精神象征的新风向。两花中梅花又属于后来居上，最终推为国花首选，应与国民党当权派中江浙一带人士的数量优势和核心地位有关。内政部的拟议可能出于蔡元培的推荐，蔡元培是浙江绍兴人，任教育部的前身大学院院长。据画家郑曼青回忆，1928 年初他去拜访蔡元培，蔡氏盛赞梅花不已："访蔡公孑民（引者按：蔡元培字孑民）……孑公亦赞道此花（引者按：指梅花）不已，夏间欣闻孑公举以为国花。"① 可见早在 1928 年夏天，蔡元培即已向有关方面提议以梅花为国花。内政部发起的礼制服章审定委员会主要职能是审定各类制服式样、军政徽章图案乃至公私各类礼仪程式，成立于这年 6 月，蔡元培的建议或即向该会提出。以蔡元培的社会地位，其实际影响不难想见。而决定梅花为徽饰的中央执行委员会第 193 次会议与会人员，也以南方尤其是江浙一带人士为主，他们一般都熟悉和喜爱梅花，对确定梅花为国花有着不可忽视的潜在作用。

尽管国民党第三次全国代表大会最终并未就国花作出明确决定，但会前国民政府已正式通令全国以梅花为各种徽饰，实际上已经承认了梅花的国花地位。而且早在年前，内政、教育两部拟议意见出台之初即被媒体及时报道，并被人们解读为国民政府已正式确定梅花为国花，受到热情传颂②，可见梅花作为国花在当时是一个深得民心的选择。此后无论人们言谈，还是各类大型场合的仪式，多尊梅花为国花，梅花的国花地位得到了全社会的普遍认可，"虽无国花之名，而已有国花之实"③。

国民党政府之正式承认梅花为"国花"要等到 35 年后的 1964 年，时去 1949 年败退台湾也过去 15 年了。同样由"内政部"发起，建议"行政院"明定梅花为"国花"，"行政院"于 1964 年 7 月 21 日以台（五三）内字第五〇七二号指令答复"内政部"："准照该部所呈，定梅花为'中华民国国花'。惟梅花之为'国花'，事实上早为全国所公认，且已为政府所采用，自不必公布及发布新闻。"④ 与 1928—1929 年间的情景有些相似，并未就此形成任何正式决定和政令，主要仍属于承认既定事实。

---

① 郑曼青：《国花佳话》，《申报》1928 年 12 月 15 日。
② 《中国取梅花为国花》，《申报》1928 年 12 月 1 日。《申报》12 月 8 日"自由谈"栏目采子女士《国花诞生矣》："内务部提出，教育部通过三朵代表三民，五瓣代表五权。久经国人讨论之中国国花问题，乃于国民政府指导下之十七年岁暮，由内务部提议，经国府发交教育部会核，而正式决定以梅花为吾中华民国之国花矣。"
③ 《伍大光请国府赠梅花于美》，《申报》1931 年 8 月 18 日。
④ 孙镇东：《国旗国歌国花史话》，第 107 页。也见博闻《梅花是怎样成为国花的》，台北《综合月刊》1979 年第 5 期，第 128—131 页。

二、对当今国花评选的借鉴意义

综观明清以来，尤其是民国年间我国国花问题的众多意见和实际选择，包含了丰富的社会文化信息和历史经验教训，值得我们今天思考和处理国花问题时认真汲取，引为借鉴。

（一）国花是重要的国家象征资源和民族文化符号，广大民众对此有着普遍的文化期待和知识需求，必须引起重视

当代学者研究表明，"在国家相关象征中，尤其是国旗、国歌、国玺、国徽、国花等，乃是近代国家必须遵循一定形式以拥有的"①。国旗、国歌等是近代民族国家的主要标志或徽识，国花虽不如国旗、国歌重要，但也同属近代民族国家兴起以来的文明产物，备受人们关注。近代以前，我国可以说是一个统一皇权体制下的巨大文明社会或文明体系，人们怀有"普天之下，莫非王土；率土之滨，莫非王臣"的大一统信念，没有民族主权国家的明确意识。中华民国成立以来，人们的民族国家和国民意识迅速兴起，"国旗""国歌"等作为国家符号徽识越来越受到重视和尊敬，而"国花"也就受到人们越来越多的关注和期待。对这一观念意识的转变，1924 年国庆节时曹冰岩《国花话》有一段总结："代表国徽者有国旗、国花……吾国数千年来闭关自守，鄙视邦交，虽数经匈奴、契丹、女真之骚扰，而国民之国家观念至薄，即至尊之国旗，亦漠然视之。故骚人墨客之品花制谱，屡见不鲜，而国花之名，初未之前闻也。自开海禁，国人始稍稍知国旗之当尊也，而连及国花。"② 对于国花的重视，可以 1926 年《小朋友》杂志的常识讲解为代表："世界各国，都有一种唯一的国花，用来代表一国的国性。它的使命虽不如国旗那么伟大，但是做国民的，自然都应该尽力地爱护它，像爱护我们的国家一般才是。"③ 正是出于这样的现代立场，虽然牡丹已有国花之称，因其传之帝制时代，未经新生的共和政府或现代国民会议确认，却很难名正言顺，视为当然。

因此我们看到，大多数情况下，人们谈及国花问题都明显的底气不足，心存遗憾。比如 1914 年第 1 期《亚东小说新刊》之《各国花王一览表》，所举英吉利蔷薇、日本樱花等均为国花，我国自然是牡丹，称"花王"而不称"国花"，显然是照顾

---

① ［日］小野寺史郎：《国旗·国歌·国庆——近代中国的国族主义国家象征》，社会科学文献出版社 2014 年版，第 9 页。
② 曹冰岩：《国花话》，《半月》1924 年第 4 卷第 1 期。
③ 伯攸：《国花》，《小朋友》1926 年第 215 期。

我国国花未明的现实。1924 年第 6 期《东方杂志》几乎同样的《各国之国花》名录，称我国牡丹为"花王"，而其他各国为"国花"。前引 1925 年"双十"国庆节胡怀琛《中国宜以菊为国花议》开端即言："各国皆有国花，中国独无有。神州地大物博，卉木甚蕃，岂独无一花足当此选？"而北伐战争胜利，新的"青天白日满地红"国旗基本确定之后，人们对国徽、国花等就更为期待。1927 年 10 月 2 日《申报》发表之张菊屏《规定国徽国花议》："凡籍一物以表扬国家之庄严神圣者，厥有国旗、国徽、国花之三事……惟国徽、国花，虽勿逮国旗需要之繁，其代表国家之趣旨，要亦相若，每逢庆祝宴会之际，与国旗并供中央，自陈璀灿辉皇之朝气，亦盛大典礼必具之要件也，似不宜任其长付缺如。"1928 年 10 月"双十"国庆后，该作者又著文称："国花之为用，虽无济于治道，有时亦有裨于国光。彼世界列邦，凡跻于国际之林者，几罔不有国花。独吾华以四千余年文明之古国，而至今犹付缺如，不可谓非文物上之一缺憾也。"[①] 遗憾之情、急切之意溢于言表。

而一旦 1928 年底所谓国民政府确定国花的消息传出后，各界人士言之莫不欢欣鼓舞，此后再言国花，则无不理直气壮，扬眉吐气。1936 年易君左《中华民国国花颂》："国花代表国家姿，神圣尊严画与诗。德意志为矢车菊，美利坚国为山栀……或取其香或取色，或嘉其义足昭垂。唯我中华民国国花好，世无梅花将焉归？铁骨冰心称劲节，经霜耐冷岁寒时。品端态正资望老，情长味永风韵宜……论香论色（引者按：原误作香）论品格，此花第一谁能移？仙胎不是非凡种，天赐此花界华夷。我辈爱花即爱国，国与梅花同芳菲。"[②] 将梅花与其他各国论列比较，透过国花的赞颂，寄托民族豪情、爱国热情，这应是当时广大民众的共同心声。总之，人们普遍认为，国花可以表"国性"，见"民性"，可以展"国姿"，扬"国光"，其作用不可小觑。国人"由爱物知爱国"，"爱花即爱国"，国花的确定对社会舆情和国民心理带来的变化是极为鲜明和积极的。

历史何其相似，改革开放前的 30 年，新中国一穷二白，百废待兴，国花之事远非当务之急，因而长期无人问津。而改革开放以来，经济建设蓬勃发展，国家逐步富强，民众富而好礼，社会日益文明，国际交往更是大大拓展。在这样的情况下，无论是从一般文化知识和公共信息，还是国家象征和社会仪式层面，我国国花是什么的问题就是一个社会各界普遍关心，随时都可能面临的问题。而一旦遇到疑问，"世界列邦诸国，皆有国花，以表一国之光华"，"我国以四千余年之文明古国，开化最早，

---

①　张菊屏：《国花与向日葵》，《申报》1928 年 10 月 12 日。
②　易君左：《中华民国国花颂——廿五年四月十六日作》，《龙中导报》1936 年第 1 卷第 4 期。

花卉繁殖甲于全球,岂可无国花—表国之光华乎"①,这一民国年间早已出现的诘问就不免油然而生,令人抱憾不已,成了一个长期困扰人们的文化问题。因此从上世纪 80 年代以来,我国各界有识之士、热心之人积极建言献策,奔走呼吁,广泛协商,竭力推动,甚而在年度"两会"正式提交提案议案,期求有所改变。应该说,这些行动都代表了广泛的民意需求,值得国家领导机关和社会政治、文化相关层面的关注和重视。

进而从国际交往的角度看,在全球化迅速发展的今天,国家间的文化竞争、"仪式竞争"②、软实力竞争日益加剧,作为现代国家象征之一的国花,有必要引起重视。不管国花信息的实际来源有怎样的差别,在世界各国"国花"基本明确的情况下,如果我们的说法一直模糊不清,作为一种重要的国家象征元素、民族文化知识长期悬而未决甚至付之阙如,总是一种不应有的信息缺失,这对我们这样一个历史悠久、人口众多的世界大国来说,是极不应该的,社会舆论和普通民意都不免难堪,有必要尽早采取行动,以适当的方式尽快加以弥补。而在另一方面,与国旗、国歌、国徽等国家标志不同,国花有着更多自然美好物色的观赏价值、大众民俗资源的生动形象、民族传统文化的历史内涵,按民国年间人的说法,"亦多轶闻韵事"③。不同国家的民众之间,会表现出更多关心和了解的热情,表现出更多互相欣赏、彼此尊重的情感。如今国家倡导"文化强国"建设,对于国花这样一种更为大众化、形象化的国家形象符号,更多美好、温情和人性化色彩的国际文化交流信息,我们更有必要高度重视,主动落实到位,积极加以利用。

（二）国花是"国家大事"，以国家层面的法律法令最为权威，是解决国花问题最理想的方式

世界各国的国花中,由来并不统一,有正式立法确认的如美国,但大多只是民间约定俗成或历史传统而已,具体的情景多种多样。1920 年黛柳《我中华民国之国花（宜以牡丹）》举世界各国国花有八种类型:"一、其国树艺术所特长者,英国之蔷薇;二、其国所特茂者,印度之罂粟;三、其国民性所最相协者,日本之樱花;四、其国民所公爱者,伊国之雏菊;五、其国诸花中之香艳绝伦者,法国之百合;

---

① 王林峰：《中央明令以梅花为国花论》，《崇善月报》1930 年第 69 期，第 41 页。
② 英国著名的历史学家埃里克·霍布斯鲍姆（Eric Hobsbawm）认为，19 世纪 70 年代至 20 世纪初有一个世界性的国家象征塑造和国家间仪式竞争过程。一个世纪后的今天，随着全球化的加剧，不同文化间的竞争也愈益凸显，而各国也日益重视国家仪式和文化形象的塑造和传播。
③ 曹冰岩：《国花话》，《半月》1924 年第 4 卷第 1 期。

六、其国历史传说所关系者，苏格兰之蓟；七、其国国王所特爱者，德国之蓝菊；八、其国迷信俗尚所关系者，埃及之芙蕖。"① 所说各国国花不尽确切，但所举类型大致全面。而我国是一个世界大国，幅员辽阔，人口众多，历史悠久，植物资源极为丰富，相关情况就远不单纯，其复杂性远非世界其他民族可以比拟。

我国有极为丰富的名花资源，即就历史上以"国"字称颂的就有兰、牡丹、梅花等多种，另如菊、荷等也都历史悠久，种植普遍，备受钟爱和推重。选择多，分歧就大，割舍也更难。民国以来的国花讨论中，上述花卉都有不少主张者，言之者也都头头是道，理由十足，各是其是，喋喋不休，很难形成统一意见。即便如国民党将各方意见归结为梅花、菊花、牡丹三种候选，国民党全代会上依然在梅、菊间相持不下，争论不休，上下午两次会议最终仍是议而未决。

这一现象告诉我们，在我们这样地大物博、人口众多、历史悠久、传统深厚的国家，名花资源十分丰富、历史积淀极其浩瀚、文化传统无比深厚、民意诉求极其多样，如果完全听任社会清议，要想取得一致意见是极为困难的。近30年国花评选的历程，几乎显示了同样的情形，是一花、两花还是多花，是牡丹还是梅花，还有菊花、兰花、荷花等其他，众说纷纭，各是其是，最终只是给问题的解决平添纠结，增加难度。

而反过来，由于民国当年内政、教育两部明确提议梅花为国花，最终国民政府实际也明确规定用作各种徽饰图案，这显然是远不充分和彻底的程序，但就是这一系列政府行为及其传言，给民众带来了国家决定的信息。而向来"呶呶于国花问题者"②，转而一片赞美之声，迅速形成主流意见。作为新定国花的梅花，也是"一经品题，身价十倍"③。由于国民党三次全代会实际并未通过梅花的提案，1929年初社会上仍有零星反对梅花，主张其他花卉的声音④。但从1929年3月国民政府正式通令全国以来，所有反对之声几乎烟消云散，梅花就成了全社会普遍尊奉的国花了。

这种社情民意的前后变化，充分显示了国家政权的力量。这不仅是因为国花这样的国家礼文之事有着国家层面解决的政治责任、体制要求，更重要的还在于我们这样"官本位"传统比较深厚的社会，由国家权力机构形成决议，颁布法令，具有更权威的色彩，容易得到社会的普遍认同，形成统一的全民共识。而近30多年，我国的国花讨论和评选活动不可谓不积极、不热烈，有关意见也不可谓不合理、不

---

① 《申报》1920年10月10日。
② 采子女士：《国花诞生矣》，《申报》1928年12月8日。
③ 百足：《梅开光明记》，《申报》1928年12月24日。
④ 邱竹师：《对于国花之我见》，上海《平凡》1929年第1期。

科学，尤其是 1994 年全国花卉协会这样的民间组织发起的国花评选活动，操作也不可谓不民主、不规范，但最终都无法修成正果，关键就在于民间组织的权威性和公信力易遭轻薄，难孚众望。因此历史和现实都告诫我们，像国花这样与经济民生相去较远的礼文符徽之事，众说纷纭，极难统一，只有通过最高权力机关、政治机构决定和法令的权威方式才易于达成一致。

至于具体的方法或途径，笔者曾提出过系统的建议：一、由全国人大代表或专门委员会提出议案，付诸全国人大或其常委会讨论和投票表决，这是最隆重、最具权威性的方式；二、由全国政协成员即委员个人或界别、党团组织等提案，进行讨论、联署或表决，交付中央政府即国务院酌定颁布；三、中央政府直接或委派其相关部门进行论证并颁布；四、由全国性的民间组织向中央政府提议和请求，由中央政府酌定颁布。在广泛的社会讨论和民众推选基础上，通过国家权力机关的法律、政令或决议的方式正式确定国花，这样一种民主与法制相结合的方式，应是我们评选和确定国花最理想的方式 ①，也应是最有效的方式。

（三）牡丹、梅花双峰并峙的地位是历史地形成的，民国间对两花前后不同的选择充分体现了两花象征意义的两极互补，两花并尊是我国国花的最佳选择

在前引黛柳《我中华民国之国花（宜以牡丹）》一文所说八种情形中，我国的情况十分特殊。与国土狭小、自然生态环境相对单一的国家不同，我国幅员辽阔、人口众多、植物资源丰富、农耕文明极度发达，无论着眼于生物资源、经济种植和观赏园艺，还是其历史作用，任何单一的植物都不可能有绝对优势。我们历史悠久的中央集权大一统体制也不可能有欧洲中小国家那些花卉植物成为民族图腾、王室徽识之类情形。因此，我们的国花形象主要应孕育于悠久的历史陶冶和文化积淀，体现"国民性所最相协"的民族传统文化精神和"国民所公爱"即广大人民的情趣爱好。这应是我国国花的必然特性，也是我国国花产生的基本条件和客观规律。

上述历史梳理充分显示，我国名花资源丰富，而牡丹、梅花尤为翘楚，唐宋以来两花一直高踞群芳之首，备受人们推重。民国间虽然有北洋政府嘉禾（稻花）和伪满政府的高粱、兰花等国花名目 ②，也有对菊花的强烈呼声，但综观民国年间的各类议论和实际行动，人们最终心愿还是高度聚焦在牡丹、梅花两花上，并先后以

---

① 程杰：《关于我国国花评选的几点意见》，《梅文化论丛》，中华书局 2007 年版，第 24 页。
② 参见持佛《国花》，《申报》1933 年 4 月 26 日；《满皇赠汪主席大勋位兰花章颈饰，昨在京举行呈赠仪式》，《申报》1943 年 5 月 9 日。

一民一官的方式实际视作或用作国花。我们改革开放以来三十多年的国花讨论，虽然众说纷纭，主张较多，但呼声最大的仍属牡丹、梅花两花。如 1986 年 11 月 20 日上海文化出版社、上海园林学会、《园林》杂志编辑部、上海电视台"生活之友"栏目联合主办的"中国传统十大名花评选"，依次是梅花、牡丹、菊花、兰花等。而北方地区的评选，牡丹多拔头筹，如天津《大众花卉》杂志 1985 年第 6 期公布的当地十大名花评选，结果是牡丹第一，梅花第三，排在最前面的不出牡、梅两花。在各类国花评选和讨论中，最终纠结的仍不出梅花、牡丹两花的取舍，有所谓"牡丹与梅花之争"一说，明显地分为主牡丹、主梅花两派 ①。唐宋以来我国传统名花逐步形成，尤其是民国以来一个多世纪不同背景下国花论争的历史，无不充分显示牡丹、梅花在我国传统名花中双峰并峙、难分高下的地位，多少有些时下常言的"巅峰对决"色彩。从南宋陆游等人"梅与牡丹孰胜"的讨论和元曲李白、孟浩然品第牡丹、梅花优劣的戏剧性想象，到民国间牡、梅两花短暂轮庄和近三十年国花评选中的两花激烈"争宠"，不难感受到我国国花选择上的一种历史宿命，牡丹、梅花无疑同是我国国花的必然之选，有着等量齐观的历史诉求和民意基础。

两花形象风格和象征意义各极其致、各具典型，不仅历史地位和民意基础相当，而且相互间有着有机互补、相反相成的结构关系。清人张问陶说的"牡丹富贵梅清远"，元人唱词所说"这牡丹天香国色娇，这梅花冰姿玉骨美。他两个得乾坤清秀中和气，牡丹占风光称艳宜欢赏，梅花有雪月精神好品题" ②，都简要地揭示了两者各极其致、截然不同的审美风范和观赏价值。民国年间对牡丹、梅花的各类主张更是从现代国花的角度标举两者物色风彩、精神象征上的不同典范意义。推重牡丹者多强调其壮丽姿容和繁盛气势。如侯鸿鉴《国花教材》称牡丹"体格雄伟，色彩壮烈，足以发扬民气、增饰国华"。黛柳文章称牡丹"姿态堂皇，气味馥郁，既壮丽，亦极妩媚"，并从当时赏花风气的变化着眼，认为国人"素贵幽馥清姿"，但近来受欧洋花卉园艺影响，也开始追求玫瑰一类"硕艳"之花，表明在近代以来"世味浓厚，竞存剧烈"情势下，一味崇尚梅、菊那样的清淡隐逸，已"无益实际"，而趋于欣赏牡丹丰硕壮丽之花，用以寄托"国势日益隆盛，民气日益振作"的时运和强国富民的气势 ③。这些见解充分反映了近代以来国人饱经列强侵凌后对民族振兴、国家强盛的迫切期待，牡丹成了这种强国之梦的绝好写照。而"五四"新文化运动以来，

---

① 荣斌：《国花琐议——兼议牡丹与梅花之争》，《济南大学学报》2001 年第 5 期。
② 马致远：《孟浩然踏雪寻梅杂剧》，明脉望馆钞校本。
③ 黛柳：《我中华民国之国花（宜以牡丹）》，《申报》1920 年 10 月 10 日。

人们盛举菊、梅等，则同属另一种价值取向，注重精神品格方面的象征意义 ①。具体到梅花，则特别强调"梅之苍老"可以象征我国悠久历史，"梅之耐寒足以代表中华民族之坚苦卓绝" ②。这是思想解放、国民革命、社会变革之际对人的品格意志、斗争精神的高度推崇和积极追求。主牡丹者多强调其风容和气势，举梅花者多赞颂其品格和意志，充分说明牡丹和梅花，由各自形象特色所决定，其文化象征意义都各有其侧重或优势，也有其薄弱或不足。纵向上看，民国短短近 40 年中，最初民间多以牡丹为国花，后来官方转以梅花为国花，历史正是以这样前后变革、两极迥异的选择，充分展示了牡丹、梅花审美风范和象征意义上各极其致、两极对立的格局。

　　近三十年，我国国花久拖未决，很大程度上即与两花之间这种相互对立、两难选择的传统困境有关。同时，我们也看到一些努力破解这种历史困局的主张，比如主张两花乃至多花并为国花。从世界各国国花的实际情况看，其中不乏两花乃至多花的，如意大利、葡萄牙、比利时、保加利亚、墨西哥、古巴等国即是 ③。据学者对 42 个国家国花数量的统计，一国两花的占 30.96%，两花以上的合计超过三分之一 ④，可见也不在少数。纵然世界各国尽为一国一花，以我们这样有着"世界园林之母"美誉的世界大国、文明古国，选择两花乃至多花作为国花，也是完全合情合理的。在这类意见中，牡丹、梅花并为国花即"双国花"的主张无疑最受欢迎。最早明确提出这一主张的是陈俊愉先生，1988 年其《祖国遍开姊妹花——关于评选国花的探讨》一文称赞两花"互补短长"："梅花是乔木，牡丹是灌木。梅花以韵胜，以格高，古朴雅丽，别具一格；牡丹则雍容华贵，富丽堂皇。"梅适宜大规模林植，牡丹最适宜花坛、药栏一类营景；"梅花适宜长江流域一带栽培，牡丹最宜黄河流域附近种植" ⑤。认为两花并为国花，特色互补，相辅相成，定会广受人民群众欢迎。这一意见一出，社会各界赞成颇多。2003 年笔者《牡丹、梅花与唐、宋两个时代——关于国花问题的历史借鉴与现实思考》一文尝试通过唐重牡丹、宋尊梅花的历史现象，阐发牡丹、梅花文化意义的两极张力。牡丹、梅花分别代表黄河、长江两大流域的不同风土人情，反映贵族豪门、普通民众两大阶层的不同情趣好尚，分别包含

① 程杰《牡丹、梅花与唐、宋两个时代——关于国花问题的历史借鉴与现实思考》："山茶、月季等娇美形象和神韵气势大致为牡丹所笼罩，兰、荷、菊等的淡雅气质和品格立意则由梅花所代表。"《梅文化论丛》，第 20 页。

② 陈剑脩：《对于定梅花为国花之我见》，《民国日报》1928 年 12 月 5 日。

③ 金波：《世界国花大观》，中国农业大学出版社 1996 年版。

④ 温跃戈：《世界国花研究》，第 124 页。

⑤ 陈俊愉：《陈俊愉教授文选》，中国农业科技出版社 1997 年版，第 280 页。济南董列《我国的国花——梅花与牡丹》（《植物杂志》1982 年第 2 期）："我国人民视梅花与牡丹为珍品，值得誉为国花。"将两花并称，认为都堪当国花，但并非明确的"双国花"主张。

外在事功与内在品格、物质文明与精神文明、国家气象（"外王"）与民族精神（"内圣"）两种不同文化内涵①。而"天地之道一阴一阳，万物之体一表一里，这种二元对立的意义与功能，如能相辅为用，构成一个表里呼应、相辅相成的意义体系，更能全面、充分、完整地体现我们的文化传统，代表我们的民族精神，展示我们的社会理想"②。牡丹、梅花并为国花能充分利用象征意义的两极张力和互补格局，获得博大和深厚的文化寓意和象征效果。

因此，无论从深远的文化传统、近代以来国花选择的历史经验，还是从现实的民意需求、学术认识看，两花并尊都是我国国花的最佳选择③。正如我们在已有文章中所说，"只有牡丹与梅花相辅为用，方能满足社会不同之爱好，顺应文化多元之诉求，充分体现历史传统，全面弘扬民族精神"，展示国花"作为国家象征的传统悠久、涵盖广大、理想崇高和意义深厚"④。无疑，这也是破解近30年我国国花评选现实僵局最明智的选择。

（四）牡丹、梅花作为我国国花的历史值得全面尊重，牡丹、梅花是海峡两岸全体中国人共同的国花，两花并尊是中华文化兼容并包、伟大祖国和平统一的美好象征

众多信息表明，世界各国国花多因本国资源、历史或文化等方面地位重要之花约定俗成，真正立法确认的少之又少⑤。按此惯例，反观我国的情况，既然明清以来牡丹长期被称作国花，民国间又曾经一番决策以梅花为国花，如果再一味说我国没有国花，就不符事实，有悖常理，不免给人数典忘祖、妄自菲薄之感。在相关国家权威决定或正式法律法令尚不到位的情况下，根据明清以来尤其是民国以来我国国花选议、实行的历史实际，称"牡丹、梅花"为我国国花，是完全合情合理的。至少仿民国初年商务印书馆《辞源》对"国花"的解释，称"我国旧时以牡丹、梅花为国花"或"我国旧时先后以牡丹、梅花为国花"，则是绝对正确，也是完全应

---

① 程杰：《梅文化论丛》，第17—20页。该拙文中"两花并礼""两花并尊"之意误作"两花并仪"，借此机会，请予订正。
② 程杰：《牡丹、梅花与唐、宋两个时代——关于国花问题的历史借鉴与现实思考》，《梅文化论丛》，第19页。
③ 民国间倡菊花为国花者，多称菊为草本，分布较广，色以黄为主，与吾炎黄子孙黄种人者适相配合。揆之今日，若以牡丹与菊花组合为国花，一木一草，也颇搭配。但民国间已有文章注意到，菊科植物世界广布，不如梅与牡丹殊为我国特产。梅与牡丹虽同为木本，但牡丹重在花色观赏，而梅有果实利益。我国代表性的观赏花卉多出于实用资源和经济种植，也以木本居多，梅虽不入传统"五果"，但与桃、杏等同属蔷薇科李属果树，我国种植历史悠久，经济价值显著，作为国花更能体现我国农耕社会的深厚基础和我国花卉园艺的民族特色。
④ 程杰：《梅文化论丛》，第19—20页。
⑤ 温跃戈：《世界国花研究》，第131页。

该的。

遗憾的是，这一有理有据的说法一直未能正常出现和通行，应是我国近代以来社会剧烈变革、海峡两岸长期分裂对峙以及社会"官本位"传统等多种因素影响所致。我国近代以来的社会转型包含"反帝"和"反封建"，民族独立和社会变革的双重任务，由大清帝国、中华民国而中华人民共和国的政治变革极为剧烈。仅就作为国家象征的"国旗"而言，由晚清大龙旗而北洋政府五色旗、南京国民政府青天白日满地红旗，最终归为中华人民共和国五星红旗，短短半个多世纪不断更张，打着时代风云和政治理念的鲜明烙印。而其中文化传统的印迹和民众生活的作用却明显减少，相互之间有着更多变革和超越的明确追求，继承性、兼容性因素也就微不足道。"国花"意识多少受到影响，民国早期所说国花牡丹和南京国民政府所定国花梅花之间即有鲜明的变革性和对立性，相关说法也就难以从容通达①。

1949 年以来，海峡两岸严重对峙，导致国花话语上多有避忌，这其中最麻烦的是梅花。与国花牡丹主要出于民间约定俗成不同，梅花作为国花出于 1927 年国、共决裂后国民党南京政府不太充分的官方决定，政治色彩相对明确些。在国、共两党代表的两种民族、国家命运之争中，其遭遇就不免有些尴尬。1949 年国民党政权败退台湾，海峡两岸长期处于严重的敌对状态。台湾当局继承南京国民政府的政治遗产，一直沿用"中华民国"的国号、宪制及其国旗、国花等"国家"标志。上世纪 70 年代中华人民共和国重返联合国，尤其是 80 年代以来，随着中华人民共和国国际影响的不断扩大，台湾当局所谓"国旗""国徽"一类标识的使用场合明确受到限制，而"弹性使用"②原来所谓"国花"梅花图案作为替代就逐步形成惯例。在这样的一系列政治情势下，我们对于国花的概念就不能全然客观地继承以往的历史内容，必然有所避忌。尽管新中国最初 30 年，由于无产阶级革命思想和传统道德品格精神的双重影响，人们对富含斗争精神喻义之梅花的实际推重都要远过于牡丹，但在日常的国花表述中一般采用国民党建政前的民间说法，只称牡丹为我国国花，对梅花作为国花的历史地位避而不谈，这是不难理解的。

同时，我们也要清醒地看到，国花的性质与国旗、国歌、国徽终是有所不同，国花是客观的生物载体，有更多民族历史文化传统的性质，也有更多大众审美情趣

---

① 1935 年出版的马芷庠《北平旅行指南》颐和园"写秋轩"条下记"轩之西稍下，即为牡丹台"（今北京燕山出版社 1997 年版书名作《老北京旅行指南》，第 162 页），而同时朱偰《汗漫集》中《游颐和园记》附记却仍称"国花台"。非名称不一，而是说者立场不同而已。

② 孙镇东：《国旗国歌国花史话》，第 111 页。

的因素。无论是牡丹还是梅花，都是"文化中国"① 最经典的花卉，是中华民族共同的文化符号，值得所有炎黄子孙倍加珍惜。牡丹、梅花的国花地位都是历史地形成的，有着深远的文化渊源和广泛的民意基础。无论出于民间还是官方，都是我国国花选择上不可分割的历史，值得海峡两岸人民和全球华人共同尊重。

具体到梅花，虽然有一些政治纠葛，但我们必须明确这样一些事实和信念。台湾自古是，将来也永远是中国的一部分，这是无可改变的事实。梅花作为"中华民国国花"自始至今没有得到任何法律明文的支撑，其被尊为国花更多依恃民意的力量。文化永远大于政治，文化传统必定重于意识形态。梅花"是中国人的花"②，是中华民族共同的文化符号，为全体炎黄子孙同尊共享，其文化意义及其影响远非任何单偏政治实体可以垄断和限制。而反过来，梅花的"中华民国国花"之称最初又主要出于中国大陆深厚的社会沃土，其根源于中国文化的属性对于"台独"势力的"去中国化"倾向无疑是一个有力的牵制，对于认同"一个中国"原则的广大台湾同胞和海外侨胞来说，则又是一个生动的文化感召、美好的精神纽带③。这样的现实作用值得我们重视。

1978 年以来，两岸紧张关系逐步缓解，和平发展大势所趋。尤其是 2005 年国共两党首脑会谈、2015 年海峡两岸领导人务实会面以来，两岸同属一个中国、两岸必将和平统一、两岸增进交流共同发展已日益成为海峡两岸人民共同而坚定的信念。在这样的积极形势下，人们对国花这样一种超政治、超"主义"，主要体现大众民意、民族精神和文化传统的象征载体，胸襟会更为开阔远大，态度会更为切实通达。更容易捐弃前嫌，面向未来；更愿意包容共享，合作创新；更能够立足于民族和国家，秉承传统，面向世界，形成共同话语。我们相信，牡丹、梅花是"文化中国"最经典的花卉，两花的历史地位和符号价值必将得到两岸人民和全球华人共

① "文化中国"这一概念最初起源于海外华人社会，表示作为炎黄子孙对中华民族传统文化的认同。后来不少文化学者将其用作中华传统文化精神及其相应社会载体的简明称呼，进而中国大陆文化和社会工作者又视作国家文化形象的代名词。有关这一概念的起源及其内涵的演化情况，参见张宏敏《"文化中国"概念溯源》，《文化学刊》2010 年第 1 期。我们这里用其广义，并以第二义为主。

② 邓丽君小姐演唱的《梅花》有着浓郁的中国情结，最后一句刘家昌原词作"它是我的'国花'"，显然偏指"中华民国"，而蒋纬国先生的改编本则将此句改作"它是中国人的花"，见其《谈梅花，说中道，话统一，以迎二十一世纪》卷首（台湾"国家图书馆"藏本，1997 版）。这一微妙的改动，充分显示了蒋纬国先生不为狭隘的政治利益所囿，着眼于民族团结、两岸统一大业的广阔胸怀。

③ 上世纪 80 年代初，蒋纬国先生在台湾倡导"推广梅花运动"，其《谈梅花，说中道，话统一，以迎二十一世纪》称："梅花自古以来为国人所崇敬的事实，至少有三千年以上的历史。""任何中国人，不论在国内、在国外，都以爱梅为荣。""梅蕴藏着中国人的特性本质，散发着中国人的道统，凝聚着人类的人性文化。""我爱梅花，更爱中华，具民族统一精神。"把梅花作为中华民族性格、中华文化精神的象征，通过这种特殊方式，激发台湾人民对民族团结振兴、国家和平统一的信念和行动。

同尊重和喜爱，而两花并尊国花也更能展现我中华神州地大物博、万类溥洽的气概，体现我华夏文化兼容并蓄、运化浑瀚的特色，象征我伟大祖国和平统一、两岸人民团结一体的美好前景。

当然，针对两岸分治的现实，目前我们对国花的表述尚要适当顾念一下具体现实场合或政治语境。一般指称我国国花时，严格以"牡丹、梅花"即所谓"双国花"作为一个整体，不单独指称和使用梅花为国花。在与台湾当局的相应标志不免并列、易丁混淆的场合，则可改用牡丹一种。我们相信这只是目前两岸分治尚未结束时的一种权宜之计，而等到国家完全统一时，牡丹、梅花同为国花，人民自由、快乐地尊事礼用的情景必将来临。

[原载北京语言大学《中国文化研究》2016 年夏之卷]

南京国民政府确定梅花为国花之史实考

　　国花是现代民族国家一个重要的象征资源或常见标志，包含着国家自然资源和民族历史传统、文化特性等方面的宝贵信息，备受人们重视。世界各国国花大都属于民间约定俗成，出于正式法定的少之又少，世界大国中只有美国的国花由国会决议通过。从这个意义上说，我国也非没有国花。明清以来尤其是民国初年，人们多称牡丹为国花。1927 年南京蒋介石政权建立后，明确推尊梅花为国花，为社会普遍接受和使用，产生了显著的影响。这一政治遗产为台湾当局所继承，20 世纪 70 年代以来，在国际社会"青天白日""青天白日满地红"等所谓"国家"标志按例受到排斥，台湾地区则以梅花图案"作弹性运用"①，形成一定的惯例。尤其是"台独"势力逐渐兴起后，岛内人士对梅花的象征意义和文化蕴涵关注渐多，20 世纪80 年代初期台湾岛内曾出现"推广梅花运动"②，其重视程度可见一斑。大陆改革开放以来，国花问题渐受关注，以梅花为国花的呼声一度最高，民国年间梅花为国花一事常为人们谈起，出现了一些相关史实的介绍文章③。然而据笔者考察，海峡两岸的相关说法多只以当时党政机构的两三篇公文为依据，对整个过程的全面把握不够，一些关键细节不乏误解。我们这里综合当时政府公文、媒体消息和其他有关史料，广泛参考海峡两岸的研究成果，对这一问题进行较为深入、细致的梳理、考述，

---

① 孙镇东：《国旗国歌国花史话》，台北县鸿运彩色印刷有限公司 1981 年印本，第 111 页。该著的"国旗国歌国花"兼 1949 年前两阶段而言，1949 后"中华民国"的称呼，有悖"一个中国"原则，立场是错误的，有必要特别指出。以下类似情况，就此一并说明，一般不作文字处理。
② 孙镇东：《国旗国歌国花史话》，第 110—111 页。另可见蒋纬国《谈梅花，说中道，话统一，以迎二十一世纪》，台湾"国家图书馆"藏本，1997 年版，出版单位不明。
③ 刘作忠：《民国时期的国花与市花》，《文史精华》2000 年第 11 期。

力求全面、准确地再现整个过程的真实情景。

一、国民政府拟选国花前的民间舆情

现代意义上的国花评议是中华民国成立后开始的，最初人们多主张牡丹，也有因北洋政府设授嘉禾章，而认为"嘉禾"（主要认作水稻）是国花者。牡丹自古与君主威权、富贵荣华联系较多，"五四"运动以来，受"反封建"思潮的影响，赞成者渐少，而梅、兰、菊等精神寓意鲜明之花渐受推重[1]。1926—1927年北伐战争的胜利，奠定了国民党的统治基础。1928年底"东北易帜"，全国形式上基本统一，从此进入以蒋介石为核心的南京国民政府统治时代。随着国家政权机构建设的全面展开，作为国家标志的国旗、国徽和国花的讨论逐步摆到了议事日程。民间有关国花的讨论又一次兴起，1927年10月"双十"国庆节前，《申报·自由谈》发表张菊屏《规定国徽国花议》，提出："惟国徽、国花，虽勿逮国旗需要之繁，其代表国家之趣旨，要亦相若。每逢庆祝宴会之际，与国旗并供中央，自陈璀灿辉皇之朝气，亦盛大典礼必具之要件也，似不宜任其长付缺如。"该文认为牡丹浮艳，不足为国花，而梅、兰、荷"类皆恬退独善之旨，处今竞争剧烈、强食弱肉之世，而犹以恬淡相崇尚，在私人尚觉非宜，其可以是方国家乎"，因而主张"升菊为国花"，理由是："坚劲傲霜，正符国人沉毅耐劳之美德；而菊号黄花，可喻吾黄裔；花于双十节，适应国庆之期，可备礼堂供养；而清季革命诸役，实以广州省城一举为最烈……今诸烈士合葬于黄花岗，恰与国花同名，亦足慰英灵于地下"[2]。同时，也有人提出异议，主要顾虑菊花是日本国花，"我国亦以菊为国花，岂不互相冲突"[3]。随着国民革命纪念节庆系统的逐步形成，人们更多将国花与国庆等国家仪式相联系，菊花花期适值"双十"国庆节前后，从20年代中期国民革命运动兴起以来，举为国花的呼声越来越高，梅、兰、荷等传统名花虽间也有人主张，但远不足比。这是国民政府正式拟议国花前的舆论背景。

---

[1] 对北洋政府时期国花讨论的有关情况，请见程杰《中国国花：历史选择与现实借鉴》，北京语言大学《中国文化研究》2016年夏之卷。

[2] 《申报》1927年10月2日。

[3] 蔡心郇：《国花》，《申报》1927年10月19日。

二、国民政府拟选、确定国花之过程

（一）以梅花为国花最先由内政部拟议发起

以梅花为国花，最初由国民政府内政部礼制服章审订委员会第 18 次会议首先提出，时间在 1928 年 10 月 26 日。该委员会属于内政部发起成立的一个议事机构，由军委会、外交部、大学院（教育部）、工商部、司法部等单位派员参加，内政部长薛笃弼任主席，主要职能是审定各类制服式样、军政徽章图案乃至公私各类礼仪程式。该会 10 月 16 日第 17 次会议决定向社会征求国徽图案，并明确了截止期限和酬金数额[1]，而拟定国花之选应即自认属于同类职权范围内的事务。该会由薛笃弼倡议成立，薛属冯玉祥系的核心人物，进入 10 月以来，薛一再向行政院请辞内政部长，已经中央政治会议批准，并改任卫生部长，目前处于等候交接状态。也许预料其主导的礼制服章会将"人走茶凉"，难以维持，第 18 次会议就成了该会的"闭会式"[2]，正是这次会议决议拟梅花为国花。11 月 1 日，内政部长薛笃弼正式离任，当日以其名义呈文行政院："国花所以代表民族精神、国家文化，关系至为重要，如英之蔷薇、法之月季、日之樱花，皆为世界所艳称。吾国现当革命完成，训政开始，新邦肇造，不可不厘定国花，以资表率。兹经职会第十八次会议决议，拟定梅花为国花，其形式取五朵连枝，用象五族共和、五权并重之意。且梅花凌冬耐寒，冠冕群芳，其坚贞刚洁之概，颇足为国民独立、自由精神之矜式，定为国花，似较相宜。"请求行政院"核转国民政府鉴核施行"[3]。

（二）教育部奉命核议，认为梅花为国花备极妥善

1928 年 11 月 6 日，行政院第二次会议议及此事，决定发交教育部会核[4]。11 月 28 日，教育部审议认为"定梅花为国花，备极妥善"，对内政部的意见极表支持，

---

① 《礼制服章之审定》，《申报》1928 年 10 月 17 日。

② 《礼制服章会闭会》，《申报》1928 年 10 月 27 日。

③ 薛笃弼：《内政部长薛笃弼原呈》，国民政府教育部《公函（第三六九号十八年一月十七日）》附，《教育部公报》1929 年第 1 卷第 2 期。该公文未署日期，《中华民国国民政府行政院指令（第一一号）》："令卸任内政部长薛笃弼呈一件呈悉，于十一月一日交卸内政部长职务，请鉴核备案由，呈悉，准予备案。"可见薛氏此呈是 11 月 1 日离职时交代报呈。

④ 关于此次行政院会议的时间，见《申报》1928 年 11 月 7 日新闻报道《行政院会议》。而文件批发机构为行政院秘书处。

只是因梅花五瓣，可以象征五权，建议将五朵连枝改为三朵，用以"取喻三民主义"①。事后教育部社会教育处处长陈剑脩《对于定梅花为国花之我见》一文介绍了教育部的审议情况，此文发表于 1928 年 12 月 5 日的上海《国民日报》，稍后国民党中央宣传部的公文中特别提及，而今论者多未引示，全文并不太长，现抄录如下，个别误排处径予订正，并重新标点：

对于定梅花为国花之我见

陈剑脩

现在世界文明各国，都取一种花以为国花，如美国以蔷薇，日本以樱花为国花，凡有什么盛典或纪念，没有不拿她那种特别标识出来，表示其国民性之特点。近来内政部发起的礼制服章委员会提议定梅花为国花，以国民政府发交教育部核议，教育部的部长、次长先生又发给我们研究，叫我们有什么意见尽可提出供参考。我于是乎审议了几次，结果以为，以梅花为国花，是异常妥善的。理由不消说是很多，举其大者：

（甲）梅之苍老，足以代表中华民族之古老性。冰肌玉骨，铁干虬枝，所以形容梅之苍老者。我中华立国四千余年，民族的存在，更有悠久的历史，在世界史上，我国可算是个老大哥国家。这样的远古，大概只有梅的老态，够得上代表的。

（乙）梅之鲜明，足以代表中国随时代而进化的文明及其进程中政治的清明。梅花的美，自古已经有多少人形容过了，清香曲态，蝉叶蝇苞，黄金的萼，碧玉的枝，这是多么的美，恐怕非屈原再世，不能描模尽致罢。自古及今，我中华民族的生活，由草昧而游牧，由游牧而农业，由农业而工业商业。我中华的政治，由混沌而酋长，由酋长而君王，由君王而民主，都是因时代而孕生的新的进化、新的文明。这样的新，惟有梅花的鲜，足是应期而代表一切。中国的政治，在历史上，不管任何政体，任何国体，总有一个时期曾一度一度的表现清明，也惟有梅花的明媚，可以拿来代表。是故黄帝缔造之功，有周一代之治，汉唐之阐明人事，近世之借镜欧西，匪特使我中华民族，举世清明，益见广大，我中华民族胥于是赖，而代表这种清明精神者，其惟梅罢？还有春为岁首，梅花则动香于破腊，开丽于初春。

---

① 国民政府教育部：《公函（第三六九号，十八年一月十七日）》，《教育部公报》1929 年第 1 卷第 2 期。关于教育部此次会议的时间，记载缺乏，此据《蜀镜》（画报）1928 年第 42 期报道《梅花将为国花》。韩信夫、姜克夫主编《中华民国大事记》（中国文史出版社 1997 年版）第 2 册，第 921 页："（1928 年 11 月）是月，国民政府经内政部提议交教育部会核，正式决定以梅花为国花，并拟用三朵连枝象征三民主义，五瓣象征五权。"未能明确时间，当是据 12 月《申报》等媒体报道逆推。

际兹革命初期，庄严灿烂，亦必有俟于梅，方能代表一切。

（丙）梅之耐寒，足以代表中华民族之坚苦卓绝性。梅，本是岁寒三友之一，是以她开花的时候，正是百花凋谢之日，或近霜而破雪，或却月而凌风。谁能当此？谁能于此艰难困苦的状态中，挣扎生存？取譬我中华民族，恰好相当。所以黄帝的时候，我们先与苗族争个你死我活。周秦以后，北有匈奴，西有氐羌，而我仍能维持我的黄河流域文化。五胡乱华，毕竟有隋来统一中土。元、清两代，汉族统治权虽失去三百余年，而游牧者与白山黑水间之民，反乃同化于我的经济、政治和社会的一切生活。这样的环境，这样的侵凌，而我整个的中华大族，始终未尝失却东方的一等地位，是非赋有坚苦卓绝的精神而何？而这样的精神，试问除以梅花比拟而外，有谁可以拿来做个配头？

根据以上三个理由，于是有前项审议的结果。将谓不足，请再以《梅花赋》节录在下边，作为审议报告的结论：

素英剪玉，轻蕊捶金，绛蜡为蕚，紫檀为心。凌霜霰于残腊，带烟雨于疏林。漏江南之春信，折赠远于知音。含芳雪径，擢秀烟村，亚竹篱而绚彩，映柴扉而断魂。丰肌莹白，耿寒月而飘香。傅说资之以和羹，曹公望之以止渴。

文中所持中华民族的概念有些大汉族主义的色彩，带着一定的时代局限。最后掇录宋人李纲《梅花赋》的语句，采摘也不够精当，这都是此文瑕疵所在。该文透露了这样的信息，教育部的审议意见主要即采用了陈剑翛的研究结果，包括"备极妥善"之类措辞都出于陈氏之言。陈氏主管的社会教育司，当是教育部中与社会各界联系最多的一个部门，后来媒体对两部有关消息的报道，多与陈氏此文措语雷同，很有可能即出于该司的发布。

据国民党中央宣传部奉命审查国花案的文件介绍，此后教育部"委托艺术院绘定制服帽徽图样，于徽内分绘折枝全开梅花三朵（引者按：教育部改拟图案）及五朵者（引者按：内政部原议图样）各一式，以备呈送行政院选择"①。可能是这个技术环节耽搁了一些时间，教育部的审议结果最终拖到 1929 年 1 月才上报行政院。教育部回复行政院秘书处的公文见于《教育公报》1929 年第 1 卷第 2 期，所署时间为民国十八年（1929）1 月 14 日②，去该部 11 月底的审议结论已过去一个半月了。

① 陈哲三：《有关国花由来的史料》，《读史论集》，国彰出版社 1985 年版，第 164 页。
② 教育部向行政院秘书处的这一复函中并未提到宣传部所述委托艺术院绘图的细节，显然行文于宣传部咨询之后，当发觉此事另有重要口径运行，本部已有工作无足轻重，所以略而不述。另同时报载，教育部部务会议极少，议事不够正常。

（三）内政、教育部拟定梅花，两部首长或起关键作用

在内政、教育两部的国花创议中，两部首长尤其是担任大学院（教育部的前身）院长的蔡元培可能起过潜在而重要的作用。蔡元培是浙江绍兴人，任教育部的前身大学院院长。据画家郑曼青回忆，1928 年"岁首余访蔡公孑民（引者按：蔡元培字孑民）……孑公亦赞道此花（引者按：指梅花）不已，夏间欣闻孑公举以为国花"[①]。可见早在 1928 年夏间，蔡元培即已向有关方面提议以梅花为国花。礼制服章审定委员会即成立于这年 6 月，蔡元培的建议或即向该会提出，以蔡元培的社会地位，其实际影响不难想见。蔡元培的继任蒋梦麟是蔡元培的学生，浙江余姚人。内政部长薛笃弼是当时著名的勤政廉明之士，在任"颇知注意于精神建设"[②]，与蔡元培公事交往也密切。由这三位掌权，内政、教育两部的意见也就很容易达成一致，这是拟议梅花为国花整个过程中最为简截高效的一段。

（四）社会舆论对两部意见的迅速反应

值得注意的是，虽然教育部的呈复明显耽搁了，但由内政部发起、教育部议定的消息却被媒体及时捕捉到，迅速见诸报端。《蜀镜》画报以《梅花将为国花》为题报道："南京专员（引者按：11 月）二十九日下午一时电：内政部前呈行政院，请以梅花为国花，由行政院二次会议决交教育部审议。昨经教育部审议结果，以梅花为国花，异常妥善，并说明理由有三（引者按：以下即录陈文所说三点理由）。""教育部根据以上理由，拟具意见书，呈复行政院，提出国务会议核定。"[③]《革命华侨》杂志 11 月《国内大事纪要》[④]、《申报》1928 年 12 月 1 日《中国取梅花为国花》也有内容大致相同的报道。而社会人士对消息的理解更是热情放大，12 月 8 日《申报》"自由谈"栏目发表"采子女士"《国花诞生矣》，直称："内务部提出，教育部通过，三朵代表三民，五瓣代表五权。久经国人讨论之中国国花问题，乃于国民政府指导下之十七年岁暮，由内务部提议，经国府发交教育部会核，而正式决定以梅花为吾中华民国之国花矣。"是认为国民政府已正式确定梅花为国花了。此后《申报》连日刊载文章热情赞誉，爱梅好梅之士更是乐于借题发挥。以《申报》在当时传媒中的地位，产生的社会影响可想而知。

---

① 郑曼青：《国花佳话》，《申报》1928 年 12 月 15 日。
② 闻铃：《薛笃弼之革命联语》，《申报》1928 年 10 月 2 日。
③ 《蜀镜》（画报）第 1 卷第 42 期，第 1 页，戊辰年 11 月 12 日（公历 1928 年 12 月 23 日）出版。
④ 《国内大事纪要·定梅为国花》，《革命华侨》1928 年第 5 期。

（五）国民政府财政部筹镌新币，申请确定国花作为装饰

国民政府财政部筹划镌刻国币新模型，边沿拟刻国花作装饰，没有经过行政院，而是直接呈文国民党中央执行委员会，请求选定国花并予公布①。今两岸论者均以为这是国民政府确定梅花为国花一案的最早发起者，实际情况却不是。南京国民政府中央银行于 1928 年 11 月 1 日才在上海开行②，12 月 18 日正式接收原银行公会的上海造币厂③。筹铸新币应在其后，整个事情总有一个运作过程，申请颁示国花图案最快也只能在 12 月底。稍后陆为震《国花与市花》一文即称财政部呈请是在"十七年岁暮"④，即 1928 年底，所说时间应是可靠的。这比内政部 10 月底的决议晚了整整两个月，比教育部的会核结果晚了一个月。

（六）国民党中央宣传部审查结果认为梅、菊、牡丹三者可择其一

国民党中央执行委员会接到财政部的申请后，即批交中央宣传部核办。宣传部承办此事的具体时间不明，查教育部向行政院秘书处复文的时间为 1929 年 1 月 14 日，当在宣传部征询后，向行政院所作追补呈复，而宣传部的研讨应在同时，其结论则在 1 月 14 日之后。台湾学者陈哲三《有关国花由来的史料》披露了宣传部事后的呈复全文，据述宣传部审议中发现"报载教育部已在选拟国花"，遂致函教育部了解情况，并汇总各方不同意见，包括教育部官员陈剑翛的文章，详加审议，"研究不厌求详"。"审查结果，以为梅花、菊花及牡丹三种中，似可择一为国花之选。"⑤此具文呈报中央执行委员会。国民党中央宣传部的工作虽然远在内政、教育两部之后，但却是较重要的一环。其所列梅、菊、牡丹三花正是民国以来国花讨论中呼声最高的三种，呈文以梅花排第一，又详述内政、教育两部的意见，并且特别提到陈剑翛《对于定梅花为国花之我见》一文，俨然也有一定的倾向性，对下一步中央执行委员会的决议不无影响。

（七）国民党中央执行委员会的决议

1929 年 1 月 28 日下午 3 时，中央执行委员会举行第 193 次会议，出席会议的

---

① 此事见中央宣传部呈中央常务委员会文（正式标题未明），载陈哲三《有关国花由来的史料》，《读史论集》，第 164 页。
② 《中央银行今日开幕》，《民国日报》1928 年 11 月 1 日。
③ 《造币厂定今日正式接受》，《民国日报》1928 年 12 月 18 日；《中央造币厂昨日正式接受》，《民国日报》1928 年 12 月 19 日。
④ 《东方杂志》1929 年第 26 卷第 7 期。
⑤ 陈哲三：《有关国花由来的史料》，《读史论集》，第 164—165 页。

有胡汉民（广东番禺人）、孙科（广东中山人）、戴传贤（浙江吴兴人），列席的有陈肇英（浙江浦江人）、周启刚（广东南海人）、陈果夫（浙江吴兴人）、白云梯（内蒙宁城人）、缪斌（江苏无锡人）、邵力子（浙江绍兴人），会议主席为孙科①。会议讨论了宣传部的报告，形成决议，并据以专函国民政府："经本会第一九三次常会决议：采用梅花为各种徽饰，至是否定为国花，应提交第三次全国代表大会决定。"要求"通饬所属，一体知照"②。这一决议明显包含两层旨意：一是以梅花为徽饰云云，隐有满足财政部关于国币图案的紧迫需求；二是国花事关大体，适国民党全代会在即，遂将最终决定权上推全会。从最终结果看，由于国民党中央执行委员会的权威地位，这一决定实际是整个国花确定过程中最为关键的一步。

（八）国民政府的通令

接到国民党中央执行委员会通知，按其要求，国民政府于 2 月 8 日发布第 109 号训令，几乎照本宣科地抄录了中执会的专函全文，下发直辖各部门和全国各省市③。至此完成了法律上的重要一步，即由国民政府通令指定梅花为各种徽饰纹样。这可以说是整个国花案中最明确、切实的规定，为后来社会各界所遵行，产生了广泛而实质的影响。

（九）国民党第三次全国代表大会讨论无果而终

国民党第三次全国代表大会历经周折于 1929 年 3 月 18 日在南京开幕，21 日上午为第 6 次会议，后半段议程安排讨论中执会的国花提案。焦易堂、段锡朋、吴铁城、陈家鼒等大会发言，据《天津益世报》报道："焦易堂主张取消，段锡朋主张延期，吴铁城主张以青天白日为国徽，陈家鼒（引者按：原作鼎，误）主张以梅花为国花。"④ 而台湾学者提供的会议记录说法不一："焦易堂（反对梅花，主张用黄菊花）、段锡朋（主张由国民大会定出）、吴铁城（用青天白日为国徽）、陈学鼒（赞成焦易堂主张）。"⑤ 主要异点在焦、陈二人的态度，焦氏为陕西武功人，赞成菊花比较合理，会议记录所说更为可信，或者发言时不便直接反对梅花，而力主"取消"。

---

① 《中国国民党中央执行委员会第一九三次常务会议记》，中国第二历史档案馆编：《（中国国民党中央执行委员会）常务委员会会议录》（七），广西师范大学出版社 2000 年版，第 162—170 页。
② 《国民党中央执行委员会公函》（1929 年 1 月 31 日），台湾"国史馆"档案《梅花国花及各种徽饰案》230—1190 之 1196—1197 页。《中央党务月刊》1929 年第 8 期第 170—171 页所载此件《中国国民党中央执行委员会公函》，时间作 1929 年 1 月 29 日。
③ 《国民政府公报》，第 91 号，河海大学出版社 1989 年版缩影本。
④ 《第三次全代大会之第四日》，《天津益世报》1929 年 3 月 22 日。
⑤ 陈哲三：《有关国花由来的史料》，《读史论集》，第 165 页。

陈家鼐是湖南宁乡人，对他的意见两处记载截然相反，无从取信。但这些信息至少说明当时发言中，有菊花与梅花两种鲜明对立的意见，还有主张延期、主张此事应归国民会议等不同看法，异见纷纭，分歧较大，一时难以统一。广州《国民日报》报道称："国花案，讨论时有主张不用者，往返辩论，无结果，十二时宣告散会。"①下午为第 7 次会议，接着上午的未完议程继续讨论，徐仲白、张厉生、程天放等发言②，"多谓系不急之务，结果原案打消"③。会后大会秘书处具文函告中央执行委员会称："经提出本会十八年三月廿一日七次会议，并经决议：不必规定。"④

为何全代会出人意外地未能就国花作出决定。数月后《东方杂志》有文章解释称，"查第三次全国代表大会开会，适湘案发生后，时局骤现紧张。列席诸代表，皆未遑注意及之，故有打消之决议"⑤。所谓湘案，指当时李宗仁为首的桂系势力控制的武汉政治分会发出决议，免去蒋介石一派鲁涤平的湖南省主席一职，改命何键担任，同时调叶琪的第九师、夏威的第七军向长沙开进施压，鲁涤平仓皇逃走，这是后来蒋桂战争的导火索。今台湾方面有学者也认为"当时适值武汉政治分会发生撤换湖南省主席鲁涤平，调兵入湘风波"，国花一案受到冲击，未能形成结论⑥。此说不确，所谓湘事案起于 2 月 21 日，查原国民政府国史馆筹备委员会所纂《中华民国史史料长编》，3 月 2 日、11 日，蔡元培、李济深、吴稚晖等人两度赴沪与李宗仁协调查办，3 月 13 日中央政治会议作出决定对湖北政治分会张知本、胡宗铎等人免职，张知本等人也表示愿意接受处分⑦。三全会第一天即 3 月 18 日下午的会议，即以 220 名代表起立的隆重方式作出决议，要求国民政府严令制止叶琪等的军事行动⑧。3 月 20 日，蒋介石发表关于处置湖南事变的声明，表示要以法令制裁地方，维护统一⑨。虽然后来此事仍有波折，但在国花案讨论前，所谓湘事案已大体处置到位。整个三全会各项议程也大致按会前规划有序进行，国花案的讨论也是如此，湘案对

---

① 《三全会第六次正式会议》，广州《国民日报》1929 年 3 月 22 日。
② 《中央日报》1929 年 3 月 22 日第七次会议报道。
③ 《三全会通过四要案》，《申报》1929 年 3 月 22 日。同时《天津益世报》的报道《第三次全代大会之第四日》作"决议：原案撤销。"陈哲三《有关国花由来的史料》提供的会议记录称："徐仲白、张厉生和程天放等代表发言，最后决议：不必规定。有陈果夫签名。"见陈哲三《读史论集》，第 165 页。
④ 陈哲三：《有关国花由来的史料》，《读史论集》，第 165 页。台湾孙逸仙博士图书馆所存铅印本第七次大会纪录："决议：毋庸议。"见孙镇东《国旗国歌国花史话》，第 104 页。
⑤ 陆为震：《国花与市花》，《东方杂志》1929 年第 26 卷第 7 期。
⑥ 孙镇东：《国旗国歌国花史话》，第 97—102 页。陆为震《国花与市花》即持同样的看法，见《东方杂志》1929 年第 26 卷第 7 期。
⑦ 中国第二历史档案馆：《中华民国史史料长编》（国民政府国史馆筹备委员会编纂未刊稿），南京大学出版社 1993 年版，第 27 册，第 165、204、206、209—210 页。
⑧ 《第三次全国代表大会特刊（第九号）》，《民国日报》1929 年 3 月 19 日。
⑨ 中国第二历史档案馆：《中华民国史史料长编》（国民政府国史馆筹备委员会编纂未刊稿），第 27 册，第 230 页。

此没有任何直接影响。国花案最终未能形成实质决议，主要是因为会上意见分歧较大，大会发言由上午延至下午，耗时太长，下午的发言者无心再议，多认为此事是"不急之务"，主张取消。最后启动撤案程序，当天与会212人，最后以164票"赞成撤回原案"[①]，使此案以不了了之。

三、各界对国花的反应及后续情况

（一）国花的影响

尽管1929年国民党三次全会最终未能就国花作出决定，但由于国民政府2月8日通令全国以梅花作为徽饰，实际即已承认梅花是中华民国的国花。正如前节所述，从1928年12月以来，媒体就积极报道，刊载相关文章，对国民政府确定梅花为花交口称赞，并多应景礼尊之举。梅花的国花地位得到了全社会的普遍认可，"虽无国花之名，而已有国花之实"[②]。这充分表明，正式确定国花是人心所愿，而梅花之选也是当时众望所归。这里我们主要就《申报》1929—1931年间有关信息，择其要者胪列如下，以见日常生活各方面对国花的反应：

1929年元旦署名"梅花馆主"《特别点缀之十八年元旦》因梅兰芳演出，而热情发挥："国民政府今既定梅花为国花矣，在今日国花煌烂、万民欢忭之时，而全国景仰之梅兰芳，适出演于中外共瞻之大舞台。国花、梅花，相映成趣，有此特别点缀，益显中华民国欣欣向荣之佳兆。"

3月12日石师《总理逝世纪念新话》建议在中山陵园"多植梅树以造中山林"。

3月15日《江苏省会造林运动大会》（时江苏省会在镇江）报道：大会主席台"上正中悬总理遗像，前设演讲桌，两旁设记录席，左右设军乐台。总理像前及演讲桌上各陈设国花红绿梅二盆，四周悬党、国旗及竹布标语"。

4月3日浮邱《农学院举行樱花会》一文对中央大学农学院举办专题樱花会提出批评："中大农学院，为吾国农学最高之学府，凡一花一木，一举一动，宜为全国民众所观感。今乃以日本之樱花开会，其亲日之心，可谓热烈而浓厚。然未知吾国以梅花为国花，其亦数典而忘其祖耶。日本之樱花，以为院中作点缀品则可，以为举行开会，则不可。"希望国家最高学府的农学院以种植国花为主，而不宜以樱

---

① 《三全会第七八次全体会议》，广州《国民日报》1929年3月23日。当天出席会议代表人数，据上海《国民日报》1929年3月22日报道《第三次全国代表大会特刊（第十二号）》。

② 《伍大光请国府赠梅花于美》，《申报》1931年8月18日。

花为主。

1930 年 1 月 19 日刊登"国花牌香烟"的通栏广告，所谓"国花牌香烟，即梅花牌香烟"。

1931 年 8 月 18 日《伍大光请国府赠梅花于美》："我国驻美使馆参赞伍大光近上条陈于国民政府，请赠梅花于美，以联邦交。"

这些消息，既有内政，也有外交；既有公共纪念活动，也有商业市场行为；既有对相关礼尊之举的热情赞扬，也有对不当举措的严厉批评：从不同方面展示了国花的确定给社会生活带来的显著影响，反映了人们对国花梅花的普遍爱尚和礼敬。

各界文人对于国花的反应也较热情。1931 年湖南衡阳夏绍笙（1875—1939）著《国花歌》一册，于右任题签，铅印出版。全书自称其体为"乐府大篇"，以二十四节大型组诗，历叙中华民族历史和历代爱梅掌故，最终归结梅花为民族精神之象征，祈愿国民崇尚梅花精神，开出强盛国运："回首前朝蒙耻日，那知此花推第一。若使钧天扬大名，应教文化称无敌。"1933 年出版之《（民国）增修华亭县志》地理志观赏花卉类，以梅花第一。梅之花期最早，古方志物产志即多列为诸花之首，而此时立场和说法明显不同："现定梅为国花，故首列之。"[1] 这些都可见人们传统的爱梅尚雅之心，随着梅花定为国花而与时俱进，表现出新的思想情趣，形成了新的风尚。

（二）国民党政权迁台后对所谓"国花"的确认

国民党政府正式承认梅花为"国花"要等到 35 年后，即败退台湾 15 年后的1964 年。据台湾方面的有关介绍，同样由"内政部"发起，建议"行政院"明定梅花为"国花"，"行政院"于 1964 年 7 月 21 日以台（五三）内字第五〇七二号指令答复"内政部"："准照该部所呈，定梅花为'中华民国国花'，惟梅花之为国花，事实上早为全国所公认，且已为政府所采用，自不必公布及发布新闻。"[2] 不难看出，公文的态度、措辞与 1929 年国民政府的通令何其相似乃尔，主要仍属于承认既定事实，并未就此事发布任何明确决定和政令。

---

[1]　郑震谷：《（民国）增修华亭县志》，民国二十二年（1933）石印本，第一编地理志。
[2]　孙镇东：《国旗国歌国花史话》，第 107 页。也见博闻《梅花是怎样成为国花的》，《综合月刊》1979年第 5 期，第 128—131 页。

四、有关经验和教训

上述我们以近乎编年的方式，主要就 1928、1929 年间民国南京政府选定梅花为国花之过程，相关社会背景和反应以及后续有关信息进行全面、细致的考述。与海峡两岸以往有关论述多有不同，我们认为这样几个细节有必要特别强调一下：

一、南京国民政府拟选国花之事，起因不是通常认为的财政部筹铸国币的申请，而是由国民政府内政部礼制服章审定委员会首先发起，时间在 1928 年 10 月底。

二、在整个过程中，国民政府教育部的审议意见起了较为重要的作用，而大学院（教育部前身）院长蔡元培，尤其是教育部社会教育司长陈剑翛等人的意见又是其中的核心，值得重视。

三、内政、教育两部拟定梅花为国花的意见早在 1928 年 11 月底即已透露给社会，在国民政府通令前就产生了一定的影响。

四、1929 年 3 月国民党第三次全国代表大会上国花一案最终流产，并不是如人们所说因"湘事"风波冲击，而是会上主张梅花、菊花等不同意见分歧较大，争论不休，一时难以统一，只能不了了之。

进一步观察整个过程，有这样几个现象值得注意，有必要引以为鉴：

一、在我们这样地大物博、人口众多、历史悠久、传统深厚的国家，对于国花这样的礼文之选，名花繁多，不胜其择，各有所好，见仁见智，意见较难统一。民国初年以来便众说纷纭，"五四"以来，尤其是 1925 年以来，菊花的呼声最高，而梅花显属后起，在内政、教育两部中受到重视，与两部长官和职员中江浙人士居多有关。由于前期沟通、协商、酝酿明显不足，直接付诸国民党全国代表大会讨论，人多口众，不免争论不休，无果而终。

二、党政分头操作，相互不免交叉、牵制，程序支离，议事难成。国花一案本由内政部发起、教育部核议，都属国民政府系统之内。以内政部最初呈文所说是呈请行政院"核转国民政府鉴核施行"[1]，教育部的审议意见最终也按例呈复行政院，这应该是国花这类国家典制事体的正常运作渠道，国民党三全会上段锡朋也主张此事应"由国民大会定出"[2]。而中间财政部抛开此途，直接报请国民党中央执行委员会，适值国民党全代会筹备在即，遂至推到党的全代会上。试想如果财政部不另拜

---

[1]　薛笃弼：《内政部长薛笃弼原呈》，国民政府教育部《公函（第三六九号十八年一月十七日）》附，《教育部公报》1929 年第 1 卷第 2 期。

[2]　陈哲三：《有关国花由来的史料》，《读史论集》，第 165 页。

山头，内政、教育、财政三部申请和呈复都正常归口上达国民政府行政院，由当时的国务会议讨论决定，事情就不会节外生枝，程序会顺畅很多，结果就可能完全不一样。当然历史不容假设，在事关国家象征这样严肃的事体上，国民党统治机构政出多门，各寻山头，反映了国民党建政之初党政机构的发育不良、分工不明、派系林立及其议政决策程序的支离失范，因此最终导致国花审议案这样一种明显的"烂尾"工程。

三、民心高于法令，文化大于政治。内政、教育两部至国民政府的整个程序尚未走完，两部拟梅为国花的初步意见一经披露，便为社会热情认可，并且直接误解为国民政府已正式确定国花，消息不胫而走。后来国民政府的正式训令和国民党三全会取消国花一案引起的关注都远为逊色，1929 年以来，梅花作为中华民国国花得到了全社会的实际公认和礼尊。这一现象颇为耐人寻味，它一方面表明，国花是国家象征的重要内容，全社会对此充满期待，当政者必须高度重视，认真对待。而另一方面也不难感受到，民心所向即国花所在。虽然梅花作为国花自始以来并未得到任何政治和法律的明文规定，但至少在民国当时，梅花作为国花是一个妙契时势、深得民心的选择，为社会广泛认可，造成既成事实，产生了较为广泛而深远的影响。这充分反映了梅花在我国传统名花中极其崇高的文化地位和广泛的群众基础，值得我们今天国花讨论者深思。

［原载《南京林业大学学报》（人文社会科学版）2016 年第 3 期，此处结构上有调整］

第二编

梅花文化与文学考论

论中国梅文化

梅，拉丁学名 Prunus mume，是蔷薇科李属梅亚属的落叶乔木，今通行英译为 plum。西方人最初见梅，不知其名，以为是李，且认为来自日本，故称 Japanese plum（日本李）。我国梅花园艺学大师陈俊愉先生主张以汉语拼音译作 Mei[①]，也得到不少认同和支持。梅原产于我国，东南亚的缅甸、越南等地也有自然分布，朝鲜、日本等东亚国家最早引种，近代以来逐步传至欧洲、大洋洲、美洲等地。树一般高 5—6 米，也可达 10 米。树冠开展，树干褐紫色或淡灰色，多纵驳纹。小枝细长，枝端尖，绿色，无毛。单叶互生，常早落，叶宽卵形或卵形，先端渐尖或尾尖，基部阔楔形，边缘有细密锯齿，背面色较浅。花单生或 2 朵簇生，先叶开放，白色或淡红色，也有少数品种红色或黄色，直径 2—2.5 厘米，单瓣或多瓣（千叶）。核果近球形，两边扁，有纵沟，直径 2—3 厘米，绿色至黄色，有短柔毛。每年的公历 12 月中旬至来年的 4 月，岭南、江南、淮南、北方的梅花渐次开放，江南地区一般花期在 2 月至 3 月中旬，果期在 5—6 月间。

梅在我国至少有 7000 年的利用历史。梅花花期特早，被誉为"花魁""百花头上""东风第一""五福"之花，深受广大人民的喜爱。其清淡幽雅的形象、高雅超逸的气质尤得士大夫文人的欣赏和推重，引发了丰富多彩的文化活动。梅花被赋予了崇高的道德品格象征意义，产生了广泛的社会影响，形成了深厚的文化积淀，在我国观赏花卉中地位非常突出，值得我们特别重视。

---

① 如陈俊愉先生所译宋人林逋《山园小梅》诗，诗题即译作 Delicate Mei Flowers at The Hill Garden，见其主编《中国梅花品种图志》卷首，中国林业出版社 2010 年版。

一、梅文化的历史发展

先秦是梅文化的发轫期。据考古发现及先秦文献，我国先民对梅的开发利用可以追溯到六七千年前的新石器时代[①]。这一时期梅的分布远较今天广泛，黄河流域约当今陕西、河南、山东一线，都应有梅的生长。上古先民主要是采集和食用梅实，又将梅实作为调味品，烹制鱼、肉[②]。出土文物中，商、周铜鼎、陶罐中梅与兽骨、鱼肉同在[③]，就是有力的证明。相应地，这一时期的文献记载也表现出对果实的关注。《尚书·说命》"若作和羹，尔惟盐、梅"，是以烹饪作比方，称宰相的作用好比烹调肉汤用的盐和梅（功能如醋），能中和协调各方，形成同心同德、和衷共济的社会氛围。《诗经》"摽有梅，其实七兮。求我庶士，迨其吉兮"，是说树上的梅子已经成熟，不断掉落，数量越来越少，求婚的男士要抓紧行动，不要错过时机。人类对物质的认识总是从实用价值开始的，梅的花朵花色较为细小平淡，先秦时人们尚未注意，这两个掌故寓意不同，却都是着眼于梅的果实，代表了梅文化最初的特点，我们称作梅文化的"果实实用期"。

汉、魏晋、南北朝、隋及初盛唐时期是梅文化发展的第二阶段。与先秦时期只说果实不同，人们开始注意到梅的花朵、梅花的特殊花期，欣赏梅的花色花香，欣赏早春花树盛开的景象、报春迎新的气息，相应的观赏活动和文化创作也逐步展开，我们称之为梅文化的"花色欣赏期"。南宋杨万里《洮湖和梅诗序》有一段著名的论述，说梅之起源较早，先秦即已知名，但"以滋不以象，以实不以华"，到南北朝始"以花闻天下"[④]，说的就是梅文化发展史上这一划时代的转折。其实，《西京杂记》记载，早在汉初修上林苑时，远方所献名果异树即有朱梅、紫叶梅、紫华梅、丽枝梅等七种。刘向《说苑》卷一二记载"越使诸发执一枝梅遗梁王"，可见春秋末期至战国中期越国已经把梅花作为国礼赠送。但这些记载未必十分可靠，所说也是一种偶然、零星现象。西汉扬雄《蜀都赋》、东汉张衡《南都赋》都写到城市行道植梅，人们所着意的仍主要是果树，并非花色。梅花引起广泛注意是从魏晋开始的。

魏晋以来，梅花开始在京都园林、文人居所明确栽培。西晋潘岳《闲居赋》："爰

---

① 1979年，河南裴李岗遗址发现果核，距今约7000年，见中国社会科学研究院考古所河南一队《1979年裴李岗遗址发掘报告》，《考古学报》1984年第1期。

② 《礼记·内则》："脍，春用葱，秋用芥。豚，春用韭，秋用蓼。脂用葱，膏用薤，三牲用藙，和用醯，兽用梅。"这是一组烹调原料单，因时节、原料不同，调料也各有所宜，其中梅主要用来烹调兽肉。

③ 陕西考古研究所编著：《高家堡戈国墓》，三秦出版社1995年版，第50、62、102、135页。

④ 杨万里：《洮湖和梅诗序》，《诚斋集》卷七九，《四部丛刊初编》本。"滋"，滋味，指《尚书》所说"盐梅和羹"之事；"象"，指形象，指梅花的观赏价值；"实"，果实；"华"，即花；"闻"，闻名。

定我居,筑室穿池。……梅杏郁棣之属,繁荣丽藻之饰,华实照烂,言所不能极也。"①
东晋陶渊明《蜡日》诗:"梅柳夹门植,一条有佳花。"② 居处都植有梅树,并有明
确的观赏之意。南北朝更为明显,梅花成了人们比较喜爱的植物,观赏之风逐步兴起。
乐府横吹曲《梅花落》开始流行,诗歌、辞赋中专题咏梅作品开始出现。南朝梁简
文帝萧纲《梅花赋》"层城之宫,灵苑之中。奇木万品,庶草千丛。……梅花特早,
偏能识春。……乍开花而傍岭,或含影而临池。向玉阶而结采,拂网户而低枝"③,
铺陈当时皇家园林广泛种植梅树的情景。东晋谢安修建宫殿,在梁上画梅花表示祥
瑞。诗人陆凯寄梅一枝给长安友人,"江南无所有,聊赠一枝春",以梅传情,遥相
慰问。每当花期,妇女们都喜欢折梅妆饰,相传南朝宋武帝公主在宫檐下午休,有
梅花落额上,拂之不去,后人效作"梅花妆"。这些都表明,人们对梅花的欣赏热
情高涨。隋唐沿此发展,梅花在园林栽培中更为普遍,无论是园林种植、观赏游览,
还是诗歌创作都愈益活跃。

　　中晚唐、宋、元、明、清是梅文化发展的第三阶段。中唐以来,梅花开始出现
在花鸟画中,显示了装饰、欣赏意识的进一步发展。与前一阶段不同的是,人们对
梅花的欣赏并不仅仅停留在花色、花香这些外在形象,而是开始深入把握其个性特
色,发现其品格神韵。甚至人们并不只是一般的喜爱、观赏,而是赋予其崇高的品
德、情趣象征意义,视作人格的"图腾"、性情的偶像、心灵的归宿。梅花与松、竹、
兰、菊等一起,成了我们民族性格和传统文化精神的经典象征和"写意"符号。正
是考虑这些审美认识和文化情趣上的新内容,我们将这一阶段称之为梅文化的"文
化象征期"④。

　　真正开创这一新兴趋势的是宋真宗朝文人林逋(967—1028)。他性格高洁,隐
居西湖孤山数十年,足迹不入城市,种梅放鹤为伴,人称"梅妻鹤子"。他有《山
园小梅》等咏梅八首,以隐者的心志、情趣去感觉、观照和描写梅花,其中"疏影
横斜水清浅,暗香浮动月黄昏"等名句,抉发梅花"暗香""疏影"的独特形象和闲静、
疏淡、幽逸的高雅气格,形神兼备,韵味十足,寄托着山林隐逸之士幽闲高洁、超
凡脱俗的人格精神。稍后苏轼特别强调"梅格",其宦海飘泊中的咏梅之作多以林

---

①　萧统:《文选》卷一六,清文渊阁《四库全书》本。
②　陶渊明:《陶渊明集》卷三,清文渊阁《四库全书》本。
③　张溥:《汉魏六朝百三家集》卷八二上,清文渊阁《四库全书》本。
④　关于我国花卉文化发展分为经济实用、花色审美和文化象征三大阶段的详细情况,参见程杰《论中国花卉
　　文化的繁荣状况、发展进程、历史背景和民族特色》,《阅江学刊》2014 年第 1 期。

下幽逸的"美人"作比拟，所谓"月下缟衣来扣门"，"玉雪为骨冰为魂"①，进一步凸显了梅花高洁、幽峭而超逸的品格特征。这一由林逋开始，由清新素洁到幽雅高逸，由物色欣赏到品格寄托的转变，是梅花审美认识史上质的飞跃，有着划时代的意义，从此梅花的地位急剧飙升。

南宋可以说是梅文化的全面繁荣阶段。京师南迁杭州后，全社会艺梅爱梅成风，不仅皇家、贵族园林有专题梅花园景，一般士人舍前屋后、院角篱边三三两两的孤株零植更是普遍，加之山区、平原乡村丰富的野生资源，使梅花成了江南地区最常见的花卉风景，也逐步上升为全社会的最爱："骇女痴儿总爱梅，道人衲子亦争栽"②，"便佣儿贩妇，也知怜惜"③。梅花被推为群芳之首、花品至尊，"秾华敢争先，独立傲冰雪。故当首群芳，香色两奇绝"④，"梅，天下尤物，无问智贤愚不肖，莫敢有异议。学圃之士，必先种梅，且不厌多，他花有无多少，皆不系重轻"⑤。在咏梅文学热潮中，梅花的人格象征意义进一步深化，不仅以高雅的"美人"作比喻，而且改以"高士"、有气节有风骨的"君子"来比拟，梅花成了众美毕具、至高无上的象征形象，奠定了在中国文化中的崇高地位。与思想认识相表里，相应的文化活动也进入鼎盛状态，体现在园艺、文学、绘画、日常生活等许多领域，奠定了梅文化发展的基本方式和情趣。

元代处于两宋梅文化高潮的延长线上。以宋朝故都杭州为中心的江南地区延续了崇尚梅花的风潮。随着大一统局面的巩固，梅花被引种到元大都即今北京地区，改变了燕地自古无梅的格局。梅花品格象征中气节意识进一步加强，理学思想进一步渗透，梅花被更多地与《易经》、太极、太极图、阴阳八卦等理论学说联系在一起。明清两代是高潮后的凝定期，主要表现为对传统的继承和发扬。梅花的栽培区域仍以江南为重心并进一步拓展，新的野生梅资源不断发现，梅花成了广泛分布的园艺品种。随着社会人口的增加，梅的规模种植增加，产生了不少连绵十里的梅海景观。文学艺术中的梅花题材创作依然普遍，尤其是绘画中，梅花作为"四君子"之一广受青睐。以琴曲《梅花三弄》为代表的音乐亦广泛流行。许多学术领域对梅花的专业阐说和理论总结成果迭出，普通民众对梅花的喜爱不断增强和提高，红梅报春、

① 苏轼：《十一月二十六日松风亭下梅花盛开》《再用前韵》，王文诰辑注，孔凡礼点校：《苏轼诗集》卷三八，中华书局1982年版。
② 杨万里：《走笔和张功父玉照堂十绝句》其三，《诚斋集》卷二一。
③ 吕胜己：《满江红》，《全宋词》第3册，中华书局1965年版，第1759页。
④ 程俱：《山居·梅谷》，《全宋诗》第25册，北京大学出版社1991—1998年版，第16304页。
⑤ 范成大：《范村梅谱》，清文渊阁《四库全书》本。

梅开夺魁、古梅表寿等吉祥寓意大行其道，成了各类装饰工艺中最常见的图案。这些都进一步显示了梅文化的普及和繁荣。

二、梅文化的丰富表现

梅是我国的原生植物，花果兼用，资源价值显著。我国对梅的开发利用历史极其悠久。梅在我国的自然和栽培分布十分广泛。梅是我国重要的果树品种，梅实的经济价值显著，广受社会各界关注。梅花的观赏价值更是深得民众的喜爱和推重，士大夫欣赏它的幽雅、疏淡和清峭，普通民众则喜欢它的清新、欢欣与吉祥。从物质和精神两方面看，梅在我国有着极为广泛的社会基础。广泛的利用、普遍的爱好反映到文学、音乐、绘画、工艺、宗教、民俗、园林等领域，呈现出丰富多彩、灿烂辉煌的繁盛景象。

（一）梅在我国的分布

梅在我国的分布比较广泛，我国陕西、四川、河南、湖北、湖南、江苏、上海等地出土的新石器时代至战国时期的遗址、墓穴中都曾有梅核发现，说明远古时期这些地区都有梅的分布[①]。《山海经·中山经》："灵山……其木多桃、李、梅、杏。"灵山当今大别山脉东北支脉。《诗经》召南、秦风、陈风、曹风中都提到梅，说明今陕西、湖北、河南、山东等地当时都有梅。魏晋时流行的乐府《梅花落》属胡羌音乐，起于北方地区。北魏《齐民要术》把"种梅杏"列为重要的农业项目，记载了一些梅子制作的方法。初唐诗人王绩，是"初唐四杰"王勃的叔祖，绛州龙门（今山西河津）人，在诗中多次回忆老家的梅花[②]。中唐王建曾有诗写到塞上梅花[③]。晚唐李商隐诗曾写及今陕西凤翔一带梅花[④]。至于京、洛一线，杜甫《立春》"春日春盘细生菜，忽忆两京梅发时"[⑤]，李端《送客东归》"昨夜东风吹尽雪，两京路上梅花发"[⑥]，说明当时长安、洛阳间早春梅花一路盛开。这些信息都表明，自古以来梅

---

① 程杰：《中国梅花审美文化研究》，巴蜀书社 2008 年版，第 3—6 页。
② 王绩《在京思故园见乡人问》："旧园今在否，新树也应栽。……经移何处竹，别种几株梅。"《薛记室收过庄见寻，率题古意以赠》："忆我少年时，携手游东渠。梅李夹两岸，花枝何扶疏。"《全唐诗》卷三七，清文渊阁《四库全书》本。
③ 王建：《塞上梅》："天山路傍一株梅，年年花发黄云下。昭君已殁汉使回，前后征人惟系马。"《王司马集》卷二，清文渊阁《四库全书》本。
④ 李商隐：《十一月中旬至扶风界见梅花》，《全唐诗》卷五三九。
⑤ 《全唐诗》卷二二九。
⑥ 《全唐诗》卷二八四。

不仅在南方，在我国黄河流域至少是在陕、甘以东的黄河中下游地区，都有着广泛的分布，这种情况至少一直延续到唐朝。

　　梅花能凌寒开放，但梅树并不耐寒，自然生长一般不能抵御零下15℃以下的低温。宋代以来，随着气温走低，特别是北方地区整体生态环境的不断恶化，梅的自然分布范围较唐以前明显收缩，主要集中在秦岭、淮河以南，尤其是长江以南。北宋仁宗朝苏颂《本草图经》：梅"生汉中川谷，今襄汉、川蜀、江湖、淮岭（引者按：淮河、秦岭）皆有之"①。在淮岭、江南、岭南，"山间水滨，荒寒迥绝"② 之地野梅比较常见，古人作品中经常提到连绵成片的梅景。如南宋吕本中称怀安（今福建闽侯）"夹路梅花三十里"③，喻良能也称"怀安道中梅林绵亘十里"④，杨万里《自彭田铺至汤田，道旁梅花十余里》说今广东顺丰县北境当时有连绵梅林⑤，叶适说温州永嘉"上下三塘间，萦带十余"⑥。清人记载黄山浮丘峰下"老梅万树，纠结石罅间，约十里"⑦，金陵燕子矶江边有十里梅花⑧，都是大规模的野生梅林。20世纪后期，现代科技工作者考察发现，自今西藏东部、四川北部、陕西南部、湖北、安徽、江苏至东海连线以南地区仍有不少成片野梅存在，这其中"川、滇、藏交界的横断山区是野梅分布的中心"，而山体河谷相对发达的川东、鄂西一带山区，皖东南、赣东北及浙江一带山区，岭南，贵州赫章、威宁一带和台湾地区都是亚中心，都有一定规模的野生梅林⑨，这种情况应该愈古愈甚。这种丰富的野生资源是我国梅之经济应用和观赏文化发展得天独厚的自然条件，我国梅文化的繁荣发展首先包括，同时也归功于这一深厚的自然基础。

（二）梅实的社会应用和文化反映

　　梅文化的发展是从梅之果实应用开始的。梅是我国重要的果树，梅实俗称梅子、青梅、黄梅，是我国较为重要的水果，我国人民至少有7000年开发利用的历史。大致说来，梅的果实有这样几种生长和应用情景值得关注：

---

① 唐慎微：《证类本草》卷二三，《四部丛刊初编》本。
② 范成大：《范村梅谱》。
③ 吕本中：《简范信中钤辖三首》，《东莱诗集》卷一四，《四部丛刊续编》本。
④ 喻良能：《雪中赏横枝梅花》诗注，《香山集》卷九，民国《续金华丛书》本，中华书局1961年版。
⑤ 杨万里：《诚斋集》卷一七。
⑥ 叶适：《中塘梅林，天下之盛也，聊伸鄙述，启好游者》，《叶适集》水心文集卷六。
⑦ 闵麟嗣：《黄山志》卷一，清康熙刻本。
⑧ 蔡嶲：《江边》，朱绪曾：《国朝金陵诗征》卷九，清光绪十三年（1887）刊本。
⑨ 陈俊愉主编：《中国梅花品种图志》，第20—21页。

1. "盐梅"

指盐和梅，都是重要的调味品，主要用作烹煮鱼肉、兽肉等荤食。在食用醋没有发明之前，梅子是重要的酸味调料，不仅可以加速肉食的熟烂，更重要的是改善滋味，在先秦、两汉一直发挥着重要的烹调价值，并出现了"盐梅和羹"这样比较重要的说法。人们借用这一生活经验表达对宰辅贤能、朝政协调、政通人和的希望。

2. "摽梅"

即《诗经·摽有梅》，说的是采摘收获梅子的情景。诗人以树上果实的减少来表达时光流逝、婚姻及时的紧迫感。类似的情景，后人多以梅花开落来表达，而这首朴实的民歌以梅子来比兴，对后世产生了深远的影响。"摽梅"成了青年男女尤其是女性婚姻、爱情心理抒写的一个重要典故或符号。

3. 黄梅

成熟的梅子呈黄色，故称黄梅。人们对黄梅的深刻印象主要不在果实，而是收获季节的气候。在淮河以南、长江中下游地区，每当这个时候常有数十日连绵阴雨的天气，空气极为潮湿，俗称"梅雨""黄梅雨"，对人们的生产、生活影响很大。"楝花开后风光好，梅子黄时雨意浓"①，"黄梅时节家家雨，青草池塘处处蛙"（宋赵师秀《有约》），"江南四月黄梅雨，人在溟蒙雾霭中"（明钱子正《即事》），"试问闲愁都几许？一川烟草，满城风絮，梅子黄时雨"（宋贺铸《青玉案》），透过这些诗句，不难感受到黄梅季节的绵绵细雨给人们带来的深刻印象和特殊感受。黄梅的这一气候标志意义，也可以说是梅实一个有趣的文化风景。

4. 乌梅

由成熟的黄梅或未成熟的青梅烟火熏烘而成，色泽乌黑，有生津止渴、敛肺涩肠、驱蛔止泻之功效，是治疗虚热口渴、肺热久咳、久泻久痢等疾病的常用中药。汉张仲景《金匮要略》所载乌梅丸即是一服安蛔止痢的经典方。除药用治人疾病外，也用作酸梅汤一类饮料的原料。明清以来，乌梅被染坊用作染红、黄等颜色的媒染剂，需求量比较大，经济价值和社会意义都极为显著。

5. 青梅

本指未成熟的梅子，古今都有以此统称所有梅之果实乃至整个梅果产业的现象。青梅是食品也是一道风景，文化意义比较丰富。青梅以味酸著称，《淮南子》记汉

---

① 无名氏诗句，《全唐诗》卷七九六。

时有"百梅足以为百人酸，一梅不足为一人和"①之语，是说多能济少，少则不易成事的道理，《世说新语》所载曹操军队"望梅止渴"之事更是广为人知，都是与青梅酸味相关的典故。文学中，食梅成了人们形容内心酸苦的一个常用比喻，如鲍照《代东门行》"食梅常苦酸，衣葛常苦寒。丝竹徒满座，忧人不解颜"，白居易《生离别》"食蘖（引者按：黄蘖，也作黄柏，树皮入药，味较苦）不易食梅难，蘖能苦兮梅能酸。未如生别之为难，苦在心兮酸在肝"。梅之果实圆小玲珑，未成熟时青翠碧绿，古人说"青梅如豆"、如"翠丸"，都较形象，讨人喜爱，尤得少年儿童之欢心。古人诗词中描写较多的是儿童采摘戏嬉之景，"儿时摘青梅，叶底寻弹丸。所恨襟袖窄，不惮颊舌穿"（宋沈说《食梅》，作者一作赵汝腾）。李白诗中所说"郎骑竹马来，绕床弄青梅"，也是此类儿童游戏。晚唐韩偓"中庭自摘青梅子，先向钗头戴一双"（《中庭》），李清照"和羞走，倚门回首，却把青梅嗅"（《点绛唇》），写少女把弄青梅的顽皮、娇羞姿态，美妙动人，给人深刻印象。梅实较酸，多制乌梅、糖梅应用，但也有一些品种可以鲜食，如宋人所说消梅，"圆小松脆，多液无滓"，"惟堪青啖"②，即属纯粹的鲜食品种。人们也发明了以白盐、糖霜伴食的方法。生活中最常见的情景则是青梅佐酒，南朝鲍照诗中即有"忆昔好饮酒，素盘进青梅"（《代挽歌》）的诗句，宋人所说"青梅煮酒"是两种春日初夏风味之物，饮新开煮酒，啖新鲜青梅，相佐取欢，情趣盎然③。这本属生活常景，而文人引为雅趣，英雄以舒豪情，便具有了丰富的人文意味，产生了广泛的影响④。

，青梅与桃、杏、梨等水果不同，青、熟均可采摘收获，然后以烘、晒、腌等法加工，利于保存和运输，因而可以大规模经济种植，正因此，古代经常出现一些大规模种植的梅产区，形成梅花连绵如海的景观，如苏州香雪海、杭州西溪、湖州栖贤、桐庐九里洲、广州萝岗、杭州超山等地历史上都或长或短地出现这种情况，给人们的梅花游赏提供了丰富的资源⑤。

（三）咏梅文学

有关梅花的描写和赞美以文学领域内容最为丰富，成就最大。汉魏以来诗赋中

---

① 刘安撰，许慎注：《淮南鸿烈解》卷一七，《四部丛刊初编》本。此语下句，《艺文类聚》卷八六作"一梅不足为一人之酸"。
② 范成大：《范村梅谱》。
③ 参见程杰《论青梅的文学意义》，《江西师范大学学报》（哲学社会科学版），2016年第1期；程杰《"青梅煮酒"事实和语义演变考》，《江海学刊》2016年第2期。
④ 参见林雁《论"青梅煮酒"》，《北京林业大学学报》2007年增刊第1期。
⑤ 参见程杰《中国梅花名胜考》，中华书局2014年版。

开始写及梅花，南朝以来，专题咏梅诗赋开始出现，何逊《咏早梅》"兔园标物序，惊时最是梅。衔霜当路发，映雪拟寒开。枝横却月观，花绕凌风台"，苏子卿《梅花落》"只言花是（引者按：一作似）雪，不悟有香来"，陈叔宝《梅花落》"映日花光动，迎风香气来"，都紧扣梅花的花期和色、香，写出了梅花的形象特色。唐代诗人杜甫《和裴迪登蜀州东亭送客逢早梅相忆见寄》"江边一树垂垂发，朝夕催人自白头"，《舍弟观赴蓝田取妻子到江陵喜寄三首》（其二）"巡檐索共梅花笑，冷蕊疏枝半不禁"，或抒时序感伤之情，或抒聚会游赏之乐，展示了当时文人赏梅的风尚。晚唐崔道融《梅花》"香中别有韵，清极不知寒"，齐己《早梅》"前村深雪里，昨夜一枝开"都属专题咏梅，语言浅近而韵味鲜明。

宋以来梅花受到推重，文学作品数量剧增，名家名作频繁涌现，"十咏""百咏"组诗大量出现，还出现了黄大舆《梅苑》（词）、李龏《梅花衲》（诗）等大规模咏梅总集或专集。元、明、清三代延续了这一繁荣景象，明王思义《香雪林集》26卷，收集诗、赋、词、散曲、对联、记、序、传、说、引、文、颂、题、启等文体，清黄琼《梅史》14卷也大致相近，都是咏梅作品的大型通代总集。这些都反映了我们咏梅文学的极度繁荣，咏梅作品的数量可以说位居百花之首。

当然繁荣并不只是数量的，宋以来的咏梅"神似"重于"形似"，"写意"重于"写实"，"好德"重于"好色"。林逋是第一个着力咏梅的诗人，有所谓"孤山八梅"，其中"疏影横斜水清浅，暗香浮动月黄昏"，"雪后园林才半树，水边篱落忽横枝"，"湖水倒窥疏影动，屋檐斜入一枝低"三联，尤其是第一联，抓住了梅花"疏影横斜"独特形象和水、月烘托之妙，不仅如古人所说"曲尽梅之体态"①，也写出梅花闲静、疏秀、幽雅的韵味。苏轼《红梅》"诗老不知梅格在，更看绿叶与青枝"，提出了咏梅要得"梅格"的问题，而所作《和秦太虚梅花》"江头千树春欲暗，竹外一枝斜更好"，《松风亭梅花》三首"罗浮山下梅花村，玉雪为骨冰为魂。纷纷初疑月挂树，耿耿独与参横昏"，"海南仙云娇堕砌，月下缟衣来扣门"，或正面描写，或星月烘托，或人物比拟，都进一步凸显了梅花高雅的气格和幽逸的韵味。

南宋陆游《卜算子·咏梅》："驿外断桥边，寂寞开无主。已是黄昏独自愁，更著风和雨。……无意苦争春，一任群芳妒。零落成泥碾作尘，只有香如故。"②谢翱《梅花》"水仙冷落琼花死，只有南枝尚返魂"③，强调的都是梅花坚贞不屈的品格。而

---

①　司马光：《续诗话》，明《津逮秘书》本。

②　《全宋词》第3册，第1586页。

③　谢翱：《晞发遗集》卷上，清康熙四十一年（1702）刻本。

姜夔《暗香》"旧时月色，算几番照我，梅边吹笛"，《疏影》"客里相逢，篱角黄昏，无言自倚修竹"，刘翰《种梅》"惆怅后庭风味薄，自锄明月种梅花"①，则展示了文人赏梅爱梅的清雅野逸情趣。

元代画家王冕《梅花》"忽然一夜清香发，散作乾坤万里春"，《墨梅》"吾家洗砚池头树，个个花开淡墨痕。不要人夸好颜色，只留清气满乾坤"，都是水墨画的自题诗，一颂梅之气势，一表梅之志节，简洁而精确，代表了文人画梅的写意精神。明高启《梅花》"雪满山中高士卧，月明林下美人来"，遗貌取神，以东汉袁安卧雪和隋赵师雄所遇罗浮仙姝比拟梅花，用事、俪对自然贴切，梅之高逸品格与幽美形象呼之欲出，广为传诵。汤显祖《牡丹亭》中男主人公叫柳梦梅，女主人公死后葬在梅花院中梅花树下，《红楼梦》第四十九回《琉璃世界白雪红梅……》以梅花作为情节元素，也都广为人知。总之，文学中的梅花创作起源早，又多出于精英阶层，加之语言艺术表达明确、灵活等优势，在整个梅文化的历史长河中，一直处于领先和主导的地位，发挥了广泛而深刻的影响。

（四）梅花音乐

以梅为题材的音乐作品很多，有早期的雅乐和清乐、唐宋时期的燕乐、还有元明清时期的器乐曲。这些作品主题前后演进，由时节感伤到春色欣赏，再到品格赞颂，逐步上升，贯穿了整个梅文化发展的历史进程。《诗经·召南·摽有梅》是最早的涉梅民歌，晋唐时盛行的乐府横吹曲《梅花落》则是最早引入梅花形象的音乐作品，从后来文人同题乐府诗可知，该曲主要属于笛曲，也有角、琴等不同乐器的翻奏，通过"梅花落"的意象来表达征人季节变换、久戍不归的感伤情怀，音调悲苦苍凉。诗歌中相应描写多置于深夜、高楼、明月等环境气氛中，如李白《与史郎中钦听黄鹤楼上吹笛》"黄鹤楼中吹玉笛，江城五月《落梅花》"②，给人以深刻的印象和强烈的共鸣。

唐宋时期新兴燕乐蓬勃发展，各类乐曲新声竞奏，词牌曲调层出不穷，以梅花为主题的乐曲也不例外，如《望梅花》《岭头梅》《红梅花》《一剪梅》《折红梅》《赏南枝》，赞美梅花的花色之新、时令之美。南宋以姜夔《暗香》《疏影》为代表的文人自度曲，用诗乐一体的艺术方式，歌颂梅花清峭高雅的神韵品格，与同时诗歌和文人画中的情趣已完全吻合，对后来的梅花音乐主题影响深远。

---

① 《全宋诗》第 45 册，第 27842 页。
② 《全唐诗》卷一八二。

　　琴曲《梅花三弄》可以说是梅花音乐最为经典的作品，唐宋时始有相关传说，宋元之际正式独立成曲①，今所见传谱始见于明洪熙元年（1425）朱权《神奇秘谱》。该曲共十段：一、溪山夜月；二、一弄叫月·声入太霞；三、二弄穿云·声入云中；四、青鸟啼魂；五、三弄横江·隔江长叹声；六、玉箫声；七、凌风戛玉；八、铁笛声；九、风荡梅花；十、欲罢不能。其中第七、第八段音乐转入高音区，曲调高亢流畅，节奏铿锵有力，表现了梅花在寒风中凛然搏斗、坚贞不屈的形象。总之，在梅花这一中华民族精神象征的历史铸塑中，音乐一直以积极的姿态把握时代的脉搏，做出了显著的贡献。

（五）梅花绘画

　　"问多少幽姿，半归图画，半入诗囊"②，中国古代以梅花为题材的绘画作品相当丰富。唐五代花鸟画中，梅花是画家所喜爱的花卉之一，画梅"或俪以山茶，或杂以双禽"③，多取其花色、时令之美，如五代徐熙的《梅竹双禽图》。宋代文人画兴起，水墨写梅确立，梅花开始作为题材独立入画。画史公认的墨梅创始者为北宋末年衡州（今湖南衡阳）花光寺长老仲仁（1052？—1123）④。仲仁画梅多"以矮纸稀笔作半枝数朵"⑤，花头以墨渍点晕，辅以"疏点粉蕊"，轻扫香须。树干出以皴染，富于质感⑥。南宋扬无咎（字补之）改墨晕花瓣为墨线圈花，又学欧阳询楷书笔画劲利，飞白发枝，点节剔须，都别有一分清劲之气，奠定了后世水墨写梅的基本技法和风格，传世作品有《四梅图》《雪梅图》等。元代王冕墨梅主要继承扬无咎的画法，大都枝干舒展奔放、强劲有力，构图千丛万簇、千花万蕊，开密体写梅之先河。重要的传世墨梅有《南枝春早图》《墨梅图》等。王冕画梅多题诗著文，诗、画有机结合，更具主观写意迹象。同时，王冕有明显售画谋生的色彩，代表了元明以来部分画家艺术市场化、作品商品化的趋势。

　　明代后期以来，梅花大写意风气出现，水墨写梅意态恣肆。如徐渭的墨梅落笔萧疏横斜，干湿快慢，略不经意，风格狂率豪放。清代"扬州八怪"金农画梅成就突出，所作墨梅质朴中寓苍老、繁密中含萧散。晚清吴昌硕喜欢画红梅，以墨圈花，

①　参见程杰《〈梅花三弄〉起源考》，《梅文化论丛》，中华书局 2007 年版，第 125—133 页。
②　岳珂：《木兰花慢》，《全宋词》第 3 册，第 2516 页。
③　宋濂：《题徐原甫墨梅》，《宋学士文集》卷一〇，《四部丛刊初编》本。
④　程杰：《墨梅始祖花光仲仁生平事迹考》，《南京师大学报》（社会科学版）2005 年第 1 期。
⑤　刘克庄：《花光梅》，《后村先生大全集》卷一〇七，《四部丛刊初编》本。
⑥　华镇：《南岳僧仲仁墨画梅花》，《云溪居士集》卷六，清文渊阁《四库全书》本。关于花光仲仁的画风，参见笔者《论花光仲仁的绘画成就》，《南京艺术学院学报》（美术与设计版）2005 年第 1 期。

以色点染，花色在红紫之间，如"铁网珊瑚"，艳而不俗。并将书法、篆刻的行笔、运刀及章法、体势融入绘画，形成富有金石味的独特画风，在近现代画坛上影响颇大。

梅花号称春色第一花，喜庆吉祥的色彩深得画家和大众喜爱，而细小的花朵、花期无叶、疏朗的枝条以及古梅虬曲的树干都形象疏朗，构图简单，易于入画，尤其适宜非专业的文人画家选择。这些题材优势，是梅花绘画极度繁荣的重要原因，而其淡雅的形象、线条化的构图与传统诗歌、书法乃至于整个士大夫文人的高雅情趣都有更多的亲缘关系和相通之处。广大的画家尤其是文人画家以泼墨、戏笔、诗情画意有机结合等写意方式作画，使绘画中的梅花具有更多超越写实的意象形态。更多笔墨化、形式化的写意情趣和符号语汇，拓展了梅花形象的想象空间，深化了梅花审美的思想境界，同时又以视觉艺术的直观效果发挥了广泛而强烈的影响，因此在整个梅文化的发展体系中有着举足轻重的地位。

（六）工艺装饰中的梅花

梅花是陶瓷、纺织服饰、金银玉器等各类实用工艺中重要的装饰题材。陶瓷中使用梅花纹饰以吉州窑最为领先，图案形式主要有散点朵梅和折枝梅两种，受到了当时新兴墨梅的影响。明代陶瓷中"岁寒三友"纹开始流行，清代陶瓷中经常出现的构图是梅枝、喜鹊及绶带一类吉祥喜庆图案，如景德镇陶瓷馆藏同治朝黄地粉彩梅鹊图碗[①]。清代瓷器中还有一种在当时流行的冰梅纹，由不规则的冰裂纹缀以梅朵和梅枝图案组成，富有装饰效果。梅和冰是冬、春两季的代表性意象，破裂的冰纹与梅花相结合，寓含着春天的来临和美好的祝福。

纺织、编绣、印染装饰也多梅枝或"三友"构图，折枝梅纹如福建省博物馆藏明折枝梅花缎[②]、落花流水纹两色锦[③]，"三友"纹如承德避暑山庄博物馆藏清代松竹梅缎带[④]，朵梅纹如故宫博物院藏明梅蝶锦[⑤]。五点朵梅纹是最常见的梅花装饰图案，由五个正圆圈或圆点组成，这应该是蔷薇科植物最常见的花形，以单瓣江梅的花朵最为典型，由五圆瓣构成一个正圆形图案，是我国装饰图案中最经典的纹样之一。南朝宋武帝公主"梅花妆"应该即是这种图形。

在金、银、玉质器皿与饰件中，有的是在器皿的壁上压上梅花纹，有的从整体

① 汪庆正主编：《中国陶瓷全集》第 15 册，清代下，上海人民美术出版社 2000 年版，第 192 页。
② 高汉玉、包铭新：《中国历代织染绣图录》，商务印书馆香港分馆、上海科学技术出版社 1986 年版，第 103 页，图 80。
③ 黄能馥、陈娟娟：《中国历代装饰纹样》，中国旅游出版社 1999 年版，第 664 页。
④ 高汉玉、包铭新：《中国历代织染绣图录》，第 95 页，图 71。
⑤ 吴山主编：《中国历代服装、染织、刺绣辞典》，江苏美术出版社 2011 年版，第 326 页。

造型到局部设计创意都取自梅花，如 1980 年四川平武发掘的窖藏银器中有一件银盏，腹壁呈五曲梅花形，外壁錾刻梅枝花蕾纹，另内壁、圈足、器柄都从梅花造型获得灵感。在金玉佩饰中，妇女的头饰以五瓣花朵的造型最为常见，簪头和钮扣等都常制成梅花形。建筑装饰中的梅花图案，最早可以追溯到东晋宫殿雕梁画梅之事。而到明清时期，梅花成了建筑中土木、砖石构件的重要纹饰。如安徽黟县某院落喜鹊登梅图案石雕漏窗①。木制家具中也有梅花纹饰，如一清代衣架，架身上的横撑就雕成梅枝形，卜有一喜鹊，取喜上眉梢之意②。

（七）民俗中的梅花

"梅花呈瑞"，是报春第一枝，一般民众对梅花的喜爱都是与夏历立春、春节前后一系列年节活动联系在一起的。从六朝至唐宋时期，立春、人日、元宵，还有新年初一等节日剪彩张贴或相互赠送，称为"彩胜"，梅花与杨柳、燕子是其中最常见的图案，表达辞旧迎新、纳福祈祥的心愿。唐以来的仕女画或塑像额间多有五瓣朵纹，当即所谓"梅花妆"。宋以来人们强调梅花为春信第一，开始出现"花魁""东风第一枝""百花头上"等说法。宋真宗朝有一位宰相王曾，早年参加科举考试时，写了一首《早梅》诗："雪压乔林冻欲摧，始知天意欲春回。雪中未问和羹事，且向百花头上开。"后来他进士第一，又位极人臣，正是应了"百花头上开"一句，梅花就被视为一个瑞象吉兆。元以来送人赶考，多以咏梅或画梅花作为礼物，以表祈祝③。不仅是送考，祝寿等也常为寿星画梅、咏梅。梅花代表了春回大地，否极泰来，古梅更是象征春意永驻，老而弥坚。元人郭昂诗更是结合梅花五瓣形状，称梅花"占得人间五福先"④。这些丰富的寓意都主要是从梅花报春先发、五瓣圆满的花型引发而来，寄托了广大民众对美好生活的向往，因而宋元以来梅花成了民俗文化中最流行的吉庆祥瑞符号之一。

（八）园艺、园林中的梅花

梅花的栽培与观赏是整个梅花审美文化活动中最直接、最核心的方面，也是影响最广泛的方面。从花色和枝干形态看，梅花有不同的种类，如江梅、红梅等。江

---

① 陈绶祥主编：《中国民间美术全集》（3，起居编民居卷），山东教育出版社等 1993 年版，第 171 页，图 228。
② 陈绶祥主编：《中国民间美术全集》（4，起居编陈设卷），第 251 页，图 342。
③ 骆问礼：《赋得梅送人会试》，《万一楼集》卷一八，清嘉庆活字本；张大复：《画梅送叙州杨先生会试》，《梅花草堂集》卷一六，明崇祯刻本。
④ 《永乐大典》卷二八一〇，中华书局 1986 年版。

梅是最接近野生原种的一种，花色洁白，单瓣疏朵，香味清冽，果实小硬。"潇洒江梅似玉人，倚风无语淡生春"①，是梅花中最经典的品类，有一种简淡、萧散的美感，最得野逸幽雅之士的喜爱。红梅，应是梅和桃、杏等天然或人工杂交品种，"粉红色，标格犹是梅，而繁密则如杏，香亦类杏"②，人们表达喜庆、吉祥祈愿之意时，多乐于使用。绿萼梅是一种特殊的梅花品种，白花，重瓣，萼片和枝梗都呈青绿之色，花开季节成片的绿萼梅白花青梗相映，一片晕染朦胧的嫩白浅绿，一片碧玉翡翠妆点的世界，煞是清妙幽雅，古人喻为"绿雪"，比作九嶷神仙萼绿华。玉蝶梅，白花，重瓣，花头丰缛，花心微黄，韵味十足。黄香梅，"花叶至二十余瓣，心色微黄，花头差小而繁密，别有一种芳香"③，花期较江梅迟一些。这些品种特色鲜明，备受人们重视，园林种植较多。新中国成立后，园艺工作者又从国外引进了一些梅花新品种，如美人梅，它是重瓣粉型梅花与红叶李杂交而成，花色娇艳，较耐寒抗旱，尤其适合在黄淮以北地区推广种植。蜡梅别名腊梅④，属蜡梅科蜡梅属，灌木，而梅属蔷薇科李属，两者并非同类。蜡梅花色似黄色蜜蜡，与梅同时开放，香味也近，故名，古人多将其视作梅之一种，因此我们所说的梅文化是将蜡梅包含其中的。

最迟从汉代开始，梅花就用于园林种植。唐宋以来，尤其是宋以来梅花在园林种植中的地位大幅提升，成了最为重要的园林植物。皇家园林中，宋徽宗艮岳中有梅岭、梅渚等景点。士大夫宅园与别业专题小景中较为常见，如南宋范成大的苏州石湖别墅"玉雪坡"、范村梅圃，张镃南湖"玉照堂"都较著名。文人士大夫多在小园浅院、墙隅屋角、窗前檐下小株孤植，或在稍具规模的别墅山庄中因势造景，种植梅花，形成梅岭、梅坞、梅谷、梅坡、梅溪、梅涧、梅池、梅渚、"三友径"等名目，颇能展示幽谧、闲适的情趣。

丘陵山区自然形成或乡间农户经济种植的大片梅林，多有连绵十里、万树成片、清香弥漫、花雪繁盛的大规模林景，即今日所说农林观光资源，更是人们乐于游赏的风景。著名者如六朝时的广东南雄与江西大余交界的大庾岭、唐宋时的杭州西湖孤山、明中叶至清中叶的苏州邓尉山（光福镇）、杭州西溪，晚清以来的浙江桐庐、广州萝岗、杭州超山等，梅花风景都盛极一时，成了闻名遐迩乃至名振全国的名胜景观。

古代梅花品种谱录类的文献成果颇多，著名的有范成大的《梅谱》，该书记录

---

① 赵孟𫖯：《梅花》，《松雪斋集》卷五，清文渊阁《四库全书》本。
② 范成大：《范村梅谱》。
③ 同上。
④ 蔷薇科梅花因其冬日开放也常泛称"腊梅"，并非品种之义。

吴中梅花品种如江梅、官城、消梅、绿萼（又一种）、百叶缃梅、红梅等蔷薇科和蜡梅科品种 14 种。张镃的《玉照堂梅品》，虽名"梅品"，却不是品种，而是赏梅规范、品格的意思。全书有"花宜称"淡阴、晓日、薄寒等二十六条，"花憎恶"狂风、连雨、烈日等十四条，"花荣宠"主人好事、宾客能诗等六条，"花屈辱"俗徒攀折、种富家园内、赏花命猥妓等十二条，通过正反两方面的条例，指示欣赏梅花的正确方法，标举梅花观赏的高雅品位。

三、梅花的审美特色和象征意义

上述是各方面的历史发展，而贯穿其中的是对梅花审美价值的感受和认识，对其思想文化意义的把握和发扬，蕴含了丰富的生活情趣、历史经验和人文精神。

（一）梅花的形象特色

梅花的观赏价值极高。以江梅系列为核心的梅花品种，最接近野生原种，代表了梅花形象的基本特征，大致说来，有这样几个方面：

1. 花色洁白。梅花花朵细小，单瓣五片，以白色为主，十分素淡雅洁，古人所谓"翻光同雪舞，落素混冰池"说的即是。

2. 花香清雅。梅花具有鲜明的香味，香气较为清柔、幽细、淡雅，与桂花、百合之类香气浓郁、热烈不同，若隐若现，似无还有，格外诱人，古人常以"暗香""幽香""清香"来形容。花色、花香是"花"之美感的两大要素，古人描写梅花"朔风飘夜香，繁霜滋晓白"，"风递幽香去，禽窥素艳来"，尤其是直称其为"香雪"，正是抓住了这两方面的特点。

3. "疏影横斜"、古干虬曲。梅是乔木，树之枝干是一大观赏元素。梅树的新枝生长较快，一年生嫩枝较为条畅秀拔，而且次年枝之顶端不再发芽生长，由枝侧萌发新枝，因此梅树一般没有中心主干，树冠多呈放射状分布，颇耐修剪塑形。梅树是长寿树种，数百上千年的高龄老树较为常见，枝干多虬曲盘屈乃至苔藓封驳。梅花花期无叶，唯淡小花朵缀于峭拔枝间。枝干形态较为突出，呈现出或疏秀淡雅，或苍劲峭拔的美感。梅花丰富的枝干形态之美，是梅花重要的生物特征，与菊花、兰花之娇小草本，与牡丹、玫瑰红花绿叶的浓艳品类多有不同，而与松、竹一类以枝干形态称胜的植物颇多相类之处，在众多花卉植物中特色极为鲜明。

4. 花期较早，凌寒冲雪。梅树虽不耐寒，但花期特早，一般在数日气温达到

10℃的情况下即可开放,因此在三春花色最先,古人称其为"花魁""百花头上""东风第一枝",都是说的这个意思。人们不只认其为"春花"第一,还进一步视其为"冬花",是"寒香""冷艳",进一步强化了这一花期习性。

上述这些形态和习性是梅花主要的生物特征,正是这些元素的有机统一,使梅花显示出淡雅、疏秀、幽峭、瘦劲的独特神韵,受到了人们特别关注和喜爱。

(二)梅花的象征意义

上述梅花的生物特征是梅花的自然属性,透过这些自然美的要素,人们可以感受到一种神韵和气质,这就是人们所说梅花的神韵之美,并且借以寄托主观的情趣和精神,这就是人们所说梅花的品格之美或象征意义。这些主客观不同因素高度融合、有机统一的美感,大致有这样三个方面:

1."生气"

生气是生命的活力,与死气相对而言。人们都喜欢生气勃勃,而不愿死气沉沉。梅花是春花第一枝,是报春第一信,这是梅花最主要的生物特点。它代表了冬去春来,万象更新,欣欣向荣,令人们感受到时节的更替和时运的好转,自然的生机和生命的活力。人们喜爱梅花,赞赏梅花,这是最原始的出发点、最基本的因素,也是最普遍的心理。人们对梅花的"生气",也是从不同角度去感受和欣赏的。梅花是春天的象征,"梅花特早,偏能识春"(萧纲《梅花赋》),"腊月正月早惊春,众花未发梅花新"(江总《梅花落》)。梅花成了冬去春来、万象更新的代表符号,人们借以表达对春天的希望和新年的祝福。六朝至唐宋时期,立春、人日、元宵,还有新年初一等节日剪彩张贴或相互赠送,称为"彩胜",梅花与杨柳、燕子是最常见的图案,寄托的都是这类辞旧迎新、纳福祈祥的心愿。"梅花呈瑞"(宋无名氏《雪梅香》)成了梅花形象一个基本的符号意义。宋以来人们进一步强调梅花为春信第一,开始出现"花魁""东风第一枝""百花头上"等说法。元人周权"历冰霜、老硬越孤高,精神好"(《满江红·叶梅友八十》),明人顾清"岁寒风格长生信,只有梅花最得知"(《陆水村母淑人寿八十》),说的就是这个意思。在绘画和工艺图案中,梅与松、鹤等一起成了寓意幸福、长寿的常见题材和图案。元人郭昂诗更是结合梅花五瓣形状,称梅花"占得人间五福先"①。这些丰富的寓意都主要是从梅花报春先发、"老树着花无丑枝"(宋梅尧臣《东溪》)等"生气"之美引申来的,寄托了人们对

---

① 《永乐大典》卷二八一○。

美好生活的向往，因而宋元以来梅花成了民俗文化中最流行的吉庆祥瑞符号。宋元理学家对梅花的"生气"之美还有自己独到的感悟，他们把梅花那样的春气盎然看作是道贯天地、生生不息的象征，梅花那样的一颖先发是君子"端如仁者心，洒落万物先"（《丙辰十月见梅同感其韵再赋》），在道德修养上先知先觉的象征，进一步丰富了梅花"生气"之美的思想内涵。

2. "清气"

在古人花卉品鉴中，梅被称为"清友""清客"。所谓"清"是相对"浊"而言的，梅花的花色素洁、枝干疏淡、早花特立都是"清"的鲜明载体，"色如虚室白，香似玉人清"①，"质淡全身白，香寒到骨清"②，"姑将天下白，独向雪中清"③，"不要人夸颜色好，只留清气满乾坤"，都显示一种幽雅闲静、超凡脱俗的神韵和气质，这就是"清气"。

3. "骨气"

古人又称为"贞节"，是相对于软弱、浮媚而言的，主要体现在梅的先春而放、枝干横斜屈曲等形象元素中。陆游"雪虐风饕愈凛然，花中气节最高坚"（《落梅二首》）说的就是岁寒独步、凌寒怒放的骨气。元朝诗人杨维桢"万花敢向雪中出，一树独先天下春"，曾丰"御风栩栩瞿仙骨，立雪亭亭苦佛身"（《梅》）说的也是这个意思。在水墨写梅中，画家就着力通过枝干纵横、老节盘屈、苔点斑驳的视觉元素来抒写梅花的气节凛然、骨格老成之美④。

梅花的"清气""骨气"之美是梅花审美意蕴和文化象征的核心，从北宋林逋、苏轼以来，人们的欣赏意趣主要集中在这两方面。从思想性质上说，"清"和"贞"，"清气"和"骨气"都是典型的封建士大夫文人的品德理想和审美情趣，但有着价值取向和情趣风格上的差别。"清气"是偏于阴柔的，而"骨气"是偏于阳刚的。"清气"是偏于出世或超脱的人生态度，而"骨气"则是一种勇于担当和执着的道义精神。前者主要是一种隐逸、淡退之士的情趣风范，出于老庄、释禅哲学的思想传统，而后者是一种仁人志士的气节意志，主要归属儒家的道义精神。众所周知，我国传统的思想文化是一种"儒道互补"的结构，反映为士大夫的道德信念和人格结构，也是儒家与道、释两种思想兼融互补、相辅相成的结构模式。"清""贞"二气无疑正

① 司马光诗句，陈景沂编辑，程杰、王三毛点校：《全芳备祖》前集卷一，浙江古籍出版社 2014 年版。
② 张道洽：《梅花》，方回：《瀛奎律髓》卷二〇，清文渊阁《四库全书》本。
③ 同上。
④ 详细论述请参见程杰《论梅花的"清气""骨气"和"生气"》，《现代园林》（农业科技与信息）2013 年第 6 期。

是这种互补结构中的两个核心。王国维《此君轩记》说："古之君子，其为道者也盖不同，而其所以同者，则在超世之致，与不可屈之节而已。"① 所谓"超世之致"，就是"清气"；所谓"不可屈之节"，就是"骨气"。王国维是说不管什么身份、处境和立场，凡属正人君子，都不缺乏这两种品德，也就是说，这两种品德是封建士大夫最普遍的人格理想、最核心的道德信念。这两种品格的有机统一，构成了封建社会士大夫阶层人格追求乃至整个中华民族品格的普遍范式。

梅花的可贵之处在于两"气"兼备，"清""贞"并美。"涅而不缁兮，梅质之清，磨而不磷兮，梅操之贞。"② "梅有标格，有风韵，而香、影乃其余也。何谓标格，风霜面目，铁石柯枝，偃蹇错樛，古雅怪奇，此其标格也；何谓风韵，竹篱茅舍，寒塘古渡，潇洒幽独，娟洁修姱，此其风韵也。"③ 所谓"风韵"即"清气"，所谓"标格"即"骨气"。这种两"气"兼备，"风韵""标格"齐美的深厚内蕴，正好完整地体现了"儒道互补"的思想传统和精神法式。放诸花卉世界，同样是"比德"之象，兰、竹重在"清气"，松、菊富于"骨气"，只有梅花二"气"相当，相辅相成，有机统一，从而全面而典型地体现了这种民族文化传统和士人道德品格的核心体系。这是梅花形象思想意义之深刻性所在，也是其作为民族文化象征符号的经典性所在，值得我们特别的重视和珍惜④。

梅花的"生气"之美是相对表层和直观的。人们对梅花春色新好，尤其是其喜庆吉祥之义的欣赏，出现早，流行广，更多表现为大众的、民俗的情结和方式，寄托着广大民众对生活的美好愿望和积极情怀，是梅花象征意义不可忽视的一个方面。如果说"清气""骨气"之美主要对应"士人之情"，体现精英阶层的高雅情趣，属于封建士大夫"雅文化"范畴，那么"生气"之美则主要对应"常人之情"，深得广大普通民众的喜爱，主要属于大众"俗文化"的范畴。如此不同阶层、不同群体普遍的喜爱和着意，使梅花获得了雅、俗共赏的鲜明优势，赢得了最广大的群众基础。这是梅花形象人文意义的丰富性、深刻性所在，也是其作为民族文化符号的广泛性、普遍性所在，同样值得我们重视和珍惜。

（三）梅花的审美经验

梅花的生物形象提供了人们欣赏和想象的客观对象或物质基础，而一切还有待

---

① 姚淦铭、王燕编：《王国维文集》，中国文史出版社 1997 年版，第 1 卷，第 132 页。
② 何梦桂：《有客曰孤梅访予于易庵孤山之下……》，《全宋诗》第 67 册，第 42160 页。
③ 周瑛：《敖使君和梅花百咏序》，《翠渠摘稿》卷二，清文渊阁《四库全书》本。
④ 有关论述请参见程杰《两宋时期梅花象征生成的三大原因》，《梅文化论丛》，第 47—69 页。

于人们主观感受、认识和发挥，有着物质环境、知识背景、生活处境和思想情趣等主体及其社会因素的参与和渗透，从而使梅花的欣赏和创造活动呈现着极为丰富、生动的情景，积累了丰富的审美经验，形成了一些流行的观赏方法、思维模式、表达范式和文化语境。这无论是对梅花欣赏还是审美创造都富有启迪，值得我们认真总结和汲取。其大致说来主要有以下几个方面：

1. 梅花的形象

梅花香优于色，"花中有道须称最，天下无香可斗清"（宋葛天民《梅花》）。梅花是花更是树，从林逋以来，梅之"疏影横斜"之美受到关注，就成了梅花形象的一个核心元素，在文人水墨梅画中更是成了最主要的内容，诗画相互影响，进一步促进了植物观赏和园艺种植和盆景制作的情趣。范成大《范村梅谱》："梅以韵胜，以格高，故以横斜疏瘦与老枝怪奇者为贵。"明陈仁锡《潜确类书》："梅有四贵，贵稀不贵密，贵老不贵嫩，贵瘦不贵肥，贵含不贵开。"① 清龚自珍《病梅馆记》："梅以曲为美，直则无姿；以欹为美，正则无景；梅以疏为美，密则无态。"都是这方面的精彩总结或概括。

2. 梅花的环境

就梅的生长环境而言，以野梅、村梅、山间水边为雅，以"官梅""宫梅"之类为俗。范成大欣赏"山间水滨、荒寒迥绝之处"的野梅②，画家扬补之相传曾自称是"奉敕村梅"③，南宋画家丁野堂称自己所见只在"江路野梅"④，诗人裴万顷"竹篱茅舍自清绝，未用移根东阁栽"⑤，这些传说和诗句都寄托了人们对梅为山人野逸之景的定位，这样的环境更能显示梅花清雅幽逸之神韵。就梅之欣赏和描写而言，"水""月"是烘托和渲染梅花清雅幽逸气韵两个最常见也最得力的意象。林逋的名句"疏影横斜水清浅，暗香浮动月黄昏"最早开创这种感受和描写模式，后来的诗人多加取法⑥，并有发展，诗人称梅"迥立风尘表，长含水月清"（宋张道洽《梅花》），"孤影棱棱，暗香楚楚，水月成三绝"（元仇远《酹江月》），都是说的这个意思。影响到园林多水边梅景的设置，"作屋延梅更凿池，是花最与水相宜"（宋陈元晋《题曾审言所寓僧舍梅屋》），画家多画梅月烘托之景，甚至有墨梅画最初的灵感来自月

① 汪灏等：《广群芳谱》卷二二，清文渊阁《四库全书》本。
② 范成大：《范村梅谱》。
③ 许景迁：《野雪行卷》，《永乐大典》卷一八一二。
④ 夏文彦：《图绘宝鉴》卷四，元至正刻本。
⑤ 裴万顷：《次余仲庸松风阁韵十九首》其四，陈思《两宋名贤小集》卷二五二，清文渊阁《四库全书》本。
⑥ 参见程杰《梅与水月》，《宋代咏梅文学研究》，安徽文艺出版社2002年版，第275—295页。

窗映梅的传说。梅花与"雪"的关系也是梅花欣赏和创作中的一个常见话题和模式。南朝苏子卿《梅花落》"只言花是（一作似）雪，不悟有香来"，宋王安石《梅花》"遥知不是雪，为有暗香来"，卢梅坡《梅花》"梅须逊雪三分白，雪却输梅一段香"①，人们直称梅为"香雪"，主要就"形似"而言，更为关键的是雪里着花，"前村深雪里，昨夜一枝开"（齐己《早梅》），这是早梅的极致，而"雪里梅花，无限精神总属他"②，更是品格气节的欣赏。在实际生活中，凌寒赏梅、踏雪寻梅虽然机缘难得，却是人们公认的风雅之事、幽逸之趣。"踏雪寻梅"也成了人物画、咏梅诗中一个常见的题材。

3. 梅花的配景

梅是植物，与其他花木景观的关系就成了观赏、认识的基本视角，其中有三个经典的组合模式和思考方式。一是梅柳。梅柳都是春发较早的植物，因而成了早春意象的经典组合。杜审言《和晋陵陆丞早春游望》"云霞出海曙，梅柳渡江春"，李白《携妓登梁王栖霞山》"碧草已满地，柳与梅争春"，杜甫《西郊》"市桥官柳细，江路野梅香"，辛弃疾《满江红》"看野梅官柳，东风消息"，都是很著名的诗句。"梅与柳对"是诗歌中出现频率最高的对偶。二是梅与桃、杏，三者同属蔷薇科李属植物，有更多近似之处，尤其是梅、杏，人们常相混淆，这样梅与它们的比较、抑扬就成了常见的话题和思路。宋以前桃、杏还是仙人、隐者常用之物，也属高雅之品，而随着人们对梅花的日益推重，梅花开始凌轹桃、杏，桃、杏被视为艳俗之物，成了梅花的反衬、梅花的"奴婢"，"韵绝姿高直下视，红紫端如童仆"（宋苏仲及《念奴娇》），苏轼明确提出梅之"暗香""疏影"之美，桃杏李"不敢承当"③。三是梅与松竹、兰菊。梅与松竹本不同类，宋人始称"岁寒三友"，后人称"梅兰竹菊"为"四君子"，共推为崇高的"比德"之象，这无论在诗、画、工艺装饰还是园林营置中都成了流行的组合。梅与杨柳、桃杏、松竹三组物象的并列、比较和抑扬，展示了梅花美的不同侧面，其先后变化也反映出梅花审美认识的不断深化，文化地位不断提升的历史步伐④。

4. 梅花的人格联想

梅花首先是花，美人如花、花如美人的联想是普遍的，梅花最初也是与美人联系在一起的，南朝咏梅诗赋中多是表达美人"花色持相比，恒愁恐失时"（萧纲《梅

---

① 陈景沂编辑，程杰、王三毛点校：《全芳备祖》前集卷一。
② 洪惠英：《减字木兰花》，《全宋词》第 3 册，第 1491 页。
③ 王直方：《王直方诗话》，郭绍虞辑：《宋诗话辑佚》上册，中华书局 1980 年版，第 13 页。
④ 参见程杰《梅花的伴侣、奴婢、朋友及其他》，《宋代咏梅文学研究》，第 248—274 页。

花赋》)的感伤，宋代以来的仕女画中多有梅花、修竹的取景，如美国费城艺术馆所藏《修竹仕女图》①。宋以来，诗中多以月宫嫦娥、姑射神女、深宫贵妃、林中美人、幽谷佳人来比拟形容梅花，彰显梅花超拔于一般春花时艳的风神格调。而进一步人们又觉得"以梅花比贞妇烈女，是犹屈其高调也"②，"神人妃子固有态，此花不是儿女情"③，"脂粉形容总未然，高标端可配先贤"④，"花中儿女纷纷是，唯有梅花是丈夫"⑤，于是人们开始将儒家圣贤、道教神仙、苦志高僧、山中高士、铁面御史、泽畔骚人，尤其是山林隐士、守节遗民来形容梅花，绘画中也多作为隐士高人的环境衬托。这种性别由"美人"到"高士"的变化，使梅花形象进一步脱弃了花色脂粉气，强化了气节、意志的象征意义和作为士大夫人格"图腾"的文化属性，可以说是梅花审美描写中最为顶级，也最为简明有力的方式⑥。

四、现代梅文化

我国梅文化的悠久传统在现代社会得到了继承和发展，梅花的文化影响深入人心。北伐战争胜利后（1928—1929），国民党南京政府曾创议梅花为国花，并正式通令全国将其作为徽饰图案，最终梅花被全社会公认为国花⑦。这一政治遗产为迁台后的国民党政权所继承，虽然早已失去正统性，但这一现象本身即表明梅花在当时国人心目中的地位。

这一时期不少著名画家都特别钟爱梅花。如吴昌硕为晚清遗老，爱梅成癖，题梅画诗云"十年不到香雪海，梅花忆我我忆梅"，去世后葬在梅花风景名胜杭州超山十里梅海之中。齐白石将住所命名为"百梅书屋"，张大千自喻"梅痴"，他们都留下了许多梅花题材的画作。京剧表演艺术家梅兰芳姓梅亦爱梅，取姜夔《疏影》中"苔枝缀玉"句，将自己在北京的居室命名为"缀玉轩"。

新中国成立后，由于无产阶级革命思想和传统道德品格意识的潜在熏陶，长期以来，人们对梅花的喜爱和推崇都要远过于其他花卉。开国领袖毛泽东特别爱好梅花，有《卜算子·咏梅》(风雨送春归)等词作，以其崇高的政治地位，产生了巨

---

① 　[美]毕嘉珍：《墨梅》，江苏人民出版社 2012 年版，第 100 页。
② 　冯时行：《题墨梅花》，《缙云文集》卷四，清文渊阁《四库全书》本。
③ 　熊禾：《涌翠亭梅花（和无咎）》，《勿轩集》卷八，清文渊阁《四库全书》本。
④ 　刘克庄：《梅花十绝》三叠，《后村先生大全集》卷一七。
⑤ 　苏洵：《和赵宫管看梅三首》其一，《泠然斋诗集》卷八，清文渊阁《四库全书》本。
⑥ 　参见程杰《"美人"与"高士"》，《宋代咏梅文学研究》，第 296—321 页。
⑦ 　参见程杰《中国国花：历史选择与现实借鉴》，《中国文化研究》2016 年夏之卷。

大的社会影响，咏梅、红梅、玉梅、冬梅、笑梅、爱梅之类的人名、店名、地名、商标风靡全国。与古人重视白色江梅不同，由于我国红色革命的政治思想传统，人们热情颂美多称红梅，这也可以说是特有的时代色彩。

民国以来，梅园的建设进入了新的时代，取得了一定的成就。江苏无锡梅园由民族资本家荣宗敬、荣德生兄弟于民国元年（1912）创建，标志着我国现代专类梅园的出现，并在新中国成立后正式捐献给人民政府，完成了从豪门私园到人民公园的彻底转型。梅园位于无锡西郊东山、浒山、横山南坡，面临太湖。经数十年来再三拓展，今统称梅园横山风景区，简称"梅园"，占地一千多亩，其中梅树有七八千株，占地 300 多亩。中山陵梅花山位于今江苏南京东郊钟山（紫金山）南麓，紧傍明孝陵，起源于孙中山陵园所属纪念植物园的蔷薇科植物区，从 1929 年开始，它便具有典型的现代公共园林性质，经过多年的建设，到 1937 年日本占领前，花树满山，成了当时京郊春游赏梅的一大胜地①。梅花山的名称始于 20 世纪 40 年代中期，改革开放以后，梅花山建设进入了新阶段。截至 2008 年，整个梅花山风景区总面积已达 1533 亩，地栽梅花 35000 余株，盆栽 6000 余盆，品种 350 多个②，成了全国占地面积最大的观赏梅园，号称"天下第一梅山"。东湖梅园位于今武昌东湖风景区磨山景区的西南麓。它萌芽于 20 世纪 50 年代初期，属于磨山植物园的一个分区，是新中国成立以来创办最早的梅花专类园。数十年来，东湖梅园积极开展梅花品种的收集、培育和引进，是目前国内观赏品种最为丰富的梅园。改革开放以来，随着经济建设的蓬勃兴起和人民生活水平的不断提高，园林建设和旅游产业迅猛发展，梅花专类园如雨后春笋不断涌现，尤其是近二十年来，政府和社会资本多方积极投入，梅园的数量进一步增加，规模扩大，景观改善，设施提高，而"南梅北移"的科研工作逐步展开，梅花的栽培分布范围明显扩大，黑龙江、内蒙古等地也有栽培，给人们的赏梅活动提供了丰富的条件。

梅是我国的传统水果，传统的梅产区如苏州光福（邓尉）、杭州超山、广州萝岗等地的梅田花海仍有程度不等的延续，其中杭州余杭超山为上海冠生园陈皮梅的原料基地，随着陈皮梅在上海等大都市的畅销，青梅种植面积进一步扩大，成了民国年间最大的赏梅胜地，享誉全国③。同时，广州东郊萝岗的青梅产业也较兴旺，其势头一直延续到 20 世纪 50—60 年代，"萝岗香雪"成了名动一方的胜景。改革

① 参见程杰《民国时期中山陵园梅花风景的建设与演变》，《南京社会科学》2011 年第 2 期。
② 南京梅谱编委会：《南京梅谱》（第二版）卷首《再版前言》，南京出版社 2008 年版。
③ 参见程杰《论杭州超山梅花风景的繁荣状况、经济背景和历史地位》，《阅江学刊》2012 年第 1 期。

开放以来，随着水果种植业的兴起，尤其是青梅制品的大量出口，在浙东、苏南、闽南、粤东、川西、广西、贵州、云南等地都有大规模的梅产地，这些乡村田园风光的梅景气势壮阔，风味浓厚，正逐步引起人们的注意。

各地梅园尤其是产区梅景包含着丰富的观光旅游资源，各地政府和社会正在逐步加以开发和建设，南京、武汉、丹江口、泰州等城市将梅花推举为市花，武汉、南京、无锡、青岛等梅园，四川大邑、福建诏安、广东从化等青梅产地也都积极举办梅花、青梅文化节，形成了广泛的社会影响。在旅游成为时尚的今天，这些地区性的花事活动大多闻名遐迩，吸引了不少游客，极大地丰富了人们的精神生活，有力地促进了梅文化的传播。

当代民众对梅花的美好形象和传统意趣热情不减，这鲜明地体现在传统名花与国花的评选活动中。1987 年 5 月，由上海文化出版社和上海园林学会等五家单位联合主办"中国传统十大名花评选"活动，经过海内外近 15 万人的投票推选和全国 100 多位园林花卉专家权威、各方面的知名人士评定，最后选出"中国十大传统名花"，梅花名列其首，这充分反映了当代梅花种植的广泛开展和民众对梅花的由衷热爱。在 1994 年以来的"国花"评选活动中，各界人士的意见一共有三类四种，一是"一国一花"，而这一花又有牡丹、梅花两种不同主张；二是"一国两花"，主要主张牡丹与梅花同为国花；三是"一国多花"，1994 年全国花协曾组织过一次评选活动，结论是以牡丹为国花，兰、荷、菊、梅四季名花为辅。无论是哪种方案，梅花都是"国花"的重要选项。梅花曾一度是硬币装饰图案，1992 年我国发行的金属流通币装饰图案，一元是牡丹，五角是梅花，一角是菊花。这都反映了我国人民对梅花作为民族精神和国家气象之象征的深度认同[1]。

对梅花的科学研究和文艺创作也取得了不少的成就，1942 年园艺学家曾勉发表《梅花——中国的国花》[2]，对我国梅艺历史、梅花主要品种、品种分类体系等进行专题论述。北京林业大学陈俊愉（院士）对梅花的热爱既出于专业研究的责任，更有几分品格情趣的契合。他用几十年心血研究梅花，在梅花品种分类、品种培育和"南梅北移"等方面做出了杰出的贡献，主要有《中国梅花品种图志》（主编）、《梅花漫谈》等著作。他长期担任中国花协梅花蜡梅分会会长，1997 年当选中国工程院院士，人称"梅花院士"。1998 年，他被国际园艺学会任命为梅品种国际登录

① 参见程杰《中国国花：历史选择与现实借鉴》。
② 该文原为英文，1942 年 4 月发表于时迁重庆的中央大学园艺系英文版《中国园艺专刊》第 1 号，中译文见陈俊愉《中国梅花品种图志》，中国林业出版社 2010 年版，第 200—203 页。

权威，这是中国首次获得国际植物品名登录的权威和殊荣。

画家于希宁（1913—2007）别号"梅痴"，斋号"劲松寒梅之居"，精通诗、书、画、篆刻之道，擅长花鸟，尤擅画梅，曾多次赴苏州邓尉、杭州超山、天台国清寺等地写生，所作墨梅多以整树入画，古干虬枝盘屈画面，繁简兼施，并自觉融会草书篆刻、山水皴擦、赭青渲染诸法，意境生动而个性鲜明，洵为当代画梅大家，有《于希宁画集·梅花卷》（山东美术出版社，2003）、《论画梅》等著作。古琴演奏家张子谦也爱梅花，其《梅花三弄》是根据清代《蕉庵琴谱》打谱的广陵派琴曲，将梅花迎风摇曳、坚韧不拔的品格表现得淋漓尽致，曾自赋《咏梅》诗云，"一树梅花手自栽，冰肌玉骨绝尘埃。今年嫩蕊何时放，不听琴声不肯开"，其爱梅可见一斑。这些名流对梅花的热忱是我国人民爱梅风尚的缩影，其卓越的科学研究和文艺创作成就对梅文化的传播和弘扬无疑又是有力的表率和促进。

[与程宇静合作，原载《杭州学刊》2017 年第 2 期]

梅花的历史文化意义论略

在我国古代文化中，梅花无疑是一个极其重要的植物意象和文化符号。笔者曾就《文苑英华》《全唐诗》《全宋词》《古今图书集成》《佩文斋咏物诗选》《佩文斋题画诗类》《历代赋汇》等书所收植物题材作品综合统计，位居前五位的依次是竹、梅、杨柳、松柏与莲荷。如果我们就植物的历史作用和文化意义进行考察，由此建构一个展示其价值地位和符号意义的"文化丛林"，那么上述五物无疑是这一"丛林"中的五强。而在上述五种植物中，梅花是名列前茅的。梅花的历史价值和文化地位是梅的生物种性与社会应用相互作用的结果，我们可以从以下几个方面来把握。

一、生物性

植物的生物种性总是其社会价值和文化意义的前提条件和物质基础。陈俊愉院士曾经说过梅花有"十大优点"，其中八条是说的生物方面：（一）"花开特早而花期常较长"，南北变化幅度大。（二）"树树立风雪"，迎雪开放。（三）"我国特产名花"，野生分布较广。（四）树姿苍劲，姿、形、色、香俱美。（五）品种繁多，枝姿、花型、花色等变化丰富。（六）长寿树种。（七）抗性强，抗旱、抗虫能力强。（八）易于形成花芽，耐修剪，易于催花，适于盆景、切花，还有食用、药用等广泛用途 [①]。这还主要着眼于观赏价值而言，梅是花、果兼利之品，观赏价值与经济价值都较丰富，这是其他价值单一或偏倚之物种不可比拟的，梅栽培历史的悠久与审美欣赏的普遍

---

① 陈俊愉主编：《中国花卉品种分类学》，中国林业出版社 2001 年版，第 86—87 页。

就与此密切相关。而作为观赏栽培，梅属于木本植物，亦花亦树，有色有香，品种繁多，花期特早，树龄耐老，包含着丰富的观赏价值。其中花期早、香气清雅、枝干形态丰富可以说是三大特色或优势资源，显示了鲜明的物色个性，易于引发、寄托丰富和深刻的思想感受。

（一）花期

在世界各国文化中，植物尤其是开花植物经常作为事物周期性特征的象征，这是一个普遍的规律。梅之花期特早，为春色最先，古语"百花头上""东风第一枝"，今人称"报春使者"，说的就是这一点。梅花进而抗身岁寒，纵跨两个特殊季节，因而在物色上成了春回大地、万物复苏的主要代表，在精神上则成了坚贞刚毅、更始再生的重要象征。

（二）香气

我国古人说："香者，天之轻清气也，故其美也，常彻于视听之表。"[①] 西方人说："香料的微妙之处，在于它难以觉察，却又确实存在，使其在象征上跟精神存在和灵魂本质相像。"[②] 梅花花容花色平淡无奇，而香气却清冽幽雅，较为独特，这是其作为高雅之精神象征的一个重要因素。

（三）枝干形态

这是一般草本植物所欠缺的，而在木本植物中，梅树枝干也较为丰富、独特。梅枝顶端来年不再续发新芽，只萌发侧枝，因此梅树一般没有中心主干。新抽枝条当年生长迅速，显得特别条畅秀拔。林逋以来，"疏影横斜"成了观赏的重点，各领域充分开发利用。梅又是长寿树种，古干虬枝，老成遒劲。园艺中的盆梅、绘画中的墨梅都异常发达，梅的疏枝曲干的视觉张力是最重要的表现元素。

正是这些丰富而独特的生物形象资源，构成了梅花文化衍生发挥之活色生香的基础和内容，这是我们把握中国梅花文化情景应首先予以注意的。

---

① 刘辰翁：《艽林记》，《须溪集》卷五，清文渊阁《四库全书》本。
② 《世界文化象征辞典》编写（译）组编译：《世界文化象征辞典》，湖南文艺出版社1992年版，第1076页。

二、历史性

按照人类历史的一般规律，植物的利用总是先及其实用价值，然后才是观赏。按古人的说法，梅是"果子花"，花果兼利。因此其开发利用历史极其悠久，考古发现，早在七千年前的新石器时代，我国先民已经采用梅实。反映在文化上则产生了"盐梅和羹""摽有梅""百梅足以为百人酸，一梅不足以为一人和"等观念。魏晋以来人们开始欣赏其花，宋元以来推阐其精神象征意义，拉抬其思想文化地位。梅经历了一个由"果子实用"到"花色欣赏"，再到"文化象征"的完整过程。在宋以来的"文化象征"推演中，又隐有从"花"到"树"不断深入演义的轨迹。

梅及梅花的开发利用历史涵盖了整个中国历史文化发展的全程，而像牡丹、水仙、海棠、茉莉这样主要以花色取胜的植物，无论其开发历史和展开幅度都与梅不可同日而语，尤其是没有这样的历史纵深。梅暨梅花可以说是一个开发历史跨度较大，文化年轮丰富、完整的植物，包含着深厚的社会文化积淀，是解剖中国社会历史和思想文化演变轨迹一个重要的花卉标本。

三、普遍性

首先是自然和栽培分布面广。虽然随着历史气候的起伏变迁和我国人口增殖、生态植被状况的不断恶化，今日梅花的分布大多局限在淮河、秦岭以南，但纵观历史，梅花的自然分布优势还是很明显的。至少在上古到隋唐的漫长历史阶段，梅花几乎覆盖了神州大地。宋以来，分布范围明显向南方地区萎缩，但仍占我国传统版图的大半区域，而且这一过程还与古代社会经济南北格局的转变密切相对应。综合言之，梅的分布一直与我国古代社会广大的核心区域相叠合。

梅是重要的经济树种，田园种植和园艺栽培都极为简单，因而栽培分布极为广泛。这使得梅花欣赏有着广泛的社会基础，受到广大民众的普遍喜爱。无论士绅阶层，还是草根社会，对梅花的了解、种植与爱好都是极普遍的。如牡丹、兰花等实用价值有限、种植技术复杂的植物，种植的范围不广，而民众欣赏也就大受限制，社会覆盖面不免略显偏狭，文化意义难以展开。牡丹举世公认其富贵，兰花各界只称其幽洁。而梅花则不同，士大夫层面高揭其幽雅、疏淡、清峭，普遍民众喜其新鲜、欢欣、吉祥，可谓雅俗共赏，各得其美。

反映在文化上，由于开发历史悠久，社会普遍喜爱，因而其表现领域广泛，园林、文学、音乐、绘画、工艺、宗教、民俗等领域都有持续、深入的运用与演绎，举诸群芳列卉，也只有竹可与等量齐观。其中文学和绘画领域，梅花题材（咏梅与墨梅）创作独立发展，持续形成高潮，尤为灿然大观。

四、思想性

在中国古代植物意象的"文化丛林"中，梅花的文化象征意义无疑是较为深厚和崇高的。无论从历史进程还是思想逻辑看，植物观赏大致有四个方面的思想情感：一是原始图腾；二是实用隐喻；三是物色审美；四是精神象征。除原始图腾外，其他三种思想情感于梅都有，而宋以来梅花欣赏的持续高潮，就是不断推演、张扬其品德象征意义。

封建伦理秩序及其道德思想的强化是中国封建社会后期思想文化、意识形态发展的主要趋势和时代特色，梅花物性的"另类"个性与封建社会后期士大夫文人主导的道德思潮巧妙遭遇、深度契合，从而赋予了梅花极其高超的精神品德象征内涵。其中主要有这样三种情趣：一是体现个人独立自由、超凡脱俗之精神追求的"清气"；二是体现道德情操、气节意志的"骨气"（"贞气"）；三是体现仁者生物、德化万物、更始复生的"生气"。这三"气"是一种结构性精神体系，尤其是其中的"清""贞"二气，笔者曾撰文论述：在宋人心目中"清"主要与"尘俗"相对，重在人格的独守、精神的超越，代表着广大士大夫在自身普遍的平民化、官僚化之后坚持和维护精神之高超和优越的心理祈向，一切势利、污浊、平庸与鄙陋都是其反面。"贞"即正直刚毅、大义凛然，一切柔媚苟且之态、淫靡邪僻之性与之相对，重在发扬儒家威武不屈、贫贱不移、富贵不淫的道义精神，呼唤人的主观意志。两者一阴一阳，一柔一刚，既有不同的思想侧重和现实风格，又互补融通，相辅相成，构成了士大夫道德意志和人格理想的普遍法式，代表着宋代道德建设的基本成就。其意义也远远超出了宋代。正如王国维所说："古之君子，其为道者也盖不同，而其所以同者，则在超世之致，与不可屈之节而已。"[①]"超世之致"即"清"，"不屈之节"为"贞"，这两种理念成了封建社会后期士大夫阶层人格追求乃至整个民族性格的普遍范式[②]。根据古人的意见，梅花最为典型地、"集大成"地承载了这样的精神信

---

①　王国维：《此君轩记》，姚淦铭、王燕编：《王国维文集》第一卷，中国文史出版社1997年版，第132页。

②　程杰：《梅文化论丛》，中华书局2007年版，第59—60页。

念和文化理念，其文化地位和思想价值也就可想而知。至于民俗中"梅开五福""梅鹤延年"之类的吉祥寓意也寄托了人类生活的美好理想，都值得我们珍视。

五、民族性

陈俊愉院士所说梅花"十大优点"中"国外栽培少，独树一帜"一条即是此意。梅花原产我国，朝鲜半岛、日本、印度支那半岛也有栽培的记载，但历史都晚于我国，相应的文化演义也多出于中土，欧西引种和认识更是近代以来的事。可以这么说，梅暨梅花是中国原生态的，最富于我国东亚大陆生物气息、中国历史文化个性特色的植物，是华夏民族精神的典型载体[①]。

正是基于这些基本认识，笔者多年来一直致力于探讨我国古代围绕梅花所展开的社会历史景观，揭示梅花意象蕴含的思想文化意义，换一个说法就是研究历史文化中的梅花，研究梅花中的历史文化。这是一种专题文化史的研究，也可以说是一种主题文化学的研究，自然也少不了借鉴主题学的视野和理论方法。

[原载《文化学刊》2010 年第 6 期]

---

① 以上论述详见程杰《中国梅花审美文化研究》，巴蜀书社 2008 年版。

论梅花的"清气""骨气"和"生气"

梅花名列我国十大名花，古往今来，赞誉极夥。总结其丰富的美感内容和观赏价值，应从两个方面展开，一是客观的生物形象，一是人们主观的情意寄托。概括而言，梅花形象的整体神韵和精神象征主要表现在三个方面：一是高雅不俗的品格；二是坚贞不屈的气节；三是先春而发的生机。简而言之，就是三种"气"："清气""骨气"和"生气"。这是梅花形象的三大核心美感，体现在生物形象的整体特征之中，同时又包含着人们思想、情感的丰富渗透和寄托。本文综合主、客观的因素，系统分析梅花的"清气""骨气""生气"之美，并梳理相关认识的历史进程，阐发其精神象征的思想、文化意义。

一、"清气"之美

"清"本义指水之明净澄澈，相对于"浊"而言。在中国历史文化中，有着世道政教、才性品德和审美情趣等多方面极为丰富、深厚的喻义。如古人说"清世"，指太平盛世；《尚书》所说"夙夜惟寅，直哉惟清"，是要求从政者敬事其职，日夜不息，施政公正而廉明。而与梅花欣赏密切相关的，则主要是后两个方面，即人的才性品德和审美情趣方面的喻义。作为人格品德、情趣方面的"清"，具体又有两方面的含义。一是心性、品质的朴素、纯洁，即古人所说"清者，静一不迁之谓"（元程钜夫《议灾异》），人要抱朴守真，平淡宁静，不为外物所动，不为贪欲所污。另一是情趣、风度的高雅和超脱，即古人所说"清者，超凡绝俗之谓"①，指脱弃功名利禄等世俗牵累，实现心性超然洒落的自由境界。具体地说，一切出于贪欲爱恋的世态人心如热烈、烦躁、喧嚣、混乱、污浊，及其相应的繁杂、沉重、丰腴、密塞、秾艳的状态和感觉，都可谓是"浊"的，而反之一切平和、淡泊、朴素、宁静、明净、沉潜，及其相应的简单、轻松、素淡、疏朗、清癯的状态和感觉，都可以说是"清"的。这是就人类社会内部而言，比较起大自然，整个人类社会又可谓是一个相对污浊的世界。只要有人的地方就有污染，只要人多的地方就会混乱，常言所谓"尘世""滚滚红尘"，说的就是这个意思。相对于人世之"浊"，脱离人世的，或者说回归自然、亲近山水、退守自心、返璞归真的就是"清"。因此要而言之，作为品德和情趣的"清"，是纯洁朴素、淡泊宁静的心性气质和道德品格，与超越流俗、高雅洒脱的人生态度和生活情趣。前者主要是一种内在的气质和品格，后者主要是一种外在的生活姿态和风度，两者内外辉映、有机结合，构成了人格精神之"清"的深厚内涵。梅花美感的核心，首先就在于典型地体现了这种人格精神意义上的"清气"。

　　梅花何以体现这种"清气"，这还得结合其物质形象的客观特色来体味和把握。梅花有三点不如其他花卉的地方：一、花色平淡。花之吸引人首先靠色彩，色彩中大红大紫最为绚丽抢眼，而梅花品种以白色为主，是最为平淡无奇的一类。二、花容细小。花冠有大有小，花冠大，视觉刺激性就强，而梅花花冠直径较小，一般也就两三厘米，很不起眼。三、花期较早。梅花花期较早，早春季节、乍暖还寒，这个时节无论对人们的观赏，还是昆虫的活动都较不利，是一种较为寒冷、多有不宜的季节。这些都是梅花作为观赏花卉明显的不足，但优点与缺点经常是辩证的统一，这三个弱点也正是梅花的个性特色所在、观赏价值所在。梅花正是以其素小的花容花色、掉臂独行的花期，不求耀眼，不凑热闹，在四季百花园中显示出最为冷淡、清雅的形象。

　　梅花又有一些其他花卉无可比拟的优点。一、清香。梅花有香，梅花之香较为清冽、淡雅，与桂花、百合之类香气浓郁、热烈不同，古人常以"暗香""幽香"乃至直以"清香"来形容，都是说的这一点。二、疏枝虬干。一般花色的观赏价值多集中在鲜花绿叶，而梅之观赏性不只在花朵，枝干是一个重要元素。梅花花期无叶，唯见淡蕊小花缀于疏影横斜之上，与桃花、牡丹之类绿叶烘托不同，视觉形象比较疏朗清淡，而古梅之树老花稀，老干虬枝更是成了观赏的重点。这两个因素，进一

---

① 胡应麟：《诗薮》外编卷四，中华书局1958年版。

步强化了梅花疏淡、清雅的形象。因此从物色形象上说，梅花是花卉中最为疏淡清雅的一种。

正是通过这些有机而独特的形象元素，人们感受到梅花"清"的气质和神韵，并着意阐发和寄托"清"的品格和意趣，形成了丰富的审美经验和思想认识。具体说来，主要有这样一些体认：一、色香之"清"。"冷艳天然白，寒香分外清。"（宋尤袤《梅花》）"质淡全身白，香寒到骨清。""姑将天下白，独向雪中清。"（宋张道洽《梅花》）梅花的洁白花色与清淡幽香是体现"清气"最直接的要素。二、枝干之清。"怪怪复奇奇，照溪三两枝。首阳清骨骼，姑射静丰姿。"（宋释文珦《咏梅》其三）"根老香全古，花疏格转清。"（张道洽《池州和同官咏梅花》）梅花花期无叶，枝干形象突出，或"疏影横斜"，或古干虬曲，予人以疏朗、清癯、萧散、苍劲、奇崛的感觉，这是梅之"清气"最重要的体现。三、花期之"清"。"清友。群芳右。万缛纷披兹独秀。"（宋曾慥《调笑令·清友梅》）梅花先春独放，不与三春姹紫嫣红争色，掉臂独行于万花沉寂之时，这是梅花"清气"之美最为显要的元素。这些形象元素中，色白、香清等重在体现素淡高洁的品质之"清"，而花期和枝干等则长于寄托超凡脱俗的气格之"清"。

正是这些"意""象"因素，构成了梅花作为天下花色"至清"的整体神韵和品格："梅视百花，其品至清"（宋宋伯仁《梅花喜神谱》跋），"看来天地萃精英，占断人间一味清"（刘克庄《梅花十绝答石塘二林·二叠》其八），"可是人间清气少，却疑大半作梅花"（宋林希逸《梅花》），"清气乾坤能有几，都被梅花占了"（宋陈纪《念奴娇·梅花》），"乾坤清气钟梅花，品题不尽骚人家"（元胡助《梅花吟》）。还有画家王冕《墨梅》诗句"不要人夸颜色好，只留清气满乾坤"。这些极词赞誉强调的都是梅花"清气"之美的鲜明性和典型性。梅花以天下"至清"的形象矗立在中国文化名花之列。在具体的描写和赞美中，人们所说梅花幽雅、孤独、闲静、疏秀、冷淡、瘦癯、野逸等不同的美感神韵，都属于"清气"这一本质特征的具体体现，统一在"清"这一核心意蕴和美感范畴之中。

二、"骨气"之美

"骨气"相对于软媚之气而言，即人们通常说的气节、情操。毛泽东主席《新民主主义论》称赞鲁迅"没有丝毫的奴颜与媚骨"，说的就是骨气。孟子所谓"富贵不能淫，贫贱不能移，威武不能屈"，可以说道尽了其中的精神内涵，而一切苟且、委随、柔媚、软弱、淫靡、浮浪、邪僻、庸鄙都是其反面。"骨气"是一种形象、通俗的说法，比较易于理解，其实相同的意思，古人惯用的概念是"贞"。"骨气"常称为"贞心""贞节"。如宋人余观复《梅花》"乾坤清不彻，风月兴无边。生意春常在，贞心晚更坚。"何谓"贞"，古人解释说，"贞者，守道坚正之谓"①，"贞者，知正而固守之之谓也"（明王直《贞荣堂记》）。细味之有两层含义，一是正直之原则，二是坚守之行为，合而言之，则是守正不移、刚直不阿。与"清气"之重在情趣、风度不同，"骨气"讲的主要是气节、操守，即人的道德意志和斗争精神，是一种更为阳刚、坚定、忍耐和积极主动的精神品质。

梅花何以体现"骨气"，主要得力于两个形象要素：一、花期：一年四季中，梅花为百花之先，花期能适应摄氏两三度的低温，而且对温度又特敏感。腊尾年初，严寒乍暖就能绽苞开放，给人以凌寒傲雪的感觉。古人视梅不只是报春之花，而是严冬之花，将梅与松、竹并称"岁寒三友"，进一步强化其花期之早。这种独特的花期季相，正是人之坚贞意志和斗争精神的绝好写照。宋刘一止《道中杂兴五首》其二："我尝品江梅，真是花御史。不见雪霜中，炯炯但孤峙。"陆游《落梅二首》其一："雪虐风饕愈凛然，花中气节最高坚。过时自合飘零去，耻向东君更乞怜。"说的就是岁寒独步、凌寒怒放的骨气。元朝诗人杨维桢"万花敢向雪中出，一树独先天下春"，更被认为道尽"梅之气节"（姜南《蓉塘诗话》卷二〇）。二、枝干：梅花的枝干极其疏朗峭拔，与那些只以秾苞艳苞取胜的花卉不同，总显得一种清劲峭拔的气质。而梅树寿命又长，自来古梅老树不在少数，古梅的苍劲瘦硬是一种历练深厚、奇崛苍劲的形象。这些视觉形象都是梅花"骨气"之美最鲜明的载体。宋人曾丰《梅》所说"万物无先我得春，谁言骨立相之屯。御风栩栩臞仙骨，立雪亭亭苦佛身"，王柏《和无适四时赋雪梅》"最是爱他风骨峻，如何只喜玉姿妍"，说的就主要是枝干所体现的"骨气"。在中国绘画中，画家更是主要通过描绘枝干纵横、老节盘屈、苔点斑驳的视觉元素来抒写梅花的气节凛然、骨格老成之美。

在整个花卉世界中，梅花花期与枝干形象是极为独特和另类的，因而在象征人的气节、意志等精神内涵即"骨气"上，也是极为强烈和典型的。陆游称其"花中气节最高坚"（陆游《落梅二首》），宋人视其为"岁寒三友"，与松、竹相提并论，都可见一斑。"骨气"是梅花精神象征中最为突出，也较重要的一个方面，与"清气"的情况一样，在具体的描写和赞美中，人们所说梅花的凌寒、傲雪、虬曲、峭

---

① 李光：《读易详说》卷七，清文渊阁《四库全书》本。

拔、苍劲、端严、奇拗、古健、老成等不同的美感神韵，都属于"骨气"这一本质特征的具体体现，统一在"骨气""贞节"这一核心意蕴和美感范畴之中。

三、"生气"之美

生气是生命的活力，与死气相对而言。人们都喜欢生气勃勃，而不愿死气沉沉。梅花花期独特，是春花第一枝，是报春第一信，这是梅花最主要的生物特点。它代表了冬去春来，万象更新，欣欣向荣，令人们感受到时节的更替、自然的生机。人们喜爱梅花，赞赏梅花，这是最原始的出发点、最基本的要素，也是最普遍的心理。

人们对梅花的"生气"，也是从不同角度去感受和欣赏的。梅花是春天的象征。人们最初主要着眼的是梅花的物色新妍之美和报春迎新之意。南朝吴均《春咏》"春从何处来，拂水复惊梅"，江总《梅花落》"腊月正月早惊春，众花未发梅花新"，唐杜审言《和晋陵陆丞早春游望》"云霞出海曙，梅柳渡江春"，李白《宫中行乐词》"寒雪梅中尽，春风柳上归"，说的就是这个意思。东晋谢安为皇家建造宫殿，在梁上画梅花表示祥瑞，南朝宋武帝公主额上落梅花，称"梅花妆"，所表示的都是迎春纳福的意思。六朝至唐宋时期，立春、人日、元宵，还有新年初一等节日剪彩张贴或相互赠送，称为"彩胜"，梅花与杨柳、燕子是最常见的图案，表达的都是这类辞旧迎新、纳福祈祥的心愿。"梅花呈瑞"（宋无名氏《雪梅香》）成了梅花形象一个基本的符号意义，这种情结如今民间仍根深蒂固。

宋以来人们进一步强调梅花为春信第一，开始出现"花魁"（宋陈著《绿萼梅歌》）、"东风第一"（宋卫宗武《和咏梅》）、"百花头上"等说法。宋真宗朝有一位宰相王曾，早年参加科举考试时，写了一首《早梅》诗："雪压乔林冻欲摧，始知天意欲春回。雪中未问和羹事，且向百花头上开。"后来他进士第一，正是应了"百花头上开"一句，做宰相又应了"和羹"二字，梅花因而被视为瑞象吉兆。元以来送人赶考，多以咏梅或画梅花作为礼物，以表祈祝（如明骆问礼《赋得梅送人会试》、张大复《画梅送叙州杨先生会试》）。

不仅是送考，祝寿等也常为画梅、咏梅。梅花代表了春回大地，否极泰来，古梅更是象征春意永驻，老而弥坚。如宋程大昌《万年欢·硕人生日》："岁岁梅花，向寿尊画阁，长报春起。"高观国《东风第一枝·为梅溪寿》："一枝天地春早"，"看洒落、仙人风表"。"羡韵高只有松筠，共结岁寒难老。"元周权《满江红·叶梅友八十》："结清边友。心事岁寒元不改，一生清白堪同守。历冰霜、老硬越孤高，精神好。"明顾清《陆水村母淑人寿八十》:"岁寒风格长生信,只有梅花最得知。"在绘画和工艺图案中,梅与松、鹤等一起成了寓意幸福、长寿的常见题材和图案。元人郭昂诗更是结合梅花五瓣形状,称梅花"占得人间五福先"(《永乐大典》卷二八一〇)。所谓"五福",一般沿《尚书》所说,指长寿、富贵、康宁、好德、善终,汉桓谭《新论》则说是"寿、富、贵、安乐、子孙众多"。这些丰富的寓意都主要是从梅花报春先发、"老树着花无丑枝"(宋梅尧臣《东溪》)等"生气"之美、喜庆之意引申来的,寄托了广大民众对美好生活的向往,因而宋元以来梅花成了民俗文化中最流行的吉庆祥瑞符号。

上述感受和赞美都是较为流行和通俗的,对梅花的"生气",宋元理学家则有独到、深奥的感悟和理解。理学家从一开始即推本古圣"生生之谓易"(《周易》),"天何言哉,四时行焉,百物生焉"(《论语》)之意,因四时草木,观造物生意。理学家视"仁义道德"等天理良知为宇宙之本体及其生成之源泉,把宇宙生成纳入本体结构之中,崇尚"天地之大德曰生"(《周易》)。因此理学家多通过自然生物,特别是自然界生动活泼、生机勃勃的景象,体会天理流机之贯彻万物、生生不息。周敦颐不除窗前草,邵、程二子主张看花"观造化之妙"(程颐《伊川先生语》),朱子吟咏"万紫千红总是春"(《春日》),都是此意。而梅花一颖先发、凝寒独放最能体现大自然的活泼生机,最能体现阴阳生息、化育万物的宇宙本体境界。宋方夔《梅花五绝》:"夜来迸出梅花心,天地初心只是生。"《杂兴》:"天地生生不尽仁,惟梅先得一年春。"于石《早梅》:"一气独先天地春,两三花占十分清。冰霜不隔阳和力,半点机缄妙化生。"蒲寿宬《梅阳郡斋铁庵梅花五首》:"岁寒叶落尽,微见天地心。阳和一点力,生意满故林。"说的即是这一意思。而这种自然生机,又正是儒家圣贤先知先觉、仁物爱民,化育天下之胸襟气度、人格风范的体现。如宋陈淳《丁未十月见梅一点》"雅如哲君子,觉在群蒙先",《丙辰十月见梅同感其韵再赋》"端如仁者心,洒落万物先。浑无一点累,表里俱彻然",类似的说法在宋元以来的理学家咏梅中极其普遍,虽然不免有道德化、概念化的色彩,但客观上牢牢抓住了梅花为春色先机、阳和新景的物色特征,主观上把梅花的生气之美上升到阴阳交感,化生万物,"道贯古今,德配天地"的理学本体论高度,显示了阔大的气势,赋予了理学家所说的德性"理趣",包含了深厚的思想内容。其中所宣扬的积极向上、自强不息、奋发进取的精神面貌和生动活泼、阔大谐畅的社会风貌,正是我们全民欣然崇尚的人格精神和生活理想。因而可以说把梅花的"生气"之美上升到了一个新的高度,进一步丰富、深化了梅花"生气"之美的思想意义。

四、"三气"认识之演进

人们对梅花形象特征、品格神韵和思想意义的认识也遵循着人类一般认识的规律，有着由表及里、由浅入深，逐步发展、不断积累的过程。

人们对梅花的欣赏，最初是从外在的物色新妍即从"生气"之美开始的，主要着眼其花期之早，感受报春迎新的美感。而对花色之美的赞赏，也多集中在色白、香清两个方面，间也感念其花季清冷的氛围。这些认识上多属外在物色"形似"、客观特征的感应和欣赏，而内容上则多属"生气"之美的范畴。大致说来，六朝至初盛唐的欣赏都不出这个范畴。

中唐以来，人们的欣赏认识明显提高，开始涉及梅花的整体神韵。首先是对梅花"清"美特征的明确。最初人们多只认其"香清"，如唐顾况《梅湾》："白石盘盘磴，清香树树梅。"显然是对单方面"形似"（物色）特征的把握。第一个着眼其整体之"清"的是晚唐崔道融《梅花》诗："香中别有韵，清极不知寒。"但这仍不出形象特征的层面。而北宋林逋以来，一方面挖掘梅花"疏影横斜"之美，同时又将梅花与隐逸生活相联系，相关认识也就开始从外在形象的客观方面向品格、意趣的主观方面转化，梅花之"清"具有了鲜明的人格精神象征色彩，认识趋于深刻，而评价也不断走高。北宋中期张景修（字敏叔）的花卉"十二客"（一说"十客图"）中（宋龚明之《中吴纪闻》卷四、姚宽《西溪丛语》卷上），梅花被称为"清客"。南宋初曾慥作"花中十友"词，梅花为"清友"（《锦绣万花谷》后集卷三七）。此后名目越来越详细的花卉"一字评"中，其他花卉的品词或有变化和调整，而梅花安享"清友""清客"的定性从未移易。这既充分体现了"清"在梅花审美品格、神韵中的核心地位，体现了梅之"清气"美的典型意义，同时也充分反映了人们相关认识的高度一致和成熟定型。

对梅花"骨气"或"贞气"之美的感应和赞美是随着"清气"之美的认识而逐步出现的。宋以前咏梅很少涉及梅花的"骨气"，即便如北宋林逋、苏轼等咏梅大家的诗中，这方面的意识也比较朦胧淡薄。北宋后期以来，尤其是南宋，随着梅花人格象征意义的发展，梅花的气节、意志寓意逐步凸显，并流行起来。人们更多关注梅花的凌寒开放，梅花本是春色第一，现在被视为冬令之花，与松竹相提并论，成为"岁寒三友"，其"骨气"也就推到了前台。南宋时古梅的欣赏迅速兴起，古梅老树刚直苍劲、虬曲坚韧、历练老成之美受到推重。其中最突出的是，陆游这类大志慷慨、气节刚直之士和宋末的遗民文人、元蒙异族统治下的南方文人，他们咏梅特别强调梅花凛然不屈的气概和节操，这方面的寓意也愈益深入。与此同时，理学家群体纯然从自己的思想旨趣、胸襟意气出发来赏梅咏梅，进一步发掘梅花"生气"的道德性命之义，大大强化了梅花的道德义理象征的色彩。至此，也就是说到了南宋至元代，有关梅花"清气""骨气""生气"三美的认识可谓是充分展开、备足无遗而周延透彻，梅花之作为崇高的文化象征已完全成熟，奠定了此后梅花审美的基本认识，代表了我国人民梅花欣赏的基本理念和情趣。

五、"三气"之美的思想文化价值

梅花"三气"中，"清气""骨气"之美性质相同，内涵互补，联系紧密，相辅相成，构成了梅花美感神韵和象征意义的核心。从思想性质上说，"清"和"贞"，"清气"和"骨气"都是典型的封建士大夫文人的品德理想和审美情趣，体现着这一"精英"阶层意识形态中崇高、优雅的道德信念和文化格调。"比德"象征是中国花卉之人文意义最核心的内容，包含着鲜明的民族思想文化特色，而梅花与松、竹、兰、菊、荷等都是这方面的代表，蕴含着丰富的品德象征意义。

从价值取向和情趣风格上说，两者又有明显的差异。"清气"是偏于阴柔的，而"骨气"是偏于阳刚的。"清气"是偏于出世或超脱的人生态度，而"骨气"则是一种勇于担当和执着的道义精神。前者主要是一种隐逸、淡退之士的情趣风范，出于老庄、释禅哲学的思想传统；后者是一种仁人志士的气节情趣，主要归属儒家的道义精神。众所周知，我国传统的思想文化是一种"儒道互补"的结构，反映为士大夫的道德信念和人格结构，也是儒家与道释两种思想互动互补，相生相融，相辅相成的结构模式。它以道德品格的建构为宗旨，包含着道德自律与品格自尊，社会伦理责任与个人自由意志，道义精神的刚正与个人情志的雅适等不同精神追求的有机结合和辩证统一。在这种人格理想中，"清气"和"骨气"无疑构成了两大核心因素。正如宋末郑思肖《我家清风楼记》所说："大抵古今超迈之人，所出之时皆不同，所遇之事亦不同，高怀、劲节则同，辉辉煌煌俱不可当。"[1] 王国维《此君轩记》所说："古之君子，为道者也盖不同，而其所以同者，则在超世之志，与夫不屈之节而已。"[2] 所谓"高怀"，所谓"超世之志"，就是"清气"；所谓"劲节"，所谓"不屈之志"，就是"骨气"。郑、王二氏是说，不管是什么身份、处境和立场，凡属正

---

① 郑思肖：《郑所南诗文集》文集，《四部丛刊续编》影林佶手钞本。
② 姚淦铭、王燕编：《王国维文集》第一卷，中国文史出版社 1997 年版，第 132 页。

人君子，虽有不同的个性倚重和现实偏向，但都不缺乏这两种品德。换言之，这两种品德是封建士大夫最普遍的人格理想、最核心的道德信念。两者之间是一种有机统一的关系，但凡洒脱之人内在总有几分性气在；而刚贞之人自然会有一份超然的境界。前引《尚书》"直哉惟清"，屈原《离骚》"伏清白以死直"，俗言所谓"无欲则刚"，明末李天植所说"无欲则心清，心清则识朗，识朗则力坚"①，说的都是两者间的互动互补、相融相生的关系。这两种品格的有机统一，构成了封建社会士大夫阶层人格追求乃至整个民族品格的理想范式。

梅花的可贵之处在于两"气"兼备，"清""贞"并美。"涅而不缁兮，梅质之清；磨而不磷兮，梅操之贞。"（宋何梦桂《有客曰孤梅访予于易庵孤山之下……》）"梅有标格，有风韵，而香、影乃其余也。何谓标格，风霜面目，铁石柯枝，偃蹇错樛，古雅怪奇，此其标格也；何谓风韵，竹篱茅舍，寒塘古渡，潇洒幽独，娟洁修姱，此其风韵也。"（明周瑛《敕使君和梅花百咏序》）所谓"风韵"即"清气"，所谓"标格"即"骨气"。这种两"气"兼备，"风韵""标格"齐美的深厚内蕴，正好完整地体现了这种"儒道互补"的思想传统和精神法式。放诸花卉世界，同样是"比德"之象，兰、竹重在"清气"，松、菊富于"骨气"，只有梅花二"气"相当，相辅相成，有机统一，从而全面而典型地体现了传统士人道德品格乃至整个民族品德信念、民族精神传统的核心体系。这是梅花形象思想意义之深刻性所在，也是其作为民族文化符号的经典性所在，值得我们特别的重视和珍惜。

梅花的"生气"之美，即人们对梅花春色新好，尤其是其喜庆吉祥之义的欣赏，出现早，流行广，更多表现为大众的、民俗的情结和方式，寄托着广大民众对生活的美好愿望和积极情怀，是梅花象征意义不可忽视的一个方面。如果说"清气""骨气"之美主要对应"士人之情"，体现士大夫的高雅情趣，属于封建士大夫"雅文化"范畴，那么"生气"之美则主要对应"常人之情"，深得广大普通民众的喜爱，属于大众"俗文化"的范畴。如此不同阶层、不同群体普遍的喜爱和推重，使梅花获得了雅、俗共赏的鲜明优势，赢得了最广大的群众基础。这是梅花形象人文意义的丰富性、深刻性所在，也是其作为民族文化符号的广泛性、普遍性所在，同样值得我们重视和珍惜。

[原载《现代园林》2013年第6期]

---

① 全祖望：《蕺园先生神道表》，《鲒埼亭集》卷一三，《四部丛刊》影清刻本。

杜甫与梅花

杜甫并不以咏梅名世，但据学者统计，杜诗中除了泛称"花"之外，专称某花最多的是梅花[1]，可见与梅花情缘不浅，或者说梅花在其创作中地位不低。笔者关注此事，略有感想，论述如下。

一、杜甫诗歌中的梅花

杜甫现存 1460 首诗歌中，写及梅和梅花的共有 32 首，其中简单指称"梅雨""梅岭"和"盐梅"（和羹）的三首。剩下 29 首明确涉及或描写梅与梅子，虽然绝对数量有限，但却给我们提供了很多可贵的信息，也包含了很多值得玩味和思考的意味。

（一）花卉方面

1. 花与果

这 29 首中 25 首指花，4 首指果，可见杜甫主要关注的是梅的花色。梅作为鲜花，比较其果实更有观赏意义，也就更有文学意义。这其中明确属于田园或园林种植的有 10 首，着眼于果实的 4 首作品都在其中。属于野梅或泛指梅花而倾向于野梅的 19 首，反映这个时代人们观赏梅花的机会多得自野外，田园种植尤其是园林植梅并不普遍。

---

① 陈植锷：《诗歌意象论》，中国社会科学出版社 1990 年版，第 215 页。

2．花期

就开花时间而言，杜甫诗中的梅花花期较今偏早。29 首中，后人明确系在冬季的有 11 首。这其中又有两首标明是冬至前后（《至后》《小至》），题中有时间"十二月一日"的一首，《江梅》诗称"梅蕊腊前破，梅花年后多"，是说腊月已见花，都充分说明杜甫的时代，梅花的花期较今为早。其原因正是竺可桢先生所论证的，隋唐时期较今天的气温偏高，因而花期趋前，多在冬季见花。反之，杜甫诗中的这些情况对竺先生的观点也是一个有力的佐证。

3．分布区域

29 首中 2 首写于安史之乱前的长安（今西安），其他均作于晚年飘泊西南期间。晚年的诗歌有两首是回忆故乡巩县和两京（长安、洛阳）梅花的。这说明唐代梅花的自然分布较今天要偏北一些，至少在今天的黄河沿线即陕西、河南是有梅花分布的。29 首中成都 8 首，夔州 9 首，两地梅诗相对较多。梓州、阆州等四川其他地区 4 首，湖北江陵 2 首，湖南岳阳 1 首。从空间上说，属于长江流域的作品占了绝对的优势。由此也可见即便是在气温较今偏高，梅花分布广及黄河流域的唐朝，梅的分布也仍以南方地区更为丰富。

4．名称

杜诗这些作品中，有两个概念或说法在梅花园艺史上影响较大。一是《江梅》诗，杜甫的意思也许只是说江边梅树，但到了宋代，江梅开始成为一个品种的专名，如今园艺界更是认其为梅花品种中一大品系。追溯这个名称的源头，杜诗这首诗歌是第一个出现"江梅"这个概念的，开创意义不容小觑。另一是"江县红梅已放春"（《留别公安太易沙门》）句。红梅是一种极其古老的梅花品种，早在《西京杂记》就俨然有这类品种的记载，究属指花还是果的颜色尚不够明确，真正作为一个明确的品种概念要等到宋代。杜甫这句诗中却明确写及这一信息，应该是梅之园艺史上值得重视的环节①。江梅和红梅两大梅花品系，都由杜甫最早正式揭出名称，特别值得我们关注。

（二）文学方面

1．意象与题材

杜甫涉梅的 29 首诗歌中，梅花多属写景或一般的意象使用，算得上专题咏梅

---

① 程杰校注：《梅谱》，中州古籍出版社 2016 年版，第 13—36 页。

的只有两首，一是《和裴迪登蜀州东亭送客逢早梅相忆见寄》："东阁官梅动诗兴，还如何逊在扬州。此时对雪遥相忆，送客逢春可自由。幸不折来伤岁暮，若为看去乱乡愁。江边一树垂垂发，朝夕催人自白头。"一是《江梅》："梅蕊腊前破，梅花年后多。绝知春意好，最奈客愁何。雪树元同色，江风亦自波。故园不可见，巫岫郁嵯峨。"从严掌握，其实前一首也还算不上咏梅诗。不仅是杜甫，整个初盛唐，真正称得上专题咏梅诗的作品极其罕见，在杜甫这个时代梅花还远不像宋人林逋之后那样受关注和推崇，杜甫自然也是如此。但杜诗中花色专称最多的又是梅花[①]，这可能与梅花作为早春第一花的地位有关。

　　2. 情感与意趣

　　（1）抒情

　　杜甫笔下的梅花主要仍属于一个纯粹的春花形象，着意花开花落、早开早落的时序标志，借以兴发韶光流逝、人生飘泊的感慨和伤情。上述所谓两首咏梅诗其实都是这样的内容，洋溢着浓郁的抒情意味。尤其是"东亭送客"一首，因朋友的赠诗往复感怀，曲折抒情，表达出飘泊无依、迟暮感伤的凄楚心境，明人王世贞推为"古今咏梅第一"[②]。正如清沈德潜《说诗晬语》所说，"此纯乎写情"[③]，诗中最打动人的是诗人的感情，而不是梅花的形象。

　　（2）写意

　　杜甫涉梅诗也包含了风雅游赏的情趣，主要体现在这样两句诗中："巡檐索共梅花笑，冷蕊疏枝半不禁。"（《舍弟观赴蓝田取妻子到江陵喜寄三首》）"安得健步移远梅，乱插繁花向晴昊。"（《苏端、薛复筵简薛华醉歌》）宋末方回说："老杜诗凡有梅字者皆可喜，'巡檐索共梅花笑，冷蕊疏枝半不禁'，'索笑'二字遂为千古诗人张本。"[④]"巡檐索笑""健步移远""乱插繁华"云云，是一种典型的春兴勃发、恣意游赏的文士闲逸宴游情态，至少后人从中读到了这种情趣。宋人就画有《杜甫巡檐索笑图》（如陈杰《题老杜巡檐索笑图》[⑤]），所画当非孤芳自怜、风雪苦吟之态，而是一种寄情花色、闲吟放逸的欢快形象。后来文人早春探梅、踏雪寻梅所追求的乐趣正是此类，所谓"为千古诗人张本"，说的就是杜甫诗歌对后世文人赏梅嗜梅情趣的启发意义。"巡檐索笑""健步移远""乱插繁华""疏枝冷蕊"也成了后人咏

---

① 陈植锷：《诗歌意象论》，第215页。
② 杜甫著，仇兆鳌注：《杜诗详注》卷九，商务印书馆1983年版。
③ 丁福保：《清诗话》下册，中华书局1963年版，第551页。
④ 陈杰：《自堂存稿》卷二〇，江西新昌胡思敬刻本1923年版。
⑤ 陈杰：《自堂存稿》卷四。

梅常用的语汇。

（3）咏物（写形）

杜甫对梅花其实从未着意于咏物，但对梅花形象的观察和描写也不是了无贡献。至少前引诗句中"冷蕊疏枝"一语就值得重视，以"疏"字状梅，杜甫可以说是第一人。宋人林逋《山园小梅》"疏影横斜水清浅"云云着意于梅花的枝干之美，拉开了后来梅花观赏重在疏枝、古干的序幕，具有划时代的意义。而早于林逋两个半世纪，杜甫就有了类似的感觉和发现。纵观人们对梅花形象神韵的认识和描写，"冷蕊疏枝"四字虽然简洁，但以"冷"状花，以"疏"称枝，可以说一下抓住了梅花形象的两个核心品韵，前无古人，不能不算是传神之语，真可谓是大家手笔，落纸不俗。

二、杜甫咏梅的影响

作为千古诗圣，沾溉后人者至为深切具体，同样写梅诗句亦复如此，前举宋人《杜甫巡檐索笑图》就是一例。下面就诗歌内外各选一点略作阐说，以斑见豹。

（一）东阁官梅

"东阁官梅动诗兴，还如何逊在扬州"，后世赋咏梅花，"东阁官梅"成了咏梅最常用的典故。何逊《咏早梅诗》是六朝时期的咏梅名作，杜甫因朋友裴迪寄来一首《东亭送客逢早梅》诗，便以何逊咏梅来比拟赞美。语意本属一般，但"官梅"二字却颇堪注意。此前有"官柳"一说，指官道、馆驿所植杨柳，比较常见，而"官梅"之称杜诗首见。范成大《梅谱》说："唐人所称'官梅'，止谓在官府园圃中。"①其实唐代官圃种梅的直接记载不多，但这不影响"官梅"一词的意义，它预示了梅花与广大士大夫尤其是广大中下层官僚知识分子的密切关系。知识分子辗转任职各地，官府公余或宦游驿途多有遇梅成赏之机，梅花成了感遇咏物、遣情托怀的常见对象。

我们从杜甫之后关于何逊咏梅之事的附会传说也可以看出这一点。据考证，何逊《咏早梅诗》约作于梁天监六七年间的春天，何逊在都城建业（今江苏南京）任建安王、扬州刺史萧伟的法曹参军，所咏梅花是梁武帝所赐萧伟居第芳林苑中的景

---

① 程杰校注：《梅谱》，第6—8页。

物①。芳林苑是皇家大型囿苑,苑中有"却月观""凌风台"等建筑,其梅景可以说是"兔园"之物、"宫梅"之属,而后人却倾向于理解为郡圃所见、"官梅"之属。宋人《老杜事实》注释杜诗,杜撰故实,"谓(何)逊作扬州法曹,廨舍有梅一株,逊吟咏其下"②。六朝的扬州,治所在建业(今南京),隋唐以来扬州概念发生变化,治所在广陵(今江苏扬州),后来扬州地方志中也就有了"(逊)后居洛,思梅,因请曹职。至(扬州),适梅花方盛,逊对之彷徨终日"③一类讲述。

这是一个美丽的错误,"官梅"的说法反映了广大官僚文士的心理期待,他们接触更多的是宦游征途和州县官圃的梅花。杜甫与同时诗人们对何逊之事、扬州之地所知应无误,但人们更愿意把何逊咏梅理解成文人仕宦生活的风流佳话,把梅花视作官署清寒、闲淡岁月中温暖的遭遇和美丽的安慰。杜甫"东阁官梅"云云正是提供了这种理解的范本,宋人说"梅从何逊骤知名"(赵蕃《梅花六首》),而何逊咏梅是因杜甫的标举而意蕴转深、声名大振的,正是杜诗的影响,"东阁官梅"就成了后世赏梅咏梅中最常见的场景、最流行的掌故。

(二)草堂梅花

我们这里说的是成都西郊浣花溪畔的草堂梅花。从乾元二年(759)末到永泰元年(765)四月,杜甫在东西两川寓居近五年半,其中在成都草堂居住三年零九个月。生活虽然清贫,却是安宁、闲适的,留下了240多首吟咏草堂风光,描述安居生活风貌的诗歌。草堂作为千古诗宗的故居,被誉为"中国文学史上的一块圣地"④。

根据杜诗的描述,杜甫草堂植有梅树。早在草堂经营之初,杜甫接连以诗代简,向友人索要花竹苗木植于庭院内外,其中《诣徐卿觅果栽》"草堂少花今欲栽,不问绿李与黄梅",所说黄梅即蔷薇科梅树。四年后的广德二年(764)《绝句四首》咏园中夏景:"堂西长笋别开门,堑北行椒却背村。梅熟许同朱老吃,松高拟对阮生论。"可见这时的梅树已经结实供啖了。不仅是草堂园内,附近浣花溪畔也有野梅分布。其《西郊》诗写道:"市桥官柳细,江路野梅香。"市桥在当时城内西南隅,南对笮桥门,而所说"江路",则主要指浣花溪沿岸古道,沿路多野梅。另在《王十七侍御抡许携酒至草堂,奉寄此诗,便请邀高三十五使君同到》诗中也写道:"绣

---

① 程章灿:《何逊〈咏早梅〉诗考论》,《文学遗产》1995 年第 5 期,第 47—53 页。
② 葛立方:《韵语阳秋》卷一六,上海古籍出版社 1984 年版。
③ 祝穆:《方舆胜览》卷四四,中华书局 2003 年版。
④ 冯至:《杜甫传》,人民文学出版社 1952 年版,第 110 页。

衣屦许携家酝，皂盖能忘折野梅。"是说朋友高适一定记得，往日来访时曾经顺道折过梅花，可见杜甫草堂附近也多野梅。这种情况延续到宋代，南宋陆游《梅花绝句》："当年走马锦城西，曾为梅花醉似泥。二十里中香不断，青羊宫到浣花溪。"可见当时成都西郊浣花溪沿岸梅花十分繁盛。

不过就杜诗描写的草堂风景和生活情况看，当时草堂园内所种梅花是极为有限的。草堂所植较多的是竹子、桤木，果树中则以桃树最多，这些都是实用价值较高，清贫之家必需的植物。竹子是常用的建筑、编织和制作材料，竹笋又是家常食品。桤木为速生树种，三年长成，伐为薪柴。杜甫《凭何十一少府邕觅桤木栽》："草堂堑西无树林，非子谁复见幽心。饱闻桤木三年大，与致溪边十亩阴。"在众多常见果树中，桃树适应性强，结果快，产量高，营养好，因而经济价值较大，家常种植较为普遍，正如杜甫《题桃树》所说，"高秋总馈贫人实，来岁还舒满眼花"，杜甫一次就向友人"奉乞桃栽一百根"（《萧八明府实处觅桃栽》）。相对而言，梅树不如这些植物必需，尤其是不必大量种植，以杜甫当时的经济状况，也不会专为赏花而造个梅园之类。因此杜甫草堂内的梅花种植并不突出，只是零星闲植。但杜甫的草堂咏梅作品，尤其是和答裴迪的这首千古佳作，为杜甫草堂这一遗迹留下了一段风物佳话，也为后人在此营建祠宇植梅纪念提供了一个历史机缘和想象空间。

这其中最值得一提的是晚清兴起的人日草堂赏梅风气①。杜甫本人没有写到人日赏梅，但友人高适《人日寄杜二拾遗》诗曰："人日题诗寄草堂，遥怜故人思故乡。柳条弄色不忍见，梅花满枝堪断肠。"联想杜甫草堂植梅的情景和饱含深情的咏梅，人们自然会感怀倍增。晚清傅崇矩（1875—1917）《成都通览》记载："草堂，在南门外西南七里，修竹千万，梅花亦多……每年正月初七日，游人纷至。"②据吴鼎南《工部浣花草堂考》考证，"人日游草堂之相习成风，当在清道、咸以后。盖自嘉庆重修（按：指草堂），放翁配享，少陵旧迹愈为人所重，人日游草堂渐见于士大夫之题咏，而尤以咸丰中何绍基一联为著，曰：'锦水春风公占却，草堂人日我归来。'其时盖已成俗矣"③。清末民初的文人多有作品咏及草堂梅景，如高文《人日游草堂寺》："人日残梅作雪飘，出城携酒碧溪遥。"刘咸荥《草堂怀古》："诗人有宅花潭北，千载梅花闲不得。翻江红雪日初晴，酒气春浓醉香国。"④赵熙（1867—1948）《下

---

① 程杰：《中国梅花名胜考》，中华书局 2014 年版，第 583—593 页。
② 傅崇矩：《成都通览》，巴蜀书社 1987 年版，第 78 页。
③ 吴鼎南：《工部浣花草堂考》后考四，新新闻报馆 1943 年版。
④ 冯广宏、肖炬：《成都诗览》，华夏出版社 2008 年版，第 176 页。

里词送杨使君之蜀》: "西向最将人日报，草堂花发最思君。"[①] 这些都可见当时人日草堂赏梅风气之盛。透过这一故迹细事，我们不难感受到杜甫草堂艺梅赏梅之事千秋遗泽，影响深远。

[原载《北京林业大学学报》(自然科学版) 2015 年增刊，此处有修订]

① 林孔翼：《成都竹枝词》，四川人民出版社 1986 年版，第 147 页。

苏轼与罗浮梅花仙事

隋赵师雄罗浮山下醉遇梅仙是梅花的重要掌故，但可靠性却因《龙城录》一书著者的真伪问题而显得扑朔迷离，本文主要就《龙城录》故事文本以及宋人对这一典故使用情况着手探究。我们发现，《龙城录》赵师雄之事的文本自身充满矛盾，且有明显牵述苏轼松风亭梅花诗意的痕迹，苏轼的作品更具原创性，宋人明确使用这一典故则是始于北宋末期。这些信息也许对《龙城录》这一"问题"著作的进一步认识有所帮助。由于赵师雄故事的巨大影响，罗浮山麓附会出现了所谓赵师雄梦梅遗址即梅花村，在这一风景名胜的形成中，苏轼作品同样发挥了重要作用。

一、罗浮梦仙故事的文献问题

赵师雄罗浮山梦仙之事出唐柳宗元《龙城录》，题作《赵师雄醉憩梅花下》：

> 隋开皇中，赵师雄迁罗浮。一日天寒日暮，在醉醒间，因憩仆车于松林间酒肆傍舍，见一女子淡妆素服，出迓师雄。时已昏黑，残雪未销，月色微明。师雄喜之，与之语，但觉芳香袭人，语言极清丽。因与之扣酒家门，得数杯，相与饮。少顷，有一绿衣童来，笑歌戏舞，亦自可观。顷醉寝，师雄亦懵然，但觉风寒相袭。久之，时东方已白，师雄起视，乃在大梅花树下，上有翠羽啾嘈，相顾月落参横，但惆怅而尔。

《龙城录》是一部志怪杂事集，今分二卷。龙城，隋朝县名，唐初升龙州，后改名柳州。顾名思义，此书当成于柳宗元晚年贬官柳州时。但此书的真伪向多疑议。不见于《崇文总目》《新唐书·艺文志》等书目著录，南宋中尤袤《遂初堂书目》小说类始有其目，也未明确撰者和卷数。宋元人多认为此书既不见《唐书》记载，且内容虚诞，文笔衰弱，不似柳宗元所为，而是南北宋之交的王铚（1088—1146），或北宋后期苏轼门生刘焘的假托①。但古人也有力驳宋人之说，认为柳宗元所著无疑，如清曾钊即是②。当今学者也分为两派， 一派如程毅中、李剑国等先生坚持肯定，至少认为不能轻易否定柳宗元的作者身份③；另一派是陶敏、薛洪勣先生，根据《龙城录》所载之事多与唐代历史事实不合，又有属于柳宗元身后乃至于唐以后者，作者于唐代文献及典制比较隔膜等现象，断言其非柳宗元乃至唐人所作④。笔者对陶敏等先生的意见深表赞同，认为此书应出宋人之手。但与陶敏等先生稍有不同的是，笔者认为该书并非出现于北宋早期，而有可能是北宋后期，更具体些说，应在苏轼身后。主要考虑是，宋初编纂的《太平御览》《太平广记》未见采录，成于仁宗庆历元年（1041）的《崇文总目》、嘉祐五年（1060）的《新唐书·艺文志》均未见著录。陶敏先生文中提到《崇文总目》中已见著录，但遍检《崇文总目》未得，或为误记。今所见明确征引《龙城录》者有孔氏《六帖》等，最早都在两宋之交。李剑国先生认为托名钟辂《续前定录》中已采录《龙城录》五条，"此书初著于《崇文总目》"⑤。所说应属天一阁抄本《崇文总目》，而四库本无。但《续前定录》《龙城录》既同为宋人伪托，就有另一种可能，即《龙城录》与《续前定录》相同之内容，乃《龙城录》采自《续前定录》，而不是反之，且《龙城录》见于著录在后，这种可能性更大。

二、苏轼松风亭梅花诗非用赵师雄梦仙事

当代有关《龙城录》著者真伪问题的讨论中，有一个问题与苏轼等北宋中期文

---

① 参见何薳《春渚纪闻》卷五、张邦基《墨庄漫录》卷二、黎靖德《朱子语类》卷一三八、洪迈《容斋随笔》卷一〇、元吴师道《敬乡录》卷一。

② 曾钊：《龙城录跋》，《面城楼集钞》卷二，光绪十二年《学海堂丛刻》本。

③ 参见程毅中《唐代小说琐记》，《文史》第二十六辑；李剑国《唐五代志怪传奇叙录》，南开大学出版社1993年版，第493—507页；李剑国《宋代志怪传奇叙录》，南开大学出版社2000年版，第15页。

④ 参见陶敏《柳宗元〈龙城录〉真伪新考》，《文学遗产》2005年第4期；薛洪勣《〈龙城录〉考辨》，《社会科学战线》2005年第5期。

⑤ 李剑国：《唐五代志怪传奇叙录》，第497页。

人直接挂上钩。这就是苏轼等人作品中的"月落参横"之语，无论是哪一派都提到了这一点，尤其是持柳宗元所作者认为，苏轼、秦观等人作品中已用了《龙城录》这一罗浮遇梅仙等典故，显然《龙城录》一书就不可能像朱熹等人所说，是生活在苏、秦之后的王铚等人的伪托①。所举其他典故都来源多途，不足为据，惟有赵师雄罗浮梦仙一事仅见于《龙城录》，如果确认苏轼、秦观等所言出于《龙城录》，那《龙城录》一书势必出现在苏、秦之前。但问题是，苏轼、秦观有关作品是否真用赵师雄罗浮遇仙之事，很是值得怀疑。

笔者就《全宋诗》《全宋词》《四库全书》集部通盘检索，整个北宋时期仅见周紫芝《次韵似表谢胡士曹分梅花》"参横想见绿衣舞，月中笑语花微瞫"②明确用赵师雄之事，该诗作于宣和五年（1123），已是北宋灭亡前夕。笔者所检词汇有这样一些："参横""横参""罗浮""幽梦""淡妆""素服""翠禽""翠羽""绿衣""天寒日暮"等，这些在《龙城录》赵师雄故事文本中都是较为关键的字眼，但所见作品除周紫芝一例外，其他无一处与赵师雄遇仙之迹明确关联者。这其中秦观与苏轼两位作家的作品不容不提，李剑国等正是引据他们的作品，认为其中"月没参横"诸语是用赵师雄之事。

首先是秦观《和黄法曹忆建溪梅花》，作于元丰六七年间。全文如下："海陵参军不枯槁，醉忆梅花愁绝倒。为怜一树傍寒溪，花水多情自相恼。清泪班班知有恨，恨春相逢苦不早。甘心结子待君来，洗雨梳风为谁好。谁云广平心似铁，不惜珠玑与挥扫。月没参横画角哀，暗香销尽令人老。天分四时不相贷，孤芳转眄同衰草。要须健步远移归，乱插繁华向晴昊。"这里唯"月没参横"一语与赵师雄故事联系得上。宋人对此有两种解读，《能改斋漫录》卷六："秦少游《和黄法曹梅花》诗：'月落参横画角哀，暗香销尽令人老。'世谓少游用《古善哉行》云'亲友在门，忘寝与餐'。按《异人录》载，隋开皇中赵师雄游罗浮……乃知少游实用此事。"吴曾的看法显然带着南宋中期赵师雄故事盛传之际的色彩。揣摩秦观全诗结构，这两句的用意十分明确，是叹惜梅花的凋落，实际使用的是《梅花落》或角曲《小梅花》也即"梅花三弄"一类乐府之事。宋代流行角曲《小梅花》，音调凄怆，主要用于城关戍楼守更报时吹奏，该曲殆由乐府《梅花落》演化而来，俗称《梅花三弄》③，自来咏梅诗多用以代表梅花飘落，渲染伤春怨逝的情感。秦观另有《桃源忆故人》词："无

---

① 李剑国：《唐五代志怪传奇叙录》，第497页。
② 周紫芝：《太仓稊米集》卷八，清文渊阁《四库全书》本。
③ 程杰：《梅文化论丛》，中华书局2007年版，第125—133页。

端画角严城动，惊破一番新梦。窗外月华霜重，听彻梅花弄。"所写就是这番情形。这里所谓"月没参横画角哀"，也正是这一传统的思路和用意。同时友人参寥、苏轼、苏辙的和诗对应的层次也都就此立意，感慨梅花的凋落，而不是梦中遇仙那样的境界。而且但从字面而言，也以取自曹植《善哉行》"月没参横，北斗阑干"一语更为现成和贴切。因此笔者认为，说秦观此诗用赵师雄故事并不合理。

苏轼咏梅诗中涉嫌化用赵师雄故事的咏梅作品有两组，一是《次韵杨公济奉议梅花十首》《再和杨公济梅花十绝》，另一是《十一月二十六日松风亭下梅花盛开》《再用前韵》《花落复次前韵》三首。

《次韵杨公济》二十绝作于元祐六年（1091）正月杭州知州任上。杨公济名蟠，时任杭州通判，其咏梅原作不存。苏轼二十首作品以咏梅为主，间也因梅起兴，寄托疏离朝政、漂泊江南的隐衷。其中下列三首隐有《龙城录》赵师雄故事字面：《次韵杨公济奉议梅花十首》其一："梅梢春色弄微和，作意南枝剪刻多。月黑林间逢缟袂，霸陵醉尉误谁何。"《再和杨公济梅花十绝》其十："北客南来岂是家，醉看参月半横斜。他年欲识吴姬面，秉烛三更对此花。"其中"月黑林间逢缟袂"，"醉看参月半横斜"云云，都很容易与《龙城录》中赵师雄故事情形联系起来。但苏轼这两组绝句共二十首，各自有独立的情景、构思和用典，相互间并无连贯的情景。所引这两首，虽然字面上有与赵师雄之事相仿之外，但实际意思却毫不相关。如"月黑"句所写是黑夜所见梅花，仿佛白衣佳人，不知霸陵醉尉会误认为谁。试想如果此处用《龙城录》故事，直言赵师雄所见如何不是更为顺当，何须转用与梅花毫无关系的"霸陵醉尉"？"北客南来"一首是写纵酒赏花，直至深夜三更，此时参星与月亮都是西斜未落。显然这样的情形与《龙城录》所说"东方已白""月落参横"时间不合。如属用典，杜甫《送严侍郎到绵州同登杜使君江楼宴得心字》"灯光散远近，月彩静高深。城拥朝来客，天横醉后参"，写宴集尽欢，剧饮达旦，完全可以看作苏诗所本。因此说这组诗歌用《龙城录》之典，也很难落实，至少并非必然。

绍圣元年（1094）所作的惠州松风亭咏梅三首，内容与《龙城录》赵师雄故事更为接近。

《十一月二十六日松风亭下梅花盛开》：

　　春风岭上淮南村，昔年梅花曾断魂（予昔赴黄州，春风岭上见梅花，有两绝句。明年正月往岐亭，道中赋诗云：去年今日关山路，细雨梅花正断魂）。岂知流落复相见，蛮风蜑雨愁黄昏。长条半落荔支浦，卧树独秀桄榔园。岂惟幽光留夜色，直恐冷艳排冬温。松风亭下荆棘里，两株玉蕊明朝暾。海南仙云娇堕砌，月下缟衣来扣门。酒醒梦觉起绕树，妙意有在终无言。先生独饮勿叹息，幸有落月窥清樽。

《再用前韵》：

　　罗浮山下梅花村，玉雪为骨冰为魂。纷纷初疑月挂树，耿耿独与参横昏。先生索居江海上，悄如病鹤栖荒园。天香国艳肯相顾，知我酒熟诗清温。蓬莱宫中花鸟使，绿衣倒挂扶桑暾（岭南珍禽有倒挂子，绿毛红啄，如鹦鹉而小，自海东来，非尘埃间物也）。抱丛窥我方醉卧，故遣啄木先敲门。麻姑过君急洒扫，鸟能歌舞花能言。酒醒人散山寂寂，惟有落蕊粘空樽。

《花落复次前韵》：

　　玉妃谪堕烟雨村，先生作诗与招魂。人间草木非我对，奔月偶桂成幽昏。暗香入户寻短梦，青子缀枝留小园。披衣连夜唤客饮，雪肤满地聊相温。松明照坐愁不睡，井花入腹清而暾。先生年来六十化，道眼已入不二门。多情好事余习气，惜花未忍终无言。留连一物吾过矣，笑领百罚空罍樽。

诗中"月下缟衣来扣门"，"酒醒梦觉起绕树"，"耿耿独与参横昏"，"绿衣倒挂扶桑暾"云云，都很容易与赵师雄故事文本相联系，但细味诗意，却很难认其必用罗浮梦遇梅仙之事，理由如下：

首先，苏轼三诗，所写都切合苏轼个中处境，自有其创作的当下情形和内在逻辑，很难说是编述他人故事。第一首起唱，从"昔年梅花"说起，转入流落复见。"松风亭下"四句正面写亭下盛开之花，也是先实后虚。"海南仙云"两句是写梅花光气袭人，设若是用赵师雄之事，也以改称"罗浮仙云"为宜。第二首"罗浮山下梅花村"之言，所指仍是松风亭下梅花，之所以称"梅花村"，敷凑押韵而已，与后世附会出现的赵师雄遇仙之罗浮山梅花村无关。第三首咏花落，拟为"玉妃谪堕"，也是因题造语，与赵师雄遇仙之事更是了无似处。苏轼此三诗中有两处自注说明，一是"春风岭上梅花村"，另一是"绿衣倒挂"，前者是自忆往事，后者是当下所见罗浮珍禽，所指非亲身经历未必熟悉。设若诗中"罗浮山下梅花村"，"月下缟衣来扣门"是用赵师雄事，当时也属僻典，前此无人提及，又属惠州当地史实，苏轼自当加以说明。尤其是"绿衣倒挂"之景,这是与赵师雄故事中所梦"绿衣童来歌舞",化为翠衣鸣枝最为吻合的细节,但苏轼自注表明,所写是当时所见之实,具有语意的原创性。如苏轼知有赵师雄故事,在自注中必有一番联想与交代,或者在诗歌正文中着意发挥。但无论正文还是注释,都未提及罗浮仙事。这些都表明,苏轼写作此诗时对《龙城录》赵师雄之事并无所知。

其次,诗中不少语词虽然散见于赵师雄故事文本,但都是出于自身的话语方式和技巧习惯,通篇并无化用和演绎赵师雄罗浮梦仙之事的痕迹。如"海南仙云娇堕砌,月下缟衣来扣门",承上"松风亭下荆棘里,两株玉蕊明朝暾",着力形容梅花的优美明丽,仿佛如一朵海上仙云飘然而至,如缟衣素裳的佳人月夜造访。"月下缟衣"与《次韵杨公济》诗中"月黑林间逢缟袂"语意相仿。"纷纷初疑月挂树,耿耿独与参横昏",也是承上以月亮与参星来比喻梅花的明洁,思路与手法都较实际,并无使用罗浮梦仙之事的虚构色彩。从苏轼个人咏梅诗的历史发展看,相关技巧有一个逐步深化的过程。苏轼诗中擅写深更幽寻、月下独遇之景,见诸咏梅也多此类境界。杭州次韵杨公济诸诗所写多是月下所见梅花,而松风亭三诗正是这一情趣的自然发展。虽然有"海南仙云""月下缟衣""玉妃谪堕""奔月偶桂"之类想象,但也多属即景点染,略施形容而已。设若苏轼演绎赵师雄遇仙之事,当拟梅为仙,极情想象,如黄州《海棠》《红梅》诗所为。

再次,苏轼松风亭诗一出,人们激赏其神奇的创造,未见同时有人视其用赵师雄之事者。如晁补之《和东坡先生梅花三首》:"归来山月照玉蕊,一杯径卧东方暾。罗浮幽梦入仙窟,有屦亦满先生门。欣然得句荔支浦,妙绝不似人间言。诗成莫叹形对影,尚可邀月成三樽。"[1] 谢逸《梅六首》其一:"罗浮山下月纷纷,曾共苏仙醉一尊。不是玉妃来堕世,梦中底事见冰魂。"[2] 都是对苏轼诗意的赞美和发挥,在他们心目中,是苏诗开创了罗浮梦仙的独特意境。

三、《龙城录》赵师雄故事本身的漏洞

《龙城录》中赵师雄梦梅故事本身也不乏令人置疑之处:

首先是"残雪未消"。罗浮山地处北回归线以南,属炎海瘴疠之地,"四时常

---

[1]　《全宋诗》第 19 册,第 12827 页。
[2]　《全宋诗》第 22 册,第 14850 页。

花，三冬不雪，一岁之间暑热过半，腊晴或至摇扇"①。在隋唐那样一个气候偏暖的时代②，是否会像故事中所说的那样"残雪未消，月色微明"，很是值得怀疑。也许正是感到这一气候上的错误，清郝玉麟《（雍正）广东通志》卷六四惠州府杂事载《龙城录》赵师雄事，特别删除了"残雪未消"四字。颇堪玩味的是，苏轼《和秦太虚梅花》中有"多情立马待黄昏，残雪消迟月出早"之句。苏轼此诗作于黄州（今湖北黄冈），梅雪相遇的景象在地处长江沿岸的黄州是很平常的，但在岭南罗浮山一带，则有点匪夷所思了。

其次是"月落参横"。洪迈《容斋随笔》卷一〇："今人梅花诗词多用'参横'字，盖出柳子厚《龙城录》所载赵师雄事。然此实妄书，或以为刘无言所作也。其语云'东方已白，月落参横'。且以冬半视之，黄昏时参已见，至丁夜（引者按：四更，即下半夜一点至三点）则西没矣，安得将旦而横乎。秦少游诗'月落参横画角哀，暗香消尽令人老'承此误也。唯东坡云'纷纷初疑月挂树，耿耿独与参横昏'，乃为精当。老杜有'城拥朝来客，天横醉后参'之句，以全篇考之，盖初秋所作也。"洪迈指出了一个星象上的错误。根据参星运行的规则，公历十一月初，大约夏历十月初，黄昏初定时参星在东南出现，而黎明时行至西天近乎地平线方向，称为参横。此后黄昏时所见参星越来越西移，而在西陲消失的时间则不断提前。至冬末春初即阳历二月初也即古人所谓"孟春之月，昏，参中"，也就是说黄昏时参星当南天正中，而到半夜三更参星已经西落。整个冬季三月中，越近冬初，所谓"东方已白，月落参横"的景象越有可能，但在岭南气温最低或可下雪的时机则在冬末。因此梅雪相兼在罗浮一带固属难见，而同时满足梅开、下雪而又"东方已白，月落参横"三个条件的日子就更不可得了。

洪迈肯定了苏轼描写的精切，同时批评秦观的错误。其实正如前面所说，秦观诗中的"月落参横"并非写实，而是用典，说的是城关戍楼凌晨吹奏角曲《小梅花》报时的情形，而不是梅花开放的时间。对于《龙城录》的错误，王应麟《困学纪闻》卷九有一番解释："《龙城录》'月落参横'之语，《容斋随笔》辨其误。然古乐府《善哉行》云'月没参横，北斗阑干。亲交在门，忘寝与餐'，《龙城录》语本此，而未尝考参星见之时也。"是说《龙城录》如秦观一样也只是化用古语而已，非属写实。孤立地看，固然可作此宥解，但综合上述双重错误以及与苏轼、秦观等人相关咏梅意境和大量语词上的诸多吻合，这一故事的原创性很是值得怀疑，至少不难得出罗

① 陈裔虞：《乾隆博罗县志》卷九，《中国地方志集成》影印乾隆二十八年刻本。
② 竺可桢：《竺可桢文集》，科学出版社1979年版，第482页。

浮遇仙之事櫽括苏轼咏梅诗意的结论。张邦基《墨庄漫录》卷二："近时传一书曰《龙城录》，云柳子厚所作，非也。乃王铚性之伪为之。其梅花鬼事，盖迁就东坡诗'月黑林间逢缟袂'及'月落参横'之句耳。又作《云仙散录》，尤为怪诞，殊误后之学者。又有李歗《注杜甫诗》及《注东坡诗》事，皆王性之一手，殊可骇笑，有识者当自知之。"张氏如此言之凿凿，结合我们这里对罗浮梅仙一事的考察，可以说并非空穴来风、无端诬谤。也许《龙城录》终究是否王铚所伪还有待进一步考证，但至少可以大致认定，赵师雄罗浮遇仙之事是拈合苏轼咏梅诗的相羊内容而成，苏轼作品提供了赵师雄所遇罗浮梅仙传说的主要蓝本。

四、赵师雄罗浮梦仙之事的另一种版本

除了上述推想之外，赵师雄之事的来源还有另一种可能，或者说有关记载还有另外的版本。洪迈《容斋随笔》五笔卷二记其父洪皓出使金朝被拘期间所作《四笑江梅引》组词及自注出典，其中《访寒梅》一首云："引领罗浮翠羽幻青衣。月下花神言极丽，且同醉，休先愁，玉笛吹。"注："赵师雄罗浮见美人在梅花下有翠羽啾嘈相顾诗云，'学妆欲待问花神'。"如果这段文字无误的话，至少可有两种解读，一是视"罗浮见美人在梅花下有翠羽啾嘈相顾"为诗题，另一是视这段话为一般叙述语，为《龙城录》故事文本的简括。容斋所记三首词的出处自注，都极简略，所引其他诗词多只标作者和语句，不出篇名，唯白居易《忆杭州梅花》例外，度其原因，是因紧接"乐天"后所引诗句"三年闲闷在余杭，曾为梅花醉几场"，是日常叙述口吻，不出篇名或被一气连读误作一般交代。根据这种情况，我们可以大致认定，这里的"罗浮见美人在梅花下翠羽啾嘈相顾"，也应是所引诗句的篇名。如果此情属实，则可以得出三点信息：一、历史上确有赵师雄此人；二、此人作有《罗浮见美人在梅花下有翠羽啾嘈相顾》一诗；三、该诗中有"学妆欲待问花神"一句。第一点与《龙城录》一致，后两点则突破了《龙城录》赵师雄故事的内容，显然有着另外的来源。

但有一点颇令我们费解。洪皓四首《江梅引》词，据自序称作于绍兴十二年（1142）[①]。今存三首词的自注，如洪迈所说，"时在囚拘中，无书可检，但有《初学记》，韩、杜、苏、白乐天集"，因此所用典故都是人们耳熟能详的，尽为《初学记》和唐名家及本朝苏轼诗语，唯有赵师雄一事，不仅事主名不见经传，此事也殊为冷僻，

---

① 《全宋词》第 2 册，第 1001 页。

不知久处异域，又在拘縻中的洪皓何从采撷。或者其建炎三年（1129）出使前早存腹笥，但又是得诸何书，其与《龙城录》的记载有何关系，这些都有待进一步探究。

五、罗浮梅仙之事的流传与罗浮梅花村的出现

宋人作品中最早明确用及罗浮梅仙之事的是南北宋之交的周紫芝（1082—1155）[①]、洪皓。建炎三年黄大舆所编《梅苑》，收唐以来梅词数百，虽然今本已滥入了一些后来的作品，但通检全书了无罗浮遇仙之事的痕迹，可见至少到这个时代，罗浮梦梅之事知者甚少。周紫芝、洪皓之后，到了南宋中期，罗浮梦梅已经成了咏梅诗词中的常用典故，罗浮梅花也成了咏梅的常见题材。南宋后期蒋捷专门为作《翠羽吟》词，演绎其步虚飞仙之意[②]。绍兴初年曾慥《类说》、淳熙年间的《锦绣万花谷》、淳祐间祝穆《古今事文类聚》等类书都编载此事，促进了这一故事的传播，大大增加了其知名度。陈振孙《直斋书录解题》著录《龙城录》，特别指出"罗浮梅花梦事出其中"，足见这一故事在《龙城录》全书中的地位以及在南宋的影响。

正是这一故事的突出影响，使罗浮当地出现了师雄梦仙遗址即所谓梅花村景点的建设。罗浮梅花村名始于南宋淳祐四年（1244）。淳祐三年（1243），时任惠州知州赵汝驭奉命至罗浮山醮祭，所经道路崎岖，荆棘丛莽，登游极其艰难。由冲虚观、朱明洞北上，在石洞口附近，"见寒梅冷落于藤梢棘刺间，崎岖窈窕，皆有古意，往往顾者不甚见赏。问其地，则赵师雄醉醒花下，月落参横翠羽啾嘈处也"。赵一路上山，"以目行心画者指授之，曰某地宜门，某地宜亭，又某地宜庵"，嘱博罗县令主办其事。次年整个工程完成，亭台牌坊、石阶磴道，盘桓山间，直达山顶，大大方便了行人游览。向所见"寒梅冷落"即传赵师雄醉醒处，设立门牌曰"梅花村"，"芳眼疏明皆迎人笑"[③]。同时番禺人李昂英为作《罗浮飞云顶开路记》，也称"邝仙石之前千玉树横斜，明葩异馥，仙种非人世有，曰梅花村"[④]。石洞、邝仙石，在今罗浮山九天观（明福观）景区。所说千树梅花，当是工程进行时大事增植。从此罗浮遇仙之事即所谓梅花村有了一个明确的遗址，并且逐渐成了罗浮风景区一道

[①] 除前引宣和五年一诗外，《次韵徐美祖梅花》一诗也用罗浮梅仙事："五更笑语香中意，只有罗浮晓月知。"《太仓稊米集》卷二五，作于绍兴十四五年间。《全唐诗》中殷尧藩作品中罗浮梦梅之典已两见，但据陶敏考证，《全唐诗》所收殷诗"见诸唐末记载可确定为殷尧藩诗无疑者仅十八首"，余多作伪之迹，用罗浮梅仙之诗正属此类。见陶敏《全唐诗殷尧藩集考辨》，《中华文史论丛》第四十七辑。

[②] 《全宋词》第5册，第3446页。

[③] 赵汝驭：《罗浮山行记》，《全宋文》第308册，上海辞书出版社、安徽教育出版社2006年版，第380—382页。

[④] 李昂英：《文溪集》卷二，清文渊阁《四库全书》本。

著名景观。

　　尽管事属《龙城录》的赵师雄故事，但"梅花村"的概念仍出于苏轼。在《龙城录》赵师雄故事文本中，遇仙之地点在"松竹林间"，另有"酒家"，未明确提及村庄。显然所谓"梅花村"的说法源于苏轼松风亭咏梅诗"罗浮山下梅花村"的语意。但苏诗所谓"梅花村"指的是惠州松风亭下两株梅花，而非罗浮山下的村庄或其梅花。苏轼贬惠州近三年，前后仅绍圣元年（1094）九月赴惠州途中过游罗浮山一次，《东坡志林》卷一一记此游颇详，到过冲虚观，但未觇到梅花，更不待言什么梅花村。可见是苏轼作品又一次显示出强大的魅力和影响，苏轼的成功咏梅不仅构成了罗浮梦仙故事的蓝本，而且还最终决定了罗浮梅花村这一梅花胜迹的名称。

　　[原载《南京师大学报》（社会科学版）2009 年第 2 期，有关论述还可进一
　　　步参阅笔者《中国梅花名胜考》内编之《梅花的仙境——罗浮山梅花村》]

《梅苑》编者黄大舆籍贯考

宋人黄大舆，以辑录唐以来咏梅之词为《梅苑》而闻名，然其生平不详。周煇《清波杂志》称其为蜀人，《梅苑》自序署"岷山耦耕黄大舆"，今《全宋词》《全宋文》均据以称其为蜀人，而具体州邑未明。

黄大舆《梅苑》自序称："己酉之冬，予抱疾山阳，三径扫迹，所居斋前更植梅一株，晦朔未逾，略已粲然。于是录唐以来词人才士之作，以为斋居之玩，目之曰《梅谱》。"己酉是宋高宗建炎三年（1129），时黄大舆在故乡抱病养闲，种花编书。"三径"自来是家园之代称，所说"山阳"当是其乡邑所在。自古以来以山阳名郡县者多处，陕西、河南、山东均有，但此时已多非南宋境土。南宋境内广为人知者莫过于楚州山阳县，在今江苏省淮安市，清四库馆臣即以为黄大舆或居此，因而起疑："考己酉为建炎三年，正高宗航海之岁，山阳又战伐之冲，不知大舆何以独得萧闲编辑是集，殆己酉字有误乎？"是说当时金兵大举渡淮越江，楚州山阳正值金兵南下要道，黄大舆居此不可能有从容养闲的条件，因而怀疑时间有误。从现存黄大舆的作品看，其宣和四年（1122）在成都任职，主要生活于南北宋之交的宣和、建炎、绍兴间无疑。问题还出在地名山阳上，此山阳并非长江下游的楚州山阳，而应在蜀中。当时金人大举南下，宋朝举国骚动，长江下游尤然，唯西蜀偏远，群山环绕，地形险固，未受影响。

但蜀中无山阳县，黄大舆所说当非县名。我们发现，蜀人有署里籍称山阳之例，如度正《性善堂稿》存南宋嘉定年间至少有10篇文章署名"山阳度正"。度正（1166—1235），字周卿，合州巴川县（今重庆铜梁县）人。其所谓山阳，如其《奉别唐寺丞文》诗自述"正家巴山阳，占田才百亩"，意指巴山之阳。巴山即大巴山，在今川陕中部交界处，东西绵亘数百里，而度正故乡合州地处四川中部，正在广袤的大巴山之南，故有此称。是否黄大舆所说山阳也泛指这一带呢？从其自称"岷山耦耕"可知，如与度正同例，所说应非大巴山之南，而是川西北岷山之南。

黄大舆所说"山阳"似又非只是泛指方位。检晋人常璩《华阳国志》有"山阳"地名，该书卷九记载："（永和）三年二月，桓温伐蜀，军至青衣。（李）势大发兵，遣昝坚等将之，自山阳趣合水。诸将欲设伏江南，以待晋兵，昝坚不从，引兵自江北鸳鸯碛渡向犍为。温且将步卒直指成都，昝坚至犍为，乃知与温异道，还自沙头津济。比至，温已军于成都之十里陌，坚众自溃。"这是叙东晋桓温率兵征伐蜀中成汉李势之事。晋军溯岷江北上，至合水即今乐山市一线，汉军从山阳出发迎战。山阳并非一般泛称，应是明确地名，为成汉城南守军驻所。南宋郭允蹈《蜀鉴》卷四辑录此事，对所涉地名有简明注释："青衣，今嘉州。山阳，在广都。合水，今嘉定府龙游县。鸳鸯碛，《华阳国志》《寰宇记》并载，在今叙州南溪县。昝坚畏温，故迁路怯懦，引兵自鸳鸯碛向犍为也。犍为，今叙州府犍为县。"指明山阳在宋广都县。广都在成都西南，与江原、江津、彭山等县毗邻，元时撤并入双流县，地当今成都双流区南境。常璩是江原县（治今崇州市东南境）人，郭允蹈在黄大舆稍后，资州（治今四川资中县）人，都与广都不远。两人对广都一带地理应十分了解，所说山阳应非只如度正所说泛称某山之南，而是实有地名。今人注《华阳国志》，称山阳"当在今四川彭山县东北牧马山之南"（李琳《华阳国志校注》修订版第371、381页，任乃强校注本说同），似理解成方位泛称，且已越出宋广都县境。今存黄大舆作品透露的经历多在成都附近，未见有其他发达行迹，所说"抱疾山阳，三径扫迹"，"岷山耦耕"之地，或即郭允蹈所说的宋广都县山阳，这里正是广义的岷山之阳。论其籍贯，应是宋成都府广都县、今成都市双流区人。

［原载《阅江学刊》2016 年第 3 期］

古代五大梅花名胜的历史地位和文化意义

龚自珍《病梅馆记》所说"江宁之龙蟠、苏州之邓尉、杭州之西溪皆产梅",广为人知。其所举为当时著名产梅胜地,笔者曾考证,"江宁之龙蟠"梅花实不足称盛,龚氏此说有其写作当下的特殊背景和主题需要①。这就引发一个问题,当时到底哪些产梅之地最为重要,名列前茅,屈指必数。这一问题推广到整个古代,到底哪些梅花名胜举世公认,影响巨大,堪称梅花名胜的突出代表。这些经典名胜又具有怎样的风景特色和规模地位,在人们的梅花欣赏活动中发挥了怎样的历史作用和文化影响,这些都是值得我们全面考察和认真思考的。

一、五大名胜的确认

六朝以来,梅"始以花闻②,梅花受到世人喜爱,诗咏歌赋层出不穷,唐宋以来,尤其是两宋以来举世好梅,春日探梅酿成风气,一些产梅之地因其花季繁盛、风景独特,或出于掌故胜谈、名人遗迹,而游者乐道,世人闻风竞趋,成为赏梅名胜。岁月流转,世事变迁,这些风景名胜的时代不同,气运参差,有些如过眼烟云,享誉一时,有些则历时绵久,数世不衰。如是此起彼伏,新变代雄,构成了绵延不绝、丰富复杂的历史景观。时至今日,纵观历史,我们对所有古代名胜的时空格局可以全景观照,对这些风景名胜的历史地位也就会有一个准确的认识。笔者近年就数十个古代梅花名

---

① 程杰:《龚自珍〈病梅馆记〉写作时间与相关梅事考》,《江海学刊》2005 年第 6 期。
② 杨万里:《洮湖和梅诗序》,《诚斋集》卷七九,《四部丛刊》初编本。

胜着力全面考察，逐一考述①，综而观之，就其实际规模和历史影响而言，这样五处最为重要：江西大庾梅岭、广东罗浮山梅花村、杭州西湖孤山、苏州邓尉、杭州西溪。这不仅是我们今天考察的结果，也是古人逐步形成的共识。对此可以透过古人的一些习惯说法来了解与把握。

庾岭、孤山和罗浮是第一批出现的梅花名胜。庾岭梅花在南朝见于记载，六朝后期以来即成词林常典，唐代文人也有一些纪行之作写及其景。西湖孤山林逋隐居咏梅之事，出现于北宋初期，由于欧阳修、苏轼等人的揄扬，广受世人推重。隋朝赵师雄在罗浮山梦遇梅仙之事见于柳宗元所撰《龙城录》，宋人认为此书为时人伪托，但所载这一故事情节奇异而颇具情韵，北宋后期以来广为流传，成了咏梅作品中的习用典故，相应地南宋后期出现了"罗浮山下梅花村"的景观。从六朝到宋代是我国梅花观赏文化的早期发展期，梅花欣赏之风逐步兴起并走向鼎盛，梅花由一般的三春芳菲逐步上升为百花至尊、群芳盟主，由一般的花卉物色上升为一个饱含着广大人民情趣所向、精神寄托的文化象征。庾岭、孤山、罗浮在这一阶段先后出现、逐步闻名，并最终积淀为梅花欣赏的著名掌故。

南宋以来，无论文学创作还是一般话说言谈，人们提及梅花，经常连喻并称的就是庾岭、孤山和罗浮三地。比如南宋初期周之翰《爇梅文》："公（引者按：指梅花）之灵生自罗浮，派分庾岭。"② 南宋后期姜特立《梅涧》："宛似孤山见，还如庾岭开。"元吕浦《梅边稿》："一气总回天地春，枝南枝北自寒温。雪迷庾岭难行脚，月落罗浮空断魂。""春回庾岭花南北，梦晓孤山人古今。"这里相对出现的总是上述三地中的两个。元陈宜甫《忆梅怀傅初庵学士》："十年不见梅花树，长忆暗香冰雪颜。心逐暮云飞庾岭，梦随寒月到孤山。缟衣叩户来何晚，翠羽传书去未还。一自西湖幽响绝，岂无诗句落人间。"诗中"孤山""西湖"是指林逋之事，"缟衣""翠羽"说的是罗浮梅仙之事，加之"庾岭"意象，三者同时出现，用来形容梅花。元末画家王冕以拟人的手法为梅花作《梅花先生传》："于是先生之名闻天下，清江、成都、罗浮、庾岭、孤山、石亭、野桥、溪路之滨，山店、水驿、江岸之侧，遇会心处，辄婆娑久之。"③

---

① 有关古代梅花风景名胜的全面考述，请见笔者《中国梅花审美文化研究》下编第二章"园艺、园林与花艺中的梅花（中）：梅花风景名胜"。本文所涉大庾梅岭、罗浮山梅花村、西湖孤山、苏州邓尉、杭州西溪五大名胜，笔者有以下论文分别详考，请参阅：《论庾岭梅花及其文化意义》，《北京林业大学学报》（社会科学版）2006年第2期；《苏州邓尉"香雪海"研究》，《苏州大学学报》（哲学社会科学版）2006年第3期；《杭州西溪梅花研究》，《浙江社会科学》2006年第6期（以上三文又载笔者《梅文化论丛》，中华书局2007年版）；《岭南罗浮梅花村考》，《学术研究》2009年第3期；《杭州孤山梅花名胜考》，《浙江社会科学》2008年第6期。笔者另有《中国梅花名胜考》，内容较为详备。
② 陶宗仪：《辍耕录》卷二八，清文渊阁《四库全书》本。
③ 王冕：《竹斋集》续集，清文渊阁《四库全书》本。

这里列举的六个名胜地名中，清江、成都见于范成大《梅谱》，以古梅一株、数株老干大树著称，存续时间不长。石亭见于宋末周密《癸辛杂识》，地在今江苏宜兴，当时古梅成林，元以来名声消沉。剩下的"罗浮、庾岭、孤山"三处，正是我们所说的五大名胜中的最初三个。

再看明朝。徐有贞《推篷春意诗序》："或以为庾岭之所见，或以为罗浮之所遇，或以为扬州东阁之赏，或以为西湖孤山之观。"李昱《徐原父画梅歌》："金华徐君亦有梅花屋，终日关门娱（一作媚）幽独。西湖东阁座上亲，庾岭罗浮眼中熟。三年落笔始一挥，观者已觉心神飞。达官名流得真迹，珍藏箧笥生光辉。"陈循《题梅二首为罗进善》："百卉无荣岁正阑，万花如雪独凌寒。披图仿佛西湖上，更似罗浮庾岭看。"戴澳《盆梅赋》："苟可托根，知复何求，是处庾岭，是处罗浮，是处孤山，是处扬州。"这几条赞美画梅、盆梅的作品，都用几个风景名胜作为形容：罗浮、庾岭、孤山与"扬州"（"东阁"）。"扬州东阁"也是一个由来已久的咏梅掌故，本是南朝诗人何逊有《咏早梅诗》，后来杜甫"东阁官梅动诗兴，还如何逊在扬州"诗句加以赞美，宋人为杜诗作注，说何逊曾在扬州作官，廨下有梅树，流连不舍，作诗吟玩。于是扬州东阁也成了著名的赏梅之地，相关事迹也成了咏梅诗词中的常用典故。但历史上何逊做官的扬州是今江苏南京市，隋唐以来所称扬州则是被誉为"淮左名都"的今江苏扬州市，两者地点前后并不一致，而后来的扬州城也从未出现过实际对应而固定的东阁植梅之所，因此所谓扬州东阁梅花纯然是一个文学传说而已，不属我们这里讨论的风景名胜之列。从上述这些例证可以看出，经过漫长的历史积淀，庾岭、孤山、罗浮已成为人们心目中公认的三大名胜。

明清时期产梅名胜之地不断涌现，这其中以苏州邓尉山和杭州西溪两地名气最响。两地梅花分别于明嘉靖、万历间开始闻名，明万历间李日华《味水轩日记》（《嘉业堂丛书》本）卷六："吾蚤春探梅于杭之西溪、苏之光福中。"杨文骢《看梅记》："自癸亥（引者按：天启三年）春客湖上，探梅西溪，友人从万顷香雪中语我曰：'吴门邓尉山梅花四十里，较此则三山之与名岳，洛神之与夷光，大有仙凡隔，不可失也。'"[①]可见明万历以来，人们已开始把两者相提并论。乾隆十六年，乾隆皇帝首次下江南，一路曾到邓尉、西溪两地赏梅，"邓尉、西溪梅事特盛，上取竹炉烹泉赏之，从臣皆有恭和元韵诗数种"[②]。到道光间龚自珍作《病梅馆记》江宁龙蟠、苏州邓尉、杭州西溪三地并称，其中江宁龙蟠植梅名不副实，所剩实只邓尉、西溪两地。这中间至少前

---

① 周永年：《邓尉圣恩寺志》卷一六，《续修四库全书》本。

② 钱陈群：《庄愈庐舍人斋中双盆梅歌次陆根堂编修韵》注，《香树斋诗文集》诗续集卷四，清乾隆刻本。

后有两个多世纪，邓尉、西溪一直被视为两大并世产梅胜地。

　　由这两个新兴的梅花盛景，连带早已公认的三大名胜，入清后人们谈到梅花，多把邓尉、西溪与庾岭、罗浮、孤山齐名并举。明末清初陶汝鼐《梅花十二首》其五诗注："吴门玄墓山（引者按：即邓尉山）、武林孤山、西溪皆种梅名胜。"屈大均《送曾止山还光福歌》："梅花大宗在庾岭，小宗乃在罗浮阿。……西溪邓尉天下闻，当年种自梅岭分。"清中叶储大文《梅花千咏序》："罗浮山梅、大庾岭梅、孤山梅、万峰山（引者按：邓尉山别名）梅，世竞传之。"沈大成《西山观梅记》："余尝观牡丹于谯，观桂于灵岩，观梅于庾岭于孤山于西溪，而元墓（引者按：玄墓，因避帝讳而称元墓或袁墓）再至矣，是梅与余独故也。"《张西圃飞鸿堂梅花迩年益盛，今春枉驾屡邀，而余在湖上，归始知之，因呈长歌》："我性爱花犹爱梅，一看一饮三百杯。罗浮庾岭独登陟，元墓西溪频往来。"晚清庞元济《〈万横香雪〉跋》："梅之著名如罗浮、孤山、邓尉、燕子矶（引者按：在今江苏南京城北江边，一度梅颇盛，但不久即被砍伐废弃）、西溪，所在而是，以天下数之，则其境界诚不可多得也，陇头之梅（引者按：指陆凯寄梅与范晔事）已无有矣，庾岭之梅余将往观焉。"[1] 以上诸例，除偶有滥及他景外，所称都在五大名胜中。

　　同样在诗文中，这五个景点也常被组合起来形容梅花。如清陶元藻《满庭芳·泛西溪至张园观梅》写西溪梅花，连用大庾、罗浮、孤山、元墓（邓尉）来加以比拟。查礼《题画梅》："兴之所至，随笔挥洒，罗浮、邓尉、西溪、大庾，于意云何，一香而已。"弘晓《题便面折枝梅花》："孤山元墓留遗迹，庾岭罗浮净远尘。输与画工能肖物，粉痕香雪十分春。"凡此种种可见，庾岭、罗浮、孤山、邓尉、西溪五个梅花名胜地位相当，在整个古代梅花名胜中最为重要，堪称梅花名胜的经典。对此人们也已形成共识，并融化为基本的生活常识。

二、庾岭、罗浮、孤山的文化意义

　　大致说来，古代山川风景名胜大致有三个起因，一是客观山川风景奇胜有足称道，二是有名人行迹所系，后世因以缅怀纪念，三是文人墨客风雅所寄，奇文佳作抉发颂扬，后人为之心慕神往。文徵明《玄墓山探梅唱和诗序》："古之名山往往以人胜，所贵于人岂独盘游历览而已，有名德以重之，有高情雅致以颂之，然非文章雄杰足以

―――――――――

① 庞元济：《虚斋名画录》卷一四，清宣统刻本。

发其奇秘，亦终泯泯尔。是故山无浅深近远，苟遭名人皆足称胜。"所谓"盘游历览"就是山川形胜之美，所谓"名德重之"就是如今所说的名人效应，所谓高情颂之则主要指文人墨客的诗画歌咏描写。上述三个方面又可归为两类，一是偏重"地"的，即山川风光的客观、自然之美，一是偏重"人"的，即名人事迹、情怀所寓的主观、人文之美。五大梅花名胜也大致如此，庾岭、罗浮、孤山三景以人文意义见长，而邓尉、西溪则以供人"盘游历览"的景观规模取胜。我们首先讨论庾岭、孤山、罗浮三地的历史地位尤其是人文意义。

（一）三地梅花景观有限

庾岭、罗浮、孤山三地植梅规模都极有限。大庾岭为江西、广东两省界山，最高处油山海拔 1070 多米，也许上古时期庾岭山区乃至整个五岭地区野生梅花比较丰富。但自唐人开拓庾岭驿道，宋人修建梅关后，大庾岭成了沟通五岭南北的交通要道，人们所说梅岭也就专指此处。这里山势高峻（梅关海拔约 400 多米），古驿道一线磴路，人马络绎不绝，没有大面积植梅的空间，即或成景，也难以持久。因此，自古至今这里并未见有大片梅林的信息，人们即或夸谈其胜，所说梅景也极有限。罗浮山地处广东南部，罗浮地处北回归线上，属南亚热带地区，气候温和，雨水充沛，适宜梅花生长。罗浮山势高峻，主峰海拔近 1300 米，以奇峰怪石、飞瀑名泉取胜。山腰多松林和灌木，山下多坞涧洞天。所谓洞即山沟，多山溪林泉，景象幽森。罗浮山麓为南方常绿阔叶林，林木特别茂密，梅花生长并无优势。四周农田，雨多低湿，也不利于发展种梅。因此，自古以来山间乃至周边地区并无大片梅林的可靠信息，即或如清初屈大均所说梅花村、卖酒田农人大片植梅，也是昙花一现。杭州西湖孤山，为湖中岛屿，面积 300 多亩，海拔 38 米。唐宋以来寺院林立，公私园林密布，已无大片植梅的可能，所见梅树都只是林逋墓地纪念种植，另其他园林少量点缀而已。因此上述三地都不以植梅规模称胜。

（二）历史地位和文化意义

庾岭、孤山、罗浮三地主要成名于古籍记载、文人遗迹和诗文掌故，艺梅既不称盛，而在梅花欣赏史上的影响就主要依赖其深厚、独特的历史地位和人文意义，并由此而成为梅花风景中具有本源或经典意义的三大胜境。

1. 大庾岭——梅花的祖庭

从时间上说，大庾岭是记载最早的梅花名胜。我国梅的栽培和应用历史悠久，但观赏梅花出现较晚。文献记载最早的是汉刘向《说苑》卷一二所载春秋越国使者以梅花作为国礼献诸梁王的故事，后世越国多被视为梅花的原产地，梅花常称"越梅"，视为南国之树。但这一故事实际影响不大，而且所说也是笼统的一国之事，并没有具体的生长地点。大庾岭是历史上第一个明确记载的梅花具体产地，因此在后世梅花欣赏文化的深入发展中，被视为梅花的发祥地。明洪璐《白知春传》："白知春，大庾人也。"① 所说白知春，是一个拟人化形象，指的是梅花，它的祖籍地是大庾岭。清屈大均《广东新语》卷二五："吾粤自昔多梅，梅祖大庾而宗罗浮。罗浮之村，大庾之岭，天下之言梅者必归之。"大庾岭是梅花的发源地、祖籍地，借用宗教的说法，是梅花名胜中的祖庭。

从空间上说，庾岭梅花为天下梅信之始。岭南虽也有梅花，但岭南古称炎瘴之地，"百卉造作无时"②，梅花的开花、结实等生长节奏与内地迥异，多不正常。江淮以南、五岭以北的长江中下游地区尤其是人们常说的江南地区才是梅花观赏栽培乃至于整个梅文化的核心地区。庾岭梅花处在这一地区的最南端，冬去春来由此向北梅花渐次开放，因而艺梅赏梅者多认大庾岭为天下梅信之先，"庾岭梅先觉"（唐郑谷《咸通十四年府试木向荣》），"岭头更有高寒处，却是江南第一枝"（宋文天祥《赠南安黄梅峰》），"谁种霜根大庾巅，地高天近得春先"（元冯子振《庾岭梅》）。这样的情景也进一步加深了人们对庾岭作为梅花发源地的印象。因此无论是古往今来，放眼历史，追根溯源，还是年年冬去春来，问讯春色信息，大庾梅岭总是梅信南北渐次传递的时空起点。从审美心理上说，地处南国遥远的位置也易于激发人们广阔的想象和深远的感慨。这些都是庾岭在众多梅花名胜中无可僭越的地位和深厚独特的意义。

2. 孤山——梅花的圣地

林逋是宋代著名隐士，孤山因林逋隐居而著称，"山因和靖隐来灵"（宋董嗣杲《孤山路》），是我国名胜风景中的人文圣山。相传林逋中年归隐此山，二十年足迹不入城市，种梅饲鹤，逍遥湖上，世称"梅妻鹤子"。林逋有八首咏梅诗传世，其中"疏影横斜水清浅，暗香浮动月黄昏"等名句脍炙人口。林逋作品着意抉发梅花疏朗峭拔、闲静幽雅的神韵和品格，有着划时代的意义，开创了梅花审美重在人格意趣的新纪元，奠定了后世梅花欣赏的基本情趣、理念和方式。从这个意义上说，林逋是梅文化的至圣先师，正如古人所说，"千秋万古梅花树，直到咸平始受知"（宋舒岳祥《题王任所藏林逋索句图》其三），"自有渊明方有菊，若无和靖即无梅"（辛弃疾《浣溪沙·种

① 汪灏等：《广群芳谱》卷二二，清文渊阁《四库全书》本。
② 苏轼语，见庄绰《鸡肋编》卷下，清文渊阁《四库全书》本。

梅菊》），"清风千载梅花共，说着梅花定说君（引者按：指林逋）"（宋吴锡畴《林和靖墓》）。也正因此梅花成了孤山最为经典的风景，而孤山也成了梅花观赏中的一方圣地，有着极其崇高的地位。正如古人所说，"孤山名以吟梅重，彭泽官因爱菊轻"（宋王镃《述怀》其一），"孤山擎出水中央，留下梅花代代香"（宋邓林《望和靖墓》），"姓名犹寄梅花上，一度开时一度香"（宋杨公远《和靖》）。人们游览孤山，总不忘凭吊林逋遗迹，而探梅孤山总有一种"见着梅花如见君（引者按：指林逋）"（宋吴龙翰《拜和靖墓》）的真切感受，内心也便产生几分文化朝圣的意味。

3. 罗浮山——梅花的仙境

罗浮梅花村纯然由《龙城录》所载赵师雄罗浮遇仙的传说和苏轼"罗浮山下梅花村"的诗意而闻名。由仙山与梅花、文人与仙女、醉酒与夜梦组成的优美而神奇故事给人带来了无限的绮思与遐想，加之罗浮山本就是一座道教名山，素有"神仙洞府"之称，充满了丰富而生动的神话传说，更进一步增加了罗浮梅花村的神奇色彩。罗浮山地处南天海隅，人们游览的机会实际并不多，这份天际悬远、世路暌隔的情景也进一步增强了"审美的距离"，渲染了缥缈迷离的感觉。正是这份仙界洞府的飘逸与空灵，以及月夜幽梦的美妙与神奇，散发着超凡脱俗的独特意味。南宋蒋捷曾感慨说，"罗浮梅花，真仙事也"[1]，清人朱璋《梅花百咏·罗浮梅》说"梅产罗浮迥绝尘，高峰四百护花神"[2]，都可谓一语中的，道出了罗浮梅花的底蕴所在。罗浮梅花是花也是仙，在人们心目中总带着一份冰肌玉骨、迥绝人寰、幽妙迷离的仙家气息，富有独特的符号意味和凭览价值。这也是其他梅花胜景名区无以伦比的。

三、邓尉、西溪的历史地位

与庾岭、罗浮、孤山梅花起源于史乘记载、诗文传说和文人遗迹不同，邓尉、西溪梅花属于乡村经济种植所形成的盛大景观，有着封建社会后期社会形势、两景所在的江浙两省尤其是苏杭两地山川地理、社会经济文化发展的区域优势相互激发的深广因缘，代表了我国古代梅花风景发展的最高成就。

（一）两大重镇：规模盛大与盛况持久

宋以来由乡村经济种植所形成的梅花盛景陆续出现，数量多多，而邓尉、西溪是

---

① 《全宋词》，中华书局 1965 年版，第 3446 页。
② 宋广业：《罗浮山志会编》卷二一，海南出版社 2001 年版《故宫珍本丛刊》本。

其中规模最为盛大，持续时间最长的两个，可谓两大梅花重镇。这是它们能与庾岭、罗浮、孤山齐名并称，同居五尊的主要原因。

邓尉山在苏州西郊、太湖之滨，当地梅花种植源远流长，有材料表明最迟起源于宋代，元代后期逐步兴起，到明嘉靖年间进入昌盛期，邓尉山所在吴县光福半岛方圆五十里漫山遍野一色弥白，望之如海，其中核心地段的马驾山（又称吾家山）在康熙时被称为"香雪海"，其实这一称呼整个光福半岛都当之无愧。如此盛景一直持续到乾隆后期，前后历时两个多世纪。嘉庆以来开始式微，然而仍有三分之一至少四分之一的区域维持不变，一直延续到新中国成立后。以"香雪海"为代表的邓尉梅景，无论规模还是持续时间，都可以说是我国历史上最为盛大的梅花风景。杭州西溪地处武林山之阴，有材料表明最迟宋代即已植梅，万历年间开始兴盛，其盛况持续到康熙末年，乾隆间余威犹烈，仍多可观，而其盛名更是籍籍人口。鼎盛时从秦亭山北麓今古荡一线到留下（今留下镇）十八里沿路山麓坞坡均是梅花，西溪沿岸及溪北河渚（今西溪湿地公园所在地）一线也遍植梅竹，其规模与邓尉差可比拟，而持续时间也有一个半世纪。在当时的规模和地位都位居第二。

（二）历史意义：名都物华与盛世风景

不仅是风景规模，邓尉、西溪两地梅花盛事孕育于苏、杭两地自然山川、风土人情的一片沃土，生动体现了明清两代江南地区经济、文化高度发展的社会风貌。

邓尉、西溪两地山水幽胜，景观资源极为丰富。邓尉僻处苏州远郊，濒临太湖，山峦连绵起伏，湖光山色交映，有"吴中第一"胜概之誉[①]。西溪居西湖北山之阴，诸山连绵弯环阻隔，四境群山环绕。在西湖风景为市井喧阗日益消融的情形下，西溪越来越显示出闲遽后院的特点，正如张岱所说："西湖真江南锦绣之地，入其中者目厌绮丽，耳厌笙歌，欲寻深溪盘谷可以避世如桃源菊水者，当以西溪为最。"[②]这些丰富的山水风景资源对梅花景观无疑是一个有力的烘托与渲染，大大增强了其吸引力。这也是两个梅花名胜誉满天下的一大因素。

进而言之，苏、杭两个江南名郡，两个魅力城市更是为两地梅景的兴盛和闻名提供了深广的依托。长江中下游自古是我国重要的梅产区，尤其是杭、越（今浙江绍兴）、苏、湖（今浙江湖州）、金陵、扬州一带，宋以来成了栽培梅花尤其是观赏栽培的中心。苏杭双城正是这黄金分布线上的核心，宋以来栽培规模和观赏传统就较为突出。古言

① 周永年：《邓尉圣恩寺志》卷五。
② 张岱：《西湖梦寻》卷五，清康熙刻本。

"上有天堂，下有苏杭"，两地素以山水清嘉、物产富饶、市井繁华著称。明中叶至康乾盛世更是经济发展、人物荟萃、市井繁庶，湖山宴游之风大盛。邓尉、西溪这样大规模梅林的种植与产销，依赖于两个城市庞大的消费市场，而花期的游赏之盛更是得力于两个城市特有的旅游吸引力。如果远离苏、杭这两个江南名郡，远离这两个明清时期江南两大著名的消费城市和旅游城市，邓尉、西溪是否还能产生如此盛大的梅花景观，是否能如此历久不衰、名甲天下，就很难想象了。因此说，邓尉、西溪两大梅花风景是苏、杭为代表的江南地区自然山川、社会文化沃土上盛开的两条奇葩，承载了丰厚的现实滋养，代表了这一地区物产富饶、社会发展的美丽、繁华景象。

值得玩味的是，两处风景同时兴盛于明代嘉靖、万历年间，一同延续到康乾盛世，都以康熙年间臻于极盛。如果不是康熙末年遭遇大水，西溪梅花受淹遽衰，应该也会与邓尉一样盛况涵盖整个乾隆之世。从明中叶到康乾之世正是江南地区经济、文化迅速发展的时期，虽然其间有明清鼎革这样的大变故、大动荡，但经济、文化的繁荣发展是这一地区的基本趋势。邓尉梅花的真正衰落是从嘉庆年间开始的，这也正是整个封建王朝全面衰亡的开始。这不是一个历史的巧合，而是有着时势的必然，梅花种植及其观光旅游的繁荣是与广阔的时代气运息息相关的。康乾二帝六下江南，均驾临邓尉、西溪，其中乾隆六次到邓尉赏梅，这是其他梅花名胜无缘遭遇的荣宠盛事。但从这一历史场景而言，邓尉、西溪梅花是封建社会后期迎接盛世而绽放的花朵，其意义不只在江南一方，而是整个封建时代的一个象征，其"恭逢盛世"之中有着丰富的社会历史机缘。如果离开了明嘉靖、万历以来江南都市经济繁荣的情景，尤其是如非走向康乾盛世这样的时代氛围，邓尉、西溪是否还能产生如此盛大的梅花景观，是否能如此历久不衰、名甲天下，也是很难想象的。从这个意义上说，邓尉、西溪梅花是封建盛世酿成的风景，正是在走向盛世的氛围里蕴发的风景资源，以其盛大的规模和持久的气运，代表了古代梅花风景资源发展的最高境界。

总结我们的论述，大庾梅岭、罗浮梅花村、西湖孤山、苏州邓尉、杭州西溪是古代最重要的五大梅花风景名胜，有着显著的经典意义，古人对此已有基本共识。庾岭、孤山、罗浮三地主要成名于古籍记载、文人遗迹和诗文掌故，时代较早。由于自然条件有限，艺梅实不称盛，但却具有特别重要的历史地位和深厚的人文意义。大庾岭是梅花风景的源头；孤山由林逋隐居咏梅而闻名，是梅花风景的人文圣地；罗浮梅花村以其月夜梦仙的幽美传说，带给人们无限的绮思与遐想，成了梅花风景中的方外仙境，具有超凡脱俗的神奇色彩。邓尉、西溪梅花属于乡村经济种植所形成的风景，从明中叶开始兴起，一直持续到清康乾盛世，邓尉"香雪海"余绪一直绵延至今，无论风景规模还是盛况持续时间都远过于同类名胜。它们的形成有着封建社会后期社会形势与两景所在的苏、杭两地山川地理、经济文化发展的区域优势相互激发化育的深广因缘，代表了我国古代梅花风景资源发展的最高境界。上述五地各以悠久的历史、盛大的规模或深厚的文化意义取胜，是我国古代梅花风景旅游最主要的历史场景，构成了我们民族梅花观赏中较为核心的文化记忆，获得了典型的符号象征意义。它们是古代梅花观赏文化的重要历史遗产，值得我们特别珍视，并切实地加以继承和维护。

［原载《阅江学刊》2011 年第 1 期］

南京梅花名胜考

南京古称"江南佳丽地，金陵帝王州"，山水秀丽，物产富饶，文物风流。而梅花风景自古逶迤不绝，极为丰富。笔者近年考述历代梅花名胜，成《中国梅花名胜考》一书，由中华书局2014年出版。因在南京生活40年，他乡久居胜故乡，遂尤多着意，专著此册，较其他地方所述为详，总计5万余字，谨供南京爱梅尚雅之士参考。凡已经析出单篇公开发表或见于《中国梅花名胜考》中的部分，此处均只录题而略文。

一、六朝南京梅花

梅花"以花闻天下"[1]是从魏晋开始的，在此之前，有关梅花的记载，只有刘向《说苑》所载春秋越国使者以梅花为礼物谒赠梁王之事，而魏晋，尤其是东晋、南朝以来，梅花开始备受人们喜爱和赞美。南京地处长江下游的南岸，作为东晋、南朝的首都，得天时地利人和，在当时梅花观赏或梅文化的兴起中真可谓是首善之区，处于主导地位。

首先是皇室与贵族的喜爱。有两个梅花典故集中反映了梅花在当时宫廷与都城贵族生活中的地位。一是雕梁画梅。东晋太元中（约387年），谢安主持修缮宫室，"造太极殿欠一梁，忽有梅木流至石头城下，因取为梁，殿成，乃画梅花于其上，以表嘉瑞"[2]。所说梅木显然不是今天所说的梅树，而是樟科楠木，但画梅表瑞，却应是今天

---

[1] 杨万里：《洮湖和梅诗序》，《诚斋集》卷七九，《四部丛刊》本。

[2] 张敦颐：《六朝事迹编类》卷一。南朝陈沈迥《太极殿铭》："昔晋朝缮造，文杳有阙，梅梁瑞至，画以标花。"《全上古三代秦汉三国六朝文》全陈文卷一四，中华书局1985年版。

我们所说的梅花，这不仅标志着绘画领域梅花题材的出现，而且用作生活装饰，也充分说明了人们对梅花的爱重。二是梅花妆。《宋书》记载，宋武帝寿阳公主每日卧于含章殿檐下，梅花落公主额上，成五出之花，拂之不去，皇后留之，遂称梅花妆，后人效仿之①。事关起源，不免神乎其说，但也曲折地反映了当时宫廷妇女对梅花的喜爱，说明梅花已成当时女子面靥的一个时尚图案。与此相联系，梁陈时期的咏梅诗赋中经常写到宫廷佳丽摘梅插鬓、对镜梳妆的情景。如鲍泉《咏梅花诗》"度帘拂罗幌，萦窗落梳台。乍随纤手去，还因插鬓来"②，萧绎《龟兆名诗》"折梅还插鬓"③。也写到妇女人日或立春等早春时令剪彩作梅花的风俗。如萧纲《雪里觅梅花诗》"定须还剪彩，学作两三枝"④，宗懔《早春诗》"剪彩作新梅"⑤。梅花的清丽花色和时令特色得到宫廷女子乃至广大妇女的青睐，成为生活装饰的重要素材。

　　这些花艺活动的情形应有当时宫廷园林梅花种植的背景。在建康（今南京），六朝皇家苑囿华林园（东晋）、乐游苑、上林苑（宋）、新林苑、芳乐苑（齐）、建兴苑、王游苑、芳林苑（梁）等，私家园林如王导西园、谢安园、司马道子园等都盛极一时。江南优越的自然条件，便于花草果木的种植营景。而梅花已成了最重要的品种之一，至少我们可以确认，到梁陈时期，京城园林的梅花种植已极其普遍，这可从当时的文学作品中感受到。萧纲《梅花赋》："层城之宫，灵苑之中，奇木万品，庶草千丛。……梅花特早，偏能识春。……乍开花而傍嶺，或含影而临池。向玉阶而结采，拂网户而低枝。"⑥萧悫《春庭晚望》："春庭聊纵望，楼台自相隐。窗梅落晚花，池竹开初笋。"⑦陈叔宝《梅花落二首》："春砌落芳梅，飘零上凤台。"⑧萧纲、萧悫、陈叔宝所写有傍嶺、临池、阶畔、窗下梅花，足见当时皇家、贵族园林梅花种植之普遍、方式之多样、景观之丰富。不仅是皇家园囿，即士人宅园别业也多植梅花。如芳林苑东面著名的江总宅即是，其《岁暮还宅》诗写道："悒然想泉石，驱驾出城台。玩竹春前笋，惊花雪后梅。"⑨可见也富于梅竹之景。

　　南朝诗歌中还提供了都城建康民众春游赏梅更为广阔的情景。陈朝江总的《梅花落》最值得注意："腊月正月早惊春，众花未发梅花新。可怜芬芳临玉台，朝攀晚折

①　《太平御览》卷九七〇引《宋书》，清文渊阁《四库全书》本。
②　鲍泉：《咏梅花诗》，《先秦汉魏晋南北朝诗》下册，中华书局1983年版，第2027页。
③　萧绎：《龟兆名诗》，同上书，第2043页。
④　萧纲：《雪里觅梅花诗》，同上书，第1954—1955页。
⑤　宗懔：《早春诗》，同上书，第2326页。
⑥　张溥：《汉魏六朝百三家集》卷八二上，清文渊阁《四库全书》本。
⑦　《文苑英华》卷一五七，中华书局1966年版。
⑧　《先秦汉魏晋南北朝诗》下册，第2507页。
⑨　江总：《岁暮还宅》，同上书，第2590页。

还复开。长安少年多轻薄，两两共唱《梅花落》。满酌金卮催玉柱，落梅树下宜歌舞。金谷万株连绮甍，梅花密处藏娇莺。桃李佳人欲相照，摘叶牵花来并笑。杨柳条青楼上轻，梅花色白雪中明。横笛短箫凄复切，谁知柏梁声不绝。"[1] 诗中所说长安借指南朝都城建康，腊月、正月梅花盛开时节，京城少年花间歌酒纵游，闺阁佳丽折枝竞赏，一派风流绮丽的生活画面。

上述宫廷奢华、园池雕丽、都市宴游之生活情景都统一于东晋、南朝富庶奢华的整体氛围之中。随着偏安江南局面的形成和江南经济的开发，贵族庄园经济和都市商品经济长足发展，以宫廷与门阀贵族为主导，逐步弥漫起绮艳奢靡享乐的生活风气，史家所谓"百户之乡，都市之邑，歌谣舞蹈，触处成群"[2]，"都邑之盛，士女昌逸。歌声舞节，袨服华妆，桃花渌水之间，秋月春风之下，无往非适"[3]。而都城建康无疑是其中核心，正是由其风流绮靡的帝都风尚，"江南佳丽地"的自然条件，孕育了梅花欣赏的"第一次浪潮"。乐府《梅花落》创作的流行，文人咏梅诗赋的大量出现，梅花绘画的产生都出现于这一时期。可以说正是从南朝时的建康（今南京），开始了梅"以花闻天下"，广为人们认知和欣赏的历史新纪元。

二、南朝梁芳林苑梅花

在南朝诸多园林中，萧梁时芳林苑最值得关注。芳林苑，一名桃花园[4]，本齐高帝旧宅，后建为青溪宫，梁武帝改称芳林苑，故址大约在今南京市白下路与龙蟠中路交界处一带。"梁武帝天监初，赐（萧）伟为第。伟又加穿筑，增植嘉树珍果，穷极雕丽。""每与宾客游其中，命从事中郎萧子范为之记，梁蕃邸之盛无过焉。"[5] 萧伟，南朝梁武帝萧衍弟。齐末为雍州刺史，天监元年（502）封建安王，因有恶疾，久居建业（今江苏南京）不出，天监六年都督扬、南徐（治今江苏镇江）二州军事并扬州刺史。中大通四年（532）为中书令、大司马。诗人何逊任萧伟府参军、记室，有《咏早梅诗》："兔园标物序，惊时最是梅。衔霜当路发，映雪拟寒开。枝横却月观，花绕凌风台。"[6] 所谓兔园即指芳林苑，却月观、凌风台是其中新增的两座建筑，从何逊诗

---

① 《先秦汉魏晋南北朝诗》下册，第 2574 页。
② 沈约：《宋书》卷九二，清文渊阁《四库全书》本。
③ 李延寿：《南史》卷七〇，清文渊阁《四库全书》本。
④ 蓝应裘《（乾隆）上元县志》卷一三："在古湘宫寺前。"广陵古籍刻印社 1989 年影印乾隆刊本。
⑤ 姚思廉：《梁书》卷二二《太祖五王列传》，清文渊阁《四库全书》本。
⑥ 《先秦汉魏晋南北朝诗》中册，第 1699 页。

中可见，建筑周围环植梅树。两建筑制名既佳，早春季节玉枝环绕，花气袭人，想必一派飘飘欲仙之境界。何逊这首诗是咏梅诗兴起之初最为重要的作品，杜甫《和裴迪登蜀州东亭送客逢早梅相忆见寄》："东阁官梅动诗兴，还如何逊在扬州。"后世注杜者误认此扬州为广陵扬州，人们遂以何逊所咏为维扬官廨梅花，成为一段维扬佳话，并成了诗家咏梅的习用典故，广为人们熟知。但自晋以来，扬州刺史治丹阳郡，郡治在建业（今江苏南京），与隋唐以来的扬州（今江苏扬州）并非一地。

三、隋唐、宋元时期的梅花

隋以来的南京，失去了昔日的重要与繁华，政治、经济地位明显下降。相应地，文物风流也让位给作为唐、宋、元三朝国都的西安、洛阳、开封、杭州、北京等城市，即便在长江中下游地区也难与新兴的淮左名都扬州相抗衡。当然梅花是不会绝迹的，从古人的作品中，断断续续我们都能看到一些梅花分布的踪迹。

在唐代，有李白的作品为证。《长干行》"郎骑竹马来，绕床弄青梅"的名句广为人知，这里写的是果实，但总是开花在前。《新林浦阻风寄友人》："昨日北湖梅，开花已满枝。"所谓北湖，即今天的玄武湖，在金陵古城北，因称北湖。可见当时的玄武湖畔盛产梅花。

南唐建都南京，相应的梅艺信息也丰富一些。首先是南唐宫中，"李煜作红罗亭，四面栽红梅花，作艳曲歌之"①，这是从《西京杂记》记述梅花品种以来的七个世纪第一次重提红梅品种。入宋后红梅成了重要的观赏品种，这是南京地区在梅花栽培方面作出的又一贡献。江梅种植显然更多，李煜《清平乐》："砌下落梅如雪乱，落了一身还满。"可见当时宫廷江梅之盛。再看官署。大约开宝二年（969），中书舍人徐铉兄弟与宰相殷崇义（入宋后改姓名孟悦）有唱和史馆梅花之举。徐铉诗题作《史馆庭梅见其毫末，历载三十，今已半枯，尝僚诸公，唯相公与铉在耳。睹物兴感，率成短篇，谨书献上，伏惟垂览》②，可见这株东观梅花已有三十多年的树龄，在南唐改元之初就已出现。据北宋《宣和画谱》记载，南唐花鸟画家徐熙有《梅竹双禽图》《雪梅宿禽图》等梅画四幅，其孙徐崇嗣有《梅竹鹩子图》二幅③。而同时驰名西蜀的花鸟画家黄筌、黄居寀父子却以画牡丹著称，《宣和画谱》所载黄氏父子681幅画中无一梅花题材。

① 李颀：《古今诗话》，郭绍虞辑：《宋诗话辑佚》上册，中华书局1980年版，第233页。
② 此番唱和，徐铉有诗两首，徐锴两首，殷崇义三首，并见徐铉《骑省集》卷五，清文渊阁《四库全书》本。
③ 《宣和画谱》卷一七，清文渊阁《四库全书》本。

两相比较，可见当时南京的社会生活和文化风气中应有一股喜爱和重视梅花的氛围。

宋元时期的南京，地缘地位有所提高，尤其是南宋时期，高宗曾短暂驻跸，并建有行宫，改称建康府，设江南东路安抚司以治之，为沿江重镇。这个时期南京地区的梅花在文人作品和有关文献中也得到了较多的反映。我们可以举几个代表。

一是北宋王安石。王安石，抚州临川（今属江西）人。景祐四年（1037），其父王益通判江宁府（治今南京），两年后死葬南京，王安石奉母、兄居丧，遂移家江宁，后来其母亲、长兄王安仁、儿子王雱也都葬于江宁。嘉祐八年（1063），王安石居母丧，到熙宁元年（1068）奉诏越次召对，主持“熙宁变法”，其间一直居江宁。熙宁七年（1074）、熙宁九年罢相后又退居江宁，直至去世。在王安石心目中，江宁是第二故乡。王安石现存作品中有40多篇涉及梅花（梅雨之类不计），20多篇咏梅或以梅花为主要描写对象，其中90%作于江宁。这本身就反映了当时江宁梅花的繁盛，具体作品更能说明情况。如写寺院有《饭祈泽寺》：“山白梅蕊长，林黄柳芽短。”[1]《庚申正月游齐安》：“水南水北重重柳，山后山前处处梅。”[2]祈泽寺在宋府城东南三十五里祈泽山，齐安寺在府城东门外三里，两地漫山皆梅，花期一片雪白。写郊野，《沟港》：“沟港重重柳，山坡处处梅。”[3]沟港，一名潮沟，在王安石半山园南，本东吴所开运渎，沟通长江、玄武湖与青溪诸水，这时沿沟山丘处处有梅。写文人园墅有《金陵即事三首》其一：“水际柴门一半开，小桥分路入苍苔。背人照影无穷柳，隔屋吹香半是梅。”[4]总之无论城内城外、寺院民居、山间水滨，梅花之分布极其普遍，而且呈现一种繁盛的景象。从王安石作品中还可以看到，当时南京周边地区的梅花分布也比较多，如《独山梅花》[5]《次韵宋次道忆太平早梅》[6]。独山在溧水县，今由南京市管辖，太平州治在今安徽当涂，去南京不远。另外，王安石作品还提供了当时一些相关园艺等方面的信息，如《证圣寺杏接梅花未开》[7]，证圣寺在城内南宋行宫后，当时已以杏接梅。又如《耿天骘许浪山千叶梅见寄》[8]，耿是乌江人士，王安石退居江宁后，与王安石过从甚密，浪山当在乌江附近[9]，所产千叶梅是一个地方特色品种[10]，王安石引种半山园。众所周

---

[1] 《全宋诗》第10册，北京大学出版社1991—1998年版，第6540页。
[2] 同上书，第6698页。
[3] 同上书，第6675页。
[4] 同上书，第6705页。
[5] 同上书，第6645页。
[6] 同上书，第6621页。
[7] 同上书，第6722页。
[8] 同上书，第6694页。
[9] 乌江镇在今长江北岸苏、皖两省交界处，至迟从清朝以来分属安徽和县、江苏江浦两县所辖，江浦县今并入南京浦口区。
[10] 王安石《耿天骘许浪山千叶梅见寄》：“闻有名花即漫栽，殷勤准拟故人来。故人岁岁相逢晚，知复同看几度开。”《与天骘宿清凉广惠僧舍》：“故人不惜马虺隤，许我年年一度来。野馆萧条无准拟，与君封殖浪山梅。”（《全宋诗》第10册，第6694页）郭祥正《寄耿天骘二首》其二：“北山曾赏浪山梅，梅蕊含冰一半开。国老（引者按：指王安石）自亡梅自发，送梅人亦悲哀。”（《全宋诗》第13册，第8992页）两人都直称浪山梅，王安石更称“名花”，可见是一个特殊品种。

知，王安石集中颇有几首专题咏梅之作，其中《独山梅花》《梅花》（"墙角数枝梅"）①、《红梅》②，与知府王晢等人唱和的《与微之同赋梅花得香字三首》③《次韵徐仲元咏梅二首》④ 等作品都较著名。另王安石还有《与薛肇明奕棋赌梅花诗输一首》⑤。透过王安石作品中这些零星的资料，我们不难感受到当时的江宁府不仅梅花种植颇盛，而且相应的文人欣赏游艺活动也较频繁。

另一是周应合《景定建康志》所记建康府行宫、官署等地的园林植梅：行宫养种园有梅堂⑥，后改名为玉雪⑦；乌衣园士谢故居"梅花弥望，堂曰百花斗卜"⑧；府治"梅亭曰雪香，海棠亭曰嫁梅"⑨。这是南宋的情况。

再就是元人诗文所及。胡助《发建康二首》其二："颇怪清寒似鹤身，不栖林涧走风尘。明朝又过钟山去，山下梅花冷笑人。"⑩ 是说钟山沿路有梅花分布。王冕的诗中有两首言及金陵梅花，一是题画诗《梅花》："昔年曾踏西湖路，巢居阁上春无数。雪晴月白影精神，玛瑙坡前第三树。……今年来看秦淮水，路隔西湖一千里。草堂上是白云窝，夜半松风唤子起。青山隔世无游尘，云根粉壁光如银。长啸一声月入户，孤山处士来相亲。江南梅花自有主，休问当年何水部。山僧对我默无语，柏子无风堕青雨。"⑪ 虽然描写比较含混，但既然与西湖孤山相提并论，想必所见梅花也颇为可观。另一是《偶书》："绣衣骢马金陵道，谁把梅花仔细看。"⑫ 与胡助的诗歌立意相近，可见当时金陵官路植梅花较多，是比较常见且具有一定代表性的风景。

（此下原有"灵谷寺梅花坞"一节，发表于《阅江学刊》2009 年第 1 期，题《钟山灵谷寺梅花坞考》。也载笔者《中国梅花名胜考》内编二。）

四、明清时期公私园林、佛寺道观等梅花景观

南京属江南丘陵地带，除灵谷寺梅花坞外，周围及城中多山，丘陵起伏连绵不绝，

---

① 《全宋诗》第 10 册，第 6682 页。
② 同上。
③ 同上书，第 6630 页。
④ 同上书，第 6628 页。
⑤ 同上书，第 6694 页。
⑥ 周应合：《景定建康志》卷一，清文渊阁《四库全书》本。
⑦ 张铉：《（至大）金陵新志》卷一二上，清文渊阁《四库全书》本。
⑧ 周应合：《景定建康志》卷二二。
⑨ 周应合：《景定建康志》卷二四。
⑩ 胡助：《纯白斋类稿》卷一七，清文渊阁《四库全书》本。
⑪ 王冕：《梅花》，《竹斋集》续集，清文渊阁《四库全书》本。
⑫ 王冕：《竹斋集》卷上。

野生与土户种植梅花颇盛，而明清时期南京丘陵郊野、公私园林和玄观梵刹的梅花种植也较为普遍。仅就康熙二十四年（1685）二月石涛"策杖探梅，独行百之余，青龙、天印、东山、钟陵、灵谷诸胜地"所见，除"孝陵梅花坞"（按：实指灵谷寺梅花坞）外，就得题"上六道中梅花""南村书院梅花""天印山古定林寺梅花""青龙山古天宁寺梅花""东山海祖塔院梅花""古祈泽寺梅花""钟陵梅花""长干寺梅花"等八处①，足见当时石城内外梅花分布之繁盛。兹就各类方志古籍和文人诗文所及分类考述如次：

（一）城郊山村

1. 梅花村

地在今太平门外蒋王庙北，清时这里有刘家井、王家井等村名，明末清初黄冈人杜濬客居南京，死葬于此。方苞《杜茶村先生墓碣》："长沙陈公沧州来守金陵，谓先生其乡人之能立名义者，哀其志，为买小邱蒋山北梅花村，召先生从孙扬文及故人会葬。"② 既称梅花村，想必乡民种梅颇盛。朱直《会葬杜茶村先生》："茶村冷骨葬梅花，清节惟应一奠茶。"③ 民国王逸塘《今传是楼诗话》记冒广生等曾前往吊祭，时"梅花之盛，已非复从前"，"墓前虽有梅花，然询村人以梅花村，则瞠然不省也"④。

2. 燕子矶等江边梅

（此节内容请见笔者《中国梅花名胜考》内编二。）

3. 摄山

摄山，又名栖霞山，在今南京东北。摄山有梅，最早可以追溯到唐人张羿（一本作张晕、张汇）《游栖霞寺》："潮来杂风雨，梅落成霜霰。"⑤ 可见唐时山间即有梅花。明中叶欧大任《江南游记》称摄山白乳泉（一名白鹿泉）"度石涧，古梅三四株"⑥。明末张怡隐居此山，广植松、梅、桂、竹等，梅花"移自前涧，茂发殊盛"⑦。清时戴瀚（1686—1755）《摄山十咏》其六《梅花坞》："空谷积烟霜，山天共混茫。老僧忘

---

① 《石涛书画集》第1卷，株式会社东京堂昭和53年（1978）版，第248—249页。康熙十九年石涛来金陵，寓居长干寺九年。

② 方苞：《杜茶村先生墓碣》，《望溪先生文集》卷一三，《续修四库全书》本。

③ 朱绪曾：《国朝金陵诗征》卷一四，光绪十一年刊本。

④ 王逸塘：《今传是楼诗话》第570条，辽宁教育出版社2003年版。

⑤ 《全唐诗》卷一一四，清文渊阁《四库全书》本。

⑥ 欧大任：《欧虞部集》文集卷九，《四库禁毁书丛刊》本。万历四十二年钟惺《白鹿泉》诗："梅影过桥立，苔文与石同。"《隐秀轩诗》黄集。

⑦ 陈毅撰，汪志伊删补，钱大昕考订：《摄山志》卷五，《中国佛寺志丛刊》影乾隆五十五年刊本。

鼻观，认作木犀香。"① 梅花坞与六朝松、栖霞寺、桃花涧等山中名胜齐名，可见梅花种植颇具规模。

（二）寺院道观

1. 衡阳寺唐梅

戴澳《杜曲集》（崇祯刊本）卷四《吊衡阳寺唐梅》序："衡阳寺，在栖霞之南三里，有古梅一本。树合抱，目唐迄今，岁以孙枝著花，欲为唐以上人者，览斯梅宛有遇也。万历末年寺废，栖霞僧来窟其中，厌游人之以梅集也，而忍肆其酷。不知高人韵士，转以嗟惋，时来凭吊。视其托根之处，不异著花之时，游人未尝减而反多。烧琴煮鹤一骂柄，余亦其人，吊之以诗。"诗："梅乎梅乎，安知非即摄山之霞、钟山之云乎？"据至正《金陵新志》卷一一，此寺本古宝城寺基，晚唐天祐三年（906）徐温重建，赐今额。梅或那时所植，而毁于万历末年。

2. 能仁寺

寺本南朝刘宋时建，在城南，明移建聚宝门（今中华门）外，地址在今雨花西路中段的能仁里。王友亮《金陵杂咏·能仁寺》题注："能仁、碧峰俱在南门外，相近，寺有古红梅一株。"诗称："野径多穿竹，僧房半作榛。"② 可见此时寺已见衰败。甘熙《白下琐言》："聚宝门外能仁寺一株，色淡红而心素，枝多下垂，呼为覆水梅。寺已败圮，开时游人杂沓"，"相传六朝物"③。可见至清嘉庆、道光间寺已败圮，而梅花仍为一景。《（同治）上江两县志》卷三："寺有梅一株，虬枝盘铁……名曰覆水，盖六朝物也，今亡。"可见同治时此梅已不存。

3. 普德寺

普德寺在聚宝门外、雨花台西北，明正统间创建，殿供铁佛，俗称铁佛寺。道光元年（1821）周宝偀《金陵览胜诗考》卷九记金陵杂物有"普德四梅"一目，四株梅树"在大殿前，花曰覆水，开最迟。"卷七《普德寺》诗："引我清狂兴，冰梅树作林。"所谓冰梅，当是形容花色洁白，可见与能仁寺不同，这里的覆水梅属江梅系列品种。

4. 高座寺

清李鳌《金陵名胜诗钞》卷三："高座寺，在雨花台梅冈，晋永嘉中建，名甘露寺……明初重修。"明代中叶熊明遇《高座寺口占》："南京旧有散花台，五六年间去

---

① 朱绪曾：《国朝金陵诗征》卷一五。
② 王友亮：《金陵杂咏》寺观类，清嘉庆十四年（1809）刊本。
③ 汤贻汾：《题钱石叶少尹画梅》诗题注，朱绪曾：《国朝金陵诗征》卷四六。

复来。却喜仙僧多识面，引看高竹与寒梅。"① 明末清初周亮工《高座寺探梅》："须放数枝慰老眼，凭开万树醉春风。" 又康熙中先著《高座寺白牛阁赏梅》《饮高座山房梅下……》诗②。杜濬《二月十二日李匡侯招同邓孝威、范汝受集高座上人山房……》："梅花虽已残，犹胜客飘零。"③ 田林《高座寺看红梅》："探梅江山隈，晴色荒古寺。方开未觉繁，小萼红交媚。"④ 可见至少明末至清顺、康间，寺中梅花颇有特色。

5. 天界寺

天界寺本在城内，元时名龙翔寺，明洪武时徙建聚宝门外今能仁里一带，与灵谷寺、报恩寺并称金陵三大寺，有万松庵、半峰亭等名胜。王世贞《奉要太宰袁公抑之过天界寺上人房，时大司寇陆公与绳后至，谈燕梅花古松下作》："屋后梅花堪尔供，庭前柏子是吾师。"⑤ 可见除松柏外，寺中尚植有梅花。

6. 报恩寺（长干寺）

本名长干寺，始于六朝，在聚宝门外古长干里，明初赐额大报恩寺，嘉靖间焚毁，康熙初重修。石涛《长干寺梅花》题诗："树到古寒根本健，花当初放色香全。"⑥ 可见重修寺院时植有梅花。

7. 铁塔寺（延祥寺）

元萨都拉《游铁塔寺》："江南地僻繁华盛，古寺巍然铁塔存。金屋月梅横夜雨，铜驼露草泣秋原。六朝王气人何在，几度悲风铃自喧。尚有他年旧时字，摩挲一半没苔痕。"⑦ 铁塔寺一名延祥寺，在冶城后冈，即今朝天宫北，"明时寺废塔存，乾隆丙午（引者按：五十一年）夏四月塔圮"⑧。元时已见衰敝，但仍有梅花生长。

8. 永庆寺（白塔寺）

《（雍正）江南通志》卷四三："永庆寺在府北门桥之西，与谢公墩相近，梁永庆公主建，又名白塔寺。明洪武中重建，赐今额。"寺址在今南京五台山东南侧。明谈迁《谈氏笔乘·荣植》："（南京）永庆寺即铁塔寺，古梅唐时物。"⑨ 所谓铁塔寺应是白塔寺之误，可见此寺晚明时尚有所谓唐梅遗存。

9. 吉祥寺

① 熊明遇：《文直行书》诗卷一三，《四库禁毁书丛刊》本。
② 先著：《之溪老生集》卷五、卷八。
③ 朱绪曾：《国朝金陵诗征》卷四一。
④ 袁枚：《江宁新志》卷一三，中国书店 1992 影印乾隆十三年（1748）刻本。
⑤ 王世贞：《弇州四部稿》续稿卷一八，清文渊阁《四库全书》本。
⑥ 《石涛书画集》第 1 卷，第 249 页。
⑦ 萨都拉：《雁门集》卷四，清文渊阁《四库全书》本。
⑧ 王友亮：《铁塔寺》题注，《金陵杂咏》。
⑨ 谈迁：《谈氏笔乘》，上海图书馆藏抄本。

（此节内容请见笔者《中国梅花名胜考》内编四。）

10. 普光庵（菩提场）

（此节内容请见笔者《中国梅花名胜考》内编四。）

11. 隐仙庵

（此节内容请见笔者《中国梅花名胜考》内编四。）

12. 崇化寺梅花水

在明府城神策门外，今南京中央门外。明朱之蕃《金陵四十景图考》（明天启刻本）："梅花水，出神策门由李子岗至崇化寺，岩下一小池泉，石罅中出水，面若散花然，复暗流细涧，出山下。山多梅，因名梅花水。"梅花水在嘉靖以来颇为闻名，游踪颇繁，"后为寺僧葬侵地脉"，至万历时泉水已绝①。关于梅花水的得名还有另外不同的说法，晚明徐应秋《玉芝堂谈荟》卷二四："崇化寺梅花水，甃池一方大如席，泉出自岩石间。相传水泛起泡皆成梅花，或云手掬弄之，滴下皆成梅花，此石乳重厚之故。"这一说法也许更有科学依据，但崇化寺一带有梅花分布，文人题咏屡见言及。明嘉靖间顾璘《梅花水》："泉生石底无泥滓，复映梅花清可怜。山人濯缨明月下，一夜高咏蕊珠篇。"②又有《崇化寺梅泉》："昔游岩中寺，梅花覆寒泉。不到三十载，梅摧只空岩。"③清乾隆间唐一麟《梅花水》："古寺传崇化，冈连幕府山。至今窥石穴，冷冽正潺潺。数里梅共远，香浮雪掩关。陇头春未到，逐水已班班。"④可见梅花水周围断断续续有梅花生长，与泉水相映成趣。

13. 其他寺观祠宇

除了上述几处较为重要的艺梅寺院外，还有一些也有艺梅见诸记载或文人画家题咏，如摄山白鹿泉庵⑤、东郊青龙山天宁寺⑥、祈泽山祈泽寺⑦、方山定林寺⑧、东山海祖

---

① 李诩：《戒庵老人漫笔》卷二，万历刻本。
② 顾璘：《金陵八咏和湛宗伯·梅花水》，《顾华玉集》山中集卷四，清文渊阁《四库全书》本。
③ 顾璘：《崇化寺梅泉》，《顾华玉集》山中集卷二。
④ 李鳌：《金陵名胜诗钞》卷一，道光八年刊本。
⑤ 盛时泰《栖霞小志》："白鹿泉庵"，"庵在中峰涧之上"，"水自石缝中下，穿入涧，注为品外泉，经禅堂以出，盖寺中第一奇观处也，而庵内外尤多梅花、茶树，可摘可烹云。"《中国佛寺志丛刊》本。参见前摄山下。
⑥ 石涛：《青龙山古天宁寺梅花》，《石涛书画集》第1卷，第249页。
⑦ 石涛：《古祈泽寺梅花》，《石涛书画集》第1卷，第249页。
⑧ 石涛：《夜宿天印山古定林寺梅花》，《石涛书画集》第1卷，第248页。

塔院①、永兴寺②、普照寺③、德恩寺④、苍翠庵⑤、安隐讲院⑥、大佛庵⑦、木叶庵⑧、覆舟山下龙光寺⑨、因是庵⑩，另外明郊坛⑪、东岳庙⑫。

（三）园墅

1. 陶谷

（此节内容请见笔者《中国梅花名胜考》内编四。）

2. 遁园

明清时金陵遁园有两个：一是明顾起元（1565—1628）所居，在今集庆门内花盝冈；另一是清初李赞元所营，在清凉山下⑬。顾起元七征不起，家有七召亭。陈作霖《凤麓小志》卷一《考园墅第三》："顾太初少宰遁园，高处为小石山，为横秀阁，为郊旷楼，种梅者为月鳞馆，为快雪堂。"⑭顾起元《园居杂咏·快雪堂》写其园中平冈下有松竹，而"瑶林俨屏幛，珠缀澄氛埃。清气莹心神，泠然濯魄回"。同题《月鳞馆》诗："何意茅檐北，挺此三株树。古根互屈蟠，繁花竞敷布。坐想春风吹，瑶枝曳空素。"⑮两处一为梅林，一为古树，花气都较可观。李赞元《遁园杂咏》："避地清凉下，稍营数亩宫。云霞纷几席，梅竹照帘栊。"⑯是其居处有梅。

3. 僻园

清初佟国器园。金鳌《金陵待征录》卷三："佟园，本魏国家人所为，而李少文

---

① 石涛：《东山海祖塔院梅花》，《石涛书画集》第1卷，第249页。
② 赵宏恩等《（雍正）江南通志》卷四三："永兴寺在梅冈下，明成化初赐额。"文渊阁《四库全书》本。先著：《永兴寺梅》："吉祥干老花迟放，灵谷村深树已残。争似城南永兴寺，初春飞雪覆晴栏。"《之溪老生集》卷二。
③ 赵宏恩等《（雍正）江南通志》卷四三："普照寺在永兴寺旁，元至大间建，明成化间重修赐额。"先著：《探普照寺梅》，《之溪老生集》卷二。
④ 先著《看永兴、德恩两寺梅》："入寺花如雪。"《之溪老生集》卷六。德恩寺在报恩寺东北。
⑤ 先著《次韵苍翠庵探梅》《元旦期集苍翠庵梅下，以雨阻不果》，《之溪老生集》卷二；《苍翠庵梅下赠云辩上人》，同上卷五。苍翠庵地点不详，当与高座寺、能仁寺相近。附近普德寺多松，苍翠环绕，又有碧峰寺，或者其一别名苍翠。
⑥ 姚莹《安隐讲院探梅》："一径幽寻踏草莱，讲堂高傍雨花台。"朱绪曾：《国朝金陵诗征》卷一七。
⑦ 沈达《大佛庵看梅》："两株树老得春先。"朱绪曾：《国朝金陵诗征》卷二八。
⑧ 黄以旂《金陵杂咏·木叶庵》："孤高亭子榜红罗，亭畔梅花树尚多。"朱绪曾：《国朝金陵诗征》卷二七。
⑨ 金森《秦淮竹枝词》："龙光寺里问江梅，几树临风烂漫开。"朱绪曾：《国朝金陵诗征》卷三九。
⑩ 洪嘉植《因是庵》："种梅欲万树，不辨花中庵。"朱绪曾：《国朝金陵诗征》卷四三。
⑪ 余宾硕《金陵览古》"郊坛"："自旧内东出通济门，又东循河行，过正阳门至郊坛。河水从东来，绕坛西流入大江。坛侧建神乐观，以贮乐器。……观旁多种梅花，每花时游冶纷沓。今柴燔祀废，惟层台孤立于牧泽之右，观宇荒凉，梅花零落，无复曩时之盛矣。"上海古籍出版社1983年版。
⑫ 周宝傒《金陵览胜诗考》卷五《小桃园（在东岳庙内，西近随园，以四围多桃林故名，今道士徐景旭仙募资重修）》："扑人山色争排闼，绕屋梅香正放花。"道光元年刊本。
⑬ 金鳌：《金陵待征录》卷三，清道光刊本。
⑭ 陈作霖、陈诒绂：《金陵琐志九种》，南京出版社2008年版，第52页。
⑮ 同上书，第527页。
⑯ 朱绪曾：《国朝金陵诗征》卷四一。

增饰之，后归佟中丞汇白，名僻园，一名南园。"陈诒绂《金陵园墅志》卷上："后为历阳牧夏禹贡所有，则万竿苍玉、双株文杏、锦谷芳丛……梅屋烘晴、春郊水涨……所称十景。"①

4. 苇园

江宁知府侯学诗园。金鳌《金陵待征录》卷三："八月梅花草堂，在碑亭巷，侯康衢太守宅也。梅树八月开花，花皆绿萼，梁闻山以名其堂。"侯学诗《八月梅花诗》序："家人言，红梅秋开者皆绿萼，验之信然。"②

5. 瞻园

清时南京有两瞻园。一是乾隆十七年状元秦大士故居，在今长乐路、武定桥东；一在中华路、夫子庙西，本明初中山王徐达园，清改为藩署园，乾隆为题斋额"瞻园"。此指后者，园以石胜，有最高峰等，另有石坡、梅花坞、平台、抱石轩等景观③。乾隆二十五年袁枚《瞻园十咏为托师健方伯作·梅花坞》："环植寒梅处，横斜画阁东。……春到孤亭上，香闻大雪中。要他花掩映，新制石屏风。"④可见有小亭，环植梅花。

6. 藿甘园

陈诒绂《金陵园墅志》卷上："藿甘园，在全福巷，徐中山王故圃。桐城方恪敏观察居金陵，购而为园。"⑤周宝偀《金陵览胜诗考》卷五《藿甘园》："泉流清可鉴，梅放臭初浓。"

7. 钵山园

在今南京清凉山公园南、龙蟠里西侧，占地约十多亩，因形似钵而得名。"山旧为朱氏园亭，后倾圮"，山之侧有明朝所建四松庵，"嘉庆年间里人胡钟、汪度倡于诸绅，鸠资购之归庵，僧敏文及其孙弥朗主之，山故多梅花"⑥。嘉庆十八年（1813）江宁陶熙卿、陶定申（字子静，？—1853）叔侄"出财饬其敝坏，种卉木，治石磴，作室为陶氏读书之所"。于山顶建阁，极登览四望之美，姚鼐命名余霞阁⑦。此后一两年间管同、梅曾亮、马沅、姚莹等人于此诗酒宴集⑧。道光初年，两江总督陶澍（1779—

① 陈作霖、陈诒绂：《金陵琐志九种》，第441页。
② 朱绪曾：《国朝金陵诗征》卷二三。
③ 莫祥芝、甘绍盘、汪士铎：《（同治）上江两县志》卷五"司门口"条。
④ 袁枚：《袁枚全集》第1册，第304页。
⑤ 陈作霖、陈诒绂：《金陵琐志九种》，第445页。
⑥ 武念祖：《（道光）上元县志》卷一二，《中国地方志集成》本。
⑦ 姚鼐：《余霞阁记》，陈作霖、陈诒绂：《金陵琐志九种》，第740页。
⑧ 姚莹：《博山园图记》，《东溟文外集》卷二，清《中复堂全集》本。

1839）爱此地幽静，继以经营，建印心石屋、陶侃祠等，改名博山园，并捐俸创办惜阴书院，延请山长，教习经书、举业①。园中艺植尤有特色，"其制倚山麓为石台，冠屋其上。台前横艺木芙蓉一行，芙蓉下蜡梅一行间之，梅下又横艺木芍药一行，磴道左右，层艺而下。每一花开，余为所掩，如冬时但见满山黄雪，寒香被远近"②，可见以植蜡梅为主。光绪中改为上元、江宁县学堂，后因山结楼，庋藏典籍，为江苏省立图书馆③，即今南京图书馆龙蟠里分部所在地，近又归江苏省文化厅公署。

钵山梅花由来已久，可能即为朱氏始居所植。嘉庆十八年陶氏叔侄经营时，马沅为作《钵山补种花树记》称："钵山小园，旧以梅著名，岁久荒圮。"可见此前即以梅花称胜。而陶氏整修时，"缭垣以竹，界道以栏，栏左老梅，映带丛桂，中间高柳夫疏"④。咸丰三年梅曾亮有诗回忆嘉庆十八、九年游览四松庵的情景也称："四松庵里古梅多，石甫（引者按：姚莹）邀余每数过。"⑤ 所说古梅，或即朱氏小园原有之遗。嘉庆二十年，陶定申、马沅宴集四松庵，又于钵山上"种梅百树"⑥，这样无论园中，还是山上都植有梅花。这正是道光二十年（1840）龚自珍写作《病梅馆记》前的二十五年，文中所说江宁龙蟠，应即是钵山前龙蟠里，所说"江宁之龙蟠"梅花正是指这钵山园的古梅。清末民初陈诒绂《石城山志》（民国六年刊本）记载，仍称"园中江梅百株"，显然正是嘉庆二十年种植的数量，这也与钵山的规模大致相称。

8. 清凉山、石城山

清凉山，即今清凉山公园所在地，东与随园小仓山相连。石城山即今鬼脸城、国防园及今清凉门桥两侧山脉。两山东西相连，是南京城西最为显要的山水名胜，名流竞相卜宅之地。私园别业多植梅花，如清初画家龚贤居处即有梅花，方文《虎踞关访半千新居有赠》："梅花竹叶充庭际，万壑千峰绕笔端。"⑦ 李赞元遁园在清凉寺侧，其《遁园杂咏》："避地清凉下，稍营数亩宫。云霞纷几席，梅竹照帘栊。"⑧ 康熙间熊赐履朴园，韩菼《朴园记》："朴园者，孝感熊敬修先生别墅也，在石城清凉山侧，中有修竹千竿、老梅数十本，风景幽僻，林木菁茂，隐然丘壑也。"⑨ 乾隆间朱澜得而拓之，改名亦园，"有通觉晨钟、晚香梅萼、画舫书声……十景"⑩。三家都有梅景。更值得关

---

① 甘熙：《白下琐言》卷八，1926 年甘氏重刊本。
② 顾云：《钵山志》卷三，光绪九年刊本。
③ 陈诒绂：《石城山志》，陈作霖、陈诒绂：《金陵琐志九种》，第 399 页。
④ 陈作霖：《国朝金陵文钞》卷七，光绪二十三年刊本。
⑤ 梅曾亮：《孙伯声贻盆梅漫成》其五，《柏枧山房全集》诗续集卷二。
⑥ 陈作霖：《国朝金陵文钞》卷七。
⑦ 方文：《嵞山集》续集卷四，《续修四库全书》本。
⑧ 朱绪曾：《国朝金陵诗征》卷四一。
⑨ 顾云：《钵山志》卷七。
⑩ 陈诒绂：《金陵园墅志》卷上，陈作霖、陈诒绂：《金陵琐志九种》，第 445 页。

注的是，嘉庆、道光间，整个清凉山与石城山及附近城垣山间有不少梅花分布。孙星衍与陈大均的两首题咏清凉山崇正书院江光一线阁的诗作都写到了梅花。孙星衍《江光一线阁次姚比部葂韵》："江水白添连夜雨，岭梅红似半天霞。"①陈大均（嘉庆十八年举人）《登清凉寺江光一线阁》："江山无恙世阅人，梅花万本环城闉。"②所谓万本、如霞云云，不免有诗家敷凑夸张之意③，但也反映了当时清凉山、石城山至石城门（今汉中门）一带城垣山脉梅花分布颇有可观的情景。石城、清凉与钟山地处当时金陵城西北偏隅，山势相连。龚自珍将"江宁之龙蟠"与苏州邓尉、杭州西溪相提并论，称为三大产梅胜地，所谓龙蟠梅花也可能包括附近石城山、清凉山一带城垣沿山分布的梅花景观。

9. 琴隐园

汤贻汾（1778—1853）私园，在纱帽巷，即今南京市珠江路纱帽巷一线。汤贻汾，字雨生，号琴隐道人，武进人，因父死难袭云骑尉，官至温州镇总兵，中年移家南京。太平军入南京，投琴隐园池塘死。园中有十二古琴书屋、琴清月满轩、画梅楼、幽篁里、琴台、黄花径、梅门、藤幄、渡鹤桥、七贤峰等二十四形胜。汤贻汾善画，擅长山水、花果，也好写梅，画梅楼即寓此志，也供有梅画。《琴隐园杂咏二十四首·梅门》诗中写道："南枝与北枝，连理成门户。出入烟霞俦，往来莺蝶侣。中有一老仙，幽栖洞天古。"可见是一处植树横枝交叉如门洞的景致。另《渡鹤桥》诗："桥西竹千竿，桥东梅百树。"④可见是介于梅竹之间的一座桥。另琴隐园旁有狮子窟，背山面水⑤，地势较高，道光三十年汤氏在此新营别墅，并计划"种梅百本"⑥。

10. 愚园

胡恩燮（1825—1888，一说1892年卒）所筑，在今南京集庆门内南侧。本明开国元勋徐达别墅，称西园，植有梅花，王世祯《游金陵诸园记》即记其有古梅、海棠、碧桃等⑦。后为徽商汪氏所得，万历间再易手吴用先⑧，入清后其子孙居之，人称吴家花园。陈诒绂《金陵园墅志》卷上："吴家花园，在杏花村东，即徐氏西园基，桐城

---

① 孙星衍：《孙渊如诗文集·冶城絜养集》卷上，《四部丛刊初编》本。
② 朱绪曾：《国朝金陵诗征》卷三三。
③ 如与孙星衍同时石韫玉《壬申花朝与方葆岩尚书、孙渊如观察、吴梦花文学同登清凉山江光一线阁茶话，走笔成篇》写阁外之景只是"红梅一树迎人笑"，《独学庐稿》三稿卷三，清写刻《独学庐全稿》本。
④ 汤贻汾：《琴隐园诗集》卷二八。
⑤ 陈诒绂：《金陵园墅志》卷上，陈作霖、陈诒绂：《金陵琐志九种》，第452页。
⑥ 汤贻汾：《偶读少游梅花诗……自题墨梅》自注，《琴隐园诗集》卷三五。
⑦ 王世贞：《弇州四部稿》续稿卷六四。
⑧ 顾起元《客座赘语》卷五《金陵诸园记》："西园，在城南新桥西，骁骑仓南……今再易主，属桐城吴中丞。"中华书局1987年版。胡恩燮《六朝石记》引王士祯《六朝松石记》称："园在瓦官寺东北，旧属中山之族，转徙徽商汪氏，今为吴中丞用光（按：当作先）别墅。"胡光国：《白下愚园集》初集卷四，民国十一年刊本。

吴体中中丞用先居金陵所筑者，有葆光堂……桃花坞、梅岭……诸胜。"① 吴用先孙吴元安《西园杂咏十二首·梅岭》："林表一径微，清风动疏影。"② 乾隆时已极凋敝③。同治十三年（1874），胡恩燮购得此地，着意经营拓展，修筑亭阁，叠石凿池，艺花树木，历两年而落成，号愚园，俗称胡家花园，有清远堂、春晖堂、水石居、愚湖、渡鹤桥、梅崦、界花桥、小沧浪等三十六景。频邀时贤名流宴集唱酬，名声大噪，是太平天国干戈动荡后南京私家园林之最。其中梅崦，胡恩燮《三十六咏·梅崦》："种梅三百树，中结茅庵小。幽香扑面来，疏影隔窗绕。"同时邓嘉缉《愚园记》也说："循堤而南不百步，有高阁窿然。距冈阜之上，梅花几三百本，枝干虬曲如铁。时有清鹤数声，起于梅崦之下。"④ 可见种梅颇具规模。清末民初林景渐荒，民国四年（1915）其子胡光国（1825—1924）重加修辟，添筑瑞藤馆、揖蒋亭、海燕楼诸胜，时流题诗中又有菊花山、梅花坞、海棠壁、芍药田、杏村沽酒等，得三十四景⑤。所谓梅花坞仍当梅崦旧址，非新有增添，更名而已。从明初至民国历五个多世纪，几易其主，而诸家园池中都有梅花营景，由此可见南京私园梅花普遍种植之一斑。该园到新中国成立初年即极荒落，由胡氏四房分居，园景多变为菜地，假山与土丘被碎挖出售，区政府曾一度建议出资购买，辟为公园，然未能付诸实施⑥。

11. 吴鸣麒小圃

陈诒绂《金陵园墅志》卷上："小圃，在（中华）门东仓门口，江宁吴鸣麒，字麞伯，官彭泽县令归所筑者。"⑦ 卷下吴鸣麒《小圃冬兴诗》其三："蜡梅被竹欺，锄竹心未忍。"其四："入园百步郎，梅树杂桃树。"⑧

---

① 陈作霖、陈诒绂：《金陵琐志九种》，第433—434页。陈诒绂记中"用先"原误作"用光"，然其父陈作霖《凤麓小志》考街道第一："（西园塘）稍东为吴家花园，以吴中丞用先园而名也。"考园墅第三称"吴本如中丞园，即徐氏西园"，都指吴用先无疑。吴用先，字体中，号本如，桐城籍休宁人，万历二十年进士。历任临川令、都御史四川巡抚、蓟辽总督等。明清时巡抚别称中丞。追溯陈诒绂致误之由，当出自胡家花园园主胡恩燮，其所著《六朝石记》与《患难一家言》两处自述购园之经历，都称本"吴中丞用光别墅"，或者王士禛《六朝松石记》便已因形近而把"先"误书作"光"。分别见胡光国《白下愚园集》初集卷四、卷八。
② 朱绪曾：《国朝金陵诗征》卷一六。
③ 王友亮《东西园》题注："东园在武定桥东城下，西与旧院邻。西园在城南新桥西，皆徐中山别业，今为菜圃，土人犹呼东西花园云。"朱绪曾《国朝金陵诗征》卷二七。吕燕昭、姚鼐《（嘉庆）重刊江宁府志》卷九："中山西园在郡城南新桥西南抵城处，有古松高可三丈，婆娑可爱。下覆二古石，一曰紫烟，一曰鸡冠，上有篆刻，模糊熙宁伯俞等字，朱之蕃题曰六朝松石。明季归桐城吴大司马用先，其子孙犹居之。今松枯死，而石于乾隆间为有势者取去矣。"《续修四库全书》本。
④ 胡光国：《白下愚园集》初集卷一。
⑤ 胡光国：《白下愚园集续集自序》，《白下愚园集》续集卷首。
⑥ 南京市园林管理处档案：《三区五四年园林建设计划建议》，南京市档案馆档案5045-3-18卷。
⑦ 陈作霖、陈诒绂：《金陵琐志九种》，第457页。
⑧ 同上书，第558页。

12. 可园

可园，在红土桥西，今安品街一带。陈作霖（1837—1920）宅园，晚号可园。有凝晖室、养和轩、瑞花馆、寒香坞、丛碧径、延清亭、蔬圃、香无隐廊、蕉径等①。其中寒香坞是梅景。陈作霖《可园记》："凝晖室前梅后蕉"，"自凝晖室廊东出，历篱门，一重梅花夹道，瘦枝冷艳，最宜雪月，是为寒香坞。"②

13. 其他

此外还有姚涮市隐园③、城四朱氏园④、李象先遂园⑤、顾琇松坞草堂⑥、徐氏万竹园⑦、王杞古胜园⑧、张振英宅园⑨、姚履旋桃花涧⑩、浦口魏博半隐园⑪、吴肃卿冶麓园⑫、沈希颖石子岗山庄⑬、方文盍山园⑭、袁于令宅园⑮、朱氏园⑯、刘梦芳半野园⑰、胡

---

①　陈作霖、陈诒绂：《金陵杂志九种》，第 454 页。

②　陈作霖：《可园文存》卷八。

③　《四库全书总目》卷一九二：姚涮，江宁人，"有别墅在秦淮之东，曰市隐园，颇有林麓之胜，标为十有八景，招邀一时知名之士为之记序题咏"。隆庆二年（1568）欧大任《同邢太史、陈明府、杨山人、姚使君集姚鸿胪市隐园玩梅花得东字》，《欧虞部集》韶中稿卷一。

④　王绂《过梅花堂》："春来未几薄雪余，寒驴偶过西城隅。疏花寂历三五树，中有一室幽人居。室中幽人广平后，旅寓看花为花瘦。窗横古影神愈清，杯吸寒香骨应透。"《王舍人诗集》卷二，清文渊阁《四库全书》本。

⑤　陈作霖《凤麓小志》卷一："李象先茂才园，在瓦官寺南，遁园之右门，有长榆数株，清阴夹巷。旧为宁伯邻书屋，仅老梅数株耳。象先扩而辟之，幽邃有佳趣。"陈作霖、陈诒绂：《金陵杂志九种》，第 53 页。

⑥　顾璘《松坞草堂记》称其草堂在石子冈南，《顾华玉集》息园存稿文卷四。又其《松坞草堂新成杂咏》，称其所营山居"地近古新亭"，同时有《种柳》《移松》等诗，又有《落梅咏》写其山居梅花颇盛，见其《顾华玉集》山中集卷一○。

⑦　余怀《味外轩集·戊申看花诗》（百首）其二十一："万竹园东一草堂，细梅零落玉兰香。"黄裳：《金陵五记》，江苏古籍出版社 2000 年版，第 178 页。万竹园与瓦官寺邻，明时即有名，王世贞已有记。

⑧　陈诒绂《金陵园墅志》卷上："古胜园，佚其地，江宁王宗禹大令杞园。有楼居……柏台……梅花坞、晚香圃诸胜。"卷下：王杞《古胜园十咏·梅花坞》："千树梅花绕屋栽，南枝朵朵向人开。"分别见陈作霖、陈诒绂《金陵琐志九种》第 433、625 页。

⑨　陈诒绂《金陵园墅志》卷上："张氏园，在花盝冈，江宁张元度茂才振英园……与顾文庄邻近，互相过从。"《金陵琐志九种》第 434 页。余怀《味外轩集·戊申看花诗》（百首）其十："张家园馆久荒芜，剩有寒梅四五株。"黄裳：《金陵五记》，第 176 页。

⑩　金鳌《金陵待征录》卷一"志地"：牛首山"桃花涧，姚履旋别墅，有桃花涧、净香岩……茶径、梅龛、鹤皋……。"

⑪　金鳌《金陵待征录》卷三："半隐园在浦子口，……桃坞、梅岭、文沼……。"魏博《半隐园十二咏·梅岭》："同心紫带大庾来，白白红红满岭栽。实结他年调羹味，焉知不有傅岩材。"朱绪曾：《国朝金陵诗征》卷四。

⑫　焦竑《冶麓园记》："冶麓园者，吴太学肃卿之别墅也……园北向，在冶城东数百步，颜其门曰冶麓……水事穷，老梅前出，玉蝶、绿萼相间错历。"《焦氏澹园集》卷二一。

⑬　沈希颖：《丙申同子宁、子茂两兄读书石子岗山庄》《山庄老梅》，朱绪曾：《国朝金陵诗征》卷一。

⑭　陈诒绂《金陵园墅志》卷上："盍山园，在瓦官寺侧，桐城方尔止文居金陵所筑者，本宋氏鸥天馆基也。"分别见《金陵琐志九种》第 441 页。方淇茇《饮方盍山草堂》："竹近一庭绿，梅开十月天。"朱绪曾：《国朝金陵诗征》卷三。

⑮　莫祥芝、甘绍盘、汪士铎《（同治）上江两县志》卷五："宫后大街：袁于令宅在此，王渔洋诗所谓'君家冶城下，手把梅花枝'是也。"

⑯　先著《访朱园梅花歌》："吉祥古干枯为薪，朱园梅花今有闻。园因易主花较盛，春风引我来扣门。入门高下数十树，但觉树老花枝新。"《之溪老生集》卷五。该园地址、主人名字未详。

⑰　刘梦芳：《半野园（园有秋水堂、青松白石山房、梅花书屋、积翠轩……）》，朱绪曾：《国朝金陵诗征》卷二六。胡祥翰《金陵胜迹志》卷九："半野园，在东仓巷，为诗人刘必晖之孙梦芳所筑，园中有秋水堂……梅花书屋……随园袁枚亟赏之，觞咏往来为一时之盛。今圮。"

任舆大来别业①、戴衍善冶山居处②、邢崐缘园③、程京萼城西园④、于宾士横山居处⑤、王友亮小园⑥、杨石卿三十树梅花书屋⑦、曹恺堂春水园⑧、薛时雨薛庐⑨、刘文陶园⑩、民国沈秉彝蛰庐⑪、张鼎丞梅溪山庄⑫、半山亭⑬。

　　综观上述梅景，无论山间村野还是公私墅园，梅花都可谓是随处可见，种植极其

---

① 陈诒绂《金陵园墅志》卷上："大来别业，在中正街（今改为白下路），上元胡芝山谕德任舆园。……有函笏轩、松墀、曲池……竹林、月台……雪洞……诸胜。"陈作霖、陈诒绂：《金陵琐志九种》，第448页。胡任舆曾孙胡本渊《大来别业·榴屿》注："上亦有松有梅。"《大来别业·雪洞》："洞中有古梅，几度压寒雪。"朱绪曾：《国朝金陵诗征》卷三〇。

② 戴衍善《醉后放歌》："有客家住石城村，终年足迹不出门。……江南十月春气早，书屋梅花香雪喷。……冶山之旁一亩宫，冶麓之下百步园。灌畦抱瓮生涯足，幽径不来车马喧。"朱绪曾：《国朝金陵诗征》卷三二。

③ 金鏊《金陵待征录》卷三："缘园在皇甫巷，与燕山侯祠毗连。本为徐观察园，今属邢氏，有梅花洞、通幽阁、花雨楼……"陈诒绂《金陵园墅志》卷上：缘园"在大王府巷，徐中山王园址。上元邢崐农茂才崐购而拓之，有亭高耸，登之则冶城山色，如在衣襟带间。其余又有梅花洞、通幽阁……诸处。一曰邢园……"。《金陵琐志九种》，第450页。邢崐《小园杂咏·梅花洞》："老树双溪合，寒流一涧通。春来花下坐，香影影濛濛。"《小园杂咏·通幽阁》："石洞窈而深，老梅横洞口。游客欲探幽，一笑伛偻走。"朱绪曾：《国朝金陵诗征》卷三二。

④ 程京萼《城西杂诗》："傲居城西园，往岁勤保护。……阁下两株梅，枝干半朽蠹。"朱绪曾：《国朝金陵诗征》卷一二。

⑤ 朱绪曾《国朝金陵诗征》卷一四于宾士小传："宾士字燕臣，江宁诸生，居横山之麓。窗前有梅一株，花发邀友人倾樽歌啸，一夕梅忽萎，曰吾将逝矣，未几果卒。"

⑥ 王友亮《小园记》："乾隆丁亥春，予乃治楼前地，中缚架以值秋藤，前叠石以莳牡丹，左右缀以梅杏荆棠。"《双佩斋文集》卷一。

⑦ 侯云松《题杨石卿三十树梅花书屋》："世人爱梅花，缩本植盆盎。拗折强束缚，偃蹇具形相。情知逊天然，聊复投俗尚。岂如子云宅，绕屋得疏放。横斜自我种，交格亦偎傍。以此三十树，散作千亿状。传家有奇字，富溢金石藏。"朱绪曾：《国朝金陵诗征》卷三〇。

⑧ 陈诒绂《金陵园墅志》卷上："春水园，在莲花桥，曹恺堂园。"陈作霖、陈诒绂：《金陵琐志九种》，第452页。胡祥翰《金陵胜迹志》卷九："春水园，在卢妃巷。"《周保绪春水园诗序》：甲申四月始买江氏致园，易其名曰春水，园中之胜曰冲抱堂……曰来鸥馆，疏梅覆水，连梧入云。曰爽来阁……"

⑨ 顾云《薛庐记》："薛庐在钵山。光绪六年，桑根先生门下士为先生筑之，以俪西湖薛庐（先生挂冠后，主杭州讲席，其人士为筑）。先生扩之为别墅者也。……轩楹靓旷，阶梅时花，四座为馨逸。"陈作霖、陈诒绂：《金陵琐志九种》，第496页。陈作霖《题薛庐梅花三首》其一："永今堂外寒梅树，开落纷纷三十春。照眼依然明似雪，可堪不见种花人。"《可园诗存》卷二三。可见薛庐梅花民国年间仍存。

⑩ 陈诒绂《金陵园墅志》卷上："刘园，在聚宝门外，上元刘舒亭文陶园，一曰又来园，有刘公墩、菡苕居、虚明室……访林桥、罢钓湾。"卷下："杨长年《刘园诗·访林桥探春》："幽情乐意总相关，和靖风流在此间。行到小桥看梅鹤，有人错认是孤山。"分别见陈作霖、陈诒绂《金陵琐志九种》，第458、556页。夏仁虎《岁华忆语》记刘园，梅下四五百株，正月花盛开时，裙屐咸集，吟啸其下，为坐香雪海中。南京出版社2006年版，第62页。徐珂《清稗类钞·园林类·又来园》："江宁有又来园，在南门外雨花台侧，人以其为刘舒亭明府所筑也，因呼之曰刘园。"有梅林，"登萦青阁，俯瞰梅花数百本"。朱偰《金陵古迹图考》："今诸景尽废，园墙亦圮，惟疏柳数株，掩映小桥之上，犹有昔日风味也。"中华书局2006年版，第263页。

⑪ 陈诒绂《金陵园墅志》卷上："蛰庐，在（中华）门东仓门口，江宁沈秉彝字舜钦，知上犹县事，归所筑者。"卷中：沈秉彝《蛰庐记》："秋风黄菊，冬雪梅花"。分别见陈作霖、陈诒绂《金陵琐志九种》，第462、512页。

⑫ 陈诒绂《金陵园墅志》卷上："梅溪山庄，在三牌楼，含山张鼎丞铭园。"陈作霖、陈诒绂：《金陵琐志九种》，第462页。

⑬ 半山亭，在今南京中山门内北侧，本王安石故居半山园址，明焦竑等建园山侧。清中叶以来这一带的梅花颇有可观。嘉庆十九年（1814），梅曾亮《题钮非石探梅邓尉图》："请看邓尉山中树，何似半山亭下路。"《柏枧山房全集》诗集卷二。可见此时半山一线梅花颇盛，清末则衰没。光绪二十一年（1895），袁昶《半山亭》："前游萧瑟泫峥嵘（同治己巳来游此山，风景幽邃，洒然异之，用荆公均作诗五章，芜秽今看久不治。细涧犹通八功德，残僧罢习四威仪。梅花斫尽供樵担，苔径依然绣石衣。"《于湖小集》卷四。

普遍。此外还不难看出，上述梅景中，传为古梅的占了不小的比例。其中著名的如明时永庆寺梅号称唐梅，清嘉道间能仁寺、隐仙庵、陶谷梅均传为六朝物，另如吉祥寺、钵山园的古梅也较有影响。而城南聚宝山雨花台一带寺院林立，古梅尤为普遍。康熙朝蔡嵩《正月初六日同陈菊圃过梅冈一带萧寺寻梅》："萧寺多古梅，竹柏莽回互。"[①]南京作为重要的历史古都，文物风雅积淀深厚，同时又地处梅花分布的中心地区，梅花观赏栽培有着绵延悠久、相沿不绝的传统，因此高龄老梅也就比较常见。早在南宋，建康留守吴琚居金陵，就以爱好当地古梅著称[②]。明清时琳宫寺院、官私园林以古梅见称者更是普遍，上述传为六朝、唐梅者未必可信，但也反映了当时南京高龄老梅比较常见的事实。这是南京地区梅艺事业历史过程的一个显著优势与地方特色。

（此下原有"袁枚随园'小香雪海'"一节，请见笔者《中国梅花名胜考》内编二。）

五、南京的蟠梅

所谓蟠梅也称盆梅，所艺多为古梅，以束缚盆栽培育成虬枝屈曲为能事。南京作为历史古都，又是长江流域的中心城市，蟠梅盆景的商品生产和经营较为发达。这也是南京地区古代梅艺事业的一个地方特色。

对此，笔者《龚自珍〈病梅馆记〉写作时间与相关梅事考》[③]一文进行了初步考证。笔者已列举元初郝经《巧蟠梅行》所写当时在真州（今江苏仪征）所见金陵产盆梅，晚明于若瀛所记城南华严寺僧束缚梅枝生产蟠梅，以及清厉鹗、全祖望等人歌咏扬州马曰琯兄弟从南京采购槎牙古梅的情形。这些联系起来，充分说明南宋以来金陵蟠梅生产技术和商品市场的发达。我们仍以郝经《巧蟠梅行》的描写来展示金陵盆梅的技术特色与市井传布情景："金陵槛梅曲且纤，松羔翠箸相倚扶。紫鳞强屈蟠桃枝，藤丝缴结费工夫。白蕊红萼玲珑层，玉钱乱贴青珊瑚。江石细嵌苍藓泥，百巧直要似西湖。盈盈矮矮密且疏，北客乍见忘羁孤。闻说江南富贵家，金漆洞房新画炉。锦帘深垂春自生，绕床罗列十数株。清香透骨满意浓，翠袖捧觞歌贯珠。开残不向前村寻，送新易旧常有余。"[④]藤绳绑制虬枝曲干，贴覆苔藓，并衬以江石。笔者认为，龚自珍把"江宁之龙蟠"与"苏州之邓尉""杭州之西溪"并称为当时的三大产梅盛地，而江宁龙

---

① 朱绪曾：《国朝金陵诗征》卷九。
② 叶绍翁：《四朝闻见录》卷二。
③ 程杰：《龚自珍〈病梅馆记〉写作时间与相关梅事考》，《江海学刊》2005 年第 6 期，又载《梅文化论丛》第 169—178 页。
④ 郝经：《巧蟠梅行》，《陵川集》卷一二，清文渊阁《四库全书》本。

蟠里即城西钵山、清凉山一带没有邓尉、西溪那样方圆几十里，连绵十几里艺梅的条件，龚自珍如此说法，主要是受到当时南京蟠梅生产的影响。

有必要补充说明的是，有关钵山一带的梅花，尤其是龙蟠里钵山园的梅花，我们有了一些新的发现。在龚自珍的时代，钵山园的梅花不只是道光十八年、二十年补种的一百多本，此前这里就"以梅著名"①，前引梅曾亮也有诗称"四松庵里古梅多"，从前面的论述可知嘉庆、道光年间钵山一带乃至于整个龙蟠里所在的石城山、清凉山、乌龙潭一带都有不少梅花分布。但尽管如此，龙蟠里一带的梅花仍属城内边隅小山的分散园墅林景，远不足以与苏州邓尉"香雪海"和杭州西溪十八里那样大规模的产业生产相提并论。龚自珍的感受仍主要来自于南京较为繁盛的梅花盆景商品生产经营的情形。

关于南京的蟠梅生产情况，除前说拙文已引材料外，近来也有一些新的发现。乾隆黄图珌记南京梅桩盆景："南京有扎缚盆梅，枝干下垂，俗呼为罗汉头者。"② 这应该是南京盆梅的一个重要产品。关于销售，嘉庆间冯云鹏《小酉书屋红绿梅开赠姚册高（光典）四首》其一："去年曾向凤台门，买得双梅致此存。千里暗香生海角，望江矶上几销魂（凤台门在金陵道，经望江砠，盆梅失堕几损）。"③ 冯氏为南通州（今江苏南通市）人，远从南京购红梅盆景。咸丰六年，钱塘（今浙江杭州）张应昌自称"花圃所植盆梅多自金陵移来"④。两人所说分别是龚自珍写作《病梅馆记》前后一二十年间的事。同光间扬州方濬颐《香雪亭看梅记》称"性喜花，记儿时读书于抚松草堂，金陵卖花人至，必市一二本植于盆中，以供清玩"⑤。是不仅外地人到金陵采购，而金陵也有行商贩卖外埠，这是一个较为发达的市场情形。

这其中见诸记载的盆梅古桩产地主要有以下几处：

1. 华严寺

万历二十三年李登《（万历）江宁县志》卷四："华严寺在小安德门外临河，寺僧以树艺为业，城中花果所自出。"稍后葛寅亮《金陵梵刹志》卷三二："华严寺在负郭小安德门外南城地，北去聚宝门五里，所领能仁寺三里。寺系古迹，久废，永乐间释佛妙建塔院，奏赐如额。其殿宇多颓，寺僧俱以栽花植果而为佛事。"寺故址在今

---

① 马沅：《钵山补种花树记》，陈作霖：《国朝金陵文钞》卷七。
② 黄图珌：《看山阁集》闲笔卷一三，乾隆刻本。
③ 冯云鹏：《扫红亭吟稿》卷四，道光十年刻本。
④ 张应昌：《北双调·折桂令·旧畜盆梅数枝久槁，庭中小梅二树昨岁丑枯，丙辰新春补买盆花二枝，供之斋中，聊破岑寂，谱此四折》其四注，《烟波渔唱》卷四，同治二年刻本。
⑤ 方濬颐：《二知轩文存》卷二〇，光绪四年刻本。

安德门外雨花镇小行里华严寺（江苏警官学院西侧围墙外）①，明时属小寺，未见记载享有公田，因而除香火收入外，其圃艺种植当是为了补贴生计。而这其中梅花盆景的生产占了大宗。于若瀛《华严寺》诗写道："城南华严寺，寺僧皆种花。繁当花开时，芬芳烂若霞。"② 而其《金陵花品咏》记载最为详细："长干之南七里许，曰华严寺。寺僧莳花为业，而梅尤富，白与红值相若，惟绿萼、玉蝶者值倍之。率以丝缚虬枝，盘曲可爱。桃本者三四年辄胶矣，不善缚则抽条蔓引，不如不缚为佳。以故收藏难，每岁开时，但取一二本，落后则归之。"③ 这里涉及了品种、技术等具体方面，可见其盆梅制作的专业化水平，与郝经诗中所写一脉相承。华严寺的梅花艺植可能延续至嘉庆、道光间，周介福《华严寺》有"冻梅碍帽低，苦茗入喉爽"的诗句④。

2. 凤台门

凤台门，为明南京外城十六门之一，在聚宝山（今通称雨花台）西南⑤，为城郊乡村，明《（正德）江宁县志》载其乡都为凤东、凤西二乡⑥。因地处城郊，村民主要经营圃艺种植，供应城市日用之蔬菜与花果。《（正德）江宁县志》卷三"物产"中就记载"蟠松，出安德、凤台二乡，园丁蟠植有酷类马远画像者，可供庭院盆池之玩"，而蟠梅也应是重要产品之一。计成《园冶》卷三："苏州虎丘山、南京凤台门，贩花札架，处处皆然。"可见其生产规模较为可观。到清乾隆、嘉庆、道光年间，凤台门一带村户的圃艺经营已极具规模，尤其是古梅、盆梅培育已是声名远播。乾隆八年（1743），扬州马曰琯、马曰璐兄弟"从金陵移老梅十三本植于山馆，一时诗人皆有诗"⑦，厉鹗、全祖望、陆钟辉、方士庚、方士庶、唐建中等人均有诗题咏。其中方氏兄弟和唐建中等人诗中都明言梅树移自凤台门，所移都是"束茅带土连云斫"⑧，显然都应是积年地栽的老梅桩树，或者经过缚制的虬曲枝干。对于凤台门外村户花木种植的情况，同时金陵文人作品中也有反映。如道光二十二年（1842）汤贻汾《嘉平月二十七日泉水村为族嫂张安人展墓道中杂记》其一："负郭寒梅一顷红，数家篱落水声中。凤台门外山层叠，黄发看多避世翁（居人种花为业，连畦接畛，如艺圃然）。"其四："为卖新

---

① 南京市 2007 年、2008 年《主城区交通旅游图》均标有华严寺址。2009 年 1 月，笔者曾按图前往寻访，有街道名华严寺，当地居民指认华严寺址，为一土台，土台下有古井、龟趺等遗迹。据说四十年前寺仍有，有三五僧人，少量土地，文化大革命中僧人被遣散，寺渐废圮。

② 于若瀛：《弗告堂集》卷三。

③ 于若瀛：《金陵花品咏·梅》序，《弗告堂集》卷四。

④ 周介福：《华严寺》，朱绪曾：《国朝金陵诗征》卷三九。

⑤ 据朱偰《金陵附郭古迹路线图》所标，凤台门故址在今南京市雨花台区雨花南路与花神大道交汇处。载其《金陵古迹图考》卷尾。

⑥ 王诰修，刘雨纂：《（正德）江宁县志》卷五，《北京图书馆古籍珍本丛刊》影明正德刊本。

⑦ 阮元：《广陵诗事》卷八，江苏古籍出版社 2005 年版。

⑧ 方士庶：《金陵移梅歌》，全祖望等：《韩江雅集》卷一，清乾隆十二年刻本。

桩入市频，轮租昨又共比邻。"其五："老圃生涯但种梅，茅堂恰对小峰开。岁除有几看山客，到此人疑避债来。"①家家种梅，年前进城出售盆景梅桩。这去扬州马氏从凤台山移梅适好百年，至少这百年间，凤台门一带的花木种植较为活跃，而观赏梅花的栽培和销售尤其发达。

3. 摄山

摄山即栖霞山中古梅较多，也成了外方掘发贩运的资源。嘉庆中，扬州两淮转运使署题襟馆也曾从金陵移梅十本。曾燠《题襟馆种梅》："蜀冈小香雪，岁岁花千层。枝干苦不老，剪伐何频仍。隔江栖霞山，灵药气所蒸。群木故多寿，况无斧斤凌。老梅绝可爱，摩挲记吾曾。寂寞题襟馆，岁寒念高朋。径烦健步移，幸荷山灵应。入门貌古瘦，十个栖霞僧。葩瑶虽未发，丰骨已自矜。"②俞国鉴《题襟馆种梅各以其姓为韵》："颇闻摄山有古干，凤台灵谷颜敷腴。"③摄山是与凤台、灵谷相提并论的梅花树桩出产地，而以古树老干著称。

4. 五台山

五台山，在今鼓楼区，五台山体育馆所在地。《（道光）上元县志》曾记载此地有寺院以圃艺为业："地楼在永庆寺傍，庵僧朝宗艺圃为业，积资建之，前供佛缘，后奉文昌张星，东则因地为楼，凡钟阜、孝陵及青龙诸山无不在目。楼前花卉错置，尤多牡丹，开时游人如蚁。"④大概正是这种兼营圃艺的小寺生计，带动了五台山一带的圃艺之风。同治年间，这一带始以艺梅著称。《（同治）上江两县志》卷七"食货"："城外凤台门民善艺花及金橘，城内五台山民善植梅，鸡笼山后人善艺菊，皆以名其业。"显然凤台门仍是花木盆景的生产中心，但五台山民的梅花种植后来居上，五台山地处城内，所谓植梅名业当指盆梅生产。光绪末年陈作霖《金陵物产风土志》的记载与此大同小异，而把五台山民植梅移置"花竹果木"之首，可见整个晚清时期五台山一带的梅花种植一直长盛不衰。

（此下原有三节：

一、"民国时期中山陵园梅花风景的建设与发展"，载《南京社会科学》2011年第2期，题《民国时期中山陵园梅花风景的建设与演变》，也载笔者《中国梅花名胜考》外编。

二、"新中国六十年的梅花山梅景建设"，请见笔者《中国梅花名胜考》外编。

---

① 汤贻汾：《琴隐园诗集》卷二七。
② 曾燠：《赏雨茅屋诗集》卷三，清嘉庆刻增修本。
③ 俞国鉴：《题襟馆种梅各以其姓为韵》，曾燠等：《邗上题襟集》续集，清嘉庆刻本。
④ 武念祖：《（道光）上元县志》卷一二。

三、"现当代的其他梅花景点",请见笔者《中国梅花名胜考》外编。)

[原载南京钟山文化研究会编《专家学者纵论梅花精神》,江苏文艺出版社
2014 年版]

"宝剑锋从磨砺出，梅花香自苦寒来"出处考

"宝剑锋从磨砺出，梅花香自苦寒来"是一道励志格言，寓意精辟醒豁，语言简洁生动，又采取联语的格式，朗朗上口，广为人们传诵引用。但遗憾的是，对其性质和出处都不甚了了，甚至有一些误传。引者多称古语、古诗、古联、古谚，出处有称《增广贤文》《警世恒言》的，更多则称《警世贤文》，也有进一步具体到《警世贤文·勤奋篇》的。

《增广贤文》又名《古今贤文》《昔时贤文》《增广昔时贤文》，今有传本。《警世恒言》书名误，明人有《警世通言》《醒世恒言》《喻世明言》，世称"三言"，未闻有所谓《警世恒言》者。查"三言"及《增广贤文》均未见有"宝剑""梅花"两句。

所谓《警世贤文》，引者有称明人所作，但检索古今书目，未见有关于此书的任何信息。从互联网上检得以《警世贤文》命名的书籍信息最早出现在1995年版袁毅鹏主编《当代民间名人大辞典》、1996年版司惠国主编《中国当代硬笔书法家大辞典》中，两书都著录黑龙江省某县印刷厂一位年轻书法爱好者曾出版《……颜字警世贤文》。如今这位先生在书法、篆刻界小有名气，笔者戊戌年春节前后电话和微信与其联系，他最初称作品书于1993年，所谓《警世贤文》内容见于网络，为"左宗棠"（音）的版本。笔者不免生疑，于是再三请教，承其以微信提供了当年书写的文字，内容约当今网上所见《警世贤文》前半部分，只是稍有节选，条文顺序也略有变化。同时还提供了这样一些信息和看法：一、他肯定《警世贤文》"没有作者"，决非一人所作。二、当年他书写所据是正式出版物，书名《警世贤文》，是一本科普读物类小册子，出版时间大约在1989—1992年，他只是辑抄了其中部分内容。遗憾的是这位先生并未提

供所书《……颜字警世贤文》的图像，因而无法落实其当年所书文字的真实面目。

如今从互联网上能检到《警世贤文》两种版本：

一种当是原始文本，具体又有两种成品形式：一种是大号宋体字印刷的大张横幅挂图，正文后缀以黑体字四字八句品赞之语。有可能是私制售卖品，有不少网友报道见过，如今在孔夫子旧书网上还能查到待售品。还有一种是手制红栏格毛笔书写的16开线装小册。笔者经孔夫子旧书网从沈阳某书商处购得，封面和卷末钤有"正波之印""李子正波印章"等闲章，当是李正波所书。多有笔画错误，当是二手仿制，或也曾用于销售。封面署时"丙子年春"，是1996年。2001年长春时代文艺出版社出版的辽宁作家洪峰（籍贯吉林）《模糊时代》，是一部描写辽南山区乡村生活的小说，开篇即写到地主家庭出身的吕有文"这个读过私塾的小文化人手里拿着一本泛黄的线装书"（第7页），就是《警世贤文》，他读了一段，正是如今网售大张挂图《警世贤文》上印有的文字，显然小说素材应出于这一印本。2002年以来，网络文章渐多引用这一文本。

第二种为类编本，将原本条目按内容分为勤奋、守法、疏财、惜时、修性、修身、处人、待人、防人、是非、宽人、取财、人和、安心、受恩、听劝、谦谨（谦多误作歉）、防忧、劝善、正气等20篇，每篇一条至数条不等。分类稍显繁琐，而名目也不够妥帖。笔者反复搜索，未见有印本报道，内容主要见于网络。改编者不明，或即原编者所为。网上能搜检到2005年9月有相关信息。这一类编本最迟在军事医学科学出版社2006年版温信子编著的《每一天身心健康支持手册》已大量引用（第157、159—163、165—168、177页），同年底江苏教育出版社版南通名师编写组所编《初中思想品德作业本（七年级下册）》（第119页）、2007年黑龙江教育出版社出版的董义主编《现代汉语》（第446页）也见引用，可见类编本最迟应成于2005年。"宝剑、梅花"联在上述两种版本的《警世贤文》中都有，类编本则见于其中的"勤奋篇"。2008年以来，互联网上下引用者遂多称出于《警世贤文·勤奋篇》。

考《警世贤文》内容，主要抄录《增广贤文》中较为通俗易懂、适应当今人情世故的条文。另有少量不见于《增广贤文》，则多属当代流行的格言、俗谚，如"疾风知劲草，烈火见真金"，"书山有路勤为径，学海无涯苦作舟"，"智慧源于勤奋，伟大出自平凡"，"板凳要坐十年冷，文章不写一句空"，"书到用时方恨少，事到经过才知难"，"少壮不经勤学苦，老来方悔读书迟"，"与人方便，自己方便"，"不怕一万，当怕万一"等等，尤其是最后的许多条目，都是上世纪八九十年代广为人知的警句俗语之类。

笔者近半个月在互联网上下求索，发现与《警世贤文》有关的信息最早多与东三省尤其是黑龙江省这一地区、书法爱好者这一群体有关，因而妄自揣测，所谓《警世贤文》最初有可能由黑龙江省或东北某位书法爱好者出于个人兴趣抄辑而成，本以自娱和赠友，时间当在上世纪九十年代早期。适逢九十年代中叶以来市场经济尤其是互联网信息蓬勃发展，编者或其周围朋友、熟人有意或无意印刷商品销售，又推送至网络，被人们误作《增广贤文》之类传统蒙学或古贤语录文献资料。由东北而华北而全国，由书法界而教育界而政法界，由市场而网络广泛流传，俨然成真。也正是在上世纪八九十年代，"宝剑、梅花"一联脍炙人口，风头极盛，遂被编者辑录其中。因此我们说，"宝剑、梅花"两句不是什么古诗名句、古人名联，更非出于明人，而是上世纪八九十年代流行的时语俗谚。

接着的问题是，这一时语俗谚或流行格言起于何时。民间俗谚远非名家名言、经典语录那样有确切的文本依据和具体的历史源头。好在如今信息化时代，各类电子文献和网络信息数据的检索比较方便，检古籍和民国年间各类数据库未见有"宝剑"两句的任何信息，所见都在新中国成立后。就上海图书馆《全国报刊索引》和《读秀》搜索引擎检索，两句用作文章标题最初都以单句出现。最早以"宝剑"一句作为标题的文章是《新华日报》1961 年 5 月 4 日第 2 版金惠风《宝剑锋自磨砺出》。以"梅花"句作标题也同时出现，数量稍多些，最早是《中国青年报》1961 年 7 月 26 日第 4 版继功《梅花香自苦寒：从老艺术家们的苦功谈起》，只是六字。同年《山西日报》12 月 21 日王文绪《梅花香自苦寒来——青年女教师杨耀兰的故事》，则是完整一句为题。1962 年《羊城晚报》、1964 年《新华日报》都有同样七字完整一句作正标题的报道或短文。而所见最早将两句合为一联的是李欣《黎明即起，洒扫庭除》一文："扫除政治垃圾的革命工作，也和扫地类似，须有朝气，这就是反映新兴社会力量的革命斗志、胜利信心和大无畏精神。有这股干劲，革命者才能百折不挠，才能将革命进行到底。'宝剑锋从磨砺出，梅花香自苦寒来'，没有顽强的斗志，就锻炼不出来真正的革命者。"稍后 1964 年上海人民出版社出版的署名白夜《（思想修养丛书）革命热情和求实精神》中"苦干与实干"一篇也引用这两句来论述苦干精神（第 31 页），1965 年上海教育出版社编辑出版的《劳动日记》选辑董加耕等下乡知青日记，其中胡建良 1963 年 12 月 1 日的日记引用了这两句（第 92 页）。文化大革命后期的 1975 年，上海人民出版社编辑出版的《工农兵豪言壮语选》也收有包含此句的誓言（第 57 页）。值得注意的是：一、这些文章中，这两句都以引号标出，是否有更早的来源或出处，目前尚不得而知。二、这些引用又都未说明性质。笔者以为，这两句有可能是当时新近合成的说法，人们觉得精辟简练，易于记诵而乐于引用而已。

时光到了 1978 年以来拨乱反正、改革开放的"新时期"，人民群众精神焕发，各行各业奋发图强，以"梅花""宝剑"单句为标题的人物事迹报道和思想文化杂谈开始频繁出现，年甚一年。再次将两句意思并列一题的首推上海理论工作者周锦尉《锋从磨砺出，梅自寒霜来——访著名经济学家许涤新》一文，载《文汇报》1980 年 7 月 29 日。次年即 1981 年，南京新闻工作者谈嘉祐在《陕西戏剧》第 3 期发表《宝剑锋从砥砺出，梅花香自苦寒来：访著名剧作家陈白尘》的文章。1982 年 2 月 13 日，《山西日报》有报道题作《艺精磨砺出，梅香寒苦来》，《河南戏剧》第 2 期有文章题作《剑锋磨砺出，梅香苦寒来》，《人众电视》第 11 期作者鸿升的文章题作《锋从磨砺出，香自苦寒来》，这些细节略异的措辞固然有各自文章的表达需要，但从中也不难感受到当时人们对这一六十年代早已出现的完整两句并不熟悉，在新的条件下，这一联语以不同形式开始重铸而复兴。1985 年 8 月 13 日《人民政协报》，题目作《宝剑锋从磨砺出，梅花香自苦寒来——记民盟内蒙古自治区委员会创办的青城大学》（作者邵炎），则是正式将两句并列完整出现。此后这两句以固定句式作为标题的现象层出不穷，而其他环境和方式的引用也更为频繁。

就上述我们掌握的情况而言，"宝剑""梅花"两句酝酿于上世纪六十年代初期社会各方面极其困难，革命斗志激发鼓舞的岁月。改革开放的"新时期"，作为人们表达刻苦磨炼、坚忍不拔、奋发图强之精神信念最简切有力、生动形象的说法，再次迅速流行起来，持续至今。因此，"宝剑"一联的性质不是古语而是今谚，是当代社会新生的流行谚语，产生于新中国前三十多年社会主义革命和建设事业的生活土壤，是当代广大人民群众精神意志和集体智慧话语的结晶。

就笔者所见，最早作为谚语正式著录这一联的是广东人民出版社 1982 年 6 月出版的汪治《谚语新编》（第 16 页），同年稍后辽宁人民出版社出版的耿文辉《语言之花：动植物山水喻谚语》（第 154 页）也作为谚语进行介绍，更重要的著录则是次年即 1983 年中国民间文艺出版社出版的《（中国谚语总汇·汉族卷）俗语（上）》（第 19 页）。因此我们说，"宝剑""梅花"这一谚语或谚联最早出现于 1961—1963 年间，最权威的著录见于 1983 年中国民间文艺出版社出版的《（中国谚语总汇·汉族卷）俗语》（第 19 页）。我们引用"宝剑锋从磨砺出，梅花香自苦寒来"一联，如需标注出处，以目前所见最早完整引用的李欣《黎明即起，洒扫庭除》一文和作为权威著录的中国民间文艺出版社《俗语》一书为好，尤以后者为宜。

［原载《盐城师范学院学报》（人文社会科学版）2018 年第 2 期］

第三编

杏花、水仙、芦苇
文化与文学考论

杏及杏花的自然分布、经济价值和文化意义

[**题记**] 从江南到塞北，从果实到鲜花，从寒食节的粥香，到杏花村的酒暖，从农家望杏的耕种及时，到长安杏园的春风得意，杏在传统文化里的身影，可谓是乡土中国的逶迤画卷、千古文人的心路阡陌。时至今日，杏花依然摇曳在水郭山村的酒旗里，守候在清明时节的江南春雨中……

我国是世界杏资源最大、最古老的起源中心，杏与桃、李一样，是我国最家常的果树，分布极其广泛，有着悠久的种植和利用的历史。杏的果肉可以鲜食，果仁又是重要的药材和食品，木材质量也好，具着丰富的经济价值。杏又是花、果兼利型植物，鲜花的观赏价值比较鲜明，历来广受民众喜爱。因此与我们民族结下了深厚的情缘，对我们民族物质和精神生活都有所贡献，留下了丰富的历史印迹，产生了深厚的人文意义。我们这里沿着历史的大致足迹，对杏既杏花这一自然生物在我国文化中的丰富姿影和深厚意义做一个粗略的巡礼和研味。

一、杏的栽培起源与分布

杏是我国原产果树，在我国有着悠久的开发利用历史。1992 年河南驻马店杨庄就出土了夏代的杏核[1]，殷墟出土的甲骨卜辞中就有"杏"字[2]。先秦至秦汉之际的《大

---

[1] 北京大学考古学系、驻马店市文物保护管理所：《驻马店杨庄：全新世淮河上游的文化遗存与环境信息》，科学出版社 1998 年版，第 193 页。

[2] 于省吾等：《甲骨文字诂林》，中华书局 1996 年版，第 1412 页。于氏认为此"杏"字非今果树之杏。

戴礼记·夏小正》《礼记·内则》《管子·地员篇》《山海经·中山经》等文献多次记载了杏的分布和食用情况。其中《夏小正》主要反映夏朝的历法节令,有"正月,梅、杏、杝桃则华……四月,囿有见杏"的花信和果期,指明是园囿之物,可见杏在我国明确的园艺栽培至少已有 4000 多年的历史。而各类上古典籍均将桃、李、杏并提,也反映了人们对杏之生物和园艺特征的清晰认识。到了汉晋时期,杏已与桃、李、枣、栗一起并称"五果"①,成了我国最重要的果树品种之一。

杏在我国有着广泛的分布。现代科技界一般认为杏的分布以秦岭、淮河为界,南方地区杏树栽培较少,但就我国方志古籍而言,南方各省区极少有明确不产杏、不宜杏的记载。即便如古人认为"杏花绝产"的福建②,所属州县仍发现不少产杏的信息,如明弘治《八闽通志》记载福州府、建宁府、邵武府、福宁州土产中都有杏③。广东也称无杏,清道光《广东通志》称"韶(引者按:今广东韶关)以南有桃无杏"④,光绪《四会县志》称"粤无杏,俗以此(引者按:指榴花)为杏花"⑤,但顺治《阳山县志》⑥、康熙《龙门县志》⑦、同治《连州志》⑧都记载当时有或曾经产过杏。广西、贵州、云南多属山区高原,杏的分布更为普遍⑨。

杏为落叶大乔木,适应性较强,耐干旱,耐低温,各类土壤均能生长,与桃、李、枣一样,在我国的分布极为广泛。因其不耐涝湿,花期不耐 25℃ 以上的高温,在温润、干燥的黄河流域生长最为适宜,因此在我国北方即淮河、秦岭以北分布尤为普遍,生长也较为良好。与梅树不耐低温,主要分布在南方,正好形成对照,古人即有"南梅

---

① "五果"的说法,最早见于《黄帝内经素问·藏气法时论篇》"五果为助",《黄帝内经素问·五常政大论篇》则进一步指明为李、杏、枣、桃、栗,与五谷、五味、五时、五脏等对应配合。晋皇甫谧《甲乙经》卷六《五味所宜五藏生病大论》:"五果:枣甘,李酸,栗咸,杏苦,桃辛。"明《古今医统正脉全书》本。
② 王世懋《闽部疏》:"闽地最饶花,独杏花绝产,亦一异也。"明万历《纪录汇编》本。
③ 陈道:《(弘治)八闽通志》卷二五,明弘治刻本。
④ 阮元:《(道光)广东通志》卷九五,清道光二年刻本。
⑤ 吴大猷:《(光绪)四会县志》编一,民国十四年刊本。
⑥ 熊兆师:《(顺治)阳山县志》卷一,清顺治十五年刻本。
⑦ 章焯:《(康熙)龙门县志》卷五,清康熙刻本。
⑧ 袁泳锡:《(同治)连州志》卷三,清同治九年刻本。
⑨ 物产志中记载有杏、杏花、杏仁的,广西地区如黄大成《(康熙)平乐县志》卷六,清康熙五十六年刻本;舒启《(乾隆)柳州县志》卷二,民国二十一年铅字重印本;盛熙祚《(雍正)灵山县志》卷四,清雍正十一年刻本。贵州地区如谢东山《(嘉靖)贵州通志》卷三,嘉靖刻本;萧管《(道光)贵阳府志》卷四七,清咸丰刻本;鄂尔泰《(乾隆)贵州通志》卷一五,清乾隆六年刻嘉庆修补本;邹汉勋《(咸丰)兴义府志》卷四三,清咸丰四年刻本。云南地区如王尚用《(嘉靖)寻甸府志》卷上,嘉靖刻本;张毓碧《(康熙)云南府志》卷二,清康熙刊本;李斯佺《(康熙)大理府志》卷二二,清康熙刻本;屠述濂《(乾隆)腾越州志》卷三,清光绪二十三年重刊本;戴絅孙《(道光)昆明县志》卷二,清光绪二十七年刊本。

北杏"之说 ①。明徐有贞"北土春来气未和,梅花开少杏花多" ② 的诗句,所说也是这种情景。这一分布区域特色,使杏在我国社会、政治、经济和文化重心倚重北方的周秦、汉唐时,即奠定了较为重要的园艺和文化地位,受到了广泛的关注和重视,在同期文献中也留下了较深刻的印迹。与梅相比,杏在北方地区也有更深厚的自然资源和更广泛的社会基础 ③。

　　而另一方面,杏在南方的分布也是普遍的,至少在江淮、江南地区是极为常见的。三国时董奉治病救人,约以种杏五株为报,终成大片杏林的故事,就发生在江西庐山。到了中唐以后,随着北方地区生态环境的退化和社会人口、经济重心的南移,南方地区的杏花风景越来越为人们所熟习。唐代诗人杜牧《寓言》"暖风迟日柳初含,顾影看身又自惭。何事明朝独惆怅,杏花时节在江南",北宋诗人寇准《江南春》"波渺渺,柳依依。孤村芳草远,斜日杏花飞。江南春尽离肠断,蘋满汀洲人未归",都是较早歌咏江南杏花风景的诗句。杏花成了人们心目中物产富饶的江南地区一个经典风物,受到人们的广泛称颂,逐渐盖过了北方的风头,形成了一定的共识。人们观赏态度上的这种"趋炎附势",有着社会形势、审美感觉和文化心理上的复杂因素,但也从一个侧面进一步反映了我国杏之生物资源分布的广泛性、普遍性、丰富性。除热带和亚热带南部地区即今闽、粤、桂、琼四省生长不蕃外,在我国从塞外至江南,从西部高原到东部沿海,杏都是较为常见的果树。

二、杏的实用价值及其人文意义

　　杏的经济价值极为丰富,在我国人民漫长的生活实践中,也得到了充分的利用,发挥了显著的社会效益,并演生出不少人文意义。

(一)杏实的实用价值

　　杏首先是果树,"杏实大而甜" ④,人称"甜梅",色多正黄,可以鲜食。《礼记·内则》中杏与"枣、栗、榛、柿、瓜、桃、李、梅、楂、梨"等一起列为宴享和祭礼的食品。

① 爱新觉罗·弘历《翠云山房杏花盛开,用邓尉香雪海歌韵,以去岁今日恰在邓尉观梅也》:"东风花事正绝胜,南梅北杏言非诬。"《御制诗集·二集》卷三二,清文渊阁《四库全书》本。
② 徐有贞:《次韵酬孙孟吉见寄之作二首》其二,《武功集》卷五,清文渊阁《四库全书》本。
③ 梅杏同为早春花色,但南北分布不同。《齐民要术》即记载北人不识梅,常将梅杏混为一物,宋以来类似的现象频频出现,常遭南方人调笑。这几乎形成了一个历史话题或文化现象,值得关注。
④ 贾思勰著,缪启愉校释:《齐民要术校释》卷四《种梅杏》,中国农业出版社1998年版。

汉以来有杏脯①、蜜渍青杏②等制法，陆游诗中还提到"盐收蜜渍饶风味"③，是盐制之法。杏不仅鲜食，还可捣烂果肉，薄涂曝干制作"杏油""杏䴵"等干粮，用于掺入谷物面粉中食用④。杏之鲜果不入煎造，收获后不便贮存，魏晋南北朝时这种果肉晒制干粮的方法已经流行，正弥补了这个缺陷。

杏仁也是杏的可食部分，主要用于入药。杏仁入药，大约源于秦汉。《神农本草经》记载"杏核，味甘温，生川谷，治咳逆上气，雷鸣喉痹，下气，产乳金创（引者按：指妇女生产刀伤余疾等后遗症），寒心贲豚（引者按：奔豚，指腹中气窜上冲如乱窜之野猪，古人认为属肾阴积滞所致）"。中医认为，杏仁味苦辛，性温，有小毒，入肺、大肠经，辛能散邪，苦可下气，温能宣滞，润能通便，是治疗外感风寒、咳嗽气喘、痰吐不利、胸闷不舒、肠燥便秘等症的要药⑤。东汉张仲景《伤寒论》中，麻黄汤、青龙汤、麻黄杏仁甘草石膏汤、大陷胸丸、麻仁丸、麻黄连轺赤小豆汤等经典古方中都以杏仁为主药，用量较大，一般都数十颗，多至一斤。两千多年来，发挥的医疗作用不难想见。

杏仁不仅药用，也可食用。杏酪最早见于东汉张仲景《金匮要略》，称"杏酪不熟，伤人"。《齐民要术》中有详细的"煮杏酪粥法"⑥。明确以杏仁为粥，始见于西晋。葛洪所说服法中即有杏仁研细煮粥一法⑦，同时陆翙《邺中记》："寒食三日作醴酪，煮粳米及麦为酪，捣杏仁煮作粥。"⑧《齐民要术》称："杏子人（引者按：仁），可以为粥。多收卖者，可以供纸墨之直也。"⑨可见当时使用已较普遍。杏酪、杏粥最初可能是寒食节令食品，因杏、麦家常多有，也不必寒食才用，故所谓杏酪麦粥，应是民间较为常见的粥食。杏叶也可食用，是救荒之物，可炸食充饥⑩。

---

① 贾思勰《齐民要术》卷四《种梅杏》引《广志》："梅杏皆可以为油、脯。"
② 佚名：《居家必用事类全集》巳集，明刻本。张之洞《（光绪）顺天府志》卷五〇："酸梅：按，用杏子青者浸烂，去核及滓，和以糖，加以冰块，土人谓之酸浆水。亦有将浸烂杏子捞取略干，模作糕，可水化食之，暑天食最宜。"清光绪十二年刻十五年重印本。所说酸梅是腌制青杏以模拟酸梅风味。
③ 陆游：《杂咏园中果子》其四，《剑南诗稿》卷三一，清文渊阁《四库全书》本。
④ 《释名·释饮食》："柰油，捣柰实，和以涂缯上，燥而发之，形似油也。杏油亦如之。"《齐民要术》卷四《种梅杏》："作杏李䴵法：杏李熟时，多收烂者，盆中研之，生布绞取浓汁，涂盘中，日曝干，以手磨刮取之。可和水浆，及和禾䴵，所在人意也。"䴵是禾谷研制的干粮之类。这里所说两种制法比较接近，类似于今天的果丹皮之类。
⑤ 吕景山：《施今墨对药》，人民军医出版社1996年版，第30页。
⑥ 贾思勰：《齐民要术》卷九《醴酪》。
⑦ 葛洪：《肘后备急方》卷三，明正统《道藏》本。
⑧ 欧阳询：《艺文类聚》卷四，清文渊阁《四库全书》本。
⑨ 贾思勰：《齐民要术》卷四《种梅杏》。
⑩ 徐光启：《农政全书》卷五八《荒政》，明崇祯平露堂本。

（二）杏实应用历史的特征

有一个问题值得一提，虽然杏实、杏仁的经济价值显著，在我国开发利用的历史也十分悠久，被列入"五果"之一，但自古民间种植规模有限，明清以前除少数传说外，未见有大面积种植的记载，未见形成知名的产区。上溯《诗经》，涉及植物近 150 种，有不少经济作物，但未见有杏。这可能与我国古代杏之品种驯化、改良较为缓慢有关。杏的利用虽早，但古籍中很少称赞杏果是美味佳果，而医家"味酸，不可多食，伤筋骨"[①]的说法却深入人心。《齐民要术》中有一段话值得玩味："《嵩高山记》曰：'东北有牛山，其山多杏，至五月烂然黄茂。自中国丧乱，百姓饥饿，皆资此为命，人人充饱。'史游《急就篇》曰：'园菜、果蓏，助米粮。'按，杏一种，尚可赈贫穷，救饥馑，而况五果、蓏菜之饶，岂直助粮而已矣。谚曰：'木奴千，无凶年。'盖言果实，可以市易五谷也。"[②] 杏在人们心目中不是上佳食品，而是救荒疗饥，应急活命之物，这也从一个侧面反映，杏的食用、种植历史虽久，但品种的改良进展不大，可能各地所产大多类似于今天所说的山杏一类品种，口感和营养价值远不如桃、李、梨、枣。相对而言，杏仁的药用和仁用价值反有不可替代之处。近代我国杏的种植规模不断发展，主要得益于品种的改良引进和仁用杏栽培加工技术的提高推广。杏实相对朴素、平实、家常乃至有几分粗劣、低贱的品质和功用，使其远离富贵、华丽、奢糜的生活气息，包含着家常"五果"更多平民大众、草根社会的实用意义，相关的历史和文化，都呈现着切近民生日用的气息和平淡无奇、波澜不惊的发展态势。

（三）杏之木材的应用价值

杏树木材坚韧，纹理紧密。上古时就是流行的取火木材[③]，后来被称为"东方岁星之精"[④]，是作为春色阳气的代表。传汉代《西京杂记》记载"文杏，材有文彩"一种[⑤]，司马相如《长门赋》有"饰文杏以为梁"的描写，文杏是建造宫殿的良材。唐代诗人王维辋川别业中有"文杏馆"建筑景观："文杏裁为梁，香茅结为宇"。野杏的材质更为坚硬，清人查慎行记载："山中有野杏树，枝干多被野烧所焚，其根坚韧，入土不烂，有花纹而香，以为笔架及小香几，玲珑可爱。御前俱斫用之，余受赐者，用作小镜架，名之为蟠木。"[⑥] 是清宫多用野杏蟠根制作器具，极富工艺价值。

---

① 唐慎微：《证类本草》卷二三，《四部丛刊》影金泰和晦明轩本。
② 贾思勰：《齐民要术》卷四《种梅杏》。
③ 欧阳询《艺文类聚》卷八七："燧人氏夏取枣杏之火。"
④ 欧阳询：《艺文类聚》卷八七引《典术》。《典术》为南朝宋齐梁时著作。
⑤ 贾思勰《齐民要术》卷四《种梅杏》引。
⑥ 查慎行：《人海记》卷下，清光绪《正觉楼丛刻》本。

（四）杏之实用引发的人文意义

丰富的资源价值和普遍的开发利用，引发了相关社会生活的丰富内容，同时也构成了相应精神文化演生、发展的基础。纵观我国杏文化发展的历史，其人文意义的生发有着从果实到鲜花逶迤演变的过程。先秦至汉唐，人们对杏的关注更多的是果实和木材，相应的文化意义主要由其果实和树木引发而来。比较著名的有这样三段事迹：

一是《庄子·渔父》："孔子游乎缁帷之林，休坐乎杏坛之上，弟子读书，孔子弦歌鼓琴。"杏坛本指缁帷中高地，北宋孔子四十五代孙孔道辅增修祖庙，"移大殿于后，因以讲堂旧基甃石为坛，环植以杏，取'杏坛'之名名之"①。杏坛之名逐步显要起来，成了儒家圣尊、儒师讲坛的代表。

二是传葛洪《神仙传》："董奉者，字君异，侯官人也。""奉居（庐）山不种田，日为人治病，亦不取钱，重病愈者，使栽杏五株，轻者一株。如此数年，计得十万余株，郁然成林。"②后世"医家者流率以董仙杏林为美谈，亦有以为称号者"③。杏林成了治病救人、妙手回春之医家的代表或象征。元胡天游《赠医士刘碧源》"老去刘郎鬓未华，枕中鸿宝鼎中砂。仙源十里蒸霞色，半是桃花半杏花"④，就代表了这种象征意义。

三是南朝梁任昉《述异记》："杏园洲在南海中，洲中多杏，海上人云仙人种杏处。汉时尝有人舟行，遇风泊此洲五六日，食杏故免死。"⑤这是关于杏是海上仙品的著名传说，影响较大。前引董奉的传说中，董奉不仅医术高明，也是一位隐居山林，修炼得道，长生不老的仙人。杏也就不仅是医家济世之象征，同时也就与神仙羽士相联系。唐人写仙家居境，多以桃、杏作标志："何处深春好，春深羽客家。芝田绕舍色，杏树满山花。"⑥

这些早期故事都主要是围绕杏树、杏林和杏果而出现的。这符合人类文化认识的一般规律，人们总是先关注物质的实用功能，然后才是审美价值。杏最初的象征则是仙家、隐士、儒生与医家等身份高雅、道义鲜明的人格形象，这与宋以后杏花、桃花被视为凡俗浮艳之物大异其趣。因此总而言之，杏的文化形象与桃一样，也有一个由果实向花色，由崇高向卑俗转变的过程。这一转折可以唐宋为界，唐以前属于我国文化上的古典形态，是相对实用的、朴素的、自由的、粗放的，有关花果卉木的迹象和

---

① 顾炎武著，黄汝成集释：《日知录集释》，花山文艺出版社1990年版，第1403页。
② 《太平广记》卷一二，中华书局1961年版。
③ 程文海：《杏山药室记》，《雪楼集》卷一三，清文渊阁《四库全书》本。
④ 胡天游：《傲轩吟稿》，清文渊阁《四库全书》本。
⑤ 任昉：《述异记》，清文渊阁《四库全书》本。
⑥ 刘禹锡：《同乐天和微之深春二十首（同用家花车斜四韵）》其九，《全唐诗》卷三五七，中华书局1960年版。

传说多是奇特的、灵异的、神圣的，宋以后则是近世形态，道德的、理性的、世俗的因素大大增强了，反映在花卉审美上也多了许多品德寓意、道义象征的情趣追求。在这一转变过程中，杏的象征品位是明显跌落走低的。这是我们在把握杏的人文意义时，要首先特别注意的。

三、杏花的观赏价值及其文化意义

杏是花果兼用的植物，其鲜明的观赏价值及其引发的精神活动和文化意义极为丰富。

（一）杏花的观赏价值

杏花的观赏价值较为显著。杏花花期当仲春季节，"春日游，杏花吹满头"（韦庄《思帝乡》），这是一年中气候最为宜人的季节。杏花结实率较低，因而花朵较为繁密。杏花期颜色有所变化，"未开色纯红，开时色白微带红，至落则纯白矣"①。花蕾初绽呈红色，最为醒目，所谓"红杏枝头春意闹"，"一枝红杏出墙来"，是初开景象。渐开渐淡，盛开转为粉红、白色，这种姣容三变的过程展现出丰富的观赏性。红杏初绽，大片杏林，如火如荼，人们多以"红霞"喻之②。而逶迤开放中，同一树花朵有先后，颜色也就有红有白，大片林景中更是红白夹杂，绚丽斑斓，人们常形容为"碎锦"③。而微开半吐之时，花色介于红白之间、淡注胭脂之色，可以说是花色娇柔最富魅力的阶段，古人诗称"绝怜欲白仍红处，政是微开半吐时"，"海棠秾丽梅花淡，匹似渠侬别样奇"④。杏花开落都比较集中，无论是初开之红艳，还是盛开之雪白，甚至是大片之凋零，都富有气势，尤其是大面积盛开的杏林，景象壮丽，引人瞩目，动人心魄，这些都是杏花之审美个性和观赏价值所在。杏花是我国众多观赏花卉中比较重要的一种。

（二）杏花的精神文化意义

杏花在精神文化上的表现及意义，是我们这里讨论的核心。在我国所有观赏植物中，杏花是最早引起关注的植物之一。前引《夏小正》中即有"正月，梅、杏、柂桃则华"，

---

①　王象晋：《二如亭群芳谱》果谱卷二，《故宫珍本丛书》第 471 册，海南出版社 2001 年版，第 353 页。

②　张镃：《摘霞亭（霞即杏也）》，《全宋诗》第 50 册，第 31629 页。

③　陈景沂编辑，程杰、王三毛点校：《全芳备祖》前集卷一〇《曹林异景》，浙江古籍出版社 2014 年版。

④　杨万里：《郡圃杏花》二首其一，《全宋诗》第 42 册，第 26233 页。

这是关于三春物候的最早记录。到了汉代，杏花物候意义得到了进一步强化。西汉《氾胜之书》："杏始华荣，辄耕轻土弱土。望杏花落，复耕。"① 东汉崔寔的《四民月令》："三月杏花盛，可播白沙轻土之田。"② "三月，昏参夕，杏花盛，桑椹赤，可种大豆。"③ 都以杏花盛开作为春耕春种的物候标志。

魏晋南北朝以来，人们不只从物候的意义，而是从花好物美的意义上关注杏花。第一首描写杏花的专题作品是南北朝诗人庾信《杏花》诗，这比桃、梅、荷的专题咏物诗出现都要迟。唐朝长安新科进士放榜后例行杏园宴会，成了当时广为人知的科举佳话，产生了很大的社会影响，大大提升了杏花的知名度，促进了文学描写及其抒情写意的兴趣，此后作品才逐步多起来。唐代诗人韦庄《思帝乡》"春日游，杏花吹满头"，是最为欢快的游览呼唤。北宋诗人宋祁《玉楼春》词"红杏枝头春意闹"，则是对初开之景最为生动简练的勾勒。相传杜牧所作《清明》"清明时节雨纷纷，路上行人欲断魂。借问酒家何处有，牧童遥指杏花村"，是最富田园风情的节令歌吟。王安石《北陂杏花》"一陂春水绕花身，花影妖娆各占春。纵被春风吹作雪，绝胜南陌碾成尘"，是最为坚定的品格寄托。而陈与义《临江仙》"长沟流月去无声，杏花疏影里，吹笛到天明"，则可以说是最为潇洒的情趣写照。类似的名篇佳作不胜枚举，构成了我们民族杏花审美的生动映象和经典话语。

杏花入画的脚步比较正常，中晚唐花鸟画兴起，杏花就是其中的大宗题材。仅就《宣和画谱》所载，五代徐熙有"《折枝红杏图》一、《杏花海棠图》一……《折枝繁杏图》一""《桃杏花图》二""《牡丹杏花图》一""《芍药杏花图》一""《金杏图》一"等，北宋赵昌有"《杏花图》一……《绯杏图》一、《梅杏图》一"等，吴元瑜有"《杏花野鸡图》三、《杏花锦鸠图》一……《杏花鹦鹉图》二、《杏花会禽图》二……《松梢杏花图》一"等。透过这些画题，不难感受到杏花受欢迎的程度。值得注意的是，由于杏花花头繁密、花色鲜艳，当时便与牡丹、芍药、海棠一起视为"富贵"之象④。这在我们的花鸟画中形成一个传统，《繁杏图》《红杏图》之类工笔着色图，多有荣华富贵的寓意。当然也有其他的取材和立意，如唐以来流行的《杏坛图》、宋徽宗《杏花村图》⑤、赵孟頫的《杏花书屋图》⑥、唐寅《杏花仙馆图》⑦之类，题材上多属人物画，

① 贾思勰著，缪启愉校释：《齐民要术校释》卷一《耕田》。
② 欧阳询撰，汪绍楹校：《艺文类聚》卷八七，上海古籍出版社 1965 年版。
③ 贾思勰著，缪启愉校释：《齐民要术校释》卷二《大豆》。
④ 佚名：《宣和画谱》卷一七徐崇嗣条下，清文渊阁《四库全书》本。
⑤ 钱谦益：《题宋徽宗杏花村图》，《牧斋初学集》卷一三，《四部丛刊》影明崇祯本。
⑥ 卞永誉：《式古堂书画汇考》卷四六，清文渊阁《四库全书》本。
⑦ 卞永誉：《式古堂书画汇考》卷五七。

而立意则更多传统的观念和主流文人的情趣。杏花题材的乐曲,著名者有《杏花天》《青杏儿》(也作《青杏子》),顾名思义,前者最初当是歌唱春天,后者或描写青杏,都洋溢着浓郁的生活气息。

杏在园林中的使用,比文学创作出现要早。《西京杂记》记载汉武帝上林苑中即植有文杏、蓬莱杏。《洛阳宫殿簿》记载:"明光殿前杏一株,显阳殿前杏六株,含章殿前杏四株。"可见两汉魏晋时,杏在宫苑种植就较普遍。晋潘岳《闲居赋》描写自己的庄园环境:"竹木翁郁,灵果参差。……梅杏郁棣之属,繁荣丽藻之饰,华实照烂,言所不能极也"①,可以说是文人私园植杏之始。唐代王维辋川别业文杏馆较为著名。宋徽宗艮岳有杏岫一景,种红杏和银杏②。宋杨万里《艻林五十咏》写向子谭艻林别墅有"文杏坞"一景③,杨万里退居故乡,营万花川谷,其三三径一景中即植有杏花④。可见杏是公私园林常用植物,其中一些也产生了一定的社会影响。如元时燕京上东门外董宇定植杏千株,号杏花园,文人多携酒往游,题咏颇丰⑤。元明之际,苏州雍熙寺后范周居所范家园杏花比较有名,范家园看杏花成了当地春游之首选胜地⑥。清乾隆中,山西大同西郊王家园杏花也为文人所看重,春末良辰多携酒往游⑦。杏的著名产地不如梅、桃等果树常见,三国时魏郡(今河北魏县、元城一带)以产"好杏"著称⑧,今河北省仍是我国产杏大省。明清时陕西神木杏花滩⑨、山东宁阳杏岭⑩,还有北京西郊香山等都有大片连绵杏林⑪,都是当地著名的风景旅游资源。

关于园林种植方式,元《居家必用·栽桃李杏》:"桃宜密栽,李宜稀栽,可南北行,杏宜近人家栽,亦不可密。"⑫ 王世懋《学圃杂疏》:"杏花无奇,多种成林则佳。"文震亨《长物志》说杏与桃一样都宜于成片种植,宜于远望。而小规模种植,则"杏与朱李、蟠桃皆堪鼎足,花亦柔媚,宜筑一台,杂植数十本"。而杏花观赏要及时:"杏

---

① 潘岳:《闲居赋》,《全上古三代秦汉三国六朝文》全晋文卷九一,中华书局 1958 年版。
② 僧祖秀:《艮岳记》,王偁:《东都事略》卷一百六《朱勔传》,清文渊阁《四库全书》本。
③ 杨万里:《诚斋集》卷三〇,《四部丛刊》影宋写本。
④ 杨万里:《三三径》,《诚斋集》卷三六。
⑤ 孙承泽:《春明梦余录》卷六四,清文渊阁《四库全书》本。
⑥ 杨基《舟泊南湖有怀三首》:"纱衣罗扇一时裁,两两三三作伴来。正是吴中好风景,范家园里杏花开。""单罗小扇夹纱衣,冠子梳头插翠薇。知是范家园里醉,无人不戴杏花归。"《眉庵集》卷一一,《四部丛刊三编》影明成化刻本。
⑦ 吴辅宏:《杏花园雅集》诗并记,黎中辅:《(道光)大同县志》卷二〇,清道光十年刻本。
⑧ 卢毓《冀州论》:"魏郡好杏,常山好梨。"《全上古三代秦汉三国六朝文》全三国文卷三五。
⑨ 王致云:《(道光)神木县志》卷二,清道光十一年刻本。
⑩ 高升荣:《(光绪)宁阳县志》卷二,清光绪五年刻本
⑪ 参见程杰《北京香山杏花考》,程杰、纪永贵、丁小兵:《中国杏花审美文化研究》,巴蜀书社 2015 年版,第 154—161 页。
⑫ 佚名:《居家必用事类全集》戊集,明刻本。

花差不耐久,开时多值风雨,仅可作片时玩"①。这些品说,包含了园艺种植和园林营景观赏的丰富经验,弥足珍贵。杏的观赏品种开发成就较为薄弱,古代见于记载的除五出单瓣和千叶外,另有黄色杏花②,远不能与梅、桃之类可比。这也进一步反映了杏花胜在成片林景、远观气势这一观赏特征。

上述杏花审美文化各方面的发展,体现了丰富的生活经验,同时也积淀了深厚的文化情趣和思想意义。唐宋以来,陆续出现了一些花卉风韵、品格的系统品鉴和流行说法,其中杏花被视为"俗"品,并得到了广泛认可,几乎形成共识。杏花之称为"俗",固然与杏之花色红白,平淡无奇,花期居三春之中,南北处处可见等生态习性和分布状况有关,反映了生物形象的基本面貌,但其意义并不都是消极的。杏花之受关注是从其与农事民俗的紧密联系开始的,杏花在谷雨、清明季节盛开,这正是我国黄河、长江中下游地区春耕春种的重要时节。我国以农立国,春耕春种是一年农事中最为关键的时期。杏花作为这一时节最鲜明,也最普遍的节候标志,便有了特殊的社会意义,带着农耕、乡土、民俗、草野、平民社会的生活气息和文化意义,这是我国其他观赏花卉无可替代的。杏花的"俗",从文化根底上说,首先与杏花这一农事物候、乡村知识的古老功能和集体记忆有关,杏花也因此成了乡村社会和乡土民俗的经典符号,有着更多乡村和平民的色彩。这是杏及杏花最基本的文化意蕴,我们欣赏杏花时要特别注意体味。宋以来"杏花村""杏花春雨江南"等地名意象和经典说法,也都多多少少与杏花的这一乡土、田园、平民的生活气息和符号意义相联系。

杏花是民俗意味较重的花卉。除了作为乡村社会、乡土民俗的象征外,其丰富的吉祥寓意也赢得了广大民众的喜爱。唐朝长安杏园宴会是专为新科进士举行的,因此杏成了著名的春风"及第花",成了人们祝福科举功名的经典意象。苏轼《送蜀人张师厚赴殿试》"云龙山下试春衣,放鹤亭前送落晖。一色杏花红十里,新郎君去马如飞",可以说是送人赶考最为欢快有力的祝福。"杏"名谐音"幸",自然联想到幸福、幸运,是其得天独厚的因素,有着与生俱来的喜庆吉祥色彩。古人绘画、赋诗,"红杏一枝"总是极为吉祥的题目。杏花鲜红、繁艳的形象,与牡丹、海棠、桃花一起被视为春色、"富贵"的经典意象,成了陶瓷、服饰等工艺装饰中流行的题材,深受广大人民群众喜爱。杏花与梅花、桃花一样,是春天的典型象征,在乡村年画中,杏花因其名称吉祥、形象鲜明,总是最常见的花卉题材。杏花、杏酪、杏粥是清明季节的典型风物,而"杏花村"则是乡村和市井酒家最常用的名号和幌子,成了淳朴田园乡村、乡俗民

---

① 文震亨:《长物志》卷二《花木》,清《粤雅堂丛书》本。
② 汪灏等:《广群芳谱》卷二五,清文渊阁《四库全书》本。这些品种大都出于宋代。

风的象征符号。这些丰富的民间、民俗取象和寓意，都进一步显示了杏花丰富的生活气息和深厚的人文意蕴，同时也为杏花的欣赏文化赢得了鲜明的平民属性和广泛的群众基础。

综观杏在我国花卉文化中的地位，可以简单地用"中上"两个字来概括。我们曾通过《全唐诗》《全宋词》、清《佩文斋咏物诗选》、清《古今图书集成》草木典植物条所收作品数量进行统计分析。在这些总集或类书中，杏花文学作品的数量都排在第10到13位[①]。我们又据《全芳备祖》《广群芳谱》和《古今图书集成》草木典、食货典进行过另一番统计，杏同样排在观赏植物的第13位，排在观花植物的第10位[②]。也就是说，杏是一个典型的比上不足，比下有余，更确切地说介于中、上之间的位置。其文化地位仅次于梅、兰、竹、菊、松、杨柳、荷、桃、牡丹等我国最重要的文化植物，而远在其他观赏植物之上。这一地位的形成，是杏花形象比较朴实，审美个性不够鲜明，而其自然分布十分广泛，开发历史十分悠久，社会影响又较为显著等自然条件和历史因素相互作用的结果。这也是我们把握杏及杏花的历史价值和文化意义时，应该首先明确，并用心体会的。杏花作为乡村社会、乡土民俗的经典象征，是杏花文化意义最核心的内容，也发挥了独特的文化功能，这也是我们思考其文化地位时要特别关注的。

四、当代杏产业与杏花旅游文化

杏树从古代种到现代，改革开放后，我国经济形势全面改善，水果种植业迅猛发展。杏的种植面积不断增加，种植规模不断扩大，产业布局也逐步形成。这其中1978年开始的"三北防护林"建设工程和2003年开始实施的退耕还林计划相继提供了宝贵的机遇，发挥了有力的推动作用。"三北"地区大多属于温带半干旱性气候，年平均降水偏少、平均气温偏低，许多地方有严重的荒漠化现象，而杏树耐旱、耐寒、耐瘠薄、抗风沙，在这些地区有着鲜明的适生优势，因而被选为"三北"地区经济林建设的主要树种，种植规模获得了长足的发展。从辽宁西部起，经京冀北部、内蒙古南部、山西中北部到陕西北部、宁夏南部、甘肃东南部，直至新疆西南部，在这绵延数千公里的沿线，各地群策群力，积极规划种植，不断拓展规模，俨然形成了一个连绵的经济林带，构成了我国杏种植有史以来最为盛大的景象。

---

① 参见程杰《论中国文学中的杏花意象》，《江海学刊》2009年第1期
② 参见程杰《论中国花卉文化的繁荣状况、发展进程、历史背景和民族特色》，《阅江学刊》2014年第1期。

　　杏树的适生区与我国"三北"地区贫困带基本重合，杏的种植，尤其是仁用杏的种植，投资小，收效快，易管理，产量稳，具有显著的经济效益，是三北民众脱贫致富，改善生活的重要途径，被当地民众形容为"不吃草的羊，不占地的粮"。与此相联系，"三北"地区杏果的加工业，尤其是仁用杏的产品开发也突飞猛进，形成了较为稳健的产业链，给当地经济增添了不少活力。杏树适宜山地种植，可以充分利用山地资源，节约优质土地。杏同时又是十分优良的生态树种，根系发达，树大叶茂，抗风固沙能力强，对干旱、荒漠山地的植被恢复和生态环境改善作用显著。近三十多年"三北"地区杏产业的兴旺发展，可以说既治穷富民，又治荒绿化，产生了显著的经济、社会和生态效益。

　　本世纪以来，随着民生状况的普遍改善，人们的风光旅游需求不断增强。广大杏产区适应这一社会生活新趋势，眼光不只局限于果实，开始关注杏花的观光旅游价值，着力开发利用，发展第三产业。这其中最引人瞩目的，莫过于纷纷举办各种形式的杏花节，吸引游客，宣传本地产品。出现最早的是河北巨鹿县杏节，创始于1992年，属于果实促销活动，今称红杏商务节。2002年开始的北京平谷北寨红杏节，性质相同，也主要是宣传果实。而北京海淀区凤凰岭风景区2001年开始举办杏花节，北京延庆和济南长清2002年开始举办杏花节，则完全是着眼于杏花的旅游资源。它们或属公园与政府规划开发的旅游风景区、生态保护区，或处大城之郊，因而能得风气之先，利用种植资源，开办这类旅游推介性质的节庆活动。如今北京延庆、济南长清、河北赞皇、河北蔚县、山西大同县、山西阳高、陕西泾阳、新疆英吉沙、新疆伊犁等产地杏花节都办得有声有色，名动遐迩①。从"果"到"花"，从生产到观赏，从经济到文化，是这类自然植物和人类种植业资源价值生发的基本规律。近二十多年来，从杏果节到杏花节的转型发展正是这一规律的反映。如今各杏产区乡镇和旅游部门积极规划、组织杏花节几乎形成了一个普遍风气，推动了乡村旅游业或农业观光业的兴起，显示了传统杏产业新的发展生机。同时其广泛的群众参与性，也有效地活跃了社会气氛，丰富了人们的生活，展现出积极的社会、文化意义。这种亦"花"亦"果"，多方面蓬勃发展的势头是我国杏产业令人鼓舞的情景，也是其更加美好的前景所在。

　　[原载程杰、纪永贵、丁小兵《中国杏花审美文化研究》，巴蜀书社2015年版。

　　最后一节据笔者《水村山郭酒旗风，杏花消息雨声中——中国杏文化的发展

---

① 参见程杰《当代全国各地杏花节综录》，程杰、纪永贵、丁小兵：《中国杏花审美文化研究》，第312—333页。

历程》一文增补，后者载首都文明工程基金会主办、娄晓琪主编《文明》杂
志 2015 年第 4 期]

论中国文学中的杏花意象

  杏是我国原产的重要果树品种，栽培历史悠久，经济价值显著。杏树花果兼利，花期观赏价值鲜明，自古与梅、桃、李等相提并论。反映在文学中，杏花以其独特的形象个性和季节属性，引起了广泛的注意，成为文学家乐于表现的对象，展示出独特的形象魅力，积淀了丰富的情感内涵和人文意味，形成独特的意象符号体系和艺术表现传统，发挥了较为重要的历史作用。本篇拟就中国古代文学中杏花题材创作的演进历程，杏花意象的审美内涵与历史作用等进行专题梳理与总结，力求全面、系统、深入地展示这一植物意象演绎的历史图景和文学意义。

一、杏花的文学地位

  古代文学中的花卉题材和意象林林总总，形形色色，其中具有一定规模创作数量和知名度的不下 50 种，而特色鲜明、地位较为重要的至少有 30 种。这其中杏花处于一种什么样的地位呢？现代电子技术发达，对此我们可以通过一些文献的检索数据来了解、分析。

  （一）《全唐诗》诗歌篇名所见各植物的篇数，排名前 20 位依次为：1. 杨柳（1095，此为具体数量，下同）；2. 竹（394）；3. 松柏（368）；4. 莲荷（245）；5. 梅（153）；6. 桃（143）；7. 兰蕙（139）；8. 牡丹（138）；9. 茶（123）；10. 菊（108）；11. 杏（98）；12. 桂（94）；13. 桑（88）；14. 梧桐（79）；15. 樱桃（57）；16. 石榴（54）；17. 蔷薇（51）；18. 蒲（40）；19. 海棠（34）、芦苇（34）。

（二）《全宋词》正文单句所含各植物的句数，排名前 20 位依次为：1. 杨柳（3431）；2. 梅（2794）；3. 莲荷（1873）；4. 桃（1640）；5. 竹（1574）；6. 兰蕙（1246）；7. 松柏（1052）；8. 桂（681）；9. 李（552）；10. 杏（545）；11. 梧桐（500）；12. 苔藓（397）；13. 梨（361）；14. 蓬（349）；15. 芦苇（324）；16. 海棠（306）；17. 柑橘（271）；18. 蒲（265）；19. 蘋（259）；20. 茅（252）。

（三）清《佩文斋咏物诗选》所收各植物的篇数，排名前 20 位的依次为：1. 梅（225）；2. 竹（198）；3. 杨柳（195）；4. 莲荷（125）；5. 茶（115）；6. 松柏（96）；7. 菊（78）；8. 桃（75）；9. 牡丹（70）；10. 桂（66）；11. 杏（52）；12. 兰蕙（50）；13. 橘橙（48）；14. 海棠（47）；15. 樱桃（45）；16. 荔枝（38）；17. 梧桐（35）；18. 蔷薇（34）；19. 芦苇（33）；20. 木芙蓉（31）。

（四）清《古今图书集成》草木典植物条下所收文学作品数量，排名前 20 位的依次为：1. 梅（617）；2. 杨柳（485）；3. 竹（456）；4. 荷莲（411）；5. 牡丹（330）；6. 松柏（295）；7. 菊（267）；8. 海棠（239）；9. 桃（205）；10. 桂（203）；11. 梨（127）；12. 兰蕙（121）；13. 杏（109）；14. 樱桃（94）；15. 桑（89）；16. 石榴（87）；17. 橘（85）；18. 芍药（81）、梧桐（81）；20. 水仙（80）[①]。

上述四种著作，前两种是唐、宋文学繁荣时期诗、词两种不同文体总集，对唐诗选择篇名进行统计，而宋词作品大多只标词牌，不出题目，内容中也更多纯粹写景咏物的成分，因而统计其正文中植物出现的句数。后两种是清朝鼎盛时期的两部重要类书，所载文学作品多是名篇佳作，至少是有一定代表性的。一是咏物诗的通代分类选本，另一是古代集大成式的百科类书，植物条目下收罗了历代诗歌、词曲、散文各体作品。因此选择这四书来考察、比较不同的植物题材在古代文学中的地位，相对全面、合理，应该是有说服力的。

从我们提供的数据可以看出，上述四书中杏暨杏花意象或题材出现的数量排名在 10 到 13 之间，其中两书排名第 11，可见杏花的地位是比较稳定的。花卉植物是古代文学创作的大宗题材，处在第一方阵的是杨柳、松柏、竹、梅、莲荷、桃、兰蕙、桂、菊等，它们的作品数量与地位具有绝对的优势。杏与牡丹、梨、橘、桑、茶、海棠、梧桐、芦苇、石榴、樱桃、芍药等处在第二方阵，数量远不像第一方阵的植物那样突出，而杏在这一方阵的地位是比较趋前的。也就是说，作为文学题材，杏花虽然不具有梅、

---

① 上述四组统计中，所列品种都考虑了异名及整体与部分的不同称呼，同时也排除了一些非植物的情况，如莲荷中包括"莲""荷""芙蓉""芙蕖""菡萏""藕"等词语出现的次数，而减去了"木芙蓉"出现的次数。如桂则减去了"桂州""桂林"等地名出现的次数。唐诗篇名中李姓人物特多，难以一一判别，因而省略不计。

兰、竹、菊、桃、柳那样突出的创作分量和崇高的文化地位，但在中国文学反映的植物世界里也是比较重要的一种，其地位紧随梅、兰、竹、菊、桃、柳这些第一方阵的强势植物之后，位居其他植物之前。

二、杏花题材创作的历程

杏花这一中流居上的地位是历史地形成的，由杏的生物属性、社会应用和文学创作规律等多方面的因素所决定。

杏是我国栽培最早的果树之一，在我国的栽培历史至少已有 3500 年以上[①]。殷墟甲骨卜辞即有"杏"字，《管子》《礼记·内则》《山海经》等都提到了杏，涉及其分布、种植和利用。杏花在古代文献中出现的时间也较早。《夏小正》："（正月）柳稊。梅、杏、杝桃则华。"[②]《夏小正》是我国最早的历法和月令文献，可能产生于夏王朝（公元前 2070—1600）晚期，至迟出现在西周（公元前 1046—771）至春秋（公元前 770—476）早期。这里记载的是正月底至二月上半月的物候，柳树发芽，梅、杏、山桃相继开放。类似有关杏花物候性质的描写还有西汉《氾胜之书》："杏始华荣，辄耕轻土弱土。望杏花落，复耕。"[③] 东汉崔寔的《四民月令》："三月杏花盛，可播白沙轻土之田。"[④] "三月，昏参夕，杏花盛，桑椹赤，可种大豆。"[⑤] 这两例虽然都明确言及杏花，而且《四民月令》指明的是花盛，但实际关注的是杏花物候的生活功用，而远非其审美的意义，通常我们不把它们视为文学作品。

像桃、杏、梅、李这样的"果子花"，人们首先重视的是其果实、木材的实用价值，反映在文学描写中，一般而言，首先涉及的也是果实和木材。汉司马相如《长门赋》："刻木兰以为榱兮，饰文杏以为梁。"[⑥] 扬雄《蜀都赋》："尔乃其裸，罗诸圃畡。缘畛黄甘，诸柘柿桃。杏李枇杷，杜榉栗榛。棠梨离支，杂以梴橙，被以樱梅，树以木兰。"[⑦] 类似的细节描写在魏晋南北朝的诗文中并不罕见。但众所周知，魏晋南北朝又是文学走向"自觉"的时代，自然物色如山水风景等成了文学描写的重要对象，人们对于植物的关注也从以往的实用目的向物色审美的角度转变，典型莫过于梅花，此前载诸史乘

① 张加延、张钊主编：《中国果树志（杏卷）》，中国林业出版社 2003 年版，第 10 页。
② 黄怀信主撰：《大戴礼记汇校集注》卷二，三秦出版社 2005 年版，第 182—183 页。
③ 贾思勰著，缪启愉校释：《齐民要术校释》卷一《耕田》，农业出版社 1982 年版，第 27 页。
④ 欧阳询撰，汪绍楹校：《艺文类聚》卷八七，上海古籍出版社 1965 年版，下册，第 1488 页。
⑤ 贾思勰著，缪启愉校释：《齐民要术校释》卷二《大豆》，农业出版社 1982 年版，第 81 页。
⑥ 《全上古三代秦汉三国六朝文》全汉文卷二二，中华书局 1958 年影印本，第 1 册，第 245 页下。
⑦ 林贞爱：《扬雄集校注》，四川大学出版社 2001 年版，第 17—18 页。

经籍只是果实滋味，至此"始以花闻"①。杏亦然，虽然杏花最终不像梅花那样声名显赫、地位隆崇，但也是在这个时期成了文学吟咏对象。西晋潘岳《闲居赋》："竹木蓊郁，灵果参差。……石榴蒲萄之珍，磊落蔓衍乎其侧。梅杏郁棣之属，繁荣丽藻之饰，华实照烂，言所不能极也。"②所谓"繁荣丽藻""华实照烂"，是由"实"向"华（花）"转变的明显痕迹。而南朝宋刘义庆《游鼋湖》"梅花覆树白，桃杏发荣光"③，则已是直接的杏花描写。稍后由梁入周的诗人庾信推出了《杏花》诗："春色方盈野，枝枝绽翠英。依稀映村坞，烂漫开山城。好折待宾客，金盘衬红琼。"④这是文学史上专题咏杏的开山之作，也是这个时期唯一的杏花专题作品，标志着杏花作为咏物题材的正式出现。

　　唐五代无疑是杏花题材创作的高峰，尽管绝对数量仍是有限，但由于整个文学创作的繁荣，尤其是写景、咏物题材的兴起，较之六朝那种专题单篇只咏、意象偶尔一见的现象有明显改观，无论是专题描写，还是意象撷用的数量都大大增加。唐诗中咏杏和以杏花意象为主的诗歌有 60 首，另有以杏之果、木为题的诗三首。司空图《酒泉子》"买得杏花"则是一首典型的咏杏词。这些作品大多属于中唐至五代。特别值得一提的是，唐西京长安曲江池西、慈恩寺北有大片杏园，中宗神龙以来，实际可能是唐德宗贞元以来，新科进士例于杏园欢宴，宴后于慈恩寺塔下题名留念⑤。此事虽因时事治乱、当政异议而间有罢举，但却形成惯例，成了唐代政治生活和都市游宴的一大盛事，无论是对科举之士，还是一般社会，都有深刻的影响，构成了杏花题材、意象兴起和流行最直接的原因。唐代作品中写及杏花，大都与这人生的荣辱得失密切相关，在京都游春、登科宴集、送别下第、寒食感怀乃至于政治感遇诗中，杏园赏花都成了常见的情景和意象，借以寓托科举的得失，感慨仕途的沉浮。著名如韩愈《杏花》："居邻北郭古寺空，杏花两株能白红。曲江满园不可到，看此宁避雨与风。二年流窜出岭外，所见草木多异同。……岂如此树一来玩，若在京国情何穷。今旦胡为忽惆怅，万片飘泊随西东。"⑥类似的情形在唐诗中较为普遍，大大丰富了杏花题材的生活内涵，促进了杏花意象的抒情写意作用。唐代知名作家中，权德舆、韩愈、刘禹锡、张籍、元稹、白居易、姚合、杜牧、李商隐、薛能、温庭筠、皮日休、司空图、唐彦谦、

①　杨万里：《洮湖和梅诗序》，《全芳备祖》前集卷一，农业出版社 1982 年版，上册，第 28 页。
②　潘岳：《闲居赋》，《全上古三代秦汉三国六朝文》全晋文卷九一，第 1987 页下。
③　《先秦汉魏晋南北朝诗》宋诗卷四，中华书局 1983 年版，中册，第 1202 页。
④　《先秦汉魏晋南北朝诗》北周诗卷四，下册，第 2399 页。
⑤　王定保：《唐摭言》卷三，古典文学出版社 1957 年版，第 42 页。
⑥　《全唐诗》卷三三八，中华书局 1960 年版，第 10 册，第 3791 页。

郑谷、吴融等都有杏花诗，其中司空图、吴融尤其值得注意。长居陕西华阴和山西永济的司空图有《力疾山下吴村看杏花》七绝组诗十九首，这不仅在唐代文学中，在整个古代文学史上都是很突出的。江南吴融对杏花的描写则比较切实传神。

　　紧接的宋辽金时期无疑是又一个杏花题材创作比较丰富的时期。前面的数据显示了《全宋词》中杏花意象的使用情况。《全宋词》中专题咏杏词有 27 首，位居所有赏花植物的第 13 位①。据电子文献检索，《全宋诗》中诗题含"杏"字的有 145 首（已扣除"银杏"5 首），其中标明"杏花"字样的 86 首；正文中含有"杏"字 1147 首，其中含"杏花"421 首，含"红杏"111 首。虽然杏花题材和意象在宋代文学中的出现频率不如唐代，但绝对数量与唐代相比仍有明显增加。更值得注意的是，宋代是一个花卉圃艺比较繁盛的时代，莳花赏花之风比较流行，有关生活经验、园艺知识和艺文情趣都比较丰富和深入。具体在文学中，对花卉的观赏认识也趋于深切和细致。这种现象实际从晚唐五代就开始了，就杏花而言，吴融等人的作品对六朝以来因花开花落而触景生情、感慨时序的情态有所突破，观察和刻画都细致入微。入宋后，这样的倾向更为明显，杏花物色细节的体察、个性特征的把握和情趣神韵的玩味，乃至于人文意义的思考与阐发都更为具体深入。王禹偁、文同、王安石、苏轼、陆游、杨万里、魏了翁、谢枋得，以及金朝的元好问对杏花较为喜爱，创作数量和质量弥足可观。王安石集中有 11 首杏花之咏，数量仅次于梅，其七绝《北陂杏花》对临水花树明媚妖娆风姿及其坚贞不屈性格的刻画和寄托，给人印象深刻。苏轼《月夜与客饮酒杏花下》那良辰美景的欢乐情景、清逸幽雅的生动意境，洋溢着无穷的艺术魅力。元好问可以说是古典诗人于杏花用情最深、着意最多的一位，可谓古代咏杏第一人，其主要生活的山西、河南、山东等地杏花分布颇盛，现存严格的咏杏古近体诗近 30 首、词 2 首，无论是对杏花美的表现，还是思想、情感的寄托都较为丰富。

　　元明清时期杏花题材的作品大致延续了宋金时期的基本情形。由于是大一统的政治格局，加以定都北京，而北方地区又是杏的主要分布区，因而相应的咏杏写景作品并不少见。这一时期值得一提的是，有关杏花绘画的题咏之作有明显增加，这在宋代只是偶然，元明清时期出现了不少《杏林图》《杏坛图》《杏花书屋》《杏花春雨》以及杏枝春鸟一类绘画作品的题咏，从一个侧面丰富了杏花题材的内容。另外在俗文学中，杏花是比较常见的意象，无论人名、地名，还是写人写景，作为乡土村俗的代表风物和场景，杏花、杏花村频频出现在戏曲、小说中，成了一个符号化的意象元素。

① 许伯卿：《宋词题材研究》，中华书局 2007 年版，第 121 页。

纵观整个中国古代文学，由杏实到杏花，杏及杏花意象与题材的历史可谓源远流长。杏是传统"五果"之一，在我国分布广泛，虽然现代园艺学普遍认为杏的分布以秦岭、淮河为界，南方地区较少，但在古籍记载中，除福建等少数省份比较少见外，整个南方杏的生长是普遍的，而江南地区杏花的风景效果似乎还更具优势。这样广泛的分布，也为文学创作提供了丰富的素材。杏花之所以在中国文学所涉花卉植物中稳居中前的位置，主要就得力于花果兼利的特长、广泛的分布和悠久的历史。但杏花又没有像松竹梅、杨柳、桃花那样进入中国文学最重要的植物意象行列，原因何在？从上面的论述可知，杏花进入文学的历史始于汉魏，远没有松、竹、柳、兰、菊、莲那么悠久。杏的实际分布和经济应用远不如松柏、杨柳、桃那么广泛，在"五果"中的地位也不如桃、李、枣之类重要，历史上也未像梅、桃、柑橘那样形成知名的产区[①]，大规模的风景名胜较少，这客观上影响了文学关注的机率。汉魏以来，杏之赋咏虽然相沿不绝，代有佳作，但绝没有像杨柳、荷花、梅花那样酿成时尚焦点，形成创作高潮[②]。从下面的论述中，我们还会清楚地看到，杏花的生物特征相对平淡无奇，缺乏牡丹、寒梅、霜菊、幽兰那样撼动人心的强烈个性，这也在一定程度上影响了人们赋颂赞美的热情，可以这么说，杏花题材创作的历史一如其平淡的花色，是一个波澜不惊、平缓散漫的过程。正是这些正反两方面的作用，决定了杏花在中国文学中比上不足、比下有余的创作格局和形象地位。

三、杏花的物色美感

所谓物色美是指植物的生物特性体现出的美感，对于杏花这样的观花植物来说，主要指鲜花的色香、姿态等方面的特征以及整体显现的独特风韵。古代杏花题材的创作虽然数量有限，但对这一花卉的形象特征和美感风韵也是刻画充分，体味多多，具体、深入地展示了这一自然物色的观赏价值和审美个性。这是古代杏花题材作品最主要的贡献，具体表现有以下几个方面。

（一）色彩

在花卉的诸多观赏要素中，花色是最直接、强烈和丰富的内容。很多花卉的颜色

---

① 张加延、张钊主编：《中国果树志（杏卷）》，第 11 页。
② 郭则沄《红楼真梦》（北京大学出版社 1988 年版）第九回写大观园拟起杏花诗社，李纨说："从前做了许多诗，总没咏过杏花。唐宋人的诗，单咏杏花的也不多，倒是个好题目。"

都是固定而单一的，杏花则不同，它的色彩非常奇特。杏花"二月开，未开色纯红，开时色白微带红，至落则纯白矣"①。这种姣容三变的特点，显示了不同的观赏价值。初开红色纯正如火，杏之称为"红杏"，主要指这一阶段。一般而言，在三春花色的姹紫嫣红中，红色总是最常见，也是最鲜艳抢眼的，而花信初发也更为警动人心，因此古人对红杏初绽之景也更多关注与欣赏。元好问说"杏花看红不看白，十日忙杀游春车"②，明杨基也说："只恐胭脂吹渐白，最怜春水能照红。"③ 对于大片成景的红杏，古人多以彩霞比之。南宋张镃把自己的杏花亭命名为摘霞，作诗道："一片吹来锦，人言是杏花。倚栏堪把玩，胜似日边霞。"④ 金元好问《冠氏、赵庄赋杏花四首》："文杏堂前千树红，云舒霞卷涨春风。"⑤ 更有甚者，宋赵蕃《正月二十四日雨霰交作》："杏花烧空红欲然。"⑥ 这些比喻都写出了大片红杏如火如荼的热烈鲜艳景象。到了开阑将落时，杏花又是一片纯白，极其鲜明，古人多喻为雪花。欧阳修《镇阳残杏》"残芳烂漫看更好，皓若春雪团枝繁"⑦，说的即是。但杏花最值得称道的，似乎尚不在这纯红、纯白的两极，而是初放趋盛时那"白微带红"的中和柔性色调。唐吴融《杏花》："粉薄红轻掩敛羞，花中占断得风流。"⑧ 宋王禹偁《杏花》："桃红李白莫争春，素态妖姿两未匀。日暮墙头试回首，不施朱粉是东邻。"⑨ 杨万里《瓶中梅杏二花》："梅花耿耿冰玉姿，杏花淡淡注胭脂。"⑩《郡圃杏花》："绝怜欲白仍红处，政是微开半吐时。""海棠秾丽梅花淡，匹似渠侬别样奇。"⑪《芗林五十咏·文杏坞》："道白非真白，言红不若红。请君红白外，别眼看天工。"⑫ 在他们看来，这种薄施脂粉、淡注胭脂的匀和色调才是杏花独有的美感。

　　而实际开放时，同一树花朵有先后，颜色也就有红有白，大片林景中更是红白夹杂，绚丽斑斓。韩愈《杏花》："居邻北郭古寺空，杏花两株能白红。"⑬ 温庭筠《杏花》：

① 王象晋：《二如亭群芳谱》果谱卷二，《故宫珍本丛书》第 471 册，海南出版社 2001 年版，第 353 页。
② 元好问：《荆棘中杏花》，《元好问全集》卷三，山西古籍出版社 2004 年版，上册，第 70 页。
③ 杨基：《梅杏桃李》其二，《眉庵集》卷八，影印文渊阁《四库全书》第 1230 册，上海古籍出版社 1987 年版，第 431 页。
④ 张镃：《摘霞亭（霞即杏也）》，《全宋诗》第 50 册，第 31629 页。
⑤ 元好问：《冠氏、赵庄赋杏花四首》，《元好问全集》卷一二，上册，第 295 页。
⑥ 《全宋诗》第 49 册，第 30509 页。
⑦ 《全宋诗》第 6 册，第 3597 页。
⑧ 吴融：《杏花》，《全唐诗》卷六八六，第 20 册，第 7884 页。
⑨ 《全宋诗》第 2 册，第 737 页。
⑩ 《全宋诗》第 42 册，第 26182 页。
⑪ 杨万里：《郡圃杏花》二首其一，《全宋诗》第 42 册，第 26233 页。
⑫ 《全宋诗》第 42 册，第 26474 页。
⑬ 《全唐诗》卷三三八，第 10 册，第 3791 页。

"红花初绽雪花繁,重叠高低满小园。"① 说的便是如此。裴度午桥庄别墅杏林取名"碎锦坊"②,正可以说得其神似。后世文学中以碎锦、断霞喻杏的不在少数。如孙何《杏花》:"落处飘微霰,繁时叠碎霞。"③ 基于这样一些体会,人们对杏花的花色特征也就有了更明确的认识。宋李冠《千秋万岁》:"杏花好,子细君须辨。比早梅深、夭桃浅。"④ 杨万里《甲子初春即事》其三:"径李浑秾白,山桃半淡红。杏花红又白,非淡亦非秾。"⑤ 吴绮《杏花春雨楼赋》:"坊开碎锦,既若淡而若浓;彩染生绡,仍半深而半浅。"⑥ 杏花的色彩美正是介于桃花与梅李之间,是一种浓淡适中、红白匀和的色调,洋溢着平易谐调的气息。明张宁对此有更深入的理解,其《杏花诗序》说:"植物可爱者众矣,桃妖艳而少质,梅清真而少文,兼美二物而彬彬可人者,惟杏近之。"⑦ 是说杏花亦素亦丽,近乎"文质彬彬,尽善尽美"的人文至境,这可谓是对杏花这一花色特征的最高赞誉了。

(二) 香味

杏花有香,只是它的香气不是那么浓郁,也不是那么动人心魄,比不上桂花的甜香、茉莉的馨香、梅花和兰花的幽香,它不属以香气取胜的花卉,它拥有的只是一股淡淡的芳香,古人形容"杏花类笃耨香"⑧。笃耨产自真腊(今柬埔寨),"香之味清而长"⑨。古人写花也多以"清香"称之。如钱起:"清香和宿雨,佳色出晴烟。"⑩ 苏轼:"花间置酒清香发,争挽长条落香雪。"⑪ 凡树势旺发或种杏成林,当其盛开时香气也是浓郁的。而集中谢落之后余香犹存的情形,给人的印象尤为深刻。温庭筠《菩萨蛮》:"雨后却斜阳,杏花零落香。"⑫ 宋刘学箕《菩萨蛮·杏花》:"昨日杏花春满树,今晨雨过香填路。"⑬ 明凌云翰《春日》其二:"杏花零落飘香远,明日扶筇度石桥。"⑭ 所写即是。

① 《全唐诗》卷五八三,第 17 册,第 6760 页。
② 《全芳备祖》前集卷一〇《异景录》,上册,第 398 页。
③ 《全宋诗》第 2 册,第 979 页。
④ 《全宋词》第 1 册,中华书局 1965 年版,第 115 页。
⑤ 杨万里:《甲子初春即事》其三,《全宋诗》第 42 册,第 26649 页。
⑥ 吴绮:《杏花春雨楼赋》,《林蕙堂全集》卷一,影印文渊阁《四库全书》第 1314 册,第 204 页。
⑦ 张宁:《方洲集》卷一六,影印文渊阁《四库全书》第 1247 册,第 408 页。
⑧ 谢伯采:《密斋笔记》卷四,影印文渊阁《四库全书》第 864 册,第 679 页。
⑨ 赵汝适:《诸蕃志》卷下"笃耨香"条,影印文渊阁《四库全书》第 594 册,第 30 页。
⑩ 钱起:《酬长孙绎蓝溪寄杏》,《全唐诗》卷二三八,第 8 册,第 2653 页。
⑪ 苏轼:《月夜与客饮酒杏花下》,《全宋诗》第 14 册,第 9276 页。
⑫ 《全唐诗》卷八九一,第 25 册,第 10065 页。
⑬ 刘学箕:《菩萨蛮·杏花》,《全宋词》第 4 册,第 2438 页。
⑭ 凌云翰:《柘轩集》卷一,影印文渊阁《四库全书》第 1227 册,第 765 页。

（三）神韵

所谓神韵，是指杏花的整体形象特征和审美个性。古代文学中多有这方面简明精辟的品鉴，其中最常见的是以下几点概括：

1. 繁

根据现代园艺学的考察，杏花败育不实的比率较高，古代园艺家谈及杏树也有"多花少实"[①] 的感觉，因而开花偏多，枝条上多是复花芽，常是一个叶芽与一至三个花芽并生，因而盛开时花朵较为繁密[②]。反映在文学中，人们对杏花的描写，首先离不开一个"繁"字。唐温宪《杏花》："静落犹和（一作频沾）蒂，繁开正蔽条。"[③] 李建勋《春日小园晨看兼招同舍》："最有杏花繁，枝枝若手挼。"[④] 温庭筠《杏花》："红花初绽雪花繁，重叠高低满小园。"[⑤] 着眼的都是繁花团枝的形象。尤其是与同类梅花的疏淡相比，杏花的繁密就更为突出。陆游《冬晴行园中》："杏繁梅瘦种性别。"[⑥] 杨万里《雨里问讯张定叟通判西园杏花二首》其二："梅不嫌疏杏要繁。"[⑦] 都概括地表达了对杏花这一特征的基本共识。在日常口语中，"繁杏"与"夭桃""寒梅""幽兰"一样成了最固定的说法。

2. 艳

由于杏初开时纯红，继而转淡，加之花朵之繁密，因而整体上也便显出艳丽的品色。五代张泌《河传》："红杏，交枝相映，密密濛濛。一庭浓艳倚东风，香融，透帘栊。"[⑧] 宋朱淑真《杏花》："浅注胭脂剪绛绡，独将妖艳冠花曹。"[⑨] 即便是盛开时的白色，因其鲜明繁密，总给人一分明丽的感觉。如权德舆《杂言和常州李员外副使春日戏题十首》其一："随风柳絮轻，映日杏花明。"[⑩] 与朱淑真大致同时，姚伯声定"花品三十客"，"桃为妖客"，杏则称为"艳客"[⑪]，这一说法影响颇大，在后世几成杏花定评。

3. 闹

称杏花为"闹"，源于北宋宋祁《玉楼春》"绿杨烟外晓寒轻，红杏枝头春意闹"[⑫]。

---

① 周文华：《汝南圃史》卷三，《续修四库全书》第 1119 册，第 35 页。
② 张加延、张钊主编：《中国果树志（杏卷）》，第 51—53 页。
③ 《全唐诗》卷六六七，第 19 册，第 7643 页。
④ 《全唐诗》卷七三九，第 21 册，第 8421 页。
⑤ 《全唐诗》卷五八三，第 17 册，第 6760 页。
⑥ 陆游：《冬晴行园中》其二，《全宋诗》第 41 册，第 25550 页。
⑦ 《全宋诗》第 42 册，第 26153 页。
⑧ 曾昭岷、曹济平等编著：《全唐五代词》，中华书局 1999 年版，第 521 页。
⑨ 《全宋诗》第 28 册，第 17959 页。
⑩ 《全唐诗》卷三二八，第 10 册，第 3670 页。
⑪ 姚宽撰，孔凡礼点校：《西溪丛语》卷上，中华书局 1993 年版，第 36 页。
⑫ 《全宋词》第 1 册，第 116 页。

宋祁是天圣二年进士，官至工部尚书，词中这一"闹"字下得好，传诵一时，人因称其"'红杏枝头春意闹'尚书"①。"闹"是动词，这里以动写静，包含着浓郁的"通感"，可以说非常生动地揭示了杏花晴暖初放时色彩鲜艳秾丽、气氛喧暖热烈的景象，洋溢着春色炽盛不可掩抑的生机和活力。后来咏杏之作中多化用此意或径用此字来写杏，如沈继祖《杏花村》："杏破繁枝春意闹。"② 赵师侠《浪淘沙·杏花》："绛萼衬轻红，缀簇玲珑，夭桃繁李一时同。独向枝头春意闹，娇倚东风。"③ 许有壬《杏苑初春》："玄都道士不栽桃，却爱深红闹树梢。"④ 元好问《甲辰三月日日以后杂诗三首》其二："溅溅猩红闹晓晴，攒头真似与春争。"⑤ 都简明地展示出杏花初放时繁艳热烈的特色。

4. 娇

就字义而言，娇除了美好外，还有着柔嫩可爱，令人倍感怜惜的特殊意味。称赞杏花娇美，以唐代诗人吴融最为典型，其《杏花》诗写道："春物竞相妒，杏花应最娇。红轻欲愁杀，粉薄似啼销。愿作南华蝶，翩翩绕此条。"⑥ 中间两句写红轻粉薄，都是一种娇嫩的气息，而似愁如泣，更是一种堪怜堪爱的形象，这可以说是对杏花之"娇"形象简明的诠释。由此可见，杏花的娇美主要体现在开放时那粉红丰嫩的形象。王恽《春夜独坐》其三："长记东墙微雨后，一枝红艳杏花娇。"⑦ 厉鹗《邻墙杏花和桑弢甫》："一枝颇横出，风味极娇软。"⑧ 所写都是一枝初开的鲜红柔嫩之态。

5. 憨

从褒义的角度理解，憨包含着天真娇痴、淳朴可爱的意思，与"娇"比较接近。以"憨"称赞杏花，主要见于元好问，其诗中多处言之。《内乡杂诗》："无限春愁与谁语，梅花娇小杏花憨。"⑨《杏花》："桃李前头一树春，绛唇深注蜡犹新。只嫌憨笑无人管，闹簇枯枝不肯匀。"⑩ 清汤右曾也有类似之言。如《东皋草堂看杏花歌》："妍姿恰宜丽日映，憨态欲遣香云扶。看红看白情未足，惜花惜玉怀仍孤。"⑪ 就诗意而言，都不外指杏花的娇嫩可爱、温柔宜人。

6. 俗

① 阮阅编：《诗话总龟》卷一四，影印文渊阁《四库全书》第 1478 册，第 441 页。
② 《全宋诗》第 48 册，第 29861 页。
③ 《全宋词》第 3 册，第 2094 页。
④ 许有壬：《至正集》卷二八，影印文渊阁《四库全书》第 1211 册，第 203 页。
⑤ 《元好问全集》卷九，上册，第 214 页。
⑥ 《全唐诗》卷六八六，第 20 册，第 7880 页。
⑦ 王恽：《秋涧集》卷二八，影印文渊阁《四库全书》第 1200 册，第 352 页。
⑧ 厉鹗著，董兆熊注，陈九思标校：《樊榭山房集》续集卷一，上海古籍出版社 1992 年版，第 1016 页。
⑨ 《元好问全集》卷一二，上册，第 291 页。
⑩ 同上书，第 294 页。
⑪ 汤右曾：《怀清堂集》卷五，影印文渊阁《四库全书》第 1325 册，第 482 页。

俗通常是一个贬义词。诗人在赞美某一花卉时，经常以贬低其他花卉来作反衬，在这些特定的褒贬评骘语境中，对杏花最常见的贬词就是一个"俗"字。较早的如白居易《与沈杨二舍人阁老同食敕赐樱桃，玩物感恩因成十四韵》："杏俗难为对，桃顽讵可伦。"① 是通过贬抑桃杏来衬托樱桃之美。宋徐积《琼花歌》："杏花俗艳梨花粗，柳花细碎梅花疏。桃花不正其容冶，牡丹不谨其体舒。如此之类无足奇，此花之外更有谁。"② 方岳《社日》："燕子今年揩社来，翠瓶犹有去年梅。丁宁莫管杏花俗，付与春风一道开。"③ 郭印《（正纪见遗梅花，云春信数枝，辄分风月，以助清樽，而一樽无有也，戏成两绝，赠之）再和》其二："欲把群葩次第分，桃粗杏俗未应论。"④ 清汪由敦《庭前草花盛放戏成小诗十二首》其七："花史何曾是定评，桃粗杏俗漫相轻。无端荒徼闲花草，谱入群芳便得名。"⑤ 揣摸这些诗歌语意，不难感受到杏花之"俗"几乎成了一个定评。值得特别一提的是，到了宋代，随着理学的产生，士大夫道德品格意识普遍高涨，影响至花卉观赏，"比德"意趣愈益盛行，梅、兰、竹、菊越来越被视为高雅的人格象征，而桃、杏、李、海棠等三春艳丽之花都越来越被视作反面，称为凡俗之品。这其中桃花受贬最深，常以"妖""浮"称之，李花则被视为寒酸粗陋，而杏花集中定位在"俗"上。何以如此？除了上述花卉欣赏品鉴人格化、系统化的历史趋势外，还应该与杏花在颜色、形态等方面的自然特征有关。杏花盛开时花朵繁簇，色彩富于变化，而以浅红淡粉为主，因而不像桃花、海棠那么秾艳，也不似李花、梨花一味纯白那样浅薄寒碜。杏花的这一特征，褒之是一种浓淡匀和的美质，而贬之则是平庸无奇的缺憾，杏花之公认为"俗"主要源于这一极为平和的风格。杏花与梅花不同，不是隐者、高士的专利，而是典型的家常风景，是乡土、农耕风物，这也进一步加强了"土气"和"俗气"。因此，换一角度看，所谓"俗"并不绝对是消极的，我们正可透过这一字之评，把握到杏花家常朴实、平易近人的生活气息和人文意蕴。

（四）姿态

上述物色、神韵是杏花美感最为基础的要素，但不同的生长状态和不同环境气氛里，杏花的具体表现则是千姿百态、生动无限，予人的感受也是丰富多彩、情致各异。文学作品这方面的描写也是别出心裁，发明多多。

---

① 《全唐诗》卷四四二，第 13 册，第 4943 页。
② 《全宋诗》第 11 册，第 7562 页。
③ 《全宋诗》第 61 册，第 38276 页。
④ 《全宋诗》第 29 册，第 18741 页。
⑤ 汪由敦：《松泉集》诗集卷九，影印文渊阁《四库全书》第 1328 册，第 486 页。

1. 不同形态

（1）开放

植物的花大都有现蕾、开放、凋谢的一定过程。同样杏花亦然，前述颜色三变就是三个典型的阶段，不仅颜色一端，而整个花容花姿都有一个演化过程。元好问《纪子正杏园燕集（甲午岁）》就以比喻、拟人等手法形象地勾勒了杏花开放的连环画和全息图："未开何所似，乳儿粉妆深绛唇。能啼能笑痴复验，画出百子元非真。半开何所似，里中处女东家邻。阳和八月春思动，欲语不语时轻颦。就中烂漫尤更好，五家合队虢与秦。"① 未开如小儿之天真娇痴，半开如少女之嫩涩娇羞，盛开如富贵佳丽浓妆华服，列队照耀，热闹非凡，不同的花期有着不同的风韵。

（2）凋谢

杏花的凋谢也颇引人瞩目。根据现代园艺学的观察，杏树落花比较迅速、集中，一株树从开始落花到花凋尽仅需二至三天②。明文震亨说，"杏花差不耐久，开时多值风雨，仅可作片时玩"③。元曲中也有这样的感慨："生红闹簇枯枝，只愁吹破胭脂，说与莺儿燕子。东君知道，杏花不耐开时。"④ 繁密的鲜花集中零落时，必是一种"落英缤纷"、香瓣满地的情形。宋人王禹偁、王安石等都以雪花形容。杨万里《雨里问讯张定叟通判西园杏花二首》其一："白白红红一树春，晴光炫眼看难真。无端昨夜萧萧雨，细锦全机卸作茵。"⑤ 比喻为碎锦花茵。康与之《忆秦娥》："东风恶。胭脂满地，杏花零落。"⑥ 刘学箕《菩萨蛮·杏花》："昨日杏花春满树，今晨雨过香填路。零落软胭脂，湿红无力飞。"⑦ 同样是雨后落花，康、刘二人则形容为软湿流红的胭脂，都极为形象地展示了其绚丽哀艳的姿态和神韵。上述都是对花落一般的感受，而唐代诗人孟郊的《杏殇九首》⑧ 值得特别一提。这一五古组诗借眼前满地霜打殇落的杏花嫩苞表达对夭折幼子的怆痛和哀怀，凄楚动人，当时就广为人知，后世也引起了同样遭遇者的广泛同情和共鸣，"杏殇"几乎成了这一悲摧情怀的代名词，影响较为深远。

2. 不同环境

---

① 《元好问全集》卷五，上册，第103页。

② 张加延、张钊主编：《中国果树志（杏卷）》，第51页。

③ 文震亨：《长物志》卷二《花木》，清《粤雅堂丛书》本。

④ 无名氏【越调】《天净沙》，隋树森编：《全元散曲》，中华书局1964年版，下册，第1732页。元好问《清平乐·杏花》作："香团娇小，拍拍知多少？一树铅华春事了，消甚珠围翠绕。　生红闹簇枯枝，只愁吹破胭脂。说与东风知道，杏花不看开时。"《元好问全集》卷四五，下册，第1053页。

⑤ 《全宋诗》第42册，第26153页。

⑥ 《全宋词》第2册，第1303页。

⑦ 《全宋词》第4册，第2438页。

⑧ 《全唐诗》卷三八一；孟郊：《孟东野诗集》卷一〇，宋刻本。

现实生活中，杏花的开放总在具体的气候、时间和环境之中，这些不同的条件赋予杏花不同的景象和风韵，带给人们丰富的欣赏视角和情趣感受。古代诗词描写中最常见的取景有下列四种：

（1）雨后

杏花开放，正值清明时节，这时的雨水较之早春渐多，相传唐代杜牧"清明时节雨纷纷"，宋代陈与义"杏花消息雨声中"①，说的就是。古诗词中常常出现的"杏花雨""红杏雨"一类说法，指的也正是这一节候特征，对此下一节中还待进一步论述。风吹雨打，对于鲜花来说，不免有煞风景之虞，杏花遇雨自然不可避免，古人诗词中也不乏此类描写。但有一个现象特别值得注意，诗人更为津津乐道的是，雨水对杏花的催发作用。最早的是唐代诗人钱起《酬长孙绎蓝溪寄杏》："清香和宿雨，佳色出晴烟。"② 点出了经过夜雨的洗礼，雨后初霁中的杏花更为鲜艳夺目，清香宜人。稍后权德舆《奉和许阁老霁后慈恩寺杏园看花，同用花字口号》："杏林微雨霁，灼灼满瑶华。"③ 宋欧阳修《田家》："林外鸣鸠春雨歇，屋头初日杏花繁。"④ 陆游《临安春雨初霁》："小楼一夜听春雨，深巷明朝卖杏花。"⑤ 王恽《春夜独坐》："长记东墙微雨后，一枝红艳杏花娇。"⑥ 这些前因后果的句式，都鲜明揭示了春雨沐浴滋润之后花盛色鲜的独特情形，这在其他鲜花描写中是极为罕见的。雨中杏花也不尽是支离狼藉。文天祥《次约山赋杏花韵》："名花韵在午晴初，雨沁胭脂脸更敷。"⑦ 元张雨《雨中》："卷帘芳草短，看雨杏花肥。"⑧ 明胡奎《春词》："江城五更雨，催得杏花开。"⑨ 雨水的滋润，使杏花竞相开放，也更加光鲜丰茂。即便是雨打风吹去，人们所爱写的，也是"杏花零落燕泥香"⑩，"杏花零落水痕肥"⑪ 那样一派雨润物阜，生机勃勃的景象。前面所述杏花落英缤纷的姿态，也多属雨后景象，给人带来的更多是一种春色温润烂漫，充满生机与活力的感觉。

（2）水边

---

① 陈与义：《怀天经智老因访之》，《全宋诗》第 31 册，第 19570 页。
② 《全唐诗》卷二三八，第 8 册，第 2653 页。
③ 《全唐诗》卷三二六，第 10 册，第 3655 页。
④ 《全宋诗》第 6 册，第 3686 页。
⑤ 《全宋诗》第 39 册，第 24638 页。
⑥ 王恽：《秋涧集》卷二八，影印文渊阁《四库全书》第 1200 册，第 352 页。
⑦ 《全宋诗》第 68 册，第 42964 页。
⑧ 张雨：《句曲外史集》卷上，影印文渊阁《四库全书》第 1216 册，第 365 页。
⑨ 胡奎：《斗南老人集》卷六，影印文渊阁《四库全书》第 1233 册，第 571 页。
⑩ 秦观：《画堂春·春情》，《全宋词》第 1 册，第 469 页。
⑪ 张炎：《浪淘沙》，《全宋词》第 5 册，第 3512 页。

唐代诗人吴融《杏花》："独照影时临水畔，最含情处出墙头"①，揭示了两种杏花开放最为动人的景观。首先是花树临水，花光倒映水面，花也迷人，影也动人。对此景象深表欣赏者不少。王涯《春游曲二首》其一："万树江边杏，新开一夜风。满园深浅色，照在绿波中。"② 这里描写的是成片的杏花，深浅不一的颜色倒映在江水碧波中，随波荡漾，别具风情。王安石是一位癖好水中倒影的诗人，其《杨柳》诗中写道："杨柳杏花何处好，石梁茅屋雨初干。绿垂静路要深驻，红写清陂得细看。"③ 杨柳美在静路垂荫，而杏花则美在清塘倒映。其《杏花》诗"俯窥娇娆杏，未觉身胜影"④，以及著名的《北陂杏花》"一陂春水绕花身，花影妖饶各占春"⑤，也都强调了水边杏树花枝照影、相映生辉特有的妖娆妩媚。是盛开景美，骤谢景也美。

（3）墙头

前引吴融"最含情处出墙头"，则又是一景。早于吴融，温庭筠《杏花》诗中即有"杳杳艳歌春日午，出墙何处隔朱门"⑥ 的想象。此后仅就宋金文人而言，就有王禹偁、王安石、徐积、张耒、魏夫人、周紫芝、陆游、张镃、段成己、元好问等名家表示过关注和喜爱。这一景象有着杏花栽培的现实基础。杏是家常果树，古人言其栽种有"杏宜近人家"⑦ 的说法，清代女诗人王慧有"杏花都掩屋，杨柳半垂溪"⑧ 的诗句，由此可见庭院种杏比较普遍。而杏是高大乔木，较之同类的梅、桃等果树植株都要硕大些，唐元稹《莺莺传》中崔莺莺所居东墙下"攀援可逾"⑨ 的即是杏树，这样的树木春来花枝墙头招摇的现象就较常见，相对的梅与桃尤其是梅则很少有这样的情形。从视觉接受来说，杏花花蕾及初开时呈鲜红色，无论是在同类芳菲还是在杏花花期全程中都较为突出，具有鲜明的视觉吸引力。古代作品给我们展示这一景致的诸多动人之处，首先是这鲜明的视觉效果。因为所写多是高墙微露一枝、数枝红杏，视点集中，以少胜多，有着"犹抱琵琶半遮面"的含蓄韵致。金段成己《朝中措·偶出见墙头杏花》："无言脉脉怨春迟，一种可怜枝。最是难忘情处，墙头微露些儿。"⑩ 元张养浩《咏

---

① 《全唐诗》卷六八六，第 20 册，第 7884 页。
② 《全唐诗》卷三四六，第 11 册，第 3874 页。
③ 《全宋诗》第 10 册，第 6695 页。
④ 同上书，第 6477 页。
⑤ 同上书，第 6693 页。
⑥ 《全唐诗》卷五八三，第 17 册，第 6760 页。
⑦ 佚名：《居家必用事类全集》戊集《果木类·栽桃李杏》，明刻本。周文华：《汝南圃史》卷三，《续修四库全书》第 1119 册，第 35 页。屈大均：《广东新语》卷二五木语"花木历"条，中华书局 1985 年版，下册，第 653 页。
⑧ 王士禛撰，靳斯仁点校：《池北偶谈》卷一七"王慧诗"条，中华书局 1982 年版，下册，第 415 页。
⑨ 元稹：《莺莺传》，张友鹤选注：《唐宋传奇选》，人民文学出版社 1964 年版，第 107 页。
⑩ 《全金元词》第 548 册，第 27 页。

亭中杏花效韩文公体》:"度高仅出墙数尺,数芳奚翅花千重。"① 都是说的这初开一枝,娇柔新鲜,以少许胜多许,有限见无限的效果。其次是给人墙内春色烂漫,深院关锁不住的感觉与联想。郭祥正《峡山道中口占》:"不知春色来多少,是处墙头见杏花。"② 陆游《马上作》:"杨柳不遮春色断,一枝红杏出墙头。"③ 宋无《墙头杏花》:"红杏西邻树,过墙无数花。相烦问春色,端的属谁家。"④ 都把墙头红杏,视为春色满园,掩抑不住,盎然外溢的征象。南宋江湖诗人叶绍翁的《游园不值》:"应怜屐齿印苍苔,小扣柴扉久不开。春色满园关不住,一枝红杏出墙来。"⑤ 更是把这一由小及大、以少总多的联想与感受发挥到了极致。再次,诗人们还会进一步生发想象,由墙头红杏联想到墙内的姹紫嫣红与赏心乐事。欧阳修《玉楼春》有句:"莺啼宴席似留人,花出墙头如有意。"⑥ 概括了人对墙头花枝的深情感触。苏轼《蝶恋花》:"墙里秋千墙外道,墙外行人,墙里佳人笑。"更是构想了一个大墙内外"多情却被无情恼"⑦ 的戏剧性情境。而面对墙头杏花,墙外的骚人行客也常产生类似的绮思愁绪。吴融《途中见杏花》:"一枝红艳出墙头,墙外行人正独愁。"⑧ 王安石《杏花》:"垂杨一径紫苔封,人语萧萧院落中。独有杏花如唤客,倚墙斜日数枝红。"⑨ "唤客"二字拟人,不仅写出了墙头杏花强烈的吸引力,同时也流露出孑然独行的诗人对墙内"人语"的莫名感触与潜在期待。这些情景从一个侧面展示了墙头杏花特有的魅力。在后来的才子佳人戏剧、小说中,这种墙头马上包含的禁锢(高墙)与诱惑、冲动(红花)的戏剧性情景成了流行的情节元素⑩,而"红杏出墙"也成了形容妻子外遇的流行俗语,进一步显示了墙头红杏这一景象强烈的感染力和隐喻性。

(4)月下

花前、月下是古人所谓"良辰美景,赏心乐事"的基本内容,二美相并,更是不胜其美。月下赏杏,景色饶美、情趣幽雅,是杏花观赏的一种别致方式。古人于此颇为着意,而文学中的描写也多具声色。唐唐彦谦《春雪初霁杏花正芳月上夜吟》:"霁

---

① 张养浩:《归田类稿》卷一七,影印文渊阁《四库全书》第 1192 册,第 621 页。

② 《全宋诗》第 13 册,第 9002 页。

③ 《全宋诗》第 39 册,第 24667 页。

④ 宋无:《墙头杏花》,顾嗣立编:《元诗选》初集,中华书局 1987 年版,第 2 册,第 1267 页。

⑤ 《全宋诗》第 56 册,第 35135 页。同时江湖诗人张良臣《偶题》:"谁家池馆静萧萧,斜倚朱门不敢敲。一段好春藏不尽,粉墙斜露杏花梢。"诗意相近,而措语不够警动醒豁。

⑥ 欧阳修:《玉楼春》,《全宋词》第 1 册,第 132—133 页。

⑦ 苏轼:《蝶恋花》,《全宋词》第 2 册,第 300 页。

⑧ 《全唐诗》卷六八七,第 20 册,第 7891 页。

⑨ 《全宋诗》第 10 册,第 6728 页。

⑩ 请参考纪永贵《古典"墙喻"意象绎论》,《池州师专学报》1999 年第 1 期。

景明如练，繁英杏正芳。姮娥应有语，悔共雪争光。"① 这一五绝可以说是这方面最早的专题之作，重点揭示了明亮的月光与雪白的杏花交相辉映的景象。而苏轼《月夜与客饮杏花下》一诗的描写更为出色："杏花飞帘散余春，明月入户寻幽人。褰衣步月踏花影，炯如流水涵青蘋。花间置酒清香发，争挽长条落香雪。"② 鲜花、明月、美酒、好友，有了更生动的情景，更多欢乐的感受，所写杏花也是色、香并茂。尤其是清炯如水的月光与香雪飘飞的杏花融融一体，构成了一种温馨、幽雅、奇妙的境界，极其动人。类似的花间月下欢会之景也见于陈与义《临江仙·夜登小阁忆洛中旧游》："忆昔午桥桥上饮，坐中多是豪英。长沟流月去无声，杏花疏影里，吹笛到天明。"③ 高朋满座，欢饮达旦，明月与流水辉映，幽静的花影里传出悠扬的笛声，洋溢着极其清逸豪迈的情调。与苏轼笔下偏于浓郁的芳香境界不同，这里突出的是月下杏花的疏朗幽雅。通常杏花是一副繁艳之态，但月下的杏树花影应别是一番姿态。"疏影"一语多见于描写梅花，元好问对此颇表不满："一般疏影黄昏月，独爱寒梅恐未平。"④ 他也感觉到月下杏花别样的清疏之美。明史鉴题沈周《月下杏花》诗有关描写也许更为细切："月明照花花在地，恍若清波漾文藻。夜深露下花更佳，汗湿蛾眉淡于扫。"⑤ 写出了由中夜月下花影泻地的清澈到深夜露重花湿的柔润之美的微妙变化和细致感受。

四、杏花的节令情韵

有一个现象值得注意，古代文学中专题咏杏的作品数量远不如杏花意象的使用频率那样突出。如《全宋词》中杏花题材排在诸植物题材的第 14 位，而杏意象出现的数量却排在第 10 位，这说明杏花自身的审美观赏价值，至少其审美个性并不十分显著，而其意象的表现作用更值得注意。事实也正是如此，杏花是古代比较重要的时令物候，在时序、山水、田园、行役、农事等诗词中使用都比较普遍。

杏花作为时令物候的历史悠久，前引《夏小正》和两汉农书所说是我国先民农耕生活经验的漫长积累，都是较早的经典资料，分别代表了两种意义，《夏小正》表示的是纯粹的气候特征，而《氾胜之书》"杏始华荣，辄耕轻土弱土"⑥ 之类的说法则是

---

① 《全唐诗》卷六七二，第 20 册，第 7682 页。
② 《全宋诗》第 14 册，第 9276 页。
③ 《全宋词》第 2 册，第 1070 页。
④ 元好问：《杏花二首（庚子岁南庵赋）》其一，《元好问全集》卷九，上册，第 203 页。
⑤ 史鉴：《题沈启南画月下杏花》，《西村集》卷二，影印文渊阁《四库全书》第 1259 册，第 724 页。
⑥ 贾思勰著，缪启愉校释：《齐民要术校释》卷一"耕田第一"，农业出版社 1982 年版，第 27 页。

农事方面的指南，在我国古代这样悠久的农耕社会影响深远。南朝王融《永明九年策秀才文》"杏花菖叶，耕获不愆"①，徐陵《司空徐州刺史侯安都德政碑》"望杏敦耕，瞻蒲劝穑"②，隋社稷歌"瞻榆束耒，望杏开田"③ 等文章措语即化用了这些农事经验。上述材料为唐代《艺文类聚》《北堂书钞》《初学记》《白氏六帖》等修辞类书所纂集，广为文人词客所熟知，进一步强化了杏花作为节令物候的意义内涵，促进了其在文学创作中的使用。

　　关于杏花的花期，古人并无明确、统一的说法，由于我国幅员辽阔，南北跨度大，由南而北花期从立春至谷雨渐次开放，绵延时间较长。崔寔《四民月令》所说"三月杏花盛"④，是黄河流域洛阳一线的情形，这大约正是二十四节气中的寒食、清明节前后，所说也是盛花期，而非始花期，而在江南地区时间则要早一些，一般惊蛰、春分杏花盛开，而其始花则雨水前后。但《四民月令》这一古老说法影响极大，一般说来"寒食是仲春之末，清明当三月之初"⑤，从唐代以来，杏花的开放都紧紧地与寒食、清明相联系，即便是生活在南方的文人言及杏花时也多认其为寒食、清明前后或仲春季节的物候。南宋杭州张镃《卧疾连日殊无聊赖，客有送二省闱试题者，因成四韵》"杏花多爱逼清明"⑥，所说即是。就梅、杏、桃李同类比较，白居易《春风》："春风先发苑中梅，樱杏桃梨次第开。"⑦ 王十朋《甘露堂前有杏花一株，在修竹之外，殊有风味，用昌黎韵》："桃李未吐梅英空，杏花嫣然作小红。"⑧ 汪婉《杏花》："绯桃未放缃梅落，占断风流是此花。"⑨ 杏花比梅、樱晚，而比桃、李稍早，正是仲春、清明之最佳时节。作为这一时节的主打花信，具有丰富的节候意韵和鲜明的风景特色，反映在文学描写上，也形成了一系列描写传统和表现习惯。

（一）气候

　　古人有所谓"清明时节杏花天"⑩ 的说法，所指正是杏花盛开的仲春清明季节温

---

① 王融：《永明九年策秀才文》，《全上古三代秦汉三国六朝文》全齐文卷一二，第 3 册，第 2854 页下。

② 徐陵：《司空徐州刺史侯安都德政碑》，《全上古三代秦汉三国六朝文》全陈文卷一一，第 4 册，第 3461 页下。

③ 《先秦汉魏晋南北朝诗》隋诗卷九，下册，第 2763 页。

④ 欧阳询撰，汪绍楹校：《艺文类聚》卷八七，上海古籍出版社 1965 年版，下册，第 1488 页。

⑤ 韩鄂撰，高士奇校：《岁华纪丽》卷一"寒食"条，故宫博物院编：《故宫珍本丛刊》第 484 册，海南出版社 2001 年版，第 10 页。

⑥ 《全宋诗》第 50 册，第 31601 页。

⑦ 《全唐诗》卷四五〇，第 14 册，第 5088 页。

⑧ 《全宋诗》第 36 册，第 22860 页。

⑨ 汪婉：《尧峰文钞》卷五〇，影印文渊阁《四库全书》第 1315 册，第 730 页。

⑩ 爱新觉罗·弘历：《题十二月人物画册·三月》，《御制诗集·初集》卷七，影印文渊阁《四库全书》第 1302 册，第 180 页。

和宜人、雨水滋润的气候。

1. 气温

早在东汉张衡《归田赋》就写道："仲春令月,时和气清。原隰郁茂,百草滋荣。"①
这不是梅花时节的乍暖还寒,也不是桃花季节的春色渐暮,而是三春适中的黄金时段。
清吴绮《杏花春雨楼赋》:"时当人醉之天,岁值参昏之月。……尔乃欲霁非晴,犹寒
渐暖,笼翠陌兮烟轻,弄青帘兮风软。……坊开碎锦,既若淡而若浓;彩染生绡,仍
半深而半浅。……景物适值夫融和,性情益因而潇洒。"② 语言虽稍嫌僵化,但其中"欲
霁非晴,犹寒渐暖"一系列词汇,展示了杏花时节物色清妍饶美,气候温和宜人的季
节特征。也许诗词作品说得更为简明:"不寒不暖杏花天"③,"淡烟疏雨杏花天"④,"惠
风和畅杏花天"⑤,"最好是杏花开候,春暖江天。傍水村山郭,做弄轻妍"⑥。杏花开放
的仲春时节,无论物色视觉,还是气候温度都是极其美好宜人的。"春早不知春,春
晚又还无味。"⑦ 这一特殊的节候属性,赋予杏花意象无比美妙的感觉。

2. 雨水

杏花开放的清明时节,雨水较之早春渐多,宋陈钦甫《提要录》:"杏花开时,正
值清明前后,必有雨也,谓之杏花雨。古诗云'沾衣欲湿杏花雨,吹面不寒杨柳风'。"⑧
晏殊《蝶恋花》:"红杏开时,一霎清明雨。"⑨ 古诗词中常常出现的"杏花雨""红杏雨"
一类说法,指的也正是这一节候特征。这个时节的春雨不似初夏梅雨的溽湿缠绵,更
不是秋雨冬潦那样的寒冷凛冽,而是一种清新和熙、温润如酥,"如烟飞漠漠,似露
湿萋萋"⑩,"随风潜入夜,润物细无声"⑪的美好感觉,常言所谓"如坐春风","如沐春雨"
说的就是。宋虞俦《清明》:"江南三月暮春天,上巳清明五日前。红杏园林初过雨,
绿杨庭院欲生烟。"⑫ 方岳《次韵徐宰集珠溪》:"半醉半醒寒食酒,欲晴欲雨杏花天。"⑬

① 《全上古三代秦汉三国六朝文》全后汉文卷五三,第769页上。
② 吴绮:《杏花春雨楼赋》,《林蕙堂全集》卷一,影印文渊阁《四库全书》第1314册,第204页。
③ 吴泳:《郫县春日吟》,《全宋诗》第56册,第35077页。
④ 徐鹿卿:《去年修禊后三日得南宫捷报于家,今年是日与同年赵簿同事泮宫,感而赋诗》,《清正存稿》卷六,
　影印文渊阁《四库全书》第1178册,第935页。
⑤ 谢迁:《雪湖过我缔姻,辱诗见贶,依韵奉答》其二,《归田稿》卷六,影印文渊阁《四库全书》第1256册,
　第71页。
⑥ 吴栻:《满庭芳》,丁绍仪:《听秋声馆词话》卷一〇"吴栻夫妇词"条,唐圭璋编:《词话丛编》第3册,
　中华书局1986年版,第2740页。
⑦ 汪莘:《好事近·仲春》,《全宋词》第3册,第2199页。
⑧ 陈元靓:《岁时广记》卷一"杏花雨"条,影印文渊阁《四库全书》第467册,第6页。
⑨ 晏几道:《蝶恋花》,《全宋词》第1册,第225页。
⑩ 刘复:《春雨》,《全唐诗》卷三〇五,第10册,第3470页。
⑪ 杜甫:《春夜喜雨》《全唐诗》卷二二六,第7册,第2439页。
⑫ 《全宋诗》第46册,第28549页。
⑬ 《全宋诗》第61册,第38378页。

都是写这种春雨绵绵、物色温柔的美感。而杏花雨又是春耕播种的及时雨。宋祁《出城所见赋五题》其一："二月雨堪爱，霏霏膏泽盈。添成竹箭浪，催发杏花耕。"① 给人带来的欣喜之情更是意味深长。这些"清明时节雨纷纷"的美好景象与感觉，是杏花意象附属的一种独特美感。

（二）农事

杏花作为重要的农事物候，由前引《氾胜之书》《四民月令》可知，后世一些农时月令著述中多有"望杏花"的条目。宋陈元靓《岁时广记》卷一："《四民月令》：'清明节，令蚕妾理蚕室，是月也，杏花盛。'又云：'杏花生，种百谷。'宋子京诗云：'催耕并及杏花时。'蜀主孟昶《劝农诏》云：'望杏敦耕，瞻蒲劝穑。'"② 一年之计在于春，春耕春种是农业生产最重要的时节，杏花则是春耕播种来临的标志。唐代诗人储光羲《田家即事》："蒲叶日已长，杏花日已滋。老农要看此，贵不违天时。"③ 虽然后世农业生产深入发展，尤其是我国幅员辽阔，地区差异较大，望杏耕种的说法未必率土皆准，但杏花时节也即清明前后总是土膏润泽，深耕播种的大好时机。杏花作为这一农时的典型风物，总给人一种雨润土膏，生机勃勃，耕种及时，岁稔有望的感觉和联想。李德裕《忆春耕》："郊外杏花坼，林间布谷鸣。原田春雨后，溪水夕流平。野老荷蓑至，和风吹草轻。无因共沮溺，相与事岩耕。"④ 梅尧臣《田家（四时）》其一："昨夜春雷作，荷锄理南陂。杏花将及候，农事不可迟。蚕女亦自念，牧童仍我随。田中逢老父，荷杖独熙熙。"⑤ 欧阳修《田家》："绿桑高下映平川，赛罢田神笑语喧。林外鸣鸠春雨歇，屋头初日杏花繁。"⑥ 元洪希文《田舍曲》："杏花开后雨如烟，燕子来时水满川。眉雪老翁刍一束，肩犁扶犊出新田。"⑦ 所写杏花都映衬着一派春物祥和、耕种繁忙的景象与氛围，洋溢乡土田园生活的宁和与美好。

（三）风俗

寒食、清明是古代比较重要的节日，杏花适当其时，也便与其丰富的节日民俗相联系。唐柳中庸《寒食戏赠》："春暮越江边，春阴寒食天。杏花香麦粥，柳絮伴秋千。

---

① 《全宋诗》第 4 册，第 2394 页。
② 陈元靓：《岁时广记》卷一"望杏花"条，影印文渊阁《四库全书》第 467 册，第 9 页。
③ 《全唐诗》卷一三七，第 4 册，第 1384 页。
④ 《全唐诗》卷四七五，第 14 册，第 5414 页。
⑤ 《全宋诗》第 5 册，第 2713 页。
⑥ 《全宋诗》第 6 册，第 3686 页。
⑦ 洪希文：《续轩渠集》卷七，影印文渊阁《四库全书》第 1205 册，第 127 页。

酒是芳菲节，人当桃李年。不知何处恨，已解入筝弦。"① 这里提到的麦粥和秋千，都是寒食、清明常见的节俗。

1. 杏酪

《荆楚岁时记》等书记载，以杏仁研汁和大麦煮制，寒食三日食之。李商隐《评事翁寄赐饧粥走笔为答》"粥香饧白杏花天"②，曹松《钟陵寒食日郊外闲游》"可怜时节足风情，杏子粥香如冷饧"③。杏花开放，杏酪飘香，两相辉映，节俗风味十足。

2. 秋千

秋千是北方地区清明时节的常见娱乐活动，粉墙庭院，杏花影里女子荡秋千成了宋词、元曲所写清明前后最常见的风景。元散曲："人醉杏花天，仕女戏秋千。"④ 乾隆帝《三月》："清明时节杏花天，柳岸轻垂漠漠烟。最是春闺识风景，翠翘红袖蹴秋千。"⑤ 洪亮吉《杏花四绝同方五正澍作》其一："倚墙临水只疑仙，艳绝东风二月天。要与春人斗标格，有花枝处有秋千。"⑥ 都是这类节令风景简明的概括。

3. 市卖

都市春间叫卖杏花也是值得一提的风景，宋以来都市商品经济活跃，文学作品中多有描写⑦。这里既有属于北方地区的，宋林逋《杏花》："京师巷陌新晴后，卖得风流更一端。"⑧ 梅尧臣《三月十日韩子华招饮归成》："清明晓赴韩侯家，自买白杏丁香花。"⑨ 金元好问《荆棘中杏花》："京师惜花如惜玉，晓担卖彻东西家。"⑩ 分别写北宋汴京、金中都（今北京）清明前后之事。陆游《临安春雨初霁》："小楼一夜听春雨，深巷明朝卖杏花。"⑪ 则是南宋都城临安（今北京）的情景，时间在清明之前。江南气候温暖，花期普遍提前，史达祖《夜行船·正月十八日闻卖杏花有感》："过收灯，有些寒在。小雨空帘，无人深巷，已早杏花先卖。"⑫ 时间则提前至元宵灯节，甚至更早的，戴复古《都中冬日》："脱却鹑裘付酒家，忍寒图得醉京华。一冬天气如春暖，昨日街

① 《全唐诗》卷二五七，第 8 册，第 2876 页。
② 李商隐：《评事翁寄赐饧粥走笔为答》，《全唐诗》卷五四〇，第 16 册，第 6183 页。
③ 《全唐诗》卷七一七，第 21 册，第 8239 页。
④ 无名氏：【双调】《雁儿落过得胜令》，《全元散曲》下册，第 1769 页。
⑤ 爱新觉罗·弘历：《题十二月人物画册·三月》，《御制诗集·初集》卷七，影印文渊阁《四库全书》第 1302 册，第 180 页。
⑥ 洪亮吉撰，刘德权点校：《洪亮吉集·卷施阁诗》卷七，中华书局 2001 年版，第 2 册，第 596 页。
⑦ 在市井卖花中，以杏花最为常见，间也见桃花，如清高士奇《高士奇集》（清康熙刻本）独旦集卷六《题王若水〈桃竹春禽图〉二首》注称，当时都下二月卖不结实之山桃花。
⑧ 《全宋诗》第 2 册，第 1219 页。
⑨ 《全宋诗》第 5 册，第 3068 页。
⑩ 元好问：《荆棘中杏花》，《元好问全集》卷三，第 69—70 页。
⑪ 《全宋诗》第 39 册，第 24638 页。
⑫ 史达祖：《夜行船·正月十八日闻卖杏花有感》，《全宋词》第 4 册，第 2326 页。

头卖杏花。"① 这是临安暖冬气候街头卖花的风景。这样的市井风俗景象,洋溢着浓郁的生活气息,进一步丰富了杏花的审美情趣。

(四) 风物组合

杏花是春耕播种的传统物候、清明时节的重要风物,春季万物生长、鸟鸣花开,许多动植物也都有类似的节候,文学作品中经常利用不同的组合来代表不同的节令之义及其相应的风物美感。

1. 杏花与菖叶

《吕氏春秋》卷二六:"冬至后五旬七日,菖始生。菖者百草之先生者也,于是始耕。"② 因此菖蒲与杏花一样也是春耕的重要物候,王融《永明九年策秀才文》"杏花菖叶,耕获不愆",前引徐陵"望杏敦耕,瞻蒲劝穑",都把两者相提并论,后世农书中常见的"望杏花""看蒲叶"都是说的这组农时物候知识。反映在文学中,唐《初学记》在岁时部"春天"条下就将"杏花"与"菖叶"作为一组对偶选项,后世作品中也多将两者相对组合来描写仲春二月的田园风光和春耕气候。前引唐储光羲《田家即事》"蒲叶日已长,杏花日已滋",另宋王安石《蒲叶》"蒲叶清浅水,杏花和暖风"③,清朱彝尊《御试省耕诗二十韵》"杏花殷似火,菖叶小于钗"④,都是包含这一物候知识与习惯思维,体现着鲜明的节俗物候意蕴。

2. 杏花与杨柳

杨柳是三春物色风景中最重要的角色⑤,古代文学中梅柳组合是早春风景的代表,桃柳、榆柳等倾向于表示暮春,而杏花与杨柳一起则主要是仲春末至寒食、清明时节的取景。韩鄂《岁华纪丽》卷一"二月":"暖日融天,和风扇物。杏压园林之香气,柳笼门巷之晴烟。"⑥ 这是岁时类著作所写,而诗词中,韩琦《登永济驿楼》:"远烟芳草媚斜阳,萧索邮亭一望长。尽日倚栏还独下,绿杨风软杏花香。"⑦ 陈克《菩萨蛮》:"池塘淡淡浮鸂鶒,杏花吹尽垂杨碧。天气度清明,小园新雨晴。"⑧ 俞国宝《风入松》:"红杏香中箫鼓,绿杨影里秋千。"⑨ 所写都是夏历二月末、三月初,尤其是清明时节春暖

---

① 《全宋诗》第 54 册,第 33598 页。
② 杨坚点校:《吕氏春秋》卷二六,岳麓书社 1989 年版,第 243 页。
③ 《全宋诗》第 10 册,第 6681 页。
④ 朱彝尊:《曝书亭集》卷一〇,影印文渊阁《四库全书》第 1317 册,第 510 页。
⑤ 程杰:《论中国古代文学中杨柳题材繁盛的原因与意义》,《文史哲》2008 年第 1 期。
⑥ 韩鄂撰,高士奇校:《岁华纪丽》卷一"二月"条,故宫博物院编:《故宫珍本丛刊》第 484 册,第 7 页。
⑦ 《全宋诗》第 6 册,第 3993 页。
⑧ 陈克:《菩萨蛮》,《全宋词》第 2 册,第 828 页。
⑨ 俞国宝:《风入松》,《全宋词》第 4 册,第 2282 页。

花开，物色清柔的景象。南宋释志南"沾衣欲湿杏花雨，吹面不寒杨柳风"①，可以说道尽了这组意象最为美妙的物候特征和生理感受。

五、杏花的文化意蕴

除了上述基于自然物色的形象和风景美感外，杏花意象还由于漫长历史中许多相关的社会生活、人物事迹而积淀了深厚的人文内涵，这里面既有外在人格身份的，也有内在精神境界的，既有社会生活理想的，也有区域空间自然风光的。由此形成了丰富的人文象征意蕴，在文学书写中发挥着重要的情感比兴作用和人文符号功能。

（一）吉祥寓意

杏因其谐音等与科举功名等人生际遇联系在一起，并作为象征流行于各色文学中。

1. 杏园及第

杏花首先代表了科场竞争的幸运与成功。这一喻意是由唐代新科进士的杏园探花宴建立起来的。杏园在唐长安曲江池西、慈恩寺北，因植大片杏花得名。所谓探花宴，就是新科进士聚会杏园，选两年纪较轻者，骑马遍游曲江附近或长安各处名园，去采摘名花，这两人便叫作探花使。如果有别人先折得名花如先开的牡丹、芍药来的，就要受罚②。此事起于何时，王定保《唐摭言》卷三："神龙已来，杏园宴后，皆于慈恩寺塔下题名。同年中推一善书者纪之。"③可见至迟在中宗神龙年间（705—706）就成惯例。但就《全唐诗》检索，中唐贞元以来杨凭，尤其是权德舆、白居易、刘禹锡等人诗中才言及相关的活动、行迹，也许到中唐时随着长安游宴之风的兴起才逐步热闹和风光起来。武宗时曾一度禁止，但宣宗朝又敕恢复④。杏园宴集既为士人登第后的重要庆典，有幸荣与此宴，便成为文人心头的梦想。《全唐诗》所收诗中提到"杏园"70次，诗题含"杏园"的26题。这些诗中的杏园少量是指河南汲县（今河南卫辉）杏园渡，或泛称杏花之园，绝大多数均指曲江杏园，其中所言又大多与科第得失相关。如赵嘏《喜张濆及第》："春风贺喜无言语，排比花枝满杏园。"⑤刘沧《及第后宴曲江》：

---

① 《全宋诗》第 45 册，第 27690 页。
② 赵彦卫撰，傅根清点校：《云麓漫钞》卷七引李淖《秦中岁时记》，中华书局 1996 年版，第 128 页。
③ 王定保：《唐摭言》卷三，古典文学出版社 1957 年版，第 42 页。
④ 王溥：《唐会要》卷七六，中华书局 1955 年版，下册，第 1385 页。
⑤ 《全唐诗》卷五五〇，第 17 册，第 6367 页。

"及第新春选胜游，杏园初宴曲江头。……归时不省花间醉，绮陌香车似水流。"① 这是得意的情形。失意如杨知至《覆落后呈同年》："二月春光正摇荡，无因得醉杏园中。"② 贾岛《下第》："下第只空囊，如何住帝乡。杏园啼百舌，谁醉在花傍。"③ 温庭筠《下第寄司马札》："知有杏园无路入，马前惆怅满枝红。"④ 许棠《陈情献江西李常侍》其三："童蒙即苦辛，未识杏园春。"⑤ 杜荀鹤《下第出关投郑拾遗》："杏园人醉日，关路独归时。"⑥ 正是由于这样一种重要的政治情结，杏园的杏花也就被视为科举功名的象征，郑谷《曲江红杏》："遮莫江头柳色遮，日浓莺睡一枝斜。女郎折得殷勤看，道是春风及第花。"⑦ 不仅如此，高蟾《下第后上永崇高侍郎》的名句"天上碧桃和露种，日边红杏倚云栽"⑧，更是把杏花视为京城乃至于宫廷的一个标志，反映了广大举子心理上的向往。韦庄《思帝乡》："春日游，杏花吹满头。陌上谁家年少，足风流。妾拟将身嫁与，一生休。纵被无情弃，不能羞。"⑨ 这里所写显然不是乡村风景，而是长安街陌春日游乐的情形，从韦庄整个作品中杏花意象的使用情况可知，这里杏花纷飞的情形所隐喻和渲染的也正是贵族少年或新科进士春风得意的宴游风彩。

不仅是当下科第的荣辱得失所系，此后宦海浮沉、时事顺逆之中，杏园的春风得意总是文人乐于回味的美妙情景。前引韩愈《杏花》诗即是，时韩愈流宦江乡，由居处杏花联想到曲江杏园，人生的盛衰漂泊之感不禁油然而起。刘禹锡《杏园花下酬乐天见赠》："二十余年作逐臣，归来还见曲江春。游人莫笑白头醉，老醉花间有几人。"⑩ 杜牧《杏园》："夜来微雨洗芳尘，公子骅骝步贴匀。莫怪杏园憔悴去，满城多少插花人。"⑪ 在这些诗句中，曲江杏花总是一个青春美好的象征，与现实的坎坷失意构成了强烈反衬，由此激生出韶华迈往、人生落寞的强烈感受。

宋以来杏园探花已为陈迹，但其"春风及第"的象征之义却成了词林常用的典故⑫。如苏轼在徐州任上《送蜀人张师厚赴殿试二首》其二："云龙山下试春衣，放鹤

---

① 《全唐诗》卷五八六，第 18 册，第 6791 页。
② 《全唐诗》卷五六三，第 17 册，第 6537 页。
③ 《全唐诗》卷五七二，第 17 册，第 6631 页。
④ 《全唐诗》卷五七八，第 17 册，第 6725 页。
⑤ 《全唐诗》卷六百三，第 18 册，第 6970 页。
⑥ 《全唐诗》卷六九一，第 20 册，第 7938 页。
⑦ 《全唐诗》卷六七七，第 20 册，第 7761 页。
⑧ 《全唐诗》卷六六八，第 20 册，第 7649 页。
⑨ 韦庄：《思帝乡》，《全唐诗》卷八九二，第 25 册，第 10073 页。
⑩ 《全唐诗》卷三六五，第 11 册，第 4122 页。
⑪ 《全唐诗》卷五二一，第 16 册，第 5961 页。
⑫ 参见程杰《唐长安曲江杏园考》，程杰、纪永贵、丁小兵：《中国杏花审美文化研究》，第 119—125 页。

亭前送落晖。一色杏花三十里，新郎君去马如飞。"① 这固然可能有写实的因素，但强烈的杏花意象显然寄托着对友人的深情祝福。明归有光《杏花书屋记》："昔唐人重进士科，士方登第时，则长安杏花盛开，故杏园之宴以为盛事。今世试进士，亦当杏花时，而士之得第，多以梦见此花为前兆。"② 这种情形在通俗小说、野史笔记中比较常见③。明清时期苏轼"一色杏花红十里"诗语成了流行的科举祝福与占卜签辞，象征着金榜题名的美好命运。这形成了深厚的民俗传统。

2. 吉祥谐音

除了杏园赐宴这一来源外，杏花作为幸运之兆，还有民俗中常见的谐音联想。杏谐音"幸"，最早见于唐传奇《游仙窟》中下官所说："忽遇深恩，一生有杏。"④ 宋梅尧臣《一日曲》："去去约春华，终朝怨日赊。一心思杏（幸）子，便拟见梅（媒）花。"⑤蒋一葵《尧山堂外纪》卷八七："程敏政以神童至京，李贤学士许妻以女，因留饭，李指席间果出一对曰：'因荷（何）而得藕（偶）。'程应声曰：'有杏（幸）不须梅（媒）。'"⑥ 都是这方面著名的例子。上述两种渊源共同促成了杏花作为吉祥喜庆之花的象征传统。

（二）人格品貌

作为经济作物的杏，由于特殊的历史人物、生活场所的种植事迹，以及杏花物色特征的比拟想象，而赋予诸多人格身份和风容气质的象征意义。大致可以不同性别分为两类。

1. 杏与士人

（1）杏与医家

杏作为医家象征广为人知。旧题葛洪《神仙传》："董奉者，字君异，侯官人也。""奉居（庐）山不种田，日为人治病，亦不取钱，重病愈者，使栽杏五株，轻者一株。如此数年，计得十万余株，郁然成林。"⑦ 后世"医家者流率以董仙杏林为美谈，亦有以为称号者"⑧。但在文学中，医家形象出现较迟，元以来有关作品渐多。元胡天游《赠

---

① 《全宋诗》第 14 册，第 9276 页。
② 归有光：《震川集》卷一五，影印文渊阁《四库全书》第 1289 册，第 246 页。
③ 《金陵琐事》卷三："石村郑公廉，正德丙子年将入场，梦女子持桂花授公手中，尚未有杏花一枝……。"
④ 张文成：《游仙窟》，上海书店 1929 年版，第 39 页。
⑤ 《全宋诗》第 5 册，第 2784 页。
⑥ 蒋一葵：《尧山堂外纪》卷八七，《续修四库全书》第 1195 册，第 91 页。
⑦ 《太平广记》卷一二，中华书局 1961 年版，第 1 册，第 83、85 页。
⑧ 程文海：《杏山药室记》，《雪楼集》卷一三，影印文渊阁《四库全书》第 1202 册，第 171 页。

医士刘碧源》:"老去刘郎鬓未华,枕中鸿宝鼎中砂。仙源十里蒸霞色,半是桃花半杏花。"① 明高启《赠医师徐亨甫》:"录得龙君旧献方,杏花春雨闭山房。病家几度来相觅,林下遥闻煮术香。"②《杏园图为沈日新先生题》:"绛雪纷纷满翠条,扣门都是病家邀。如今不用施方药,闻得花香疾自消。"③ 张宁《杏花诗序》:"鄮文晖以医业入官,治疾屡登上工,未尝责报,人谓可比董奉,而利泽滋多,赋杏雨诗美之。"④ 杏林、杏花是医家仁术德业的形象写照。

（2）杏与仙隐

在《神仙传》等有关董奉的传说中,董奉不仅医术高明,同时也是一位隐居山林,修炼得道,长生不老的仙人。杏不仅是医家济世之象征,同时也就与神仙羽士相联系。另外南朝梁任昉《述异记》:"杏园洲在南海中,洲中多杏,海上人云仙人种杏处。汉时尝有人舟行,遇风泊此洲五六日,食杏故免死。"⑤ 这些传说为《艺文类聚》等类书广为传载,杏因而被视为仙人树,杏田、杏坛成了道观的代名词,唐代文学中有关仙山玄圃以及道士、隐者居处的描写多选取杏树、杏花作为代表。綦毋潜《过方尊师院》:"羽客北山寻,草堂松径深。养神宗示（引者按:示,一作尔）法,得道不知心。洞户逢双履,寥天有一琴。更登玄圃上,仍种杏成林。"⑥ 韦应物《寄黄尊师》:"结茅种杏在云端,扫雪焚香宿石坛。灵祇不许世人到,忽作雷风登岭难。"⑦ 张继《上清词》:"紫阳宫女捧丹砂,王母今过汉帝家。春风不肯停仙驭,却向蓬莱看杏花。"⑧ 皇甫冉《送郑二之茅山》:"水流绝涧终日,草长深山暮春。犬吠鸡鸣几处,条桑种杏何人。"⑨《送张道士归茅山谒李尊师》:"向山独有一人行,近洞应逢双鹤迎……无穷杏树行时种,几许芝田向月耕。"⑩ 刘禹锡《同乐天和微之深春二十首(同用家花车斜四韵)》其九:"何处深春好,春深羽客家。芝田绕舍色,杏树满山花。"⑪ 唐代道教兴盛,道隐风气流行,从上面这些作品不难看出,杏树、杏花几乎成了仙家境界和隐者生活的标志性植物。值得注意的是,这一象征意义在后世同类作品中只是偶有所见,而在唐代却是一个流行的意象。这个时代由于陶渊明《桃花源》的影响,桃花也普遍用作神仙和隐逸的象征,

① 胡天游:《傲轩吟稿》,影印文渊阁《四库全书》第 1216 册,第 727 页。
② 高启撰,金檀辑注,徐澄宇、沈北宗校点:《高青丘集》卷一八,上海古籍出版社 1985 年版,第 800 页。
③ 同上。
④ 张宁:《方洲集》卷一六,影印文渊阁《四库全书》第 1247 册,第 408 页。
⑤ 任昉撰:《述异记》,影印文渊阁《四库全书》第 1047 册,第 627 页。
⑥ 《全唐诗》卷一三五,第 4 册,第 1371 页。
⑦ 《全唐诗》卷一八八,第 6 册,第 1924 页。
⑧ 《全唐诗》卷二四二,第 8 册,第 2722 页。
⑨ 《全唐诗》卷二五〇,第 8 册,第 2819 页。
⑩ 同上书,第 2831 页。
⑪ 《全唐诗》卷三五七,第 11 册,第 4027 页。

因此桃、杏经常地联袂出现，代表着幽隐高逸和洞天福地的境界。李白《姑孰十咏·灵墟山》："丁令辞世人，拂衣向仙路。伏炼九丹成，方随五云去。松萝蔽幽洞，桃杏深隐处。不知曾化鹤，辽海归几度。"① 顾况《崦里桃花》："崦里桃花逢女冠，林间杏叶落仙坛。老人方授上清箓，夜听步虚山月寒。"② 所写即是，这与宋以来桃、杏被视为凡花俗卉大异其趣。宋以来桃、杏的地位是大大堕落了。

（3）杏与儒学

儒门有著名的杏坛典故，出于《庄子·渔父》："孔子游乎缁帷之林，休坐乎杏坛之上，弟子读书，孔子弦歌鼓琴。"③ 杏坛本指缁帷中高地，北宋初孔子四十五代孙孔道辅增修祖庙，"移大殿于后，因以讲堂旧基甃石为坛，环植以杏，取'杏坛'之名名之"④，杏坛之名才逐步显要起来。唐宋时尤其是唐代，杏坛主要指道教宫观。宋以来随着儒学的复兴，在书院、州县学校题咏、碑记及担任学职的官员迎送赠答之诗文中，杏坛成了一个经常提及的至圣事迹，而有关的杏花作品也开始注意发挥儒家重教的理念。如王十朋《二月朔日诣学讲堂前杏花正开呈教授》："孔坛昔栽杏，鲁人呼东家。当时三千株，化工无等差。雾风长其实，教雨濯其葩。木与圣化俱，芬芳无迩遐。数株能白红，开向天之涯。况于芹藻间，相看意殊嘉。对之怀哲人，甘棠何以加。不比曲江春，只名及第花。又异仙家桃，徒尔蒸红霞。愿言广封殖，夔鲁同光华。"⑤ 咏州学讲堂前杏花，贬抑前人的功名富贵（杏园）和道教神仙之迹，标举儒家诗书弦歌、圣贤教化之义。由于儒教之在我国传统思想文化中的统治地位，杏与儒圣事迹的联系及其象征作用，提高了杏花意象的人文内涵和文化地位。

2. 杏与女性

古今中外，美人如花，花如美人都是文学中最常见的比拟，杏花自莫能外。不同的花色，其人格比拟作用也相应地有所区别。尤其是宋代以来，随着花卉园艺的发展和审美"比德"思想的深入，花卉观赏中逐步形成了人格品德比拟的系统观点和审美共识。许多花卉都有着身份、品德等方面的固定喻意，如梅、兰、竹、菊、松等所谓"岁寒三友""四君子"，成了士人（男性）高尚人格的象征，其他则等而下之。杏花与桃花一样，虽然有着神仙、隐逸、儒教等历史因缘、文化内涵，但就其形象本身来说，由于颜色的鲜艳尤其是欣赏的大众化、流俗化，而逐步丧失其高雅的风范，主要

---

① 《全唐诗》卷一八一，第 6 册，第 1851 页。
② 《全唐诗》卷二六七，第 8 册，第 2970 页。
③ 杨柳桥：《庄子译诂》，上海古籍出版社 1991 年版，第 658 页。
④ 顾炎武著，黄汝成集释：《日知录集释》，花山文艺出版社 1990 年版，第 1403 页。
⑤ 《全宋诗》第 36 册，第 22859 页。

地定格为"小人与女子"的品格隐喻和写照,被称为"艳客""夭客"一类俗类贱品。这是大的文化定位,而杏花那村野普遍、仲春常见、鲜明温柔而又朴实无奇的物色特征也决定文学作品中用以拟人写照的品貌取向。大致说来,杏花形容和比拟女性品格、形象主要有这样一些基本方式:

（1）面容

以杏花形容女性,最常见的是以杏花的粉红娇嫩比喻女性的面容。元曲中频繁出现的"杏脸桃腮"一语就是这方面最简明的例子:"建姑苏百尺高台,贪看西施,杏脸桃腮。"① 这是形容西施。"江梅态,桃杏腮,娇滴滴海棠颜色。金莲肯分送半折,瘦厌厌柳腰一捻。"② "杏桃腮,杨柳纤腰,占断他风月排场,鸾凤窝巢。宜笑宜颦,倾国倾城,百媚千娇。"③ "生来的千般娇态,柳眉杏脸桃腮,不长不短俏身才。"④ "雪艳霜姿,香肌玉软。杏脸红娇,桃腮粉浅。"⑤ 类似的描写在整个俗文学中极其普遍,几乎成了一个套语。

（2）风韵

杏花的形象特色与文化定位大致奠定了杏花人格象征的基本指向。程棨《三柳轩杂识》:"余尝评花,以为梅有山林之风,杏有闺门之态。桃如倚门市娼,李如东郭贫女。"⑥ 杏花最为对应的女性形象,既不是梅花所代表的那类风韵清雅、格韵超逸的才女,也不是牡丹所比喻的那种豪门华艳的贵妇,既不是风尘色彩过于浓重的娼家优伶,也不是过于朴素寒酸的村姑贫女,而是小家碧玉为主体,性格偏于温柔婉雅的那种类型。在唐宋词中,"翡翠屏开绣幄红,谢娥无力晓妆慵。锦帏鸳被宿香浓。微雨小庭春寂寞,燕飞莺语隔帘栊。杏花凝恨倚东风"⑦,"暖入新梢风又起。秋千外、雾萦丝细。鸠侣寒轻,燕泥香重,人在杏花窗里"⑧,杏花所掩映的大都是凝妆恨春怨离的闺中少妇。唐传奇《莺莺传》中女主人公的情诗:"待月西厢下,迎风户半开。拂墙花影动,疑是玉人来。"⑨ 那墙头招展的花影即是杏花,杏花正是崔莺莺这类美丽、温柔而又多情女性的绝好象征。《聊斋志异》卷二《婴宁》写山野狐女婴宁"由东而西,执杏花一朵,俯首

① 卢挚:【双调】《蟾宫曲·西施》,《全元散曲》上册,第118页。
② 马致远:【双调】《寿阳曲·洞庭秋月》,同上书,第248页。
③ 孔文升:【双调】《折桂令·赠千金奴》,同上书,第136页。
④ 无名氏:【中吕】《红绣鞋》,《全元散曲》下册,第1697页。
⑤ 无名氏:【越调】《斗鹌鹑·元宵》,同上书,第1840页。
⑥ 陶宗仪:《说郛》卷二四下,影印文渊阁《四库全书》第877册,第392页。
⑦ 张泌:《浣溪沙》,《全唐诗》卷八九八,第25册,第10145页。
⑧ 卢祖皋:《夜行船》,《全宋词》,第2415页。
⑨ 元稹:《莺莺传》,张友鹤选注:《唐宋传奇选》,人民文学出版社1964年版,第107页。

自簪。举头见生，遂不复簪，含笑拈花而入"①，这手执一枝杏花的细节也恰如其分地渲染出婴宁那美丽而纯真、温柔的性格。近代狭邪小说《品花宝鉴》与《花月痕》也值得一提，前者第十七回名士们以花卉品拟诸男优，其中论琪官，一人建议："琪官性情刚烈，相貌极好，似欠旖旎风流，比他为菊花罢。"高品道："菊花种数不一，有白有黄，或红或紫，白的还好，其余似觉老气横秋。琪官性情虽烈，其温柔处亦颇耐人怜爱，不如比为杏花。"② 众人极表赞同。琪官虽是梨园男优，但在这帮市井名士心目中无异女娼，这里把琪官比作杏花，强调的是其刚烈中饶有温柔的性格。后者写并州名妓刘秋痕"手拈一枝杏花，身穿浅月色对襟衫儿，腰系粉红宫裙，神情惨淡"③。雨滋烟润的杏花与月白粉红的衣着相映生辉，勾勒出刘秋痕这位性情女子清柔温婉的形象。

（二）人文境界

杏花意象不仅与特定的人格形象、社会群体及其生活境界形成对应的象征、比拟、隐喻关系，而且还因为文学作品的一些精彩描写、名篇佳句，形成了具有广泛共鸣意义的意象符号和流行话语。这些流行说法和意象组合根源于社会历史文化的长期积淀，承载着社会生存方式和生活理想的丰富内涵，形成了饱含人文意义的经典象征和流行符号。这其中最为醒目的是"杏花村"与"杏花春雨江南"两个固定意象与语符。

1. 杏花村

就一般词义而言，杏花村有两个概念，一是泛称杏花盛开的村庄，二是以此命名的专有地名。也许后一种情况比较普遍，但在我们的文学和文化史上，最初出现的是前者。"杏花村"一词最早出现见于唐诗，许浑《下第归蒲城墅居》："失意归三径，伤春别九门。薄烟杨柳路，微雨杏花村。牧竖还呼犊，邻翁亦抱孙。不知余正苦，迎马问寒温。"④ 温庭筠《与友人别》："半醉别都门，含凄上古原。晚风杨叶社，寒食杏花村。"⑤ 这里的杏花村都属泛称。杏花是农家普遍种植的果树，加之在农时季节上的物候意义，因此用作村社风景的代表意象是再自然不过的事了。王维《春中田园作》："屋上春鸠鸣，村边杏花白。持斧伐远扬，荷锄觇泉脉。"⑥ 欧阳衮《田家》："黯黯日将夕，

① 蒲松龄撰，张友鹤辑校：《聊斋志异》，上海古籍出版社1978年新1版，第1册，第149页。
② 陈森：《品花宝鉴》上册，上海古籍出版社1990年版，第254页。
③ 魏秀仁：《花月痕》，人民文学出版社1982年版，第28页。
④ 《全唐诗》卷五三二，第16册，第6076页。
⑤ 《全唐诗》卷五八三，第17册，第6757页。
⑥ 《全唐诗》卷一二五，第4册，第1248页。

牛羊村外来。岩阿青气发,篱落杏花开。"① 都是这方面的典型例证,出现时间也更早些。宋以来"杏花村"作为田园风光的典型意象使用越来越普遍,尤其是传为杜牧所作的《清明》"借问酒家何处有,牧童遥指杏花村"出现以来,更是成了文学作品尤其是俗文学中一个流行用语②。

　　杏花村与桃花源、梅花村等流行意象不同,它具有更为纯粹的乡土象征意味。桃花源代表的是一种杳然出世、神仙逍遥的境界,梅花村象征的是闲居幽栖、孤洁高雅的隐士生活,而杏花村给人的感觉则是最为普遍的乡野田园、土俗村庄。白居易、苏轼笔下两个杏花村即是。白居易《洛阳春赠刘李二宾客》诗注:"洛城东有赵村,杏花千余树。"③《游赵村杏花》:"赵村红杏每年开,十五年来看几回。"④苏轼《陈季常所畜〈朱陈村嫁娶图〉二首》其二:"我是朱陈旧使君,劝农曾入杏花村。"⑤ 显然两人所说杏花村都另有正式地名,这都是中国乡村最为普通的村庄,远不像白居易诗中另外提到的昭君村之类那么有来头。苏轼所说的朱陈村,最早由白居易《朱陈村》一诗专题介绍:"徐州古丰县,有村曰朱陈。去县百余里,桑麻青氛氲。机梭声札札,牛驴走纭纭。女汲涧中水,男采山上薪。县远官事少,山深人俗淳。有财不行商,有丁不入军。家家守村业,头白不出门。生为陈村民,死为陈村尘。田中老与幼,相见何欣欣。一村唯两姓,世世为婚姻。亲疏居有族,少长游有群。黄鸡与白酒,欢会不隔旬。生者不远别,嫁娶先近邻。死者不远葬,坟墓多绕村。既安生与死,不苦形与神。所以多寿考,往往见玄孙。"⑥ 村中两姓人家世代为婚,人寿多孙,居民男耕女织,足不出村,怡然自乐,这几乎是陶渊明笔下桃花源式的世界。但桃花源是纯粹的乌托邦想象,而朱陈村虽然不免夹杂着理想化的因素,但却是生活中真名实姓的村庄。赵村、朱陈两个村庄都有大片杏花,苏轼直接以杏花村称之。杏花村所代表的正是赵村、朱陈村这类中国大地最真实、最普遍的村庄,而作为一个文学意象,也越来越获得了文化符号意义,成了中国乡土社会及其淳厚朴实之民风民俗的经典象征。由于杏花村意象具有鲜明的乡土意味,因而在元曲中,在《水浒传》这类描写底层社会的白话小说中出现最为频繁。《红楼梦》第十七回一行文人为大观园中一处"有几百株杏花,如喷火蒸霞一般"的农庄风光拟名时,面对题名

---

① 《全唐诗》卷五一二,第 15 册,第 5853 页。
② 参见纪永贵《论杏花村的文化属性》,《中国地方志》2006 年第 3 期;《杏花村:从文学意象到文化象征》,新加坡南洋理工大学《南大语言文化学报》第 6 卷第 2 期(2006 年)。
③ 《全唐诗》卷四五二,第 14 册,第 5120 页。
④ 《全唐诗》卷四六○,第 14 册,第 5235 页。
⑤ 《全宋诗》第 14 册,第 9299 页。
⑥ 《全唐诗》卷四三三,第 13 册,第 4780 页。

"杏花村"的建议，贾宝玉道："村名若用'杏花'二字，则俗陋不堪。"① 这可以说是曹雪芹这类贵族、高雅文人的爱好，从反面揭示了杏花村这一意象的通俗意味和广泛影响。

　　杏花村除了乡土村俗风景代表的一般意义外，还有乡村酒家的特定含义。追溯其起源，古代文人对酒赏花是其生活常态，而寒食、清明节禁火时饮酒更是可以御寒暖胃，这正是杏花盛开时节，因此寒食清明、杏花与酒、村店就有了潜在的联系。唐白居易《过永宁》："村杏野桃繁似雪，行人不醉为谁开。翰滦山县卢明府，引我花前劝一杯。"② 张祎《巴州寒食晚眺》："东望青天周与秦，杏花榆叶故园春。野寺一倾寒食酒，晚来风景重愁人。"③ 温宪《杏花》："团雪上晴梢，红明映碧寥。店香风起夜，村白雨休朝。"④ 这种情况到宋人的作品中更加明显。穆修《村郭寒食雨中作》："寂寥村郭见寒食，风光更着微雨遮。秋千闲垂愁稚子，杨柳半湿眠春鸦。白社皆惊放狂客，青钱尽送沽酒家。眼前不得醉消遣，争奈恼人红杏花。"⑤ 稍后传为杜牧所作《清明》一诗名声鹊起，使杏花村成了乡村酒家的代名词，进一步丰富了这一意象的乡土民俗意味。

　　2."杏花春雨江南"

　　"杏花春雨江南"一语最早完整地见于元代作家虞集的作品。虞集《风入松》："画堂红袖倚清酣，华发不胜簪。几回晚直金銮殿，东风软，花里停骖。书诏许传宫烛，香罗初剪朝衫。　御沟冰泮水挼蓝，飞燕又呢喃。重重帘幕寒犹在，凭谁寄，金字泥缄。为报先生归也，杏花春雨江南。"⑥ 这首词作于虞集在京为侍书学士任上，时间大约在至顺三年（1332）。虞集久厌朝职，加之不断受到中伤、诬陷，心生辞归故乡之念。同时所作《腊日偶题》诗中以近乎完全相同的语言，表达了同样的愿望："旧时燕子尾毵毵，重觅新巢冷未堪。为报道人归去也，杏花春雨在江南。"⑦ 如此反复表达，不难使人感受其感怀之深切、愿望之强烈。在诗人心目中，"杏花春雨江南"不只是优美的自然风光，而是包含着江南故乡生活的美好记忆，同时又寄托着摆脱官场烦冗与险恶，回归自由与逍遥的生活理想与情趣。这一饱含深情的构想远远突

①　曹雪芹、高鹗著，中国艺术研究院红楼梦研究所校注：《红楼梦》第十七回至第十八回，人民文学出版社1982年版，第1册，第231—232页。

②　《全唐诗》卷四五五，第14册，第5158页。

③　《全唐诗》卷六六七，第19册，第7633页。

④　同上书，第7643页。

⑤　《全宋诗》第3册，第1612页。

⑥　虞集撰，王颋点校：《虞集全集》，天津古籍出版社2007年版，上册，第269页。

⑦　虞集：《腊日偶题》其二，同上书，第218页。

破了个人抒情写意的范畴，其简练的意象组合承载着自然美与人文美的丰富内容，包含着社会历史和审美传统的深厚积淀，自发表以来即获得了广泛的社会共鸣。

这一意象构造中，"杏花春雨"是两个自然意象，前者代表的是仲春时节、清明前后春光明媚、风景骀荡的美好季节；后者代表着一种温润宜人，而又富于空灵迷濛、静雅悠闲情趣的气候环境。两者同时又寄托着雨露滋润，万物生长，风调雨顺，耕种得宜的生活期望。江南是一个区域概念，是这组意象的主体与核心。宋元以来，随着经济重心和文化重心的南移，江南越来越显示其美丽、富饶的区位优势。江南已远不只是个地理概念、区域风土，越来越成了一个文化的概念，一个美学的概念。江南越来越成了一道诗意的空间，其优越的自然、经济、人文环境洋溢着如诗如画、人间天堂般美好与理想的体验，洋溢着清灵、秀丽、空灵、温柔、婉雅的生动美感。同时在我国千百年来的政治区位格局中，江南是一个远离政治中心的辽阔空间，蕴含着士大夫文人置闲野逸、逍遥江湖的心理感觉。作为亚热带的沿海地区，江南水乡年降雨量比较充沛，春天也是，而清明前后更是，杜牧所说的"清明时节雨纷纷"被视为江南的绝妙写照。在晚唐以来逐步兴起的文人山水画中，"春雨江南"就是最常见的题材之一，以至于在绘画风格上，形成了董源、巨然以及米芾父子等擅长江南烟雨迷离之景的一派。在明清文人画中"春雨江南""江南烟雨"是一个最常见的选材和取象，代表了这一意象广泛的欣赏基础和深厚的文化意蕴。

江南与杏花之间其实不像与春雨那样关系紧密。杏属温带果树，抗旱耐寒，在粘重土壤中生长不良，黄河流域才是其分布中心，多有成片成林的记载，古人即有"南梅北杏"之说。杏在南方的生长状况远不如北方。明王世懋《学圃杂疏》："杏花江南虽多，实味大不如北。"① 北方野生或栽培的大片杏林甚多，而在南方就极为罕见。越往南，杏的分布就越少。如江南南部的福建，王世懋《闽部疏》称"闽地最饶花，独杏花绝产"②。岭南更是罕见③。从这个意义上说，杏花不是江南的主要物产和代表意象。但综合季节气候、芳华物色、区域风土诸方面的因素，杏花娇娆尤其是"杏花春雨"这样温润清丽的物色组合更像是江南水乡美丽富饶、水木清华的风景。类似的情况同样发生在杨柳身上，这一最早大肆活跃于儒家《诗经》文本的植物，唐宋以来越来越成了江南水乡的专利。这种景物描写上的"趋炎附势"正是江南自然和人文优势愈益凌轹他方、专美称胜的结果。正因此，"杏花春雨江南"成了江南自然风光和人文气

① 王世懋：《学圃杂疏》，《四库全书存目丛书》子部第 81 册，齐鲁书社 1995 年版，第 645 页。
② 王世懋：《闽部疏》，《续修四库全书》史部第 734 册，第 116 页。
③ 郑刚中《暮春》诗注"封州未尝识杏花"，《全宋诗》第 30 册，第 19112 页。宋封州，治今广东封开县。

息的经典写照，获得了鲜明的文化符号意义。而杏花也因为这一经典话语的流传，带上了浓重的江南风味，散发着温柔动人的魅力。

[原载《江海学刊》2009年第1期]

朱陈村的地理信息和文化意义

朱陈村出于唐代大诗人白居易《朱陈村》诗，诗中对黄淮之间、刘邦故乡这一村落淳朴民风、幸福生活的描写千百年来脍炙人口，引发了无尽的怀念和神往。然而除了白居易这首诗，从唐代以来无论是正史、地志还是各类野史笔记包括文学作品，几乎没有任何具有"现场感"的记载，甚至对其所属县邑都说法不一，留下了不小的悬念。近见徐州一带学者著文认为，朱陈村不在徐州丰县，而应在安徽萧县、宿州等地，引起了认识上新的混乱。为此，我们认真审视有关古籍信息，发现这些说法并不可靠，有必要加以澄清。同时我们发现，由于记载的缺乏和模糊，朱陈村的具体地址扑朔迷离，而其文化形象却鲜活生动，获得了传统乡土社会理想的符号意义，产生了深远的影响。本篇就相关的地理信息和文化意义进行细致的梳理、考述和阐发，力求提供一个相对全面、切实而合理的认识。

一、朱陈村应在徐州丰县

朱陈村出于白居易《朱陈村》，有关的一切都得从白居易这首诗出发。诗歌全文如下：

> 徐州古丰县，有村曰朱陈。去县百余里，桑麻青氛氲。机梭声扎扎，牛驴走坛坛。女汲涧中水，男采山上薪。县远官事少，山深人俗淳。有财不行商，有丁不入军。家家守村业，头白不出门。生为陈村民，死为陈村尘。田中老与幼，相

见何欣欣。一村唯两姓，世世为婚姻（其村唯朱、陈二姓而已）。亲疏居有族，少长游有群。黄鸡与白酒，欢会不隔旬。生者不远别，嫁娶先近邻。死者不远葬，坟墓多绕村。既安生与死，不苦形与神。所以多寿考，往往见玄孙。我生礼义乡，少小孤且贫。徒学辨是非，只自取辛勤。世法贵名教，士人重官婚。以此自桎梏，信为大谬人。十岁解读书，十五能属文。二十举秀才，三十为谏臣。下有妻子累，上有君亲恩。承家与事国，望此不肖身。忆昨旅游初，迨今十五春。孤舟三适楚，羸马四经秦。昼行有饥色，夜寝无安魂。东西不暂住，来往若浮云。离乱失故乡，骨肉多散分。江南与江北，各有平生亲。平生终日别，逝者隔年闻。朝忧卧至暮，夕哭坐达晨。悲火烧心曲，愁霜侵鬓根。一生苦如此，长羡陈村民。

诗的开头几句说得很明确，朱陈村在"徐州古丰县"。所谓"古丰县"即丰县，地当今江苏省徐州市丰县，本秦朝沛县之丰邑，后设为县，为汉高祖刘邦出生地，涌现过周勃、萧何、周昌、卢绾等一代名臣。高祖七年，因思乡过甚，将陕西临潼东北的秦骊邑县按丰邑的街里格式重新改筑，并迁来故乡丰县的百姓，称新丰县（治所在今陕西西安临潼区）。所谓"古丰县"，是相对这汉代新设的新丰县而言，所指即丰县。也就是说，白居易所说是极其明确的，朱陈村在哪，在徐州丰县。

近来徐州当地学者著文认为，白居易所说的"古丰县"不是徐州丰县，而是今安徽宿州市夹沟镇一带。这里在北朝东魏孝静帝武定六年（548）曾一度设置过新丰县，隋文帝开皇三年（583）被撤销，其地归为符离县（治今宿州市埇桥区符离镇），唐朝属徐州。由此"'新丰县'便成了历史，'新丰县'成了'古丰县'"，"'古丰县'就是'故丰县'，称'徐州古丰县'的'古'，正是为了有别于当时仍称丰县的位于沛县西的'今丰县'"①。为什么会放弃白居易说得明明白白的徐州丰县，而想到符离（约当今宿州地级市所属大部）这个地方呢？论者认为，白居易的父亲曾任徐州别驾，任上曾在当时运河沿岸的符离购置田产，并将家人寄居于此。白居易早年应该没有到过丰县，而20岁前后至少有两三年是在符离度过的，在此呼朋结友，读书携游，写下了《乱后过流沟寺》《题流沟寺古松》等诗，所谓"朱陈村"就有可能是这一带的某个村庄。

这一说法绕开白居易《朱陈村》诗中所言，由白居易早年生活经历来探寻朱陈村地址，似乎提供了一个新的思路，但首先却经不住白居易同期作品的验证。同是白居易早年所作的《唐故坊州鄜城县尉陈府君夫人白氏墓志铭并序》："贞元十六年夏四月

① 黄新铭主编：《朱陈村资料集》，2009年黄氏自印本，第20—22页。

一日，疾殁于徐州古丰县官舍。其年冬十一月，权窆于符离县之南偏。至元和八年春二月二十五日，改卜宅兆于华州下邽县义津乡北原，即颍川县君新茔之西次。"① 墓主为白居易外祖母陈白氏，这里叙其病死、暂葬和终葬三地——徐州古丰、徐州符离和华州下邽，都是县名。这里的"徐州古丰县"与《朱陈村》所说"徐州古丰县"所指应是同一地方，如果我们把它理解成北朝所设的"新丰县"，地点正在唐代的符离县境内，在墓志铭这样严肃的文体中，绝不会将同属一县的地方以古、今两县名（古丰、符离）分别称之。由此可见，白居易所说"徐州古丰县"，所指极为明确，只能是徐州丰县，而不可能指当时已归符离县境的所谓"新丰县"。

白居易早年有这两次提到"古丰县"，且外祖母死于这里的官舍，虽然具体原因不明，但至少说明白家与"古丰县"（即徐州丰县）有着密切的联系，有学者推测，白家可能在此有田产②。虽然没有白居易早年到过丰县的明确迹象，但既然白家与丰县有联系，丰县又属父亲政下属县，因此我们不能完全排除诗人到过丰县的可能。即使诗人早年确实未至丰县，但从家人、仆吏和往来客人口中听说丰县朱陈村之事，则也是完全可能的。

再就诗歌修辞的一般规律而言，徐州"丰县"、京兆"新丰县"两县同出于秦汉之际，至唐一直未变，几乎成了生活常识。白居易诗歌通俗，开头即直言交代地点，极为自然。反之，所谓符离境内的新丰县实际只存在 35 年，而且地域狭小，正如光绪《宿州志》记载新丰这类古旧地名时所说，"是时疆场之邑一彼一此，虽统数郡，多不过一二县，县不过数百户，谨存其名而已"③。在南北朝那样国家分裂，大小政权频繁更迭，疆域变化极为混乱的时代真可谓是过眼浮云。即就《南齐书》所载，同时除京兆新丰县外，其他设过新丰县的就有广州南海郡、荆州新兴郡、梁州上庸郡、宁州梁水郡、宁州西阿郡等地。显然，唐人不会把这些当时多已废除的旧县随口称作"古丰县"。如非学富五车，对这些废县名一般也很难了如指掌、脱口而出。白居易诗中多处提到早年在符离的生活④，未见地名用典的现象。如果用典，像白居易这样的平易通俗作风，一般也很难使用这类冷僻的县名。至少像《朱陈村》这样描写乡村淳朴民风的诗歌，措辞绝不会如此复杂。况且符离与丰县同是名县，且相去不远，如果要表达在今宿州

① 白居易：《白居易集》卷四二，中华书局 1979 年版。
② 谢思炜：《白居易集综论》，中国社会科学出版社 1997 年版，第 306 页。
③ 何庆钊：《（光绪）宿州志》卷二，清光绪十五年刊本。
④ 白居易后来有《醉后走笔酬刘五主簿长句之赠，兼简张大、贾二十四先辈昆季》五言长诗，回忆在符离与友人游玩的地方："且倾斗酒慰羁愁，重话符离问旧游。北巷邻居几家去，东林旧院何人住。武里村花落复开，流沟山色应如故。"《白居易集》卷一二。提到流沟山、武里村，而没有朱陈村。今宿州埇桥区一带武姓人口较多，或即源自唐武里。

境内即当时符离县境内的地点，白居易肯定会写作"徐州符离县，有村曰朱陈"，而决不会用目前这样一个令人容易误解的说法。因此我们可以肯定地说，白居易所说"徐州古丰县，有村曰朱陈"，只能是在当时的徐州丰县，而决不是符离境内的所谓新丰废县。

白居易《朱陈村》是整个唐代唯一描写朱陈村的作品，其他各类唐籍均未涉及，因此任何关于朱陈村地址的思考都只能从这一原始文本出发。我们不能离开白居易所说"徐州古丰县"的范围，断章取义地去满世界寻找与白居易诗中情景吻合的村庄，以今日中国之大、人口之多、村落之密，要想找到符合以朱陈二姓为主、有山有水，或者名为朱陈这些片面条件的村庄并不太难。徐州当地学者提到的今山东临沂郊区朱陈村，虽然村名完全吻合，就笔者所见，最迟在清乾隆时已见于记载①，但唐时此地属沂州，根本不应在考虑范围。白居易早年居住过的符离县，虽然唐时属徐州，却与丰县之间隔着一个萧县。萧县也是汉之古县，大小与丰县相当，白居易空间感再多模糊，也不可能将这隔着萧县的两地误作一处。因此我们首先应该明确，如果要想确定朱陈村的地址，那肯定离不开徐州丰县范围。自唐以来，丰县东、南、西、北分别与江苏沛县、安徽萧县、砀山、山东单县、鱼台五县为邻，基本格局几乎未变，考虑到历代县域地界或有微调，因而更严谨的说法是，朱陈村应该在今徐州丰县及其邻近地区。

当然，在"徐州古丰县"这一大致范围内，对于诗中其他细节也不宜过于拘泥。诗歌是文学，不能完全当作历史来读。如"去县百余里"，丰县县域古今差别不大，南北差近百里，东西不足百里，县城居县境之中，如果拘实计算，所谓"去县百余里"，即离县城百里则绝不可能。有学者明确指出，白居易作品多有因一时表达需要而"虚构"情景、变通语意的现象②。仅就这首《朱陈村》而言，诗中所说"二十举秀才，三十为谏臣"，都是取整而言，而白居易二十八岁参加乡试，三十岁及第，三十七岁授左拾遗即任谏官，实际相去都较大。因此对"去县百余里"这样的措辞，也是不能胶柱鼓瑟、刻舟求剑的。

二、朱陈村在萧县的说法或出苏轼一时意兴

进入宋代，关于朱陈村的地址出现了新的说法。苏轼《陈季常所蓄〈朱陈村嫁娶图〉二首》诗：

---

① 齐召南《水道提纲》卷四"沭河"下即记载有朱陈村，清文渊阁《四库全书》本。
② 谢思炜：《白居易集综论》，第199—201页。

何年顾陆丹青手，画作朱陈嫁娶图。闻道一村惟两姓，不将门户买崔卢。

我是朱陈旧使君，劝农曾入杏花村。而今风物那堪画，县吏催钱夜打门。

诗末有注语："朱陈村在徐州萧县。"通常认为这是苏轼的自注。萧县是丰县南面的邻县，同属徐州，今属安徽。苏轼曾任徐州知州，即所谓"朱陈旧使君"，此为友人陈慥所藏朱陈村画题诗，作于离开徐州后的次年。这一说法还有同时代人的佐证。苏轼学生陈师道，徐州彭城（今徐州）人，诗歌中多有与朱智叔唱和之作①，从诗中用典隐约可以感到，朱智叔是萧县人，陈师道《再酬智叔见赠》诗"固知贤杰当传世，下里朱陈亦有孙"，似乎亦以朱陈村在萧县。任渊《后山诗注》卷九此句注称："徐州萧县有朱陈村，两姓为婚姻，见白乐天诗。"任渊为南、北宋之交人，该书大约成于宋徽宗政和至南宋高宗绍兴初年，去苏轼的时间并不太远。陈师道诗意本就以朱陈之典来形容朱姓友人，而任氏注中更是指明朱陈村在萧县，与苏轼所说完全一致。

为什么会出现这种变化，有这样几种可能：

（一）朱陈村在唐宋时丰、萧二县的交界处，或者白居易时本为丰县地，而苏轼、陈师道时已入萧县境。白居易时代的《元和郡县志》载徐州所属彭城、沛、萧、丰、滕五县，彭城为望县（3000户），其余四县均为上县（1000户），而到了苏轼时代的《元丰九域志》中，彭、萧、沛为望县（4000户），而丰、滕二县为紧县（3000户），户口增速较萧、沛二县为缓。这种变化，是否有县域缩小的因素，我们无从确知。清乾隆《丰县志》在谈到朱陈村去县百里时记载了这样一个细节：丰县境"汉为广而唐尤大"，"嘉靖中，萧之东镇掘土得古碑，犹称为丰县地，是丰东南又不止百二十里矣"②。发土获碑之事在萧县志中并无反映，今萧县酒店乡有东镇村，本为镇建制，在县城西北30里，去丰县境最近距离远不止30里。笔者以为，如果朱陈村地处唐代丰、萧两县交界处，到苏轼这个时代，就有可能进入萧县的范围。朱姓本为徐州一带大姓③，查1989年中国人民大学出版社版《萧县志》卷首《萧县行政区划图》，县北境与江苏丰、沛二县交界处即有东阁乡陈庄、杜集镇朱楼、朱庄乡朱庄、陈庄等以朱、陈二姓命名的村庄，如果这些地名古今未变，也许其中即有唐代丰县、宋代萧县朱陈村的影子。

（二）苏轼在萧县境内曾见过类似白居易诗中的情景，朱、陈二村相邻，山水幽

---

① 陈师道有《和朱智叔鹿鸣席上》《酬智叔见赠》《再酬》《敬酬智叔见戏二首》《送乱叫叔令咸平》《九月九日夜雨留智叔》《寄酬咸平朱宣德》《咸平读书堂》等。

② 卢世昌：《（乾隆）丰县志》卷一，《北京大学图书馆藏稀见方志丛刊》影清道光三年德丰补刻本。

③ 乐史：《太平寰宇记》卷一五，清文渊阁《四库全书》本。

静，民风淳朴，且有杏花，给他留下了深刻印象，题画时一时想起，而未及考虑与白居易所说地点不合。苏轼熙宁十年（1077）四月二十日到徐州知州任，元丰二年（1079）三月移守湖州，在徐州历时两年整。据现存苏轼作品和孔凡礼《苏轼年谱》，两年内苏轼在徐州所属其它四县都有作品、行踪或人际交往，唯与丰县没有任何蛛丝马迹的联系，很有可能两年未到丰县，对那里的情况了解不多。而离徐州较近的萧县，苏轼多次到过，有《石炭》诗，咏县之东南白土镇煤炭资源，又有《祈雪雾猪泉，出城马上作，赠舒尧文》、《次韵舒尧文祈雪雾猪泉》诗、《祈雪雾猪泉文》，雾猪泉在萧县东南三十里雾猪山（俗名北山）下 [1]，可见对萧县的了解较多。据今萧县学者介绍，苏轼曾到过的萧县白土镇附近即有朱圩子、陈庄、杏园等村庄 [2]。再就新编《萧县志》卷首《萧县行政区划图》所见，就有朱庄乡朱庄、陈庄，黄口镇朱平庄、陈土楼，石林镇朱楼、朱小庄、陈庄，东镇镇附近朱庄、大陈庄、陈庄等以朱、陈二姓命名而又紧密相邻的情况。如果这些村庄古已有之，或者当时即有附会白居易诗意之说，就有可能给当年行县劝农的苏轼留下印象，临笔题画之际，一时诗人意兴，由白居易的诗意联想到萧县乡村情况。句下也只是简单交代自己在萧县所见，并未注意与白居易所说作区别。而稍后陈师道诗中所言适巧是萧县朱氏，因地近而联想及之，任渊为陈师道诗作注，有乡贤苏轼之言在先，于是未加深考，沿袭其说而已。

（三）所谓"朱陈村"是因附庸白诗而形成的一种泛称，泛称同类古风犹存之乡村。苏轼《浣溪沙·徐门石潭谢雨道上作》，其中"半依古柳卖黄瓜"，南宋龚颐正《芥隐笔记》："予见孙昌符家坡'朱陈词'真迹云'半依古柳卖黄瓜'，今印本多作'牛依'或迁就为'牛衣'矣。"据乾隆《徐州府志》，石潭"在（徐州）城东八里"圣水山一带 [3]，属铜山县境，与朱陈村已非一地。龚氏称苏轼此石潭谢雨组词为"朱陈词"，不知是苏轼本人所言还是当时人们所称，但显然所谓朱陈村非实指，而是一个虚称。苏轼所言朱陈或即用此义。

当然，这都只是我们的推测，无法起古人而问之。考虑到萧县境内以朱、陈命名的村庄较为密集，我们认为前两种可能性都较大。还有三方面的情况值得合并思考：

（一）就在苏轼、任渊同时，也仍有明确坚持白居易说法的。南宋陈景沂《全芳备祖》辑有《诗话》一则："徐州古丰县朱陈村，有杏花一百二十里，近有人为德庆户曹，道过此村，其花尚无恙也。昔东坡诗云：'我是朱陈旧使君，劝农曾入杏花村。

---

① 吴世熊：《（同治）徐州府志》卷一一，清同治十三年刻本。
② 苏肇平：《朱陈村辨析》，黄铭新主编：《朱陈村资料集》，第 56—61 页。
③ 石杰、王峻：《（乾隆）徐州府志》卷二，清乾隆七年刻本。

如今风物那堪话，县吏催钱夜打门。'"① 此则诗话作者不明，但就内容而言，应作于苏轼身后。所说德庆为北宋徽宗政和五年（1115）由舒州（治今安徽潜山）改置之德庆军，南宋绍兴初即取消。德庆在徐州丰县西南，取道丰县赴任德庆，出发地当在丰县北今山东境内，这只有在金人尚未南下之北宋才有可能。因此这则《诗话》当出于宋徽宗政和、宣和之间，所说也是当时的实地见闻，并且即针对苏轼朱陈村诗而言，却明确称在丰县，与苏轼不同。这去苏轼、陈师道的时代很近，与任渊的时代至少相当，还要稍早些。这至少表明，苏轼、任渊的说法在当时不是唯一的。

（二）就在任渊稍后的南宋中期，《施注苏诗》和《分类东坡集注》等苏诗注本对"朱陈"村的注释，都重新回到白居易诗歌的立场，直接称朱陈村在徐州丰县而不是萧县，而宋以后的苏诗注家也多取丰县说。

（三）虽然有苏轼这样的大家言之在先，萧县当地似乎并未在意，今所见清人《萧县志》对苏轼的说法都只是轻描淡写，更可贵的是，未见任何借机渲染、穿凿附会的现象。这也使我们进一步感到，朱陈村在萧县的说法可能没有多少确凿的根据，也就是说萧县境内并无一个属于白居易所指实实在在的朱陈村。

上述这些信息又使我们感到，苏轼的萧县之说并不完全确实，更有可能是一时意兴之言。所说如果属实，也应是写自己在萧县所见村景，未能顾及白居易的原话。如与白居易同指一地，也当如明嘉靖《徐州志》所说，"在萧境旧属丰处"②，即在今萧县与丰县交界一带唐朝属丰县之处。而事实也表明，虽然萧县说出于苏轼这样的大家，但无论是当时还是后来，无论是在萧县当地还是相关各方，都未见有进一步的事实证明，更未得到普遍认同。

三、清人始指朱陈村在丰县赵庄

萧县说的遭遇如此，而丰县说的情况却全然不同。明清时期，虽然有关记载比较有限，但所见文献信息都明确将朱陈村归于丰县。

首先是明朝。明宣德李贤《明一统志》："朱陈村，在丰县东南一百里。"③ 这是所见第一次明确朱陈村的方位在县东南，很可能是《元和郡县志》丰县东南至州一百七十五里，《元丰九域志》东南至州一百四十里之类说法的影响所致。成化间王

---

① 陈景沂：《全芳备祖》前集卷一〇，明毛氏汲古阁钞本。
② 梅守德：《（嘉靖）徐州志》卷四，明嘉靖刊本。
③ 李贤：《明一统志》卷一八，清文渊阁《四库全书》本。

傤《资政大夫南京户部尚书陈公神道碑铭》称陈翌是"凤阳虹县人,其先居丰之朱陈村,宋季徙彭城,今居虹县者,又徙自国初"①。是说其祖先本为丰县朱陈村人,宋末迁徐州彭城(今江苏铜山),明初迁虹县(今安徽泗县),这应该出于陈氏家族记忆。稍后都穆《南濠诗话》:"朱陈村在徐州丰县东南一百里深山中,民俗淳质,一村惟朱、陈二姓,世为婚姻。"此后嘉靖《徐州志》、隆庆《丰县志》、万历陆应旸《广舆记》、何乔远《名山藏》、明末曹学佺《大明一统名胜志》等相关记载均大同小异。

入清后,朱陈村在丰县的基本看法未变,但有了新的发现。乾隆《丰县志》卷一五"古迹"记载:"朱陈村,惟朱、陈两姓居之,故名,离县二十里,在赵庄。予开河得古碑于此,始信白香山诗中所云'去县百余里',殆未至其地,而讹传之欤。"该志由知县卢世昌纂修,他于乾隆二十年(1755)至二十四年在任,任内大力疏浚县内河道,在县西二十里的赵庄挖出一道古碑,始知朱陈村在赵庄。其言之凿凿,并直指白居易所说,令人不容置疑。乾隆县志还记载,万历八年(1580)县令庄诚《杏花村》诗"断魂昔日寻沽处,异代而今尚有碑。胜地古来犹有迹,行人今去几多时"②,如果所说是同一座碑,则此碑当属宋元之物。稍后,诗人边中宝随担任徐州知州的儿子边廷抡居住,作《朱陈村》五言古诗③,同时杭州吴寿宸也有《朱陈村歌》七古长诗④,他们都实地到过丰县,所写应即卢世昌所说赵庄朱陈村。此后同治《徐州府志》、光绪《丰县志》均承其说。道光年间县人刘培丰《拟朱陈村诗》有更明确的信息:"峨峨丰县西,残碑犹可扪。藤缠苍藓蚀,上书朱陈村。村中何所有,绿荫草木繁……悔不同元九,来结此中邻。归来向人说,疑是桃花源。"⑤此为拟作,也即模拟白居易口吻所说,但开头这几句显然包含了乾隆以来的情况,由此也可证卢世昌当时出土的古碑有"朱陈村"字样,此碑到刘培丰生活的道光、咸丰时仍在。今丰县赵庄镇东北约五里党楼行政村有朱庄、陈庄两自然村东西相邻⑥,丰县当地认定此即卢世昌所说朱陈村所在地⑦,并立碑纪念。

丰县西赵庄境内这一朱陈村特别值得重视,这是自白居易以来第一个,也是整个

① 王傤:《思轩文集》卷一三,明弘治刻本。
② 姚鸿杰:《(光绪)丰县志》卷一三,清光绪二十年刊本。
③ 边中宝:《竹岩诗草》卷下,清乾隆四十年刻本。
④ 阮元:《两浙辂轩录》卷三四,清嘉庆刻本。
⑤ 姚鸿杰:《(光绪)丰县志》卷一六。
⑥ 丰县地名委员会《江苏省丰县地名录》第78页:"朱庄,以朱姓得名","陈庄,以陈姓得名"。该村属当时的党楼大队,党楼大队由党楼、陈庄、朱庄、常庄四个自然村组成,均以姓氏得名。全大队共有土地1130亩,750人。该地名录编印于1982年,反映的是当时的情况。
⑦ 政协丰县委员会文史委《丰县风物志》第37页:"朱陈村,现位于赵庄镇,为连绵不断的七八个小村落,附近村民称之为八大庄,其中朱庄、陈庄两个自然村,一般认为是当年的朱陈村。"政协丰县委员会2005年编印。

古代唯一一个明确具体地点的朱陈村。它不仅符合白诗所说在"古丰县"境内，而且有出土古碑为证。卢世昌是一个勤政务实的县令，任内无论治水还是修志都极认真，光绪县志称其"性慈和，心地纯挚"①，所言当信实不诬。至于说是朱、陈两村还是朱陈一村不必计较，金人王朋寿《类林杂说》编录朱陈村材料，即称是"有一村居民皆姓朱，有一村居民皆姓陈，于是二村世为婚姻，风俗淳厚，礼法简严，天下称之，曰'朱陈村'"②。笔者以为，如果我们一定要为白居易所说朱陈村明确一个遗址，找到一个实体归属，而在丰县境内乃至邻近地区很难找到其他更符合白居易《朱陈村》诗意的村落，那么我们应该首先尊重卢世昌这位勤政务实之县令的发现，沿用乾隆年间的这一说法，把赵庄境内定为朱陈村遗址所在地。这无疑是当下最合理的选择！

但近日这一说法在徐州当地受到了挑战。有学者实地考察发现，赵庄朱陈村在县西北二十里，"四周平原，远近无山"③，与白居易所说相去太远，因而表示怀疑，并彻底否定。对此我们深表不然。首先是里程问题，赵庄离县古称二十里④，白诗称朱陈村"去县百余里"，两者相去较大。这一点我们前面已经提到，诗歌不能当作信史来读，卢世昌的批评意见也曾指出这一点。剩下的问题是赵庄一带的地形地貌，白居易说"女汲涧中水，男采山上薪。县远官事少，山深人俗淳"，而如今的赵庄，不仅是赵庄，乃至整个丰县都是一望平原，了无山峰的影子，更不待说是深山幽涧了，这是今人怀疑朱陈村在赵庄乃至在丰县境内的关键原因，有必要认真对待。

其实，这种怀疑并非今日才有，前引明嘉靖《徐州志》即称"今考丰西无山，疑在萧境旧属丰处"⑤。对此，我们首先仍得提醒，对白居易诗意的理解不能过于拘执。为了强调乡风民俗的淳朴，夸大乃至虚构"县远""山深"的状态，对于诗歌来说是不难理解的伎俩。不仅如此，我们还应该看到，丰县境内并非历来无山。嘉靖《徐州志》记载："治（引者按：指嘉靖丰县县衙，时在华山南麓）之北有山窿然，是曰东华，周亘十里许，多奇石，蠹屹而门，巇嵚而谷，森若部署。其洞有五……殊各幽胜。"⑥再就乾隆县志所载，还有"岚山，在华山之北，旧有山神庙，永乐间县令方琛重建，嘉靖初邑人尹贞复易以铁像，今淤"。"驼山，在岚山之东北，旧与华、岚相连，周亘

---

① 姚鸿杰：《（光绪）丰县志》卷四。
② 王朋寿：《类林杂说》卷一三，民国《嘉业堂丛书》本。然北京大学藏明抄本王朋寿《重刊增广分门类林杂说》，从所见牌记等信息可知是据金大定刊本抄成，无论卷数、体例、内容均与嘉业堂本迥异，殆非一书。婚姻门见于第七卷下第七，未辑朱陈村的内容，亦未见篇末有赞语，并全书各篇末如序言所说有赞语，甚是蹊跷。或者明抄本所存为唐人《类林》古本内容，而嘉业堂本为王氏改编之内容，由后人析出重编另行，待考。
③ 黄新铭主编：《朱陈村资料集》，第12页。
④ 姚鸿杰：《（光绪）丰县志》卷一。
⑤ 梅守德：《（嘉靖）徐州志》卷四。
⑥ 同上。

十余里，窿然秀丽，亦一奇观也，今淤"。"白驹山，在县东南十五里，相传高祖与乡人游会于其上，乡人歌《白驹》以留之。唐时有崔生者隐居此山，自号白驹山人，傍有河，即宋时东西运道，为宋村店。成、弘间山犹高三丈余，嘉靖末屡经黄水沙淤，其迹始平。"①注意其中所说的"今淤"字样，这些颇有规模的山势，或早在明嘉靖间，或至清乾隆时，大都淤废湮没了。

何以如此？因为丰县属于河南开封以下黄泛区扇形冲击平原的核心地区，从宋以来便是黄河夺泗入淮的洪水走廊，我们仅录乾隆《丰县志》所载北宋数例："太平兴国八年夏五月，河决滑州，丰大水。""天禧三年夏六月，河决滑州，丰大水。""熙宁十年秋七月乙丑，河决澶渊，南溢于淮泗。方水之至也，汗漫千余里，漂庐舍，败冢墓，老弱蔽川而下，壮者无所得食，多槁死邱陵、林木间。宋以前黄河去丰五百余里，自澶渊之决，北流继绝，黄河南徙，至正九年始成巨津，而丰为滥觞矣。"②明嘉靖五年（1526）的洪水漫灌还逼迫县治一度移往东南地势稍高的华山，历时二十五年③。黄河泛滥带来的不仅是漫天洪水，更有大量沉沙淤积。打开明隆庆、清乾隆、光绪《丰县志》，所载山川、古迹名录之下，无论是山峰、河流、湖泽，还是亭台楼阁、祠社寺院，多半称之"今淤""今废"。今丰县华山镇北的华山，又称东华山，因比拟西岳华山而得名，是县境最高处，州志称"周亘十里许"，明隆庆六年（1572）治河大使万恭《东华山碑记》称其"高三百尺有奇"④，以今公制计算是高出地面近100米。乾隆县志记载明时"华山十景"，有危岩滴翠、削壁裹云、攒峰插汉、案石承霄、西崖削岭、玄都仙洞等名目⑤，康熙十一年（1672）这里还出过虎患⑥，不难想其山势高耸的情景。而如今，1994年新编《丰县志》称其"高出地面30米"⑦，《江苏省丰县地名录》也说华山与附近龟山、驼山三座山头合计"占地面积约200亩"⑧。古人所说汉高祖曾与乡友集会，"唐时有崔生者隐居"，明成化、弘治间"犹高三丈"的县东白驹山⑨，如今只是在春耕时，"不时在地下发现石块，以致毁伤犁具"⑩。古籍还记载，汉唐时丰县西北有大泽、丰西泽、

---

① 卢世昌：《（乾隆）丰县志》卷一，《北京大学图书馆藏稀见方志丛刊》影清道光三年德丰补刻本。
② 卢世昌：《（乾隆）丰县志》卷一六。
③ 同上。
④ 卢世昌：《（乾隆）丰县志》卷一二。
⑤ 卢世昌：《（乾隆）丰县志》卷一。
⑥ 卢世昌：《（乾隆）丰县志》卷一六。
⑦ 丰县志编纂委员会：《丰县志》，中国社会科学出版社1994年版，第52页。据丰县宋楼中学地理教师赵德光先生近日见告，华山有三个山头，现南山已开挖结束，中山尚存，海拔67米，相对高度28米，北山海拔64米，相对高度24米。
⑧ 丰县地名委员会：《江苏省丰县地名录》，第141页。
⑨ 姚鸿杰：《（光绪）丰县志》卷一。
⑩ 政协丰县委员会文史委编：《丰县风物志》，第72页。

泡水等大湖大河，明隆庆县志即已记载被黄泛淤填，消失殆尽①，如今都了无影迹了。透过这古今巨大反差，不难感受到，千百年来的黄沙淤积，沧海桑田，作为黄泛区的丰县地形地貌发生了多么大的变化！像华山这样的县之镇山如今只剩区区"残丘"②，那些原本高十多米、几十米的低山浅丘被黄土淹没的就更不知多少了。明了这一点，我们就不难理解为什么白居易所说朱陈村"女汲涧中水，男采山上薪"那样的生活场景在如今的丰县境内已荡然无存了③。

有趣的是，如果我们细细品味白居易的诗，也可隐约感到所写风景其实并不十分统一。"去县百余里，桑麻青氛氲。机梭声扎扎，牛驴走纭纭"，俨然是田畴开阔，男耕女织，庶业兴旺的平原风光，而紧接着的"女汲涧中水，男采山上薪。县远官事少，山深人俗淳"，则又是一种远山僻壤、生活简陋的感觉。也许早在白居易当时，丰县一带就是一种平展的农田和浅丘小山穿插间杂的地貌。白居易也只是泛泛言之，不属亲临其境，没有具体描写。推而广之，整个古人所说的徐泗地区、今以徐州为中心的苏、皖、豫三省交界地带其实也没有真正称得上深山幽谷的地形。我们看到，到了丰县境内完全平原化的清乾隆、嘉庆年间，诗人笔下的朱陈村仍是"山深化日长，从不识城市……瞻望杏花村（即朱陈村），周道直如矢"④，"机梭轧轧响中屋，牛驴砉砉行平原。山深县远风气古，女修织纴男锄耘"⑤。所谓牛驴遍地、周道如矢，还有彭元瑞《朱陈村》"鸡犬桑麻共生长，到门十亩平如掌"⑥，所说都是明确的平原风光，而另一方面仍毫无例外地沿袭白居易的说法，称其为"县远山深"，语意矛盾、不切实际的情景越来越明显，这显然是文学书写的传承惯性使然。这种情况进一步提醒我们，在"以诗证史"时，对诗歌语言簸弄于虚实两间的性质，要时刻保持警惕。如果我们充

---

① 尹梓：《（隆庆）丰县志》卷上，丰县县志编纂委员会办公室、丰县档案局编：《（明版）丰县志》，1985年版。

② 丰县志编纂委员会编：《丰县志》，第2页。

③ 在本题全稿完成后，笔者检索网络资料，惊喜地发现，作家霍达早在1989年发表的报告文学《民以食为天》中，对当时遭遇旱灾绝产的丰县进行实地调查，其中一段关于丰县环境的描述，对朱陈村的古今变迁就有极为精辟的分析："有人说，白居易恐怕没到过'朱陈村'，仅凭道听途说，敷衍成篇，诗中所记，与丰县的环境地理相比甚远。丰县境内无山，仅城东有一座馒头大的'华山'，高59.7米，也无'涧水'可'汲'。其实未必，古时汴水、泗水交汇于此徐州，又有黄河横穿而过，系江淮粮道咽喉之地。宋元之时，黄河夺泗入淮，泥沙淤塞河道。史书记载，黄河先后改道1500次，最后一次是清咸丰五年（公元1855年），于河南兰考铜瓦厢决口，改道东流，徐州一带的黄河故道遂成一片黄沙、不毛之地。丰县原来除华山之外，尚有驼山、白驹山，也因黄水泛滥，淤沉地下，荡然无存。千百年间，此地的地貌、土质变化极大，虽沧桑之喻亦不为过。"霍达：《万家忧乐》，人民文学出版社1991年版，第138页。关于历史上黄河泛滥对徐州地区地形地貌、生态环境的影响，更为专业的论述可以参考李高金、韩宝平、钱程《黄河南徙对徐淮区域生态环境的影响》，《安徽农业科学》2010年第1期；葛兆帅、吉婷婷、赵清《黄河南徙在徐州地区的环境效应研究》，《江汉论坛》2011年第1期。

④ 边中宝：《朱陈村》，《竹岩诗草》下卷，清乾隆四十年刻本。

⑤ 吴寿宸：《朱陈村歌》，阮元：《两浙輶轩录》卷三四，清嘉庆刻本。

⑥ 彭元瑞：《恩余堂辑稿》卷三古体诗，清道光七年刻本。

分考虑诗歌表达的特殊规律和当地地貌变迁的历史事实，就不会随意唐突先贤，简单地以山之有无作为否定白居易所说"徐州古丰县，有村曰朱陈"的依据。

四、杏花村与朱陈村应是一地

与丰县朱陈村相关的还有杏花村。全国各地传闻或实名杏花村者不计其数，而丰县一带的杏花村可以说是朱陈村的"连体婴儿"。明清《丰县志》都将其与朱陈村分别著录，但二者所指实是一处。白居易《朱陈村》诗并未写到杏花，更没有所谓杏花村的影子，这一分歧出于苏轼《陈季常所蓄〈朱陈村嫁娶图〉》。揣其"我是朱陈旧使君，劝耕曾入杏花村"语意，是说萧县劝农所经朱陈村是杏花盛开的地方，或者所题《朱陈村嫁娶图》中绘有杏花，在诗中应有所照应而言之。不管出于何种情况，所说朱陈村与杏花村指同一地方，这应是毫无疑义的。稍后的宋人"诗话"即如此理解，并提供了有关的实地信息。我们不惮重复，再引一遍："徐州古丰县朱陈村，有杏花一百二十里，近有人为德庆户曹，道过此村，其花尚无恙也。昔东坡诗云……"这段话成为后来徐州、丰县两级地方志著录杏花村常用的注脚，其中的"一百二十里"也成了后来关于朱陈村方位的常见数据。但这段诗话实际说的并不是朱陈村或杏花村到县的里程，而是说所见杏花连绵盛大的规模。只是这一说法并不可信，杏与桃、李、梨一样，不耐贮存、制作和运输，因此与梅、枣、栗、柑橘等果树不同，一般不会形成连绵农田大规模种植的情景，也未见有大面积仁用杏种植的记载。所谓"杏花一百二十里"，可能是受白居易所说"去县百余里"潜移默化而更为夸张的说法。但这条记载也明确显示，北宋末年时丰县或即所谓朱陈村一带有大片杏花。

明代以来，有关说法发生了变化。嘉靖《徐州志》卷四山川志中小字附载县中名胜："又旧志载朱陈村在东南一百里。按东坡诗注云：在徐州丰县，去县远而官事少，处深山中，民俗淳质，一村惟朱、陈两姓，世为婚姻，民安其土，无羁旅行役之勤，故多寿考。又杏花村，按《古今诗话》：'徐州古丰县有杏花村二十里。'今考丰西无山，疑在萧境旧属丰处。唐白居易诗（引者按：下录白诗）……"审视这段记述，最后"丰西无山"云云之申说，并引白居易诗作总结，似乎视朱陈村、杏花村为一处。但实际又将朱陈村、杏花村分别叙述，并在地名上都打上框线视作专名。正是这一语意上的徘徊，开启了后世将朱陈村、杏花村视作两村、分别著录的先河。这段记载细节也很不严谨，所引《古今诗话》应即《全芳备祖》所辑之无名《诗话》，而改称《古今诗话》。原来的"百二十里"，大概觉得难以置信而妄改作"二十里"。后世县志关于杏花村的记载实际都是简单抄缀这段文字，继承并强化了这些错误。明隆庆县志进一步明确为县东二十里[①]，乾隆县志称在县东南二十里，并称杜牧《清明》诗所说杏花村即此[②]，光绪志在古迹中抄录乾隆志，而在山川志中称"县东南十余里"[③]，所说大同小异。当代《丰县志》进一步明确说，"杏花村，今叫张杏行，在华山镇境内"[④]，应是因旧志所说县东南十余里、二十里而择地附会，又有说在华山史店村，明末以来村中有酒幌高悬、酒馆罗布之景[⑤]，这些都不足为据。我们认为最恰当的理解应回到宋人的原始说法，所谓杏花村是说朱陈村里多杏花，而不是另有一村名杏花。

五、朱陈村的文化意义

以上四节我们详细梳理了朱陈村的有关地址信息，并提出了一些思考和判断。但有一个问题时刻困扰着我们。朱陈村虽然有白、苏两大文豪载诸诗篇，但同时无论是唐是宋，都未见有人踏迹重访，并白、苏两人也是孤篇偶及，再未提起。无论是徐州州志，还是丰、萧两县县志，虽列名著录，都只取材白、苏二诗，聊存其名，除乾隆县志明指赵庄外，均未见任何切实具体的说明。元明以来文人《朱陈村》《杏花村》之类咏史、怀古、游览诗作，多属点化白、苏诗意，或泛咏一时感慨，几乎没有多少方位、行踪等方面的具体描写，甚至我们也没能读到一篇古人游记，一般说来，游记较之诗歌更多明确的"现场感"。即便是乾隆县志记载朱陈村在赵庄，语意也仅止于此，也无村庄具体方位的进一步说明。凡此种种，一个千百年来脍炙人口的村庄，其实际地址却一直云里雾里、扑朔迷离。这不能不使我们怀疑它的真实存在，也许白居易所说本就是偶尔获知的传闻，也许还加进了不少虚构，苏轼的诗歌只是应景、讽世的话题，同时都未见有人跟进游览，我们都不能完全当真的。而明清人指指点点的，又多不出白、苏语意，间有涉足，所言多只是仿佛之间，并不能完全落实，更不是自信无疑。

为什么会出现这种现象？白、苏两家的情况姑且不论，似乎仍是黄河惹的祸！黄河的影响不只是地理的，更是社会的。河患连连，土地不固，村居田舍陵夷变化，百姓人户经常流离失所，宗族姓氏难于聚居繁衍，经久不散。前引明朱翌一家即由丰之

---

① 尹梓：《（隆庆）丰县志》卷上。

② 卢世昌：《（乾隆）丰县志》卷一五。

③ 姚鸿杰：《（光绪）丰县志》卷一。

④ 丰县志编纂委员会：《丰县志》，第788页。《江苏省丰县地名录》第147页："张杏行，张姓建村，村内有杏行，故名。"

⑤ 政协丰县委员会文史委编：《丰县风物志》，第38页。

朱陈迁彭城，再迁虹县。清顺治十六年（1659）状元徐元文曾为丰县友人朱尊彝家谱作序，感慨"丰故有朱陈村，然二姓之后，亦泯灭靡得而纪"，称赞朱氏修谱不随意攀附，追溯始祖只到一百多年前的嘉靖年间①。明嘉靖年间，正是连年黄流泛滥，漂没全县，县治被迫迁移的时代。朱、陈二姓是汉族大姓，朱姓即发祥于丰沛一带，陈姓在这里分布也多②。而顺治间朱氏家族的这种情况，从一个侧面反映了丰县朱陈村这样的单姓或两姓聚居的旧姓大宗，历唐、宋、元、明早已于古无征、泯然无闻的实际。

　　透过这一现象，也使我们进一步感到，所谓古丰朱陈村，也许历史上曾经确实存在过，但它与黄泛区千千万万星罗棋布、名不见经传的普通村落一样，早已淹没于漫漫黄沙，消失在茫茫历史烟尘之中，文献中闪闪烁烁的只是其若即若离的影像和人们深情的留恋。正因此，我们产生了这样的想法：朱陈村的历史存在主要不在其实体形象、具体村落，而是白居易、苏东坡作品那样的诗意书写和文化记忆；其历史价值主要不在村落实体信息，而在其文化符号意义；其文化存在远大于历史存在，其文化意义远大于实体意义。从这个角度说，我们与其千方百计寻究朱陈村的实体或遗址所在，远不如超然处之，遗貌取神，多多体味其文学形象，把握其文化意义，了解其历史影响，这样也许更为切实、明智些。

　　朱陈村的形象主要存在于白居易的诗中。白居易《朱陈村》诗歌是最原始也是最主要的文本，有关朱陈村的一切都得从此开始。该诗大约作于元和三年至六年间③，诗的前半段较为详细地描述了朱陈村民的生活状况：一、从物质生活上说，庄稼茂盛，家畜成群，男耕女织，自给自足，无商无役，不事劳苦。二、从社会关系上说，县远事少，民风淳朴，生不离乡，死葬其土。一村两姓，世代婚姻，人们安其居乐其俗，家家和谐欢乐，人人幸福长寿。这是一个无比美好，令人神往的世界。白居易对此深有感触，不禁联想到自己仕宦生活的辛勤劳顿、繁琐束缚，还联想到早年时乱之际家族的流离

① 徐元文：《丰县朱氏谱序》，《含经堂集》卷二五，清刻本。
② 袁义达、张诚：《中国姓氏——群体遗传和人口分布》，华东师范大学出版社2002年版，第231—234、450—452页。从如今江苏丰县和安徽萧县乃至于整个徐州周边各县的地图看，以朱姓、陈姓命名的自然村落都较多。
③ 此据朱金城笺注本所说。谢思炜注本以为诗中有"徐州古丰县"云云，最有可能作于元和八年（813）迁葬外祖母时，笔者以为不然。迁葬不必白居易亲自办理。即便亲力而为，外祖母卒于丰县，权窆于符离，迁葬亦不必再转道丰县。关键还在于元和八年前后，白居易服丧闲居下卦渭村，环境优美，丰衣足食，生活轻松愉快，而《朱陈村》诗中感慨生活艰辛，向往乡村之安宁自在，与此间境况似有不合。诗中说"忆昨旅游初，迨今十五春。孤舟三适楚，羸马四经秦"，朱、谢两注家均未予说明，笔者以为白居易早岁流离吴越时，尚属年少，当非一人成行，应有家人同往，或即如谢思炜《白居易集综论》所说，是因父任职江南而携往（第181—186页）。而此诗所说"旅游初"，当指独立离家远行，所谓"孤舟三适楚，羸马四经秦"，当始于其父任职襄阳时，白居易由符离只身"适楚"随侍，时间约在贞元八九年间（792—793）。而所谓"迨今十五春"，也正是其左拾遗任上，更具体的时间应是元和四年（809）至六年春，因为诗中有"下有妻子累，上有君亲恩"之语，当是元和四年其女出生之后至元和六年四月母亲去世、守制居下卦渭村前。

飘零、生计的艰难痛苦，从而对朱陈村民的生活发出由衷的羡慕和赞叹。在白居易的诗歌分类中，这属于"事物牵于外，情理动于内，随感遇而形于叹咏"的"感伤诗"①，表达的是早年仕宦生活的独特体验和人生意愿，语句通俗明畅，说得朴素诚恳、切实可信。这首诗的情感立意、艺术技巧也许都不是一流的，但关于朱陈村的描写却绝对是闪亮的，它继陶渊明之后，为我们提供了又一个"桃花源"式的古代乡村生活的美好画卷，展示了我国农耕社会人所共感的理想世界，千百年来拨动着无数中国人梦想的神经。人们经常把朱陈村与桃花源相提并论②，作为人迹罕至、远离闹市、自给自足等传统乡村社会及其理想生活的典型代表③。这是白居易《朱陈村》诗的经典所系、意义所在。

与桃花源相比较，朱陈村的生活情景在本质上并无二致，都渊源于道家"小国寡民"的思想传统，寄托着农耕社会的美好理想。但细细辨来，无论是乡村生活细节，还是作者的描述方式和心理取向，都有明显的不同。桃花源所在的武陵，在今湖南常德市境，属于荆湖水乡向云贵高原过渡的山区地貌，迄今仍是一个相对偏僻的地区，而朱陈村所在的徐州丰县，属于黄淮下游的平原浅丘地区，北望齐鲁，西承宋陈，南下江淮，可谓商旅通衢，又是战略要地、汉高故里，人口相对稠密，历史文化悠久，两个地方有着迥然不同的地理生态和社会人文环境。陶渊明的描写充分发挥武陵地理环境的特色，采用当时道教文献和民间传说流行的"洞天福地"人间奇遇的故事模式，设置了很多幻象迷局。空间上，"忘路之远近"，从小口入"才通人"，而事后"寻向所志，遂迷不复得路"；时间上，"先世避秦时乱"，"来此绝境"，"俎豆犹古法，衣裳无新制"，"不知有汉，无论魏晋"。这是隐者构想的理想社会，透过时空的模糊悬置，强调的是超凡脱俗、邈不可求的梦想世界，寄托的是"愿言蹑轻风，高举寻吾契"的出世志向，因而后世称作"世外桃源""人间仙境"。而白居易以写实的笔调，讲述的是少年经历或亲友传闻的当下之事，从州名到县名，还有村名姓氏，方位里程，一一平实道来，了无任何离奇惊人、故弄玄虚之语。村庄也只是离县稍远些，山势稍深些，

---

① 白居易：《与元九书》，《白居易集》卷四五。
② 如明陈继儒《陈眉公集》（明万历四十三年刻本）卷五《屯云居疏言序》："余草堂多在九峰间……独往独来，间挈一二逋客自随，往往以事逸去，客笑曰：'安得武陵源、朱陈村，鸡犬花木、耕钓婚嫁，老死不出乡耶？'"清汪惟宪《积山先生遗集》（乾隆三十八年汪新刻本）卷二《题乐只同学番民行乐图（又一幅）》："披图生欢喜，时若三春喧。连臂或环舞，拱手或献尊。亦有挟册问，亦有绕榻喧。未觉长官畏，趋拜罗儿孙。风人而雨物，中乃太古存。吾闻桃花源，又闻朱陈村。男妇游熙皞，丰阜逮鸡豚。"
③ 如徐弘祖《徐霞客游记》（清嘉庆十三年叶廷甲增校本）第八册上滇游日记八："己卯三月初一日……出南门一里，过演武场大道东南去……南自上驷，北抵于此，约二十里，皆良田接塍，绾谷成村，曲峡通幽。入灵皋，夹水居，古之朱陈村、桃花源寥落已尽，而犹留此一奥，亦大奇事也。"章潢《（万历）新修南昌府志》（万历十六年刻本）卷三："靖安县，洪武《志》：县虽僻小，而山深谷穷，其民朴厚，而勤耕作，妇女谨龀而务织纴，士尚雅素不竞，有朱陈村落之俗焉。"

而桑麻牛羊，男耕女织，姓氏亲族，邻里老幼，婚丧嫁娶，生老病死，黄鸡白酒，群集欢会，都有着实际生活的质感，绝不似一个另类的世界，而近乎一个但凡环境相近都有可能发生的社会传闻，充其量也只像偏远山区的异乡传奇。从未有人将朱陈村视为"乌有"，今人研究我国古代的"乌托邦"理想，也未见有人将其列入①，也就是说，人们都倾向于将其视为乡土社会实有之景，而不是桃花源那样的幻想世界。

正是这种切实可感的乡土气息和平凡朴实的社会理想，使朱陈村的生活情景显示了与桃花源不尽相同的文化意义。"朱陈村"以及相关的"杏花村"，不像"桃花源"那样属于封建文人的心灵寄托、理想抒发，而倾向于是平民百姓的生活愿景、乡土社会的理想写照。其自给自足、安宁祥和、简单淳朴的生活方式和民风习俗，体现了我国农耕社会最普遍的理想、乡土生活最美好的风貌，寄托着乡土社会民生理想和民风民俗的某种典范境界，备受人们的喜爱和赞赏。因此我们看到，宋以来《耕织图》和社戏、庙会之类村乐图、风俗画多以"朱陈嫁娶"作比拟，"此非桃花源，乃是朱陈村。儿女毕婚嫁，含饴弄诸孙"②。朱陈村，还有相关的杏花村，一同成了农耕百姓的理想乐园、乡村社会的文化代表、乡土民俗的经典符号。

这对我们进一步思考朱陈村的地址也不无启发。为什么千百年来朱陈村的生活风景犹然眼前，而实际地址却无从落实？这固然有着黄泛区环境变迁的客观因素，但更重要的还在于它可能从来就只是乡土社会的一个愿景，一个传说，一个故事。我们不妨试想，如果朱陈村一如我们所希望的那样地址明确，村落岿然，屋舍鳞次，以白、苏两大文豪的点染沾溉，志载丰富，传承有序，则势必远近闻名，内中必多富家巨室，甚而累世冠缨，传之当下则势必是文化大镇名区之类。如果这一切都行之如常或如愿以偿的话，那朱陈村还能叫朱陈村么，还会是我们心目中的朱陈村、我们文化中的朱陈村么？肯定不是！朱陈村的灵魂就在于它只是我们乡土社会的一个美好传说、理想愿景，我们有理由相信，朱陈村正是以其无从落实的村落地名，以其扑朔迷离的历史影像，以其有名无迹的历史命运，保持着作为传统乡土社会经典形象和文化记忆的纯粹性，从而留给人们无尽的想象空间，展现着永恒的文化魅力。这是我们今天继承和发扬这份文化遗产，需要通达面对的。

朱陈村的生活中还有两个"桃花源"不具备的元素。一是婚姻，"一村唯两姓，世世为婚姻"，"生者不远别，嫁娶先近邻"。白居易的诗歌中，这两句只是混杂在其

---

① 如孟二冬《中国文学中的"乌托邦"理想》，《北京大学学报（哲学社会科学版）》2005 年第 1 期；［德］鲍吾刚《中国人的幸福观》，严蓓雯、韩雪临、吴德祖译，江苏人民出版社 2004 年版。

② 袁华：《张溪云〈耕读图〉》，《耕学斋诗集》卷六，清文渊阁《四库全书》本。

他固守村业，生不离乡的种种生活情景中，意在比照人生奔波、乱离漂泊的忧伤，并不特别显眼。所说情景似乎也是传奇多于现实，从现代科学的角度，这种累世近亲结婚必然影响后代的素质，不利于群体的发展。我国乡村以单姓、两姓为主的现象较为普遍，多属宗法家庭聚族而居，内部也多有两姓家族之间亲上加亲的现象，但一般不会出现这种累世不变，所嫁只近邻的现象。金人王朋寿《类林杂说·婚姻篇》说是两村，一村姓朱，一村姓陈而互为婚姻①，也许更接近事实的真相。尽管如此，这种一村两姓世代婚姻、融洽兴旺的情景必定是婚姻关系中的奇闻佳话。传统社会里，理想的婚姻不只是现代意义上的夫妻恩爱、白头偕老，而是两个家庭乃至家族世系的团结、友好，朱、陈二姓这种累世联姻的方式，体现了宗法家族世代团结和睦，极其圆满美好的景象。而在朱陈村这样的社区环境里，这种婚姻方式又是其封闭型社会邻里和谐，团结一家，安居乐业，民风淳朴的有力保障和极端标志，因而受到人们的特别喜爱和向往。文献记载，对白居易《朱陈村》诗的第一个反响就是婚姻意义的，宋人《益州名画录》记载，五代画家赵德玄即有《朱陈村图》②，后来苏东坡所见陈季常所蓄《朱陈村嫁娶图》或即赵氏此种，而苏轼所题两诗，首先便也从嫁娶着眼，"闻道一村惟两姓，不将门户买崔卢"，赞赏朱陈村人自守其俗，无视门第之贵，不知攀龙附凤的淳朴民风。金人王朋寿称其"风俗淳厚，礼法简严"，都可见这一要素的巨大影响。朱陈村成了宗法社会婚姻睦亲和宗、世代和谐的楷模。自宋以来，"朱陈之好"就成了两姓姻缘美好、两家累世联姻的代名词，一直活跃在各类婚嫁礼庆，姻亲往来的文书和文学作品中，传递着对宗法婚姻关系和宗睦族的美好愿望和善良信念。这是朱陈村的形象又一重要的文化内涵和社会影响。

二是长寿，多子多孙。"既安生与死，不苦形与神。所以多寿考，往往见玄孙"。这一情景也融化在村人生活幸福的种种场景之中，并不十分起眼。值得提醒的是，这里说的不仅是长寿，而是寿及见玄孙，即五世同堂。祖辈寿考而子孙蕃衍，传统"五福"中兼得其二，令人钦羡。因而朱陈村也成了宋以来人们祈祝长辈寿考和子孙满堂的常用措辞，代表了人们美好的生活愿望。

上述两方面有机统一在朱陈村乡土生活的幸福美好之中，同时也传达着一些传统的人生愿望，进一步拓展了朱陈村形象的文化内涵，丰富其文化魅力和社会意义。这些社会理想、人文信念、历史影响等"非物质文化"内容，都是我们面对这一文化遗产应特别重视、深入领会和全面汲取的。朱陈村的实体形象虽然一片模糊，但正是以

---

① 王朋寿：《类林杂说》卷一三。
② 黄休复：《益州名画录》卷上，清《函海》本。

这丰富的精神理想、文化意义，洋溢着永恒的魅力，活跃在历史的时空之中。

［原载《江苏行政学院学报》2014 年第 4 期，此处有修订］

"杏花春雨江南"的审美意蕴与历史渊源

有一副对联:"骏马秋风冀北,杏花春雨江南。"其中"骏马"又作"白马","冀北"也作"蓟北""塞北"或"塞上",不明其来源①,却广为人知。以极其典型的两组名物,精辟地概括了我国南北两大地域相互迥异的自然风光和风土特色。自古以来类似的名句隽语很多,它们是古代生活经验、思想认识和审美创造的结晶,作为精彩的典故资源,成了现代思想和情感交流的语言明珠,装点着、丰富着现代人的生活。仅就描写江南春光而言,如"暮春三月,江南草长,杂花生树,群莺乱飞","日出江花红胜火,春来江水绿如蓝","春风又绿江南岸"等。这些名句,从不同角度艺术地展示了江南春光的主要特色,代表了千百年来人们相应的感受和认识。而且以其通俗明朗的风格,了无挂碍地流行于现代社会生活中,洋溢着活色生香的美感效果和语言魅力。我们这里拟重点分析"杏花春雨江南"一语的经验内涵、美感元素和历史渊源,通过细致的解读,使我们对这一耳熟能详的"口头禅"、江南风土的固定语,在感性赏会的同时,能有更多的理性认识。理解了的东西能更好地感觉它。

---

① 此联语具体出处不明。明人胡缵宗《鸟鼠山人小集》卷二《送白参议》:"秋风辞冀北,春雨梦江南。"清人斌良《抱冲斋诗集》卷三四《赠陆文田茂才即送其还吴淞》:"苜蓿秋风羁塞北,杏花春雨梦江南。"已隐有其趣。今人报道,1944年徐悲鸿撰《甲申书赠流丹仁弟》联:"白马秋风塞上,杏花春雨江南。"见杜常善辑注《中国近现代名家名联》,河南人民出版社1999年版,第531页。据说,后来吴冠中将上句改为"骏马秋风冀北",或者引述为此句,见《吴冠中谈艺集》,人民美术出版社1995年版,第280页。

一、"杏花春雨江南"的原创意蕴

"杏花春雨江南"一语最早完整地出现在元代作家虞集的作品。虞集《风入松》：

> 画堂红袖倚清酣，华发不胜簪。几回晚直金銮殿，东风软，花里停骖。书诏
> 许传宫烛，香罗初剪朝衫。　御沟冰泮水挼蓝，飞燕又呢喃。重重帘幕寒犹在，
> 凭谁寄，金字泥缄。为报先生归也，杏花春雨江南。[①]

这首词作于虞集在京为侍书学士任上，时间大约在至顺三年（1332）。虞集久厌
朝职，加之不断受到中伤、诬陷，心生辞归故乡之念。同时所作《腊日偶题》诗中以
近乎完全相同的语言，表达了同样的愿望："旧时燕子尾毵毵，重觅新巢冷未堪。为
报道人归去也，杏花春雨在江南。"[②] 诗人如此反复表达，不难使人体会其感受之深切、
愿望之强烈。诗人所向往的"杏花春雨江南"，不只是一般的自然风光，而是故乡生
活的美好记忆，寄托着摆脱官场烦冗与险恶，回归自由与逍遥的生活理想与情趣。

虞集祖籍四川，宋亡后侨居江西临川，遂为江西人，家族中另有一支分布于苏州
一带。在元蒙封建统治民族歧视政策下，对于虞集这样的南方士人来说，不管仕途多
么顺利与显达，心理上仍不免多有拘谨与隔阂，实际上也多受猜忌与掣肘。而远离元
大都的江南地区，无论在实际空间上，还是心理感觉上，都不只是故园所在，而是包
括一种疏离朝政、系心故国的意味，给人以逍遥江湖、身心自由的感觉。虞集这首《风
入松》词是写寄友人柯九思的，柯九思与虞集曾一道在文宗朝为官，颇受知遇，至顺
二年（1331）被排挤退居苏州。写作此词后不久，虞集也托病辞归江西老家，直至去世。
虞集反复使用一个"归"字，对于南方士人来说，归"江南"既是归家，也是归野。"杏
花春雨江南"正是这种心灵归宿的形象写照，包含着闲适逍遥与自由无羁的人生理想。

"杏花春雨江南"这组心象在虞集作品中出现并不是偶然的。综观虞集的作品，"春
雨"是一个比较频繁和重要的意象。他笔下的春雨，多属故乡江南的气候与风景："城
头云重雁飞过，忆得江南夜雨多。"[③]"江南二月长听雨，谁见翩翩雪满舟。"[④] 是自足饶
美、生机勃勃的农隐生活场景："春雨初收水满田，村村桑柘绿生烟。"[⑤]"淋漓春雨足，

---

① 虞集：《道园学古录》卷四，清文渊阁《四库全书》本。
② 同上。
③ 虞集：《答陈明复》，《道园学古录》卷三。
④ 虞集：《二月雪与陈齐贤》，《道园学古录》卷二九。
⑤ 虞集：《清皋旧隐》，《道园学古录》卷五。

绿野趁归耕。"① "笋因春雨朝朝吃。"② 春雨给人带来的是清新、愉快的感觉和情趣:"春雨烦冤涤"③,"向来读书处,春雨草木长"④。对于宦居北方的诗人来说,绵绵春雨正是思乡怀亲的触机与氛围:"游子闻春雨,思亲望故园。"⑤ 晚年的虞集,不止一次写到春雨思故园的情景:"屏风围坐鬓毵毵,绛蜡摇光照暮酣。京国多年情尽改,忽听春雨忆江南。"⑥ 诗人想象中的退居生活,正是中唐张志和笔下那种"斜风细雨不须归"的江湖逍遥、风雨徜徉:"春雨满山湖海去,扁舟强饮引诸孙。"⑦ 回到江南的诗人浑身都有一份如坐春风,如沐春雨的感觉。

与春雨比较,虞集作品中写到杏花之处不多,这可能与杏花在三春花卉中并不起眼有关。但值得注意的是,在虞集难得一见的涉杏作品中,杏花是一个春和景明的意象:"定是尽抛书卷却,绿杨红杏乐清时。"⑧ 在专题咏杏作品中,首先写到的则是春雨滋润,杏花竞发的情形:"看遍生红雨满林。"⑨ 可见诗人对这一形象有着深刻的记忆,在诗人心目中杏花是一个充满生机与美好的形象。

正是这些关于江南、春雨、杏花的幽情潜衷,使久蹈机阱、倦宦思归的虞集,在与先期而归的友人的交流中,迸发出"杏花春雨江南"这样一个语言极其平淡简朴而情感却非常饱满深厚的想象。同样的意思,分别在诗、词两种不同文体中一再使用,透露了作者内心对这一意象经营的自得与重视。通过这一自然景象的想象与描写,虞集形象地表达了自己南归故园,逍遥江乡,自适余生的人生理想和生活情趣。

二、"杏花春雨江南"的历史渊源

经典的深度既归功于作家个人的天才创造,同时也离不开历史文化的逐步积累和现实生活的酝酿激发。下面对这方面的情况作些简要的梳理、分析。

"杏花春雨江南"一语的核心在杏花。我国是杏的原产地,栽培历史极其悠久。先秦古籍中就有多处记载杏花,至迟南北朝时,开始出现明确的欣赏与专门的题咏,

---

① 虞集:《渔樵耕牧四咏》其三,《道园学古录》卷四。
② 虞集:《白云闲上人度夏》,《道园学古录》卷二九。
③ 虞集:《次韵李侍读东平王哀诗》,《道园学古录》卷二。
④ 虞集:《为锡里布哈题陈立所作龙眠山图》,《道园学古录》卷二七。
⑤ 虞集:《赋程氏竹雨山房二首》,《道园学古录》卷二。
⑥ 虞集:《听雨》,《道园学古录》卷四。
⑦ 虞集:《寄具门弟侄》,《道园学古录》卷三〇。
⑧ 虞集:《葛子熙欲往吴越……》,《道园学古录》卷五。
⑨ 虞集:《次韵聂空山送杏》,《道园学古录》卷二九。

如宋刘义庆《游鼍湖诗》："暄景转谐淑，草木目滋长。梅花覆树白，桃杏发荣光。"①
庾信《杏花》："春色方盈野，枝枝绽翠英。依稀映红坞，烂漫开山城。"② 唐诗中描写
杏花的作品逐渐增多，尤其是唐都长安曲江池、慈恩寺都有大片杏园，进士及第有探
花之举，社会影响大，文人吟咏不少。中唐以来兴起的花鸟画中杏花已是一个最常见
的题材。综观唐人作品可见，无论黄河上下、大江南北，杏花分布较为广泛，极其常见，
成了广为喜爱的一种花卉。

　　但唐人咏杏，很少同时涉及春雨的，这与所写杏花或创作背景多在北方有关，北
方地区的春雨远不如南方尤其是江南地区那么连绵丰沛。中唐以来，尤其到晚唐五代，
产生于南方地区的作品较多"杏花"与"春雨"联袂出现的现象。如吴融《忆街西所
居》："衡门一别梦难稀，人欲归时不得归。长忆去年寒食夜，杏花零落雨霏霏。"③ 此
诗作于其登第前在故乡吴越时。最著名的莫过于相传杜牧所作《清明》："清明时节雨
纷纷，路上行人欲断魂。借问酒家何处有，牧童遥指杏花村。"据说作于池州（今属
安徽）刺史任上④。五代南唐冯延巳（又作宋晏殊）《蝶恋花》："红杏开时，一霎清明
雨"⑤，也较有名。入宋后，有关杏花的描写越来越与春雨相联系，产生了许多诗词名
句，如北宋陈与义"客子光阴诗卷里，杏花消息雨声中"，南宋陆游"小楼一夜听春雨，
深巷明朝卖杏花"。前引杜牧《清明》诗"雨纷纷""杏花村"云云，论者也多认为是
宋人作品⑥。类似的句意在宋人作品中俯拾即是："梅花落尽杏花迟，终日廉纤细雨霏。"
⑦"杏花零落清明雨。"⑧"杏花时节雨纷纷。"⑨"翠阴丛竹转山腰，忽听一声婆饼焦。想

①　《先秦汉魏晋南北朝诗》，中华书局 1983 年版，第 1202 页。

②　同上书，第 2399 页。

③　《全唐诗》卷六八五，清文渊阁《四库全书》本。

④　彭大翼《山堂肆考》卷一九八："池州府秀山门外，有杏花村，杜牧诗'遥指杏花村'即此。"《江南通志》
　　卷三四"池州府"："杏花村，在府秀山门外里许，因唐杜牧诗有'牧童遥指杏花村'得名。"

⑤　《全唐诗》卷八九八。

⑥　编者序于宋孝宗淳熙十五年（1188）的《锦绣万花谷》后集卷二六"村·杏花村"下最早载录《清明》诗，
　　小注曰："出唐诗"，既未署杜牧之名，也无"清明"之题。宋末童蒙读物《千家诗》收有此诗，署杜牧，
　　因以广泛传播。但杜牧本集、外集均不载此诗，是否为杜牧之作，目前学术上尚有争议。朱易安《〈清明〉
　　诗是杜牧作的吗？》（《河北大学学报》1981 年第 1 期）从目录学和诗歌风格学两个角度来推论，结论是：
　　《清明》诗"不象是杜牧的作品"。缪钺《关于杜牧〈清明〉诗的两个问题》（《文史知识》1983 年第 12
　　期）从目录学和诗韵学角度论证了"第一个问题：《清明》诗是否杜牧所作？我的答案是：可以怀疑的"。
　　再进一步讨论了"第二个问题：《清明》诗中所谓'杏花村'，究竟在什么地方？我的答案是：无从考定"。
　　也有人从诗歌风格来表示怀疑的，罗继祖《〈清明〉绝非杜牧诗》（《社会科学战线》1995 年第 3 期）认
　　为该诗"倒反而和宋人诗'清明时节家家雨，青草池塘处处蛙'同一类型，所以，这首诗绝不是唐人之作，
　　更不是杜樊川之作可以肯定"。

⑦　郭祥正：《招陈守倪倅小酌》，《青山集》卷二九。

⑧　蔡伸：《菩萨蛮》，《全宋词》，中华书局 1965 年版，第 1014 页。

⑨　刘仙伦：《一剪梅》，同上书，第 2211 页。

见故园春社近,杏花消息雨连朝。"① "清明雨过杏花寒,红紫芳菲何限。"② "杏花疏雨逗清寒,钟阜石城何处是,烟霭漫漫。"③ 一派杏花明媚、烟雨溟濛的景象。

这不只是一个取材角度、意象组合的技术问题,而是创作的生活源泉问题,有着文学社会基础演变的深层原因。与隋唐相比,两宋都城分别在开封、杭州,整个社会重心更倚重于江南。尤其是南宋,与金朝划淮分治,政治、经济和文化中心完全移至长江下游的江南地区,同样文学创作的重心也明显向江南地区倾斜,无论是题材意象、情调意趣和风格神韵更多南方或者江南地域的色彩。淮河以南尤其是江南地区属典型的亚热带季风气候,春夏季节雨水充沛,物产丰饶华茂。"杏花""春雨"两个意象可以说正是江南水乡仲春季节物色、气候的典型代表。有关春雨杏花的描写也越来越明确为江南水乡的风景:"漠漠霏霏着柳条,轻寒争信杏花娇。江南二月如烟细,谁正春愁在丽谯。"④ "杏花村馆酒旗风,水溶溶,飏残红。野渡舟横,杨柳绿阴浓。望断江南山色远,人不见,草连空。"⑤ "十分春色,依约见了,水村竹坞。怎向江南,更说杏花烟雨。"⑥ 这最后所引南宋中期陈亮的几句话,几乎可以说是虞集"杏花春雨江南"一语的雏形。

在漫长的中国历史上,江南不只是一个区域概念,也是一个文化概念。从六朝以来,江南就开始以山水清秀、物产富饶在中国历史舞台崭露头角。盛唐"安史之乱"后随着中原地区自然生态环境的迭遭破坏,社会经济、人文的不断衰落,江南的经济、文化地位相形见长,尤其是长江下游地区以其亚热带水乡的风景优美、鱼米之乡的生活富庶及其孕育的清绮灵秀的人文风情逐渐成了众望所归的人间乐土。从中唐白居易"江南好,风景旧曾谙。日出江花红胜火,春来江水绿如蓝。能不忆江南"(《望江南》)对江南水乡风景的深情留恋与赞叹,到南宋以来"天上天堂,地下苏杭","苏湖熟,天下足"⑦ 的谚语,都鲜明体现了长江下游江南地区自然条件、经济发展之区位优势、风土美感及其文化意义的日益凸显。在元蒙新的大一统政治和社会条件下,江南的区域优势和风土美感得到了进一步的强化。史学界确认,最迟在南宋完成了经济重心由北而南的彻底转移。元朝虽然没有发生晋"永嘉之乱"、唐"安史之乱"、宋"靖康之

---

① 李洪:《道中闻啼鸟》,《芸庵类稿》卷五,清文渊阁《四库全书》本。
② 王千秋:《西江月》,《全宋词》,第1467页。
③ 张榘:《浪淘沙》,同上书,第2877页。
④ 寇准:《春雨》,《忠愍集》卷下,清文渊阁《四库全书》本。
⑤ 谢逸:《江神子》,《全宋词》,第650页。
⑥ 陈亮:《品令》,同上书,第2105页。
⑦ 范成大:《吴郡志》卷一五,清文渊阁《四库全书》本。

变"这样的大动乱,但"民望南而流,如水之欲东,司牧者弗能禁也"①,北方士人"寒就江南暖,饥就江南饱"②的现象更是普遍。这种人口大量南向流动的趋势充分说明了江南自然条件和社会发展的巨大吸引力。

元朝横贯亚洲大陆,幅员极其辽阔,不同区域多、差别大。尤其是定都燕京,吏民南北往来播迁跨度大,对自然气候和风土人情的南北差异感受强烈。而南方士人仕于幽燕,多有水土不服的感觉。我们引一首赵孟頫的诗:

> 昔年东吴望幽燕,长路北走如登天。捉来官府竟何补,还望故乡心惘然。江南冬暖花乱发,朔方苦寒气又偏。木皮三寸冰六尺,面颊欲裂冻折弦。卢沟强弩射不过,骑马径度不用船。宦游远客非所习,狐貉不具绨袍穿。京师宜富不宜薄,青衫骏马争腾骞。南邻吹笙厌粱肉,北里鼓瑟罗姝妍。凄凉朝士有何意,瘦童羸骑鸡鸣前。太仓粟陈未易籴,中都俸薄难裹缠。尔来方士颇向用,读书不若烧丹铅。故人闻之应见笑,如此不归殊可怜。长林丰草我所爱,羁靮未脱无由缘。高侯远来肯顾我,裹茗抱被来同眠。青灯耿耿照土屋,白酒薄薄无荤膻。破愁为笑出软语,寄书妻孥无一钱。江湖浩渺足春水,凫雁灭没横秋烟。何当乞身归故里,图书堆里消残年。③

除了传统的倦游厌宦,嗟卑叹贫外,颇为引人瞩目的是对燕地风土的不习、排斥和对湖州(今属浙江)故里水乡风光、气候的怀恋、神往。类似的感受在元人中是比较普遍的,尤其是在南方士人以及久居江南的北方士人中。对于以宋朝遗民自许或心系故国传统的广大南方士人来说,江南不只是个区域空间的概念,还包含着政治上疏离异族、人格上逍遥江湖的深刻意义。无论元人诗词还是绘画中,有关江南山水与风土的描写、赞美是最常见的题材与主题。正是这样的社会背景和文化氛围,进一步促进了江南风土美的感受与认识,酿生了"杏花春雨江南"这样简明而精彩的描写。

虞集"杏花春雨江南"一语当时的影响更能说明问题。虞集《风入松》一词既出,立即造成了较大的反响。虞集此词写寄柯九思,柯九思极其喜爱,据张翥记载,柯"以虞学士书《风入松》于罗帕作轴"④。后来流传开来,诗人张翥、陈旅等都极欣赏。陈旅《题

① 杨维桢:《送徐州路总管雷侯序》,《东维子集》卷四,清文渊阁《四库全书》本。
② 揭傒斯:《题芦雁四首》其四,《文安集》卷四,清文渊阁《四库全书》本。
③ 赵孟頫:《送高仁卿还湖州》,《松雪斋文集》卷三,《四部丛刊》影元本。
④ 张翥:《摸鱼儿》,《蜕岩词》卷上,清文渊阁《四库全书》本。

虞先生词后》："忆昔奎章学士家，夜吹琼管泛春霞。先生归卧江南雨，谁为掀帘看杏花。"① 人们激赏"杏花春雨江南"的简明创意，元代后期以来歌咏清明节候的诗歌经常化用此意。吴师道《京城寒食雨中呈柳道传吴立夫》："春深不见试轻衫，风土殊乡客未谙。蜡烛青烟出天上，杏花疏雨似江南。"② 文人画中以"杏花春雨江南"为题或类似制题的不在少数，明代初年有以"杏花春雨"名亭建楼的记载③。民间的反应也较强烈。陶宗仪《辍耕录》卷一四称："（虞集《风入松》）词翰兼美，一时争相传刻，而此曲遂遍满海内矣。"明瞿佑《归田诗话》卷下记载："曾见机坊以词织成帕，为时所贵重如此。"从元代末年以来，"杏花春雨江南"成了有关江南水乡春光、寒食（清明）节候最常见的话头和用语，一直流行至今。这一传播与接受的盛况使我们深切地感受到这一名句深厚的历史文化渊源和社会心理基础。

三、"杏花春雨江南"的经典意蕴

成功的审美创造总是个性与共性的辩证统一，富有生命力的文化符号总是鲜明的形象构造与深厚的情意内涵的统一。"杏花春雨江南"的可贵之处，就在于它单纯而阔大的风景描写和意象组合，远远突破了虞集个人心志寄托的范畴，包含了普遍欣赏和广泛共鸣的审美内容、历史内涵和文化意义，形成了强烈的艺术魅力。下面我们就其构成元素作一分镜透视，着重剖析、阐发其普遍的欣赏价值和经典意义。

（一）杏花

为什么是杏花，而不是梅花、桃花或其他什么花色？这首先与杏花的独特季节有关。杏、梅、桃同属蔷薇科植物，生态习性相似，花期相近，但先后参差。梅花最早，杏花其次，在南方桃花稍后。"杏花多爱逼清明"④，杏花盛开的夏历二月下旬、三月上旬，在二十四节气中，正当清明前后的仲春季节，古人有所谓"清明时节杏花天"的说法。早在东汉，张衡《归田赋》就写道："仲春令月，时和气清。原隰郁茂，百草滋荣。"⑤ 这不是梅花时节的乍暖还寒，也不是桃花季节的春色渐暮，而是三春适中

---

① 顾嗣立：《元诗选》初集卷三七。
② 顾嗣立：《元诗选》初集卷四四。
③ 谢旻《江西通志》卷八一载江西揭傒斯之后明人揭轨建杏花春雨亭，吴绮《林蕙堂全集》卷一有《杏花春雨楼赋》。
④ 张镃：《卧疾连日殊无聊赖，客有送二省闱试题者，因成四韵》，《南湖集》卷五，清文渊阁《四库全书》本。
⑤ 欧阳询：《艺文类聚》卷三六，清文渊阁《四库全书》本。

的黄金时段。我们再引一段专题赋辞："时当人醉之天，岁值参昏之月。纪韶华于荆楚，家始闻莺；访风俗于洛阳，人皆扑蝶。尔乃欲霁非晴，犹寒渐暖，笼翠陌兮烟轻，弄青帘兮风软。……坊开碎锦，既若淡而若浓；彩染生绡，仍半深而半浅。……景物适值夫融和，性情益因而潇洒。"① 语言虽稍嫌僵化，但其中"欲霁非晴，犹寒渐暖"，"烟轻""风软"，"若淡若浓""半深半浅"，"景物融和""性情潇洒"等词汇，展示了杏花时节物色清妍饶美，气候温和宜人的季节特征。也许诗词作品说得更为简明："不寒不暖杏花天"②，"淡烟疏雨杏花天"③，"惠风和畅杏花天"④，"最好是杏花开候，春暖江天。傍水村山郭，做弄轻妍"⑤。杏花开放的仲春时节，无论物色视觉，还是气候温度都是极其美好宜人的境界，有着审美欣赏最广泛的生理和心理基础。"春早不知春，春晚又还无味。"⑥ 这一特殊的节候属性，是杏花意象最为独特的美感所在。

从花色形象上看，杏花本身有着丰富明快、平易近人的特色。杏花"二月开，未开色纯红，开时色白微带红，至落则纯白矣"⑦。这种有所变化的色彩在同类植物中是比较独特的，几乎包括了梅花与桃花的基本因素，同时无论色调、姿态都比较适中、匀和，既不似梅之冷淡，也不似桃花那样偏于秾艳，与杏花所处的仲春季节的气候和景色比较谐调。宋代词人李冠《千秋万岁》写道："杏花好，子细君须辨。比早梅深、天桃浅。"⑧ 杨万里诗中也说："径李浑秾白，山桃半淡红。杏花红又白，非淡亦非秾。"⑨ 这种红白适中的状态，虽然使杏花不免缺少特色，显得平淡无奇，但也不似梅花过于淡雅，桃花那样过于俗艳的两极状态，而是有一份中庸、平和、家常与亲切。尤其是盛开后的杏花粉白丰盈，更是一派朴素而明丽的气象。

从实际生活看，杏花有着更为广泛的社会联系。杏与桃一样，生态适应性强，经济效益好，至迟从汉代以来就成了重要的家常果树品种，无论北方还是南方，无论规模生产还是庭园闲植，都极为普遍。尤其是在农业生产中，杏花是重要的农事物候，一些农时月令的著述中多有"望杏花"的条目。宋陈元靓《岁时广记》卷一："望杏花——《四民月令》：'清明节，令蚕妾理蚕室，是月也，杏花盛。'又云：'杏花生，种百谷。'

① 吴绮：《杏花春雨楼赋》，《林蕙堂全集》卷一，清文渊阁《四库全书》本。
② 吴泳：《郫县春日吟》，《鹤林集》卷四，清文渊阁《四库全书》本。
③ 徐鹿卿：《去年修禊后三日得南宫捷报于家，今年是日与同年赵簿同事泮宫，感而赋诗》，《清正存稿》卷六，清文渊阁《四库全书》本。
④ 谢迁：《雪湖过我缔姻，辱诗见贶，依韵奉答》，《归田稿》卷六，清文渊阁《四库全书》本。
⑤ 吴栻妻：《满庭芳》，丁绍仪：《听秋声馆词话》卷一〇，唐圭璋编：《词话丛编》，中华书局1986年版。
⑥ 汪莘：《好事近·仲春》，《全宋词》，第2199页。
⑦ 王象晋：《二如亭群芳谱》果谱卷二，《故宫珍本丛书》本，海南出版社2001年版。
⑧ 《全宋词》，第115页。
⑨ 杨万里：《甲子初春即事》其三，《诚斋集》卷四二，《四部丛刊》本。

宋子京诗云：'催耕并及杏花时。'蜀主孟昶《劝农诏》云：'望杏敦耕，瞻蒲劝穑。'"早在西汉的《氾胜之书》就有"杏始华荣，辄耕轻土弱土"的说法，杏花是春耕的物候。唐代诗人储光羲《田家即事》："蒲叶日已长，杏花日已滋。老农要看此，贵不违天时。"①虽然后世农业生产深入发展，尤其是我国幅员辽阔，地区差异较大，望杏耕种的说法未必率土皆准，但杏花时节也即清明前后总是土膏润泽，耕种生产的大好时机。杏花作为这一季节的典型风物，总给人一种风调雨顺，气和节佳，景明物阜的联想和感觉。

（二）春雨

只要不是出于特殊的遭遇和极端的状态，无论从什么角度看，春雨都是一个极其美好的意象。前引虞集对春雨的种种喜欢，并不全是个人偏好，多属普遍同感。春雨是春天气候的主要内容，对于处于亚热带、温带季风气候区的农耕民族来说，春风春雨意味着土膏滋润，万物发育，耕种得时，岁稔有望。古语"春雨如膏"，"春雨如钱"，今谚"春雨贵如油"，说的都是这一意思。类似的描写在古人诗词频频可见，不胜枚举。

就一般生理感受而言，春雨尤其是仲春季节的濯濯雨水不似初夏梅雨的溽湿缠绵，更不是秋雨冬潦那样的寒冷凛冽，而是一种清新和熙、温润如酥，"如烟飞漠漠，似露湿蒌蒌"②，"随风潜入夜，润物细无声"（杜甫《春夜喜雨》）的美好感觉，古语所谓"如坐春风""如沐春雨"说的就是。

杏花开放，正值清明时节，这时的雨水较之早春渐多，相传唐代杜牧"清明时节雨纷纷"，宋代陈与义"杏花消息雨声中"，说的就是。古诗词中常常出现的"杏花雨""红杏雨"一类说法，指的也正是这一节候特征。风吹雨打，对于鲜花来说，不免有煞风景之虞，杏花遇雨自然不可避免，古人诗词中也不乏此类描写。但一种值得注意的现象是，诗人更为津津乐道的是，雨水对杏花的催发作用："杏林微雨霁，灼灼满瑶华。"③"林外鸣鸠春雨歇，屋头初日杏花繁。"④"小楼一夜听春雨，深巷明朝卖杏花。"（陆游《临安春雨初霁》）这种前因后果的句式，揭示了春雨沐浴滋润之后花盛色鲜的独特情形。即便是雨打风吹去，也是"杏花零落燕泥香"⑤，"杏花零落水痕肥"⑥，红雨香尘，土膏水肥，一派雨润物阜，生机勃勃的景象。

就一般的生活经验而言，下雨之日多是劳动者和行旅者的休歇之时。对于士大夫

---

① 《全唐诗》卷一三七。
② 刘复：《春雨》，《全唐诗》卷三〇五。
③ 权德舆：《奉和许阁老霁后慈恩寺杏园看花，同用花字口号》，《全唐诗》卷三二六。
④ 欧阳修：《田家》，《文忠集》卷一一，清文渊阁《四库全书》本。
⑤ 秦观：《画堂春》，《全宋词》，第469页。
⑥ 张炎：《浪淘沙》，同上书，第3512页。

文人来说，雨天更是一个特别幽闲放松的时机，一个静处沉思的境界。古典诗词中多有描写："人人尽说江南好，游人只合江南老。春水碧于天，画船听雨眠。"①"出门定被将迎困，紧闭风窗听雨眠。"②"杏花淡淡柳丝丝，画舸春江听雨时。"③ 在元以来的文人山水画中，"春江听雨"是一个极常见的题目，体现着一种闲适优雅的文化情趣。

（三）江南

"杏花春雨江南"一语中，"江南"是实际的主语，即描述的对象。江南是一个地域概念。宋元以来，随着经济重心和文化重心的南移，江南已远不只是个地理概念、区域风土，越来越成了一个文化的概念，一个美学的概念。江南越来越成了一道诗意的空间，其自然风光和人文氛围中洋溢着清秀、空灵、温柔、婉雅的美感，而且随着越来越向长江下游地区压缩，其产生的美好感觉也越来越集中、明确，越来越浓缩、凝炼。江南一词几乎成了清秀、婉雅、灵动、明媚之美学风貌的代名词，一切与江南有关的名物，一切属于江南的情景都传递着别样的信息，散发着优美的神韵，洋溢着独特的魅力。

作为亚热带的沿海地区，江南水乡年降雨量比较充沛，春天也是，而清明前后更是，杜牧所说的"清明时节雨纷纷"通常被视为江南的绝妙写照。我们再引宋人的作品："春雨萧萧寒食天"④，"江南二月如烟细"⑤。在晚唐以来逐步兴起的文人山水画中，"春雨江南"就是最常见的题材之一，以至于在绘画风格上，形成了董源、巨然以及米芾父子等擅长江南烟雨迷离之景的一派。江南斜风细雨的那份清润与潇洒，那份飘逸与空灵，那份广阔与幽远，那份迷茫与溟蒙，宋元以来成了社会地位边缘化、草根化的文人们越世想象与玄远感悟的一种情感梦想与心灵寄托。在明清文人画中"春雨江南""江南烟雨"是一个最常见的选材和取象，代表了这一意象广泛的欣赏基础和深厚的文化意蕴。

江南与杏花之间其实不像与春雨那样因缘紧密。杏属温带果树，抗旱耐寒，在粘重土壤中生长不良，黄河流域才是其分布中心，多有成片成林的记载，古人即有"南梅北杏"之说。杏在南方的生长状况远不如北方。明王世懋《学圃余疏》："杏花江南虽多，实味大不如北。"⑥ 北方的野生或栽培的大片杏林甚多，而在南方就极为罕见。

---

① 韦庄：《菩萨蛮》，《全唐诗》卷八九二。
② 陈造：《病起二首》其一，《江湖长翁集》卷二〇，清文渊阁《四库全书》本。
③ 尹嘉宾：《江上杂咏》，张豫章：《御选宋金元明四朝诗·明诗》卷一一〇，清文渊阁《四库全书》本。
④ 寇准：《巴东寒食》，《忠愍集》卷中。
⑤ 寇准：《春雨》，《忠愍集》卷下。
⑥ 王世懋：《学圃余疏》，《四库全书存目丛书》本。

越往南，杏的分布就越少。如江南南部的福建，王世懋《闽部疏》称"闽地最饶花，独杏花绝产"[①]。岭南更是无杏[②]。从这个意义上说，杏花不是江南的主要物产和代表意象。那么为什么选择这样的搭配？

这样一些原因值得考虑。首先是客观上，杏树的整体适应性较强，南方地区地形土质又复杂多样，从唐宋以来的古人诗词可见，古代江南地区即今江苏、上海、浙江、安徽、江西等省市杏的分布是比较普遍的，虽然种植规模、生长状态远不如北方，但无论野生还是庭院、村落少量闲植，也都随处可见。其次在主观上，文艺具有"源于生活而又高于生活"的理想化因素，虽然杏花的节候性无论是北方还是南方都是相同的，但综合季节气候、芳华物色、区域风土诸方面的因素，杏花娇娆尤其是"杏花春雨"这样温润清丽的物色组合更像江南水乡水木清嘉的特征。类似的情况同样发生在杨柳身上，这一最早大肆活跃于儒家《诗经》文本的植物，唐宋以来越来越成了江南水乡的专利。这种景物描写上的"趋炎附势"正是江南自然和人文优势愈益凌轹他方、专美偏胜的结果。

综合上面的分析，可以得出这样的认识："杏花春雨江南"这一区域自然风光的名言隽语，承载着深广的意象信息，包含着丰富的美感元素。杏花作为一个花卉意象，形象明媚而亲切，蕴含着农耕生活的积极体验，同时代表着仲春时节、清明前后那段春阳和煦、风景骀荡的美好季节。春雨是一个天气意象，代表着一种风调雨顺，生机勃勃，温润宜人，而又富于空灵迷濛、静雅悠闲情趣的气候环境。江南作为一个较为广阔的区域概念，体现着悠久、深厚的社会历史创造与积淀，其优越的自然、经济、人文环境洋溢着如诗如画、人间天堂般的美好体验。物色风景的优美感受，季节气候的生理愉悦，农业生产与社会生活的美好经验，还有文人世界的优雅情趣，正是如此丰富的审美感受、深广的社会人文记忆，虚实相生，表里映发，使这一简单的风景描写、纯粹的意象组合，获得了"形象大于思想"，"言人心中所欲言"的艺术魅力，成了江南这一特殊区域自然风光的经典写照，同时具有了中国美学风格和中国传统社会生活传统的文化符号意义，散发着永恒的魅力。

[原载《南京师范大学文学院学报》2005 年第 3 期]

---

① 王世懋：《闽地疏》，《四库全书存目丛书》本。
② 郑刚中：《暮春》诗注，《北山集》卷一九，清文渊阁《四库全书》本。

中国水仙起源考

关于中国水仙的起源问题迄今尚无定论。科技界主要有两种观点。一种认为中国水仙为我国原产，以民国二十五年（1936）漳州学者翁国梁的《水仙花考》一书为代表①，其主要理由是东亚地区地大物博，气候多样，植物资源极为丰富。宋人即有水仙"本生武当山谷中，土人谓之天葱"的说法，宋人咏水仙诗多提到湖南、湖北等地，这些地方应该是水仙的原产地。古人甚至有"六朝人乃呼为雅蒜"的说法，如今也在舟山群岛等地发现成片的野生水仙花。另一种意见则认为水仙是外来归化植物，以中科院植物所陈心启、吴应祥《中国水仙考》《中国水仙续考》为代表②。主要观点是水仙属植物的分布中心是地中海沿岸，我国水仙只是一个变种，孤零零分布在中国、日本等东亚国家，这种情况不符合生物分布的一般规律。水仙在我国各地都很难有性繁殖，也就是说不能结子播种，品种资源较少，作为原产地难以成立。我国唐以前未见有水仙的迹象，唐代有关水仙的最早记载是拂林国（东罗马）的椋祇（naìqí），宋以来才逐步传播开来。古代盛产水仙的上海嘉定、江苏苏州、福建漳州等地至今都未发现野生原种。今人发现的野生水仙，都在寺庙或村落附近，应为栽培逸为野生，而且也都不能正常繁殖③。

比较两种说法，笔者认为后一说法更为合理，这也是目前学术界比较趋同的主流认识。随着当代生物技术的发展和社会全球化的进程，人们的考察视野和研究手段都

---

① 翁国梁：《水仙花考》，民国二十五年（1936）《中国民俗学会丛书》铅印本。
② 陈心启、吴应祥：《中国水仙考》，《植物分类学报》1982年第3期，第370—377页；《中国水仙续考——与卢履范同志商榷》，《武汉植物学研究》1991年第1期，第70—74页。
③ 金波、东惠茹、王世珍：《水仙花》，上海科学技术出版社1998年版，第1—8页。

在不断发展，可以期待的是，全面、深入的遗传基因研究会带给我们更多新的发现。但物种起源的研究不只是一个技术问题，更是一个历史课题。笔者发现，迄今有关探讨大多出于科技工作者之手，古代历史方面的考证比较薄弱，所见论述无论在文献资料的搜集使用上，还是相关知识的理论判断上，多多少少都存在一些不够充分、严谨的现象，结论大多比较粗疏。为此笔者重拾这一问题，着力就水仙花见诸记载之初各类文献资料的全面勾稽与梳理，找到了一些我国水仙花起源的可靠信息，发现了水仙花早期传播的地域特征，由此可以基本确定中国水仙这一传统名花传入我国的时间、地点和早期的传播轨迹。

一、中国水仙五代时由外国传入

谈及水仙起源，有四条古代文献记载较为重要，广为人们引用：

1. "六朝人呼为雅蒜"的说法。这是将水仙出现时间定位最早的文献记载。这一说法最早见于明末文震亨《长物志》，称水仙"性不耐寒，取极佳者移盆盎，置几案间，次者杂植松竹之下，或古梅、奇石间。冯夷服花八石，得为水仙，其名最雅，六朝人乃呼为雅蒜"[①]。如今信息技术发达，遍检六朝及隋唐各类文献，均未见有水仙花和雅蒜的信息。最早记载雅蒜这一名称的是北宋后期的张耒，称水仙"一名雅蒜"（出处见后），类似记载此后频频可见，但整个宋元时期都未见将此与六朝相联系。文震亨，苏州人，画家文徵明的曾孙。他并未交代这一说法的出处，后世引用者，也未见有任何新的说明。细味《长物志》的这段记载，意在介绍水仙花的神韵品位和相应的艺事风雅。在古人心目中，六朝以人物风流潇洒著称，借六朝说事，其意也只在凸显水仙花的高雅格调。后来吴昌硕有"黄华带三径雨，雅蒜存六朝风"的诗句[②]，引陶渊明等六朝风范来赞美菊花与水仙，用意相同。这都是文人一时意兴之言，远非对水仙来源的严肃考证，不足为据。

明人学风粗疏，世所共知。文氏这里不仅与六朝挂钩不当，前面的一句"冯夷服花八石，得为水仙"也是信口开河。河伯冯夷服八石，得道成为水仙是一个古老的传说，所谓"八石"本指道家炼丹的八种石料，文氏说作"服花八石"，就成了吃花八担（石）而成仙的意思了。笔者发现，这一说法的始作俑者是元朝的《韵府群玉》，该书（清文渊阁《四库全书》本）卷五"花木"下即有"冯夷，华阴人，服花八石，得为水仙，

---

① 文震亨：《长物志》卷二，清《粤雅堂丛书》本。
② 吴昌硕：《作画三帧各赘六言一首……》其三，《缶庐别存》，光绪十九年刻本。

名河伯"数语。明慎懋官《华夷花木鸟兽珍玩考》(明万历九年刻本)卷四摘录此条，将"冯夷"误作"汤夷"，稍后陈继儒《岩栖幽事》(明宝颜堂秘笈本)谈到水仙，更进一步说"有汤夷，华阴人，服水仙花八石，得为水仙"。如果把他们说的都信以为真的话，那水仙花的历史就远不是起于六朝，而是早在春秋战国就已经出现了。

2. "唐玄宗赐虢国夫人红水仙"事。出于明万历间王路《花史左编》(万历刻本)卷一一，王路罗列古人宠爱鲜花之事，其中一条："唐玄宗赐虢国夫人红水仙十二盆，盆皆金玉、七宝所造。"同样亦未交代出处。王路之前未见有人谈起过，后人称引此事多想当然地以为出于唐人郑处诲的《明皇杂录》或王仁裕的《开元天宝遗事》，然遍检二书及今人所辑佚文，都未见有此事的蛛丝马迹。因此这一记载的可靠性也值得怀疑。

3. 拂林国所产捺祇。唐段成式(803？—863)《酉阳杂俎》卷一八："捺祇出拂林国，苗长三四尺，根大如鸭卵，叶似蒜，叶中心抽条甚长，茎端有花六出，红白色，花心黄赤，不结子。其草冬生夏死，与荠麦相类，取其花压以为油，涂身，除风气，拂林国王及国内贵人皆用之。"捺祇与波斯语 Nargi(水仙)对音[1]，所说形态、花色、习性、功用都显系水仙属植物。拂林，西域地名，指东罗马帝国及西亚地中海沿岸地区，这也正是世界公认的水仙属植物的原产地和主产地。段成式是唐穆宗朝宰相段文昌之子，曾为秘书省校书郎，官至太常少卿，以博学著称。《酉阳杂俎》属于博物类著作，体例有如类书，内容广博，在唐代同类著作中独树一帜，广受人们重视。

4. 水仙"本生武当山谷中，土人谓之天葱"的说法。此话出于北宋中期韩维的诗歌自注中，具体出处下文交代。这是古代文献中有关我国水仙产地最早的一条记载，文献出处确凿无疑，味其语意，似指武当山中多野生水仙。但今人对此深表怀疑："武当山位于湖北省西北部的均县与房县之间，但至今尚未闻有在此采得野生水仙者。不仅武当山没有，就是其邻近地区以至整个湖北、湖南亦未闻有发现水仙者。看来，这样的说法的可靠性是有问题的。"[2]为此笔者翻阅明天顺《重刊襄阳郡志》，明万历、清乾隆和光绪《襄阳府志》，明人所著的两部武当山志(任自垣《敕建太岳太和山志》、凌云翼《太岳太和山志》)，除万历、乾隆府志物产志中列有水仙名称外，余四种未见。更重要的是，诸方志所载各类文人作品中并未见关于水仙野生或人工盛植的任何信

① [美]劳费：《中国伊朗编》，林筠因译，商务印书馆 1964 年版，第 252—254 页。2016 年 6 月 2 日，扬州大学毕业的苏丹留学研究生穆罕默德•哈桑先生惠函介绍："水仙在阿拉伯国家，称为 سجرّن'Nargis，有好多阿拉伯妇女叫 Nargis。有好多种类在阿拉伯国、地中海国家、埃及、突尼斯、阿尔及利亚和摩洛哥，颜色也多。"
② 陈心启、吴应祥：《中国水仙考》，《植物分类学报》1982 年第 3 期，第 373 页。

息，韩维所在的宋代也未见有文人再提到这一情景。韩维当时要从友人安焘那里移种水仙，安焘欣然相赠，安焘的水仙则来自襄阳，韩维以诗致谢，诗中这段注语或是得诸传闻。在没有其他资料可以佐证的情况下，很难将其视为水仙原产地的有力证明。

水仙在我国得到广泛记载是宋朝以来的事，韩维生活的年代正在这一时间范围里，在接下来的论述中我们将其与北宋时期的其他信息一并探讨。而其他三条，所说时间都属于宋以前，应该是更早的源头。但这三条材料中，前两条又远非信史，唯有第三条最为可靠。如今科技工作者也正是据此确认，最迟在我国唐代，水仙植物已由拂林（今希腊、土耳其等地中海沿岸地区）传入我国。但这一判断仍有不少值得推敲之处。

首先，《酉阳杂俎》所载捺祇，段氏并未言明是本人所见。水仙（球茎压油）是西方治疗风痛的要药，有学者研究表明，"《酉阳杂俎》卷一八中由拂林僧弯提供的十九种西域植物，是按照脱胎于希腊古典药品物学的阿拉伯药物学和音义总汇的原则撰写的"[1]，也就是说段氏的记载有可能是得之耳闻或根据外国传教士提供的药典之类书面材料写成的，不能据此就认定当时水仙已经传入我国。

其次，宋以来国人所说的水仙，花被（花瓣）纯白色，副冠黄色，有香味，在当代园艺分类中，被称为中国水仙（N.tazetta var.chinensis Roem），属于多花水仙一类，主要分布于我国东南沿海、朝鲜半岛和日本。而《酉阳杂俎》所说捺祇，花作红白二色，今天科技工作者推测，有可能是红口水仙之类[2]，与我国传统的水仙不是同一个种类。历代文献除转抄《酉阳杂俎》这段材料外，再也未见有任何捺祇栽培的后续报道，也就是说此后漫长的岁月都未见这一物种在我国繁衍传播的任何消息。就笔者所见，只是到明末天启年间（1621—1627）才有重新引进种植红水仙的记载[3]。

更值得注意的是，从晚唐五代至明朝中叶的六个世纪中，人们并没有将《酉阳杂俎》所说"捺祇"与人们熟悉的水仙花相联系，各类类书在编纂相关知识时都单列"捺祇"一条，从未与人们所说的水仙花视为一种植物。也就是说，在宋元时期人们的知识体系中，两者是完全无关的东西。最早将捺祇与水仙联系起来的是明朝李时珍（1518—1593），《本草纲目》卷一三水仙"集解"转述了《酉阳杂俎》这段记载，并引发思考："据此形状与水仙仿佛，岂外国名谓不同耶？"他看出此物与我国水仙的

---

① 林英：《唐代拂林丛说》，中华书局 2006 年版，第 46 页。
② 金波、东惠茹、王世珍：《水仙花》，第 7 页。
③ 秦征兰《天启宫词》："异卉传来自粤中，内官宣索种离宫。春风香艳知多少，一树番兰分外红。"注："当时都下种异种花草，相传自两广药材中混至，内臣好事者遍栽于圣驾常幸之处，有蛱蝶菊、红水仙……等名。"陈田：《明诗纪事》辛签卷三二，清陈氏听诗斋刻本。

相似，这是李时珍的伟大之处，但他对此也并未完全肯定①。从这以后，人们在编述水仙资料时，才开始收录《酉阳杂俎》这条材料，影响至今。

我国古人所说的水仙，也即今植物和园艺学家所说的中国水仙，是一特色鲜明、传承明确的物种。而上述这些情况表明，无论是《酉阳杂俎》所载"榛祇"，还是《花史左编》所说的"红水仙"都不是它的源头。无论它是本土所产，还是归化植物，都应该有自己独立的来源。这是我们应该着力探索的，笔者近日发现，五代至宋初有两条记载值得重视：

1. 段公路《北户录》（清文渊阁《四库全书》本）卷三"睡莲"条下注："孙光宪续注曰，从事江陵日，寄住蕃客穆思密尝遗水仙花数本如橘，置于水器中，经年不萎。"

2. 钱易《南部新书》（清《粤雅堂丛书》本）卷癸："孙光宪从事江陵日，寄住蕃客穆思密尝遗水仙花数本，掷（清文渊阁《四库全书》本作：摘）之水器中，经年不萎。"

《北户录》《南部新书》都是传本确凿的文人笔记著作。《北户录》撰者段公路不见史传，据《北户录》序言，段公路是段文昌的孙子，也就是说是《酉阳杂俎》作者段成式的儿子或侄子。书中自称唐懿宗咸通（860—873）中至乾符（874—879）初曾在岭南任职，该书记载岭南风土、物产。每条正文多夹有崔龟图的注解，注文较为详赡。崔龟图（清文渊阁《四库全书》本作龟图，无姓）生平不详。注文中出现的孙光宪（？—968），五代著名文人，字孟文，号葆光子，陵州贵平（今四川仁寿县东北）人，前蜀时为陵州判官②。后唐天成初（约926年）前蜀亡国后，他避地江陵（今湖北荆州），入仕五代十国中的南平国——高季兴、高从诲经营的荆南割据政权，任掌书记。历仕高氏祖孙三代五主，前后长达三十七年，累官至检校秘书监、御史大夫。宋乾德元年（963），力劝高氏率土归宋，为宋太祖嘉许，授黄州（今湖北黄冈）刺史，乾德六年卒，《宋史》卷四八三有传。孙光宪博通经史，著述颇丰，有《续通历》《北梦琐言》《荆台集》等百余卷。尤以曲子词著称，是晚唐五代花间派的重要词人③。钱易《南部新书》也是一部笔记著作。钱易（968—1026），字希白，宋真宗咸平二年（999）进士，官至翰林学士，《宋史》卷三一七有传，《南部新书》约成于大中祥符（1008—1016）末年。

上述两条材料所述为同一件事，文字也大同小异。《北户录》注文中所谓"孙光

---

① 对此李时珍并不完全确定，在《本草纲目》卷一四中，又称榛祇与山慈相似。
② 贾二强：《〈北梦琐言〉点校说明》，孙光宪：《北梦琐言》卷首，中华书局2002年版。
③ 参见庄学君《孙光宪生平及其著述》，《四川师大学报》1986年第4期，第66—70页。

宪续注"引领的文字,显然不属崔龟图原注的内容,而是孙光宪的自述。全书所谓"续注"仅此一处,而且附于全书之末,有可能是孙光宪在阅读此书时的随手批注,被后人抄入注文。所谓"从事江陵日",指在荆南高氏幕府,可见这段文字写于乾德元年(963)归宋之后。钱易与孙光宪两人生卒年正好相接,时代相去不远,钱易《南部新书》中的记载或得之传闻,更大可能是对孙光宪这段文字的摘录或转述。

解读孙光宪的这段文字,不难发现这样几点可贵的信息:

1. 所说水仙花如橘。此条注文附于睡莲注文后,古代莲荷也别称水仙,但花、实形态与橘迥异,很难类比,此处当指水仙花的根部球茎,皮膜黄色,形状与颜色均似橘,是水仙属植物无疑。

2. 这个植物是观花植物,叫"水仙花"。这是文献所载最早出现的水仙花名称,此后从北宋中期以来这一名称就流行开来。

3. 时间在孙光宪任职江陵高氏幕府即公元 926 至 963 年的三十七年中。介于晚唐段成式《酉阳杂俎》记载㮈祗这一西方水仙品种之后、北宋中期中国水仙花开始盛传之前,我们有理由相信,至少就文献记载而言,这是中国水仙不二的源头。

4. 地点江陵,即当时高氏南平政权的统治区,相当于今湖北荆州、荆门、宜昌三市辖地,治所在江陵,即今湖北荆州市。

5. 由寄住当地的蕃客穆思密所赠。所谓蕃客即外国人,但国度不明。唐史学家向达先生曾说过:"凡西域人入中国,以石、曹、米、史、何、康、安、穆为氏者,大率俱昭武九姓之苗裔也。"[1] 内迁穆姓胡客为中亚穆国(在今土库曼斯坦)人的后裔,蔡鸿生先生《唐代社会的穆姓胡客》一文则将此穆思密归于移民我国的穆国胡人,但同时也承认,此人"被称为'寄住蕃客',当属世代较晚的穆国移民"[2],也就是说是来华不久的外国人。"穆思密"这个名字,到底是属于穆国胡人后裔以国为姓的现象,还是这位新移民之洋名字的完整译音,我们已无从追究,但笔者认为像这样"一派胡言"的名字应该更属后者,未必就是穆国后裔。孙光宪的《北梦琐言》记载了另外两个穆姓胡人,一是唐昭宗时宫廷的优伶穆刀绫[3],另一是与孙光宪、穆思密同时供职于高氏幕府的医者穆昭嗣。穆昭嗣是一个汉化较深的移民后裔,胡姓汉名,孙光宪称其为"波斯穆昭嗣"[4]。或者这位穆思密也有可能来自波斯(今伊朗)一带。宋人温革《分门琐碎录》记载,"水仙收时,用小便浸一宿,取出照干,悬之当火处,候种时取

---

① 向达:《唐代长安与西域文明》,三联书店 1979 年版,第 12 页。
② 蔡鸿生:《中外交流史事考述》,大象出版社 2007 年版,第 80 页。
③ 孙光宪:《北梦琐言》,第 132 页。
④ 同上书,第 382—383 页。

出，无不发花者"，现代科技表明，水仙必须经过盛夏的干燥高温贮存才可以催发花芽，这是水仙种植的核心技术。这一生物习性与波斯湾夏季极其炎热干旱的气候条件较为吻合，中国水仙可能原产于伊朗、阿拉伯半岛至非洲北部夏季较为干旱炎热的地带。而作为远涉重洋的移民，所带水仙球茎是否即其故乡所产，又不可一味拘泥。同时西蜀词人李珣是土生波斯人，家族有一部分仍居岭南，其弟李玹以贩卖香药为业，时人讽其"胡臭薰来也不香"，李珣作有《海药本草》，可见是一个世业香药的家庭①。水仙油是西方治疗风痛的常用约，穆思蜜是否也可能是来华从事这类药物和香料贸易的商人，而将其带至中国。前面所说明末传入的红水仙，也是混在进口药材中运来的。

　　综合上述五点，我们可以肯定地说，中国水仙是由外来移民传入的，时间在五代，首传地点在今湖北荆州一带。还有一个疑问是，孙光宪这段记载为什么在各类有关水仙的编纂著述中从未见提及？这有个文献学的原因。《北户录》的这段文字属于小字注文，而且又附录在"睡莲"条下的注文之后，不易引人注意。加之这段"孙光宪续注"，各家版本文字也多不相同，如明江乡归氏抄本，直接前一段注文之后，没有"孙光宪续注"字样引领，写作"孙客穆思蜜尝遗水仙花数本，如摘之于水器中，经年不萎也"，文字有些脱漏。《十万卷楼丛书》本与归氏抄本字数相同，又将"孙客"误作"孙容"，读来更是费解。就笔者所见，清文渊阁《四库全书》所收两淮盐政采进本最为完整，我们这里所引即出于此。至于钱易《南部新书》这条记载，各家类书均未见辑录，据《四库全书总目》提要，"世所行本传写者以意去取多寡不一，别有一本从曾慥《类说》中摘录成帙，半经删削，阙漏尤甚"②，该书今本十卷，南宋晁公武《郡斋读书志》作五卷，或即删节之本。南宋著名的植物类书《全芳备祖》即未辑采《南部新书》一条。正是这些历史的遗漏，使这一问题的认识延误至今。

二、北宋水仙花的分布中心在荆襄地区

　　如果仅靠上述两条材料，也许说服力并不十分充分。但继续梳理此后北宋的情况，就大大坚定了我们的信心。北宋中期以来，水仙花开始见于文人记载和吟咏，其中透露的信息表明，当时水仙花的分布中心在荆襄地区，即当时的江陵府（治今湖北荆州）和襄州（治今湖北襄阳）一线，而这正是孙光宪所说的江陵所在地，前后适可对接起来。以下是北宋时期记载和题咏水仙的作品，依其时间先后排列如次：

①　方豪：《中西交通史》，上海人民出版社 2008 年版，上册，第 274 页。
②　《四库全书总目》卷一四〇，清文渊阁《四库全书》本。

1. 周师厚（？—1087）《洛阳花木记》"草花八十九种"中水仙花凡两见，其中一处有注，称"水仙，一名金盏银台"，这即是我们这里所说的水仙花。所谓金盏银台，是形容水仙花瓣白色如平台，中心出黄色副冠，形如酒杯。另一处无注文，当是同名异花，因紧随"红蕖荷"后，荷花别称水仙，当指一荷花品种。周师厚，鄞（今浙江宁波鄞州区）人，皇祐五年（1053）进士，历任衢州西安（治今浙江衢州）知县、提举湖北常平、湖北湖南转运判官、河南府通判、保州通判等①。《洛阳花木记》自序称元丰四年（1081）始任河南府（治所驻洛阳）通判②，该记成于任上。

2. 刘攽《水仙花》诗③。刘攽，临江新喻（今属江西）人，庆历六年（1046）进士，官至中书舍人，《宋史》有传。《彭城集》所收作品均按写作时间先后编次，该诗前面是《次韵和望岳亭诗》二首，作于衡州（治今湖南衡阳），后有《题钱送亭》《竹鸡》诗，再后面便是汴京作品。刘攽元丰七年（1084）因执行新法不力贬监衡州盐酒务，元丰八年七月改知襄州（治今湖北襄阳），元祐元年（1086）闰二月入朝为秘书少监④。该诗即作于元丰八年（1085）或元祐元年的早春，地点在衡州或襄州。

3. 韩维《从厚卿乞移水仙花》："翠叶亭亭出素房，远分奇艳自襄阳（此花折置水中，月余不悴）。琴高（水仙名）住处元依水，青女冬来不怕霜（冬月方开）。异土花蹊惊独秀，同时梅援失幽香。当年曾效封培力，应许移根近北堂。"《谢到水仙二本》："黄中秀外干虚通（此花外白中黄，茎干虚通如葱，本生武当山谷中，土人谓之天葱），乃喜佳名近帝聪。密叶暗传深夜露，残花犹及早春风。拒霜已失芙蓉艳，出水难留菡萏红。多谢使君怜寂寞，许教绰约伴仙翁。"⑤韩维，颍昌（今河南许昌）人，曾知襄州、开封、邓州（今属河南）、陈州（治今河南淮阳）等，官至门下侍郎。这是他向友人安焘索要水仙移栽的两首诗歌。安焘，字厚卿，开封人，曾任荆湖北路转运判官、提点刑狱（治所驻今湖北荆州），官至知枢密院。写作时间在哲宗元祐七年至八年（1092—1093）的冬春间，这时韩维退休居故乡许州（颍昌府），安焘任颍昌知府⑥。该诗连同句下注文提供了不少信息：一、安焘的水仙原是从襄阳移植来的。二、而襄阳水仙又

---

① 邹浩：《高平县太君范氏墓志铭》，《道乡集》卷三四，清文渊阁《四库全书》本。

② 周师厚：《洛阳花木记》，陶宗仪：《说郛》卷一〇四，清文渊阁《四库全书》本。

③ 《全宋诗》第11册，北京大学出版社1991—1998年版，第7305页。

④ 分别见李焘《续资治通鉴长编》卷三五〇、三五八、三七〇，中华书局1979—1995年版。

⑤ 《全宋诗》第8册，第5248页。注释中"此花外白中黄"，原作"此花黄白中黄"，此据《宋诗钞》改。"士人"揣其意当为"土人"。

⑥ 根据韩维、安焘行迹，两人一生同处一城，而安焘又任知州的时间，唯元祐七年至八年间。《续资治通鉴长编》卷四七一：元祐七年三月"知颍昌府、资政殿大学士韩维为太子少傅致仕，从其请也"，同月"知郑州、观文殿学士安焘知颍昌府"。卷四八二：元祐八年三月"知颍昌府安焘知河南府"。韩维《南阳集》中作品多依时代先后为序，此两诗前后均为晚年退居颍昌时作品。

应来自襄州西境的武当山谷中。三、当地人呼水仙为天葱。四、此花折置水中能养一月不谢。这应是转述钱易《南部新书》所说之意，能进一步印证孙光宪所说是水仙花无疑。

4. 张耒《水仙花叶如金灯，而加柔泽，花浅黄，其干如萱草，秋深开，至来春方已，虽霜雪不衰，中州未尝见，一名雅蒜》诗①。该诗作于绍圣四年（1097）至元符二年（1099）间，时作者贬监黄州（今湖北黄冈）酒税。诗题对水仙性状的描写较为具体，同时也交代此物在中原（主要应指京城开封一带）未见，水仙别名雅蒜。

5. 黄庭坚《次韵中玉水仙花二首》《王充道送水仙花五十枝欣然会心为之作咏》《吴君送水仙花并二大本》《刘邦直送早梅、水仙花四首》（后两首咏水仙）诗②。黄庭坚，北宋著名诗人与书法家。宋徽宗建中靖国元年（1101）由贬谪地戎州（今四川宜宾）沿江东下，四月抵江陵（荆州），泊舟沙市，等候朝廷新的任命，次年正月二十三日离开。上述水仙诗或唱和或酬谢，均作于这年冬末或次年年头。马中玉，名城，字中玉，时任荆州知州。王充道、刘邦直和不知名的吴君，都是江陵当地人。作者同时《与李端叔（二）》的书信中也写道："数日来骤暖，瑞香、水仙、红梅盛开，明窗净室，花气撩人，似少年时都下梦也。"③

6. 晁说之（1059—1129），开封人，元丰五年进士，南宋初官至中书舍人。政和三年（1113）冬在监明州（今浙江宁波）船场任上，作《水仙》诗④，次年通判郇州（治今陕西富县），政和五年（1115）岁末作《四明岁晚水仙花盛开，今在郇州辄思之。此花清香异常，妇人戴之，可留之日为多》："前年海角今天涯，有恨无愁闲叹嗟。枉是凉州女端正，一生不识水仙花。"⑤

还有写作地点、时间未明的作品三首：

7. 韦骧《减字木兰花·水仙花》。这是北宋时期唯一的水仙词，其中有"玉盘金盏，谁谓花神情有限"句。据陈师锡《韦公墓志铭》（《钱塘韦先生集》附录，《丛书集成续编》本），韦骧（1033—1105），钱塘（今浙江杭州）人，皇祐五年（1053）进士，历兴国军（治今湖北阳新）司理参军，婺州武义（今属浙江）、袁州萍乡（今属江西）、通州海门（今属江苏）知县，滁州（今属安徽）、楚州（治今江苏淮安）通判，利州路（驻陕西汉中）、福建路（驻今福州）转运判官，尚书主客郎中，夔州路（驻今四川奉节）

①　《全宋诗》第 20 册，第 13287 页。
②　《全宋诗》第 17 册，第 11415 页。
③　黄庭坚：《山谷集》别集卷一三，清文渊阁《四库全书》本。
④　《全宋诗》第 21 册，第 13736 页。
⑤　《全宋诗》第 21 册，第 13749 页。

提点刑狱，明州知州等职。该词见于《钱塘韦先生集》卷一八，写作时间和地点不明。

8. 钱勰诗："水仙花本（引者按：原为木）水仙栽，灵种初应物外来。碧玉簪长生洞府，黄金杯重压银台。"[①] 钱勰（1034—1097），字穆父，《南部新书》撰者钱易之孙，历尉氏（今属河南）知县、三司盐铁判官，京西（驻今河南洛阳）、河北（驻今河北大名）、京东路（驻今山东兖州）提刑，陕西（驻今陕西西安）转运使、知开封府、知越州（今浙江绍兴）、知瀛州（治今河北河间）、翰林学士等[②]。此诗全从"水仙"与"金盏银台"两个名称着眼，与周师厚《洛阳花木记》所说最为接近，或者作于熙宁中京西提刑任上，如果这一推测属实，则时间在上述诸诗之前。

9. 陈图南诗："湘君遗恨付云来，虽堕尘埃不染埃。疑是汉家涵德殿，金芝相伴玉芝开。"此诗出《全芳备祖》前集卷二一水仙花门，作者陈图南，一般引用者多认为是道士陈抟所作，且由此断为自古第一首水仙诗。但宋代至少有三人姓陈，字图南。一、陈抟（？—989），亳州真源（今河南鹿邑）人，与孙光宪大致同时而年寿稍长，后唐长兴（930—933）中举进士不第，先后隐居武当山二十多年、华山四十多年，服气辟谷，炼丹求仙，宋太宗赐号希夷先生。二、陈鹏，南部（今属四川）人，与苏轼大致同时，《宋史》与《（道光）南部县志》均无传。嘉祐（1056—1063）进士[③]，曾任蓬州（治所在今四川蓬安北）、兴州（今陕西略阳）、梓州（治今四川三台）知州[④]，元祐元年（1086）任梓州路转运判官[⑤]，元祐二年改京西路转运判官[⑥]，四年迁利州路转运使（治所驻今四川广元）[⑦]，余不详。三、陈鹏飞，崇仁（今属江西）人，久居乡里，晚年因恩入仕充幕僚，名迹不显，仅同乡陈元晋《节干迪功陈公墓志铭》可窥其生平大概[⑧]。三人中南宋陈鹏飞为一介偏州乡绅，且生活时代与《全芳备祖》成

---

① 潘自牧：《记纂渊海》卷九三，清文渊阁《四库全书》本。味其语势，或为一首绝句，《全宋诗》据《全芳备祖》只收后两句。

② 《全宋诗》第 13 册，第 8694 页。

③ 黄廷桂等：《（雍正）四川通志》卷三三，清文渊阁《四库全书》本；王瑞庆、徐畅达等：《（道光）南部县志》卷一四，道光二十九年刻本。

④ 冯山：《寄陈蓬州图南》，《安岳冯公太师文集》卷一一，清抄本。陈鹏知蓬州，方旭修、张礼杰等《（光绪）蓬州志》卷八职役志中未载。吕陶《陵井监百姓亦乞复贵平县监司未许，乞一并相度施行》贴黄："臣又闻知兴州陈鹏曾具利害陈奏，乞铸减轻钱，岁可减钱铁四十余万片，民间深以为便。"《净德集》卷四，清文渊阁《四库全书》本。范昉《（雍正）略阳县志》卷一"文员"中兼录兴州职官，未载陈鹏。曹学佺《蜀中广记》卷二九梓州下记乾明寺有御书阁，"此知军州事陈鹏所记矣"，清文渊阁《四库全书》本。

⑤ 苏辙：《李杰梓州提刑、陈鹏运判》，《栾城集》卷三〇，清文渊阁《四库全书》本。

⑥ 李焘：《续资治通鉴长编》卷四〇四。又《长编》卷二八七：京西南北、京东东西等并依未分路以前通管两路，其钱谷并听移用。两路合并后，运使与判官多分按两地，一般运使分管北路，而运判分管南路，南路转运司驻襄州。

⑦ 王象之：《舆地纪胜》卷一九一利州路"大安军（三泉、金牛）"下《九井滩记》署"元祐五年转运陈鹏记"。广陵古籍刻印社 1991 年版。

⑧ 陈元晋：《渔墅类稿》卷六，清文渊阁《四库全书》本。

书时间比较接近，决非该诗作者无疑。陈抟、陈鹏二位均有可能，但笔者以为陈鹏更为可靠。理由有二：一、该诗咏水仙，已从仙人着想，赞美水仙之高雅，又以金玉相形容，如此构思立意，已完全切合"水仙"与"金盏银台"两个名称，当属水仙观赏发展到一定阶段，至少是两个名称都确定之后的作品，放在水仙出现之初未免过早。二、宋人歌咏水仙是从宋神宗元丰年间逐步兴起的，如果此诗为陈抟所作，则远在五代或宋初，此后一个多世纪无人继作，形成一个空白，令人费解。而陈鹏与最早写作水仙诗的刘攽、韩维人致同时，与市骧有唱和，因此我们可以确认此陈图南是活跃在宋神宗、哲宗朝的陈鹏，而不是五代、宋初的陈抟。

上述是整个北宋时期涉及水仙的全部作品。从时间上说，都出现在元丰四年（1081）之后。从地理上说，地点明确的有这样几个地方：一、洛阳；二、衡州或襄州；三、襄阳（即襄州治所）；四、颍昌（即许州，今河南许昌）；五、黄州（今湖北黄冈）；六、江陵（今湖北荆州）；七、明州（今浙江宁波）。其中除出现较晚的明州孤悬在遥远的东南沿海外，其他都分布在宋荆湖北路、京西南路、京西北路三大行政区域中。黄州虽然属淮南西路，但与荆湖北路仅一江之隔（对岸的武昌县即今湖北鄂城市，即属荆湖北路）。用今天行政区划来说，这些地点分布在湖北省的中部、北部、东部（江北部分）和河南省西南部的洛阳、许昌地区。值得注意的是，这些行政大区紧密相邻，这些地点（州府）相去不远，且相互之间交通都比较方便。物种传入之初，在没有特殊外力作用下，民间种植的自然传播就应该是这样一种就近扩散的状态。从五代以来的一个世纪中，水仙应该主要在这个区域内缓慢地传播开来，从而形成一个相对紧密的分布空间。上述文人作品提供的信息显示，至少在北宋中后期，当时的荆湖北路、京西南路、京西北路，即今湖北北部、河南西南部正是这样一个相对集中的水仙分布区。

其中江陵与襄州无疑是两个核心。上述数诗中，有一例明确指明水仙来自襄阳，并记载襄州武当山谷中生长水仙，另有一例也可能出于襄阳。与江陵有关的水仙作品虽只出于黄庭坚一人，但有诗六首、文一篇，数量最多。黄庭坚这次在江陵停泊八个多月，经过夏、秋、冬三个季节，与花卉草木有关的诗歌共有八题，水仙占了绝对的优势。黄庭坚一生辗转大江南北，也乐于吟花弄草，味其诗中"钱塘昔闻水仙庙，荆州今见水仙花"之语，这应是他平生第一次见到水仙花，这六首诗也是他一生所有的水仙作品。如此密集的作品从一个侧面反映了水仙与江陵的紧密联系，显示了水仙在江陵花木中的特殊地位。不仅如此，这六首诗歌的创作背景也值得注意。其中两首是与江陵知府的唱和，另四首都是对友人馈赠水仙的答谢。赠送水仙的王充道、刘邦直、吴君三人，名迹不彰，应是江陵当地典型的乡绅处士[①]，所送水仙出于自家园墅所植（其中吴氏称"南园"），并非外方所得。三人不约而同地以水仙相赠，这也充分说明当地水仙种植的普遍性，而且王充道一次就送了五十棵，也多少反映了种植规模的可观。综合这些信息，我们不难感受到当时江陵、襄阳两地，尤其是江陵水仙种植的突出地位。

既然水仙是外来植物，按常理说应该首先在沿海地区或当时的京畿重地如唐朝的长安或北宋的开封首先传播，但从上述地理信息看，分布中心却是我国大陆腹地的荆襄及附近地区。为什么会出现这个现象，无疑应与蕃客穆思密最初是在这里传授有关。由江陵北上不远是襄阳，由襄阳沿汉水西上是武当山，由襄阳向东北经南阳盆地，则通向颖昌（今河南许昌）、西京洛阳，由江陵沿江东下不远即黄州。在五代以来的一百多年中，水仙应该是以江陵为源头，主要沿着上述路线传播、扩散开来的，最终形成了整个分布区高度集中在当时的荆湖北路、京西南路和京西北路的西部，即今天的湖北荆州、襄阳、黄冈到河南的洛阳、许昌之间的分布格局。

耐人寻味的是，写作时间和地点不明的三首作品，细究其作者的仕历行迹，都与上述地区，尤其是江陵和襄州两地关系密切。韦骧元丰以来任职多在长江沿岸州府，其中夔州在长江三峡上游，江陵是其赴任的必经之地。钱勰担任过京西提刑，所辖包括襄州、许州和洛阳，又任职陕西，往来京师必经过洛阳一线。陈图南是南部县人，所见仕历都在川北、陕南的秦岭山南山区，无论是由故里赴京应考，还是赴京述职转官，由汉水东下襄阳，转南阳、许昌至汴京是一条最正常的通道。他们三人接触水仙的地方，有可能正是我们上面说的水仙分布区或者就是江陵、襄阳、洛阳三个地方。如果退一步说，所谓陈图南是五代道士陈抟，他曾在武当隐居二十年，所作水仙诗与襄州的关系就更密切了。至于说晁说之所说的明州（今宁波）水仙，不仅空间上孤处东南沿海，时间上也较为迤后，更加接近南宋。明州从宋初以来就是重要的对外通商口岸[②]，这里的水仙是由荆湖、京西地区长途传来，还是另有蕃客从海上传入，已无从考证。但从诗题反映的情况看，当地妇女已知佩戴作为装饰，应有一定的分布数量和种植年月了。作为水仙花在沿海地区登陆的一个据点，好比围棋盘上一个远飞的棋子，构成了南宋以来水仙分布向东南沿海转移的一个先机。对于南宋以来水仙分布中心转移到闽、越等东南沿海地区的情况，笔者将另文考述。

---

① 黄庭坚同时有《戏答荆州王充道烹茶四首》诗，《全宋诗》第 17 册，第 11420 页。稍后诗人李彭有《贻王充道隐士》诗，《全宋诗》第 24 册，第 15937 页。
② 方豪：《中西交通史》上册，第 184—185 页。

三、关于水仙命名的臆测

与水仙起源问题相伴的是，水仙这一名称从何而来？从前面所引五代和北宋文献材料可知，水仙的几个主要名称这时都已出现，其中水仙是正式名称，金盏银台、天葱、雅蒜是别名。不难感到，三个别名或说花或说根，意在描述形状和类属，这样的名称更符合植物命名的基本惯例，唯有水仙这个名称比较特别。它用神仙形象作比喻，而喻义也不在"金盏银台"那样的外在形似，而是一种神似，这样的命名方式在植物中是比较罕见的。后人对这一命名的本义也有一些解说，南宋温革《琐碎录》称"其名水仙，不可缺水"①，意在就其名称阐说栽培方法。李时珍《本草纲目》将其反过来，称"不可缺水，故名水仙"②，这可以说是一个经典解释了。

但是这一说法只是解释了一个"水"字，水仙名称的关键却在一个"仙"字。它直接借神灵形象来称谓，一般说来，这样的名称应该有相应的神话故事或民间传说作本事。比如同时蜀中出产虞美人草，就因为当地传说"唱《虞美人》曲，则动摇如舞状，以应拍节，唱他曲则不然"，故有是名③。

然而我们在宋代乃至整个古代都没有发现有关"水仙"这个名称来源的任何本事信息，这颇为令人费解。当然文学作品中围绕这一名称有各种比拟和想象之辞，如黄庭坚就称水仙花为"凌波仙子"，这都发生在水仙这个名称出现之后，而且也都是由水仙这个名称引发的，不是得名之由来。这就使我们不得不从水仙的原产地着想，寻求这一名称可能的来源。

众所周知，西方有关水仙花的神话传说较为丰富，其中最流行的说法是，水仙花是希腊神话中自恋少年那喀索斯（Narcissus）的化身。相传他受到恋人的惩罚，特别眷恋自己的水中倒影，整日临水自照，终至抑郁而死，死后化为水仙花。水仙花的拉丁学名即是这个少年神灵的名字④。试想如果这位外国移民穆思密将水仙传来之初，以音译的方式称呼水仙，则所得应该是与《酉阳杂俎》所载"㮂祗"相近的名称。如果改作意译呢，则无疑"水仙"二字最为贴切，甚至可以说巧妙至极。作为花卉的水仙虽然对此时的中国人来说极为稀罕，作为神灵的"水仙"在我国却并不陌生，可以说是随处都有。古人称"在天曰天仙，在地曰地仙，在水曰水仙"⑤，但凡水中神灵如

---

① 温革：《分门琐碎录》，《续修四库全书》影明抄本。
② 李时珍：《本草纲目》卷一三，清文渊阁《四库全书》本。
③ 范镇：《东斋纪事》卷四，清文渊阁《四库全书》本。
④ 吴应祥：《水仙史话》，《世界农业》1984年第3期，第53—55页。
⑤ 司马承祯：《天隐子·神解章》，欧阳询：《艺文类聚》卷七八，清文渊阁《四库全书》本。

河伯、江神乃至与水有关的各类土神水妖都可称为水仙。对一些葬身流水的名人，后世无论出于纪念还是敬畏，有不少也称为水仙，如春秋吴国伍子胥即是 ①。

与江陵关系最为密切的就有屈原，屈原忠而见谤，流放日久，行吟泽畔，投水而死，"楚人思慕，谓之水仙" ②。江陵是楚国故地，想必此类传说较盛。不难想象这样一种情景，蕃客穆思密寄居江陵，在此生活多年，对楚地风土人情应有所了解，也许他还从屈原这个东方"水仙"与那喀索斯这个西方神灵的悲剧遭遇中，在他们"行吟泽畔"与"临流自鉴"的形象中发现了诸多相通或神似之处，于是便萌生了以"水仙"这一在江陵、在楚地、在我国都可谓家喻户晓的神仙名称来命名这一所传物种的念头。因此我们说，水仙应是一个意译的名称，它是该植物西洋原有名称中的神话因素，通过对应的我国民间传说形象（水仙屈原），实现巧妙汉化的结果。当时孙光宪之类文人有可能也参与了这一命名过程。遗憾的是，缺乏这方面的直接记载，我们这里只是一种合理的想象和推测而已。

必须提请注意的是，水仙是我国古代雅俗文化中一个常见意象，除了前面说的屈原、伍子胥外，其他乡土民俗认定的河神水妖而称为水仙的更是不胜枚举。著名的如杭州西湖边有水仙王庙。古代文艺作品中，琴曲《水仙操》较为著名 ③。因此我们不能一见"水仙"二字就认其必说水仙花。近见有论者举唐诗中反复出现的水仙字样，认为早在汉唐时即有水仙花 ④。类似的错误古人即有，南宋高似孙就认为六朝刘子玄作《水仙花赋》⑤，其实六朝陶弘景、刘休玄等人所作《水仙赋》都是描写水中神灵，而非花卉草木。今天我们不能再犯这样的错误。

在后世描写水仙花的诗词歌赋中，像《楚辞》中的湘君、湘夫人（或舜之二妃娥皇、女英），刘向《列仙传》所载江汉之滨解佩与郑交甫的二女，曹植《洛神赋》中所写缥缈于洛水之上的女神，这些美丽的女神传说与水仙花的美妙形象之间特别容易引发联想，诗人作家们多借这些女仙形象来形容和赞美水仙花的幽雅神韵和潇然姿态。我们在阅读古人的水仙花诗词时，见到湘妃、汉女、洛神一类字眼或类似的措辞，不能就认为所写水仙花一定出产于湖南（湘）、湖北（汉）、河南（洛阳）等地，大多数情况下文人都只是在用屈原、湘妃、洛神、汉女等典故作比喻，而不是写实，我们的解

① 袁康：《越绝书》卷一五，清文渊阁《四库全书》本。
② 王嘉等：《拾遗记》卷一〇，清文渊阁《四库全书》本。
③ 有关中国文化中的水仙意象，请参见高峰《论中国古代的水仙文学》，《南京师大学报》（社会科学版）2008 年第 1 期，第 116—121 页。
④ 庞骏：《品花、花品、花为媒——以中国水仙花节俗游赏为例》，周武忠、邢定康主编：《旅游学研究（第三辑）》，东南大学出版社 2008 年版，第 91—95 页。
⑤ 高似孙：《纬略》卷八，清《守山阁丛书》本。

读要特别的谨慎。早在翁国梁的《水仙花考》中就犯过这样的错误，他引用大量含有"湘"字的水仙诗句来证明"水仙花在宋时与湘最有关系，更可以断定中国水仙花之最初发见，必在禹贡荆州之域"①，虽然结论与我们前面的论述较为接近，但方法是极其错误的。类似的错误在当今科技论文中仍频频可见，值得警惕。

[原载《江苏社会科学》2011 年第 6 期]

---

① 翁国梁：《水仙花考》，第 16—17 页。

论宋代水仙花事及其文化奠基意义

关于我国水仙花在五代的起源，笔者曾有专文进行过考证，对此后水仙分布中心的变化以及水仙欣赏文化的发展，我们也有论文进行过简要勾勒①。纵观五代以来水仙文化的历史发展进程，两宋无疑是十分关键的阶段。各方面发展极为迅速，相关认识不断提高，取得了丰富的成就，奠定了我国水仙文化的基本形态格局和情趣观念。笔者的水仙起源考证对北宋中前期的水仙分布情况曾有所涉及，而北宋后期与南宋的情况有必要继续挖掘梳理，同时两宋时期水仙品种、种植技术、欣赏情趣、审美认识等方面的情况有待细加考察，以期对两宋时期水仙观赏文化有一个较为全面、深入的了解。而在整个宋代水仙花事及其审美认识中，文学、艺术家所起作用较为突出，值得重点关注。我们的论述围绕这些问题展开。

一、南宋水仙花的传播及其主产区

北宋的水仙花主要见于荆州、襄阳、许昌、洛阳和京城开封等地。到了南北宋之交，水仙在长江中下游沿线得到了传播，华东沿海也有一些分布。宋高宗建炎三年（1129），诗人陈与义流寓岳州（今湖南岳阳），借居郡圃，圃中植有水仙，自称"欲识道人门径深，水仙多处试来寻"（陈与义《用前韵再赋四首》）②，并作有《咏水仙花五韵》诗。

① 程杰：《中国水仙起源考》，《江苏社会科学》2011 年第 6 期；程杰、程宇静：《论中国水仙文化》，《盐城师范学院学报》（人文社会科学版）2015 年第 1 期。
② 本文所引宋人诗、词、文作品，除个别特殊情况另有交代外，均见于《全宋诗》《全宋词》《全宋文》。三种总集今都有电子检索版，查验极为方便，为节省篇幅，恕不一一出具详细出处。

岳阳居荆州下游不远，由荆州移种至此极为方便。高宗绍兴初，胡寅在衡州知州向子
䛮座，见到水仙（《和叔夏水仙，时见于宣卿坐上，叔夏折一枝以归，八绝》），衡州
在今湖南衡阳，沿湘水南上可至。还有周紫芝《九江初识水仙》诗二首："七十诗翁
鬓已华，平生不识水仙花。如今始信黄香错，刚道山矾是一家。"周紫芝是安徽宣城人，
曾到过北宋京城开封，南宋绍兴中因追随秦桧，在临安（今浙江杭州）居住十年。诗
作于绍兴二十四年（1154），九江在长江中游南岸，北宋时张耒在黄州（今湖北黄冈）
曾报道有水仙，九江由黄州东下不远。这些例子都说明，南宋水仙花的传播最初是沿
着长江向江南展开的，这应与北宋时荆州作为水仙花的中心和"靖康之难"后人口大
量南渡不无关系。

　　大致同时，在华东沿海也有一些分布的迹象。晁说之（1059—1129），开封人，
元丰五年进士，南宋初官至中书舍人。宋徽宗政和三年（1113）冬，监明州（今浙江
宁波）船场任上作有《水仙》诗："水仙逾月驻芳馨，人物谁堪眼共青。白傅有诗皆
入律，腥咸声里亦须听。"政和五年移任陕西，作《四明岁晚水仙花盛开，今在鄜州
辄思之，此花清香异常，妇人戴之，可留之日为多》："前年海角今天涯，有恨无愁
闲叹嗟。枉是凉州女端正，一生不识水仙花。"回忆宁波一带妇女喜簪水仙花的情景，
说明此时宁波一带水仙花的分布较多。建炎二年（1128）即宋室南渡的第二年，金人
大举南侵，晁说之出京沿汴南下，抵达海陵（今江苏泰州）[①]，这里是当时的东海之滨。
宗室赵蕴文也流离至此，赠以水仙，晁说之作《谢蕴文水仙花》："飘零尘俗客，再见
水仙花。"这两处都在东部海滨地区，时间比上述湖南、江西等地还要略早些。宗室
赵氏的水仙显然应从中原带来，而宁波一带妇人已以水仙作佩饰，似乎水仙较荆州为
盛。宁波是沿海重要港口，这里的水仙是远离当时分布中心的飞地，与黄庭坚等人所
见江陵一带水仙应不同源，有可能直接从海上传入。

　　水仙是靠球茎无性繁殖的，球茎的长期保存和远途携带都较为方便，这为水仙的
广泛传播提供了客观条件。因此高宗绍兴后期以来，南宋各地都有了水仙花的踪影，
文人的诗词吟咏也逐步增多。大量文人作品尤其是词作很难一一弄清其写作因缘和具
体写作时间、地点，同时主要考虑水仙花无性繁殖、球茎传播的生物特性，如果再就
这些作品中的信息来总结其分布状况和流传规律既无必要，也不合理。为此我们转换
视角，首先就宋代方志中的记载来进行考察、分析。方志记载的物产是当地相对稳定
的情况，也就排除了一些外方过客携带种植的偶然性，信息比较可靠。

---

① 张剑：《（晁说之）年谱》，《晁说之研究》，学苑出版社 2005 年版，第 81—121 页。

兹就中华书局《宋元方志丛刊》所收文献进行考察。该丛书共收 29 种宋代方志，包括今陕西西安（《长安志》《雍录》）、湖北鄂城（《寿昌乘》）、安徽黄山市（《新安志》）、江苏南京（《景定建康志》）、镇江（《嘉定镇江志》）、常州（《咸淳毗陵志》）、苏州（《吴郡志》等）、昆山（《玉峰志》《玉峰续志》）、常熟（《琴川志》）、上海（《云间志》）、浙江湖州（《嘉泰吴兴志》）、杭州（《临安志》三种）、海盐（《澉水志》）、建德与桐庐一带（《严州图经》《严州续志》）、绍兴（《嘉泰会稽志》《会稽续志》）、嵊州（《剡录》）、宁波（《四明图经》《四明志》《四明续志》）、台州（《嘉定赤城志》）、福建福州（《淳熙三山志》）、仙游（《仙溪志》）等地。其中记载到水仙的有这样一些：

1. 临安（今浙江杭州）。乾道、咸淳《临安志》都记载京城春日有水仙花。

2. 绍兴。《（嘉泰）会稽志》卷一七："水仙本名雅蒜，元祐间始盛得名……今山阴此花有两种，一曰水仙，一曰金盏银台……金盏银台香既差减，格韵亦稍下。"

3. 嵊县（今属浙江）。高似孙《剡录》卷九："水仙，自鲁直、文潜诗得名者。有单叶者。"

4. 台州（治今浙江临海）。陈耆卿《（嘉定）赤城志》卷三六："水仙，本云雅蒜，黄鲁直谓质可比梅而枝不及，有'只比江梅无好枝'之句，又有一种曰金盏银台。"

5. 海盐澉浦。常棠《（绍定）澉水志》卷上"物产"列有"水仙"。

6. 常州（今属江苏）。史能之《（咸淳）重修毗陵志》卷一三："水仙一名雅蒜，有二种，而多叶者佳，山谷有'山矾是弟梅是兄'之句。"

这些方志繁简悬殊，体例不一，尤其是年代和地区分布极不均衡，29 种方志中只两种属于北宋，而南宋版图又仅为秦岭、淮河以南半壁江山。加之南宋行都临安，临近的浙江、江苏成了政治、经济和社会人口的重心地区，南宋方志也多出于此间，其他地方寥寥无几。因此，这些信息不具有多少统计学的意义。但是这些信息中也有两种现象值得注意：一、从空间上说，有水仙记载的地方高度集中在浙、苏沿海地区。这说明在南宋这样偏安江南、行都杭州的社会格局下，水仙的分布中心已由地处长江中游的湖北荆州、襄阳和北宋两京河南开封、洛阳等地移到了东部沿海地区。二是上述有水仙记载的方志，除京城临安外，大都出在宋代后期，时代越近宋末，记载水仙的可能性就越大。这说明南宋中期以来水仙的分布状况仍在不断发展着。

方志之外的正面记载极为罕见，但竭泽而渔，也间有所获。一是刘学箕《水仙说》："此花最难种，多不着花。惟建阳园户植之得宜，若葱若薤，绵亘畛陌，含香艳素，想其风味，恨不醉卧花边。"① 刘学箕，福建崇安（今福建武夷山市）人，生平未仕，四下游历，嘉定四年（1211）归居故乡。建阳今属福建南平市，刘学箕称派人前往"买百十丛"，可见南宋中期这一带的水仙种植颇为兴盛。二是高似孙《纬略》卷八："杨仲囦自萧山致水仙花一二百本，极盛，乃以两古铜洗艺之。"萧山今属浙江杭州市，与杭州城一江之隔，南宋时属绍兴府。从萧山一次性送出一二百本，可见当地水仙种植也盛。宋末释文珦《萧阜水仙花》诗："江妃楚楚大江湄，玉冷金寒醉不归。待得天风吹梦醒，露香清透绿云衣。"排比时间，味其语意，所说或即萧山水仙。三是宋伯仁《山下》："山下六七里，山前八九家。家家清到骨，只卖水仙花。"宋伯仁，吴兴（今属浙江湖州）人，嘉熙元年（1237）后寓居临安（今杭州），晚年卜居西马塍②，地当今浙江大学西溪校区一线。南宋时东、西马塍"土细宜花卉，园人工于种接，都城之花皆取焉"③，是临安近郊最大的花卉生产和销售地。宋伯仁的诗提供了这样的信息，这里有不少从事水仙种植、销售的专业户。《梦粱录》等书中记载临安市上冬春销售的水仙应主要出产于此。这三个水仙产地显然都属于花卉商品生产的性质，而且也都具有一定的规模。南宋中期许开《水仙花》诗："定州红花瓷，块石艺灵苗。方苞茁水仙，厥名为玉霄。适从闽越来，绿绶拥翠条。"所说水仙来自闽、越，玉霄或为一商品品种。上述三地中，建阳属闽，萧山属越，应该从南宋中期开始，福建、浙东及都城临安（杭州）已成商品水仙的著名产地。

综合上述两方面的信息，可以得出这样的结论：由于北宋水仙的分布中心在湖北的荆襄和河南西部的洛许（洛阳与许昌）一带，进入南宋后水仙最初主要就近出现在长江中下游沿岸。南宋中期以来水仙种植传播到南方各地，浙、苏沿海地区分布较为集中，而行都临安和闽北、浙东沿海地区成了商品种植的核心地区。这种分布中心的转换，有着社会学的原因，水仙花的盛产地应与行都临安（今杭州）这样的大规模商品销售市场紧密相联。宋代尤其南宋海外贸易兴盛，大量船舶海上往来，加大了水仙反复传入的可能，南宋的水仙盛产地高度集中在东南沿海尤其是浙、闽、苏（含今上海市）沿海，与宁波、泉州等外贸港口物资与人员大量进出有关。同时也有着生物学的因素，这些东南沿海地区的自然条件与水仙原产地地中海沿岸的环境可能更为接近，据宋人和明人的种植经验，水仙更宜于夏季较高的气温和含有盐分的土壤④，后

---

① 刘学箕：《方是闲居士小稿》卷下，清文渊阁《四库全书》本。该文当作于宋宁宗嘉定（1208—1224）间，时间不晚于嘉定十年（1217）。
② 程杰校注：《梅谱》，中州古籍出版社 2016 年版，第 56 页。
③ 潜说友：《咸淳临安志》卷三〇，清文渊阁《四库全书》本。
④ 高濂《水仙花二种》："土近卤咸则花茂。"《遵生八笺》卷一六，明万历刻本。

世水仙分布高度集中在东南沿海地区，今人观察到的所谓野生水仙也多见于这一带的海滨或岛屿[①]，应与水仙球茎对这类环境比较适应有关。

值得注意的是，元以来水仙花的知名产地也高度集中在今福建、浙江、江苏三省，尤其是其沿海地区。这一传统分布格局正是从南宋的分布大转换开始的，也就是说，正是南宋中期以来，闽、浙、苏一带水仙种植分布的兴起，奠定了宋以来我国水仙产地高度集中在今华东闽、浙、苏三省沿海的分布格局。

二、水仙的名称、品种与种植技术

水仙是外来物种、新兴花卉，其名称、品种及其种植技术的最初信息值得特别关注。

（一）水仙的名称

1. 水仙

这是水仙花的正式名称，《北户录》孙光宪的注释是最早的出处，北宋中期以来人们即毫不犹疑地一致使用起来。笔者水仙起源考大致回答了"香草何时号水仙"（仇远《题史寿卿二画》），即我国水仙从何而来的问题。但一个更复杂的问题是"香草何以号水仙"，即水仙这一名称缘何而来。随着人们对水仙清雅格调、潇然姿态的深入认识和日益推重，人们深感"水仙"二字的取义之巧、措语之妙。明人文震亨即称水仙"其名最雅"[②]，清李渔更是感叹说："以'水仙'二字呼之，可谓摹写殆尽，使吾得见命名者，必颓然下拜。"[③] 这样一个绝妙的名称是何人所为，又是缘何而来？古人对此似乎也有一些简单的揣度。南宋温革《琐碎录》"其名水仙，不可缺水"[④]，就其名称阐说栽培方法。李时珍《本草纲目》则反过来，称"不可缺水，故名水仙"，成了水仙命名的一个经典解释。但是这个说法只是解决了一个"水"字，并没有回答何以称"仙"的问题。像"水仙"这样一个比喻性的名称，而且又是直接以神灵形象作喻体，按照常理应该有相应的神话或民间传说为源头。然而我国古代没有任何直接相关的本事信息，来源比较蹊跷，出现颇为突兀。当然古人的文学作品中也有一些比附

---

① 许荣义：《中国水仙资源考察初报》，《福建农学院学报》1987 年第 2 期，第 160—164 页。东南沿海的野生水仙或由海上外来船舶遗留物经海水冲至海岛、海岸繁殖所致。
② 文震亨：《长物志》卷二，清《粤雅堂丛书》本。
③ 李渔：《闲情偶寄》卷五，浙江古籍出版社 1991 年版。
④ 温革：《分门琐碎录》，《续修四库全书》影明抄本。

想象之辞，如黄庭坚称水仙花为"凌波仙子"，但都出现在"水仙"名称之后，是由这一名称引发的想象，不足为凭。

笔者在发表的论文中曾就水仙这个名称作了一些揣测。晚唐人《酉阳杂俎》所载"捺祗"，后世认为即水仙，这是水仙波斯名称的对音（音译），而"水仙"二字则是巧妙的意译。水仙花相传是希腊神话中自恋少年那喀索斯（Narcissus）的化身，他受到恋人的惩罚，特别眷恋自己的水中倒影，整日临水自照，终至抑郁而死，化为水仙花。水仙花的洋名称即是这个少年神灵的名字。试想如果最初传来水仙的蕃客穆思密以音译的方式称呼水仙，则所得应该是与《酉阳杂俎》所载"捺祗"相近的名称。而如果改作意译呢，则无疑以"水仙"二字最为贴切，甚至可以说巧妙至极。水仙最早传至江陵（荆州），这里是楚国的核心地区。楚人屈原忠而见谤，流放日久，行吟泽畔，投水而死，"楚人思慕，谓之水仙"[①]。江陵一带想必此类传说较盛，最初传来水仙花的蕃客穆思密寄居于此，或者移民多年，对楚地风土人情有所了解，也许他还从屈原这个东方水仙与那喀索斯这个西方精灵的悲剧遭遇中，在屈原"行吟泽畔"，赴水而死与那喀索斯"临流自鉴"，抑郁而死的形象中感受到了许多"神似"之处，于是便以水仙（即屈原）这一在江陵、在楚地家喻户晓的名称来命名这一新来物种。因此我们说，水仙这个在中土文献中来源不明、颇显异数的名称应是外来名称的意译，它是该植物原有洋名称中的神话因素，运用对应的中国形象，实现巧妙汉化的结果。遗憾的是，缺乏这方面的直接文献记载，我们只能作此推想，谅其情景应相去不远。

2. 金盏银台

这一名称最早见于元丰四年（1081）或稍后周师厚（？—1087）《洛阳花木记》："水仙花，一名金盏银台。"银台是形容水仙的白色花被，金盏则形容杯状黄色副冠，极其生动形象。这样的拟形之辞，更符合花卉命名的一般习惯，应是水仙园艺传种与观赏发展到一定阶段的产物，时间就大致应在北宋中叶。与周师厚同时钱勰诗："水仙花本（引者按：原为木）水仙栽，灵种初应物外来。碧玉簪长生洞府，黄金杯重压银台。"[②] 韦骧《减字木兰花·水仙花》："玉盘金盏，谁谓花神情有限。"写水仙花头均以金盏银盘比喻，可见已得到一定的认同和使用。但同时稍后韩维、黄庭坚、张耒诗中都未见此意，有可能此名出于西京洛阳一带好事者，而当时江陵、襄阳一线尚未闻此名。《全芳备祖》载无名氏诗"琴中此操淡而古，花中此名清且高。金盏银台天下俗，

① 王嘉等：《拾遗记》卷一〇，清文渊阁《四库全书》本。
② 潘自牧：《记纂渊海》卷九三，清文渊阁《四库全书》本。味其语势，或为一首绝句，《全宋诗》据《全芳备祖》只收后两句，待补。

谁以奴仆命《离骚》"①，是说以金银指称水仙，比较俗气，远不如水仙之名高雅得神，这应是水仙观赏进一步发展后的认识。

3. 天葱

始见于宋哲宗元祐间韩维《谢到水仙二本》诗注："此花外白中黄，茎干虚通如葱，本生武当山谷间，土人谓之天葱。"是说湖北武当山一带有此称呼，两宋仅此一见，后世也少有提及。天者有神灵之意，或者当地土人因其名水仙、形似葱而有此称。韩维诗称"乃喜佳名近帝聪"，表明"天葱"一名曾传至京师，上闻皇帝。或者也可推想，当时京城开封的水仙即来自襄州武当山一带。

4. 雅蒜

与天葱一样，都是以通识的物种来归类命名，这是植物命名中常见的现象。最早的记载见于张耒《水仙花叶如金灯，而加柔泽，花浅黄，其干如萱草，秋深开，至来春方已，虽霜雪不衰，中州未尝见，一名雅蒜》诗。该诗作于绍圣四年（1097）至元符二年（1099）间，时贬监黄州（今湖北黄冈）酒税。诗题交代明确，水仙别名雅蒜，北宋未见他人言及，是当时黄州一带有此称。前引《（嘉泰）会稽志》《（嘉定）赤城志》称"水仙本名雅蒜"，似乎水仙反为别称。揣度其原因，应如我们前面所说水仙之名较为突兀，而雅蒜反似本名，遂有此理解。稍后《（咸淳）毗陵志》则称"水仙一名雅蒜"②，视雅蒜为别名，比较合理。尽管说法不一，但它们都没有将这一名称与六朝相联系。宋人文学作品中，多称水仙如葱如薤（野生韭类植物），少有以蒜形容的，同时也没有视水仙为六朝风物的现象。可见雅蒜这个名称，不仅不出六朝，即在宋代影响也极有限。附带一提的是，后世有六朝人呼水仙为雅蒜的说法，记载最早的应是明人周文华《汝南圃史》、文震亨《长物志》，以《汝南圃史》更早些③。《汝南圃史》序称花部内容参考了周允斋《花史》，该书明人《树艺篇》曾大量引用，当成于明中叶前，《汝南圃史》所说或出于周氏《花史》。另，论者还常引《太平清话》称"宝庆人呼水仙为雅蒜"④，有些科技著作以为此宝庆是宋理宗的年号⑤，误。宋理宗宝庆仅三年（1225—1227），不足作为一个独立的时代标志。《太平清话》是晚明陈继儒的笔记，此语见于该书卷一。所说宝庆是地名，指当时的宝庆府，即今湖南邵阳市，明隆庆《宝庆府志》

① 陈景沂编辑，程杰、王三毛校点：《全芳备祖》前集卷二一，浙江古籍出版社 2014 年版。此诗《全宋诗》失收。
② 史能之：《（咸淳）重修毗陵志》卷一三，明初刻本。
③ 《长物志》成书年代有泰昌元年（1620）、天启元年（1621）、崇祯七年（1634）诸说，均无据。文震亨万历十三年（1585）生，书成于天启元年后比较合理。《汝南圃史》序于万历四十八年（1620），时间应在前。
④ 陈元龙：《格致镜原》卷七三，清文渊阁《四库全书》本。
⑤ 金波等《水仙花》（上海科学技术出版社 1998 年版）第 8 页即称宝庆为宋代，当是以为理宗年号。

物产志即记载"水仙，叶如蒜，故一名雅蒜"①。

水仙是初传名称，也是所有品种的通称，至今未变。金盏银台、天葱、雅蒜为水仙的别名，均始见于北宋中叶。金盏银台之名拟形生动贴切，广为人知。雅蒜之名并非来自六朝，同样始见于北宋中叶，因其更合国人花卉命名的习惯且备得形神，为人们常常提及。

（二）水仙的品种

从有关记载和文学作品看，宋人所说水仙花的生物性状都高度一致，所说如"叶似薤，根似葱，茎首着花，白盘开六尖瓣，上承黄心，宛然盏样"等②，都正是今日水仙花的基本特征。即如一箭多花这一中国水仙作为多花水仙品种的特点，在宋人作品中也言之凿凿。如赵蕃《倪先辈送水仙一科数花》，前引许开《水仙花》也有"十花冒其颠，一一振鹭翘"的描写。赵蕃所说也有可能指水仙丛生，一棵有数箭花茎，而许开所说则明确是一茎多花了，属于多花水仙的特征。这些都充分表明，宋人所种水仙，与我们今天所说的中国水仙品种完全相同。

宋时流行的水仙花主要有两个品种：

1. 单叶（单瓣）。即单层六瓣，花瓣白色，上有副冠，金黄色。"金盏银台"这一名称所指就是这一品种主、副冠不同的颜色和形状。后世如明人《汝南圃史》之类多强调黄庭坚所咏水仙是单瓣品种即金盏银台。

2. 千叶（重瓣）。花瓣略卷皱重叠，花瓣上部淡白，下部略显轻黄，所谓复瓣究其实或属单瓣的变异类型。因花瓣较丰，杨万里《千叶水仙花》诗以"小莲花"来形容，明人创"玉玲珑"之名称之③。杨万里《千叶水仙花》诗序："世以水仙为金盏银台，盖单叶者，其中真有一酒盏深黄而金色。至千叶水仙，其中花片卷皱密蹙，一片之中下轻黄而上淡白，如染一截者，与酒杯之状殊不相似，安得以旧日俗名辱之。要之，单叶者当命以旧名，而千叶者乃真水仙。"写作时间为绍熙元年（1190），此前并未有千叶水仙的报道,时杨万里在朝任秘书监。京城临安(今杭州)经杭州湾东临大海，

---

① 陆柬纂修：《（隆庆）宝庆府志》卷三下，明隆庆元年刻本。
② 谢维新：《事类备要》别集卷三九，清文渊阁《四库全书》本。"六尖瓣"原作"五尖瓣"，当属一时误书或误刻。宋人多言水仙"六出"，如姜特立《水仙》："六出玉盘金屈卮，青瑶丛里出花枝。"袁说友《江行得水仙花》："三星细滴黄金盏，六出分成白玉盘。"舒岳祥《赋水仙花》："谁将六出天花种，移向人间妙夺胎。"
③ 高濂《遵生八笺》卷一六："单瓣者名水仙，千瓣者名玉玲珑，又以单瓣者名金盏银台。因花性好水故名水仙。"明万历刻本。玉玲珑之名或源于南宋刘学箕《水仙花分韵得鸿字》："借水开花体态丰，护畦寒日玉珑璁。"但下文说"素盘黄盏清尊并"，显然所写为单瓣。

万方辐凑，物资荟萃，由这里首次报道千叶水仙是很正常的。

杨万里认为，以前人们所说的水仙都是单叶，别称金盏银台，而新发现的千叶水仙截然不同，因而建议单瓣的叫金盏银台，而千叶应称水仙，带有喜新厌旧的色彩。这一建议不久就为人们所接受，《（嘉泰）会稽志》称"今山阴此花有两种，一曰水仙，一曰金盏银台"，《赤城志》"水仙本云雅蒜……又有一种曰金盏银台"，还有谢维新《事类备要》①，都以水仙指千叶水仙，而单叶水仙则称金盏银台。嘉泰《会稽志》成书的时代比杨万里的报道只晚 10 多年，嘉定《赤城志》也只晚了 30 多年，绍兴、台州都属浙东，两地相邻，它们所说都先举水仙（千叶），次及单瓣（金盏银台），表明当地所种以千叶为主或为先。这一品种有可能最初是从浙东沿海如晁说之任职的宁波传入，在浙东绍兴、台州等地首先种植，最初也只笼统地称作水仙。杨万里所见或从浙东这一带售来。

除了这两种外，南宋还报道有双心水仙。高观国《菩萨蛮·咏双心水仙》"的皪玉台寒，肯教金盏单"，显然是指中间有两个副冠，实际应仍是单瓣的金盏银台。吴文英有《凄凉犯·重台水仙》，细考所说"层层刻碎冰叶"，显然仍是杨万里所说重瓣品种。后世称重台水仙者，或由此而来，但都与单瓣相对，实际都指重瓣（千叶）水仙②。

杨万里显然更看重千叶水仙这个新品种。嘉泰《会稽志》认为"金盏银台香既差减，格韵亦稍下"，咸淳《毗陵志》也说"千叶者佳"，这应是当时流行的观点。有趣的是，明中叶以来，人们的看法则完全颠倒过来，认为单叶者更佳。如王世懋《学圃杂疏》："凡花重台者为贵，水仙以单瓣者为贵。"稍后陈继儒《岩栖幽事》也说："诚斋（引者按：杨万里号诚斋）以千叶为真水仙，而余以为不如单叶者多风韵。"主要原因是单瓣叶短花香，尤其是花香，明人认为单叶者更香。明人高濂《遵生八笺》说："单者叶短而香可爱。"③清人邹一桂《小山画谱》也说："水仙，以单叶者为佳……叶短花高，香气清微；千叶者为玉玲珑，香逊。"陈淏子《花镜》也说："（水仙）有单叶、双叶二种：单叶者名水仙，其清香经月不散。"杨万里并未提到两者香气有别，《会稽志》说单叶者香不足，与明人所说恰好相反，但未必可靠，当以明清人所说为是。清屈大均《水仙叹》："往年水仙从吴来，四万余本花尽开。今年只得四千本，十本一花无重

---

① 谢维新：《事类备要》别集卷三九。
② 如明王世懋《学圃杂疏》："凡花重台者为贵，水仙以单瓣者为贵。"重台与单瓣相对，说的即是重瓣。
③ 高濂：《遵生八笺》卷一六，明万历刻本。

台。"① 可见清初单瓣品种的畅销。清人还因此认定,黄庭坚当时所咏即是他们看重的单瓣品种②。尽管对于单瓣、千叶的看法前后变化,也偶有变异之品出现,但宋以来的一千多年间,单瓣(金盏银盘)、千叶(玉玲珑)一直是我国观赏栽培的基本品种,至今并无实质性改变。

(三)栽培技术

水仙于五代、北宋开始见诸记载,文人吟咏兴起,但几乎没有任何种植方面的直接信息。零星的记载有孙光宪所说"置于水器中,经年不萎",韩维说"此花折置水中,月余不悴",说法不同,但都应指以球茎置于水中养育。黄庭坚《次韵中玉水仙花》"借水开花自一奇,水沈为骨玉为肌"数语,也透露了开花时球茎浸水的情景。

进入南宋,有关的田园种植技术开始明确起来,而且主要目的都在生产球茎。最早的当为温革《琐碎录》,今存明抄本《分门琐碎录》收有水仙种植方法两条:一、"种水仙花,须是沃壤,日以水浇则花盛,地瘦则无花。其名水仙,不可缺水。"二、"水仙收时,用小便浸一宿,取出照干,悬之当火处,候种时取出,无不发花者。"③ 这两条也见于《永乐大典》所载宋末吴攒(一作吴怿)《种艺必用》,该篇今有胡道静校录本④。稍后《嘉泰会稽志》卷一七:"园丁以为此花六月并根取出,悬之当风,八月复种之,则多花。或曰多粪之,花自多。又曰但勿移三四年,数灌溉之而已,不必他法也。"较之《琐碎录》增加了收种时间、三四年不移等新内容。这是两处最详细的记载。

诗文作品也有一些可资参证的信息。韩元吉《偶兴四首》其四:"爱水仙成百计栽,三年一笑渐能开。"自注:"世言水仙一移三年乃开。"是说水仙一般要是三四年的鳞茎才会开花。释居简《淡墨水仙栀子》其一:"铄石流金记曝根,古壶疏插煮泉温。"郑清之《督觉际植花》其二:"曝根向暖种宜先。"《全芳备祖》所载豫章来氏《水仙花二首》其二:"花盟平日不曾寒,六月曝根高处安。待得秋残亲手种,万姬围绕雪中看。"是说水仙球茎夏收秋种,要经过曝晒。

显然主要有两项关键技术。首先是水仙生长不能缺水,这不太难理解。第二是水仙球茎要经过特殊处理。上述材料大都说到一种情景,水仙球茎要经过盛夏曝晒或

---

① 屈大均:《水仙叹》,《翁山诗外》卷四,清康熙刻凌凤翔补修本。清方世举《二儿遣人白下购单瓣水仙至》也是说的类似情景:"吴门百卉尽鲜妍,只有重台斥水仙。此是玉真真面目,黄冠修整出汤泉。"《春及堂集》四集,清乾隆方观承刻本。
② 何璘修,黄宜中纂:《(乾隆)直隶澧州志林》卷八,清乾隆十五年刻本;李约修,皇甫如森纂:《(嘉庆)重修慈利县志》卷二,清嘉庆二十二年刻本。
③ 温革《分门琐碎录》。"地瘦则无花"本作"地则瘦无花"。
④ 见胡道静校录本《种艺必用》,农业出版社1963年版,第149、157条。

当火处烘熏，这特别值得注意。现代研究表明，水仙鳞茎收获后最初的 30—45 天中，以 30℃左右的温度贮存，可明显提高花芽发育的数量。如果不经过 25℃以上的高温贮藏，水仙很难形成花芽①。推究这一生长习性，可能与这一品种原产地的西亚、中东或地中海沿岸等高原、沙漠地带七八月的气候有关，这里水仙球茎成熟后势必经过一段特别高温干旱的季节。这都是水仙栽培最核心的技术，显然南宋绍兴后期以来，我国即已基本掌握。《琐碎录》的两条成了后世花卉圃艺著作反复转录的内容，影响极为深远。明人《种树书》所载《种水仙诗诀》："六月不在土，七月不在房。栽向东篱下，花开朵朵香。"所谓"六月不在土，七月不在房"说的就是入夏水仙掘出，置于室外曝晒或灶间烘熏。这是水仙种植多花必不可少的技术。

这些技术信息中最值得重视的是《琐碎录》和《会稽志》所说，内容较为具体、明确。从上述南宋水仙的分布情况可知，闽、越两地是南宋水仙花的分布中心，前引刘学箕《水仙说》称福建建阳园丁种植最为得法，而这两书又恰恰与闽、越有着紧密的联系。

《会稽志》自不必论，编者施宿曾通判绍兴，该志即成于任上。《琐碎录》的情况较为复杂，该书的最早著录见于陈振孙《直斋书录解题》卷一一："《琐碎录》二十卷，《后录》二十卷，温革撰，陈晔增广之。《后录》者，书坊增益也。"可见前二十卷由温、陈二氏相继完成，后录二十卷则为书坊所增。温革、陈晔，均未见有可靠史传，此据散见资料略作勾稽梳理。温革，福建惠安人，本名豫，字彦幾，因不愿与降金的宋将刘豫同名，遂改名革，字叔皮。徽宗政和五年（1115）进士，绍兴八年（1138）任秘书省正字，九年随方廷实出使金朝察看陵寝，归来向高宗如实汇报陵地惨状，引起秦桧不满。绍兴十年出为洪州（治今江西南昌）通判②，改知南剑州（治今福建南平）③，绍兴二十四年（1154）以左朝奉大夫知漳州（今属福建）④，擢福建转运使，卒于任上，时间大约在绍兴末年。著有《隐窟杂志》⑤《十友琐说》《续补侍儿小名录》等⑥。陈晔，一作陈昱，字日华，正史无传，长乐（今属福州）人⑦，古灵先生陈襄曾孙。淳熙六

---

① 金波等：《水仙花》，第 64—66 页。另李文仪、孙景欣、傅家瑞《中国水仙开花生理研究》也认为："中国水仙鳞茎从收获后进入贮藏期 1 个月到 1 个半月内，应给予较高温度（30℃左右）处理。"《中山大学学报》（自然科学版）1987 年第 4 期。
② 陈骙：《南宋馆阁录》卷八"秘书省正字"条下；李心传：《建炎以来系年要录》卷一三八，清文渊阁《四库全书》本。
③ 陈能、郑庆云等：《（嘉靖）延平府志》官师志卷二，《天一阁藏明代方志选刊》本。
④ 洪迈：《夷坚甲志》甲卷一九；沈定均等：《（光绪）漳州府志》卷九，光绪三年刻本。在任绍兴二十五年三月有《漳州府重建学记》，《全宋文》卷三八二八。
⑤ 方以智：《通雅》卷四、卷三三，清文渊阁《四库全书》本。
⑥ 陈振孙《直斋书录解题》著录《续补侍儿小名录》撰者温豫，字彦幾，诸家著录是书均未见称温革者，此温豫或即温革，待考。
⑦ 姚鸣鸾等《（嘉靖）淳安县志》卷九传作福唐人，《天一阁藏明代方志选刊》本。

年（1179）任淳安知县 ①，绍熙二年（1191）在知连州任 ②，庆元二年（1196）知汀州 ③，四年提点广东刑狱 ④。嘉泰二年（1202）总领四川钱粮，开禧二年（1206）因所籴军粮粗恶误事，追三官放罢，沅州安置 ⑤。从书籍名称和今本内容看，《琐碎录》当是一部类书，由随笔杂记、资料杂抄分类汇集而成。宋人征引《琐碎录》，编者称温氏、陈氏均有见，而《琐碎后录》，不署编者，当为书坊所增。《琐碎录》中有些条目显出温革之手，且与于北宋，但该书肯定初成于南宋。书中将京师（开封）与临安（今浙江杭州）相提并论 ⑥，杭州之升为临安府在建炎三年，温革所编当成于建炎三年（1129）后无疑。陈元靓《岁时广记》中已见引用《琐碎后录》，是《后录》当成于宝庆元年（1225）之前 ⑦。

　　《分门琐碎录》的两条水仙材料殊为珍贵，后世关于水仙种植的技术多出于此。这两条究出于何人之手却难以确定，是温革、陈晔、《后录》编者，还是由他们转摘他人著述，都无从稽考。但就《分门琐碎录》中多涉荔枝、柑橘等南方作物，而两位编者同为福建人，且都有福建任职经历看，这两段水仙资料应与福建有着密切的联系，很有可能是闽中水仙种植经验的直接记录。联系我们前面所论闽、越主产水仙的情况，这一推论就不无道理，而且两者之间也正可相互佐证。总之，宋人水仙种植更准确地说是球茎生产的成功经验，主要成熟于闽、越两地的商品种植之地，构成了我国传统水仙种植的核心技术，为后世圃艺所传承。

三、宋人水仙花观赏方式与情趣

　　两宋是我国花卉文化的关键阶段，时尚品种和观赏情趣都发生了明显变化。水仙的出现正逢其时，其别致的形象、气韵深受人们喜爱和推重，被赋予崇高的精神价值和文化意义，迅即进入了高雅花品的前列，奠定了在我国传统名花中的地位。

---

① 姚鸣鸾等：《（嘉靖）淳安县志》卷九。
② 翁方纲《粤东金石略》卷七"连州金石"收有"知军州事长乐陈晔日华"题名，署"绍兴二年五月"，当为绍熙之误。乾隆三十六年刻本。
③ 胡太初、赵与沐等：《临汀志》"名宦"，福建人民出版社1990年版。
④ 翁方纲《粤东金石录》卷六有"庆元四年十月晦提点刑狱"陈晔题名。
⑤ 徐松：《宋会要辑稿》职官之七四，中华书局1957年版。
⑥ 温革：《分门琐碎录》饮食之烹饪类。
⑦ 关于《岁时广记》的编纂时间，可参见王珂《〈岁时广记〉新证》，《兰州学刊》2011年第1期。

（一）观赏条件和方式

水仙起源于五代，在我国花卉中是出现较晚的一种。由于是外来物种，宋人深感"此花最难种，多不着花"（刘学箕《水仙说》），田园栽培极为困难，因而种植分布极为有限。但是水仙又有其特有的优势，作为水生球茎植物，生命力较强，极易久贮和携带，茎种也易成活与生长，这就为观赏传播带来了很大的方便。南宋的各类信息表明，虽然没有任何水仙野生分布的记载，以大田规模栽培著称的地方也寥寥无几，但在整个南宋统治区内几乎无处不可蓄养水仙。

宋人在种植、欣赏方式上也积极探索，不断开拓。在宋人文学作品中，我们看到一些地栽水仙的描写，这在传种之初应比较易见。如陈与义《用前韵再赋四首》："欲识道人门径深，水仙多处试来寻。青裳素面天应惜，乞与西园十日阴。"《咏水仙花五韵》："寂寂篱落阴，亭亭与予期。"时陈与义借居岳阳郡圃，是说居处篱落边原有不少水仙花。许及之（？—1209）《信笔戒子种花木》："水仙绣菊麝香萱，久种成畦长养便。"许及之，永嘉（今浙江温州）人，这是说安排自家园林分畦种植。韩元吉《方务德元夕不张灯，留饮赏梅，务观索赋古风》："使君元夕罢高宴，亭午邀客花间行。危亭直上花几许，水仙夹径梅纵横。"这是乾道元年（1165）镇江知府方滋邀集赏梅，园中水仙与梅同植，一起开放。方岳《水仙初花》："丛丛低绿玉参差，抱瓮春畦手自治。地暖乍离烟雨气，岁寒不改雪霜姿。"这应是晚年退居故乡祁门（今属安徽）的诗歌，描写的是田中水仙叶茂的景象。这些都是典型的地栽水仙的例子。也有爱尚有加，筑台建池种植的，如学者胡宏有《双井咏水仙有"妃子尘袜盈盈、体素倾城"之文，予作台种此花……》诗。胡宏的水仙或得于其建炎间流寓湖北荆门时，绍兴间带到湖南湘潭碧泉新居，诗称"孤丛嫩碧生"，所种虽不多，但绿叶秀嫩，颇为可爱。

更多的情况下人们说起水仙，都没有任何地栽背景和生长状况的交代，而是一两枝的数量，应属小器盆景或案头水养清供。这种情况自始如此，蓄客穆思密最初传授就是水养之法，宋人从一开始也就多盆栽水养以供观赏。黄庭坚在江陵受友人赠送水仙，数量多者五十，少者一两本。时泊舟沙市，起居多在舟中，决非为了移栽，所受都应是盆栽或水养之物，因而文中称"明窗净室，花气撩人"（《与李端叔》），诗中则有"坐对真成被花恼，出门一笑大江横"（《王充道送水仙花五十枝……》）之语。到了南宋吕本中《水仙》诗"破腊迎春开未迟，十分香是苦寒时。小瓶尚恐无佳对，更乞江梅三四枝"，则是明显的瓶养水仙了。这种盆罐陶洗蓄养水仙的方式是极为常见的。杨万里有《添盆中石菖蒲水仙花水》诗，陈杰《和友人生香四和》"水仙盆间瑞香盆，着一枝梅一干荪"说的都是这种情景。而所养水仙多出于购买或亲友馈赠。《梦梁录》即记载卖花有水仙。杨万里在京城时"见卖花担上有瑞香、水仙、兰花同一瓦斛者，买置舟中"，作《三花斛》诗。项安世《次韵张直阁水仙花二首》诗中也称"买得名花共载归，春风满眼豫章诗"。刘学箕《水仙说》称自己派仆人赴建阳购买水仙，赵孟坚《题水仙》诗中也庆幸自己居处"地近钱塘易买花"。至于说文人间相互赠送水仙的情景就不胜枚举了，黄庭坚所咏水仙都得之友人所赠。南宋中叶许开《水仙花》诗称"定州红花瓷，坎石艺灵苗"，显然已知以石块衬护球茎养育水仙，元人张雨《画水仙花》也说"取石为友，得水能仙"，后世养水仙、画水仙多喜以石为衬，即由宋人发端。这是我们追溯水仙欣赏风习时应予注意的。

（二）情趣和认识

水仙花的起源虽晚，但从一开始就甚得人们的喜爱和推重，这是一个很特殊的现象。细究其原因，首先应该归功于水仙这个名称。水仙之名虽然源于西方，但从一开始就决定了人们的欣赏视野、审美态度和赞誉方式。北宋中期出现的水仙题咏之作，对水仙的赞美大多是就水仙、金盏银台的名称着意生发。钱勰的诗句是一个典型代表："水仙花本水仙栽，灵种初应物外来。碧玉簪长生洞府，黄金杯重压银台。"前两句切其"水仙"，后两句主要指其"金盏银台"，当然也附带写其绿叶。这两个名称一个巧言切状，一个遗貌取神，文学作品对水仙花的描写大致也不出这两种套路。这其中"水仙"名称无疑最抢眼，北宋水仙诗歌兴起之初，刘攽、韩维、张耒等即分别以姑射神女、水仙琴高、潇湘二妃来作比。水仙花既然其格如仙，那么其地位也就可想而知，人们的感受和评价也就这样被历史地决定了。

历史的偶然中都包含着某种必然，人们对水仙的审美情趣最终还取决于水仙的花色形象、生物习性与人们的精神需求之间的客观契应。宋代社会的平民化，精英阶层的士大夫化和意识形态的道德理性化，使宋代文化迥异于汉唐之世的气势凌越、色彩艳丽，展现出一种气质平静、格调淡雅的时代风格。集中在人格理想上，宋人普遍推举"清"和"贞"二义。所谓"清"强调的是人格的独立、精神的超越，体现的是传统老庄、释道为代表的自由意志；所谓"贞"强调的是道德的自律、气节的坚守，体现的是传统儒家威武不屈、贫贱不移、富贵不淫的道义精神。两者一阴一阳，一柔一刚，互补融通，相辅相成，构成了封建社会后期士大夫道德意志和人格理想的普遍法式①。

落实在花卉欣赏上，宋人着意弃"色"重"德"，轻"象"尚"意"。而在比德、

---

① 参见程杰《梅文化论丛》，中华书局2007年版，第55—60页。

尚意的追求中，又着意演绎和发挥"清""贞"二义为核心的精神品格。反映在具体的花卉品种选择上，宋人更为欣赏那些村居平常、色彩素雅、气味清香、习性特别的花卉。宋人对梅花的推崇广为人知，而像蜡梅、山矾、荼蘼、木樨（桂花）、瑞香、素馨，这些花卉在宋以前名不见经传，或吟咏极少，而入宋以来陆续引起关注，并大受欢迎，深得推赏。这其中固然存在社会人口、经济、文化重心南移所带来的植物资源地域转变的客观因素，这些花卉主要分布甚至只见于南方，只有在社会重心南移，江南、岭南地区深入开发之后才会逐步进入人们的视野。但更重要的是这些花卉形象有着素雅、芬芳而习性别致的共性，满足了人们品格意趣和文化心理上的期求。"牡丹芍药，花中之富者，桃李艳而繁。凡红艳之属，俱非林下客也，皆不取"，这是王十朋《林下十二子诗》序言中的话。所谓"十二子"是他私圃所植十二种花木，有竹、梅、兰、菊、柳、槐、丁香、黄杨等，这些都是平常素淡之物，他视为闲居野逸的挚友。而蜡梅、山矾、荼蘼、木樨（桂花）、瑞香、素馨这类新兴的花卉，更以山野原生的姿态、素淡芬芳的气韵、凌寒开放的个性、独立萧然的品格适应了宋人清贞雅逸的情趣需求。水仙也正是这批清香素雅、新兴另类花卉中的一种，其绿叶条秀，出茎开花，花瓣白色，花之副冠黄色，色调不在艳丽之列。加之花香浓郁，而又球茎水生，花期在冬春之间。这样的形象、习性与梅花、蜡梅、山矾、荼蘼、瑞香等都比较接近，且不少元素有着十分典型的意义，符合宋人清逸幽雅的审美情趣，这是水仙在宋代一经发现就迅速蹿红，备受推崇的主要原因。

宋人对水仙的欣赏也正是由其清贞雅逸的审美标准、人格理想展开的。

首先是色调，水仙别称金盏银台，说的就是花色。这种金质玉相虽然也能称作高贵华美，但宋人更看重的是花色洁白柔黄和叶色青翠，即所谓"素颊黄心"（王之道《和张元礼水仙花二首》）、"青裳素面"（陈与义《用前韵再赋四首》）。另如"正白深黄态自浓，不将红粉作艳容"（曾协《和翁士秀瑞香水仙二首》），"世上铅华无一点，分明真是水中仙"（周紫芝《九江初识水仙二首》），都是赞美其素淡清雅的色调。

其次是香味。水仙花清香浓郁，是一大特色。色和香是花卉观赏价值的两大要素，而香较之于色有着更特殊的形式意味。宋刘辰翁《芗林记》说"香者，天之轻清气也，故其美也，常彻于视听之表"，西方人说"香料的微妙之处，在于它难以觉察，却又确实存在，使其在象征上跟精神存在和灵魂本质相像"[1]，也就是说清香鼻观，有着某种玄妙的色彩，更倾向于作为人类精神品格和心灵世界的象征，这是花卉观赏中古今

---

[1] 《世界文化象征辞典》编写（译）组编译：《世界文化象征辞典》，湖南文艺出版社1992年版，第1076页。

中外共通的现象。宋人追求精神上的幽雅超逸,因而更重视花的香气。宋人韩琦《夜合》诗称"俗人之爱花,重色不重香。吾今得真赏,似娇时之常",林逋《梅花》诗说"人怜红艳多应俗,天与清香似有私",表达的都是轻色重香的文化偏好。宋人盛赞水仙"韵绝香仍绝"(杨万里《水仙花四首》),"寒香自压酴醾倒"(黄庭坚《次韵中玉水仙花二首》),"自信清香高群品"(姜特立《水仙》)。水仙的清香是赋予其高雅气质,确立其崇高地位的 个关键因素。

再次是水生。国人赏花从来不只关注花朵的色香,而是兼顾植物整体形象、生长习性等生命整体特质来感受植物①。水仙是喜水植物,黄庭坚赞叹其"借水开花自一奇"(《次韵中玉水仙花二首》),"得水能仙天与奇"(《刘邦直送早梅水仙花三首》)。这一习性也进一步强化了水仙的高雅品格,王千秋《念奴娇·水仙》"开花借水,信天姿高胜,都无俗格",说的就是此意。

最后是季相。水仙花期与梅花、瑞香等同时且稍早,"奇姿擅水仙,长向雪中看"(史浩《水仙花得看字》),这是水仙花的又一大习性特色,也是令人另眼相看的基础。南宋人特别看重这一点,称其可与"岁寒三友"相媲美。

在把握上述形色、习性等美好特性的基础上,宋人对水仙花整体品格就形成了明确、统一的认识,集中起来可以借用明代徐有贞《水仙花赋》的说法来概括②:

首先是"仙人之姿"。从北宋黄庭坚等人开始,首先肯定的是水仙清婉雅逸,萧然出尘,"仙风道骨"般的姿态、气质和神韵,黄庭坚则直接形容为"凌波仙子"。

进而是"君子之德"。"仙人之姿"应该说已是很崇高的评价了,但是到了南宋开始有人表示不满。早在绍兴年间胡宏即有《双井(引者按:黄庭坚家分宁双井村,此代指黄庭坚)咏水仙,有妃子尘袜盈盈,体素倾城之文,予作台种此花,当天寒风冽,草木萎尽,而孤根独秀,不畏霜雪,时有异香来袭襟袖,超然意适,若与善人君子处,而与之俱化。乃知双井未尝得水仙真趣也,辄成四十字,为之刷耻,所病词不能达,诸君一笑》诗:"万木凋伤后,孤丛嫩碧生。花开飞雪底,香袭冷风行。高并青松操,坚逾翠竹真。挺然凝大节,谁说貌盈盈。"是说黄庭坚凌波仙子那类美貌女仙来形容,只是着眼于水仙轻盈缥缈的优美姿态,而忽略了水仙当岁寒凛冽、万物凋零之际傲然开放的坚贞气节。朱熹《赋水仙花》,陈傅良与刘克庄的《水仙花》诗都表示了同样的意思,他们认为以湘君、汉女之类女色比拟水仙花,乃至于水仙这个名称,都"刻

---

① 参见程杰《论花文化及其中国传统》,《闽江学刊》2017年第4期。
② 明徐有贞《水仙花赋》:"清兮直兮,贞以白兮。发采扬馨,含芳泽兮。仙人之姿,君子之德兮。"《武功集》卷一,清文渊阁《四库全书》本。

画近脂粉"（陈傅良《水仙花》），带着明显的脂粉气，未得水仙花的精神真髓，"徒知慕佳冶，讵识怀贞刚"（朱熹《赋水仙花》）。水仙花的可贵之处在其"独立万槁中"（陈傅良《水仙花》），"高操摧冰霜"（朱熹《赋水仙花》）的贞刚之气、凛然大节。

这样的气节情操远非酴醿、山矾之类可比，而是与"岁寒三友"松竹梅丝毫不让。不仅如此，松竹梅气节见于苍干劲枝，而水仙出了弱质柔枝，"胡然此柔嘉，支本仅自持。乃以平地尺，气与松篁夷"（陈傅良《水仙花》），以水仙这样草本娇弱之质而有此贞刚英烈之性，就更为难能可贵了。这样的气节情操远远超越了那些水仙佳丽的盈盈姿态，属于典型而崇高的"君子之德"了。如果说黄庭坚等人说的凌波盈盈、仙人之姿还只是"清逸"的意趣，而胡宏、朱熹等人着意的松竹意志、凌寒不屈就主要是"贞刚"气节了。南宋后期林洪《水仙花》所说"清真处子面，刚烈丈夫心"，则进一步揭示了"清""贞"兼备的理想境界。反映在形象感受和人格拟喻上，也完成了从拟为"美人"向拟为"高士"或"君子"的转换和提升①。这样水仙的形象品格及其象征意义都达到了宋人花卉"比德""写意"的最高境界，获得了与"岁寒三友"完全相提并论的崇高水平、顶级标准，奠定了在"君子比德"诸花中的高超地位。

四、文学、艺术家的贡献

我国花卉文化发展中，士大夫文人有着鲜明的主体地位，他们的文学、艺术创作经常发挥骨干乃至主导性作用②。同样，在宋代水仙的审美认识和欣赏传统中，士大夫文人也发挥了决定性的作用，有关文学、绘画的创作较为丰富，构成了相关文化的核心和主体内容，产生了积极的影响。

首先看文学方面的情况。宋代文学中的水仙创作是从北宋中期开始的，众多诗人积极参与，南宋以来尤其如此，作品数量迅速增加。《全宋诗》载有 75 位诗人 147 首题咏之作，其中黄庭坚、李之仪、晁说之、周紫芝、吕本中、胡寅、杨万里、喻良能、项安世、朱熹、张孝祥、徐似道、赵蕃、张镃、释居简、洪咨夔等都有 2 首以上。据许伯卿先生统计，《全宋词》收有咏水仙花词 35 首。专题散文为数不多，有释居简《水仙十客赋》、高似孙《水仙花》前后赋、刘学箕《水仙说》、陈著《跋僧德恩所藏钟子固所画山谷水仙诗图后》等 5 篇。以上三项合计 187 篇，在两个多世纪里，作为一个新兴的花色品种，出现这么多正面歌咏描写的作品，数量是比较可观的。

---

① 参见程杰《宋代咏梅文学研究》，安徽文艺出版社 2002 年版，第 56—63、297—317 页。
② 程杰：《论花文化及其中国传统》，《阅江学刊》2017 年第 4 期。

也许这样孤立地看，数量优势尚不明显。我们不妨换个角度横向比较一下。许伯卿氏详细统计了《全宋词》所收 2189 首咏花词中不同花品的数量，水仙词 35 首居第 11 位，数量排在前面的依次是梅、桂、荷、海棠、牡丹、菊、荼蘼、蜡梅、桃、芍药。其中除蜡梅外，均是我国历史悠久的花卉，荷、桃、菊、桃、芍药等更是早在《诗经》《楚辞》时代就已经引起关注，水仙的数量就紧接这 10 种之后。《全芳备祖》花部"赋咏祖"所收咏花诗歌作品与散句，按所收条数多少，排在前 14 位的依次是梅、海棠、牡丹、荷、桃、菊、荼蘼、桂、兰（含蕙）、芍药、杏、柳花、木芙蓉、梨，而蜡梅、水仙即紧接其后，排第 15、16 位。再换个角度，就《全芳备祖》所收仅有宋人作品的花品来看，蜡梅（49 条）、水仙（48 条）则位居前两名，数量是同居第 3 位的山茶（20 条）、牵牛（20 条）的近 2.5 倍[①]。水仙与蜡梅同属北宋中期兴起的观赏花卉品种，同在短短的两个多世纪中出现这么多的作品数量，成了宋人花卉题材创作中的重要题材，这对增进人们的了解无疑有着直接的推动作用。

不仅是创作数量，关键还在于审美认识、观赏情趣和书写话语。事实上，上节我们所说的情趣和认识都出于这些诗词歌赋。其中影响最大的无疑是黄庭坚、杨万里两位诗坛大家。黄庭坚水仙诗共有 5 题 6 首，均作于荆州江陵。称水仙"暗香靓色""仙风道骨""得水能仙"，都紧扣水仙的形象和习性，写出其特征。同时还与梅花、荼蘼等同类进行比较，因西湖水仙庙而想到此花"宜在林逋处士家"，是将水仙与梅花相媲美，表达尊赏之意。这其中《王充道送水仙花五十枝欣然会心为之作咏》一首无疑影响最大："凌波仙子生尘袜，水上轻盈步微月。是谁招此断肠魂，种作寒花寄愁绝。含香体素欲倾城，山矾是弟梅是兄。坐对真成被花恼，出门一笑大江横。"此诗可能作于诸诗之前，包含着黄庭坚贬谪初返的复杂心情，如"断肠魂""寄愁绝""被花恼""大江横"云云，都不难让人感受到潜在的人生感慨。也许正是这份深沉复杂的心情和曲折跳跃的表达方式，增强了这首诗的意趣和韵味，加之作为江西诗派宗主的巨大吸引力，后世颇多好评。但这首诗对水仙花的描写更具影响。

首先是开篇"凌波仙子生尘袜"的拟喻，构思当从"水仙"之名来，语本曹植《洛神赋》"凌波微步，罗袜生尘"，晚唐皮日休《咏白莲》"通宵带露妆难洗，尽日凌波步不移"，已用之咏花在先，都不足奇。但这一比拟紧扣水仙的习性和形象，尤其是与水仙名称直接贴合，形象生动，而自然警策，千百年来脍炙人口。受其影响，后世咏水仙以洛神、汉女、湘妃等水上女仙比喻形容已成套式，水仙也因此有了"凌波仙子"

---

① 此据程杰、王三毛点校本《全芳备祖》，浙江古籍出版社 2014 年版。

的别称，足见影响之大。

其次是"山矾是弟梅是兄"的类比。在咏花作品中，以同类媲美并称、比较衬托都是常见的手法。黄庭坚将水仙与梅花、荼蘼、山矾称作同类，并进一步定位："含香体素欲倾城，山矾是弟梅是兄"，"暗香已压酴醾倒，只比寒梅无好枝"，"暗香静色撩诗句，宜在林逋处士家"，是说水仙胜过荼蘼、山矾，与梅花差胜无几。黄庭坚这一说法的创意在兄弟之行的人伦比喻，一是简单地交代了三者花期的先后关系，二是赞美了水仙与梅、山矾气韵同伦，属于幽雅之品，三是潜含了三种花卉格韵高低的微妙品第，可谓一箭三雕。

对后世影响较大的自然是后两层意思，这种人伦关系的类比和品鉴是宋代花色欣赏和描写中新起的现象。细究起来，有着花色品种变化和思想情趣追求两大起因：一是宋代花卉新品种的大量出现①。随着花卉品种的不断增加，品类风格及思想价值上的定位就成了花卉品评中新的任务和话题。二是花卉观赏中"比德""尚意"的追求，既期待也促进了一些新的思维方式的出现和话语资源的开发。因而我们看到，宋人花卉欣赏中就出现了君臣、父子、主仆、夫妻、兄弟、亲友等一系列人伦比拟、分类品鉴的话语方式，以此区分雅俗，品第高低，将众多花卉纳入到统一的品格神韵品鉴认识及其话语体系中。宋人评花陆续出现的张景修（敏叔）名花"十二客"②、南宋曾慥（端伯）花中"十友"③、姚伯声花品"三十客"④之类说法就是最典型的名目体系，凝集了士大夫主流的观赏经验，广为人们传诵，奠定了此后花卉雅俗尊卑、品类分殊、气格神韵各各不同的系统评价和共同认识，构成了我国文化不断丰富的"物色话语"或"文化博古"的重要组成部分，影响极其深远。

黄庭坚诗歌这一兄弟之义的比拟正是宋人一系列人伦比拟、分类品鉴话语中出现最早的例证，有一定的开创性。兄弟之义的比拟对于大量品类、气韵相近花色之间的类比联想和比较形容也更为适宜，因而更具范式意义。它不仅直接决定当时人们对水仙花色气质、品格的定位，而且也影响到水仙与梅、山矾等清雅花品连类标举的感觉和认识，由此形成简洁而流行的描写与话语方式。我们在古籍中简单搜索一下，就能发现宋人扬补之咏桂花"友梅兄蕙"（《水龙吟·木犀》），许纶咏梅竹"竹弟梅兄"（《题潘德久所藏补之竹梅》），元人刘因咏玉簪花"莲兄菊弟"（《玉簪》），明人朱让栩"兰兄蕙弟"（《兰兄蕙弟图》）等说法，都属于黄庭坚"梅兄矾弟"之说的直接效法，至

① 程杰：《论花文化及其中国传统》，《阅江学刊》2017 年第 4 期。
② 龚明之：《中吴纪闻》卷四，清《知不足斋丛书》本。
③ 佚名：《锦绣万花谷》后集卷三七，清文渊阁《四库全书》本。
④ 姚宽：《西溪丛语》卷上，明嘉靖俞宪昆鸣馆刻本。

于同类随机变化的说法就难计其数了，可见这一构思和说法的影响何其切实、普遍和深远。

　　杨万里咏水仙诗有 9 首，数量之多比较突出，可以说是宋人中首屈一指。其中最重要的无疑是对千叶水仙的记录，经赵彦卫《云麓漫钞》、陈景沂《全芳备祖》、谢维新《事类备要》、祝穆《事文类聚》等转载，广为人知，奠定了人们关于水仙单瓣、重瓣之分的基本知识。

　　值得特别一提的是，黄庭坚、杨万里等人对水仙的看法还带着妯谐的文士口味，而进一步推高水仙品格的却是胡宏、朱熹、陈傅良等理学家或学者型文人的作品。胡宏不满黄庭坚所说，盛赞水仙"高并青松操，坚逾翠竹真"。朱熹称赞水仙"高操摧冰霜"，陈傅良则说"气与松篁夷"，他们都高度强调水仙的花期与松竹梅一样，是岁寒之友，反对以女色形容水仙。这应与他们道德意志的严格要求有关，正是他们的主张进一步推高水仙精神象征的境界和格调。

　　最后我们再看绘画中的情况。《宣和画谱》记载的水仙像都是人物画，邓椿《画继》成书于宋孝宗年间，尚无水仙花的信息。世传北宋赵昌《岁朝图》（今藏故宫博物院）绘梅、杏、山茶、水仙、月季等，以表迎春贺岁之意，但作者和时代都不可靠。故宫博物院藏宋无款《水仙图页》，绢本设色，是现存最早的水仙作品[①]，当属南宋中叶宫廷画家的作品，诗人薛季宣《折枝水仙》诗所题或即此类画作。大量画史资料表明，水仙入画至迟从高宗朝画家开始。元人汤垕《画鉴》记载："扬补之墨梅甚清绝，水仙亦奇。""汤叔雅，江右人，墨梅甚佳，大抵宗补之，别出新意，水仙、兰亦佳。"可见画水仙以扬补之最早。扬补之（1097—1169）名无咎，号逃禅，主要生活于南宋高宗、孝宗朝，以水墨写梅著称，出以劲利笔法圈写花头，写干发枝，世称"逃禅宗派"[②]，奠定了墨梅画法的基础。而画水仙也以水墨写之，笔法应相近，门人也有传效。因此可以说，水仙入画之初就以文人水墨写意为主，这是值得特别重视的。据周密《蘋洲渔笛谱》所咏，扬补之即绘有梅花、山矾、水仙《三香图》[③]。到了南宋末年，赵孟坚（1199—1267?）始以画水仙著称。周密《癸辛杂识》记载："诸王孙赵孟坚字子

---

① 中国古代书画鉴定组：《中国绘画全集》第 5 卷，文物出版社 1997 年版，第 160 页。

② 有关"逃禅宗派"的情况，请参见程杰校点《梅谱》，中州古籍出版社 2016 年版，第 134—141 页。

③ 周密《声声慢·逃禅作梅、矾、水仙，字之曰三香》："瑶台月冷，佩渚烟深，相逢共话凄凉。曳雪牵云，一般淡雅梳妆。樊姬岁寒旧约，喜玉儿、不负萧郎。临水镜，看清铅素靥，真态生香。　长记湘皋春晓，仙路迥，冰钿翠带交相。满引台杯，休待怨笛吟商。凌波又归甚处，问兰昌、何似唐昌。春梦好，倩东风、留驻琐窗。"见清江昱《蘋洲渔笛谱疏证》卷二，清乾隆刻本。题中"矾"字原缺，此据词意补。关于此词序"三香"所说花卉名称，参见程杰《周密〈声声慢〉所咏扬补之"三香"有山矾无瑞香考》，《阅江学刊》2017 年第 5 期。

固，善墨戏，于水仙尤得意。"①汤垕《画鉴》也说："赵孟坚……画梅竹、水仙、松枝，墨戏皆入妙品，水仙为尤高。"赵孟坚今存《水仙花卷》（美国大都会博物馆藏），长373厘米，是水仙题材的著名巨制。与汤叔雅同时的天台徐逸（字无竞）作有水仙画（释居简《题徐无竞作水仙》）。宋末绍兴王迪简也以善画水仙名②，且也如赵孟坚擅画大幅，花叶纷披③，表明此时水仙绘画艺术已十分成熟。《全宋诗》所载南宋以来水仙题画诗即有29首之多，几乎占了两宋全部水仙诗的五分之一，从一个侧面反映从扬补之到赵孟坚，短短一个多世纪，经过三代画家的努力，水仙已成了文人画"比德""写意"的重要题材，形成了一定的创作热潮，产生了不小的社会影响。

水仙是外来物种，真正引起人们关注是北宋熙宁、元丰年间的事。短短两个多世纪中，相应的文化活动充分展开，无论其分布范围、种植技术、欣赏方式还是人们的审美情趣和认识，包括文学、艺术创作都得到迅速的发展。水仙独特的风韵、气格备受人们推赏，崇高的精神价值得到了充分的挖掘和推举，最终达到了与梅花等"岁寒之友"齐名并誉的地位。短短的两个多世纪，水仙几乎走完了其他花卉数百乃至上千年的历程。宋人评花"十友""十二客""三十客"，出现在南宋中期以前，水仙都不与其列。而到了宋末元初的程棨《三柳轩杂识》增"水仙为雅客"④，可见此时人们对水仙已经形成较为稳定的认识。同时赵文《三香图》诗："梅也似伯夷，矾也似叔齐。水仙大似孤竹之中子，不瘦不野含仙姿。人生但愿水仙福，梅兄矾弟真难为。"在这样的高度赞颂中，所谓"水仙福"即后世兴起的吉祥寓意也有所涉及。我们不难感受到，宋人对于水仙的推重和阐扬几乎是了无剩义，水仙已完全进入了我国传统名花的行列，获得了崇高的道德品格象征意义和精神文化的符号意义，奠定了我国水仙观赏文化的基本格局和作为崇高品德象征的文化地位。

[原载《南京师大文学院学报》2017年第4期。该文内容曾于2011年9月河南大学举办的宋代文学年会上与《中国水仙起源考》一文合题发表过，载会议所编论文集]

---

① 周密：《癸辛杂识》前集《赵子固梅谱》，清文渊阁《四库全书》本。
② 陈著：《赋贾养晦所藏王庭吉墨水仙图》，《本堂集》卷三六，清文渊阁《四库全书》本。夏文彦《图绘宝鉴》卷五："王迪简字庭吉，号戴隐，越人，善画水仙。"元至正刻本。
③ 清张照《石渠宝笈》卷三三载王庭吉《凌波图》，韩性跋称："庭吉所作《凌波图》，疏密不同，各有思致，纷披侧塞，多至百株，命曰百仙图。"可见所绘尺幅较大。
④ 陶宗仪：《说郛》（涵芬楼百卷本）卷二一，上海古籍出版社《说郛三种》本，第383页。

论中国水仙文化

水仙为石蒜科水仙属植物的总称，主产于地中海沿岸。其品种很多，按照国际通用的分类标准，有红口水仙（N.poeticus L.）、喇叭水仙（N. pseudo—narcissus L.）、多花水仙（N.tazetta L.）等11种[①]。我国分布的主要是多花水仙类，称作中国水仙（N.tazetta var chinensis Roem）。中国水仙，别名金盏银台、天葱、雅蒜、玉玲珑等，自五代传入我国后，便以其清新淡雅的形象、超尘绝俗的风韵、浓郁清雅的芬芳赢得了传统文人骚客的青睐，被赋予高洁坚贞的品格象征意义，具有很高的观赏价值和丰富的文化积淀。如今水仙被誉为传统十大名花之一，与梅、兰、荷、菊等一起备受国人喜爱和推重。

近代以来，随着水仙欣赏、种植、传播的社会化，尤其是规模生产和相应的市场经济的发展，生物、农学、园艺界对于水仙的研究逐步兴起，发表了不少研究成果[②]。但对于我国古代水仙种植、传播的历史发展及其相应文学、艺术等人文方面的考察和论述尚比较薄弱。本文拟就宋代以来水仙栽培分布和发展的历史情况进行较为全面的梳理，就园艺、文学、艺术、民俗等方面的基本情况简要介绍，对水仙的审美价值和文化意义大致阐发，以期对中国水仙文化的历史发展、基本面貌有一个较为全

[①] 金波、东惠如、王世珍：《水仙花》，上海科学技术出版社1998年版，第15—16页。

[②] 主要研究成果有陈时璋、刘熙隆编著《水仙花》（中国林业出版社1980年版），许荣义、叶季波编著《水仙花》（中国农业科技出版社1992年版），金波、东惠如、王世珍编著《水仙花》（上海科学技术出版社1998年版）等论著，翁国梁《水仙花考》（民国二十五年《中国民俗学会丛书》铅印本），陈心启、吴应祥《中国水仙考》（《植物分类学报》1982年第3期），《中国水仙续考——与卢履范同志商榷》（《武汉植物学研究》1991年第1期）等学术论文，以及硕士论文朱明明《中国古代文学水仙意象与题材研究》（南京师范大学，2008年）和林玉华《中国水仙花文化研究》（福建农林大学，2013年）。另程杰有《中国水仙起源考》，载《江苏社会科学》2011年第6期。

面和系统的认识。

一、中国水仙的起源、栽培分布与传播

（一）起源

关于中国水仙的起源，近代以来主要有两种观点。一种观点认为中国水仙为我国原产。[①]另一种意见则认为水仙是外来归化植物。理由是水仙在我国各地都很难有性繁殖，也就是说不能结子播种。品种资源较少，作为原产地很难成立。我国迄今未能发现明确的水仙原产地和野生分布区，唐以前文献也未见有明确的水仙记载。[②]

有关水仙的最早记载见于晚唐段成式（？—863）《酉阳杂俎》中拂林国（东罗马）所出捺祗，揣其读音，应即波斯语 Nargi（水仙）的音译。根据我们的考证，段成式《酉阳杂俎》所说捺祗还不是今天我们所说的中国水仙。该书记载捺祗"花六出，红白色，花心黄赤，不结子。其草冬生夏死，与荞麦相类。取其花，压以为油，涂身，除风气。拂林国王及国内贵人皆用之"[③]。这是一种开红、白二色花的品种，而且段氏也没有明确说已传入我国，他同时记载了一组外国植物，叙述方式都像西方或中东《药典》一类书籍中的语气，可能是段氏根据外国传教士、商人提供的间接材料写成的，实际当时此物并未传入我国。在我国宋代以后的文献中，除抄缀《酉阳杂俎》外，也没有出现捺祗这一物种的后续报道。而其他关于水仙出于唐代或更早时代的说法都见于元明以后，实际都不可靠。最早记载水仙传入我国的可靠文献是段公路《北户录》中的一段文字："孙光宪续注曰：'从事江陵日，寄住蕃客穆思密尝遗水仙花数本，摘之水器中，经年不萎。'"[④]是说寄住在江陵的波斯人穆思密赠送给孙光宪几棵水仙花。孙光宪是晚唐五代花间派的重要词人，当时在高季兴南平国所辖的江陵任职，江陵地当今湖北荆州。因此我们可以肯定地说，中国水仙的确是由国外传入的，时间在五代，首传地点在湖北荆州一带。

水仙的名称，与一般植物命名多拟形或归类不同，而是直接以神仙之名相称，我国古籍中又未见有直接相关的神话、传说等本事信息。众所周知，希腊传说中，水仙花是自恋少年那喀索斯（Narcissus）的化身。相传他受到恋人的惩罚，特别眷恋自己的水中倒影，整日临水自照，终至抑郁而死，死后化为水仙花。水仙花的拉丁学名即

---

①　详见翁国梁《水仙花考》。
②　详见陈心启、吴应祥《中国水仙考》，《中国水仙续考——与卢履范同志商榷》。
③　段成式：《酉阳杂俎》，中华书局 1981 年版，第 180 页。
④　段公路：《北户录》卷三"睡莲"条下，清文渊阁《四库全书》本。

是这个少年神灵的名字①,《酉阳杂俎》中所说襟祗正是这一学名系统的音译。而汉语水仙这一名称,很有可能是这一神名即水仙洋名的意译,其灵感则来自湖北当地称屈原为水仙。屈原行吟泽畔的形象与希腊传说中那喀索斯这一水边自恋的神灵颇有几份神似,当时传来水仙的蕃客移民入乡随俗,遂以水仙这一楚国故里对屈原的乡土称呼来替代这一西洋的神异命名。这应该就是水仙这一中文名称的来源②。

（二）宋元时的水仙分布

水仙传入荆州后,就首先在这一地区种植传播开来,此后北宋时期歌咏水仙的文学作品也高度集中在以湖北荆州、襄阳为中心的鄂北和豫西地区。北宋诗人黄庭坚经过荆州,当地王充道、刘邦直等人就赠他不少水仙。文人士大夫对这种素姿芳洁的新异花卉,既好奇又喜爱,给予热情的赞美,出现了金盏银台、雅蒜等别名。黄庭坚称赞水仙"含香体素欲倾城,山矾是弟梅是兄"③,将其与梅、山矾相提并论。

到了南宋,水仙的传播就更为广泛,整个江南地区都有了水仙的踪迹。栽培中心转移到了都城临安（今浙江杭州）和闽、浙沿海地区,这在南宋的诸种方志中都有记载④。水仙的商品生产也在这一带兴盛起来,如南宋刘学箕《水仙说》记载建阳（今属福建省南平市）园户所植水仙"若葱若薤,绵亘畛陌"⑤,高似孙《纬略》记载朋友杨某从萧山（今属浙江杭州市）购买水仙动辄"一二百本"⑥,可见已形成了一定的商品种植规模。

南宋闽、浙沿海地区水仙种植的兴起,有着生物学和社会学等多方面的原因。东南沿海是海外贸易的集散地,很容易直接从海外获得外来物种,原产于地中海沿岸的水仙也更适宜在我国东南沿海地区种植,而两浙、闽北邻近当时的京城临安,是当时政治、经济和社会人口的重心地区,又有利于这一观赏消费性物种商品生产的发展。这一生产种植的情景,奠定了此后我国水仙种植分布的基本格局和相应的产业传统。

元代水仙栽培分布基本上延续了南宋的状况,元《（大德）昌国州图志》（治今浙江舟山市）著录当地的物产,花类中便有水仙⑦。《（至顺）镇江志》物产称"水仙花

① 吴应祥:《水仙史话》,《世界农业》1984 年第 3 期,第 53—55 页。
② 详细论述请见程杰《中国水仙起源考》,《江苏社会科学》2011 年第 6 期。
③ 黄庭坚:《王充道送水仙花五十枝,欣然会心,为之作咏》,《全宋诗》第 17 册,北京大学出版社 1991—1998 年版,第 11415 页。
④ 据《宋元方志丛刊》,有七种南宋方志著录有水仙:《（乾道）临安志》《（咸淳）临安志》《（嘉泰）会稽志》《剡录》《赤城志》《（绍定）澉水志》《（咸淳）重修毗陵志》。
⑤ 刘学箕:《方是闲居士小稿》卷下,清文渊阁《四库全书》本。
⑥ 高似孙:《纬略》卷八,清文渊阁《四库全书》本。
⑦ 冯福京等:《（大德）昌国州图志》卷四,《宋元方志丛刊》,中华书局 1990 年版,第 6 册,第 6090 页。

本自南方来，冬深始芳"①。文学艺术是对现实生活的反映，在元代，无论是以水仙为题材的文学作品还是绘画作品，其作者生活区域也都高度集中在苏、浙、闽一带，反映了元代水仙栽培分布的特点。

（三）明清与民国间的分布

明清时期，水仙的种植范围进一步扩大，除浙、闽、鄂、湘外，皖、赣、黔、川、滇、桂、琼等地志乘中都出现了关于水仙的记载。如《（嘉靖）广德州志》（今属安徽宣城市）②、《（嘉靖）南安府志》（治今江西省大庾县）③、《（嘉靖）普安州志》（治今贵州省盘县）④、《（嘉靖）洪雅县志》（今属四川眉山市）⑤、《（万历）雷州府志》⑥、《（康熙）云南府志》⑦、《（乾隆）广西府志》⑧ 物产中都著录有水仙。

江苏南部的水仙种植有了明显的发展，出现了不少优良品种，形成了一些著名产地，如嘉定。嘉靖王世懋《学圃杂疏》称"凡花重台者为贵，水仙以单瓣者为贵。出嘉定，短叶高花，最佳种"⑨。万历于若瀛《金陵花品咏·水仙序》也说"水仙，江南处处有之，惟吴中嘉定种为最。花簇叶上，他种则隐叶内"⑩，都是说产于嘉定（明代属苏州府，今属上海市）的水仙单瓣、短叶，且花茎高挺，簇于叶上，品种优良。万历周文华《汝南圃史》称"吴中水仙唯嘉定、上海、江阴诸邑最盛"⑪，也可印证。还有苏州吴县（今江苏苏州）也出产水仙，该县水仙主要出自"光福（引者按：今吴中区光福镇）沿太湖处"⑫。查阅明代苏州方志，《（正德）姑苏志》⑬《（嘉靖）吴江县志》⑭《（嘉靖）太仓州志》⑮ 物产中都著录有水仙。种种迹象表明，明代嘉靖以来，苏州嘉定、吴县一带成了水仙种植的中心地区，影响很大。此外，杭州海宁县钱山

---

① 俞希鲁：《（至顺）镇江志》卷四，《宋元方志丛刊》，第3册，第2658页。单庆修、徐硕纂《（至元）嘉禾志》卷一四虽然载有释慧梵于居侧植水仙事，但慧梵为南宋理宗朝人。其事又见于南宋释居简《梵蓬居塔铭》，为宋人之事无疑。
② 黄绍文：《（嘉靖）广德州志》卷六，嘉靖十五年（1536）刊本。
③ 刘节：《（嘉靖）南安府志》卷二〇，《天一阁藏明代方志选刊续编》，上海书店1990年版。
④ 高廷愉：《（嘉靖）普安州志》卷二，《天一阁藏明代方志选刊》，上海古籍书店1961年版。
⑤ 张可述：《（嘉靖）洪雅县志》卷三，《天一阁藏明代方志选刊》本。
⑥ 欧阳保：《（万历）雷州府志》卷四，《日本藏中国罕见地方志丛刊》本，书目文献出版社1991年版。
⑦ 范承勋、张毓碧修，谢俨纂：《（康熙）云南府志》卷二，康熙三十五年（1696）刊本。
⑧ 周垾等修，李绂等纂：《（乾隆）广西府志》卷二〇，乾隆四年（1739）刊本。
⑨ 王世懋：《学圃杂疏》，《丛书集成初编》，中华书局1985年版，第1355册，第7页。
⑩ 于若瀛：《弗告堂集》卷四，《四库禁毁书丛刊》本，北京出版社1998年版。
⑪ 周文华：《汝南圃史》卷九，《续修四库全书》，第1119册。
⑫ 牛若麟、王焕如：《（崇祯）吴县志》卷二九，《天一阁藏明代方志选刊续编》本。
⑬ 王鏊：《（正德）姑苏志》卷一四，清文渊阁《四库全书》本。
⑭ 曹一麟：《（嘉靖）吴江县志》卷九，《上海图书馆藏稀见方志丛刊》本，国家图书馆出版社2011年版。
⑮ 张寅：《（嘉靖）太仓州志》卷五，《天一阁藏明代方志选刊续编》本。

也以出产水仙著称,曹学佺《杭州府志胜》载:"钱山,产水仙花。"① 明末北京还出现了水仙的繁殖基地和贸易,崇祯刘侗等《帝京景物略》载:"右安门外南十里草桥……居人遂花为业……入春而梅,而山茶,而水仙。"② 以上事实都说明当时水仙传播范围的扩大和市场化的发展。

苏州水仙种植兴盛,声名远播,在清代进一步市场化,销往广东,这一状况一直延续到了乾隆年间。清朝初期毕沅《水仙》诗注云:"邓尉山(引者按:位于今苏州市吴中区光福镇)西村名熨斗柄,土人多种水仙为业。"③ 屈大均《广东新语》载:"水仙头(引者按:鳞茎),秋尽从吴门而至……隔岁则不再花,必岁岁买之。"④ 乾隆朝张九钺《沁园春·耿湘门以水仙见贻》注:"水仙自吴门或飘海或度岭来羊城。"⑤ 以上信息说的都是清朝初期苏州水仙种植兴盛,并贸易到广东的情形。而此时金陵(今江苏南京)的水仙也较为兴盛。清初李渔《闲情偶寄》:"金陵水仙为天下第一,其植此花而售于人者亦能司造物之权,欲其早则早,命之迟则迟。……买就之时给盆与石而使之种。"⑥ 说的就是金陵水仙的情况。

康熙中后期,水仙种植的重心再次转移到了福建,漳州水仙异军突起。福建是我国水仙的传统产地,南宋时建阳一线即以盛产水仙著称。至明代,《(弘治)八闽通志》福宁府、福州府、泉州府物产志中都有水仙的著录。值得注意的是,当时的漳州府物产志中还没有著录水仙,其他明代漳州府及其所辖县志,如《(正德)大明漳州府志》、《(嘉靖)龙溪县志》(1535年刊本)、《(万历)漳州府志》(1573年刊本和1613年刊本)、《(崇祯)海澄县志》(1633年刊本)物产志中都未著录水仙。明末漳州府龙溪县陈正学在《灌园草木识》中说"漳南冬暖,(水仙花)多不作花"⑦。这些现象至少说明明代漳州府水仙种植尚未突出。直至康熙前期,漳州各地的水仙还主要来自江南,《(康熙)漳浦县志》(康熙三十九年刊本)称"水仙花,土产者亦能着花,然自江南来者特盛"⑧。

从康熙中期开始,漳州府龙溪县水仙逐步兴起,引起关注。《(康熙)龙溪县志》

① 曹学佺:《大明一统名胜志》卷一,《四库全书存目丛书》本。
② 刘侗、于奕正:《帝京景物略》卷三,明崇祯刻本。
③ 毕沅:《灵岩山人诗集》卷二四,清嘉庆四年(1799)经训堂刻本。
④ 屈大均:《广东新语》卷二七,中华书局1985年版,第700页。
⑤ 张九钺:《紫岘山人全集》卷上,咸丰元年(1851)张氏赐锦楼刻本。
⑥ 李渔:《闲情偶寄》卷一四,《续修四库全书》本。
⑦ 陈正学:《灌园草木识》卷二,《续修四库全书》本。
⑧ 陈汝咸修,林登虎纂:《(康熙)漳浦县志》卷四,《中国方志丛书》本,据清康熙三十九年修民國十七年翻印本影印。

载"水仙，岁暮家家互种，土产不给，鬻于苏州"[1]。是说龙溪县水仙种植销售比较兴旺，供不应求。康熙末雍正初出使台湾的黄叔璥在《台海使槎录》写道："广东市上标写台湾水仙花头，其实非台产也，皆海舶自漳州及苏州转售者，苏州种不及漳州肥大"[2]，可见至迟康熙末年，漳州水仙开始外销，与苏州水仙相媲美，并且形成特色品种，以"鳞茎肥大"著称。到乾隆年间，漳州水仙已超过苏州，《（乾隆）龙溪县志》（乾隆二十七年刊本）载："闽中水仙以龙溪为第一，载其根至吴越，冬发花时人争购之。"[3] 说明龙溪水仙开始返销长期以水仙著称的吴越地区。漳州与苏州一起，成了当时最著名的水仙产地，并且有过之而无不及。乾隆以来，与漳州府相邻的泉州府各县以及台湾、广东等地每年都从漳州贩购水仙球茎。如泉州府属的马巷厅，《（乾隆）马巷厅志》载"水仙花……不留种，花时取诸漳郡"[4]，台湾《（光绪）恒春县志》载"水仙皆产自闽漳州，他处不能种焉，故只供玩一春"[5]。乾隆以后，漳州成了全国水仙种植、贸易和出口的主要地区。从光绪年间开始，漳州水仙不仅经销国内，还自厦门出口远销至美国、加拿大等海外地区，由此漳州成了国内最著名的水仙产地。宣统三年（1911）厦门海关税务司巴尔称："水仙球茎种植于两山靠近漳州城的南门，当地存在着引人注目的出口到美国、加拿大的水仙球茎贸易。"[6]

民国时期，漳州水仙驰名中外，销售范围进一步扩大，内销京、津、沪、粤等各大都市，外销欧、美、日、东南亚等国。[7]1928年《申报》载："水仙花之产地散在于漳州府之南门外、日桥附近五里之地黄山诸乡社，一年平均可产三百五十万个，达十万元之谱，其产额最多者为新塘及蔡均两地方，年各有两万元之产额。次为大梅溪，年约一万元。其他多者六千元，少者一千元。"[8] 在国内，远在东北辽阳府海城县（治今辽宁省海城市）的水仙就购自福建[9]。国外欧美地区如纽约、伦敦、巴黎等城市，每到花季人们也争相购买漳州水仙，这成了当时的时尚。由此漳州水仙出口贸易额不断增加，民国六年，输出欧美总值最高达735200元[10]。新中国成立后，水仙生产有了

---

① 汪国栋、陈元麟：《（康熙）龙溪县志》卷一〇，中国国家图书馆藏康熙五十六年（1717）刻本。
② 黄叔璥：《台海使槎录》卷三，清文渊阁《四库全书》本。
③ 吴宜燮修，黄惠、李畴纂：《（乾隆）龙溪县志》卷一九物产，《中国地方志集成》福建府县志辑第30册，上海书店等2000年版，第277页。据乾隆二十七年刻本影印。
④ 万有正：《（乾隆）马巷厅志》卷一二，《中国方志丛书》本。
⑤ 陈文纬、屠继善：《（光绪）恒春县志》卷九，《南京图书馆藏稀见方志丛刊》本，国家图书馆出版社2012年版。
⑥ 厦门海关：《年度贸易报告》，转引自朱振民《漳州水仙花》，复旦大学出版社1991年版，第8页。
⑦ 陈尧熙：《福建龙溪之水仙花》，《农村合作月报》1936年第2卷第5期，第99页。
⑧ 瞬初：《福建漳州府之水仙》，《申报》1928年12月27日。
⑨ 廷瑞、孙绍宗、张辅相《（民国）海城县志》卷五"水仙"条云："此花产自福建，本境惟冬日植盆中，注水栽之。"《中国地方志集成》影印本。
⑩ 陈尧熙：《福建龙溪之水仙花》，《农村合作月报》1936年第2卷第5期，第99页。

大幅度增加，漳州水仙继续出口到欧美、日本及东南亚一些国家和地区，是出口换汇的重要产品。如今，水仙栽培分布多在东南沿海福建、浙江、上海等省市，另武汉、北京、西安和云南、四川等省也有栽培报道。所谓野生水仙则主要分布在闽、浙沿海诸岛[①]。

二、水仙的种植、观赏及其文艺创作

水仙自五代传入我国，历史较兰、菊、梅、牡丹等国产名花略显短浅，但由于植株可爱，花期独特，色洁香浓，神韵清雅，加之其球茎育花和传播极为方便，备受人们喜爱和推重。千百年来，广大文人士大夫特别眷顾和推崇，创作了许多诗、词、赋和绘画作品，抒发了丰富的情趣。民间也出现了不少美丽的传说与歌谣，寄托了人们美好的愿望。

（一）种植、销售与观赏

由于是外来物种，水仙的繁殖方式比较特殊。其实际的种植和传播主要依靠专业化的商品种植和销售。古人在这方面积累了丰富的生产经验，也形成了一定的产业传统。水仙在栽培方面容易出现的问题是"多不着花"[②]，"种不得法，徒叶无花"[③]，或者发花后花隐叶间，形象欠佳。因此人们在种植栽培方面最注意总结这方面的经验，南宋以来的圃艺、类书方面的书籍都有丰富的记载。最早总结这方面经验的是南宋温革著、陈晔增补的《分门琐碎录》，书中称商品水仙种植多出于地栽，"水仙收时，用小便浸一宿，取出照干，悬之当火处，候种时取出，无不发花者"[④]。《（嘉泰）会稽志》又增加了水仙球茎六月收获与八月种植等新内容，"园丁以为此花六月并根取出，悬之当风，八月复种之，则多花"[⑤]。"悬之当火处"或当风处说的是夏日水仙鳞茎收获后必须经过一段时间的高温、干燥环境的贮存，才有利于催发花芽。这是水仙栽培的核心技术，得到了现代科技的证明。宋末元初吴怿（一作吴攒）《种艺必用》又明确指出水仙性喜肥沃和水养的特点，"种水仙花，须是沃壤，日以水浇，则花盛，地瘦

---

① 许荣义、李义民：《中国水仙》，福建美术出版社 1992 年版，第 7 页。
② 刘学箕：《方是闲居士小稿》卷下，清文渊阁《四库全书》本。
③ 陈淏子：《花镜》，农业出版社 1962 年版，第 317 页。
④ 温革著，化振红校注：《〈分门琐碎录〉校注》，巴蜀书社 2009 年版，第 109 页。
⑤ 施宿：《（嘉泰）会稽志》卷一七，《宋元方志丛刊》本。

则无花。其名水仙，不可缺水"①。明初俞宗本《种树书》还记载了《种水仙诗诀》："六月不在土，七月不在房。栽向东篱下，花开朵朵香。"②"七月不在房"指七月盛夏将水仙球茎悬于室外曝晒，即《便民图纂》所引"《灌园史》云和土晒暖，半月方种"③。清陈淏子《花镜》解释此诗诀称"六月不在房"指"悬近灶房暖处"，所说也是此意。这一诗诀影响很大，明代《汝南圃史》《华夷花木鸟兽珍玩考》、清代《花镜》《广群芳谱》等书籍都加以转录。

　　明清以来，水仙种植更加广泛，规模化、市场化进一步增强，栽培技术也更加丰富、细致。万历周文华《汝南圃史》汇集了多种圃艺书籍所载种植经验，这些书籍多已亡佚，资料更显宝贵，如"《水云录》云：'五月分栽，以竹刀分根，若犯铁器，三年不开花。'……《灌园史》曰：'和土晒暖，半月方种，种后以糟水浇之。'《冰雪委斋杂录》云：'霜降后，搭棚遮护霜雪，仍留南向小户，以进日色，则花盛'"。又引宋培桐的话"如种在盆内者，连盆埋入土中，开花取起，频浇水，则精神自旺"④。明高濂《遵生八笺》称水仙"惟土近卤咸则花茂"⑤，都注意到水仙忌铁器，喜温暖，适宜肥沃而富含盐卤的水土等特点。如何让花出叶上，明代中后期的《格物粗谈》说："初起叶时，以砖压住，不令即透，则花出叶上。"⑥清代康熙间陈淏子《花镜》又指出，宿根在土，则叶长花短，"若于十一月间，用木盆密排其根，少着沙石实其罅，时以微水润之，日晒夜藏，使不见土，则花头高出叶"⑦。对于花期的控制，人们也总结出一些经验，万历于若瀛《金陵花品咏·水仙诗序》记载："蓄种囊以沙，县（悬）于梁间风之。未播先以敝草履寸断，杂溲渟浸透，俟有生意方入土。以入土早晚，为花先后。"⑧这一经验在李渔《闲情偶寄·金陵水仙花》中也得到了证实，"欲其早则早，命之迟则迟……下种之先后为先后也"⑨。

① 吴怿撰，张福补遗，胡道静校录：《种艺必用》，农业出版社1963年版，第42页。
② 俞宗本编著，康成懿校注：《种树书》，农业出版社1962年版，第49页。
③ 需要注意的是，明高濂《遵生八笺》卷一六对此诗诀的引用和注解都是有问题的，首先是时间提早了一个月，"五月不在土，六月不在房。栽向东篱下，花开朵朵香。五月取起，以人溺浸一月。六月近灶处置之。七月种则有花。"前引《种树书》的作者俞宗本和高濂都是吴县人，所引诗诀不应当是流传当地的两个歌谣，因此很可能是高濂凭记忆书写，时间提早了一个月。就今天水仙种植的经验看，水仙种植多在公历八九月即农历七八月间，六月有点早了，也难怪高濂亲自依歌诀种植后说："甚不然也，余曾为之，无验。"
④ 周文华：《汝南圃史》卷九，《四库全书存目丛书》影印北京图书馆藏万历四十八年书带斋刻本。
⑤ 高濂编撰，王大淳点校：《遵生八笺》卷一六，巴蜀书社1992年版，第668页。
⑥ 苏轼：《格物粗谈》，中华书局1985年版，第7页。
⑦ 陈淏子：《花镜》，农业出版社1962年版，第317—318页。
⑧ 于若瀛：《弗告堂集》卷四。
⑨ 李渔：《闲情偶寄》卷一四，《续修四库全书》本。

　　由于水仙育种有一定困难,文人作品中很少写及自种水仙,如非家圃充裕,所赏水仙多出于购买。如杨万里在京城时"见卖花担上有瑞香、水仙、兰花同一瓦斛者,买至舟中",作《三花斛》[①]。花农种植的水仙球茎,每年十月间贩往各地。《(光绪)吴川县志》:"每岁十月后,市自省城,家家种之。"[②]在冬春时节,各地多有迎春花市,买卖水仙球茎已经开花的水仙。光绪富察郭崇《燕京岁时记》载北京东西庙的花厂"冬日以水仙为胜"[③]。光绪张心泰《粤游小识》也载"每届年暮,广州城内双门底卖吊钟花与水仙花成市"[④]。人们购买水仙后一般不留种,花谢即去弃。《(乾隆)永定县志》"水仙,自漳、潮买种,花落即弃之,不能留种也"[⑤]。水仙素姿清芬,颇合文人淡泊静默的审美情趣,在春节前后,文人之间相互馈赠水仙花自成风尚,这样的情景不胜枚举。如清代龙启瑞《以水仙花赠钱萍矼同年(宝青)叠韵二首(其一)》"水仙本花王,素艳群卉伏。娟然如静女,无言自清淑。惟子与此花,对影称双玉"[⑥],就是用水仙馈赠并赞美朋友。

　　与其他花卉植物必须肥土栽培、费地费工不同,家居观赏水仙,只需从市场购得球茎,置于一浅盆清水中,用少许石子固定根须,便可发叶开花,养植观赏极为方便。而且只要室内温度适宜,全国各地皆宜。这是水仙观赏传播的一大优势。《广群芳谱》云:"水仙花以精盆植之,可供书室雅玩"[⑦]。历代文人对于水仙盆、水、石子的选择十分讲究,他们认为养植水仙可用陶盆瓦罐,但更宜于精致的瓷器,宋人许开《水仙花》"定州红花瓷,块石艺灵苗"[⑧],清人樊增祥《水仙花》"香透哥瓷几箭花"[⑨],所说即是用名贵的定瓷和哥瓷培植水仙。瓷盆中的水最宜清泉,还要放上几块温润的白石,所谓"白石清泉供养宜"[⑩],"清泉白石是生涯"[⑪]。清澈的泉水和光洁的白石最能衬托水仙花凌波临水、绝尘超俗的高雅气质。对此民国张纶英概括道:"水仙最高洁,泉石雅相称。亭亭绝尘滓,迥迥见情性。"[⑫]除盆栽水养外,水仙还被用作插花,这始自南宋,

---

① 《全宋诗》第42册,第26455页。
② 毛昌善修,陈兰彬纂:《(光绪)吴川县志》卷二,《中国方志丛书》本。
③ 富察敦崇:《燕京岁时记》"东西庙",北京古籍出版社1981年版,第53页。
④ 张心泰:《粤游小识》,南京图书馆藏清光绪二十六年(1900)刻本。
⑤ 赵良生、李基益:《(康熙)永定县志》卷一,厦门大学出版社2012年版。
⑥ 龙启瑞:《浣月山房诗集》卷一,清光绪四年(1878)龙继栋京师本。
⑦ 汪灏等:《广群芳谱》,上海书店1985年版,第1246页。
⑧ 《全宋诗》第48册,第30349页。
⑨ 樊增祥:《樊山集》卷一一,《清代诗文集汇编》本。
⑩ 刘光第:《衷圣斋诗集》卷下,《清代诗文集汇编》本。
⑪ 刘墉:《刘文清公遗集》卷一二,《清代诗文集汇编》本。
⑫ 徐世昌:《晚晴簃诗汇》卷一八七,《续修四库全书》本。

范成大《瓶花》云："水仙携腊梅，来作散花雨。但惊醉梦醒，不辨香来处。"① 有时也见于露天地栽，与松、竹、梅等配植，明代文震亨《长物志》云："（水仙）性不耐寒，取极佳者移盆盎，置几案间，次者杂植松竹之下，或古梅奇石间，更雅。"② 水仙与梅花期相近，标格最称，配植最为经典，所谓"水仙夹径梅纵横"③，"处处江梅间水仙"④。在水边种植水仙，则是偶见的营景方式，由辛弃疾《贺新郎·赋水仙》"看萧然、风前月下，水边幽影"⑤ 可见一斑。这些都是丰富多样的水仙观赏方式。

清代晚期又兴起了水仙球茎的雕刻技艺，雕刻后的球茎，会长成各种不同的形态。这项技艺据说始创于清代同治年间，广州番禺县城西长寿寺住持智度"癖喜莳植，多以画理参之，于水仙花尤出新意。创为蟹爪，竦螯拥剑，厥状维肖。白石清泉，一灯郭索，如遇之苇萧沙水间"⑥。此后，蟹爪水仙一直是水仙盆景的经典造型，为人们所喜爱，如《（光绪）重修天津府志》载"今津人多喜蟹爪形者，叶短狭而屈曲横短，乃人工也"⑦。球茎经过雕刻后长成的水仙造型千姿百态、情态宛然，将水仙的天然仙韵和人工智巧完美结合。而其造型形象多寄托吉祥幸福的寓意，如金鸡贺岁、松鹤延年、孔雀开屏富贵春等。这样的水仙盆景既可以装饰家居，烘托节日气氛，也可以馈赠亲友，寄托新春的祝福。

（二）文学

古代专题吟咏水仙的诗歌数量较多，许多优秀作品维妙维肖地刻画了水仙的色、香、姿、韵，寄托了高雅的品格意趣，丰富和深化了我们对水仙之美的体验与认识。宋代黄庭坚《王充道送水仙花五十枝，欣然会心，为之作咏》"凌波仙子生尘袜，水上轻盈步微月。是谁招此断肠魂，种作寒花寄愁绝。含香体素欲倾城，山矾是弟梅是兄。坐对真成被花恼，出门一笑大江横"⑧，描写水仙的仙姿、仙韵最为传神，用"凌波微步，罗袜生尘"的洛神来形容水仙，写出了一种轻盈婀娜的姿态，"凌波仙子"、梅兄矾弟则成了描写水仙的经典比喻和说法。南宋陈傅良《水仙花》、朱熹《赋水仙花》、刘克

① 《全宋诗》第 42 册，第 26049 页。
② 文震亨：《长物志》，中华书局 1985 年版，第 11—12 页。
③ 韩元吉：《方务德元夕不张灯留饮赏梅，务观索赋古风》，《全宋诗》第 38 册，第 23629 页。
④ 许有壬：《庚辰元日李文远判州琅黎，越三日，同入长沙，值风雪不能进，舟中兀坐，因次文远见赠韵十首》，《至正集》卷一九，清文渊阁《四库全书》本。
⑤ 《全宋词》，中华书局 1965 年版，第 1873 页。
⑥ 李福泰修，史澄、何若谣纂：《（同治）番禺县志》卷四九《列传》，《中国方志丛书》本。
⑦ 徐宗亮等：《（光绪）重修天津府志》卷二六，《中国地方志集成》本。
⑧ 《全宋诗》第 17 册，第 11415 页。

庄《水仙花》赞美水仙的气节情操,"清真处子面,刚烈丈夫心"①,"独立万槁中","高操摧冰霜"②,又进一步将水仙与松、竹相提并论,"高并青松操,坚逾翠竹真"③,推举其岁寒开放的坚贞气节。以上观点和说法,奠定了梅花观赏的基本认识,梅花因此获得了"凌波仙子""兄梅弟矾"的称呼。

明清水仙诗歌创作更为兴盛,人们的感受认识也更丰富。明代梁辰鱼《月下水仙花》"绕砌雾浓空见影,隔帘风细但闻香"④,清代康熙御题《见案头水仙花偶作二首》"翠帔缃冠白玉珈,清姿终不淤泥沙"⑤,谢章铤《水仙不花有感》"只见纤丛儿叶新,恼人花事问频频",都是咏不同情态的水仙诗的佳作。文人士大夫还常借水仙托物言志,晚清邓廷桢咏《水仙花》"惟有水仙羞自献,不随群卉争葳蕤。冬心坚抱岁云莫,粲齿一笑香迟迟"⑥,寄托了不随流俗、坚贞乐观的品格追求。清末民主革命志士秋瑾生于福建闽县,赞美水仙"嫩白应欺雪,清香不让梅"⑦,水仙的清贞形象正是诗人卓然独立、坚贞不屈品格的绝佳写照。

历代以水仙为题材的词作也很丰富,主要集中在两宋和清朝,名篇佳作不胜枚举。和诗歌言志的庄重典雅不同,咏水仙词作则更加妩媚缥缈、情韵婉转。如宋代王千秋《念奴娇·水仙》、高观国《金人捧露盘·水仙》、王沂孙《庆宫春·水仙》、辛弃疾《贺新郎·赋水仙》、周密《花犯·水仙花》、吴文英《凄凉犯·赋重台水仙》、元代邵亨贞《虞美人·水仙》、明代刘基《尉迟杯·咏水仙花》、清代郭麐《暗香·水仙花》、周之琦《天香·咏水仙花》、陈维崧《玉女摇仙佩·咏水仙花和蘦庵先生原韵》、清末民初王国维的《卜算子·水仙》等都是佳作。其中宋代高观国《金人捧露盘·水仙花》可谓代表:"梦湘云,吟湘月,吊湘灵。有谁见、罗袜尘生。凌波步弱,背人羞整六铢轻。娉娉袅袅,晕娇黄、玉色轻明。   香心静,波心冷,琴心怨,客心惊。怕佩解、却返瑶京。"⑧以众多水仙、神女喻花,亦花亦人,虚实相生,意境朦胧空灵,写出了水仙花幽雅孤洁的品格、凄清朦胧的姿态,展示了幽怨婉转的美感境界。

《水仙花赋》历代共有十几篇,作者有北宋高似孙(两篇),元代任士林,明代徐

① 《全宋诗》第 64 册,第 40392 页。
② 朱熹:《赋水仙花》,《全宋诗》第 44 册,第 27562 页。
③ 胡宏:《因双井咏水仙而作》,《全宋诗》第 35 册,第 22103 页。
④ 彭孙贻:《明诗钞》,《四部丛刊续编》本。
⑤ 爱新觉罗·玄烨:《圣祖仁皇帝御制文集》卷三七,清文渊阁《四库全书》本。
⑥ 邓廷桢:《双砚斋诗钞》卷一四,《清代诗文集汇编》本。
⑦ 秋瑾:《秋瑾集》,上海古籍出版社 1991 年版,第 71 页。
⑧ 《全宋词》,第 2349 页。

有贞、田艺蘅、姚绶，清代陈作霖、胡承珙、胡敬、孙尔准、龚自珍等人。赋长于铺陈，描写较为全面，能具体地展示色、香、姿、韵的不同方面。徐有贞《水仙花赋》语言清美华茂，赞美水仙"百花之中，此花独仙"，其姿态"极纤秾而不妖，合素华而自妍。骨则清而容腴，外若脆而中坚"，其品质是"冰玉其质，水月其神。……操廪擢于霜雪，气超轶乎埃氛。……非夫至德之世，上器之人，孰为比拟，而与之伦哉"①，对水仙的"仙人之姿、君子之德"两方面做了全面总结。

在人们对水仙的文学吟咏中，形成了许多关于水仙的典故，凝结了水仙审美的一些基本感觉、印象、趣味和理念。除"凌波仙子""梅兄矾弟"外，还有"雅客""十二花师""一命九品""岁寒友""三香""五君子"等。清代小说《镜花缘》中，视水仙与牡丹、梅花、菊花、莲花等同列，称其"态浓意远，骨重香严，每觉肃然起敬，不啻事之如师"②，尊为"十二花师"之一。明王世懋《花疏》称"水仙前接腊梅，后迎江梅，真岁寒友也"③，有时也称水仙与松、柏、竹为"岁寒友"，还称水仙与梅兄矾弟合称"三香"，与松、柏、竹、梅合称"五君子"，如乾隆《题钱维城五君子图》"松柏水仙梅与筍，天然结契意相亲"④ 等。

（三）绘画

水仙入画始于南宋，今存世的南宋中前期作品仅见无款署《水仙图页》⑤。宋末赵孟坚是第一个以画水仙著称的画家，其传世《水仙花卷》"画长丈余"，将水仙随风招展、带露凝香、凌然欲仙的仙骨清姿刻画得淋漓尽致，后人赞叹"歌水仙者曰凌波仙子，言轻缥盈缈可凌波也，子固此画，庶几为花传神矣"⑥。元代以来，水仙成了文人画的常见题材，元人卢益修、虞瑞岩、钱选、王冕，明代徐渭、仇英、王穀祥，清代孙杕、郭元宰、汪士慎、吴昌硕等都喜画水仙。吴昌硕称水仙"花中之最洁者。凌波仙子不染点尘，香气清幽，与寒梅相伯仲。萧斋清贡，断不可缺"⑦，今存世有《牡丹水仙图》《天竺水仙图》⑧ 等。

画家不仅取水仙独立入画，还常常将水仙与其他花卉草木组合加以表现，最常见

---

① 徐有贞：《武功集》卷一，文渊阁《四库全书》，第 1245 册，第 19 页。
② 李汝珍：《镜花缘》，齐鲁书社 1995 年版，第 12—15 页。
③ 王世懋：《学圃杂疏》，《丛书集成初编》，第 7 页。
④ 爱新觉罗·弘历：《御制诗集·二集》卷五九，清文渊阁《四库全书》本。
⑤ 中国古代书画鉴定组编：《中国古代书画图目》，文物出版社 1993 年版，第 19 册，第 163 页。彩图又见于中国古代书画鉴定组编：《中国绘画全集》，文物出版社 1997 年版，第 5 卷，第 160 页。
⑥ 汪砢玉：《珊瑚网》卷三〇《名画题跋六》，清文渊阁《四库全书》本。
⑦ 吴昌硕著，吴东迈编：《吴昌硕谈艺录》，人民美术出版社 1993 年版，第 95 页。
⑧ 刘冠良主编：《中国十大名画家画集（吴昌硕绘）》，北京工艺美术出版社 2003 年版，第 3 页。

的是水仙和梅花"双清"组合，如明代钱谷《梅花水仙图》、文嘉《梅石水仙图》、王
穀祥《梅花水仙图》、清代郭元宰《梅花水仙图》等都属于这一题材。另山茶、瑞香、竹、
松、柏、石等也是常见与水仙组合，如明代陆治《山茶水仙图》、徐渭《竹枝水仙图》、
陈道复《松石水仙图》、王武《水仙柏石图》、清代孙枟《梅茶水仙图》等。另如明代
陈洪绶《水仙灵芝图》、吴焕《梅鹤水仙图》、清代吴昌硕《牡丹水仙图》[①] 等则是岁
贺吉祥的画作。这些花卉绘画中，水仙不一定是主景，但至少说明它在人们心目中已
经跻身"岁寒友"及"君子"之列，与梅、竹、松、柏等地位相持，尤其是名称带仙字，
是个讨喜的彩头，有着吉祥美好的寓意。

（四）工艺

工艺美术中也多水仙图案。水仙纹饰、图案常用于瓷器装饰。如清康熙、雍正年
间"十二月花卉纹杯"之青花水仙杯，以山石、水仙为主题纹饰，并有"春风弄玉来
清画，夜月凌波上大堤"[②] 题句。故宫博物院藏清代同治器皿"青花花卉纹水仙盆"[③]，
盆腹四面各绘有一组水仙花，十分精美。光绪瓷器"青花水仙葡萄纹盒"[④]、明紫砂壶"水
仙六瓣壶"[⑤]、乾隆漆雕"剔红花卉诗句图笔筒"（包括水仙花）[⑥]、清宫旧藏玉器"染牙
水仙湖石盆景"[⑦]、"清玉菊瓣式盆水仙盆景"[⑧] 等都是不同风格水仙装饰的工艺品。水
仙也是清代流行的服饰图样，如故宫博物院馆藏清光绪"绛色缂金水仙纹袷马褂"[⑨]、
清同治"石青色纱绣水仙团寿纹袷坎肩"[⑩]、清光绪"雪灰色缎绣水仙金寿字纹袷衣"[⑪]
等都有水仙的图案，为服饰衬托出了几分清雅之气。

（五）民间传说

民间传说故事中也有不少以水仙为题材的内容，反映了劳动人民对水仙的喜爱。
据清汪灏等《广群芳谱》引《内观日疏》，有一姚姥住在长离桥，十一月夜半时分，
梦见观星（引者按：星宿名）坠落，化为水仙一丛，十分香美。她于是摘食了一片

① 以上所引画作名称均引自中国古代书画鉴定组编：《中国古代书画图目索引》，文物出版社 1993 年版。
② 郭灿江、张迪：《清康熙景德镇窑十二花卉杯赏析》，《中原文物》2006 年第 4 期，第 88—91 页。
③ 故宫博物院网页：http://www.dpm.org.cn/shtml/117/@/7977.html。
④ 汪庆正编：《中国陶瓷全集》，上海人民美术出版社 2000 年版，第 15 册，第 204 页。
⑤ 杨群群：《浅谈水仙六瓣壶的风骨之美》，《江苏陶瓷》2012 年第 45 期，第 37 页。
⑥ 故宫博物院网页：http://www.dpm.org.cn/shtml/117/@/5083.html。
⑦ 故宫博物院网页：http://www.dpm.org.cn/shtml/117/@/4322.html。
⑧ 故宫博物院网页：http://www.dpm.org.cn/shtml/117/@/6182.html。
⑨ 故宫博物院网页：http://www.dpm.org.cn/shtml/117/@/7360.html。
⑩ 故宫博物院网页：http://www.dpm.org.cn/shtml/117/@/7445.html。
⑪ 故宫博物院网页：http://www.dpm.org.cn/shtml/117/@/7407.html。

花瓣。醒后就产下了一个女孩儿，取名"观星"。"观星"又叫"女史"。因此水仙花又有别名"女史花"或"姚女花"①。漳州盛产水仙，当地关于水仙起源的故事尤多。一说龙溪县梅溪村有一寡妇，虽子幼家贫，仍救助了一个冻饿数日的癞丐。癞丐为表谢意，将所食之饭撒在田中，顿时变成了满园的水仙花。从此孤儿寡母靠卖花度日，日子渐渐宽裕。水仙花也从此在漳州龙溪繁衍②。一说漳州市龙溪县圆山下有一个叫余凤鸣的人，侨商于阿非利加（引者按：非洲），偶于一家花园中见到水仙花，美丽可爱，归国时携数颗移植到村里，遂散布于圆山附近之村落③。福州也有一些关于水仙花的歌谣④。

三、水仙的审美价值和人文意义

水仙有着丰富而独特的观赏价值，古往今来深受人们喜爱，融注了深厚的思想情趣，引为高洁坚贞思想人格的象征，寄托了丰富的人文意义。

（一）物色美感

水仙主要有两个品种。一种是单叶（单瓣）。根似蒜头，外有薄赤皮。叶如萱草，色绿而厚。春初于叶中抽一茎，茎头开花数朵，大如簪头，洁白平展，状如圆盘，"上承黄心，宛然盏样"⑤，整体上形似白玉盘上托起一盏金杯，故名"金盏银台"或"金盏银盘"。另一种是千叶（重瓣），差别主要在花头。杨万里《千叶水仙花》诗序称"花片卷皱密蹙，一片之中，下轻黄而上淡白，如染一截者"⑥，人们以其精致明洁又名玉玲珑。单叶与千叶各具特色，不同的品种和形态展示了水仙花丰富的观赏价值。南宋人重千叶，而明清人则反是，普遍认为"凡花重台者为贵，水仙以单瓣者为贵"⑦，"花高叶短，单瓣者佳"⑧。

水仙根茎乳白，茎叶碧绿，花瓣洁白，花盏鲜黄，古人称作"素颊黄心"⑨、"青

---

① 汪灏等：《广群芳谱》卷五二，上海书店 1985 年版。
② 陈英俊：《闲话水仙》，《华侨月刊》1949 年第 1 卷第 5—6 期。
③ 陈尧熙：《福建龙溪之水仙花》，《农村合作月报》1936 年第 2 卷第 5 期，第 111 页。
④ 朱振民：《水仙盆景造型》，中国林业出版社 2004 年版，第 13—14 页。
⑤ 谢维新：《事类备要》别集卷三九，清文渊阁《四库全书》本。
⑥ 《全宋诗》第 42 册，第 26459 页。
⑦ 王世懋：《学圃杂疏》，《丛书集成初编》，第 7 页。
⑧ 文震亨：《长物志》，中华书局 1985 年版，第 11—12 页。
⑨ 王之道：《和张元礼水仙花二首（其一）》，《全宋诗》第 32 册，第 20252 页。

裳素面"①、金台银盏,其色调素淡清雅,展现出超凡脱俗的气息。和大多数花卉的姹紫嫣红、流霞溢彩相比,水仙的素色有一种洗却铅华、超逸尘浊的仙气,诗人赞美它"神骨清绝"②"冰肌玉骨"③,"世上铅华无一点,分明真是水中仙"④。

水仙属于草本,姿态十分柔婉。水中白茎袅娜,叶片青翠亭立,数枝花葶上点缀着淡雅的花朵轻轻摇曳,姿态分外柔美,杨万里诗云"水仙头重力纤弱,碧柳腰支黄金萼。娉娉袅袅谁为扶"⑤。柔婉的姿态流露的是一种婀娜的神韵,含羞的情态,所谓"含羞着水傍云轻"⑥。"低垂玉珮浑无力,斜捧金卮别有春"⑦。清人戏曲家李渔最爱水仙"善媚",喜欢的就是它"淡而多姿,不动不摇而能作态"⑧的柔婉幽静韵致。

水仙花诱人之处还在于它的清香。早在北宋诗人晁说之即称赞说:"此花清香异常,妇人戴之,可留之日为多。"⑨古人多用"幽香""暗香"形容,认其香过梅花、荼蘼、兰花,诗云"暗香低引玉梅魂"⑩,"同时梅援失幽香"⑪,"寒香自压酴醾倒"⑫,"清香况复赛兰荪"⑬。水仙香气浓郁而不妖,"怀清芬而弗眩",它幽雅清远的香味,萦绕于素艳、清绝的花株,更衬托出一种高雅的仙人气质。徐有贞《水仙花赋》赞叹:"彼之来斯,诚类仙子。馨香芬芳,容光旖旎……怀清芬而弗眩兮,乃独全其天真。"⑭"清香自信高群品"⑮,水仙袭人的清香是确立其崇高地位的一个关键因素。

水仙球茎以清水滋养,也是其独特之处,给人美好的联想。黄庭坚赞叹它"借水开花自一奇"⑯,"得水能仙天与奇"⑰,王千秋《念奴娇·水仙》云"开花借水,信天姿高胜,都无俗格"⑱,都显示了人们对这一习性的喜爱。人们称赞水仙如仙子"毫

①　陈与义:《用前韵再赋四首(其四)》,《全宋诗》第 31 册,第 19532 页。
②　袁宏道:《瓶史》,中华书局 1985 年版,第 8 页。
③　杨基:《眉庵集》卷一,清文渊阁《四库全书》本。
④　周紫芝:《九江初识水仙二首》,《全宋诗》第 26 册,第 17404 页。
⑤　杨万里:《再并赋瑞香水仙兰三花》,《全宋诗》第 42 册,第 26456 页。
⑥　法若真:《水仙》,《黄山诗留》卷一一,清康熙刻本。
⑦　张毛健:《水仙》,《鹤汀集》卷二,北京出版社 2000 年版《四库未收书辑刊》本。
⑧　李渔:《闲情偶寄》卷一四,《续修四库全书》本。
⑨　晁说之:《四明岁晚水仙花盛开,今在鄜州辄思之……》,《全宋诗》第 21 册,第 13749 页。
⑩　沈廷荐:《水仙花》,阮元等《两浙輶轩录》卷一九,清嘉庆刻本。
⑪　韩维:《从厚卿乞移水仙花》,《全宋诗》第 8 册,第 5248 页。
⑫　黄庭坚:《次韵中玉水仙花二首》,《全宋诗》第 17 册,第 11415 页。
⑬　杨慎:《水仙花四绝》,《升庵集》卷三四,清文渊阁《四库全书》本。
⑭　徐有贞:《武功集》卷一,清文渊阁《四库全书》本,第 1245 册,第 20 页。
⑮　姜特立:《水仙》,《全宋诗》第 48 册,第 24144 页。
⑯　黄庭坚:《次韵中玉水仙花二首》,《全宋诗》第 17 册,第 11415 页。
⑰　黄庭坚:《刘邦直送早梅水仙三首》,《全宋诗》第 17 册,第 11415 页。
⑱　《全宋词》,第 1470 页。

茫凌波微步来"①,"水上轻盈步微月"②,一派清婉雅逸、萧然出尘、仙风道骨般的姿态。

水仙的花期在冬季,与蜡梅、梅花、山茶大致同时,人们称水仙与梅、山茶为"小寒三信"。宋人史浩《水仙花得看字》"奇姿擅水仙,长向雪中看"③,明人费元禄《花信风诗二十四首·小寒三候水仙花》"射鸭池头雪未残,水仙风色正冲寒"④。花期值岁寒年头也是水仙花的一大特色。

水仙起源虽晚,但从一开始就甚得人们推重。人们对水仙的喜爱取决于水仙的物色形象与人们文化需求之间的妙合契应,水仙的素雅清逸符合宋人清贞幽雅的审美标准和精神追求,所以在宋代一经发现,就备受人们喜爱与推崇,迅速进入我国名花行列,影响深远。

(二) 人文意义

上述水仙的诸多形质和习性特色,带给人们生动而丰富的审美感受,历代文人士大夫特别喜爱和推崇,将其引为思想情趣的寄托,赋予了品德情操的象征意义。

1. 清雅气质

水仙花素雅的花色、轻盈的姿态、清郁的芬芳,"借水开花"的习性,体现了一种高雅的气质和超逸的姿态。这份清绝与清逸,在花卉中只有梅花可与之相提并论,被人们称作"双清"⑤,"水仙玉梅亦超俗"⑥,"清峻胜处子"⑦。加之一个"水仙"的美名,"百花之中,此花独仙"⑧,"评量卉谱合称仙,脱俗离尘意洒然"⑨,其气质是人们超越流俗、高雅洒脱的人生态度与生活情趣的极佳写照和绝妙象征。人们并不满足于以"凌波仙子"视之,认为这难免有女性脂粉气息,于是进一步将其比作屈原和李白,刘克庄《水仙花》"岁华摇落物萧然,一种清风绝可怜。不许淤泥侵皓素,全凭风露发幽妍。骚魂洒落沉湘客,玉色依稀捉月仙"⑩,又称赞它如"高人逸士,怀抱道德,遁世绝俗,而高风雅志自有不可及者"⑪,都寄托了更为高雅超雅的精神品格。

① 刘璟:《画水仙花》,《易斋稿》卷六,清抄本。
② 黄庭坚:《王充道送水仙花五十枝欣然会心为之作咏》,《全宋诗》第 17 册,第 11415 页。
③ 《全宋诗》第 35 册,第 22143 页。
④ 费元禄:《甲秀园集》卷二〇,《四库禁毁书丛刊》本。
⑤ 吕诚:《双清诗》,《来鹤亭诗》卷四,清文渊阁《四库全书》本。
⑥ 姚莹:《后湘诗集》卷三,《清中复堂全集》本。
⑦ 同上。
⑧ 徐有贞:《水仙花赋》,《武功集》卷一,清文渊阁《四库全书》本,第 1245 册,第 19 页。
⑨ 爱新觉罗·弘历:《御制诗集·二集》卷七三,清文渊阁《四库全书》本。
⑩ 《全宋诗》第 58 册,第 36274 页。
⑪ 吕诚:《双清诗》,《来鹤亭诗》卷四。

2. 坚贞品格

水仙花期在冬末，此时天寒风冽，草木萎尽，古人认为水仙具有孤根独秀、不畏冰雪的坚贞品格，与"岁寒三友"松竹梅丝毫不让，常将它与梅、竹、松柏等联类赞誉，以寄托人们高尚的品德。人们称赞水仙具有"高并青松操，坚逾翠竹真"，"独立万槁中"① 的凛然大节，水仙因此也成了"岁寒三友"那样的君子之象。

3. 吉祥寓意

水仙在中国阴历春节前后开放，被认为是吉祥如意的预兆，人们常用来表达迎新纳福的美好愿望。前引《（光绪）吴川县志》载："（水仙花）市自省城，家家种之，元旦花开，人争以花验休咎云。"② 水仙的名称也多吉祥，单瓣水仙别名"金盏银台"，千瓣水仙称"玉玲珑"，也都有金玉满堂的吉利兆头，是富贵和瑞吉的象征。因此人们常常在新春时节，将水仙作为馈赠佳品，赠送亲朋，以寄托美好的祝愿。

四、现代的水仙文化

现代以来，水仙一直备受人们喜爱。许多文人对水仙花都十分钟爱。如鲁迅1935 年 2 月在郑振铎家作客，就兴致勃勃地与大家谈论水仙的观赏和药用价值③。园艺园林专家周瘦鹃也偏爱水仙，在《得水能仙天与奇》一文深情写道：母亲生前很爱水仙，母亲去世恰在冬天，他买了三株崇明水仙，养在一只宣德紫瓷的椭圆盆里，伴以英石，供在灵几上，赋诗云："翠带玉盘盛古盎，凌波仙子自娟妍。移将阿母灵前供，要把清芬送九泉。"④ 林语堂对水仙花有一种特殊的亲近感，《论花与花的布置》一文写道："我觉得只有两种花的香味比兰花好，就是木樨和水仙。水仙花也是我的故乡漳州的特产，……白水仙花头跟仙女一样地纯洁。"⑤ 郭沫若有一本诗集《百花齐放》，用 101 首诗赞美 101 种花，其中水仙花诗写道："碧玉琢成的叶子，银白色的花。简简单单，清清楚楚，到处为家……人家叫我们是水仙，倒也不错。只凭一勺水，几粒小石子过活……年年春节，为大家合唱迎春歌。"⑥

1987 年 5 月，上海文化出版社、上海园林学会等五家单位联合主办"中国传统

---

① 陈傅良：《水仙花》，《全宋诗》第 47 册，第 29250 页。
② 毛昌善修，陈兰彬纂：《（光绪）吴川县志》卷二，《中国方志丛书》本。
③ 高君箴：《鲁迅与郑振铎》，《新文学史料》1980 年第 1 期，第 242 页。
④ 周瘦鹃：《周瘦鹃文集》，文汇出版社 2010 年版，第 275—278 页。
⑤ 林语堂：《人生不过如此》，群言出版社 2010 年版，第 106 页。
⑥ 郭沫若：《百花齐放》，人民日报出版社 1958 年版，第 2 页。

十大名花评选"活动，最终评选结果水仙荣居其一。春节前后，时令花卉相对较少，摆一盆水仙点缀几案、窗台，可以将居室点缀得更加幽雅多姿，为迎接新年增添无尽的诗情画意。水仙雕刻造型也成了一门艺术，孔雀开屏、金鸡报晓、松鹤延年、螃蟹戏水等水仙造型盆景，符合年节气氛，深受大众喜爱。水仙还被用作切花插瓶使用，人们将山茶、腊梅、梅花等组合搭配。水仙喜暖畏寒，花期在冬季，因此大面积露地栽植、花坛造景并不普遍。只是在江南暖湿且盛产水仙的地区，如上海、漳州等地，常将水仙散植在公园的草坪上或者与其他时令花卉组成花丛、花坛，形成园景。在北方，春节前后多将水仙培植在温室花房中供游人观赏。新世纪以来，随着花卉文化及贸易与旅游的发展，各地开始举办形式多样的水仙花节和水仙花展。2007年漳州龙海市举办了水仙花雕刻节，同年河北石家庄植物园也举办了首届水仙花展。北京顺义区卧龙公园迄今已连续举办了六届水仙花展，2011年厦门举办了首届水仙花雕刻艺术展，2013年2月杭州高丽寺举办了迎春水仙花展，2013年福州马尾区园林局举办了水仙花展。

福建漳州、浙江普陀和上海崇明并为我国当代三大水仙产地。1984年10月26日，漳州市人大常委会决议，将水仙定为漳州市花。1997年8月，福建省人大常委会又通过决议，确定水仙为福建省的省花。普陀水仙，又称"观音水仙"，传为野生水仙，《（康熙）定海厅志》便有记载，如今被定为舟山市的市花。崇明水仙的种植历史可以追溯到明代中期，但大规模种植始于本世纪20年代。2011年，崇明水仙花被选作"上海最有地方特色的花卉和最能体现上海园林园艺水平的产品"，参加了台湾"国际花博会"。在上述三地，水仙都成了特色物产和传统产业，在园林、贸易、旅游等经济社会生活中发挥了重要作用。

民国以来，水仙远销南洋、欧美，那里的华侨多是闽粤人，十分珍爱水仙，每逢春节都将水仙供在几案，寄托思乡之情。1950年1月7日，夏威夷檀香山中华总商会举办了首届水仙花节，从那时起，每年一次从未间断。作为节庆重要项目，每年都要选出水仙花皇后和公主，代表檀香山华人到世界华人聚集地进行友好访问[①]。某种意义上，在许多华侨心目中，中国水仙具有"国花"的象征意义。在民国水仙大量销往欧美的背景下，西方人也视中国水仙为中国国花。1920年冰岩《国花水仙》一文中写道："菊傲风霜，开花适在双十时节，定为国花至宜也。顾有主牡丹者，有主嘉禾者，莫衷一是。而考之西籍，则认水仙为吾国国花。水仙，水仙，其为吾国外交的

---

① 金波、东惠如、王世珍：《水仙花》，第131页。

国花乎？"① 中国水仙作为我国传统名花，成了中华民族一个重要的文化标志和象征符号。

　　[与程宇静合作,原载《盐城师范学院学报》(人文社会科学版)2015 年第 1 期，
　　此处有修订]

---

① 　《妇女杂志》（上海）1920 年第 6 卷第 10 期，第 11 页。

周密《声声慢》所咏扬补之"三香"有山矾无瑞香考

周密《声声慢》调下题序作："逃禅作梅、瑞香、水仙，字之曰三香。"见《全宋词》第 5 册第 3278 页。此处"瑞香"二字当作"矾"，错误其来有自。周密词传世有《蘋洲渔笛谱》《草窗词》两种，前者出于周密自定，后者出于后人辑录。《蘋洲渔笛谱》有扬州江昱疏证本和鲍氏知不足斋所刻汲古阁毛扆校本两种，均刊于乾隆末年。从时间上说，毛扆校本或成在先，毛扆校跋称"借昆山叶氏旧录本影写，用家藏草窗词参校"。"瑞香"二字即出于此本。江昱疏证本成于乾隆四年，时间或在后，但江昱跋称，"从慈溪友人处见有副本，方体宋字，于当时避讳字皆阙点画，似从刻本影钞者"，当是更近宋刻原本，而江氏"钞而藏之，悉仍其旧"，未经校改，所录也更严守旧貌。此本"瑞香"二字缺，作一字空格。该本经晚清朱祖谋氏校定编入彊村丛书，原空一格补作"瑞香"二字，朱氏校记称："（题）原本'瑞香'二字缺，从鲍本。"所谓鲍本即知不足斋所刻毛扆校本。《全宋词》据彊村丛书本编入，亦作"瑞香"。

笔者认为，此序应以江昱本空一格即缺一字为是。理由有二：

一、明红丝栏格抄本唐宋名贤百家词、知不足斋本《草窗词》此词声调下题序均作"水仙梅"，当是说水仙与梅两花。而词中明显是咏三物，此本来源不明，但成于明中叶前，表明该词题序应有缺字，由来已久，知不足斋本《蘋洲渔笛谱》"瑞香"二字当为汲古阁毛扆校时补入。

二、《蘋洲渔笛谱》此词下一篇是《声声慢》同调题画之作，调下题序作"逃禅作菊、桂、秋荷，目之曰三逸"。《蘋洲渔笛谱》出于周氏自定，前后相邻两词多有联类相随的现象，同类相随两词题序也多有句法、字数完全一致的现象，如《凤栖梧·赋生香亭》与《少年游·赋泾云轩》，《西江月·荼蘼阁春赋》与《清平乐·横玉亭秋倚》，《朝中措·东山棋墅》与《闻鹊喜·吴山观涛》等等。由下篇题序可推，该词题序应为"逃禅作梅、□、水仙，字之曰三香"，空方位置应是一字，而非两字。

所缺一字当为"矾"字，指山矾花。理由有三：

一、梅、水仙、山矾齐名并称出于黄庭坚水仙诗，所谓"凌波仙子生尘袜……山矾是弟梅是兄"是也。据黄庭坚诗意，南宋时三者并题同绘已较流行。宋元诗人此类题咏已有不少，如宋人释宝昙《画水仙、梅、山樊》、曾由基《题画梅、水仙、山矾三友图》都指明三花，而宋元之交牟巘《题德范弟三香图》、赵文《三香图》、元人张昱《三香图》所题画作均属黄庭坚所说上述三花。元人张天英《题赵子固三香图》也是，其中"江头小白"者即化用黄庭坚山矾诗序语意，表明赵孟坚所绘"三香"也即梅、矾、水仙三种。可见南宋以来至宋元之交，梅、水仙、山矾并称"三香"已成固定说法，画中尤然。而元朝后期以来，梅、水仙、山矾与兰、桂、瑞香等不同组合并称三香或四香、五香者才逐步出现，毛扆或未审其实，就所闻率意补入。

二、周密词中实际所写也以山矾为是。此词通篇隐用《太平广记》所载唐人薛昭于兰昌宫古殿遇三鬼仙张云容、萧凤台、刘兰翘事，以比喻"三香"，拟人抒情，虚处传神，其中"樊姬岁寒旧约，喜玉儿、不负萧郎"当是合写三花，而所谓"樊姬"正谐音指山矾。梅、山矾、水仙三种均花色洁白，词中称"淡雅梳妆""清铅素靥""冰钿翠带"正相切合。而瑞香花有黄、紫二色，以紫色著称，宋人王十朋即形容为"紫云呈瑞"（《点绛唇》），与梅花、水仙的花色、气韵不侔，与词中所言素淡之意不合。

三、序中所缺既然只是一字，山矾可省称"矾"，宋人即常言"梅兄矾弟"。而瑞香却无适用的单字称呼，无论是"瑞"还是"香"都不足以单指瑞香。因此综合上述数点可见，周密此首《声声慢》调下题序当为"逃禅作梅、矾、水仙，字之曰三香"无疑。古人于山矾（古写作礬）也常同音假借作山樊，所缺"矾"字也可能写作"樊"。由此一字之正讹，也可见周密《蘋洲渔笛谱》两本中以江昱疏证本更可靠。

[原载《阅江学刊》2017 年第 5 期]

论中国古代文学中杨柳题材创作繁盛的
原因与意义

杨柳题材创作的繁盛，是中国文学历史发展中一个显著而特殊的现象，留下了极其丰富的文学遗产，包含着深厚的审美价值和认识价值。本文就其繁盛状况及其形成原因与文学意义进行专题探讨。

一、繁盛的状况

杨柳是中国古典文学中极其普遍，也是极其重要的题材和意象。中国文学中咏柳作品蔚为大观，构成了中国古代文学的重要组成部分。杨柳是一种极其常见的植物，作为一种文学题材，不管是在树木、花卉还是在整个植物中，数量都是极其突出的。我们选两种有代表性的文学总集来统计比较，宋李昉《文苑英华》编集《昭明文选》以来迄五代的文学作品，其中"花木类"诗歌七卷，按所收作品数量多少排列，主要有这样一些花卉：（1）竹（含笋）54首；（2）松柏39首；（3）杨柳32首；（4）牡丹27首；（5）梅21首；（6）桃17首；（7）荷（含莲、藕）16首；（8）菊12首；（9）梧桐、石榴、樱桃、橘各10首；（13）兰（蕙）9首；（14）杏8首；（15）海棠7首；（16）桂6首。清康熙间所编《御定佩文斋咏物诗选》选辑汉魏以迄清初的作品，其中植物类数量突出的依次有：（1）梅（含红梅、蜡梅等）234首；（2）竹（含笋）198首；（3）杨柳195首；（4）荷125首；（5）松柏97首；（6）菊78首；（7）桃75首；（8）牡丹70首；（9）桂66首；（10）柑（含橘、橙）64首；（11）杏52首；（12）兰蕙51首；

（13）樱桃 45 首；（14）荔枝 38 首；（15）梧桐 35 首；（16）石榴 30 首。上述两书所收前十六种植物中，前后位次大多有些变化。这显然由宋以来吟咏兴趣的起伏所决定，如梅花在前书中排第五位，宋以来咏梅创作持续热门，因而在后一书中跃居第一。松柏是早期文学的重要题材，而后来的地位则有明显下降。比较上述数据，唯有杨柳与橘两者的位次前后完全一致，而杨柳稳居第三。这至少说明两点：一是在古代诗歌中杨柳题材作品的数量比较突出，名列前茅；二是在漫长的历史进程中杨柳题材的创作持续活跃，长盛不衰。

诗中的情况如此，其他文体亦然。清《御定历代赋汇》草木赋十三卷中，所收作品数量依次为：竹 25 篇；荷 22 篇；松柏、梅均 17 篇；杨柳 12 篇；兰 11 篇；菊 9 篇；柑橘 7 篇；梧桐、槐均 5 篇；桃、水仙各 4 篇；牡丹 3 篇。杨柳的排次略有后移，但仍在兰、菊等之前。而词中的情况则更值得注意。诗与词两体固然历史要长短，而对不同的题材和主题又是各有偏宜，如常言"诗庄词媚"，"诗言志，词缘情"，因此松、柏、槐、桧一类气质严凛的意象宜于以古近体诗表现，而花柳一类华美植物则尤宜于"花间尊前"的词中歌吟。我们看《古今图书集成》所辑文学作品的情况：咏松诗 194 首，词 3 首；咏竹诗 381 首，词 6 首；咏桐诗 69 首，词 1 首；咏槐诗 40 首，词无；咏梅诗 443 首，词 137 首；咏柳诗 193 首，词 63 首；咏杏诗 78 首，词 27 首；咏桃诗 163 首，词 17 首。松、竹、桐、槐之类诗、词两体数量差距悬殊，几不成比例。而梅、柳、杏、桃等则诗、词皆宜，两者数量差距不太大，梅、柳的情况尤其如此。杨柳题材可以说是诸体并茂，多种文体综合考虑，则杨柳作品的数量优势进一步凸显。

综合上述统计数据，我们不难感受到杨柳题材在古代文学中的地位。虽然我们不可能从浩如烟海的古代文学中得出一个杨柳题材作品的绝对数据，但有一点是可以肯定的，综观整个古代文学，杨柳题材作品的数量是极其庞大的，其数量大约只稍逊于竹，而居于第二，保守一点也应在第三的位置，与松、梅难分先后。

这是杨柳专题赋咏的情况，更普遍的情形则是意象的使用。现代电子文献检索比较方便，兹据郑州大学特色信息服务网页提供的张子蛟《全唐诗库》检索系统，该系统收唐诗 42863 首，篇数较多的十种植物依次是：松柏 3487 首，占 8%；杨柳 3446 首，占 8%；竹 3034 首，占 7%；莲（含荷、藕、芙蓉）2322 首，占 5%；兰（含蕙）1765 首，占 4%；桃 1476 首，占 3%；桂 1378 首，占 3%；李 962 首，占 2%；梅 948 首，占 2%。当然其中有一些并非植物之义，如桂有"桂州""桂林"等地名概念。但就一般概率而言，也很能说明问题。杨柳高居第二，较专题之作的比重有所增加。类似的情况也出现在宋词中。据南京师范大学《全宋词检索系统》（含孔凡礼《补辑》），宋词词作正文（不含词的题序）包含植物名称的单句数量依次为：梅 2946 句；柳 2853 句；桃 1751 句；竹 1479 句；兰 1136 句；杨 1039 句；松 995 句；菊 695 句；桂 659 句；荷 663 句；莲 622 句；李 557 句；杏 553 句；芙蓉 361 句；梧 328 句；海棠 308 句；茶 196 句；萍 183 句；牡丹 140 句；榆 85 句；芍药 46 句。杨、柳合计 3892 句，扣除"杨柳"两字复合出现的 368 句，得 3524 句，高居所有植物之首，且遥遥领先，比诗中的情况更为突出。

我们还可以通过古代辞书所收词汇的统计来进一步加以体会。清康熙《御定佩文韵府》（正集）所收以植物名称为词根的双音或多音词，数量前十位的分别是："～松"（含"～柏"）420 条；"～竹"388 条；"～柳"（含"～杨"）320 条；"～莲"（含"～荷""～藕"）288 条；"～茶"（含"～茗"）272 条；"～兰"（含"～蕙"）214 条；"～桃"190 条；"～桂"180 条；"～桐"（含"～梧"）160 条；"～梅"157 条。雍正朝纂《骈字类编》所收以植物名称为词头的双音词或多音词，数量排在前十位的分别是："竹～"454 条；"兰～"（含"蕙～"）387 条；"松～"（含"柏～"）350 条；"柳～"（含"杨～"）292 条；"莲～"（含"荷～""藕～"）283 条；"茶～"（含"茗～"）274 条；"梅～"220 条；"桂～"216 条；"桑～"177 条。上述两类合计，杨柳为语素的词汇数仅次于松、竹，位居第三。这与前揭作品题材和意象的统计完全对应吻合。固定词汇是生活经验和文学实践悠久积淀的结果，有关统计数量也许反映的情况更为基准和深刻，因而也进一步反映了杨柳题材创作的繁盛情形及其在中国文学中的特殊地位。

有必要说明的是，上述数据对杨柳题材文学创作来说并不只是数量意义，同时也反映了一定的质量水平。《文苑英华》《佩文斋咏物诗选》《历代赋汇》等都首先是选集，入选作品程度不等地都具有质量水准和传播、影响上的优势。正是基于这一考虑，我们只需提供上述一系列客观数据，就能强烈地感受到杨柳题材和意象在文学创作中的繁盛情形和突出地位。可以完全大胆地说，如果在中国古代文学植物题材或意象中明确一个"四强"，杨柳无疑与松、竹、梅同在其列。

二、繁盛的原因

那么，杨柳题材的创作和杨柳意象的地位何以如此突出？文学植根于生活，从根本上说来，杨柳题材创作的繁荣是由杨柳与人类生活的密切关系、杨柳在社会生活中的地位所决定的。具体则主要表现为两方面的原因：一是杨柳物性的自然因素；二是杨柳应用的社会因素。

（一）杨柳的自然特性

1. 分布广茂

我国幅员辽阔，纵跨温、热带多个气候区，南北温差较大，地形地貌复杂，气候类型多样。很多植物都有明显的自然分布界限，比如竹、梅、桂、橘、樱桃等只能在南方温暖湿润的地区生长，荔枝、榕树更是只见于热带或南温带地区，而槐树、梧桐则宜在相对干旱的北方生长。园艺界有所谓"南梅北杏""南梅北牡"之说，指的是梅花与杏花、牡丹南北不同的区域分布。与其他花木相比，杨柳的生命力和适应性都很强，古人概括柳有"八德"①，第一即"不择地而生"。杨柳对土壤、气温乃至水分等都没有很高的要求。在漫长的历史进化中，也形成了丰富的品种体系。常见的有旱柳、杞柳和垂柳等。旱柳耐寒性很强，喜水湿，亦耐干旱，对土壤要求不严，在干瘠沙地、低湿河滩和弱盐碱地上均能生长，在我国北方分布很广，是我国西北地区最常见的乡土树种之一。杞柳喜光照，宜在沙壤土、河滩地以及近水的沟渠边坡等肥沃的地方种植，主要分布在东北地区及河北燕山地区。垂柳，枝条细长下垂，喜水湿，比较耐寒，还有枝条并不下垂的河柳，都主要分布在南方水乡，北方也有广泛分布。所以，无论山地还是平原，无论黄土高原还是江南水乡，无论温暖的南国还是寒冷的塞北，杨柳都可以正常生长。一般而言，温带植物移植热带生长易，而热带植物在温带生长难。周密《癸辛杂识》续集卷下记载了一个极端的例子："鞑靼地面极寒，并无花木，草长不过尺，至四月方青，至八月为雪虐矣。仅有一处开混堂（引者按：澡堂），得四时阳气，和暖能种柳一株，土人以为异卉，春时竞至观之。"宋时鞑靼指今黑龙江省及内蒙古阴山以北地区，如此极寒之地尚能种柳，其他地区也就不言而喻，可见杨柳之在我国自然分布极其广泛，大江南北、长城内外，凡有草木处即有杨柳。

不仅分布区域广泛，其分布密度也颇可观。杨柳繁殖能力极强，杨柳"八德"中第二条即"易殖易长"。一方面种子（即柳絮）可以借助风力和流水传播发育，另一方面也可无性扦插繁殖，《战国策》即言："杨，横树之则生，倒树之则生，折而树之又生。"②杨柳不仅繁殖力强，而且生长也很迅速，正如白居易《种柳三咏》云："白头种松桂，早晚见成林。不及栽杨柳，明年便有阴。"③俗语也有所谓"有心栽花花不发，无意插柳柳成阴"。正是如此生长优势，使杨柳成了大江南北、长城内外生长最为普遍，

① 李光地等：《御定月令辑要》卷一，文渊阁《四库全书》，上海古籍出版社 1987 年，第 467 册，第 104 页。以下凡《四库全书》本，皆上海古籍出版社 1987 年影印文渊阁《四库全书》本。
② 范祥雍笺证，范邦瑾协校：《战国策笺证》卷二三，上海古籍出版社 2006 年版，下册，第 1341 页。
③ 《全唐诗》卷四五五，中华书局 1960 年版，第 14 册，第 5160 页。以下《全唐诗》版本均为中华书局 1960 年版。

最为常见，触目即是的植物。

如此广茂的分布正是文学创作中杨柳题材和意象大量出现的客观条件。文学家有年寿长短，地籍南北，身份高低，学植深浅，阅历广狭等个体差异，于"鸟兽草木"也有不同的因缘知识与兴趣爱好，但于杨柳无不了如指掌。杜甫不咏海棠，北人不辨梅杏，但如要说有哪一位作家一生不识或笔下未及杨柳，必是匪夷所思。从大的方面说，历史上我国经济、文化重心有一个南北转换的过程，先秦至唐代社会重心偏北，以黄河流域为主，宋以来则渐向南方转移，文学也复如此。文学中不同的植物题材多少总有些区域分布的局限，而杨柳不然，无论是以北方地区为中心的文学创作如《诗经》、汉魏乐府、北朝乐府民歌，乃至于唐朝以今天的"三北"地区为背景极富时代特色的边塞诗，还是宋元以来词曲等明显以南方为创作重心的文体作品，杨柳总是最常见的植物题材、最普遍的风景意象。这是古代文学中杨柳题材和意象繁盛最主要的原因。

2. 景象丰富

植物之引入文学题材总是作家主观选择的结果，某种植物题材的广泛流行总与自身的形象特色密切相关。放在整个花卉植物题材中，杨柳有两方面明显的优势：一是观赏期长。杨柳"八德"中第三、第四是"先春而青"与"深冬始瘁"，说的是杨柳年生长期较长。"城中桃李须臾尽，争似垂杨无限时。"① 草本植物的观赏价值一般不若木本。同是木本，观花植物的观赏价值主要集中在有限的花期内，而杨柳以树枝树形为形象特色，从早春季节的新叶萌发到秋冬季节的叶落枝残，观赏时间几乎覆盖一年四季，其最受关注的早春柔条、暮春烟絮、盛夏浓荫诸景，前后绵延近大半年，这在观花植物是少有其比的。二是形态丰富。杨柳之树、枝、叶，还有"花"（柳絮），各具独立的观赏内容。更重要的是杨柳属落叶树种，年生长迅速，一年四季整体植株枝叶形态与色彩变化都较大，四季景色极其丰富，而松、竹一类常青草木四季一色，变化较少。如此一年四季不断变化的景色，给人们带来的视觉触动和灵感启发是丰富多样的，因此我们看到从早春到暮春，从初夏到残秋，无论是山水景物的描写，还是田园风光的勾画，杨柳总是其中最常见的元素。叶长如眉、枝柔若腰、絮白如雪；早春嫩枝鹅黄、仲春丝绦青青、暮春烟柳弥漫、长夏高柳藏鸦、初秋疏枝鸣蝉；风中柔枝曼舞，雨中烟树迷离，日下绿荫清凉，月中清枝扶疏。品物不变仪态万千，揽入笔端无非诗材赋题，构成了一套品目丰富的杨柳题材体系。其最突出的，如《柳枝词》

---

① 刘禹锡：《杨柳枝词》，《全唐诗》卷二八，第 2 册，第 398 页。

一类咏柳创作，动辄联章数首，乃至十首、数十首，分时撷景，而语意无复。

（二）杨柳的社会应用

1. 历史悠久

杨柳是进入我国先民生活较早的植物。殷商甲骨文、周朝金文中都有"柳"字,《周易》中曾用"枯杨生稊"比喻老夫得妻,《山海经》中有多处"其木多柳"的记载,《管子·地员》则多处直接提到柳的种植，由此可见我国杨柳的开发利用具有极其悠久的历史。正因此，其进入文学领域的时间也比较早。《诗经》三百篇，有十首涉及杨柳，其中"折柳樊圃"(《诗·齐风·东方未明》),"泛泛杨舟"(《诗·小雅·菁菁者莪》),"有菀者柳，不尚息焉"(《诗·小雅·菀柳》),涉及木材制造、柳条围篱、树荫取凉等多种用途。两千五百多年前的先民们借助这些生活经验作比兴，来抒发自己的思想情感。《诗经》中也不乏对杨柳物色形象的正面描写,《诗·小雅·小弁》："菀彼柳斯，鸣蜩嘒嘒。"《诗·陈风·东门之杨》："东门之杨，其叶牂牂。"《诗·小雅·采薇》："昔我往矣，杨柳依依。"三诗所涉品种微有不同，但都意在强调杨柳枝叶的茂盛，包含了对杨柳"易殖易长"之形象特色的准确把握与欣赏。在植物世界中，松、竹、荷、桃、芍药、兰、桂、橘等是在中国文学中出现较早的意象，牡丹、海棠、水仙、茉莉、荔枝等出现较晚，六朝之后才陆续见诸品题吟咏，杨柳与松、竹等植物同属第一批进入文学。透过《诗经》这一中国文学原典中杨柳形象丰富而成功的表现，就不难感受到这一题材创作走向繁荣的历史基因与渊源。此后乐府《折杨柳》的流行、魏晋文人咏柳诗赋的出现、唐代《杨柳枝》的兴起，中国文学一路走来，杨柳总是流行乃至热门的题材与意象。至少在汉唐这一中国文学发展的黄金时期是如此,围绕《折杨柳》《柳枝词》形成的文体模式乃至创作热潮是其中最典型的情景。正是从先秦以来持续的创作热潮，奠定了杨柳题材与意象在中国文学发展中的旺盛趋势和重要地位。

2. 栽培广泛

杨柳不仅自然分布广泛，人类的栽培应用也很普遍。杨柳因其易于栽培和生长迅速，树干粗大而树形优美，枝叶含有一定的药用价值，使其在农业、园林、建筑、医药以及日常生活中应用极其广泛。晋傅玄《柳赋》称，"无邦壤而不植兮"[①]，杨柳可以说是我国古代种植最为普遍的树种。

杨柳种植最普遍的情况是农耕家庭的经济种植和日常应用。杨柳的木质柔脆，除

---

① 《全上古三代秦汉三国六朝文》全晋文卷四五，中华书局1958年版，第2册，第1719页。

少数品种外，大多不任梁柱，不堪制作，但其发枝旺盛，生长迅速，正是效益极高的柴薪用材。古人所说柳之"八德"中，"岁可刈枝条以薪"即其一，《齐民要术》卷五引《陶朱公术》曰："种柳千树则足柴。十年之后，髡一树，得一载；岁髡二百树，五年一周。"[1] 这是规模种植以为生计的成功经验，事实上普通农户宅前屋后、田角地头分散种植的情况更为普遍，因为"柴米油盐酱醋茶"开门七件事，柴火是第一位的，上至御院宫廷，下至平民白屋都日用不离。杨柳中的杞柳等灌木品种，枝条可以用来编制簸箕、筐篮等用具，还可用来编篱护田，《诗经·齐风·东方未明》所言"折柳樊圃"即是。不难想见，在传统深厚、幅员辽阔的中国农耕社会里，杨柳是最为家常的树种，最普遍的景象。因此在中国文学中，有关田园风光、村社风土乃至于相关的行旅写景之作中，都离不开杨柳的影子，并且是最重要的写景元素之一。我们只要看看陶渊明的田园作品："方宅十余亩，草屋八九间。榆柳荫后檐，桃李罗堂前"[2]，"梅柳夹门植，一条有佳花"[3]，"荣荣窗下兰，密密堂前柳"[4]，对此势必深信无疑。

杨柳应用栽培中第二个对文学影响较大的是行道、驿亭种植。在现代公路和铁路出现之前，古代由政府修建与经营的交通干线是驰道或驿道。周朝即有"立树以表道"[5]的传统。有学者论证，我国古代用作行道树的植物前后有所变化，先秦时多种栗，"秦以青松为主，汉以槐树为主，……一直保持到唐宋，至明清转以杨柳为主"[6]。大量的资料表明，杨柳用作行道树的历史要大大提前。汉建安七子刘桢《赠徐干》诗"细柳夹道生"[7]，已隐约有夹道植柳的迹象。晋陆机《洛阳记》："洛阳十二门……城内皆三道，公卿尚书从中道，凡人左右出入，不得相逢。夹道种榆柳，以荫行人。"[8] 潘岳诗："弱柳荫修衢。"[9]《晋书》前秦符坚传载："关陇清晏，百姓丰乐，自长安至于诸州，皆夹路树槐柳，二十里一亭，四十里一驿，旅行者取给于途，工商贸贩于道。"[10] 显然柳树已与槐、榆一起作为主要的行道植树，而且规模较大。这是北方的情形，而在东晋南朝，杨柳则成了主要的行道树种。何法盛《晋中兴书》记载，东晋陶侃任武昌（今湖北鄂州）

① 贾思勰著，缪启愉校释：《齐民要术校释》卷五，农业出版社1982年版，第253页。
② 陶渊明：《归园田居》，《先秦汉魏晋南北朝诗》晋诗卷一七，中华书局1983年版，中册，第991页。
③ 陶渊明：《蜡日》，同上书，第1003页。
④ 陶渊明：《拟古》其一，同上书，第1003页。
⑤ 来可泓：《国语直解》，复旦大学出版社2000年版，第95页。
⑥ 游修龄：《农史研究文集》，农业出版社1999年版，第436页。
⑦ 刘桢：《赠徐干》，《先秦汉魏晋南北朝诗》魏诗卷三，上册，第370页。
⑧ 乐史：《太平寰宇记》卷三，影印文渊阁《四库全书》第469册，第27页。
⑨ 《先秦汉魏晋南北朝诗》晋诗卷四，上册，第638页。
⑩ 《晋书》卷一一三，中华书局1974年版，第9册，第2895页。

太守,于"武昌道上种杨树"①。南朝宋谢灵运《平原侯植》:"平衢修且直,白杨信袅袅。"②
清商曲辞《读曲歌》:"青幡起御路,绿柳荫驰道。"③ 这些诗句说的都是官道杨柳垂荫
的情形。到了隋唐统一时期,无论都城街道,还是外州驰道,行道栽植槐、柳、榆较
为普遍,南方地区一般以杨柳为主。杜甫等人诗中言及杨柳多有"官柳"之称,也即
官道之柳的意思,这成了一个固定且流行的词语。宋元以下,尤其是明清时期则无论
南北,杨柳逐步成了最主要的行道树种。宋李焘《续资治通鉴长编》卷八七记载,真
宗大中祥符九年应范应辰奏请,"令马递铺卒夹官道植榆柳,或随地土所宜种杂木,五、
七年可致茂盛,供费之外,炎暑之月,亦足荫及路人"④。行道与驿亭植树除标识路线、
巩固路基外,还能荫庇行旅,供应材用,节省经费,是一举多得之事,因而宋元以来
的统治者比较重视,普遍施行。对此前人多有论述,不烦赘说。与行道连带之驿舍递
铺,也多植杨柳,这在古人诗词中多有反映,如虚中《泊洞庭》:"槐柳未知秋,依依
馆驿头。"⑤ 李颀《赠别高三十五》:"官舍柳林静,河梁杏叶滋。"⑥ 交通是古代社会政
治、经济的重要命脉,对于广大文人来说,宦游行旅、漫游交际既是人生大事,也是
生活常事。奔波在外,风尘仆仆,官道杨柳也就成了人们接触最为频繁的风景。唐代
诗人储光羲《洛阳道》写道:"春风二月时,道傍柳堪把。上枝覆官阁,下枝覆车马。"⑦
杜牧《柳》诗:"灞上汉南千万树,几人游宦别离中。"⑧ 明李昌祺《柳》:"含烟袅雾
自青青,爱近官桥与驿亭。"⑨ 说的都是士大夫宦游四方杨柳一路相沿不绝的风景。而
古人同时又说"只是征行自有诗"⑩,"唐人好诗,多是征戍、迁谪、行旅、离别之作,
往往能感动激发人意"⑪。宦游行旅之作是中国古代文学作品中的大宗产品,而杨柳普
遍的行道种植,使其在文学中出现的机率也便大幅增加。

　　与行道种植同样普遍的是河道种植。先秦《管子·度地》即有"树以荆棘,以固其地,
杂之以柏杨,以备决水"⑫ 的论述。杨柳性习喜水耐湿,适宜种植在江边堤岸,其根
系发达,是保护水土、防洪固堤的良好树种,因而大小水利工程大多有植柳的配套项

①　《太平御览》卷四三二,中华书局 1960 年版,第 2 册,第 1993 页上栏。
②　谢灵运:《平原侯植》,《先秦汉魏晋南北朝诗》宋诗卷三,中册,第 1185 页。
③　清商曲辞《读曲歌》,《先秦汉魏晋南北朝诗》宋诗卷四,中册,第 1199 页。
④　《续资治通鉴长编》卷八七"真宗大中祥符九年六月辛丑",中华书局 1985 年版,第 7 册,第 1997 页。
⑤　虚中:《泊洞庭》,《全唐诗》卷八四八,第 24 册,第 9604 页。
⑥　李颀:《赠别高三十五》,《全唐诗》卷一三二,第 4 册,第 1343 页。
⑦　储光羲:《洛阳道》,《全唐诗》卷一三九,第 4 册,第 1417 页。
⑧　杜牧:《柳》,《全唐诗》卷五二二,第 16 册,第 5972 页。
⑨　李昌祺:《运甓漫稿》卷五,影印文渊阁《四库全书》第 1242 册,第 489 页。
⑩　杨万里:《下横山滩头望金华山》,《全宋诗》第 42 册,第 26427 页。
⑪　严羽著,郭绍虞校释:《沧浪诗话校释》,人民文学出版社 1983 年版,第 198 页。
⑫　姜涛注:《管子新注·度地第五十七》,齐鲁书社 2006 年版,第 404 页。

目。最著名的莫过于隋炀帝运河植柳即所谓隋堤柳，传唐人所作《炀帝开河记》："翰林学士虞世基献计，请用垂柳栽于汴渠两堤上，一则树根四散，鞠护河堤；二乃牵舟之人获其阴；三则牵舟之羊食其叶。上大喜，诏民间有柳一株赏一缣，百姓竞献之。"①最终的结果正如白居易《隋堤柳》诗所描写的："西自黄河东至淮，绿阴一千三百里。"②相应的盛况留下了深远绵长的历史记忆。北宋建都开封，经济深赖江南，对汴河的维护比较重视，而沿河植柳护堤也成了各级政府的常规任务。明清时期黄河水患加剧，治河成了水利大事，而沿河植柳也成了综合治理的一个有效手段。清靳辅分析说："凡沿河种柳……其根株足以护堤身，枝条足以供卷埽，清阴足以荫纤夫，柳之功大矣。"③清朝对沿河各级政府植柳的数量、护理的措施都严加考绩。不仅大江大河的治理如此，小型的水利建设如湖岸、圩堤、城濠、御沟等都以植柳护坡固堤为主。较早的记载如南朝宋盛弘之《荆州记》："缘城堤边，悉植细柳，绿条散风，清阴交陌。"④荆州地处江汉平原水网地区，城边筑堤防水，堤上植柳固岸。宋孟元老《东京梦华录》卷一："东都外城方圆四十余里，城壕曰护龙河，阔十余丈，壕之内外皆植杨柳。"⑤苏轼知杭州时浚西湖葑土积堤植柳，世称苏堤。宋和州大兴圩田，"凡圩岸皆如长堤，植榆柳成行，望之如画"⑥。至于一般的河坡植柳更是极其普遍的现象，南方自不待言，就北方，如北朝乐府《折杨柳歌辞》："遥看孟津河，杨柳郁婆娑。"⑦北周王褒《从军行》："对岸流沙白，缘河柳色青。"⑧与河流相关的桥梁、津渡也多植柳作为标志，诗词中这类例子不胜枚举。大江大河既是自然景观，又是交通要道，而城濠、桥头、渡口等也是人们行旅的关键地点，这些地方的杨柳与人们的关系、带给人们的印象也就不难想见。

边塞种植杨柳的传统在我国也可谓是历史悠久。我国疆域辽阔，但就古代社会而言，最为重要的边塞集中在今天的"三北"地区，以今所见明长城沿线为骨干，主要是防备北方游牧民族的南侵。自古以来，长城以北即所谓塞外多属严寒干旱之地，在这东西绵亘万里的关塞沿线，比较适宜生长和规模栽植的乔木也只是榆柳等少数品种。南朝宋鲍照《代边居行》："边地无高木，萧萧多白杨。"⑨这里的白杨又名大叶杨，另还有灌丛样的蒲柳，都是适宜边地生长的杨柳品种。南北朝边塞诗歌中多把榆、柳

① 陶宗仪：《说郛》卷一一〇下，影印文渊阁《四库全书》第882册，第391页。
② 白居易：《隋堤柳》，《全唐诗》卷四二七，第13册，第4708页。
③ 靳辅：《治河奏绩书》卷四，影印文渊阁《四库全书》第579册，第739页。
④ 欧阳询撰，汪绍楹校：《艺文类聚》卷八九，上海古籍出版社1982年新1版，下册，第1531页。
⑤ 孟元老撰，邓之诚注：《东京梦华录注》卷一，中华书局1982年版，第1页。
⑥ 李心传撰，徐规点校：《建炎以来朝野杂记》甲集卷一六，中华书局2000年版，上册，第351页。
⑦ 北朝乐府《折杨柳歌辞》，《先秦汉魏晋南北朝诗》梁诗卷二九，下册，第2158页。
⑧ 王褒：《从军行》，《先秦汉魏晋南北朝诗》北周诗卷一，下册，第2330页。
⑨ 鲍照：《代边居行》，《先秦汉魏晋南北朝诗》宋诗卷七，中册，第1269页。

二树作为关塞的代表,如王融《春游回文诗》:"枝分柳塞北,叶暗榆关东。"① 张正见《星名从军诗》:"将军定朔边，刁斗出祁连。高柳横遥塞，长榆接远天。"② 唐代诗歌中也沿袭了这一惯例,如李约《从军行》:"营柳和烟暮,关榆带雪春。"③ 耿沣《关山月》:"塞古柳衰尽,关寒榆发迟"④。宋以来经营边事者更是自觉地在边塞大事种植,以加强防卫。有关官员奏议表明,在边地大规模种植榆柳,一可以作障碍,以阻挡游牧部落的骑兵;二可备军需柴炭;三可以屯兵设伏⑤。清朝在东北地区广插柳条护边,时称"柳条边",由此可见杨柳之在极边军民生活中的地位。北周王褒《从军行》与道:"荒戍唯看柳,边城不识春。"⑥ 广泛分布的杨柳是边塞最为醒目和动人的风景,反映在边塞文学作品中,杨柳总是感征戍之苦辛,发思乡之怨情的重要媒介。

杨柳在古代园林中应用也是非常广泛。杨柳不仅生长迅速,容易成景,投资成本低廉,而且色彩宜人,姿态婀娜,浓荫如盖,具有丰富的观赏价值,因而被普遍种植于百姓的庭院、皇宫官府、王公贵族的府邸、士大夫的庄园别墅、城市公共园林等。相关的记载可以追溯到先秦,《诗经·小雅·巷伯》中即有"杨园"的地名,地势较为低下,想必正是艺柳之地。汉代有长杨宫,"宫中有垂杨数亩,因为宫名"⑦。纵观整个汉魏六朝隋唐时期,宫廷植柳较为普遍。宋庞元英《文昌杂录》载:"杜甫《紫宸退朝》诗云:'香飘合殿春风转,花覆千官淑景移。' 又《晚出左掖》云:'退朝花底散,归院柳边迷。' 乃知唐朝殿亦种花柳。"⑧ 士大夫的宅院、别业、园池植柳更是平常,早在《古诗十九首》中即有"青青河畔草,郁郁园中柳"的诗句,著名者如晋嵇康"宅中有一柳树甚茂"⑨,陶渊明堂前有"五柳",盛唐王维辋川别业有"柳浪"⑩ 等。

杨柳之在园林建设中的种植优势主要有两点:一是杨柳是近水植物,凡园林之湖陂池塘多沿岸列植垂柳,用以护岸绿化,如唐长安之曲江,宋杭州、颍州等地西湖都以堤岸植柳著称。而一些低洼湿地,他木不易生长,也以植柳较易改造成景,如清朝燕京崇文门外冯溥万柳堂即由"污莱""渟濚","又不宜于粱稻"⑪ 之荒地列种杨柳而成。二是杨柳的姿态优美,景观效果较为丰富,四时之景不同,列植片植均有特色,

① 王融:《春游回文诗》,《先秦汉魏晋南北朝诗》齐诗卷二,中册,第 1400 页。
② 张正见:《星名从军诗》,《先秦汉魏晋南北朝诗》陈诗卷三,下册,第 2490 页。
③ 李约:《从军行》,《全唐诗》卷一九,第 1 册,第 227 页。
④ 耿沣:《关山月》,《全唐诗》卷一八,第 1 册,第 193 页。
⑤ 刘定之《建言时务疏》,黄训《名臣经济录》卷三,影印文渊阁《四库全书》第 443 册,第 42 页。
⑥ 王褒:《从军行》,《先秦汉魏晋南北朝诗》北周诗卷一,下册,第 2330 页。
⑦ 何清谷:《三辅黄图校释》卷一,中华书局 2005 年版,第 37 页。
⑧ 庞元英:《文昌杂录》卷四,影印文渊阁《四库全书》第 862 册,第 690 页。
⑨ 《晋书》卷四九,第 5 册,第 1372 页。
⑩ 王维:《辋川集序》,《全唐诗》卷一二八,第 4 册,第 1299 页。
⑪ 毛奇龄:《万柳堂赋》,《西河集》卷一二七,影印文渊阁《四库全书》第 1321 册,第 364—365 页。

且与他景搭配能力较强，尤其是一些观花植物，多有待杨柳之衬托，"桃红李白皆夸好，须得垂杨相发辉"①。由此两端，杨柳之在公私园林利用之广、种植之盛无以伦比，"有池有榭即濛濛，浸润翻成长养功"②，而文人居处宴游所见杨柳之繁、观赏感咏之夥也就不难想见。

除了上述几个规模突出、关系重大的种植情形外，墓地植杨柳也值得一提。汉代班固《白虎通义》卷下引《春秋含文嘉》曰："天子坟高三仞，树以松；诸侯半之，树以柏；大夫八尺，树以栾；士四尺，树以槐；庶人无坟，树以杨柳。"③这一说法的文献依据不太明确，而有关这一礼制的实施情况记载也极为缺乏，但在民间墓地植柳的习俗却有案可稽，时至今日遗风犹存。反映在文学中，至迟在汉古诗中读到这样的描写："驱车上东门，遥望郭北墓。白杨何萧萧，松柏夹广路。下有陈死人，杳杳即长暮。"④松柏与杨柳是墓地最常见的植物，而杨柳因其易于栽植，更见其胜。笔者对此深有体会。吾家世代为农，五岁丧父，家门单寒，葬事至简，记忆中只草草起坟，于南北两向插肘粗之柳桩，来年枝发叶茂，也足表识。环顾殷实人家墓地多树樟柏之类，而类似贫困人家坟头也多只树柳而已，可见古人所谓庶人树柳表墓应有其实。生死是人生大事，树物当前易为感触，相应的我们看到在汉晋时期的挽诗中也多白杨萧萧之描写。

由于应用种植的广泛和繁盛，衍生的社会生活内容也就较为丰富，由此对文学的激发作用也值得注意。主要有这样两个方面：一是民俗，有广为人知的折柳赠别、上巳修禊戴柳圈、清明（在南方则是在正月）门前插柳等风俗。折柳赠别据说起于汉代，清明插柳则宋元明清历代相沿不绝。这些生活情形也都构成了文学作品表现的对象。二是以杨柳为主题的其他人文艺术活动，如音乐中《折杨柳》《杨柳枝》等曲调，本身直接成了重要的乐府诗题和词牌，而这些曲调在社会上的流传情况则又成了文学反映的内容。绘画中杨柳是花鸟画一个常见的题材，诸如《柳梢宿雀图》《柳岸鸂鶒图》《柳溪图》《柳色春城图》等，以及相关的《渊明五柳图》《周亚夫细柳营图》等画题都较流行，影响于文学，也就有不少品题作品，在这类诗词作品中杨柳总是一个重要的话题或元素。

综上可知，杨柳的种种生长优势和人类社会的广泛种植及应用，使其成了中国社会最普遍、最家常的树种，同样也赋予其在文学世界的表现优势。作为文学题材和

---

① 刘禹锡：《杨柳枝词》，《全唐诗》卷二八，第 2 册，第 398 页。
② 孙光宪：《杨柳枝词》，同上书，第 403 页。
③ 陈立疏证，吴则虞点校：《白虎通疏证》卷一一，中华书局 1994 年版，下册，第 559 页。
④ 《古诗十九首》其十三，《先秦汉魏晋南北朝诗》汉诗卷一二，上册，第 332 页。

意象，其自然形态丰富多彩，树枝花叶之形多端，朝暮四时之景不同，风雨月露之态各异，而其社会应用情形更是目不暇接，塞上与江南、宫廷与农家、城市与乡村、驿道与水堤，"相逢何处不依依"①。其中园柳、宫柳、官柳、章台柳、隋堤柳、柳陌、柳絮（杨花）、柳荫、柳枝等题目都在文学中频繁出现，作品数量庞大。如此整体与部分、自然之体与社会之用相交织，构成了品目极其繁复的题材系统和意象群类。而其广泛的分布状态和悠久的开发历史，更为人们的歌吟描写提供了最常见的机会、最深厚的情感，从而大大促进了创作数量的增加和艺术经验的积累，由此形成了相关文学活动的长盛不衰。

三、繁盛的意义

杨柳题材创作的繁盛，是杨柳自然景色与社会生活双向作用的结果，客观上反映了神州大地普遍生长和中国社会广泛应用的历史景观，而主观上则体现了与此相关的自然审美与社会生活情感的丰富内容和深厚传统。客观方面的认识意义前节已隐有涉及，本节主要讨论杨柳题材创作展现的优美而丰富的思想情感。对此学界已不乏论述，如王立《柳与中国文学——传统文化物我关系之一瞥》②，但主要致力于意象的内涵阐发，对"原型"情结勾稽颇深，而面上周延不够，我们这里力图从题材专题研究的角度，在全面把握杨柳题材文学表意倾向的基础上，抓大放小，就其核心的成就侧重阐说。大致说来主要有这样几个方面：

（一）杨柳形象美的表现

这是古代杨柳题材文学最主要的内容与收获。尤其是大量存在的《杨柳赋》《咏柳》《杨柳枝》等作品更是多以描写杨柳形象为专题。在长期的创作发展中，柳树的形象特征得到充分的体认和深刻的表现。整体和部分，不同季节和生长状态的杨柳都逐步引起关注，得到频繁不断的欣赏观照、吟咏描写，形成了许多精切的认识和说法。这其中也有一个逐步演变和积累的过程。如杨柳的整体美，早期人们主要感受的是其生长之茂盛。《诗经》中三处以"菀"形容柳，还有"杨柳依依"，汉代《古诗十九首》"郁郁园中柳"，说的都是茂盛的景象。魏晋以来的文人咏柳诗赋中，在丰茂振发之外始多注意其修长柔软之美。如晋傅玄《柳赋》："丰葩茂树，长枝夭夭。阿那四垂，凯

① 刘禹锡：《杨柳枝》，《全唐诗》卷二八，第 2 册，第 398 页。
② 王立：《柳与中国文学——传统文化物我关系之一瞥》，《烟台师院学报》1987 年第 1 期，第 16—25 页。

风振条。"[①] 这也许与品种结构的演变有一定关系，早期所说杨柳，一名多物，指义多元，而汉魏以来则以垂柳一类为主，同时也反映了人们审美认识由侧重于生长状态、经济意义向物象形式美的转变与提升。

当垂柳成了关注的重点，杨柳的美感也就逐步高度集中在形象的轻盈柔软上，"弱柳""纤柳""柔柳"一类词汇成了咏柳赋柳作品中最常见的字眼。《诗经》"杨柳依依"一语本也是状其茂盛，后世则多解作柔美之义。具体地说，这一特征又体现在长枝如丝、细叶如眉、杨花如絮等一系列形象细节上，柳树由此组成的纤柔姿态在整个植物世界独树一帜，与松柏之苍劲、樟桂之茂密、梧槐之伟岸风貌迥异。有关的诗句和说法都极其鲜明、生动、形象："柳枝无极软，春风随意来。"[②] "隔户杨柳弱袅袅，恰似十五女儿腰。"[③] "枝斗纤腰叶斗眉，春来无处不如丝。"[④] "轻轻柳絮点人衣。"[⑤] 凝淀为日常话语，有柳腰、柳眉、柳絮或柳绵之类固定词汇，简明地体现了人们对杨柳审美特征的基本共识。

这其中又以柳枝、杨花最为突出。"柳枝弱而细，悬树垂百尺。"[⑥] 柳枝的细长、散发与下垂是柳树最鲜明的个性特征、最核心的形象元素，配以细小尖长的柳叶，呈现了一副细静如梳，依依含情的娇柔之态。杨柳的品种体系应是较为丰富的，唐宋以来人们所欣赏和关注的多只在垂柳，园林种植更是如此。清人李渔说："柳贵乎垂，不垂则可无柳。柳条贵长，不长则无袅娜之致，徒垂无益也。"[⑦] 这里面正凝淀了历代文人对"万条垂下绿丝绦"不断强化的审美经验。

杨柳早春时本有花，花蕊淡黄色，"鳞起蕚上甚细碎"[⑧]，极不起眼，通常与新叶一起，视为柳条萌发的一个阶段，所谓"浅绿轻黄半吐姿"[⑨]，说的即是。文学中常见描写的杨花"似花还似非花"（苏轼《水龙吟》），其实是杨花中所结果实。杨柳的果实是蒴果类型，内含不少细小的种子，成熟后开裂绽出，种子带有白色绒毛，如蒲公英的种子一样借助风力传播。因其色白体轻，诗词中多以雪花、绵絮来形容。柳枝、柳絮质性轻柔，因而有更多共同的特点，微风拂煦之下，柳枝翩翩如舞，婀娜多姿，而柳絮弥漫溟濛，如烟如雾，也是一副风韵迷离的动态。古代诗词这方面的描写最为

---

① 《全上古三代秦汉三国六朝文》全晋文卷四五，第 2 册，第 1719 页。
② 萧纲：《和湘东王阳云楼檐柳诗》，《先秦汉魏晋南北朝诗》梁诗卷二二，下册，第 1959 页。
③ 杜甫：《绝句漫兴》其九，《全唐诗》卷二二七，第 7 册，第 2451 页。
④ 韩琮：《杨柳枝词》，《全唐诗》卷五六五，第 17 册，第 6552 页。
⑤ 陈廷敬：《十二月一日》，《午亭文编》卷五○，影印文渊阁《四库全书》第 1316 册，第 727 页。
⑥ 韩愈：《感春》其三，《全唐诗》卷三四二，第 10 册，第 3832 页。
⑦ 李渔：《闲情偶寄》卷五《种植部》，浙江古籍出版社 1985 年版，第 304 页。
⑧ 汪灏等：《御定佩文斋广群芳谱》卷七八，影印文渊阁《四库全书》第 847 册，第 190 页。
⑨ 申时行：《烟柳》，《御定佩文斋广群芳谱》卷七六，影印文渊阁《四库全书》第 847 册，第 165 页。

丰富："狂似纤腰软胜绵,自多情态更谁怜。"① "无端袅娜临官路,舞送行人过一生。"②
这是写柳枝。"不斗秾华不占红,自飞晴野雪蒙蒙。百花长恨风吹落,唯有杨花独爱
风。"③ 这是写柳絮。

　　此外,杨柳年生长期长,生长迅速,一年四季随时递迤变化的景象也是杨柳形象
美的丰富形态。初春的柔丝鹅黄、仲春的垂枝青青、夏柳的浓荫如泼、秋柳的萧散扶
疏等在古诗词中都得到了丰富的描写和生动的展现。

(二)杨柳风景美的表现

　　所谓风景美仍属杨柳客观形象美的范畴,仅是与上述孤立的生物形象不同,而是
由季节、气候、地点等诸多环境因素参与而形成的综合风景效应。杨柳是木本植物,
年生长期长,分布又极广泛,四季朝暮、风雨晦明,江南塞北、街市乡村,缘水沿堤、
夹路旁驿,其普遍存在,所遇即是,而物色多端,风景各异。在中国古代作品普遍存
在的写景内容中,杨柳是最为普遍的元素,在山水、田园、时序、边塞、征行、相思
离别等中国文学主要题材和主题的创作中,杨柳总是一个出现最为频繁的意象。在这
些写景的内容里,杨柳有其独特的符号意义,发挥着鲜明的表现功能。透过这多方面
的艺术描写,杨柳也进一步充分展现其形象特征,发挥其观赏价值和审美意义。

　　古代文学着意较多的杨柳风景主要有这样一些:"梅柳约东风,迎腊暗传消息"④,
"云锁嫩黄烟柳细,风吹红蒂雪梅残"⑤ 的梅柳报春之色;"春风本自奇,杨柳最相宜"⑥,
"绊惹春风别有情,世间谁敢斗轻盈"⑦ 的风中曼舞之态;"垂杨拂绿水"⑧,"倒影入清
漪"⑨ 的水柳相映之景;"柔条依水弱,远色带烟轻"⑩,"含烟惹雾每依依"⑪ 的烟柳迷
离之意;"春有黄鹂夏有蝉"⑫ 的动植声色和悦之趣。类似的诗句不胜枚举。

　　综观古代写景作品,杨柳的写景作用有两点最为重要。首先是作为春天的代表。
"杨柳非花树,依楼自觉春。"⑬ 杨柳虽然四季多变,皆有可观,但以春间生长迅速,

---

① 薛能:《杨柳枝》,《全唐诗》卷二八,第2册,第402页。
② 牛峤:《杨柳枝》,同上书,第402页。
③ 吴融:《杨花》,《全唐诗》卷六八五,第20册,第7875页。
④ 张纲:《好事近·梅柳》,《全宋词》,中华书局1965年版,第2册,第924页。
⑤ 阎选:《八拍蛮》,《全唐诗》卷八九七,第25册,第10133页。
⑥ 萧纲:《春日想上林诗》,《先秦汉魏晋南北朝诗》梁诗卷二一,下册,第1944页。
⑦ 唐彦谦:《垂柳》,《全唐诗》卷六七二,第20册,第7683页。
⑧ 李白:《折杨柳》,《全唐诗》卷一六五,第5册,第1708页。
⑨ 王维:《柳浪》,《全唐诗》卷一二八,第4册,第1301页。
⑩ 崔绩:《小苑春望宫池柳色》,《全唐诗》卷二八八,第9册,第3291页。
⑪ 李商隐:《离亭赋得折杨柳》其二,《全唐诗》卷五三九,第16册,第6180页。
⑫ 赵抃:《柳轩》,《清献集》卷五,影印文渊阁《四库全书》第1094册,第822页。
⑬ 萧绎:《咏阳云楼檐柳诗》,《先秦汉魏晋南北朝诗》梁诗卷二五,下册,第2053页。

景象变化最为丰富、可爱："弄黄含绿叶开眉，最有春来次第知。"① 初春柳眠初绽，仲春长条依依，暮春之时，烟柳密布、柳絮纷飞，逐一展示着春天的脚步、春色的兴衰。而春间万物生长，也以杨柳最为普遍与突出："春来绿树遍天涯，未见垂杨未可夸。"② 梅、柳同为报春之物，因而同被视为春色典型，但梅花主要分布在江淮以南，地域有限，同时又主要以鲜花为物候，花期有限，重在早春，而"柳占三春色"③，杨柳是三春"全天候""全季候"的标志，因而符号作用更为明显。梅柳代表早春，而桃柳、榆柳象征仲春，槐柳则表示暮春和初夏。方回《瀛奎律髓》卷一〇所收"春日"类诗歌中，杨柳出现 29 次，梅出现 14 次。元人《草堂诗余》所收"春景"词 21 首，其中 16 首出现杨柳，梅占 7 首。这些数据充分表明，杨柳是三春风景中最重要的角色，而吟咏杨柳正是表现春色最有效的选择。

其次是作为江南水乡的代表。杨柳有广泛的适应性，具体品种也多，早期北方文学中涉言杨柳较多，而南方的《楚辞》中屈、宋多言芳草，却不及柳。延至唐代，无论历史记载，还是诗咏歌赋中，所见北方地区的杨柳仍是一片繁盛景象。中唐以下，北方地区生态植被、自然环境逐步恶化，社会、经济重心渐见南移，南方地区的杨柳种植势头也后来居上。而垂杨一类湿生阳性树种，也更适宜于南方亚热带水乡种植，古人所谓"垂杨近水多"④，所言即是。而白居易《种柳三咏》："从君种杨柳，夹水意如何。准拟三年后，青丝拂绿波。"⑤ 则揭示了园林营景方面的主观需求。至于其《苏州柳》："金谷园中黄裊娜，曲江亭畔碧婆娑。老来处处游行遍，不似苏州柳最多。"⑥ 似乎正预示了整个南北转换变化的开始。正是在这大的生态演化和经济变迁的历史格局中，杨柳逐步成了江南风物的代表。郭茂倩《乐府诗集》所收乐府《江南曲》中，莲、白蘋等南方植物频频出现，其中"莲"22 次（包括"芙蓉"5 次），"蘋"7 次，而杨柳意象却一次也没有出现。这说明在时人心目中，杨柳与江南的联系远未密切。中唐以来出现的《忆江南》词，杨柳的意象却举足轻重。如刘禹锡《忆江南》："弱柳从风疑举袂，丛兰裛露似沾巾。"⑦ 同样宋以来的乐府《江南曲》，与六朝《江南曲》不同，杨柳景象也成了主要的描写内容。如明谢榛《江南曲》："夹岸多垂杨，姜家临野

① 韩琦：《新柳二阕》，《安阳集》卷五，影印文渊阁《四库全书》第 1089 册，第 247 页。
② 孙鲂：《杨柳枝》，《全唐诗》卷二八，第 2 册，第 400 页。
③ 温庭筠：《太子西池二首》，《全唐诗》卷五七七，第 17 册，第 6715 页。
④ 冯琦：《晚酌堤上》，张豫章等：《御选宋金元明诗·明诗》卷六一，影印文渊阁《四库全书》第 1443 册，第 533 页。
⑤ 白居易：《种柳三咏》，《全唐诗》卷四五五，第 14 册，第 5160 页。
⑥ 白居易：《苏州柳》，《全唐诗》卷四四七，第 13 册，第 5028 页。
⑦ 刘禹锡：《忆江南》，《全唐诗》卷二八，第 2 册，第 407 页。

塘。"① 清吴绮《江南曲》："琪树家家栖海鹤，垂杨处处带啼莺。"② 所写即是。江南地区湖塘洲渚密布，三春季节繁花似锦，物色饶美，杨柳置身其间，其近水茂发、垂枝柔依的形象更是相得益彰。有一现象颇堪玩味，同时代的北方地区杨柳之分布虽不及江南，但较其他树种依然远为突出。但从中唐以来，凡杨柳盛处，多令人联想起江南。这从一个侧面反映了杨柳分布的南北差异，同时也说明杨柳形象已成了江南"水乡温柔""物色饶美"的一个重要风物象征与写意符号③。

（三）杨柳情感美的渲染

杨柳既然与我们民族生活有着极其深广与悠久的联系，是我国社会最普遍和家常的生产和生活对象，而其形象又具优美动人的丰富意态，正如清人张潮所说，"物之能感人者……在植物莫如柳"④，其引发和承载的生活情感和人文精神积淀也便异常的深厚。具体到文学世界，杨柳风景是人们抒情写意最常见的物色媒介，蕴含着丰富的人生体验和比兴意义，透过杨柳形象的比兴寄托、渲染象征，生动、形象地展现了丰富、复杂的情神世界。对此学界有关的论述已是不少，这里要而言之，杨柳意象的情志意蕴有这样几个方面：

首先是别情离思。《诗经·小雅·采薇》："昔我往矣，杨柳依依。今我来思，雨雪霏霏。"是征人怨别之辞，为此意之发端。《古诗十九首》："青青河畔草，郁郁园中柳……荡子行不归，空床难独守。"⑤ 属闺妇思夫之辞，代表了另一情绪。据《三辅黄图》说汉人有灞桥送别折柳相赠之俗，但今本《三辅黄图》一书成于唐中叶之后，此事未见唐前提及，六朝诗中虽不乏折柳怨别、折柳赠远之辞，但都与灞桥无关，也未见临别折柳之意。折柳赠别之意盛行于唐诗，或即隋唐长安风俗，而追属于汉。但由此杨柳之与离别相思之联系也更为深入，"长安陌上无穷树，唯有垂杨管别离"⑥。古人相思离别之作无以数计，而折柳赠别、因柳怨别、睹柳怀人成了最基本的思路。

其次是伤春怨逝。此意共有两端，其一重在伤春，所谓"气暄动思心，柳青起春怀"⑦，"门外莫栽杨柳树，得春多处恨春多"⑧，因柳树返青向茂，而感慨时序变换、韶

① 谢榛：《四溟集》卷九，影印文渊阁《四库全书》第 1289 册，第 732 页。
② 吴绮：《林蕙堂全集》卷一四，影印文渊阁《四库全书》第 1314 册，第 468 页。
③ 石志鸟：《杨柳：江南区域文化的典型象征》，《南京师大学报》（社会科学版）2007 年第 2 期，第 122—127 页。
④ 张潮：《幽梦影》，中央文献出版社 2001 年版，第 203 页。
⑤ 《古诗十九首》其二，《先秦汉魏晋南北朝诗》汉诗卷一二，第 329 页。
⑥ 刘禹锡：《杨柳枝》，《全唐诗》卷二八，第 2 册，第 398 页。
⑦ 鲍照：《三日》，《先秦汉魏晋南北朝诗》宋诗卷九，中册，第 1307 页。
⑧ 陈卓山诗，陈景沂：《全芳备祖》后集卷一七，农业出版社 1982 年版，第 1228 页。

华易逝，这是一种珍视青春和理想的美好情感，一种强烈而普遍的生命感触。在古诗词中，此意与惜别相思关系密切，尤其是发以女性心理、声吻者，多睹柳感思，伤春与怨别相互激发。王昌龄《闺怨》："闺中少妇不知愁，春日凝妆上翠楼。忽见陌头杨柳色，悔教夫婿觅封侯。"即是这一情结的典型之作。另一重在怨逝。"种柳不满年，清阴已当户。"① 柳树之生长迅速，树干一年盈握，十年合抱，给人以岁月迈往、物是人非的鲜明对比与莫大刺激。东晋桓温"攀枝执条，泫然流涕"，"木犹如此，人何以堪"② 的感慨广为人知，其实更早的曹丕《柳赋》，后来的庾信《枯树赋》都有类似的感触。伤春属时序之感，怨逝重岁月之悲，伤春多兼怨离，感时不免怀故，是两种情态同中之异。

再次是人格象征。杨柳之人格象征有一个历史的变化过程。早期文学中，杨柳的形象是正面的、积极的。汉魏《杨柳赋》中人们赞美杨柳秉阳和之气，顺天时之变的美德，嵇康柳下锻铁，陶渊明以"五柳"为号，同时王恭风容秀美，时人以"濯濯如春月柳"③ 誉之，都可见魏晋士人对杨柳清新形象之爱好及在人格寄托上的正面意义。但随着人们对杨柳形象和质性认识的深入，杨柳的纤软柔美的特性渐受注意，六朝后期以来，杨柳与女性形象和情态的联系也愈益明确，逐步成了中国社会女性卑柔之文化品格历史捏塑中最鲜明、最流行的象征符号。中唐韩翃与柳氏的故事之后，杨柳、杨花更堕落成了青楼女子和商业娱乐场所的代名词，具有鲜明的风尘色彩。中唐以来，柳枝的随风摇摆和杨花的轻盈飘浮则"唯女子与小人"为似，常用以象征趋炎附势、得意忘形之流。因此杨柳人格象征的发展是一个由男而女、由"君子"而"小人"不断堕落的过程，这与梅花、荷花之类花卉人文意义由"色"而"德"，由柔而刚，由"美人"而"高士"的演进方向正好相反。另外，"松柏之姿，经霜犹茂；蒲柳之质，望秋先零④，杨柳的秋冬凋落也常用作生命衰萎、人生萧瑟的象征。

综观杨柳意象的比兴寄托之旨，以阴柔感伤情绪为主要内容，显示着优美与悲剧交糅渗透的审美情感特色，这是由杨柳柔弱之物性与景象决定的。与号称"岁寒三友"的松、竹、梅相比，杨柳引发的情感大多是软弱、消极、忧愁哀伤的，尤其是人格象征上，其最积极昂扬的意义也只在清发秀雅的姿容风度上，而不是"岁寒三友"那种道德意志与精神气节。但也正是这份特殊性，使杨柳在"岁寒三友"侧重于道德品格和阳刚气质象征之外，获得了"英雄气短，儿女情长"的丰富情感意蕴，显示出偏

---

① 刘龑：《种柳》，《惟实集》卷四，影印文渊阁《四库全书》第 1206 册，第 324 页。
② 《晋书》卷九八，第 8 册，第 2572 页。
③ 《晋书》卷八四，第 7 册，第 2186 页。
④ 《晋书》卷七七，第 7 册，第 2048 页。

于优柔气质和悲怨情绪寄托与表现的独特审美符号意义。这是我国众多重要文化植物中，杨柳意象最鲜明的审美特质、最独特的文化意义。而相应的文学作品也充分地反映了人们阴柔悲怨的丰富体验。

　　综上所述，杨柳是中国文学中最为重要的题材和意象之一，有关作品数量繁多，历史地位极其显著，与松、竹、梅相伯仲。杨柳作品的繁盛，客观上是由中国古代杨柳的广泛分布和应用决定的，主观上则充分反映了人们对杨柳优美柔婉之丰富物色的审美认识以及阴柔悲怨的情绪体验，奠定了其偏于优柔品格象征相衷怨情感寄托的审美符号意义。

［原载《文史哲》2008 年第 1 期］

论中国古代芦苇资源的自然分布、社会利用和文化反映

我们这里所说芦苇，更确切地说应该是芦荻，包括古人所说的芦（苇、葭）和荻（萑、蒹）两种植物，按照现代植物学的分类，则包括禾本科芦苇属和荻属的所有植物。在古代，除名物、本草类解释外，大多将这两者联言互指，视为同一物种，因此我们这里以芦苇或芦荻来统称。它们都是近水生长的高大禾草植物，广泛分布于全球温带各地，适应性强，生长快，易繁殖，产量高，尤其是作为湿地建群物种，污水处理能力较强，有着显著的经济和生态价值，越来越受到当代欧美各国的关注和重视。我国地处北温带，是世界芦、荻类植物的原产地和中心分布区之一，考古发现，我国人民利用芦苇的历史至少可以追溯到7000年前。数千年来，丰富的资源得到了充分的利用，在我国人民的物质和精神生活中发挥了重要作用。本文着力梳理和勾勒芦荻资源在我国的分布状况及其历史变迁，全面分析和阐述我国人民对芦荻资源的开发利用以及风景欣赏、艺术描写等文化上的感受与反映，以期对这一特殊的草本植物在我国社会发展中的资源状况、历史作用和文化意义有一个全面、系统的认识，为现实的资源开发和文化欣赏提供历史的借鉴。

一、芦苇的自然分布

我国地处北温带，属于芦苇的自然分布范围。芦苇的适应性极强，在整个温带地区，除极度的高寒地带、干旱沙漠和陡峭的山石岩体外，都有芦苇的踪迹，江河湖泊、

沼泽湿地、海滨滩涂、平原洼地、山间沟壑等水湿环境尤其适宜芦苇的生长。我国幅员辽阔，这些地形地貌规模不等随处都有，因而毋庸置疑，芦苇在我国的分布极为普遍和丰富。

考古发现，早在新石器时代，我们的先民已经使用芦苇编织席箔之类用品。河北武安磁山遗址距今大约 7300 年前的文化层中"发现芦席痕迹，与现在的苇席纹样基本一样"①。浙江余姚河姆渡遗址距今大约 6500 年的第三文化层中，也出土有大量芦席等编织品②，同期稍后的西安半坡遗址出土的陶器底部多有席沿一类垫纹印痕③，也应属于芦苇一类编织物。可见当时先民们居处附近多有芦洲苇荡之类盛产芦苇之区。这些遗址分属于长江和黄河两大流域，说明当时无论南方和北方都分布着茂盛的芦苇。

到了文字记载的时代，类似的信息就更为丰富。《淮南子》说女娲"积芦灰以止淫水"，为远古洪荒之事，那时芦苇铺天盖地，焚之即可堙塞洪流。《穆天子传》记载"珠泽之薮，爰有萑、苇、莞、蒲、茅、萯、蒹、蒌"，注家多称在今南疆地区。《诗经》是西周初年至春秋中叶的诗歌总集，其"十五国风"中《召南·驺虞》《卫风·硕人》《秦风·蒹葭》《豳风·七月》写到了芦苇，包括今河南、陕西两省和甘肃东部、湖北北部。先秦诸子中，春秋末期的齐人晏子、战国中期宋人庄子和战国晚期赵人荀子的著作中说到了芦苇④，反映此间今山东、河北、河南和安徽北部、山西南部地区有芦苇生长。《左传》昭公二十年记晏子说"泽之萑蒲，舟鲛守之；薮之薪蒸，虞候守之"，是说湖泊沼泽中的芦苇等薪材由国家派人掌管，又记载"郑国多盗，取人于萑苻之泽"，是说今河南中部有大的芦苇荡，强盗出没其中，干些杀人越货的勾当。上述这些材料中，《诗经》"彼葭者苕""葭菼揭揭""萑苇淠淠"，说的都是芦苇的长势旺盛。《晏子春秋》讲贫士以蒲苇织履为生、压芦苇为席而坐，《庄子》说人的欲念如"萑苇蒹葭"，也包含了芦苇长育旺盛的生活经验。这些都充分反映了先秦时期我国南北各地芦苇丛生、长势茂盛的情景。

秦汉以来，这种情况有所延续。《汉书》中有几处提到芦苇，特别值得注意：一

---

① 河北省文物管理处，邯郸市文物保管所：《河北武安磁山遗址》，《考古学报》1981 年第 3 期。
② 浙江省文物管理委员会、浙江省博物馆：《河姆渡遗址第一期发掘报告》，《考古学报》1978 年第 1 期；河姆渡遗址考古队：《河姆渡遗址第二期发掘的主要收获》，《文物》1980 年第 5 期。为控制篇幅，本文征引文学作品和一般古籍，出处从简。
③ 中国科学院考古研究所，陕西省西安半坡博物馆：《西安半坡》，文物出版社 1963 年版，第 142 页、图版一五一。
④ 《晏子春秋》"内篇杂上第五""内篇谏下第二"；《庄子》杂篇"则阳"、外篇"渔父"；《荀子》"劝学""不苟""正名"等。

是李陵传称，武帝时李陵率军与匈奴战于浚稽山一带，"循故龙城道行四五日，抵大泽葭苇中，虏从上风纵火，陵亦令军中纵火以自救"，地在今蒙古国西北部鄂尔浑河境，是说这里有大片湖沼，布满芦苇。二、武帝时文臣终军传记载"南越窜屏葭苇，与鸟鱼群"，是说南越（岭南）民众多藏身芦苇丛中，与鱼鸟为群。三、西域传中写到鄯善国（古楼兰）"沙卤少田"，"国出玉，多葭苇、柽柳、胡桐、白草，民随畜牧，逐水草"。所记三地可以说是汉朝鼎盛时北、南和西北三个方向的极端之地，都有茂盛的芦苇分布，而在这范围之内芦苇的分布就可想而知了。

此后晋唐时期的情况，可就北魏郦道元《水经注》、唐李吉甫《元和郡县志》两部舆地书中的信息来分析。兹将两书所涉芦、苇、荻、蒹葭一并罗列如下，略注今地名，重复者不计：

《水经注》：

古楼兰国牢兰海（罗布泊）"多葭苇、柽柳、胡桐、白草"（卷二）；

成皋县（今河南荥阳）"有虎在于葭中"（卷五）；

河东闻喜县（今属山西）有黍葭谷（卷六）；

平皋县（今河南温县）有李陂"百许顷，蒹葭萑苇生焉"（卷七）；

山东曹县有葭密县故城（卷八）；

隆虑县（今林县）有苇泉水（卷九）；

屯留县（今属山西）有苇池水（卷一〇）；

河北沧州有长芦水，因多芦苇而得名（卷一〇）；

山西大同东北有雁门水，积而为潭，"广十五里，蒹葭丛生焉"（卷一三）；

陆浑县（今河南嵩县）东禅渚"方十里，佳饶鱼苇"（卷一五）；

盩厔（今陕西周至）有地名苇圃（卷一九）；

今山东曹县一带有大泽，"世所谓大荠陂"，"蒹葭萑苇生焉"（卷二五）；

今湖北宜城有"木兰桥，桥之左右丰蒿荻"（卷二八）；

今四川广元昭化为故葭芦县城（卷三二）；

九江成德县（今安徽寿州）有地名荻城、荻丘（卷三二）；

湖北鄂县（今鄂州）有芦洲（卷三五）；

蕲春县有苇口、苇山（卷三五）；

绍兴嵊县（今浙江嵊州）有桐亭楼，"楼两面临江，尽升眺之趣，芦人渔子泛滥满焉"（卷四〇）。

《元和郡县志》：

榆林县（今属陕西）有大葭芦水、小葭芦水（卷五）；

高密县（今属山东）夷安泽"周回四十里，多麋鹿、蒲苇"（卷一二）；

太原府广阳县有苇泽故关（卷一六）；

巨鹿县（今属河北）大陆泽"东西二十里，南北三十里，葭芦、芰莲、鱼蟹之类充牣其中"（卷一九）；

沧州（今属河北）贡赋有苇簟；景州（今河北景县）亦然（卷二二）；

利州有葭萌县（卷二五），在今四川广元市南；

文州长松县（今甘肃文县）有葭芦镇（卷二五）；

剑州普安县汉德政城，又名黄芦城（卷三四），在今四川剑阁县东；

武州盘堤县（今甘肃武都县）有茹芦戍（卷三九）；

肃州（治今甘肃酒泉）西有葭芦泉（卷四〇）。

上述共 29 条，其中 7 处属于湖水沼泽地形，10 处属于水流、泉池、河口、洲渚地形，3 处属于平原、山谷；而河北沧州、景州两处则属于滨海河口、滩涂。这些地形，都适宜芦苇的生长。其他 7 处为县邑、城堡、戍垒和山丘，主要见于今四川北部、甘肃省南部的秦岭南坡山谷，显然这些地方也适宜芦苇的生长。

值得注意的是，上述这些芦苇产地分散在今新疆、甘肃、陕西、山西、河南、河北、山东、四川、安徽、江苏、浙江等省，其中属于长江以南的只两处。揣度其原因，郦道元《水经注》出于北朝，李吉甫也属北方人，他们对南方的情况了解有限，而整个汉唐时期我国的政治、文化重心也以北方为主，相关记载较为丰富。但透过这种偏向，也不难感受到整个汉唐时期，我国北方的生态环境、植被状况依然良好，尤其是水资源较为丰沛，分布也较均匀，湖泊、沼泽众多，河网密布，水草丰饶，因而芦苇的分布较多，而且生长旺盛，规模可观。

北方尚且如此，同期南方的芦苇盛况就更是不言而喻。我们举两例窥斑见豹。南朝宋民歌《乌夜啼》"巴陵三江口，芦荻齐如麻"，中唐诗人刘蕃《状江南》："江南季秋天，栗熟大如拳。枫叶红霞举，芦花白浪川"，一说长江中游今湖南岳阳一带早春江洲芦苇弥望，一说长江下游今浙江绍兴一带秋季芦花如雪浪。而中唐崔峒《送皇甫冉往白田》"楚地兼葭连海迥"，更是概括了整个江南地区芦苇弥布的情景。

纵观古代芦苇的分布状况，可以唐宋之际为界划分为两个阶段。唐以前，虽然经过汉唐几个世纪的农耕开发，森林、湖泊面积不断减少，但整体生态环境良好，北方的水资源依然充沛，植被仍很茂密。进入宋代以来，随着社会人口的不断增加，全国各地的整体生态状况急剧恶化，其中北方的情况尤其严重，湖泊、沼泽和各类河水流量全面萎缩，水土流失，植被退化，干旱风沙现象愈演愈烈。中唐以来，社会人口和经济重心南移，南方的开发不断加剧。在此自然环境和社会变迁双重影响下，芦苇的分布状况和资源格局也发生了明显的变化，大致说来，有以下这样几个方面的趋势：

一、北方地区的芦苇分布范围、密度和规模不断衰减。这里仍就《水经注》和《元和郡县志》所说芦苇产地为例。所说 7 个湖泊、沼泽，原都盛产芦苇，然宋以来明显变化。其中牢兰海即新疆罗布泊的萎缩与沙漠化自不待说。大同东北的雁门水、嵩县的禅渚，宋以后罕见提及，显然早已湮废。河南温县的平皋陂（李陂），宋以后也罕见提及，清雍正《河南通志》记载襄荷、茭白"出温县平皋中"①，应仍有小规模的水体。今河南兰考、山东曹县之间的大荠陂，清顾祖禹《读史方舆纪要》卷三二称"今故流已堙"。山东高密境内的夷安泽，规模较大，后世淤为都泺、百脉两湖，规模减小，至晚清已完全"变为田庐"②。河北巨鹿境内的大陆泽，是上述规模仅次于罗布泊的芦苇产地，明隆庆《赵州志》记载，由于积淤垫高，成为两湖，称葫芦河。大学士石珤（引者按：宝）记载"所谓葫芦河者，平波曼衍，一碧千顷，茨蒲、菱藕、鱼鲑之利，民咸取之，供赋税焉"③，可见仍是重要的芦苇产地。而到了清乾隆间，《顺德府志》卷二称"昔有莲茭鱼虾之利，今为田陇矣"。这些水陆沧桑变迁，是整个北方地区生态环境与自然植被不断退化的一个缩影，而芦苇资源的萎缩是其中一个较为显著的方面。

二、南方的芦苇资源受到越来越多的关注。南方芦苇资源固然丰盛，但在《尚书·禹贡》所说"草夭木乔"，《史记·货殖列传》所说"江南多竹木"那样茂林修竹蓊郁蔽日的环境里，客观上并不起眼，而人们主观上也是习焉不察，因此唐以前有关记载极少。而宋以来，随着经济重心的南移、南方人口的膨胀、森林资源的减少和土地资源的紧张，芦苇的资源价值越来越受关注，大规模的芦苇资源尤其引起重视。早在宋初编成的《太平寰宇记》中，有关芦苇的记载与《元和郡县志》相比，就多了一些江南地区如升州（今江苏南京，卷九〇）、湖州（今属浙江，卷九四）、福州（今属福建，卷一〇〇）、鄂州（今属湖北，卷一一二）等地的信息。南宋以来，长江、洞庭、鄱阳、太湖等大江大湖沿岸大面积芦洲苇滩见诸记载的越来越多。如南宋中叶范成大《骖鸾

---

① 王士俊等：《（雍正）河南通志》卷二九，清文渊阁《四库全书》本。
② 余友林等：《（民国）高密县志》卷二，民国二十四年（1935）铅印本。
③ 蔡懋昭：《（隆庆）赵州志》卷一，明隆庆刻本。

录》记他路过鄱阳湖南岸"道中极荒寒，时有沙碛，芦苇弥望"。同时陆游《入蜀记》卷五记载，今湖北监利、洪湖一线"两岸皆葭苇弥望，谓之百里荒"。后者正是南朝人所说"巴陵三江口，芦荻齐如麻"之处，此时仍是芦荡弥望，兼葭际天，至清康熙《监利县志》卷一称这一带"汪洋一派，芦苇千里"，可见盛况依然。

在整个长江中下游沿江，随着水土流失的加剧，沙土淤积成洲的趋势愈益严重。早在宋代，《蔡宽夫诗话》记载："大抵江中多积沙，初自水底将涌聚，傍江居人多能以水色验之。渐涨而出水，初谓之涂泥地，已而生小黄花，而谓之黄花杂阜地。其相去迟速不常，近不过三五年者。自黄花变而生芦苇，则绵亘数十里，皆为良田，其为利不赘矣。"这种沙洲湾滩最宜于芦苇的生长，因而动辄既成规模，清邹乾枢《芦政滩荡议》称"江渚之间，芦苇弥望"[1]，而且大多面积不小，有些甚为辽阔。长江中游的洞庭湖区，康熙间江闿《云山涌坐之楼记》称"渡洞庭而南凡五百里，萑苇外了无人迹"[2]。在安徽桐城，康熙《桐城县志》卷二称"滨江一带芦苇百里"。再下游的江苏六合，明嘉靖《六合县志》卷一称"东南沿江一带皆为芦洲"。在整个长江中下游流域，类似的情况比较普遍。

三、沿海滩涂、江河入海口和长江、黄河、海河下游冲积平原之低洼湿地的芦苇分布较为广阔，随着京杭运河沿线和沿海地区的逐步开发，也受到越来越多的关注。古时的沿海地区远非如今交通发达、人居集中，多属荒僻、恶劣之地，而芦苇生长能力强，因而成了沿海地区滩涂沙地、平原湿地、斥卤瘠土分布最为广泛的植物。前引《水经注》《元和郡县志》所载芦苇产地中都有海滨之地，宋初《太平寰宇记》中又增加了淮南通州海陵（今江苏泰州，卷一三〇）、河北乾宁军（今河北青县，卷六八）盛产芦苇的记载。而此后就我们披阅所见，较为重要的就有以下一些。在浙江余姚，由于海塘的修建，"昔之冲啮垫溺之处，沙涂遂壅，芦苇丛生，绵亘数十百里"[3]。南宋端平年间，华亭（治今上海松江）"东南绵亘大海几二百里，云涛烟苇，浩渺无际"[4]。民国江苏《阜宁县新志》卷二记载，境内苇荡众多，"洪波接天，菱苇盘错"，"弥望芦苇，产额极巨"。清光绪六年，山东巡抚奏称，滨州利津县（今属山东）北"铁门关灶坝以下直至海口一百数十里，弥望芦苇"[5]。元虞集《送祠天妃两使者序》称"京师之东萑苇之泽滨海而南者，广袤相乘可千数百里"。晚清陈澹然称"京师滨海，自

① 裴大中：《（光绪）无锡金匮县志》卷三八，清光绪七年（1881）刊本。
② 姚念杨：《（同治）益阳县志》卷三，清同治十三年（1874）刻本。
③ 汪文璟：《海塘记》，周炳麟《（光绪）余姚县志》卷八，清光绪二十五年（1899）刻本。
④ 杨瑾：《阅武亭改建记》，陈威《（正德）松江府志》卷一一，明正德七年（1512）刊本。
⑤ 盛赞熙：《（光绪）利津县志·利津文征》卷一，清光绪九年（1883）刻本。

旅顺至登、莱，弥望皆成葭苇"①。晚清李鸿章《清理东淀折》奏疏称"臣往来津沽，亲见丛芦密苇，弥望无涯"。上述这些记载，几乎包括从今浙东至辽东的全部沿海地区，一路都可见连绵苇场。附带一提的是，清中叶以来，东三省的芦苇资源也开始引起注意，如清嘉庆朝大臣英和《卜魁城赋》注称"距城东南六十余里为呼雨哩河，有苇丛生百数十里，居民取以为柴"②，地即今齐齐哈尔市东南扎龙自然保护区。

四、大面积人工种植的现象出现。人工种植芦苇始于何时无从考究，唐代文人别墅、庄园开始种植芦苇，营造景观，如诗人姚合就有《种苇》诗，张祜、薛能也都有官署种芦的诗歌③，想必乡村小规模的随宜种植应该时间更早，也更为普遍。宋元以来，大规模的经济种植开始出现。北宋昆山人郏乔即提到苏州一带权豪占用淞江水道"植以菰蒲、芦苇"④，谋取利益，这显然与一般农户水边地头零星闲植不同，而是大规模的占地经营。宋以来南北各地类似的现象层出不穷，占塞河道，影响泄洪，为祸甚大，成了历代屡禁不止的公害。元王祯《农书》始述栽苇之法，说明当时经济种植已较普遍。清雍正至乾隆间荆州"萧姓民人，于雍正年间至乾隆二十七年，陆续契买洲地，种植芦苇，每年纳课，因贪得利息，逐渐培植"，规模极大⑤。另一方面，种植芦苇又是江河湖海泊护岸固堤的有效措施，无论是长江、黄河沿岸都行此法。虽然经常管理失控，利弊相生，但这些种植行为也是芦苇资源格局变化的重要方面。

尽管有上述南盛北衰的历史变化，但作为一种植物资源来说，在我国各地的自然分布优势仍较明显。宋以来，北方地区的芦苇依然普遍。仅就爱如生《中国方志库》所收清朝至民国间西北五省区地方志所载，就有新疆"迪化以西，伊犁以东，土质坚实，荒田弥望，无虑千万顷"，其中盐碱地多"生芦苇"（民国《新疆志稿》卷二）。甘肃敦煌（乾隆《县志》）、临泽（民国《县志》卷一）、张掖（乾隆《甘州府志》卷一五）、山丹（道光《县续志》卷三）、民勤（民国《县志》地里志）、镇原（民国《重修县志》卷二）、崇信（民国《县志》）、合水（乾隆《县志》卷下）、成县（乾隆《新志》卷三）、两当（道光《县志》卷四）等地产芦苇。宁夏境内湖水众多，而湖泊中"产芦最多"（民国《朔方道志》卷三）。陕西产芦之地更多，仅就陕北高原而言，就有神木（雍正《县志》卷一）、横山（民国《县志》卷三）、延川（道光《重修县志》卷一）、

---

① 陈澹然：《权制》卷一，清光绪二十六年（1900）刻本。
② 万福麟：《（民国）黑龙江志稿》卷六二，民国二十一年（1932）铅印本。
③ 张祜：《和李子智鲁中使院前凿池种芦之什》，《张承吉文集》卷八，宋刻本；薛能：《使院栽苇》，《全唐诗》卷五六〇。
④ 范成大：《吴郡志》卷一九，《择是居丛书》影宋刻本。
⑤ 王先谦：《东华续录（乾隆朝）》乾隆一〇八，清光绪十年（1884）长沙王氏刻本。

米脂（光绪《县志》卷九）、绥德（光绪《州志》卷三）、安塞（民国《县志》卷九）、佳县（民国《葭县志》物产）等县物产志中载有芦苇，有些甚至连绵成景或盛产芦席。这些地方如今多属严重干旱缺水乃至沙漠盐卤不毛之地，而在清、民国年间芦苇产地仍如此密布，北方其他地方就不难想见。

在其他地方，尤其是南方，除江河湖泊大规模的芦洲苇田作为社会资源受到重视外，其他自然野生，只要水土条件大致适宜，便萌发弥布。在南方沼泽洲渚，在北方水积低洼以及海边和沙漠斥卤等不堪稼穑之地，都极易快速繁殖，形成弥望之势。因此在古人心目中，芦苇葭荻几乎与蒿、茅一起被视为荒烟野草中的主要成分。宋代苏东坡《答张文潜书》说"荒瘠斥卤之地，弥望皆黄茅白苇"，后世"黄茅白苇"成了描写土地荒芜的一个固定用语。北宋蔡戡《论屯田利害状》说当时"襄阳地广人稀，自城之外弥望皆黄茅白苇"，南宋李曾伯《静江劝农》称当时"岭外平原，弥望茅苇丛生"，赵汝钺奏称当时贵州"蕞尔之区，闲田瘠土，茅苇弥望，而无原隰膏腴之地"[①]，明章潢《议垦田》称当时"保、瀛、燕、蓟之墟，巨浸洪洋在在皆是，萑苇芦荻萧然弥望"，说的都是黄茅白苇连绵弥望的荒芜景象。透过这些古籍中常见的记载，不难感受到我国南北各地野生芦苇的繁茂景象。

二、芦苇的社会利用

从河北武安磁山和浙江余姚河姆渡新石器遗址发掘的芦苇编织物可知，我国人民利用芦苇至少有7000多年的历史。数千年来，芦苇取材便捷，用之亦广，拓展出许多应用领域，积累了丰富的生产、生活经验。

关于芦苇的用途，宋沈括《梦溪笔谈》、董嗣杲《芦花》诗、清吴其濬《植物名实图考》所说较为全面：

> 药中有用芦根及苇子、苇叶者。芦苇之类，凡有十数种。……荻芽似竹笋，味甘脆可食。茎脆，可曲如钩，作马鞭节。花嫩时紫，脆则白，如散丝（引者按：此十字，清人吴其濬《植物名实图考长编》卷九引作"花嫩时紫脆，老则白如散丝"，不知所据，然较得实，或为意改）。叶色重，狭长而白脊。一类小者，可为曲薄，其余唯堪供爨耳。芦芽味稍甜，作蔬尤美。茎直，花穗生如狐尾，褐色。叶阔大而色浅。此堪作障

---

① 王象之：《舆地纪胜》卷一一一"广南西路·风俗形胜"，清影宋钞本。

席、筐筥、织壁、覆屋、绞绳杂用，以其柔韧且直故也。（《梦溪补笔谈》卷三）

羌儿削管吹边远，淮俗编帘障屋危。岂特絮毡堪御冻，津头拾取作薪炊。（董嗣杲《芦花》，《全宋诗》第 68 册，第 42725 页）

北人植苇于污凹曰苇泊，掘其芽为疏曰苇笋，织其花为履曰苇絮，纬之为帘曰苇薄，缕之为藉曰芦席，以藩院曰花障，以幕屋为仰棚。朽茎则亦以炒果，新叶则以裹粽。提之为笼，围之为囤，覆墙以御雨，筑基以避碱，皆芦之大功也。（《植物名实图考》卷一四）

这几乎涵盖了芦荻类植物的主要用途：药用、食用；编织席箔、筐篮，绞制绳索之类；作为建筑材料；充当薪柴等。

芦苇作为编织材料应该起源最早，河北武安磁山和浙江余姚河姆渡遗址中都有芦席的实物或痕迹，说明早在距今 7300 年的新石器中期，我国先民已经采用芦苇编制席箔之类用品。先秦"三礼"中多有使用苇席的记载，苇席是当时士人、百姓最常见的坐卧用品。芦苇编制品有曲、薄、席、箔、帘等不同称呼，但形制大同小异，其中席箔类多以苇片编织，而帘多以苇秆结绳而成，用途都比较广泛。所谓席一般用以居家或野外坐卧，也常用作卷物捆扎如裹尸陋葬之类。箔用以晾晒、遮盖和堆放物品，尤其是囤贮粮、盐等大宗产品，也可用以养蚕，箔、帘都可用作门窗、棚屋、花架、船舶等障风、挡雨、遮阳之类。由于是普通民众家常日用的生产和生活用品，社会需求量大，专职从事编苇织席，或作为主要副业的平民百姓就不在少数。那些贫寒之家，多赖以为生，如西汉开国功臣周勃早年即"以织薄曲为生"（《史记》本传），所谓薄、曲，就是苇席之类。丧失主要劳动力的孤寡家庭尤其如此，如三国刘备"少孤，与母贩履、织席为业"（《三国志》本传）。清乾隆《永清县志》列女传就记载了郝氏、崔氏、薛氏、荣氏、陈氏等 5 位女子，年轻守寡，"编苇为席，鬻以资生"，养老鞠幼。民众日用之外，明清时国家漕运粮食，向东南诸省征收芦席银[1]。据清福趾《户部漕运全书》记载，道光九年（1829）山东、河南、江南（今江苏、安徽、上海）、浙江、江西、湖北、湖南七省随漕征收芦席银共计 20178 两（卷四九），同时还就以上各省及广东漕粮以每二石配征芦席实物一张或折银解款，以方便运贮（卷五〇）。一直到上个世纪后期，

---

[1] 邓球《闲适剧谈》卷二："今国家解米入京仓，亦有芦席银。"明万历邓云台刻本。

芦席等产品仍是我国广大农村地区生产、生活的日常用品。这些都充分反映了芦苇编织品在民众和国家生活中的广泛用途与重要作用。

　　芦苇用作建筑材料起源也早。武安磁山遗址灰坑和房址附近的烧土中都发现芦苇、荆芭、草拌泥的痕迹，说明在 7000 多年前，先民们即用芦苇茎秆拌泥来建造住处。晋皇甫谧《高士传》卷上记载，春秋楚国隐士老莱子"耕于蒙山之阳，莞葭为墙，蓬蒿为室"，所谓莞葭为墙，即《梦溪笔谈》所说"织壁"，即以芦、荻夹障，或再覆以细草，涂以草泥。不仅房屋四堵可以芦荻代之，即屋顶也多用芦苇为幕，《梦溪笔谈》所谓"覆屋"即是。据宋李诚《营造法式》卷一三，即便是盖瓦房，瓦下必先铺一层木板，或以苇箔草泥涂抹固结多层作为承载。至于穷苦之家、清贫潦倒或贬谪困窘之士的住房因陋就简，多纯以茅蒿、芦荻类长草造作。唐白居易谪居江州（今江西九江），《初到江州》诗："菰蒋喂马行无力，芦荻编房卧有风。"晚唐陆龟蒙《丹阳道中寄友生》"海俗芦编室，村娃练束衣"，所说为今江苏常州一带民房。清人陈廷敬《平河桥南》"千枝万枝岸边柳，三家五家川上村。剪茅盖屋荻编壁，县吏来时轻打门"，谈迁《香茅行》"淮人土室苇其壁，编茅为瓦蒲为席"，说的是江淮之间的乡村草房。笔者老家也属这一地区，故居三间，半砖半草，三面为墙，向阳一面草障即以芦苇和麦秸编夹，下部壅以泥土，屋梁上以竹为格，上铺一层芦帘涂以草泥，其上盖瓦，这是上世纪 90 年代以前江淮一带贫下中农家庭最普通的住宅。可见 7000 多年来，芦苇一直是平民住宅建筑常用的材料。不仅是民用住宅，一些大型建筑工程也有使用芦苇的迹象。如《战国策》卷六记载春秋时董安于治晋阳城，"皆以荻、蒿、苦、楚墙之，其高至丈余"。当代科考发现，甘肃敦煌一带的汉长城多为就地取材，"是一层泥沙，一层芦苇，泥沙中多含盐碱，干后胶结，非常坚固"①。汉代烽燧遗址的结构也是"三四层土坯中夹一层芦苇"，或"石块夹红柳、胡杨、芦苇垒砌"②。科学研究分析，这种建筑方法类似现代的加筋墙体，芦苇的使用有明显的加固作用③，另前引吴其濬言"筑基以避碱"，这些都显示了芦苇材料在建筑中的使用价值。

　　秋后收割的芦荻茎秆是丰富而重要的经济资源，主要用作燃料，俗称芦柴。芦苇作燃料的历史应该比编织、建筑使用更早，想必原始人钻木取火就有可能取用，女娲芦灰止水的传说也透露了这方面的信息。河北武安磁山遗址中多出土芦苇烧土，或有取火烧结之物。西汉史游《急就篇》"薪炭萑苇炊孰生"，说的是当时的民间常识。在

① 陈守忠：《河陇史地考述》，兰州大学出版社 1993 年版，第 198 页。
② 甘肃省文物工作队、甘肃省博物馆：《汉简研究文集》，甘肃人民出版社 1984 年版，第 2、77 页。
③ 刘琨、石玉成、卢育霞、裴国荣：《玉门关段汉长城墙体结构抗震性研究》，《世界地震工程》2010 年第 1 期。

百姓日常生活中，尤其是平原、江河、湖泊、沼泽、盐碱地带的居民，芦苇是最为方便易得的柴薪。宋杨万里《过临平二首》"雪后轻船四捞漉，断芦残荻总成柴"，说的就是这种情景。宋刘克《诗说》（宋刻本）卷六称："江汉之间，至秋皆积芦苇，以为一岁之用。"由于量大用广，历代官府对芦柴资源极为重视。《左传》昭公二十年所说"泽之萑蒲，舟鲛守之；薮之薪蒸，虞候守之"，《管子·轻重篇》提到"趣菹人薪雚苇，足蓄积"，可见早在春秋时国家就派专员掌管收贮。在古人所讲兵法攻守中，芦苇是重要的战备物资。《墨子·旗帜》讲"守城之法：石有积，樵薪有积，菅茅有积，雚苇有积……"。后来沿海产盐区，除日照晒盐之外，主要就靠利用当地荒滩的黄茅白苇烧煮。《宋史》卷一八二记载，宋时淮盐大盛，当地"斥卤弥望，可以供煎烹；芦苇阜繁，可以备燔燎"，都属就地取材，则产量激增。明代以来森林资源日见匮乏，芦柴的价值就倍显重要。明人丘濬《守边议（种树）》称，国初在南京，"芦苇易生之物，刈去复生，沿江千里，取用不尽。非若木植，非历十数星霜不可以燃，取之须有尽时，生之必待积久"，而迁都燕京后，失其所赖，材木薪炭常不敷国用[1]。

宋元以来，河患严重，芦苇与柳条是重要的物资，通常绞索、捆束、包裹土石来截流堵决固堤。《宋史》卷九一记载："旧制，岁虞河决，有司常以孟秋预调塞治之物，梢芟、薪柴、楗橛、竹石、茭索、竹索凡千余万，谓之'春料'。……凡伐芦荻谓之'芟'，伐山木榆柳枝叶谓之'梢'，辫竹纠芟为索。"明代"每年入秋……将沿河各湖，并运河堤岸生长芦苇、蒿蓼、水红等草尽行收割……如法堆垛苫盖，以备河工扫料之用"[2]。清代河患愈益严重，治河总督靳曾筠《条陈河工应行事宜》称"柳枝、荻苇为河工第一要料"，芦苇用量渐增，"每年卷埽之苇，辄千百万束"[3]，可见芦苇在治河中的作用。

不仅芦柴用于治河，在江河湖海堤岸种植芦苇，也是固堤护岸的得力措施。早在南宋乾道八年（1172），即令华亭（今上海松江）一带所筑"捍海塘堰，趁时栽种芦苇，不许樵采"[4]。清湖南巴陵（今湖南岳阳县）方大湜论沿江护堤防洪，"救急之计，莫如培厚加高；为将来保固之谋，莫如栽植芦苇。芦栽肥地，高至二丈有余，瘠地亦高丈许，又最稠密，堪御风浪，保卫堤塍，无逾如此"[5]，可以说概括了种芦护堤的有效作用。元明清时期，无论是滨海地区，还是南方江湖沿岸，有识之士多为倡导，而各地实施也较普遍。

---

① 陈子龙：《明经世文编》卷七三，明崇祯平露堂刻本。
② 谢肇淛：《河政纪》，《北河纪》卷六，清文渊阁《四库全书》本。
③ 纪昀等：《钦定八旗通志》卷一六一，清文渊阁《四库全书》本。
④ 《宋史》卷九七，中华书局 1977 年版。
⑤ 姚诗德：《（光绪）巴陵县志》卷三四，清光绪十七年（1891）岳州府四县本。

　　芦苇的药用和食用功能也有悠久的开发利用历史。芦根的药用价值，最迟在东汉时已经被发现和应用。东汉《名医别录》著录："芦根，味甘，寒，主治消渴、客热，止小便利。"① 同时张仲景《金匮玉函经》载芦根煎水，治"心膈气滞，烦闷不下"②。晋葛洪《肘后应急方》记载芦花煮饮治心腹胀痛，荻灰制膏涂治伤口恶肉，饮芦根汤治食鱼中毒、食狗肉不消等方③。唐孙思邈《千金方》卷五六有苇茎汤主治肺痈咳嗽。从《本草纲目》可知，千百年来，芦苇的根、茎、叶、花都用作药物，其中芦根多单味使用，入胃清热，解毒止呕，疗效显著。而"千金苇茎汤"更是治疗肺痈的经典方。对芦苇的药理作用，明缪希雍的《本草》注疏有详细解说，对我们深入了解芦苇的药用价值多有帮助。

　　芦苇的食用主要有两个部分，一是芦笋，即早春芦荻新生的嫩芽，形如竹笋。人们最早食用芦笋的时间无从追溯，但肯定要早于药用，药用多出于食用。如葛洪所说芦根可以解鱼毒，想必应有民间取芦根烹鱼在先。就文献记载而言，王韶之《晋安帝纪》所载东晋义熙间司马尚之军中缺粮，"战士多饥，悉未付食。是时芦笋时也，尚之指笋曰，且啖此"④，这是所见采食芦笋最早的记载。唐杜甫《客堂》"诸秀芦笋绿"，白居易《和徽之春日投简阳明洞天五十韵》所说"紫笋折新芦"，都应是采芦笋作蔬的意思。唐韩鄂《四时纂要》卷五记载好几种汤药是忌食芦笋的，说明当时采食芦笋的现象已较普遍。宋以来江南人口剧增，尤其是今江浙一线，食用芦笋荻芽几成一种时尚。宋人张耒记载，时人用蒌蒿、荻芽、菘菜三物烹煮河豚鱼，可以避免中毒⑤。王安石《后元丰行》"鲥鱼出网蔽洲渚，荻笋肥甘胜牛乳"，则盛赞其美味。王之道《和沈次韩春日郊行》"杞苗荻笋肥应美，采掇何妨趁晚烹"，则是说与其他蔬菜搭配烹食。清顾景星《野菜赞·芦笋》、查礼等人《芦笋联句》对芦笋的拣择、烹制和风味都有较详细的描写，代表了古人烹饪食用的基本经验。另一是芦根，芦根是芦苇横向生长的地下茎，洗净鲜食，味甘且脆，就笔者的经验，远非芦笋那么苦涩，但需挖取淘洗，不如芦笋采食方便。芦根最宜冬春水冷草枯时采挖，是灾年救荒的重要食材，明朱橚《救荒本草》、俞汝为《荒政要览》都有记载。南宋建炎四年金兵南下围楚州（今江

---

① 陶弘景著，尚志钧辑：《名医别录》，人民卫生出版社 1986 年版，第 231 页。
② 张机：《金匮玉函经》卷八，清康熙刻本。
③ 分别见葛洪《肘后备急方》卷二、五、七。其中以荻入药，《名医别录》"荻皮，味苦。止消渴，去白虫，益气。生江南，如松叶，有别刺，实赤黄。十月采"云云，时间早于葛洪。然所说生物形态与荻相去悬远，日本天平三年（731）田边史抄本苏敬《新修本草》（1955 年上海群联出版社影印本）作"萩"，是。萩，即楸。
④ 《太平御览》卷九六四，《四部丛刊三编》本。
⑤ 胡仔：《苕溪渔隐丛话》后集卷二四，清乾隆刻本。

苏淮安），“初有野麦、野豆可以为粮，后皆无生物，有凫茈（引者按：荸荠）、芦根，男女无贵贱，斫掘之”①。洪亮吉《书三友人遗事》记载，清乾隆四十年，江苏句容县大旱，人吃观音粉，竞趋“掘芦根食”。嘉庆十二年，常州一带灾民争食榆皮和芦根，赵翼作《剥榆皮》《掘芦根》诗描写当地贫民“命根全恃芦根续”的悲惨情景。

芦花也是可用之材。芦、荻均属圆锥花序，芦更是复圆锥，在主轴和分枝处都着生白色绒毛，小穗也抽生丝状茸毛，前引沈括即形容为“狐尾”。这种毛茸茸的花穗可用来絮衣、缝被、织履，贫寒之家可藉此防寒保暖。最早的使用记载见于《太平御览》所辑《孝子传》，称孔子弟子闵子骞“幼时为后母所苦，冬月以芦花衣之，以代絮”②。《孝子传》有汉刘向以来诸家所编多种，此条故事未明作者。汉刘安《淮南子》有“菡苗（引者按：荻花）类絮而不可为絮，麣不类布而可以为布”的说法，说明当时芦花尚未应用。《太平御览》所辑南朝宋师觉授《孝子传》也记闵子骞此事，但所说不是芦花，而是蒿麻，因此所谓闵子骞以芦花为衣可能出于隋唐人所说。唐李瀚《蒙求》及宋人所见旧注开始引用此事。晚唐张蠙《叙怀》有“十年九陌寒风夜，梦扫芦花絮客衣”句，这是文人咏及芦絮为衣之始。《五灯会元》卷一○记载，北宋真宗朝杭州净土院惟正禅师，“冬不拥炉，以荻花作球，纳足其中，客至共之”，这是以芦花编履之始。南宋王质《栗里华阳窝辞·栗里床》诗注称“褥宜用蒲花、柳花、芦花，青麻布囊之”，可见当时已用芦花制作垫褥。元延祐（1314—1320）初，维吾尔族诗人贯云石南下杭州，道经山东梁山泊，“见渔父织芦花絮为被，爱之”，以绸缎交换，并赋《芦花被》诗相赠，一时哄传大江南北，因号“芦花道人”③，士人多效其风。宋以来由于人口剧增，棉花种植尚未普及，植物纤维供应趋于紧张，以芦花、柳絮、草纸之类辅制衣被、蚊帐的现象就比较普遍。宋杨万里《李圣俞郎中求吾家江西黄雀醢法，戏作醢经遣之》“裁云缝雾作羽衣，芦花柳绵当裘袂”，元成廷珪《夜泊青蒲村》“荠菜登盘甘似蜜，芦花纫被暖如棉”，这些乡村生活的赞美中，都反映了当时乡村采用芦花缝衣作被的生活情景。

上述主要资源价值外，还有一些其他细微末节的用途。上古时芦茎作箭杆，以葭莩（苇膜）之灰占气候，苇叶、芦管制作胡笳之类乐器，后来以葭莩（苇膜）作笛膜，以苇叶裹粽，自古以来芦苇青稞用作牛马饲料等，也都值得一提。

综上所述，芦苇虽然只是草本植物，但由于分布广泛、生长茂盛、株体颀长，无

① 徐梦莘：《三朝北盟会编》卷一四二，清许涵度校刻本。
② 《太平御览》卷八一九。
③ 欧阳玄：《贯公神道碑》，《圭斋文集》卷九，《四部丛刊》影明成化本。

论对于官府、民众都是极为方便而又丰富的自然资源,正如元王祯《农书》所说,"苇荻虽微物","可以供国利民"①,在我国漫长的历史中发挥了重要作用,值得我们认真关注。

纵观我国开发和利用芦苇的历史,与其资源分布格局的变化过程相对应,也大致可以唐宋为界,分为两个阶段。唐以前由于地旷人稀,资源压力并不明显。虽然早在先秦时即有国家设官专掌川泽,"命虞人入材苇"的制度②,但因森林植被丰富,而芦苇资源也当如此,人们利用芦苇多在编席、绞绳和作薪。官民之间各取所需,通材共利,未见有任何矛盾冲突。如南朝宋武帝诏令"所封诸洲芦荻","开以利民"③。而宋以来,随着人口激增,土地资源紧张,尤其是植被资源萎缩,绍兴二十八年(1158)开始对浙西、江东、淮东等地(今浙江北部、江苏、安徽)的浩渺"沙田芦场"征税,并委官专理,防民侵占④,从此芦苇成了官民之间竞相谋取的资源。

民间深知,江河湖海之滩涂、洲渚、盐卤之地不宜稼穑,但极利芦苇生长,官府视为荒田,未及征榷,则可自由刈获,坐享其利。清安徽当涂县"西北滨江民,于力田之暇,于洲取芦苇,其利五倍"⑤。杭州西溪河渚湿地,遍生芦苇,文人誉为"秋雪",土民称作"懒花息,谓不藉耕种而获也"⑥。尤其是长江沿岸淤沙积洲,动辄百十顷亩,自然生长或人工种植,三五年即成茂林。即便是荒地种植,收益也极迅速,"栽芦之地不论肥瘦,栽芦之时不论冬夏,根可栽,花可栽,杆亦可栽,易莫易于此矣"。"芦性丛生,今年栽一株,明年即可发数十株,如人不侵犯,牛不践食,生生不已,栽一株即可发万千株,盛莫盛于此矣"。"初栽之日略费工本,栽成以后,便不须半点人工,不须半点粪草,不须半点牛粮、籽种。初年半收,次年全收,至于三年,则有过倍之收。自是而后,一年有芦一年有收,年年有芦年年有收。既不畏水,又不忧旱,栽芦者安坐而享其利,栽芦者之子孙亦安坐而享其利。"⑦种植成本低而一劳永逸,收入稳固,经济价值极为显著,因而成了官府、富豪竞相博取的利益。元朝姚燧《萑苇叹》诗道:

濒江不可禾,岁惟蒹苇苗。青林无端倪,永与江水匹。由为薪蒸恃,责以租赋出。

---

① 王祯:《王祯农书》卷三六,清乾隆武英殿刻本。
② 吕不韦:《吕氏春秋》卷六,《四部丛刊》初编本。
③ 欧阳询:《艺文类聚》卷八二,清文渊阁《四库全书》本。
④ 《宋史》卷三一。
⑤ 王斗枢:《(康熙)当涂县志》卷六,清钞本。
⑥ 孙之骦:《南漳子》卷上,清刻《晴川八识》本。
⑦ 方大湜:《论广济县民栽芦护堤》,姚诗德:《(光绪)巴陵县志》卷三四。

园人诚贪夫，苞苴黄金镒。暮夜钻权幸，入牒妻子质。输课或未偿，没之良不恤。
他家岂办为，得者皆富室。秋风霜霰落，百谷时已实。处处佣千夫，豚酒健刀铚。
稛载向城市，官外私羡溢。遗滞狼籍陈，入者必见叱。或因取束薀，随以盗米律。
春风将新萌，剪伐未十七。下策付一炬，炎火赤天日。坐视煨烬空，不丐民贫疾。
因推是为心，可见无仁术。周官行虞禁，为法未尔密。亦已开市源，千年谁能窒。

所说当时苇材市场活跃，国家开征苇田税收，而富家贵室垄断经营，贫民捡拾所剩，动辄被擒。明清时因经营芦洲致富的大有人在，前述清雍正、乾隆间荆州萧氏广置洲地，种植芦苇，发家致富即是典型一例。明末杨嗣昌奏疏称："长江何地而非洲渚纵横，蔽亏相望，无论熟地基地，好芦地动值百千万金。即光滩水影，人人争欲得之，豪家不惜资财，小民不惜身命，斗讼杀伤，往往而有。甚至主人更一佃户，佃户登时预纳数倍租钱，死不肯弃业而去，此东南第一等重利所在。"① 可见各方争取之激烈。

为此国家也加强税收管理，元以来对芦洲苇田持续开征"苇课"，明代委官称"芦政"。明刘城《芦人谣》揭示了当时官府只知量地征收，"不量旧洲崩，只量新洲长。不向希芦行，但踏密芦丈"，"大吏量小吏，大胥量小胥。小胥量万户，量金不量芦"的情景。清始"定例五年一丈量"②，以防涨坍变化，隐匿漏报。吴伟业、查慎行都有《芦洲行》诗，感慨当时沿江芦苇产量之巨、各方争夺之烈和民众所受排挤之深。《清通典》卷八记载江苏、安徽、江西、湖北、湖南沿江五省芦课征额：江苏（含今上海市）芦地 34030 余顷，课银 126953 两；安徽芦地 31485 顷有余，课银 51347 两；江西芦地 4309 顷，课银 6268 两；湖北芦地 8489 顷，课银 9884 两；湖南芦地 1636 顷，课银 1329 两。除上述五省外，渤海湾沿岸州县也有一些"苇课"征额③。总计近 8 万顷，税银近 20 万两，这是一笔不小的财政收入。中国封建社会后期，围绕江海之滨芦洲苇田各方积极开发和官民相互博奕，构成了经济史上一个特殊现象，突出展示了芦苇之作为国计民生资源的经济价值和历史地位。

---

① 杨嗣昌：《杨文弱先生集》卷一二，清初刻本。
② 张廷玉等：《大清会典则例》卷五〇，清文渊阁《四库全书》本。
③ 参见《大明会典》卷一九〇、《（万历）顺天府志》卷三、《（康熙）文安县志》卷一、《（康熙）静海县志》卷二、《（光绪）天津府志》卷二七、《（光绪）武清县志》等。

三、芦苇的文化意义

广泛而丰盛的自然分布、漫长而普遍的应用，不仅给我国人民提供了丰富的物质利益，而且也必然反映到人们的精神世界，引发各式各样的感受、情趣和思想，形成一定的科学认知、观赏兴趣和人文情结，进而获得丰富的精神象征意蕴和一定的文化符号意义。

综观我国人民对芦苇的思想感受和文化情趣，我们从三个方面来分析和阐发。

（一）上古时代的人文反应

时间大约是周秦两汉时期，这是世界文明的"轴心时代"和我国大一统封建传统逐步确立的阶段。芦荻在考古资料和文献记载中都属出现较早的植物，《诗经》《楚辞》等文学作品，《周礼》《左传》等历史著作，诸子等理论作品都说到了芦荻，秦汉时期相关的文字记载更多，反映了一定的思想情感，构成了相应的历史源头。总结这一阶段的文献内容，主要有这样几方面的活动和认识值得注意。

1. 茁葭行苇——对芦苇分布和长势的认识

人们对植物的认识总是从生活应用和生产劳动开始的，正是人们劳动接触和采收利用，对其生长情况就容易产生比较明确的感受和认识。《诗经·召南·驺虞》"彼茁者葭，壹发五豝"，《卫风·硕人》"鳣鲔发发，葭菼揭揭"，《诗经·小雅·小弁》"有漼者渊，萑苇淠淠"，《楚辞》汉王逸《九思·悼乱》"菅蒯兮野莽，藋苇兮仟眠——说的都是水中或岸边芦苇生长茂密旺盛的情景。《庄子·杂篇·则阳》"卤莽其性者，欲恶之孽，为性萑苇"，是以芦苇的不择地而出、疯狂生长，来比喻的人的欲念如不加节制，便弥漫支延。这些都说明当时人们对芦苇繁殖快、长势旺的生物特征已有了统一的认识和深刻的感受。《诗经·大雅·行苇》："敦彼行苇，牛羊勿践履。方苞方体，维叶泥泥。"也有相近的意思，是说芦苇丛生路边，希望牛羊勿加践踏。汉儒称此是公刘之诗，言公刘和睦九族，尊事耆老，周人仁厚之政，"仁及草木"。解释稍嫌过度，但透过这一比兴，我们可以感受到，川泽河流、田间阡陌、行道路边到处都是芦苇，在先民的心目中，是一种极为普通、平常的生物。拟诸人事，潜含着芸芸众生的意思。令人不禁联想的是，17世纪的法国思想家帕斯卡尔有一名言"人是会思考的芦苇"，是说人的生命与芦苇一样普通而且脆弱，但因能够思想而变得伟大和尊贵。我们先民对芦苇的感觉正是一种平凡而充满生机的形象。可见虽东方西方，时空异处，而有目共睹，其理亦通。

2. 八月萑苇——芦苇的气节物候意义

《诗经·豳风·七月》："七月流火，八月萑苇。"这是西周初期的民歌，主要叙述的是一年农事劳作，所说八月是收割芦苇的季节。《诗经·秦风·蒹葭》"蒹葭苍苍，白露为霜"，与前一首不同的是，着眼点不是农事的活动，而重在季节的变换，但两者所说时令是一致的，都是秋天。虽然芦苇的生长期较长，但先民们感受最深的是秋天的景象，这是芦苇收割的季节，也是一年四季中芦苇景象和气候变化最大的时期。先民们这一经验和说法对后世影响极大，在后世文学艺术中，蒹葭、芦花通常作为秋天，作为露零霜降、秋气肃杀的代表意象或经典符号，如唐李颀《送刘昱》"八月寒苇花，秋江浪头白"，明释正念《芦洲》"八月九月芦花明，大洲小洲风露盈"，清闵肃英（宋鸣珂妻）《织芦篇》"七月芦苇长，八月芦花白"，清袁佑《李都谏先生八十》"蒹葭一望含秋气，兰蕙千畦散晚芳"，任大椿残句"尽日吟情连雁鹜，一秋风色在蒹葭"，都代表了这方面的共同感受。另，最迟在东汉时已出现"葭莩候气"之术，是以芦苇茎中薄膜烧灰置于十二律管中，视其灰动以判其节气①。这一功用常为诗家引作典故，也就进一步加强了芦苇与节候时序之间的联系。

3. 苇索禳祈——苇索的辟邪祈福风俗

苇索是芦苇编绞的绳索，古人认为，年除夕或初一悬之于门可以辟邪与迎福。这一民俗可能起源于先秦巫术，但到东汉时才明确出现。应劭《风俗通义》卷八："《黄帝书》：'上古之时，有神荼与郁垒昆弟二人，性能执鬼。度朔山上有桃树，二人于树下，简阅百鬼，无道理，妄为人祸害。神荼与郁垒缚以苇索，执以食虎。'于是县官常以腊除夕，饰桃人，垂苇茭，画虎于门，皆追效于前事，冀以御凶也。"是说年除夕以桃人、苇茭和画虎饰门以辟邪。苇茭（索）有何作用，应劭解释说："苇茭……用苇者欲人子孙蕃殖，不失其类，有如萑苇。茭者，交易阴阳代兴也。"也就是说，用苇索既可缚鬼辟邪，也可以祈望子孙兴旺，这些显然都是从芦荻繁殖旺盛和绞制绳索所作想象。苇索辟邪的风俗至少在南朝时仍然盛行。

4. 胡笳芦管——芦制乐器的传说

胡笳是一种乐器，最早见于汉武帝时孔安国《古文孝经训传序》"胡笳吟动，马蹀而悲；黄老之弹，婴儿起舞"。晋《先蚕仪注》称："胡笳，汉旧录有其曲，不记所出本末。笳者，胡人卷芦叶吹之，以作乐也，故谓曰胡笳。"②芦叶和芦管都不耐保存

---

① 《后汉书》卷九一；《隋书》卷一六。
② 《太平御览》卷五八一，《四部丛刊三编》本。而稍早晋人《笳赋》序称，老子"避乱西入戎，戎越之思，有怀土风，遂造斯乐"，《全上古三代秦汉三国六朝文》全三国文卷四一，民国十九年影印本。可见早在晋朝，有关胡笳的起源就已经模糊。

和使用，民间一时草制吹奏，因而传为乐器的起源是完全可能的，但如果以此材质而成为稳定盛传的乐器，却很难想象，后世所谓胡笳之器已远非芦叶、芦管所制。汉时究竟是何种形制，《史记》《汉书》均无记载，后世记载也极不明确。古人所谓笳与箛、葭乃至筚栗经常互训或混淆，至少说明这几种乐器形制大同小异，或仅是材质的不同而异称，而且字多带"竹"，所谓芦制或因葭与箛形似而误解，芦苇只是冒名顶替"滥竽充数"而已①。就音乐风格来说，胡笳与胡角又极相近，《晋书·乐志》又有"胡角者本以应胡笳之声"的说法②。因此在后世诗文中，所谓"胡笳""芦管""画角""羌笛"，经常说的是一种乐器。其音乐风格，我们可以从南北朝庾信《拟咏怀》："胡笳落泪曲，羌笛断肠歌"，唐代岑参《胡笳歌送颜真卿使赴河陇》"君不闻胡笳声最悲，紫髯绿眼胡人吹。吹之一曲犹未了，愁杀楼兰征戍儿"的诗句中得其大概。而其擅长表达的情感，则可从南北朝虞羲《咏霍将军北伐》"胡笳关下思，羌笛陇头鸣"，明代诗人郑汝璧《寄李云中年丈》"楚天郢雪怀人思，羌笛胡笳出塞心"的诗句中得其神髓。这类乐器和乐曲，有着边塞之音、出塞之思的统一色彩。秦汉以来，我国中原农耕社会与漠北游牧部落之间，以长城为界长期对峙冲突、相互战争，构成了我国民族历史上绵亘不绝的悲歌。这些羌管胡笳、胡曲边声既见证了胡汉、戎汉相互交流融合的历史，同时也寄托和蕴载了我国胡、戎、汉各民族绵久苍凉的情感。芦苇——芦管苇片扑朔迷离地传为这一民族悲歌长调的原始载体，获得了一种边疆风情和民间传奇的意味。而"出塞复入塞，处处黄芦草"（王昌龄《塞下曲》），长城沿线和整个三北绝域顽强生长、广泛分布的芦苇，无疑为这广阔、悠久而苍凉的历史增添了几分生动可感的色彩和情韵。

（二）芦苇风景的欣赏

芦苇与竹都是禾本科植物中最具观赏性的一种，就文献资料而言，对芦苇风景的欣赏至少可以追溯到《诗经》时代，芦苇是《诗经》具体描写最多的植物。前引《诗经》"彼葭者苢"之类的诗句所写或丘地，或水中，或路边，都是一种茂盛可人的景象，字里行间也都流露出一分欣赏的情感。这可以说是先民对芦苇风景的自发欣赏，而自觉的芦苇风景观赏则要到汉朝。汉武帝于建章宫北开凿"太液池"，起三山。《西京杂记》卷一记载："太液池边皆是雕胡、紫箨、绿节之类。""始元元年，黄鹄下太液池

---

① 参见《宋书》卷一九，清乾隆武英殿刻本；陈旸《乐书》卷一三〇，清文渊阁四库全书本；田艺蘅《留青日札》卷一九，明万历重刻本；顾起元《说略》卷一一，清文渊阁《四库全书》本；胡绍煐《文选笺证》卷二，清光绪《聚轩丛书》本。
② 《晋书》卷二三，清乾隆武英殿刻本。

上"，汉昭帝为歌曰："黄鹄飞兮下建章，羽肃肃兮行跄跄。金为衣兮菊为裳，唼喋荷荇，出入蒹葭。"这是各类水草、水鸟构成的湖荡景观，芦苇是其中较为重要的一种。这是我国园林以芦苇营景之始，也是明确将芦苇视为美景欣赏之始。梁元帝萧绎《赋得春荻诗》"翠炎玉池前，遥映江南莲。非秋无有眊，未烧不生烟"，是第一首专题咏芦荻诗，所写也是其皇家园林之景。唐代文人开始在官署和私家园池种植芦苇以营造景观，如前引张祜、姚合诗歌即是，宋元以下这种情况更为普遍，但凡有水体，芦沼葭塘、芦汀荻洲、芦港苇岸之景就成了常见的设置，如宋徽宗艮岳的芦渚、清康熙大臣明珠自怡园的芦港即是。而各地名胜风景中，也不乏以芦苇著称者，如明嘉靖《河间府志》卷三记载南皮县（今属河北）八景中有"钓台风苇"，明崇祯《清江县志》卷二载"临江八景"中有"芦洲落雁"（在今江西樟树市临江镇），清乾隆《甘州府志》卷一五载"甘山八景"有"苇溆秋风"（今甘肃张掖）。

汉魏以来天然的芦苇开始在文人诗赋中出现，司马相如《子虚赋》"其埤湿，则生苍莨、蒹葭"，王逸《九思》"菅蒯兮野莽，雚苇兮仟眠"，都是较早的例子。曹植《盘石篇》"蒹葭弥斥土，林木无芬重"，王粲《从军诗》"雚蒲竟广泽，葭苇夹长流"，描写较为具体，说明已多审美关注。南朝谢朓《休沐重还丹阳道中》"汀葭稍靡靡，江炎复依依"，则清晰地展示了芦苇生长的柔嫩美。这些都说明随着魏晋以来自然物色审美的兴起，芦苇的美感也得到了明确的欣赏。到了唐代，尤其是中唐以来，《蒹葭》《丛苇》《芦花》一类咏物诗纷纷出现，如晚唐薛能的《苇丛》："得地自成丛，那因种植功。有花皆吐雪，无韵不含风。"五代南唐李中《庭苇》："品格清于竹，诗家景最幽。从栽向池沼，长似在汀洲。"诗语虽然平淡，但对芦苇丛生成片的姿态、多见于池沼江湖的生境、清雅如竹的品格都有涉及，显示对芦苇的观赏认识已较为全面、充分和深入，标志着有关审美认识的成熟，奠定了后世芦苇欣赏的基本观念。宋以下文学作品日益繁多，诗词曲不论，赋即有宋张耒《芦藩赋》、清沈钦韩《芦花赋》、吴锡麒《芦花赋》等，文有宋陈造《盐城县学芦地记》、明贝琼《芦轩记》、清刘榛《蒹葭浦记》等专题作品。

随着文学作品的兴起，晚唐五代以来芦荻开始入画，仅就宋徽宗朝《宣和画谱》所载，就有五代郭乾晖、钟隐、黄筌、徐熙、宋赵士雷、易元吉、崔白等专题作品60多幅。其中多芦鸭、芦雁、竹芦等花鸟画，也有《芦汀密雪》一类山水画。大部分应属着色画，但也有《水墨蒹葭》一类水墨画。此后花鸟画中的《芦雁图》，山水画中的《秋水蒹葭图》，人物画中描写贯云石以绸易被之事的《芦花道人换被图》等都是比较流行的题材①。

这些丰富的艺文作品，充分体现了人们对芦苇的欣赏喜爱之情，同时也逐步展现着不断提高的观赏经验和审美认识。芦苇年生长期较长，四时有景，春天"汀州水暖芦芽长"（宋东湖散人《春日田园杂兴》），"淼淼望湖水，青青芦叶齐"（李白《奔亡道中》），夏天"沙洲芦苇如城郭"（元顾瑛《绝句》），"舟行两岸蔚森森"（宋孙平仲《咏芦》），秋天"西风飒飒动蒿莱，江上芦花似雪开"（宋苏洞《遣心》），都较为可观，古人言之极夥。综观古人的感受和描写，芦苇风景有两个特征给人们的印象最为深刻，深得人们的感兴与爱重。

1. 浩渺之景

芦苇是湖荡沼泽、低洼湿地、洲渚滩涂、盐卤斥地的植被建群种，容易形成单一物种的弥漫之势。我们从《诗经》"蒹葭苍苍"，"在水一方"，就可以读到一种水泊苍莽、芦苇弥望的感觉，古籍记载产苇之地动辄既以"弥望"形容，前引南朝宋民歌《乌夜啼》"巴陵三江口，芦荻齐如麻"，唐崔峒《送皇甫冉往白田》"楚地蒹葭连海迥"，明吴宽《芦》"江湖渺无际，弥望皆高芦"，都揭示了这种风景气势。尤其是秋天芦花齐放，一色如雪，极为壮观。唐刘长卿《奉使鄂渚至乌江道中作》"客路向南何处是，芦花千里雪漫漫"，清屈大均《湖中有怀》"芦花千万里，如雪落纷纷"，袁枚《夜过瓜州》"芦花三十里，吹雪满船头"，都属亲历目睹，也几乎写实，景象壮阔，气势动人。后世芦花有"秋雪"之誉，如杭州西溪有秋雪庵，即因当地一派河渚"蒹葭弥望，秋时如雪"而得名，②这些都充分说明了芦苇景观以规模取胜的特征。

2. 江湖之境

正如前言吴宽《芦》诗所说，"芦本水滨物"，芦在沼泽、湖滨、江渚、海滩和平原低洼等浅水、卑湿之地生长最为旺盛，也最容易形成建群优势。《诗经·蒹葭》展现的就是蒹葭与秋水一色苍茫的情景，芦之所在正是水之所在，《诗经》时代秦陇一带仍是水土丰茂，植被富饶，因而有这样水芦丰茂的景象。随着北方芦苇资源的萎缩，从唐代开始，芦苇在南方的分布优势开始凸显出来，诗人所写芦苇除黄茅白芦之类荒凉之景外，多属长江流域江河川泽、洲渚汀湾的景观，尤其是长江沿岸，洞庭、鄱阳、太湖等湖泊周围，潇湘、汉水、赣江等长江支流沿线风光。如"江南四月蒲叶长，江南八月芦叶黄"（清潘高《古意》），"衡岳七十峰夜月，洞庭八百里芦花"（清张际亮《秋

---

① 如金人张珪、元人王渊、清边寿民等均有《芦雁图》；宋高焘、元王蒙、清戚朝桂（字弁亭）有《秋水蒹葭图》；贯云石换被之事，人绘为图，为丘彦能所藏，同时贡师泰、吴植、吴敬夫等有题诗，王冕有《芦花道人换被图》诗。
② 孙之𫘦：《南漳子》卷上。

雁》），"冥冥兮俯不辨波与烟，洞庭一片芦花天"（清汤鹏《长歌行两章送内弟罗锡侯归益阳》）。这几乎成了一种区域性、符号化的景观，"梦魂空系潇湘岸，烟水茫茫芦苇花"（唐黄滔《别友人》），"山居种苇意如何，相见沧江渺渺波"（宋舒岳祥《赋苇》），"黄芦败苇两三丛，仿佛江湖在眼中"（宋释道潜《戏书秋景小屏》），人们一见芦苇，想到的就是江南洲渚、洞庭潇湘。这既是江河湖泊的，更是江南水乡的。

正是由于这一南盛北衰、聚集江南的趋势，中唐以来，芦苇被逐步视为江南的经典风物，即便是在北方，人们偶遇此景，也不禁自然而然地联想到江南水乡、潇湘汀渚。北宋刘敞《寒芦》："洞庭木落风霜秋，蒹葭处处使人愁。可怜一见京尘里，却忆孤槎天际浮。"他在汴京（今河南开封）城里见到芦苇，眼前浮现的却是曾经游历过的洞庭湖景。明袁中道《游居柿录》记其路过今河北雄县，"四望皆湖，蒹葭芦苇，宛似江南"。明孙承恩有诗《过献县，水没坡田，荡成巨浸，凫鸥葭苇，宛似江南风景》，晚清曾国藩《游览》记其过今河北霸州市南白沟河，"自二月至十月，皆可坐船，风帆芦苇，似江南风景"。这些习以为常的联想和说法，既透露了芦苇与水为景，以江湖为生境的特殊美感，同时也充分反映了唐以来芦苇分布以江南水乡为主的区域特征以及人们相应的习惯记忆与文化认知。

（三）芦苇意象的情感和志趣寄托

芦苇不只是自然物种、客观风景，正如王国维《人间词话》所说，"一切景语皆情语也"，人们对芦苇的各种描写和赞美中，也包含了丰富而深厚的情感和想象，寄托着人们高雅的品格和志趣。

1. 时序漂泊之感

大致说来，人们借助芦苇主要抒发两种情感：一是时序之感。从《诗经》"蒹葭苍苍，白露为霜"开始，人们就将其与秋天紧密地联系在一起，从而引发悲秋怨逝之感，抒写人生凋零、世事空漠之情。由于芦苇风景的普遍性和前节所述规模气势，所谓"三分秋色一分芦"（清张祥河《水心亭》），"一汀芦苇风，万里潇湘秋"（篛龙轩德修《题宋袁立儒芦雁卷》）[1]，加之草本的纤弱易泯，相应的情感渲染也较一般的衰草、落木意象显得苍茫和萧瑟。二是漂泊之感。江河湖泊是天然交通途径，人之迁徙流转多所取道，而芦苇又是水行最常见也最醒目之景，因而与人们的羁旅行役、漂泊流徙紧密伴随，"可怜飘泊亦如雁，江湖浪迹芦花风"（清魏燮均《题袁甘泉画芦雁》），苍

---

① 吴荣光：《辛丑销夏记》卷二，清道光刻本。

江摇荻、秋苇飘花，连同塞上芦管、关楼胡笳，成了人们抒写行役劳苦、离别愁思、漂泊哀怨常见而有力的媒介。"兼葭露滴思乡恨，芦荻风萦羁旅愁"（宋吴光诗歌残句），"乡心旅思何人会，芦草萧萧一笛幽"（宋赵湘《秋晚舟泊桐江》），这是古典诗词中普遍的生活感受和抒情"物语"。

2、清贫隐逸之志

除上述风景欣赏、情思感触外，人们对芦苇的欣赏中还包含了人格情趣、品德志节的追求和寄托。大致说来，可以概括为两种意同，一是隐逸之志，二是清贫之趣。

芦苇与隐逸志向的联系起源较早。一个源头是先秦《庄子·外篇·渔父》，以虚拟的渔父，对孔子为代表的儒家仁义、礼乐思想进行劝说，主张率性贵真，放浪天地，顺应自然。一番对话后，孔子愀然叹服，询问渔父所居何地，渔父"刺船而去，延缘苇间"。另一个源头是汉袁康《越绝书》所载春秋楚国伍子胥的故事。伍子胥的父兄被楚平王所杀，于是潜行投奔吴国，"至江上，见渔者"，请求帮助渡江。渔人约其藏到"芦之碕"——芦洲中的高地，日落后以船渡其过江。伍子胥以宝剑相赠，渔父不受。伍子胥希望为他保密，渔父诺。伍子胥走后，他沉船自刎，以绝后患。此事在稍后的《吴越春秋》中记载更详也稍异，隐蔽之地改称"芦之漪"，对话中渔人有"子为芦中人，吾为渔丈人，富贵莫相忘"之语。渔父是我国古代文化中的重要形象，以渔父、樵夫、游侠这类边缘另类的身份来寄托人们超越礼教王法、功名利禄等社会束缚，追求自由无羁、任真逍遥的生活理想，是我国古代隐士文化中一个源远流长的传统。《庄子》《越绝书》中的渔父是最早的渔隐形象，芦苇与他们相伴而来，因而也就与渔隐文化有着与生俱来的联系。晋郭璞《江赋》就有"芦人渔子，摈落江山，衣则羽褐，食惟蔬鲜"的描写。到了唐诗中，芦荻渔舟之景的描写更为普遍。岑参《渔父》"扁舟沧浪叟，心与沧浪清。……朝从滩上饭，暮向芦中宿。歌竟还复歌，手持一竿竹。……世人那得识深意，此翁取适非取鱼"，可以说是这一情趣的代表。

更为生动的想象还不在渔翁，而在江湖。随着社会重心的南移，"江湖"意象越来越取代"山林"成了隐者处士越世逍遥的生活场景和心理归宿。"高士想江湖，闲庭遍植苇"（王贞白《芦苇》），江南地区烟波浩渺的湖水，水草萧瑟、鱼唼雁栖的长汀浅洲，成了人们脱弃俗累、放飞身心的理想空间。而芦苇正是"江湖"最普遍的物证、最真实的写照，前引宋僧道潜"黄芦败苇两三丛，彷佛江湖在眼中"，说的是画中芦苇给人的联想，也可以说概括了芦苇意象最普遍的符号意义。在宋以来文人画中，江南山水风景和渔隐人物题材比较流行，而其中汀湾洲渚多点染芦苇，正如《芥子园画谱》"画葭菼法"所说，"元季尤多，盖四大家皆在江南葭菼间，习知渔趣故也。凡他图则必有主树,至渔乐则烟波淼渺,树不能为之主,而主葭菼"①。这类艺术作品的风行,典型地体现了芦苇意象及其传承的江湖逍遥心态在民族精神生活中的普遍意义。

芦苇的清贫之趣与渔隐之志大同小异,但其渊源有别。从古以来,编织芦苇就是平民、贫士的常见生计,蓬户苇席更是平民、贫士基本的住所和用具,芦苇几乎是草根社会和士阶层中贫寒、潦倒之流共同的生活资料。《荀子·正名》"蔬食菜羹而可以养口……屋室庐庾、葭稿蓐……而可以养形",晋《高士传》所说楚国老莱子"莞葭为墙,蓬蒿为室",古《孝子传》所说孔子弟子闵子骞以芦花为絮,以至于欧阳修画荻学书等等,这一系列士人贫贱自守或寒苦起家的故事都包含了芦苇的身影,"葭墙艾席""蓬户苇壁"成了文人幽居穷处、清贫简朴的典型写照。宋以来文人诗中多言芦笋荻芽,其实芦笋也远非珍肴美蔬,正如宋代萧崱《荻芽》诗所说"江客因贫识荻芽,一清尘退杂鱼虾",人们取食荻芽多因生活的贫困拮据。芦芽、竹笋、梅花帐、芦花被之类,本都是草根民众和贫穷、僧隐之士困顿拮据中的无奈之举,却由于贫士、僧隐之流的幽逸、朴素自高,即所谓"穷开心",与富贵文人闲适高雅之求,即所谓"富作乐"之间的相互推毂,而成了时尚的物什,获得了高雅的品位。元人贯云石以绸缎换芦被就是一个"富作乐"的典型事例,明人高濂《遵生八笺》卷八也将芦花被列为文人雅士"起居安乐"的生活项目:"深秋采芦花,装入布被中,以玉色或兰花布为之,仍以蝴蝶画被覆盖,当与庄生同梦。且八九月初寒覆之,不甚伤暖,北方无用,不过取其清耳。"所说花被、画布,已非穷人、贫士所能设想,而称只宜八九月使用,是说此被保暖有限,北方寒冷更不宜用。那么为什么如此推重呢,"不过取其清耳",可以说道出了全部玄机。无论穷开心、富作乐,人们透过芦苇所追求的是一种清贫自守或清雅自高的人格情趣和生活品位。前引五代诗人李中《庭苇》"品格清于竹,诗家景最幽","清幽"二字可以说概括了人们推赏芦苇这一草本微物的潜在情结,也揭示了芦苇意象最基本的象征意蕴。不难看出,在封建士大夫心目中,芦苇是与梅兰竹菊等君子雅尚、桑麻蒲柳等田园风物之品位、意趣大致相同的文化性植物,有着鲜明而丰富的人文意义。

总结全文的论述,我们可以看到,芦苇是我国分布最为广泛和丰富,应用历史最为悠久而持续的草本资源。唐以前我国北方的生态状况良好,芦苇资源较为丰富。宋以来由于北方环境恶化,芦苇分布相对萎缩和减少。唐以前人们对南方的芦苇资源关注不多,中唐以来随着人口增加和经济中心的南移,长江中下游流域和东部沿海地

---

① 王概等:《芥子园画传》,浙江古籍出版社 1998 年版,第 57 页。

区的芦洲苇区受到重视。我国人民利用芦苇至少有 7000 多年的历史，上至军国大事，下至百姓生活，应用极为广泛。芦苇编席绞绳、用作建筑材料的历史最久，河北武安磁山、浙江河姆渡发现芦席、芦泥土块，民间编席、盖屋一直延续至今。芦苇的燃料价值最为重要，先秦时即设官专事积贮，明清时森林资源匮乏，而芦柴资源日见重要。芦苇的食用、药用始见于汉，此后疗病救饥，长用不衰。宋元以来，沿江滨海苇地开始征税，官民之间竞谋其利，构成了经济史上一个特殊而复杂的现象，典型体现了芦苇资源的历史价值。广泛的自然分布和普遍的经济应用，也引发人们广泛的兴趣，相应的文学艺术作品极为丰富。芦苇风景以规模壮阔、江湖生境称胜，备受人们的喜爱。人们通过芦苇意象感受时序的变迁，抒发江湖飘泊的情怀，寄托江湖逍遥的志趣，从而获得了丰富的象征意义和人文积淀。在整个草本植物中，芦苇的分布数量应不如蒿茅之类屑小草类，单株经济价值也较轻贱，大多属于野生状态，远不如甘蔗、莲藕、棉麻等经济作物，人参、甘草等药用植物，其观赏价值也远不如兰、菊、荷花、芍药等观赏植物，但综合几千年自然分布、社会利用和文化积淀各方面的历史贡献而言，芦苇是我国草本资源中除粮食和蔬菜作物之外最为重要的一种，历史和文化地位仅次于竹，而超越于其他植物之上。

［原载《闽江学刊》2013 年第 1 期］

第四编
瓜果、蔬菜文史考论

论梅子的社会应用和文化意义

梅是花、果兼利的植物，首先是果树，其次才是观赏花卉。梅的果实书面多称梅实，俗称梅子，因其成熟前后颜色的变化而有青梅、黄梅等不同称呼。人们对梅的开发利用，首先是从果实开始的，这是由人类对果树资源认识和利用的普遍规律决定的。所谓梅文化的发展，果实的利用总是历史起点和一以贯之的方面。考古发现，我国人民使用梅之果实的时间至迟可以追溯到新石器时代。1979 年河南裴李岗遗址发现梅核，距今约 7000 年[①]。1961 年至 1976 年，上海市文物保管委员会等单位在上海市青浦县崧泽遗址中发现植物果核碎片，鉴定为蔷薇科果实的内果皮，认为可能是野生杏、梅，距今约 5200—5900 年[②]。裴李岗遗址是北方新石器时代的典型代表，崧泽遗址则是太湖流域新石器时代一个特殊阶段的代表，史学界称为"崧泽文化"，介于"马家浜文化"与"良渚文化"之间。裴李岗、崧泽遗址中的梅核，表明我们先民采用梅之果实至少有六七千年的历史。数千年来，人们开发了许多应用领域和应用方式，充分发挥其社会价值，积累了丰富的生活经验，也引发了许多情趣和感受，赋予其丰富的人文意味。本文拟就我国古代梅子的社会应用情况及其演生的文化意义进行系统的梳理和阐发，这是全面把握梅这一物种的资源价值、历史贡献和文化意义不可或缺的一个方面。

---

① 中国社科院考古所河南一队：《1979 年裴李岗遗址发掘报告》，《考古学报》1984 年第 1 期。
② 上海文物保管委员会：《上海市青浦县崧泽遗址的试掘》，《考古学报》1962 年第 2 期。

一、梅子的社会应用

作为一种水果，梅子的社会应用极其普遍，经济价值较为显著。我们以下主要通过几个与梅子有关的经典产品和流行说法，来勾勒数千年来社会各方面的应用状况，展示这一水果资源的应用方式、经济价值和历史贡献。

（一）盐梅

"盐梅"说的是食盐和梅子，两者并称最早见于《尚书》。《尚书·商书·说命下》："王曰……尔惟训于朕志，若作酒醴，尔惟曲蘖；若作和羹，尔惟盐梅。"所谓"王"，指商朝高宗帝王，这是其任命傅说做宰相时的一段训谕。他说宰相好比造酒（酒醴）用的曲料（曲蘖）和做肉汤（和羹）用的盐与梅，帝王要治理天下、成就大业，全靠贤相能臣的辅佐和协调。"和羹"指用不同的调味品烹制羹汤，而盐咸、梅酸，是烹制"和羹"最重要的调味品。

为什么是"梅"而不是其他？梅子以味酸著称，在食用醋发明、流行之前，梅子是人们获取酸味最重要的食物。春秋晏子所说"醯、醢"[①]都是谷物和肉食发酵酿制的酱一类，其中"醯"由谷物酿制，具有酸味，后世认为介于酒与醋之间，但梅子肯定是最典型也是最方便的酸味品，因而用作调料更为古老，也更为常见。后世烹调经验也证实，梅实之酸有除腥和催熟的双重作用，苏轼《物类相感志》称"煮猪肉，用白梅、阿魏（引者按：一种药物）煮，或用醋或用青盐同煮，则易烂"，用白梅或醋煮老鸡易烂。《礼记·内则》记载大夫宴食"兽用梅"，即烹制和食用兽肉用梅子作调料。考古资料也证明这一点，陕西泾阳戈国墓西周早期墓葬铜鼎中发现梅核与兽骨等[②]，湖北包山楚墓12件陶罐中发现梅、鲫鱼等[③]，可见梅子主要用来烹调鱼、兽等肉食。在用作调味烹制"和羹"中，梅子与盐的作用几乎相当，在食用醋流行之前，梅一直是日常生活中最常用的调味品，即便是食用醋流行之后，这一用途依然存在[④]。这是梅之实用价值最为重要的方面，也是其社会效益发挥中最重要的历史环节。

---

① 晏婴：《晏子春秋》"外篇重而异者第七"，《四部丛刊》影明活字本。
② 陕西考古研究所：《高家堡戈国墓》，三秦出版社1995年版，第50、62、102、135页。
③ 湖北荆沙铁路考古队：《包山楚墓》，文物出版社1991年版，第198、199页。
④ 即便是食用醋已经广泛应用的南北朝时期，仍有以梅子快速制醋的现象。贾思勰《齐民要术》卷八："乌梅苦酒法：乌梅去核一升许肉，以五升苦酒渍数日，曝干作屑，欲食辄投水中，即成醋尔。"所谓苦酒即醋。

（二）梅诸、白梅

"梅诸"见于《礼记·内则》："鱼脍，芥酱。麋腥，醢酱。桃诸、梅诸，卵盐。"这是一组食品及其吃法。诸似菹，本指干菜，桃诸、梅诸，即桃干、梅干。也有解释说，诸是储也，是制作以便于贮存，而晒干是最基本的方法。《周礼·天官·笾人》："馈食之笾，其实枣、栗、桃、干䕩、榛实。"这里主要讲祭祀用品，笾是一种盛果实的圆底高脚竹编浅盘。䕩本指煮熟晒干的草，这里所说"干䕩"据汉代人的注解，是梅诸（梅干）的不同说法。《齐民要求》引《广志》记载，蜀人一直称梅为䕩。汉代《大戴礼记·夏小正》："五月……煮梅，为豆实也。"豆是木制的浅盘，形状、功用与笾相同。可见所谓梅诸、干梅的制法有可能是将青梅略事蒸煮，晾晒而成。无论用于贮存还是食用，梅干都是最简单、最常见的制品。《周礼》《礼记》都出现于西汉，长沙马王堆一号汉墓曾出土大量梅核、梅干，同时出土的标牌上称元梅、脯梅[①]，元梅或指生梅，而脯梅即干梅。可见这种制作和贮存方式历史悠久，自先秦至汉代相沿不绝，后世所说"白梅"也有一些应属这种制法。

"白梅"最早见于晋葛洪《抱朴子》《肘后备急方》，一则用以炼丹软金，另一用以治中风口闭不开。北魏贾思勰《齐民要术》记载具体的"作白梅法"："梅子酸核初成时摘取，夜以盐汁渍之，昼则日曝。凡作十宿，十浸十曝便成。调鼎和齑，所在多入也。"与梅诸、干䕩的煮晒不同，多以盐腌制晒干，表面会起盐霜，所以称白梅或霜梅。这也是梅之果实最家常的加工方法，便于贮存，多用作日常烹饪（调鼎）和腌菜（和齑）的调料。其他使用也极为广泛，如进一步加工制作，只需简单浸泡脱去盐分，也极方便。现代所说的梅胚也即这个制法[②]，可谓源远流长。

（三）梅煎、糖梅

梅煎，即梅饯，指蜜渍梅子。这也是梅子常见的食用方法和制品。梅子酸重，直接食用人多难以适应，于是便有蜜或糖渍一法。三国孙权的儿子孙亮好吃生梅，食时用蜜渍梅[③]，《齐民要术》引《食经》记载蜀人藏梅法即以蜜浸腌[④]，可见由来已久。南宋温革《分门琐碎录》记载一法更为详细："黄梅子不破者一百个、盐二两，于沙盆内中略擦匀后，一夕取出晒半干，炼蜜浸晒。如蜜酸，又换，候甜为度，入瓶紧闭。"[⑤]

① 湖南省博物馆、中国科学院考古研究所：《长沙马王堆一号汉墓》，文物出版社 1973 年版，上集第 117、118、119、127、141 页。
② 程杰：《中国梅花名胜考》，中华书局 2014 年版，第 655 页。
③ 《太平御览》卷一一八引《吴历》，《四部丛刊三编》本。
④ 贾思勰：《齐民要术》卷四"种梅杏第三十六"，《四部丛刊初编》本。
⑤ 《永乐大典》卷二八一一，中华书局 1986 年版。

蜜渍梅既利于食用，也便于保存。唐李吉甫《元和郡县志》记载当时虔州南康（今江西赣州）土贡中有"蜜梅"①，宋《太平寰宇记》也有这一记载②。唐王焘《外台秘要》记载益州（今成都）土物中有梅煎③，当也作贡品。宋《太平寰宇记》记载江西洪州（今南昌）土产有梅煎，"开元二十五年，都督韩朝宗以梅煎难得，取乳柑代，今并停"④，是初盛唐时即有这一贡项，《新唐书》也有同样记载⑤。可见最迟在唐朝，今江西南昌、赣州、四川成都等地即向朝廷进贡梅煎。这种情况，宋以来各类正史未见有后续记载，仅明朝《南京都察院志》有南京尚膳监置办"梅子煎""蜜润梅子煎""蜜煎脆梅"进京之事⑥，数量也极有限，或此时朝廷集中采办更为方便而逐步取消。

　　糖梅是以糖腌制的梅子，操作方法与梅煎相同，只是易蜜为糖而已。蜜渍、糖腌，都简单易行，且广受人们喜爱。自宋以来，无论文人雅士，还是市井、乡村平民之家都较为常见。沈括《忘怀录》记载"糖松梅"，以糖和松子为主腌制青梅⑦。宋孟元老《东京梦华录》记京师艺人打场卖艺"引小儿妇女观看，散糖果子之类，谓之卖梅子"⑧，可见糖腌梅子是市面上最常见的糖果子。《西湖老人繁胜录》"食店"条记蜜煎"昌园梅"，周密《武林旧事》也记临安市售"蜜渍昌元梅"⑨。昌元也作昌源、昌原、昌园，在今浙江绍兴市东南郊，南宋时盛产梅子，以"实大而美"著称⑩，蜜渍昌源梅是宋元时杭州市上极其盛销的茶果蜜饯⑪。元明以来士大夫人家蜜渍糖腌梅子更是普遍，元人《居家必用事类全集》有糖脆梅、糖椒梅的详细制法，明人刘基《多能鄙事》、韩奕《易牙遗意》、宋诩《竹屿山房杂部》等则有蜜梅、糖醋梅、糖椒梅⑫、糖脆梅⑬、糖紫苏梅、糖薄荷梅、糖卤梅⑭、造化梅、对金梅、韵梅⑮等蜜饯梅子制法，花色品种丰富，而制法也不断翻新。由于梅子酸重，其他杂色梅饯的制作，也离不开放蜜或糖，用糖或蜜腌梅以改善口味总是最常见的食用方法。

---

① 李吉甫：《元和郡县志》卷二九，清武英殿《聚珍版丛书》本。
② 乐史：《太平寰宇记》卷一〇八，清文渊阁《四库全书》本。
③ 王焘：《外台秘要》，卷三一，清文渊阁《四库全书》本。
④ 乐史：《太平寰宇记》卷一〇六。
⑤ 《新唐书》卷四一，清乾隆武英殿刻本。
⑥ 施沛：《南京都察院志》卷二五，明天启刻本。
⑦ 《永乐大典》卷二八一一。
⑧ 孟元老：《东京梦华录》卷三，清文渊阁《四库全书》本。
⑨ 周密：《武林旧事》卷三，民国景明《宝颜堂秘籍》本。
⑩ 施宿：《会稽志》卷一七，清文渊阁《四库全书》本。
⑪ 程杰：《中国梅花名胜考》，第191—194页。
⑫ 刘基：《多能鄙事》卷三，明嘉靖四十二年刻本。
⑬ 韩奕：《易牙遗意》卷下，明《夷门广牍》本。
⑭ 宋诩：《竹屿山房杂部》卷二，清文渊阁《四库全书》本。
⑮ 宋诩：《竹屿山房杂部》卷二二。

在蜜、糖腌制梅饯中，清代岭南广州、惠州一带乡间的糖梅制作最为盛行。清初屈大均《广东新语》卷一四"食语"："自大庾以往，溪谷、村墟之间在在有梅……结子繁如北杏，味不甚酸，以糖渍之可食……东粤故嗜梅，嫁女者无论贫富，必以糖梅为舅姑之赟，多者至数十百罂，广召亲串，为糖梅宴会。其有不速者，皆曰'打糖梅'。糖梅以甜为贵，谚曰：'糖梅甜，新妇甜，糖梅生子味还甜。糖梅酸，新妇酸，糖梅生子味还酸。'"是说广东到处都有梅树，产果多，人们也喜欢吃梅。嫁女都大量腌制糖梅作为拜见公婆的礼物，大喜之日举行糖梅宴，广招亲朋，有不请自来者，则以唱歌获赏糖梅，称"打糖梅"。客人"亦以糖梅展转相馈，务使人口尝而后已"。这一婚嫁礼俗，也称"梅酌"①，盛行于粤中。康熙《花县志》（今广州花都区）、乾隆《番禺县志》（今广州番禺区）、嘉庆《新安志》（今深圳一带）、光绪《广州府志》（今广州市）、《德庆州志》（今广东德庆县）、《四会县志》（今广东四会市）、《新宁县志》（今广东台山市）、《新安县志》（今深圳宝安区）、民国《东莞县志》（今广东东莞县）、《恩平县志》（今广东恩平市）、《开平县志》（今广东开平市）、《清远县志》（今广东清远市）的风俗志都有记载，可见在珠三角地区的今广州、肇庆、江门、深圳市所属地区较为盛行。

（四）乌梅

乌梅是一种中药材，由未成熟的青梅或成熟的黄梅烟熏、火烘而成，因色泽乌黑而得名。梅子入药，出现较早。《神农本草经》："梅实，味咸平。生川谷。下气，除热烦满，安心，肢体痛，偏枯不仁，死肌，去青黑志、恶疾。"《本草经》是我国现存最早的药物学专著，一般认为最迟成书于东汉，收药360多种，是远古以来尤其是战国、秦汉间人们药物知识的总结。梅子居其一，是最早见于实用的药物之一，至少已有2000多年的历史。乌梅是梅子入药最主要的方式，东汉张仲景《伤寒论》、晋葛洪《肘后备急方》等早期医典所用多称乌梅。《齐民要术》卷四"作乌梅法"："以梅子核初成时摘取，笼盛于突上，熏之令干，即成矣。乌梅入药，不任调食也。"突即烟囱，是说将未成熟的青梅，以笼子盛着放在烟囱上熏干即成，这是关于乌梅制法最经典的记载。

乌梅有生津止渴、敛肺涩肠、驱蛔止泻等功效，是治疗虚热口渴、肺热久咳、久泻久痢等疾病的常用药，用途较为广泛。张仲景《伤寒论》所载乌梅丸，即是一副安蛔止痢的经典方。稍后晋葛洪《肘后备急方》梅子单用或组方治疗心腹俱病、伤寒时

---

① 戴肇辰：《（光绪）广州府志》卷一六，清光绪五年刊本。

气瘟病、寒热诸疟、胸膈痰癖、肠痈肺痈以及饮食诸毒等病症，李时珍《本草纲目》更是记载了 33 种使用乌梅的组方，可见乌梅在我国传统医药中的重要地位。而在实际生活中，乌梅几乎是一个四时家常备用药物。宋吴自牧《梦粱录》记载，临安市上有保和大师乌梅药铺。陆游《入蜀记》记载曾在江边蕲口镇买乌梅、薄荷，药店附煎煮须知之类帖子。梅子能醒神、解酒毒，南朝陈永阳王伯智即曾以此解酒醉①，后人多效之。这些都可见乌梅使用的普遍。

乌梅因此也成了梅产地重要的贡品。《新唐书》记载江陵府（今湖北荆州）土贡中即有乌梅一项，这是乌梅作为贡物最早的记载，此后乌梅取代糖梅成了梅产地的实物（本色）和额办（折色）赋贡。如《宋会要辑稿》记载拨额在洪州（今江西南昌）等处采购乌梅 6205 斤②。明成化《湖州府志》记载岁承办乌梅 100 斤，续增 300 斤③，嘉靖《常熟县志》记载纳赋乌梅 200 斤④。康熙《常州府志》记载本府赋税本色乌梅 200 多斤、折色乌梅（计价缴钱）银 36 两⑤。这些都属于征收的药材份额。

乌梅不仅是重要的药材，而且是重要的染料，更确切地说，是因强烈的酸性用作媒染剂，在纺织、造纸等彩色染制尤其是毛纺染色中大量使用⑥。乌梅用作染料，最早可以追溯到唐代韩鄂《四时纂要》所载制胭脂法，当需要酸性原料如醋或石榴子时，即用乌梅代替⑦。胭脂是红色，后世染制红、黄、紫等彩色时，多添加乌梅。明宋应星《天工开物》卷上《诸色质料》："大红色，其质红花饼一味，用乌梅水煎出，又用碱水澄数次，或稻稿灰代碱，功用亦同。澄得多次，色则鲜甚。"乌梅与碱水交替使用，以调和酸碱度，增加着色的效果，无论官作、民坊用量都很大。从明清文献所载可见，各地承担的赋额较之药材要沉重许多。明弘治莫旦《大明一统赋》注称天下岁办颜料："红花一万五千斤，蓝靛十万斤，槐花四千斤，栀子二千四百斤，乌梅八千四百斤。"⑧申时行《大明会典》记载户部甲字库征收颜料共计 412222 斤，其中乌梅 39309 斤⑨。据刘斯洁《太仓考》，这近四万斤赋贡由浙江、江西、湖广、福建、四川、广东等省，应天（驻今江苏南京）、苏州、松江、常州、镇江、淮安、扬州、徽州、宁国、池州、

① 冯贽：《云仙杂记》卷七《蜜浸乌梅解宿醒》，《四部丛刊续编》影明本。
② 徐松：《宋会要辑稿》食货三四，稿本。
③ 劳钺、张渊：《湖州府志》卷八，《日本藏中国罕见地方志丛刊》本，书目文献出版社 1991 年版。
④ 冯汝弼：《（嘉靖）常熟县志》卷二，明嘉靖刻本。
⑤ 于琨：《（康熙）常州府志》卷八，清康熙三十四年刻本。
⑥ 用于造纸着色，如明王宗沐《（万历）江西省大志》卷八："（造纸）颜色系红花、乌梅，出于湖广、广东等处，论值收买，如法染造。"明万历二十五年刻本。
⑦ 韩鄂：《四时纂要》卷三，朝鲜刻本。
⑧ 莫旦：《大明一统赋》卷下，明嘉靖郑普刻本。
⑨ 申时行：《大明会典》卷三〇，明万历内府刻本。

太平、安庆、滁州、广德等州府定额折色分摊①，各省分摊至州府，州府分摊至属县，形成庞大而严密的征收系统，有关各地县志大多记载了这项赋额。明万历以来，宫廷生活奢靡，织造华服耗资剧增，乌梅用量逐渐增多。明陈汝锜《甘露园短书》卷五《织造》："上方每岁所用袍服，未闻其数，曾见陕西抚院贾待问疏称该省应造万历二十五年龙凤袍共五千四百五十匹。额设机五百三十四张，该织匠五百三十四名，挽花匠一千六百二名。新设机三百五十张，该织匠三百五十名，挽花匠七百五十名，挑花络丝打线匠四千二百余名。举一省而他可知也。又于某县派染绒乌梅二千余斤，举一县而他可知也。"②陕西并非织造大省，更非乌梅盛产地，而承担之乌梅赋额如此之重，其他地区的情况就不难想见。

此项赋科入清后所在各地均仍承担折色征银。如清道光《来安县志》记载，该县明嘉靖甲字库贡额乌梅 92 斤，道光间乌梅折征银二钱七分一厘③。道光《歙县志》记载，明户部征本色乌梅 15 斤，康熙十二年按每斤价银二分，折征银三钱九厘有零④。虽然赋额较明之后期略有减少，但仍是牵涉范围较广、数额较大的赋款，可见整个明清时期朝廷织染中乌梅用量的巨大。在民间也复如此，晚清、民国间所编《杭州府志》记载富阳乌梅"远市西北，云疗马疾，其就近货售者，染肆之用最巨，至以入药盖甚微也"⑤，是说市井染坊乌梅用量最大。

乌梅也是军事物资，不仅用于一般的军中疗伤，还用于制造炮火毒药，同时也反用作解药。如明茅元仪《武备志》所载火药制法即用乌梅末与皂、椒、砒霜等作原料⑥，宋人曾公亮《武经总要》所记火药法中即以乌梅、甘草作为常用解药⑦。

乌梅还是"金银器去垢"⑧除锈的常用物，主要原理是乌梅中的酸性物质与金属表面的氧化物进行还原反应，从而达到除锈的目的。明宋诩《竹屿山房杂部》"白银法"和"熟铜造器"法介绍："用乌梅置瓷器中，同水煎浓，以银物于火中烧去积垢，投之煮，令纯白光明，刷涤烘干。""（铜器）乌梅煎汤揩之，明如金色。"《宋会要》记载宫中打造银器每百两银给乌梅四两⑨，清宫清洗圆明园铜像，也多用乌梅⑩。上述这

---

① 刘斯洁：《太仓考》卷一〇之四，明万历刻本。
② 陈汝锜：《甘露园短书》卷五，明万历刻清康熙重修本。
③ 符鸿：《（道光）来安县志》卷三，清道光刻本。
④ 劳逢源：《（道光）歙县志》卷五之二，清道光八年刻本。
⑤ 吴庆坻等：《（民国）杭州府志》卷七九，民国十一年本。
⑥ 茅元仪：《武备志》卷一一九，明天启刻本。
⑦ 曾公亮：《武经总要》前集卷一二，清文渊阁《四库全书》本。
⑧ 张宗法：《三农纪》卷五《梅》，清刻本。
⑨ 徐松：《宋会要辑稿》职官二九。
⑩ 清官修《圆明园内工则例》，清抄本。

些，古人认为"生梅、乌梅、白梅功用大约相似，第乌梅较良，资用更多"①，是说乌梅质量好些，因而使用更为普遍。

（五）青梅、黄梅

青梅、黄梅，统称生梅，指未加工的鲜果。未成熟时多呈碧绿色，称青梅，成熟时为黄色，称黄梅。上述白梅、糖梅、乌梅均由青梅或黄梅腌、晒加工而成，而作为水果，两者又都可直接食用。但梅子酸重，古人讲"多食损齿、伤筋、蚀脾胃，令人发膈上痰热"（宋人大明日华子《本草》）②，因而除个别偏嗜之人，一般只能少量品尝。

古人记载的品种中，也有极宜鲜食的，如消梅。范成大《梅谱》："消梅，花与江梅、官城梅相似。其实圆小，松脆多液，无滓。多液则不耐日干，故不入煎造，亦不宜熟，惟堪青啖。"是说消梅不能腌、晒加工，只宜食用鲜果，果肉极为清脆，是优良的鲜食品种。北宋理学家邵雍有诗《东轩消梅初开劝客酒二首》③，其洛阳宅园安乐窝有此品种，时间至迟在神宗熙宁间（1068—1077）。《王直方诗话》："消梅，京师有之，不以为贵。因余摘遗山谷（引者按：黄庭坚），山谷作数绝，遂名振于长安。"④可见宋哲宗元祐年间（1086—1093），消梅闻名于开封。南宋施宿《（嘉泰）会稽志》卷一七："消梅，其实脆而无滓，其始传于花泾李氏，故或谓之李家梅。"花泾，山名，在绍兴山阴县（今浙江绍兴县），是南宋绍兴也有这种品种。明成化《湖州府志》卷八："消梅出道场山下，青脆殊甚，其实尤早。"⑤可见明中叶湖州还盛产。同时华亭（今上海松江）宋诩《竹屿山房杂部》称消梅"白花，重者小，单者大"⑥，说消梅又分重瓣与单瓣两种。此后各类记载多属抄录范成大《梅谱》和宋氏所说，未见新的有效信息。今人褚孟嫄主编之《中国果树志（梅卷）》记载197个果梅品种，未见有消梅，可能早已失传了，这是令人十分遗憾的事，不知是否还能在绍兴、湖州等古传盛产地找到。

尽管梅子鲜食多忌，但梅是落叶果树中结实和采食最早的水果，落花两个多月后，果实渐成，古人多称"青梅如豆"，进而称"如弹""脆丸"，即可采摘食用。其最鲜明的功用是解渴，《世说新语》所载曹操军队望梅止渴的故事就是典型的例子。西晋陆玑《诗义疏》说梅子"可含以香口"⑦，是说含咀梅子可以除口臭，相当于今天吃口

---

① 缪希雍：《神农本草经疏》卷二三，清文渊阁《四库全书》本。
② 李时珍：《本草纲目》卷二九，清文渊阁《四库全书》本。
③ 《全宋诗》第7册，北京大学出版社1991—1998年版，第4505页。
④ 郭绍虞辑：《宋诗话辑佚》上册，中华书局1980年版，第109页。
⑤ 劳钺、张渊：《湖州府志》卷八。
⑥ 宋诩：《竹屿山房杂部》卷九。
⑦ 贾思勰：《齐民要术》卷四，《四部丛刊》本。

香糖之类，当然咀嚼梅干、乌梅效果应相同。

青梅食用时，正是清明至立夏前后暮春、初夏的美好季节，加之果实碧圆，肉质酸脆，给人清鲜时新的感觉，人们乐于食用。宋人白玉蟾《青梅》诗所说"青梅如豆试尝新"，就是说的这个风味。同时陆游即有"生菜入盘随冷饼，朱樱上市伴青梅"（《雨云门溪上》），"苦笋先调酱，青梅小蘸盐"（《山家暮春》），"催唤比邻同晚酌，旋烧笋摘青梅"，"下豉莼羹夸旧俗，供盐梅子喜初尝"（《东园小饮》），"青梅旋摘宜盐白，煮酒初尝带腊香"（《初夏幽居偶题》），"糠火就林煨苦笋，密罂沉井渍青梅"（《初夏野兴》），"小穗闲簪麦，微酸细嚼梅"（《初夏幽居杂赋》）等诗句，或蘸盐吃，或浸井水以改善口味，或与樱桃、新笋、蚕豆等伴食，构成暮春初夏时节典型的时令风味果蔬。

青梅食用最常见的还是佐酒。南朝诗人鲍照《挽歌》"忆昔好饮酒，素盘进青梅"，唐代诗人李郢《春日题山家》"依岗寻紫蕨，挽树得青梅……嫩茶重搅绿，新酒略炊醅"，都是说的这种情景。梅酸之重味当以酒之甘辛可以中和，而梅子又有明显的"去烦闷""消酒毒"（宋初本草学家日华子）①的作用。江南盛产梅子，到了宋代，社会重心向江南转移，青梅荐酒的风气也就更为兴盛。其中最值得注意的是所谓"青梅煮酒"，说的是青梅与煮酒两种时令风物。煮酒不是动词而是名词，指经过烧煮过的酒，相对应的是清酒、生酒。后者酿好后直接饮用，而煮酒则是酿好后装瓮蒸煮杀菌，封存数月，生产工艺与品质类型都与后世黄酒基本相同。煮酒一般在腊月酿制泥封，到来年清明、立夏间开坛发售和食用，而此时正是青梅采摘的时节。两者相遇于春夏之交，成了当令佐食的风味搭档，因而就有了"青梅煮酒"这个流行说法。元以来煮酒之名渐废，黄酒之名兴起，煮酒之名演变为动词，所谓"青梅煮酒"多是说以青梅煮酒或煮青梅酒②。另有所谓青梅酒，所说也不是以青梅作原料酿制的酒，而是浸有青梅的酒③。

青梅不仅鲜食其果，果肉也可取以烹饪。南宋宠臣张俊招待宋高宗的菜谱中即有梅肉饼儿、杂丝梅饼儿④，是掺入青梅等果丝的面食。明宋诩《竹屿山房杂部》所载羹汤类食品中有梅丝汤："青梅用大而坚者，趁众手切丝，不可迟"，以甘草、新椒、生姜、盐拌腌制，用作烹汤的原料⑤。青梅也可与其他食材搭配腌制，如明高濂《遵生八笺》所载蒜梅："青硬梅子二斤、大蒜一斤，或囊剥净，炒盐三两，酌量水煎汤，

---

①　唐慎微：《证类本草》卷二三，《四部丛刊》本。
②　有关这一问题的详细论述请见程杰《"青梅煮酒"事实和语义演变考》，《江海学刊》2016年第3期。
③　梁鼎芬：《（宣统）番禺县续志》卷一二："或以浸酒曰青梅酒。"民国二十年重印本。
④　周密：《武林旧事》后武林旧事卷三，民国影明《宝颜堂秘籍》本。
⑤　宋诩：《竹屿山房杂部》卷一三。

停冷浸之。候五十日后卤水将变色，倾出，再煎其水，停冷浸之入瓶。至七月后，食梅无酸味，蒜无荤气也。"① 以蒜之荤味与梅之酸味相互制约，反复腌制，以改善口味，应是一道风味独特的腌菜。

　　日常以糖、盐腌梅最为普遍，腌制后的卤汁称梅卤。成熟黄梅去核搅碎，或经晒干贮存，用时掺水并加糖或盐，则称梅酱。清人顾仲《养小录》称，梅酱、梅卤可用以代醋拌蔬，而制作各类果卤、果酱或保存鲜花时，"入汁少许则果不坏，而色鲜不退"②。梅酱、梅卤也是简单易行的梅子贮藏法，可备四季不时之需。明王世懋《学圃杂疏》"梅供一岁之咀嚼，园林中不可少"，说的就是这种生活经验。

　　梅卤、梅酱还是制作酸梅汤的主要原料。酸梅汤是我国源远流长、贫富皆宜的解暑饮料。《礼记》中即提到一种叫作"醷"的浆水，汉郑玄注称"梅浆"③，即梅酱，是以梅子制作，介于酱、醋之间，主要用作调味品。宋张君房《云笈七签》中记载"造梅浆法"，是以梅子捶碎加盐烧煮取汁，所说并非食用，而是炼丹的辅料④。至迟在宋代，用作冷饮解暑的酸梅汤正式出现，当时叫作"卤梅水"，《西湖繁胜录》、周密《武林旧事》均有记载⑤，顾名思义是以梅卤冲制的饮料。明人生活类书籍中有许多以青梅、黄梅制作的汤类名目⑥，正如韩奕《易牙遗意》所说，"青梅汤家家有方"，"大同小异"⑦。清乾隆间王应奎《梅酱》称："今世村家夏日辄取梅实打碎，和以盐及紫苏，赤日晒熟。遇酷暑辄用新汲井水，以少许调和，饮之可以解渴。……古为王者之饮，而今为村家之物，有不入富贵人口者。"⑧ 清郝懿行《证俗文》也说："今人煮梅为汤，加白糖而饮之。京师以冰水和梅汤，尤甘凉。"⑨ 是京城已有冰振酸梅汤⑩。苏州光福"香雪海"的村民所产梅子也有不少用于制作酸梅汤，赵翼《芸浦中丞邀我邓尉看梅……》："园丁种树

---

① 高濂：《遵生八笺》卷一二，明万历刻本。
② 顾仲：《养小录》卷上，清《学海类编》本。
③ 郑玄注：《礼记》卷八，《四部丛刊》影宋本。
④ 张君房：《云笈七签》卷七一，《四部丛刊》影明正统《道藏》本。
⑤ 西湖老人《西湖繁胜录》、周密《武林旧事》卷六。
⑥ 刘基：《多能鄙事》卷二饮食类《酸汤》，明嘉靖四十二年刻本。韩奕：《易牙遗意》卷下诸汤类《青脆梅汤》《黄梅汤》。
⑦ 韩奕：《易牙遗意》卷下。
⑧ 王应奎：《柳南续笔》卷三，清《借月山房汇钞》本。
⑨ 郝懿行：《证俗文》卷一，清光绪东路厅署刻本。
⑩ 郝懿行《晒书堂集》诗钞卷下《都门竹枝词四首》其一："底须曲水引流觞，暑到燕山自解凉。铜碗声声街里唤，一瓯冰水和梅汤。"清光绪十年东路厅署刻本。清李虹若《都市丛载》卷七《冰梅汤》："搭棚到处卖梅汤，手内频敲忒儿当（以两铜令背击而响，其声若忒儿当）。伏日蒸腾汗如雨，一杯才饮透心凉。"清光绪刊本。冰振（今作镇）酸梅汤起源也很早，《金瓶梅》第二十九回写春梅为西门庆做酸梅汤，"放在冰里湃一湃"，又说"向冰盆内倒了一瓯儿梅汤"，是冰梅汤的不同做法。或者所谓冰梅汤未必用冰不可，因味酸而口感凉爽也称冰梅汤，如清孙衣言《漱兰顷有所赠，题其函曰冰敬，戏作一诗为谢》注："都中六月以水浸青梅，谓之冰梅汤。"《逊学斋诗钞》续钞卷四，清同治刻增修本。

岂因花,为卖酸浆冰齿牙。"① 不仅是平常农户、城镇普通市民,即使像《红楼梦》所写,宝玉挨打后,撒娇要喝的也是酸梅汤,可见也是王公贵族之家常用的饮料。

二、梅子的文化意义

从以上排比梳理不难发现,梅子虽然不入传统"五果"之列,但实用价值较为丰富,在我国的开发应用历史极其悠久,社会应用十分广泛,在我国人民的物质生活中发挥了积极的作用,受到人们的普遍重视和喜爱。反映在文化上,梅子丰富的使用价值和悠久的应用历史带给人们极为丰富的感受和经验,引发许多美好的思想和情趣,在人们精神生活的许多方面产生了显著的影响,留下了深刻的印迹,形成了丰富的人文意蕴。

(一) 梅酸的喻义

梅子以酸味著称,在食用醋发明之前,是人们获取酸味最主要的食材和调味品,其地位几乎与盐相当。从人类认识史的一般规律来说,物质的实用价值、经济价值总是形容其他价值理念最方便、最常见的方式。正是梅子味酸这一特性和作用,使其成了人们形容、表达某些类似或相关情绪感受和思想理念的常用比喻和象征。

其中最重要的当属《尚书·说命》所说"盐梅和羹"。本意是说盐多则咸,梅多则酸,盐梅适当,就能成为五味调和的美妙羹汤。《尚书》借助这一烹调经验表达对大臣辅佐朝政的期待,后世多用来比喻宰辅大臣斡旋枢理、协调万方的能力,形容君臣和谐,朝政协畅的政治理想。同时,在现实生活中也用作赞颂或恭维他人器当大任、位极人臣的流行誉辞。

稍后春秋时还有一段议政之辞也以"和羹"为喻。《左传》和《晏子春秋》记载,齐景公称其嬖臣梁丘据与他最"和",晏子说梁丘据与齐王只是"同",算不得"和"。齐景公问"和与同异乎?"晏子说:"异,和如羹焉,水火、醯醢、盐梅以烹鱼肉,燀之以薪。宰夫和之,齐之以味,济其不及,以泄其过。君子食之,以平其心。君臣亦然,君所谓可,而有否焉,臣献其否,以成其可。君所谓否,而有可焉,臣献其可,以去其否。是以政平而不干,民无争心。"② 晏子,晏婴,春秋时齐国人。他以鱼肉之羹的做法来说明"和而不同"的道理。要烹制美妙的肉汤,不能缺少水与火,醯、醢一类酱液,还有盐和梅等调味品,厨师将它们综合一起,各效其力,各尽其用,相互

---

① 赵翼:《瓯北集》卷三八,清嘉庆十七年湛贻堂刻本。
② 晏婴:《晏子春秋》"外篇重而异者第七"。

协作，才能真正完成。治国理政的道理与此类似，君臣之间有不同理念、意愿和才能，相互补充、综合平衡才行。臣子的"和"决不是"同"，所谓"同"只是一味顺从附和，而"和"是及时提出不同的观点去弥补君主的不足，制约君主的过度要求。这样君臣之间上下制约，相济为美，政事就会公正合理、和谐协调。

两处都以"和羹"之事来比方治国理政，所说或重视君臣间的和谐协调，或强调不同观点的相互制约、相辅相成，关键都在一个"和"字。"和"是我国传统文化中最古老、最核心的理念之一，无论是人与自然（天）之间，还是人与社会之间，都特别强调和谐协调。经典所说"天人合一"，"天时不如地利，地利不如人和"，"礼之用，和为贵"，"君臣和睦，上下同心"，"君子和而不同"等等，倡导的是天地万物以及各类生命群体、社会力量和思想观念的和谐共处、相济为美。饶有趣味的是，这一理念在先秦文化原典中都是通过人们熟知的烹饪之事来譬喻和阐发的，而梅子正是烹饪中的主要调料，因而成了这一经典譬喻中的重要元素，成了"和"这一重要思想理念的形象载体。这是梅子人文意蕴中最重要的内容。

汉代还有一个与此有些类似的譬喻。西汉刘安《淮南子》说"百梅足以为百人酸，一梅不足以为一人和。"东汉许慎注称："喻众能济少，少不能有所成也。"[1]《淮南子》在另一处说"日计之不足，而岁计之有余"，许慎注则说："譬若梅矣，百梅足以为百人酸，一梅不足为百人酸。"[2]两处正文和注解正好互训，表明当时有这样一种流行的谚语。到了梁元帝萧绎《金楼子》则说成"百梅能使百人酸，一梅不足成味"。三处说法大同小异，其喻义则完全一致，都是说人或物多了，有协调的空间，就容易成事，而相反则无回旋余地，难以运转。按当时的说法是多能济少，少不成事，日计不足，岁计有余。这是一个不难理解的道理，仍是用梅子调味作比方，生活经验与世事道理间相互启发和印证，进一步显示了梅子的生活意义和比喻作用。

魏武帝曹操"望梅止渴"的故事，也是涉及梅子酸味功用的著名掌故，出于南朝刘义庆《世说新语》。本是作为反映曹操机诈、狡黠之反面事例，但也反映了人们对梅子"甘酸可以解渴"的常识记忆和深刻体验。这一故事成了古今汉语中使用频率较高的成语，形容人们愿望无法实现时以空想作慰解的心理状态。从心理学上说，这是一种积极的心理机制，而在成语用法上则多属贬义，与画饼充饥、闻春忘饥等较为相近，但由于梅之酸味直接和强劲，使这一成语给人的感受要远为真切和强烈，是表达这类心理活动和精神状态最为生动有力的词语。

---

① 刘安著，许慎注：《淮南鸿烈解》卷一七，《四部丛刊》影抄北宋本。
② 刘安著，许慎注：《淮南鸿烈解》卷二。

　　上述几条都是由梅子浓重的酸味引发的譬喻和成语，都发生在梅花引起关注之前。魏晋以来，梅"始以花闻天下"，此前人们留意的只在果实及滋味，而不是花色形象，即所谓"以滋不以象，以实不以华（引者按:花）"①。在梅花尚未引起注意时，梅的果实在人们的日常生活中发挥了极为重要的作用，人们的感受丰富，体会深刻，因而借以表达一些重要的思想理念和生活经验。这是我们考察梅文化发展历程时必须首先了解的。

　　人们对梅花的关注兴起之后，梅子的味觉体验依然在人们的经验书与中发挥积极的作用。最值得注意的是，在文学作品中，梅酸与椒辛、蜜甜、冰寒、茶苦、黄柏苦、黄连苦、莲心苦一起成了人们相应情绪感受最简明通俗，同时也是流行而有力的比喻。南朝诗人鲍照《代东门行》抒写游子羁旅思乡之苦："野风吹秋木，行子心肠断。食梅常苦酸，衣葛常苦寒。丝竹徒满坐，忧人不解颜。"这是最早以食梅形容生活酸苦的诗例。唐白居易《生离别》："食檗不易食梅难，檗能苦兮梅能酸。未如生别之为难，苦在心兮酸在肝。晨鸡再鸣残月没，征马连嘶行人出。回看骨肉哭一声，梅酸檗苦甘如蜜。"以梅子酸、黄柏（黄檗）苦两个强烈的味觉联袂组合比喻，说得更为醒豁，都产生了深远的影响②。显然，这样的通俗比喻有着心理共鸣的生活基础。

（二）梅子的时令意义

　　由于梅子的实用价值和经济利益，梅子生长、收获、制作都成了人们关注的对象，相应的过程多被引为时令的标志，具有节候的象征意义。

　　先秦典籍中最重要的有两处：一是《诗经·召南·摽有梅》："摽有梅，其实七兮。求我庶士，迨其吉兮。摽有梅，其实三兮。求我庶士，迨其今兮。摽有梅，顷筐塈之。求我庶士，迨其谓之。""召南"是西周早期在南方江、汉流域新开辟的领地，约当今湖北的北部、河南的南部地区。这是一首怀春思嫁的民歌，出于青春少女的口吻，表达的求嫁心情比较急切。以梅子的收获起兴，所谓"摽"是坠落的意思。诗歌说树上梅子越来越少了，爱我的男士选个吉日来求婚吧。梅子七个变成三个了，得抓紧用篮筐去拾取，爱我的男士不要磨蹭了，就直接来说吧。后世常见的士大夫家庭少女怀春、少妇闺怨之情多用梅花开、梅花落来比兴烘托，而这是乡村农家少女的歌曲，用梅子的收获起兴，也是典型的"劳者歌其事"。可见实际的梅子收获季节是比较紧张忙碌的，

① 杨万里：《洮湖和梅诗序》，《诚斋集》卷七九，《四部丛刊》影宋写本。
② 关于文学中梅子酸味表现作用的详细情况，请参见程杰《青梅的文学意义》，《江西师范大学学报》（哲学社会科学版）2016 年第 1 期。

参与劳作的不仅是女子还有男子。这种紧迫的收获场景是女子急切心情生动、贴切的比喻，也由于这首作品，"摽梅"一语成了传统文化中表达女大当嫁、婚姻及时之期望和忧怨最常用的典故和措辞。另一是汉代《大戴礼记·夏小正》："五月……煮梅，为豆实也。"《夏小正》是一个包含许多夏朝历法信息的历书，这里说的是五月的农事，煮梅当是蒸煮晒制梅干，以供祭祀和日常食用。既然写入历书，也应是一个有着标志意义的重要节候和时令内容。

六朝以来，随着人口增殖繁衍，社会生活不断丰富，人们对梅的关注也便越来越多。梅子的生长过程覆盖整个春三月，绵延至初夏。由于在三春花树中结实、成熟最早，也就获得更多时节流转的标志意义。其中有青梅、黄梅两个明显不同的时节。梅子未成熟时称青梅，按果实大小，又有两个阶段。一是"青梅如豆"，果实成形不久，细小如豆，这在江南地区约当春分、清明时节。如五代冯延巳（一作欧阳修）《醉桃源》："南园春半踏青时，风和闻马嘶。青梅如豆柳如眉，日长蝴蝶飞。"明祁彪佳《春日口占》"青青梅子正酸牙，妆点清明三两家。"说的就是美好的仲春时节。二是梅果稍大，可以摘食，古人常以"弹丸"来形容，在江南地区约当谷雨至立夏前后。明沈守正《立夏》"青梅如弹酸齿口，家家蒌蒿佐烧酒"，说的就是这种时节。这类风物节令在江南地区晚春、初夏季节的时序、风景、田园、山水等诗歌中较为常见，形象鲜明，情趣生动，意境优美。另外，应劭《风俗通义》记载，"五月有落梅风，江淮以为信风"[1]，说的是初夏季节的大风天气，唐人李峤《莺》诗中曾提到[2]，也是以梅子为标志的一种节候。

最著名的莫过于梅子最后黄熟的阶段，此时江淮沿江地区常细雨连绵，天气湿溽，世称"梅雨""黄梅雨"，这一季节称作"黄梅天"。这一名称最早见于西晋周处《风土记》，初唐徐坚《初学记》辑其文称："周处《风土记》曰：梅熟时雨谓之梅雨。"[3]《太平御览》一处所引同[4]，又一处作："夏至之日雨，名曰黄梅雨。"[5] 南北朝诗人庾信《奉和夏日应令》"麦随风里熟，梅逐雨中黄"，隋薛道衡《梅夏应教》"细雨应黄梅"，隋炀帝《江都夏》"黄梅雨细麦秋轻"云云，所说都着眼"梅子黄时雨"。《初学记》说得更为明确："梅熟而雨曰梅雨，江东呼为黄梅雨。"[6] 这些材料都充分显示，所谓梅雨乃因时值梅子黄

① 《太平御览》卷九七〇，中华书局 1996 年版。
② 《全唐诗》卷六〇，清文渊阁《四库全书》本。
③ 徐坚：《初学记》卷三岁时部上，清光绪孔氏三十三万卷堂本。
④ 《太平御览》卷二二。
⑤ 《太平御览》卷二三。
⑥ 徐坚：《初学记》卷二天部下。此语宋人叶廷珪《海录碎事》卷一天部上、魏仲举注柳宗元《河东先生集》卷四三《梅雨》诗均引作梁元帝《四时纂要》。

熟而得名①。

梅雨是东亚大气环流在春夏之交季节转变期间的特有现象，在我国主要表现在长江中下游地区，每年的初夏即公历的六月中旬至七月中旬，江淮流域经常出现一段持续较长的阴雨连绵、温热湿溽的气候，构成这一带特有的天气现象，对人们的生产和生活产生了深刻的影响。在农业上，"五月若无梅，黄公揭耙归"，"梅不雨，无米炊"②，"若无梅子雨，焉得稻花风"（元方回《梅雨连日五首》），梅雨的多少、久暂对农业生产的关系甚重。"黄梅时节家家雨，青草池塘处处蛙"（宋赵帅秀《绝句》），"江南四月黄梅雨，人在溟蒙雾霭中"（明钱子正《即事》），"黄梅节届雨连绵，缤纷临风倍爽然。十里芰荷香馥馥，一堤芳草软芊芊"（清郑熙绩《莲舟即事分得芊字》），这一时节独特的风景也给人们留下深刻而美好的印象。而"江南梅雨天，别思极春前"（唐释皎然《五言送吉判官还京赴崔尹幕》），"江南梅子雨，骚客古今愁"（宋方回《五月九日甲子至月望庚午大雨水不已十首》），"试问闲愁都几许，一川烟草，满城风絮，梅子黄时雨"（宋贺铸《青玉案》），由此引发的人生感怀和心理体验也是十分丰富而浓厚的。文学中有关风景描写和情绪寄托极为丰富，形成了一种特定的节令情结和书写惯例，对此已有学者进行了专题阐发③，我们不再赘言。梅子作为这一重要季节的标志，同时也作为这一时令的特殊风物，因此浸染了这一季节特有的生活风情，打上许多情感的烙印，给人们留下极为深刻的印象。

（三）生梅鲜食的情趣

前文所说梅酸的意义主要着眼于梅子物质特性和食用常识在文化中的引用，而食用生梅尤其是未成熟的青梅极富生活情趣，人们乐于歌咏和描写。南朝诗人鲍照《挽歌》"忆昔好饮酒，素盘进青梅"，是说以青梅佐酒。陈暄《食梅赋》称梅为"名果"，赞其食用之美。唐宋以来尤其是宋以来，人们的描写、歌咏就更为频繁和具体。陆游

---

① 《太平御览》卷九七〇还辑有应劭《风俗通义》："五月有落梅风，江淮以为信风。又其霖霪号为梅雨，沾衣服皆败黦。"但宋人吴淑《事类赋》注、《王荆公诗》李壁注、《东坡诗集》任渊注引周处《风土记》均作"夏至之前雨名为黄梅雨，沾衣服皆败黦"，是所谓沾衣服败黦云云，当为周处《风土记》所云。《太平御览》两处所辑梅雨资料均言明出自《风土记》，此处当是误书而承上作应劭《风俗通义》，未见他书有类似记载，宋以后归诸应劭《风俗通义》者都应出于此。后世误认东汉应劭《风俗通义》有此语，遂以为梅雨本义作霉雨，而误为梅雨，如明顾充《古隽考略》、周祈《名义考》等。此说不妥，衣物败黦之语或为《风俗通义》所言，也无因之名雨之意。更为重要的是，从此类风信雨期的命名规律看，也以得名于花开果熟这类自然物候为正常，而无需多费周折，以雨期滞久后衣物霉变，而雨期短暂之年份还未必出现之结果来命名。我们认为，梅雨的明确记载应首见晋周处《风土记》，梅雨最初当作得名黄梅，而非衣物发霉。
② 程杰、范晓婧、张石川：《宋辽金元歌谣谚语集》，南京师范大学出版社2014年版，第149、151页。
③ 渠红岩：《论中国古代文学中的梅雨意象》，《人文杂志》2012年第5期；《论梅雨的气候特征、社会影响和文化意义》，《湘潭大学学报》（社会科学版）2014第5期。

《闰二月二十日游西湖》"岂知吾曹淡相求，酒肴取具非预谋。青梅苦笋助献酬，意象简朴足镇浮"，高度评价其清贫简朴的韵味和乡村野逸的气息，赋予食用青梅以高雅的意趣和品格。

在梅子食用中最普遍的情景是青梅佐酒，正如李清照《卷珠帘》所说"随意杯盘虽草草，酒美梅酸，恰称人怀抱"，而最具文化意义的无疑是"青梅煮酒"。这一说法流行于宋代，如晏殊《诉衷情》"青梅煮酒斗时新"，谢逸《望江南》"漫摘青梅尝煮酒，旋煎白雪试新茶"，王炎《上巳》"旋劈红泥尝煮酒，自循绿树摘青梅"，姜夔《鹧鸪天》"呼煮酒，摘青梅，今年官事莫徘徊"等所说即是，给人们带来的情趣多多。而《三国演义》中曹操、刘备"青梅煮酒论英雄"之事更是脍炙人口，其浊酒逞豪、粗茶闲话的情景和氛围成了人们抒情托意的经典意象和流行话语①，产生了显著的社会影响。

（四）梅果赏玩的情趣

梅花谢后，果实逐渐生长，至春末夏初，"青梅子在树，累累可观"②，果形圆硬，气息青鲜，肉质酸脆，极富视觉、嗅觉美感，令人赏心悦目。古人多以"青梅如豆"和"碧弹""翠丸"来形容，十分讨人喜爱，诗歌中经常描写采摘把玩的情景。李白"郎骑竹马来，绕床弄青梅"，说的就是顽童摘玩的游戏。晚唐韩偓《中庭》："夜短睡迟慵早起，日高方始出纱窗。中庭自摘青梅子，先向钗头戴一双。"这是写女性以青梅插髻装饰。清沈钦韩《咏蜜煎消梅》注称："吴俗立夏日，女子以簪贯青梅插髻边"③，可见佩戴青梅在江南地区还一度形成风气。宋梅尧臣《青梅》："梅叶未藏禽，梅子青可摘。江南小家女，手弄门前剧。"写的是小家碧玉门前把玩。陈克《菩萨蛮》："绿窗描绣罢，笑语酴醾下。围坐赌青梅，困从双脸来。"是写女伴窗下赌梅同玩。最生动的情景莫过于李清照《点绛唇》："蹴罢秋千，起来慵整纤纤手。露浓花瘦，薄汗轻衣透。见有人来，袜划金钗溜，和羞走。倚门回首，却把青梅嗅。"写天真活泼的闺中少女，遇见陌生人慌张、娇羞的动作神情，给人留下极其生动、美好的印象。上述这些文学情景，都成了我们文学创作中的经典形象，有些更是凝结为日常生活的流行话语④。

---

① 程杰：《"青梅煮酒"事实和语义演变考》，《江海学刊》2016 年第 3 期。
② 郑光祖：《一斑录》杂述四，清道光《舟车所至丛书》本。
③ 沈钦韩：《幼学堂诗文稿》诗稿卷一二，清嘉庆十八年刻道光八年增修本。又冯桂芬《（同治）》苏州府志》卷三《风俗》："立夏日荐樱、笋、麦蚕〔引者按：未成熟的嫩麦粒略施蒸炒后，碾磨或捣搓成的蚕形面条）、蚕豆，妇女各插青梅子一颗于鬓。"清光绪九年刊本。
④ 以上有关古代文学中的青梅情景，详细论述请见程杰《青梅的文学意义》，《江西师范大学学报》（哲学社会科学版）2016 年第 1 期。

（五）儒释道和民俗中的梅子象征

儒、释、道三教是我国传统思想的核心内容，出于不同的生活因缘，都有引梅子作为譬喻明道传法的现象。其中宋明理学家以梅子比喻天理、仁心的说法最值得注意。理学家把梅花先春开放视作阴阳消长、天理流机、"天地之大德曰生"的典型象征①，由梅花进而想到果实，并以果核中的子仁，谐音儒家视作天理核心的"仁"。"天心何处见，梅子已生仁"②，"梅才有肉便生仁"③。"花耿冰雪面，实蕴乾坤仁"④，梅花是"得气之先，斯仁之萌"，而梅子是"自华至实，斯仁之成"⑤，"梅了生仁"是天理良知最终圆满落实的象征。理学家又有"梅具四德"之说："梅蕊初生为元，开花为亨，结子为利，成熟为贞。"⑥ 本意是说梅具乾卦之"元、亨、利、贞"四德，其中梅之结实成熟代表万物顺遂和坚正的境界。理学家的这些说法都是宋以来梅花欣赏成风、地位高涨之后出现的，由推尊梅花而兼及果实，象征内容则由心性之高而践行之实，通过强调梅子来推举道德贯通、理事充实的更高境界。

佛教与梅子有关的喻义莫过于黄梅。黄梅为县名，今属湖北，本汉蕲春县地，六朝时析置，始名永兴、新蔡，隋因境内有黄梅山，改名黄梅县。明弘治《黄州府志》称："黄梅山，在治西四十里，山多梅，隋唐时皆以此名县。"⑦ 黄梅与佛教之关系，全赖佛教禅宗四祖、五祖在黄梅的弘法传教活动。禅宗四祖道信在黄梅县西的双峰山（又称破头山）造寺驻锡传禅，门徒剧增，后称四祖寺。五祖弘忍是黄梅人，悟道后开法于黄梅县冯茂山（又名东山）。四祖、五祖都是禅宗史上极为重要的人物，开创了定居传法、以农养禅、"四仪"（衣食住行）"三业"（身口意）均为佛事的崭新传统，禅宗因此得到了极大的发展，学禅之人急剧增加，社会影响不断扩大。尤其是五祖弘忍时代门徒数以万计，禅教南宗始祖慧能、北宗始祖神秀均出其门，四祖、五祖与六祖慧能之间均在黄梅完成衣钵传授。正因此黄梅被视为禅宗一个重要的发祥地，而其中关键人物五祖弘仁更以黄梅县人，后世影响更大的六祖慧能是"自黄梅得法"⑧，"曹溪宗于天下，而黄梅为得法之源"⑨，使黄梅成了南宗法门的崇高象征。《景德传灯录》记载一

① 详细论述请见程杰《中国梅花审美文化研究》，巴蜀书社 2008 年版，第 119—128 页。
② 汪志伊：《知新诗·梅仁见天心也》，《稼门诗文钞》诗钞卷九五，清嘉庆十五年刻本。
③ 张至龙：《题白沙驿》，陈起：《江湖小集》卷一八，清文渊阁《四库全书》本。
④ 陈栎：《题梅庵图》，《定宇集》卷一六，清文渊阁《四库全书》本。
⑤ 陈深：《梅山铭》，《宁极斋稿》，民国《宋人集》本。
⑥ 《朱子语类》卷六八，明成化九年陈炜刻本。
⑦ 卢希哲：《（弘治）黄州府志》卷二，明弘治刻本。另，薛乘时《（乾隆）黄梅县志》山川志也采此说，清乾隆五十四年刻本。
⑧ 释惠能：《坛经》，大正新修《大藏经》本。
⑨ 释惠洪：《请璞老开堂》，《石门文字禅》卷二八，《四部丛刊》影明径山寺本。

则宗门话头，法常禅师曾从学马祖道一，问"如何是佛"，马祖答"即心即佛"，师即大悟。后驻锡明州大梅山，马祖派人试探，称马祖师已改说"非心非佛"了，法常回说"任汝非心非佛，我只管即心即佛"，马祖闻后对众僧道"梅子熟也"①。这里的"梅子"一语双关，即指法常所住梅山，更象征黄梅宗法，马祖的意思是赞许法常禅师法性圆满了。

道家学者同样也从梅之阴阳消息中去体验太极之理、自然变化之道，认为"梅即道，道即梅"②。仅就与梅子有关而言，有道教养生术中的取梅子法，将童女天癸中的血精结块称作梅子③，既是喻形，也如理学视梅为天地初心一样，以梅子喻其阴血初形之义。

民间常以梅谐音媒，不分花果均有此义。仅就梅子而言，传说宋人赵抃与妓女间有一段捷对，妓头戴杏花，赵戏之说："鬐上杏花真有幸。"妓应声说："枝头梅子岂无媒。"④《金瓶梅》中西门庆要王婆帮助勾引潘金莲，王婆故意将做梅汤听成做媒人。明冯梦龙《山歌》所辑苏州民歌《梅子》："姐儿像个梅子能，嫁着（子介）个郎君口软（阿一介）弗爱青。姐道郎呀，我当初青青翠翠那间吃你弄得黄熟子，弗由我根由蒂瓣骂梅仁。"⑤嫁个郎君不知爱，我生得如青梅鲜脆你却爱黄熟，怎能不怨当初说媒人。这里说的"梅仁"谐指媒人，这些都是民间俗语中常有的谐音传统和情趣。

综上所述，梅是十分独特而重要的水果品种，食用、药用及其他因强烈酸性而产生的应用价值都是十分丰富的，数千年来我国人民积极种植收获、开发利用⑥。青梅、黄梅既可直接食用，也可作为加工原料。梅干、糖梅、乌梅是最主要、最简便的加工制品，至少有两三千年的历史。梅酱、梅卤、酸梅汤等家常制品使用都极为普遍。这些都丰富了人们的物质生活，发挥了显著的社会效益。在漫长的生活应用中，人们既积累了丰富的知识，产生了深刻的记忆，也引发了深厚的感情，寄托了丰富的思想情趣。梅酸的调味功能成了"盐梅和羹""和而不同""众能济少，少不成事"等重要思想理念和生活哲理的经典说辞，也成了人生悲苦酸辛的有力比喻。在江南地区，青梅、黄梅成了暮春初夏季节一些时令、气候的著名标志，产生了广泛的影响。人们采摘把玩、煮酒鲜食，更是洋溢着浓郁的时令风物气息，给人们带来许多美好的生活情趣。

---

① 释道原：《景德传灯录》卷七，《四部丛刊三编》影宋本。
② 张之翰：《题刘洪父〈梅花百咏〉后》，《西岩集》卷一八，清文渊阁《四库全书》本。
③ 孙一奎：《赤水玄珠》卷一〇《取梅子法》，清文渊阁《四库全书》本；高濂：《遵生八笺》卷一七《取梅子法》，明万历刻本。
④ 宋人：《蕙亩拾英集》，许自昌：《捧腹编》卷五，明万历刻本。
⑤ 冯梦龙：《山歌》卷六，明崇祯刻本。
⑥ 关于历代我国各地青梅产业发展的具体情况，请参见程杰《中国梅花名胜考》。

儒释道三教也都借用梅子进行道德、法术方面的说教。这些都赋予梅子丰富的人文意义。梅子的实用价值是梅这一果树物种资源价值、社会贡献的核心方面，梅的精神文化意义主要体现在梅花的观赏活动中，而梅子引发的人文情趣也是梅之精神文化意义不可忽视的方面，是传统梅文化的重要内容。只有综合梅子与梅花两方面的丰富表现，才能充分体现和全面把握这一物种资源的资源价值、历史贡献和文化意义。

［原载《闽江学刊》2016 年第 1 期］

论青梅的文学意义

众所周知,梅花是传统文学的大宗题材,咏梅作品数量庞大。梅的果实紧密相关,也得到文学的引用和表现,值得我们关注。梅的果实俗称梅子,是我国重要的水果资源,开发历史悠久,应用范围广泛,资源价值和社会作用都较突出,人们相应的知识经验和生活情趣较为丰富[①]。反映到文学中,无论是果实意象、食用价值还是食用活动也都受到一定的关注,不少作品或专题描写或细节涉及,表现出丰富的审美情趣和精彩的艺术描写,产生了一些经典意象、美好情景和流行话语,构成了我们文学传统中的重要内容。其中如最早见于《尚书》的"盐梅和羹",出于《诗经》的"摽有梅",见于《世说新语》的"望梅止渴",都是文学中重要的篇章和掌故。还有黄梅,作为江南的一种季节和气候标志,更是获得了丰富的诗意想象和情感寄托。这些都已引起一定的关注,不少论著从不同角度涉及,我们这里略而不表,专就其他情况广泛搜罗,补充论述,以求对相关文学现象及其历史意义有一个较为全面的把握。

梅的果实古称梅实,未成熟时颜色青翠称青梅,成熟时颜色金黄称黄梅。我们这里以青梅这一特称作统称,主要出于这样三点考虑:一、在现代农业经济领域,田间直接收获,用作加工原料的主要是青梅而不是黄梅,青梅已成了梅种植业的产品乃至整个产业的通称,获得了广义的概念。二、在人们的实际生活中,青梅的直接使用率要远高于成熟的黄梅,古今皆然,文学中的相关描写也要更多些。三、青梅青翠玲珑,气味青鲜,更富美感和诗意,使用这一称呼有着鲜明的感染力。因此我们放弃概念的严谨,将青梅作为整个梅子的代表。我们相信,下面的论述也可以

---

① 参见程杰《梅子的社会应用及文化意义》,《阅江学刊》2016 年第 1 期。

证明这一选择是十分恰当乃至必要的。我们的论述从三个方面展开。

一、梅酸之喻

以味觉来比喻人的心理感受，是世界各民族语言、文学中普遍的现象，我国自然也不例外。如今人们口头常说的人生"酸甜苦辣"，就是一个典型的例子。以苦、酸、辛三味形容人的身心痛苦，自古以来就是汉语表达的迪语常言，魏晋以米即极盛行。以酸指人情痛苦，出现较早，战国楚人宋玉《高唐赋》即有"孤子寡妇，寒心酸鼻"，汉淮南王刘安《屏风赋》有"思在蓬蒿，林有朴樕，然常无缘，悲愁酸毒"之语。魏晋以来，酸与辛、苦之味，或与悲、楚、痛、寒等状词联言表达人的痛苦感觉十分普遍。

而梅实，即通常所说梅子，以酸味浓重著称，远胜于古言"五果"中的李，后世至有多食坏齿、损脾、伤骨的说法[①]。在食用醋正式出现之前，梅子是人们获取酸味的主要食材，《尚书》即有"盐梅和羹"的说法，西汉《淮南子》载有"百梅足以为百人酸"的谚语。因其风味独特，人们一直乐于采集、种植食用，在我国的水果中居有一定的地位。在人们的生活经验中，梅子总是酸味最典型的代表。

正是由于梅酸的典型性和常识性，食梅就成了人们表达悲愁之情极其现成而简明有力的比喻。最早明确使用的是南朝诗人鲍照《代东门行》，该诗抒写游子羁旅思乡之苦："野风吹秋木，行子心肠断。食梅常苦酸，衣葛常苦寒。丝竹徒满坐，忧人不解颜。"以食梅、衣葛比喻、渲染生活的悲苦与凄凉。唐白居易《生离别》有更进一层的形容："食檗不易食梅难，檗能苦兮梅能酸。未如生别之为难，苦在心兮酸在肝。晨鸡再鸣残月没，征马连嘶行人出。回看骨肉哭一声，梅酸檗苦甘如蜜。"檗，即黄柏，与黄连同属传统中药中的苦寒之品。这里与梅子一起作为苦、酸二味的代表，譬喻离别远行的怆痛。正是由于两位名家起头引用，此后食梅之酸就成了心酸情苦的重要喻词。类似的譬喻还有荼之苦、冰之寒、姜桂椒蓼之辛等，如唐张鷟《吏部侍郎山巨源奏称，选人极多，缺员全少，等邑之色，书判不公，词学优长，选号复少……》"食梅衣葛，无以暴其寒酸；咀蘖餐荼，不足方其辛苦"[②]，合用四物形容生活之穷苦。这类方式既见于人们的日常表达，也多用于诗文写作，共同构成了一套极为简洁质朴而又强力有效的说法。

---

① 周守中：《养生类纂》卷一九，明成化刻本。
② 董诰：《全唐文》卷一七二，清嘉庆内府刻本。

此类比喻出于生活常识，有着乐府民歌式的通俗、朴素风格，在伤春怨别一类的女性题材、乐府体诗歌中频频可见。如北宋晁说之《拟古与韩集叙别》："食梅令人酸，食冰令人寒……黄檗染素丝，苦浸为别离。别离近不远，后会犹未期。"南宋周端臣《古断肠曲》："连花折得青梅子，怕触心酸不敢尝。"元李元珪《西湖竹枝词》："燕子来时春又去，心酸不待吃青梅。"明刘琏《自君之出矣》："自君之出矣，欢娱共谁伍。思君如梅子，青青含酸苦。"清黄图珌《闺情》："妾心自是难相掉，一种离情梅子酸。"清王韬《读曲歌》："树下见郎来，抛个青梅子。郎莫嫌梅酸，妾心亦如此。"都属乐府古风式的抒情。

同样起源于民间音乐的词曲创作中更为常见，比如宋吕滨老《南歌子》："夜妆应罢短屏间，都把一春心事付梅酸。"陈著《沁园春·次韵侄演自遣》："老后时光，眉间心事，恰似怕酸人看梅。"明郭勋《一枝花·春信》："梅如豆，便和我一样心酸；柳垂丝，他和我一般皱眉。"清彭孙贻《忆帝京·次山谷韵》："一点相思如梅豆，酸滴滴，心头有。"沈朝初《如梦令》："摘得青梅如豆，低嗅，低嗅，又是酸心时候。"这些诗句或伤春或怨别，多闺阁情怀和女子声吻，以生活俗语说世间常情，比喻醒豁，而言情极为诚挚，充分显示了这一常识比喻在描写悲苦感受上的独特作用。

不只是形容离别、相思之类生活常情，文人也用以表达整体的生活遭遇和生命感受。唐代诗人孟郊《上达奚舍人》："北山少日月，草木苦风霜。贫士在重坎，食梅有酸肠。"这就不是一时一事的具体感受，而是人生的整体体验。北宋徽宗朝太学生赓续御制饮食诗，有句"人间有味俱尝遍，只许江梅一点酸"[1]，南宋江湖诗人沈说《食梅》诗"人生煎百忧，算梅未为酸"，清女诗人何桂珍有"尘事如梅味总酸"的词句[2]。虽然情景不尽相同，但都是以梅酸比喻人生的愁苦，寄托忧生、忧世的况味。有力的概括与质朴的比喻相结合，显示了几分精辟的效果、警策的意味。

梅实味酸是梅的主要生物特征，在一般咏梅中，果实的止渴、调羹之功，总是经常关注的两个方面。而清陈梓《梅实记》别出心裁："梅之品高于百花，人皆知之，乃其实亦大异凡果。予内子未嫁时所制盐梅，越今廿七年矣，启封味如新。以治滞下久虚者，无不愈。凡诸花果得梅汁，则色味不变。盖酸敛之功，所过者化。比于君子坚忍厥德，不独自淑，而有以及物。世之爱梅者毋徒赏其花，而忘其实也。"则是从梅实性酸收敛、防腐治病等药用特性和功用，来演绎和寄托品德坚定而又能济世化俗的独特"比德"意义，可以说是对梅实最深切的感悟和推重。清代山阴女

---

[1] 陈郁：《藏一话腴》甲集卷下，民国《适园丛书》本。
[2] 王蕴章：《然脂余韵》卷四，民国刊本。

诗人金礼嬴《奁中遗诗》："梅子酸心树,桃花短命枝。"① 华亭林企忠《生查子》："漫
道熟时甜,苦在心儿里。"无论着眼于树木还是果实,总将梅酸视作生命特性,来
寄托人生的酸苦,角度别致而写情沉挚。

值得注意的是,在咏梅即以梅花为主题的作品中,有时也发挥联想,由"花"
及"果",借助梅子之酸寄托情志,生发意蕴。宋方岳《闲居无与酬答,因假庭下
三物作讽答·梅谢桃》："下欲成蹊春已残,雨红犹自有人看。极知不与君同调,但
守平生一点酸。"戴复古《题姚显叔南屿书院》："漫山桃李争春色,输与寒梅一点酸。"
清郑炎《将进酒》："老去终嫌流俗迕,梅花风调尚余酸。"都是以梅子之酸视作梅
花本性,来比喻士人清苦自守的品格。而宋陆游《梅花》："尤怜心事凄凉甚,结子
青青亦带酸。"陈坦之《柳梢青》："梅酸初着花跗,似滴滴新愁未纾。"明刘玉《春
宵词》："梅花瘦,君知否,酸心一点青如豆。"清许乃谷《和二月十八日张应昌南
湖玉照堂看梅》："如何树树都成雪,心已先梅一味酸。"张鸣珂《清平乐·题画》："手
捻玉梅花嗅,年年酸透春心。"则又由梅花结子之酸来比喻内心深处无法摆脱的忧
愁凄苦。而宋无名氏《答陈蒙索赋梅花》："影摇溪脚月犹冷,香满枝头雪未干。只
为传家太清白,致令生子亦辛酸。"② 是花清与果酸,品格与情感两边取意,有机结合,
融为一体。

众所周知,汗牛充栋的咏梅作品,多属赞美梅花,主要着意梅花凌寒独放的气
节生机和疏影横斜、玉色幽香的清雅神韵。而梅子性酸,这是梅之生物特征中比花
色花枝更为本质的内容。"梅子含酸桃带笑,天生物性肖人情"(清李嘉乐《笙堂送
内子至京》③,梅花诗中引入这一元素,无论是象征品格,还是隐喻情感,总因其梅
性本酸这一独特而有力的比喻,情性双遣,两相结合,不仅强化了梅花清贫自守的
品格,同时也寄托了与生忧苦的幽怀潜衷,体现了人格寄托的深刻和复杂。这是梅
花咏物中一个特殊的角度和思路,进一步丰富了梅花比兴寄托的意蕴和作用。

二、食梅之趣

上述是梅实之酸这一品物特性和生活常识在文学中的引用,而实际的食用活动
本身也富有生活情趣,成了文学乐于描写的生活情景。

---

① 潘衍桐:《两浙𬨎轩续录》卷五二,清光绪刻本。
② 《全宋诗》第 66 册,第 41398 页。
③ 李嘉乐:《仿潜斋诗钞》卷八,清光绪十五年(1889)刻本。

　　诗中最早言及食梅之事的当属南朝刘宋诗人鲍照《挽歌》"忆昔好饮酒，素盘进青梅"，是说以青梅佐酒。梁陈诗人陈暄有《食梅赋》，称梅为"名果"，编排典故以赞其食用之美。进入唐代，"青梅""黄梅""梅熟"无论作为时令标志还是时令果品，出现的机率明显增加。如杜甫《绝句》："梅熟许同朱老吃，松高拟对阮生论。"白居易《早夏游平原回》："紫蕨行看采，青梅旋摘尝。疗饥兼解渴，一盏冷云浆。"李郢《春日题山家》："依岗寻紫蕨，挽树得青梅……嫩茶重搅绿，新酒略炊醹。"韩偓《幽窗》："手香江橘嫩，齿软越梅酸。"或采摘或品食，情景都更为具体、生动。

　　进入宋代，随着文学创作的进一步繁盛，尤其是社会、文化重心的南移，对于食梅情景的描写就更为丰富。梅尧臣、蔡襄、曹勋、王之道、释居简即有咏青梅诗，周紫芝、葛天民、白玉蟾、沈说（一作赵汝腾）、舒岳祥等都有专题"尝新梅""尝青梅""食梅"诗，至于暮春初夏时序风物、田园闲适、饮食活动、酬赠唱和诗中细节涉及就更为普遍了。仅陆游诗中就有"生菜入盘随冷饼，朱樱上市伴青梅"（《雨云门溪上》），"苦笋先调酱，青梅小蘸盐"（《山家暮春》），"青梅荐煮酒，绿树变鸣禽"（《春晚杂兴》），"催唤比邻同晚酌，旋烧笙笋摘青梅"，"下豉莼羹夸旧俗，供盐梅子喜初尝"（《东园小饮》），"青梅旋摘宜盐白，煮酒初尝带腊香"（《初夏幽居偶题》），"糠火就林煨苦笋，密罂沉井渍青梅"（《初夏野兴》），"小穗闲簪麦，微酸细嚼梅"（《初夏幽居杂赋》）等等，或蘸盐或佐酒，或与其他果蔬伴食，总是暮春初夏时节典型的风味食品。

　　宋以来人们对青梅风味的赞美不外两点：一是时鲜清新。青梅是三春时令较早的果物，食用时并未成熟，颜色青翠，形状圆小，口味青脆酸苦，因而给人一种生小清新的感觉。尤其是青梅初形尚小时，古人多称为"尝新"，如宋晏殊《诉衷情》"青梅煮酒斗时新"，方夔《春晚杂兴》"青梅如豆正尝新"，白玉蟾《青梅》"青梅如豆试尝新，脆核虚中未有仁"，周邦彦《花犯》词中称为"脆丸"。二是粗简朴素。青梅远非山珍海味，而是山家村野新果，家常易得，草草杯盘，简单易行。人们多以竹笋、山蕨、蚕豆等配食，既是同时蔬果，也合其清贫简朴的品位和乡村野逸的气息。陆游《闰二月二十日游西湖》"岂知吾曹淡相求，酒肴取具非预谋。青梅苦笋助献酬，意象简朴足镇浮"，所说即是。

　　在诸食梅之事中，青梅佐酒无疑是最为常见和风雅的。前引出现最早的南朝鲍照诗，说的就是这种情景。宋以来，诗中言之甚多。如宋司马光《看花四绝句呈尧夫》："手摘青梅供按酒，何须一一具杯盘。"郭祥正《次曲江先寄太守刘宜翁五首》：

"兵厨酒熟青梅小，且置玄谈伴醉吟。"范成大《春日田园杂兴》："郭里人家拜扫回，新开醪酒荐青梅。日长路好城门近，借我茅亭暖一杯。"王洋《僧自临安归说远信》："旋打青梅新荐酒，且须耳热听歌呼。"舒岳祥《春晚还致庵》："翛然山径花吹尽，蚕豆青梅荐一杯。"高九万《喜乡友来》："晚肴供苦笋，时果荐青梅。甚欲浇离恨，呼镫拨酒醅。"明杨基《虞美人·湘中书所见》："青梅紫笋黄鸡酒，又剪畦边韭。"清厉鹗《同人集汪抱朴复园送春分韵》："青梅荐酒情何限，白发伤春别更难。"陆应谷《夏词》："青梅折得酒频沽，赌酒郎前未肯输。"描写的频繁，正反映生活的常见，或歌呼或感慨，总见出浓厚的兴趣和热情。

而在众多青梅荐酒中，"青梅煮酒"无疑是一个最醒豁的情景，产生了深刻的影响。对"青梅煮酒"一语，已有学者做了初步的考释，指明其本义是说两种食物，即青梅与煮酒，煮酒不是温酒或制酒的活动，而是一种酒的名称①。笔者就此也认真求证，宋人所说的确如此，如苏轼《赠岭上梅》"不趁青梅尝煮酒，要看细雨熟黄梅"，谢逸《望江南》"漫摘青梅尝煮酒，旋煎白雪试新茶"，王炎《上巳》"旋擘红泥尝煮酒，自循绿树摘青梅"，姜夔《鹧鸪天》"呼煮酒，摘青梅，今年官事莫徘徊"等，青梅、煮酒并举，都是两种时令食物。惟煮酒的性质，论者所说不够明确。煮酒之名始于唐，唐孙思邈《千金宝要》中即有以"煮酒蜡"热烙治齿孔之法，宋以来始成流行酒名，成为国家榷酤的主要酒类。其产品相当于今天的黄酒，主要由稻米酿制。酿成后未煮者俗称生酒、清酒、小酒，而加热蒸煮杀菌以防酸败，则称煮酒、熟酒、大酒，煮酒是其中一道工序，也成了此类酒的通称。其中以腊月酿煮封贮，至来年初夏开发者，色红味佳，尤为人们称赏。宋人所说煮酒，多指这种腊月酿制，来年寒食（清明）至初夏（立夏）开饮、发售的米酒。

而此时正是梅、杏堪食的季节。身处中原的北宋文人，最初多言"青杏煮酒"，如欧阳修《浣溪沙》"青杏园林煮酒香，佳人初着薄罗裳。"《寄谢晏尚书二绝》"红泥煮酒尝青杏，犹向临流藉落花。"郑獬《昔游》："小旗短棹西池上，青杏煮酒寒食头。"李之仪《绝句》："旋倾煮酒尝青杏，唯有风光不世情。"而梅子时令较杏为早，且口味酸脆，用以佐酒也更为适宜，正如李清照《卷珠帘》所说"随意杯盘虽草草，酒美梅酸，恰称人怀抱"，因而日常生活用之更多。宋时煮酒、清酒主要以稻米尤其是糯米酿制②，酒户多集中在江南水稻产区，而江南又是青梅主产区，因此江淮以

---

① 胥洪泉：《"青梅煮酒"考释》，《西南师范大学学报》（人文社会科学版）2001年第2期；林雁：《论"青梅煮酒"》，《北京林业大学学报》2007年增刊。

② 李华瑞：《宋代酒的生产和征榷》，河北大学出版社1995年版，第69—77页。

南尤其是江南地区，以青梅佐酒的现象就更为普遍，人们言之也更为频繁。如前引苏轼等人所说，再如陆游《村居初夏》："煮酒开时日正长，山家随分答年光。梅青巧配吴盐白，笋美偏宜蜀豉香。"《春夏之交风日清美，欣然有赋》："日铸珍芽开小缶，银波煮酒湛华觞。槐阴渐长帘栊暗，梅子初尝齿颊香。"都是南方地区的生活情景，几乎成了一道生活风俗。青梅与煮酒相遇，共同构成了江南地区暮春至初夏季节标志性风物，也成了这一时节的代名词。汪莘《甲寅西归江行春怀》"牡丹未放酴醾小，并入青梅煮酒时"，范成大《春日》"煮酒青梅寒食过，夕阳庭院锁秋千"，吴泳《八声甘州》"况值清和时候，正青梅未熟，煮酒新开"[1]，言及青梅煮酒都带着明确的时节意识。以至于咏梅诗中，也多自然联想到煮酒，如谢逸《梅》"底事狂风催结子，要当煮酒趁清明"。正是这一系列生活巧合与人情酝酿，使"青梅煮酒"成了固定的食物组合，它既是流行的饮食风习，又是生动的时令标志，凝聚了人们丰富而美好的生活情趣，在人们的物质和精神生活中都留下了深刻的印迹，而文学中歌咏描写也极为丰富。

正是在宋人青梅煮酒风习盛行的背景下，出现了《三国演义》曹操"青梅煮酒论英雄"的故事。值得注意的是，故事中的煮酒仍是酒名，曹刘"盘贮青梅，一尊煮酒。二人对坐，开怀畅饮"，所谓"一尊煮酒"如同说一壶煮酒，而不是生火热酒，与宋人的意思完全吻合，显然残留着宋人的生活风貌，这也许包含着故事产生时代和作者生活背景的某些信息。而元中叶以来，至少在文学中，煮酒作为酒名的现象急遽衰落，更多变成给酒加热取暖的意思。温酒一般只用于天寒、夜冷和气湿的时节和环境，而青梅一般在清明至立夏季节食用，此时盛产青梅的江南地区气温已高，若非特殊情况，饮酒不必加热取暖，我们在宋人作品中甚至还看到因春暖而"嫌温酒"的现象[2]。整个明清时期，随着煮酒酒名的消沉，对"青梅煮酒"的定义和理解发生了明显的转移，更多情况下人们说的是以青梅煮酒或煮青梅之酒，这正是我们今日对"青梅煮酒"这一文学掌故和生活常识的基本理解。这一逶迤复杂的历史演变，展示了这一生活风习的丰富情趣，同时也赋予这一文学意象深长的创作活力、深厚的历史积淀和深广的社会影响，构成了传统文学的一个经典意象和流行话语。对此笔者当另文专题考述，此不赘言。

青梅食用还有一种情结值得一提。青梅酸重，多食软齿伤脾，一般少壮无妨，而年迈体衰则难以胜任，因此食梅也成了人们感慨时光荏苒，老不如少的一个话题。

---

① 吴泳：《鹤林集》卷四〇，清文渊阁《四库全书》本。
② 赵崇森《春暖》："把杯早自嫌温酒，盥手相将喜冷泉。"《全宋诗》第38册，第23717页。

如元人王恽《食梅子有感》："稚岁食梅矜行辈，并拨连挥喝长喙。近年罗列虽满前，黄熟有余聊隽味。极餐不过三数枚，老颊流酸牙莫对。物逐时新岁岁同，人到中年凡事退。潮阳南还幸不死，齿豁头童足悲嘅。我今五十齿虽牢，食不能多行亦急。只有区区行志心，若与公同人不逮。"而明费宏《食梅》："齿输赤子先拚软，眉为苍生故自攒。"则又是老不服输，勇于担当的豪迈。这种老少变化的感慨，写来十分切实动人。

三、梅果之娱

梅之果实浑圆玲珑，未成熟时青翠碧绿，成熟后金黄夺目。其生长过程覆盖整个春三月，绵延至初夏。由于在三春花树中结实、成熟最早，因而也获得了更多时节流转的标志意义，受到较多的关注。其中最著名的莫过于"黄梅"，即梅子黄熟，此时江淮沿江地区常细雨连绵，天气湿溽，世称"梅雨""黄梅天"，给人们的日常生活和心理都带来深刻的影响。文学中相应的气候记载、风景描写和情绪感发较为丰富，形成了一个特定的时令情结和文学场景，对此有学者进行了专题研究[1]，我们不再赘言。梅子未黄时称青梅，按果实大小，又有两个阶段。一是"青梅如豆"，果实成形不久，细小如豆，这在江南地区约当春分、清明时节。如五代冯延巳（一作欧阳修）《醉桃源》："南园春半踏青时，风和闻马嘶。青梅如豆柳如眉，日长蝴蝶飞。"明祁彪佳《春日口占》"青青梅子正酸牙，妆点清明三两家。"说的就是美好的仲春时节。二是梅果稍大，可以摘食，古人常以"弹丸"来形容，称作"碧弹""翠丸"之类，在江南地区约当立夏前后。明沈守正《立夏》"青梅如弹酸螫口，家家蒌蒿佐烧酒"，说的就是这种时节。这类取景在江南地区晚春、初夏季节的诗歌中较为常见，形象鲜明，富有情趣。

无论"如豆""似丸"，本身又是极富观感和手感的，而其青鲜、酸涩的气息又有特殊的嗅觉、味觉之美，这都有鲜明的欣赏价值，十分讨人喜爱，古人诗歌经常描写到人们采摘娱乐的情景。首先是儿童，梅子尤得少年儿童之欢心，儿童采摘嬉戏是诗歌中最为生动可爱的情景。李白"郎骑竹马来，绕床弄青梅。同居长干里，两小无嫌猜"，所说就是此类儿童游戏。宋沈说（一作赵汝腾）《食梅》"儿时摘青梅，叶底寻弹丸。所恨襟袖窄，不惮颊舌穿"，是回忆儿时游戏。俞琰《即事二绝》"晓

---

[1] 渠红岩：《论中国古代文学中的梅雨意象》，《人文杂志》2012 年第 5 期；《论梅雨的气候特征、社会影响和文化意义》，《湘潭大学学报》（社会科学版）2014 第 5 期。

来庭下试闲看，一树青梅缀弹丸。稚子绕枝攀不得，竞寻枯竹打林端"，则是正面描写这种情景。宋赵蕃《自桃川至辰州绝句》"摘得青梅江岸边，儿童竞食也堪怜"，虽然说的是赌吃，实际童心主要应仍在摘玩之趣。

不只是男童，少女的活动也得到了反映。与男童野外采摘游戏不同，少女更多是庭院、闺阁的戏要。韩偓《中庭》："夜短睡迟佣早起，日高方始出纱窗。中庭自摘青梅子，先向钗头戴一双。"这是最早写女性以青梅装饰的。宋梅尧臣《青梅》："梅叶未藏禽，梅子青可摘。江南小家女，手弄门前剧。"所写是小家碧玉门前把玩。陈克《菩萨蛮》："绿窗描绣罢，笑语酴醾下。围坐赌青梅，困从双脸来。"是写女伴窗下赌梅同玩。而唐韩偓《偶见（一作秋千）》："秋千打困解罗裙，指点醍醐索一尊。　　见客入来和笑走，手搓梅子映中门。"写少女闺门把梅，惊鸿一瞥的身影。宋李清照《点绛唇》有进一步的发挥："蹴罢秋千，起来慵整纤纤手。露浓花瘦，薄汗轻衣透。见客入（一作有人）来，袜刬金钗溜，和羞走。倚门回首，却把青梅嗅。"写天真活泼的大家闺秀，遇见陌生人慌张、娇羞的动作神情，极其生动美妙，自来深受读者喜爱。元胡天游《续丽人行次韵》"青梅如豆悬钗梁，含羞避客依垂杨"，明显是化用其情景，而清张潮《虞初新志》卷一五记夜梦美人杜丽娘，问之含笑不应，只"回身摘青梅一丸捻之"，这一动作细节显然也有李清照词的影子，都可见妙龄少女回首把梅这一动作神情带给人们美妙而深刻的印象。

少女弄梅也有男女暗恋传情之意。李白诗中的"青梅竹马"是两小无猜终成连理，而白居易《井底引银瓶》所写，"笑随戏伴后园中，此时与君未相识。妾弄青梅凭短墙，君骑白马傍垂杨。墙头马上遥相顾，一见知君即断肠"，则是一见钟情，以身相许，青梅都是两情相悦的证物。清顾贞观《菩萨蛮》"花丛双蛱蝶，颤向钗丛贴。和笑弄青梅，是伊亲摘来"，先戴花再玩果，梅果有情，玩梅恋人。果实与鲜花一样都成了恋爱季节的重要信物和美好记忆。

青梅同样也是闺中少妇喜爱之物。中唐庾肩吾《少妇游春词》"簇锦攒花斗胜游，万人行处最风流。无端自向春园里，笑摘青梅叫阿侯"，就是写的这种情景，只是在众多簪花同伴面前，这种笑摘青梅的另类之举隐约有一种别样的情怀。在闺怨诗中，梅果还有一个作用值得一提。不少诗歌写到梅果用作驱黄莺、打鸳鸯的细节。唐人有"打起黄莺儿，莫教枝上啼。啼时惊妾梦，不得到辽西"之诗，是不满黄莺鸣声搅人好梦，后世所写多是不满莺鸣和鸳鸯勾人怀春，扰人好梦，以梅丸作弹驱赶。宋周密《浣溪沙》："生怕柳绵萦舞蝶，戏抛梅弹打流莺。最难消遣是残春。"最早写及此事。元人郑奎妻《夏词》："起向石榴阴畔立，戏将梅子打莺儿。"明彭绍贤《闺怨》："好梦不成喧坐鸟，偷将梅子打莺儿。"袁宏道《拟作内词》："拾得青梅如弹子，护花铃下打流莺。"唐时升《和申少师落花诗三十首》："数尽残红无意绪，青梅作弹打黄莺。"沈自炳《虞美人·春景》："攀梅拾豆打流莺。"都是写的这种情景。而清钱塘女画家词人查慧《谒金门》："莺去矣，抛下青梅又儿。戏语小鬟来拾起，晶盘同燕喜。　　这在千秋架底，那在牡丹丛里。半晌工夫寻见未，拈毫闲画你。"则是写莺去后抛拾青梅为乐，别有一番情趣和怀抱。

　　不仅是儿童与闺妇，即成年男人，对梅果如丸也是喜爱有加。宋僧慧洪《次韵通明叟晚春》："绿遍西园春正残，青梅小摘嗅仍看。"杨万里《新晴西园散步》："举头拣遍低阴处，带叶青梅摘一枝。"都是散步时随手摘玩。辛弃疾《满江红·饯郑衡州厚卿席上再赋》："莫折荼蘼，且留取一分春色。还记得青梅如豆，共伊同摘。"梅豆太小，应属非为口腹，而是摘玩消闲。元马臻《西湖春日壮游即事》诗写道："园丁花木巧梧椊，万紫千红簇绮筵。折得青梅小如豆，献来还索赏金钱。"仆人深知主人之好，摘奉邀赏，反映青梅之玩的普遍性。

　　总结全文论述可见，青梅即梅的果实与梅花相比有着相对独立的物色内容，在文学中也得到相对独立的关注和表现。与桃杏等同类水果不同，梅以味酸著称，因而与黄柏、黄连等一起成了描写各类痛苦心情最质朴而有力的比喻，在雅俗不同风格的作品中都常使用，发挥了积极的作用。青梅为江南春夏之交的时令水果，人们与时蔬搭配佐酒，简单易行而风味独特，形成了普遍的饮食风习，体现出丰富的生活情趣，成了初夏时令、田园闲适、江南行旅等诗歌中乐于描写的情景。著名的曹刘"青梅煮酒论英雄"故事正是这一生活风习的产物，这一情景在雅俗文学中相互影响渗透，构成一道文学经典意象和流行话语，产生了广泛的社会影响。青梅圆硬玲珑，气色青鲜，男女老幼乐于采摘、观赏和把玩，也表现出许多生动美好的情景，得到精彩的审美描写。总之，青梅作为一种果实，其物质性味、食品价值、外在形象和食用趣味在文学中都得到了观照和反映，也引发了丰富的审美感受和情趣，发挥了积极的表现作用，产生了不少优秀的作品，丰富了文学世界的内容。

［原载《江西师范大学学报》（哲学社会科学版）2016 年第 1 期］

"青梅煮酒"事实和语义演变考

曹操、刘备青梅煮酒论英雄是《三国演义》最著名的情节之一，数百年来脍炙人口，但种种迹象表明，自明代中叶以来，人们对"青梅煮酒"四字的理解与原书描述的本义有着明显的差异。其中最关键的是"煮酒"二字，原书本义是一种酒名，而后人通常理解成温酒即给酒加热之类的举动。对此已有学者初步讨论过，但思考不够全面，论述不甚充分。我们重拾此题，在较为广阔的历史时空中，将相关酒文化史迹与文学书写综合考察，对"青梅煮酒"这一说法的前世今生就有了不少新的发现。这不仅有助于全面、准确和深入地把握"青梅煮酒"这一生活常识、文学掌故和文化符号的来龙去脉和实际含义，而且对《三国志演义》的成书时代、宋元酿酒业的发展等相关问题的认识也不无启发和帮助。我们的论述按时间顺序展开。

一、宋代"青梅"与"煮酒"，两种食物

"青梅煮酒"连言始见于宋代。北宋仁宗朝晏殊《诉衷情》："青梅煮酒斗时新，天气欲残春。"神宗朝王安礼《潇湘逢故人慢》："况庭有幽花，池有新荷。青梅煮酒，幸随分，赢取高歌。"南宋范成大《春日三首》："煮酒青梅寒食过，夕阳院落锁秋千。"陆游《初夏闲居》："煮酒青梅次第尝，啼莺乳燕占年光。"都是典型的例证。

论者已经指出，宋人所说"青梅煮酒"，本义是两种食物，即青梅与煮酒。其

中煮酒不是温酒或酿酒的行为，而是一种酒的名称①。笔者就此反复验证，宋人所说的确如此。如苏轼《赠岭上梅》："不趁青梅尝煮酒，要看细雨熟黄梅。"谢逸《望江南》："漫摘青梅尝煮酒，旋煎白雪试新茶。"陆游《春日》："迟日园林尝煮酒，和风庭院眼（引者按：读作浪，晒）新衣。"王炎《临江仙·落梅》："擘泥尝煮酒，拂席卧清阴。"所说煮酒都是"尝"的对象，指享用的食物。又如陆游《初夏幽居偶题》："青梅旋摘宜盐白，煮酒初尝带腊香。"王炎《上巳》："旋擘红泥尝煮酒，自循绿树摘青梅。"姜夔《鹧鸪天》："呼煮酒，摘青梅，今年官事莫徘徊。"吴泳《八声甘州·和季永弟思归》："况值清和时候，正青梅未熟，煮酒新开。"②煮酒与青梅对仗并举，都是名称，合指两种食物。

其他单见或与他物并举时，"煮酒"也是一种名称。如刘跂《和曾存之约游北园》："煮酒未成逃暑饮，夹衣犹及惜花时。"张耒《三月十二日作诗董氏欲为筑堂》："老病夹衣犹怯冷，春深煮酒渐闻香。"陆游《新辟小园》："煮酒拆泥初滟滟，生绡裁扇又团团。"《春晚闲步门外》："午渴坏瓶尝煮酒，晴暄开笥换单衣。"《春雨中偶赋》："残花已觉胭脂淡，煮酒初尝琥珀浓。"张镃《睡起述兴》："煮酒未尝先问日，夹衣初制渐裁纱。"陈文蔚《程子云欲还乡阻雨聊戏之》："榴花照眼新篁翠，卢橘盈盘煮酒香。"郑刚中《寒食杂兴》："试破泥头开煮酒，菖蒲香细蜡花肥。"陈造《留交代韦倅》："已办明朝开煮酒，丝桐小置式微篇。"前七例都是"煮酒"与其他物什对仗，后两例非对偶句，煮酒则都是动作的对象。

上述诗例都明确显示，煮酒是一种物品，一种酒名。经常与青梅搭配食用，因而连言对举，成了一种流行说法。青梅是未成熟的果实，因颜色青翠而称青梅，相对于成熟时的黄梅而言。青梅生食酸脆，人们常用以佐酒。南朝诗人鲍照《挽歌》："忆昔好饮酒，素盘进青梅。"唐白居易《早夏游平原回》："紫蕨行看采，青梅旋摘尝。疗饥兼解渴，一盏冷云浆。"李郢《春日题山家》："依岗寻紫蕨，挽树得青梅……嫩茶重搅绿，新酒略炊醅。"都是说的以梅佐酒。入宋后诗人言之更多，司马光《看花四绝句呈尧夫》："手摘青梅供按酒，何须一一具杯盘。"郭祥正《次曲江先寄太守刘宜翁五首》："兵厨酒熟青梅小，且置玄谈伴醉吟。"范成大《春日田园杂兴》："郭里人家拜扫回，新开醪酒荐青梅。日长路好城门近，借我茅亭暖一杯。"王洋《僧自临安归说远信》："旋打青梅新荐酒，且须耳热听歌呼。"舒岳祥《春晚还致庵》："翛

① 胥洪泉：《"青梅煮酒"考释》，《西南师范大学学报》（人文社会科学版）2001 年第 2 期；林雁：《论"青梅煮酒"》，《北京林业大学学报》2007 年增刊。
② 吴泳：《鹤林集》卷四〇，清文渊阁《四库全书》本。

然山径花吹尽，蚕豆青梅荐一杯。"高九万《喜乡友来》："晚肴供苦笋，时果荐青梅。甚欲浇离恨，呼铛拨酒醅。"都是说的青梅荐酒，可见已成为人们基本的饮食习惯。而从上述众多煮酒与青梅连言并举的状况可知，煮酒也正是一种最常与青梅搭配食用的酒类，因此我们必须首先弄清什么是煮酒。

二、何谓煮酒

在宋代，煮酒有动词和名词两种性质。煮酒作为动词，是酿酒的一道工序，指酒液酿出后进行烧煮加热杀菌的过程。此义在唐时即已出现，初唐孙思邈《千金宝要》提到"煮酒蜡"，所谓煮酒蜡是酒液酿成蒸煮封瓮时添加，而最终溶浮凝结在封口处的蜡油①。中唐房千里《投荒杂录》记载岭南酿酒"饮既烧，即实酒满瓮，泥其上，以火烧方熟，不然不中饮"②。这是给酒液加热杀菌的过程。晚唐刘恂《岭表录异》记载："南中酝酒……地暖，春冬七日熟，秋夏五日熟。既熟，贮以瓦瓮，用粪扫火烧之（亦有不烧者为清酒也）。"③ 所说较房氏更为明确，不是临饮烧煮，而是酒熟后烧煮封贮。北宋朱肱《北山酒经》有更明确的"煮酒"之法，详细介绍其工艺技术。所谓烧煮是指给满盛密封的酒器加热杀菌，防止酸败并促进酒液醇熟的一道工序，这是后来黄酒生产中的经典工艺流程，可能在唐之早期即已出现，宋代酿酒中已普遍采用。

煮酒作为名词，则是指经过烧煮封贮这道工序的成品，是煮酒封贮的结果。范成大《冬日田园杂兴》："煮酒春前腊后蒸，一年长馋瓮头清。"这里的煮酒固然可以理解成酿酒之举，其实煮酒是酒名，而"春前腊后蒸"，则是生产煮酒的时间和行动，这样理解更能反映当时生活的状况，说明两种词性间的实际关系。唐人诗文作品中未见有明确的煮酒名称，前引《岭南录异》有小字注文"不烧者为清酒"，是经过烧煮的酒与清酒相对而言，只是此法当时尚未通行，名称则呼之欲出。煮酒作为酒名通称可能要到宋代才正式出现，宋人提到煮酒，最早为《宋会要辑稿》所载"真宗咸平二年（引者按：公元999）九月，诏内酒坊法酒库支暴酒以九月一日，煮酒以四月一日"④。宋仁宗天圣七年（1029）四月有《令法酒库不得积压煮酒诏》⑤，仁

---

① 参见北宋朱肱《北山酒经》"酒器""煮酒""火迫酒"等条目，有涂蜡与加蜡的内容。明刘基《多能鄙事》卷一"煮酒法"："用黄蜡一小块放酒中，方泥起，酒冷蜡凝，味重而清也。"
② 《太平广记》卷二三三，民国景明嘉靖谈恺刻本。
③ 《太平御览》卷八四五，《四部丛刊三编》本。
④ 徐松：《宋会要辑稿》"方域三"，稿本。
⑤ 徐松：《宋会要辑稿》"食货五二"。

宗至和二年（1055）文彦博《奏永兴军衙前理欠陪备》称永兴军"清酒务年计出卖煮酒，而官不给煮酒柴，或量给而用不足"①。可见宋初即有煮酒、暴酒、清酒等酒类名称。从《北山酒经》可知，所谓暴酒是夏日所酿酒②，宋人言之不多，而清酒、煮酒则比较常见。宋末元初方回《续古今考》卷三〇《五齐三酒恬酒》："今之煮酒，实（引者按：指注满酒瓮、酒瓶之类贮酒器）则蒸，泥之季冬者佳。曰清酒，则未蒸者。"《宋史》卷一八五《食货志》："自春至秋酝成即鬻，谓之小酒……腊酿蒸鬻，候夏而出，谓之大酒。"可见清酒又称生酒、小酒，是酿成未煮之酒；煮酒则经蒸煮封贮数月而成，又称熟酒③、大酒。

宋代实行严格的"榷酤之法"，即严禁民间私酿，统一由官署专营，"诸州城内皆置务酿酒，县镇乡间或许民酿而定其岁课"④，而以官酿官榷为主。这就在生产、贮藏和销售中形成了全社会明确、统一的酒品分类体系，而煮酒和清酒就属于其中最主要的两大产品类型。真宗乾兴元年（1022）"置杭州清酒务"⑤，负责酒业征榷，其他地方纷纷效仿，此时所谓清酒是清酒、煮酒兼而言之。《东京梦华录》记载四月八日佛生日"在京七十二户诸正店，初卖煮酒"⑥，联系前引真宗诏书和文彦博奏书，可见煮酒早已成了京师酒坊、外州各地酒务通行的产品之一。而到了南宋，酒类榷酤数量增加，在管理上分类就更为明确、严密。陈亮《义乌县减酒额记》举义乌酒额之重，"岁之二月至于八月煮酒，以四百石为率，为缗钱八千六百有奇，余为清酒，犹四千八百缗"，是说义乌按煮酒、清酒分项上缴岁利。吴自牧《梦粱录》记载临安点检所酒库分"新、煮两界"⑦，所谓新界即清界。《咸淳临安志》也载在京酒库分"清库""煮库"⑧。杨潜《（绍熙）云间志》记所属"酒务，清、煮两界"⑨。宋梅应发《（开庆）四明续志》记所属鄞县、象山县酒坊"生、煮酒"两种榷额⑩。这些都充分显示，煮酒与清酒构成了宋代榷酤中的两大酒类，人们的沽饮自然也以此为通称，其社会影响可想而知。

---

① 文彦博：《潞公集》卷一八，明嘉靖五年刻本。
② 宋朱翼中《北山酒经》"暴酒法"："此法夏中可作，稍寒不成。"可见是暑间所酿酒。明曾才汉《（嘉靖）太平县志》卷三"宋经总制钱"："黄岩县煮酒、暴酒并商税钱一万二千七十七贯六百五十四文。"明嘉靖刻本。
③ 南宋杨万里《生酒歌》将"生酒"与"煮酒"并称，宋末谢维新《事类备要》外集卷四四饮膳门"生熟酒"条引此诗，"煮酒"均作"熟酒"。
④ 脱脱等：《宋史》卷一八五，中华书局 1977 年版。
⑤ 李焘：《续资治通鉴长编》卷九八，清文渊阁《四库全书》本。
⑥ 孟元老：《东京梦华录》卷八，清文渊阁《四库全书》本。
⑦ 吴自牧：《梦粱录》卷一〇，清《学津讨原》本。
⑧ 潜说友：《（咸淳）临安志》卷五五，清文渊阁《四库全书》本。
⑨ 杨潜：《（绍熙）云间志》卷上，清嘉庆十九年古倪园刊本。
⑩ 梅应发：《（开庆）四明续志》卷四，清刻《宋元四明六志》本。

按今天的酒类术语，所谓清酒、煮酒即以米、秫等谷物酿制的低度原汁酒。两者的不同，只在于煮酒是经过蒸煮杀菌封藏过的，因而颜色和味道都更沉厚些。南宋杨万里《生酒歌》："生酒清于雪，煮酒赤如血，煮酒不如生酒烈。煮酒只带烟火气，生酒不离泉石味。"简要地揭示了两者的特点，煮酒因经蒸煮封藏而酒色更为黄褐，无论酿造工艺和成品类型都与后世的黄酒相近。清人陶煦《周庄镇志》："煮酒，亦名黄酒。冬月以糯米水浸，蒸成饭，和麦曲、橘皮、花椒酿于缸。来春滤去糟粕，煮熟封贮于甏，经两三月者，谓之新酒，经一年外者谓之陈酒，味亦醇。其酿成而未煮者，谓之生泔酒，乡村多饮之。"① 虽然所说是清末苏州一带的酒类，但与宋时的情景完全吻合。今天的黄酒与宋人的煮酒一脉相承，令我们倍感亲近，我们不妨简单地说，宋代的煮酒就是当时的黄酒。

三、"青梅煮酒斗时新"，时令与风味

大量事实表明，早在宋代，"青梅煮酒"就已是人们生活中的一个热词。青梅佐酒由来已久，宋人这方面的经验更多，宋初本草学家日华子称梅子可以"去烦闷"，"消酒毒"，"令人得睡"②，李清照《蝶恋花》说"随意杯盘虽草草，酒美梅酸，恰称人怀抱"③，无论物理功能还是心理感觉都十分搭配，因而以梅佐酒成了生活中的常见情景。而这其中何以青梅与煮酒佐食言之最多？关键是煮酒成熟的时节与青梅采食季节的奇妙遇合。

煮酒酿成后，要蒸煮泥封贮存数月，一般以"泥之季冬者佳"，也就是说在腊月酿蒸泥封贮存，至暮春、初夏开坛饮用和发售。宋人有所谓"开煮"之说，是指打开泥封，发售煮酒。前引宋真宗诏内酒坊法酒库支"煮酒以四月一日"，即指内库四月一日开始发放新熟煮酒。吴自牧《梦粱录》卷二："临安府点检所管城内外诸酒库每岁清明前开煮。"又佚名《都城纪胜》："天府诸酒库每遇寒食节前开沽煮酒。"宋末周密《武林旧事》卷三"迎新"："户部点检所十三酒库例于四月初开煮，九月初开清。"所说时间不一，或者与腊月煮封时间、地点与技术有关，但都在寒食至初夏之间。谢逸《梅》："底事狂风催结子，要当煮酒趁清明。"苏轼《岐亭五首》："我

---

① 陶煦：《周庄镇志》卷一，清光绪八年元和刻本。
② 唐慎微：《证类本草》卷二三，《四部丛刊》影金泰和晦明轩本。
③ 《江海学刊》发表时该词牌作《卷珠帘》，是《蝶恋花》别名，承扬州大学刘勇刚教授指点，改用通名，谨此志谢。

行及初夏，煮酒映疏幕。"都是说的这一时节。这与青梅采食的时节正好吻合，两者巧妙相遇，构成了这个时节最当令的食物和家常易行的佐食方式，饱含着丰富而美好的生活情趣，受到了人们的普遍喜爱。

首先是春末初夏的时令风味。青梅是入春以来最早摘食的水果，带着未成熟的青涩酸脆风味，煮酒是带着腊香、久醅新发的醇鲜美酒，这是一个最为美妙的组合。在宋人大量诗句中，与青梅、煮酒同时出现而经常佐食的还有新茶、蕨菜、新笋、蚕豆等，都是仲春至初夏的时令食物，洋溢着这个季节生机勃勃、清新鲜嫩的气息。晏殊《诉衷情》"青梅煮酒斗时新"，方夔《春晚杂兴》"青梅如豆正尝新"，李之仪《赏花亭致语口号》"绿阴初合燕归来，煮酒新尝换拨醅"，白玉蟾《青梅》"青梅如豆试尝新，脆核虚中未有仁"，都用一个"新"字称赞，强调的就是时新清鲜之意。

在食材内容和食用方式上，既不是烹肥割鲜，更不是钟鸣鼎食，而是家常易得的果蔬与酒食。正如司马光《看花四绝句呈尧夫》所说，"手摘青梅供按酒，何须一一具杯盘"，草草杯盘，当令蔬果，简单易行，体现着家常生活的简单和朴素，洋溢着鲜明的乡野气息和田园风味。陆游《闰二月二十日游西湖》"岂知吾曹淡相求，酒肴取具非预谋。青梅苦笋助献酬，意象简朴足镇浮"，说的即是这种饮食的简朴、清雅风味。

从分布区域上说，梅以江南盛产，而煮酒、清酒主要以稻米尤其是糯米酿制[①]，酒户多集中在江南水稻产区，因此江淮以南尤其是江南地区，以青梅佐酒的现象就更为普遍，文人言之最多。同是煮酒新开的季节，北宋尚见煮酒与青杏连言并举的现象，如欧阳修《寄谢晏尚书二绝》"红泥煮酒尝青杏，犹向临流藉落花"，郑獬《昔游》"小旗短棹西池上，青杏煮酒寒食头"，都是作于汴、洛一线的诗歌。北宋中期以来，青杏煮酒连言搭配的现象就逐渐消失，青梅煮酒后来居上。而到了南宋，宋金对峙，社会重心完全南移，"青梅煮酒"也就完全淹没了"青杏煮酒"的说法。如陆游在故乡绍兴所作《村居初夏》："煮酒开时日正长，山家随分答年光。梅青巧配吴盐白，笋美偏宜蜀豉香。"《春夏之交风日清美，欣然有赋》："日铸（引者按：日铸岭，在绍兴城东南，产茶颇有名）珍芽开小缶，银波煮酒湛华觞。槐阴渐长帘栊暗，梅子初尝齿颊香。"都是典型江南地区的生活场景和饮食风味。青梅煮酒可以说是春夏之交江南风物的完美组合，带着江南社会生活的浓郁氛围。

正是上述时令、方式和风土等元素交会映发，使"青梅煮酒"成了固定的时令

---

① 李华瑞：《宋代酒的生产和征榷》，河北大学出版社 1995 年版，第 69—73 页。

风物组合，凝聚了丰富和美好的生活情趣，逐渐成了一道饮食风习和生活常识。汪莘《甲寅西归江行春怀》"牡丹未放酴醾小，并入青梅煮酒时"①，范成大《春日》"煮酒青梅寒食过，夕阳庭院锁秋千"②，吴泳《八声甘州》"况值清和时候，正青梅未熟，煮酒新开"③，程公许《黄池度岁赋绝句》"趁取青梅煮酒时"④，言及青梅煮酒都带着明显的时令意识。以至于咏梅诗中，也多自然联想到煮酒，如谢逸《梅》"底事狂风催结子，要当煮酒趁清明"。可见两者的固定组合，既是流行的饮食风习，又是生动的时令标志，反映到文学中，则成了一道经典的美妙意象和流行话语⑤。

四、元人"煮酒"，从名词到动词

就在宋人"青梅煮酒"日盛其势时，元蒙大军铁蹄纷纷南下，随着南宋王朝的覆灭，这个势头也就戛然而止。元人"青梅煮酒"的说法远不如宋人那么频繁，更不如其一致，重点在"煮酒"二字上，短短几十年中，有着明显的从酒类名称向温酒动作的转化趋势，最终几乎完全抹去了名词说法的痕迹。

先看金末元初郝经（1223—1275）《真州沙瘴》："侵晓烟煤半抹墙，急烧煮酒嚼盐姜。"宋末元初方回（1227—1305）《再赋春寒》："已近江南煮酒天，单衣时节更重绵。"《三月八日百五节林敬舆携酒约……》："暮年无不与心违，节物过从事总非。何处青梅尝煮酒，谁家红药试单衣。"陈思济（1232—1301）《寄陈处士》："杏桃落尽清明后，姚魏开时谷雨中。为问西湖陈处士，青梅煮酒有谁同。"所言"煮酒"明显都仍是酒名。

稍后马致远（1250—1324）《青歌儿》："东风园林，昨暮被啼莺唤将春去。煮酒青梅尽醉，渠留下西楼美人图、闲情赋。"《迎仙客》："红渐稀，绿成围，串烟碧纱窗外飞。洒蔷薇，香透衣，煮酒青梅正好连宵醉。"都应是沿用宋人成语。而《双调夜行船》"裴公绿野堂，陶令白莲社，爱秋来那些。和露摘黄花，带霜分紫蟹，煮酒烧红叶"，所说煮酒则是温酒的行动，典型体现了过渡的态势。

而元之后期萨都剌（1272—1355）《夜寒独酌》："欲雪不雪风力强，欲睡不睡

---

① 汪莘：《方壶存稿》卷三，清文渊阁《四库全书》本。
② 范成大：《石湖诗集》卷一一，《四部丛刊》影清爱汝堂本。
③ 吴泳：《鹤林集》卷四〇，清文渊阁《四库全书》本。
④ 程公许：《江涨有感》序，《沧洲尘缶编》卷九，清文渊阁《四库全书》本。
⑤ 程杰：《青梅的文学意义》，《江西师范大学学报》（哲学社会科学版）2016 年第 1 期；《论梅子的社会应用及文化意义》，《阅江学刊》2016 年第 1 期。两文有较详细的论述，请参阅。

寒夜长。玉奴剪烛落燕尾，银瓶煮酒浮鹅黄。"《题江乡秋晚图》："携家便欲上船去，
买鱼煮酒杨子江。"《马翰林寒江钓雪图》："洗鱼煮酒卷孤篷，江上云山好晴色。"
张仲深（约公元 1338 年前后在世）《次乌继善城南三首》："杏林煮酒心先醉，草阁
看山手自支。"许有壬（1286—1364）《记游》："发火煮酒，引满数爵，诸生暨从者
遍饮之，乃缘南崖微径，迤逦而西而北。"所谓煮酒都是温酒供饮之举。只有元末
吴兴（今浙江湖州）郯韶（约公元 1341 年前后在世）《过吴兴沈十二秀才》"北里
缫车如雨响，东家煮酒入林香"，俨然以煮酒作为名词使用，但多少也具动词色彩。
透过这些诗例的不同用义，不难感受到"煮酒"名词逐步淡出，而动词意义不断增加、
走向流行的趋势。与《全宋诗》所见 51 处"煮酒"尽为酒类名称相比，这一变化
趋势极为明显。

五、变化的原因

元朝为什么会出现这种变化？需要从两个方面来讨论：

（一）"煮酒"作为酒类名称为何遽然沉寂？

这主要有四个方面的原因：

1. 元朝对酒业的管理由宋朝的国营榷酤为主改为以"散办"课税为主[①]。元蒙自
太宗二年（1230）开征酒税[②]，除世祖至元十五年（1278）短暂推行榷酤之法，整个
元代都按户口、酿酒耗粮或酒产量征税，"听民自造"[③]。在这样一种酒业税收管理体
系下，宋时榷酤管理中统一的煮酒、清酒两大产品（商品）分类名称就失去意义，
有关说法也就日益消退。虽然如元人《居家必用事类全集》也仍载有详细的煮酒之
法，但属抄录宋人《北山酒经》的内容。实际生活中，人们更是很少使用这一名称。
仅就盛产煮酒的江南地区而言，仇远、赵孟頫、吴澄、袁桷、虞集、杨载、张雨、
杨维桢、王冕、贡性之、王逢等著名文人传世诗文作品都不少，均未见提到"煮酒"
一词。

2. 元朝酒禁频繁且严格。按照一般的生活常理，像煮酒这种在宋朝长期流行的
定名，至少在南宋故土应有一定的语言惯性，一定时期内为人们所沿用，而入元后

---

① 陈高华：《元代的酒醋课》，《中国史研究》1997 年第 2 期。
② 《元史》卷二"太宗本纪"。
③ 《元史》卷一三"世祖本纪"。

却骤然消失，这不能不说与元朝严格的禁酒政策有关。史学界已经注意到，因一统天下，版图扩大，人口增加，灾荒频仍，粮食供应紧张，元朝不断在灾区局部乃至全国厉行禁酒，压缩生产规模，减少消费数量。"元代酒禁之多在历史上可居各朝之冠"①，自至元四年（1267）到至正二十七年（1367）的一个世纪中，颁布的禁酒诏令达 65 次之多②。元之酒禁，不仅禁止私酿私酤，严者官私两方面酿造、饮酒活动一应并禁，至有官员以"面有醉容"遭到纠弹的③。虽然酒禁多因灾荒局部权宜施行，南北不同，且多旋禁旋弛，但这种极不正常的现象对人们的生活尤其是饮酒活动产生了深刻影响。元初罗志仁《木兰花慢·禁酿》、尹济翁《声声慢·禁酿》直以酒禁为题。方回《屡至红云亭并苦无酒》"欲呼邻友相酬唱，官禁何由致酒杯"，《社前一日用中秋夜未尽韵》"又况禁酒严，罄室覆老瓦"，杨公远《又雪十首》"惜乎官禁瓶无酒，胜赏空辜药玉船"云云，说的都是禁酒带来的生活不便和无趣。最著名的莫过于泰定二年（1325）吉州刘诜所作《万户酒歌》："城中禁酿五十年，目断炊秫江东烟。官封始运桑落瓮，官隶方载稽山船。务中税增沽愈贵，举盏可尽官缗千。先生嗜饮终无钱，指点青旗但流涎。"由于长期反复禁酒，导致酒业零落，酒价高涨，士人饮酒极不自由，酒业的生产和销售此起彼伏较为混乱，两宋三百年形成的以煮酒、清酒为核心的生产和消费体系急剧衰落，煮酒、清酒等有关说法也就失去了流行的社会基础。

3. 元人饮酒风习趋于多元，品种结构和饮食方式发生了明显变化。元蒙草原民族有尚饮的传统，随着大一统国家的形成，国土辽阔，地域民风差别较大，南北各阶层社会地位悬殊，饮酒的场合、氛围和风气都呈现多元化倾向。蒙古贵族的富贵豪奢、南方士绅的江湖闲逸、市井才人的纵情放浪和乡村书生的朴野简淡各极其情，自得其乐④。两宋时期那种由严密统一的榷酤制度作支撑，以江南士人为主体的饮酒风习受到了强力冲击，失去了核心和主导地位。即以品种而言，蒙古民族以饮马奶酒为主，西域和山西等北方地区葡萄酒、枣酒等果酒开始盛行，而中原和南方广大农业区仍以煮酒、清酒之类粮食酒为主，其中市酤与村醪、不同酒户的产品又应有质量、风味上的明显差异。元中叶蒸馏技术从海外传来，在全国迅速传播，当时称作烧酒，由于价廉物美、耗粮较少、饮少即餍，发展优势强劲。粮食酒、马奶酒、

---

① 吴慧主编：《中国商业通史》第三卷，中国财经出版社 2005 年版，第 491—495 页。
② 王敬松：《浅述元朝的酒禁》，王天有、徐凯主编：《纪念许大龄教授诞辰八十五周年学术论文集》，北京大学出版社 2007 年版，第 38—55 页。
③ 苏天爵：《魏郡马文贞公墓志铭》，《滋溪文稿》卷九，民国《适园丛书》本。
④ 参见杨印民《元代的酒俗、酒业和酒政》，河北师范大学硕士学位论文，2003 年，第 2—17 页。

葡萄酒和蒸馏烧酒多元化生产和消费体系逐步形成，煮酒一支独大的地位开始丧失，反映在日常生活和社会文化中，人们的言谈也就很少提及。

4.黄酒名称开始出现。今人追溯黄酒历史，多从新石器时代开始，其实所说是整个粮食酒的酿造史。对于黄酒来说，更切实的是弄清其核心工艺产生的时代和"黄酒"作为普通粮食原汁低度酒通称的由来。酒液酿成后蒸煮封存无疑是黄酒生产的关键工序，至迟在唐朝已经出现，而宋之"煮酒"无疑进入了成熟和流行的阶段。上古酒名复杂繁琐，但性质不外清浊之分、"厚薄之差"①，说的都是谷物酒的纯度和浓度而已，中古人们常言的"清酒"就是既清且醇之酒。唐人言酒多称黄、红二色，以鹅黄、琥珀、松花等形容②，正是今人所说广义黄酒的基本颜色，反映酿酒技术大幅提高，酒的浓度、纯度有了明显改进。晚唐皇甫松《醉乡日月》评论说："凡酒以色清味重而饴为圣，色如金而味醇且苦者为贤，色黑而酸醨者为愚。"③分清白、金黄和沉黑三色，代表了晚唐五代酒色的基本种类，所谓沉黑当为有些酸败劣质的酒色。宋人承此而来，规范的产品分为清酒、煮酒两类，反映在颜色上，则是黄红与淡清为主。杨万里《生酒歌》说"生酒清于雪，煮酒赤如血"，又说"瓮头鸭绿变鹅黄"，正是两种基本颜色，所谓如雪、鸭绿、鹅黄、如血都是因原料、酒曲和酿煮工艺微妙变化而酒色黄褐深浅有差而已。后世通称黄酒，既扎根炎黄子孙农耕社会的文化底蕴，同时也抓住了稻黍等谷物原浆酒以黄褐色为主的特点。

"黄酒"正式作为酒类名称始见于元。元早期戏曲家郑光祖（1264？—1324前）《伊尹耕莘》净角陶去南："我做元帅世罕有，六韬三略不离口。近来口生都忘了，则记烧酒与黄酒。"将黄酒与烧酒并称，视作两种日常用酒，显然类名之义已十分明显。稍后萨都剌《江南春次前韵》："江南四月春已无，黄酒白酪红樱珠。"元末张昱《送张丞之汤阴》："瓮头黄酒封春色，叶底红梨染醉颜。"都表明黄酒已成了明确稳定的酒名，明清两朝更是如此，逐步替代了宋代煮酒的地位。

① 窦华：《酒谱》"酒之名"，陶宗仪《说郛》（百二十卷）本。
② 杜甫《舟前小鹅儿》："鹅儿黄似酒，对酒爱新鹅。"白居易《江南喜逢萧九彻因话长安旧游戏赠五十韵》："炉烟凝麝气，酒色注鹅黄。"李白《酬中都小吏携斗酒双鱼于逆旅见赠》："鲁酒若琥珀，汶鱼紫锦鳞。"《客中行》："兰陵美酒郁金香，玉碗盛来琥珀光。"权德舆《放歌行》："春酒盛来琥珀光，暗闻兰麝几般香。"琥珀以黄褐色为主。王建《设（一作税）酒寄独孤少府》："自看和酿一依方，缘看松花色较黄。"另王象之《舆地纪胜》卷一三二载张九龄诗："谢公楼上好醇酒，三百青蚨买一斗。红泥乍擘绿蚁浮，玉碗才倾黄蜜剖。"
③ 曾慥：《类说》卷四三，清文渊阁《四库全书》本。

（二）煮酒作为温酒动作之义如何兴起？

作为动作，煮酒有酿酒过程环节之义，而日常饮用中所说则指给酒适当加热以适宜饮用。六朝至两宋多称温酒、暖酒、热酒、烫酒（汤酒），一般见于两种情况：一是体质不宜冷饮者，如《世说新语》："桓为设酒，不能冷饮，频语左右，令温酒来。"另一是寒冷、潮湿气候。白居易《问刘十九》："绿蚁新醅酒，红泥小火炉。晚来天欲雪，能饮一杯无。"《和梦得冬日晨兴》："照书灯未灭，暖酒火重生。"《初冬早起寄梦得》："炉温先暖酒，手冷未梳头。"所说就是这种情景。

宋人这种情况也多。苏辙《腊月九日雪三绝句》："病士拥衾催暖酒，闭门不听扫瑶琼。"张耒《索莫》："何当听夜雪，暖酒夜炉红。"范成大《冬日田园杂兴》："榾柮（gù duò）无烟雪夜长，地炉煨酒暖如汤。"朱熹《行林间几三十里，寒甚，道傍有残火温酒……》："温酒正思敲石火，偶逢寒烬得倾杯。"韩淲《正月二十八日二首》："春寒不敢出篱门，且拨深炉暖酒尊。"王之道《对雪和子厚弟四首》："起来拨残灰，暖酒手自倾。"赵汝鐩《刘簿约游廖园》："春晚花飞少，墙高蝶度迟。注汤童暖酒，拍案客争棋。"说的都是寒冷、潮湿环境温酒之事。

值得注意的是，上述例证或温或暖或煨或汤，没有称作煮酒的。揣度原因，温酒只需微火略炙，无需煮沸，上述诗例中有以残灰、寒烬煨酒的，也有以热水冲烫的，加热十分有限。传元人贾铭《饮酒须知》即称"凡饮酒宜温不宜热"[1]，现代科技也证明给酒加热过高则乙醇、甲醇等重要成分会迅速挥发。若用"煮"字，则是大火烹煮之义，未免过重了。而元朝紧承两宋"煮酒"之言盛行之后，虽然相关名称已明显衰落，但语言习惯和书面影响犹在。我们看到元代俗文学作品中，凡温酒加热之义多称"热酒""烫酒"（汤酒），而正统文人诗文中则多称"煮酒"，与"温酒""暖酒"等词一同使用，而且使用频率还略胜一筹[2]，这不能不说是两宋时期"煮酒"一词的潜在影响。

从前引马致远"煮酒青梅尽醉""煮酒青梅正好连宵醉"，"煮酒"是名词而俨然似动词，而萨都剌"银瓶煮酒浮鹅黄"，"煮酒"是动作又俨然似名词，不难感受到名词与动词间顺势演化的微妙关系。可以说，正是两宋时期"煮酒"盛极一时的惯性作用，使"煮酒"一词绝处逢生，成功转型，由流行的酒类名词演变为表示温

---

① 贾铭：《饮食须知》卷五，清《学海类编》本。此书实为清初朱本中同名之作，由《学海类编》改署贾铭编入。

② 我们以《中国基本古籍库》网络检索系统进行检索，清顾嗣立《元诗选》（三集）得"煮酒"4处、明臧懋循《元曲选》得"热酒"23处，其他"温酒""暖酒""烫酒"均未见。另以"元代""艺文库"为范围检索，得"煮酒"27处、"温酒"11处、"暖酒"9处、"热酒"14处、"烫酒"0处。以上均可见"煮酒"一词的出现频率要高于"温酒""暖酒"等其他同义词。

酒之义的动词，与唐宋时人们常说的"温酒""暖酒"等词汇平分秋色，甚至凌轹其上，成了表达此类动作的又一常用说法。

六、曹操"青梅煮酒"的时代

正是在两宋清酒、煮酒向明清黄酒名称演化转变的关键时期，《三国演义》提供了著名的曹操与刘备"青梅煮酒论英雄"的故事。众所周知，一般认为《三国演义》成书于元末明初，也有根据内外不同证据向前向后略作延伸而有作于南宋、元中叶、元晚期、明中叶等不同说法。由于作者资料的缺乏和版本信息的复杂，迄今争论不休，无从定论。令我们感兴趣的是，这些不同主张涵盖的时间以元中叶至明代初期为主，而这正是"煮酒"一词语义逐步变化的关键阶段。《三国演义》"青梅煮酒"这一细节描写中"煮酒"的定义及其在同期"煮酒"语义演变进程中的位置，就是一个值得关注的问题。

还是回到故事文本。明嘉靖元年刻本《三国志通俗演义》是目前确认传世最早的版本，卷五《青梅煮酒论英雄》一节的叙述是这样的，曹操约刘备酒叙，先介绍自己昔时领军曾"望梅止渴"，继而说："今见此梅不可不赏，又值缸头（引者按：叶逢春本系统无缸头二字）煮酒正熟，同邀贤弟小亭一会，以赏其情。"接着写道："玄德心神方定，随至小亭，已设尊俎，盘贮青梅，一尊（引者按：叶逢春本系统一尊作壶斝或壶酌）煮酒。二人对坐，开怀畅饮"。所谓"缸头"指酿酒所用瓮坛之类容器，也径指新熟之酒[①]。"煮酒正熟"不是说加热煮酒已沸，而是说酿制的煮酒已经成熟，正可开坛享用。所谓"一尊煮酒"，尊是盛酒器，而不是煮酒器，所说正如今人言一壶煮酒的意思，而不是以尊温酒。叙事末尾又有诗为证："绿满园林春已终，二人（引者按：叶逢春本系统二人作曹刘）对坐论英雄。玉盘堆积（引者按：叶逢春本系统积作翠）青梅满，金罍（引者按：叶逢春本系统罍作翠）飘香煮酒浓"。罍与尊同属盛酒器，形制稍异，有三足。作者换用此字也只是诗歌的平仄所需，其意与尊完全相同。诗中"煮酒"与"青梅"对仗，同属名词，所说完全是重复前面的叙事。我们这里不惮其烦一一详细解析，意在提醒读者不要轻易笼统地滑过这些饮食细节，要留心与今人的习惯理解不同之处。这里曹操提供的"青梅煮酒"，正是宋人所说的青梅与煮酒两种食物，而非以青梅去煮酒，煮酒不是烧煮加温之义，与《三

---

① 　《太平广记》卷二〇八引《法书要录》："江东云缸面，犹河北称瓮头，谓初熟酒也。"宋梅应发《（开庆）四明续志》卷四官营酒库所收酒税中有"缸头钱"一项，清刻《宋元四明六志》本。

国演义》关公温酒斩华雄之温酒并非一事。

这一令人颇感意外的细节，也许包含了《三国演义》作者和写作年代的某些信息。考虑到作为《三国演义》蓝本的《三分事略》和《三国志平话》都无此情节，则此情节很可能是《三国志通俗演义》作者的原创。从前面的论述可知，至迟元中叶以来，"煮酒"作为酒名的说法已经寥若晨星，几乎无人使用。在这样一个普遍的情势下，《三国志通俗演义》这段"青梅煮酒"的描写，却严格忠实于宋人的生活实际，应该有这样两种可能：一、这段故事的写作时代与宋朝相去不远，在元朝出现的年代不会太晚，应该不会晚至明朝，更不会晚至明代中叶。二、故事的叙述者有着深厚的江南地区生活经历。如果元末明初贾仲明（1343—1425后）《录鬼簿续编》记载的戏曲家罗贯中即《三国志通俗演义》作者罗贯中，则此人"号湖海散人"，与贾仲明为"忘年交"。所谓"湖海"应非泛泛的江湖之义，而是标榜其一生中重要的生活空间，一般指湖泊密集、濒临大海的长江下游，即今江苏的南部和浙江省为核心的江南地区。明田汝成《西湖游览志余》、郎瑛《七修类稿》称罗贯中为钱塘人、杭州人，或者不是空穴来风，《三国演义》的作者罗贯中有可能长期居住在杭州一带，至少应年长贾仲明30岁以上。我们不可想象，如果不是在时间上贴近南宋或者长期生活在"青梅煮酒"风气十分浓厚的江南苏、杭一线，会有这样贴近宋人生活实际原汁原味的细节描写。当然，我们这里说的只是全书的一鳞片羽，如果就全书所涉名物风俗、方言俚语、地名人名等进行全面的排比验证，或者可望在《三国演义》作者、写作时代等方面获得一些新的认识。

七、明清以来，从"青梅煮酒"到以青梅煮酒、"煮青梅之酒"

尽管《三国演义》原本说得极为明确，没有丝毫的模糊和分歧，宋人言谈中的"青梅煮酒"指两种食物更是明白无误，而我们现代的理解却表现出"集体无意识"的共同偏差。我们以大陆版《辞源》《汉语大词典》和台湾版《中文大辞典》对"青梅煮酒"一词的释义为代表。《辞源》说"煮酒"是"古代的一种煮酒法"，然后举晏殊词句、苏轼诗句为书证，但未进一步申说，大意应是理解为以青梅煮酒的一种方法。《汉语大词典》说："以青梅为佐酒之物的例行节令性饮宴活动。煮酒，暖酒。"这是总释与拆解相结合的方式，概括解释大致不差，而将煮酒释为温酒，显然与上述宋人原意和《三国演义》本义有差。《中文大辞典》说是"以青梅之实酿酒"，将煮酒释作酿酒，而直接用青梅作原料酿制果酒，梅酸过甚不利曲菌发酵，各类酒经及生活类著述也未见记载。三种解释虽然都分别引宋人诗词和《三国演义》为证，但显然对宋人和《三国演义》的实际语义并不了解，关键是对煮酒的名词之义一无所知，因而不免望文生义。然而这正是长期以来我们共同的认知，电视剧、各类通俗读物乃至于《三国演义》的学术整理本均作此理解①。何以出现这样的情况，这不能不说与元代以来人们有关活动和说法的长期演化和积淀有关。

在"青梅煮酒"各类说法中，"煮酒"的词性词义无疑是其中的核心。明朝以来，作为酒类名称的"煮酒"仍然见诸记载，尤其是通俗生活日科类、医药本草和一些方志著作中仍多涉及。如明刘基《多能鄙事》、宋诩《宋氏家要部》《竹屿山房杂部》、王鏊《（正德）姑苏志》等都有相关的技术说明和酒类介绍，但内容一如元人《居家必用事类全集》一样，主要仍是宋人有关说法的转述。在明朝诗文中，我们只找到明初刘基《渔父词》"采石矶头煮酒香，长干桥畔柳阴凉"，明中叶杨基《立夏前一日有赋》"蚕熟新丝后，茶香煮酒前"等少数一两条仍属酒名的诗例，一般情况下，人们所说"煮酒"都是温酒的动作之义，晚清以来也通称整个酿酒活动②，而不是酒类的名称。明中叶以后，尤其是入清后，煮酒与烹茶、烹豚、烹羊、烹鱼、杀鸡等连言对举③，成为设食宴客、盛情聚友的常见活动或标志方式，"围炉煮酒""拥炉煮酒"、泥铛煮酒等会友娱宾的细节频频出现在各类诗文歌吟和描写中，煮酒与温酒、暖酒、热酒、烫酒等同义，同指饮前给酒加热的举动。

在这样的流行语境下，"青梅"与"煮酒"连言和对举的含义也就发生了明显

---

① 中央电视台电视剧《三国演义》第14集《煮酒论英雄》案上陈设一盘青梅、一小坛浸有青梅的酒。陈云鹏整理《说唱三国》（农村读物出版社2002年版）第35回："（曹操说）'今见此梅不可不赏，又值煮酒正热，特请使君园亭小酌'……杯盘已设，一盘青梅，一壶热酒。二人对坐，开怀畅饮。"大中国文化丛书编委会编《中国酒文化》第103页解说"青梅煮酒论英雄"："亭中的桌上摆着热酒和青梅。"煮酒指温过的酒。沈伯俊校注本《三国志通俗演义》（文汇出版社2008年版）注"斝（jiǎ）"："古代酒器，用以温酒"，显然是以煮酒为温酒。

② 煮酒是酿酒工艺中的一道工序，在宋代风气盛行，也代指整个生产行为。但元代至清康熙、乾隆间，人们言之，如非酒名，即指温酒活动。清道光以来，温酒之外始通称整个酿酒活动。舒钧《（道光）石泉县志》（道光二十九年刻本）田赋志第四："苞谷之为物，一穗千粒，不堪久贮，经夏则飞为虫。乡间秋成方庆，即煮酒饲猪，醉饱一时。"盛锱源《（同治）城步县志》（民国十九年活字本）："宜永禁米谷煮酒熬糖也。查本地所造水酒、饴糖，从前均以米谷煮做，虽屡经出示严禁，而无知之徒仍敢以身试法。"张鹏翼《（光绪）洋县志》（清抄本）卷四："山中多苞谷之家，取苞谷煮酒，其糟喂猪。"蒋芷泽《（民国）兴义县志》（民国三十七年稿本）第七章《经济》："自耕农与佃农之副业，每岁除种植普通农作物外，间有煮酒、织布、编竹器、织草棕履等为副业。"《申报》1926年3月11日《泰兴酒业对火酒问题之表示》："泰兴农田，沙土居多，最易生虫。故农田肥料，独能讲求，十之六七均取给于猪粪，不但肥田，且易杀虫。由是农家无不养猪。而猪食以酒糟为大宗，故养猪之家又无不煮酒，所产烧酒年达二十万担，均农家之副产也。"由晚清至民国至当代，煮酒之酿酒义愈益明确和流行。

③ 如明张光孝《招杨子饮》："煮酒揽竹叶，烹茶点松花。"清焦循《杭州杂诗·得家书口占》："老母呼唤速归去，煮酒烹豚告祖坟。"刘大绅《暮归自绿豆庄》："割鸡煮酒尽交情，十里徐徐信马行。"李骥元《泽口》："楚女不冶容，门中自炊爨。烹鱼复煮酒，殷勤供客案。"

的变化。首先仍指青梅佐酒，这是宋人"青梅煮酒"本有的意思，也是"青梅煮酒"一词最基本的含义。如明虞谦《游顾龙山》"林间煮酒青梅熟，雨后烹茶紫笋香"，杨慎《归田四咏为宪副卞苏溪赋（卞名伟）·春耕》"饷陇青梅煮酒，访邻绿笋烹茶"，清常熟徐涵《雅集》"摘梅倾煮酒，削笋和蒸豚"①，虽然词性是动词，但都两两一组，是搭配佐食之义。清陈维崧《绿头鸭·清和》"烘朵玫瑰，剪枝芍药，摘梅煮酒且娱宾"，也是明显的摘梅佐酒之意。但这种情况下，更多的则是泛言饮酒或其他酒食而以青梅相佐助兴，而不用"煮酒"一词。如明杨基《虞美人·湘中书所见》"青梅紫笋黄鸡酒，又剪畦边韭"，清文昭《夏日集韵得行字》"纱橱竹簟眠初觉，红杏青梅酒数行"，郑世元《分佩招同俯恭、崘表陪家寄亭集吾庐，和寄亭韵》"青梅如豆酒初熟，长啸一声山鸟闲"即是。

只要"煮酒"作为动词与"青梅"配合举食，就面临生活常识上的挑战。众所周知，饮前加热温酒一般用于天寒、夜冷、气湿的时节和环境，前引唐宋人的"温酒""暖酒""煨酒"之事都属于这种情景。而宋元以下淮岭以北多无梅树，江淮以南青梅可食的时节在春末夏初，而此时的江南气温已高，若非特殊情况，饮酒不必再加温，我们在宋人作品中甚至还看到因春暖而"嫌温酒"的现象②。因此我们看到，整个明清时期虽然人们的饮酒活动决不会少于两宋，但以"煮酒"与"青梅"组合出现的机率却大幅减少，有关"青梅煮酒"的说法，大多属于点化古人风雅之语，食青梅而温酒并非生活之必需。更多的情况下所说是另一种青梅佐酒方式，这就是煮青梅下酒、以青梅煮酒或煮青梅之酒。吴绮（康熙时人）《和庞大家香奁琐事杂咏》："煮得青梅同下酒，合欢花上画眉啼。"顾舜年（乾隆时人）《酷相思》："手摘青梅将酒煮，更有甚闲情绪。"应宝时（道光时人）《玉抱肚》："恨青梅酒冷无人煮，恨青萍剑冷无人舞。"樊增祥（咸丰举人）《消夏绝句》："天靳相如露一杯，酒鎗（引者按：温酒器皿）无意煮青梅。"《笏卿见和前韵再叠一首》："榨头新熟鹅儿酒，待煮青梅约使君。"《五月三日送西屏暂归青门》："美田新酿鹅黄酒，烂煮青梅仟尔归。"或以酒煮梅，或径称煮青梅酒，说的都是将青梅入酒煮饮。即便如吴绮所说"煮得青梅同下酒"，以青梅鲜脆，似不必另行水煮，实际表达的可能仍是酒煮青梅或煮酒浸梅。而煮酒绝不会"烂煮"，只是文火暖酒，合理的情景应是将青梅置于酒中适当加温，或温酒后浸入青梅备饮，这是有清一代所谓"青梅煮酒"更为常见的说法或更为切

---

① 单学傅：《海虞诗话》卷九，民国四年铜华馆本。
② 赵崇森《春暖》："把杯早自嫌温酒，盥手相将喜冷泉。"《全宋诗》第38册，第23717页。而依今人饮酒的经验，黄酒饮前加温至45℃，毒素充分挥发，口感更为香醇。

实的方式。

在上述青梅煮酒的语意环境里，《三国》青梅煮酒之事也就受到了与原著不同的理解和转述。如毕木（？—1609）《耍孩儿七调》："菡萏新红茂叔台，智仙亭上欧阳醉。玉川子烹茶解闷，曹孟德煮酒青梅。"毕木出生于嘉靖初年，这正是《三国志演义》嘉靖本出现的年代，所说"煮酒"已非名词之义，而是与"烹茶"相对应的动作。再看《三国演义》文本的变化，明嘉靖本原为《青梅煮酒论英雄》《关云长袭斩车胄》两节，清初毛宗岗整顿后的回目是《曹操煮酒论英雄，关公赚城斩车胄》，这种对仗的方式使"煮酒"明白无误地定格在温酒的动作上。再看同时诗文作品，明末陈函辉《题唐灵水曳杖寻梅图》："檐前箸落，青青在手。我所寻梅，曹公煮酒。"清初董以宁《洞庭春色》："坛坫英雄谁敌手，便添煮，青梅佐曲车。闲评论，问使君与某，是也非耶？"张贵胜《遣愁集》卷六"赏鉴"："刘备尝依曹操，一日青梅如豆，操煮酒与备共论英雄。"乾隆朝曹学诗《会稽家左仪先生暨德配蒋太君双寿序》："试煮青梅之酒，谁为借箸之英雄；闲听红豆之歌，愿化凌波之神女。"张九钺《题清容太史雪中人填词》："吹箫屠狗事何穷，游侠须传太史公。好对江南三尺雪，围炉煮酒话英雄。"晚清樊增祥《满江红》："纵我生稍晚，犹及光丰。时代如今逢过渡，中流击楫几英雄。约使君，添酒煮青梅，操请从。"所说"煮酒"尽为动作，或以青梅煮酒，或以酒煮青梅，说的都是一义。其中张贵胜是直接抄述《三国》故事，却成了曹操煮酒与刘备共话，与《三国志通俗演义》原义明显不同。青梅作为佐酒之物，或有入酒与不入酒煮的不同调制方式，煮酒作为加热温酒的动作则是明以来有关说法的一致含义，对曹操青梅煮酒故事的各类引用和复述更是如此。前引《辞源》《汉语大词典》等今人通行的理解和说法，正是元以来这一生活常识和文学故事长期误解和传述的产物，包含了元明以来数百年间相关活动和思维的历史积淀，构成了我们今日对"青梅煮酒"这一生活常识、文学掌故和文化符号的基本认知和感受。

八、总　结

综上可见，"青梅煮酒"早在两宋时就是一个社会热词，实际说的是青梅、煮酒两种食物佐食取趣的活动。煮酒是一种酒类的通称，其生产技术和产品性质都与后世的黄酒相当，是当时政府榷酤的一大商品酒类。它与青梅同是春夏之交的当令食品，人们以青梅佐酒，形成风气，包含了丰富而美好的生活情趣，文学作品乐于描写与赞美,从而凝结为文学的经典意象和饮食活动的流行话语。但这一盛况在元朝并未得到延续,元朝的酒业生产和管理、全社会的饮酒风气都发生了剧烈的变化,瓦解了煮酒盛行的根基,作为酒类通名的煮酒也就逐渐淡出历史舞台,让位给新兴的黄酒。与此同时,"煮酒"作为温酒的动作之义却开始兴起并逐步流行起来。《三国演义》曹操"青梅煮酒论英雄"的故事正是产生于这个词义转折的关键时期,但原文所说"青梅煮酒"保留了宋人两种食物的旧义,这也许包含了这一故事产生时代和作者生活背景的某些信息。明清以来,由于煮酒名词之义的沉寂,对"青梅煮酒"的定义和理解也就发生了明显的转移,更多情况下说的是以青梅煮酒或煮青梅之酒,这正是我们今日对"青梅煮酒"这一文学掌故和生活常识的基本理解。认清这一透迤复杂的历史过程,不仅可以全面、深入地把握"青梅煮酒"这一文学事迹、生活常识、成语掌故的实际含义、历史积淀,了解其来龙去脉、前世今生,而且对《三国演义》的成书时代、宋元时期酒业的发展状况、黄酒名称的起源等相关问题都有直接的参考价值和启发意义。

[原载《江海学刊》2016 年第 2 期]

当代梅花景观建设应注意花、果并重

梅在我国至少有 7000 年的历史。梅花花期特早,被誉为"花魁""百花头上""东风第一"和"五福"之花,深受广大人民群众喜爱。其清淡幽雅的形象、高雅超逸的气质尤得士大夫文人或精英群体的欣赏和推重,被赋予崇高的道德品格乃至民族精神的象征意义,产生了广泛的社会影响,引发了丰富多彩的文化活动,形成了深厚的文化积淀。民国年间,国民党政府曾经确定梅花为国花。我国改革开放以来,在国花的评选和讨论中,梅花与牡丹都一直位居榜首,可见梅花在我国观赏花卉中极其重要的地位。这些都已是广为人知的文化常识了,笔者这里转换一个角度,简要谈谈梅文化另一个方面的话题,这就是梅的果实即梅子或青梅的食用价值,梅子或青梅在梅文化发展中的特殊作用和贡献,梅子消费传统的振兴、青梅产业的发展对于当代梅花景观建设乃至梅文化持续发展的意义。

一、梅实应用文化是梅文化的重要组成部分

梅是花、果兼利的植物,既是观赏花卉,同时又是经济作物。梅花的观赏价值丰富,而梅子又是重要的水果。我国梅文化的历史是从果实开始的,我国梅花欣赏的历史仅有 2000 多年,而梅子食用的历史可以追溯到 7000 年前的新石器时代[1]。最早的历史著作《尚书》有"盐梅和羹"的说法,是说梅子与食盐是两个最重要的调味品,烧肉汤(羹)少不了这两种调料。在食用醋发明之前,我国人民主要靠梅子

---

[1] 中国社科院考古所河南一队:《1979 年裴李岗遗址发掘报告》,《考古学报》1984 年第 1 期。

来获得酸味。到了汉魏之际，曹操"望梅止渴"的故事广为人知，是说梅子的酸味可以生津止渴。唐朝李白《长干行》"郎骑竹马来，绕床弄青梅。同居长干里，两小无嫌猜"，说男女小儿间戏弄梅子的情景，天真烂漫，生动活泼，后来有"青梅竹马"的成语。还有著名的"黄梅雨"的说法，是江南地区一个富有诗意的季节，宋代词人贺铸《青玉案》有"试问闲愁都几许，一川烟草，满城风絮，梅子黄时雨"的名句。到了《三国演义》中，有著名的"青梅煮酒论英雄"的情节，是说仲春季节一种名叫"煮酒"的美酒成熟开坛，正好以青梅下酒。我们只要简单数说一下这些耳熟能详的掌故，就不难感受到梅子与我们日常生活的关系、梅子在我们经济民生中发挥的作用、梅子带给我们的美好生活情趣、梅子在我们历史上形成的丰富文化记忆。我们在讲梅文化的时候，不能只讲梅花的观赏价值、梅花的精神意义、梅花的观赏文化，还要讲梅子的食用价值、梅子的经济意义、梅子的食用文化，要关注青梅产业相关的生产和生活文化。

从人类文化发展的基本规律说，总是先物质后精神，先实用后审美，先求有用，然后再求好看，先讲经济价值，然后才讲精神价值。以我国深厚的农耕社会传统和我们民族实用理性精神，情况尤其如此。我国梅文化的历史，也是先果实，后花朵，先青梅实用，后梅花观赏的。同样，我国主要的观赏植物，大都起源于经济植物，桃、李、杏，也都首先是果树，然后才是花卉。

梅作为果树在其中尤为突出。梅不只是果树，梅子是一种风味独特的水果。梅子以酸著称，古时是人们一年四季离不开的酸性调味品，同时还是一味重要的中药（乌梅），有生津止渴、涩肠止泻、敛肺止咳等功效，为家用常备之药。正是其丰富的经济价值，加之种植极其简单方便，使梅成了我国各地尤其是秦岭、淮河以南种植分布十分广泛而普遍的果树，一般家庭稍有闲地，如墙角篱边、桥头水边都可见缝插针种植一二。明太祖朱元璋十七子朱权《神隐》一书上卷介绍梅子的种植方法，就描述了这样的情景："五月收取梅核，至来年二月间，方种于庄前后冈阜高处。或水边桥下，种一二颗，取影倒于水中，又可观。门前可种数百株，至冬雪间花开时，其香能袭人入骨，又能唤醒醉魔诗兴。到结实时取子，又好作蜜煎（饯），造乌梅，都可卖钱养家。茅亭草舍之傍、书窗之下，更宜置之。若月明其影于窗，横斜扶疏可爱，以助道兴。"说的是皇族韬光养晦的隐逸生活，代表了地主庄园生活的实际，所说种梅数百株，应是他这样的皇室贵族的作派，而对于一般中小地主或自耕农家庭来说，种数十株、十多株或三五株应是切实可行的。这样的生活情景在我国古代乡村应是极普遍的现象，梅花成了人们最常见的风景。王安石《梅花》："墙角数枝梅，凌寒独自开。遥知不是雪，为有暗香来。"南宋诗人曾绎《还家途中》："疏林残岭起昏鸦，腊尽行人喜近家。江北江南春信早，傍篱穿竹见梅花。"明代画家陈淳（号白阳）《自题梅花》诗："竹篱笆外野梅香，带雪分来入醉乡。纸帐独眠春自在，漫劳车马笑人忙。"或墙角有数枝，或篱笆边有一棵，这样的情景应是最家常的风景。无论家庭地位是高是低，生活状况是富是贫，种植三两、十数棵以应日用之需应是最普遍的生活实况。

我国梅文化的繁荣，与梅树这种实用性、大众化的特点，与梅花风景随处可见、贫富皆宜的优势密切相关。宋人范成大《梅谱》："梅，天下尤物，无问智贤、愚不肖，莫敢有异议。"杨万里《走笔和张功父玉照堂》："骁儿痴女总爱梅，道人衲子亦争栽。"吕胜己《满江红》词："便佣儿贩妇，也知怜惜。"说的都是这种情景，可见梅花是我国花卉中最称雅俗共赏、贫富皆宜的花。可资比较的是牡丹，虽然也是人见人爱，但实用收益不显，种植技术要求高，一般家庭即便能种上，是否能种好，就是个问题，而梅花不同，它有果实，家家户户都用得上。梅花之所以这样广受欢迎、雅俗共赏，堪称大众之花、国民之花，我国梅文化的历史之所以这么历史悠久、长盛不衰，之所以这么兴旺发达、灿烂辉煌，就与梅树花、果兼利的生物优势，与普遍的实用种植，与广大民众的家常日用有关。只有普遍的生活应用和丰富的种植风景，才有人民群众最广泛的兴趣爱好，才有梅文化最广泛的群众基础、最深厚的生活土壤。

二、产业种植梅景是梅文化最具活力的历史场景

梅、李、桃、杏同是我国广泛分布的果树，但梅树还有一个桃、李、杏无法比拟的发展优势。梅、杏、李这些水果只宜于鲜食，在古代比较落后的交通和市场条件下，难以贮存或长途贩运，只能小规模种植。种多了吃不完，存不了，运不出，卖不掉，就造成浪费。而梅子不同，古人讲宜于"煎造"（即钱造），也就是说适宜加工，方便贮存和运输。青梅烘干了做成乌梅，疗效多样，社会需求量大，极为畅销。明清以来，乌梅还因酸性为染坊用作紫、红、黄等色的媒染剂，需求量进一步增加。青梅可以盐腌晒干了做成梅胚，用于进一步制作其他蜜饯如话梅之类的原料。梅子还可以糖渍、蜜渍贮存，不会变坏，味道只会更好。这些在江南地区都有悠久的传统。正因为这样，梅树与柑桔一样，是为数不多可以大面积种植的果树，用今天话说，是可以形成规模产业的果树。

从宋以来，今江苏、浙江、福建、江西、广东等地就不断出现大规模的青梅产

地，形成持久稳定的产业传统。这些产地的盛况一般都会维持两三百年，由此形成的梅花景观也成为广为人知的风景名胜，留下深刻的历史印迹。笔者《中国梅花名胜考》就主要集中考论了 45 处此类名胜的来龙去脉、规模特色、社会影响和文化地位等 ①。其中最著名的莫过于苏州西郊光福的"香雪海"，在太湖边上，方圆五十里都是梅树，花季一色雪白，气势如"海"，极其壮观。从明朝中叶一直至清晚期，盛况维持了至少五个世纪。数百年间，人们为"香雪海"写下的诗，绘出的画不计其数，这无异又是一道历史景观、文化遗产。花卉风景与人文风景相互映发，在我国文化史上，形成了一道壮丽的历史景观。为什么苏州郊区会出现如此规模浩大、持续时间如此持久的梅花景观，除了当地丘陵条件适宜发展果树外，主要就在于这里倚靠苏州这一江南地区重要的消费城市，以苏州为中心的太湖流域有深厚的梅子消费传统，糖渍梅、话梅、酸梅汤等消费需求都较大。苏州又是江南运河经过的城市，西临太湖，东望大海，水果的外销运输极为通畅。这样的消费市场和交通条件，就宜于形成大规模的经济种植。有这样壮观、持久的青梅产业规模、经济格局，相应的生活环境、文化活动也就随之活跃起来，兴盛起来，支撑起苏州地区梅文化的持久辉煌。类似苏州光福"香雪海"的情况还有不少，苏州太湖东西山、杭州西溪、杭州超山、浙江桐庐九里洲、绍兴城南昌源、福州藤山、广州萝岗都属种植规模大、持续时间长的著名梅产地，在当地的经济、社会生活中产生了显著的拉动效益，成为支柱产业，产生了深远的区域社会影响。

这些地方的梅花风景名动遐迩，甚至誉满全国，吸引远近各地的游客，花盛时游人聚集，极其兴旺。苏州"香雪海""吴人之俗，岁于山中探梅信，倾城出游"（清吴伟业《张君季繁墓志铭》）。杭州西溪是"春深一路红尘起，尽说看花车马回"（明释大善《西溪百咏·辇路》）。皇帝也被吸引来了，康熙六下江南两次去"香雪海"，乾隆六下江南去过六次，每次都是浩浩荡荡的随从，君臣一千人马写下一大串作品。广州萝岗，民国郭华秀《萝冈洞调查记》称"每当耶稣诞（引者按：圣诞节）前后，梅花盛开，一望皆雪白如银……当此之时，中西女士联袂而来，或折梅枝，或攀花而摄影，甚为闹热"。可见这些种植风景引发的赏梅活动有着广泛的群众参与性，场面盛大，影响广泛。这些盛大而持久的梅景及其游览盛况是我国梅文化活动中最具群众性、最为生动活泼、最具社会影响的历史场景，值得我们特别重视。

---

① 程杰：《中国梅花名胜考》，中华书局 2014 年版，第 9—412、337—339 页。

三、发扬梅子消费传统，重振我国青梅产业

我国改革开放已走过 40 年的历程，政治形势、经济状况持续向好，人们的生活面貌发生了很大的变化。人们富而爱美，闲则好游，给梅文化的发展带来了大好机遇。改革开放 40 年来，各地梅园急剧发展，老的梅园不断扩展和翻新，新的梅园层出不穷，一般的公园、植物园、旅游景点种植梅花，营造景观也不在少数。但是梅子种植业即青梅产业却非一帆风顺，而是大起大落，有一番波折。

上个世纪 80 年代到 90 年代中叶，正值我国改革开放之初，日本开始从我国大量进口梅子。日本人有饭后吃一颗梅子的习惯，需求量大，从我国的进口量持续增加，价格也较高，拉动了我国青梅产业的迅猛发展。江南、东南、华南、西南各省区种植面积持续激增，这是一个青梅产业发展的黄金时期。

但好景不长，本世纪以来，日本开始限制从我国进口梅子，我国 10 多年间暴增的青梅产能严重过剩。而随着人们的生活现代化，其他外来果类品种的增加，我国梅子的传统市场也受到一定的冲击或挤对。人们的现代生活方式中，梅子的食用传统也有所涣散，梅子消费受到冷遇。在失去出口日本的国际市场之后，我国青梅的内需严重不济。2000 年以来，我国青梅产业急剧下滑，各地纷纷减产转产，砍伐梅树改种其他园林花木，青梅种植面积持续衰减。我们的青梅经济种植与观赏梅园建设恰好相反，一冷一热，花即观赏梅园的建设是走强的，而果即青梅的生产是低迷的，这是我们的现状。

正是面对青梅种植业的低迷，我们要大力宣传我国梅子消费的优良传统，加强青梅产业的保护和发展。我国梅子应用的历史十分悠久，积累了丰富的生活经验，值得我们借鉴、继承和发扬。我国中药乌梅主要用于药用，这有稳定的消费量，是青梅产业发展的基础。乌梅又是制作酸梅汤的主要原料，酸梅汤是我国传统的解暑饮料，有上千年的历史，也是极其方便、健康的饮料食品，应鼓励社会生产和家庭自制饮用消费 [①]。话梅也是传统的果饯，制作简单，值得宣传和鼓励。陈皮梅属广式茶果，由梅子与陈皮、甘草等 10 多种调味品配制而成。1915 年广东人冼冠生在上海外滩电影院、戏院、舞场、车站、码头等地摆摊销售自制陈皮梅，短短 10 多年间，靠陈皮梅这一果品卖红了上海滩，卖到了全国，卖出了一个食品行业龙头企业——冠生园公司。当年冼冠生就是看中时尚男女看戏、看电影、谈对象、交朋友、谈生

---

① 程杰：《论梅子的社会应用及文化意义》，《阅江学刊》2016 年第 1 期。

意，总要有个细小吃食，他便将三五颗陈皮梅，以小纸袋包装，在戏院、舞场门口摆摊销售。陈皮梅口感好，又有嚼头，梅子酸、陈皮香能爽口除口臭，游客十分喜欢，极为畅销[①]。明代流行的蒜梅，二分梅子一分蒜头，以盐水反复腌制，"梅无酸味，蒜无荤气"，广受人们欢迎。青梅酒也有上千年的历史，既是酒品，同时又含有解酒保肝的梅子，是比较保健的酒品，值得大力发展。古人所说的"青梅煮酒"，即新鲜青梅（或蘸盐）直接下酒食用，也是值得借鉴效法的方式。

以现代眼光看，梅子产品的保健养生优势也是很多。梅树开花早、结果早，果实生长过程中虫害不多，一般不需要施用农药，因此青梅果实是十分绿色健康的。梅子很酸，酸能消毒防虫，不易生虫生菌，贮存、运输、制作过程中都不需要复杂的加工保护措施，不需要太多的防腐添加，这又是极其绿色环保的，适应现代人的消费心理，有理由受到现代社会的青睐。梅子既能助消化，清肠胃，又能除口臭，去异味，可以替代现代社会流行的口香糖。据说日本人就喜饭后食一颗梅子，形成习惯，值得我们借鉴。因此我们说，拓展梅子消费的市场，大有文章可做，大有余地可挖，大有前景可期。在乡村居民或城市别墅区，零星种植果梅，以应不时之需，如古人所说兼收花、果之利，也是值得提倡和鼓励的生活情趣和习惯。

总之，我们要积极继承、着力重振我们民族梅子食用（消费）的传统，促进青梅产业的健康发展。只有梅子的消费，才有梅子的市场；只有青梅的市场，才有青梅的种植；只有青梅种植业的发展，才有大片的梅林风光；只有大片的梅林风光，才有相应的旅游业；只有民众积极的欣赏热情，才有蓬勃发展的梅文化。这是一个自然、社会、文化发展的有机链条、生活机制或社会文化生态关系，是梅文化长盛不衰的一条生命线。

四、乡村经济林景的特殊社会文化价值

城市专类观赏梅园在梅花品种的收集、整理和开发上，在组织园林规划设计，提高景观效益方面有着特殊的优势，改革开放数十年来也取得了巨大的成就，这是有目共睹的。但梅花花小、色淡、香幽，单朵和单株的观赏性并不起眼，更多依赖于规模林景效应，一般专类梅园规模有限，游览的季节性较强，难于进一步扩大建设。而青梅产业种植却有着独特的社会发展需求和生产维持机制，对梅花风景资源建设

---

① 参见程杰《中国梅花名胜考》，第337—339页。

来说，别是一番天地。

如像我们上文呼吁的那样，梅子的消费传统得到恢复和振兴，梅子的生产需求增加，大规模种植的梅田就会产生。产业规模种植形成的林景有切实的经济利益作支撑，一般都会有持久发展的生命力，也就有持久可期的梅花风景。近些年许多青梅产地，如江苏溧水的傅家边、浙江长兴的林城、浙江绍兴的王坛、福建的诏安、广东的从化、普宁、陆河、四川的大邑、贵州的荔波等地的数千上万亩的大片连绵梅景都逐渐引起人们注意。当地政府在青梅生产之外也开始注意宣传梅花风景效益，打造梅田林景的观光旅游品牌，实现青梅产业的立体开发，这也更进一步拓展了产业发展的格局，增加了青梅种植业的活力。

青梅适宜丘陵山地种植，是地广人稀的僻远山地脱贫致富的优选经济作物。现在我国主要的青梅产地也高度集中在闽、粤、桂、黔、滇、川、台等省区，另苏、浙、皖、赣、湘、鄂、鲁等偏僻丘陵地区也有一些分布。我国传统赏梅，多强调梅花的村野隐逸情趣，推尊"野梅""村梅"，而鄙视"宫梅""官梅"。而丘陵山地多远离都市，山深景幽，生态环境好，自然风景美，乡土气息重，梅花生长其间，幽淡高雅、隐居野逸的品格风韵、精神灵魂也会得到充分的体现。大规模的林景也易于产生综合的景观效益，与体现人工美、艺术美、园林美的观赏梅园相比有着更多山水美、自然美、田园美的韵味和气息。明净幽雅的梅花风景与清灵的自然山水、幽静的田园风光、朴素安闲的乡村风土人情有机交融，也更适应现代都市民众脱离职场、逃离都市、向往自然、拓展文化视野的精神需求，具有鲜明而独特的游览价值。

经济种植的梅花林景一般面积大，少则上百亩，多则数千亩乃至数万亩连绵不绝，气势十分壮阔，这是各类城市专类梅园无法比拟的。而且经济种植多品种单一，景色纯粹，视觉强烈，观感集中。特别值得注意的是，如果种植以我国传统的江梅系列品种为主，花色雪白，香芬浓郁，常会形成"香雪海"那样的盛大风景。今江苏溧水、浙江长兴、福建诏安、广东从化与普宁等地的梅景多是如此，一望雪白，如云似雾，景象极为壮观，香气浓郁，弥漫扑鼻，沁人心脾，令人如痴如醉，都可以称作"香雪海"，体现了梅花素洁高雅的纯正气息，代表了我国梅花风景名胜的经典风范，有着十分独特而宝贵的游览价值，值得大力开发利用。

反观现代城市公园所种梅花，品种多求繁富，红、白、黄一视同仁，兼收并蓄，应有尽有，穿插种植，散漫配置，甚至彩色居多，花期几近姹紫嫣红，梅花的"香雪"色调散淡不显、本色风韵荡然无存。另有一些青梅产地，规模盛大，但使用的多是日本白加贺之类外来品种，花头繁密，花色粉红，甚至直以"红梅"相称，开花季节漫山遍野，气势虽然壮观，但远看如火如霞，给人的感觉恍如"桃花盛开的地方"，而不像"梅花盛开的地方"。当然，这样的"红梅"风景作为因地制宜、与时俱进的种植景观，规模盛大，也自有其独特的观赏价值，属于当代梅花风景资源的有机组成部分。

历史经验和现实状况都告诉我们，梅花风景建设是梅文化的有机组成部分，又是梅文化发展的物质基础。我们的梅花风景建设，不能只着眼于专类梅园建设，同时要关注青梅种植形成的果树林景，它是当代梅花风景资源的有机组成部分，应加强相应农业观光资源宣传，积极引导旅游开发。只有乡村种植风景与城镇观赏园林齐头并进，花、果并重，两条腿走路，城乡联袂着力，"梅田"与"梅园"同旺，广大民众共同参与，鲜花欣赏和果实食用、审美效益与经济利益相互支撑、相融发展，我们的梅花景观才能丰富多样，兴旺发达，才能稳定发展、持续不衰。只有风景资源的物质基础雄厚，只有梅花景观的广泛分布、丰富多样，梅文化的群众参与才会真正广泛和热烈，梅文化的发展才会真正生机蓬勃、长盛不衰。而其中青梅种植业的发展，有赖于我国青梅内需的扩大，因此我们特别呼吁继承发扬我国梅子食用的生活习惯，重振我国梅子消费传统，切实推动我国青梅产业的复兴，维护和拓展梅花风景成长的生活沃土，保证梅花风景资源的多元发展和长盛不衰。同时，这种城乡携手并进、花果兼利并茂、梅花园林与青梅产业相辅相成的生产生活格局，也是争取最广大人民群众文化参与和共享，促进梅文化繁荣发展的有效途径。只有这种深厚的物质资源与社会生活基础，才能切实保证我国梅文化的稳定发展、长盛不衰。

［本文原为 2017 年 2 月 17 日笔者在江苏溧水梅花节"梅花文化论坛"会议上的发言，经修订发表于《北京林业大学学报》（自然科学版）2018 年增刊，发表时编辑有改动，此为原本］

三道吴中风物，千年历史误会

——西晋张翰秋风所思菰菜、莼羹、鲈鱼考

西晋张翰在洛阳做官，因秋风兴起，而想到故乡吴中风物，毅然弃官还乡。无论是作为"魏晋风度"的典型事例、思乡归隐的文人佳话，还是作为吴中风物的著名传说，这一故事都广为人知，脍炙人口，成了我国传统文化中最经典的掌故之一。然而所说菰菜、莼羹和鲈鱼脍三道风物，唐宋以来的传播和解读陆续出现了一些问题，莼菜是误增，菰菜有误解，鲈鱼有歧义，形成系统的错误信息，在我们文艺书写和知识传承中产生了广泛的影响，留下了深刻的历史印迹。对此有必要加以辨正和清理，使我们对这一系统错误的来龙去脉有一个清晰的认识，对其带来的严重后果保持必要的警觉。同时，我们的考辨力求充分、细致，以期对茭白起源、莼菜食用、鲈鱼品种等相关问题的历史认识提供切实可靠的帮助。

一、张翰秋风所思只菰菜羹、鲈鱼脍两种而非三种

张翰之事有两条出处，一是《世说新语·识鉴》："张季鹰辟齐王东曹掾，在洛见秋风起，因思吴中菰菜羹、鲈鱼脍，曰'人生贵得适意尔，何能羁宦数千里，以要名爵'，遂命驾便归。"另一是《晋书·张翰传》："齐王冏辟为大司马东曹掾……翰因见秋风起，乃思吴中菰菜、莼羹、鲈鱼脍，曰'人生贵得适志，何能羁宦数千里，以要名爵乎'，遂命驾而归。"两处所说为一事，然所举吴中菜品却不同。《世说新语》

所说是菰菜羹、鲈鱼脍两物，而《晋书》却是菰菜、莼羹、鲈鱼脍三种。两者虽仅一字之差，而结果却大不一样。到底哪一个更可靠呢？

《世说新语》诸本均无异文，尤其是南宋绍兴董弅刻本和明覆刻南宋淳熙陆游本均作"菰菜羹、鲈鱼脍"。而《晋书》诸本"菰菜、莼羹、鲈鱼脍"也无异文。今人王利器校勘、余嘉锡笺疏、龚斌校释《世说新语》，都认为《世说》"菰菜羹""当从《晋书》作'菰菜、莼羹'，张翰所思，乃吴中三佳味"①，其依据是《艺文类聚》《太平御览》所引《世说》都提到莼羹。对此有必要略加分辨。欧阳询《艺文类聚》一见："因思吴莼菜羹、鲈鱼脍。"《太平御览》共三见，"时序部"作："因思吴中莼菜羹、鲈鱼脍。""饮食部"作："因思吴中莼羹、鲈鱼脍。""鳞介部"作："因思吴中菰菜羹、鲈鱼脍。"另还有《白氏六帖》作："因思江南菰菜羹、鲈鱼脍。"上述三种类书成于初唐至宋初，值得注意的是，五处所辑文字均只说两种菜。两菜中，鲈鱼脍是共同的，只是用字稍异。不同的是另一种，两处作"菰菜羹"，两处作"莼菜羹"，一处作"莼羹"，显然所谓"莼羹"应是"莼菜羹"之略称。这些信息都表明，张翰所思只两物，一是鲈鱼脍，另一则有莼菜羹、菰菜羹两说。值得注意的是，现存著名的欧阳询行书《张翰帖》叙张翰事迹："翰因见秋风起，乃思吴中菰菜、鲈鱼，遂命驾而归。"所说也只两种，与《世说新语》同，可见《艺文类聚》易"菰"为"莼"，当是后世抄刻之误②。《太平御览》的异文也应如此，张翰所思实际只是菰菜羹、鲈鱼脍两种③。

六朝其他记载也能证明这一点。《太平御览》(《四部丛刊》景宋本)卷八六二"饮食部"所辑《春秋佐助期》曰："八月雨后，茹菜生于洿下地中，作羹臛甚美。吴中以鲈鱼作脍，茹菜为羹，鱼白如玉，菜黄若金，称为'金羹玉鲙'，一时珍食。"④"茹"同"菰"。《春秋佐助期》，《春秋》纬书之一种，汉人著，三国魏人宋均注，宋以后散佚不传。这段文字，出于汉人原著还是魏人注文，无从考证，但出于张翰之前无

---

① 龚斌：《世说新语校释》，上海古籍出版社 2011 年版，中册，第 768—769 页。
② 笔者此篇最初发表时，未及引用欧阳用《张翰帖》，随作《〈三道吴中风物，千年历史误会〉补说》一文予以补充，载《阅江学刊》2016 年第 6 期，此处移录补入。
③ 范成大《（绍定）吴郡志》卷二九记土物，鲈鱼脍、菰菜羹、莼并列。莼下只引《世说》陆机"千里莼羹"之言而不及张翰事。鲈鱼脍、菰菜羹条下引张翰事，只说菰菜羹、鲈鱼脍两种，而菰菜羹均作菰叶羹："菰叶羹，张翰所思者。按菰即茭也，菰首吴谓之茭白，甘美可羹，而叶殊不可啖，疑叶衍或误。今人作鲈羹，乃笔以莼，尤有风味。"清《择是居丛书》影宋本。所说应出《世说新语》或苏州当地文献所传，所谓"菰叶羹"应是"菰菜羹"形近而讹（叶繁体作葉）。这也进一步印证，张翰所思吴中故乡风味，《世说新语》或当地所传作"菰菜羹"。而该志卷二三《张翰传》则是抄录《晋书》，又作菰菜、莼羹、鲈鱼脍三食，典型地反映了此说两种出处所带来的分歧和矛盾。
④ 引文中"鲙"原作"鲈"。此条后又辑一条："《说文》曰：'鲈，细切肉。'"《说文》本作"鲙，细切肉也"，当属误刻，此据改。

疑。南宋罗愿《尔雅翼》："《荆楚岁时记》九月九日事中，称菰菜地菌之流，作羹甚美，鲈鱼作脍白如玉，一时之珍。"① 是转述《荆楚岁时记》的内容，《荆楚岁时记》为南朝梁人宗懔所著。两条记载分属《世说新语》前、后两个不同时代，都说菰菜羹、鲈鱼脍并为秋日"珍食"，而在吴中更有"金羹玉脍"的美誉。张翰所思应即这两道吴中珍食，可见《世说新语》所说其来有自，切实可靠。

　　《世说》无误，则错在《晋书》。《晋书》为初唐贞观末年所修，时间在欧阳询身后，成于20多人之手②，最终又未经统一把关、整合修订，因而问题较多，在"二十四史"中居于下乘。其中多采《世说新语》等笔记、志怪小说，尤为后世诋议。具体评价尚可讨论，但《晋书》大量采撷《世说新语》及其刘孝标注却是有目共睹的事实③。唐代史学家刘知己《史通》指出："宋临川王义庆著《世说新语》，上叙两汉三国及晋中朝江左事……皇家撰《晋史》，多取此书。"清人《四库全书总目》提要也批评《晋书》列传："所载者大抵宏奖风流，以资谈柄。取刘义庆《世说新语》与刘孝标所注，一一互勘，几于全部收入，是直稗官之体。"《晋书·张翰传》乃缀合《世说新语》及刘注、欧阳询《张翰帖》而成，这段秋风思吴的细节则显然直接抄录《世说新语》，但又未能谨守原文，在"菰菜羹、鲈鱼脍"六字中平添一"莼"字，说作"菰菜、莼羹、鲈鱼脍"④，一字之差，两物变成三物。这是一个不难想象的情景。

二、莼菜不是秋令风物

　　莼菜是误添，还可进一步由莼菜生长和食用的实际时令得到证明。

（一）莼菜以春夏当令

　　莼菜是水生植物，主要生长期在春夏两季，人们采收、食用主要见于春末夏初。贾思勰《齐民要术》卷八："四月莼生，茎而未叶，名作'雉尾莼'，第一肥美。叶舒长足，名曰'丝莼'，五月、六月用丝莼。入七月，尽九月、十月内，不中食，莼有蜗虫著故也……十月水冻虫死，莼还可食。"贾思勰是北魏人，生活在张翰之后200年左右，时间相差并不太远。所说应主要是北方的生长情况，莼四月始生，

---

① 罗愿：《尔雅翼》卷六，清文渊阁《四库全书》本。
② 李培栋：《〈晋〉研究（上）》，《上海师范大学学报》（哲学社会科学版）1984年第2期。
③ 高淑清：《唐修〈晋书〉缘何采录〈世说新语〉》，《社会科学战线》1999年第6期；《〈晋〉取材〈世说新语〉之管见》，《社会科学战线》2001年第1期。
④ 或者"菰菜"单称，不系"羹"字，又有欧阳询《张翰贴》的影响。

五六月即盛，而在江南吴中，时间应该更早一些。

后世名物、本草、地志类著作一般都称莼春夏生长和采食。我们胪列几条：五代《蜀本草》："三月至八月，茎细如钗股，黄赤色，短长随水深浅，而名为'丝莼'。九月十月，渐粗硬。十一月，萌在泥中，粗短，名'瑰莼'，体苦涩，惟取汁味尔。"① 宋施宿《（嘉泰）会稽志》："萧山（引者按：今杭州萧山区）湘湖之莼特珍，柔滑而腴。方春，小舟采莼者满湖中。"② 明卢熊《（洪武）苏州府志》："莼为菜之名品，味甘滑，最宜芼羹，出松江。叶似凫葵，四月生，名'雉尾莼'，最肥美。自此叶舒长足，茎细如钗股，短长随水深浅，名'丝莼'，五月六月用之。入秋冬，有蜗虫着其上，不可辨。"③ 田汝成《西湖游览志余》："杭州莼菜来自萧山，惟湘湖为第一。四月初生者嫩而无叶，名'雉尾莼'，叶舒长名'丝莼'，至秋则无人采矣。"④ 牛若麟《（崇祯）吴县志》："莼，湖中四月并产，味甘滑，即张翰所思者，西洞庭消夏湾产尤佳。"⑤ 上述这些材料除《蜀本草》将三月至八月简单合称"丝莼"一种外，余皆充分显示，莼菜主要产于四月，柔嫩味美，入秋已多不宜食用，自古以来一直如此。

我们再通过诗文作品，看看实际生活中的情景。中唐诗人严维《状江南》："江南季春天，莼菜细如弦。湖边草作径，湖上叶如船。"与友人联章歌咏江南十二个月的风景，分工描写江南三月，莼菜细长如弦，湖上采莼的小船如叶。时间较《齐民要术》所说早一个月，是南北地区差异。稍后李郢《友人适越，路过桐庐，寄题江驿》："桐庐县前洲渚平，桐庐江上晚潮生……麦垄虚凉当水店，鲈鱼鲜美称莼羹。"晚唐皮日休《西塞山泊渔家》："雨来莼菜流船滑，春后鲈鱼坠钓肥。"李洞《曲江渔父》："值春游子怜莼滑，通蜀行人说脍甜。"桐庐今属浙江，在富春江中游，西塞山一般认为在今浙江湖州，曲江或即长安（今陕西西安）曲江，诗人说的都是莼菜与鲈鱼并美的季节，时间却不是秋天而是春末夏初。

宋以来人们言之也不为罕见。北宋苏州朱长文《三高赞》："鲈登秋网，莼荐春羹。"⑥ 莼、鲈不同时，鲈属秋而莼属春。杨蟠《莼菜》："休说江东春日寒，到来且觅鉴湖（引者按：在今浙江绍兴）船。鹤生嫩顶浮新紫，龙脱香髯带旧涎。"李纲《莼菜》："渺渺春湖水拍天，紫莼千里正联绵。初抽荷蕊半含露，旋摘龙须尚带涎。"明沈明

---

① 唐慎微：《证类本草》卷二九，《四部丛刊》影金泰和晦明轩本。李时珍《本草纲目》改"瑰莼"为"葵莼"，称又名"猪莼"，主要用作喂猪。
② 施宿：《（嘉泰）会稽志》卷一七，清文渊阁《四库全书》本。
③ 卢熊：《（洪武）苏州府志》卷四二，明洪武十二年刊本。
④ 田汝成：《西湖游览志余》卷二四，清文渊阁《四库全书》本。
⑤ 牛若麟：《（崇祯）吴县志》卷二九，明崇祯刻本。
⑥ 莫旦：《（弘治）吴江志》卷一六，明弘治元年刊本。

臣《西湖采莼曲二首》："西湖莼菜胜东吴，三月春波绿满湖。"① 李流芳《莼羹歌》："怪我生长居江东，不识江东莼菜美。今年四月来西湖，西湖莼生满湖水。朝朝暮暮来采莼，西湖城中无一人。西湖莼菜萧山卖，千担万担湘湖滨。"清厉鹗《西湖采莼曲》："湖波春深碧于苔，游鱼布影三潭隈……大姑采采瓜皮舟，小姑荡桨歌中流。指纤为怕龙涎失，腕弱尤怜雉尾柔。春风采莼莼正好，秋风采莼莼已老。"这些多是专题咏莼菜或采莼的诗歌，所写都是春末夏初之时，而且还有指明秋莼老不宜采食的。

上述各方面的材料都充分说明，莼菜应是春末、初夏风物，绝非秋季当令。由此可见，《晋书》抄录《世说新语》所说，平添一道莼菜，将两种变为三种，完全是一个错误。

（二）《晋书》误说之由来

进一步值得思考的问题是，《晋书》为什么会犯这样的错误？

首先还得从《齐民要术》说起。前引关于莼菜的内容出于该书卷八"羹臛法·脍鱼莼羹"的制法。所谓"羹臛"，羹是汤类，臛（hù）即肉羹，"有菜曰羹，无菜曰臛"②。"脍鱼莼羹"就是以莼菜、脍鱼（脍即鲙，为细切肉）为原料烹制的羹汤。这种莼、鱼搭配的作法由来已久，《齐民要术》即引前人《食经》所说，称"莼羹"。只是所用不是鲈鱼："鱼长二寸，唯莼不切。鳢鱼，冷水入莼，白鱼，冷水入莼，沸，入鱼与鹹（引者按：盐之一种）、豉。"鳢（lǐ）俗称黑鱼、乌鱼，白鱼即鲌（bó），是鲤科鱼的一个亚类，主要生活于淡水的中上层，鳞色偏白，俗称白鱼，两者在我国分布都较广。而《齐民要术》所述这道菜的烹制方法更为详细，重点是莼菜的选择："芼羹之菜，莼为第一。"所谓"芼羹"是以蔬菜籴在鱼肉羹中，莼菜是首选芼菜。《齐民要术》详细介绍了莼菜的生长阶段、食用部分、处理方法。又说："若无莼者，春中可用芜菁英，秋夏可畦种芮菘、芜菁叶，冬用荠菜，以芼之。"这道菜，鱼可鳢可鲌，也有用鲫鱼，《齐民要术》更没提鱼的种类，可见使用何种鱼并不重要，关键还在以莼为芼。莼菜缺乏时，可以他菜代替，但无疑味道就有差别，因此《食经》《齐民要术》都主要以"莼羹"称之。

魏晋南北朝时期，莼菜的分布较为广泛。《食经》作者通常认为是今山东人士，《齐民要术》作者贾思勰也是今山东人，讲起莼菜的制作都较为具体。《齐民要术》卷六"养鱼"条下附载水生果蔬种植法，以"种莼法"列第一，对莼的生长过程、种植技术

① 钱谦益：《列朝诗集》丁集卷九，清顺治九年毛氏汲古阁刻本。
② 王逸：《楚辞·招魂》注，洪兴祖：《楚辞补注》卷九，《四部丛刊》影明翻宋本。

介绍十分明确、详细，可见至少在当时的黄河中下游，尤其是今山东一带，是出产莼菜的。800年后的元朝益都人于钦《齐乘》记载，博兴县（今属山东）城东锦秋湖"风水绝类江南"，"有莼菜，齐人皆不识"①。博兴城西南与桓台交界处另有一大湖，也名锦秋，后世也称产莼，明人王象晋、清人王允榛均有诗咏及②。这里与今河北邢台、山西平遥、陕西延安几乎处于同一纬度，莼菜能在这里生长，可见中古时期生态环境良好，在黄河中下游水土条件较好的地区，莼的生长不太罕见。

莼自然以吴中最为盛产。《世说新语》有一段莼菜故事很著名："陆机诣王武子，武子前置数斛羊酪，指以示陆曰：'卿江东何以敌此？'陆云：'有千里莼羹，但未下盐豉耳。'"古今解读这一故事，有以"千里""未下"（一说作"末下"）为地名的③，不免庸腐。上句是夸言吴地产莼之盛，方圆千里遍地是莼，下句是讥北人烹莼之法，如《食经》《齐民要术》所说"莼羹"，只知多下盐、豉耳。随着这一故事的流传，莼羹与羊酪分别成了南、北两地不同食性习俗的标志性食物，因陆机是吴人，莼羹与吴地的联系也就广为人知。

鲈鱼是吴中名产。《焦氏易林》《搜神记》《后汉书》记载曹操设法以"松江鲈鱼"宴客。汉魏以来吴中"金齑玉脍"广为人知，见前文所引，后来又有"金虀玉脍"之说，隋朝吴郡以此朝贡，见后文所论。所谓"玉脍"说的都是鲈鱼，可见鲈鱼在当地土产中的地位。

上述这些正是《晋书》编修前与莼菜、鲈鱼有关的重要信息，张翰思莼的错误说法应由编写者的文史素养、编写态度尤其是对上述信息的掌握等多种因素所致。《晋书》修于贞观二十至二十二年（646—648），由房玄龄等3人主编，来济、李义府、上官仪等14人编写，令狐德棻等4人审定，总计参加者20多人④。籍贯可考者除主编褚遂良、许敬宗、编者刘子翼出身江南外，余皆北方（秦岭、淮河以北）人士。一般说来，北人对吴中菰菜、鲈鱼脍的情况了解不多，有关知识应主要来自上述这些文献记载和传闻。而《食经》《齐民要术》记载的"莼羹"或"脍鱼莼羹"是北方经典的羹汤菜肴，对于北方人士来说，无论是实际生活常识还是书本知识，印象都应深刻一些，极易引发他们将吴中鲈鱼脍与莼菜联系起来。因此就有这样一种可

---

① 于钦：《（至元）齐乘》卷四，清文渊阁《四库全书》本。
② 王象晋《湖上食鲈莼作》："纵酒逃名把钓竿，宦情世态等闲看。西风乍返江东棹，只此莼鲈合弃官。"
　王允榛《锦秋湖竹枝词》："傍水人家不种田，日将轻棹入芦烟。饭炊菱米羹莼菜，卖得鱼钱作酒钱。"
　载王赠芳《（道光）济南府志》卷六九，清道光二十年刻本。此锦秋湖，本名麻大泊，在今博兴县西南与桓台县交界处。
③ 如黄朝英《靖康缃素杂记》卷三、胡仔《苕溪渔隐丛话》后集卷八。
④ 李培栋：《〈晋书〉研究（上）》。

能，《晋书·张翰传》的作者抄录《世说新语》张翰秋风思乡之事时，漫不经心中在"菰菜羹"与"鲈鱼脍"之间想当然地添上了一个"莼"字，将北人熟习的"脍鱼莼羹"这一生活常识化合到《世说新语》所说菰菜羹、鲈鱼脍中，将两菜写成了三菜，根本就没意识到莼菜与菰菜、鲈鱼季节上的不一致。这在北方人士是一个极容易犯的错误。而在上述北方"脍鱼莼羹"、江南"金羹玉脍"等流行说法的掩盖下，莼羹和鲈鱼的季节错位就很难被觉察，加之鲈鱼的季节性又远不如菰菜、莼菜那样严格，一年四季捕食并不困难，时间上的不协调性也就不太醒目，很难被发现。

（三）盛唐后期《晋书》所说产生影响

《晋书》这一误说的影响，盛唐后期开始显现。

盛唐前期孟浩然（689—740）《岘潭作》："试垂竹竿钓，果得查头鳊。美人骋金错，纤手脍红鲜。因谢陆内史，莼羹何足传。"是说钓得汉水名产槎头鳊，脍成鱼片，远非苤莼之鱼可比。特别点出陆机，而不是张翰，思路应出《齐民要术》"脍鱼莼羹"之类烹调常识。稍后杜甫诗中有多处写到莼，也多用《齐民要术》所说，如《陪王汉州留杜绵州泛房公西湖》"豉化莼丝熟，刀鸣脍缕飞"，《汉川王大录事宅作》"催莼煮白鱼"（上二首均作于广德元年、公元763年春天，在汉州），《赠王二四侍御契四十韵》"网聚粘圆卿，丝繁煮细莼"（作于广德二年春，在成都），莼以豉酱作调料，正是陆机嘲笑的北人作法，而莼与鲫鱼作羹，也是北人常见的搭配。这些都未受《晋书》所说张翰莼鲈之思的影响。杜诗中明确称江南莼羹也是化用陆机"千里莼羹"之语，如赠友人往吴中的《赠别贺兰铦》"我恋岷下芋，君思千里莼"（广德二年春），而未见明确使用张翰之事。杜甫诗文中也有两处写秋日莼菜的：一是《祭故相国清河房公文》"广德元年岁次癸卯，九月辛丑朔二十二日壬戌，京兆杜甫敬以醴酒、茶藕、莼鲫之奠，奉祭故相国清河房公之灵"；二是大历二年（767）在夔州《秋日寄题郑监湖上亭三首》"羹煮秋莼滑，杯凝露菊新"，都将莼与秋明确联系一起，但前者属想象之辞，后者也未必实际如此奠礼，或者正是隐指前《泛房公西湖》诗中所说莼与脍食品。当然也有另一种可能，杜甫当时所寓巴蜀（阆州、夔州），秋日也是有莼可采的，今长江对岸的湖北利川就盛产莼菜，采摘期即从阳历的4月中旬至9月中旬。"羹煮秋莼滑"，一本"滑"作"弱"，或者其来有自，是说秋日新生莼丝之细。但不管如何理解，杜甫作品中尚无《晋书》所说张翰秋日莼鲈之思的影子。也就是说在杜甫之前，《晋书》的错误说法还没有任何明确反映。

其错误影响是从杜甫同时的岑参开始的。几乎与杜甫上述诸作同时，岑参有两首诗写到莼菜，一是《送许子擢第归江宁拜亲，因寄王大昌龄》："六月槐花飞，忽思莼菜羹。"二是《送张秘书充刘相公通汴河判官，便归江外觐省》："老亲在吴郡，令弟双同官。鲈脍剩堪忆，莼羹殊可餐。"两诗均是送人归江南，前者作于天宝元年（742）六月，只是孤立地提到莼羹，时间又指明在六月，无法确定所说出于《世说新语》还是《晋书》，或取诸陆机所说。后者作于广德二年（764）三月，"鲈脍""莼羹"并称，则明显是用《晋书》所说。这是我们目前所能检索到的最早证据。而此后即中唐以来，类似的措辞就越来越多了。如白居易《偶吟》"犹有鲈鱼莼菜兴，来春或拟往江东"，元稹《酬友对话旧叙怀十二韵》"莼菜银丝嫩，鲈鱼雪片肥"，许浑《九日登樟亭驿楼》"鲈脍与莼羹，西风片席轻"，李中《寄赠致仕沈彬郎中》"莼羹与鲈脍，秋兴最宜长"，都以莼、鲈联言或对举，尤其是指明秋季，显然是用《晋书》所说。

　　为什么这一切都发生在盛唐以后？唐朝雕版印刷尚未兴起，书籍多以抄本流传，数量有限，见者不易。而《艺文类聚》《北堂书钞》《白氏六帖》等辞藻类书传抄稍多，影响更为突出些，甚至诸书中有关异文徘徊在《世说》《晋书》之间，或即传抄中出现的问题。但我们无法明确唐代诸书版本及相关异文所属时间，只能忽略不计。当时对《晋书》张翰这段错误信息传播作用最大的应是李瀚（一作李翰）撰注的《蒙求》一书，这是当时十分优秀的蒙学教材，收有数百条经史、艺文词汇，注明故事内容。其中有"张翰适意"一条，条下注文即据《晋书》而非《世说新语》。《蒙求》大约成书于玄宗朝后期至代宗广德二年（764）间，曾被推荐于朝[①]，敦煌文献即有三种该书抄本残卷，可见唐时传抄之盛。盛唐后期以来，《晋书》所说莼羹、鲈脍之事广为人们引用和转述，应该正是受其影响。蒙书的影响不仅极为广泛，而且从童年开始，深入人心。

（四）秋风莼菜说的盛行

　　宋以来，各类艺文词翰、文史掌故类书籍多辑录《晋书》所说，影响进一步扩大，成了宋以来各类艺文书写中的流行说法，而名物、本草、农书等科技著作中的真实记载和介绍却无人问津，黯然失色。莼菜因此被牢牢定格在秋天的季节里，成了关于莼菜时令的主流说法和基本常识。

　　这方面的例子不胜枚举。如宋人杨亿《送章顿寺丞之巴陵》"楚客十年偏遂意，秋风满箸紫莼羹"，陈瓘《吴江作》"莼菜鲈鱼好时节，秋风斜日旧烟光"，辛弃疾《木

---

① 郭丽：《〈蒙求〉作者及作年新考》，《中国典籍与文化》2011 年第 3 期。

兰花·滁州送范倅》"秋晚莼鲈江上，夜深儿女灯前"，元人许有壬《和石中丞韵二首》"西风吹梦野莼香，一舸归来路转长"，乔吉《满庭芳·渔父词》"莼鲈高兴西风动，挂起长篷"，明人徐尔铉《摘莼》"昨宵网得鲈鱼美，一箸秋风紫玉凉"，唐之淳《忆吴越风景》"最忆吴中与越中，好山相映翠溟蒙。桃花鳜鸼三春雨，莼菜鲈鱼九月风"，清人樊增祥《用旧韵寄敦夫都门，并忆渔笙东归》"士龙一棹江东去，最忆秋风雉尾莼"，或叙吴中风物，或表归隐之志，或引述陆机、张翰之事，都称莼菜乃至于萌发最早的雉尾莼为秋令风物。

有趣的是，即便明确所咏是春夏风景和食物，也常习惯地想作秋日之事。如宋人张侃《莼二绝》"春深买得一丝莼，绝胜农家碧涧芹。却笑吾宗深有托，自怜野鹤在鸡群"，李纲《莼菜》"渺渺春湖水拍天，紫莼千里正联绵……盐豉欲调难并美，鲈鱼兼忆讵非贤"，所说是春天的莼菜，想到的却是张翰西风思乡之事。最显著的莫过于宋末元初王沂孙等人《乐府补题》中的"紫云山房拟赋莼"五首。《乐府补题》咏物五题以往多认为隐指元僧盗发宋陵或宋帝崖山沉海，近十多年学界对此也多表示怀疑乃至完全否定①。仅就咏莼五篇而言，确实属于应社咏物唱和，上阕描写莼菜，所谓"龙须""玉钿"云云均是体物拟形，北宋杨蟠《莼菜》、南宋杨万里《松江莼菜》即有前例，下阕则因张翰莼鲈之思而寄托思乡之情和幽隐之志。五首上、下阕所说时间都不相同，上阕写实，称"春又去，伴点点荷钱"，"春洲未有菱歌伴"，"碧芽也抱春洲怨"，尽一色春末夏初之景。据参与唱和的周密记载，宋陵被盗之事主要发生在秋冬季节②，如有意隐喻其事，也当取秋天切事为宜，而偏偏上阕均只称春夏，显然所说都紧扣莼菜生长、采收的实际季节。而下阕抒情，用张翰思乡之事，则又都改为"西风""秋冷"之意。这种同篇前后时间上的不一致，并非有何隐曲深意，正是咏莼这一题材据实写景与用事抒情带来的不同立意，典型地反映了《晋书》所说张翰秋风莼鲈之思与莼菜生长实况之间的鲜明矛盾。

（五）对莼菜季节的质疑与辩护

对于《晋书》所说之误，史上并非无人发觉。最早提出质疑的是宋张邦基《墨庄漫录》，该书卷四："杜子美祭房相国，九月用茶藕、莼鲫之奠。莼生于春，至秋则不可食，不知何谓？而晋张翰亦以秋风动而思菰菜、莼羹、鲈脍，鲈固秋物，而

---

① 如丁放《〈乐府补题〉主旨考辨——兼论"比兴寄托"说词论在清代以来的演变》，《安徽师范大学学报》（人文社会科学版）2001 年第 4 期。
② 周密《癸辛杂识》续集卷上、别集卷上《杨髡发陵》条称时间在至元二十二年（1285）八月、十一月。

莼不可晓也。"对张翰秋风思莼与杜甫九月行礼用莼之事并表怀疑。明刘绩《霏雪录》因萧山湘湖莼菜的生长情景和《齐民要术》所说种莼法反思张翰和杜甫秋日之事，认为张翰、杜甫所说应是别一种莼菜①。万历间袁宏道《湘湖》一文盛赞湘湖莼菜之美，结以"莼以春暮生，入夏数日而尽，秋风鲈鱼将无非是？抑千里湖中别有一种莼邪"，也表示了类似的思考。

遗憾的是，此类可贵的怀疑并未引起人们的重视，却有不少站出来辩解的。明李日华《六研斋二笔》即批评刘绩"特见永兴（引者按：萧山县旧名永兴）之莼耳。春莼如乱发不足采，秋莼长丈许，中止一二尺，生水甚滑。一二尺外，皆弃物耳。春莼嫩，不堪作羹，季鹰秋风之思正在此一二尺间也"。陈继儒《偃曝谈余》也说："春莼如乱发，不足异。秋莼长丈许，凝脂甚滑，季鹰秋风正馋此也。"② 清梁绍壬《两般秋雨盦随笔》也批评宋人张邦基"不知莼菜春秋二生，秋莼更肥于春莼，江南人于早秋宴客，必荐此品，北产固不解也"。这些反驳都不免有几分强作解会，乃至强词夺理的色彩，所说情景也远不普遍。水草一类植物，春日水暖后萌发生长，夏日趋盛，生长期一般会持续到秋天。春秋气温相近，特殊的环境条件下，秋日莼菜也可能有与春发莼菜完全媲美的长势，实际生活中也必然有秋日采食莼菜的现象。甚至清萧山人王端履还指出这样一种现象："莼菜春时嫩芽极为甘滑，生熟俱可食，至秋新芽重发，土人无食之者，始转贩吴者，群夸异味耳。"③ 2016年5月13日，笔者曾就莼菜秋日是否可食，现场请教苏州市苏中区东山镇黄家村叶洪兴先生。叶先生在太湖边种植莼菜数十年，他告诉笔者，莼菜秋日虽可采食，但质量远不如春天，口感苦涩，一般不再食用。《齐民要术》说秋日莼茎多有寄生虫，也是一个值得关注的现象。就莼菜的一般生长情况而言，总以每年公历4—7月份（农历3—6月份）是生长旺盛期、最佳采食期。我们不能以秋日新莼生长和采食的偶然性、特殊性去否定莼菜春夏当令的必然性、普遍性。张翰所思如属故乡莼菜，也当指生长、采食的最佳时令，而将其说成是秋天，与事实必定不合。

有趣的是，正是人们业已意识到莼菜有春、秋两种节令的分歧，一些知情者言及莼菜时，不再一味将莼菜定格在秋季，而是因春莼而调侃张翰秋风思乡之事。如明人韩奕《咏莼菜》"采莼春浦作羹尝，玉滑丝柔带露香。却笑季鹰未知味，秋风起后却思乡"，清人沈广舆《咏莼》"三春莼正苗，宁独在秋期"，王庭（字迈人）《摸

---

① 佚名：《树艺篇》蔬部卷六，明纯白斋钞本。
② 陈元龙：《格致镜原》卷六二，清文渊阁《四库全书》本。
③ 王端履：《重论文斋笔录》卷三，清道光二十六年授宜堂刻本。

鱼儿·咏莼》"笑归计何迟，秋风方起，采已过时矣"，朱彝尊《三潭采莼联句》"却笑张季鹰，苦待秋风刮"，顾宗泰《食莼菜用东坡春菜诗韵》"春宵下箸怪季鹰，归待秋风始摆脱"，或调侃或致憾，都将张翰秋风事作为话题，以一种特殊的方式进一步显示了《晋书》误说留下的历史印迹。

三、菰菜不是茭白

《晋书》"菰菜、莼羹"的一字之添，不仅误导了莼菜的季节，还波及到菰菜的理解。由于"菰菜羹"变成了"菰菜"，少了一字，动摇了菰菜羹与鲈鱼脍的传统联系，带来理解上的微妙偏离。最终的错误还远不是季节的，而是物种的。

（一）菰菜本指蘑菇、地耳类菌菜

菰菜，宋以来多解作茭白。茭白古也称菰首、菰手、茭笋或茭瓜，是禾本科浅水植物菰的花茎秆基感染菰黑粉菌，寄生膨胀形成的纺锤形肥嫩肉质茎，洁白脆嫩，初生时尤然，用作蔬菜，生食熟食俱可。然而《世说新语》所说菰菜羹，"菰"通"菇"，是蘑菇、地耳之类菌菜。再看前引汉魏《春秋佐助期》所说，"八月雨后，芷菜生于洿下地中，作羹臛甚美"，"菜黄若金"，南朝《荆楚岁时记》称"菰菜，地菌之流"。所谓"洿下"即低湿之地。所谓"雨后"是特定的气候条件。宋人解释菰菜，多引《尔雅》所释"出隧、蘧蔬"（两个音近同义词），并晋郭璞注："蘧蔬，似土菌，生菰草中，今江东啖之，甜滑。"认为菰菜即《尔雅》所说出隧、蘧蔬。《尔雅》中又有一道菌菜"中馗菌"，郭璞《尔雅注》称："地蕈也，似盖，今江东名为土菌，亦曰馗厨，可啖之。"所谓菰菜或出隧、蘧蔬，与中馗菌同类，同属地蕈、土菌之类。颜色金黄，口感"甜滑"，与后世所说茭白完全不同。此类地菌，夏秋雨后下湿有草根、枝叶等腐质处易于生长 [1]，即后世所说地耳、地皮菜之类，地皮菜古有俗名"地踏菰" [2]。而郭璞称只生于菰草中，或者晋以来此类菌菇在菰草根部或即后世称作菰葑表面生

---

[1] 笔者家在苏北泰兴县，与江南隔江相望。儿时记忆中，这类地耳只在农历六七月盛暑雷雨后才有，一般长在近水河滩的草根旁，长辈称是雷公发怒后掉下的耳屎，名椹（shèn）菜。雷雨一停，我们便提篮采拾，一朵朵如婴儿小耳，铜板大小，色泽浅黄、土褐或灰绿，因泥土、草根不同肥力而大小、厚薄不一，颜色也略有深浅。

[2] 贾铭：《饮食须知》卷三，清《学海类编》本。此书实为清初朱本中之作。

长较多①，或者郭璞为北方人，对南方情况不甚了解，因"菰"之名而附会为菰根独出。而众所周知，古时茭白也称菰首、菰手，两者名称都含有"菰"字，且都与水湿环境、细菌发育有关，这就埋下了误作一物的隐患。

南北朝人言菰菜已极少见，谢灵运《山居赋》自注："椹，音甚，味似菰菜而胜。"所谓椹即蘑菇。张华《博物志》："江南诸山郡中，大木断倒者经春夏生菌，谓之椹，食之有味。"元人洪希文《食蕈子》注："蕈，音椹，俗谓之菰。"②椹与菰菜同类互训，口味相近，都属地菌土菇一类。北宋朱长文《（元丰）吴郡图经续记·杂录》："大业中，吴郡……献菰菜裛二百斤。其菜生于菰蒋根下，形如细菌，色黄赤，如金梗，叶鲜嫩，和鱼肉甚美。七八月生，薄盐裛之，入献。"③金梗不知何物，裛也写作鯤、浥，《齐民要术》有"作浥鱼法"，指以盐腌之晾干。朱文长是苏州人，此应为抄缀唐人《大业拾遗记》或当地杂史之类，保留了吴中菰菜最明确、真实的记载，所谓"形如细菌，色黄赤"，与魏晋、南朝人所说大同小异④。

综上可见，所谓菰菜其实本义很明确，是蘑菇、地皮菜之类菌菜，七八月下湿环境所生，于吴中或多见于菰根朽积所谓菰葑之上，颜色金黄，口感甜滑，适宜制作羹汤。这些特征与今天人们所熟知的茭白之嫩脆、白色了无近似之点。虽然与茭白一样，其生长同源于细菌或孢子作用，但地皮菜之类藻类菌类生物属于原种细胞分裂或独立孢子萌发生长的生物单体，而茭白属于植物花茎感染细菌寄生，出现局部病变而形成的肉质茎，在茎秆未被寄生菌丝体形成黑膜孢子完全朽化前，依然属于菰草植株的一部分，两者性质和形态全然不同。因此，可以肯定地说，它们不是同一种东西。

（二）茭白食用始见于唐

尽管六朝人所说菰菜不是茭白，也未必与菰草有关，但菰草感染菰黑粉菌，病变而孕生茭白的现象在自然界应是由来已久。《西京杂记》记载："太液池边皆是雕胡、紫萚、绿（引者按：一本作菉）节之类。菰之有米者，长安人谓为雕胡；葭芦

---

① 2012 年 11 月 24 日，笔者在绍兴王坛镇东村"香雪梅海"景区的一块茂盛的草地上看到一层厚积的地皮菜，陪同的绍兴文理学院渠晓云教授夫妇一把把掇拾，不一会即装成一大袋。可见在泥土表面厚积的干草垫上，地皮菜的生长可能会很茂盛。菰葑或葑田由淤积的菰根与尘泥纠结积聚而成，生长条件应与此相类，也会大量产生这类地皮菜即所谓"菰菜"之类，郭璞所说或指这种情景。
② 洪希文：《续轩渠集》卷三，清文渊阁《四库全书》本。
③ 朱长文：《（元丰）吴郡图经续记》卷下，民国影宋刻本。
④ 地皮菜呈黑灰、暗绿、土褐色，肉瘠色浅者也只是淡褐而已，未见有颜色可称黄、赤者，或者产于纯粹由菰根郁积之菰葑上呈黄色，笔者无从验证，姑妄猜测。

之未解叶者，谓之紫箨；菰之有首者，谓之绿节。"《西京杂记》传为汉人刘歆所著、晋人葛洪辑录。此段记载长安宫苑太液池边的浅水物产，涉及两种植物，葭芦是芦苇，菰即后世种植生产茭白的菰草或茭草。所谓"菰之有首"，应即后世"菰首"（茭白）之名所本。但措辞简单，语义不够明确。茭白膨胀从根基开始，其形状为下粗上细的纺锤形，称其为"绿节"，不难理解，而何以称"首"，自古以来未见有任何明确解释。因属长安方言，是否另有所指，也未可知。宋以来"菰首"又写作"菰手"，取其形状如小儿臂。或者《西京杂记》时，长安方言本就作"菰手"。菰为植物，称其有"手"，记录者对其生长情况和形状全然无知，难以理解，遂以为如高粱、稻谷之类顶穗（首），因同音而妄改。南朝建康（今江苏南京）青溪上有菰首桥，得名缘起也无从稽考，或者此菰只是蘑菇之义，取以象形而称"首"，与茭白无关。

《西京杂记》将"菰之有首者"与"菰之有米者"（菰米）、"葭芦之未解叶者"（芦芽）并举，耐人寻味，或即指当时长安土人三种采食之物。如果这一假设成立，则应是我国茭白食用之始。但整个先唐仅此一例，极为偶然，孤证难立。至唐朝，"菰首"已开始明确用作食物。值得注意的是，最初主要见于医药本草类著作。唐本草中"菰"之见于药食之称，主要有三种：

1. 菰根。当是与芦根一样，用菰草之根茎入药。首见于陶弘景《名医别录》，唐人孙思邈及后世各家本草多据以列目著录。

2. 菰菜。首见于初盛唐之交的孟诜《食疗本草》，稍后开元间陈藏器《本草拾遗》著录，记载其性状、药效较为具体："菰菜，味（引者按：味原作水，据别本改）甘，无毒，去烦热，止渴，除目黄，利大小便，止热痢。杂鲫鱼为羹，开胃口，解酒毒。生江东池泽菰葑上，如菌。葑是菰根岁久浮在水上者，主火烧疮，烧为灰，和鸡子白，涂之。《吕氏春秋》曰'菜之美者，越路之菌'是也，晋张翰见秋风起思之。"[1] 所谓菰葑，人工所制又称葑田，是菰根多年盘结形成的淤积物。这里说"生江东菰葑上，如菌"，杂鱼为羹，又引《吕氏春秋》"越路之菌"云云，与前引汉魏人《春秋佐助期》、晋人郭璞、宋人朱长文所说菰菜完全相同，这也进一步印证了我们前面的论述。

3. 菰首。首见于盛唐王焘《外台秘要》："张文仲：白黍（不可合饴糖、蜜共食）、黍米（不可合葵共食）、白蜜（不可合菰首食）、菰首（不可合生菜食）。"[2] 是辑录张文仲所言日常饮食的种种避忌。张文仲是唐高宗、武则天时期的宫廷御医，说明此时菰首已用作食物。与王焘同时，孟诜《食疗本草》、陈藏器《本草拾遗》也均著录。

---

① 唐慎微：《证类本草》卷一一。
② 王焘：《外台秘要》卷三一，清文渊阁《四库全书》本。

孟诜只讲功效，而陈藏器所说十分详明："菰首，生菰蒋草心，至秋如小儿臂，故云菰首。煮食之，止渴，甘冷，杂蜜食之，发痼疾，无别功。更有一种小者，擘肉如墨，名乌郁。人亦食之，止小儿水痢。"① 是说菰首有两种，一种体小肉黑乃至全成灰粉，名乌郁，应即指今人所说灰茭，属茭白发育过度不宜食用的状态。比较陈藏器所说菰菜与菰首，前者言生菰葑上，如菌，是地皮菜、蘑菇之类，而后者称生菰草心，如小儿臂，正是今日人们熟知之茭白。此时主要用作药物，也兼作食物。

以菰首称茭白，名实远不相符，显然出于《西京杂记》所说。陈藏器说"如小儿臂，故云菰首"，也是强为解释，进一步显示"菰首"应为"菰手"之误。我们发现，稍早些的孙思邈《千金要方》举食疗曾说道："秋果菜共龟肉食之，令人短气；饮酒食龟肉并菰白菜，令人生寒热。"② 所说"菰白菜"应即指茭白，远比"菰首"贴切。遗憾的是，唐人关于茭白的所有信息都仅见这些本草著述和个别笔记著作的简单掇录，可见日常食用并不普遍。从唐至北宋，人们谈及茭白，因这些主流本草著作所说，也多称菰首或茭首，而不是更为贴切的菰手、菰白菜之类。

（三）五代以来菰菜与茭白误作一物

在上述这些唐人本草著作里，所谓菰菜与菰首，虽然都与菰这一植物多少有关，但本身却不是同一植物。孟诜《食疗本草》、陈藏器《本草拾遗》均将菰菜、菰首分别著录，视作两物，所述形状、性味、功效迥然不同，而宋以来却以两者名称中同有"菰"字而混为一谈。

始作俑者是五代韩保升的《蜀本草》，尤其是北宋苏颂《本草图经》。《证类本草》称："蜀本《图经》云：（菰）生水中，叶似蔗荻。久根盘厚，夏月生菌，细堪啖，名菰菜。三年已上心中生薹如藕，白软，中有黑脉，堪啖，名菰首也。"③ 所谓蜀本《图经》即《蜀本草》。将唐人分属两物的内容简单联缀一起，联系前引该书将三月至八月本有多种不同称呼的莼菜简单统称作"丝莼"一种，这样的错误就非偶然。有趣的是，对菰菜的描述大致沿袭前人所说，所指应无误，而将菰首说成菰三年后所生，就埋下了将菰菜、菰首视作菰草两个不同生长阶段的隐患，至少带来了如此理解的可能性。至北宋中叶苏颂《本草图经》："（菰）今江湖陂泽中皆有之，即江南人呼为茭草者，生水中，叶如蒲苇辈，刈以秣马甚肥。春亦生笋，甜美堪啖，即菰菜也，又谓之茭白。

---

① 唐慎微：《证类本草》卷一一。
② 孙思邈著，高文柱、沈澍农校注：《（中医必读百部名著）备急千金要方》卷二六，华夏出版社 2008 年版，第 476 页。
③ 唐慎微：《证类本草》卷一一。

其岁久者中心生白薹，如小儿臂，谓之菰手，今人作菰首，非是。"[1] 这就更进一步，不难看出，菰菜、茭白、茭首三个概念已较混乱。所说菰菜应指菰之新生嫩笋，却采用前人描述菌类菰菜的语言，又明确称其别名茭白。而真正的茭白，则将前人所说菰首改为菰手。这都进一步增强了菰菜与茭白为同一植物所生的感觉和定义。

菰确是多年生植物，而就茭白生长过程而言，正如清程瑶田《九谷考》所说，"菰首初年分蒔即生，二三年后根盘结，则生渐少，必更蒔之"[2]。即菰之新植当年即迅速生长，夏秋产茭白，秋冬地上部分枯死，完成春苗秋实的生长过程，来春重新萌发结生茭白，无须等待三年，而年久产量反而衰减。菰属于禾本科植物，春日发苗也无芦荻类笋芽、嫩茎可食，所谓初生嫩笋为菰菜之说是无稽之谈[3]。《蜀本草》和《本草图经》只就菰菜、菰首名称中同有"菰"字，同属菌类繁殖，遂将两者牵合为同一植物的不同阶段，是完全错误的。《证类本草》以下，包括李时珍《本草纲目》均承其说，贻误至今。

宋以后也不是没有对这一流行说法提出怀疑的，如明人《树艺篇》士洵按语："《尔雅》注及疏所引《广雅》，则蘧蔬乃菌类，生于菰草中者。《尔雅翼》若以今茭首当之，恐非郭、邢意也。《齐民要术》蒋与蘧蔬各出，的是二物。"[4] 这就认为宋人罗愿等人以茭白释菰菜有问题。今人缪启愉《齐民要术校释》注解"菰菌鱼羹"："菰同'菇'，是蘑菇之'菇'，不是菰蒋之'菰'，所以菰菌就是蕈，不是茭白。"[5] 说得极为明确。遗憾的是，这些宝贵意见，也未能引起注意，古今谈及张翰之事，解释《尔雅》"蘧蔬"，几乎众口一词：菰菜者、蘧蔬者，菰首也，茭白也。

（四）六朝至唐，茭白采食极为罕见

正是将《尔雅》"蘧蔬"、六朝人所说"菰菜"与后世茭白误作一物，导致我国茭白起源和栽培历史认识上的诸多错误，有必要引起注意。今人论茭白，多将《尔雅》"出隧、蘧蔬"及《晋书》张翰之事视作茭白生产、食用的证据，认其六朝时即有，甚而上推至《尔雅》时代[6]。根据我们上文所述，这种说法必须纠正。

---

[1] 唐慎微：《证类本草》卷一一。
[2] 程瑶田：《九谷考》卷三，清《皇清经解》本。
[3] 此处笔者所说武断失考，菰之初发嫩笋清甜可食，后世称作"茭儿菜"，即撰《菰菜、茭白与茭儿菜》加以订正，请见《阅江学刊》2017年第3期。本书收录。
[4] 佚名：《树艺篇》蔬部卷六，明纯白斋钞本。
[5] 贾思勰著，缪启愉校释：《齐民要术校释》，中国农业出版社1998年版，第596页。
[6] 杨荫深：《事物掌故丛谈》，上海书店1986年版，第571—574页；叶静渊：《我国水生蔬菜栽培史略》，《古今农业》1992年第1期；游修龄：《也说"雕胡"》，《寻根》1995年第6期；李艳：《"芯"之疏解》，《西安文理学院学报》（社会科学版）2012年第4期。

进一步拓宽视野，不难发现，各方面的信息充分表明，茭白的生产种植出现较晚，茭白食用虽起于唐，但日常采食极为罕见。笔者用电子文档遍检《全上古三代秦汉三国六朝文》《先秦汉魏晋南北朝诗》《全唐文》《全唐诗》《全唐五代词》及唐人笔记、史籍，大量出现的只是"菰蒲""菰芦""菰叶"等植物水生之景和"菰米""雕胡""菰饭"等谷物、米饭之食。菰菜之名，除引用《世说新语》《晋书》张翰之事外，勉强可以与茭白挂钩的，唯有三条：

1. 南朝宋沈约《行园》："寒瓜方卧垄，秋菰亦满陂。紫茄纷烂熳，绿芋郁参差。初菘向堪把，时韭日离离。"前后所言均为瓜、菜，若同为蔬菜，菰当指茭白。但江南地区茭白采食较早，一般盛夏、初秋即可出产，而菰米则要等秋后。这里所说"寒瓜"指冬瓜①，"秋菰"与之同时，应是晚秋收获之菰米。诗人另有《咏菰诗》："结根布洲渚，垂叶满皋泽。匹彼露葵羹，可以留上客。"后两句称赞菰的食用价值，用宋玉《讽赋》"主人之女……为臣炊雕胡之饭，烹露葵之羹"，所见满陂的菰苗，想到的依然是菰米而不是茭白。可见所说"秋菰"着眼在粮食而非蔬菜。

2. 唐人储光羲《晚霁中园喜赦作》："五月黄梅时，阴气蔽远迩。浓云连晦朔，菰菜生邻里。"所说应是黄梅季节天气温溽，邻里院中所生地菌，正是《春秋佐助期》所说"雨后苬菜"之类，而不是菰中茭白。

3. 皮日休《五贶诗序》："江南秋风时，鲈肥而难钓，菰脆而易挽。"这里的菰显然不是地菌之类，而且以脆形容，与茭白的特征比较接近。但这里究竟是说菰之茎叶，还是其中的茭白，或是仅用《晋书》张翰秋风思乡之典故，无从分辨。

除前述唐人本草著作外，其他相关信息少之又少，几乎无一完全满足我们今天对茭白形状、颜色、口味等方面的印象。与皮日休同时且为挚交的陆龟蒙《紫溪翁歌》："采江之鱼兮，朝船有鲈；采江之蔬兮，暮筐有蒲。"同样是写江南生活，如果张翰当年所说是鲈鱼与茭白，皮日休所说是脆嫩之茭白的话，无论从语义和音韵上来说，陆龟蒙这里的"暮筐有蒲"都应该是，至少可以是"暮筐有菰"。陆龟蒙一生除短暂为湖州、苏州刺史幕僚外，一直隐居故乡松江甫里（今苏州吴中区角直镇），生活清闲而幽雅，作品中所涉太湖水乡鱼蔬较多，其《田舍赋》称"江上有田，田中有庐，屋以菰蒋，扉以篷簉"，是说以菰叶茭草遮风挡雨，以竹帘簟席充门当户，文集中又有多篇作品言及菰米，可见其生活环境中菰草分布极盛，采用颇多，而偏偏没有一篇言及茭白。这至少说明，时至晚唐，即便是在盛产菰蒲的太湖流域，仍

<hr>

① 参见程杰《西瓜传入我国的时间、来源和途径考》，《南京师大学报》（社会科学版）2017 年第 4 期。

以收获菰米为主，未见有明确采食茭白的现象。

（五）茭白兴于宋

茭白的兴起应是入宋后的事。除前引《本草图经》等宋人本草著作外，地志记载、文集歌咏中都有不少明确的信息。如北宋晏殊《中园赋》"萸房入佩，菰首登飨"[1]，黄庭坚《次韵子瞻春菜》"莼丝色紫菰首白"，都明指茭白。宋人食用茭白较为常见，这是可以明确肯定的。

但即便如此，实际采食茭白的现象仍远不如采收、食用菰米来得普遍。据《全宋诗》电子数据库所收诗歌正文统计，表示菰米的有菰米 39、菰饭 8、菰粱 1、菰黍 14、雕胡 22、彫胡 20、凋胡 2，合计 106 处，表示茭白的有菰首 7、菰白 7、茭白 6、菰脆 5、菰菜 17，合计 42 处，两者数量相差较大。"菰首"一词在北宋也只有黄庭坚等个别诗人一见，由北宋向南宋，尤其是南宋中叶以来，菰首、茭白一类语词频率才逐步走高。如陆游的诗中，上述菰首类词汇 27 次，占了两宋时期全部同类词汇的 60% 多。其菰米类词汇 29 次，两者数量大致相当，表明到陆游这个时代，在其故里浙东绍兴等少数地区，茭白与菰米的生产才大致平衡。

如果我们再细心观察，南宋《（绍定）吴郡志》《（嘉定）赤城志》《（嘉泰）吴兴志》《（淳熙）三山志》《（咸淳）重修毗陵志》等记载土产茭白，多摘录北宋《本草图经》《证类本草》的说法，很少有具体的发明，语意多较模糊，可见缀名多于录实，实际了解不多。而同时人们对菰米的认识反显得明确一些，我们引周弼《菰菜（八分山下滩渚丛穗弥望可爱）》一诗为证："江边野滩多老菰，抽心作穗秋满湖。拂开细谷芒敷舒，中有一株连三秤（引者按：原作拼）。剖之粒粒皆尖小，整齐远过占城稻。不烦春簸即晨炊，更胜青精颜色好。寻常艰得此欣逢，默计五升当百丛。雨多水长倍加益，十里定收三十钟。野人获之亦自足，何用虚糜太仓粟。"这应是宋宁宗嘉定年间（1208—1224）在鄂州江夏令上的作品，八分山在长江中游的武昌（今属武汉），写山下秋菰满湖，居民采获菰米颇为丰收的情景，就十分具体生动。

我国菰芦茭草分布较广，除采收菰米外，一般多用作牛马饲料和拦洪护堤之草障。宋人记载的茭白盛产之地只有北宋汴京（今开封）、南宋临安（今杭州）和绍兴三地[2]。何以出现这种格局？今科学研究表明，菰黑粉菌的"存在是茭瓜形成的首

---

[1] 晏殊：《元献遗文》补编卷一，民国《宋人集》本。

[2] 李焘《续资治通鉴长编》卷二九九元丰二年八月宗正丞赵彦若言："今近地（引者按：指都城汴京附近）茭白特饶。"晁补之《七述》称杭州"菜则苘蒿茵陈，紫蕨青莼，韭畦芋区，菰首芹根"，南宋淳祐和咸淳《临安志》都反复记载西湖种茭侵压湖面之事。施宿《（嘉泰）会稽志》卷一七："会稽菰菜亦富，而米绝少。"

要条件"①,宋时茭白首先在这三地的兴盛可能与这些地区水土环境中菰黑粉菌的含量有关。汴京、临安这样的大都市附近,人口密集,生活污染相对较重,菰黑粉菌的滋生更多,容易形成菰草感染菰黑粉菌的生态环境。而上溯汉唐时期,《西京杂记》所载菰首最早见于汉长安皇家太液池,唐时也以孙思邈、孟诜、陈藏器等京朝官员的本草著述为主,都并非偶然现象,应该也有这方面的因素。菰在我国从居于"六谷"之一的粮食植物演变为以生产茭白为主的菰菜作物,有一个漫长的历史过程,水土中菰黑粉菌的滋衍、积累无疑是一个必要的自然条件,而这又与生态环境息息相关。从某种意义上说,菰在我国由粮食植物向蔬菜作物的转化是随着社会人口不断增加,自然生态环境尤其是水环境从唐以前较好的状态向宋以后较差的状态逐步变化的结果。我国宋以来茭白的种植逐步兴起和区域分布差异更是有着区域生态环境、社会状况变化多方面的综合条件,值得我们关注。

唐宋时期陆龟蒙、范成大生活的太湖流域,虽然菰的分布广泛,长势茂盛,但多属江海冲积洲渚,地势较低,湖海浩荡,潮起潮落,水的流动性较大,菰黑粉菌的滋生积聚应较困难,因而菰草感染病变孕生茭白的机率就小,茭白的生产发展也就相对缓慢和滞后,反映在他们的作品中,就很少提到茭白。而可资比较的是,入宋后,尤其是南宋以来绍兴地区围湖造田,鉴湖水体急剧萎缩,大多垦为湖田②,其流域就易于形成有利于茭白发育的环境条件,反映在陆游的作品中,言及茭白就十分频繁和具体。宋人说"吴中菰米为多",而绍兴则产茭白较多,产菰米"绝少"③,就应是两地不同环境状况尤其是水环境状况带来的不同生长结果。

南宋时的吴中尚且以产菰米为主,上溯西晋张翰这个时代,地旷人稀、湖海浩瀚更甚,产生茭白的现象应该更少,茭白就不可能成为当地风物名蔬。因此,我们可以肯定地说,《世说新语》《晋书》所说吴中"菰菜"只是一种夏秋间下湿环境或菰根积薶上生长的地皮菜之类菌菇,而不是后世称作菰手、茭白、茭瓜的蔬菜。

四、松江鲈鱼不是松江鲈

张翰所思鲈鱼脍,即前引汉魏《春秋佐助期》所说"金羹玉脍"中的"玉脍",

---

① 民国年间欧世璜的研究结论,见丁小余、徐祥生、陈维培《"雄茭"、灰茭形成规律的初步研究》,《武汉植物学研究》1991年第2期。
② 景存义:《鉴湖的形成演变与萧绍平原的环境变迁》,《南京师大学报》(自然科学版)1990年第2期。
③ 施宿:《(嘉泰)会稽志》卷一七。

是以鲈鱼作脍。所谓脍，又作鲙，《说文》解作"细切肉也"。在三物中，应最无可怀疑。然由于古时鱼类知识薄弱，对鲈鱼这类近岸浅海或咸淡水洄游生物的了解尤其困难，概念的大小、古今异称之间难免模糊和混淆，多有歧解和误说，有必要随时留意，多加辨析。

（一）松江鲈鱼本非品种概念

张翰故事所说鲈鱼通称松江鲈鱼。松江是太湖主要的通海水道，由今苏州市吴江区起，经上海市抵达东海，也泛指整个流域。唐陆广微《吴地记》："松江一名松陵，又名笠泽……其江之源连接太湖。一江东南流五十里，入小湖；一江东北二百六十里，入于海；一江西南流入震泽：此三江之口也……《尚书》云，三江既入，震泽底定是也。晋张翰仕齐王冏，在京师见秋风起，思松江鲈鱼脍，遂命驾东归。"六朝时松江鲈鱼即十分著名，晋干宝《搜神记》："左慈字符放，庐江人也。少有神通，尝在曹公（引者按：曹操）座，公笑顾众宾曰：'今日高会，珍羞略备，所少者吴松江鲈鱼为脍。'放云：'此易得耳。'因求铜盘贮水，以竹竿饵钓于盘中，须臾引一鲈鱼出。公大拊掌，会者皆惊。公曰：'一鱼不周坐客，得两为佳。'放乃复饵钓之，须臾引出，皆三尺余，生鲜可爱。公便自前脍之，周赐座席。"稍后《大业拾遗记》记载隋朝事："吴郡献松江鲈鱼干脍六瓶，瓶容一斗……作鲈鱼脍，须八九月霜下之时，收鲈鱼三尺以下者，作干脍。浸渍讫，布裹沥水令尽，散置盘内。取香柔花叶相间，细切，和脍拨，令调匀。霜后鲈鱼肉白如雪，不腥。所谓'金齑玉脍'，东南之佳味也。紫花碧叶间以素脍，亦鲜洁可观。"一是名流宴集，一是地方朝贡，都指明所用是松江鲈鱼，可见当时的声名和地位。

这里所谓松江鲈鱼，显然只是一个地区名产的概念。六朝至唐诸多信息表明，鲈鱼并不只产于松江，如东晋谢玄《与兄书》称自己钓鱼："北固下大鲈一出，钓得四十七枚。"北固山在今江苏镇江，山外即长江。如刘长卿《颍川留别司仓李万》"槐暗公庭趋小吏，荷香陂水脍鲈鱼"，韩竑《送山阴姚丞携妓之任兼寄山阴苏少府》"加餐共爱鲈鱼肥，醒酒仍怜甘蔗熟"，曹邺《送厉图南下第归澧州》"澧水鲈鱼贱，荆门杨柳细"，郑谷《淮上渔者》"一尺鲈鱼新钓得，儿孙吹火荻花中"，表明长江、淮河下游以及今河南（许昌）、浙江（山阴即今绍兴）、湖南（澧州）等地均有鲈鱼出产，松江只是其中之一。南方地区以吴、越开发较早，尤其是三国时期苏州为东吴政治、经济中心，该地又滨临东海，江水湖泊密布，是典型的鱼米之乡，尤适宜鲈鱼这些主要分布在近岸浅海、海淡水交汇水域的鱼类生长。因盛产而广为人知，独擅其名，这也是极自然的现象。曹操、张翰等人故事的渲染，也进一步扩大了影响，使鲈鱼与松江、吴中牢固地联系在一起，具有鲜明的地标或符号意义。显然，这时所谓松江鲈鱼只是地域名特鱼类的流行说法，远不是鲈鱼品种的概念，这是我们必须首先明确的。

（二）鲈鱼脍所说应为花鲈之类

就古人所说鲈鱼尤其是鲈鱼脍的情景，如果要为张翰故事中的鲈鱼明确一个品种，则以现代所说花鲈最为贴近。花鲈（图一）属"硬骨鱼纲、鲈形目、鮨科、花鲈属"，主要分布于"近岸和江河下游"。"体延长，侧扁"，"体背侧及背鳍鳍膜常散布若干不规则的小黑斑"。"生长快，个体大"，一龄鱼体长近300毫米，四龄全体长600多毫米，"一般体长250—400毫米，重1.5—2.5千克，大者可达1米左右，重5—10千克，最大能达15—25千克"[1]。我国沿海及各大江河下游均有分布，今日菜场和人们餐桌上常见的就是这种鲈鱼。

图一　花鲈（《中国农业百科全书·水产业卷》上册彩图第6页）

以大小论，曹操席上所脍两条松江鲈鱼均长三尺余，隋朝吴郡所制松江鲈鱼脍只选三尺以下者，可见应有不少长过三尺者。家在松江之滨的唐代诗人陆龟蒙《食鱼》"今朝有客卖鲈鲂，手提见我长于尺"，可见都是较大的鱼类，这正是花鲈常见的情景。

宋以来人们所说松江鲈鱼更为具体一些。苏轼《后赤壁赋》："今者薄暮举网得鱼，巨口细鳞，状如松江之鲈。"所说为鳜（桂鱼），以松江鲈鱼作比方，称松江鲈鱼"巨口细鳞"，是典型的花鲈之类。南宋杨万里《松江鲈鱼》："鲈出鲈乡芦叶前，垂虹亭（引者按：在苏州吴江太湖之滨）上不论钱。买来玉尺如何短，铸出银梭直是圆。白质黑章三四点，细鳞巨口一双鲜。秋风想见真风味，只是春风已迥然（鲈鱼以七八寸

---

[1] 中国农业百科全书总编辑委员会水产业卷编辑委员会编纂：《中国农业百科全书·水产业卷》上册，农业出版社1994年版，第229—230页。

为佳)。"吕浦《鲈鱼赋》："白质黑章，巨口细鳞。鬐尾玉洁，腹腴冰纹。"所谓"白质黑章"，鬐尾洁白，也是典型的花鲈体纹。古人说鲈、松江鲈多称"银鲈""白鲈"，如元人王逢《松守遣郡博士辟至府，既病，谢张上海招宴不赴》"馈违松上银鲈脍，酒远洲前白鹭波"，清初屈大均《送杨别驾返云间》"云间（引者按：松江之古称）曾至季鹰家，白白鲈鱼出浅沙。四月紫莼复肥美，盘中不数龙孙芽"，嘉庆间青浦人何其伟（字韦人）《鲈鱼》"人家最好住吴淞，日日银鲈野膳充"[1]，都是说松江鲈鱼鳞色洁白，即宋人所说"白质"，这正是花鲈的典型鳞色。可见古人一般所说鲈鱼，包括指明松江鲈鱼者，就品种而言，应即现代所说花鲈之类，这也是可以大致确定的。

（三）现代定名之松江鲈的出现

但从宋代以来，松江地区有一种新的鲈鱼见于记载，使相关称呼复杂起来。该鱼学名 Trachidermus fasciatus Heckel，中文译名或现代定名为松江鲈（图二），因性成熟期鳃瓣边缘红色如两叠，也称四鳃鲈，属"硬骨鱼纲、鲉形目、杜父鱼科"，"冷温性海淡水洄游鱼类"，分布于中国、日本、朝鲜和菲律宾等地，我国北自渤海、南至江苏、浙江、福建及台湾海峡沿海均有出产。该鱼"体小型，体长100余mm"，"体无鳞"，"黄褐色，具斑纹和斑点"，"一年即达性成熟"[2]。每年春夏间幼鱼由大海溯河进入淡水区生长，至秋末冬天又降海产卵，此时是最佳的捕捞季节。产卵后的亲鱼，体重锐减，"生长缓慢"[3]，甚至有报道说，"卵孵出后雌雄亲鱼相继死亡"[4]。在自然状态下，如此一年生鱼的分量极其有限，一般体长在20厘米以下，体重在100克以下[5]。

图二　松江鲈（《中国农业百科全书·水产业卷》下册第488页）

---

① 郭麐：《灵芬馆诗话》卷一〇，清嘉庆二十一年刻本。
② 金鑫波：《中国动物志（硬骨鱼纲·鲉形目）》，中国科学出版社2006年版，第570页。
③ 中国农业百科全书总编辑委员会水产业卷编辑委员会编纂：《中国农业百科全书·水产业卷》下册，第480页。
④ 薛镇宇等编著：《鲈鱼养殖技术》，金盾出版社1999年版，第7页。
⑤ 同上书，第17页。

不难发现，如此小型鱼类远不足充当脍材，也就是说张翰所说鲈鱼脍绝不可能选用"松江鲈"这样细小的品种，这也是可以完全肯定的。但就是这种小型鱼种，最初记载见于松江，直接承续了传统松江鲈鱼的美誉，并被视为其中的绝品和代表，导致松江鲈鱼概念上的混乱，影响贯穿至今。

宋代直接有关这一鱼种的信息主要有这样一些：（一）孔平仲《谈苑》卷一："松江鲈鱼，长桥南所出者四腮，天生脍材也，味美肉紧，切至终日色不变。桥北近昆山，大江入海，所出者三腮，味带咸，肉稍慢，迥不及松江所出。"（二）叶廷珪《海录碎事》所辑《松江集·太湖赋》"四腮之鲈"注："四腮者珍，三腮者非。"①（三）范成大《（绍定）吴郡志》卷二九："鲈鱼生松江，尤宜脍，洁白松软，又不腥，在诸鱼之上。江与太湖相接，湖中亦有鲈。俗传江鱼四鳃，湖鱼止三鳃，味辄不及。"②（四）杨万里《垂虹亭观打鱼斫脍》诗注："太湖鲈鱼四腮，通白色，肉细味美，不腥。松江鲈三腮，黑脊，肉粗，味淡而腥，见《图经》。"

这四条信息都明确是针对松江鲈鱼的，都指明松江鲈鱼有两种，主要区别有四点：（一）鳃有四鳃、三鳃之分；（二）肉质，四鳃味美，三鳃稍差；（三）颜色有通体白色与鱼脊黑色之异。（四）分布地有湖上与江上，长桥南与长桥北的不同。从时间上说，杨万里所述《图经》当为苏颂《本草图经》，时间最早，在宋仁宗嘉祐间。《松江集》编于宋英宗治平三年（1066）③，时间与《图经》相近。孔平仲在北宋后期，而范成大在南宋中叶。这说明最迟在北宋仁宗年间，人们对松江鲈这一品种已有所发现和认识。

但细加推敲，上述信息多有值得怀疑之处：（一）宋代多地方志所载鲈鱼品种都有大小之分④，今人所说花鲈与松江鲈大小悬殊，应是两者最显著的差异，而宋人所说两种松江鲈鱼都未言及大小，不可思议。（二）花鲈两鳃、松江鲈四鳃较为明确，古今鲈鱼品种中未见有三鳃的明确记载和报道。宋人著述中唯称鮆鱼三鳃，如《（宝庆）四明志》："鮆鱼状似鲈，而肉粗。三鳃曰鮆，四鳃曰茅。"⑤鮆鱼何以称作三鳃，后世未见有任何进一步的观察和说明。鮆鱼又称鳖鲈，与鲈形似，大小也大致相当。

---

① 叶廷珪：《海录碎事》卷二二，清文渊阁《四库全书》本。
② 范成大：《（绍定）吴郡志》卷二九。
③ 吴曾《能改斋漫录》卷五《鲈鱼乡》："仁宗朝治平丙午所编《松江集》有鲈乡亭等诗，其亭尚书屯田郎中林肇所立也。"清文渊阁《四库全书》本。
④ 陈耆卿《（嘉定）赤城志》卷三六："鲈肉脆者曰脆鲈，味极珍。又有江鲈差小。"清文渊阁《四库全书》本。罗濬《（宝庆）四明志》卷四："鲈鱼数种：有塘鲈，形虽巨，不脆；有江鲈，差小而味淡；有海鲈，皮厚而肉脆，曰脆鲈，味极珍，邦人多重之。"宋刻本。史能之《（咸淳）重修毗陵志》卷一三："鲈，鳞细肉脆而味珍，出江中。其小者生于陂泽。"明初刻本。
⑤ 罗濬：《（宝庆）四明志》卷四。

颜色灰褐，鱼脊犹然，"背鳍鳍条部中央具一纵行黑色条纹"①。宋人称三鳃鲈鱼"黑脊""肉粗"，都显系鮆鱼的特征。《大业拾遗记》记载，隋时吴郡所贡干脍中即有鲈鱼脍、鮆鱼脍②两种，可见鲈、鮆同属吴中传统的鱼类，由于形近而容易混淆。（三）关于四鳃、三鳃鲈的不同分布区域，范成大说得之"俗传"，称江上四鳃、湖上三鳃，杨万里引《本草图经》所说则完全相反。孔平仲所说以垂虹桥为界分南北，垂虹桥在吴江南，南北横跨松江之上，西傍太湖。所谓桥南四鳃，按理应指太湖上，而对应的则是向下游"北过昆山"近海处为三鳃，也是指松江上，又与杨万里所说基本相同。《松江集·太湖赋》所说四鳃也应以湖上为主。

人们对生物的科学认识，动物难于植物，水生动物难于陆生动物，而像鲈鱼这类海淡水洄游鱼类、主要分布于海淡水交汇水域的鱼类，人们的观察和了解尤为困难。综合上述这些信息可见，宋以前人们对鲈鱼的实际认识极为有限，有关说法极为模糊。所谓四鳃、三鳃两种鲈鱼很有可能主要说的是普通鲈鱼（花鲈）与鮆鱼的差别，至少应该掺合了传统鲈鱼（花鲈）、现代松江鲈与鮆鱼三种鱼的特征。如说"四鳃，通白色"两点，就分别是松江鲈与花鲈的不同形征。而所谓"四鳃""三鳃"江上、湖上不同分布区域的说法相互矛盾，显系民间传言，不能完全当真。其中值得重视的，只有"四鳃"和"味美"两点，应属当时所见松江四鳃鲈的主要特征，后世所说松江鲈或四鳃鲈的性状都主要紧扣这两点。

（四）宋以来所说松江四鳃鲈仍多指花鲈

正是由于松江四鳃鲈信息的出现，使传统松江鲈鱼的说法增添了新内容，四鳃鲈成了松江鲈鱼最典型、最正宗的标志，明人甚至有"四腮鲈，出得松江天下无"的谚语③。然而实际生活中，人们通常所说松江鲈鱼，包括松江四鳃鲈，仍多只是传统所说"白质黑章"银鲈，即今人所说花鲈之类。如南宋范成大《秋日田园杂兴十二绝》："细捣枨齑买脍鱼，西风吹上四腮鲈。雪松酥腻千丝缕，除却松江到处无。"张镃《吴江鲊户献鲈》："旧过吴淞屡买鱼，未曾专咏四腮鲈。鳞铺雪片银光细，腹点星文墨晕粗。"元人郭鄂《鲈鱼》："请君听说吴江鲈，除却吴江天下无。西风猎猎鸣菰蒲，泠然乘风空太湖。舟人渔子纷相呼，横江截以网罩罛。四鳃端好充君厨，

---

① 中国农业百科全书总编辑委员会水产业卷编辑委员会编纂：《中国农业百科全书·水产业卷》上册，第328页。
② 《太平御览》卷八六二"饮食部"，《四部丛刊三编》影宋本。
③ 牛衷：《增修埤雅广要》卷一一，明万历三十八年孙弘范刻本。此意宋范成大、元郭鄂诗中均已言及，可见由来已久。当然，这一说法并不科学。元于钦《（至元）齐乘》卷四记载，山东博兴"其鲈虽小，亦四腮，不减松江"，清乾隆四十六年刻本。宋人《（嘉泰）会稽志》卷一七所说"鲈，镜湖（引者按：鉴湖）中小者才数寸许，最珍"，也有可能指四鳃鲈。

鬃鳞圆细红粉颜。文理匀腻白玉肤，不腥不滧不太腴。吾以铁石心肠粗，磨刀霍霍
飞凝酥。雪花吹去千薹跗，橙齑酽辣香模糊，盘行箸扫（引者按：原作埽，误）倾
百觚。"① 王恽《食鲈鱼》："鲈鱼昔人贵，我行次吴江。秋风时已过，满意莼鲈香。
初非为口腹，物异可阙尝。口哆颊重出，鳞纤雪争光。背华点玟斑，或圆或斜方。
一脊无乱骨，食免刺鲠防。肉腻胜海蓟，味佳掩河鲂。灯前不放箸，愈啖味愈长。"②
所说指明是松江鲈鱼，亦有"四鳃"之称，时节又有不同，但所谓雪鳞、银光、星文、
点斑，都显系花鲈的典型特征。明清以来，"吴中士大夫称大鲈但曰鲈"③，人们平常
所食鲈鱼，包括所谓松江鲈鱼乃至松江四鳃鲈，实际正如杨万里《垂虹亭观打鱼斫脍》
诗中所说，"鲈鱼小底最为佳，一白双腮是当家"，大都只是今日常见的两鳃、白鳞、
黑斑的普通花鲈。

（五）明清以来对松江鲈的认识逐步明确而社会关注不够

上述早期信息表明，所谓松江四鳃鲈应是十分罕见的鱼类，人们的认识极为有
限，有关说法较为模糊，多与常见的花鲈混为一谈。但尽管如此，四鳃鲈又是确实
的品种，人们所知总在不断积累着。

明代以来，人们的认识逐步清晰起来。明陈鉴《江南鱼鲜品》："江南水国也，
鱼为夥……有鲈鱼巨口细鳞，味甚腴，长至二三尺者。又有菜花小鲈，仅长四寸而
四鳃，产松江，苏子所谓松江之鲈也。④ 宋懋澄《凫旌录·蕲州（五）》："《赤壁赋》
谓'巨口细鳞'，乃鳜鱼也。松江鲈，紫腮，亦曰四腮，俗名吹沙，惟松江有之。
若巨口细鳞之鲈，则处处皆是，何止于松。"⑤ 清王有光《吴下谚联》卷四《四腮鲈》："今
松人不称四腮鲈者，以虾虎鱼夺之也。虾虎善食虾，故原名虾虎，大者四五寸，不
堪作脍，非鲈也。其腮自暴于外，左右各二焉，人一望而见之曰四腮，口亦巨，鳞
亦细，故得冒为四腮。"⑥ 这几条论说都特别强调所谓"巨口细鳞"之鲈是一种，比
较常见，所在多有，这就是古人常说的银鲈、我们今天说的花鲈。而另有一种四鳃鲈，
为松江地区特产，体型较小，有菜花、吹沙、虾虎等名称。但菜花（即鲋鱼、土附
鱼）、吹沙（鲉鮀）、虾虎又都实有其鱼，与松江鲈同属杜父鱼科小鱼，大小、形状、
性习都较为相近，相互极易混淆。清松江华亭徐基《田妇苦旱》诗即说到这样一种

---

① 郑杰：《闽诗录》戊集卷一，清宣统三年刻本。
② 王恽：《秋涧集》卷四，《四部丛刊》影明弘治本。
③ 王有光：《吴下谚联》卷四，清嘉庆刻民国补刻本。
④ 陈鉴：《江南鱼鲜品》，清《檀几丛书》本
⑤ 宋懋澄：《九钥集》续集卷一〇，明万历刻本。
⑥ 王有光：《吴下谚联》卷四。

情景："少妇车水车轮断，鱼虾露出水无波。人道有虾虎，又道是松鲈。"① 天旱水枯，河底朝天，鱼虾毕现，有一种小鱼人称虾虎，又有人说是松江鲈鱼，终不可辨。显然，上述明清人所说，多少都有混淆两者的风险。但他们都注意到有大、小悬殊的两种鲈，应是抓到了松江四鳃鲈与普通花鲈的主要差别，与宋人相比，在松江鲈的鱼类归属上有了明显的进步。

清康熙中叶以来，人们对松江四鳃鲈的认识进一步明确。清康熙三十七年（1698）聂璜《海错图》分别绘有鲈鱼和四鳃鲈："松江四鳃鲈不但与大卜之鲈异，并与松江之鲈亦异。"② 嘉庆间祝德麟《食鲈》："亥市渔娘一簇齐，脍材如玉价初低……世间名目偏淆混，转恐红腮眼易迷。"注称："别有四腮者，无鳞，长不满三四寸，天寒则出，淹糟可以致远，乃冒鲈名耳。"③ 光绪间常熟人丁国钧《荷香馆琐言》："王渔洋《真州绝句》'正是日斜风定后，半江红树卖鲈鱼'，此鲈鱼巨口细鳞，江乡处处有之，余在真州学署三年，亦时以入馔，非松江之鲈也……松江鲈，相传产秀南桥下者最佳，实则气甚腥，其状绝肖吾乡之土哺鱼（原注：南京人呼为虎头鱼），而味逊其隽。费屺怀谓'土哺'二字急呼之，即成鲈字。"④ 所谓四鳃、无鳞、形似土鮒，都是典型的现代科学定名之松江鲈即四鳃鲈的形状特征。尤其值得注意的是"天寒则出"一语，传统所说鲈鱼八月肥，而松江鲈要到冬日方成熟肥美，降海繁殖，形成渔汛，这在当代科学研究中得到了证明⑤。

民国以来，现代科学技术兴起，人们对松江四鳃鲈鱼的认识更为专业而深入。早在1840年，松江鲈作为一种物种被国际生物学界在菲律宾发现和著录⑥。1930年，我国学者张伯奇（松江中学教师）曾仿林奈双名法拟其学名为 Acanthogobius sungkaing,Pochi⑦。最迟在1935年，我国已有著述将松江鲈的拉丁学名与松江鲈这一中文名称配套介绍⑧。一些学者就松江鲈进行了不少科学研究，在松江鲈的生物特征、生活习性、捕捞季节、市场状况、养殖状况、烹调方法等方面都有不少切实的观察、

① 徐基：《十峰集》卷三，清康熙刻本。
② 故宫博物院编：《清宫海错图》，故宫出版社2014年版，第50页。所绘鲈鱼、四鳃鲈分别见第50、77页，前者背微青，有黑点，正是花鲈中的七星鲈之类，而四鳃鲈则"别是一种"。
③ 祝德麟：《悦亲楼诗集》卷三〇，清嘉庆二年姑苏刻本。
④ 丁国钧：《荷香馆琐言》卷上，《丛书集成续编》本。
⑤ 邵炳绪、唐子英、孙帼英、邱郁春等：《松江鲈鱼系列习性的调查研究》，《水产学报》1980年第3期。
⑥ 邵炳绪：《松江鲈的生态初步观察》，《复旦学报》（自然科学版）1959年第2期。
⑦ 张伯奇：《松江四鳃鲈之研究》，《自然界》1930年（第5卷）第2期。
⑧ 徐季拧：《上海食用鱼类图志》，上海渔业指导所1935年版，第44页。

试验和记述 ①。其中令我们印象深刻的有这样一些：（一）松江鲈在松江流域大批出现的时间在"小雪后，大雪前，而以冬至时为最肥满" ②。（二）烹调须极谨慎，鱼小肉嫩，杀不用刀，从口中插入筷子，搅出内脏，囫囵清煮为宜，煮需急火，这样才能保持肉嫩而味鲜 ③。（三）上海松江县盛产松江四鳃鲈，商家经营称有四鳃、三鳃两种，四鳃极贵，而三鳃极贱 ④，所谓三鳃实际就是人们常见的花鲈。这些信息进一步表明，所谓松江四鳃鲈与普通鲈鱼即古人所说"鲈鱼堪脍"之鲈不是一类。值得注意的是，民国间也有学者从文史着眼，就六朝以来所说鲈鱼脍是否必指四鳃鲈表示怀疑 ⑤。这些客观、科学的观察和讨论，构成了我们今日科学认识的前提。

　　遗憾的是，新中国成立后，这些清人的明确记载尤其是民国年间的考察意见和研究成果长期并未得到应有的注意，如今常见的情景仍多与宋元人所说一脉相承，谈论张翰"鲈鱼脍"几乎都简单地直称是松江四鳃鲈，或者反过来谈及松江四鳃鲈都不忘引张翰思乡作话头，显然对古人通言之"松江鲈鱼"与宋以来所说松江四鳃鲈即现代科学定名之"松江鲈"之间的分别浑然不觉。今有学者虽看到两者的差别，但过分强调中古所谓松江鲈鱼及其生长环境的特殊性或独立性，对人们实际记述、吟咏中两者混称现象未及重视，遂将六朝唐宋人所说松江鲈鱼较大，明以来所说松江鲈鱼小不起眼，视作环境退化所致，得出"松江鲈鱼已经早在明代消失"的结论 ⑥。而其实，现代定名之松江鲈与虾虎、土鲋等同属杜父鱼类，得名松江鲈乃至以鲈命名都有几分历史的巧合和误会。宋以来始见记载，在松江鲈鱼的名义下备受推重，影响至今。该鱼实际分布数量有限，体格较小，属于海淡水洄游鱼类，人们知见不易，又常与其他杜父鱼类混淆。古人常说的鲈鱼，尤其是充当脍材的鲈鱼，应是今日常见的花鲈之类，风味或有浇漓，但从未断绝过。著名的松江鲈鱼脍也应如此，而不是宋以来见诸记载、现代科学定名的松江鲈或四鳃鲈。

---

① 闻远：《四鳃鲈》，《家庭常识》1918 年第 5 期；周瘦鹃：《松江之鲈》，《紫兰花片》1923 年第 10 期（文中提到友人许茸馀著有《松江鲈鱼考》）；张伯奇：《松江四鳃鲈之研究》，《自然界》1930 年（第 5 卷）第 2 期；刘桐身：《松江鲈》，《稻作季刊》1937 年第 3 期；同生：《鲈鱼杂谈》，《稻作季刊》1937 年第 3 期；琴宗：《松江鲈鱼》，《科学时代》1948 年第 3（1）期。同期日本人的研究有内山完造和木村重：内山完造的观点见其《一个日本人的中国观》，见弈因《松江鲈》（三），《京沪沪甬铁路日刊》1936 年第 1767 期；木村重的论文见于方逸的译文《松江之鲈》，《水产月刊》1947 年（复刊 2）第 2 期。对松江鲈的历史文化进行研究的有弈因《松江鲈》（一）（二）（三）（四）（五）（六），连载于《京沪沪甬铁路日刊》1936 年第 1765—1770 期。
② 刘桐身：《松江鲈》。
③ 弈因：《松江鲈》（六）。
④ 周瘦鹃：《松江之鲈》；弈因：《松江鲈》（五）。
⑤ 弈因：《松江鲈》（三）（四）。
⑥ 王建革：《松江鲈鱼及其水文环境史研究》，《陕西师范大学学报》（哲学社会科学版）2011 年第 5 期。

五、总　结

总结上述可见，张翰秋风所思吴中乡土风味应以《世说新语》所说"菰菜羹、鲈鱼脍"两种为是，《晋书·张翰传》抄录《世说新语》而误增一"莼"字，将两种变成"菰菜、莼羹、鲈鱼脍"三种，盛唐以来人们多据《晋书》所说，影响逐步扩大，使其成为脍炙人口的经典掌故。这一变化误导了莼菜的季节。莼菜本是春夏当令，历代农书、本草、类书、方志都言之凿凿，而人们日常言谈尤其是在文学写作中，多因《晋书》所说而称莼菜为秋令风物，酿成生活常识，影响深远。

菰菜羹本与鲈鱼脍并称"金羹玉脍"，为吴中传统名肴。菰菜即菇菜，是一种地皮菜之类地菌，皮滑、色黄、味甘，多与鱼脍一起制作羹汤。五代以来，因名中有"菰"字而与菰中所生茭白逐渐混为一谈，导致对茭白起源、发展问题的错误认识，影响至今。菰在我国分布较广，唐以前未见明确采食茭白的现象。茭白食用始见于唐，但远不普遍，入宋后才不断兴起，菰之普遍作为生产茭白的蔬菜作物更在其后，六朝人所言菰菜绝非茭白。

张翰所说鲈鱼为松江名产，但宋人开始记载松江地区另有一种四鳃鲈，视为松江鲈鱼的珍品和代表。此鱼现代科学定名为松江鲈，然此鱼虽味美而体长不过三五寸，不堪充任脍材，也不以秋天当令。古人所说松江鲈鱼一般体格较大，宋以来人们所说更有体白、细鳞、黑斑等特征，对应今日鱼类品种，正是我国沿海盛产的花鲈之类。宋以来，人们的实际言谈和创作中，两者多混为一谈，贯穿至今。

上述三种错误说法都因张翰秋风思乡之事而起，有着紧密的联系。菰菜、莼菜和鲈鱼本都是吴中传统名产，易于联系一起。莼羹鱼脍在六朝时南、北均较流行，《晋书》将莼羹、鲈鱼误举一起，遂取代传统的"金羹玉脍"成了吴中最响亮的风味组合，不仅流行于文学书写中，也表现在实际生活中，宋范成大《吴郡志》即称"今人作鲈羹，乃芼以莼，尤有风味"[①]。这对菰菜的历史角色无疑是一个毁灭性的冲击。整个中古时，作为土菌的菰菜本不起眼，有关信息仅见于《尔雅》和《世说新语》等少数文献。而唐以来"莼鲈"齐名并称，使人们无形中进一步忽视了菰菜的存在。又由于名称中的"菰"字，被误作茭白，最终在后续各类文献记载中消失得无影无踪。如果不是莼菜和茭白一再挤对，其历史命运是否会改写，也未可知。

梳理三道风物的历史误会，追溯其原因，既有科学认知的客观困难，如松江鲈

---

① 范成大：《（绍定）吴郡志》卷二九。

的认识就是如此，但更多的却是学术、文化传统的一些缺憾。尤其是这些其实并不复杂的错误，竟能相沿千年而无撼，令我们不禁深有感触。菰的生长、茭白的孕生都是不难观察的，也许《蜀本草》《本草图经》一两家的草率并不奇怪，但此后上千年历代本草学家、农学家以及其他领域参与讨论的学者，包括李时珍在内，多只知简单地抄缀前人说法，增损梳理，弥合语意疏漏，并没有认真考察和核实其生长实况。类似的情景在我们的类书、本草、圃艺、随笔杂记类著作中应非个别，这不仅反映了我国传统学术中科学精神的薄弱，同时反映了我国人文著述中辗转抄录、简单编述的现象比较严重，专题研究、扎实考证的风气严重不足。各类纂著错综襞积，而原创价值和科学意义却极为有限。

同样，我们的文学写作也复如此。莼菜的实际时令，无论求诸书本还是实际生活都并不难知，而最终多只认类事之书，以讹传讹。鲈鱼的鳃数、大小并不难辨，然而只就书本所说，随意而言，不问其实。文学固然不是纯粹写实，"据事以类义，援古以证今"① 也是一个行之有效的表达手段，符号化、模式化、写意性更是我们民族文学艺术思维和创作的深刻传统，但像这样只认书本，不顾实际，惯于用典，套话当道，总不免流于简单化、雷同化色彩。与科技类书籍中的简单抄缀一样，暴露了文化发展上一种深层的惰性和僵化，这是我国宋以来文化发展原创生机严重不足的一个方面，值得我们认真总结和反思。

（2016 年 5 月 13、14 日，笔者赴苏州吴中区实地了解三物生长情况，幸承苏州园科生态建设集团有限公司总经理毛安元、江苏省太湖渔业管理委员会调研员谈龙飙、苏州市吴中区东山镇莼菜种植专家叶洪兴等先生热情帮助和指教，谨志谢忱）

［原载《中国农史》2016 年第 5 期，有细节增订］

补说：

《齐民要术》卷十"蒋"条下辑《广志》《食经》，所言"菰"或可视作茭白，笔者以为不妥。（一）《要术》辑："《广志》曰：菰可食，以作席温于蒲，生南方。"此"可食"不确，《艺文类聚》卷八十二辑此条作："《广志》曰：菰可以为席，温于蒲，生南方。"宋人吴仁杰《离骚草木疏》所述同，是"食"字为误添，否则也未必指茭白。（二）《要术》辑："《食经》云藏菰法：好择之，以蟹眼汤煮之，盐薄

---

① 刘勰：《文心雕龙》卷八，《四部丛刊》影明嘉靖刊本。

洒，抑着燥器中，密涂，稍用。"此处"菰"为生鲜之物，如属菰蒋草所产，则非茭白莫属。然《齐民要求》称"菰"作食物，有菰米、菰叶（用于裹粽），较为明确。另有"菰菌"，则是指菌菇，用作茡鱼羹。此处"藏菰法"所说"菰"，应属"菰菌"而误辑。理由有二：其一，宋以前称茭白为"菰首"，单言"菰"或指其草，或称其米，未见以单字称菰首的现象，而"菰"通"菇"则是当时语言通例，所谓"菰菜"即是菇菜、菌菜。《齐民要术》未提及菰首（茭白），是对茭白无所知。《齐民要术》引《食经》"作干枣法"称菰则用其别称"蒋"。其二，就制作法而言，茭白是鲜脆之物，以鲜食、现烹为宜，质性与茎叶类蔬菜相近，如欲久存，则应以晒干或盐腌等作菹法处理为宜。而所言"藏菰法"，既要择之，又得嫩汤焯过，再撒以薄盐，如此精细复杂，似属蘑菇类食材保鲜久贮之法。所谓"稍用"是说"分次逐渐使用"（缪启愉《齐民要术校释》注解），显系用作佐料调味，而茭白未闻有此效，蘑菇味重，或充此用，所谓"茡羹"即是。不惮揣测，《食经》所谓"藏菰法"应为藏蘑菇法而非藏茭白法，不宜视作茭白食用之证。尤其是在整个先唐，仅此一见，且说法模糊，言之须慎。

[原载《阅江学刊》2016 年第 6 期，题作《〈三道吴中风物，千年历史误会〉补说》，其中欧阳询《张翰帖》有关内容直接补入《三道吴中风物，千年历史误会》]

菰菜、茭白与茭儿菜

中古人所说"菰菜"是地皮菜之类菌菇，宋以来与"茭白"混作一物，笔者《三道吴中风物，千年历史误会——西晋张翰秋风所思菰菜、莼羹、鲈鱼考》一文辨明其错误及由来。但近来发觉，文中对苏颂《本草图经》所说"（菰）春亦生笋，甜美堪啖，即菰菜也，又谓之茭白。其岁久者中心生白薹，如小儿臂，谓之菰手"的评说有误，笔者称菰春日发苗"无荸芽、嫩茎可食"，大谬不然，必须纠正。春末夏初间，菰的新生植株剥取嫩茎如笋，白嫩可口，即后世所说茭儿菜。

茭儿菜（明王磐《野菜谱》）又名茭笋（朱橚《救荒本草》）、茭芽（王磐《野菜谱》）、菰菜（清程瑶田《九谷考》）、茭菜（道光《续修桐城县志》）。明永乐间朱橚《救荒本草》最早正式著录："茭笋：《本草》有菰根，又名菰蒋草，江南人呼为茭草，俗又呼为茭白。生江东池泽水中及岸际，今在处水泽边皆有之。苗高二三尺，叶似蔗荻，又似茅叶而长大阔厚。叶间撺莛开花如苇，结实青子。根肥，剥取嫩白笋，可啖。久根盘厚生菌（音窨），细嫩，亦可啖，名菰菜。三年已上，心中生莛如藕，白软，中有黑脉，甚堪啖，名菰首。"（卷上）这应是关于菰菜、茭白、菰米、茭儿菜诸名物关系说得最简明、准确者。菰又名茭草，春日发苗有嫩茎即茭儿菜，秋日株心抽穗结实为菰米（"青子"），三年以上的茭草则能长出藕节一样的茭白（"菰首"）。而所谓菰菜则是菰根枯朽盘积所生菌菇，与菰草并非一体。

苏颂《本草图经》将菰菜、茭白视作一物固然有误，但说菰草"春亦生笋"，宋末《（咸淳）重修毗陵志》著录茭白也称"春亦生笋"，表明宋人已知采食菰之初生嫩茎。其所谓岁久（一说"三年以上"）才产茭白，与今不同，但未必有误，也许是唐宋茭白兴起之初，菰草孕生茭白并不普遍，只有多年宿根所生的粗壮菰草才有机会感染菰黑粉菌而结茭白。

值得注意的是，此时人们也只统称菰、蒋或茭草，尚无野生、家种之分。这种情况一直延续到明朝茭菜、茭儿菜名称的出现。明中叶人们所说茭草仍混而言之，所谓茭儿菜、菰米、茭白都是一物所生，只是食用部分和采收季节不同而已。当然，整个明朝茭白作为蔬菜种植已大有发展，《救荒本草》所说只举茭笋与菰米两种用以救饥，显然主要应是野生茭草，而到明末姚可成《救荒野谱》所说"家茭有苜，野茭有芽"，则已明确分出作物茭白和野生茭草两种。应是明中期以来，茭白的种植食用渐成普遍之势，家茭遂与野茭正式分道扬镳，俨成两种品系。由于茭白作为蔬菜作物品种基本稳定，今人所言茭儿菜，无论是野生采摘还是种植生产，都是指所谓野茭白的细笋嫩茎。

古人对茭儿菜说得最清楚的莫过于明清、民国间安徽桐城、江苏邳县两县志。《（道光）续修桐城县志》卷二二：

> （野蔬）茭菜，茭一名菰，生于湖泽。叶狭而长，似芭茅而不割手。茎圆而长，其大如指，上青韧而连叶，下白嫩而接根。三四月采之，剥去外皮及青茎，取白蒻（引者按：指水生植物没入泥水中的嫩茎）一截，寸断煮食，味鲜而清脆，争胜于竹萌（引者按：竹笋），谓之茭菜，老则中空成筒。其茎叶名茭草，可饲驴马。秋末起薹，开花结实，中有白米，名曰菰米，一曰雕胡米。但易落，舟过则惊堕水中。

《（民国）邳志补》卷二四：

> 菰，俗名茭瓜，一类三种。宿根水中，春生白芽如笋，曰菰菜。夏日其根生菌，《尔雅》所谓出隧、蘧蔬，郭注"生菰草中，状以土菌"，味清脆，生熟可啖。秋于叶丫间生实，长数寸，包以绿皮，作苞谷状，名菰手，即《西京杂记》"菰之有首者谓之绿节"也。其不生菰手者，秋日抽茎开花如苇，名菰蒋草，结实如大麦。即《西京杂记》之雕胡也，一名菰米，皮色黑褐，故杜诗云"波漂菰米沈云黑"，其米白而香腻，《内则》"鱼宜菰"，为《周礼》九谷之一，《管子》谓之"雁膳"，俗名公茭瓜。一种茎叶花实皆瘦小，名曰茭苗，只可饲牲。

对茭儿菜的生长、食用情况都有具体介绍，同时也指明野生菰草春末生茭菜（茭儿菜），秋末产菰米，当时仍都食用。可见今日所谓野茭白自古以来广泛分布，人们因材食用相沿不绝。《邳志补》所说"茭苗"，并非独立一种，只是土瘦水清处所生瘦小者，抽穗不显，也难以孕生茭白，而一旦水土肥沃，株体粗壮，不仅抽穗硕大，也易孕结茭白。家茭如管理不善，年复一年，也会逐步返为野茭 ①。

[原载《阅江学刊》2017 年第 3 期，此处有增补]

---

① 2017 年 5 月 7 日，笔者与兄程俊、侄程滢驱车前往安徽繁昌考察茭儿菜的生长情况，承县农技专家肖茂盛先生热情接待。在其老家不远处一条狭长的乡间小河里看到满河茭儿菜即野茭，时正是嫩茎可采时节。肖氏介绍说，这条河水原无茭草，近二三十年无主家茭逸为野生，渐成弥漫之势。深入茭草中，发现茎干多圆细，剥取其中白色嫩茎，即茭儿菜。其中也有少量根茎粗壮者，茎杆微呈扁圆，肖氏说此种或能孕生细小茭白。8 月 3 日，肖氏送我一些新收菰穗，剥得菰米数十颗，皮色灰黑，而内质浅白。浸水蒸煮，米粒有晶软胶韧之感，淀粉含量应较大米为少，口味无异。

《乐府补题》赋莼词旨说

　　《乐府补题》咏物五题，前人多称深有寄托，认为隐指元僧盗发宋陵或宋帝崖山沉海之事，近年有学者加以否定，认其只是一般咏物，所谓寄托，也只是一般江湖之士、亡国遗民的清逸零落之感，并无具体史实隐喻。笔者因考证莼菜非秋令风物、《晋书》所言张翰莼鲈之思有误而涉及这一聚讼已久的问题。就笔者所见，其中《摸鱼儿·紫云山房拟赋莼》一组五首，均属一般咏物通式，上阕实笔体物，下片虚处寄情。作者五人中，王易简、唐珏、王沂孙均为绍兴山阴、会稽两县人，佚名一人列第二，也应是两县人。所谓紫云山房并非某人斋号，集中有宛委山房、紫云山房、浮翠山房、天柱山房等地点。近见有学者引陈恕可墓志铭称宛委应指其杭州室斋，所说不妥，若所称山房为斋号，不应相互雷同如此。而宛委、紫云、天柱诸山房所赋，对应号"宛委""紫云""天柱"者均缺席，于理亦不合。可见所谓某山山房并非室斋之称，均为会稽山间同人例行雅集之所。而所咏莼菜，也属越中名产。南宋莼菜以越中湘湖最著，《嘉泰会稽志》称："萧山湘湖之莼特珍，柔滑而腴，方春小舟采莼者满湖中。山阴故多莼，然莫及湘湖者。"莼菜以春末夏初最为嫩滑，入秋即老涩。因此五人作品上片体物写实均称春天或初夏。所谓"龙须""玉钿"云云均是前人如杨蟠（字公济）、杨万里辈咏莼常用喻词。据周密所言，元僧盗发宋陵之事，发生在秋冬之际，如赋莼而隐指此事，也当取秋天切此时节为宜。至于下阕均称"西风""秋冷"，又多称吴中，则是用晋人张翰西风思乡之事，泛言怀归幽隐之意。而张翰思乡称莼为秋令风物，是一场历史误会，笔者另文详辨（请见笔者《三道吴中风物，千年历史误会》），此不赘。五人中，最后为李彭老，是湖州德清人。所写是吴中"过垂虹"所见采莼风光，而下阕则追忆越中"湘湖外，看采撷，芳条际晓随渔市"之旧游经历，最后引入远望稽山，怀念鉴湖友人之意，显然为异地追和之言。整组词应是地道的同人应社之作，余四组未及细究，想其创作情景应大致类似。

[原载《阅江学刊》2016 年第 5 期]

我国黄瓜、丝瓜起源考

　　黄瓜、丝瓜都是分布较广的蔬菜作物，一般认为原产于亚洲南部，尤其是印度为中心的喜马拉雅山南麓广阔地带。虽然近百年来，我国云南也曾有过野生丝瓜的报道，但就我国古籍相关记载看，我国黄瓜、丝瓜的种植较之甜瓜、冬瓜等本土传统瓜类作物要晚得多，显属外来物种。而具体的引入时间和相关情况，农史学者虽多涉及，但由于直接资料极其有限，一时都言之难明。笔者接着前贤时彦的工作，广泛搜集资料，细加梳理考察，力求对我国黄瓜、丝瓜的物种起源问题有一些更切实、具体的认识。

一、我国黄瓜的起源及食用演变

　　黄瓜本名胡瓜，为外来作物。今有关科学研究表明，印度种植黄瓜历史悠久，最有可能是其原产地[①]。《本草纲目》称"张骞使西域得种，故名胡瓜"[②]，此说未明出处，当凭空而来，想其当然，不足为据。但黄瓜来华的时间，不在两汉，也不会晚于魏晋十六国时期。《道藏》本陶弘景《养性延命录》讲饮食避忌时称"真人言"：

---

① 请参见［英］德空多尔（A. De Candolle）《农艺植物考源》，俞德浚、蔡希陶编译，胡先骕校订，商务印书馆 1940 年版，第 141—142 页；［日］星川清亲《栽培植物的起源与传播》，段传德、丁法元译，河南科技出版社 1981 年版，第 62 页；安志信、孟庆良、刘文明《黄瓜的起源和传播初析》，《长江蔬菜》2006 年第 1 期，第 39—40 页；林德佩《黄瓜植物的起源和分类研究进展》，《中国瓜菜》2017 年第 7 期，第 1—3 页。

② 李时珍著，李贵迁等点校：《本草纲目》卷二八，中医古籍出版社 1994 年版。

"胡瓜合羊肉食之发热。"①该书或疑出初唐孙思邈，今人多归南朝梁陶弘景（456—536），并认其内容多辑自魏晋张湛《养生集》、道林《摄生论》、翟平《养生术》、黄山《黄山子》《黄山君诀》等书②。这段标名"真人"的饮食养生之言，应属陶弘景本人，也就是说在中土文献中，至迟在梁陶弘景时代已经出现"胡瓜"之名，且已有一定的食用经验。

　　黄瓜传入的途径很可能与佛教来华有关。佛陀耶舍、竺佛念译《四分律》卷四十三："诸比丘在不净地种胡瓜、甘蔗、菜，枝叶覆净地，比丘不知为净不，佛言不净。时有在净地种胡瓜、甘蔗、菜，枝叶覆不净地，不知为净不，佛言净。"昙无谶译《大般涅槃经》卷二十七："譬如胡瓜名为热病，何以故？能为热病作因缘，故十二因缘亦复如是。"前者是说佛徒修身，如种胡瓜、甘蔗和蔬菜，立身净则净。后者以胡瓜食用必发热病因以为名，比喻十二因缘总具佛性。两部经书均译于十六国时期中叶，两位主译者为后秦（384—417）、北凉（397—439）时受邀来华译经传教的印度和罽宾（今克什米尔一带）人。可见胡瓜之名源自译经，胡瓜即黄瓜是佛经中一个重要的譬喻或意象，在佛教本土即印度和今克什米尔一带民众生活中比较常见，最迟在十六国中叶，随着佛教的传入而带来中土，最初应主要见于北方。所谓"胡"本应泛称天竺（印度）和西域。至陶弘景生活的南朝梁代，佛教在南方也得到了的发展，《养性延命录》称胡瓜不可合羊肉同食，显然也是受佛经胡瓜性热说的影响。

　　陶弘景稍后，成书于六世纪三四十年代的北魏贾思勰《齐民要术》开始著录胡瓜种植和收藏之法，已十分详细："种越瓜胡瓜法：四月中种之（胡瓜宜竖柴木，令引蔓缘之）。收越瓜欲饱霜（霜不饱则烂），收胡瓜候色黄则摘（若待色赤，则皮存而肉消也），并如凡瓜，于香酱中藏之亦佳。"可见此时至少在北方地区种植已较普遍，食用经验也较为丰富。

　　关于胡瓜改名黄瓜的时间，《本草纲目》胡瓜"释名"称："藏器曰北人避石勒讳改呼黄瓜，至今因之。……杜宝《拾遗录》云，隋大业四年避讳改胡瓜为黄瓜，与陈氏之说微异。"认为有两种说法，一是唐人陈藏器《本草拾遗》所说。实际唐人并无此说，而是李时珍错会大观《证类本草》"胡瓜叶"下"胡瓜"内容。《证类本草》所辑实出《嘉祐本草》，文末小字注称"见《千金方》及孟诜、陈藏器、日华子"，是综述诸家所说，并非只录陈藏器《本草拾遗》一种。今人辑复孟诜《食

---

① 陶弘景：《养性延命录》卷上，明正统《道藏》本。
② 朱越利：《〈养性延命录〉考》，《道教考信录》，齐鲁书社2014年版，第23—47页。

疗本草》和陈藏器《本草拾遗》，都将这段"胡瓜"内容悉数辑入①。实际这段文字应为宋《嘉祐本草》原文，尚志钧《嘉祐本草》辑复本即将这段文字连同小字注文全部辑入②。最后一句"北人亦呼为黄瓜，为石勒讳，因而不改"，李时珍归为陈藏器所言。而敦煌抄本陈藏器《本草拾遗》残卷（S76 号）瓜果蔬菜类药物内容多在，此句恰不见于"胡瓜"条下③，是不出陈藏器无疑。实际这句应是《嘉祐本草》所述四人中排名最后的宋初日华子所说，更有可能是《嘉祐本草》编者缀录前人之言后的按语，总之反映的是北宋人对这一问题的态度，意思是"北人"虽有"黄瓜"之称，而此处著者仍用"胡瓜"旧名。当时宋、辽分治，宋人称辽境之民为"北人"。

而另一说出自唐人杜宝《大业拾遗录》："（大业）四年，（隋炀帝）改胡床为交床，改胡瓜为白露黄瓜。"④ 此说也得到唐人吴兢《贞观政要》的证明："贞观四年，（唐）太宗曰：'隋炀帝性好猜防，专信邪道，大忌胡人，乃至谓胡床为交床，胡瓜为黄瓜，筑长城以避胡，终被宇文化及使令狐行达杀之。'"⑤ 笔者认为，太宗皇帝李世民有言在先，唐人应不会轻易篡改，唐末段公路《北户录》崔龟图注、宋初《太平御览》所辑都只引杜宝所说⑥，未见有人提及石勒，可见所谓石勒改名说应是宋人因史家有"石勒讳胡，胡物改名"⑦之事而想其当然，不足为据，胡瓜改名黄瓜应出于隋炀帝无疑。

尽管宋人本草书中仍间见采用"胡瓜"之名，但更多情况下则称黄瓜。至少从南宋中期开始，如《梦粱录》《（宝庆）会稽志》《（宝祐）重修琴川志》《（咸淳）临安志》等都称黄瓜。元人更是如此，北宋人著录多称"胡瓜又名黄瓜"，而元以来则反过来，多转称"黄瓜一名胡瓜"⑧。这一方面有南宋以来语言习俗渐变的因素，另也与元蒙统治下"胡瓜"之名颇多忌讳有关，从此黄瓜便成了流行的通称。

关于元以后我国黄瓜栽培的发展历史，舒迎澜《黄瓜和西瓜引种栽培史》有较为全面、详细的论述，此不再赘述，但有两点关乎早期发展，需要补充：

一是黄瓜食用价值认识的变化。黄瓜传入中土之初发展较为缓慢，主要见于北

---

① 参见尚志钧辑校《食疗本草（考异本）》，安徽科学技术出版社 2003 年版，第 80—81 页；尚志钧辑释《本草拾遗辑释》，安徽科学技术出版社 2002 年版，第 290—291 页。

② 尚志钧：《嘉祐本草辑复本》，中医古籍出版社 2009 年版，第 457 页。清人吴其濬《植物名实图考长编》卷五，商务印书馆 1959 年版，第 298 页。

③ 黄永武主编：《敦煌宝藏》，台湾新文丰出版公司 1981 年版，第 1 册，第 411 页；胡同庆、王义芝：《智慧敦煌：揭秘敦煌壁画中古人生活智慧》，中国旅游出版社 2015 年版，第 160 页。

④ 《太平御览》卷九七七，《四部丛刊三编》影宋本。

⑤ 吴兢：《贞观政要》卷六，《四部丛刊续编》影明成化刻本。

⑥ 段公路著，崔龟图注：《北户录》卷三，清《十万卷楼丛书》本；《太平御览》卷九七七。

⑦ 欧阳询：《艺文类聚》卷八五，清文渊阁《四库全书》本。

⑧ 司农司编：《农桑辑要》卷五，清《武英殿聚珍版丛书》本。

方地区。《齐民要术》所说"种胡瓜法",应是民间种植食用情况,而《大唐开元礼》"荐新于太庙"中胡瓜与冬瓜、瓠子齐名并列①,则是用作祭祀,反映的都主要是北方地区的情景,同期南方却缺乏类似的记载。而且在整个中古,除佛经、本草、农圃类著作间有提及,其他文化和生活信息很少有黄瓜的影子,人们言之极少。偶尔见到"黄瓜"一词常指黄熟之瓜,如古乐府《前溪歌》"黄瓜是小草,春风何足叹",苏东坡著名的词句"半依古柳卖黄瓜"②,说的应是黄色甜瓜。究其原因,应是由于前引佛经所说食用胡瓜易患"热病"。传入之初,佛经关于黄瓜的负面说法显然产生了不小影响。唐人孙思邈《千金要方》称胡瓜"有毒,不可多食,动寒热多疟病,积瘀血热"③,此后本草、医疗养生类著作多有这方面的负面描述和诸多禁忌。宋人苏颂《本草图经》虽未正面发表意见,但也称"胡瓜黄色,亦谓之黄瓜,别无功用,食之亦不益人,故可略之"④,一副鄙薄不屑之言。南宋早期《分门琐碎录》"种菜法"中有"种丝瓜"的内容,却未提到黄瓜。可见整个北宋以前,至少在南方地区,黄瓜并未引起人们重视,种植、食用远未流行。

南宋以来情况才明显改变。南宋《(淳熙)新安志》《(嘉泰)吴兴志》《(宝庆)会稽续志》《(宝祐)重修琴川志》、元《(大德)昌国州图志》《(至顺)镇江志》等方志物产志开始著录黄瓜。元王祯《农书》也正式著录黄瓜,入明后各类农圃、本草和生活类著述多详言黄瓜的种植和食用之事。明嘉靖间镇江宁原《食鉴本草》说黄瓜"清热解渴利水道"⑤,后世谈及黄瓜功效都取此说,颠覆了宋以前黄瓜动寒热、易致病的传统说法。这既是对南宋以来人们食用经验的总结,也进一步解放了人们对黄瓜食用价值的认识,大大促进了明清时期黄瓜种植的发展。

二是黄瓜嫩、老不同食用内容的变化。黄瓜食用最初多待成熟、皮色变黄后以腌、糟、酱等腌菹法贮存备食。《齐民要术》载其种法、藏法即与越瓜合并而言(引见前),可见此时黄瓜还未用于嫩食,而是候其黄熟采摘,与越瓜(菜瓜)、冬瓜一样制作贮用。黄瓜之得名应即由此而来,这与我们今天多于青嫩时采摘鲜食、腌制两用很是不同。盛唐祭祀将黄瓜与冬瓜、瓠子并列为"荐新"之品,采食时间不会太早。南宋陆游《新

---

① 萧嵩:《大唐开元礼》卷五一,清文渊阁《四库全书》本。
② 曾季狸《艇斋诗话》(清光绪《琳琅秘室丛书》本):"东坡在徐州作长短句云'半依古柳卖黄瓜',今印本作'牛依古柳卖黄瓜',非是。予尝见坡墨迹作'半依',乃知'牛'字误也。"宋龚颐正《芥隐笔记》(明《顾氏文房小说》本)也有类似说法。所谓印本"牛依"可解作牛车载瓜憩于柳下以卖之,也可通。《东坡词》作"牛衣",牛衣着牛背以防雨保暖,多以粗麻、草编成,如蓑衣之类。就笔者所见,牛衣一般都较粗重,非人体所宜,暑天卖瓜,着此粗厚之物,无益取凉,徒增烦热,不合常理。
③ 孙思邈:《千金要方》卷七九,清文渊阁《四库全书》本。
④ 唐慎微:《证类本草》卷二七,《四部丛刊》影金泰和晦明轩本。
⑤ 李时珍:《本草纲目》卷二八。

蔬》"黄瓜翠苣最相宜，上市登盘四月时"，黄瓜与莴苣同时，所说黄瓜显然非属老熟，应是青脆的嫩瓜，这是黄瓜嫩食最早的信息。元人王祯《农书》讲黄瓜、越瓜"生熟皆可食，烹饪随宜，实夏秋之嘉蔬"①。明《（成化）兴化府志》（兴化府境约当今福建莆田市）："刺瓜，近首有刺，故名。其味最清，剖之一座皆有清香之气。初青熟黄，故又呼菜瓜，夏秋二季皆有之。"②都是兼夏秋两季、老嫩两种而言。而明正德十二年《金山卫志》（今属上海）："黄瓜，端阳食新嫩者，青、白色，有刺。"③所说主要是嫩食。明以来闽、浙一带俗称黄瓜为刺瓜，应即因食用带刺嫩瓜为主。明中叶苏州周文华《汝南圃史》："（黄瓜）有青、白二种……五六月结，俱宜嫩摘，老则色黄。"④清人吴其濬《植物名实图考》："瓜可食时色正绿，至老结实则色黄如金，鼎俎中不复见矣。有刺者曰刺瓜。《齐民要术》无藏胡瓜法，盖不任糟酱。"⑤所说完全转向食嫩而非食老。这也许有一些南北区域差异，但更是一个普遍趋势。《齐民要术》并非无藏法，称黄瓜"酱中藏之"，而吴其濬称不耐糟酱，显然看重的是嫩食，典型反映了中古主要食老与明清主要食嫩两种不同食用习俗的前后变化。

二、丝瓜的起源

科学界普遍认为丝瓜也原产于印度或以印度种植历史最为悠久⑥。我国丝瓜的栽培起源是个难解之谜，宋以前各类著述均未见⑦，宋代始有著述涉及，我国丝瓜的起源应就中寻绎。宋代的丝瓜信息主要有这样一些：

首先是医药类著作。出现最早的应是署名东轩居士的《卫济宝书》，宋人称传一卷，今所见乃从《永乐大典》辑编而成。卷首作者自序提到"玉女飞花散"一方

① 王祯：《王祯农书》卷二九，清乾隆武英殿刻本。
② 陈效、黄仲昭修纂：《（弘治）大明兴化府志》卷一三，清同治十年重刻本。
③ 张奎、夏有文：《金山卫志》下志卷三，《上海图书馆藏稀见方志丛刊本》影正德十二年刻本。
④ 周文华：《汝南圃史》卷一二，明万历书带斋刻本。
⑤ 吴其濬：《植物名实图考》卷四，清道光山西太原府署刻本。
⑥ ［英］德空多尔（A. De Candolle）：《农艺植物考源》，第145页；［日］星川清親：《栽培植物的起源与传播》，第182页。
⑦ 李时珍《本草纲目》卷二八丝瓜下附天罗勒，引陈藏器《本草拾遗》所录"天罗勒"，认为"江南呼丝瓜为天罗"，怀疑有可能天罗勒即丝瓜，"然无的据"，未能确定。《本草拾遗》今不存，唯有宋《证类本草》引用。《证类本草》卷一〇辑录《拾遗》："天罗勒，主溪毒，接碎傅之疮上。天罗勒，生江南平地。"后一"天罗勒"略显重复。检他本文字有异，第二句清光绪间柯逢时《武昌医馆丛书》影刻宋本《经史证类大观本草》作"似罗勒，生江南平地"，日本国会图书馆藏本作"以罗勒，生江南平地"，"以"当为"似"字误，也就是说，后一"天"字应作"似"。两句是说天罗勒的性状和生境，称其形似罗勒。罗勒也是一种草本药物，天罗勒或因与罗勒形近而得名，与别名"天罗"的丝瓜并无关系。唐人著述中未见有关丝瓜的记载。

传自不老山高先生，当是指宋太祖乾德年间祁门不老山龙兴观道士高景修①，又提到休宁道士，可见该书乃宋人著作，作者应为徽州祁门、休宁一带人士。又卷首董班序，其中有乾道六年（1170）纪年，可见作者最迟也应是宋高宗朝人。作者序言中提到该书主要哀辑风毒疮疡类外科古方，而方下注说应是作者自增。全书出现丝瓜共四处，属方中正药仅一处，即"服食仙翁指授散"中用"丝瓜一两"，其他三处以丝瓜汁作副药调饮。其中"正药指授散"方中说丝瓜"生者佳。冬日无，可于霜前收，临时末之以傅。生者则细切，石臼中杵绞汁，以一盏当一两，不用醋调，只用汁调更佳。此物亦有阴阳，长瘦为阳，短肥为阴，可偶用之"②，可见对丝瓜效用的认识已较为深入。湖南安抚使刘昉（潮州海阳人）任上（绍兴十四年任）所编《幼幼新书》，有绍兴二十年（1150）门人李庚序，是绍兴中叶之作。记载"治热毒疮方"捣丝瓜汁与硫磺、槟榔合敷③。宝庆二年（1226），魏岘（鄞县人）《魏氏家藏方》治肿疖两方也以丝瓜汁作调敷④。以上诸家用法都比较一致，多以丝瓜汁作辅药。宋末杨士瀛（福州人）《仁斋直指》除丝瓜汁治疮外，始用丝瓜烧灰为药⑤，应属新的发明。另有传许叔微《本事方续集》，今有日本传刻本，该书用药与宋高宗朝许叔微《本事方》多有不合，有学者疑其为后世俗医伪托者，所说颇有道理⑥。其中"治肠风"方中有"绵瓜"烧灰以酒调服一方，注称："绵瓜……一名蛮瓜，一名天罗，又名天丝瓜，其实皆绵瓜也。"又有取绦虫方，用"苦绵瓜子"，研末以酒调服⑦。所说绵瓜，是丝瓜无疑，但这些用法显然都远远超出了此间《卫济宝书》《幼幼新书》等丝瓜用法的范围，应远出宋以后。明初朱橚《普济方》已引录许氏这一"治肠风"方⑧，因此该书应出于元人。其中所说丝瓜本名"绵瓜"，宋人未见提及。明清方志物产中偶见记载绵瓜，一般多指甜瓜⑨，个别例外如福建《（同治）宁洋县志》物产志瓜属列南、瓠、西、刺、冬、王、绵、甜、苦、土、金等瓜，这里的"绵瓜"，可能是指丝瓜⑩，但时间已经很晚了。笔者认为，《本事方续集》的"绵瓜"多应是"丝瓜"繁体之误刻，而非丝瓜实有此名。

---

① 周溶修，汪韵珊纂：《（同治）祁门县志》卷一〇，清同治十二年刊本。
② 东轩居士：《卫济宝书》卷下，清光绪《当归草堂医学丛书初编》本。
③ 刘昉：《幼幼新书》卷三七，明万历陈履端刻本。
④ 魏岘：《魏氏家藏方》卷九，日本钞本。
⑤ 杨士瀛：《仁斋直指》卷一六、卷二一，清文渊阁《四库全书》本。
⑥ 李具双：《〈本事方续集〉辨疑》，《中医文献杂志》2006年第1期，第29—30页。
⑦ 许叔微：《类证普济本事方续集》卷九，日本享保书林向井八三郎刻本。
⑧ 朱橚：《普济方》卷三八，人民卫生出版社1960年版，第1册，第957页。
⑨ 如刘熙祚修、李永茂纂《（崇祯）兴宁县志》（明崇祯十年刻本）卷一与宋嗣京修、蓝应裕纂《（康熙）埔阳志》（清康熙二十五年刻本）卷一物产完全相同，"蔬属"均列"苦瓜、丝瓜、黄瓜、冬瓜四种"，而绵瓜与西瓜一道入"果属"，当是甜瓜品种。
⑩ 董钟骥修，陈天枢纂：《（同治）宁洋县志》卷二，民国二十四年铅印本。

　　二是类书。温革《分门琐碎录》是一部以农圃、生活日用知识为主的类书，本有 20 卷，成于绍兴间，又有《续录》20 卷，出于南宋中叶，今俱不存①。世传明抄本，应是只选抄其中农艺部分，今有《续修四库全书》影印本及化振红校注本。其中"种菜法"有一条："种丝瓜，社日为上。"②另开禧元年（1205），孙奕《示儿编》举百物异名，引《琐碎录》："鱼际曰丝瓜。"③是说丝瓜别名鱼际，此条化振红校注本失收。宋末陈景沂《全芳备祖》、谢维新《事类备要》都是大型类书，两书花木资料多有相同之处，当是坊间编刻转相抄录所致。《全芳备祖》瓠门辑《草木记》："丝瓜一名天罗絮，所在有之，又名布瓜，有苦、甜二种。多生篱落，开黄花，结实如瓜状，内结成网。"《事类备要》作："今一种名丝瓜，一名天罗絮，一名布瓜，绿深色，有纹及斑斑点子，有长二三尺者。"④两书所辑资料出处注释都极为草率、混乱，《全芳备祖》所辑《草木记》多出《南方草木状》《益州草木记》，但此段文字作者和时代不明，所称《草木记》是实有其篇还是随意编名也未可知，至少《事类备要》这段文字并未称出于《草木记》。尽管《草木记》是否属实值得怀疑，《全芳备祖》《事类备要》所录这两段文字却十分具体，称丝瓜有"苦甜二种"，有天罗絮、布瓜等别名，后世有关记载多有引用。

　　三是诗文和笔记。陆游《老学庵笔记》卷一记友人涤砚法："用蜀中贡余纸先去墨，徐以丝瓜磨洗，余渍皆尽，而不损砚"。这是用老瓜筋络洗涤器物最早的记载。同时张镃《漫兴》诗"茅舍丝瓜弱蔓堆，漫陂鹈鸭去仍回"⑤。宋末陈景沂《全芳备祖》收同时杜汝能（号北山）《咏丝瓜》"数日雨晴秋草长，丝瓜沿上瓦墙生"与赵梅隐《咏丝瓜》"黄花褪束绿身长，百结丝包困晓霜"⑥，宋末元初方凤《寄柳道传黄晋卿两生》诗"依依五丝瓜，引蔓墙篱出"⑦，月泉吟社桐江君瑞《春日田园杂兴》"白粉墙头红杏花，竹枪篱下种丝瓜"⑧，这些生活在今浙江地区的文人作品都表明，至少在当时的两浙地区，丝瓜的种植已成普遍现象。

------

① 关于《分门琐碎录》的作者、时间，请参见程杰《论宋代水仙花事及其文化奠基意义》，《南京师大文学院学报》2017 年第 4 期。
② 温革：《分门琐碎录》"种菜法"："种丝瓜，社日为上。"化振红：《〈分门琐碎录〉校注》，巴蜀书社 2009 年版，第 177 页。
③ 孙奕：《示儿编》卷一五，元刘氏学礼堂刻本。原书举出处作"《硕辟禄》"，显然是《琐碎录》之误。化振红校注本失收。
④ 谢维新：《事类备要》别集卷六〇，清文渊阁《四库全书》本。
⑤ 张镃：《南湖集》卷九，清文渊阁《四库全书》本。
⑥ 陈景沂编辑，程杰、王三毛点校：《全芳备祖》后集卷二五，浙江古籍出版社 2014 年版，第 1203 页。
⑦ 方凤：《存雅堂遗稿》卷一，民国《续金华丛书》本。
⑧ 吴渭：《月泉吟社》，清文渊阁《四库全书》本。

　　四是地方志。宋《(宝祐)琴川志》①,稍后元中叶《(至顺)镇江志》② 物产志开始记载丝瓜。

　　从时间上说,这些信息高度集中在南宋,并大致涵盖南宋前、中、后三个阶段,是一个持续发展的信息链。其中最早有三种明确出现在高宗绍兴间,只有《卫济宝书》具体成书时间不明,但一般不会孤悬在北宋前期,应与《幼幼新书》《分门琐碎录》等相去不远,或即只在两宋之交,最早也只在北宋后期。整个北宋时期本草学的编纂频繁,详赡如北宋末年集成性的《证类本草》包括《大观本草》俱未及丝瓜,可见丝瓜用作药物出现不久,尚未引起关注。南宋初年所载也多属取汁辅饮,作用有限。因此可以说,我国丝瓜的出现或最初利用只可上溯到北宋中期,文献记载以《卫济宝书》最早,属于北宋后期或南渡初期。

　　从应用价值上说,最早的记载多是药用,继而是用老丝瓜筋作洗涤用物,接着才是食用。《分门琐碎录》所说种丝瓜,就应是用作蔬菜,而只是到了南宋后期才多诗歌写及丝瓜,表明种植趋于普遍,又分出苦、甜二种,食用价值得到重视。至此,丝瓜的应用价值已得到较为全面的认识。

　　从空间上说,这些宋人信息除最初出现的《卫济宝书》《幼幼新书》两种医书外,均出于今浙江、福建两省人士,也就是说宋人种植、食用的信息均出于这两个地区。《分门琐碎录》编者温革是福建惠安人,曾任职洪州(治今江西南昌)通判,南剑州(治今福建南平)、漳州(今属福建)知州,福建转运使等职。续录者陈晔是福建长乐人,曾任淳安(今属浙江)知县、汀州(治今福建长汀)知州、广东提刑、四川总领等职。陆游是山阴(今浙江绍兴)人,张镃、杜汝能都久居都城临安(今浙江杭州),方凤是浦江(今属浙江)人,君瑞是桐庐(今属浙江)人,他们主要生活在今浙江省。最早记载丝瓜的地方志《(宝祐)重修琴川志》也属浙江。《全芳备祖》编者陈景沂是天台(今属浙江)人,《事类备要》编者谢维新是建安(治今福建建瓯)人。这些作者的籍贯或生活范围高度集中在浙江、福建两省,这是一个值得注意的现象,或者包含了我国丝瓜起源和早期传种的一些信息。

　　接着而来的问题是,丝瓜是否外来,如属外来,又传自何方。以我们这样农耕文明极其发达、植物知识积累十分丰富的国度,宋以前漫长历史时期未见丝瓜的任何迹象,有理由认其为外来植物。《分门琐碎录》所说别称"鱼际",这是丝瓜最早见载的别名,值得注意,有可能是东南亚、南亚等民族或波斯语读音。后世有许多

不同写法，元危亦林《世医得效方》载外科治疗鱼脐丁疮方用丝瓜叶，注称"即虞刺叶"①，明初朱橚《普济方》称"丝瓜，俗云鱼鰦，夏月人家栽作凉棚者是也"②。明中叶杨廉作《虞思传》，就丝瓜别名以文为戏，题注称："丝瓜菜，属吴楚间方言，呼虞丝犹言乱丝，又呼纺线，其得名或以小蔓萦络如丝如线耳。"是说吴楚俗称丝瓜为虞思、虞丝。稍后李时珍《本草纲目》鱼鰦、虞刺两名并载。瓜以鱼命名，六朝《广志》载辽东、庐江、敦煌瓜中有"鱼瓜"之名③，应为甜瓜之属，义在象形，与丝瓜无关。不难看出，所谓鱼际、鱼鰦、虞刺、虞思、虞丝是同音异文，应属外来物种拟音或音译的不同写法。

丝瓜另有别名"蛮瓜"，最早应即出于所谓许叔微《本事方续集》"治肠风"方，注称"（绵瓜）一名蛮瓜，一名天罗，又名天丝瓜"④。朱橚《普济方》引用此方径称出《本事方》，后世相沿遂有丝瓜别名蛮瓜、天罗诸说。蛮多指我国南方少数民族，今闽、粤、桂、黔、滇诸省当时均被视作蛮貊之地，李时珍因此说"始自南方来，故名蛮瓜"⑤。今人多称丝瓜广泛分布于东南亚、南亚等国，因而称我国丝瓜来自印度或东南亚地区。丝瓜在我国最初有可能出现在上述古蛮貊之地，这里与东南亚、南亚诸国毗邻或隔海相望，气候条件相近，是否同属丝瓜的原产地无从稽考。但这一名称使人们容易想到，我国丝瓜是由这些地区发源，或首先在这些地区传入的。

遗憾的是，宋人有关信息反映的情况并非如此。宋代相关记载最为丰富的是闽、浙两省，而不是粤、桂、黔、滇等岭南边鄙之地。不仅是宋代，即就整个古代而言，也以闽、浙两省信息最为密集。在爱如生《中国方志库》第一集中分省检索"丝瓜"二字，得数居前列的是福建（不包括台湾）144条、浙江142条、广东（不含海南）98条、山东97条、江苏（含上海）90条、安徽75条、江西65条、河南58条、广西53条、贵州48条，福建、浙江两省最多，而以福建居首。两省相邻，很有可能是我国栽培丝瓜的源头所在。其中台湾省也有26条，超过云南22条、四川22条、海南21条，进一步证明古代丝瓜的栽培中心应在以福建、浙江为中心的东南沿海地区。两省同在我国东南沿海，南北相邻的江苏、广东，还有山东都是信息数量较多的省份，也都是濒海地区。这些"大数据"都使我们产生丝瓜经海上丝绸之路传来的联想，丝瓜很有可能来自海上，最初由福建、浙江登陆。隋唐以来，浙江、福

①　危亦林：《世医得效方》卷一九，清文渊阁《四库全书》本。
②　朱橚：《普济方》卷三三〇，清文渊阁《四库全书》本。
③　欧阳询：《艺文类聚》卷八七，清文渊阁《四库全书》本。
④　许叔微：《类证普济本事方续集》卷九，日本享保林林向井八三郎刻本。
⑤　李时珍：《本草纲目》卷二八，清文渊阁《四库全书》本。

建社会、经济逐步兴起，海外贸易长足发展，福建泉州与浙江宁波成了重要的海外贸易港口。丝瓜在这一地区骤然兴起应与宋以来这一带海外贸易兴盛密切相关。我们不难想象，丝瓜如属外来物种，应是随着宋以来闽、浙一带海外贸易的兴盛而传入的。

闽、浙两省中，只有福建在唐宋时仍可称作南蛮之地。值得注意的是，明代岭南两广含今海南地区的地方志多这样著录丝瓜："丝瓜，一名水瓜，即闽中天萝"①，或反过来作"水瓜，一名丝瓜，即闽中天萝"②，至于广西则称"丝瓜，俗名水瓜，即闽中天萝，传种自广者"③。这种叙述方式清晰地表明岭南的丝瓜是传自福建，其大致路径是由福建至广东，再由广东传至今广西、海南。丝瓜之别名蛮瓜，既有可能指其传自南闽，也有可能指其来自海外，是由东南海路传入的。

总结我们的论述，黄瓜的传入应与东汉以来佛教的传入有关，十六国时期的译经中已有"胡瓜"之名，隋炀帝时改名黄瓜。受佛经对其性味负面说法的影响，长期未获重视。南宋以来，种植、食用逐渐普遍起来，且由早期食用老瓜转为以食用嫩瓜为主。我国宋以前无任何丝瓜迹象，北宋后期以来渐见记载。其别名"鱼际"或为外来音译，传入我国当在北宋中期或稍前。宋人有关记载多出福建、浙江，此后地方志的记载也以两省最多，两广方志多称从福建引入。由此可见，丝瓜当是入宋后，随着闽、浙一带对外交通贸易的兴起而由海上传入。

[原载《南京师大学报》（社会科学版）2018 年第 2 期]

---

① 戴璟：《（嘉靖）广东通志初稿》卷三一，明嘉靖刻本；唐胄：《（正德）琼台志》卷八，明正德刻本。
② 欧阳保：《（万历）雷州府志》卷四，明万历四十二年刻本。
③ 林希元：《（嘉靖）钦州志》卷二，明嘉靖刻本。

西瓜传入我国的时间、来源和途径考

西瓜是全球重要的水果，也是我国重要的瓜类作物。我国西瓜起源问题备受国人关注，西瓜是本土原产还是外来物种，如属外来植物又是何时由何地引种，近40年许多学者参与讨论，发表了不少可贵的意见。笔者一一搜检研读，发现以黄盛璋先生《西瓜引种中国与发展考信录》一文用力最深，所见最明 [①]。但黄先生的考述并非尽善尽美，不仅一些细节较为粗疏，也间有思虑不周、因循失误之处，给这一问题的论证留下了不少有待弥补的空间。黄先生的文章刊发于2005年，此后仍有不同说法出现，也有一些论著着力罗述各类意见，细大不捐，但多述而不论，论而不断，徒予人众说纷纭、莫衷一是之感。笔者有憾于此，特别推举黄盛璋先生所论，并就其言之不详、论述有误和本人另有所见处一并商榷拾补，以期对西瓜传入我国的时间、来源和途径有一个比较全面、明确、可靠的认识。

一、我国唐以前没有西瓜种植、食用的迹象

《新五代史》所录五代胡峤《陷北记》，称其在辽上京（今内蒙古巴林左旗东南）始食西瓜。这是西瓜在我国最早的文字记载，此前各类文献未见任何西瓜信息，因此在我国西瓜起源问题上，所有上溯唐以前的说法都无可靠的文献证据，言之须慎。已有说法必得严加斟酌，谨慎对待。

---

① 黄盛璋：《西瓜引种中国与发展考信录》，《农业考古》2005年第1期。

（一）所谓考古发现的史前、汉代西瓜子已遭否定

这是一种特殊情况，必须首先说明。上世纪 60 年代初以来，浙江余姚河姆渡文化遗址、杭州水田畈良渚文化遗址、广西贵县罗泊湾西汉墓、江苏高邮邵家沟东汉墓等考古报道称发现有西瓜种子。近 30 年，经杨鼎新、叶静渊、俞为洁、黄盛璋等学者认真复验和鉴定，这些西瓜子多是冬瓜子，无一可以确认属于西瓜的①。还有所谓西安西郊唐墓出土唐三彩西瓜，来路即不正，后证明属于伪造。这些考古信息曾被用来证明我国唐以前，尤其是新石器时代即有西瓜，我国是西瓜的原产地或次生中心之一，如今一一被否弃。显然是考古工作主客观的局限，带来了科学认识上不必要的干扰，教训值得汲取。

（二）张骞使西域引入西瓜说无凭

此说古时罕见，笔者仅于《（康熙）台湾府志》卷四"西瓜"条下一见，今人张仲葛《西瓜小史》②也持此说，显然都属顾名思义，想其当然，了无根据。

（三）唐以前文献已有西瓜迹象说均不可靠

主要是受上述考古信息的激发，不少学者竭力寻找相应的早期文献证据。唐以前一些文献资料包括诗赋作品所涉瓜果有迹似西瓜的，唐以后也有一些推溯之言，论者拉杂引用，随意解读，用以证明我国唐以前已有西瓜种植和食用迹象。有关谬说颇多，一并集中辨正。

1. 中古文献所说各类瓜名中无西瓜信息

我国先秦尚无瓜的品种意识，人们多只笼统称之。《诗经》所言只有瓜、瓠两种，瓜中又分瓜、瓞，大者称瓜，小者为瓞。瓠类不论，就瓜的食用价值言，又分两类，一是果用，所谓"七月食瓜"（《诗经·豳风·七月》）即是；另一是蔬用，"疆场有瓜，是剥是菹"（《诗经·小雅·信南山》），说的是腌菹贮存备用。以后世品种相对应，前者是甘瓜（甜瓜）之类，后者当是菜瓜（越瓜）、冬瓜之类，然而在当时都只笼统地称"瓜"。

秦汉迄隋唐通称中古，有关瓜的记述渐多，本草、农书、类书、博物类著作对瓜的品种、用途乃至种植食用、异闻逸事等均有言及。瓜的具体名称逐步出现，《齐

---

① 杨鼎新：《杭州水田畈史前"瓜子"的鉴定》，《考古》1987 年第 3 期；叶静渊、俞为洁：《汉墓出土"西瓜子"再研究》，《东南文化》1991 年第 1 期；黄盛璋：《西瓜引种中国与发展考信录》，《农业考古》2005 年第 1 期。
② 张仲葛：《西瓜小史》，《农业考古》1984 年第 1 期。

民要术》所辑《广雅》《广志》就有龙肝、虎掌、羊骹、兔头、瓤虺、狸头、白觚、秋无馀、缣瓜、乌瓜、蜜筩、女臂、瓜州大瓜、青登、桂枝等20多种。这些瓜除少量产地明确外，具体性状不明，只能就其名称揣其大概。日本《本草和名》（深江辅仁纂）、《倭名类聚抄》两书的瓜菜类词条多出我国唐人释远年《兼名苑》，从中可见唐人将历代瓜名大致归为冬瓜（又名白瓜）、越瓜、熟瓜（即后世所说香瓜或甜瓜）、胡瓜四类①。唯虎蹯（一名狸首）、龙蹄（一名青登）特别，专门列出，前者又称"黄斑纹瓜"，后者又称青呲瓜，以皮色青黑为主要特征，应都不属西瓜，是否即后世哈密瓜之类硬皮甜瓜也未可知。这些瓜类信息中既没有近似西瓜的称呼，也未见有明确可辨的西瓜性状。

2. 中古所说寒瓜是冬瓜而非西瓜

西瓜别名寒瓜，细究其源可以追溯到宋末元初方夔《食西瓜》"恨无纤手削驼峰，醉嚼寒瓜一百箇"②，是首次以寒瓜形容西瓜。李时珍《本草纲目》西瓜集解："陶弘景注瓜蒂，言永嘉有寒瓜甚大，可藏至春者，即此也。盖五代之先，瓜种已入浙东，但无西瓜之名，未遍中国尔。"李时珍根据陶弘景所说寒瓜很大，便认其指西瓜，后来西瓜别名寒瓜之说即出于此。西瓜出现的时间因而被大大提前，今人受其影响，多有此说。笔者近年作花卉植物的文化研究，多有机会接触《本草纲目》，仅就笔者所涉茭菜、茭白、黄瓜、冬瓜等植物，发现《本草纲目》相关内容简单抄掇前人著述、草率定论的现象比较严重。所说永嘉寒瓜是西瓜即属一例，我们不能盲目信从。黄盛璋先生对此略有驳议，但比较简略，笔者不惮辞费，详加论证，或可促进冬瓜、西瓜等相关问题的认识。

寒瓜之名始见于晋。一、西晋嵇含《南方草木状》："椰树。叶如栟榈，高六七丈，无枝条，其实大如寒瓜。"二、《神异经》："东南荒中有邪木焉，高三千丈，或十余围，或七八尺。其枝乔直……子形如寒瓜，似冬瓜也，长七八寸，径四五寸。"《神异经》传为汉东方朔撰，晋张华注，学者多表怀疑，但一般认为既不出汉世，也应不晚于西晋，与《南方草木状》大致同时。两条内容均为说明椰树，以寒瓜形容椰子的形状和大小。而《神异经》传本连用两喻，前言"形如寒瓜"，与嵇含所说如出一辙，而其下又紧接"似冬瓜也"，语意明显重复，应非原文所有，而是所谓张华注的内容。《齐民要术》《艺文类聚》《太平御览》所引《神异经》即无后一句，清光绪间陶宪

---

① 僧远年著，李增杰、王甫辑注：《兼名苑辑注》，中华书局2001年版，第51—53页；［日］深江辅仁：《本草和名》，日本宽政八年（1796）江户浅草新寺町（和泉屋庄次郎）刊行本；［日］源顺：《倭名类聚抄》卷一七"果瓜部二十六瓜类第二百二十三"，书林大坂心斋桥盘顺庆町刊二十卷本。

② 方夔：《富山遗稿》卷九，清文渊阁《四库全书》本。

曾氏《神异经》辑校本也将此句从经文剔出①。也就是说，"似冬瓜也"一语应是经文"形如寒瓜"的注文，后世误录为经文②，所谓寒瓜即冬瓜。

此后言及寒瓜者主要有三处：一、沈约《行园诗》："寒瓜方卧垄，秋菰亦满陂。紫茄纷烂漫，绿芋郁参差。"古人言寒瓜有指秋天尾茬落脚瓜之例，如北齐颜之推《观我生赋》"无寒瓜以疗饥，靡秋萤而照宿"，北宋张耒《海州道中》"逃屋无人草满家，累累秋蔓悬寒瓜"，清唐孙华《秋日杂诗》"野菊墙边委，寒瓜屋角悬"即是，都非瓜名。但沈约此处所写是盛夏初秋园景，所言是瓜名无疑。二、陶弘景《本草集注》注瓜蒂："永嘉有寒瓜甚大，今每取藏，经年食之。"③此条即李时珍引据者，今人也多引用作证。永嘉即今浙江温州，在我国东南沿海，这一信息易于引发西瓜由海上丝绸之路传入我国的联想。三、唐姚思廉《梁书·孝行传》："滕昙恭，豫章南昌人也，年五岁，母杨氏患热，思食寒瓜，土俗所不产，昙恭历访不能得，衔悲哀切。"就今日生活经验看，此条所说极易被视作果用的西瓜，但当时究指何瓜，仅凭此句，无从辨认。

值得注意的是，上述三条均为南人之事或作品，而前引称寒瓜者西晋嵇含，虽为黄淮之间人，但久居荆州、岭南等南方地区，他们都只称寒瓜，未见言及冬瓜。可资比较的是，同时后魏《齐民要术》对冬瓜的种植、腌制、烹调诸法言之甚详，除引用上述《神异经》椰树文字外，又没有专门提到寒瓜。揣摩其情景，当是魏晋以来，尤其是东晋以来南北分裂，语言上有南北之差，南人所言寒瓜正是北人所说冬瓜，寒即是冬，义同词异而已。前引《神异经》所说椰树之事也当出于南人所言，北人对"形如寒瓜"一语不解，而注者张华是北人，以北人所知作注，进一步透露了南北实同名异的信息。

再就所言形状言，虽然微妙，也值得玩味。众所周知，椰果多略呈长形或梨果形，《神异经》下文即言"长七八寸，径四五寸"。冬瓜有长有圆，以长形为正，沈约诗中称寒瓜"卧垄"也是巧得形似。而西瓜虽亦长圆兼有，却以浑圆为正，传入中土之初，宋人即称"西瓜形如匾蒲而圆"④。《神异经》以寒瓜形容椰果，所说应以冬瓜更为贴切，而不是西瓜。

陶弘景所谓"取藏""经年"食用与西瓜也不合，西瓜水分多，宜于鲜食，不耐久贮，更不会经年贮存备用，显然所说是冬瓜而非西瓜。

① 陶宪曾：《神异经辑校》，《船山学报》1933年第2期。
② 《太平广记》辑此事题作《绮缟树实》，与前引《神异经》文本同，见卷四一〇草木五，民国影明嘉靖谈恺刻本。
③ 唐慎微：《证类本草》卷二七，《四部丛刊》影金泰和晦明轩本。
④ 洪皓：《松漠记闻》卷下，明《顾氏文房小说》本。

　　上述信息充分表明，魏晋南北朝时期人们所说寒瓜即冬瓜，稍后唐人的说法也进一步印证了这一点。初唐释远年《兼名苑》注称："寒瓜，至冬方熟者也。"①稍后日人《和名本草》（又称《辅仁本草》）多采辑唐人本草著述而成，著录"寒瓜，色青白、皮厚、肉强"②。"青白"指青、白两种或指青皮上有霜粉，"肉强"当指肉质较硬，这些都高度符合冬瓜的特征。

　　唐以来，人们多承北人传统通称冬瓜，而寒瓜之名渐废。只有少数著述，由《神异经》而得知"寒瓜，冬瓜也"③，言者极少，但也远未绝迹。如元人华幼武《访志学留别》"寒瓜剖玉迟留客，香橘分金共忆亲"，明顾清《颐浩辩公寄莼菜瓜葅……》"寒瓜削成葅，入眼犹自绿"，清沈德潜《寒瓜》"瓜区是处见累累，独有寒瓜种最迟。茅舍秋风常稳卧，槿篱细雨每平垂。断壶聊共烹蒸惯，食肉安知滋味宜。遥想故林萝屋底，依然烂煮晚炊时"，所说都存古意，所谓寒瓜即指冬瓜。尤其是沈德潜"瓜区"（种瓜的方块坑地）、"种最迟""烹蒸""烂煮"云云，诗末又自注称"荆妇长斋尝植此瓜代饭"，必指冬瓜而非西瓜无疑。

　　综上可见，寒瓜是冬瓜、西瓜的共有别名，作为冬瓜之别名流行于六朝，而作为西瓜之别名流行于李时珍之后。中古所说寒瓜只是冬瓜而非西瓜，不能认作我国西瓜的历史。

　　3.古人诗赋只言片语不宜用作西瓜之证

　　为了上推我国西瓜的时间，当今论者间亦引用古人诗赋为证④。方法上属于"以诗证史"。但文学所言多有想象、夸张等"务虚"性质，不能尽信属实，用之须慎。

　　首先必得说明，两宋以前未见有明确咏及西瓜的文学作品，更不待说以西瓜为题的作品。魏晋南北朝及唐朝出现不少《瓜赋》，常为人们引用的疑似西瓜之言主要有"刘桢赋云'蓝皮密理，素肌丹瓤'，陆机赋云'摅文抱绿，披素怀丹'，张载赋云'玄表丹里，呈素含红'"，引者认为所说"皆非西瓜无以当之"。此三位皆魏晋时人，人们因而怀疑西瓜"不始于五代"，可以上溯六朝⑤。孤立地看这些片言只语，似乎与西瓜较为吻合，而放到全文语境中去，理解就不容随便。魏刘桢《瓜赋》："厥初作苦，终然允甘。应时湫熟，含兰吐芳；蓝皮蜜理，素肌丹瓤。"所说瓜初生味苦，

① 僧远年纂，李增杰、王甫辑注：《兼名苑辑注》，第52页。
② ［日］深江辅仁：《本草和名》卷一八。
③ 厉荃：《事物异名录》卷二三蔬谷部上，清乾隆刻本。
④ 曾维华：《我国"西瓜"种植起源考略》，《上海师范大学学报》（哲学社会科学版）1989年第2期；连登岗：《我国西瓜种植史探源》，《文史杂志》2002年第4期。
⑤ 袁栋：《书隐丛说》卷四"西瓜"，清乾隆刻本。

成熟时转甜而有香味，"素肌"是指瓜肉白色，丹瓢则是瓜肉内壁瓢丝，这些都显系甜瓜的特征，所咏是甜瓜而非西瓜。晋陆机《瓜赋》："五色比象，殊形异端。或济貌以表内，或惠心而丑颜；或撼文以抱绿，或披素而怀丹。气洪细而俱芬，体修短而必圆"，是铺陈众多瓜的不同形貌，包括羊骸、虎掌、桂枝、蜜筩等奇异品类，有表皮花纹而内里绿色的，也有外皮白色（素）而内里红瓢（丹）的，这都是甜瓜常见的皮肉之色。尤其最后赞其"体犹握虚，离若剖冰"，所谓"握虚"是说腹中空虚，也是甜瓜成熟后的现象，而西瓜无论生熟都是没有明显空腔的。晋张载《瓜赋》："羊骸虎掌，桂枝蜜筩，或玄表丹里，呈素含红，丰肤外伟，绿瓢内醲。""玄表丹里"常被疑为西瓜，而清人吴其濬则认为"甜瓜鲜丹红瓢者"，是仙异之品①。其实与上例同理，也只是铺陈瓜种繁多奇异，甜瓜的瓜肉无论青白，其内腔瓢丝也多橙红之色，下文又称其"绿瓢"，也就不能视其所赋必是西瓜。笔者认为，如果文辞中没有明确、细致的描写和说明，而不同作品间也没有显示重复出现、明确稳定的西瓜生物特征，只就其中只言片语，取其一鳞半爪之形似，视为西瓜的证据，不免有捕风捉影之嫌，方法是不够科学的。

从瓜的品种看，情况又较为复杂。唐以前瓜之品种信息多得之传闻，存名而已，具体性状不明。瓜的分布较广，不同地区、不同生长条件下，瓜的品种变异现象也在所不免，古人报道的奇瓜异瓠应不在少数。从这些眼花缭乱的瓜品信息中，要想找到与西瓜一鳞半爪的相似并不太难。而仅凭星星点点疑似，草率定论，难以令人信服。

4. 唐以前生食之瓜只是甜瓜

西瓜是生食果用品种，唐以前诗赋中没有任何食用迹象，而反过来，从先秦到隋唐，许多迹象表明，人们生食之瓜应都是薄皮甜瓜，或质量相近的菜瓜（越瓜）之类。我们略举数例可见：

（1）食瓜削皮。《礼记·曲礼》有为天子、国君、大夫、庶人削瓜的不同礼仪。《荀子·非相篇》说"皋陶之状，色如削瓜"，唐人注称是面"如削皮之瓜青绿色"②，"面如削瓜"成了一个流行说法。《北史·王罴传》记载，北魏名将王罴性格质直节俭，"客与罴食瓜，客削瓜皮侵肉稍厚，罴意嫌之，及瓜皮落地，乃引手就地取而食之"。食瓜要削去一层薄皮，瓜皮也可食，当然也可不削，这是薄皮甜瓜食用的情景。

① 吴其濬：《植物名实图考》卷三一，清道光山西太原府署刻本。
② 杨倞注：《荀子》卷三，清《抱经堂丛书》本。

（2）甘瓜苦蒂。汉魏古诗有"甘瓜抱苦蒂，美枣生荆棘"[①]之语，"甘瓜苦蒂"成了人们表达"天下物无全美"的流行俗语[②]，后世认为此句出于墨子[③]。这是甜瓜的典型特征，而西瓜蒂是不苦的，瓜本身也没有生苦熟甜的现象。

（3）浮瓜沉李。魏文帝曹丕《与朝歌令吴质书》："浮甘瓜于清泉，沈朱李于寒水。"是举夏日宴游风物，后世"浮瓜沉李"成了描写夏日风物之美的流行用语。薄皮甜瓜成熟后形成空腔，即能浮于水面，西瓜成熟后虽也浮水，但远不如甜瓜明显[④]。

上述这些中古以前流行的文中掌故，凝结了人们鲜瓜生食悠久而丰富的生活经验，充分表明我国早期生食之瓜是薄皮甜瓜，其中没有丝毫西瓜的影子。考古发现的所谓西瓜种子都被明确推翻，而西汉马王堆汉墓发现大量薄皮甜瓜种子却是广为人知、确凿无疑的事实。2017年3月23日，笔者参观江西博物馆"南昌海昏侯国出土成果展"，所见西汉废帝刘贺遗骸腹部食物残迹中有不少清晰的瓜籽，图片说明称是甜瓜子，这些也都有力证明甜瓜为我国早期果用瓜类的主角地位。

综上可见，就我国现有疆域而言，将我国西瓜种植和食用的时间上推到唐以前是不可靠的。瓜类作物种植方便，适应性强，传播极为迅速。南宋时，文献明确记载西瓜由东北引入江南，同时也引入金朝的黄河以南地区，短短两个多世纪后的元明之际，已传遍大江南北。设想如果史前、秦汉或魏晋南北朝时我国已有西瓜，以我国这样大一统的东亚大国、农耕文明高度发达的社会，以西瓜这样经济价值显著、种植技术简单、传播优势明显的作物，何致六朝、唐代甚至北宋境内竟都无人言及？西瓜在我国宋以前漫长的历史中了无踪影，既无其名也未闻其实，使我们不得不相信，西瓜必定是外来物种，其传入我国现有疆域的时间只能在唐朝以后。

二、契丹人是从漠北回纥故都而非新疆浮图城获得西瓜

关于西瓜传入我国的时间，最早的文献材料是欧阳修《新五代史》"四夷附录"所载五代晋人胡峤《陷北记》。欧阳修称："同州郃阳县令胡峤为翰（引者按：萧翰）掌书记，随入契丹，而翰妻争妒，告翰谋反，翰见杀。峤无所依，居房中七年，当周广顺三年亡归中国，略能道其所见。"萧翰为契丹后族，契丹灭晋，为宣武军节度使，

---

① 《太平御览》卷九六五，《四部丛刊三编》影宋本。
② 马总：《意林》卷一，清《武英殿聚珍版丛书》本。
③ 陆佃：《埤雅》卷一六"释草·瓜"，明成化刻嘉靖重修本。
④ 拙作原文断言西瓜成熟不浮，"澎湃"新闻等媒体转载后，承网友指出错误，遂盛水投瓜验之，此处据以订正，并志谢忱。

驻守汴京（今河南开封）。后晋天福十二年（947）闻契丹国主卒，五月退归契丹①，次年被害②。胡峤本为后晋同州郃阳（今陕西合阳）县令，契丹征晋时，当为萧翰纳为掌书记，随其北归，后周广顺三年（953）逃返中原。胡峤《陷北记》详细记录了在契丹的经历见闻，其中说到"自上京东去四十里至真珠寨，始食菜。明日，东行，地势渐高，西望平地松林郁然数十里。遂入平川，多草木，始食西瓜，云契丹破回纥得此种，以牛粪覆棚而种，大如中国冬瓜而味甘"③。契丹（辽）上京在今内蒙古赤峰市巴林左旗林东镇南，我国西瓜最初是由回纥传到这里。这是史家公认西瓜传入我国最确切的记载，但对由回纥传入的具体时间、来源和途径，迄今有关理解和说法却不尽恰当。问题牵涉较广，情况比较复杂，我们——辨说。

（一）契丹"破回纥"不在中唐在五代

首先有一种说法，把契丹"破回纥"的时间误作漠北回纥汗国灭亡的唐文宗开成五年（840）④。回纥是我国北方的重要少数民族，本为突厥附属，主要分布于蒙古草原，盛唐以来，与唐交好，联手打击突厥势力，贞观二十年（646）始称可汗，开始称霸蒙古草原。并乘"安史之乱"南下西进，得到迅猛发展，鼎盛时东至兴安岭地区，西至葱岭以西的楚河及伊塞克湖地区，北至南西伯利亚，南至阴山、贺兰山及河西走廊北界⑤。唐元和四年（809），改名回鹘。后来天灾人祸频仍，内部政治斗争加剧。唐文宗开成五年（840）朝中权势勾引北方黠戛斯部族十万大军南下，都城遭焚，可汗被杀，部落民众被迫迁徙。除少量随唐公主南下代、云即今河北、山西北部，主体分三路西迁：一路进入河西走廊，史称甘州回鹘；一路至新疆天山北路，与当地回鹘会合，晚唐五代称雄一时，史称西州回鹘、和州回鹘或高昌回鹘；一路西出葱岭，与当地葛逻禄部落融合，建立黑汗王朝。鼎盛时回纥牙帐或首府在鄂尔浑河上游河畔，地处蒙古高原大沙漠以北，通称漠北回纥。漠北回纥汗国被其境北部、今蒙古西北边境一线的黠戛斯军队所灭，时间在中唐，而潢水流域契丹的崛起远在其后，时间在五代。将西瓜传入契丹上京的时间说作漠北回纥亡国之时，是极为简单、低级的错误。

---

① 《新五代史》卷一〇，中华书局1974年版，第1册，第101页。
② 《辽史》卷一一三"列传第四十三"，清乾隆武英殿刻本。《旧五代史》卷九八"晋书二十四"所说稍异，百衲本影印吴兴刘氏嘉业堂刻本。
③ 《新五代史》卷七三，第3册，第906页。
④ 纪世超、于玲玲：《春和苑食话（2）》，中国海洋大学出版社2010年，第195页。
⑤ 杨圣敏：《回纥史》，广西师范大学出版社2008年版，第70页。

（二）辽太祖西征"破回纥"未及北疆浮图城

通行的认识是据《辽史》太祖本纪所载辽太祖西征之事，认为西瓜是辽兵攻入西域所得。太祖本纪记载：天赞三年（924），辽太祖耶律阿保机，"遣兵逾流沙，拔浮图城，尽取西鄙诸部"。浮图城本唐庭州驻地，是高昌回鹘汗国的夏都，故址在今新疆昌吉州奇台县西北，由吐鲁番市向北120公里。黄盛璋先生《考信录》即认为："浮图城即庭州之可汗浮图城，为高昌回鹘之夏都。'西鄙诸部'指在辽西境外，故皆属于回纥，'契丹破回纥'就是此次，故瓜种得自拔庭州，而取和州回纥夏都境内诸部，在今新疆东部。"时间更早的漆侠先生《宋代经济史》称："随着契丹的征尘，西瓜于十世纪初年，就从我国西北边疆传到了我国北部。"[1]也应是据《辽史·太祖本纪》认其从高昌回鹘所得。史学界对《辽史》太祖本纪这段话的解读并无异议，得出上述结论也就顺理成章，因而成了西瓜传入我国时间和途径最流行的说法。

但这一说法值得怀疑，问题出在《辽史·太祖本纪》"逾流沙，拔浮图城"所说史实的可靠性上。为了论述的方便，我们将太祖本纪所载天赞三年相关西征行迹悉数引录如下，并随文注明所至具体日期和今人大致认可的对应地名：

> 三年春正月，遣兵略地燕南。

> 夏五月丙午（阴历5月9日、阳历6月11号），以惕隐迭里为南院夷离堇（辽官名），是月从蓟州民实辽州地，渤海（以靺鞨族为主体的部落政权，地处黑龙江、吉林、辽宁三省东部以东，首府在今黑龙江宁安）杀其刺史张秀实，而掠其民。

> 六月乙酉（6月18日、7月22号），召皇后、皇太子、大元帅及二宰相、诸部头等，诏曰……是日大举征吐浑、党项、阻卜等部，诏皇太子监国，大元帅尧骨（皇子耶律德光）从行。

> 秋七月辛亥（7月14日、8月17号），曷剌等击素昆那山东部族（引者按：地在今内蒙古锡林郭勒盟东北部、大兴安岭西麓的东乌珠穆沁旗），破之。

> 八月乙酉（8月19日、9月20号），至乌孤山（蒙古肯特省西部肯特山），以鹅祭天。甲午（8月28日、9月29号），次古单于国（引者按：指漠北匈奴单于龙城，因属大致方位，故以国称之），登阿里典压得斯山（当是突厥名，龙城附近之山，在下文古回鹘都城东，可资祭祀之地），以麂鹿祭。

> 九月丙申朔（9月1日、10月1号），次古回鹘城（引者按：蒙古杭爱山脉东，前杭

爱省哈拉和林西北七十里，鄂尔浑河上游西北岸），勒石纪功。庚子（9月5日、10月5号），拜日于蹛林（邱树森《两汉匈奴单于庭、龙城今地考》认为即哈拉和林西百余里之金菊花甸）。丙午（9月11日、10月11号），遣骑攻阻卜（引者按：此处应指杭爱山北之阻卜部众），南府宰相苏、南院夷离堇迭里略地西南，乙卯（9月20日、10月20号），苏等献俘。丁巳（9月22日、10月22号），凿金河水（陈汉章《辽史索隐》认为即哈拉和林西百余里之金菊花甸附近），取乌山（陈汉章《辽史索隐》认为是杭爱山支脉）石，辇致潢河、木叶山（在今赤峰市翁年特旗东部，为契丹族祖居地），以示山川朝海宗岳之意。癸亥（9月28日、10月28号），大食国来贡。甲子（9月29日、10月29号），诏砻辟遏可汗故碑（一般认为即现存合毗伽可汗碑），以契丹、突厥、汉字纪其功。是月破胡母思山（元人著作中的和林兀卑思之山）诸蕃部，次业得思山，以赤牛青马祭天地。回鹘霸里遣使来贡。

冬十月丙寅（10月1日、10月31号）朔，猎寓乐山，获野兽数千，以充军食。丁卯（10月2日、11月1号），军于霸离思山（陈汉章《辽史索隐》说作北天山之盐池山，《辽史纪事本末》说作巴尔斯山）。遣兵逾流沙，拔浮图城，尽取西鄙诸部。

十一月乙未（11月1日、11月29号）朔，获甘州回鹘都督毕离遏，因遣使谕其主乌母主可汗。射虎于乌刺邪里山，抵霸室山，六百余里且行且猎，日有鲜食，军士皆给。

四年春正月壬寅，以捷报皇后、皇太子。

史家对这段西征历程有不少解读，对辽太祖由上京出发，西北至蒙古肯特山，转西至鄂尔浑河上游匈奴龙城、回纥故都这段路线和地点均无异见。而天赞三年九月底以下所经胡母思山、业得思山、寓乐山、霸离思山、霸室山等地名，仅见《辽史》，难以考稽，史家异说纷纭。至于西征最远目的地浮图城，史家又高度一致，认为指北疆唐庭州驻地。日人长泽和俊《论辽对西北路的经营》[①]、国人杨富学《论辽朝的西疆经略》[②]，都属对辽西向经略之事的专题考论，对此均信守无疑。而笔者认为，辽太祖西征远达北疆浮图城，决不可能。我们从两个角度进行思考：

一是空间。唐史专家岑仲勉先生曾就辽太祖西征路线提出质疑："契丹最初立国，限于我国东北，即潢水流域之一隅，天赞三年之役，实远征之始。但由潢水流域西至吐浑、党项，为问若干千里，无论当日所取何道，果能如入无人之境，长驱直进

① ［日］长泽和俊：《丝绸之路史研究》，钟美珠译，天津古籍出版社 1990 年版，第 324—354 页。
② 杨富学：《中国北方民族历史文化论稿》，甘肃人民出版社 2001 年版，第 110—118 页。

乎？《本纪》中所记地名甚多，既多未识何在，乃欲以辽太祖之战功，纳诸额济纳纯沙之地，往返几万里，得无有徒获石田（引者按：指石头做成的田，有名无用）之憾乎？"① 但岑先生意在论证契丹西征之阻卜部落的分布地，认为阻卜不可能西至内蒙古额济纳一线，而对辽太祖的西征终点浮图城并未提出怀疑。我们认为岑先生这段掷地有声的质疑，对太祖本纪所说西征至浮图城更为适用。辽初根基在今大兴安岭南部、潢水流域，其东面的渤海国是其心腹大患，太祖此次西征，是为东征渤海作准备，本意只在拓展西线防御纵深，防止腹背受敌。出征之始的诏书即指明主要任务是"征吐浑、党项、阻卜等部"，这些部落当时主要活跃于今山西、陕西北部、内蒙古西部、外蒙古南部、甘肃西北部、青海东北部，其在新疆境内，也限于东部，辽军没有深入遥远之北疆中心地区的必要。当时高昌回鹘势力正盛，太祖此行对地处河西走廊的甘州回鹘尚无力大动干戈，何以长途抄袭其后，干犯远比甘州回鹘强大的高昌回鹘？就太祖本纪所述，在亲征至回纥汗城后，辽太祖只在近地有数日的攻伐、游猎活动，其帐也应主要驻扎在回纥故城。而"遣骑攻阻卜"，南府宰相等"略地西南"，都属派兵出征，而非本人率军亲征。同样所谓"遣兵逾流沙，拔浮图城，尽取西鄙诸部"，也指明是分兵前往，也就不可能数千里孤军长驱深入。而且此段记载中即有两次打猎以充军需的活动，可见辽军到达回纥城后，补给已不充裕，部队不可能再有大规模的行动。在这样的情况下，即便有意西进，是否还能西出瀚海，到达今新疆北部地区，很是值得怀疑。

二是时间。史家多只注意考证地名，而对于西征的时间过程并未充分关注，我们分段计算一下。6 月 18 日出发，8 月 19 日至肯特山，直线距离 1000 公里，用了整整两个月。8 月 28 日至回纥汗城，距肯特山直线距离 420 公里，用了 10 天时间。此后的整个 9 月内，太祖的活动以回纥故都为中心，调兵遣将，对北、西、南三面用兵征讨。所谓"破胡母思山诸蕃部"，"次业得思山"，"猎寓乐山"，"军于霸离思山"，都只在 9 月底至 10 月 2 日的三四天中，如果都是太祖率兵所为，也应不出回纥城为中心的一两百公里之外。

因囿于最终目的地在西域浮图城，史家考释这些山名多称在甘肃西部、新疆东部。如陈汉章《辽史索隐》认为业得思山为珠勒都斯山，寓乐山即南天山，霸离思山即北天山之盐池山。中国地图学社 1975 年版《中国历史地图集》第五册"西州回鹘"部分（第 83 页）进入新疆后由东向西依次标注地名寓乐山、霸离思山、流沙和北庭（浮

① 岑仲勉：《论阻卜牧地不能在额斯纳》，《岑仲勉史学论文续集》，中华书局 2004 年版，第 106 页。

图城），显然体现的是《辽史·太祖本纪》太祖西征的地名顺序。日本长泽和俊也认为霸离思山为哈密西北之巴里坤山，即盐池山所在地。而11月初一"获甘州回鹘都督毕离遏"，则被视为返程途中在今甘肃张掖（古甘州治所）北之内蒙古阿拉善时的意外收获。

史家沿回纥西出古道对这些地点肆意猜测，但偏偏都忽略了时间因素。从蒙古回纥故都一带到北疆庭州浮图城直线距离1100公里，与前述两段不同，中间因有阿尔泰山山脉横亘阻隔，两点间无法直线行走，实际只能南下阴山，由额济纳一带转西，取道哈密地区向西，等于走了一个直角两边，合计至少应有1600公里。我们所说还都是直线距离，实际行走必多曲折，里程远过于是。如果真像本纪所说，辽军西逾流沙，远达高昌回鹘浮图城，而在11月初又返至阿拉善一带与甘州（驻今甘肃张掖）回鹘北部。何以短短一个月的时间，从今蒙古国西部出发，走完这么长的路程，而又能退返1000公里至今内蒙古阿拉善一线？这段的行军速度与前段从辽上京至蒙古回纥故都相比何以如此神速？这样的高速远征，即便是以现代化的车辆，也非易事。而且额济纳以西多戈壁沙漠，对于辽军来说，远非像蒙古高原那样熟习，行走应更为困难。况且此时又进入严冬，军事行动大受影响，何以行军速度不减反增？这些都令人无法置信。

从上述时、空两方面，仅凭常识就不难感受到太祖本纪所谓"逾流沙，拔浮图城"绝不可能，甚至近乎荒诞。寻思这一错误说法产生的原因，应该归咎于《辽史》编撰的质量。《辽史》成书于元朝后期，编修时间仓促，质量在历代正史中最为下乘，史所公认。太祖本纪天赞三年冬十月至年底的记载就多有遗漏，太祖此番西征，曾亲抵流沙，而本纪失载。《辽史·耶律斜涅传》："天赞初，分迭剌部为北、南院，斜涅赤为北院夷离堇。帝西征至流沙，威声大振，诸夷溃散，乃命斜涅赤抚集之。"《辽史·萧韩家奴传》记萧韩家奴奏对："阻卜诸部自来有之，曩时北至胪朐河，南至边境，人多散居，无所统壹，惟往来抄掠。及太祖西征，至于流沙，阻卜望风悉降，西域诸国皆愿入贡，因迁种落，内置三部，以益吾国。不营城邑，不置戍兵，阻卜累世不敢为寇。"这都是说天赞三年太祖西征至流沙，主要针对阻卜、党项等部，此行基本奠定了辽境西部边陲。这样重要的行动，本纪只字未提，可见疏误之甚。

太祖既至流沙，本纪所谓"逾流沙"一语也就并非毫无根据，剩下的就是"流沙"地名的理解。《辽史·地理志》称辽境"东至于海，西至金山，暨于流沙，北至胪朐河，南至白沟，幅员万里"。正如清李慎儒所说："古言流沙者有二，其甘肃安西州之流沙,非辽疆所及。惟《禹贡》弱水余波所入之流沙,即《汉书》所称居延海。"①《辽史》所说流沙,应即辽境西陲弱水流沙,在今内蒙古额济纳旗北部。辽太祖大军至此,阻卜、党项等少数民族部众闻风惊惧,或降或逃,纷纷前来纳贡,正是本纪所说"尽取西鄙诸部",也正是完成了出征诏书所说"征叶浑、党项、阻卜等部"的主要任务。本纪所说十一月初一俘获甘州回鹘都督,应即当时南下曾攻下甘州回鹘某一边城,获其守将。辽太祖在流沙曾派兵西进,但不会深入太远,即或至安西流沙,也只能及其东缘,决不会深入千里瀚海,到达北疆浮图城。《辽史》编者或因所据素材有"流沙"一语,以元人"北逾阴山,西极流沙,东尽辽左,南越海表"(《元史·地理志》)之空间心理,放大一程,将弱水流沙误作玉门关外之安西流沙、千里瀚海,将进攻甘州回鹘边城误作高昌回鹘浮图城。根据我们上述排比计算,保守地说,《辽史·太祖本纪》中"逾流沙,拔浮图城,尽取西鄙诸部"数语,如本意无误,至少"拔浮图城"四字应是衍文,或即编修者误书。无论辽太祖亲征还是"遣兵"后续行动,都不可能到达数千里之外的北疆浮图城。

(三)契丹由回纥故都获得西瓜

论定这一点,再来看契丹西瓜的来源,所谓辽太祖西征至高昌回鹘浮图城获得西瓜的说法就失去依据。胡峤所谓"契丹破回纥得此种",是转述契丹人的介绍,所谓"破回纥"只能是指辽太祖进入漠北回纥故都。当时在此诏令刻石纪功,也可见辽太祖的重视。从时间上说,这在九月初一,辽大军在此至少待到月底,这应正是蒙古草原西瓜成熟的季节,有机会接触到当地的西瓜。而十月以后进一步西征,渐行渐冷,如若真能越千里瀚海,西抵北疆浮图城,也当是天寒地冻之时,难以见到西瓜②。而以游牧民族,数千里长途奔袭后,也不可能有心掳掠屑小瓜种带回。因此我们说,所谓"契丹破回纥得此种",必是天赞三年(924)九月进入漠北回纥故都时所得,这应该是可以确认的。

三、我国西瓜始传新疆的说法于史无征

接着而来的问题是,蒙古草原是游牧民族的传统生活区,回纥(回鹘)故都一

---

① 李慎儒:《辽史地理志考》卷一,清光绪二十八年刻本。
② 耶律楚材《再用韵纪西游事》:"河中(西城寻思干城,西辽目为河中府)花木蔽春山,烂赏东风纵宝鞍。留得晚瓜过腊半,藏来秋果到春残。"《湛然居士集》卷四,《四部丛刊》影元钞本。所说应指哈密瓜之类厚皮甜瓜,西瓜是较难贮存的。

带种植西瓜是否可能，瓜种又是从何而来？这是一个颇费周折的问题。我们还是回到黄盛璋先生文中勾勒的此间西瓜在亚洲传播的信息，来寻找合理的解释。

（一）亚洲西瓜发祥于中亚花拉子模、撒马尔罕等地

黄盛璋先生称，"现我考明，中亚西瓜最早为花拉子模人种于八、九世纪"，西瓜的波斯语、中亚波斯语、突厥语、维吾尔语"必有一个共源，应即花拉子模语。新疆不是自波斯，而是自中亚引种，今伊朗有些地方，甚至自中亚传去"。研究表明，西瓜原产于非洲，埃及、中东等地首先引种，然后分南北两路向亚洲大陆传播。花拉子模位于中亚"母亲河"阿姆河下游三角洲、咸海南岸，是中亚文明发育最早的地区之一。中亚粟特人自古以来就是东西方贸易的骨干，粟特与花拉子模同处阿姆河流域。黄先生的意见是，正是丝绸之路创通后，擅事国际贸易的粟特人或者就是花拉子模商人将西瓜从埃及或西亚带到了今乌兹别克斯坦花拉子模和粟特人集中分布的布哈拉、撒马尔罕地区。黄先生的主要依据是《阿拉伯通史》关于阿拉伯阿拔斯王朝时期布哈拉地区园艺繁盛的一段记载，其中提到花拉子模的西瓜是极其著名的，曾用铅模裹上冰雪封装贡奉阿拔斯帝国首都巴格达哈里发（穆斯林最高首领）[1]，时间在公元九世纪的前期。虽然所举只是孤证，但据我们检索，大约公元1220年，元人耶律楚材在西域粟特人聚居地所见"八普城（引者按：在今乌兹别克斯坦东北部）西瓜大者五十斤"[2]，西辽河中府（治今乌兹别克斯坦撒马尔罕，古称寻思干）一带"西瓜大如鼎，半枚已满筐"[3]。公元1332年，摩洛哥人伊本·白图泰前往印度途中，经过花拉子模，也盛赞"花剌子模的西瓜是世界上从东到西独一无二的"，可以媲美的只有粟特人聚居的布哈拉以及伊斯法罕（在今伊朗中部）[4]。这些前后几个世纪异口同声的赞扬，充分说明花拉子模与窣利水流域（即西辽河中府）今布哈拉、撒马尔罕一带作为中亚乃至整个亚洲西瓜名产地和发祥地的特殊地位。

（二）西瓜首传新疆的说法并不可靠

史家记载花拉子模西瓜盛产的最早时间，相当于我国中唐时期，实际兴盛的时间应该更早些，与阿拔斯王朝的鼎盛时期大致相当。黄盛璋先生进一步说明的是，我国北疆浮图城的西瓜应是晚唐五代以前由此传来。这样从花拉子模到我国北疆浮

---

① ［美］希提：《阿拉伯通史》，马坚译，商务印书馆1979年版，上册，第411页。
② 耶律楚材撰，李文田注：《西游录注》，清光绪二十三年刻本。
③ 耶律楚材：《赠高善长一百韵》，《湛然居士集》卷一二。
④ ［摩洛哥］伊本·白图泰：《伊本·白图泰游记》，马金鹏译，宁夏人民出版社1985年版，第293页。

图城，再到我国东北辽上京，三个纬度基本相同的地方，在九世纪早期到辽太祖西征的十世纪早期一个世纪内，完成了西瓜的接力东传，就是一个比较合理的想象。如今但凡认同西瓜于五代传入我国者，都毫不犹豫地坚信这一点。但是我们上文的论证斩断了这一合理的线索，宣告北疆浮图城作为中转站的证据无效。

笔者进一步发现，包括黄盛璋先生在内，许多关于当时新疆地区盛产西瓜的论说都是值得怀疑的。人们最常提到的是十一世纪后期我国维吾尔族学者摩赫穆德·喀什葛里的《突厥语大词典》，黄先生即称其中有"阿吾兹"一词（应是维吾尔语西瓜一词），并称当时喀喇汗王朝（也称黑汗王朝或葱岭西回鹘汗国）东部，包括其东都哈什汗（今吉尔吉斯斯坦托克马克东）一带"境内广泛种西瓜"。黄先生的这段论述，并未明确具体文献依据，似乎是从《突厥语大词典》获得的信息。然笔者就民族出版社 2002 年版汉译三卷本《突厥语大词典》反复逐句检索，未见有"西瓜"的专门词条。与瓜有关的词汇多属甜瓜，有专门的甜瓜词条①，有大量与吃甜瓜有关的例词、例句②，也有黄瓜的专门词条③和相关的例词、例句。而西瓜只见于一处释文："驮篓，驮筐。驮运甜瓜、西瓜、黄瓜等物的篓子。"④ 而另一处词义、写法、读音相近的词条释义则写作"驮筐，装运甜瓜、黄瓜等的驮筐"⑤，没有提到西瓜。两者有可能属于突厥语的方言差别，反映西瓜在中亚广阔的突厥语区并不是到处都有。如果《突厥语大词典》不同语种版本间内容无差，至少这些情况表明，从《突厥语大词典》无法得出喀喇汗王朝东部地区（包括今新疆喀什地区）"广泛种西瓜"的结论。

进一步追寻所谓《突厥语大词典》西瓜种植信息的来源，新华出版社 1981 年版《丝绸之路漫记》一书中的《新疆西瓜种种》一文⑥ 有可能是始作俑者。该文称："西瓜通过丝绸之路传到新疆，由新疆又传入我国内地。据说在吐鲁番阿斯塔那古墓的出土文物中，便有一千年前的西瓜种籽。著名的《突厥语大辞典》中提到，公元十世纪时，'新疆南部及中亚地区已经广泛种植"阿吾兹"'。"这里还把"新疆南部"云云加了引号，显然不可能是《突厥语大词典》的原文，不知所据何典。后来许多有关新疆西瓜的论述多转述这段引文，未见有人追究其文献出处。

更值得注意的是，上述这段引文中还提到阿斯塔那古墓出土文物中有西瓜籽一

---

① 摩赫穆德·喀什葛里：《突厥语大词典》第 1 卷，民族出版社 2002 年版，第 432 页。
② 仅《突厥语大词典》第 1 卷就有第 16、95、188、231、289、290、301、416、426、432、513、525、529、530 页出现甜瓜。
③ 摩赫穆德·喀什葛里：《突厥语大词典》第 1 卷，第 483 页。
④ 同上书，第 426 页。
⑤ 摩赫穆德·喀什葛里：《突厥语大词典》第 3 卷，第 215 页。
⑥ 成一、赵昌春、梁鸣达、李现国、申尊敬、李犁：《丝绸之路漫记》，新华出版社 1981 年版，第 276—279 页。

说。吐鲁番阿斯塔那古墓是上世纪 60 年代以来陆续发现的大型墓葬群，时间多属初盛唐时期，出土文物极为丰富。如果真像该文所说，则是新疆地区唐时已有西瓜种植的有力证据。但笔者翻遍 1981 年以前所有阿斯塔那考古发掘报告 ①，并进而查阅了后续发表的同类报告，只见有葡萄、枣、梨的内容，未见有西瓜籽的报道。又检《农业考古》2004 年第 3 期卫期先生《西域农业考古资料索引（续）》所举新疆等地出土实物和图文中的农作物部分，只有葫芦、甜瓜子，而没有西瓜种子及其信息。新疆境内各类唐五代出土文物如吐鲁番文书中的瓜类信息都是甜瓜，所说应是哈密瓜之类硬皮甜瓜，而不是西瓜。有维吾尔学者著文明确指出，截至 2005 年，新疆出土文物中并未发现西瓜的种子 ②。不知《新疆西瓜种种》所说究属何据，再细看其措辞，前面有"据说"二字，不免令人疑窦顿生。但就是这样一种无根之谈，被后来许多论著抄录、转述甚至引用 ③，大有三人成虎之势，假的似乎说成真的了。可贵的是黄盛璋先生没有引用这一说法，但文中"《突厥语文辞典》名'阿吾兹'"，"东哈剌汗朝，境内广泛种西瓜"云云，也隐有《新疆西瓜种种》这段信口开河的影子，令人不免遗憾。

就笔者所见，新疆地区出现西瓜的明确记载是元蒙人《长春真人西游记》。1222 年，长春真人丘处机应成吉思汗召见来到西域，重阳日路经昌八剌（今新疆昌吉市），当地回鹘王夫妇招待他，"劝蒲萄酒，且献西瓜" ④，这说明最迟在十三世纪早期，西瓜已经传入我国新疆地区。但此后的元明清时期，新疆境内的西瓜一直乏善可陈。不仅是新疆，乃至西北甘肃、青海、宁夏诸省区，并未有盛产西瓜的任何记载。今所见明清和民国时这些省区的地方志中，有瓜种从内地引入的记载 ⑤，而没有反过来由新疆向东传播的迹象。以甘肃省为例，其西瓜的分布以东南部紧邻陕西省的天水市、陇南市一带较盛，而愈向西北，产地愈稀，甚至有"陇以西无西瓜"

---

① 新疆维吾尔自治区博物馆：《新疆吐鲁番阿斯塔那北区墓葬发掘简报》，《文物》1960 年第 6 期；新疆维吾尔自治区博物馆：《吐鲁番县阿斯塔那—哈拉和卓古墓群清理简报》，《文物》1972 年第 1 期；新疆维吾尔自治区博物馆：《吐鲁番阿斯塔那 363 号墓发掘简报》，《文物》1972 年第 2 期；新疆维吾尔自治区博物馆：《吐鲁番县阿斯塔那—哈拉和卓古墓群发掘简报（1963—1965）》，《文物》1973 年第 10 期；新疆维吾尔自治区博物馆、西北大学历史系考古专业：《1973 年吐鲁番阿斯塔古墓群发掘简报》，《文物》1975 年第 7 期。
② 伊斯拉菲尔·王苏甫、安尼瓦尔·哈斯木：《从考古发现看古代新疆园艺业》，《新疆文物》2005 年第 1 期。
③ 新疆人民出版社编：《新疆风物志》，新疆人民出版社 1985 年版，第 261 页；赵维臣主编：《中国土特名产辞典》，商务印书馆 1991 年版，第 49 页；雪犁主编：《中国丝绸之路辞典》，新疆人民出版社 1994 年版，第 585 页；王潮生：《农业文明寻迹》，中国农业出版社 2011 年版，第 41 页；冯晓华主编：《新疆旅游资源》，中国环境科学出版社 2012 年版，第 200 页。
④ 李志常：《长春真人西游记》卷上，明正统《道藏》本。
⑤ 民国高增贵《（民国）临泽县志》卷一物产"甘瓜"条下称"种自哈密来，故名哈密瓜"，而"西瓜"条下称"今所传同州种也"，同州，治今陕西渭南市大荔县。民国三十二年刊本。

的说法①。揣度其情理，应是西瓜并不像哈密瓜之类硬皮甜瓜耐高温干旱，生长中需要土壤水分较多，而我国新疆包括东西相邻的广大地区唐以来干旱现象已比较严重。加之西瓜是鲜食水果，水分含量大，不耐贮存和运输，大面积种植需要相对集中的消费人群，而西域地广人稀，沙漠绿洲经济规模不够稳定，聚居规模小，都市集镇少，消费人群分散，销售不畅，很难大面积种植和持续发展，也就很难出现大规模的西瓜产地。

根据上述这些情景，在没有明确的文献和考古依据的情况下，所谓唐五代我国新疆地区已经盛产西瓜的说法是值得怀疑的。元明清时期，新疆、甘肃一带的西瓜产地稀少，未见任何有关的盛产地、名产地，由此也不难推见，我国西瓜最初由中亚传入新疆，在新疆绿洲扎根传种，再经过长期蔓延、扩展而逐渐传入内地，这一最合乎想象的过程也几乎没有可能，至少于史无征。

四、西瓜当由摩尼传教士从中亚带至漠北回纥

而越过新疆，西瓜从中亚直接东传蒙古鄂尔浑河流域、古回鹘城一带，应该是一种很特殊的情景，需要异常的机缘和方式。我们认为最合理的可能应该是中亚摩尼教传教士直接将西瓜种子从中亚带到漠北回纥汗王首府所在的鄂尔浑河流域，在那里生根传种。

摩尼教，又作末尼教、牟尼教，因其崇尚明月光明，又称明教，为三世纪波斯人摩尼创立，盛行于中东、中亚地区，大约公元六至七世纪进入东亚。唐武后延载元年（694），波斯拂多诞将摩尼教正式传入中国。最初在唐传播并不顺利，开元二十年（732）朝廷曾明令禁断。但对于唐天宝四年（745）正式号称汗国，对外积极进取，扩大贸易交流，对内谋求民族整合，强化政权建设的蒙古高原回纥统治者来说却是如获至宝。唐"安史之乱"时，回纥汗王领兵南下助唐，渡河至东都洛阳，杀史朝义，在这里接触到摩尼传教士。次年即广德元年（763），从洛阳带回四位摩尼僧，经过内部短暂的思想斗争后，尊摩尼为国教。"回鹘常与摩尼议政"②，摩尼传教士积极参与汗国的政治活动，尤其是对唐的外交事务，社会地位举足轻重，并凭

---

① 胡赞宗《（嘉靖）秦安志》田赋志第七"多甜瓜，多西瓜"后注："陇以西无西瓜，惟县川有西瓜，出县川虽种亦不结。"明嘉靖十四年刊本。县川是县内的主要河流，沿岸产瓜。陇是陕、甘两省交界的陇山，"陇以西"是指整个甘肃。

② 李肇：《唐国史补》卷下，明《津逮秘书》本。

借唐王朝对回纥的倚重,扩大其影响。唐代宗大历三年(768)以来,唐敕许回纥之请,在长安、江淮等地建立摩尼寺,摩尼教积极向内地渗透和发展,产生了不小的影响。

摩尼教在漠北回纥汗国奉为国教的近80年,是摩尼教传入东亚以来最受宠遇、最为兴盛的时期。而此时的漠北回纥,与唐朝密切合作,全面统治蒙古草原,并积极向西域发展,基本控制了天山北路,进入历史上最为鼎盛的时期。在其势力范围内,从中亚到蒙古高原的草原丝绸之路畅通无阻,在吐蕃势力阻塞河西走廊后成了西域通向唐朝内地的主要通道,摩尼教在此线极其盛行。这都是回纥汗国和摩尼教广为人知的辉煌历史。

摩尼教主张食素,有崇尚瓜类食物的习惯,据我国摩尼教研究者介绍,"摩尼规定他的信徒要崇拜日月……规定他们不杀生,不食肉,只能吃含光明分子较多的菜蔬,以增加自身的光明成分。根据历史文献的记载,摩尼教徒把瓜类的种子当作光明分子,以吞吃瓜子为乐事"[1]。"瓜当中的光明分子特别多,因此瓜是他们的主要食物。"[2] 外国学者也指出,摩尼教徒主张"吃蔬菜和面包","特别是西瓜和黄瓜,认为光明分子集中在这些瓜当中"[3]。西瓜是当时中亚地区新兴的瓜果品种,是摩尼教所谓光明分子的时尚载体,应该受到摩尼传教士的特别重视,而盛产西瓜的花拉子模、布哈拉、撒马尔罕等地又正是摩尼教在波斯本土受到迫害后的主要根据地[4],是当时摩尼教会中亚教团所在地[5]。这种地缘上的巧合,使中亚新兴的西瓜与摩尼教信仰有了较为密切的联系,恰巧此时漠北回纥汗国尊摩尼为国教,无疑是西瓜东传蒙古高原的天赐良机。上述摩尼教饮食方面的严格要求对回纥这样以牛羊肉、乳为主食的游牧、狩猎民族来说,无疑极难遵守。不难想象,为了报答回纥汗王的宠遇,吸引更多的游牧信徒,摩尼教团定会卖力地将中亚地区盛产的西瓜引送回纥核心地区。据元和九年《九姓回鹘毗伽可汗碑》记载,当时"慕阇(引者按:摩尼五级僧侣中地位最高的一级)徒众,东西循环,往来教化",唐李肇《国史补》也说"大摩尼数年一易,往来中国,小者年转"[6]。正是这些大小教职人员,还有大量信奉摩尼教的粟特商人在中亚摩尼教根据地与蒙古草原之间的频繁往还,给西瓜的东传提供了最为切实、可靠的途径。

---

① 林悟殊:《古代摩尼教》,商务印书馆1983年版,第20页。
② 马小鹤、张忠达:《光明使者:图说摩尼教》,上海科技出版社2003年版,第74—76页。
③ [俄]李特文斯基主编:《中亚文明史》第3卷,中国对外翻译出版出版公司2003年版,第352—353页。
④ [日]羽田亨:《西域文化史》,耿世民译,新疆人民出版社1981年版,第58页。
⑤ 林悟殊:《摩尼教及其东渐》,中华书局1987年版,第61—62页。
⑥ 李肇:《唐国史补》卷下。

仅有教团传播的积极性还不够，还得有接受地的地利人和。史家已注意到，漠北回纥核心地区原就有一定的农业基础，色楞格、鄂尔浑两大河谷地区土地肥沃，水草丰美，农耕占有相当的比例①。据九世纪初叶阿拉伯旅行家的描述，鄂尔浑河上游的回纥都城一带农耕生产、城乡社区的规模已十分可观，都城建筑气势雄伟，城内房屋多，人口稠密，工商业云集，城外乡村环绕，耕地连片②。这样的情景与中亚花拉子模和布哈拉、撒马尔罕等商贸都市所在的阿姆、锡尔两河间河谷沃地十分接近，纬度也不过高，正是西瓜这类不耐干旱、不耐贮运之鲜食水果得以种植传播的自然生态和社会生活土壤。只有在这样水土肥美、人口聚居、农耕比较发达的城乡社会条件下，西瓜才能真正生根传种。

我们认为正是上述外来传入与本土接受的巧合对应，使西瓜直接从中亚传到蒙古草原并能持续种植成为可能，而时间应在唐代宗广德元年（763）摩尼教正式引入漠北回纥至唐文宗开成五年（840）黠戛斯汗国军队攻灭回鹘都城的70多年间。从漠北回纥灭亡、回纥部众大举西迁到辽太祖西征至此的公元924年尚有80多年，漠北草原似乎是一个权力真空时期，黠戛斯胜而不居，没有在此驻留的任何迹象，也没有其他民族势力统治的任何记载③。天赞三年（924）辽太祖大军至此面对的主要仍只是回纥遗民，当然还应包括原漠北回纥统治下的粟特、汉族等定居务农民众。从辽太祖当时遣使对甘州回鹘王所称"汝思故国耶，朕即为汝复之；汝不能返耶，朕则有之：在朕犹在尔也"④，后来辽在此设回鹘国单于府加以管理⑤，都不难看出辽对征服回纥故都一带的重视，以及回纥大举西迁后这一带基本保留了漠北回纥原有的人居状况。正是这些原回纥统治下农业化而安土重迁的民众，将西瓜一直种到了80多年后契丹人的来临。

黄盛璋先生论证西瓜由新疆传入辽上京，还举新疆高昌回鹘故城（今新疆吐鲁番东哈喇和卓）发现的摩尼寺彩绘祭供图为证。该图所绘当为摩尼教庇麻节祭供场景，图中金盘瓜果底层为甜瓜，中层为葡萄，最上为一颗翠色墨纹圆瓜，一般都认为是西瓜⑥，笔者反复审视此图，也深表认同。高昌回鹘是漠北回鹘亡国西迁中数量

---

① 杨圣敏：《回纥史》，第 73 页。
② 胡铁球：《回纥（回鹘）西迁之前的农业发展状况略论》，《宁夏社会科学》2003 年第 5 期。
③ ［美］Michael R. Drompp（张国平）：《打破鄂尔浑河传统：论公元 840 年以后黠戛斯对叶尼塞河流域的坚守》，《内蒙古师范大学学报（哲学社会科学版）》2014 年第 5 期。
④ 《辽史》卷三〇"天祚本纪"，清乾隆武英殿刻本。
⑤ 《辽史》卷四六"百官志•北面属国官"。
⑥ 这幅彩图可见马小鹤《光明有使者——摩尼与摩尼教》，兰州大学出版社 2013 年版，彩图第 26 页，图 5—17，详细的文字介绍可见该书第 262—263 页。

最大的一支，与天山北路原有回纥部落融合而创立新汗国，都城在高昌，北庭浮图城为陪都。德国人发现的这幅祭供图有力证明了我们上文所说西瓜在摩尼教徒心目中的地位，但就图中所绘"选民"着白色法衣，多标波斯人名，很难说这是高昌当地庇麻节的真实写照，而更像一幅摩尼教的通用宣传画，描绘的可能是摩尼教会活动的经典场景，有可能亡国西迁时由漠北带来。即便该图作于高昌回鹘时，所绘确属高昌回鹘当地的节日情景，表明高昌此时已有西瓜，时间也必在漠北回纥亡国之后，而且这里的西瓜种子也有可能是由漠北故都带来。而此时阿拉善高原即居延流沙一线已为党项、吐浑、阻卜等部所据，漠北与西域间往来并不畅通，如果是高昌回鹘新由中亚传入西瓜，也很难由此再续传漠北。因此我们认为，契丹人在漠北回纥故都遇到的西瓜不会是后来高昌回鹘等西域地方传入，而应是漠北回纥鼎盛时由中亚摩尼传教士直接传来。

当然，从中亚到漠北的路一般都会经过新疆，也就是说西瓜在传入漠北前应该行经新疆一线，因此无法完全排除西瓜同时传入新疆地区的可能性，而且高昌回鹘故城的摩尼庇麻节祭供图也不失为新疆境内九世纪后半叶至十世纪已有西瓜的一个比较合理的证据。但除此之外，直到十三世纪之前新疆及附近地区没有出现西瓜的其他迹象，这至少表明整个唐五代，也就是西瓜在漠北回纥故都与辽上京西瓜接力传播的同时，在新疆一带并未真正落地传种，得到发展，因而也就没有任何直接的后续信息。契丹人获得西瓜的地方即西瓜传入我国的直接源头，应是蒙古鄂尔浑河上游回纥故都一线，而不是新疆浮图城、高昌城等西域地方。

胡峤《陷北记》所说"以牛粪覆棚而种"的种植技术也耐人寻味。覆棚应是保温措施，中亚乌兹别克斯坦花拉子模、布哈拉、撒马尔罕等西瓜盛产地与我国新疆高昌城、浮图城，内蒙古赤峰市巴林左旗辽上京在北纬40～44°间，都属北纬45°以南，在正常气温条件下，夏秋种植西瓜不需要特殊的保温措施。而漠北回纥故都在北纬47°附近，气温偏低，无霜期相对短一些，这里种植西瓜播种育苗期的保温措施就显得特别重要。契丹（辽）人的种瓜技术是新从漠北传来，到胡峤"陷北"时才过去短短20多年，应尚存回纥故都种植旧法。试想如果在"中亚—新疆浮图城—辽上京"同一纬度上东西传种，气温大致相当，一般情况下，就不需这种特殊的保温措施。

综观上述各方面的信息，可以肯定地说，我国西瓜是从漠北回纥故都即今蒙古前杭爱省哈拉和林一带引入，而这里的西瓜应该是公元763—840年回纥汗国奉摩尼为国教时由摩尼传教士从中亚花拉子模、撒哈尔罕等西瓜盛产地直接传入。撒马尔罕一带正是我国古史所说昭武九姓所在地。正如王祯《农书》所说，西瓜"种出西域，故名西瓜"①，而所谓"西域"应是作为摩尼教根据地和西瓜盛产地的中亚核心地区。胡峤《陷北记》最早使用西瓜这一名称，并未作任何说明，显然是辽上京当时习语。或者漠北回纥时早已有此汉语定名，天赞三年（924）辽太祖西征至此，将西瓜种子、种植技术连同"西瓜"这一名称一并带到辽上京。

五、恩施西瓜碑所说"回回瓜"也应从蒙古高原传入

西瓜传入辽上京后在当地传种②，南宋初传入两淮、江南，同时也在金朝内南下河南，对此黄盛璋先生等论之已详，此处不赘。湖北恩施宋末西瓜碑还提到一种"回回瓜"③，也是从域外传来。黄盛璋先生认为所谓"回回"指"和州回鹘"或"高昌回鹘"。笔者认为"回回"之称虽源于回鹘，但不能简单等同回鹘，人们所言也远非回鹘。实际所指较为宽泛，正如有学者论证，南宋人所言回回一般指西域伊斯兰化之各族，是各族穆斯林的通称④，而以中亚核心地区伊斯兰教盛行的国家为主，应该是比高昌回鹘更西地区。

恩施西瓜碑原文称"又一种回回瓜，其身长大，自庚子嘉熙北游带过种来"。是说恩施当时所种有四个品种，"三种在淮南种食八十余年"，而所谓回回瓜，特别指明是理宗嘉熙四年（1240）北游带来。时间说得如此明确，非同寻常。嘉熙四年早于西瓜碑所署度宗咸淳六年（1270）整整 30 年，所说应非碑文作者本人或碑主郡守秦将军的经历，而应是发生在嘉熙四年而广为公众所知之事。宋理宗绍定

① 王祯：《农书》卷二九，清乾隆武英殿刻本。
② 关于西瓜在辽境的传播，并无明确的文字记载，有两处考古发现。一是内蒙古敖汉旗羊山 1 号、下湾子 5 号辽墓宴饮壁画绘有西瓜，与桃、石榴一起装于盘中，见敖汉旗博物馆《敖汉旗下湾子辽墓清理简报》《敖汉旗羊山 1—3 号辽墓清理简报》，《内蒙古文物》1990 年第 1 期；王大方《敖汉旗羊山 1 号辽墓——兼论契丹引种西瓜及我国出土古代西瓜籽等问题》，《内蒙古文物》1998 年第 1 期。二是北京门头沟斋堂镇辽墓壁画侍女图，侍女托盘内"盛石榴、鲜桃、西瓜"，见北京市文物管理局、门头沟区文化办公室发掘小组《北京斋堂辽壁画墓发掘报告》，《文物》1980 年第 7 期。敖汉旗在辽上京今内蒙古巴林左旗南，今同属赤峰市，诸墓时间都在辽中晚期，说明此时辽上京周围依然盛产西瓜。门头沟斋堂镇的辽墓属辽晚期，从发表的侍女图看，盘内石榴、鲜桃都清晰可辨，却未见明显的完整西瓜形状，似是切成的瓜片样，有待进一步辨认，很难认定此时西瓜已传入北京地区。
③ 恩施宋末西瓜碑文详见刘清华《湖北恩施"西瓜碑"碑文考》，《古今农业》2005 年第 2 期；《湖北恩施"西瓜碑"碑文注译》，《碑文考古》2008 年第 1 期。该碑文至今尚有一字误读，从网友发布的碑文照片看，右起第 8 行第 8 字应是"今"，全句可作"种亦遍及乡村。今刻石于此，不可不知也"。"今"，郑永禧《施州考古录》作"谷"从上，刘清华作"无"从上，均不通，误。
④ 杨军：《"回回"名源辨》，《回族研究》2005 年第 1 期。

（1228—1233）、端平（1234—1236）间蒙古取道四川南下，南宋失地辱国，处于极其被动的局面，不得已与元蒙数度使臣往还协商，顺应其意，联合攻金。端平元年（1234）金亡，南宋唇亡齿寒，直接面对蒙古大军的压力，江淮间从此再无宁日。嘉熙四年，蒙古使者王楫前来议索岁币，这是宋蒙关系的一个转折点。王楫五月卒于宋，谈判中止，和议未成，南宋遣使护送其灵柩归蒙古，史载宋使者为彭大雅①。当时金朝新亡，元蒙大军压境，江淮间形势紧张，战事频仍，南宋人无端"北游"不可思议，宋人也几无向西穿越西夏、吐蕃等势力范围往来中亚的可能。度其情势，所谓"嘉熙北游"当是隐指宋、蒙两国交聘即该年宋使护柩使北之事。西瓜碑刻立之咸淳年间，南宋亡国在即，元蒙已成当头仇敌，宋人言之沉痛，将"使北"之事说作"北游"。或者碑文所记本较详明，而实地锥形山岩摩面刻字有限，不得已因陋就简，压缩文字，只缀其要，以"北游"二字概称。这两种情景都不难想象，可能性也都较大。

从稍早嘉熙元年（1237）完成的彭大雅、徐霆《黑鞑事略》可见，当时蒙古西线与"回回国"战事颇繁，最远处征战至今乌兹别克斯坦撒马尔罕一线②，即上文反复言及的西瓜盛产地，以瓜大著称。西瓜碑所说"北游"带回的"回回瓜"，"其身长大"，特征显明，与南宋初年洪皓由辽上京故地引入，以及金人传种至河南、淮南等地的品系明显不同，应属更靠近乌兹别克斯坦花拉子模、布哈拉、撒马尔罕等西瓜名产地的品种。想必是成吉思汗大举西征时由中亚带至蒙古首府窝鲁朵城即漠北回纥故都一线，这里已有西瓜种植的传统在先。明初叶子奇《草木子》称"元世祖征西域，中国始有种"③，又有称元太祖西征所得的④，所说史实未必确切，但都多少反映了此间西瓜又一轮大举东传的机会和迹象。因此笔者认为，恩施西瓜碑所谓"嘉熙北游带过种来"的回回瓜，应是由蒙古大军西征回回国，引入蒙古草原腹地，再由南宋使臣或其他随行人员带入宋境，在江淮间传种的新品种。

总结全文所论，我国早期生食之瓜是薄皮甜瓜，中古所说寒瓜是冬瓜，唐以前没有任何西瓜种植和食用的迹象。我国西瓜应是外来物种，因来自西域而得名。西瓜传入我国始于五代，史载天赞三年（924）辽太祖"破回纥得此种"。辽太祖西征

---

① 佚名《宋季三朝政要》卷二："庚子嘉熙四年……北使王楫来，先是楫请北朝与本国和好，嵩之遣使至草地，与楫偕来议岁币，彭大雅使北。"元皇庆元年陈氏余庆堂刻本。谢旻《（康熙）江西通志》卷八八："彭大雅，字子文，鄱阳人，进士官朝请郎，出为四川制置副使，甚有威名。嘉熙四年使北。"清文渊阁《四库全书》本。
② 许金胜：《黑鞑事略校注》，兰州大学出版社2014年版，第194页。
③ 叶子奇：《草木子》卷四，清乾隆五十一年刻本。
④ 陆深《豫东抄》引《草木子》作元太祖，佚名《树艺篇》果部卷八，明纯白斋钞本。

不可能远达北疆浮图城，"破回纥"指其进入蒙古鄂尔浑河上游漠北回纥故都。我国新疆乃至整个西北地区干旱缺水，人居稀少，一直未有持续传种、盛产西瓜的记载。漠北回纥鼎盛时尊奉摩尼为国教，摩尼教崇尚瓜类食物，西瓜应由摩尼传教士从中亚花拉子模与撒马尔罕、布哈拉等西瓜盛产地带到这里，时间在公元 763—840 年间。契丹人由漠北回纥故都获得西瓜，在辽上京一带传种，后为南宋与金人引种南下江南、河南、淮南等地。湖北恩施的南宋西瓜碑称嘉熙四年（1240）"北游"带来回回瓜，有可能是南宋人出使蒙古所为，也应得自回纥故都一带。也就是说，传入我国的西瓜是由中亚盛产地，经过草原丝绸之路东传，首先落脚蒙古草原的鄂尔浑河上游农耕区，以此为中转，于五代和宋元之交陆续传入我国东北和南方的。

西瓜传来之初尚属民生末节，文献记载极少，我们的讨论只能就极有限的信息，推证最可能、最合理的情形。西瓜的传播又是一个国际问题，涉及中亚史、蒙古史、西域文明、丝绸之路等广泛学科领域，需要会通各方面的文献信息和研究成果，而本人对外文和我国少数民族文字一窍不通，所阅严格局限在汉语范围，视野不免狭窄，证据远不充分。希望有更多领域的专家关注此事，匡我之谬，补吾不逮，使这一问题的认识有更为全面可靠的结果。

［原载《南京师大学报》（社会科学版）2017 年第 4 期，此处结构略有调整］

我国南瓜的传入与早期分布考

南瓜是世界重要的蔬菜作物，我国是南瓜的生产和消费大国，但迄今关于我国南瓜起源的时间和情景仍十分模糊。目前通行的认识是，南瓜原产于美洲大陆，历史十分悠久，而品种也极为丰富复杂。哥伦布发现新大陆后，南瓜与玉米、番薯、番茄一样始为西方所知，引入欧亚大陆。我国南瓜又称番瓜，就应是这一波新大陆作物世界传播的结果。也就是说，我国南瓜是外来作物，是哥伦布发现新大陆之后引入的。从全球新大陆作物传播的历史逻辑看，这是毫无疑问的。但是，我国是东亚大陆国家，地大物博，历史悠久，人口众多，农耕文明极为发达，农作物和相关植物学的文献资料十分丰富，人们不仅在新大陆发现之前的我国文献中发现一些疑似南瓜的生物信息，甚至还有明确的南瓜食用知识。因此，我国南瓜有可能超越新大陆作物传播的历史过程，有着独立或更早的源头。这对我国乃至全球南瓜种植史来说，是一个极其严肃的问题，有必要认真对待。

我国已有的讨论大致分为两派：一是以胡道静、赵传集、李璠、叶静渊等先生为代表，根据我国明代中叶以前已有南瓜的记载或疑似信息，认为我国南瓜种植应发生在哥伦布发现新大陆之前。南瓜的起源应是多头的，我国有可能是南瓜的原产地之一。二是以张箭、彭世奖等学者为代表，认为我国明中叶以前的记载并不可靠或另有所指，我国南瓜必是新大陆发现之后辗转传入①。近年，南京农业大学农业文明研究院王思明先生及其团队致力于农作物的传播与发展研究，卓有成就，其中李

---

① 有关我国学界围绕南瓜起源问题讨论的具体情况，可参见李昕升《中国南瓜史》，中国农业科学技术出版社 2017 年版，第 35—38 页。

昕升先生对我国明中叶以来南瓜种植传播与发展历史进行了系统、深入的专题研究，发表了不少论著。在我国南瓜的起源问题上，李氏也着力颇多，提出了一些有益的思考，但遗憾的是重在平衡诸说，犹疑彷徨其间，并未得出明确的结论。笔者紧接他们的工作，重新搜集、解读我国相关古籍资料，就南瓜传入我国早期即在我国明朝传播、分布情况深入考察和讨论，力求有所推进，提出一些更为明确的论证和合理的判断，以期切近历史的真实面貌。

一、我国明中叶以前的南瓜记载均不可信

上述两派观点分歧的焦点是对明中叶李时珍《本草纲目》之前有关南瓜记载的看法。论者所说新大陆发现前我国已有南瓜，主要依据两种文献：一、元人贾铭《饮食须知》；二、明人兰茂《滇南本草》。元人贾铭《饮食须知》更为重要些，构成了我国本土原产南瓜说的主要依据，同时也成了对立论者无法逾越而难以自信的一大障碍，双方长期纠结，是非难分。然据笔者考察，两书有关南瓜的内容都应出于李时珍《本草纲目》之后。

（一）《饮食须知》主要抄录《本草纲目》而成

元人贾铭《饮食须知》，今有清乾隆《四库全书》本和道光《学海类编》本。《四库全书》所收为安徽歙县程晋芳家藏本，《学海类编》本来源不明。两种版本卷首均有自序，自署"华山老人"，当是自号或时人敬称。全书八卷，分水火、谷物、蔬果、鱼肉诸类叙述饮食宜忌，尤着意相反相忌处。贾铭，生平不详，唯《四库全书总目》提要、乾隆与民国《海宁州志》、清人陆以湉《冷庐杂识》有简单介绍。《四库》提要称其浙江海宁人，"元时尝官万户，入明已百岁。太祖召见，问其平日颐养之法，对云要在慎饮食"，于是进献《饮食须知》，太祖赐宴。

查该书，《四库全书》之前未见有人称引，明朝及清中期以前各类本草、生活类书，尤其是李时珍《本草纲目》搜罗颇广、引用繁富，都未见提及，并作者贾铭也未见有人提到。既为元人，此书又曾献于新朝，或为《永乐大典》引用，检今人栾贵明《永乐大典索引》，也未见有辑引贾铭和《饮食须知》的蛛丝马迹。清以前至少明中叶以前该书是否存在，值得怀疑。

不仅有文献上的疑问，笔者就其内容一一检核，发现该书有抄录李时珍《本草纲目》的迹象，诸食物条内容多取材《本草纲目》药物"气味""主治""发明"等

项目中的宜忌之言。我们举几例：

1. 粳米

贾铭《饮食须知》卷二：

> 粳米味甘。北粳凉，南粳温。赤粳热，白粳凉，晚白粳寒。新粳热，陈粳凉。生性寒，熟性热。新米乍食动风气，陈米下气易消，病人尤宜。同马肉食发痼疾，同苍耳食卒心痛，急烧仓米灰和蜜浆调服，不尔即死。大人、小儿嗜生米者成米瘕。饭落水缸内，久则腐，腐则发泡浮水面，误食发恶疮。

李时珍《本草纲目》卷二二：

> 粳米气味甘、苦，平，无毒。［思邈曰］生者寒，燔者热。［时珍曰］北粳凉，南粳温。赤粳热，白粳凉，晚白粳寒。新粳热，陈粳凉。凡人嗜生米久，成米瘕，治之以鸡屎白。［颖曰］新米乍食动风气，陈者下气，病人尤宜。［诜曰］常食干粳饭，令人热中，唇口干。不可同马肉食，发痼疾。不可和苍耳食，令人卒心痛，急烧仓米灰和蜜浆服之，不尔即死。

两段中的字下划线部分除次序或文字表达略有变化外，内容基本一致。而李时珍按其著述体例——标明辑录唐孙思邈、孟诜和明汪颖三人所说——这是《本草纲目》的可贵之处，凡辑引他人著述，若竹头木屑，也一一注明。《饮食须知》没有这些出处信息，显然是抄缀李时珍的叙述，略加调整而成。唯最后一句"饭落水缸"云云为《纲目》所无，也未见诸家本草有言，但细味此句内容，实际了无意义。饭落缸内，久则必腐，腐久必浮泡水面，食用自然不洁，难免生病，显然有随意编凑、掩饰抄袭之嫌。

2. 烧酒

贾铭《饮食须知》卷五：

> 烧酒，味甘辛，性大热，有毒。多饮败胃、伤胆、溃髓、弱筋、伤神、损寿。有火证者忌之，同姜蒜、犬肉食，令人生痔，发痼疾。妊妇饮之，令子惊痫。过饮发烧者以新汲冷水浸之，或浸发即醒。中其毒者，服盐冷水、绿豆粉可少解。或用大黑豆一升，煮汁一二升，多饮服之，取吐便解。

李时珍《本草纲目》卷二五：

[气味]辛甘，大热，有大毒。[时珍曰]过饮败胃、伤胆、丧心、损寿，甚
则黑肠、腐胃而死。与姜、蒜同食，令人生痔。盐冷水、绿豆粉解其毒。

[发明]时珍曰：烧酒纯阳，毒物也……与姜蒜同饮，即生痔也。

烧酒也称火酒，今俗称白酒，属蒸馏酒，酒精浓度较高。元忽思慧《饮膳正要》
著录为"阿剌吉酒"，当是外来语或蒙古语。李时珍"集解"称"烧酒非古法，自
元时始创"。"烧酒"一名即元人也罕见提及。明弘治间，浙江东阳人卢和《食物本
草》"酒"条已谈及此名[①]，也许稍后汪颖重编该书时并未保留此条，李时珍未见引用。
李时珍此条除引用《饮膳正要》"阿剌吉"一名外全然自撰。《饮食须知》似乎抄录
不多，但以冷水、绿豆解酒之说仍是抄缀《本草纲目》卷四"（解诸毒）烧酒毒：冷水、
绿豆粉、蚕豆苗"条和卷二十四"绿豆粉"条解烧酒毒的内容。其他如妇人饮酒惊胎，
见于明王肯堂《证治准绳》、薛铠《保婴撮要》；以大黑豆煮汁解酒之法见于明嘉靖《便
民图纂》、汪汝懋《山居四要》、唐顺之《武编》、茅元仪《武备志》、何汝宾《兵录》
等。这些在明以前本草、饮食书籍均未明确言及，都应出于明嘉靖以后，《饮食须知》
编者自然不难获知。至于说醉者以冷水浸头之类，也是烧酒流行后不难获得的生活
常识，与前条"饭落水缸"一样，言之无谓。

3. 瓜类

《饮食须知》诸食物条不仅内容多取材《本草纲目》，而且先后顺序也多与《纲目》
的排列相合。《饮食须知》的瓜类分别见于卷三菜类、卷四果类。见于卷三的壶瓠、
壶卢、冬瓜、南瓜、菜瓜、黄瓜、丝瓜，见于卷四的甜瓜、西瓜，出现的先后顺序
都与《本草纲目》排列全然一致。再看诸瓜内容，也基本由《本草纲目》相应条目
摘抄而来。在菜类瓜中只是南瓜、黄瓜、丝瓜三条各有最后一句未见《纲目》或其
他本草有言，应是编者新添。我们重点看看"南瓜"条。

《饮食须知》卷二：

"南瓜，味甘性温，多食发脚气、黄疸，同羊肉食，令人气壅，忌与猪肝、赤豆、
荞麦面同食。"

---

① 卢和：《食物本草》卷下，明钱唐胡文焕校刻本。

《本草纲目》卷二八：

> ［气味］甘温，无毒。［时珍曰］多食发脚气、黄疸，不可同羊肉食，令人气壅。［主治］补中益气（时珍）。

两相比较，唯最后一句为《纲目》所无，但也由上文所说性味所忌及《饮食须知》他处所说猪肝、赤豆、荞麦三物宜忌引申发挥，并非关键。

综合这些条目的情况可见，所谓贾铭《饮食须知》多有摘抄《本草纲目》的迹象，超出部分即便不属废话也非十分紧要，《四库全书总目》提要称其"无出于本草之外者，不足取也"，可谓切中要害。其成书时间至少应在李时珍《本草纲目》之后，当为清初杂抄《本草纲目》等书并掺合一些编者自己的生活经验拼凑而成，托名元人贾铭以为营销[①]。其关于南瓜的内容主要脱胎于《本草纲目》，不足以作为元代已有南瓜的证据。

（二）《滇南本草》"南瓜"内容也应出于《本草纲目》之后

《滇南本草》是我国现存地方性本草中较为完整的著作，记载了许多云南地方独有的药物品种，传为云南嵩明人兰茂所著。兰茂（1397—1476），明成化至弘治间人，时代早于李时珍（1518—1593）120 年。书中有南瓜的专门条目，李昕升认为"可以证明中国在 16 世纪初叶，甚至之前就开始栽培南瓜"[②]。但此书的作者、成书时代均疑问重重，明人未见提及此书，清乾隆以来始受关注。今传各类抄本和印本共十多种，清吴其濬称所见"书非一种，刻抄互异，有一本题正统元年识"[③]，又传有清初刻本，或最初出于明人。但今存诸本所载药物数量悬殊，书中所载烟草、玉米等作物出于明中叶后，又提到清初吴三桂姜陈圆圆事，因而内容是否尽出明人颇堪怀疑。

今存最重要的版本是清乾隆三十八年（1773）朱景阳抄本《滇南本草图说》，有中医古籍出版社影印本。该本多处散见一些附录文字，似是不同时期抄录增补者的自记或序跋，其中有一处提到所收药物"计一百有零"，而晚清、民国间通行刊本收药即达 458 种，显然以后世陆续增补居多。书中信息显示最早的抄录者是明嘉

---

① 此书实为清初医家朱本中所撰，《学海类编》伪题贾铭撰，见笔者《元贾铭与清朱本中〈饮食须知〉真伪考》，《阅江学刊》2018 年第 3 期，本书辑入。
② 李昕升：《中国南瓜史》，第 42 页。
③ 吴其濬：《植物名实图考长编》卷一六，商务印书馆 1959 年版。

靖三十五年（1556）范洪，其次是康熙三十六年（1697）高宏业，都是云南人，同时有信息表明他们也都参与了内容的增补。据此，研究者得出结论："《滇南本草图说》是在一种只有百余种药的本草书基础上，再经明、清传抄者增补而成的云南地方本草书"①。

该书卷八著录南瓜："南瓜（味甘性温），主治补中气而宽利，多食发脚疾及瘟病，同羊肉食之令人气滞。"如果仅就书中有嘉靖三十五年（1556）序题，便认为这一内容必出于该年之前，这就忽视了上述成书过程的复杂性，不免过于简单化。笔者认为，《滇南本草》的"南瓜"内容不可能早于《本草纲目》，有这样几点考虑：

1. 明中叶之前，更确切地说万历之前，除该书外未见云南当地与内地出入云南的文人有南瓜的报道。这其中最著名的莫过于川人杨慎（1488—1559），正德六年（1511年）状元及第，官翰林院修撰。嘉靖三年（1524），因"大礼议"受廷杖，谪戍云南永昌卫（治所在今云南保山），在滇南前后三十年，嘉靖三十八年卒于戍所。杨慎博览群书，记诵之博、著述之富推为明人第一，后人辑为《升庵集》。其著述中有关于西瓜的辨说②，却未见任何南瓜的记载。检杨慎并世文人作品，也未见有南瓜的任何信息。而这正是李时珍著录南瓜的时代，李时珍所说也未提及云南，100多年前的明初人兰茂是否能有清晰的南瓜药用知识，值得怀疑。

2. "南瓜"之名如始出云南人所说，颇不自然。李时珍等人称南瓜出于"南番"或"南中"③，前者合南海诸番国而言，后者相当于今人所说中南地区，指我国大陆的中南地区，都是中土人的传统方位概念。而云南远在西南边陲，与西域不同，此外即明确是外番别国，若南瓜由滇边入国，滇人首见，以模糊的"南瓜"称之，就不合人们的心理和语言习惯。笔者所见明代两种记载南瓜的云南方志——万历六年《（万历）云南通志》（卷三，该志纪事止于万历五年）、天启五年《滇志》（卷五）同记澄江府（治所驻今澄江县）有"番瓜"，指称南瓜，颇为合理。后世个别方志也有"缅瓜"之名④，或为从缅甸引入，清以来云南多称南瓜为"麦瓜"，或即"缅瓜"音转。而明中叶之前，《滇南本草》就直称"南瓜"，与当地方志落落不合，令人怀疑。

3. 《滇南本草》的"南瓜"内容也有摘录《本草纲目》的色彩。笔者就《滇南

① 郑金生：《〈滇南本草图说〉内容提要》，兰茂：《滇南本草图说》卷首，中医古籍出版社 2007 年版。
② 杨慎：《丹铅总录》卷四，清文渊阁《四库全书》本。
③ 刘沂春修、徐守纲纂《（崇祯）乌程县志》（明崇祯十年刻本）卷四："南瓜，自南中来。"这一说法极不流行，几可忽略不计。
④ 如《（雍正）顺宁府志》（清雍正四年刻本）卷七："南瓜，一名缅瓜。"《（道光）普洱府志》（清咸丰元年刻本）卷八："麦瓜即南瓜"，"又缅瓜，形似金瓜，两瓜套生，不可食。"后者所说缅瓜则又为金瓜之一种。

本草》瓜类药物与《本草纲目》相关内容进行比较，发现也有一些明显摘录《本草纲目》的痕迹。比如"苦瓜"条："苦瓜，性寒味苦，除邪热解乏，清心明目。"《本草纲目》"苦瓜"条作："［气味］苦，寒，无毒。［主治］除邪热，解劳乏，清心明目。（时珍、《生生编》）。"除个别字眼外，基本是照抄无误。"西瓜"条亦然，"瓜瓤"部分简要骤括《纲目》的气味、主治内容，而"仁：润肠、清肺、补中"是说西瓜籽的"主治"。反观《纲目》这部分作"［主治］与甜瓜仁同（时珍）"，而《纲目》"甜瓜"条下"瓜子仁"目中恰有"清肺润肠，和中止渴（时珍）"云云，显然《滇南本草》是按示由此补录过来。回头再看《滇南本草》"南瓜"条，内容很眼熟，与《纲目》中的药用部分同样基本一致，略作减省而已。

如果细加排比，应有更多发现。笔者认为，《滇南本草图说》中有关南瓜的内容应与《饮食须知》一样，有掇录《本草纲目》相关内容的痕迹，其写作时间当在《纲目》后，甚至入清以后。至于《滇南本草》另一版本系统中关于"南瓜一名麦瓜"云云更为详细的内容[①]，时代就应更在其后了。

附带一说的是，李昕升文中提到，清乾隆间张宗法《三农纪》，称"南瓜，《图经》云蔓生，茎粗空，叶大如通草叶，而涩绿有毛。开黄花作筒，可采食。结实横圆而竖扁"，所谓"图经"通指宋人苏颂《本草图经》，也或被视为明前南瓜之一证。对此李氏特予否定[②]，笔者深表赞同。此段文字实掇录明王象晋《群芳谱》所说（见下文所引），张宗法著述不审，随兴而言，不足计较，更不必受其干扰和误导。

总之，所谓明中叶之前古籍中的"南瓜"内容，真实性都有问题，有抄述李时珍所言的迹象，应出于《本草纲目》之后，不能用作美洲新大陆发现前我国已有南瓜的证据。

二、明中叶以前阴瓜、金瓜等疑似南瓜均不宜视作南瓜

上述是古籍中明确的"南瓜"记载，而同时也有未蒙南瓜之名而被疑为南瓜的信息，有些被今人视作我国南瓜起源的证据，值得进一步商榷。

（一）阴瓜

此说源于元王祯《农书》卷二九："又尝见浙间一种谓之阴瓜，宜于阴地种之，

①　兰茂原著，于乃义、于兰馥整理主编：《滇南本草》，云南科技出版社 2000 年版，第 389 页。
②　李昕升、王思明、丁晓蕾：《南瓜传入中国时间考》，《中国社会经济史研究》2013 年第 3 期。

秋熟色黄如金，肤皮稍厚，藏之可历冬春，食之如新。"李时珍"南瓜"集解引述后称"疑此即南瓜也"。王祯所述阴瓜确实与南瓜相似，后世各类著录，有些称南瓜别名阴瓜，都应本诸李时珍所疑，只是直接误挂到王祯名下，导致时代错乱，李昕升文中已特别指明。

对于阴瓜是否南瓜，张箭提出两个疑点：一是此条紧接在关于甘肃一线甜瓜的叙述后，所指应是甜瓜之类。二是宜于阴地种之，与南瓜生长习性不合，应非南瓜 ①。言之有理，笔者完全赞同。王祯称见于浙江，而阴瓜之名在浙江各类方志中言之极罕，笔者所见唯清康熙《义乌县志》称"南瓜，来自南番，一曰阴瓜" ②，其他言之又多称王祯《农书》云云，时间都在明以后，显然都是受李时珍影响，并非另有所指。也就是说，浙江方志未见有任何后续对应的新消息 ③，王祯所说或为误记，性状也似硬皮甜瓜，其与南瓜的联系全本李时珍之疑，不足为据。

（二）金瓜

金瓜作为瓜名，我国宋以来古籍陆续记载，至少有四种含义。一、甜瓜之一种。南宋《（嘉定）赤城志》："果之属：瓜有金瓜、银瓜等种。"此是甜瓜品种，皮黄称金瓜，皮白称银瓜，后世金瓜、银瓜并举都属此类。南北方志记载极多，广东方志所记五六月成熟，或为当地特有，也属此类。二、黄瓜的一种，或黄瓜的别称，金者即黄也。如《（正德）琼台志》："黄瓜，即《本草》胡瓜……小者呼金瓜。"所记为今海南海口一带的情况，是说黄瓜中小者名金瓜。三、南瓜的别名，如康熙广东《阳春县志》所说"南瓜一名金瓜，三月生至九月" ④ 即是。这是清人的说法，更早的福建《（崇祯）寿宁待志》称该县"南瓜最多，一名金瓜"，此志不审，所说不可据，后文予以辨析。四、金瓜本身，南瓜属的小型品种，主要用于观赏，闽、粤一带较为常见，颜色黄、赤，明末福建一些地方志始见记载。

与我们这里所说相关的是后两义即南瓜与金瓜，关键还在金瓜专名所指。《（万历）雷州府志》记载瓜品较详，西、黄、甜、南、冬、丝、苦、金诸色并有，且略有比较。记载黄瓜是"黄瓜一名金瓜"，记载南瓜是"类金瓜而大"，记载金瓜是"金瓜形圆而短，熟时黄如金" ⑤。显然，南瓜与金瓜形状相同，应同为南瓜属，差别主

---

① 张箭：《南瓜发展传播史初探》，《烟台大学学报》（哲学社会科学版）2010 年第 1 期，第 100—108 页。
② 王廷曾纂修：《（康熙）义乌县志》卷八，清康熙三十一年刻本。
③ 我们就爱如生《中国方志库》电子数据搜检，清道光甘肃《镇原县志》、民国湖北《南漳县志》的物产志都称阴瓜即金瓜。此与浙江相去遥远，应无任何关系，属当地特有的方言俗语。
④ 康善述修，刘裔炫纂：《（康熙）阳春县志》卷一四，清康熙刻本。
⑤ 欧阳保纂《（万历）雷州府志》（明万历四十二年刻本）卷四："金瓜，形圆而短，熟时黄如金。"

要在果型大小上。《（乾隆）辰州府志》所叙更为详明："南瓜，种出南番，俗呼饭瓜，一名伏瓜。一蔓四五丈，叶如蜀葵，大如荷。结实形横圆而坚，色黄，有白痕。霜后收藏至春，味如新。其形长者俗呼牛腿瓜。""金瓜，又名西番柿，形如南瓜，大不过四五寸，色赤黄，光亮如金，故名。以盆盛置几案间，足供久玩，味苦酸不可食。"①前者显然是大南瓜，即我们今天说的中国南瓜。称金瓜为西番柿（番茄），所说也为外来品种。就我国各地方志的记载，这种与南瓜相类小果型金瓜的出现是明万历后期以来的事。最早福建漳州见载。《（崇祯）海澄县志》："金瓜，圆而有瓣，漳人取以供佛，不登食品。"②有可能经台湾传来③，也有可能是外来商船传入，稍后也有称番瓜的④。与南瓜同属外来物种，两者性状相同，只是大小悬殊。金瓜颜色黄、赤，食用欠佳，主要用作观赏，下文我们称作小南瓜，依科学分类是南瓜属的特殊品种。

　　李昕升南瓜传入时间考一文排比我国地方志的南瓜信息，将嘉靖十七年《福宁州志》、嘉靖二十四年《新宁县志》物产志所载金瓜作为我国方志有关南瓜的最早记载，显然没有充分考虑宋元以来金瓜作为其他瓜类别名的历史，也未能看到明末观赏品种小南瓜出现的事实。事关我国南瓜起源的时间，有必要特别审慎。

　　先看嘉靖二十四年（1545）广东《新宁县志》的情况。该志记载瓜品不只列名，还有具体的季节说明："瓠、葫芦（俱三四月盛）；金瓜、香瓜（俱五六月盛）；丝瓜（六七月盛）；冬瓜（秋冬间有，摘之可留半年）。"⑤这里所说盛，当是果实的旺熟期，金瓜与香瓜五六月成熟，所说应属甜瓜品种，而南瓜的成熟期要相对晚一些，在自然状态下生长，与冬瓜相近而稍早，至少不会早于丝瓜。清初屈大均《广东新语》记广东"瓜瓠"，载明南瓜一名番瓜，同时记载"有金瓜，小者如橘，大者如逻柚，色赭黄而香，亦曰香瓜，五六月熟，与荔枝争其芬馥"（卷二七）。名称及成熟时间都与《（嘉靖）新宁县志》所说金瓜完全对应，后者所说应即此种，与香瓜同类而混名，与闽、台地区常指之主要用于观赏的小南瓜不同，应属地方甜瓜品种。至康熙二十五年《新宁县志》（张殿珠纂修本）则保留香瓜，删去金瓜，《（乾隆）新宁县志》又恢复金瓜，另增加番瓜，这里的番瓜才是我们说的南瓜。从这一系列变化可见，《（嘉靖）新宁县志》所说金瓜不是我们这里说的南瓜或番瓜，新宁县的南瓜

---

① 席绍葆修，谢鸣谦纂：《（乾隆）辰州府志》物产考上，清乾隆三十年刻本。
② 梁兆阳修，蔡国桢纂：《（崇祯）海澄县志》卷一一，明崇祯六年刻本。
③ 吴栻修，蔡建贤纂《（民国）南平县志》（民国十年铅印本）卷六："南瓜，俗呼金瓜，种出南方……又一种甚小而色赤，来自台湾，俗呼台湾瓜，但可供玩赏。"
④ 方尚祖纂修《（天启）封川县志》（清康熙二十四年刻本）卷二："番瓜，亦曰金瓜，蔓如黄瓜而小。形长，初生青色，及熟转红。"此志为清人递修本。
⑤ 王臣修，陈元珂纂：《（嘉靖）新宁县志》卷五，明嘉靖二十四年刊本。

出现较晚。

再看嘉靖十七年（1538）福建《福宁州志》的情况，相对复杂一些。该志称"瓜：其种有冬瓜、黄瓜、西瓜、甜瓜、金瓜、丝瓜。"① 仅是简单列名，并无任何说明，所谓金瓜完全可以视为甜瓜之一种。时福宁州下属唯宁德、福安两县，与《福宁州志》同时修成的《宁德县志》、万历二十五年修成的《福安县志》均未出金瓜②。稍后万历二十一年（1593）、万历四十四年（1616）修成的两种《福宁州志》均作："蔬类：……冬瓜（一名白瓜，老则皮白如粉）、青瓜、黄瓜（引者按：四十四年志黄作王）、丝瓜（一名天萝）、甜瓜、苦瓜、瓠、葫芦。"③ 与嘉靖志相比，变化主要是增加了青瓜、删去金瓜，两瓜应属甜瓜绿、黄不同皮色的品种④，显然是不同编者对甜瓜名称或品种的不同选择。而此间正是南瓜在我国各地早期传播阶段，试想如果"金瓜"是今日人们理解的可以煮食当饭的南瓜之类，必然方兴未艾，既然嘉靖十七年州志已有记载在先，就不会轻易剔除或省略。而事实是福宁州所属两级方志再次出现金瓜要到清中叶乾隆二十七年的《福宁府志》"金瓜（味甘，老则色红，形种不一）"⑤，所指也非尽为我们说的大南瓜。

福建地区乃至整个明朝以金瓜指南瓜的明确证据以冯梦龙的《（崇祯）寿宁待志》最早，但这已经是明末崇祯十年（1637）了。该志称："惟南瓜最多，一名金瓜，亦名胡瓜，有赤、黄二色。"⑥ 寿宁县是明景泰间新建，部分由福安县析出，与福安县关系最密。也许这正是学者据以认为是金瓜为南瓜的力证。但南瓜可以称金瓜、番瓜，惟不可称胡瓜。胡是北方少数民族的古老称呼，来自北国、西域的物种可称胡，而来自南方则称蛮或洋。冯梦龙是江苏苏州人，对南瓜有所了解，但修志未完，而称"待志"，是仓促成稿有待修订的意思，并非全属自谦。这里显然有描述混乱之处，应是掺杂了黄瓜的信息⑦，甚至也应混杂了南瓜和观赏小南瓜的信息。清康熙以来，

---

① 谢廷举修：《（嘉靖）福宁州志》卷三，嘉靖十七年序刊本。
② 闵文正纂修《（嘉靖）宁德县志》（嘉靖十七年刊本）卷一："冬瓜、黄瓜、丝瓜、甜瓜、苦瓜、西瓜。"陆以载纂《（万历）福安县志》（明万历二十五年刻本）卷一："冬瓜、青瓜……黄瓜、丝瓜、甜瓜、苦瓜……土瓜、西瓜、莳瓜。"
③ 史起钦修，林子燮纂：《（万历）福宁州志》卷一，明万历二十一年刻本。殷之辂修、朱梅纂《（万历）福宁州志》卷七，明万历四十四年刻本。
④ 夏允彝修纂《（崇祯）长乐县志》（明崇祯十四年刻本）卷四："越瓜：又有白瓜、青瓜、金瓜、苦瓜之属。"该志另又单列金瓜一种，应指观赏型小南瓜。
⑤ 朱珪修，李拔纂：《（乾隆）福宁府志》卷一二，清光绪重刊本。
⑥ 冯梦龙：《（崇祯）寿宁待志》卷上，明崇祯十年刻本。
⑦ 至《（乾隆）宁德县志》仍称"金瓜，本名胡瓜，又名刺瓜，又名黄瓜"，见卢建其修，张君宾纂《（乾隆）宁德县志》卷一，清乾隆四十六年刻本。

台、闽两地有以金瓜统称南瓜、小金瓜的倾向①。台本属闽，两地关系密切，相互影响而形成一致的方言俗语，这种现象或从明天启、崇祯间小南瓜出现之初就已开始。尽管如此，直至乾隆以来仍有不少方志记载金瓜仅指小南瓜，如《（乾隆）泉州府志》《（乾隆）晋江县志》《（光绪）续修浦城县志》即是。就明清方志看，福建的南瓜分布并不称盛，而小南瓜则相对普遍些，冯梦龙所说金瓜，更有可能主要说的是当时新出现的小南瓜。《（康熙）寿宁县志》也只载金瓜而不提南瓜，今人黄立云注释康熙《寿宁县志》，设"史料辑要"一栏，广泛收辑该县古今各类物产资料，除崇祯《待志》外竟无一丝南瓜信息②。可见冯梦龙所说寿宁盛产南瓜并无多少后续佐证，如非随意之言，实际所说南瓜也应主要指观赏型小南瓜。当然也不排除包含大南瓜，即便主要是指大南瓜，所说也已是明末的情况。

方志所载瓜名同名异实、同实异名的现象比较普遍。就金瓜一名来说，明末无疑是一个转折。万历以前方志中出现的金瓜多是甜瓜、黄瓜的俗称，或是甜瓜、黄瓜某些品种的专名，主要指甜瓜中的黄皮品种。万历以后所说金瓜不仅上述现象仍然存在，又加进了传入不久、主供观赏的小南瓜和一些新见载的地方甜瓜品种，都以黄、赤二色为主。入清后，又确实有一些地方将金瓜作为大南瓜的别称③。闽台地区又多作大、小两种南瓜的统称，进一步增加了问题的复杂性。在没有其他证据支撑、可以完全确认的情况下，我们不能为了屈就李时珍某些说法，简单将后世金瓜与南瓜互为别名的说法用诸万历以前，将"南瓜"名称出现之前或出现之初的金瓜直接视作南瓜，这至少是不够审慎的。而且如果像李昕升论证的那样，最初传入华南、东南沿海称金瓜——这是一个传统已久、本土色彩较浓的名称，不久传入内地即统一改成南瓜，真有点不可思议。至于将《（嘉靖）山阴县志》所引古语"五色瓜"直接视作浙江南瓜的源头就更不值一议了。

三、明代本草、农书等文献中的南瓜资料

综上可见，我国南瓜信息只能求诸明中叶"南瓜"名称正式出现以后，南瓜应

---

① 陈文达纂《（康熙）台湾县志》（清康熙五十九年序刻本）卷一："金瓜，大而圆者则色黄，亦有长者，可为蔬菜。小者有瓣，其色鲜红，只可充玩。"稍早的《（康熙）诸罗县志》所记相同。陈锁修、吕天芹纂《（乾隆）顺昌县志》（清乾隆三十年刻本）卷三："金瓜，种类极多，大可拱，小可把。肉可疗火伤，味甘色黄，故以金名。又有色朱者，堪供玩。"同时福建《（乾隆）福宁府志》《（乾隆）马巷厅志》均如此。
② 见今人黄立云注辑：《康熙寿宁县》，线装书局 2013 年版，第 115—141 页。
③ 除前引《（康熙）阳春县志》外，还有范士瑾修《（康熙）阳江县志》（清康熙刻本）卷四："南瓜一名金瓜。"魏瀛修、鲁琪光纂《（同治）赣州府志》（清同治十二年刻本）卷二一："金瓜一名南瓜，种出南番，俗呼番瓜。"

非我国本土原有，而是新大陆发现之后从域外传入。但区区瓜类，民生末节，引种之初多是涓涓细流，极难引人注意，直接记载十分匮乏，情况不免混沌蒙昧。只有全面、充分掌握各类文献信息，进行耐心的梳理辨证，才可望获得切实、准确的认识。

明朝文献的南瓜信息大致分为三类：一是本草、农书等科技类著述；二是文史著作的零星言谈；三是方志物产志的记载。前两类数量较少，人们了解较多，我们合并考察。主要有这样七例：

（一）田艺蘅《留青日札》卷三十三"瓜宜七夕"："今有五色红瓜，尚名曰番瓜，但可烹食，非西瓜种也。"此是漫谈七夕荐瓜风俗而溯及诸瓜来历，最后提到当时新出现的南瓜。五色瓜是古老的传说，南瓜中也确有皮色红、黄、绿不同甚至诸色间夹的品种，或是此称之根据。《留青日札》完成于隆庆六年（1572），作者田艺蘅是杭州人，一生放浪江湖，优游山林，见多识广，曾短暂在安徽做官。显然对南瓜获知不久，了解不多。

（二）李时珍《本草纲目》："［集解］时珍曰：南瓜种出南番，转入闽浙，今燕京诸处亦有之矣。二月下种，宜沙沃地。四月生苗，引蔓甚繁，一蔓可延十余丈。节节有根，近地即着。其茎中空，其叶状如蜀葵，大如荷叶。八九月开黄花，如西瓜花。结瓜正圆，大如西瓜，皮上有棱如甜瓜。一本可结数十颗，其色或绿或黄或红，经霜收置暖处，可留至春。其子如冬瓜子。其肉厚，色黄，不可生食，惟去皮瓤瀹食，味如山药。同猪肉煮食更良，亦可蜜煎。按王祯《农书》云，浙中一种阴瓜，宜阴地种之。秋熟黄色如金，皮肤稍厚，可藏至春，食之如新。疑此即南瓜也。［气味］甘温，无毒（时珍曰：多食发脚气、黄疸，不可同羊肉食，令人气壅）。［主治］补中益气（时珍）。"作者自称《本草纲目》编撰始于嘉靖三十一年（1552），完成于万历六年（1578），历时27年。李时珍前无依傍，首次详细记载了南瓜种植、生长的情况，果实的性状、收藏情况及食用药用价值与方法，内容全面而具体，是整个明代乃至整个古代对于南瓜最为全面的著录。因其出现在我国南瓜传来之初，备受人们重视，成了我国南瓜早期信息最经典的记载，常为人们称引。唯所说下种、开花的时间与实际生长状况及后世有关著述明显出入，带有某些认识上的模糊。

（三）王世懋《学圃杂疏》："南瓜虽有奇状殊色，仅堪煮食，酷无意味，而更与羊食忌，是可废。"作者为苏州太仓人，写成于万历十五年（1587）。南瓜不宜生食，王世懋因讲甜瓜而附谈及此，并未独立一节，可见了解有限，且视为瓜中劣类。

（四）江瓘（1503—1565）《名医类案》卷十二"食忌"："南瓜不可与羊肉同食，

犯之立死。"①作者为安徽歙县人，自序署嘉靖三十一年（1552）。但实际并未完稿，由其子江应宿历时19年补订完成，增补较多。这一句即置于"食忌"条末尾，最有可能是江应宿所增，江应宿跋文作于万历十九年（1591）。稍早的万历十年，与歙县相邻之《绩溪县志》也有相同的说法（卷三），引文见后，我们将这一说法系于这一时期。

（五）周文华《汝南圃史》卷一首先记载了南瓜收种时间，三月下种，九月收获。这一种植生长时间较李时珍所说迟且短，应更准确，为后世相关著述广泛引用。卷十二并记南瓜、北瓜："南瓜红皮如丹枫色，北瓜青皮如碧苔色。形皆圆稍扁，有棱，如甜瓜状。种法与冬瓜同时，其藤喜缘屋上。或一科而生百枚，则其家主大祸，故人种之者少。味亦庸劣，多食发暗疾，《食物本草》亦不载。"②作者为苏州人，有万历四十八年（1620）自序。所说附于冬瓜条下，对种植生长情况了解加深，但对食用价值仍不看好。所说结瓜多，瓜味劣，疑兼含小南瓜品种。记九月中收获南瓜，非与石榴、银杏、菱一起，而是置于决明子、薏珠子等药物间，论果实又专记丰产致祸之事，鄙薄之意更过于王世懋。

（六）王象晋《群芳谱》亨部蔬谱卷二："南瓜附地蔓生，茎粗而空，有毛，叶大而绿，亦有毛。开黄花，结实形横圆而竖扁，色黄，有白纹界之，微凹。煮熟食，味面而腻，亦可和肉作羹。又有番南瓜，实之纹如南瓜，而色黑绿，蒂颇尖，形似葫芦。二瓜皆不可生食。"③作者为山东新城（今桓台县）人，成书于天启元年（1621）。记茎叶、果实性状及食用价值较为具体，所说茎叶有毛、瓜面白纹、口感面腻等都非《纲目》所有，应有不少自己的观察。且与王世懋、周文华不同，态度比较客观，未提任何食用禁忌之事。

（七）王芷《稼圃辑》："蔬品：茄子、冬瓜……夏秋王瓜、山药、丝瓜、蔓菁、南瓜、北瓜、黄独……。""南瓜红皮，北瓜青皮，结实多，其家必有祸，与羊肉性相反。"该书为上海图书馆藏抄本，应出明人纂辑，由书中再三出现南、北两京且对举不讳可证。内容以辑抄他人著述为主，少数地方附以自己的议论。辑者生平无考，所辑内容多涉苏州、松江、湖州之事，抄本题下署"荻水蒿庵王芷"，荻水指吴江南境之荻塘河，辑者王芷为苏州吴江人。其写作时间，胡道静先生认为书中言备荒只说芋而不及甘薯，应出嘉靖、万历间，不会晚于甘薯从菲律宾引入我国的万

---

① 江瓘：《名医类案》卷一二，清文渊阁《四库全书》本。
② 周文华：《汝南圃史》卷一二，明万历书带斋刻本。
③ 王象晋：《二如亭群芳谱》亨部蔬谱卷二，天启元年刻本。

历二十一年。笔者认为，该书实际是个未完稿，苏、松是典型水乡，地势卑湿，水灾频发，甘薯宜于高沙之地，在这一带种植发展并无优势，而我国传统的芋十分耐涝，这一带种植极盛，明代苏南一带方志就多详载芋而罕及甘薯。周文华也是苏州人士，其《汝南圃史》也多言芋，称"荒年可以度饥"，而未及甘薯。就《稼圃辑》这段南、北瓜的内容而言，有明显节录《汝南圃史》的迹象，当成于其后，应出天启、崇祯间 [①]。

上述七种，可以说是明朝方志之外最主要的记载，多是有一定本草、农圃专业兴趣的文人所言。我们按时间先后排列，大致前四种为一个阶段，代表了南瓜传来之初人们的了解，而后三者属于晚明，认识较前略有变化和进步。不仅认识上前后不同，更重要的是食用态度也有明显差异，情境耐人寻味，下文我们会同方志中的情况一并讨论。

四、明代地方志的有关记载

明代尤其是明中叶以来，我国地方志急剧发展，北京天文台编《中国地方志联合目录》著录明代方志 935 种。这些方志中大多有物产、土产之类专志，其中是否记载南瓜又如何记载，包含了同时南瓜分布和应用最直接而丰富的信息，值得我们认真搜集梳理。这项工作已有学者着力进行过，也取得了不少具体的认识。但由于使用的南瓜概念不够严格，资料收集不够充分，相关判断也就难免有些偏颇。为此我们确定新的标准重新操作，得出的数据和结论也就大不一样。

笔者所见主要包括《天一阁藏明代方志选刊》《天一阁藏明代方志选刊续编》《原国立北平图书馆甲库善本丛书》《稀见中国地方志汇刊》（中国书店）《中国方志丛书》（台湾成文出版社）、爱如生电子数据《中国方志库》初集与二集、《明代孤本方志选》（国家图书馆地方志和家谱文献中心）、《日本藏中国罕见地方志丛刊》（书目文献出版社）、《日本藏中国罕见地方志丛刊续编》（北京图书馆出版社）、《中国地方志集成》《上海图书馆藏稀见方志丛刊》《南京图书馆藏稀见方志丛刊》《中国科学院文献中心藏稀见方志丛刊》《北京大学图书馆藏稀见方志丛刊》等大型影印丛刊和电子数据库所收明代方志，并少量零散明代方志。虽然所得未足 935 之数，但也已近九成。

为了保证所采资料信息满足科学性的要求，我们特别设定以下标准：

---

① 参见程杰《〈稼圃辑〉著者籍贯和时代考》，《江海学刊》2018 年第 1 期。

（一）所得南瓜信息严格限定在南瓜、番瓜、饭瓜、北瓜等完全可以确认的南瓜名称上，所有信息严格限定在方志"物产""土产"类的专门条目，其他文字或有"南瓜"及其别名相关的措辞概不考虑。

（二）所有方志均全本过手（纸质书）或经眼（电子版），是所谓眼见为实。二手资料难免差池，如李昕升据南京农业大学所藏抄辑件《方志物产》，称嘉靖四十四年（1565）江西《靖安县志》物产志中有"倭瓜"，笔者所见《原国立北平图书馆甲库善本丛书》影印并国家图书馆藏该志刻本（胶卷）卷一物产志，瓜类依次有西瓜、黄瓜、冬瓜三种，无倭瓜。就笔者所见，整个明朝方志未见有以倭瓜作南瓜别名的现象。

（三）所有版本年代尽可能一一核准。不少方志通称的纂修年代实际是有疑问的，尤其是不少后世递修、增补本并未跟进标明实际刊刻时间。我们的处理方式是，逐一复核其版本时间，凡递修、增刻发生在明朝，又无相应序跋时间可依的，按全书实际纪事讫年的次年为其出版时间。凡属入清后递修或补刻的，能确认物产内容属于明板原封不动的则予采录，依原刻时间系年，否则一概排除。

（四）按独立志书为单位，所有见载南瓜的明朝方志均在统计之列。同一地方多种志书前后重复记载、州县两级同时或交叉记载的一概同等对待，不作任何合并或减省，以保证方志记载情况的客观和全面。

依据上述操作标准，共得包含南瓜记载的明代方志 118 种。我们以简略的方式，按时间先后列出次序、方志所属省份简称（其中京、津归入冀，沪归入苏）、编纂出版的公元年份、方志书名与卷次、所记南瓜的名称（只出南瓜一种者从省），以便学界同道检索验证：

　　[嘉靖] 1. 冀 1561《宣府镇志》卷一四：南瓜、北瓜；2. 皖 1564《（嘉靖）亳州志》卷一；3. 豫 1564《邓州志》卷一〇；4. 冀 1565《（嘉靖）固安县志》卷三；5. 鲁 1565《青州府志》卷七，[隆庆] 6. 晋 1568《（隆庆）襄陵县志》卷七；7. 苏 1569《（隆庆）丹阳县志》卷二；8. 苏 1572《（隆庆）高邮州志》卷三；9. 赣 1572《（隆庆）临江府志》卷六；[万历] 10. 苏 1574《（万历）无锡志》卷八；11. 皖 1574《（万历）太和县志》卷二：南瓜有青、黄二色；12. 川 1576《（万历）重修营山县志》卷三；13. 苏 1577《（万历）通州志》卷四；14. 苏 1577《（万历）宿迁县志》卷四；15. 云 1578《（万历）云南通志》卷三：（澄江府）番瓜；16. 浙 1579《（万历）黄岩县志》卷三；17. 皖 1580《（万历）舒城县志》卷三；18. 鲁 1580《（万历）

即墨志》卷二；19. 皖1582《（万历）绩溪县志》卷三；20. 鲁1583《（万历）滨州志》卷二：南瓜、北瓜；21. 浙1587《（嘉靖）临山卫志》卷四：南瓜、北瓜；22. 浙1587《（万历）绍兴府志》卷一一；23. 冀1588《（万历）交河县志》卷一；24. 赣1588《（万历）新修南昌府志》卷三；25. 鲁1588《（万历）宁津县志》卷一：南瓜、北瓜；26. 鲁1590《（万历）平原县志》卷上；27. 晋1591《（万历）临汾县志》卷四；28. 鲁1591《（万历）蒲台志》卷三；29. 陕1591《（万历）重修岐山县志》卷一。

万历十九年《本草纲目》出版后 30. 赣1592《（万历）宁都县志》卷三；31. 冀1593《（万历）顺天府志》卷三：南、北；32. 苏1594《（万历）宝应县志》卷一；33. 皖1594《（万历）望江县志》卷四；34. 皖1596《（万历）霍丘县志》第四册；35. 皖1596《（万历）宿州志》卷四；36. 苏1597《（万历）重修镇江府志》卷三〇：南瓜、北瓜；37. 湘1597《（万历）辰州府志》卷三；38. 鲁1598《（万历）恩县志》卷一；39. 苏1599《（万历）江都县志》八；40. 皖1599《帝乡纪略》卷三；41. 皖1599《（万历）祁门县志》卷二；42. 豫1600《（万历）项城县志》卷一；43. 鄂1600《（万历）郧阳府志》卷一二；44. 晋1601《（万历）灵石县志》卷二；45. 闽1601《（万历）建阳县志》卷三：南瓜、番瓜；46. 冀1602《（万历）永宁县志》卷三；47. 鲁1602《（万历）诸城县志》卷七；48. 浙1603《（万历）新修余姚县志》卷七：南瓜、北瓜；49. 苏1604《（万历）新修崇明县志》卷三：南瓜、北瓜；50. 苏1604《（万历）扬州府志》卷二〇；51. 苏1604《（万历）泰州志4卷》卷三：北瓜；52. 苏1605《（万历）嘉定县志》卷六：南瓜、北瓜；53. 浙1605《（万历）温州府志》卷五；54. 皖1605《（万历）怀远县志》舆地；55. 陕1607《（万历）延绥镇志》卷四；56. 晋1608《（万历）沁源县志》卷三；57. 冀1609《（万历）沙河县志》卷三；58. 晋1609《（万历）榆次县志》卷三：南瓜、北瓜；59. 晋1609《（万历）汾州府志》卷六；60. 鲁1609《（万历）济阳县志》卷二；61. 陕1609《（万历）白水县志》卷二；62. 鲁1611《（万历）青城县志》卷一；63. 鲁1611《（万历）邹志》卷二；64. 川1611《（万历）嘉定州志》卷五；65. 晋1612《（万历）太原府志》卷一〇；66. 晋1612《（万历）浑源州志》食货志；67. 晋1612《（万历）徐沟县志》物产；68. 贵1612《（万历）铜仁府志》卷三；69. 冀1614《（万历）故城县志》卷一；70. 皖1614《（万历）滁阳志》卷五：南瓜、北瓜；71. 闽1614《（万历）归化县志》舆地志：番瓜；72. 粤1614《（万历）雷州府志》卷四；73. 晋1615《（万历）山西通志》卷七；74. 晋1615《（万历）平阳府志》卷五；75. 鲁1615《（万历）青州府志》卷五；76. 鲁1615《（万历）福山县志》卷一；77. 晋1616《（万历）定襄县志存》卷三：南瓜、北瓜；78. 鲁1617《（万历）

齐东县志》卷一○：南瓜、北瓜；79. 宁 1617《（万历）朔方新志》卷一；80. 苏 1618《（万历）如皋县志》卷三：南瓜、北瓜；81. 皖 1618《（万历）新修来安县志》卷八；82. 赣 1618《（万历）建昌县志》卷一；83. 鲁 1619《（万历）沂州志》卷一；84. 鲁 1619《（万历）新修沾化县》卷三：南瓜、北瓜；85. 冀 1620《（万历）香河县志》卷二：南瓜、北瓜； 天启 86. 皖 1621《（天启）新修来安县志》卷八；87. 冀 1622《（万历）乐亭县志》卷一；88. 浙 1622《（天启）衢州府志》卷八；89. 浙 1622《（天启）江山县志》卷三：南瓜、北瓜；90. 冀 1625《（天启）东安县志存》卷二：北瓜、南瓜；91. 晋 1625《（天启）文水县志》卷一：南瓜、北瓜；92. 晋 1625《（万历）潞城县志》卷三；93. 云 1625《（天启）滇志》卷三：（澄江府）番瓜；94. 苏 1626《（天启）淮安府志》卷二：南瓜、北瓜、番瓜；95. 浙 1626《（天启）舟山志》卷三：南瓜、北瓜；96. 豫 1626《（天启）中牟县志》卷一：北瓜；97. 浙 1627《（天启）平湖县志》卷九； 崇祯 98. 赣 1628《（崇祯）瑞州府志》卷二四：南瓜、北瓜；99. 晋 1630《（崇祯）山阴县志》卷二；100. 浙 1631《（崇祯）开化县志》赋役志；101. 冀 1632《（崇祯）固安县志》卷三；102. 苏 1633《（崇祯）泰州志》卷一：南瓜、北瓜；103. 鲁 1634《（崇祯）郓城县志》卷三；104. 冀 1635《（崇祯）蔚州志》卷一；105. 闽 1636《（崇祯）尤溪县志》卷四；106. 浙 1637《（崇祯）嘉兴县志》卷一○；107. 浙 1637《（崇祯）乌程县志》卷四：番瓜、南瓜；108. 闽 1637 冯梦龙《（崇祯）寿宁县待志》上；109. 鲁 1637《（万历）商河县志》卷上；110. 豫 1637《（崇祯）汤阴县志存》卷六；111. 冀 1640《（天启）高阳县志存》卷四：南瓜、北瓜；112. 苏 1640《（崇祯）江阴县志》卷二：南瓜、北瓜（饭瓜）；113. 浙 1640《（崇祯）义乌县志》卷六：饭瓜；114. 鲁 1640《（崇祯）历城县志》卷五：北瓜、番瓜、南瓜；115. 冀 1641《（崇祯）永年县志》卷二：南、北；116. 粤 1641《（崇祯）肇庆府志》卷一○；117. 冀 1642《（崇祯）重修元氏县志》卷二；118. 苏 1642《（崇祯）吴县志》卷二九：南瓜、北瓜、番瓜。

118 种方志出现最早的在嘉靖四十年（1561），最晚的在崇祯十五年（1642），前后绵延 82 年。《本草纲目》出版前的 31 年有 29 种，《本草纲目》出版后至万历末的 28 年为 56 种，天启、崇祯间的 24 年为 33 种。不难看出，这些方志构成了一个时间紧密相连、数量不断增加的过程，而且与前述文人著述方面的信息几乎完全同步。这种高度一致的状况与所谓元代、明初南瓜信息那样极度零星碎片化的情景明显不同，构成了南瓜传入后持续发展、不断密集的历史信息链，充分显示了我国南瓜起步于明中叶并迅猛发展的客观事实。这是我们从这些资料信息可以首先明确的。

五、我国南瓜当是明正德末年由葡萄牙使者传来

综合上述两大类资料，再来讨论南瓜传入的具体时间及其早期传播与分布情况，感觉就会相对踏实些，而认识也会更加全面、切实些。我们以上述材料为依据，并辅以同时相应的文献资料和历史背景，就有关情况一一阐说如下。这里首先讨论传入的时间与来源。

方志记载南瓜最早的是河北《宣府镇志》，时间在嘉靖四十年（1561），本草、农书、杂记类著述最早的是《留青日札》，在隆庆六年（1572），两者相差11年。一般情况下，对于南瓜这样的民生细节，地方志这类底层著述总要比文人记载更加及时些，两类记载的时间差是自然、可信的。我们以出现最早的嘉靖四十年（1561）为基点，与新大陆发现后世界南瓜传播的重要时间节点相比较，嘉靖四十年（1561）去1492年哥伦布发现新大陆69年，去1514年葡萄牙商人航海到达广东海面从事贸易47年，去1521年麦哲伦首次环球航行从美洲到达菲律宾40年，去1542年欧洲植物学家福克斯（L.Fuchs）正式著录南瓜的《植物志》（*De Historia Stirpium Insignes, a herbal*）问世19年[①]。如果我们以《留青日札》写成的隆庆六年（1572）或《本草纲目》出版的万历十八年（1590）为基准进行比较，只要将上述数量分别加上11和29即得。南瓜在我国这样一个农业文明高度发达之温带大国的早期传种很有可能较之欧洲大陆更为迅速。

考虑到南瓜从新大陆传入我国至少又经欧洲中转或由南洋作跳板，放在上述紧密的时间节奏中，南瓜传入我国的时间由嘉靖四十年（1561）最多只能上溯50年，即上溯至正德六年（1511），这去哥伦布发现新大陆尚不足20年。而方志见载的时间总要晚于实际种植，考虑到嘉靖后期至隆庆间至少河北、山西、山东、河南、安徽、江苏、江西等省已有方志见载，南瓜传入我国的时间由嘉靖四十年最少也得上推20年，应不会晚于嘉靖二十年（1541），这去哥伦布发现新大陆仍不到50年。南瓜传入我国的时间只能在正德六年至嘉靖二十年这30年内。

这只是一个大致合理的时间范围，至于传入我国的来源和途径，明人著作中唯有李时珍简单涉及："南瓜种出南番，转入闽浙，今燕京诸处亦有之矣。"这段文字

[①] 这些与新大陆发现后南瓜在世界传播有关时间节点均据张箭的论述，见张箭《南瓜发展传播史初探》，《烟台大学学报》（哲学社会科学版）2010年第1期，第100—108页。

极其浅显，广为人知，人们多认其意是说南瓜从东南亚国家传来，转入福建、浙江等沿海地区，再北上传入北京一带①。笔者最初也作此想，但在上述明代文献中寻求印证，问题就出来了。上列 118 种明代方志最早一批即嘉靖、隆庆间的南瓜记载都不在广东、福建、浙江三省，而且进一步就整个明代乃至整个古代方志的记载进行统计，这三省的数量都远不居前。这不能不使我们有所警觉，不能孤立地看待这段叙述，简单地望文生义，而应该放在李时珍当时中外关系的时代背景中去理会。李时珍生活的嘉靖、隆庆、万历初年，正是 15 世纪末期、16 世纪前期美洲新大陆和沿非洲海岸绕好望角至印度洋航线发现后西方殖民势力大举东来，我国华南、东南沿海开始遭遇西方殖民渗入的时代。李时珍说的"出南番，转入闽浙"不是南瓜进入我国大陆后的传播过程，而是随着海外势力辗转来犯而传入的情景。

如今史学界对这一段中西方的最初接触和交锋已有相当明确、具体的认识②，我们就史家所说略作勾勒。葡萄牙以其先进的航海技术，成了 15 世纪末期以来西方世界开拓远东市场的急先锋。明武宗正德六年（1511），葡萄牙攻占满剌加（马六甲），随即派商船前往中国，抵达广东珠江口屯门进行贸易。正德十二年（1517），葡萄牙使者皮莱资率船抵达广州，声称前来朝贡，希望觐见皇帝，开通贸易。迁延两年后买通中朝官员，获准进京朝见。正德十五年（1520），皮莱资与随从译员火者亚三一行先后到达南京、北京。不久，明朝收到满剌加国王的求援书，控告葡萄牙人已占领其地。时值正德、嘉靖之交，朝议骤变，主张对葡人严加抵制。嘉靖元年（1522），新皇帝明世宗正式下令驱逐葡人。次年葡人商船再来广州请求通商，遭到拒绝，葡人遂攻掠广东新化，意在建立据点再图进取。广东守军积极迎战，俘获 42 人，斩首 35 级，葡人仓惶逃去。嘉靖二年，明朝严申海禁，尤禁葡人贸易。而同时福建、浙江这些非南海当面地区，海禁则相对松驰些，海上走私十分活跃。葡人不甘落后，纷纷转道东下闽、浙的漳州、泉州、宁波等地。华人海商也乐于接应，内外勾结，建立据点，疯狂进行走私贸易，葡人也间有武力蛮横掠夺之举。其中最北的据点出现在舟山群岛的双屿，嘉靖二十年（1541）后葡人在此逐步形成规模较大的交易中心，并构筑不少设施，西洋、东洋和中国商船聚集互市，盛极一时。直到嘉靖二十七八

---

① 如张箭："李时珍的观察和研究说明，南瓜（直接）从东南亚（南番）传入，先传入闽浙沿海，以后逐渐深入内地并北上传入燕赵京畿。"彭世奖《中国作物栽培史》："这里的'南番'可能指我国的邻国。"中国农业出版社 2012 年版，第 220—221 页。

② 有关论述请参见晁中辰《明朝对外交流》，南京出版社 2015 年版，第 163—167 页；万明《中葡早期关系史》，社会科学文献出版社 2001 年版，第 47—67 页。关于葡萄牙占据舟山双屿的情况，可参见方豪《十六世纪浙江国际贸易港 LIAMPO 考》，龚缨晏主编《20 世纪中国"海上丝绸之路"研究集萃》，浙江大学出版社 2011 年版，第 159—177 页。

年间（1548—1549）提督闽浙海防军务、浙江巡抚朱纨奋起查禁，出兵铲除，方告结束。

这正是李时珍开始编写《本草纲目》不久前的事，是当时明朝政治生活中的大事，也是东南沿海民众遭遇的一大风波。李时珍所说"出南番，转入闽浙"，正是指葡萄牙人由南海而东海辗转进犯渗入的过程。在其心目中，南瓜是由这波番商带来的。明人当时称葡萄牙为佛郎机，不知其国所在，误以为在满剌加（马六甲）附近，因而也视为南番①。李时珍身处内陆蕲春，没有到达广东、福建、浙江的任何经历，不可能了解葡人此间与我国交往的细节，更不可能掌握南瓜传播的具体进程，只是根据当时南番即葡萄牙商团辗转来犯的大致走向，视作南瓜传来我国的来源和途径。

李时珍的言下之意，也可从同时日本的情况得到佐证。日本学者称，他们的南瓜是"天文10年（1541年）由葡萄牙船从柬埔寨传入"的②，这是明嘉靖二十年，而葡人商船正是来到我国闽浙沿海后才了解日本，甚至是由华人引往日本进行贸易的③。我国南瓜也应由葡萄牙人传来，至少应先于日本传入。进一步的细节无从稽考，我们在万历七年（1579）《黄岩县志》物产瓜类作物的最后看到了南瓜，这是闽、浙两省方志最早的南瓜消息，去葡人在舟山双屿一带贸易已过去40年。这一浙东滨海地区的南瓜是否由葡萄牙人驻泊浙江沿海时传入，还是像稍后《（万历）绍兴府志》所载由吴中（苏州一带）传来，尚不得而知。

但是，根据我们上文对传入时间范围的推算，尤其是嘉靖四十年（1561）以来的10多年间，方志记载从北方的河北、山西、山东到长江流域的江苏、安徽、江西都已有南瓜分布，南瓜实际进入我国的时间应该更早一些，有必要上溯到嘉靖初年而不是嘉靖中叶。就葡中早期关系的整个过程看，另一种情景更有可能，这就是葡人来华之初的正德末年即正德十五、十六年间（1520—1521），葡萄牙使者皮莱资及随从翻译火者亚三一行北上南京和北京④，直接带到两京。据记载，因负有葡萄牙国王的使命，当时是有"进贡"的，贡物清单未被完整记下。此时南瓜传到欧洲也只20多年，人们对其食用价值的认识尚不够充分，有学者研究表明，即便是在

---

① 直至清人修《明史》仍称："佛郎机在海西南，近满剌加，向不通中国。"见《明史》卷四一四外蕃传・佛郎机。佛郎机是当时阿拉伯世界对葡萄牙称呼的译音。
② ［日］星川清亲：《栽培植物的起源与传播》，段传德、丁法元译，河南科技出版社1981年版，第69页。所说时间未必可靠，据日本文献《天炮记》记载，天文癸卯（天文12年）始有葡萄牙商船抵达日本海岸，见万明《中葡早期关系史》，第54—55页。
③ 万明：《中葡早期关系史》，第54—56页。
④ 有关情况请参见金国平、吴志良《一个以华人充任大使的葡萄牙使团——皮莱资和火者亚三新考》，《早期澳门史论》，广东人民出版社2007年版，第342—357页。

欧洲核心地区也"只限于庭园、药圃、温室栽培，供观赏、研究、药用"①，按理不会贸然用作远洋航海的食物。南瓜在欧亚大陆的传播较之其他新大陆作物迅速，最初有可能既得益于果实鲜明的观赏价值。是否有这样一种可能，葡萄牙使者特意从葡国携带这种虽不属贵重却十分新奇堪玩之物或种子作为觐见之礼，在皮莱资一行北上途中，先后带到了南京和北京。葡人翻译火者亚三与使者皮莱资分别在南京和北京居留数月，颇受礼遇。尤其是火者亚三本为华人，在南京与明武宗厮混亲昵，到北京后还一度恃宠恣横，招致杀身之祸。从下文的论述我们会看到，明朝方志有南瓜记载的地方也主要集中在两京之间，两京之间是明朝南瓜分布的中心地带，这种分布格局得以迅速形成的最大可能是葡王使团直接将南瓜种子分别带到南、北两京。

有学者认为，南瓜传入还有另一种可能，即麦哲伦环球航行从美洲将南瓜直接带到菲律宾，再由这里传入我国②。麦哲伦船队首次环球航行到达菲律宾在1521年，即明武宗正德十六年，这正与葡人皮莱资使团在南、北两京求见明武宗同时。当时麦哲伦的船队横渡大西洋后首先抵达的不是南瓜原产地的北美大陆和中美洲地区，而是南美巴西中部的累西腓，然后南行绕过南美大陆，在南美西海岸也未能靠岸补给。这一路是否有机会获得南瓜，值得怀疑。此后近四个月的航程食物奇缺，连桅杆上包皮、舱内的木屑、捉到的老鼠都抢食一空③，如果万一携带南瓜，是否还能将南瓜及其种子留到菲律宾也值得怀疑。即便带来南瓜，在菲律宾当地也应有一个接受和传种的过程，以菲律宾这样热带多雨的群岛国家，是否十分适宜南瓜这类耐旱作物积极推广种植同样值得怀疑。即便这些都不成问题，从引入到盛产进而引起外来客商注意总应有一个过程，同样是新大陆作物的番薯，明确从菲律宾传入我国要等到万历中叶，方志记载更要到万历后期。从麦哲伦抵菲的1521年到我国方志开始记载南瓜的嘉靖四十年（1561）只有短暂的40年，这种可能性真有点不可思议。因此我们认为南瓜之传入我国，应是由来华的葡萄牙远洋船队直接带来，从时间上看，最有可能是葡人来华之初即明武宗正德十五年（1520），由葡王使者皮莱资等直接带到明朝的两京即今南京和北京。

---

① 张箭：《南瓜发展传播史初探》。
② 李昕升：《中国南瓜史》，第34页。
③ 关于麦哲伦首次环球航行的详细情况，请参见张箭《地理大发现研究（15—17世纪）》，商务印书馆2002年版，第249—252页。

六、明朝南瓜分布中心在南、北两京之间

囿于李时珍所说南瓜出南番、转闽浙，今人论南瓜初传多以广东、福建、浙江三省为起点或中心，认为我国南瓜应由华南、东南沿海起步，由南向北逐步传入内地。但将上述 118 种方志分省统计一下（京、津计入河北，上海计入江苏），得出的结论则完全不同。

省份	鲁	苏	冀	晋	皖	浙	赣	豫	闽	陕	云	川	粤	湘	鄂	贵	宁	合计
现存方志	64	104	93	50	72	102	47	98	78	46	9	20	48	28	12	7	6	—
记载南瓜	19	17	15	15	13	13	5	4	4	3	2	2	2	1	1	1	1	118
《纲目》前	6	5	3	2	4	3	2	1	0	1	1	1	0	0	0	0	0	29

据《中国地方志联合目录》所收 935 种明代方志分省统计，现存数量排在前十位依次为江苏（含上海）、浙江、河南、河北（含京、津）、福建、安徽、山东、山西、广东（含海南）、江西。而上表中的省份则按记载南瓜的多少为序，粤、闽、浙三省现存方志的数量并不少，但三省记载南瓜的方志数量并不突出，不在前五位[①]，与存世方志数量的比例更是远居其后。即便退回到李时珍的时代，只统计《本草纲目》出版前的方志，排在前面的仍不是粤、闽、浙三省。其中浙江稍多些，与河北并列第四，但考虑到明代浙江方志总量居第二的状况，这一排位就相形见绌了。虽然统计数据有着方志实际存世数量、辖境大小、方志修纂前后袭用、相邻州县间相互参照等许多偶然因素，但嘉靖四十年以来一个世纪 118 种方志这一基数形成的概率还是很有说服力的。浙江、福建现存明代方志数量遥遥领先，而南瓜记载的数量却大大落后于河北、山东等省。广东方志数量与山西相当，但南瓜记载却遥居其后。嘉靖三十九年（1560）浙江《宁波府志》、万历三年（1575）浙江《会稽县志》、万历二十四年（1596）浙江《嘉善县志》、万历三十四年（1606）福建《古田县志》、万历三十七年（1609）广东《新会县志》的物产志都是比较详细的，所记瓜品较多，并多有附带说明，却都未及南瓜。隆庆间王世懋在福建提学副使任上撰有《闽部疏》，详细记载所见福建特产，只字未及南瓜，只是晚年退居故乡苏州后，才在《学圃杂疏》

---

① 从数量看，浙江与安徽并列第五。但浙江省的 13 个方志有 8 个属于天启、崇祯年间，而安徽只有一种出于此间，余均属此前，故定其居前。

中提及南瓜，而且还是当时苏州一带典型的否定态度。明代方志中的金瓜多为甜瓜、黄瓜别名，勉强可以视作南瓜的不过两三种，实际所指也应是观赏类小南瓜。即使如有论者将属于粤、闽、浙三省的这些小南瓜都视作南瓜，数量极其有限，也远不足以弥补三省在数量上的差距。这些都充分说明，南瓜在粤、闽、浙的分布远不如李时珍所说留给我们的印象那么突出，这三省远不是南瓜传入我国的发祥之地或最初的分布中心。

　　数量排在前面的苏、皖、鲁、冀、晋五省才是明代南瓜种植分布的中心地带，它们由京杭运河南北贯通、东西相邻。明朝的南瓜正是在这一地缘关系自然紧密的南北带状地区得到迅速而明显的传播和发展。这其中只有山西稍显异常些，但情况也不难理解。方志记载南瓜首见于治今河北宣化的《宣府镇志》，这里是京畿重地，与山西北部同属京畿北门关防重镇，直线距离极近。无论是北经河北怀安进入山西阳高，还是南下经桑干河谷西行进入山西大同、朔州一带都较为方便。而方志显示整个河北是南瓜最初分布较多的省份，由华北平原中经滹沱河进入晋中，南经漳河谷道进入晋南都不复杂。南瓜生长优势明显，适应性较强，也更宜于冀西北和山西丘陵山地农户的种植，山西传种之盛应是由相邻的京畿、河北地区直接拉动的。因此我们说，南瓜更有可能是由南、北两京或由两京之间的沿海地区进入我国的[①]，首先是在这一带传种，并以运河为纽带南北传播，迅速扩散而形成分布优势，进而传向全国的。

　　文人言谈中的南瓜信息也可印证。我们前引七种著作的作者，三人为江苏人，一人为山东人。田艺蘅是杭州人，江应宿是皖南人，去南京都并不太远。李时珍是湖北蕲春人，与安徽相邻。可见明朝对南瓜了解较多的学者，多在苏、皖、鲁及邻近地区。

　　明代文献很少说到南瓜的传播过程，方志有两处，一是明末崇祯《乌程县志》称"南瓜自南中来，不堪食"，有顾名思义的色彩，实际说的也应是观赏类小南瓜的来源。另一是更早的万历十五年（1587）《绍兴府志》，说"南瓜种自吴中来"。吴中指苏州，可见苏州是江南地区南瓜出现较早的地方。万历二年（1574）《无锡县志》称"近又有南瓜"，是说不久前这里始有南瓜，无锡与苏州紧邻，也属吴中。而绍兴在浙东，更靠福建，更趋东南沿海，这里的南瓜却是从苏州传来的。这一信息显示的不是我们通常认为的由南向北，由浙江向江苏，而是由北向东南、由江苏

_____

① 明朝中后期海禁较严，海上贸易主要在华南、东南沿海，这后一种可能性意义不大。

向浙东逆向传播①。这种传播方向正符合以两京为中心的辐射趋势。浙江记载南瓜最早的方志是万历七年（1579）《黄岩县志》，福建是万历二十九年（1601）《建阳县志》，广东则是万历四十二年（1614）《雷州府志》，浙江记载南瓜的方志虽然有 13 种，数量并不少，但有 8 种出于明末天启、崇祯间，时间都明显偏后，说明三省南瓜种植是由北向南逐步展开，起步迟、发展慢，远不是我国南瓜的策源地。这些都从侧面进一步印证了我们对南、北两京之间作为当时南瓜分布重心的判断。

南瓜传来之初人们的食用经验或评价也包含了早期传播和分布的信息。前面列举七家所说或多或少都涉及南瓜果实性味、食用方法及其利弊，方志中也有一些同样性质的内容。如万历二年苏南《无锡志》卷八："近又有南瓜，南瓜有毒。"万历十年皖南《绩溪县志》卷三："南瓜，与羊肉同食能杀人。"万历二十二年安徽淮南《望江县志》卷四："南瓜不可与牛肉同食……又云患脚气者勿食南瓜，一食则患永不除。"万历四十六年苏北《如皋县志》卷三抄录《纲目》南瓜内容后又记："北瓜，似南瓜而长，色绿，味极甘胜。"②两类信息不约而同多为负面的传闻和评价，明显地带着南瓜传入之初的陌生、戒备和误传，尤其是地方志所说不乏极端化的否定和抵触，而且愈往早期愈为明显。只有李时珍、王象晋这样比较专门或严肃的本草、农艺学者所说才相对切实、客观和全面些。

细加玩味，人们的取舍褒贬也有一些地域上的分殊。王世懋、周文华、王芷这些苏州地区文人的态度高度一致，大都明确否定。直至明朝末年，上海徐光启的《农政全书》（崇祯十二年刊）对南瓜仍只字未提，应是对南瓜并不看好。相应的地方志中也是如此，江苏无锡、安徽绩溪两县志对南瓜的否定最为极端。歙县江应宿完成的《名医类案》类似的说法应是受到相邻《绩溪县志》的影响，意见比较接近。可见此时长江下游即江苏、安徽两省的江南地区对南瓜食用价值普遍不看好，甚至有极度贬毁、抵制的倾向。而王象晋是山东新城人，对南瓜的态度就积极得多，他称南瓜"煮熟食，味面而腻"，就比较正面，未出任何否定和禁忌之言。李时珍是湖北蕲春人，这里更向内陆些，应该是当时南瓜分布的边缘和南北方的中间地带。

---

① 浙江的南瓜也有从福建传入的迹象，笔者所见唯胡启甲、俞允撰同修《（康熙）新修东阳县志》卷三："金瓜……花实皆金色，故名。四周有瓣痕，其皮色碧绿而光圆者名北瓜。明万历末应募诸土兵从边关携种还，结实胜土瓜，一本可得十余颗，遂遍种之，山乡尤盛。多者荐新外，以之饲猪，若切而干之，如蒸菜法，可久贮御荒。"这里说的金瓜、北瓜主要是大南瓜，但又强调一本结瓜之多，应包含小南瓜品种。明万历末，浙江福宁州从浙东义乌、东阳等地募兵抵御倭寇，驻地称作"浙营"，见《（民国）霞浦县志》卷一七。可见浙江东阳县的南瓜是这些应募士兵从福建霞浦等地带回的，而时间已是万历末年了。

② 李廷材修，吕克孝等纂：《（万历）如皋县志》卷三，《中国科学院文献情报中心藏稀见方志丛刊》影印明万历刻清顺治增补本，国家图书馆出版社 2014 年版。该志仅有少量补板，基本保留明刻原貌，甚至许多地方"皇明"字样仍保留着，物产之类内容更无须改动。

他既明确肯定南瓜的食用价值，称南瓜"肉厚""味如山药""甘温"，能"补中益气"，都属正面的评价，同时也指出一些避忌，称"多食发脚气、黄疸，不可同羊肉食"。负面的部分与稍后邻近之安徽《望江县志》的看法比较接近，应有皖西、鄂东北一带底层民间生活经验的共同氛围或背景。安徽、江苏两省都地兼长江南北，江南的江苏苏州、安徽绩溪与江北的江苏如皋、安徽望江的说法就明显不同。苏、皖两省的江南地区对南瓜的态度高度一致，都持明确否定的态度乃至有十分恐怖的说法，而江北地区又同是比较肯定或认可的意见，如前引万历四十六年《如皋县志》所说。可资联系思考的是，明代苏、皖两省记载南瓜的方志都以江北为多，江南太湖流域含今上海地区明朝方志存世较多，而载及南瓜寥寥无几。这也在一定程度上反映了两省长江南、北民众对南瓜的不同态度。河北、山西没有明确的评价信息，地方志中频繁出现的物产记载本身就是一种态度。李时珍说"今燕京诸处亦有之矣"，有记载称其曾在太医院任职，至少应到过北京，时间大约在嘉靖末年，时间大约在嘉靖末年，是亲眼所见，称诸处有之，表明北京附近地区分布较多，《（嘉靖）宣府镇志》也称其境内南瓜"以南路为多"（今河北涿鹿、怀来、蔚县一带），都应是积极传种的结果，今京郊、河北是最早有记载南瓜种植最早活跃的地区。

因此从整体上看，明人对南瓜的态度以长江为界，南、北是明显不同的。也就是说南瓜传来之初暨整个明代南瓜的种植态度和食用评价中，有着"南冷北热""南贬北褒""南疏北亲"的差异，这是思考南瓜早期传播情况值得注意的一种现象。这种地域分别既有南瓜传种的先后差距，有可能京畿地区民间传种在先，也有南北不同自然条件、种植环境和经济状况产生的需求差异，南瓜在河北、山西、山东等地有比江南鱼米之乡尤其是福建、岭南这类南亚热带物类蕃盛之地更多种植食用的需求和经济生产的动力。南瓜种植这种北早于南、北盛于南的实际状况，也进一步印证了明朝南瓜的起源和分布中心在南北两京之间、运河沿线地区的结论。

七、南、北瓜的称呼反映了南瓜传来之初不同的品种源头

南瓜的名称及早期别名颇有意味，值得关注。南瓜无疑是通名，李时珍只出此名，未及其他名称，其他文人所言也多称南瓜。地方志的情况更能说明问题，118 种方志单出南瓜名称的有 88 种，可见南瓜是当时最通行的名称。番瓜之名最早见于《留青日札》，称五色红瓜，当是因南瓜皮色较为丰富，成熟后多呈黄、赤色，古传吴越有五色瓜，而以此古老传说来形容这一新品种。又说此时尚无定名，只以"番瓜"

称之。作者田艺蘅是杭州人，写作此书的隆庆年间，杭州应是传入不久，所谓"番瓜"是典型传来之初的称呼，时间稍晚于南瓜。稍后出现的"番瓜"之名，见于万历以来的云南、福建等地。值得注意的是云南两种方志都称"番瓜"而不用他名，也有可能是这里的南瓜直接由相邻的南亚、东南亚陆路传来，而有此相对独立而一致的称呼。饭瓜之名出现既少且晚，于明代只《（崇祯）义乌县志》一见，未见任何解释，有可能是番瓜音近误书或意会改名。总之，南瓜、番瓜是南瓜传入最初的两大通名，以南瓜为主。所谓"南""番"同义，都应指李时珍所说"种出南番"。

南瓜名称中最令人称奇的是与南瓜同时出现了北瓜。嘉靖四十年最早记载南瓜的河北宣化《宣府镇志》即同时记载有北瓜，稍后万历十一年的山东《滨州志》、万历十五年的浙江《临山卫志》、万历十六年的山东《宁津县志》、万历二十一年的河北《顺天府志》、万历二十五年的江苏《镇江府志》，这些前后不同时间、州县不同政级、南北不同地方的方志都南、北两瓜并载。在我们统计的明代118种方志中，南、北两瓜并载共有28种之多，上述文人著述中属于晚明的也都同时记有两瓜，如此普遍的现象值得注意。南、北瓜之名几乎同时出现应非毫不相干，势必有着某种实际的联系和相对的意义。

首先必须弄清北瓜何指。关于我国古代北瓜同名多指的现象，俞为洁、李昕升两学者已专题探讨过[①]，这种同名异实的情况在番瓜、金瓜、白瓜等许多瓜名上都或多或少地存在着。我们这里关注的不是这种后世方言俗语错综衍化的复杂情景，而是追溯北瓜出现的源头来寻求其原初的情景和本义。

北瓜之名首见于《（嘉靖）宣府镇志》，最初的方志记载多只简单并列其名，有价值的两瓜比较之言出现在万历中期以后。万历三十三年《嘉定县志》说"南瓜红色，北瓜青色"。万历四十六年《如皋县志》记南瓜全然引述《本草纲目》所说，接着特别交代"北瓜似南瓜而长，色绿，味极甘胜"。崇祯《淮安县志》南瓜、北瓜、番瓜同出，称"北瓜状似匏瓜，色同西瓜"，"番瓜皮似甜瓜，状似葫芦"。崇祯《江阴县志》说"南瓜色黄赤，北瓜青黑，亦曰番瓜"。不难看出，虽然说法有南瓜、北瓜、番瓜三名，实际所指只是两种。周文华《汝南圃史》所说南瓜与北瓜、王象晋《群芳谱》所说南瓜与番南瓜（省称即番瓜、饭瓜）也是如此。这些不同方面的说法比较一致，所谓北瓜、番瓜、番南瓜或饭瓜，大都与南瓜相对而言，是与南瓜不同的杂色品类，一般多称北瓜。纵观整个明朝，所谓北瓜都只是南瓜的杂色品类，别无

---

① 俞为洁：《"北瓜"小析》，《农业考古》1993年第1期，第146—147页；李昕升、王思明：《再析"北瓜"》，《农业考古》2014年第6期，第249—254页。

他义。万历后期以来，苏、浙、鲁一带所谓"番瓜"或"番南瓜"大都是狭义的，与"南瓜"甚至"北瓜"相对而言，应是万历中期以来后续引入见载的品种，与早期作为通名的番瓜不同，是北瓜之别种或别名。

南、北瓜的差别有形状方面的，南瓜多应是扁圆形，北瓜则多呈葫芦形。主要是颜色方面的，成熟的南瓜或黄或红，而北瓜皮色多为深绿或像西瓜、甜瓜一样有条纹。万历二年（1574）《太和县志》卷二物产志说"南瓜有青、黄二色"，李时珍统说南瓜而称"或绿或黄或红"三种，正是抓住了南瓜黄红、北瓜青绿而同属南瓜的实质关系①。

为什么以南、北而不以皮色分称，这是一个耐人寻味的问题。笔者检得清《（光绪）黄岩县志》一段说法，多少给我们一点启示："南瓜俗名南京瓜，实大如钵；北瓜差小，俗名北岸瓜，以来自江北也。"② 这一说法不知所据，或是当地民间口耳相传，保存了一丝南、北瓜名称由来之始的历史记忆。南瓜在我国的传种决非一蹴而就、一瓜单传，应有不同的途径、来源或机缘，也有后续不断的跟进与变化。最初所传至少应有两个主要品类，分属长江南、北两岸，更有可能即如我们前面所说，是葡萄牙使者在南、北两京时以不同南瓜或瓜种分别授受，而形成南北不同的品种体系。随着种植的不断扩展而会流并见，性状、质量明显不同，人们便以南、北分别称之。或者两京宫苑最初作为观赏种植即因来源有别而以南、北分别称之，继而影响民间。南、北两京是明朝最基本的政治格局，南省与北省、南地与北地是当时人们口中常谈，在这流行语境下，南、北瓜的方位组合名称所指比较明确，也就逐步固定下来。

两种不同品种的实际分布也有明显的地域差别。南瓜的记载比较普遍，而北瓜则有明显偏倚。明方志物产志载及北瓜的共30种，其中河北6种、山东5种、山西3种、河南1种，安徽1种，都属长江以北。浙江4种、江西1种，属于长江以南。江苏省地跨长江，共有9种，4种属江南，5种属江北。合计长江以北共21种，占了总数三分之二强。而所谓的江南，最远处也只在江西西北部的瑞州（治今江西高安）。只举北瓜而无南瓜的两种方志是江苏《（万历）泰州志》与河南《（天启）中牟县志》，都在长江以北。其中泰州地处长江北岸，现存万历、崇祯两志，万历

---

① 笔者少时在老家有种南瓜的经验，南瓜有两种品色比较明确：一种未成熟时皮色淡绿，成熟后橙红或暗黄，表面多起白粉。形多正扁圆，表面有棱，肉质较硬，煮食瓜肉面（多淀粉）而甜，宜于老至秋霜时食用，瓜籽狭小、皮厚而仁满。另一种未成熟时皮色深绿或淡绿有白点，成熟后皮色渐黄但暗淡，也不起粉，瓜形椭圆或长弯形，无棱，皮稍薄，肉较脆而中略带丝状，尤宜稍嫩或半熟半嫩时食用，嫩软或脆，老则不面，甘甜稍逊，瓜籽稍宽大扁平。

② 宝善修，王咏霓纂：《（光绪）黄岩县志》卷三二，清光绪三年刊本。万历、康熙《黄岩县志》均记载南瓜，但无这段说法。

三十二年（1604）志只载北瓜而无南瓜，崇祯六年（1633）志始两瓜并载，可见泰州是先有北瓜后有南瓜。这都在一定程度上反映了北瓜在长江以北的分布优势。文人记载最早的田艺蘅是江南杭州人，只称瓜为红色，应是南瓜而非北瓜。由此可见，瓜分南、北应是两种品种在长江南北或南北两京为中心的不同分布格局形成的，所谓南瓜应是首先落脚在南京一带，最初在南京为中心的地区逐步传开。北瓜则应是首先落脚于京畿地区，最初在北京为中心的地区盛传。南瓜之名既有相对北瓜而言的专名之义，更有着眼南番传来的通名之义，因而方志中的出现机率也就远胜北瓜[1]。

　　就食用品质而言，南瓜优于北瓜。崇祯山东《历城县志》称一种"皮黑，多棱，近多种此，宜禁之"，当是后续新传北瓜品种，认其种劣，而主张禁种。文人言谈中也有这样的信息。明人姚旅《露书》记载，南京吏部尚书汝阳人赵贤"有清操"，而其子赵寿祖"颇营产业。一日宴客，寿祖侍坐，适食南瓜"，赵贤说"北瓜不良，在城则占人屋，在野则占人地"。客人借此话暗讽寿祖："尊言可绎！"[2] 其意是说赵氏子不如父，一如北瓜与南瓜的差别。所说是万历十八年稍后的事，故事是否属实另当别论，但反映了万历中叶以来人们对北瓜相对逊色的共识。清康熙以来，北方地区流行"倭瓜"之名，最初所称即以北瓜为主[3]，应是这一传统看法新的演变。

　　总结我们的论述，元人贾铭《饮食须知》是托名之作，其中南瓜的说法是抄录《本草纲目》有关内容而成。同时阴瓜、金瓜等所谓南瓜信息为疑似、误会之言。所谓新大陆发现前我国古籍中已有南瓜的信息均不可靠，我国南瓜应是外来物种。李时珍所说"南瓜种出南番，转入闽浙"并非指南瓜进入我国大陆后的传播过程，而是说葡萄牙殖民者由广东转闽、浙沿海寻求贸易，南瓜即由这批番人传来，时间应在明正德六年（1511）以来的30多年间。明人有关文献记载充分表明，明朝南瓜分

---

[1] 如今北瓜之名实际所指有南瓜、观赏小南瓜、笋瓜、西葫芦、西瓜别种等许多不同物种，因地而异。用指南瓜多见于冀、鲁、晋以及皖北、苏北等北方地区，其中尤以河北最为普遍，与明代北瓜之名首先于河北方志、多见于北方地区应多少有些关联。明人所说北瓜只是南瓜一类，果略小、多葫芦型，皮色青绿或略花。其中颜色最为关键，南瓜半熟前皮色也大多青绿，只是深浅不同而已，成熟后渐黄，也有深浅不同。而明人特别强调北瓜青绿或青黑，当指老熟时的颜色，至老青绿不变者方称北瓜。笔者托熟人在河北行唐、井陉找到符合这一标准的北瓜。2018年3月5日，行唐县九口子乡上庄村卫生员任彦国先生为笔者拍摄到当地贮存越冬的老熟北瓜，瓜较小，瓜蒂稍粗，瓜皮略皱或有浅棱，皮色深绿近黑，瓜肉橙红，瓜籽较大。这或即典型的明人所说北瓜，北方地区与此相近的品种应有不少。

[2] 姚旅：《露书》卷一二，明天启刻本。

[3] 吴都梁修，潘问奇纂《（康熙）昌平州志》（清康熙十二年刻本）卷一六："倭瓜，类南瓜，皮青黑，有微棱。"格尔古德修，郭棻等纂《（康熙）畿辅通志》（清康熙二十二年刻本）卷一三："倭瓜，类南瓜而棱微干，以御冬，较南瓜更甜适。"可见倭瓜之名始于北京地区，本指南瓜中的一类，与北瓜大致同义，《（康熙）定州志辑要》物产称"北瓜，即倭瓜"，当因外形不如南瓜周正而得名。

布中心不在华南、东南沿海的粤、闽、浙三省，而是明朝南、北两京间的苏、皖、鲁、冀、晋五省，南瓜首先是在这以南、北两京为中心，以运河为纽带，地缘关系较为紧密的区域内传播扩散而形成分布优势。综观当时中葡外交、商贸关系的具体过程和我国南瓜迅速传播发展的实际状况，南瓜更有可能是明正德十五、六年即公元 1520—1521 年间由葡萄牙使者分别带到明朝南、北两京，由此形成以两京为中心、北略胜于南的分布格局。南瓜、北瓜属于南瓜不同品种或品类，最初即同时出现，应与这种两京为中心的分布格局有关，反映了南北不同的品种源头。

[原载《闽江学刊》2018 年第 2 期，此处有不少增订]

第五编

类书、农书杂考

《全芳备祖》编者陈景沂生平和作品考

《全芳备祖》是南宋后期编辑、印行的植物（"花果卉木"）专题大型类书，被植物学、农学界誉为"世界最早的植物学辞典"[①]。其大量辑录"骚人墨客之所讽咏"[②]，尤其是宋代文学作品，堪称宋代文学之渊薮。所辑资料极为丰富，"北宋以后则特为赅备，而南宋尤详，多有他书不载，及其本集已佚者，皆可以资考证"[③]，是宋集辑佚、校勘的重要资源，为文献学界所重视。然而该书自 1982 年农业出版社配补影印日藏刻本以来，进一步的文献整理和研究成果较为缺乏。笔者近年应农业出版社和浙江古籍出版社之约整理此籍，对其了解渐多，对《全芳备祖》的版本已有专文考证[④]，兹就编者陈景沂的生平事迹、诗文作品专题考述。

一、陈景沂的名、号和里籍

今所见日藏宋刻本残存各卷，均题"天台陈先生类编花果卉木全芳备祖"，"江淮肥遯愚一子陈景沂编辑，建安祝穆订正"。书中所收自己的作品，有"江淮肥遯愚一子""陈肥遯""愚一子"等署名和出注，另前集卷五琼花门收有韩似山《聚八仙花歌赠江淮肥遯子》一诗，可见他应有"江淮肥遯子""愚一子"两个别号。迄

---

① 吴德铎：《全芳备祖跋》，陈景沂：《全芳备祖》卷末，农业出版社 1982 年版。这一说法其实是错误的，《全芳备祖》是类书，只是辑录资料，除辑有少量自己的作品外，没有关于所涉植物或其他名物的任何自主解说。
② 陈景沂：《全芳备祖序》，《全芳备祖》卷首。
③ 《四库全书总目》卷一三五《全芳备祖》提要，清乾隆武英殿刻本。
④ 参见程杰《日藏〈全芳备祖〉刻本时代考》，《江苏社会科学》2014 年第 1 期；《〈全芳备祖〉的抄本问题》，《中国农史》2013 年第 6 期。

清乾隆年间，各类文献对《全芳备祖》的记载较为罕见，有关编者的信息均不出这些内容。今农业出版社影印本梁家勉序称："南宋陈咏辑。咏字景沂，号肥遯，又号愚一子"。关于陈景沂名咏，字景沂的说法，始见于嘉庆初年之《台州外书》、嘉庆十六年《太平县志》（清太平县即今温岭市）。戚学标《台州外书》卷六艺文志："《全芳备祖》五十八卷，宋天台陈景沂撰。景沂名咏，实吾邑之泾岙人，宝祐间名士。"戚学标等编纂嘉庆《太平县志》卷一二："陈咏，字景沂，号肥遯，泾隩人。"两书同出一人。何以此间突然冒出此说？近年浙江台州发现《天台吴氏宗谱》和温岭《泾岙陈氏宗谱》两家姓氏不同，而世系人名和顺序多相雷同，两家争言陈景沂为其祖先，当是两氏祖先中一方本有名咏、字景沂者，而为另氏家谱抄袭。今所见浙江温岭《泾岙陈氏宗谱》为乾隆五十八年始修①，此后县人戚学标便写入《天台外书》和《太平县志》中，影响至今。随着陈景沂为泾岙陈氏祖先之说的盛行，吴氏尽量追随陈氏谱中的说法，称谱中吴咏应即陈咏（景沂），于是就有了温岭陈氏和天台吴氏两家争称陈景沂为祖先的一幕②。可见这一说法是由家谱发起，说到县志而影响至今。

就宋刻本《全芳备祖》编者署名方式可知，陈景沂名"咏"字"景沂"的说法决不可靠。宋刻本每卷卷首编者项分两行齐头书写："江淮肥遯愚一子陈景沂编辑；建安祝穆订正"。众所周知，"祝穆"名"穆"字"和父"，如果"陈景沂"三字是其姓和字的话，则"祝穆"也当改为"祝和父"，意义和字数便完全对应。而实际是，"陈景沂"三字，"祝　穆"两字，中空一格，并列书写，可见"景沂"与"穆"一样，是名而非字。

关于陈景沂的籍贯，也有不同的解释。一般认为，卷首所题书名"天台陈先生类编花果卉木全芳备祖"之"天台"是指宋台州，另一种认为有可能是指台州所属天台县，还有一说则称陈景沂是浙江温岭县（清太平县）人。我们认为，与前言姓名对应同理，这里"陈先生"前面的乡贯"天台"也应与"祝穆"前面的"建安"一样，是州郡之名，而非县邑。祝穆是福建崇安县人，迁居建阳，崇安为南宋建宁府属县，称其为建安人，是取建宁府的古郡名。同样，陈景沂的籍贯"天台"也应是宋台州之代称，这在宋人著述中比较常见。我们在《全芳备祖》中也能找到佐证。《全芳备祖》后集卷三柑门："以上皆彦直之录也，韩但知乳橘出于泥山，独不知出于天台之黄岩也。出于泥山者固奇也，出于黄岩者尤天下之奇也。"这是陈景沂自

① 上海图书馆编：《中国家谱总目》，上海古籍出版社2008年版，第2390页。
② 有关情况请参见许尚枢、张立道《〈全芳备祖〉编者的姓氏、里籍及成书过程之考析》，蔡宝定《陈咏籍贯考证》，分别见台州市地方志编纂委员会办公室编《〈台州地区志〉志余辑要》，浙江人民出版社1996年版，第284—290、291—294页。

己的一段附记，其中"天台之黄岩"中的"天台"非县名，而是州郡名。因此，在没有其他可靠证据的情况下，我们还是应该遵从原书的题署方式，笼统地称其为台州人比较妥当，当然也有可能是下属天台县人。但关于陈景沂为温岭（清太平县）人的说法最不可信，这不仅是因为温岭《泾岙陈氏宗谱》有关陈景沂的内容极不可靠①，关键还在于前引陈景沂关于黄岩蜜橘的辨说，显然是一个外乡旁观者的口吻。温岭在宋时属黄岩县，试想如果陈景沂是当时黄岩县人，会使用"吾乡""吾邑"之类亲切、热情的称呼，而不是"天台之黄岩"这样极为客观、平淡的说法。

二、陈景沂的诗文作品

今所见陈景沂的诗文作品俱出《全芳备祖》，余未见只言片语。兹按文体胪列如下：

（一）诗

《全芳备祖》所见陈景沂诗共 26 首，另有 3 条散句。准《全宋诗》例，按《全芳备祖》所属门类，加上相应的标题。有必要说明的是，有不少作品仅因内容涉及该种植物而辑入该门，并非专咏此物，细加阅读，不难辨别。

《梅花》（五首）

香（"香"，《全宋诗》作"标"）熏江雪情偏韵，影墨窗蟾梦半回。耐冻有何标（"标"，《全宋诗》作"香"）可述，雅交还喜淡相陪。

从来造化有何私，自是梅花南北枝。只为北枝太寒苦，东君消息故应迟。

行人立马闯烟梢，为底寒香尚寂寥。是则孤根未回暖，已应春意到溪桥。

重冈复岭万千程，霜褪红曦步恰轻。瞥有暗香松下过，不知何处隐梅兄。

平生足迹遍天下，止（"止"，《全宋诗》作"正"）一东嘉却弗来。行到刘山无所记，漫留冷句伴江梅。（卷一梅花门）

《红梅》

色异名同失主张，厌寒附暖逐群芳。当知不改冰霜操，戏学陶家艳冶妆。（卷

---

① 参见程杰《〈全芳备祖〉编者陈景沂姓名、籍贯考》，《南京师大学报》（社会科学版）2015 年第 5 期。

四红梅门）

《海棠》

自是司花别有神，要凭诗句写花真。风翻翠袖惬寒薄，雨湔红妆啼晕新。为困未眠娇欲吐，将唇微褪笑如嗔。牡丹芍药尤无娜（"娜"，《全宋诗》作"那"，是），君识莺声识燕身。（卷七海棠门）

《桃花》

江卸（"卸"，《全宋诗》作"衔"）洞庭急，君山屹半川。别知江有国，大率水多仙。环绕八百里，洪蒙千万年。晚春桃正碧，南客晓浮船。（卷八桃花门）

《葵花》

人情物理要推求，不蚤敷黄隶晚秋。黄得十分虽好看，风霜争奈在前头。（卷一四葵花门）

《牵牛花》

牵牛易斯药，固特取其义。安用柔软蔓，曲为萦绊地。汝若不巧沿，何能可旁致。始者无附托，头脑极细殢。一得风动摇，四畔乱拈缀。搭着纤毫末，走上墙壁际。偌得梯此身，恋缠松竹外。吐花白而青，敷叶光且腻。裒露作娇态，舞风示豪气。便忘抑郁时，剩有夸逞意。诳言松和竹，如我兄与弟。下盼（"盼"，《全宋诗》作"盻"）兰菊群，反欲眇其视。如此无忌惮，不过是瞒昧。教知早晚霜风高，杪表何曾见牛翠。（卷一四牵牛花门）

《含笑花》

此花枝叶山矾类，气味虽殊本共行。铁定青门瓜魄变，否因李白酒魂香。紫唇半吐胭脂重，素脸初开玉色装。懊恼酴醾诧名色，乱施冶冀过低墙。（卷一九含笑花门）

《石榴花》

阴霾渺渺接江乡，登陆犹褰未涉裳。入晚天容糊水色，拂明云影帽山光。闷拈昌歜嗟香玉，披读《离骚》玩彻章。最是荷榴两怀古，对人无语湿红妆。（卷

二四石榴花门）

《草》

淡烟荒草六朝宫，万感丛生一眺中。不识群公互虓虎，独于此地必争熊。秦河溅泪西风泣，淮巘含羞晚照红。酝得许多愁为底，只缘误倚大江东。

未破滁阳亭屡易，亭亡今又几经年。峰回路转势不改，木秀阴繁秃到巅。流下山泉音若咽，烧余寺刻块如拳。柴王一殿今何在，衰草残烟护晓娟。

江城滕阁倚空寒，鹤势骞飞远耐看。旁列西山青玉案，高擎南浦白银盘。摩挲王记犹无恙，拂拭韩碑尚未刊。翻忆赏心亭下水，草洲埋没贮悲酸。

长淮何处雁声多，西去涡心北迈河。影逐泗滨烟月艇，阵惊亳邑水云蓑。小王草笔终难学，苏武陵书果若何。陲草边芦两萧索，远陪砧女作离歌。（后集卷一〇草门）

《芦》

风雨潇潇（"潇潇"，《全宋诗》作"萧萧"）夕，春寒灯较昏。茅檐数椽屋，荻浦几家村。网到江鳞活，沽来市酒浑。焙衾供（"供"，《全宋诗》作"共"）结局，一觉眇乾坤。

一一边溪（"边溪"，《全宋诗》作"溪边"，或是）石，堆成几别离。青蒲驶樯本，黄苇掠船艒。话别从今日，云来是几时。藏心粜黄蟹，归买配香炊。（后集卷一二芦门）

《松》

仙往径独地（"地"，《全宋诗》作"在"），亭高山若堆。知非凡木比，识得洞宾来。骨蜕笺（"笺"，《全宋诗》作"栈"）沉水，坛缘薜荔栽。于何稚松子，有记弗详该。

远吹疏疏奏竹房，乱撩松友发清狂。云抱（"抱"，《全宋诗》作"拖"）雨阵沿山至，岩溲泉声走涧长。和我微吟似音律，续他高韵费思量。谁人宅院遗簪处，碧玉横钗十二行。（后集卷一四松门）

《竹》

君不见湘阴有竹玉为肌，点染妃泪斑厥皮。一挑瘦箨弗满持，化作祥龙飞葛陂。虞妃葛翁未生时，竹能自幻超轩墀。真君观里云委迤，郭郭万竹其猗猗。一

竿妩媚独秀出，底焉同本表两岐。翻风翌比理联续，清魂返本疑齐夷。世知得竹
瑞斯观，我知竹因人孕奇。人不为竹自为足，为竹从更栽培基。丹房候熟灶欲歇，
黄婆姹女相追随。孕得移子尤累累，偶者自偶奇自奇。既而又见出斑种，盍亦百
日成龙儿。他年玄都摇兔葵，刘郎怀伤种桃时。那时为君谱宗支，君能已与妃葛
陂，同作族属居瑶池。（后集卷一六竹门）

《杨柳》

美笑千黄金，驻景双白璧。东风杨柳津，几度千丝碧。款段（"款段"，《全宋诗》
作"款款"）白面郎，画舫宫样妆。新堤五里长，回头意悠扬。幽人兴不忙，得句（"句"，
《全宋诗》作"志"）汀草芳。

非绿非青曲雨尘，颠头倒尾乱江阴。金衣公子经过处，不辨其身只辨音。

相尚津涯临画舫，栽从亭馆近华筵。别离自是无聊赖，于甚垂杨有纠牵。

为尔生来体态柔，因情感物寓风流。汝无血气何知觉，自是诗人想象来（"来"，
此据南京图书馆藏八千卷楼抄本、台北"故宫博物院"藏碧琳琅馆抄本。《全宋诗》作"求"，
未知所据，当依韵改）。（后集卷一七杨柳门）

《桑》

三分天下二分田，枉被西南雨露天。接野菅荆失官陌，透蓬桑枣识民阡。去
程削断行人迹，惊麕频过猛兽边。弹压官军早屯宿，晚炊崖竹汲河堧。（后集卷
二二桑门）

散句

海棠巳落老娼籍，芍药初登童子科。（卷三芍药门）

赋质太轻难作主，飘踪无着易粘人。（卷一八柳花门）

止渴还相似，和羹谅亦同。不思五和里，均擅一调功。（后集卷六杨梅门）

《全宋诗》所收陈景沂诗，见于卷三三九四、第 64 册第 40387—40390 页，所
据似为原北平图书馆碧琳琅馆藏本《全芳备祖》（今藏台北"故宫博物院"）。今以
宋刻本及南京图书馆藏八千卷楼本相校 ①，漏收《竹》《桑》两首。而《杨梅》两首

---

① 参见程杰、王三毛点校《全芳备祖》，浙江古籍出版社 2014 年版。

中"红实缀青枝"一首误收，宋刻本诗后注作者为"郭功父"，郭祥正《青山集》卷三〇题作《杨梅坞》，是郭祥正作品无疑。"正渴还相似"四句，原书列于"五言律诗散联"类中，非完篇。另，《石榴花》一首，出处误作《全芳备祖》前集卷六，实出前集卷二十四。

由于所据版本不同，《全宋诗》所收与我们上列有不少异文，见随文注释。除《海棠》一首、《芦》第二首、《杨柳》最后一首三处异文以《全宋诗》所取较胜外，余皆应以我们这里的文字为是。

（二）词

《全芳备祖》所辑陈景沂词共三首，《全宋词》俱收，见第 4 册第 3022 页。其中卷一梅花门《壶中天》全然无差，而另两首，《全宋词》与宋刻本文字稍异。

《壶中天》

江邮湘驿，问暮年何事，暮冬行役。马首摇摇经历处，多少山南溪北。冷著烟扉，孤芳云掩，瞥见如相识。相逢相劳，如痴如诉如忆。　　最是近晓霜浓，初弦月挂，傅粉金鸾侧。冷淡生涯忧乐忘，不管冰檐雪壁。魁榜虚夸，调羹浪语，那里求真的。暗香来历，自家还要知得。（卷一梅花门）

《点绛唇》

今古凡花，词人尚作词称庆。紫薇名盛。似得花之圣。　　为底时人，一曲希流咏。花端正，花无节，病亦归之命。（卷一六紫薇花门）

按，"希"，《全宋词》作"稀"。"花无节"，《全宋词》作"花无郎病"，查唐圭璋先生所据八千卷楼本作"花无郎"。按律此句应为四字，或唐先生据意或参他本添。

《水龙吟》

阶前砌下新凉，嫩姿弱质婆娑小。仙家甚处，凤雏飞下化成窈窕。尖叶参差，柔枝袅娜，体将玉造。自川葵放后，堂萱谢了，是园苑、无花草。　　自恨西风太早。逞芳容、紫团绯绕。管里低昂，篦头约掠，空成懊恼。圆胎结就，小铃垂下，直开临杪。凡间谪堕，不知西帝，曾关宸抱。（卷二六金凤花门）

"直开临杪"之"杪",《全宋词》有一缺字符,而宋刻本有。依律"凡间谪堕"前缺一字,《全宋词》有一空方(缺字符),而宋刻本连书不空。

(三)文

今《全宋文》收有陈景沂文两篇,一是《全芳备祖序》,另一是《招隐寺玉蕊花记》,出《全芳备祖》前集卷六,见《全宋文》卷七九三〇、第 343 册第 292—293 页,题目均为编者所加。由于所据版本的缺陷,两文与我们校点整理所得都有个别字词出入,此依其题,全文罗列如下。

《全芳备祖序》

古今类书,不胜汗牛而充栋矣。录此遗彼,不可谓全,取末弃本,不可谓备,皆纂集之病也。姑以生植一类言之,史传杂记之所编摩,骚人墨客之所讽咏,自非家藏万卷,目阅群书,只是其择焉不精,语焉不详耳。

余束发习雕虫,弱冠游方外。初馆西浙,继寓京庠,暨("暨",《全宋文》缺)姑苏、金陵、两淮诸乡校,晨窗夜灯,不倦披阅,记事而提其要,纂言而钩其玄,独于花果草木尤全且备。所集凡四百余门,非全芳乎?凡事实、赋咏、乐府,必稽其始,非备祖乎?

尝谓天地生物,岂无所自?拘目睫而不究其本原,则与朝菌为何异?竹何以虚,木何以实,或春发而秋凋,或贯四时而不改柯易叶,此理所难知也。且桃李产于玉衡之宿,杏为东方岁星之精,凡有花可赏、有实可食者,固当录之而不容后也。至如("如",《全宋文》作"于")洁白之可取,节操之可嘉,英华之夐出,香色之具("具",《全宋文》作"俱")全者,是皆禀天地之英,皦然殊异,尤不可不列之于先也。梅仙("仙",《全宋文》作"先")孤芳,松友后凋,兰有国香,菊存晚节。紫薇虽粗,而独贵于所托;黄葵无知("知",八千卷楼抄本作"和",此据碧琳琅馆抄本改),而不昧于所向。草伤柳别,紫笑萱忘,韭薤最幽于相(相,《全宋文》作"所")遇,藜藿甘贫而自得。首蓿蕙苡,可食可饲;茯苓黄精,通神通灵。凡若是者,遽数之,不能终其物也。

或曰:"琼花、玉蕊,胡为而躐处其上?"答曰:"此尊尊("尊",《全宋文》作"之")也。"或曰:"牡丹、芍药、海棠之无实无香,胡为而亦处其上?"答曰:"此贵贵("贵",《全宋文》作"之")也。是皆奇花异卉,特立迥出,胡可以一说拘也?"或曰:"子之说则信辨而美矣,子之书则信全而备矣,不几于玩物丧志乎?"答曰:

"余之所纂,盖昔人所谓寓意于物而不留意于物者也。恶得以玩物为讥乎?且《大学》立教,格物为先,而多识于鸟兽草木之名,亦学者之当务也。自太极判而两仪分,五行布而万物具,凡散在("在",《全宋文》作"之")两间,物物各具一太极也。太极动而生阳,则元亨诚之通,而万物所资始也;静而生阴,则利正("正",当为"贞",宋帝嫌名)诚之复,而万物所以各正性命也。禀于("于",《全宋文》作"乎")乾者为木果,禀于("于",《全宋文》作"乎")震者为苍莨竹,为萑苇,禀于("于",《全宋文》作"乎")巽者为木,禀于("于",《全宋文》作"乎")坎者为坚多心,禀于("于",《全宋文》作"乎")离者为科上槁,禀于("于",《全宋文》作"乎")艮者为坚多节("节"后,八千卷楼本重出,此据碧琳琅馆本删),为果蓏。根而干,干而枝,枝而叶,叶而华,华而实。初者为阳,次者为阴;闉者为阳,承者为阴。得阳之刚,则为坚耐之木;得阴之柔,则为附蔓之藤。无非阴阳者,则无非太极也。以此观物,庸非穷理之一事乎?程先生语上蔡云:'贤,却记得多许事,谓玩物丧志。'今("今",八千卷楼本作"令",此据碧琳琅馆本改)止纂许多,姑以便检阅、备遗忘耳,何至流而忘返而丧志焉?'卑于《尔雅》虫鱼注','可怜无补费精神',观者幸毋以为诮。

有宋宝祐丙辰孟秋,江淮肥遯愚一子陈景沂谨识。(卷首)

《招隐寺玉蕊花记》

戴颙字仲若,舍宅为招隐寺,寺在京口放鹤门外,与鹤林古竹院相望数里,孤处于万山荒凉之颠。所由山径,石卵累累,不绝如线,是名招隐寺。有米元章隶碑,以纪仲若之出("出",《全宋文》作"幽")处。方丈有阁号增华,梁昭明选文于中。阁之左有亭名虎跑、鹿跑("虎跑、鹿跑",《全宋文》作"鹿距、虎跑"),其泉清泛("泛",《全宋文》作"泄")。阁之右有亭名玉蕊,巍扁其上。亭之下有玉蕊二株,对峙一架,其枝条仿佛("仿佛",八千卷楼本作"佛仿",此据碧琳琅馆本改)乎葡萄,而非葡萄之所可比,轮囷磊块("块",八千卷楼本作"瑰",此据碧琳琅馆本改),如古君子气象焉。其叶类柘叶之圆尖、梅叶之厚薄,其花类梅,而萼("萼",《全宋文》作"蕚")瓣缩小,厥心微黄,类小净瓶。莫春初夏盛开,叶独后凋,其白玉色,其香殊异,而其高丈余也,是名玉蕊。土人佥言,此花自唐迄今,自天下与此寺只二株,亦犹琼花之于维扬,千余年间,凡几遭兵毁幸存。今唐长安白玉等观,及御史所居阁前,往往不可稽考,而仅余此寺。虽然,李德裕、沈传师("师",《全宋文》作"卿")再誉("誉",疑为"誊"之误书,《事类备要》无"再誉"二字)之,诗石如新,自("自",《全宋文》缺)可以究其终始,欲天下皆知此花非山矾、非琼花,其夐出鲜俦而自成一家也，故详纪其本末云。愚一子（"愚一子"，《全宋文》前有"江淮"二字）亲历其寺，审（"审"，《全宋文》作"因"）书。（卷六玉蕊门）

不难看出，《全宋文》所出异文均不妥，我们这里所录出丁丙八千卷楼藏抄本，可据。

此外，《全芳备祖》还收有两篇，一是后集卷一荔枝门纪要所载陈景沂补录荔枝品种的文字，二是前引后集卷三柑门一段补识，分别见浙江古籍出版社 2014 年版第 631—632 页、第 694 页，《全宋文》失收，当据日藏刻本补，读者自可取阅，此处从略。

三、陈景沂的行迹

有关陈景沂的可靠信息均出于《全芳备祖》，此书之外，宋、元、明三朝未见其他记载。因此我们只能从《全芳备祖》两篇序言、书中所辑陈景沂及其友人作品等信息来勾稽和梳理其生活经历。

前引陈景沂《全芳备祖》自序称："余束发习雕虫，弱冠游方外，初馆西浙，继寓京庠，暨姑苏、金陵、两淮诸乡校，晨窗夜灯，不倦披阅，记事而提其要，纂言而钩其玄，独于花果草木尤全且备，所集凡四百余门，非全芳乎？凡事实、赋咏、乐府，必稽其始，非备祖乎？"此是叙说编书之由，同时也透露了早年的大致经历。是说童年习诗赋辞章之学，二十岁离乡出游，始寓浙西[①]，后寓国子监，继而流寓苏州、建康（今江苏南京）及两淮等地府学。其中以在两淮时间最长，"两淮"指宋淮南东路、淮南西路，包括今江苏省、安徽省和湖北省东部江淮之间的广大地区。《全芳备祖》韩境序言称陈景沂"客游江淮"，即包括浙西路的沿江地区如今苏州、南京等地，而主要也指江淮之间的两淮地区。

从陈景沂及其友人作品透露的信息，除上述苏州、南京外，他到过的江淮之地还有镇江（今属江苏，《招隐寺玉蕊花记》）、扬州（今属江苏，友人韩似山《聚八仙花歌赠江淮肥遯子》，《全芳备祖》卷五）、滁州（今属安徽，《草》其二）、濠州（治今安徽凤阳县东北，《草》其四）等地。镇江在长江南岸，与扬州隔江相望，扬州以下三地均属两淮，其中濠州是当时的边州，州城滨临淮河，陈景沂《草》其四、《芦》

---

① 当时的两浙西路，约当今浙江杭州市、嘉兴市、湖州市、江苏省苏州市、无锡市、常州市、镇江市及上海市辖境，南宋时浙西主要官署驻平江府，即今苏州市，所谓"西浙"，主要指苏州一带。

其二和《桑》共三首诗都应作于沿淮边境地区。可见他先在临安（今杭州）、平江（今苏州）、建康（今南京）等地短暂寓居，此后多年一直流寓扬、滁、濠等地。他自号"江淮肥遯子"，也充分表明他在这一地区寓居时间之长、这段经历在其一生中分量之重。

除了浙西、江东、两淮之外，他还到过江西南昌，游览过滕王阁。《草》其三写道："江城滕阁倚空寒，鹤势骞飞远耐看。……翻忆赏心亭下水，草洲埋没贮悲酸"。可见此前曾经过长江下游的建康（南京）赏心亭，因此诗末忆及。然后到过荆湖路，至少到过洞庭湖一线，《桃花》一诗"江卸洞庭急，君山屹半川"云云，显然作于岳阳。《竹》诗中有"君不见湘阴有竹玉为肌"，若是写实，应作于湖南。从《壶中天》咏梅词中"江邮湘驿，问暮年何事，暮冬行役"可知，湖南之行已届晚年。

在经过长期的江淮寓居、赣湘漫游后，大约在生命的最后几年，陈景沂又回到了浙东故乡，出现在黄岩、温州、处州丽水、绍兴等地，并有可能到过福建。其中较为明确的至少有三地，一是温州、处州丽水。《梅花》其五诗称"平生足迹遍天下，止一东嘉却弗来。行到刘山无所记，谩留冷句伴江梅"。东嘉指温州，温州与台州相邻，而称走遍天下之后始至，可见是暮年之事。由刘山往温州，刘山在处州丽水①，为温州西邻。二是黄岩。黄岩是台州属县，前之引文记载其地柑橘之美，或为亲临所见。三是绍兴之行。从韩境的序言可知，宝祐元年（1253）他曾赴山阴（今浙江绍兴），请韩境为《全芳备祖》作序。另，还有可能到过福建。《全芳备祖》后集果树诸门中，首列荔枝，该卷又自辑一篇补述荔枝品种的文章，所载均为闽中所有，虽然所述未出蔡襄《荔枝谱》和曾巩《荔枝录》②的内容，但至少表明他对当时福建盛产荔枝的情况比较了解或很感兴趣，因此我们认为他应到过福建。今所见《全芳备祖》刻本为建阳刻本版式，有可能他曾亲赴建阳一线与书商接触，或者温州、丽水之行，正是赴闽途中经停。

这是从《全芳备祖》有关信息勾勒的大致经历，由于材料的稀缺，整个履历是极为模糊的。只能大致感觉到，他应属于当时的江湖游士一族，未见有科举、仕宦的任何信息，布衣终身，一生大部分时间都在江淮、湘赣、浙闽等地尤其是江淮之间漫游、客居。

再来看其生活的时代和年龄。在有关材料中，《全芳备祖》两篇序言署时最为明确，自序所署理宗宝祐四年（1256），应该是其一生最后的时间信息，他应该主要生活于这年之前。其江淮游寓的时间，也有一个可以大致推测的年代区间。宋宁

---

① 彭润章《（同治）丽水县志》卷三："刘山，在县东四十里。"清同治十三年刊本。
② 曾巩：《荔枝录》，《元丰类稿》卷三五，《四部丛刊》影元本。

宗嘉定十年（1217）到嘉定十七年（1224）间，由于受到蒙古大军的侵压，金人大肆南犯以求补偿，因此宋两淮地区局势极为紧张，并不适宜陈景沂久居。而到了理宗端平三年（1236）十月，此时金朝已经灭亡，蒙古大军大规模侵掠两淮，兵锋直抵长江边的真州（今江苏仪征）等地，此后江淮形势愈益严峻，陈景沂在江淮的时间也不可能延至此时。因此，陈景沂游寓江淮的时间只宜在理宗宝庆元年（1225）至端平三年（1236）的十多年间。嘉定十七年（1224），金哀宗明确宣布"更不南伐"①，宋金关系明显缓和，而宋蒙之间开始接触，谋求联合灭金。山东大部早已脱金，基本为南宋所控制，整个两淮地区形势比较安定。绍定六七年间，宋蒙联手攻陷金哀宗所据之蔡州，金朝灭亡，南宋获唐、邓、寿、泗等数州之地。陈景沂《草》诗写边地风光："长淮何处雁声多，西去涡心北迈河。影逐泗滨烟月艇，阵惊亳邑水云襄。"作者时居边城濠州，西望涡水，放眼亳州，乃至黄河，所说本属南宋域外之景，写作时间可能在南宋灭金之后版图北扩，并开始谋求恢复"三京"（东京汴梁、西京洛阳、南京应天）的绍定六年（1233）、端平元年（1234）间。我们设想，如果在理宗朝早期两淮地区较为稳定的十多年间陈景沂一直留居此地，那么之前在平江、临安、建康还应有三五年时间，这样陈景沂所说的"弱冠游方外"，大约在嘉定十三年（1220）前后，而其出生当在宁宗嘉泰元年（1201）左右，到韩境为其作序的宝祐元年（1253）是54岁。联系韩境序中描写所见陈景沂是"貌癯气腴，神采内泽"，这显然不属老态龙钟的模样，与此时陈景沂的年龄较为吻合。三年后写作自序的宝祐四年应是57岁左右。

最后再来看《全芳备祖》的编纂过程。从两篇序言的介绍都可以感到，《全芳备祖》的编纂，至少说收集材料，从少年读书习诗赋就已经开始了。目的是"积累为书"，"便检阅、备遗忘"。20岁后离家出游，游寓诸地，尤其是寓居江淮诸乡校时，就着力编写，大约在游寓江淮的最后几年，大体完成了该书的编纂。这时至少应该有30多岁，因此陈景沂自称是"少年之书"。韩序称"陈君益敛华就实，由博趋约，研精洙泗、濂洛之书，折衷于渡江诸老，凡昔之泥于物者，今皆反诸心矣。心有经，困知有录，凡昔之会于心者，今皆笔于书矣"，似乎后来对该书又进行了一些修订增补，书中至少有些陈景沂的作品作于离开江淮之后，甚至是晚年。这些作品连同祝穆的作品，多置于该类最后，是陈景沂本人辑入，还是后来所谓"祝穆订正"时补录，不得而知。韩序又称《全芳备祖》得"名公巨卿嘉叹不少置，尝以尘天子之

① 《金史》卷一七，百衲本影印元至正刊本。

览，陈君不可谓不遇矣"，似乎还在一定范围内传阅过，并进献过朝廷。陈景沂自己的序言中并未提及这些细节，整个宋代也未见其他有关记载，有可能是确实进献过，但并未引起朝廷的注意。

[原载《绍兴文理学院学报》2013 年第 6 期，此处有修订]

《全芳备祖》编者陈景沂姓名、籍贯考

宋人编辑的《全芳备祖》是一部大规模的植物专题类书，辑录资料之丰富为文献学界所重视，农学和植物学界更是誉为"世界最早的植物学辞典"。然而，问世以来，历元、明、清未见重刻，有关传藏记载极为罕见，清中叶以来渐受关注，但对其编者姓名、籍贯等基本情况，说法都较混乱，于今尤甚。有必要认真对待，着力解决，求得确切认识，以免以讹传讹，贻误来者。

一、有关歧说及由来

关于《全芳备祖》的编者姓名，该书宋刻本各卷署名均称"江淮肥遯愚一子陈景沂编辑"，该书抄本卷首宋末韩境序言称"天台陈君"，编者陈景沂自序署名"江淮肥遯愚一子陈景沂"，这些都是高度统一的。因此首先可以肯定的是，他姓陈，名景沂，号"江淮肥遯愚一子"。书中有时也析为"江淮肥遯""愚一子"，或为长号省称，或即为两别号。入清后始见各家书目著录，黄虞稷《千顷堂书目》、倪灿《宋史艺文志补》、嵇璜《续文献通考》、永瑢等《四库全书总目》、王太岳《四库全书考证》均称编者"陈景沂"，也就是说从宋本该书至清乾隆的500多年间，主流信息高度一致，编者为"陈景沂"，并无他说。

有关异说最早引人注意的是清嘉庆年间戚学标的《台州外书》和其主纂的《（嘉庆）太平县志》。《台州外书》卷六称："景沂名咏，实吾邑之泾岙人"①，《（嘉庆）太

---

① 泾岙，又写作泾罂、泾陳、镜罂，以下凡"罂""陳"一般均写作"岙"。

平县志》卷一二称："陈咏，字景沂，号肥遯，泾岙人。"此说为《（光绪）黄岩县志》、《（民国）台州府志》、民国项士元《台州经籍志》采录，逐步产生影响。1982 年农业出版社影印日藏宋刻本《全芳备祖》，梁家勉序言即称"南宋陈咏辑，咏字景沂，号肥遯，又号愚一子"，注称名咏之说本诸《黄岩县志》《台州外书》和《台州经籍志》。随着这一影印本的广泛传播，《全芳备祖》编者陈景沂名咏字景沂的说法也就逐步为人们接受和认可，各类辞书和一般评介文字普遍采用，几成定说。

籍贯方面的分歧，也多是与姓名联系在一起的。宋刻《全芳备祖》各卷书名均称《天台陈先生类编花果卉木全芳备祖》，抄本卷首韩境序称"天台陈君"，则陈景沂是"天台"人无疑。关键是"天台"具体所指，人们理解上略有分歧：一、指宋台州天台县。《四库全书总目》提要、清厉鹗《宋诗纪事》称其为"天台人"，就两书叙录作家籍贯的通例，所说应指天台县。王毓瑚《中国农学书录》所说"天台人"意思也应相同。二是指台州。台州始设于唐武德四年（621），因天台山而得名，人们常以天台代称台州。《全芳备祖》后集卷三陈景沂本人即有"天台之黄岩"之语，所谓"天台"显然指台州。清孙诒让《温州经籍志》卷三五著录韩彦直《永嘉橘录》引陈景沂此语，称"景沂家本天台，故自夸饰土产"，所说"天台"，即指包括黄岩在内的台州，而非仅指天台县。

上述籍贯二说都从书名和序言"天台"一语出发，其实大同小异。真正另出一说的仍是戚学标，《台州外书》卷六："《全芳备祖》五十八卷，宋天台陈景沂撰。景沂名咏，实吾邑之泾岙人。"一方面在人名前仍沿用《全芳备祖》书名和《四库全书总目》提要中的"天台"一词，另一方面又明确强调其为同邑人氏，即清太平县、今浙江温岭市人。《（光绪）黄岩县志》《（民国）台州府志》、民国项士元《台州经籍志》均承戚说，作黄岩县或太平县人。太平县明成化五年（1469）由黄岩县析出，所谓宋黄岩、明清太平所指实为一地。

农业版影印本梁家勉序言虽然在编者姓名上遵从戚说，但在籍贯上却不予认同，坚持《全芳备祖》书名和序言所说"天台"，并进一步指明是"今浙江天台县"。有关说法至此告一段落，为人们普遍认同。总结《全芳备祖》编者姓名和籍贯的来龙去脉，基本不出两端：一是《全芳备祖》原书序言、书名和作者署名项的内容；二是清嘉庆间戚学标《台州外书》《太平县志》的说法。

进一步的争论则出现在上世纪八九十年代。八十年代中后期，天台县地方志和文化工作者陆续发现《泾岙陈氏宗谱》（温岭晋岙陈氏）①《天台吴氏宗谱》（天台台西吴氏），两谱所列远祖中都有宋人名咏字景沂者编纂《全芳备祖》的记载。姓氏不同的两谱中不仅只是这一位名咏字景沂者名字、事迹完全相同，并名咏字景沂者前后即陈谱第五世"陈宽"以下与吴谱第八世"吴宽"以下大约有 14 代，名讳表字、世系顺序、生平事迹也多相雷同，只是姓氏不同而已。这样，关于《全芳备祖》的编者在陈咏字景沂者之外，又多出一个吴咏字景沂者。何以出现这种现象，天台学者许尚枢等认为，"泾（晋）岙陈氏是由天台吴氏改姓而来的"，泾岙陈氏属于天台吴氏一个分支，为避祸而改姓陈，所谓泾岙陈咏字景沂者应即天台吴咏字景沂者，是一人而有两姓②。温岭学者蔡宝定则就《泾岙陈氏宗谱》所及地名多在温岭境内，证明陈氏根基就在温岭，否定由天台吴氏入迁改姓之说③。上述天台、温岭两地各执己见，相持不下，台州文化界上层居中调停，最终让两地代表各撰文陈言，并载台州市地方志编纂委员会办公室所编、浙江人民出版社 1996 年版《〈台州地区志〉志余辑要》中。

此番争论似乎仅限于台州范围，并未引起外界注意。带来的变化主要发生在天台方面，当地平桥镇吴氏族裔热情宣扬其祖先吴咏，成立"平桥镇《全芳备祖》文化研究社"。汉语大辞典出版社 1995 年版《天台县志》尚未及《全芳备祖》编者，方志出版社 2007 年版《天台县志（1989—2000）》则将所谓《全芳备祖》编者陈咏补入人物传中，称"陈咏（1035—1112），原名吴咏，字景沂"，"平桥镇山宅人"，其生卒年依《吴氏宗谱》，作北宋中期人④。温岭和天台两地及台州相关人士分作两派，各执一辞，各是其是，互不相让，使有关认识更为复杂，至今悬而未决，莫衷一是。

2008 年起，我们应农业出版社和浙江古籍出版社之约整理《全芳备祖》，陈景沂生平事迹及相关争议自然引起我们的注意。综合我们校勘所见陈景沂作品和相关信息，撰文发表了一些看法⑤。我们认为，陈景沂名景沂，而不是名咏，字景沂。理由是，今所见宋刻本各卷所署作者为"江淮肥遯愚一子陈景沂编辑；建安祝穆订正"，其中祝穆名"穆"字"和父"确凿无疑，如果与其并列的"陈景沂"三字是其姓和

① 该谱为乾隆年间所修，原为天台坪坑（也作平坑、屏坑）陈氏私藏，现藏天台图书馆。坪坑陈氏为温岭晋岙陈氏支脉，明中叶由晋岙迁来。晋岙本称泾岙，因谐音而改今名，今属浙江省温岭市城东街道。

② 许尚枢、张立道：《〈全芳备祖〉编者的姓氏、里籍及成书过程之考析》，台州市地方志编纂委员会办公室编：《〈台州地区志〉志余辑要》，浙江人民出版社 1996 年版，第 284—290 页。

③ 蔡宝定：《陈咏籍贯考证》，同上书，第 291—294 页。

④ 天台县地方志编纂委员会：《天台县志（1989—2000）》，方志出版社 2007 年版，第 160—161 页。

⑤ 程杰：《〈全芳备祖〉编者陈景沂生平和作品考》，《绍兴文理学院学报》2013 年第 6 期；程杰：《全芳备祖》点校本《前言》，《全芳备祖》卷首，浙江古籍出版社 2014 年版。

字的话，则"祝穆"也当改为"祝和父"方才对应，显然"景沂"与"穆"一样，是名而非字。陈景沂为清太平县、今温岭市人的说法值得怀疑。《全芳备祖》后集卷三柑门中有一段陈景沂关于黄岩蜜橘的话："以上皆彦直之录也，韩但知乳橘出于泥山，独不知出于天台之黄岩也。出于泥山者固奇也，出于黄岩者尤天下之奇也。"这显然是一个外乡旁观者的口吻。今温岭宋时属黄岩，试想如果陈景沂是当时黄岩县人，一般会使用"吾乡""吾邑"之类亲切、热情的称呼，而不是"天台之黄岩"这样极为客观、平静的说法，因此陈景沂应不是宋黄岩县、今温岭市人。

我们的这些意见，同时融进我们的《全芳备祖》点校本《前言》中。该书 2014 年 11 月由浙江古籍出版社出版，引起了台州方面的注意，温岭和天台等地不少热心人士来电来函，对我们的观点多表不满。透过其中截然不同的批评意见，我们强烈地感受到天台、温岭两地对《全芳备祖》这一文化遗产的重视和在编者籍贯归属问题上的严重对立。这促使我们对先前所言认真反省，深感在陈、吴二氏的争议上，我们只就许、蔡二氏论文提供的信息简单推测，未能查证两氏家谱的一手资料，方法极不科学，结论十分草率，有必要加以弥补。

二、陈、吴两家谱有关内容的真伪

追溯整个分歧的由来，清嘉庆间戚学标的说法无疑是个关键，戚氏的说法又应该有清太平（今温岭）当地的背景，而今温岭、天台两地，陈、吴二姓各执一词，所据又主要在各自的家谱，因此两氏家谱就成了问题的症结所在。2015 年 2 月底，笔者由台州学院高平教授陪同，赴天台、温岭两地，查阅两氏家谱，一路幸承台州周琦、胡正武，天台吴方杰、郑鸣谦，温岭吴茂云、陈满华等先生热情接待和帮助，获见良多。具体有陈氏乾隆五十八年（1793）[①]、道光二十四年（1844）[②]、光绪三十

---

① 乾隆《泾嶴陈氏宗谱》，天台县图书馆藏。书口上为"泾嶴陈氏宗谱"，下有"光裕堂版"字样，当为宗祠堂号。卷首有乾隆五十八年廿九世孙陈勉栝序及主事人员名单，存卷一（序、庙讳字序次、大宗庙产清单、传记等艺文）、卷二（世系，残）、卷三（世传，残）。原藏不善，破损较为严重，三卷均有不少蠹损和缺页，经天台文化部门修补过，修补中可能有少量页次错置。

② 道光《泾嶴陈氏宗谱》，今由天台吴方杰收藏，残本，笔者所见为电子摄像。书口上为"泾嶴陈氏宗谱"，下端为"道光甲辰年重修"，燕尾有"卷之"，但未出卷数。卷首有《增修陈氏宗谱目录》、道光二十四年里人叶蒸云序。

年（1904）①、民国二十九年（1940）②、1989 年谱③，吴氏乾隆三十九年（1774）④、嘉庆三年（1798）⑤、嘉庆二十一年（1816）⑥、光绪十五年（1889）⑦、民国十四年（1925）谱⑧各 5 种。其中出现雷同现象，在各自家谱修纂中又较为关键的是陈氏乾隆谱和吴氏嘉庆两修谱，我们主要以此三种为依据，就两氏家谱交叉部分进行比较分析，判别两谱雷同部分的是非曲直，探讨纠葛发生的来龙去脉。

此前笔者仅据天台许尚枢、温岭蔡宝定所述吴、陈始祖的时间先后，认为天台吴氏始祖在先，温岭陈氏始祖在后，两氏家谱雷同部分势必是陈氏抄袭吴氏。而细考上述三谱，情况则完全相反。大致说来，陈氏乾隆谱的体例严谨，内容较为可靠，而吴谱对应内容则应是借鉴或抄袭陈谱，且其嘉庆两谱间也有明显的增改修饰痕迹，我们略举数端。

（一）始祖

陈氏乾隆谱始祖为五代时纯父，本闽人，五代晋时任刑科给事中。契丹作乱，晋祚渐微，于是南渡，由台州至黄岩，历迁浦（在今温岭北），闻刘氏定中原，遂留家。道光谱、光绪谱缺载，民国谱完全一致。吴氏嘉庆三年谱，始祖为从政公，本福建长溪人，仕五代晋为给事中，也因契丹乱而南下，游仙居田头，遂居焉，又迁南溪，

---

① 光绪《泾川陈氏宗谱》，今藏温岭城东街道下罗村陈金汉家，书口上为"泾川陈氏宗谱"，下有"光绪甲辰重修"字样。

② 民国《泾川陈氏宗谱》，今藏温岭城东街道下罗村陈金汉家，书口上为"泾川陈氏宗谱"，下有"民国庚辰重修"字样。

③ 新编《泾川陈氏宗谱》，书口上为"颍川郡陈氏宗谱"，下有"一九八九年重修"字样，今藏城东街道下罗村陈金汉家。笔者所见第一、二册为复印件，由晋岙陈满华先生寄赠。

④ 乾隆《天台吴氏宗谱》残谱，现由吴方杰先生收藏，书口上为书名"天台吴氏宗谱"，下为"乾隆甲午年重修"。有世传和世系图两卷，均不全。该谱为天台吴氏茶山口、新宅、枪旗岭脚一派主修，谱中显示另有双溪一派。此两派当为嘉庆二十一年吴谱目录"卷八，茶山口新邑小团山、普光山、枪旗岭脚、双溪、金嚣堂"中的两支，"新邑"或为"新宅"之误书。

⑤ 嘉庆三年《吴氏宗谱》，现由天台溪头下村吴伟平所藏，笔者所见为拍摄图片，由吴方杰先生提供。书口上为"吴氏宗谱"，下为"嘉庆戊午年重修"。二卷，卷首有二十二世孙永权《重修宗谱序》，十一世召先、八世多助、杜范、通家潘子善序。卷一为南溪大宗始祖从政以下十三世世系图和三宅系盛公以下二十四世世系图，卷二为始祖从政以下至乾隆间二十七世世传。此当为吴氏三宅系主修谱，三宅系是天台台西吴氏的主脉。

⑥ 嘉庆二十一年《天台吴氏宗谱》，天台白鹤镇普光山村吴义忠、吴义桥、吴义楷及其后裔藏。书口上为"吴氏宗谱"，下为"嘉庆丙子重修"。原九卷，今存卷一、四、五、六、八，其中五、六两卷合一册，共四册。卷一为嘉庆重修序、目录、讳表行字、旧序（杜范、多助、召先、明隆庆许鑯序及康熙、乾隆间谱序多种）、凡例、恩荣录、像图、艺文、寿序、传略、像赞、坊表等。卷四为塘里等派世系图，卷五为深坑等派世系图，卷六为嵩山后派世系图。卷八为茶山口、新邑小团山、普光山、枪旗岭脚、双溪等派世系图。该谱与陈氏乾隆谱及吴氏嘉庆三年谱不同，前两种世系垂丝图与世传分别编列，而此谱采欧式图例，世系人名与世系录合为一图。

⑦ 光绪《天台吴氏宗谱》，天台吴方杰所藏。书口上为"天台吴氏宗谱"，下为"光绪己丑重修"。

⑧ 民国《天台吴氏宗谱》，天台白鹤镇普光山村吴义忠、吴义桥、吴义楷及其后裔藏。书口上为"天台吴氏宗谱"，下为"民国乙丑重修"。

始为天台南溪吴氏之祖。第二世，陈谱二世失名，吴氏名岳。三世，陈名雯，吴为仁辅、公转二祖。第四世，陈为失名二兄弟，其一迁乐清白埠沙，吴为宽，讳字、生平与陈谱五世宽同。从陈谱第五世宽、吴谱第四世宽以下十多世名讳、世次均大同小异。

而到吴氏嘉庆二十一年谱中，上述世次作了大幅改动。在始祖从政上平添五世，将始祖改为中唐吴武陵，原始祖从政转为六世，从政下二世名岳者删去，原三世驸马仁辅、公转兄弟，改为元岳、元宸、元文三兄弟，元宸、元文两人为驸马。原四世宽变成了八世。史载吴武陵为信州（今江西上饶）人，吴元宸为太原人，除同姓外，未见两人有任何直接的宗法血缘关系。且吴元宸尚宋太宗女蔡国公主，为驸马，元宸父吴廷祚为宋开国大臣，太祖加其同中书门下平章，因其父名璋，遂改为同中书门下二品，这都是历史上赫赫有名之事。另吴元宸兄名元辅、元载，子名守正，有侄名守则。北宋末年，吴廷祚七世孙名吴革（字议夫）抗金被俘，不屈被杀，同时又有不肖孙吴铸，仕伪齐刘豫。这些在宋人的著述中都是不难检索到的。而天台吴氏谱中，元宸上下数世竟无一人相符。后世吴谱中大概自觉不妥，又在从政同辈中增加延祚（应为廷祚，宋集也有作延祚的），是谓元宸生父，而将元宸仍保留在从政子辈中，改为过继。可见吴氏嘉庆两谱的编者随意拉扯名人作祖先，并根据内容需要，轻易增减、调动世次人物，令人无从置信。

（二）世系讳字

两谱对应世系人名，吴嘉庆三年谱始祖（嘉庆二十一年谱六世）从政的事迹应即抄袭陈谱始祖纯父之事。四世（嘉庆二十一年谱八世）宽以下主干部分则对应陈谱五世宽以下内容，仅根据陈谱的世次顺序增减调整，而名讳、表字或完全雷同，或颠倒使用。如嘉庆三年谱六世（嘉庆二十一年谱十世）学仁、学礼、学文，陈谱本为寿、履、泰，吴谱此处改用其表字为名。嘉庆三年谱十三世（嘉庆二十一年谱十七世）之"子"字辈（指人名中多用"子"字）的名讳，则是陈谱十五世"德"字辈的表字。与陈谱相比，凡吴谱自增的人名排行多较粗劣，如六世（嘉庆二十一年谱十世）学礼下，陈谱因早逝而失名断嗣，而吴谱续下作儿子名信、孙子名玩，玩为人名尤为不堪，嘉庆二十一年谱则改为完。

在吴谱的人名编制中还有一个现象特别值得一提，这就是有不少以行第字辈加排行数字为人名的现象。如嘉庆三年谱中十世有辛一、辛二、庚一、庚二、庚三，十一世有崇一至崇十共10位，十二世有常一、常二、常四、常六。这些名讳很不正常，明显模仿陈谱的庙字行第。

陈谱体例较为严密，其中有一点特别值得称道，在一般名讳、表字的字辈排行外，另有"庙行"一项，即每一代都有一个庙字或行辈，再按出生先后排列顺序，称某字某行。如始祖纯父庙字为"五"，排行第三，故称"五三"。被视为《全芳备祖》编者的陈咏（字景沂）是谱中第九世，该辈庙字为"演"，陈咏在该辈中排行第三，则称"演三"。又如明嘉靖间陈凤剑是第二十二世，庙字为"礼"，该辈有数百人，陈凤剑排在第 29 位，因此称"礼二十九"。这就是古人所说的"行第"，庙字所示是"行"，以数目叙次为"第"。这种以庙字、数目排行叙次的方式在明程敏政修《新安程氏统宗世谱》、张宪等修《张氏统宗世谱》等大型统宗谱、会通谱中有见。而明清以来的一般族谱，于同一辈人多取同一字或同一偏旁的字冠于名上，称"某字辈"，闻其名便知在族中属某代。陈谱保留了以庙字排行、叙第的古谱传统，卷首专设"庙行字母表"，罗列了每一代的庙字 ①，在世系图和世传中则首先标明庙字行第。世传的排列严格按行第为序，并在每人传记的首行天头处以小字标明其父辈的行第及本人所属名下第几子，如陈咏传的天头就标有"细一公三子"。这样排行、叙次都极分明。如遇名讳、表字不明者，则以庙号行第代替之。如四世七一、七二兄弟二人，此非名七一、七二，而是"七"字庙辈排行第一、第二，因讳字俱失而以这种庙字行第代之。陈氏乾隆谱中这套庙字行第编制十分完密，查阅起来极为方便，今人王鹤鸣《中国家谱通论》叙述"中国家谱的体例、内容"较为详备，却未及此例，值得家谱研究者注意。

吴谱的世系图传并不具备这套庙字排行的体例，编修者对此作用似乎也不甚理会，却不假思索地将陈谱这一方法用于吴谱人名、世次的编造中。上述辛一、辛二，庚一、庚二、庚三，还有熙一、熙二、凯一、凯二、凯三，都属在陈谱之外新添的子嗣分支，编者不愿费心拟名，直接模仿陈谱的庙字行第之法，以一、二、三名之。而"崇"字排行十人，"常"字排行四人，都是用陈谱此一辈人的庙字。最拙劣的莫过于吴谱十世（嘉庆二十一年谱中则为十四世）觉、誉兄弟二人，在陈谱中属八世，两人的庙字行第为"万一"、"万二"，吴谱在对应的觉、誉两人传记中则分别说人称"万一解元"、"万二解元"，自以为丰富了传记内容，却正是画蛇添足，充分暴露了抄袭陈谱的马脚。

---

① 前十九世为"五、六、秉、七、开、德、忠、细、演、念、千、万、崇、新、常、进、鼎、绳、选"，不成文义，无规律可循，当是家族旧传。二十世以下为"仁、义、礼、智、信、孝、友、慈、惠、恭……"，始有文义，当属有意识编制。

（三）墓葬地名

温岭蔡宝定曾就陈氏谱中坟茔地名进行查证，认为多属温岭，少量属黄岩、乐清两县，都是温岭邻县，温岭本是由黄岩、乐清两县析出，因而陈氏祖先散葬温岭、黄岩、乐清三县不足为怪。笔者进一步核查，宋元间陈氏祖先葬地，有不少可质诸当地方志。如四世七一、六世师葬净应山，又名披云山，在今温岭新河镇南金清港畔。五世宽、八世寿（由迁浦迁泾岙之祖）、十世天佑、十一世正孙、十二世觉葬灯明山，亦称屋东五龙山、屋东龙山、沙坦（在灯明山西），又名五龙山。温岭有南北两五龙山，南五龙又名五尖山，在今陈氏聚居地晋岙东，此指北五龙，在今温岭新河镇北，应即今温岭第二人民医院旁小山 [①]。六世盛、十三世咏（即称为《全芳备祖》编者）葬霓岙山，即今台州市路桥区金清镇霓岙村。九世忻葬紫皋山，在今温岭晋岙村西北。十世多畲葬下罗山，在今温岭晋岙村北。十五世德明、十六世元善、元政、元昊、元景、元度葬萧村，在今温岭县北萧村，或为晋岙东萧溪村。十六世元道葬阮岙，在今温岭晋岙村东南。这些葬地在明嘉靖、清嘉庆太平县志、民国台州府志中均可查得，许多地名、村名如今仍在沿用。值得注意的是，陈氏前七世居迁浦，《赤城志》作于浦，据嘉庆《太平县志》，在今温岭新河镇南监一带，古时新河附近并蒙迁浦之名。八世寿始迁晋岙，因而最初十多世多葬始祖发祥地迁浦南北，十世后则多葬泾岙（今晋岙）周围。这一坟茔地名的变化，正反映了家族聚居地南北变迁的实际，足以证明泾岙陈氏家族主体宋元时期一直扎根在宋时黄岩东南乡、今台州路桥区和温岭市境繁衍生息。谱中显示有一些支脉曾迁天台，但没有大规模由天台迁来改姓附隶的现象。

对比吴氏嘉庆三年谱中，与陈谱交叉部分，除七世议葬黄坭岭——此山名在天台、温岭、乐清均有见，十世觉、介葬南溪山是说祖居地南溪，三世学礼葬大样山、七世识葬葛家山等无法查证外，其他大多是西山、东山、前山、大古园、花园之类空洞、浮泛的地名，还有一些是更笼统的"祖坟之侧"之类，应是谱匠随意编造，文献无从验证。

（四）雷同世系的接支情况

陈、吴两谱，从陈谱第五世宽、吴嘉庆三年谱四世、嘉吴庆二十一年谱八世宽以下至陈谱十八世、吴嘉庆三年谱十六世、吴嘉庆二十一年谱二十世大同小异。一

---

① 嘉靖《太平县志》称在新河所，即今新河镇所在地。但从五龙地名看，也有可能指稍北今台州路桥区金清镇霓岙村与北闸村之间的石佛山头（又名镇岩山）等连绵山丘。

个值得注意的现象是，此后陈谱各房或有少量早夭绝嗣的现象，但大多正常在今温岭一带繁衍生息，至明中叶成化、弘治、正德间二十一世“义”字辈至少已有411人。而吴谱的情况耐人寻味，嘉庆三年谱十六世骤然仅剩宗虎一人有子嗣，是吴氏所谓“三宅”系的后裔，余均断嗣。嘉庆二十一年谱向后勉强续编了一世，但从二十世（即嘉庆三年谱十六世）起的三代中，也是绝大多数世系都陆续断嗣无后。这样一种极为怪异的现象，天台许尚枢解释为吴氏避祸迁往温岭并改姓陈。对此温岭蔡宝定提出质疑：“此事到底发生在哪个年代？出于什么祸乱而迫使吴氏改姓隐匿？既无事件发生的时间，又无事件发生的根由，显然事件的存在缺乏根据。”[①] 细细想来，这么庞大的家族，几百上千号的人口，在两三代中陆续迁往温岭，还要统一改姓，这是何等复杂的移民工程，两地史志上没有任何记载，即陈谱、吴谱自身也只字未及，没有任何蛛丝马迹，真是匪夷所思。联系上述陈、吴二氏祖先居葬地一实一虚的情况，如两氏之间有迁移改姓之事，也当以天台吴氏由晋岙陈氏迁来改姓为是，这样的结论，想必天台吴氏也不愿接受。显然所谓迁移改姓说是不能成立的，唯一的可能是，今天台台西吴氏始祖大多只能追溯到明代中叶，少量或可上溯元末、明初，此前的世系人名多是借鉴陈谱而编造的，此后吴氏世系才逐渐清晰、连贯起来，但最初只是几支微脉，不足以一一接上陈谱宋元时期业已庞大的世系，就出现这样一种多数世系后续不接的现象。

（五）其他内外佐证

上述主要是两谱世系图传的情况，谱中其他文字也多有可参证之处。

陈谱不仅卒葬、嫁娶所涉人名基本可靠，其卷一所载族内、族外艺文即墓志、行状、题序、赞颂、辞赋73篇，诗101首，虽然也有少量后裔托名伪作，但大多真实可信。如胡弼、潘从善、陈铿三人所作《棠棣集序》，分别作于洪武七年、十年、二十九年，或称迂浦陈氏，或称迂浦赵氏，是因陈氏十四世昌宗出继迂浦赵松泉为后，部分后裔又归宗姓陈，异姓同宗，恺悌情深，时人分别称之，如非同时交密知情者不可能有如此不同称谓。而吴氏嘉庆三年谱卷首有五篇序，其中八世古园、十一世召先序，主要内容多脱胎于陈谱之陈坚《古园先生墓志铭》、陈叔夏《常十一府君子容墓志铭》等。署名通家潘子善的《台西吴氏宗谱原序》自称“淳祐庚申年以农事按部，由天台道经仙居至天台”。潘时举，字子善，临海人，从朱熹游，深得其

① 蔡宝定：《陈咏籍贯考证》。

学问，为同门所称许。嘉定十五年以上舍释褐，终无为军教授，其职尚不能按部巡县，嘉庆二十一年谱将其职衔进一步改为"赐进士第、知台州路黄岩兼劝农事"，更是无稽之谈。

陈氏族人中有一些或因科第功名、或因艺文德行，而载入县志选举志、人物志，仅就明嘉靖《太平县志》所载："（宋，乡贡）陈天祐，泾岙人，乾道八年由州学贡太学生，孝宗视大学，特赐迪功郎。"（卷六）这是陈氏谱中第十世陈多助，字天佑，即陈咏之子，谱中传记称其以字行。"（明，辟用）陈楚宾，天祐之后，泗州学正。同族原达，真定新乐知县。"（卷七）这是第十六世元用，字行之，一字楚宾。所谓原达，即谱中十六世元晓，字原达。陈氏谱中陈天佑传也提到"今见县志"。这都是家谱与县志可以相互佐证的，尤其是陈天祐（乾隆谱中作佑，下文一般从县志）特别值得注意，我们下文论述中这是一条重要证据。而将这些人物改为吴姓，在天台县志中则查无此人。陈谱中有个别知名通家，可从其有关传记中得到印证，如谱中十九世士兴，字洪佐，谱称其长女"适温岭戴知州通，广东参政，豪其外孙也"。李东阳、谢铎为戴通之子戴豪所作墓表、墓志均称其母陈氏[1]。世传中类似的亲戚、师友还有不少。这些陈氏社会关系网中可以验证的内容，进一步增强了家谱内容的可信度。而在吴谱对应的世系中却没有发现类似的情景。

（六）修谱情况

陈氏乾隆谱唯有卷首廿九世孙重修谱序一道，但所说却十分可信。该序称此次重修以当时所存三种旧谱为基础，一是族人五山公所修，二是林山人元协所修，三是林雨绿所修。五山公是陈氏二十二世凤剑，字庆铿，号五山，明弘治十八年生，生活于明正德、嘉靖间[2]。李成经《方城遗献》卷六收其《赠别孙少梅》一诗。林元协，明万历间人，嘉庆《太平县志》有传，善诗，"曾辑邑人之诗可称者，附着其人行迹，为《征献录》，自著有《瓿瓽集》《敝帚稿》"[3]。林雨绿，谱中又称静斋，不详何人，疑为康熙朝邻县乐清诸生林文朗，字静斋，有《静斋吟草》,《两浙輶轩续录》卷一五辑其诗。谱序称，陈凤剑"所修殊为完善"，林元协所修"脱落不全"，而林雨绿所修"缪妄苟简特甚"，因此建议多用前两谱，"悉归其旧"，天启以下不得已

① 李东阳：《明故广东布政司右参政戴师文墓表》，《怀麓堂集》卷七六，清文渊阁《四库全书》本；谢铎：《戴师文墓志铭》，黄宗羲编：《明文海》卷四三〇，清涵芬楼钞本。

② 此处陈凤剑生平据温岭晋岙陈氏1989年重修《泾川陈氏宗谱》第二册第83页，又李成经《方城遗献》（乾隆五十二年版）卷六："陈剑，字庆芒，号五山，肥遯之后。"陈剑当为陈凤剑之误。

③ 戚学标：《（嘉庆）太平县志》卷一二，《中国地方志集成》影印清嘉庆刻本。

兼取林雨绿谱。从现存乾隆谱看，正是按这一方针操作的，世系图、传均详于明万历以前，明天启至清康熙间缺漏较多，反映了传世旧谱的实际。尤其是万历以前较为详细的世系传记，应该正是保留了陈凤剑、林元协两谱，尤其是陈凤剑所修谱的内容。至于雍乾以下又加详，显然是乾隆这次修谱的功绩。

陈凤剑修谱在嘉靖二十年①，以族裔修谱，是极为用心的。乾隆谱中的世传不仅内容详细，而且传记的实录文字后多有陈凤剑所作评赞（形式上另起一行），对一些直系或与自己恩义较重的先人，多有第一人称深情而详细的记叙，并附署己名。从这些先祖传中也可以看出，陈氏修谱并不始于陈凤剑，谱中十六世元旦"读书，能诗文，修宗谱"，此人为明初洪武间人。十九世士允"晚乃葺宗谱，以敦族义"，其生卒为宣德六年、弘治八年（1431—1495）。十九世士族"晚岁命子姓葺宗谱修祀事，尊祖敬宗之心尤可嘉"。二十世世垅"尝从叔父镜川公葺宗谱，宗族咸贤之"，此人卒于弘治二年。可见明初到明中叶，陈氏曾多次修谱，而弘治初年的一次动作较大，族人参与者较多。我国宋以来民间修谱渐多，明中叶以来大盛，而一般家谱的世系内容能确切追溯到明之前的很少。有明一代陈氏族人连同林元协至少有四次递修，保存了丰富的家族史料，乾隆陈谱内容于宋、元、明三朝特详，可谓是其来有自，不难理解。

吴氏嘉庆谱序看似齐备，有杜范、召先、古园、潘子善等宋人序多篇，但时间多不可信。嘉庆三年谱中十一世召先（崇二）是南宋人，所作谱序署时却是明洪武二十四年（1391），嘉庆二十一年谱则改为元至正二十一年（1361）。杜范是南宋人，嘉庆二十一年谱序署时却是北宋元符二年（1099），且序中叙述视角或吴或杜，比较混乱。吴谱中此类极不严肃之处甚多。不过吴谱众多谱序中也仍有一些涂饰不周、偶露真相之处，值得我们注意。吴世修谱可能实际起于明隆庆间，嘉庆二十一年谱有隆庆四年（1570）许镬以主修者所作重修谱序，序中提到吴氏主事者尚启、尚正、大常等人，这三人在嘉庆二十一年谱中都能查检到，是真实可信的。而至康熙十一年姻亲、庠生徐国振为吴氏重修，序称"阅其旧谱，乃是笥峰许先生之手笔也。观其宗支字讳不齐，查其传略断续不一，将欲溯其根，不知其根于何处，欲揭其节，不知其节于何方"，是说隆庆谱对吴氏宗族来源、祖先名讳、世系分支转节这些关键因素都未能说清、空白较多。这种情况至少在康熙十一年重修前并未改观。今康熙所修谱已无从得睹，但吴氏宗族内尚存有一种乾隆三十九年谱残卷，可窥一

---

① 陈凤剑称叔茂棱、茂若俱卒于嘉靖二十年，在二人传后陈凤剑署名，称"爰今订宗谱，敢随例志公（茂棱）于万一"。

斑。该谱时间还早于陈氏乾隆谱，始祖却不是嘉庆谱所说吴武陵、吴从政，而是吴坚，二世是吴澄。两人都是历史名人，一是南宋后期人，一是元中期人，吴坚是福建汀州连城县人，吴澄为江西抚州仁县人，决不可能是父子关系，显然这里也是强拉名人作祖先。但谱载三世松海、松河、松江、松汉四兄弟值得注意，松江、松汉"原住福建"，松海、松河生于元泰定元年（1324）、元统元年（1333），谱称两人分别为茶山口、新宅、枪旗岭派和双溪派始祖，此后世系不断繁衍壮大。这应该是天台吴氏茶山口、双溪两支的实际始祖，由福建迁入。吴氏谱中一些支派的始祖实际大多类同于此，其发源的年代一般只能追溯到元末明初，真正传承可靠的世系大多从明中叶宣德、成化年间开始，如嘉庆三年谱中与陈谱世系脱离之后的十七世迪吉就是明中叶人，这些才是天台台西吴氏真正可靠的初祖。吴氏嘉庆两谱中所谓唐、宋时期的世系，应该多是借鉴陈谱，并缀合其他吴姓名人乃至子虚乌有之事编制而成的。这样就出现元末明初的第二十世（嘉庆二十一年谱）前后数世纷纷断嗣、不能接支的现象，这其实是从借鉴陈谱而来的庞大世系向入明后吴谱各支的实际世系过渡转接中无法避免的情景。

　　通过上述几方面的比较，我们可以肯定地说，陈谱容有一些细节疏误和虚饰，但其作为家谱骨干的历代祖先世次、名讳都是可靠的，吴谱与陈谱内容交集雷同的部分，应该是吴谱借鉴或抄袭陈谱。两氏主体分属温岭、天台两县，相去直线距离近 100 公里，何以出现这种现象？温岭泾岙陈氏有一支于明中叶迁天台坪坑，陈氏民国谱序称，嘉庆间陈氏宗祠焚毁，图谱尽失，光绪谱仅自二十五世始重修，民国重修时"因其族有徙居天台者，乃走数百里，得其所藏旧谱实录，自一世至二十五世完整无缺，携归补订"。今天台图书馆所藏乾隆谱就是上世纪八十年代当地文化工作者在天台坪坑陈氏家族发现的[①]，坪坑位于天台县南深山中，山路逶迤，交通不便，宜于古谱久存。坪坑与吴氏主体聚居地平桥镇相去不远。天台吴氏虽前有明隆庆所修谱，后又有康熙、乾隆谱，但支系来源多端，或福建或仙居，如何整合这些分支会通一谱，必须有一个更早的源头作总领。正是适应整合宗族支系的内在需求，同时也为了进一步夸耀世系渊源，想必嘉庆三年修谱时，遂参考和借用了坪坑陈氏所持乾隆新修谱中相对绵远完密的世次内容，所定始祖从政应即脱胎于陈谱始祖纯父，其下十多世多据陈谱内容编制。民间修谱有所谓"做谱"之说，即祖先世系不

---

① 坪坑，也作平坑、屏坑，在天台城南幸福水库旁，今已荒废，原村民于附近新址集中安置。2015 年 4 月 26 日，吴方杰先生陪同笔者走访幸福村陈建池先生，据说《泾岙陈氏宗谱》即出其家。而查其新修家谱，已入天台妙山陈氏。妙山陈氏为天台显族，明清时声势即盛。

明处，由职业谱师、谱匠们帮助考索、填补乃至编造。嘉庆三年吴氏所雇谱匠或族中司事者功力水平不济，做事又极潦草马虎，因而拙劣之处和抄袭作伪的痕迹都极为明显。嘉庆二十一年重修时，又有一些新的宗支前来联宗通谱，因而对宗谱进行了系统增补，不仅添换始祖、增加世次，撰写了大量恩荣录，同时又参照陈谱修改了一些人名，补写了一些祖先墓志、传赞，修饰了语言文字，奠定了后来天台吴氏宗谱宋元时期祖先世系的基本面貌。

笔者此次调查中，深感天台台西吴氏家族观念极为深厚，对家乘族谱特别珍重，保存的家族资料十分丰富。笔者所见陈、吴二氏的有关谱志多承吴氏族人吴方杰先生提供。吴先生为平桥镇三吴村主任，为人精明干练又古道热肠，积二十多年时间，潜心研究天台吴氏文化和《全芳备祖》，对天台吴氏、温岭陈氏世次、人物如数家珍，了如指掌。笔者此次考察，吴、陈二氏家谱多由其提供，二氏世系、人物不明者多承其指点。吴先生又与族中才贤合作编著《天台吴氏》一书，洋洋 180 万言，正在筹措出版，其中对吴、陈二氏世系人物论列颇详，大大方便了两氏家谱的解读。正是感其对天台吴氏、温岭陈氏家族历史的潜心研究、丰富积累，斗胆进言，如果将来有机会重修吴氏宗谱，最好是彻底放弃与温岭陈氏这段纠葛，从元末明初开始梳理挖掘，以恢复其宗法渊源、祖先世次的真实面貌。

族谱家乘在史籍中为边缘文献，但对于各个家族来说却是传家宝典，备受族裔珍重。我国家谱文化发达，但民间修谱良莠不齐，必须审慎对待。正如清台州文人王棻所批评的，民间修谱"失其本系，辄攀古人之显者而祖之；系无所承，即向壁虚造不可知之人以实之；传、赞、志、铭、谍之属，必假当世之名人以荣之，用相夸耀于流俗"[①]，这类现象极为普遍，我们使用家谱资料时须多加小心。正是有鉴于此，我们这里不惮其烦地详述两氏家谱有关内容，辨析其曲直是非，目的是希望天台、温岭吴、陈二氏对各自家谱的内容和价值有一个客观、清醒的认识，同时也使我们对有关说法的前因后果、来龙去脉有一个具体、深入的了解。

根据上述论证，回到《全芳备祖》编者的问题，所谓《全芳备祖》编者吴咏字景沂的说法，应该是由于吴谱抄袭陈谱而出现的。作为天台吴氏家族的内部传说或私史家乘，这也许情有可原，至少可以自信其是，与世无妨，但由于涉及《全芳备祖》这一重要的文化典籍，就不能不引起我们的关注，接受科学的检验。从我们上面的论述可知，如果认其为历史事实，宣扬为科学知识，无疑是错误的，首先应该放弃。

---

① 王棻：《王氏宗谱序》，王棻编修：《柔桥王氏宗谱》卷首，杭州图书馆藏清咸丰九年稿本。

三、温岭陈咏说的错误由来

根据我们的考察，《全芳备祖》编者为温岭陈咏的说法同样是错误的。但情况较天台吴咏说要复杂得多，而且由来已久，积痼较深，影响亦大，有必要从头认真梳理，找出此说产生的源头，弄清错误形成的原因和过程，以期釜底抽薪，从根本上加以清除。

《全芳备祖》编者名咏字景沂，为温岭泾岙人氏的说法，一般认为起于清嘉庆年间（1796—1820）戚学标《台州外书》《（嘉庆）太平县志》。我们此前也持这一看法，但最近处理陈、吴两谱所涉人物时发现，时间应大大提前。乾隆五十八年（1793），戚学标编成的《三台诗录》卷四已经收录陈咏："陈咏，字景沂，号肥遯，太平人，旧隶黄岩，理宗时尝上书论恢复。"同时在卷首引用书目中列有《全芳备祖》，称编者"宋黄岩陈景沂"。乾隆五十二年，李成经的《方城遗献》更有说在先。李成经，字敬五，太平（今温岭）人，乾隆五十四年拔贡生。该书是太平乡贤的诗歌总集，卷一："陈咏，字景沂，号肥遯，镜奥人。《书录解题》云，《全芳备祖》前集二十七、后集三十一卷，天台陈景沂撰，宝祐丙辰自序，又宝祐癸丑安阳韩境序。据此则先生上书请复仇当即在理宗四十年间事，而先辈林子彦《征献录》谓在高宗时，且云晦庵睹遗稿叹其学博文赡，言直理充，时代先后俱不合。"[1] 这里提到一个更早的来源，即明朝县人林元协（字子彦）的《征献录》。该书今不存，但在李成经、戚学标这个时代还能见到，戚氏《太平县志》就提到同时太平团浦林鸣凤（字燕五，武生，善诗）藏有该书，而李成经的《方城遗献》正是据其增编的[2]。林元协是明万历年间人，所编《征献录》"集自宋来邑先辈诗"[3]，其中收载陈咏的诗。也就是说，至迟明万历年间，泾岙陈咏的说法已经出现，这比李成经、戚学标的时代至少早了150年，应是李、戚二氏所说的主要依据。

进一步的问题是，林元协的说法从何而来？从泾岙陈氏乾隆谱序可知，林元协曾为陈氏修谱，对陈氏家族情况了解颇深，所说应该出于陈氏宗谱。这样，包含着明嘉靖间陈氏族人陈凤剑和万历间林元协编修内容的乾隆《泾嶅陈氏宗谱》就成了

---

[1] 这里李成经有关信息得自《书录解题》，然宋陈振孙《直斋书录解题》未及著录《全芳备祖》，或当时另有所本而随手误记。

[2] 戚学标：《台州外书》卷七，嘉庆四年刊本。

[3] 戚学标：《（嘉庆）太平县志》卷一五。

进一步挖掘的源头 ①。其中有关内容明显地分为旧谱所有、乾隆修谱新增两种性质，而后来民国修谱的有关信息也值得结合起来思考，我们一并进行梳理分析。

陈氏古谱涉及《全芳备祖》的内容主要有这样一些：一、卷一艺文中十世陈天佑墓志铭，元末明初潘从善、林昂等人的记序文以及乾隆五十七年邑人陈为霖《景沂公〈全芳备祖〉订讹记》；二、卷二世传中九世陈咏传、十世陈天祐传及其他世传；三、道光谱所收陈景沂《全芳备祖自序》、民国谱序。这些文章和传记的内容性质不同，写作时代晦明不一，相关的信息也多有异同乃至真伪，有必要辨明时间，分类研判，并结合太平（温岭）当地方志和艺文总集等有关信息，以弄清有关说法的来龙去脉、曲直是非。

（一）元末明初潘从善、林昂等人的序记文

乾隆谱中元末明初潘从善、林昂为陈氏族人所作两篇序记最早提到《全芳备祖》。潘从善《两松诗序》："吾闻陈氏之先有江淮肥遯景沂先生，第卉木品性之详，与凡树艺之宜，著为成书，行于世，而在后之人宜其善培护兹松于悠久也。"潘从善，字择可，号松溪，同邑小泉村人，元至正十一年（1351）进士，累官歙县令、承直郎、同知制诰兼国史编修，终福建儒学提举，著有《松溪集》。此序是为陈氏十六世元道《两松诗集》所作，署时洪武十四年（1381）。林昂《竹石园记》："泾川陈氏为吾邑之著姓，其先有号古园者，仕宋为太学谕，尝辑其考景沂公《全芳集》，为晦庵所称重。"林昂字居赉，号自怡，为陈氏十七世建深之婿，同邑泉溪人，宣德四年（1429）举人，海州学正。此记是为十六世元真所作，时间在永乐二十一年（1423），与潘从善文相去四十多年。

两人的说法并不一致。潘氏所说指明《全芳备祖》为陈景沂所著，同时提到"江淮肥遯"之号，又大致说出了《全芳备祖》的内容性质。而林氏只称"景沂公"，又称由其子陈天祐所辑，与潘氏相比更是明显有误。但潘氏这段文字其实并不可靠。谱中乾隆五十七年陈为霖《景沂公〈全芳备祖〉订讹记》称："泾川旧谱所载潘松溪《两松诗序》，洪仲蕃、林昂、章陬竹石图诸记序，俱以《全芳备祖》为古园先生著。"是说嘉靖陈凤剑、万历林元协谱所载潘从善《两松诗序》的说法与林昂完全一致。而今所见乾隆谱中洪仲蕃、章陬两篇记序又并未言及《全芳备祖》。这表明，乾隆谱中潘氏等人文章的有关内容是此番修谱时经过修改或删削的，而林昂记文则

---

① 所见泾岙陈氏家谱 5 种，道光、光绪两种世系图均叙自廿五世，以上世系空缺，据道光、民国谱序称，嘉庆间陈氏祠堂失火，宗谱焚毁殆尽，故内容不全。民国修谱从天台坪坑借得乾隆旧谱，始补足廿五世以上世系。

可能当时疏忽漏改而仍存其旧。谱中另有朱献子《赋陈氏先世古园诗》，因句式整齐难以篡改，保留了同样的意思，诗称"古园旧迹今犹在，我忆君家有故园……种德向来期有获，全芳他日本同根"。所谓"全芳"，即林氏所说"《全芳集》"，也许当时人们都将书名误作《全芳集》，朱氏也认其为陈天祐（古园）所著。朱氏与潘从善大致同时，都是元末明初人。可见实际情况是元末明初人的说法与林昂高度一致，都认为《全芳备祖》由陈天祐所著或最终完成。

我们不难想象，在《全芳备祖》传世和文献记载极为罕见的情况下，人们的了解多得之传闻，因编者姓名与陈氏祖先的表字相同，遂视为先人诗集，并且挂靠在祖先中最为显赫的太学命官陈天祐身上，认为由他最终编定甚至为其所著。这在陈氏族人是很容易发生的事，而往来友好顺应其说，不会无端怀疑和深究，也是人之常情。而其实，陈氏内外文人对《全芳备祖》的编者、时代、内容性质乃至书名都不甚了解，甚至多有误解。直至明嘉靖中，二十九世陈凤剑《诗文内录》序言仍称"吾陈氏先世诗文有《丛芳集》，有《全芳备祖集》，有《两松》《三松》唱和稿，有《石盘遗稿》，皆杰然名家，足以垂不朽者"，直称《全芳备祖》为祖先诗集。显然整个元明时期，人们的说法基本一致，即《全芳备祖》是部诗集，由陈咏所著，其子陈天祐编辑完成并作序。而这与《全芳备祖》的实际情况都严重不符。

（二）陈咏、陈天祐二人的传记

乾隆谱陈咏传称："演三，讳咏，字景沂，号江淮肥遯。娶某氏，生二子：天祐、天益。生卒年并缺，葬霓岙山。""公博览群书，有经济才，尝品类花木颠末，著书一编，名曰《全芳备祖》。高宗南渡，上复仇书，晦庵先生建闸迁浦，睹其遗文叹曰：'学博而文赡，言直而理充，泂一代之老成欤！'"陈天祐传称："念二，讳多助，字天祐，以字行，娶刘氏，生二子：正孙、止孙。生年月日缺。以开禧二年八月日卒于正寝。葬屋东五龙山之原。其生平行实，详其状元陈坚《墓铭》，今见县志。""公十岁诵九经，作五字诗。稍长，博涉百家，无不究其底极。尝取正于晦庵先生，由是一归于正，作《正心赋》以见志。乾道八年，由州学贡补太学生。孝宗视太学，特赐迪功郎太学谕，明年转修职郎，所著有《观光稿》。及伪学事起，隐居于家，号曰'古园'，小司马虞仲房（引者按：虞似良）大书之，揭以颜其堂。尝集先君景沂公《全芳备祖》，复取当时士大夫诗文附于终卷，自序其首，梓行于世。"首先务请注意的是，这些宋元迄明中叶的祖先列传应都基本出于明嘉靖二十年陈凤剑修谱所撰。根据谱中陈凤剑《泾岙陈氏宗谱行次》一文，列传明显分为两类内容，形式上也分为两段。

首先是"讳字、嫁娶、生卒、坟墓"等生平事迹，陈凤剑此次修谱自称"不敢妄为之赘"，也就是说没有任何添加，严格保持了家族的原始记载。而对一些相对重要的祖先，则另起一段作一些评述和赞颂，陈咏传的"公博览群书"、陈天祐传的"公十岁诵九经"以下即是，应是陈凤剑所添。传记显示，陈咏、陈天祐都是南宋前期人。陈咏的生卒年俱失，传记的后半部分评述性内容称其于宋高宗南渡初期上书主张复仇，此事是否可信另当别论，但至少表明陈凤剑肯定他是南北宋之交人，与岳飞、李清照等人同时，这从其子陈天祐传记所载仕历也可推得。陈天祐于孝宗乾道八年（1172）入太学，受孝宗恩遇授官，这得到明嘉靖《太平县志》的佐证，其年龄应与陆游相当，其卒年比陆游早4年。从两人传记可以确认陈咏是南北宋之交人，主要生活于宋高宗朝早期，这与《全芳备祖》编者陈景沂的情况严重不合。对此在下节论述中我们会进一步讨论，这里主要分析与《全芳备祖》有关细节的来源。

对《全芳备祖》作者，两传所说不一。陈咏传所说"品类花木颠末"一语应与前引潘氏所说一样，是乾隆修谱时修改过的，而陈天祐传未经改动，保留了陈凤剑谱的实际内容。其中所谓"复取当时士大夫诗文附于终卷"，较林昂等人的说法又有发挥，但仍不出《全芳备祖》为先人诗文集的原有理解。

值得注意的是，这两人的传记在陈氏最初十三世祖先中是较为详细的。陈氏前十三世中，始祖纯父、泾吞始祖寿、十三世绍先为后世六房直系之祖，五世宽、十世天祐出仕为官，颇受陈凤剑重视，传记都相对详细。这其中十世天祐受皇帝恩遇，为太学命官，县志中入乡贤传，因而最受推重，传记最详，九世咏即所谓《全芳备祖》编者陈咏则是父沾子光，传记也稍加详。而细究这些传记的内容，生卒、坟墓、婚娶、子女之外的增出细节实际都出于卷一艺文作品中的《古园先生墓志铭》一文。古园即十世陈天祐，号古园。该文663字，文末署"状元陈坚撰"，此文是陈谱中值得注意的文章，不仅详述陈天祐的生平事迹，盛赞其德行学问，还从陈氏迁黄岩（今温岭北境）始祖叙起，记述了天祐以上历代世系的大致事迹，自然也包括陈咏的情况①。尽管我们上节论述中特别强调陈谱体例严谨、内容可靠，但这篇挂名宋人所作、有些先世考色彩的文章内容却真伪掺杂，颇多可疑之处。

首先是作者陈坚，宋绍定四年以上舍释褐，并未参加进士科考试，更不用说是状元。文章署时淳祐四年，时陈坚还辗转地方，称不上志中所说"为朝名臣"。显然这里陈谱是假托本籍宋代名人，以为夸耀。吴谱《吴氏古园先生墓志》抄改此文

---

① 在吴氏嘉庆二十一年谱中，更是把陈谱《古园先生墓志铭》的内容拆解在十代孙吴天佑《吴氏宗谱旧叙》、无名氏《古园公传》和署名"通家晚生朱元晦"之《吴氏古园先生墓志》三文中，可见受陈谱影响之深。

而来，作者署"通家晚生朱元晦"（朱熹），更是荒谬。其次是与朱熹相关的内容。墓志称"晦庵先生建闸迁浦，一见称异，因舍馆公，日与穷经考疑"，因得朱熹指点，"由是悉去百家异说，一归于正"。淳熙九年，朱熹以提举浙东常平茶盐公事巡历台州，拨款黄岩、定海等县兴修水利，黄岩建成回浦、金清、长浦、鲍步、交龙、陡门六闸，诸闸多在迁浦一带。而嘉定《赤城志》、南宋黄岩县人有关此番修闸浚河的记文①、朱熹友人和门人的往来书信等均未提及朱熹迁浦建闸之事。嘉靖《太平县志》对此就深表不解，推想有可能是因韩侂胄"伪学逆党"之禁而人忌言之②。其实，朱熹台州此行，在黄岩只数日③，始议兴修之事，而真正集资举役是其后任，朱熹并未实际参与。宋时朱熹理学的地位尚在酝酿之中，远不是元中叶以来那样隆崇，有关朱熹建闸之说应出于元中叶甚至是明永乐以后朱熹地位举世尊崇之时，有关说法到嘉靖《太平县志》中才正式出现④。可见陈谱有关内容并非宋人实录，而是出于后世的杜撰附会⑤。再次是陈天祐的《正心赋》。墓志称天祐开禧二年（1206）卒，与朱熹应是同辈，而天祐受教于朱熹，作《正心赋》，今谱中《正心赋》盛赞朱熹的理学思想。这些都应属朱子之学得到举国尊奉后的腔调，所谓《正心赋》也是后人托名代拟的。

综上几点可见，所谓《古园先生墓志铭》及相应的陈咏、陈天祐传记应有不少内容，尤其是朱熹称许陈咏、指导陈天祐之类细节，应属明以来的虚构添饰，并不完全可信。而涉及《全芳备祖》最明显的变化是在林昂原有说法的基础上，加进了与朱熹有关的细节。从林昂《竹石园记》"为晦庵所称重"云云与陈咏传中措辞基本相同可知，有关说法在明永乐间可能就已经出现了，明洪武年间十六世元旦等人或稍后弘治间十九世士允等人修谱都有可能染指此事，更有可能的是陈凤剑嘉靖修谱时全面增饰或全然出于其手，而清乾隆末年修谱时根据最新掌握的情况对相关细节又有些修改。陈氏谱中万历以前的世次传记应基本如此，而万历林元协《征献录》所说，为陈谱之外的最早记载，他曾为泾岙陈氏续修家谱，所说应即出于嘉靖陈凤剑所修谱。

---

① 参见嘉靖《太平县志》卷二所载宋彭椿年《重修黄岩诸闸记》、王居安《黄岩浚河记》等。
② 曾才汉、叶良佩：《（嘉靖）太平县志》卷二。
③ 请见束景南《朱熹年谱长编》上卷，华东师范大学出版社 2014 年版，第 740—742 页。
④ 曾才汉、叶良佩：《（嘉靖）太平县志》卷二。
⑤ 吴氏嘉庆三年谱中署名吴天佑所撰《吴氏宗谱旧序》中称"晦庵朱先生提刑浙东，接（引者按：当为按）行黄岩，修水利，以备凶岁，求遗文于邑里……（朱）先生建闸迁逋，造吾门以访先人"，所谓"迁逋"与陈谱"迁浦"二字音形相近，不知所指。这有两种可能，一是因音近而误书，二是自觉的避改。"迁浦"地名出现在温岭陈天祐墓志中，固然有假，而放在天台吴天佑墓志中就更不自然，进一步暴露了吴谱作伪的痕迹，也可以说是吴谱有关内容脱胎于陈谱的又一有力证据。

（三）乾隆修谱以来的内容

陈谱中属于清乾隆以来的有关文字主要有这样几篇：一、陈为霖《景沂公〈全芳备祖〉订讹记》。陈为霖，太平（今温岭）凤山（今横山）人①，号岱云，廪生，《两浙辅轩续录》补遗收录其作品。该文署乾隆五十七年，正是乾隆修谱时所撰。二、陈氏道光、光绪谱卷首所收陈景沂《全芳备祖自序》。陈氏道光、光绪两谱世系均只叙自廿五世，光绪谱中此文应承道光谱而来。道光谱序及艺文作品中属于道光以前的文字唯此一篇，其他各类文字均未再见言及陈景沂及其《全芳备祖》，《全芳备祖自序》出现在这里十分突兀，应属乾隆旧谱火余残本所有，为道光谱、光绪谱所继承。今存乾隆谱多有残损，又经过修补，这里的《全芳备祖自序》应正是其损失的内容。三、民国谱赵枚序，该序重点谈了《全芳备祖》编者时代的问题。三种文章主要属于乾隆和民国两次修谱时所为，与上述元、明时的情况相比，有关《全芳备祖》的内容发生了很大的变化。

上述我们只是揭示元、明时期陈氏内外有关说法的模糊可疑，但更重要的问题还在于前节提到的陈咏、陈天祐两人与《全芳备祖》编者陈景沂时代的严重错位。《全芳备祖》韩境序言和陈景沂自序署时都十分明确，在宋理宗宝祐年间。韩境是北宋名相韩琦六世孙，嘉熙二年（1238）周坦榜进士②，他与陈景沂又相互认识，都是南宋后期理宗朝人。与天台吴谱的情况不同，陈谱的世系是稳定可靠的，谱中九世陈咏为南北宋之交人，又称其曾上书宋高宗论抗金复仇之事。其子陈天祐与陆游同时，乾道八年（1172）由州学贡补太学，得宋孝宗恩遇，赐迪功郎。陈天祐的事迹不仅见于家谱，还得到嘉靖《太平县志》卷六选举志中陈天祐小传的佐证，引文已见前，这是我们必须再次强调的。公私不同文献相互印证，值得信赖。陈咏生活的时代要早于《全芳备祖》编者陈景沂100多年，其子陈天祐去世的宁宗开禧二年（1206）也要比陈景沂自序所署理宗宝祐四年（1256）整整早了50年。如果视陈咏与《全芳备祖》编者陈景沂为同一人，则绝对是一个错误，正如民国赵枚《泾岙陈氏谱序》所质疑的："自高宗南渡，迄理宗宝祐，历有四帝一百二十余年，何时代纪载先后谬误若是之甚耶？"

---

① 笔者原文发表时称陈为霖为泾岙陈氏族人。温岭蔡宝定新浪博客文章《〈全芳备祖〉编者陈景沂考证（上篇）——与程杰先生商榷》指出："程文称陈系泾岙陈氏族人，不确。凤山今称横山，与泾岙近在咫尺，但横山陈氏与泾岙陈氏并不通谱，同宗不同族。《泾岙陈氏宗谱》卷首列出讳（名）行39世，表（字）行43世，没有'为'或'霖'字辈；此文落款署'后学'，而不是第几世'裔孙'；内称'泾川陈景沂公'，亦非本族子孙口吻。"所说当是，此据以改正。

② 张淏：《（宝庆）会稽续志》卷六，清嘉庆十三年刻本。

　　何以出此错误？元明之时，人们无从得睹《全芳备祖》，对其两序内容茫然无知，因而只就九世陈咏字景沂者与《全芳备祖》编者陈景沂的名字相同而联系一起，视为一人，对两人时代上的误差浑然不觉。陈氏家谱所收元明之交陈氏亲友众多艺文作品均属如此，万历间林元协《征献录》"谓在高宗时"，也属此种情况。家谱编修者更是乐于附会，虚与增饰。但入清后，尤其是乾隆以来，《全芳备祖》抄本陆续出现，有关著录增多，尤其是《四库全书》的采编收录，人们闻见、使用的机会增加，至少对序言内容和时间了解渐多，陈谱中有关说法与《全芳备祖》自序时间的矛盾就很容易被发现，成了无法回避的问题。

　　这当然仍以太平（今浙江温岭）学者最为关注，前引乾隆五十二年李成经《方城遗献》第一次明确指出陈咏与陈景沂"时间先后俱不合"，根据序言认为陈咏应是理宗朝人，戚学标《三台诗录》《台州外书》《（嘉庆）太平县志》的意见完全相同。显然李成经只是根据《全芳备祖》序言提供的信息，就林元协所说进行简单调整，将陈咏的时代移到宋理宗朝，并没有认真核查《泾岙陈氏宗谱》。

　　戚学标的表现则值得玩味，李成经《方城遗献》作于陈氏乾隆谱修成前，而戚学标主纂的《太平县志》成于嘉庆十五年，他是看到乾隆《泾岙陈氏家谱》的，嘉庆志中有所采用[1]。该志为陈氏五世祖陈宽列有传记："陈宽，字严中，迁浦人，仁宗辟授闽盐运司干官，娶后湾龙图阁直学士盛公女弟，卒葬灯明山下。"（卷一〇）比较一下乾隆陈氏谱的陈宽传："（开一）讳宽，字严中，宋仁宗时任福建盐理司干官，以德感人，人称为德公。娶后湾龙图学士盛公女弟。三子继一、继三、继七。公生于咸平戊戌八月初九日巳时，卒于熙宁丁巳十月十九日卯时，葬灯明山。"（卷二）嘉庆志婚配、卒葬等信息，显然取自陈谱。陈景沂的传也主要采陈谱的内容，只是将时代由高宗朝改为理宗朝，上书高宗改为上书理宗。而该志又有十世陈天祐的传（见前节所引），却全然不取陈谱较为详细的内容，反而只是抄录嘉靖《太平县志》较为简单的陈天祐传，形成如此简单的文字："陈天祐，泾岙人，乾道八年由州学补太学生。孝宗幸学，释褐授迪功郎。"（卷一〇）比北宋前期五世祖陈宽和其父亲陈咏的传记都要简略得多，这就有点不正常了！为什么会出现这种现象呢？因为陈谱的陈天祐传记详细载明了陈天祐的时代、卒年，还提到与陈咏、与《全芳备祖》的关系，如果把这些内容抄过来，陈咏、陈天祐的父子关系就一目了然，也就无法将作为父亲的陈咏简单移到南宋理宗朝了。这应该不只是编写态度和能力的问题，

---

① 　戚学标《（嘉庆）太平县志》卷一〇选举·乡科："陈孟清，汇头人，晋府教谕（泾岙谱字濂卿，元丙子）。"乾隆《泾岙陈氏宗谱》卷三作"讳希清，字廉清"。

而是有着守住这一乡邦文献归属的潜在考虑。戚学标应是了解陈宽、陈咏、陈天祐三人的宗族、世次关系，却通过这种不合理的详略取舍，避人耳目，使嘉庆《太平县志》呈现这样一种陈咏与陈天祐父子关系不明、时代先后颠倒的滑稽现象①。而正是戚学标《太平县志》和《台州外书》的陈咏传，构成了后世《全芳备祖》编者温岭陈咏说的直接源头和主要依据。

　　而与泾岙陈氏关系密切者，由于对陈氏家族世系有全面把握，或者对陈氏谱中所记九世祖陈咏的世次、时代有所了解，就不会如此简单地为陈咏改个时代，谱中乾隆陈为霖和民国赵枚的文章就与李成经、戚学标等人明显不同，多费了一番思量。温岭凤山陈为霖《景沂公〈全芳备祖〉订讹记》是直接针对同时李成经《方城遗献》所说而作的。他是读到陈景沂自序的，知道其写作时间，因而意识到李成经改动的合理性，同时他对泾岙陈氏家谱内容又十分熟悉，深知谱中陈咏年辈世次不可移易，但未及怀疑《全芳备祖》为陈咏著作的真实性。面对时间上的明显冲突，企图找到一个合理的解释。陈为霖首先肯定，陈咏是高宗时人无疑，《全芳备祖》为其所著也无疑。那《全芳备祖》序言又何以迟至理宗宝祐间呢？他从谱中陈天祐墓志所说陈咏、陈天祐父子相继完成的情景得到启发，进一步猜想说："景沂公著之而未辑，古园（引者按：天祐号）辑之而未梓，至后人承先志而梓之，即冠以梓时年月乎？要其为景沂公之书则断断不易也。"是将谱中所说的两代继作延伸为著、辑、梓三代接力完成，即高宗朝陈咏撰著，孝宗朝其子陈天祐编辑，再由理宗朝的孙辈们出版并写作序言，这样来弥合谱中九世陈咏与宋末《全芳备祖》编者陈景沂时间上的跨度。陈为霖显然没有看到韩境序，不知道宋末韩境明确提到他与编者陈景沂相识，还具体描写了陈景沂前来求序时的形貌气色，也就是说不知道南宋末年陈景沂实有其人。同时他也没有看到《全芳备祖》全书，不知其中收有许多晚于陈天祐的诗人作品。陈为霖的辩说显然是不成立的，谱中也无丝毫这类记载，且如其所言，《全芳备祖》由陈氏几代人相继操作成书，不可能像谱中所反映的那样，紧接着的元明两代泾岙陈氏族人及亲友们对该书内容都一无所知。陈为霖所说显然是为陈氏家谱辩护的想当然之辞，难以令人信服。《全芳备祖》两序言之凿凿，陈景沂为理宗朝

① 有趣的是，近年温岭的地方志专家竭力坚持晋岙陈咏字景沂者是《全芳备祖》编者，一个重要的表现也是刻意回避乃至设法否定陈咏与陈天祐的父子关系，挖空心思寻找谱中陈景沂父子有关记载的漏洞，将谱中陈咏的时代尽量往宋末末拉靠，以适应《全芳备祖》编者生活的时代。笔者在论辩中反复提醒，如果像温岭地方志工作者所说，谱中陈咏的时代、世次以及前后父子关系都是严重错乱的，又何以保证所谓陈咏编纂《全芳备祖》一事是可靠的？正如我们在前节所论，晋岙陈氏宗谱的世系、名讳都是可靠的，而早期的祖先传记、艺文作品又不免有些细节虚饰、附会乃至通篇托名杜撰，这是民间家谱编纂中常有的现象，所谓九世陈咏与十世陈天祐相继完成《全芳备祖》正是其中之一。

人无疑，只要将泾岙陈氏谱中两宋之交的九世祖陈咏（字景沂）与《全芳备祖》编者陈景沂说作一人，时间矛盾就无法消除。

民国谱赵枚序言严肃地重提这一问题。赵枚是邑中宿儒[1]，这个时代人们对《全芳备祖》的了解已更为深入，赵氏认真阅读了谱中相关记载，详细分析了谱中陈咏与《全芳备祖》编者陈景沂时间上的不可调和性。他对编者陈咏说应是有所怀疑的，无奈他只能主张两存其说，"以待后之学者"。有趣的是，光绪陈氏谱所收陈景沂《全芳备祖》相关文字后有批语："'宝祐丙辰'是理宗四年，与旧谱咏高宗时人不合，'愚一子'三字，旧谱实录亦未载及。"当为民国修谱者核校旧谱时所书。乾隆谱陈咏传的天头也有大段批语，也应是民国修谱者从天台坪坑借去作底本时所书，脱文较多，是说谱中九世陈咏与陈景沂时代讹差严重，要求具体编者详加查证，并提醒"别宗有否"，即希望查找其他陈氏宗支是否有陈景沂此人。可见此时温岭陈氏家族内部有识之士也意识到这一问题的严重性，并开始对《全芳备祖》编者陈景沂为其祖先产生怀疑。

根据上述三个阶段有关文字的解读分析，不难看出《全芳备祖》编者陈咏说的大致由来：陈氏祖先中本有陈咏字景沂者，为南北宋之交人，谱中称其曾上书宋高宗论恢复之事，此事未必属实，但其生活时代无疑。其子陈多助字天祐，乾道八年（1172）由州学贡补太学，任太学谕，这是泾岙陈氏宗谱与明嘉靖《太平县志》共同载明的，不容置疑。明初潘从善、林昂等人应请为陈氏撰文作诗，因陈氏九世名咏字景沂者而联想到陈景沂所编《全芳备祖》，将两者误作一人。更有可能的是，陈氏族人中先有此意，潘、林等人只是顺应其说，以为誉美。由于对《全芳备祖》的了解实际都只止于传闻，因而有关说法与《全芳备祖》的实际情况严重不合，相关记载也只止于家族内部。明嘉靖十九年（1540）修成的《太平县志》列有九世陈咏之子陈天祐和十六世陈楚宾的传记，却没有陈咏以及《全芳备祖》的任何信息。清乾隆《泾岙陈氏宗谱》的相关内容应出于明嘉靖二十年（1541）陈氏二十二世陈凤剑所修谱，这是一个分水岭，此前公修县志没有陈咏、《全芳备祖》的任何记载，此后陈氏私谱的陈咏、陈天祐传中开始正式记载九世陈咏、十世陈天祐写作编辑《全芳备祖》之事。明万历间，为陈氏续修家谱的同邑文人林元协将此写入其编辑的邑人诗歌总集《征献录》陈咏小传中，此说开始走出家谱，走向公众，但影响仍止于太平（温岭）当地。入清后，《全芳备祖》传本渐多，人们对《全芳备祖》的了解加深。

---

[1] 赵枚（1875—1944），字祗修，号忙隐，晚年又称支叟（支者，枚也），曾任浙江省参议员。参见赵培风《赵枚传略》，政协温岭县委员会文史资料研究委员会编：《温岭文史资料》第4辑（1988年），第84—86页。

乾隆以来，邑人李成经、戚学标等获知《全芳备祖》序言写作时间在宋末，遂将陈咏改称理宗朝人，其他一仍陈氏家谱和明人林元协所说，写入他们编纂的县志、邑集中，广为人知。这完全属于因同姓人名偶然巧合而出现的一场误会[①]，主要由泾岙陈氏文人、太平（今温岭）地方文人及其家谱、县志、县邑诗文总集等地方文献酿成，逐渐为外界认同，而贻误至今。

四、结 论

综合上文对吴咏、陈咏说的考证，并结合我们先前发表的意见和此次在天台、温岭的现场感觉，做一个全面的总结。

首先，《全芳备祖》编者的姓名，应该回归《全芳备祖》本身。《全芳备祖》自序署名："有宋宝祐丙辰孟秋，江淮肥遁愚一子陈景沂谨识。"措辞严谨详明。众所周知，古人正名、表字用法不同，正名一般用于正式场合、本人自称，凡著文多署正名以表恭谨和谦逊，而表字一般见于他人称呼，避言名讳以示尊敬。序言自署"景沂"应属正名而非表字。《全芳备祖》每卷书名下编辑者为"陈景沂"，并列的订正者为"祝穆"，"穆"为其名讳，而不书其表字"和父"，这也进一步表明"景沂"是名而不是字，这是应该首先确认的。在没有其他材料足以推翻陈景沂是正式姓名的情况下，轻易放弃这一宋本原书的正式署名，是极不科学的。

浙江温岭泾岙陈氏有名咏字景沂者，是南北宋之交人，这是无可怀疑的。他与宋末的《全芳备祖》编者陈景沂相去一百多年，只是字与名之间的偶而巧合，决不是同一人。陈氏家谱因之出现一些附会之言，其来已久，影响逐步扩大，贻误至今，有必要加以清理。今人因嘉庆《太平县志》《泾岙陈氏宗谱》陈咏字景沂说，遂称《全芳备祖》编者陈景沂是以字行，则是典型的曲附其说，即曲解原书的正常署名以附会和迁就后人的误说。陈氏宗谱中写明陈咏之子陈天祐名多助，以字行，而陈咏的传记中没有此类内容，所谓《全芳备祖》编者陈景沂名咏，以字行的说法毫无根据，

[①] 在台州调查期间，有学者提出，陈咏字景沂这套名、字有些来头，不宜否定，持此见者应不在少数。笔者认为，"咏"与"景沂"的正名与表字关系出于《论语》曾点之事："暮春者，春服既成，得冠者五六人、童子六七人，浴乎沂，风乎舞雩，咏而归。"这是儒家经书中的常典，古时用以制名极为普遍。如北宋二程子侄中即有"程沂，字咏之"，高宗绍兴间曾知昆山县（元杨譓《（至正）昆山郡志》卷二，元至正元年修、清宣统元年刊本）。金人蔡松年婿陈沂，字咏之（蔡松年《明秀集注》卷一，金魏道明注，金刻本）。《台州外书》卷二记宋人"薛咏，字沂叔，宁海人，从赵天乐游"。南宋台州州学有沂咏堂，包恢作记（林表民《赤城集》卷一二）。元仙居县学有咏沂亭，吴师道作记（吴师道《礼部集》卷一二）。陈咏字景沂者也正是这诸多用典命名表字中的一个，与南宋末年姓名陈景沂者只是用字相同，不具有唯一性、排他性。对于时代不同、籍贯也不一致的两个人来说，这远不足以作为视其为一人的必然条件。

无从成立。所谓《全芳备祖》编者为浙江天台吴咏名景沂的说法，则完全是天台吴氏族谱抄袭温岭晋岙陈谱而出现的，更是应该首先排除。

关于陈景沂的籍贯，有浙江温岭和浙江天台两说。笔者认为书名全称《天台陈先生类编花果卉木全芳备祖》中的"天台"，与编者项"建安祝穆"中的"建安"指建宁府一样，应理解成州郡的代称即"台州"。但这一州郡题称应出于《全芳备祖》韩境序言所称"天台陈君"。细加推敲，韩境序中所说"天台"理解成台州天台县更为合理些。我们主要考虑这一点：韩境家族于宋高宗绍兴间移居绍兴[①]，他也以此籍及第，绍兴即其故乡，中年又曾因事贬居婺州（今浙江金华），是台州的紧邻州郡，他对浙东州县地理应该十分了解，与远方人士不同，称呼友人里籍不至于以州郡泛泛称之。而且台州天台县与其写作序言时所居绍兴又很近，明知有这样大、小两个概念，不会这样模糊称之，因此其所谓"天台"应该明确指邻近的"天台县"。我们固然可以将书名中的"天台"认作制名之雅，视作台州之别称，而如果我们要为陈景沂明确一个县籍的话，则以台州天台县最有可能、最为合理。

籍贯温岭的说法则完全由温岭《泾岙陈氏宗谱》九世祖陈咏所引起，根据我们前面的论证，陈咏说既不可靠，则籍贯温岭说也就皮之不存，毛之无附了，应予放弃。这也是必须首先明确的。

另，先前我们曾举陈景沂关于黄岩柑橘的一段话，完全是一副外乡人口吻，断其非宋黄岩、今温岭人[②]。今再引《全芳备祖》中陈景沂一首咏梅诗："平生足迹遍天下，止一东嘉却弗来。行到刘山无所记，漫留冷句伴江梅。"东嘉指温州，温岭本由台州黄岩县和温州乐清县析出，温岭与温州的距离极近。如果陈景沂是宋黄岩（今温岭）人，行遍天下而未及温州，真有点不可思议。虽然二三十岁时长期流寓在外，以两淮地区为主，但持续时间应不会超过二十年[③]，如果是温岭人，其青少年或中晚年在故乡时应都不难有机会到温州。诗中所说刘山，在宋处州丽水县（今浙江丽水市）东四十里，是前往温州路过。虽然此行起点不明，如果是由台州境内往温州，有海、陆两路，而要取道今浙江丽水一线，则其始发地更有可能在台州内陆天台西部。陈景沂很有可能出生天台县西部偏僻山地的贫寒之家，根柢浅薄，因而长期流寓两淮边鄙四战荒落之地。何以到丽水刘山，则可能是晚年往返福建建阳麻沙一线联系出版事宜，归途顺道游览温州，再北上黄岩，因而书中以一种外乡人的口吻说到黄岩

---

① 参见张元忭《（万历）绍兴府志》卷三九《朝肖胄传》，明万历刻本。
② 参见程杰《〈全芳备祖〉编者陈景沂生平和作品考》。
③ 陈景沂流寓江淮时间最长，因号"江淮肥遯子"。江淮为南宋边防前线，据笔者考证，以当时亡国前日益紧迫的形势，最多也只能勾留十多年。参见程杰《〈全芳备祖〉编者陈景沂生平和作品考》。

柑橘。虽然陈景沂诗文中这些只言片语用作佐证不够过硬，但在直接记载严重缺乏的情况下，这些《全芳备祖》的"内证"特别值得重视。而综合这些信息，都进一步给人陈景沂是天台县，而不是宋黄岩、明清太平即今温岭人的感觉。

（作者附记：在浙江天台、温岭调查期间，承台州学院高平教授全程陪同，天台县平桥镇三吴村主任吴方杰（一名吴杰）、天台学者郑鸣谦、温岭市政协文史委员会主任吴茂云、温岭晋岙村陈满华、台州市文化研究中心主任周琦、台州学院学报主编胡正武等先生热情接待陪同，获便良多。尤其是吴方杰先生，笔者所见古谱多由其惠赠电子摄图，大大减轻了工作负担。而拙文的结论，势必多非他们所乐见，念之抱憾不已。谨此并志谢忱和歉意。）

［原载《南京师大学报》（社会科学版）2015 年第 5 期。浙江温岭学者就有关内容一再著文表示反对，为了进一步明确观点，此处有不少调整、增补和修订］

日藏《全芳备祖》刻本时代考

  《全芳备祖》是南宋后期编辑、印行的植物（"花果卉木"）专题大型类书，被植物学、农学界誉为"世界最早的植物学辞典"[①]。其大量辑录"骚人墨客之所讽咏"[②]，尤其是宋代文学作品，因而堪称宋代文学之渊薮。所辑资料极为丰富，"北宋以后则特为赅备，而南宋尤详，多有他书不载，及其本集已佚者，皆可以资考证"[③]，是宋集辑佚、校勘的重要资源，为文献学界所重视。1982年农业出版社出版影印日藏刻本，使这一在我国久已销声匿迹的原刻，在700多年后，重新与国人见面，为植物学、农学、文学、文献学界推为当时盛事。

  然而日本所存刻本究竟出于何时？一般称它为宋本，而包括唐圭璋先生等不少学者都怀疑其为元本，迄今仍是一个悬而未决的问题。笔者近年承农业出版社之约整理《全芳备祖》[④]，对这一问题有所涉及，最终我们认为，日藏《全芳备祖》刻本应属宋代无疑。兹就我们的探索和思考，与学界方家同仁分享。

一、宋刻、元刻分歧的由来

  该书藏于日本，日本方面的情况不太明确。仅就民国间我国学者东瀛访书的有

[①] 吴德铎：《〈全芳备祖〉跋》，陈景沂《全芳备祖》卷末，农业出版社1982年版。这一说法实误，《全芳备祖》是植物专题类书，只在分类辑录资料，几无任何编者撰说，直接关乎农业者也少。
[②] 陈景沂：《全芳备祖序》，《全芳备祖》卷首。
[③] 《四库全书总目》卷一三五《〈全芳备祖〉提要》，清乾隆武英殿刻本。
[④] 整理的初步成果，请见程杰、王三毛点校《全芳备祖》，浙江古籍出版社2014、2018年版。

关记载可见，当时多认该本属于元刊。董康《书舶庸谭》卷二 1927 年 2 月 28 日称在京都帝室图书寮所见《全芳备祖》残本为"元刊本"，傅增湘《藏园群书经眼录》卷十著录该书也称"元刊本"，附注"己巳（引者按：1929 年）十一月十一日观"。两人记载如此一致，说明当时日本帝室图书寮的该书题签、目录索引或有关著录即称"元刊本"。这一说法在日本可能由来已久，天野元之助《中国古农书考》著录日本文政八年（1825）抄本《全芳备祖》既称该抄本题"影钞元椠残本"，该本卷数与今见刻本完全相同，显然是指该本的影写本。这表明，所谓"元刊本"的说法在文政八年之前就已出现。

董、傅二氏访书后不久，关于该书是"宋本"的说法也已出现。1928 年，商务印书馆董事长张元济等人赴日访书，曾商议以交换资料的方式请日本拍摄此书，几年后、大约三十年代中叶胶片寄达上海①，时任暨南大学中文系主任的郑振铎有可能见到胶片，今国家图书馆可见郑振铎所藏钞本前集卷十四葵花门"碎录"有 8 处标明用"宋本"校过，所谓"宋本"，应即指这套刻本照片。郑氏称其为"宋本"，或出于自己的论断，但也有一种可能，日本方面这时有了新的说法。至迟到上世纪六十年代初期，据科技史学者吴德铎回忆，在有关书目中已发现日本皇宫图书寮藏有《全芳备祖》的宋刻残卷②，也就是说，至迟这个时候有关日藏刻本所属时代已由原来的"元刻"转向"宋刻"。日本天野元之助《中国古农书考》也提供了这方面的信息，1972 年日本内阁文库的木藤久代曾建议他将文政八年抄本改称"影宋"本，因为该影写本的底本是宫内厅书陵部所藏宋末刊本③。也就是说，至迟这个时候，日本方面也已有了"宋刊本"的明确说法。

1979 年，日本有关方面将该书全部照片运来我国，同时中日各大媒体竞相报道，均称该本为宋本。1982 年，我国农业出版社影印本卷首梁家勉序言、吴德铎跋文也均称该本为宋本。这应是当时中日双方学界和媒体一致的说法。这一影印本的出版，为社会各界使用此书大开方便之门，人们的了解有所深入。

也正由此开始，关于宋刊、元刊的分歧再次挑起。就在农业出版社版面市不久，李裕民、杨宝霖等学者陆续撰文提出异议，认为该本不会出于宋代，应属元刊④。综

---

① 杨宝霖：《〈全芳备祖〉版本叙录》，《古籍整理出版情况简报》第 214 期（1989 年），第 9—22 页。
② 吴德铎：《文心雕同》，学林出版社 1991 年版，第 246 页。
③ ［日］天野元之助：《中国古农书考》，农业出版社 1992 年版，第 108 页。
④ 李裕民：《略谈影印本〈全芳备祖〉的几个问题》，《古籍整理出版情况简报》第 99 期（1982 年 12 月 20 日）；杨宝霖：《〈全芳备祖〉刻本是元椠》，《黄石师院学报》1983 年第 3 期；吴家驹：《关于〈全芳备祖〉版本问题》，《图书馆杂志》1987 年第 6 期。

合他们的意见，主要有这样四点理由：一是日人称作"元刊本"在先；二是书之行款、装饰风格等更多元版的特征；三是有不少未避宋讳的现象；四是出现不少简化字、俗体字，这也是元版书的一个特征。这些意见似乎产生了一些影响，如唐圭璋先生在稍后《记〈全芳备祖〉》一文即称"刻本似为元刻而非宋刻"[①]。最典型的莫过吴德铎，吴氏是农业出版社版影印本的主要发起人，在该书跋文中曾盛赞该本为宋刻。但到了 1990 年的《〈全芳备祖〉述概》一文中则改变了先前的说法，称"可能是元朝刊本，更可能是部分宋版、部分元刊的递修本"[②]，自称受到了李裕民、杨宝霖等人的影响。

　　但似乎这种否定的意见并未得到普遍的认同。2002 年线装书局《日本宫内厅书陵部藏宋元版汉籍影印丛书》、2012 年上海古籍出版社《日本宫内厅书陵部藏宋元版汉籍选刊》影印该本均仍称宋刻，编者的有关说明对前人的异议只字未提[③]。因此，至少在我国，谈及此书版本者仍多是各持己见、各执一词，并未发生实际的交集和切磋。关于该本是宋刻还是元刻，至今仍是一个悬而未决的问题，有必要认真对待。

　　关于刻本的时代，首先可以排除的是明、清两代，迄今未见有任何明、清新出刻本的信息，剩下的就只有宋、元两代。现存刻本并不完整，十四卷前的部分即在缺失之列，有关该书的序言之类只能从抄本中寻觅。抄本只见两篇宋人序言，未见有宋以后的任何序跋、题记之类文字，因此该本被视为宋本，有其当然之理，但仅此一端，远不充分。问题的关键就在于否定的意见是否可靠。日人关于宋本、元本的说法，都未说明具体根据，因此孰先孰后意义不大。如今原书俱在，应该回到残存刻本本身来考察。以下我们首先就否定宋本的关键理由逐一进行考察，进而综合其他信息，提出我们的思考和判断。

二、《全芳备祖》刻本与宋末同类建本版式、字体如出一辙

　　宋本否定者认为，《全芳备祖》刻本的字体、行款、版面风格、标题装饰等都与元广陵泰宇书堂刻本《类选群英诗余》、安椿庄书院刻本《新编纂图增类群书类要事林广记》、四部丛刊影元刻本《朝野新声太平乐府》等比较接近，而与常见的宋版书差异较大，因而不能视为宋本。

---

① 唐圭璋：《词学论丛》，上海古籍出版社 1986 年版，第 693 页。
② 吴德铎：《文心雕同》，第 249 页。
③ 安平秋、杨忠等：《〈日本宫内厅书陵部藏宋元版汉籍影印丛书〉影印说明》，《中国典籍与文化》2003 年第 1 期。

　　这显然是将宋版书的特征简单化了，其实宋版书本身从事者有官刻、私刻和坊刻，时间上有北宋、南宋，区域上有浙刻、建刻、蜀刻，内容上有经、史、子、集等诸多不同，不能简单地、教条地一概而论。近三十年，随着古籍版本学的深入发展，人们对现存宋版书的了解、掌握越来越丰富。按照杨宝霖氏的论证方法，我们拿《全芳备祖》刻本与目前已经确认的同类宋版书来对比，会发现有更多接近，甚至完全相同的情景。

　　我们来看刻本《全芳备祖》和宋末建本《方舆胜览》的书影（图一）：

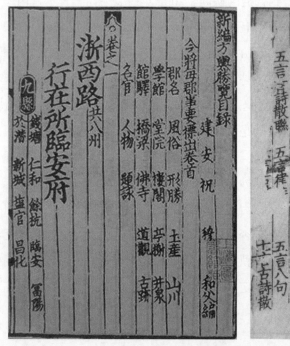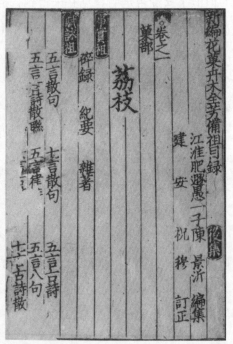

图一　左为上海图书馆藏宋咸淳刻本《方舆胜览》目录书影，
右为日藏刻本《全芳备祖》后集目录书影

　　这是两书的目录，版心细黑口，双黑鱼尾，左右双边，上下单边，类目的黑块白文，大字的颜体风格，小字的欧体风格等都极为相似。

　　再看《全芳备祖》与宋建本《事类备要》的正文（图二）：

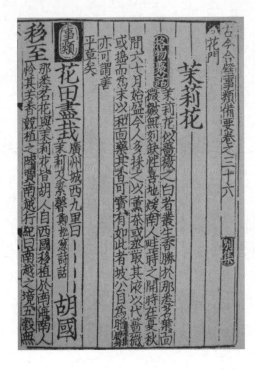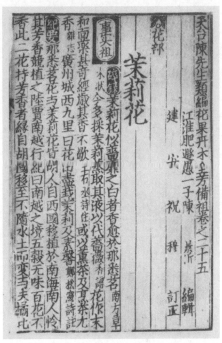

图二　左为国家图书馆藏宋刻本《事类备要》书影，右为日藏刻本《全芳备祖》书影

　　标题上的燕尾加圈装饰（一般都认为是元代建本的特征之一），"事实祖"与"事类"的长方块墨围装饰，"后集""别集"等椭圆形黑质阴文，更重要的还有大、小字的字体风格等，都几乎如出一手。三书的行款，《方舆胜览》与《事类备要》均半叶有界 14 行，《方舆胜览》行 23 字，《事类备要》行 24 字，《全芳备祖》半叶有界 13 行，行 24 字，可见行款相似，大同小异。

　　如果再仔细地审视一下杨宝霖氏所说三种元刻本，虽同为细黑口，与《全芳备祖》一致，但线口象鼻较《全芳备祖》稍粗。第三种即《朝野新声太平乐府》更是四周单边，字体也明显带有赵体风格，与《全芳备祖》差异最大。因此，我们说，就字体、版式风格而言，《全芳备祖》刻本与宋建本更为接近，甚至完全吻合。我们用于比较的《方舆胜览》为祝穆所编，今见刻本《全芳备祖》每卷编者署名有"祝穆订正"字样，《事类备要》中的植物类内容主要是抄录《全芳备祖》[①]，三书编者为同时人，三书之间的关系极为密切。综合编者、体例编排，尤其是上述版式、行款、字体等因素可见，《全芳备祖》应与宋本《方舆胜览》《事类备要》一样，均具祝家编刊风格，同属宋

---

① 　参见杨宝霖《〈古今合璧事类备要〉别集草木卷与〈全芳备祖〉》，《文献》1985 年第 1 期。

末福建建阳一带的坊刻本 ①。

三、刻本避讳不严，不能作为否定宋本的依据

否定者认为刻本多有不避宋讳的现象，因而不出宋代。李裕民、杨宝霖、吴家驹氏都指出这一点，且举示不少例证。帝名避讳有正讳、嫌名之不同，三氏所举多为嫌名。《全芳备祖》刻本中帝名正讳一般都回避了，只有少数疏漏，而对嫌字则避之不严。

宋人避讳之例最繁，世所公认。但如学者所指出的，官刻和坊刻有所不同，一般说来，官刻较严，而坊刻较疏 ②。尤其是像《全芳备祖》《方舆胜览》《事类备要》这样的类书，避讳尤多苟且不严的现象。兹举《事类备要》为例，该书与《全芳备祖》性质、内容、序署时间最为接近。我们就《中华再造善本》所收该书中明确的宋刻页面（另有一些缺页由他本配补）统计，涉宋光宗名讳"惇"字共 36 处，其中缺书 1 处，缺末笔 19 处，以"厚""焞"字改换 2 处，而直书未避达 14 处。孝宗名讳"慎（昚）"字共有 169 处，其中有 50 处直接书写，未作任何处理。我们只是挑选了与《全芳备祖》书序署时最近三世中，笔画比较特殊（惇）或出现频率较高（昚、慎）的两个帝讳进行查验，就有三分之一的讳字疏漏不避。还有钦宗名讳"桓"字，论者都提到此字。《事类备要》续集卷二八"桓"姓条，全部内容为一页（今影印本两页）篇幅，有大字、小字、黑质阴文等共 13 个"桓"字，均未见缺笔。

这些都是正讳，至于嫌名，避之更疏。如理宗名"昀"，"筠""匀"均为嫌字。《事类备要》的宋刻部分共出现"筠"字 30 处，只有 3 处缺笔，"匀"字 26 处，无一处缺笔。不仅是《事类备要》《全芳备祖》这样的市俗类书，即便是同时文人正规别集，这样的现象也不在少数。如宋端平刻本杨万里《诚斋集》③，全书"桓"字凡 4 见，均缺笔（卷九五、卷一〇九）；"曙"字共两见（卷七、卷一〇七），均不避；其他御名如"恒"（卷九五）、"顼"（卷九五）、"煦"（卷一一四）、"扩"（卷九二）等都有漏不及避的现象。可见宋人避讳，其例甚繁，而实际操作远不如清朝那样严格，在《事类备要》《全芳备祖》这样的坊刻类书中，尤其明显。因此《全芳备祖》刻本诸多不避宋讳之例，并非如论者所说，是元刻本回改未尽，而应是宋刻原就避

---

① 关于南宋建本的版式、字体特征，可参见黄永年《古籍版本学》，江苏教育出版社 2005 年版，第 85—87 页。
② 黄永年：《古籍版本学》，第 86 页。
③ 此据上海古籍出版社 2008 年版《日本宫内厅书陵部藏宋元版汉籍选刊》影印端平初刊本，《四部丛刊初编》缪氏艺风堂影宋本大致相同。

之不严，不能作为否定其为宋本的依据。

四、刻本的简字、俗字与宋本《事类备要》相同

否定者又说，《全芳备祖》刻本出现大量的简化字、俗体字，这非宋本之应有，而是元刻之常态。这一说法错误性质同上，都是将宋本、元本之差异过于简单化。坊刻类书，以营利为主要目的，书商贪图速度，刻工为求简便，使用简体、俗体，由来已久，宋末建本尤为明显，并非元朝坊书才有。上海图书馆藏宋末建本《方舆胜览》中，"無"作"无"，"於"作"于"，"國"作"国"，"雙"作"双"，"盡"作"尽"的现象数量不在少数。而同时《事类备要》中，这类现象就更为频繁，该书续集卷四九"诚斋与陈提举"一条中"齐""无""举""礼"等简化字就出现了10处，别集卷四〇"荔枝门·事类"中"无""宝""迁""齐""誉""于""尔""数""体""与""兴"等多为简体或俗体。这些简体、俗体字的笔画写法，《全芳备祖》《事类备要》两书均完全相同，另如"學"作"孝"，"义"作"义"，"興"作"呉"等也都完全一致。结合两书内容上的部分抄袭雷同，我们可以说，《全芳备祖》刻本与宋刻本《事类备要》应出于建阳同一家书商、同一班写刻匠手。因此以字见简体、俗体来否定其为宋刻，也不可靠。

五、刻本出于宋代的其他证据

上述三点不难看出，否定《全芳备祖》为宋刻本的几点理由都不能成立，而诸多迹象表明，刻本《全芳备祖》与宋建本《方舆胜览》《事类备要》同出一炉，属于宋末建阳同一书坊系统的刻本，应即祝家编刻之产品。除了上述三点外，还有两方面的信息可以进一步证明我们的判断。

（一）《全芳备祖》序言和正文中凡遇"国朝"、宋帝庙号及其他指称宋帝处多顶格和空格书写。以农业出版社影印本为例，第561页"哲宗"、第912页"国朝"、第1052页"宸"、第1395页"太宗""上""上"、第1456页"仁宗"诸处或顶格，或空格，或为该条起首，上为小字，余无例外。这些都是刻本存卷所见。刻本残缺而见于抄本的部分，也有这种情况，今南京图书馆所藏、原丁丙八千卷楼所藏抄本是现存抄本中与刻本最为接近的一种。该本后集卷二五山药门事实祖之"山药本名薯蓣，唐时避德宗讳，改下一字，名曰薯药。及本朝，避英宗讳，又改上一字，名

曰山药"一段中，"本朝""英宗"前均空格，这显然是刻本原来的面貌。最值得注意的是，该抄本卷首的韩境序称赞《全芳备祖》"尝以尘天子之览"，"天子"另起一行顶格书写。从抄本行文状况看，"天子"前一行下空半行，这绝不是换页或换行的自然需要，而是顶格以示尊崇的特殊格式，保留了刻本的原貌。如果该书属于元刻的话，上述这些顶格和空格应该首先予以清除，至少开卷序言中不当赫然保留宋朝的书仪。那么是否存在元人仿宋的可能呢？众所周知，明中叶以后，宋本始受推崇，而在元代尚无此风气。上述这些迹象都进一步表明，刻本《全芳备祖》当属宋本无疑。

（二）元初方回对刻本的记载。方回《桐江集》（清嘉庆宛委别藏本）卷四《跋宋广平〈梅花赋〉》："近人撰《全芳备祖》，以梅花为第一，自谓所引梅花事俱尽，如徐坚《初学记》梅花事，其人皆遗之，书坊刊本不足信如此。"这是宋元明时期有关《全芳备祖》刻本的唯一记载，方回此文署时"大德二年正月初三日"，也就是说《全芳备祖》刻本出现的时间至迟应该在元成宗大德二年（1298）之前。大德初年去南宋灭亡仅过去 18 年，整个元世祖忽必烈时期，东南沿海的形势尚未稳定，宋室残余义勇和海盗山寇仍较活跃，社会民生处在逐步恢复之中，而此时政治上科举未行。在这样的社会状况和政治形势下，像《全芳备祖》这样的辞藻类书是否广受社会欢迎，而书坊能否积极投资经营、付刊行售，都是值得怀疑的。元代建阳一线刻书业依然兴盛，但今存元建本多出元代中叶以后。如果此书刊于元世，也当出于元中叶以后。今该书除两篇宋人序言外，未见有元人序跋。今所见各类《元史·艺文志》补辑本均未见有《全芳备祖》的记载，整个元代除前引方回文中所说外，未见有他人齿及，并整个明清时期均未见有刻本的记载。这种现象只有一种情况可以解释，这就是《全芳备祖》刻成于宋之末祚，印刷数量本就有限，紧接着世事剧变，兵荒马乱，传播和保存极为困难，入元后存世数量即极有限，此后又一直未再翻印重刻过。根据这些情况，《全芳备祖》刻于宋代的可能性应该最大。

综合以上五点论述，我们可以大致肯定地说，刻本《全芳备祖》应属宋末建阳一线的坊刻本，而不是有论者所说的元刊本。

六、刊刻时间的推测

由于刻本第十四卷之前全佚，南宋建本常见的书坊牌记或题识之类不知其有无。今所见抄本卷首韩境序署宋理宗宝祐元年（1253）中秋（八月十五），陈景沂自序署宝祐四年（1256）孟秋（七月），后者应该是陈氏自己最终编定书稿的时间。陈氏定稿后，到了麻沙书商手上，又经由所谓"建安祝穆订正"。今所见《全芳备祖》收有祝穆作品六条：卷十二菊花门"七言散句"一条、卷十六紫薇花门"乐府祖"《贺新郎》词一首、卷二十一山矾花门"七言绝句"一首、卷二十五素馨花门"五言散句"一条、后集卷十九豫章门"杂著"《南溪樟隐记》一篇、"七言绝句"一首。这六条均见于所在类目中的最后一条或是该类唯一的一条，多应是祝氏"订正"时自辑己作附于其末，或其子祝洙在其身后补入。其中有明确时间可考的是《南溪樟隐记》一文，记其麻沙居处的幽雅环境，末署时间为宝祐四年冬十一月。这去陈景沂自序时间仅四个月，据祝洙跋文所说，这是祝穆的绝笔之作，也就是说，祝穆当卒于此后不久。以短短的四个月的时间，能对陈景沂的原稿作多大的修订，不得而知，但有一点是肯定的，祝氏的订正稿肯定完成于此后，也就是说《全芳备祖》付诸梨枣的时间不得早于宝祐四年（1256）十一月。因此最保守地说，《全芳备祖》的刊刻时间应在宝祐五年（1257）到方回记载前一年即元大德元年（1297）的四十年间。

　　而实际时间有可能在宋之末年。编成于宝祐五年（1257）十二月的谢维新《事类备要》，草木部分的内容主要采撷《全芳备祖》，但却未及收入祝穆此篇记文，从旁也进一步证明这篇作者绝笔不可能是由祝穆自编到《全芳备祖》之中，而只能是祝氏后人补入。同时正在补刻中的祝穆《事文类聚》续集卷六也补收了此文[①]，祝洙的跋文对此有深情说明，署时为宝祐六年（1258）八月上旬。《全芳备祖》所收此文，也应是此时前后由祝洙补入。这样，《全芳备祖》付梓的时间应该在宝祐六年之后。

　　还有一个可以揣摩的时间节奏。祝穆《方舆胜览》今存两种宋刻本，刻于宋理宗嘉熙三年（1239）的为初版，另一是祝洙重订本。重订本中，国家图书馆所藏一种时间稍早，上海图书馆所藏一种刻于宋度宗咸淳三年（1267），时间最晚。三本相较，后出重订本除内容和编排体例上有所调整外，初刻之繁体字多有改为简体的现象，而这种情况在上图所藏咸淳三年刻本中出现最频。这说明愈近南宋末祚，建本的写刻愈益苟简陋劣，简体、俗体出现频率愈高。以这样的情景推想，像《全芳备祖》《事类备要》这样简体、俗体高频出现的刻本应该出现较晚，可能也与《方舆胜览》重订本一样，刊刻于咸淳年间（1265—1274），这去宋室灭亡只有十年左右。《全芳备祖》刻本如今只存孤本残籍，与其刊刻时间接近宋室悲剧落幕应该不无关系。

［原载《江苏社会科学》2014 年第 5 期］

---

① 　关于《事文类聚》的刊刻与版本情况，请参见沈乃文《〈事文类聚〉的成书与版本》，《文献》2004 年第 3 期。

《全芳备祖》的抄本问题

　　《全芳备祖》是南宋后期编辑、刊行的植物（"花果卉木"）专题大型类书，被植物学、农学界誉为"世界最早的植物学辞典"[①]。元明以下未见重刻，而宋刻本在海内失传，今唯日本宫内厅藏有一部残本[②]。入清后始有抄本见于著录，今海内外见诸报道的《全芳备祖》抄本近 30 种。1982 年农业出版社将日藏残宋本，列入《中国农学珍本丛刊》影印出版，残缺部分以 1956 年华南农大转抄徐氏积学斋本配补，发行颇广，为今各界通用本。但自该影印本面世以来，其中所用华南农大转抄本就广受诟议，人们对选此作配补本深表遗憾[③]。这就引发了现存抄本孰优孰劣的问题。在众多抄本中，哪些比较接近刻本，适宜用来配补刻本的残缺部分？今存刻本残缺部分占全书 30%，大约有 8 万多字，这是一个不小的分量。为了最大限度地重现全书内容，就得首先弄清抄本优劣的问题，以便择善而用，配成完帙出版。近年我们应农业出版社之约，整理《全芳备祖》，首先面对的就是这一问题。本文就我们掌握的情况和相应的思考与判断，具陈如下，就教于方家同仁。

一、现存抄本情况

　　《全芳备祖》的抄本众多，见于各类书目著录至少有 10 多种，今人杨宝霖《〈全

---

① 吴德铎：《全芳备祖跋》，陈景沂：《全芳备祖》卷末，农业出版社 1982 年版，第 1523 页。
② 关于该本刊刻时代，请见程杰《日藏〈全芳备祖〉刻本时代考》，《江苏社会科学》2014 年第 1 期。
③ 如李裕民《略谈影印本〈全芳备祖〉的几个问题》，《古籍整理出版情况简报》第 99 期（1982 年 12 月 20 日）。

芳备祖〉版本叙录》一文考述刻本、抄本共 19 种，其中除日藏宋刻本外，余 18 种
均为抄本：

1. 丁丙八千卷楼藏钞本（南京图书馆）；

2. 孔广陶岳雪楼钞本（广东中山图书馆）；

3. 方氏碧琳琅馆藏本（北京图书馆即今国家图书馆）；

4. 北京图书馆藏钞本（国家图书馆）；

5. 张氏本（北京大学）；

6. 西谛（郑振铎）藏本（国家图书馆）；

7. 古处阁钞本（北京大学）；

8. 结一庐藏钞本（上海图书馆）；

9. 孙诒经藏钞本（上海辞书出版社）；

10. 袁昶藏钞本（国家图书馆）；

11. 红兰馆藏钞本（国家图书馆）；

12. 四库本（有文渊阁、文津阁等）；

13. 群碧居士藏钞本（上海图书馆）；

14. 清华大学藏"定本"钞本（清华大学）；

15. 孙星衍藏钞本（北京大学）；

16. "李馥"藏钞本（杨氏叙录未明庋藏地，据云南师范大学傅宇斌教授代为查证，
现藏云南大学图书馆）；

17. 徐氏积学斋钞本（国家图书馆）；

18. 1956 年华南农大复抄徐氏积学斋本（华南农大）。

杨氏所叙分为两类，一是"元刻本系统"，另一是"库本系统"，"两者的区别，
前者多出引文及诗词百余条，引有编者陈景沂诗词三十余首；后者则略有删节"。
"库本系统"中杨氏又按卷一梅花门"五言散句"中有、无崔道融等人散句 40 条分
为两支①。今上海辞书出版社所藏汲古阁抄本有崔道融等人 40 句，属于"库本系统"
中的前者，而《四库全书》本和农业出版社影印本用以配补的徐氏积学斋本都无此
40 句，属于"库本系统"中的后者。

另有七种，笔者经见，杨氏未及：

19. 台北"故宫博物院"藏明钞本。院方称旧题"明钞本全芳备祖"，为"清宫旧藏"。

---

① 杨宝霖：《〈全芳务祖〉版本叙录》，《古籍整理出版情况简报》第 214 期（1989 年），第 9—22 页。

1 函 6 册，左右双栏，版心黑口，单鱼尾，中记卷次及叶次，半叶 10 行，行 19 字。有韩境、陈景沂序，正文卷端题："全芳备祖卷之一。天台陈景沂编辑；建安祝穆订正。"该本"玄"字缺笔，"积"作"祯"，是避康熙、雍正讳，然不避乾隆讳，当抄于雍正间。前集卷一梅花门"五言散句"无崔道融等人 40 句，与《四库》本同。

20. 缪荃孙藏本。今藏浙江图书馆，竹纸抄录，两函 24 册，半页 10 行，行 18 字。卷首序页钤有"江阴缪荃孙藏书处""多年所见"，总目页有"求古居"（黄丕烈）、"吴兴刘氏嘉业堂藏书记""浙江省立图书馆藏书印"，前集卷一有"云轮阁""荃孙"、"陈立炎"，书末有"海昌陈琰""拾遗补阙"等印章。如果这些印章都属真迹，此本当为清嘉庆、道光间大藏书家黄丕烈（1763—1825）旧藏，又经清末民初缪荃孙、陈琰等收藏，后为吴兴嘉业堂所得，载于《嘉业堂藏书志》[①]，而归于浙江图书馆。该抄未避清讳，或成于清初之前，然睹其纸色亮鲜，装帧完好，又不免有近人作假之嫌，待考。杨氏叙录之"北京图书馆藏钞本"，讹夺尽与此本同，与此本必有渊源，或为此本的转抄本。前集卷一梅花门"五言散句"有崔道融等人 40 句，属杨宝霖氏所说"库本系统"中的前者。

21. 台湾"国家图书馆"藏乌丝栏旧钞本。台湾《"国家图书馆"善本书志初稿》著录[②]，12 册，左右双栏，版心黑口，单鱼尾，避玄字，而不避弘字，当抄于康雍间。半叶 10 行，行 19 字。有韩境、陈景沂序，正文卷端题"全芳备祖卷一。天台陈景沂编辑；建安祝穆订正"。后集封面作"全芳备祖后集"，正文卷端书名下有"后集"字样。前集卷一梅花门"五言散句"无崔道融等人 40 句，与《四库》本同。

22. 台湾"国家图书馆"藏旧钞本。台湾《"国家图书馆"善本书志初稿》著录，16 册，单栏，版心通白，上方记书名、卷次，中记页次，下方记"汲古阁"。半叶 10 行，行 18 字。有韩境、陈景沂序，正文卷端题"全芳备祖卷一。天台陈景沂编辑；建安祝穆订正"。有"娄东张氏鉴藏"（似应为张溥）、"安仪周家珍藏"（安岐）、"秦祖永印""刘喜海印""燕庭""燕庭藏书"（刘喜海）等钤识。"百氏集"作"白氏集"，与上海辞书出版社原孙星衍藏汲古阁本异。末有康熙五年四月二十日陆赆典（1617—1686）手书题跋，称"竭十日之校勘一过，颇多是正"，前集卷一末页书口有"宋刊卷一欠末页四十二字"字样，似以宋本校过，颇为可疑。馆方著录认为"陆跋荒疏"，语意不合，疑此本为清道、咸间人作伪[③]。前集卷一梅花门"五言散句"有崔道融等

① 缪荃孙、吴昌绶、董康等：《嘉业堂藏书志》，第 478 页。
② "国家图书馆"特藏组编：《"国家图书馆"善本书志初稿》子部，第二册，第 335—336 页。
③ 同上书，第 337—338 页。

人 40 句，属杨宝霖氏所说"库本系统"中的前者。

23. 台湾"国家图书馆"藏旧钞本。台湾《"国家图书馆"善本书志初稿》著录[①]，24 册，双栏，版心或白或黑，单鱼尾，上方记书名。半叶 10 行，行 21 字。不避清讳，当抄成于民初。有韩境、陈景沂序，正文卷端题"全芳备祖卷一。天台陈景沂编辑；建安祝穆订正"。前集卷一梅花门"五言散句"有崔道融等人 40 句，属杨宝霖氏所说"库本系统"中的前者。

24. 台湾"中央研究院"傅斯年图书馆藏旧乌丝栏钞本，12 册，钤"东方文化事业总委员会所藏图书印"。版心白口，单鱼尾，上有"全芳备祖定本"。半叶 10 行，行 19 字，有韩境序和自序。有朱笔校补。前集卷一梅花门"五言散句"有崔道融等人 40 句。

25. 燕京图书馆抄本。今藏美国哈佛燕京图书馆，14 册，笔者所见为电子版。卷首序言页钤有"哈佛燕京图书馆""燕京大学图书馆"印。该本抄在单边蓝丝栏纸上，书口下部刻有"燕京图书馆钞"字样，当是上世纪二三十年代新抄。前集卷一梅花门"五言散句"有崔道融等人 40 句。

另有 4 种，杨氏未及，笔者亦未及见：

26. 吉林省图书馆藏抄本。翁连溪《中国古籍善本总目》著录。据吉林大学王昊教授代为查看，录得该本信息如下：序页、目录、每卷卷首书名及编订者书写格式均同汲古阁抄本，前集 27 卷，后集 31 卷，共 58 卷，分订 12 册。以红丝栏格纸抄成，黑口双鱼尾，书口鱼尾上题"全芳备祖定本"，右栏外刻有"盐城孙氏仿至正翠岩精舍槧本《玉篇》版式"字样。每半页 13 行，每行 19 字。前集卷一梅花门"五言散句"有崔道融等人 40 句，属杨宝霖氏所说"库本系统"中的后者。

27. 美国国会图书馆藏抄本。王重民《中国善本书提要》著录，22 册，前集为旧钞，后集由涵芬楼藏本钞配，并据涵芬楼藏本和《古今图书集成》等书加以校勘。

28. 日本大仓文化财团藏明抄本。今人严绍璗报道，题名为《天台陈先生类编花果卉木群芳备祖》，58 卷，24 册，为明末清初叶树廉（字石君）旧藏，"天头地边有朱墨识语，曰'丁氏钞''曝书亭钞'，曰'昌绶手注'等。卷中有'子宣''重光''叶树廉''石君'等印记"[②]。董康 1927 年 2 月 28 日东瀛日记称："昔年余得劳氏校钞本，今归大仓图书馆，校亦不全，未识所据即此本否耶？"[③] 称大仓图书馆所

① "国家图书馆"特藏组编：《"国家图书馆"善本书志初稿》子部，第二册，第 339 页。
② 严绍璗：《日本藏汉籍珍本追踪纪实——严绍璗海外访书志》，第 57 页。
③ 董康：《书舶庸谭》卷二。

藏，地点相近，不知两者可是一种。据严氏报道，该本应属杨氏所说"元刻本系统"，书名与日藏刻本完全一致，又经叶树廉、朱彝尊、吴昌绶等名家过手，在抄本中应属珍贵，惜乎流落海外。2013 年，大仓文化财团所藏汉籍珍本尽为北京大学购得，惜乎迄今仍在整理中，笔者求睹未得。

29. 日本静嘉堂藏本。日人所载"旧抄十本"①。

除这些见于公私著录外，应该还有一些秘藏未发之本②。

二、抄本的价值

由于今存《全芳备祖》宋刻本为孤本，且有残缺，而现存抄本多为完帙，抄本的价值首先就在于可资补足宋刻本所缺，以得全貌。《全芳备祖》全书 58 卷，现存刻本存前集第 14—17 卷、后集总目、后集目录、后集第 1—13 卷、第 18—31 卷。另前集卷 24 芙蓉门缺 1 页，后集卷 19 石楠门缺 1 页，后集卷 25 山药门缺 2 页，其他小块残损蛀蚀所在多有。刻本残缺部分约占全书 30%，大约有 8 万字之多，都有赖抄本进行配补。这是《全芳备祖》抄本不可或缺之处，值得我们重视。

《全芳备祖》编者为士人中的无名之辈，全书取材极不严格，所辑文字错讹脱漏，下注出处或有或无，甚而张冠李戴的现象都较严重，以致唐圭璋先生有"非校不能用"的告诫③。而整个校勘任务中，《全芳备祖》诸本间的参校是一个重要方面。首先是抄本与刻本的参校。现存刻本属于宋末建阳坊刻，建本行款、字体及装饰虽较讲究，但文字校勘多较粗疏，被推为天下"最下"④。而《全芳备祖》抄本或经名家校勘，或抄者随手改正，避免了不少明显的错误。此仅就现存刻本第一卷即《全芳备祖》前集卷十四葵花门中的错误，略举数例：

1."葵有二种：一取其花，名蜀葵；一取其叶，名蒲葵；一取其可食，名葵菜。(《南方草木记》)"据意"二种"误，碧琳琅馆、汲古阁、四库等抄本作"三种"，是。

2."蜀葵有擅心，色如牡丹姚黄，蕊则蜀葵也。(《本草》)""擅"当作"檀"，八千卷楼、碧琳琅馆、汲古阁、四库诸抄本均作"檀"，是。

3."丁次都，不知何许人，为辽东丁氏作人。丁氏尝使买葵，冬得生葵，问何得此，

---

① 河田罴编：《静嘉堂秘籍志》卷二九。
② 如霍松林《陈匪石师》："（陈匪石）晚年又以传抄碧琳琅馆本及传校毛抄本校吴伯苑过录劳罴卿本《全芳备祖》。"陈氏家属称陈氏藏书尽捐上海文物管理委员会，或者此本仍在。《文教资料》1989 年第 3 期。
③ 唐圭璋：《记〈全芳备祖〉》，《词学论丛》，上海古籍出版社 1986 年版，第 692 页。
④ 叶梦得：《石林燕语》卷八，中华书局 1984 年版。

云从日南来。(《列女传》)"此条当取材《艺文类聚》卷八二,所注"《列女传》",《艺文类聚》卷八二、《太平御览》卷二六作"《列仙传》",碧琳琅馆本、汲古阁本、四库本等抄本即作"《列仙传》"。"作人"当作"作民",避太宗李世民讳而改,碧琳琅馆本、汲古阁本、四库本作"作奴",于意更明,也具参考价值。

4. "周颙清贫,终日长蔬。王俭谓颙曰:'卿山中何所食最胜?'答曰:'赤米白盐,绿葵紫蓼。'……(《南史》)""乡"显系"卿"之误刻,碧琳琅馆、汲古阁、四库等抄本即作"卿",是。

5. "昨夜一花开,今日一花开。今日花正好,昨日花已老。人生不得长少年,莫惜床头沽酒钱。请君有钱向酒家,君不见,戎葵花。(唐岑)""唐岑"当为"唐岑参",因在行末而省一字,易成误导,碧琳琅馆、汲古阁、四库诸抄本均作"唐岑参",是。

以上仅是该门事实祖中数例,充分说明刻本文字质量之劣,而这些极明显的错误,在抄本中大都随手改过,值得我们使用时借鉴,校勘时汲取。

其次是刻本残缺部分的校勘配补。今刻本残缺有17卷之多,只能求诸抄本。《全芳备祖》抄本20多种,成于众手,全书条目此有彼无,而文字多有异同,是非不一,极为复杂。刻本残缺部分,有待比勘诸本,择善而从,这尤显众多抄本存在之价值。

而其校勘宋集,抄本的作用,尤其是刻本所佚部分,值得进一步挖掘。此举一例,窥斑见豹。黄庭坚《山谷内集》卷五《戏咏蜡梅二首》序:"京洛间有一种花,香气似梅花,亦五出,而不能晶明,类女工撚蜡所成,京洛人因谓蜡梅。木身与叶乃类荫藿,窦高州家有灌丛,能香一园也。"其中"不能晶明",语意不通,而《全芳备祖》诸抄本卷四蜡梅门事实祖"纪要"所辑此条多作"不能品明",其意是说不知其名,就豁然明朗。显然此处本集有误,应据以勘正。

三、原丁丙八千卷楼藏抄本最近刻本

以日藏《全芳备祖》刻本残存41卷,与今所见20多种抄本对应部分进行比较,可以大致得出这个结论:抄本内容均出于刻本,未见有明显超出部分,也就是说,在刻本之外不可能另有稿本之类更早的源头。抄本中偶见超出刻本的内容,都是出于各种原因后来新增的。在这一前提下,如要恢复《全芳备祖》完璧,首先必须确定哪些,甚至哪一种抄本最接近刻本。这样就可择善而用,与刻本进行配补,以恢复宋刻本《全芳备祖》的完整面貌。

对于这个问题，杨宝霖《〈全芳备祖〉版本叙录》一文的意见值得重视。在"丁丙八千卷楼藏钞本"的叙录中，杨氏称此本"书名及编者、订正者及后集目录所题书名一一与刻本相同"，"此本与元刻本（引者按：杨氏以为日藏刻本是元刻）相校，最接近刻本，是在海内所存抄本中所收条文最多的一本，刻本已佚之卷，可以据此补之"。该本原为丁丙八千卷楼藏本，今藏南京图书馆，素纸抄写，线装 8 册，半页 9 行，行 18 字。扉页有丁丙亲笔题跋，序目之页有"胡氏茨村藏本""十万卷楼藏书""钱塘丁氏藏书""八千卷楼藏书印""江苏省图书馆善本书"等印鉴。在笔者经眼的抄本中，也确认该本与刻本最为接近。杨宝霖氏所说这些特征中，书名和编者、订者题名是首先值得重视的信息，海内抄本中唯有丁丙八千卷楼藏本与刻本完全一致，其余多只简称"《全芳备祖》"。此外还有几点值得注意。

（一）"胡氏茨村藏本"印鉴，是大陆诸抄本所见印鉴时间最早的。胡茨村，名介祉（1659—？），字循斋，号茨村，浙江山阴（今浙江绍兴）人，顺天府大兴（今北京）籍，吏部侍郎胡兆龙之子，以恩荫入仕，官河南按察使。工诗文，有《谷园诗集》《谷园文抄》《咏史新乐府》《随园诗集》等。又善收藏校刻古籍，以校刊唐王建《王司马集》广受注意[1]，黄丕烈藏书中即有不少胡茨村藏本[2]，丁丙《善本书室藏书志》所载即有"胡氏茨村藏本"印鉴的抄本、刻本四种[3]。同时徐昂发《题胡茨村画象》诗称"金泥小字刻牙签，连屋书囊当画籯。尽日细翻黄白本，始知闲味十分甜"[4]，可见其藏书之富，校书之勤。《全芳备祖》抄本出其所藏，极为自然可信。胡氏生活于康熙年间，书当出于此前。这是目前海内藏本中可考时间较早的一种，结合此本全然不避清讳，可见此本至迟出于清初。

（二）该本不仅以文字相校最近刻本，刻本中明显的错字别字，其他抄本大多改过了，唯此本一仍刻本之误。如：

1. 后集卷十二萍门"杂著"："自比如萍，随水浮游。（江逸赋）"[5]"江逸赋"，碧琳琅馆、阁古阁、四库等抄本均改作"王逸赋"，唯八千卷楼本与刻本同。

2. 后集卷十八桐门"五言古诗散联"："孤桐北窗外，高高百丈余。枝生既袅娜，叶落更扶疏。（齐谢朓）""百丈余"，诸抄本均改作"百尺余"，显然更合理，唯八千卷楼本未改。

① 《四库全书总目》卷一五〇，中华书局 2003 年版。
② 江标：《黄荛圃先生年谱》卷下嘉庆十七年"芒种后一日"下，清光绪长沙使院刻本。
③ 丁丙：《善本书室藏书志》卷二〇、二八、二九、三五，清光绪刻本。
④ 江标：《黄荛圃先生年谱》卷下嘉庆十七年"芒种后一日"下。
⑤ 本文凡引《全芳备祖》宋刻本文字，均据农业出版社影印本。

3. 后集卷二十谷门"碎录"："六谷：凡王之膳食用六谷。郑司马注：'稻、黍、稷、粱、麦、苽。'（《礼》）""郑司马"，诸抄本均改作"郑司农"，八千卷楼本仍作"郑司马"，唯"马"字旁书"农"字，可见所据抄本当为刻本，其他抄本应是据八千卷楼本旁注取正。

4. 后集卷二十谷门"纪要"："后稷封邰，公刘处豳，太王迁岐，文王作丰，武王治镐，其民有先王遗风，好禾稼，务本业，故豳诗言农桑衣食之本甚备。（《地理志》）""务本业"三字，刻本空三格，当为误刻剜去而漏补，八千卷楼本作空方，而其他抄本则连书不空，遂脱三字。

5. 后集卷二十谷门"七言绝句"："稻穗登场谷满车，家家鸡犬更桑麻。漫栽木槿成篱落，已得清阴又得。""登场"二字，刻本模糊，八千卷楼本"登"字空，"场"作"易"而他本均已补足。"又得"下，刻本为一空方，当属误刻剜去而漏补，八千卷楼本也空一格未补，诸抄本则均补一"花"字。

6. 后集卷二十二豆门"七言八句"："翠箧中排浅碧珠，甘欺崖蜜软欺酥。沙瓶新熟西湖水，漆榼分尝晓露腴。味与樱桃三友益，名因蚕茧一丝绚。老夫稼圃方双学，谱入诗中当稼书。（杨诚斋《豌豆》）""《豌豆》"，诸抄本均作"《蚕豆》"或"《蚕豆诗》"，唯八千卷楼本作"《豌豆》"。

7. 后集卷二十四蓏门"杂著"："朝齑暮盐。（韩《退学解》）""退学解"显然错误，八千卷楼本与刻本同。汲古阁本改作"进学解"，亦不对，碧琳琅馆、四库本作"送穷文"，是。

8. 后集卷二六菌蕈门"杂著"："虽朽楠腐败，不能生殖，犹能蒸出芝菌，以为瑞。（柳子厚书）""不能生殖，犹能蒸出"八字，刻本作小字注，八千卷楼本全同，而他本均作大字正文。

上述这些情景，在八千卷楼抄本中比比皆是，不胜枚举，充分表明该抄本所据是刻本，且高度忠实于刻本。

（三）该抄本多有模仿刻本书写格式的现象。八千卷楼本抄工颇劣，且出于多人，其中除最初数卷字迹较为清秀雅健外，以下如杨宝霖氏所说，多"若小学生初学涂鸦者"，"鲁鱼亥豕，触目皆是"，至有"菰蒲"作"孤满"，"嫣然"作"妈然"，令人不禁捧腹喷饭[①]。且多种笔迹轮替出现，当是数童每人一两页轮番抄写，有意省略和无意脱落的现象应较少见，因而是诸抄本中所辑条目最多的一种。

① 杨宝霖：《〈全芳备祖〉版本叙录》。

同时也不难看出，该本多有模仿刻本文字和装饰符号的现象，出于涂鸦者的部分尤其明显。如前集卷十六以下各卷，"事实祖""赋咏祖""乐府祖"上多加方括号，以模拟刻本长方块墨围装饰；类目与词牌名称多加圆括号，是模拟其椭圆黑质阴文的装饰。如图所示卷十四蓼花门的开头，可见其一斑（图一）。另，凡遇刻本黑圆钉阴文"注"字，则写作"注"字外加圆圈。其至错误的写法，也全然仿写，如后集卷三橘门碎录有"枸橼"一物，刻本将两字各加一圆圈，易误导为两物，八千卷楼本不知其误，纯然照模画样，也作两字各加圆圈的写法。将其与刻本比览，类似的情况随处可见。

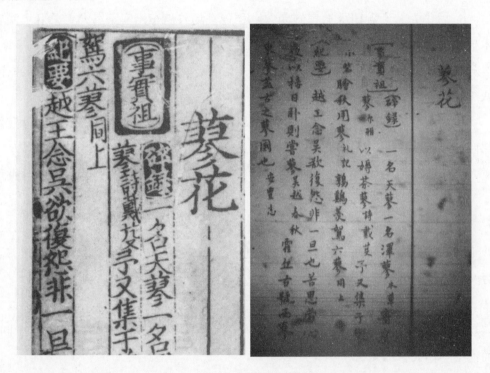

图一　此为前集卷十四蓼花门"事实祖"部分，左为宋刻本书影，

右为丁丙八千卷楼本书影

这类模仿的格式，有两处特别值得一提。一是卷首的韩境序称赞《全芳备祖》"尝以尘天子之览"，"天子"指宋理宗，另起一行顶格书写。从抄本行文状况看，"天子"前一行下空半行，这绝不是换页或换行的自然需要，而是顶格以示尊崇的特殊格式，保留了刻本的原貌。二是后集卷二五山药门"事实祖"："山药本名薯蓣，唐时避德宗讳，改下一字，名曰薯药。及本朝，避英宗讳，又改上一字，名曰山药。"这段文字中，"本朝""英宗"前均空格，这显然也是刻本原来的面貌。

上述情况，充分说明该本是直接由刻本抄成，而非由他本转抄，而且抄手高度忠实于所据刻本，以至鲁鱼帝虎，大多完全一致。因此，从目前所掌握的海内抄本看，以原丁丙八千卷楼藏本最近刻本，以其配补宋刻本最为恰当。

四、其他重要抄本

关于诸抄本的异同、优劣，杨宝霖氏所见之本叙之已详。就笔者掌握的情况，除上述八千卷楼抄本外，下述三种抄本值得特别注意：

（一）方氏碧琳琅馆藏本

即王重民《中国善本书提要》著录本，杨宝霖介绍颇详，称该本今藏北京图书馆（即今国家图书馆），误。该本原为国立北平图书馆所藏，有蒋维基、方功惠（1829—1897）等名家度藏印，抗日战争期间委托美国国会图书馆保存，后交归台湾，今藏台北"故宫博物院"①。杨氏称该本避清讳"玄""历"二字，然就笔者一一核检，除序言中一"玄"字点画不够清晰外，余未见有避清讳现象，当抄于清初之前。该本源出丁丙八千卷楼藏本，全书90%的页面起讫文字及分行与丁本完全一致，明显属丁本的照抄本。

与丁本相校，书名较丁本少"类编花草卉木"六字，韩境序言题目《架阁韩初堂全芳备祖序》及总目完全一致。丁本一些明显的错误和旁书改动处都经改过。所收条文，丁本有而该本无者有之，然与海内他本相比，所缺较少。也有一些该本有而丁本无者，其中最突出者有两处。一是卷十二菊门"七言散句"之"黄花自与渊明别，不见闲人直到今。（祝和父）"条下，丁本无他条，此条为该类末条，而该本下有：

> 燕知社日辞巢去，菊为重阳冒雨开。（唐人）　丛菊两开他日泪，孤舟一系故园心。（杜少陵）　尘世难逢开口笑，菊花须插满头归。（杜牧）　水满寒塘菊满篱，篱边无限彩禽飞。（韦庄）　黄花裛露开沙岸，白鸟衔鱼上钓矶。（刘长卿）　秋风落叶正堪悲，黄菊残花欲待谁。　秋草黄花覆古阡，隔林何处起人烟。　曾共山翁把酒时，霜天白菊绕阶除。（李商隐）　白菊为霜翻带紫，苍苔因雨却成红。（皮日休）　青山经雨菊花尽，白鸟下滩芦叶尽。（刘沧）　要摘金英满头插，明朝还自过花时。（宋）

---

①　关于该本辗转美国之事，承国家图书馆古籍馆赵前先生赐函见教，谨志谢忱！

另一是同卷末另起一页，又补两首诗，以"补"字引领：

　　补：陶诗只采黄金实，郢曲新传白雪英。素色不同篱下发，繁花疑自月中生。浮杯小摘开云母，带露全移缀水精。偏称含香五字客，从兹得地始芳荣。（李商隐《和马郎中移白菊见示》）　还是延年一种材（菊之别名），即将琼朵冒霜开。不知红艳临歌扇，欲伴黄英入酒杯。陶令接䍦堪岸着，梁王高屋好欹来（梁朝有白纱高屋帽）。月中若有闲田地，为劝嫦娥着意栽。（陆龟蒙咏白菊）

这些均为丁本所无，笔者所见其他抄本亦无，显系抄者自辑缀书，或所据之本原有校补而录入。

该本有一处新增内容值得特别一提。卷二十九楝花门，日藏刻本唯有"赋咏祖"一类，下录两条散句，而该本新添"事实祖"，下有"碎录""纪要"两子目，内容如下：

　　碎录：苦楝，鹓雏食其实。　亦名金铃子。　凡二十四番花信风，始梅花，终楝花。（《岁时记》）
　　纪要：建武元年，长沙人欧回见屈原曰：苦蛟龙窃筒米，可以楝叶塞以彩丝缚之，二物蛟龙所畏。（《齐谐记》）

这一内容后为其他抄本所继承，唯不见于刻本和丁丙八千卷楼本。但整块内容又应出于丁本，丁本正文虽无，而在该卷"楝花"门目两大字下的空白处，以小字补书上述四条内容，仅以"碎录"二字引领，无"事实祖""纪要"等名目。揣其情景，当为抄写时所据刻本的阅者小字批注，而依式录入抄本。方本进一步将这些旁注内容，改设"事实祖"，分"碎录""纪要"两类正式编入，由此给人内容胜出刻本和丁本的感觉。

该本最值得肯定的是，除卷十二"菊花"门所补 11 条散句、2 首诗外，其他改动多为其他抄本所继承，奠定了海内其他抄本的基本格局，对丁本文字的订讹有直接的参考意义。

（二）汲古阁抄本

今藏上海辞书出版社，因该本有"孙诒经印"、"藐翁"（杨岘）、"陶斋鉴藏"（端方）等印，杨氏叙录称"孙诒经藏抄本"。该本抄于双边乌丝栏纸上，鱼尾间刻楷书"汲古阁"三字，下刻楷书小印"毛氏抄本"，因又称汲古阁抄本。今河南教育出版社1994 年版范楚玉主编《中国科学技术典籍通汇》"农学卷"加以收录影印，较为易得。杨宝霖氏叙称，"对照毛氏其他钞本，行款颇不类，又无毛晋本人及明末清初人印鉴，且纸质较新，人疑非真毛氏钞本"。尽管有这些疑虑，与刻本和丁本相校，所缺条目也多，杨氏归为"库本系统"，但就现有条目而言，在杨氏所谓"库本系统"中是最多的一种，可以说介于"库本系统"与"刻本系统"之间。而具体条文与刻本和丁本最为接近，因此可以说是这一系统抄本中的善本。其中最值得　堤的是，各卷"赋咏祖"所辑条目中有一些注称出于"《百氏集》"，从所涉作品看，所指当为南宋中期编纂的一部咏花作品集，刻本存卷、八千卷楼藏本比较一致，除偶有一两处误刻、误书为"《白氏集》"外，均作"《百氏集》"。而包括碧琳琅馆、四库等抄本在内的其他抄本均将"《百氏集》"误作"《白氏集》"或"白乐天"。唯有汲古阁抄本所涉 35 处，至少有 7 条作"《百氏集》"[1]。可见汲古阁抄本并未受到众多清抄本的影响，当出于丁丙八千卷楼藏本或与之时代相近之抄本，因此不能遽然否定其为汲古阁抄本。

（三）日本大仓文化财团藏明抄本

此本情况已见前述，既为明抄本，其时代当与丁本相若。又书名和每卷题下编者、订正者署名与刻本完全一致，且流传有序，其文献价值和校勘作用也就不言而喻，值得期待。

综上所述，今海内所见抄本中以原丁丙八千卷楼藏本最近宋刻本，应以此与日藏刻本残卷配补，以成全帙出版。在其他抄本中，今台湾故宫博物院所藏原碧琳琅馆本为丁丙八千卷楼本的转抄本，丁本已校和未校的明显错误大都改过，清代抄本大多源出此本。今上海辞书出版社所藏汲古阁抄本，有明显胜出诸清抄本之处，值得重视。日本大仓文化财团藏有明抄本一种，书名、每卷编者和订正者题名与刻本相同，且流传大致有序，价值应与丁丙八千卷楼本相当，值得期待。这些抄本都是校勘整理《全芳备祖》最为重要的版本资源。

[原载《中国农史》2013 年第 6 期，此处有增订]

---

[1]　拙文原发表时此处数据有误，经陈才智先生《白氏集还是百氏集》一文指出，谨予订正，陈文见《古籍研究》2015 年第 1 期。

《稼圃辑》纂者王芷籍贯和时代考

上海图书馆藏《稼圃辑》是一部农书稿本的抄本，题"荻水蒿庵王芷纂述"，分稻、麦、豆、芋、麻、蔬、果等类辑录种植、移接及其宜忌之事，多反映苏州、松江、湖州一带的农业生产情况及经验，常见农史学者引用，然其作者无考、时代不明，用者颇感不便。胡道静先生《稀见古农书别录》一文曾略加考证，所说为人们基本认同，笔者近日发现，有关认识尚可再进一步。

一、胡道静先生认为"荻水"地名仅见苏鲁之交的赣榆县，稿中多言太湖流域事，因而怀疑著者可能是赣榆人而长居太湖边。笔者发现吴江南境的荻塘，洪武《苏州府志》称"荻塘河"，是湖州南浔一带来水过境入海的重要干流，当地人也雅称"荻水"。清人《千顷堂书目》卷二十八记载，明末复社重要资助人吴翱的弟弟吴翱有文集名《荻水遗草》(道光《苏州府志》作《荻水遗诗》)，他们即是吴江荻塘人。清康熙徐崧等《百城烟水》卷四录吴江南境名胜屯村报恩禅寺、双杨村永乐禅寺，引当地僧人诗句"荻水思溪好比邻"，"一湾荻水我埋头"，所谓荻水显然都指荻塘。荻水蒿庵王芷应与吴翱兄弟一样是吴江荻塘人，荻塘地处苏、松、湖之间，书中多言三州农事也就顺理成章。

二、胡道静先生认为书中辑有明嘉靖间著述，言备荒只举芋（俗称芋头）而未及甘薯（俗称番芋、红薯），当不会晚于甘薯引入我国的万历二十一年（1593）。笔者认为，此书应出明人无疑，书中再三出现南、北两京之名且对举不避可证，而认其必出甘薯传入我国之前则未必。该书实际是个未完稿，未及甘薯至少有一种可能即还未来得及写。甘薯在我国的传种发展有一个过程，各地情况并非截然一致，苏、松、湖是典型的江南水乡，地势卑湿，水灾频发，而甘薯宜于高沙之地，在这一带种植发展并无优势，传种极为有限，而我国传统的芋则十分耐涝，在这一带种植既久且盛。明代苏南及浙江湖州、嘉兴一带的地方志就多详载芋而罕及甘薯，同时苏州人周文华《汝南圃史》也详言芋，称"荒年可以度饥"，而未及甘薯。比较《汝南圃史》《稼圃辑》两书中的南瓜内容，前者是："南瓜红皮如丹枫色，北瓜青皮如碧苔色。形皆圆稍扁，有棱，如甜瓜状。种法与冬瓜同时，其藤喜缘屋上。或一科而生百枚，则其家主大祸，故人种之者少。"后者作"南瓜红皮，北瓜青皮，结实多，其家必有祸"，该书所辑内容多有撷录前人和时人著述的迹象，此处也有明显节取前者的色彩。《汝南圃史》成书于万历四十八年（1620），《稼圃辑》当作于其后。因此，笔者的结论是，《稼圃辑》为吴江王芷所纂，成稿于明天启、崇祯间。

[原载《江海学刊》2018 年第 1 期]

元贾铭与清朱本中《饮食须知》真伪考

　　笔者《我国南瓜传入与早期分布考》刚一发表，即承《中国农史》沈志忠主编赐教，称2012年有网文《再说〈学海类编〉本〈饮食须知〉之伪》，论述《学海类编》所收古籍不乏《四库提要》所说"伪题作者"的现象，其中元人贾铭《饮食须知》实乃清人吴本中同名之书。因查今人余瀛鳌、李经纬主编《中医文献辞典》（北京科学技术出版社2000年版）也早已指出两种同名之书多有雷同。笔者南瓜考证文只关注贾铭所说南瓜内容的来源，认定该书大量抄录《本草纲目》，却未及深究其版本来源。进而查清人著录《饮食须知》实有两种：一种题元人贾铭著，有《学海类编》《四库全书》本。另一种作者朱本中，与"急救、格物、修养"合称"四种须知"，今人称有康熙十五年、古越吴兴祚本《贻善堂四种须知》等版本。笔者所见南京图书馆藏本称沈蓬夫鉴定、还读斋藏版，时代不明，当是旧板重印。两种《饮食须知》正文内容几乎完全一致，作者时代却相去悬远，必有一伪。署朱氏者"四种"并存，其中《急救须知》有韩作栋、周陈俶等人题序。朱著《饮食须知》前有凡例四则，而贾氏本为短序，乃窜易朱本凡例第一则而成。清初黄虞稷《千顷堂书目》、万斯同《明史·艺文志》已著录朱氏此书（前者误作《饮酒须知》），同时屈大均《〈饮食须知〉序》称作者"凝阳朱君"，所序也是朱本。乾隆间《浙江采集遗书总录》称朱氏撰"二册，刊本"。以上种种可见，朱著为实，所谓贾铭《饮食须知》应由朱著"伪题作者"、改撰序言而成。

　　两位著者中的贾铭，元末明初人，生平资料有限，今人著录多有勾勒，此不复赘。清初朱本中，《明史·艺文志》《千顷堂书目》《浙江采集遗书总录》均作朱泰来，或为初版署名。《贻善堂四种须知》作"古歙朱本中（道名泰来）凝阳子纂"，是朱本中号"凝阳子"，道名"泰来"，或为受戒道士。今人著录称其"字泰来"，误。南图藏本周陈俶（字义扶）序自署同学，时间在康熙十五年。周氏明诸生，康熙九年进士，两人或有同门之谊，而朱氏《急救须知》最迟应完成或初版于康熙十五年。清初人著录《饮食须知》均视为明人著作，成书应更在前。《（雍正）河南通志》彰德府通判条下记载"朱本中，江南歙县人，例监，康熙十九年任"。屈大均《题蒲涧帘泉宴坐图为朱君》诗也称"闻道漳河口，君为佐郡贤"，是朱本中可能曾捐资获例监身份，并获例彰德（治今河南安阳）通判。今人关雪玲《康熙朝御医考述》称康熙十九年，帝闻江南朱本中"善行医"，欲征召为太医官，为朝臣谏阻。韩作栋《急救须知序》称"癸亥岁朱子凝阳自江左来粤"，又至端州（治所驻今广东高要），为韩母治病，是康熙二十二年朱本中曾行医广东，粤人屈大均《〈饮食须知〉序》应作于此时。《须知四种》本《急救须知》诸家序言盛赞朱氏悬壶济世，医术高明，能治诸医不治之病，又深谙道家养生之道。以上信息可见其生平行实之大概。

今人著录《饮食须知》多称内容出于明人《饮食本草》。明人《饮食本草》主要有两种：一是明中叶卢和、汪颖撰，另一题元人李杲著、李时珍参订、姚可成辑补。朱本中《饮食须知》与两者名相近而实不同，主旨并非本草著录，而重在罗述膳食宜忌。细究每条文字，主要抄录李时珍《本草纲目》相关食物"气味""主治""发明"中的反忌内容，兼容少量他书所说和本人生活经验而成，对此笔者南瓜传入考一文已有一些举证。其分八类，虽受元人《日用本草》、明人卢和《食物本草》启发，但其中"水火"一类中的"火"类诸物却为两者所无，而出于《本草纲目》。每一类中子目食物名称及其排列顺序也与《本草纲目》基本一致。值得注意的是，朱氏《饮食须知》八类顺序为水火、谷、菜、兽、禽、果、鱼、味，而贾氏本作水火、谷、菜、果、味、鱼、禽、兽，后者与《本草纲目》的次序更为吻合，排列也更为合理，应是《学海类编》编者发现朱氏原著与《本草纲目》的紧密关系而据以改易，以惑人耳目。

综上可见，所谓元人贾铭《饮食须知》实即清初朱本中同名之作，由《学海类编》编者伪题作者、略作改编而收录其中，误传至今。笔者南瓜拙考称其为清初书坊托名之作，不够准确，有必要改正。而确认《饮食须知》为清初朱本中所著，对推翻明中叶以前的南瓜信息无疑是一个更有力的证据。

［原载《阅江学刊》2018 年第 3 期］